책 구입 시 드리는 혜택
❶ 핵심 요약 이론 동영상 강의 제공
❷ 2009년 ~ 2014년 기출문제 동영상 강의 제공
❸ 우수회원 인증 후 2015년 ~ 2017년 3개년
    추가 기출문제(해설 포함) 제공

 단기완성

일반기계기사

필기

정영식·이치우 공저

꼭! 합격 하세요

전 과목 이론 상세 해설 / 최근 기출문제 수록 및 완벽 해설
빠른 합격을 위한 상세한 이론 구성 / 문제 해설을 이해하기 쉽도록 자세히 설명
저자 1대1 질의·응답 카페 운영

무료 동영상 강의

 정영식의 기계세상 http://cafe.daum.net/jys6677

단기완성 **일반기계기사 필기**

머리말

이 수험서는 일반기계기사를 준비하는 학생들을 위해 산업인력관리공단의 새로운 출제기준에 맞게 집필하였다.

일반기계기사 자격 준비를 위해

- 제1편 : 재료역학
- 제2편 : 유체역학
- 제3편 : 열역학
- 제4편 : 기계제작법
- 제5편 : 기계재료
- 제6편 : 유압기기
- 제7편 : 기계동역학
- 제8편 : 최근 기출문제

이렇게 총 8편으로 정리하였고 각 과목별 문제는 기사시험에 출제되었든 문제들로 구성하였다.

그리고 재료, 유체, 열역학은 각 장마다 반드시 알아야 될 부분은 Focus 표시를 하였다.

암기 과목 중 출제빈도가 높은 문제는 Key 표시를 하였다.

7과목을 한 권으로 묶어 놓았기 때문에 책의 분량이 많고 수학적인 전개가 많아 난해하게 느낄 수 있으나 각 과목이 유기적으로 관련된 부분이 많아 이 교재 한권으로 꾸준히 연습하고 암기하면 학교에서 배운 모든 내용을 총정리할 수 있을 뿐만 아니라 일반기계기사 자격취득을 꼭 할 수 있으리라 확신한다.

책의 분량을 고려하여 출제기준에 들어가지 않는 내용은 과감히 삭제하였으며, 부족한 내용은 문제풀이의 해설로 보충하였다.

교재에 대한 모든 평가는 독자 여러분이 해주리라 믿고, 부족하거나 잘못된 부분을 지적해 주면 언제라도 수정, 보완할 것이다.

끝으로 본 교재를 집필하는데 많은 도움을 주신 국제기계학원 안현하 실장님께 감사를 드리며 본 교재의 출간을 위해 협조를 아끼지 않은 도서출판 세진북스 홍세진 사장님과 임직원 여러분에게 진심으로 감사를 드립니다.

저자 드림

출제기준

1. 필기

직무분야	기계	중직무분야	기계제작	자격종목	일반기계기사	적용기간	2022. 1. 1. ~ 2023. 12. 31

• 직무내용 : 재료역학, 기계열역학, 기계유체역학, 기계재료 및 유압기기, 기계제작법 및 기계동력학 등 기계에 관한 지식을 활용하여 일반기계 및 구조물을 설계, 견적, 제작, 시공, 감리 등과 관련된 직무이다.

필기검정방법	객관식	문제수	100	시험시간	2시간 30분

필기과목명	문제수	주요항목	세부항목	세세항목	
재료역학	20	1. 재료역학의 기본사항	1. 힘과 모멘트	1. 힘의 성분 3. 자유물체도	2. 힘과 모멘트 평형 4. 마찰력
			2. 평면도형의 성질	1. 도심 3. 극관성 모멘트	2. 관성 모멘트 4. 평행축 정리
		2. 응력과 변형률	1. 응력의 개념	1. 인장응력 3. 전단응력	2. 압축응력
			2. 변형률의 개념 및 탄·소성 거동	1. 재료의 물성치 3. 전단변형률 5. 탄성-소성 거동 7. 응력 집중 9. 포아송의 비 11. 허용응력	2. 응력-변형률 선도 4. 충격하중 6. 크리프 및 피로 8. 후크의 법칙 10. 파손이론 12 안전계수
			3. 축하중을 받는 부재	1. 수직응력 및 변형률 3. 부정정 문제 5. 열응력	2. 변형량 4. 탄성변형에너지
		3. 비틀림	1. 비틀림 하중을 받는 부재	1. 비틀림 강도 3. 비틀림 모멘트 5. 비틀림 각도 7. 비틀림 변형에너지 8. 동력 전달 및 강도설계(축, 풀리) 9. 스프링	2. 전단응력 4. 전단 변형률 6. 비틀림 강성 10. 박막튜브의 비틀림
		4. 굽힘 및 전단	1. 굽힘 하중	1. 반력 3. 하중, 전단력 및 굽힘모멘트 이론	2. 굽힘 모멘트 선도
			2. 전단 하중	1. 보의 전단력	2. 보의 모멘트
		5. 보	1. 보의 굽힘과 전단	1. 곡률, 변형률 및 굽힘 모멘트 관계 2. 굽힘공식 4. 전단공식 6. 탄성에너지	 3. 굽힘응력 및 변형률 5. 전단응력 및 변형률 7. 전단류
			2. 보의 처짐	1. 보의 처짐 3. 보의 설계(응용) 5. 처짐각(기울기)	2. 모멘트면적법, 중첩법 4. 처짐과 응력의 조합문제
			3. 보의 응용	1. 부정정보	2. 카스틸리아노 정리
		6. 응력과 변형률 해석	1. 응력 및 변형률 변환	1. 평면 응력과 평면 변형률 2. 응력 및 변형률 변환 4. 모어 원	 3. 주응력과 최대전단응력
		7. 평면응력의 응용	1. 압력용기, 조합하중 및 응력 상태	1. 평면응력상태의 후크의 법칙 2. 삼축 응력상태(Bulk modulus & Dilatation) 3. 압력용기 5. 조합하중 6. 보의 최대응력(굽힘응력과 전단응력 조합)	 4. 원심력에 의한 응력
		8. 기둥	1. 기둥 이론	1. 회전반경 3. 기둥의 좌굴	2. 편심하중을 받는 단주
기계 열역학	20	1. 열역학의 기본사항	1. 기본개념	1. 열역학시스템과 검사체적 2. 물질의 상태와 상태량 3. 과정과 사이클 등	
			2. 용어와 단위계	1. 열역학 관련 용어 2. 질량, 길이, 시간 및 힘의 단위계 등	
		2. 순수물질의 성질	1. 물질의 성질과 상태	1. 순수물질 2. 순수물질의 상변화 3. 순수물질의 열역학적 상태량 4. 습증기	

필기과목명	문제수	주요항목	세부항목	세세항목
			2. 이상기체	1. 이상기체와 실제기체 2. 이상기체의 상태방정식 3. 이상기체의 성질 및 상태변화 등
		3. 일과 열	1. 일과 동력	1. 일과 열의 정의 및 단위 2. 열역학적 시스템 3. 일과 열의 비교
			2. 열전달	1. 전도 2. 대류 3. 복사
		4. 열역학의 법칙	1. 열역학 제1법칙	1. 열역학 제0법칙 2. 밀폐계와 개방계 3. 검사체적 4. 질량 및 에너지 해석
			2. 열역학 제2법칙	1. 가역, 비가역 과정 2. 카르노의 원리 3. 엔트로피 4. 엑서지
		5. 각종 사이클	1. 동력 사이클	1. 동력시스템개요 2. 랭킨사이클 3. 공기표준 동력사이클 4. 오토, 디젤, 사바테 사이클 5. 기타 동력 사이클
			2. 냉동사이클	1. 냉동시스템 개요 2. 증기압축 냉동사이클 3. 암모니아 흡수식 냉동사이클 4. 공기표준 냉동사이클 5. 열펌프 및 기타 냉동사이클
		6. 열역학의 적용사례	1. 열역학적 장치	1. 압축기 2. 엔진 3. 냉동기 4. 보일러 5. 증기터빈 등
			2. 열역학적 응용	1. 열역학적 관계식 2. 혼합물과 공기조화 3. 화학반응과 연소
기계 유체 역학	20	1. 유체의 기본개념	1. 차원 및 단위	1. 유체의 정의 2. 연속체의 개념 3. 뉴턴 유체의 개념 4. 차원 및 단위
			2. 유체의 점성법칙	1. 뉴턴의 점성법칙 2. 점성계수, 동점성계수 3. 전단응력 및 속도구배
			3. 유체의 기타 특성	1. 밀도, 비중, 압축률과 체적탄성계수 2. 음속, 상태방정식 3. 표면장력 4. 모세관 현상, 물방울 및 비누방울
		2. 유체정역학	1. 유체정역학의 기초	1. 정역학의 개념, 파스칼 원리 2. 절대압력/계기압력, 대기압 3. 가속/회전시 압력분포 4. 부력
			2. 정수압	1. 액주계, 마노미터 2. 용기, 해수 중 압력의 계산
			3. 작용 유체력	1. 작용점 2. 평면과 곡면에 작용하는 힘 및 모멘트
		3. 유체역학의 기본 물리법칙	1. 연속방정식	1. 질량보존의 법칙 2. 평균 유속, 유량
			2. 베르누이방정식	1. 정압, 정체압, 동압, 수두 2. 베르누이방정식의 응용
			3. 운동량 방정식	1. 선운동량 방정식의 응용 2. 각운동량 방정식의 응용
			4. 에너지 방정식	1. 에너지 방정식 응용, 마찰 2. 펌프 및 터빈 동력, 효율 3. 수력 및 에너지 기울기선
		4. 유체운동학	1. 운동학 기초	1. 속도장, 가속도장 2. 유선, 유적선 3. 오일러 방정식 4. 나비에-스톡스 방정식
			2. 포텐셜 유동	1. 포텐셜, 유동함수, 와도
		5. 차원해석 및 상사법칙	1. 차원해석	1. 무차원수, 차원해석, 파이정리
			2. 상사법칙	1. 모형과 원형, 상사법칙
		6. 관내유동	1. 관내유동의 개념	1. 층류/난류 판별
			2. 층류점성유동	1. 하겐-포아젤 유동
			3. 관로내 손실	1. 난류에서의 직관손실 2. 부차적 손실 3. 비원형관 유동
		7. 물체 주위의 유동	1. 외부유동의 개념	1. 경계층 유동 2. 박리, 후류
			2. 항력 및 양력	1. 항력, 양력
		8. 유체계측	1. 유체계측	1. 벤투리, 노즐 2. 오리피스 유량계 3. 유량계수, 송출계수 4. 점도계, 압력계 등

출제기준

필기과목명	문제수	주요항목	세부항목	세세항목
기계재료 및 유압기기	20	1. 기계재료	1. 개요	1. 금속의 조직과 상태도
			2. 철과 강	1. 탄소강의 특성 및 용도 2. 특수강의 특성 및 용도 3. 주철의 특성 및 용도
			3. 기계재료의 시험법과 열처리	1. 기계재료의 조직검사 및 기계적시험법 2. 탄소강의 열처리 및 표면 경화처리
			4. 비철금속재료	1. 구리(銅) 및 그 합금의 특성과 용도 2. 알루미늄 및 그 합금의 특성과 용도 3. 마그네슘 및 그 합금의 특성과 용도 4. 티타늄 및 그 합금의 특성과 용도 5. 니켈 및 그 합금의 특성과 용도 6. 기타 비철금속의 특성과 용도
			5. 비금속 재료	1. 주요 비금속재료의 특성과 용도
		2. 유압기기	1. 유압의 개요	1. 유압기초 2. 유압장치의 구성 및 유압유
			2. 유압기기	1. 유압펌프　　　　2. 유압밸브 3. 유압실린더와 유압모터 4. 부속기기
			3. 유압회로	1. 유압회로의 기호　2. 유압회로의 구성 3. 유압회로 및 응용(전자제어시스템 포함)
			4. 유압을 이용한 기계	1. 유압기계의 일반　2. 하역운반기계 3. 공작기계　　　　4. 자동차 및 중장비기계
기계제작법 및 기계동력학	20	1. 기계제작법	1. 비절삭가공	1. 원형 및 주조　　2. 소성가공 3. 열처리 및 표면처리　4. 용접 및 판금 · 제관
			2. 절삭가공	1. 절삭이론　　　　2. 절삭가공법 및 CNC가공 3. 손다듬질 가공
			3. 특수가공	1. 특수가공　　　　2. 정밀입자가공
			4. 치공구 및 측정	1. 지그 및 고정구　2. 측정
		2. 기계동역학	1. 동력학의 기본이론과 질점의 운동학	1. 힘의 평형　　　　2. 위치, 속도, 가속도 3. 질점의 직선운동　4. 질점의 곡선운동
			2. 질점의 동역학 (뉴튼의 제2법칙)	1. 뉴튼의 운동 제2법칙 2. 질점의 선형 운동량과 각 운동량 3. 중심력에 의한 운동
			3. 질점의 동역학 (에너지 운동량 방법)	1. 질점의 운동에너지와 위치에너지 2. 일과 에너지 법칙　3. 충격량과 운동량 법칙
			4. 질점계의 동역학	1. 충돌 2. 질점계의 선형 운동량과 각 운동량 3. 질점계의 에너지 보존 4. 질점계에 대한 충격량과 운동량 법칙
			5. 강체의 운동학	1. 강체의 속도, 가속도, 각속도, 각가속도 2. 순간 회전 중심 3. 평면운동에서의 절대속도와 상대속도
			6. 강체의 동역학	1. 강체에 작용하는 힘과 가속도 2. 에너지 방법과 운동량 방법 3. 강체의 각운동량
			7. 진동의 용어 및 기본이론	1. 힘의 평형, 스프링의 합성 2. 단순조화운동, 주기운동, 진폭과 위상각 3. 진동에 관한 용어(진동수, 각진동수, 주기, 진폭 등)
			8. 1자유도 비감쇠계의 자유진동	1. 운동방정식과 고유진동수 2. 에너지 보존법칙
			9. 1자유도 감쇠계의 자유진동	1. 감쇠비, 감쇠고유진동수 2. 대수감쇠　　　　3. 점성감쇠진동
			10. 1자유도계의 강제진동 및 다자유도계의 진동	1. 단순조화력에 대한 응답, 공진 2. 진동절연 - 전달력과 전달계수 3. 진동계측 - 지진계와 가속도계 4. 고유진동수와 고유모드, 맥놀이 5. 흡진기

2. 실기

| 직무분야 | 기계 | 중직무분야 | 기계제작 | 자격종목 | 일반기계기사 | 적용기간 | 2022. 1. 1. ~ 2023. 12. 31 |

- **직무내용**: 재료역학, 기계열역학, 기계유체역학, 기계재료 및 유압기기, 기계제작법 및 기계동력학 등 기계에 관한 지식을 활용하여 일반기계 및 구조물을 설계, 견적, 제작, 시공, 감리 등과 관련된 직무이다.
- **수행준거**:
  1. 기계설계 기초지식을 활용할 수 있다.
  2. 체결용, 전동용, 제어용 기계요소 및 유체 기계요소를 설계할 수 있다.
  3. 설계조건에 맞는 계산 및 견적을 할 수 있다.
  4. CAD S/W를 이용하여 CAD도면을 작성할 수 있다.

| 실기검정방법 | 복합형 | 시험시간 | 필답형 : 2시간, 작업형 : 5시간 정도 |

실기 과목명	주요항목	세부항목	세세항목
일반기계 설계실무	1. 일반기계요소의 설계	1. 기계요소설계하기	1. 단위, 규격, 끼워맞춤, 공차 등을 활용하여 기계설계에 적용할 수 있다. 2. 나사, 키, 핀, 코터, 리벳 및 용접이음 등의 체결용 요소를 설계할 수 있다. 3. 축, 축이음, 베어링, 마찰차, 캠, 벨트, 체인, 로우프, 기어 등의 전동용 요소를 설계할 수 있다. 4. 브레이크, 스프링, 플라이휠 등의 제어용 요소를 설계할 수 있다. 5. 펌프, 밸브, 배관 등 유체기계요소를 설계할 수 있다. 6. 요소부품재질을 선정할 수 있다.
		2. 설계 계산하기	1. 선정된 기계요소부품에 의하여, 관련된 설계변수들을 선정할 수 있다. 2. 계산의 조건에 적절한 설계계산식을 적용할 수 있다. 3. 설계 목표물의 기능과 성능을 만족하는 설계변수를 계산 할 수 있다. 4. 부품별 제원 및 성능곡선표, 특성을 고려하여 설계계산에 반영할 수 있다. 5. 표준 운영절차에 따라, 설계계산 프로그램 또는 장비를 설정하고, 결과를 도출할 수 있다.
	2. 일반기계 실무	1. 조립도, 구조물 및 부속장치설계하기	1. 조립도, 구조물 및 부속장치를 설계할 수 있다.
		2. 기계설비 견적하기	1. 기계설비 견적을 할 수 있다.
	3. 기계제도(CAD) 작업	1. CAD를 이용한 도면작성하기	1. CAD를 이용하며, KS규격에 맞는 부품 제작도를 작성할 수 있다. 2. 표준 운영절차에 따라 요구되는 형상을 2D 또는 3D로 구현할 수 있다. 3. 작성된 2D 또는 3D 도면을 KS규격에 규정한 도면 작성법에 의하여 정확하게 기입되었는가를 확인할 수 있다. 4. 부품 간 기구학적 간섭을 확인하고, 오류발생 시 수정할 수 있다.
		2. 도면출력 및 데이터 관리하기	1. 요구되는 데이터 형식에 맞도록 저장할 수 있다. 2. 프린터, 플로터 등 인쇄장치를 이용하여 도면을 출력할 수 있다 3. CAD데이터 형식에 대하여 각각의 용도 및 특성을 파악하고 이를 변환할 수 있다. 4. 작업된 도면의 용도 및 활용성을 파악하고 분류하여 저장할 수 있다.
		3. CAD 장비의 운영	1. CAD 프로그램을 설치하고 출력장치를 사용하여, CAD 장비를 운영할 수 있다.

차례 Contents

Part 1 재료역학

제 01 장 하중, 응력, 변형률 — 26
- 1-1 재료역학의 기본적 가정 ········· 27

제 02 장 재료의 정역학 — 35
- 2-1 조합된 봉의 응력과 변형량 ········· 36
- 2-2 자중을 고려한 응력 및 변형량 ········· 37
- 2-3 온도 변화에 의한 응력 및 변형량 ········· 38
- 2-4 탄성에너지 ········· 39
- 2-5 충격에 의한 응력과 변형량 ········· 40
- 2-6 압력을 받는 얇은 원통에 나타나는 응력 ········· 41
- 2-7 얇은 회전체의 응력 ········· 42

제 03 장 Mohr's Circle — 43
- 3-1 단순응력(simple stress) ········· 44
- 3-2 2축 응력 ········· 46
- 3-3 조합응력(평면응력) ········· 47

제 04 장 평면도형의 성질 — 50
- 4-1 관성 모멘트 ········· 51
- 4-2 평형 축 정리 ········· 56
- 4-3 삼각형의 단면2차 모멘트 ········· 57

제 05 장 비틀림 — 58
- 5-1 원형축의 비틀림 ········· 59
- 5-2 비틀림 각 ········· 60
- 5-3 비틀림 모멘트와 전달동력의 관계 ········· 60

제 06 장 보(Beam) — 62
- 6-1 지점의 종류 ········· 63

6-2 보의 종류 ·· 63
6-3 보에 작용하는 하중의 종류 ······················ 64
6-4 보의 반력 계산법 – 단순보의 반력계산하기 ······ 64
6-5 전단력 선도(Shearing Force Diagram, S.F.D)
　　굽힘 모멘트선도(Bending Moment Diagram, B.M.D) ········ 65
6-6 외 팔 보 ·· 68
6-7 오른팔보 ·· 68
6-8 보에 우력이 발생할 때 ······························ 68
6-9 돌 출 보 ·· 69

제 07 장　보속의 응력　71

7-1 보속의 굽힘 응력 ···································· 72
7-2 굽힘모멘트에 의한 전단응력 ····················· 73
7-3 재료의 조합응력 ···································· 74
7-4 축경 설계 ··· 76

제 08 장　보의 처짐　77

8-1 처짐 곡선의 미분 방정식 ·························· 79
8-2 면적 모멘트 법 ······································ 84
8-3 중 첩 법 ··· 86
8-4 탄성 에너지법 ······································· 86
8-5 우리들의 방법 ······································· 87

제 09 장　부정정보　88

9-1 부정정보의 종류 및 해석 ························· 89
9-2 코일 스프링 ·· 91
9-3 판스프링 ·· 93

제 10 장　기 둥(column)　94

10-1 기둥의 종류 ··· 95
10-2 편심하중을 받는 단주 ···························· 95
10-3 장주 ·· 96

[부록] 재료역학 공식 모음 ······························· 98

Contents

Part 2   유체역학 103

제 01 장   유체의 정의 및 성질   104

- 1-1   유체의 정의 ······ 105
- 1-2   단위와 차원 ······ 105
- 1-3   물질의 성질 ······ 106
- 1-4   Newton의 점성의 법칙 ······ 107
- 1-5   체적탄성계수 ······ 108
- 1-6   표면장력 ······ 109
- 1-7   모세관 현상 ······ 109

제 02 장   유체의 정역학   110

- 2-1   압 력(pressure) ······ 111
- 2-2   액 주 계(manometer) ······ 112
- 2-3   전 압 력 ······ 113
- 2-4   부 력(FB) ······ 114
- 2-5   상대평형 ······ 115

제 03 장   유체 운동학   117

- 3-1   용어 설명 ······ 118
- 3-2   유체운동의 분류 ······ 118
- 3-3   연속 방정식(continuity equation) ······ 119
- 3-4   오일러의 운동방정식(Euler equation) ······ 121
- 3-5   베르누이 방정식(Bernoulli equation) ······ 122
- 3-6   B.E의 적용 ······ 123
- 3-7   동 력(Power) ······ 124

제 04 장   운동량 방정식   125

- 4-1   운동량과 역적 ······ 126
- 4-2   프로펠러 이론(propeller) ······ 129
- 4-3   분류 추진 ······ 130

제 05 장 　유체의 유동과 유동함수　　　　　　　　132

- 5-1　층류와 난류 – Reynolds의 실험 ······················ 133
- 5-2　Reynold number, Re ≒ 무차원 수 ··················· 134
- 5-3　수평원관에서의 층류유동 ······························· 135
- 5-4　유체 경계층 ·· 137
- 5-5　물체주위의 유동 ·· 138
- 5-6　항력과 양력 ·· 139
- 5-7　점성 측정하는 방법 ······································· 139
- 5-8　유동함수 ·· 140

제 06 장 　유체유동의 손실수두　　　　　　　　　　144

- 6-1　원형관속의 손실수두 ······································ 145
- 6-2　비원형 단면에서의 손실수두 ·························· 146
- 6-3　부차적 손실수두 ·· 147
- 6-4　병렬관에서의 손실수두 ··································· 148

제 07 장 　차원해석과 상사법칙　　　　　　　　　　149

- 7-1　차원해석 ··· 150
- 7-2　버킹함의 정리 ·· 150
- 7-3　상사법칙 ··· 151

제 08 장 　개수로 유동　　　　　　　　　　　　　　153

- 8-1　개수로 유동의 분류 ·· 154
- 8-2　최대 효율 단면≒최량 수력 단면 ······················ 154
- 8-3　수력도약(Hydraulic jump) ······························ 155

제 09 장 　압축성 유동　　　　　　　　　　　　　　156

- 9-1　마하수(mach number) ···································· 157
- 9-2　단면적이 변하는 관속에서의 흐름 ···················· 157
- 9-3　충 격 파(shock ware) ····································· 158
- 9-4　1차원 등엔트로피 흐름 ···································· 158

제 10 장 　유체계측　　　　　　　　　　　　　　　160

- 10-1　비중량 측정≒밀도 측정≒비중 ························ 161

10-2 점성계수의 측정 ··· 161
10-3 압력측정 ··· 162
10-4 유속측정 ··· 162
10-5 유량측정 ··· 163

[부록] 유체역학 공식 모음 ································· 164

Part 3 열역학   169

제 01 장 열역학적 정의와 단위   170

1-1 열역학의 접근 방법 ····································· 171
1-2 열과 에너지 ··· 171
1-3 열역학의 용어 ··· 171
1-4 상 태 량 ··· 172
1-5 평형상태 ··· 173
1-6 과정과 사이클 ··· 173
1-7 단   위 ··· 174
1-8 비체적, 밀도, 비중량 ··································· 174
1-9 압   력 ··· 175
1-10 열역학 제0법칙 ··· 175
1-11 온 도 계(TEMPERATURE SCALE) ················· 176
1-12 에너지-열과 일(Energy - Heat and Work) ········· 176
1-13 열   량(quantity of heat) ······························ 177
1-14 열량의 단위 ··· 177
1-15 비 열(specific heat) ···································· 177
1-16 일(work)과 열의 관계 ································· 178
1-17 동 력(power) ··· 179
1-18 효 율(heat efficiency) ································· 180

제 02 장 열역학 제1법칙 – 에너지 보존의 법칙(Conservation of Energy) 181

2-1 질량보존의 법칙(conservation of mass) ············· 182
2-2 에너지의 형태와 제1법칙 ····························· 182
2-3 가역과정과 비가역과정 ································ 184

2-4 일과 PV선도 ·· 185
2-5 밀폐계에서의 제1법칙 ····························· 186
2-6 사이클과 제1법칙 ································· 187
2-7 개방계에서의 제1법칙 ····························· 188

제 03 장 이상기체와 각 과정 상태변화 191

3-1 이상기체의 상태식 ································· 193
3-2 보일의 법칙과 샤를의 법칙 ····················· 194
3-3 이상기체의 비열 ··································· 195
3-4 비열비와 기체상수 ································· 197
3-5 이상기체의 상태변화 ······························ 197

제 04 장 열역학 제2법칙 209

4-1 열역학 제2법칙 ····································· 210
4-2 사이클, 열효율, 성능계수 ······················· 210
4-3 카르노 사이클 ······································· 211
4-4 열역학적 절대온도 ································· 212
4-5 클라우시우스의 폐적분(Clausius integral) ······ 214
4-6 엔트로피(Entropy) ································· 215
4-7 완전가스의 엔트로피 식 ·························· 215
4-8 엔트로피 증가의 원리 ····························· 216
4-9 비가역 변화의 실례 – 엔트로피 증가 ········ 217
4-10 T-S 선도와 상태 변화 ·························· 219
4-11 유효에너지와 무효에너지 ······················ 221

제 05 장 순수물질 및 증기 223

5-1 순수물질(Pure substance) ······················ 224
5-2 포화액체, 포화증기, 포화온도 및 잠열 ······· 224
5-3 증기의 건도 ·· 225
5-4 임 계 점(critical point) ·························· 226
5-5 증기표와 증기선도 ································· 226
5-6 증기의 상태변화 ··································· 227

제 06 장 증기동력(蒸氣動力) 사이클(vapor power cycles) 231

6-1 랭킨의 사이클 ······································· 232

Contents

    6-2 재열(再熱)사이클(Reheat cycle) ·· 234
    6-3 재생(再生)사이클(Regenerative cycle) ···································· 235
    6-4 재열, 재생 사이클(Reheat & Regenerative cycle) ················ 236
    6-5 증기소비율과 열소비율 ·· 238

제 07 장 내연기관 사이클 239

    7-1 오토 사이클(Air standard Otto cycle, 정적 사이클) ············ 240
    7-2 디젤 사이클(Air standard diesel cycle) ·································· 243
    7-3 복합 사이클(Composite cycle)-합성 사이클(Combined cycle),
         사바테 사이클(Sabathe cycle) ·· 245
    7-4 각 사이클의 효율비교 ·· 248
    7-5 가스터빈 사이클 ··· 248
    7-6 브레이톤 사이클(Brayton cycle)
         – 단순가스 터어빈 사이클(Simple gas turbine cycle) ········ 249

제 08 장 냉동 사이클(Refrigeration Systems) 251

    8-1 역 카르노 사이클(Reversed Carnot Cycle) ···························· 252
    8-2 냉 매(冷媒, Refrigerant Considerations) ······························· 253
    8-3 증기압축 냉동 사이클
         (Vapor-Compression Refrigeration Cycle) ···························· 254

제 09 장 유체흐름과 노즐(Fluid Flow and Nozzles) 258

    9-1 질량의 보존(Conservation of Mass) ······································ 259
    9-2 질량 및 운동량 보존 ·· 259
    9-3 음 속 ·· 259
    9-4 1차원 등엔트로피 흐름 ·· 260
    9-5 체적탄성계수와 압력의 관계 ·· 261

제 10 장 연소와 전열 262

    10-1 연 소 ·· 263
    10-2 전 열(heat transfer) ·· 265

    [부록 1] 열역학 공식 모음 ·· 268
    [부록 2] 사이클 정리 ·· 270

Part 4 기계제작법

제 01 장 기계제작법의 정의 및 분류 — 274

1-1 기계제작법(manufacturing process)의 정의 ········· 274
1-2 기계제작법의 분류 ········· 274
1-3 기계제작법에 사용되는 용어 정리 ········· 275

제 02 장 절삭이론 — 276

2-1 절삭 가공의 종류 ········· 276
2-2 칩(chip)의 형성 ········· 276
2-3 절삭저항 ········· 278
2-4 절삭 공구 재료 ········· 280
2-5 절 삭 유 ········· 281

제 03 장 선반가공 — 282

3-1 선반의 구조 ········· 282
3-2 보통 선반의 부속 장치 ········· 283
3-3 선반의 종류 ········· 285
3-4 선반 작업의 종류 ········· 286

제 04 장 드릴가공과 보링가공 — 290

4-1 드릴 가공 종류 ········· 290
4-2 드릴의 종류 ········· 290
4-3 드릴 각부의 명칭과 날끝각 ········· 291
4-4 드릴 고정법 ········· 292
4-5 공작물 고정법 ········· 293
4-6 드릴의 절삭 속도, 동력 ········· 293
4-7 보링 머신(boring machine) ········· 294

제 05 장 평면가공 — 295

5-1 셰이퍼(shaper) ········· 295
5-2 슬로터(slotter) = 수직 형삭기(vertical shaper) ········· 296
5-3 플레이너(평삭기, planer) ········· 297

Contents

제 06 장 밀링가공　　　　　　　　　　　　　　　　　　　298

- 6-1 Milling machine의 가공 분야와 밀링 커터의 종류 ········ 298
- 6-2 밀링 머신의 종류 ········ 299
- 6-3 밀링 머신의 크기 ········ 300
- 6-4 밀링 머신의 부속품 및 장치 ········ 300
- 6-5 밀링 작업 ········ 301
- 6-6 기어 가공 방식 – 기어절삭법 ········ 304
- 6-7 호빙 머신(hobbing machine) ········ 305

제 07 장 연삭가공　　　　　　　　　　　　　　　　　　　306

- 7-1 숫돌바퀴(grinding wheel) ········ 306
- 7-2 연삭기의 가공 분야 및 연삭기의 종류 ········ 308
- 7-3 숫돌바퀴의 수정 ········ 309
- 7-4 숫돌바퀴 부착법 ········ 309
- 7-5 연삭 작업 ········ 309

제 08 장 정밀 입자 가공(호닝, 래핑, 슈퍼피니싱, 액체호닝), 브로칭 머신　311

- 8-1 정밀 입자 가공 ········ 311
- 8-2 브로치(broach)가공 ········ 313

제 09 장 특수가공　　　　　　　　　　　　　　　　　　　314

- 9-1 특수가공의 정의 ········ 314
- 9-2 특수가공의 분류 ········ 314
- 9-3 방전 가공(electric discharge machine ; EDM) ········ 315
- 9-4 와이어 컷 방전가공(WEDM) ········ 315
- 9-5 초음파 가공(ultra-sonic machining) ········ 316
- 9-6 전기 화학 가공(electro-chemical machining : ECM) ········ 316
- 9-7 전해연삭(electro – chemical grinding : ECG) ········ 317
- 9-8 전해연마(electrolytic polishing) ········ 317
- 9-9 쇼트 피닝(shot peening) ········ 318
- 9-10 버 핑(buffing) ········ 318
- 9-11 폴리싱(polishing) ········ 318
- 9-12 압부 가공(burnishing, barrel finishing) ········ 318
- 9-13 플라즈마 가공(Plasma machining) ········ 319

제 10 장 NC가공 … 320

- 10-1 CNC 기초 … 320
- 10-2 프로그래밍의 기초 … 322

제 11 장 측 정 기 … 328

- 11-1 측정기의 종류 … 328

제 12 장 수기가공 … 333

- 12-1 정 의 … 333
- 12-2 수기가공에 사용되는 공구의 종류 … 333
- 12-3 줄 작업 … 334
- 12-4 스크레이퍼 작업 … 334
- 12-5 탭 작업 … 334
- 12-6 다이스 작업 … 334

제 13 장 치 공 구 … 335

- 13-1 정 의 … 335
- 13-2 지그의 종류 … 335

제 14 장 주 조 … 339

- 14-1 주 조(casting) … 339
- 14-2 모 형(목형, 원형, pattern) … 340
- 14-3 주형 제작 … 343
- 14-4 금속의 용해법 … 347
- 14-5 특수 주조법 … 348
- 14-6 주물의 결함 종류 … 350

제 15 장 소성가공 … 351

- 15-1 소성 가공의 목적 … 351
- 15-2 소성과 탄성 … 351
- 15-3 응력의 관계 … 351
- 15-4 소성 가공에 이용되는 성질 … 352
- 15-5 소성 가공의 종류와 장점 … 352

15-6 냉간 가공과 열간 가공의 특징 ··········· 353
15-7 단조 가공 ··········· 354
15-8 압연(Rolling) 가공 ··········· 356
15-9 압출 가공(Extruison) ··········· 358
15-10 인발 가공(Drawing) ··········· 359
15-11 전 조(Form rolling) ··········· 360
15-12 프레스 가공 ··········· 360

제 16 장 용 접   363

16-1 개 요 ··········· 363
16-2 아크(Arc) 용접 ··········· 364
16-3 특수 아크 용접 ··········· 365
16-4 전기 저항 용접 ··········· 366
16-5 가스 용접 ··········· 367
16-6 가스 절단 ··········· 369

Part 5 기계재료 371

제 01 장 기계재료의 분류 및 개요   372

1-1 기계재료의 분류 ··········· 372
1-2 합금강(특수강)의 분류 ··········· 373
1-3 기계재료의 개요 ··········· 374
1-4 금속의 성질 ··········· 374
1-5 기계 재료의 공업상 필요한 성질 ··········· 375
1-6 금속의 결정 ··········· 378
1-7 재료시험 ··········· 381

제 02 장 철강재료   385

2-1 철강 제조법 ··········· 385
2-2 철강재료의 분류 ··········· 386
2-3 탄소함유량에 따른 철강재료 ··········· 390
2-4 강의 열처리 ··········· 394

         2-5 탄소강의 성질·· 402

제 03 장　비철금속재료　　　　　　　　　　　　　　　　416

         3-1 구리와 그 합금·· 416
         3-2 알루미늄과 그 합금·· 418
         3-3 니켈과 그 합금·· 420
         3-4 마그네슘과 그 합금·· 420
         3-5 주석과 그 합금·· 421
         3-6 아연과 그 합금·· 422
         3-7 납과 그 합금·· 422
         3-8 티탄과 그 합금·· 423

제 04 장　신 소 재　　　　　　　　　　　　　　　　　　424

         4-1 초전도 재료·· 424
         4-2 자성재료·· 425
         4-3 형상기억합금·· 425
         4-4 복합재료·· 426
         4-5 플라스틱·· 426
         4-6 세 라 믹·· 427
         4-7 초소성재료(超塑性材料 : Superplasticitymaterials)············ 428

Part 6　유압기기　433

제 01 장　유압기기의 개요(油壓機器, oil pressure machine)　434

         1-1 유압기기의 원리(파스칼의 원리 적용)······························ 434
         1-2 유압기기의 장·단점·· 435
         1-3 유압기기의 분류·· 436

제 02 장　유압 작동유(hydraulic operating oil)　438

         2-1 작동유의 온도와 점도와의 관계······································ 440
         2-2 작동유의 첨가제·· 441

Contents

제 03 장   유압 펌프   444

- 3-1 기어펌프의 특징 ········· 445
- 3-2 베인 펌프(vane pump)의 특징 ········· 447
- 3-3 플런저 펌프(회전 피스톤 펌프)의 특징 ········· 448
- 3-4 나사펌프의 특징 ········· 449
- 3-5 펌프의 이상현상-공동현상, 펌프의 소음 ········· 450
- 3-6 펌프의 동력 ········· 451
- 3-7 펌프의 각종 효율 ········· 453
- 3-8 동력과 효율의 관계 ········· 453

제 04 장   유압 제어밸브   455

- 4-1 제어밸브의 개요 ········· 455
- 4-2 유압제어 밸브의 종류 ········· 455

제 05 장   유압 액츄에이터(유압작동체, Hydraulic actuator)   465

- 5-1 액츄에이터(Actuator)의 개요 ········· 465
- 5-2 종 류 ········· 465

제 06 장   축 압 기(어큐물레이터, Accumulatr)   470

- 6-1 개 요 ········· 470
- 6-2 종 류 ········· 470
- 6-3 용 도 ········· 471
- 6-4 축압기의 크기선정 ········· 471

제 07 장   유압회로와 관이음   473

- 7-1 유압회로도 ········· 473
- 7-2 유압회로 응용 ········· 474
- 7-3 관 이음(Pipe Joint) ········· 476

제 08 장   한국 공업 규격 유압 용어(Glossary of Terms for Oil Hydraulics)   478

- KS B 0019 ········· 478
- 시험에 자주 출제되는 유압회로 기호 ········· 483

Part 7 기계동력학

제 01 장 변위, 속도, 가속도의 관계 — 488

- 1-1 변위와 거리 — 489
- 1-2 속도와 속력 — 489
- 1-3 등속직선운동=등속도 운동=일정 — 490
- 1-4 등가속도 운동(가속도)=const — 491
- 1-5 자유낙하 할 때 — 491
- 1-6 연직 방향으로 올린 물체의 운동 — 492
- 1-7 수평방향으로 던진 물체의 운동 — 493
- 1-8 비스듬히 아래로 던져진 물체의 운동 — 493
- 1-9 비스듬히 위로 던진 물체의 운동 — 495

제 02 장 운동량 방정식 — 497

- 2-1 운 동 량 — 498
- 2-2 운동량 보존의 법칙 — 498
- 2-3 충돌과 운동량 보존 — 501

제 03 장 원 운 동 — 504

- 3-1 각 속 도 — 505
- 3-2 각 가속도 — 505
- 3-3 법선 가속도, 접선 가속도, 선 속도=원주 속도 — 506
- 3-4 인공위성운동 — 509

제 04 장 구속된 운동 — 511

- 4-1 수직 도르래의 운동 — 512
- 4-2 평면 도르래 운동 — 513
- 4-3 경사면의 도르래 운동 — 515
- 4-4 움직이는 도르래 운동 — 515
- 4-5 반경방향과 횡방향 성분 — 520

Contents

제 05 장 에너지보존의 법칙 — 522

- 5-1 에너지의 종류 ········ 523
- 5-2 에너지보존의 법칙 ········ 523
- 5-3 경사면의 운동 ········ 524

제 06 장 진동의 개요 — 528

- 6-1 진 동(Vibration) ········ 529
- 6-2 진동계의 구성요소 ········ 529
- 6-3 진동의 종류 ········ 530

제 07 장 조화운동과 단진동 — 532

- 7-1 단 진 동 ········ 533
- 7-2 조화운동 ········ 534
- 7-3 진동방정식 ········ 536
- 7-4 스프링의 등가상수 ········ 539

제 08 장 감쇠자유진동 — 541

- 8-1 감쇠의 종류 ········ 542
- 8-2 점성 감쇠 ········ 542

제 09 장 비틀림 진동 — 546

- 9-1 직선계와 회전계의 비교 ········ 547
- 9-2 질량관성모멘트 ········ 548
- 9-3 비틀림 스프링 상수 ········ 549
- 9-4 회전계의 등가계 ········ 550
- 9-5 막대진자의 운동방정식 ········ 551
- 9-6 단진자의 운동방정식 ········ 553
- 9-7 직선운동과 회전운동의 조합운동 ········ 554

제 10 장 진동에 의한 힘 전달율 — 559

- 10-1 외부 기전력 이 가해지는 강제진동 ········ 560
- 10-2 진동절연 ········ 561

Part 8　최근 기출문제

2018년도

2018년　3월　4일 시행　* 564
2018년　4월 28일 시행　* 599
2018년　9월 15일 시행　* 635

2019년도

2019년　3월　3일 시행　* 669
2019년　4월 27일 시행　* 705
2019년　9월 21일 시행　* 743

2020년도

2020년　6월　6일 시행　* 778
2020년　8월 22일 시행　* 816
2020년　9월 27일 시행　* 854

2021년도

2021년　3월　7일 시행　* 891
2021년　5월 15일 시행　* 929
2021년　9월 12일 시행　* 967

2022년도

2022년　3월　5일 시행　* 1003
2022년　4월 24일 시행　* 1044
2022년　9월 CBT 시행　* 1084

Part 1 재료역학

Chapter 1	하중, 응력, 변형률
Chapter 2	재료의 정역학
Chapter 3	Mohr's Circle
Chapter 4	평면도형의 성질
Chapter 5	비틀림
Chapter 6	보(Beam)
Chapter 7	보속의 응력
Chapter 8	보의 처짐
Chapter 9	부정정보
Chapter 10	기둥(column)
[부록]	재료역학 공식 모음

Chapter 1. 하중, 응력, 변형률

○ **재료역학**(材料力學, strength of materials)**의 정의**
여러 가지 종류의 하중을 받는 재료에 나타나는 응력, 변형, 변형률 등을 고려하여 재료의 안전성 여부를 해석학적인 수법으로 구하는 학문이다.

출제 FOCUS
※ 기사시험에서 3문제~4문제 출제
※ 암기를 해야만 1분30초에 한 문제 해결이 가능합니다.

❶ **수직응력** $\sigma = \dfrac{P_{수직}}{A}$. (수직응력은 하중이 항상 단면에 수직하게 작용하는 응력)

전단응력 $\tau = \dfrac{P_{평행}}{A}$. (전단응력은 하중이 항상 단면에 평행하게 작용하는 응력)

❷ **포와송 비** $\mu = \dfrac{\epsilon'}{\epsilon} = \dfrac{\left(\dfrac{\Delta d}{d}\right)}{\left(\dfrac{\Delta l}{l}\right)} = \dfrac{\Delta d \cdot l}{\Delta l \cdot d} = \dfrac{1}{m}$

단면적 변형률 $\epsilon_A = \dfrac{\Delta A}{A} = 2\mu\epsilon$

체적변형률 $\epsilon_v = \dfrac{\Delta v}{v} = \epsilon(1-2\mu)$

여기서, m : 포와송수 (힘이 작용하지 않는 방향의 변형률) $\epsilon' = \dfrac{\Delta d}{d}$

(힘이 작용하는 방향의 변형률) $\epsilon = \dfrac{\Delta l}{l}$

❸ **응력과 변형률의 관계** = Hook의 법칙 : **수직응력** $\sigma = E \cdot \epsilon = E \times \dfrac{\Delta l}{l}$

전단응력 $\tau = G \times \gamma = G \times \dfrac{\lambda_s}{l}$

❹ $1mE = 2G(m+1) = 3K(m-2)$
여기서, m : 포와송의 수, E : 종탄성계수, G : 횡탄성계수, K : 체적탄성계수

❺ **세힘의 합성** $\dfrac{F_1}{\sin\theta_1} = \dfrac{F_2}{\sin\theta_2} = \dfrac{F_3}{\sin\theta_3}$

1-1 재료역학의 기본적 가정

- 모든 부재는 Newton 정역학적 평형조건을 만족한다(힘의 평형조건, 모멘트의 평형조건).
- 모든 부재는 완전탄성체이다(재료의 외력에 대한 변형은 탄성한도 이내에서는 외력에 비례하고 외력을 제거하면 변형도 소멸된다).
- 재료는 균질이며 등방성을 가지고 있다.

1. 하중(load)

기계, 기계구조물에 가하는 외력이다.

(1) 단위

국제단위(SI), 중력단위를 사용하고 있다.

국제단위(System Internationl) : (힘 = 질량 × 단위가속도)

$$F = m \times a, \ 1\,\text{N} = 1\,\text{kg} \times 1\,\text{m/s}^2$$

중력단위(공학단위) : (무게 = 질량 × 중력가속도)

$$W = m \times g, \ 1\,\text{kg}_f = 1\,\text{kg} \times 9.8\,\text{m/s}^2 = 9.8\,\text{kgm/s}^2 = 9.8\,\text{N}$$

$$1\,\text{kg}_f = 9.8\,\text{N}$$

구분		거리	질량	시간	힘	일	동력
SI 단위	MKS 단위계	m	kg	Sec	$1\text{N} = 1\text{kg} \times \text{m/s}^2$	$1\text{J} = 1\text{N} \times 1\text{m}$	$1\text{W} = 1\text{J/sec}$
	CGS 단위계	cm	g	Sec	dyne	erg	$1\text{kW} = 102\dfrac{\text{kg}_f\,\text{m}}{\text{s}}$
공학 단위	중력 단위계	m cm	$\text{kg}_f \cdot \text{s}^2/\text{m}$	sec min	kg_f	$\text{kg}_f \cdot \text{m}$	$1\text{PS} = 75\dfrac{\text{kg}_f\,\text{m}}{\text{s}}$

※ 참고 : 기사시험은 SI 단위로 출제됩니다.

(2) 하중의 종류

① 작용상태에 따른 분류
    ㉠ 축 하중 = 수직하중(axial load) : 단면에 수직한 하중(같은 축선 상에 하중이 있어야 한다)
        ⓐ 인장하중 : 재료를 늘리는 하중
        ⓑ 압축하중 : 재료를 줄이는 하중

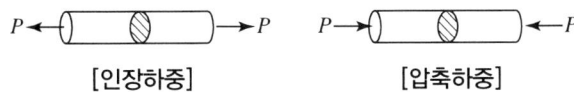

[인장하중]   [압축하중]

ⓒ 전단하중(shearing load) : 단면에 평행한 하중

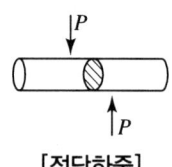

[전단하중]

② 작용 속도에 따른 분류
    ㉠ 정하중 : 정지상태에서 가해지는 하중
    ㉡ 동하중 : 움직이면서 가해지는 하중
        ⓐ 반복하중 : 한쪽방향으로 일정한 하중이 반복되는 하중
        ⓑ 교번하중 : 하중의 크기와 방향이 교대로 변화하는 하중
        ⓒ 충격하중 : 짧은 시간에 순간적으로 작용하는 하중

③ 분포상태 따른 분류
    ㉠ 집중하중 : 한 지점에 집중적으로 작용하는 하중
    ㉡ 분포하중 : 어느 구간에 걸쳐서 작용하는 하중
        ⓐ 균일분포하중 : 어느 구간에 걸쳐서 하중이 균일하게 작용하는 하중
        ⓑ 비 균일분포하중 : 어느 구간 걸쳐서 하중이 불규칙하게 작용하는 하중

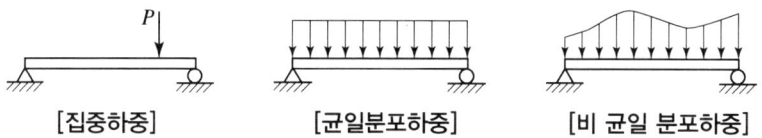

[집중하중]   [균일분포하중]   [비 균일 분포하중]

2. 응력(Stress)

재료에 하중이 가해지면, 그 하중에 대응하는 내부적인 저항력(내력)이 발생하고 내력의 크기를 나타내기 위한 것을 재료역학에서 응력이라 한다.

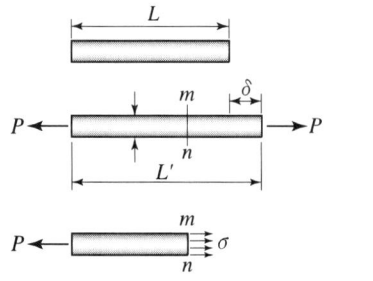

$$응력 = \frac{하중}{단면적}, \quad \sigma = \frac{P}{A}$$

$$변형률 = \frac{변형량}{원래의\ 길이} \quad \epsilon = \frac{(L'-L)}{L} = \frac{\Delta L}{L} = \frac{\delta}{L}$$

여기서, P와 A의 비 = P대 A의 비
    A에 대한 P의 비 = A에 대한 P = A당 P
[단위] kg_f/cm^2, kg_f/mm^2, N/m^2 = Pa
    Psi = Pound per squre inch = lb/in^2

(1) 응력의 종류

① 축응력 = 수직응력 = 법선응력(normal stress) : 축 하중에 의한 하중(같은 선상에 하중이 작용해야 됨)
    ㉠ 인장응력 : 인장하중에 의한 응력

ⓒ 압축응력 : 압축하중에 의한 응력
　② 전단응력 : 전단하중에 의한 응력 : 단면에 평행한 하중에 의해 발생되는 응력

$$\text{(수직응력은 단면에 항상 수직)} \quad \text{수직응력 } \sigma = \frac{P}{A}$$

$$\text{(전단응력은 단면에 항상 평행)} \quad \text{전단응력 } \tau = \frac{P}{A}$$

3. 변형률(Strain)

원래의 길이에 대한 변형량

$$\text{변형률} = \frac{\text{변형량}}{\text{원래의 길이}}, \quad \epsilon = \frac{\Delta l}{l}$$

(1) 변형률의 종류

① 수직하중에 의한 변형률
　㉠ 종 변형률＝축 방향 변형률＝세로방향 변형률＝길이방향 변형률＝힘이 작용하는 방향의 변형률
　㉡ 횡변형률＝반지름방향변형률＝가로방향변형률＝힘이 작용하지 않는 방향의 변형률

$$\text{종변형률 } \epsilon = \frac{\Delta l}{l} = \frac{l' - l}{l} \qquad \text{횡변형률 } \epsilon' = \frac{\Delta d}{d} = \frac{d - d'}{d}$$

여기서, Δl : 길이방향 변형량＝종변형량
　　　　Δd : 직경방향 변형량＝가로방향 변형률＝횡변형량

[변형 전]　　　　　　[변형 후]

　　ⓐ 변형률의 관계 : 포아송의 비 μ(Poisson's ratio), 포아송의 수 m(Poisson's number)

$$\text{포아송 비 } \mu = \frac{\epsilon'}{\epsilon} = \frac{\frac{\Delta d}{d}}{\frac{\Delta l}{l}} = \frac{\Delta d \cdot l}{\Delta l \cdot d} = \frac{1}{m}$$

　㉢ 단면적 변형률 : $\epsilon_A = \dfrac{\text{변형된 단면적}(\Delta A)}{\text{원래의 단면적}(A)}$

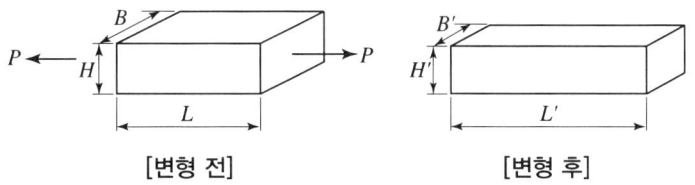

[변형 전]　　　　　　[변형 후]

제 1 편 재료역학

ⓐ 변형 후 길이 : $L' = L + \Delta L = L + \epsilon \times L = L(1+\epsilon)$

ⓑ 변형 후 폭 : $B' = B - \Delta B = B - (\epsilon' \times B) = B(1-\epsilon') = B(1-\mu\epsilon)$

$$\epsilon_A = \frac{A-A'}{A} = \frac{BH-B'H'}{BH} \equiv \frac{BH-BH(1-\mu\epsilon)^2}{BH} = 1-(1-\mu\epsilon)^2 = 2\mu\epsilon$$

$$\text{단면적 변형률 } \epsilon_A = \frac{\Delta A}{A} = 2\mu\epsilon$$

ⓓ 체적 변형률 : $\epsilon_V = \dfrac{\text{변형된 체적}(\Delta V)}{\text{원래의 체적}(V)}$

처음체적 $V = B \times H \times L$

나중체적 $V' = B' \times H' \times L'$
$= B(1-\epsilon') \times H(1-\epsilon') \times L(1+\epsilon)$
$= BHL(1-\epsilon')^2 \times (1+\epsilon)$

$$\epsilon_v = \frac{\Delta v}{v} = \frac{B'H'L' - BHL}{BHL} = \epsilon(1-2\mu)$$

$$\text{체적 변형률 } \epsilon_v = \frac{\Delta v}{v} = \epsilon(1-2\mu), \ \epsilon_v \geq 0, \ \mu \leq \frac{1}{2}$$

② 전단하중에 의한 변형률 = 전단변형률

$$\gamma = \frac{\lambda_s}{l} = \tan\theta \fallingdotseq \theta \,[\text{rad}]$$

여기서, γ : 전단변형률 = 각 변형률

③ 수직변형률과 전단변형률의 관계

$$\text{수직변형률 } \epsilon = \frac{bc}{ob} = \frac{\lambda_s \cos 45}{\dfrac{l}{\cos 45}} = \frac{\lambda_s}{l}\cos^2 45 = \frac{\gamma}{2}$$

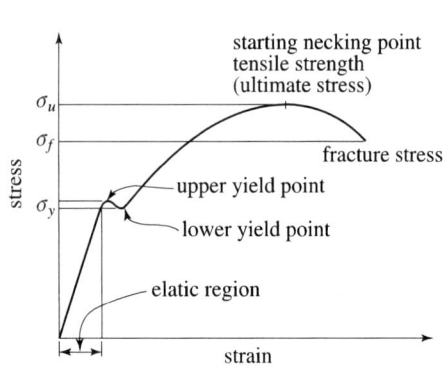

4. 응력과 변형률의 관계

(1) σ_w : **사용응력(Working Stress)**

사용할 수 있는 응력 = 영구 변형 없이 구조물을 안전하게 사용할 수 있는 응력

(2) σ_a : **허용응력(allow stress)**

사용응력으로 선정한 안전한 범위의 응력 = 사용응력의 상한응력

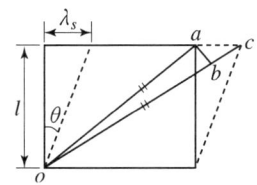

(3) σ_u : 극한강도(ultimate stress) = 최대응력

(4) 응력의 관계

$$\sigma_w \leq \sigma_a = \frac{\sigma_u}{S}$$

사용응력 ≤ 허용응력 = $\left(\dfrac{극한강도}{안전율}\right)$ ≤ 비례한도 ≤ 항복응력 ≤ 극한강도

여기서, S : 안전율

(5) 인장강도 = $\dfrac{최대하중}{최초의\ 단면적}$

인장시험의 최대하중을 최초의 단면적으로 나눈 값

(6) Hook's의 법칙 ≒ 응력과 변형률의 법칙

① 수직응력을 받는 경우

$$\sigma = E \cdot \epsilon = E \times \frac{\Delta l}{l}, \quad 수직변형량 \quad \Delta l = \frac{\sigma \cdot l}{E} = \frac{P \cdot l}{A \cdot E}$$

여기서, E : 비례계수 = 종탄성계수 = 세로탄성계수 = 영계수(Young's modulds)
종탄성계수가 큰 재료는 수직하중에 대해 변형이 잘 안되는 재료를 의미한다.

② 전단응력을 받는 경우

$$\tau = G \times \gamma = G \times \frac{\lambda_s}{l}, \quad 전단변형량 \quad \lambda_S = \frac{\tau \cdot l}{G} = \frac{P_S l}{AG}$$

여기서, G : 횡탄성 계수 = 가로탄성계수 = 전단탄성계수
횡탄성계수가 큰재료는 전단하중에 대해 변형이 잘 안되는 재료를 의미한다.

③ 체적변화에 대한 응력과 변형률의 관계

$$응력 \quad \sigma = K\epsilon_v = K\frac{\Delta V}{V}$$

여기서, K : 체적탄성계수

(7) 탄성계수의 관계식

$$\mu = \frac{\epsilon'}{\epsilon} = \frac{1}{m}, \quad \epsilon' = \frac{\epsilon}{m} = \frac{\sigma}{m \cdot E}$$

$$\epsilon_x = \frac{\sigma_x}{E} - \epsilon'_y - \epsilon'_z = \frac{\sigma_x}{E} - \frac{\sigma_y}{mE} - \frac{\sigma_z}{mE}$$

$$\epsilon_y = \frac{\sigma_y}{E} - \epsilon'_x - \epsilon'_z = \frac{\sigma_y}{E} - \frac{\sigma_x}{mE} - \frac{\sigma_z}{mE}$$

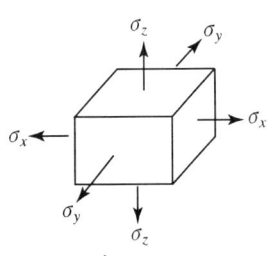

$$\epsilon_z = \frac{\sigma_z}{E} - \epsilon'_x - \epsilon'_y = \frac{\sigma_z}{E} - \frac{\sigma_x}{mE} - \frac{\sigma_y}{mE}$$

$\sigma_x = \sigma_y = \sigma_z = \sigma$, $\epsilon_x = \epsilon_y = \epsilon_z = \epsilon$일 때의 식

$$\epsilon = \frac{\sigma}{E} - \frac{2\sigma}{mE} = \frac{\sigma(m-2)}{mE} \quad \cdots\cdots\cdots ①$$

$$K = \frac{\sigma}{\epsilon_v} = \frac{\sigma}{3\epsilon}, \quad \epsilon = \frac{\sigma}{3K} \quad \cdots\cdots\cdots ②$$

① = ②에서 $\dfrac{\sigma(m-2)}{mE} = \dfrac{\sigma}{3K}$

탄성계수의 관계식

$$1mE = 2G(m+1) = 3K(m-2)$$

여기서, m : 포와송의 수, E : 종탄성계수, G : 횡탄성계수, K : 체적탄성계수

※ 2축응력(평면응력)상태의 Hook's law ⇨ 기사시험만 출제됨
※ 3축응력(평면응력)상태의 Hook's law ⇨ 기사시험만 출제됨

$$\epsilon_x = \frac{\sigma_x}{E} - \frac{\mu\sigma_y}{E} - \frac{\mu\sigma_z}{E} \cdots ① \qquad \epsilon_y = \frac{\sigma_y}{E} - \frac{\mu\sigma_x}{E} - \frac{\mu\sigma_z}{E} \cdots ②$$

$$\epsilon_z = \frac{\sigma_z}{E} - \frac{\mu\sigma_y}{E} - \frac{\mu\sigma_x}{E} \cdots ③$$

①, ②, ③식을 응력의 항으로 고치면

$$\sigma_x = \frac{E}{(1+\mu)(1-2\mu)}[(1-\mu)\epsilon_x + \mu(\epsilon_y + \epsilon_z)]$$

$$\sigma_y = \frac{E}{(1+\mu)(1-2\mu)}[(1-\mu)\epsilon_y + \mu(\epsilon_x + \epsilon_z)]$$

$$\sigma_z = \frac{E}{(1+\mu)(1-2\mu)}[(1-\mu)\epsilon_z + \mu(\epsilon_x + \epsilon_y)]$$

5. 정적 평형 조건

(1) 힘의 평형조건 $\sum F = 0$

① $\sum F_x = 0$ (X 방향 힘의 총합은 0이다.)
② $\sum F_y = 0$ (Y 방향 힘의 총합은 0이다.)
③ $\sum M = 0$ (임의의 점 주위에 대한 각 힘의 모멘트 총합은 0이다.)

(2) 힘의 합성

① 두 힘의 합성

$$R = \sqrt{F_1^2 + F_2^2 + 2F_1F_2\cos\theta}$$

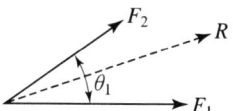

② 세 힘의 합성(Lami의 정리)

$$\frac{F_1}{\sin\theta_1} = \frac{F_2}{\sin\theta_2} = \frac{F_3}{\sin\theta_3}$$

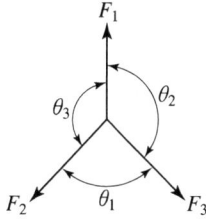

(3) 중간 하중을 받는 경우

절단법 : 잘라서 한 쪽 방향의 힘만 고려

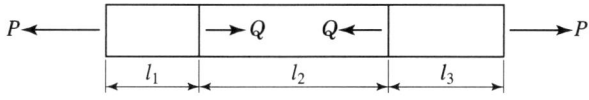

전체 변형량 $\delta_t = \delta_1 + \delta_2 + \delta_3 = \dfrac{F_1 l_1}{AE} + \dfrac{F_2 l_2}{AE} + \dfrac{F_3 l_3}{AE}$

$P > Q$일 때 $F_1 = P,\ F_2 = P - Q,\ F_3 = P$

6. 응력 집중

공칭응력 $\sigma_n = \dfrac{P}{A} = \dfrac{P}{(B-D)t}$

최대응력 $\sigma_{\max} = \alpha \times \sigma_n$

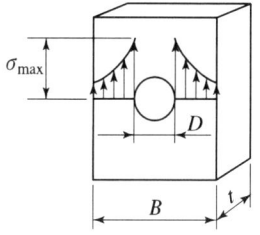

여기서, α : 응력집중계수 = 형상 계수

7. 진응력과 진변형률

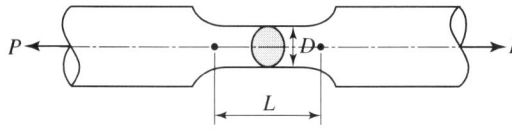

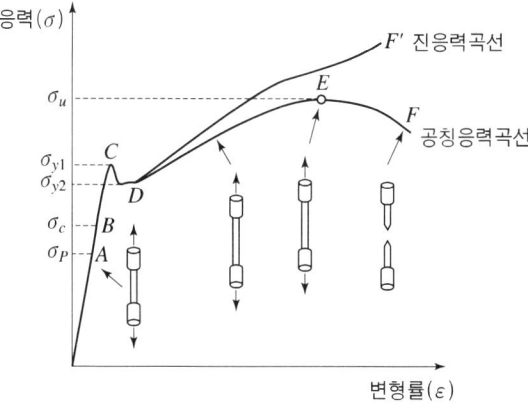

σ_P : 비례한도
σ_c : 탄성한도
σ_{y2} : 하항복점
σ_{y1} : 상항복점
σ_u : 극한강도
F' : 진응력파괴점
F : 공칭응력파괴점
L : 표점거리

① **공칭응력(Norminal stress)와 공칭변형률(Norminal strain)**
단면적의 변화가 일어나지 않는 다는 가정조건으로 구한 응력(σ)과 변형률(ϵ)

$$\sigma = \frac{P}{A},\ \epsilon = \frac{L'-L}{L} = \frac{\delta}{L}$$

여기서, A : 최초의 단면적, L : 최초의 길이, L' : 변형후의 길이

② **진응력(Ture stress)과 진변형률(Ture strain)**
하중이 증가하면 단면적의 변화가 발생되며 이때 단면적의 변화에 따른 응력과 변형률을 진응력, 진변형률이라 한다. 진응력과 진변형률의 가정조건으로는 단면적의 변화는 일어나지만 재료의 전체 부피는 변함이 없다는 가정조건으로 구한다.

$AL = A'L' = A'(L+\delta) = A'(L+\epsilon L) = A'L(1+\epsilon)$

단면비 $\dfrac{A}{A'} = (1+\epsilon)$

변화후의 단면적 $A' = \dfrac{A}{(1+\epsilon)}$

진응력 $\sigma_T = \dfrac{P}{A'} = \dfrac{P}{\left(\dfrac{A}{1+\epsilon}\right)} = \dfrac{P}{A}(1+\epsilon) = \sigma(1+\epsilon)$

진변형률 $\epsilon_T = \displaystyle\int_L^{L'} \dfrac{dL}{L} = \ln\dfrac{L'}{L} = \ln\dfrac{L+\delta}{L} = \ln\dfrac{L+L\epsilon}{L} = \ln\dfrac{L(1+\epsilon)}{L} = \ln(1+\epsilon)$

$$\text{진응력}\ \ \sigma_T = \sigma(1+\epsilon)$$
$$\text{진변형률}\ \ \epsilon_T = \ln(1+\epsilon)$$

여기서, σ : 공칭응력 $\sigma = \dfrac{P}{A}$, ϵ : 공칭변형률 $\epsilon = \dfrac{L'-L}{L} = \dfrac{\Delta L}{L} = \dfrac{\delta}{L}$

제 2 장 재료의 정역학

Chapter 2

재료의 정역학

출제 FOCUS

※ 기사시험에서 2문제~3문제 출제
※ 암기를 해야만 1분30초에 한 문제 해결이 가능합니다.

❶ 병렬로 조합된 봉에 나타나는 응력 $\sigma_1 = \dfrac{PE_1}{A_1E_1 + A_2E_2}$ $\sigma_2 = \dfrac{PE_2}{A_1E_1 + A_2E_2}$

❷ 자중을 고려한 처짐량 $\lambda = \dfrac{\gamma l^2}{2E} = \dfrac{Wl}{2AE}$

여기서, γ : 비중량, W : 자중

❸ 열응력 $\sigma_{th} = E \cdot \epsilon_{th} = E \cdot \alpha \cdot \Delta T = \dfrac{P_{th}}{A}$

여기서, α : 선팽창계수(1/℃), ΔT : 온도차

❹ 단위 체적당 저장되는 탄성에너지 $u = \dfrac{U}{V} = \dfrac{\sigma^2}{2E} = \dfrac{(E\epsilon)^2}{2E} = \dfrac{E^2\epsilon^2}{2E} = \dfrac{E\epsilon^2}{2}$ [Nm/m³]

❺ 내압을 받는 얇은 원통에 나타나는 응력   원주 방향응력 $\sigma_y = \dfrac{P \cdot d}{2t}$, 축방향응력 $\sigma_x = \dfrac{P \cdot d}{4t}$

제 1 편 재료역학

2-1 조합된 봉의 응력과 변형량

1. 직렬 조합 단면(작용하는 하중이 같다.)

1과 2에 작용하는 힘 $P_1 = P_A$, $P_2 = P_A + P_B$

1부재의 응력 : $\sigma_1 = \dfrac{P_1}{A_1}$

2부재의 응력 : $\sigma_2 = \dfrac{P_2}{A_2}$

전체 변형량 $\Delta L = \Delta L_1 + \Delta l_2 = \dfrac{P_1 L_1}{A_1 E_1} + \dfrac{P_2 L_2}{A_2 E_2}$

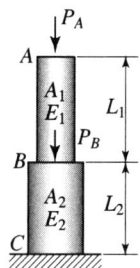

단면적이 변할 때의 늘음량

전체 변형량 : $\delta = \dfrac{4PL}{\pi E d_A d_B}$ ⇨ 유도하기

공식 : $\delta = \displaystyle\int_0^L \dfrac{F_{(x)} dx}{E A_{(x)}}$

힘 : $F_{(x)} = P = const$

면적 : $A(x) = \dfrac{\pi}{4}\left[d_A - \dfrac{x}{L}(d_A - d_B)\right]^2$

$A_{(x)} = \dfrac{\pi d_{(x)}^2}{4}$

$\dfrac{d_A - d_x}{x} = \dfrac{d_A - d_B}{L} \Rightarrow d_x = d_A - \dfrac{x}{L}(d_A - d_B)$

$\delta = \displaystyle\int_0^L \dfrac{P dx}{E \dfrac{\pi}{4}\left[d_A - \dfrac{x}{L}(d_A - d_B)\right]^2} = \dfrac{4P}{\pi E}\displaystyle\int_0^L \dfrac{dx}{\left[d_A - \dfrac{x}{L}(d_A - d_B)\right]^2}$

∴ 전체 변형량 $\delta = \dfrac{4PL}{\pi E d_A d_B}$

적분공식 ⇨ $\displaystyle\int \dfrac{dx}{(a+bx)^2} = -\dfrac{1}{b(a+bx)}$

2. 병렬 조합단면(변형량이 같다. $\epsilon_1 = \epsilon_2 = \epsilon$)

구리(cu)부분을 1부재,
스틸(steel)부분을 2부재라 하자.

$$\Delta L = \Delta L_1 = \Delta L_2 = \frac{P_1 L}{A_1 E_1} = \frac{P_2 L}{A_2 E_2}$$

$$\epsilon_1 = \epsilon_2 = \frac{\sigma_1}{E_1} = \frac{\sigma_2}{E_2}$$

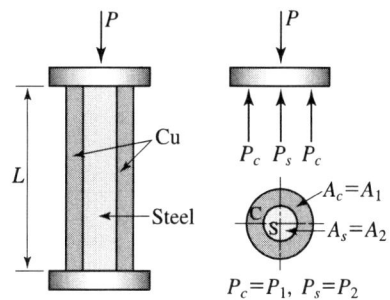

$P_c = P_1,\ P_s = P_2$

(1) 각 재료에 작용하는 응력

$$P = P_1 + P_2 = \sigma_1 A_1 + \sigma_2 A_2 = \sigma_1 A_1 + \frac{E_2}{E_1}\sigma_1 A_2 = \sigma_1 \left(\frac{A_1 E_1 + A_2 E_2}{E_1} \right)$$

$$\therefore\ \sigma_1 = \frac{PE_1}{A_1 E_1 + A_2 E_2} \qquad \therefore\ \sigma_2 = \frac{PE_2}{A_1 E_1 + A_2 E_2}$$

(2) 각 재료에 가해지는 하중

$$P_1 = \sigma_1 \times A_1 = \frac{PE_1 A_1}{A_1 E_1 + A_2 E_2} \qquad P_2 = \sigma_2 \times A_2 = \frac{PE_2 A_2}{A_1 E_1 + A_2 E_2}$$

 2-2 자중을 고려한 응력 및 변형량

1. 균일 단면봉

전체 자중 $W = \gamma(\text{비중량}) \times V(\text{체적})$

x지점에서의 응력 : $\sigma_x = \dfrac{W_x}{A} = \dfrac{\gamma \cdot A \cdot x}{A} = \gamma \cdot x$

x지점에서의 변형률 : $\epsilon_x = \dfrac{dx' - dx}{dx} = \dfrac{d\lambda}{dx} = \dfrac{\sigma_x}{E}$

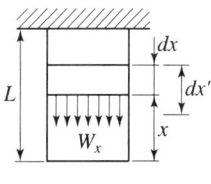

(1) 자중에 의한 처짐량, λ

$\dfrac{d\lambda}{dx} = \dfrac{\sigma_x}{E} = \dfrac{\gamma x}{E}$, $d\lambda = \dfrac{\gamma x}{E} dx$ 적분하면, $\displaystyle\int_0^L d\lambda = \int_0^L \dfrac{\gamma x}{E} dx$

제 1 편 재료역학

$$처짐량 \quad \lambda = \frac{\gamma}{E} \times \frac{L^2}{2} = \frac{\gamma L^2}{2E} \times \frac{A}{A} = \frac{\gamma AL \times L}{2AE} = \frac{WL}{2AE}$$

$$자중을\ 고려한\ 처짐량 \quad \lambda = \frac{\gamma L^2}{2E} = \frac{WL}{2AE}$$

여기서, γ : 비중량, W : 자중

(2) 자중과 외력이 동시에 작용할 때 전체 늘음량 λ

$$\lambda = \frac{Wl}{2AE} + \frac{Pl}{AE}$$

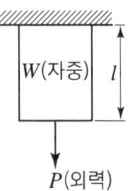

여기서, W : 봉의 무게(자중), P : 외력

2. 균일 강도봉 ($\sigma = const$)

모든 단면에 대하여 자중을 고려해도 σ 가 일정하여 단면적의 변화가 요구된다.

$$\lambda = \frac{Pl}{AE} = \frac{\sigma l}{E}$$

 ## 2-3 온도 변화에 의한 응력 및 변형량

$T_1 > T_2$: 재료는 수축됨으로 인장 열응력 발생
$T_1 < T_2$: 재료는 인장됨으로 압축 열응력 발생

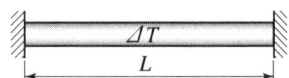

여기서, T_1 : 처음온도, T_2 : 나중온도, ΔT : 온도차

 **자유단에서는 열응력 발생하지 않음**
Hook's Law에서

$$\sigma = E \cdot \epsilon$$

$$열응력 \quad \sigma_{th} = E \cdot \epsilon_{th} = E \cdot \alpha \cdot \Delta T = \frac{P_{th}}{A}$$

여기서, α : 선팽창계수(1/℃) ϵ_{th} : 열 변형률 $\epsilon_{th} = \alpha \cdot \Delta T$
Δl_{th} : 열 변형량 $\Delta l_{th} = \epsilon_{th} \cdot l$ P_{th} 열에 의한 힘 $P_{th} = \sigma_{th} \times A$

2-4 탄성에너지

탄성체에 외력이 작용하여 탄성변형이 발생했을 때 그 외력에 의한 일(Work)은 일종의 위치에너지(Potential energy)로 그 탄성체에 저축된다. 이것을 변형에너지라 한다.

1. 역학적 에너지

① 위치에너지 $E_p = mgh$

② 운동에너지 $E_k = \dfrac{1}{2}mv^2$

2. 탄성에너지

① 인장하중에 의한 탄성에너지

$$U = \dfrac{\sigma^2 V}{2E}$$

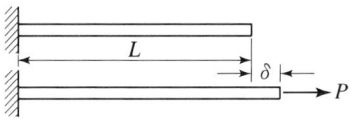
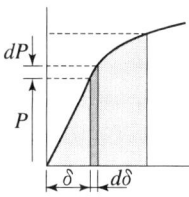

참고 탄성에너지 유도과정

미소 탄성에너지 $dU = Pd\delta$ 단, $P = \dfrac{AE}{L}\delta$

$$U = \int dU = \int_0^L \dfrac{AE}{L}\delta\, d\delta \quad \therefore\ U = \dfrac{AE\delta^2}{2L} = \dfrac{P\delta}{2}$$

$$U = \dfrac{1}{2}P\delta = \dfrac{1}{2}\dfrac{P^2 l}{AE} = \dfrac{P^2 lA}{2AEA} = \dfrac{P^2 Al}{2A^2 E} = \dfrac{\sigma^2 Al}{2E} = \dfrac{\sigma^2 V}{2E}$$

$$U = \dfrac{1}{2}P_s\delta_s = \dfrac{1}{2}\dfrac{P_s^2 l}{AG} = \dfrac{P_s^2 lA}{2AGA} = \dfrac{P^2 Al}{2A^2 G} = \dfrac{\tau^2 Al}{2G} = \dfrac{\tau^2 V}{2G}$$

여기서, σ : 수직응력 τ : 전단응력 V : 체적 E : 종탄성계수 G : 횡탄성계수

② 최대탄성에너지 u : 단위 체적 당 탄성에너지(Resilience)

$$u = \dfrac{U}{V} = \dfrac{\sigma^2}{2E} = \dfrac{(E\epsilon)^2}{2E} = \dfrac{E^2\epsilon^2}{2E} = \dfrac{E\epsilon^2}{2}\ [\mathrm{kg_f \cdot cm/cm^3}]$$

2-5 충격에 의한 응력과 변형량

정적응력 $\sigma_0 = \dfrac{W}{A}$

정적 늘음량 $\lambda_0 = \dfrac{Wl}{AE} = \dfrac{\sigma_0}{E}l$

충격에 의한 응력 $\sigma = \sigma_0\left(1 + \sqrt{1 + \dfrac{2h}{\lambda_0}}\right)$

충격에 의한 늘음량 $\lambda = \dfrac{\sigma l}{E} = \lambda_0\left(1 + \sqrt{1 + \dfrac{2h}{\lambda_0}}\right)$

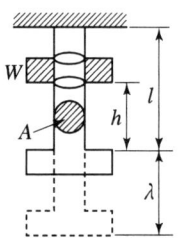

1. 충격에 의한 응력과 변형량

(1) 위치에너지

$$\text{위치에너지}\quad E_p = W(h + \lambda)$$

(2) 탄성에너지

$$\text{탄성에너지}\quad U = \dfrac{\sigma^2 A l}{2E}$$

에너지보존법칙에 의해 $E_P = U$

$W(h + \delta) = \dfrac{\sigma^2 A l}{2E}$ 에서 $\sigma^2 A l = 2EW(h + \delta) = 2EWh + 2EW\delta$

$\sigma^2 A l - 2EW\delta - 2EWh = 0,\ \sigma^2 - 2EW\left(\dfrac{\sigma l}{E}\right) - 2EWh = 0$

$Al\sigma^2 - 2Wl\sigma - 2EWh = 0 \rightarrow \sigma$에 대한 2차 방정식

> **근의 공식**
> $ax^2 + bx + c = 0$ (단, $a \neq 0$)
> $x = \dfrac{-b \pm \sqrt{b^2 - 4ac}}{2a}$
> b가 짝수일 때 $x = \dfrac{-b' \pm \sqrt{b'^2 - ac}}{a}$ 단, $b' = \dfrac{b}{2}$

충격응력 $\sigma = \dfrac{Wl \pm \sqrt{Wl^2 + Al(2EWh)}}{Al} = \dfrac{Wl \pm Wl\sqrt{1 + \dfrac{2EAh}{Wl}}}{Al}$

$= \dfrac{W}{A}\left(1 + \sqrt{1 + \dfrac{2h}{\lambda_0}}\right)$

충격에 의한 응력 $\sigma = \sigma_0\left(1 + \sqrt{1 + \dfrac{2h}{\lambda_0}}\right)$

충격에 의한 늘음량 $\lambda = \dfrac{\sigma l}{E} = \lambda_0\left(1 + \sqrt{1 + \dfrac{2h}{\lambda_0}}\right)$

여기서, $h \simeq 0$이면 $\sigma = 2\sigma_0$, $\lambda = 2\lambda_0$

그러므로 충격응력은 정적응력의 최소한 2배가 된다.

2-6 압력을 받는 얇은 원통에 나타나는 응력

원주방향 응력 $\sigma_y = \dfrac{P \cdot D}{2t}$

축방향 응력 $\sigma_x = \dfrac{P \cdot D}{4t}$

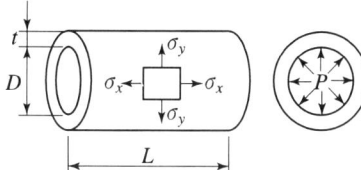

여기서, t : 두께, D : 내경, P : 내부 압력
L : 원통의 길이

1. 원주방향의 응력(Hoop stress, σ_y)

$\sum F_y = 0$, $F_{\sigma y} = F_P$
$F_{\sigma y} = 2 \times (t \times L) \times \sigma_y$, $F_P = P \times D \times l$
$\therefore \sigma_y = \dfrac{P \cdot D}{2\ t}$

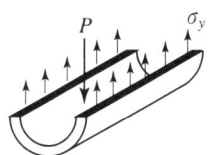

2. 축 방향응력 = 세로방향 응력 σ_x

$\sum F_x = 0$, $F_{\sigma x} = F_P$
$F_{\sigma_x} = \pi \cdot D \cdot t \times \sigma_x$, $F_P = P \times \dfrac{\pi}{4}D^2$
$\therefore \sigma_x = \dfrac{P \cdot D}{4\ t}$

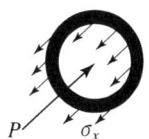

제 1 편 재료역학

여기서, 같은 압력에 의해 발생하는 최고 응력

$$\sigma_{\max} = \sigma_1 = \frac{P \cdot D}{2t} \leq \sigma_a, \quad \sigma_{\max} \leq \sigma_a = \frac{\sigma_u}{S} = \frac{P \cdot D}{2t}$$

내압을 받는 얇은 원통의 두께 $\quad t \geq \dfrac{P \times D \times S}{2 \times \sigma_u \times \eta} + C$

여기서, σ_a : 허용응력, σ_u : 극한강도, S : 안전율, η : 이음 효율, C : 부식여유, D : 원통의 내경

 ## 2-7 얇은 회전체의 응력

얇은 회전체의 원주방향응력 σ_y

$$\sigma_y = \frac{\gamma \cdot V^2}{g} = \frac{\gamma \cdot \left(\frac{\pi D N}{60}\right)^2}{g}$$

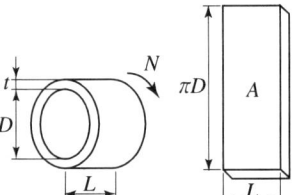

여기서, D : 원통의 내경[mm], N : 회전수[rpm]
ω : 각속도[rad/s], V : 원주 속도[mm/s]
R : 원통의 반지름, A : 압력을 받는 단면적, t : 용기의 두께

1. 속도의 관계

$$V = \omega \times R = \frac{\pi \cdot D \cdot N}{60}$$

2. 원심력에 의해 회전체 내면에 압력발생

얇은 회전체의 원주방향응력 $\quad \sigma_y = \dfrac{\gamma \cdot V^2}{g} = \dfrac{\gamma \cdot \left(\dfrac{\pi D N}{60}\right)^2}{g}$

 **얇은 회전체의 원주방향응력 구하는 식 유도하기**

① 원통에 발생하는 압력 $\quad P = \dfrac{F}{A} = \dfrac{원심력}{단면적} = \dfrac{m \cdot a}{A} = \dfrac{\dfrac{W}{g} \times R\omega^2}{A}$

$$P = \frac{W \times R\omega^2}{gA} = \frac{\gamma \cdot A \cdot t \times R\omega^2}{gA} = \frac{\gamma \cdot t \times R\omega^2}{g}$$

② 압력에 의한 원주방향 응력 σ_y

$$\sigma_y = \frac{P \times D}{2 \times t} = \frac{\gamma \cdot t \cdot R\,w^2 \times D}{2 \times t \times g} = \frac{\gamma \cdot R\,w^2 \times 2R}{2 \times g} = \frac{\gamma \cdot R^2 \cdot w^2}{g} = \frac{\gamma V^2}{g}$$

Chapter 3

Mohr's Circle

○ 여러 가지 응력들이 함께 작용할 때 이들의 응력의 상태를 파악하기 위한 응력상태를 원으로 나타낸 응력원이다.

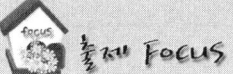

※ 기사시험에서 1문제~2문제 출제
※ Mohr's의 응력원을 그리는 방법을 알면 모든 문제 해결

❶ 1축응력의 임의의 경사각에 나타나는 수직응력 $\sigma_n = \sigma_x \cos^2\theta$

　1축응력의 임의의 경사각에 나타나는 전단응력 $\tau = \dfrac{\sigma_x}{2}\sin 2\theta$

❷ 2축응력의 임의의 경사각에 나타나는 수직응력 $\sigma_n = \left(\dfrac{\sigma_x+\sigma_y}{2}\right)+\left(\dfrac{\sigma_x-\sigma_y}{2}\right)\cos 2\theta$

　2축응력의 임의의 경가각에 나타나는 전단응력 $\tau_\theta = \left(\dfrac{\sigma_x-\sigma_y}{2}\right)\sin 2\theta$

❸ 조합응력에 나타나는 최대 주응력 $\sigma_1 = \dfrac{\sigma_x+\sigma_y}{2}+\sqrt{\left(\dfrac{\sigma_x-\sigma_y}{2}\right)^2+\tau_{yx}^2}$

　조합응력에 나타나는 최소주응력 $\sigma_2 = \left(\dfrac{\sigma_x+\sigma_y}{2}\right)-\sqrt{\left(\dfrac{\sigma_x-\sigma_y}{2}\right)^2+\tau_{yx}^2}$

　조합응력에 나타나는 최대전단응력 $\tau_{\max} = \sqrt{\left(\dfrac{\sigma_x-\sigma_y}{2}\right)^2+\tau_{yx}^2}$

❹ 최대, 최소 주응력상태에서는 반드시 전단응력은 0이다.

3-1 단순응력(simple stress)

축 방향 하중이 1개 존재하는 응력(1축 응력)

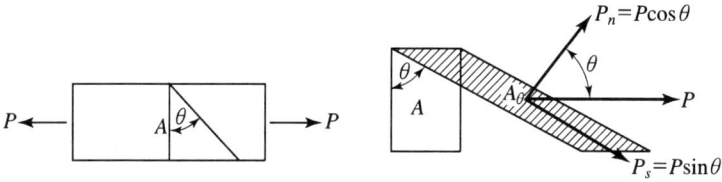

$A = A_\theta \cos\theta$, 경사면에 수직한 힘 $P_n = P\cos\theta$, 경사면에 평행한 힘 $P_s = P\sin\theta$

1. 수학적 방법을 의한 응력구하기

(1) 수직응력

$$\sigma_x = \frac{P}{A}$$

(2) 임의의 경사각 θ에 나타나는 법선응력 σ_n

$$\sigma_n = \frac{P_n}{A_\theta} = \frac{P\cos\theta}{\dfrac{A}{\cos\theta}} = \frac{P}{A}\cos^2\theta = \sigma_x \cos^2\theta$$

(3) 임의의 경사각 θ에 나타나는 전단응력 τ

$$\tau = \frac{P_s}{A_n} = \frac{P\sin\theta}{\dfrac{A}{\cos\theta}} = \frac{P}{A}\cos\theta\sin\theta = \sigma_x \frac{\sin2\theta}{2} = \frac{\sigma_x}{2}\sin2\theta$$

2. Mohr's Circle을 이용한 응력구하기

(1) 작용응력　　$\sigma_x = \dfrac{P}{A}$

(2) 좌표점　　　$(0,0)\ (\sigma_x,\ 0)$

(3) 중심좌표　　$\left(\dfrac{\sigma_x}{2},\ 0\right)$

(4) 반지름　　　$R = \dfrac{\sigma_\chi}{2}$

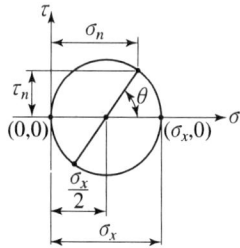

제 3 장 Mohr's Circle

(5) 임의의 경사각 θ에서의 법선응력 σ_n

$$\sigma_n = \frac{\sigma_x}{2} + R\cos2\theta = \frac{\sigma_x}{2} + \frac{\sigma_x}{2}\cos2\theta = \frac{\sigma_x}{2}(1+\cos2\theta) = \sigma_x\cos^2\theta$$

(6) 임의의 경사각 θ에 나타난 전단응력 τ_n

$$\tau_n = R\sin2\theta = \frac{\sigma_x}{2}\sin2\theta$$

(7) 최대, 최소주응력

$$\text{최대주응력} \quad \sigma_1 = \sigma_x \qquad \text{최소주응력} \quad \sigma_2 = 0$$

(8) 최대전단응력

$$\tau_{\max} = R = \frac{\sigma_x}{2}$$

(9) $\sigma_{n'} + \sigma_n = \sigma_x$

(10) $\theta = 45°$ 일 때 $\tau = \sigma_{n'} = \sigma_n = \dfrac{\sigma_x}{2}$

삼각함수

$\sin(\alpha \pm \beta) = \sin\alpha\cos\beta \pm \cos\alpha\sin\beta$
$\cos(\alpha \pm \beta) = \cos\alpha\cos\beta \mp \sin\alpha\sin\beta$
여기서, $\alpha = \beta = \theta$, $\sin2\theta = 2\sin\theta\cos\theta$
$\therefore \sin\theta\cos\theta = \dfrac{\sin2\theta}{2}$

$\cos2\theta = \cos^2\theta - \sin^2\theta$ ①
$1 = \cos^2\theta + \sin^2\theta$ ②
$\cos^2\theta = \dfrac{1+\cos2\theta}{2}$, $\sin^2\theta = \dfrac{1-\cos2\theta}{2}$

3-2 2축 응력

축방향 하중이 2개 작용, 인장력 ⊕, 압축력 ⊖

(1) **작용응력** : σ_x, σ_y $\sigma_x > \sigma_y$
　　　　　　전단응력은 0이다.

(2) **작용점** : $(\sigma_x,\ 0)$, $(\sigma_y,\ 0)$

(3) **중심좌표** : $(\dfrac{\sigma_x + \sigma_y}{2},\ 0)$

(4) **반지름** : $R = \dfrac{\sigma_x - \sigma_y}{2}$

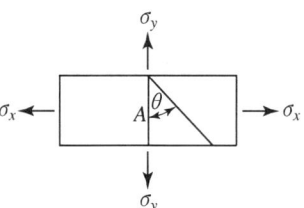

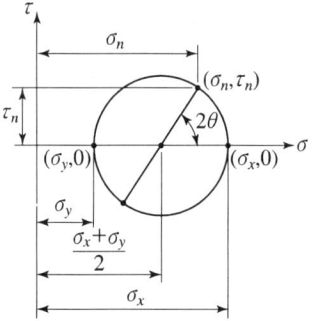

(5) 임의의 경사각 θ 에서의 법선응력

$$\sigma_n = \left(\dfrac{\sigma_x + \sigma_y}{2}\right) + R\cos 2\theta$$
$$= \left(\dfrac{\sigma_x + \sigma_y}{2}\right) + \left(\dfrac{\sigma_x - \sigma_y}{2}\right)\cos 2\theta$$

(6) 임의의 경사각 θ 에서의 전단응력

$$\tau_\theta = R\sin 2\theta = \left(\dfrac{\sigma_x - \sigma_y}{2}\right)\sin 2\theta$$

(7) 최대주응력

　　　　최대주응력　$\sigma_1 = \sigma_x$　　　최소주응력　$\sigma_2 = \sigma_y$

(8) 최대전단응력

$$\tau_{\max} = R = \dfrac{\sigma_x - \sigma_y}{2}$$

(9) 2축응력의 여러 가지 형태

① $\sigma_x = \sigma_y$ 　　　　　　　② $\sigma_x = -\sigma_y$ 일 때(≒순수전단응력상태)

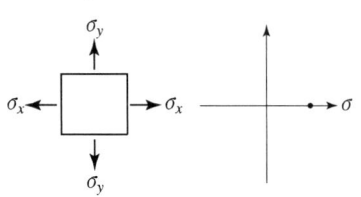
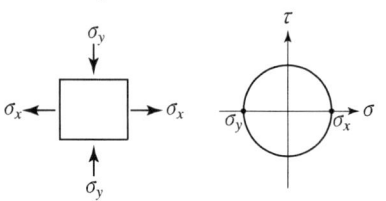

3-3 조합응력(평면응력)

전단응력은 항상 쌍으로 존재하고 그 크기는 같다.

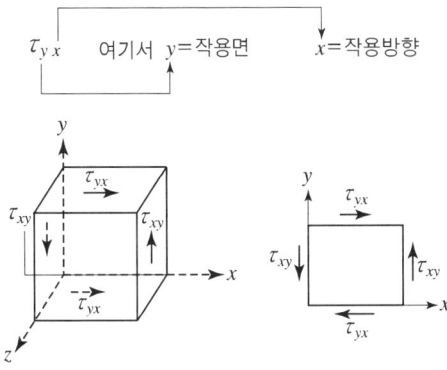

도시한 순수 전단 상태에 정역학적 평형방정식을 적용하면 전단응력×면적=힘의 관계로부터

$$\sum F_x = 0 \,;\, \tau_{yx(윗면)} \cdot dxdz = \tau_{yx(밑면)} dxdz$$
$$\sum F_y = 0 \,;\, \tau_{xy(오른쪽면)} \cdot dydz = \tau_{xy(왼쪽면)} dydz$$

따라서 $\tau_{윗면} = \tau_{밑면}$, $\tau_{오른쪽면} = \tau_{왼쪽면}$ 의 관계가 성립한다.

또, 힘×팔의 길이=모멘트 의 관계로부터 $\sum M_z = 0 \,;\, \tau_{xy}\, dydz \cdot dx - \tau_{yx}\, dxdz \cdot dy = 0$

따라서 $\tau_{xy} = \tau_{yx}$ 를 확장 적용하면 일반적인 상태에서

$$\tau_{xy} = \tau_{yx},\ \tau_{yz} = \tau_{zy},\ \tau_{zx} = \tau_{xz}$$

가 성립한다.

(1) 작용 응력 $\tau_{yx},\ \tau_{xy},\ \sigma_x,\ \sigma_y$

> 수직응력 $\sigma_x > \sigma_y$
> 전단응력 $\tau_{yx},\ -\tau_{xy}$

(2) 작용점

> $(\sigma_x,\, +\tau)\ \ (\sigma_y,\, -\tau)$

(3) 중심좌표

> $\left(\dfrac{\sigma_x + \sigma_y}{2},\, 0\right)$

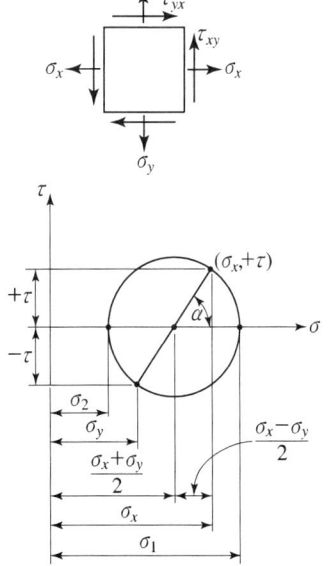

(4) 반지름

$$R = \sqrt{\left(\frac{\sigma_x - \sigma_y}{2}\right)^2 + \tau_{yx}^2}$$

(5) 최대주응력

$$\sigma_1 = \left(\frac{\sigma_x + \sigma_y}{2}\right) + R = \left(\frac{\sigma_x + \sigma_y}{2}\right) + \sqrt{\left(\frac{\sigma_x - \sigma_y}{2}\right)^2 + \tau_{yx}^2}$$

(6) 최소주응력

$$\sigma_2 = \left(\frac{\sigma_x + \sigma_y}{2}\right) - R = \left(\frac{\sigma_x + \sigma_y}{2}\right) - \sqrt{\left(\frac{\sigma_x - \sigma_y}{2}\right)^2 + \tau_{yx}^2}$$

(7) 최대전단응력

$$\tau_{\max} = R = \sqrt{\left(\frac{\sigma_x - \sigma_y}{2}\right)^2 + \tau_{yx}^2}$$

(8) 임의의 경사각 θ에서의 법선응력

$$\sigma_n = \left(\frac{\sigma_x + \sigma_y}{2}\right) + R\cos(2\theta + \alpha) = \left(\frac{\sigma_x + \sigma_y}{2}\right) + R(\cos 2\theta \cos \alpha - \sin 2\theta \sin \alpha)$$

$$= \left(\frac{\sigma_x + \sigma_y}{2}\right) + R\left(\cos 2\theta \frac{\frac{\sigma_x - \sigma_y}{2}}{R} - \sin 2\theta \frac{\tau_{yx}}{R}\right)$$

$$= \left(\frac{\sigma_x + \sigma_y}{2}\right) + \left(\frac{\sigma_x - \sigma_y}{2}\right)\cos 2\theta - \tau_{yx}\sin 2\theta$$

(9) 임의의 경사각 θ에서의 전단응력 τ_θ

$$\tau_\theta = R\sin(2\theta + \alpha) = R(\sin \alpha \cos 2\theta + \cos \alpha \sin 2\theta)$$

$$= R\left(\frac{\tau_{yx}}{R}\cos 2\theta + \frac{\frac{\sigma_x - \sigma_y}{2}}{R}\sin 2\theta\right) = \tau_{yx}\cos 2\theta + \left(\frac{\sigma_x - \sigma_y}{2}\right)\sin 2\theta$$

제 3 장 Mohr's Circle

(10) 주응력이 되기 위한 각 α

$$\tan\alpha = \frac{\tau_{yx}}{\dfrac{\sigma_x - \sigma_y}{2}} = \frac{2\tau_{yx}}{\sigma_x - \sigma_y}$$

(11) 변형률의 More's 응력원 그리기 ⇨ 기사시험만 출제됨

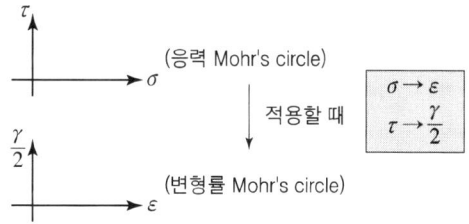

최대수직변형률 $\epsilon_1 = \dfrac{\epsilon_x + \epsilon_y}{2} + \sqrt{\left(\dfrac{\epsilon_x - \epsilon_y}{2}\right)^2 + \left(\dfrac{\gamma_{yx}}{2}\right)^2}$

$\dfrac{\gamma_{\max}}{2} = \sqrt{\left(\dfrac{\epsilon_x - \epsilon_y}{2}\right)^2 + \left(\dfrac{\gamma_{yx}}{2}\right)^2}$

최대전단변형률 $\gamma_{\max} = 2\sqrt{\left(\dfrac{\epsilon_x - \epsilon_y}{2}\right)^2 + \left(\dfrac{\gamma_{yx}}{2}\right)^2}$

Chapter 4
평면도형의 성질

※ 기사시험에서 2문제~3문제 출제
※ 각 평면도형의 형상계수 값을 암기하여야만 한다.

❶ 사각형, 중실, 중공의 형상계수 값을 암기하여야만 된다.

구분	수학적 표현	공식 활용	사각형	중실축	중공축
단면1차 모멘트 Q_x, Q_y	$Q_x = \int y dA$ $Q_y = \int x dA$	$Q_x = \bar{y} A$ $Q_y = \bar{x} A$	(b×h 사각형)	(직경 D 원)	$x = \dfrac{D_1}{D_2}$ (D₁, D₂ 중공원)
단면2차 모멘트 I_x, I_y	$I_x = \int y^2 dA$ $I_Y = \int x^2 dA$	$I_x = K_y^2 A$ $I_y = K_x^2 A$	$I_x = \dfrac{bh^3}{12}$ $I_y = \dfrac{hb^3}{12}$	$I_x = I_y = \dfrac{\pi D^4}{64}$	$I_x = I_y = \dfrac{\pi D_2^4}{64}(1-x^4)$
극단면2차 모멘트 I_p	$I_p = \int r^2 dA$	$I_p = I_x + I_y$	$I_p = \dfrac{bh}{12}(b^2+h^2)$	$I_p = \dfrac{\pi D^4}{32}$	$I_p = \dfrac{\pi D_2^4}{32}(1-x^4)$
단면계수 Z	$Z_x = \dfrac{I_x}{e_x}$ $Z_y = \dfrac{I_y}{e_y}$	$Z = \dfrac{M}{\sigma_b}$	$Z_x = \dfrac{bh^2}{6}$ $Z_y = \dfrac{hb^2}{6}$	$Z_x = Z_y = \dfrac{\pi D^3}{32}$	$Z_x = Z_y = \dfrac{\pi D_2^3}{32}(1-x^4)$
극단면 계수 Z_p	$Z_p = \dfrac{I_p}{e}$	$Z_p = \dfrac{T}{\tau}$		$Z_p = \dfrac{\pi D^3}{16}$	$Z_p = \dfrac{\pi D_2^3}{16}(1-x^4)$

❷ 평형축 정리 $I_x' = I_{\bar{x}} + a^2 A$

여기서, I_x' : 새로운 축의 단면2차 모멘트, a : 도심에서 떨어진 거리
$I_{\bar{x}}$: 도심 축에서의 단면2차 모멘트 A : 단면적

❹ 삼각형 도심에서 단면2차모멘트 $I_{\bar{x}} = \dfrac{bh^3}{36}$

삼각형 밑변에서 단면2차모멘트 $I_x' = \dfrac{bh^3}{12}$

제 4 장 평면도형의 성질

4-1 관성 모멘트

1. 모멘트(Moment)의 종류
(1) 힘 모멘트 = 힘 × 최단거리
(2) 단면모멘트 = 단면 × 거리
   ① 단면 1차 모멘트 = 단면 × 거리^1 여기서, 거리는 평면의 도심
   ② 단면 2차 모멘트 = 단면 × 거리^2 여기서, 거리는 평면의 회전반경

2. 단면 1차 모멘트 Q_x, Q_y

(1) x축에 대한 단면 1차 모멘트 Q_x

$$Q_x = \int_A y\,dA$$
$$= y_1 A_1 + y_2 A_2 + \cdots + y_n A_n = \overline{y}\,A$$

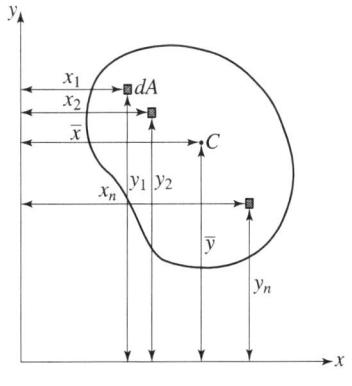

(2) y축에 대한 단면 1차 모멘트 Q_y

$$Q_y = \int_A x\,dA$$
$$= x_1 A_1 + x_2 A_2 + \cdots + x_n A_n = \overline{x}\,A$$

도심 $\overline{y} = \dfrac{Q_x}{A} = \dfrac{x축 단면\ 1차모멘트}{전체단면} = \dfrac{A_1 y_1 + A_2 y_2 + A_3 y_3}{A_1 + A_2 + A_3}$

도심 $\overline{x} = \dfrac{Q_y}{A} = \dfrac{y축 단면\ 1차모멘트}{전체단면} = \dfrac{A_1 x_1 + A_2 x_2 + A_3 x_3}{A_1 + A_2 + A_3}$

① 사각단면의 도심구하기

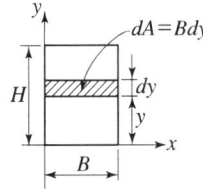 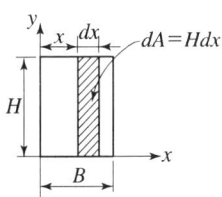

$$Q_y = \int x\,dA = \int x H\,dx = H\int_0^B x\,dx = H \times \frac{B^2}{2} = HB \times \frac{B}{2} = A \times \overline{x}$$

$$Q_x = \int y\,dA = \int y B\,dy = B\int_0^H y\,dy = B \times \frac{H^2}{2} = BH \times \frac{H}{2} = A \times \overline{y}$$

② 반원의 도심 구하기

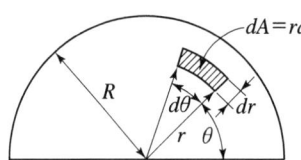 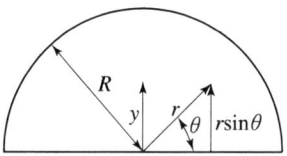

$$y = r\sin\theta, \quad dA = r \cdot d\theta \cdot dr$$

$$Q_x = \int y\,dA = \int r\sin\theta\, r\,d\theta \times dr = \int_0^R r^2 dr \times 2\int_0^{\frac{\pi}{2}} \sin\theta\, d\theta$$

$$= \frac{R^3}{3} \times 2 \times -\left(\cos\frac{\pi}{2} - \cos 0\right) = \frac{R^3}{3} \times 2 = \frac{2R^3}{3}$$

$$Q_x = \frac{2R^4}{3} = \bar{y} \times \frac{\pi R^2}{2}$$

$$\therefore \bar{y} = \frac{2R^3}{3} \times \frac{2}{\pi R^2} = \frac{4R}{3\pi}$$

반원의 도심 $\bar{y} = \dfrac{4R}{3\pi}$

3. 단면 2차 모멘트 = 관성 모멘트

(1) x 축 단면 2차 모멘트 $I_x = \int_A y^2 dA = A k_x^2$

(2) y축 단면 2차 모멘트 $I_y = \int_A x^2 dA = A k_y^2$

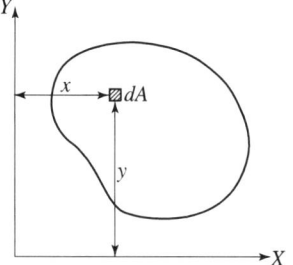

① 사각단면($b \times h$)일 때(도심 축에 대한 단면 2차 모멘트)

$$I_x = \int y^2 dA = \int_{-\frac{h}{2}}^{+\frac{h}{2}} y^2 \times b\,dy = \frac{bh^3}{12}$$

$$I_y = \int x^2 dA = \int_{-\frac{b}{2}}^{+\frac{b}{2}} x^2 \times h\,dx = \frac{hb^3}{12}$$

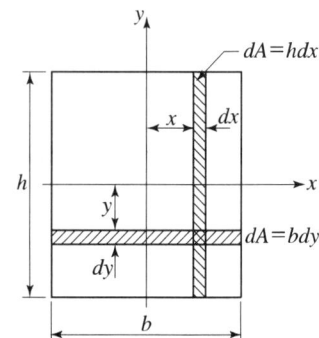

② 원형단면의 2차 모멘트

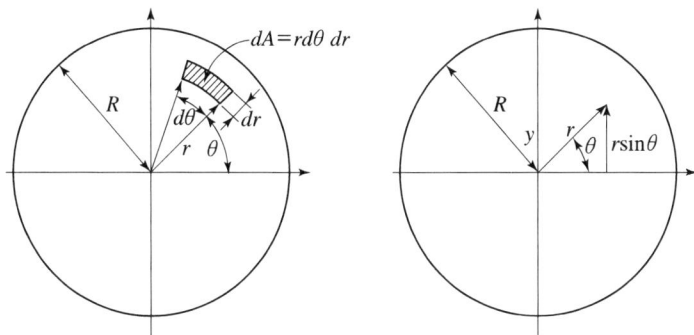

$$dA = r \cdot d\theta \cdot dr, \quad y = r\sin\theta$$

$$I_x = \int_A y^2 dA = \iint (r^2\sin^2\theta) r \cdot \theta \cdot dr = \int_0^R r^3 dr \times 4 \int_0^{\frac{\pi}{2}} \frac{(1-\cos 2\theta)}{2} d\theta$$

$$= \frac{R^4}{4} \times \frac{4}{2} \int_0^{\frac{\pi}{2}} (1-\cos 2\theta) d\theta = \frac{R^4}{4} \times \frac{4}{2} \left[\theta - \frac{1}{2}\sin 2\theta \right]_0^{\frac{\pi}{2}}$$

$$= \frac{R^4}{4} \times \frac{4}{2} \times \frac{\pi}{2} = \frac{\pi R^4}{4} = \frac{\pi D^4}{64}$$

중실축의 단면 2차 모멘트

$$I_x = I_y = \frac{\pi D^4}{64} = \frac{\pi R^4}{4}$$

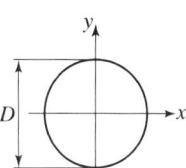

③ 중공축 = 속이 빈 축의 단면 2차 모멘트

$$I_x = I_y = I$$

$$I = \frac{\pi}{64}(D_2^4 - D_1^4) = \frac{\pi D_2^4}{64}\left\{ 1 - \left(\frac{D_1}{D_2}\right)^4 \right\} = \frac{\pi D_2^4}{64}(1 - x^4)$$

내외경비 $x = \frac{D_1}{D_2}$

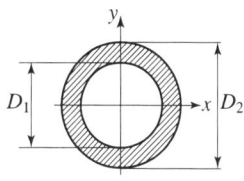

4. 극단면 2차 모멘트 = 극 관성 모멘트 I_p (≒원점에 대한 단면 2차 모멘트)

$$I_p = \int_A r^2 dA = \int_A (x^2 + y^2) dA$$
$$= \int_A x^2 dA + \int_A y^2 dA = I_y + I_x$$

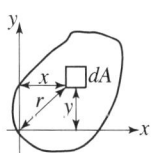

(1) 사각 단면의 극단면 2차 모멘트

사각단면의 x축의 단면 2차 모멘트 $I_x = \dfrac{bh^3}{12}$

사각단면의 y축의 단면 2차 모멘트 $I_y = \dfrac{hb^3}{12}$

사각단면의 극단면 2차 모멘트

$I_p = I_x + I_y = \dfrac{bh^3}{12} + \dfrac{b^3h}{12} = \dfrac{bh}{12}(b^2 + h^2)$

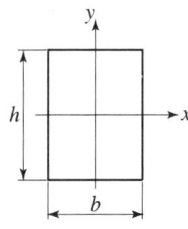

(2) 원형단면의 극단면 2차모멘트

$$I_p = \dfrac{\pi D^4}{64} + \dfrac{\pi D^4}{64} = \dfrac{\pi D^4}{32}$$

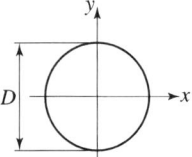

(3) 중공축 = 속이빈 축의 극단면 2차 모멘트

$I_P = \dfrac{\pi}{32}(D_2^{\,4} - D_1^{\,4})$

$= \dfrac{\pi D_2^{\,4}}{32}\left\{1 - \left(\dfrac{D_1}{D_2}\right)^4\right\} = \dfrac{\pi D_2^{\,4}}{32}(1 - x^4)$

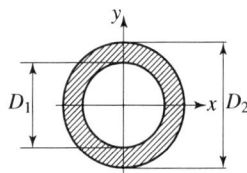

5. 단면계수

$$Z_x = \left(\dfrac{I}{e}\right)_x, \quad Z_y = \left(\dfrac{I}{e}\right)_y$$

도형의 도심을 지나는 축에 관한 단면 2차 모멘트를 그 축에서 도형의 끝단까지의 연직거리를 나눈 것을 단면계수라 한다. 굽힘에 대한 강도값을 나타내는 형상계수이다.

 6장에서 배우는 굽힘 모멘트와 관계가 있다.

$$M = \sigma \cdot Z$$

(1) 사각단면의 단면계수

$Z_x = \dfrac{\dfrac{bh^3}{12}}{\dfrac{h}{2}} = \dfrac{bh^2}{6} \qquad Z_y = \dfrac{\dfrac{hb^3}{12}}{\dfrac{b}{2}} = \dfrac{hb^2}{6}$

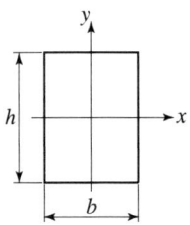

(2) 원형단면의 단면계수

$$Z_x = Z_y = \frac{I_x}{e} = \frac{\frac{\pi D^4}{64}}{\frac{D}{2}} = \frac{\pi D^3}{32}$$

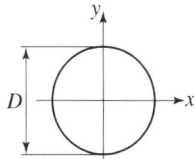

(3) 중공축단면의 단면계수

$$Z_x = Z_y = \frac{\frac{\pi(D_2^4 - D_1^4)}{64}}{\frac{D_2}{2}} = \frac{\pi}{32} \frac{(D_2^4 - D_1^4)}{D_2} = \frac{\pi D_2^3}{32}(1-x^4)$$

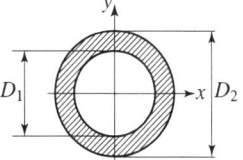

6. 극단면 계수

$$Z_P = \frac{I_p}{e}$$

도형의 도심을 지나는 축에 관한 극단면 2차 모멘트(I_p)를 2축에서 도형의 끝단까지의 연직거리를 나눈 것을 극단면 계수라 한다.

 6장에서 배우는 비틀림과 관계가 있다.

$$T = \tau \cdot Z_p$$

(1) 중실축의 극단면계수

$$Z_p = \frac{I_p}{e} = \frac{\frac{\pi D^4}{32}}{\frac{D}{2}} = \frac{\pi D^3}{16}$$

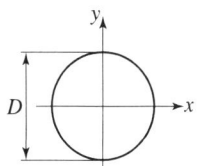

(2) 중공축의 극단면계수

$$Z_P = \frac{I_P}{e} = \frac{\frac{\pi(D_2^4 - D_1^4)}{32}}{\frac{D_2}{2}} = \frac{\pi}{16} \frac{(D_2^4 - D_1^4)}{D_2} = \frac{\pi D_2^3}{16}(1-x^4)$$

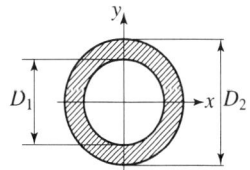

7. 단면상승모멘트

$I_{XY} = \int xy\, dA = \overline{x}\,\overline{y}\,A \Rightarrow \overline{x}\,\overline{y}$는 도형의 도심이다. 도형의 도심에서는 항상 단면상승모멘트는 0의 값을 가진다. 정리하면

구분	수학적 표현	공식 활용	사각형	중실축	중공축
단면1차 모멘트 Q_x, Q_y	$Q_x = \int y\,dA$ $Q_y = \int x\,dA$	$Q_x = \overline{y}A$ $Q_y = \overline{x}A$			$x = \dfrac{D_1}{D_2}$
단면2차 모멘트 I_x, I_y	$I_x = \int y^2\,dA$ $I_y = \int x^2\,dA$	$I_x = K_y^2 A$ $I_y = K_x^2 A$	$I_x = \dfrac{bh^3}{12}$ $I_y = \dfrac{hb^3}{12}$	$I_x = I_y = \dfrac{\pi D^4}{64}$	$I_x = I_y = \dfrac{\pi D_2^4}{64}(1-x^4)$
극단면2차 모멘트 I_p	$I_p = \int r^2\,dA$	$I_p = I_x + I_y$	$I_p = \dfrac{bh}{12}(b^2+h^2)$	$I_p = \dfrac{\pi D^4}{32}$	$I_p = \dfrac{\pi D_2^4}{32}(1-x^4)$
단면계수 Z	$Z_x = \dfrac{I_x}{e_x}$ $Z_y = \dfrac{I_y}{e_y}$	$Z = \dfrac{M}{\sigma_b}$	$Z_x = \dfrac{bh^2}{6}$ $Z_y = \dfrac{hb^2}{6}$	$Z_x = Z_y = \dfrac{\pi D^3}{32}$	$Z_x = Z_y = \dfrac{\pi D_2^3}{32}(1-x^4)$
극단면계수 Z_p	$Z_p = \dfrac{I_p}{e}$	$Z_p = \dfrac{T}{\tau}$		$Z_p = \dfrac{\pi D^3}{16}$	$Z_p = \dfrac{\pi D_2^3}{16}(1-x^4)$

4-2 평형 축 정리

$$I_X' = \int_A (a+y)^2\,dA$$
$$= \int_A (y^2 + 2ya + a^2)\,dA$$
$$= \int_A y^2\,dA + 2a\int_A y\,dA + \int_A a^2\,dA$$
$$= I_{\overline{X}} + a^2 A$$

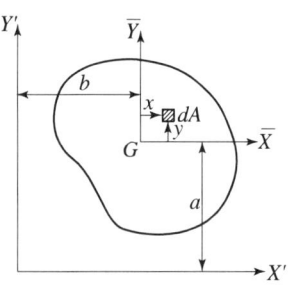

도심에서 a 만큼 떨어진 축의 단면2차 모멘트 = 도심의 단면2차모멘트 $+ a^2 \times$ 도형의 면적

$$I_X' = I_{\overline{X}} + a^2 A, \quad I_Y' = I_{\overline{Y}} + b^2 A$$

여기서, I_X' : 새로운 축의 단면2차 모멘트, a : 도심에서 떨어진 거리
$I_{\overline{X}}$: 도심 축에서의 단면2차 모멘트, A : 단면적

4-3 삼각형의 단면2차 모멘트

삼각형 도심에서 단면2차모멘트 $I_{\bar{x}} = \dfrac{bh^3}{36}$

삼각형 밑변에서 단면2차 모멘트 $I_x' = \dfrac{bh^3}{12}$

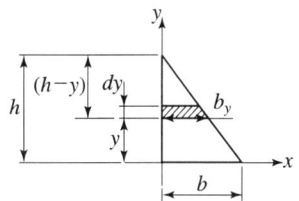

유도하기 ⇨ $h : b = (h-y) : b_y \quad b(h-y) = h\,b_y$

y지점에서의 폭 $b_y = \dfrac{b(h-y)}{h}$

$dA = b_y \times dy = \dfrac{b(h-y)}{h} \times dy$

$I_x = \displaystyle\int y^2 dA = \int_0^h y^2 \times \dfrac{b(h-y)}{h} dy = \dfrac{b}{h}\int_0^h (y^2 h - y^3)dy$

$= \dfrac{b}{h}\left[h\dfrac{y^3}{3} - \dfrac{y^4}{4}\right]$

$= \dfrac{b}{h}\left[\dfrac{h^4}{3} - \dfrac{h^4}{4}\right] = \dfrac{b}{h} \times \dfrac{h^4}{12} = \dfrac{bh^3}{12}$

삼각형 밑변에서 단면2차 모멘트 $I_x' = \dfrac{bh^3}{12}$

평행축 정리를 이용하여 $I_x = I_{\bar{x}} + a^2 A'$

도심에서 단면 2차 모멘트 $I_{\bar{x}} = I_x' - a^2 A$

$I_{\bar{x}} = \dfrac{bh^3}{12} - \left(\dfrac{h}{3}\right)^2 \times \dfrac{bh}{2} = \dfrac{bh^3}{12} - \dfrac{h^2}{9} \times \dfrac{bh}{2} = \dfrac{bh^3}{12} - \dfrac{bh^3}{18} = \dfrac{bh^3}{36}$

삼각형 도심에서 단면2차모멘트 $I_{\bar{x}} = \dfrac{bh^3}{36}$

삼각형 밑변에서 단면2차 모멘트 $I_x' = \dfrac{bh^3}{12}$

단면 2차 모멘트를 최대로 하는 사각형 형상	단면계수를 최대로 하는 사각형 형상
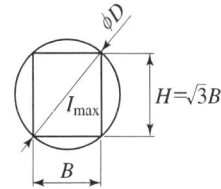	

Chapter 5 비틀림

출제 FOCUS

※ 기사시험에서 1문제~2문제 출제
※ 암기를 해야만 1분30초에 한 문제 해결 가능합니다.

❶ **비틀림 모멘트** $T = \tau_{max} \times Z_P$

여기서, τ_{max} (비틀림 전단응력), Z_P : 극 단면계수

❷ **비틀림 각** $\theta = \dfrac{Tl}{GI_P}$ [rad]

여기서, T : 비틀림 모멘트, l : 보의 길이, G : 횡탄성 계수, I_P : 극 단면 2차 모멘트

❸ **동력, 비틀림, 회전수의 관계**

$$T = 716.2\dfrac{H_{ps}}{N}[\text{kg}_f \cdot \text{m}] = 7018.76\dfrac{H_{ps}}{N}[\text{J}], \quad T = 974\dfrac{H_{kW}}{N}[\text{kg}_f \cdot \text{m}] = 9545.2\dfrac{H_{kW}}{N}[\text{J}]$$

여기서, H_{ps} : 전달동력[PS], H_{kW} : 전달동력[kW], N : 회전수

5-1 원형축의 비틀림

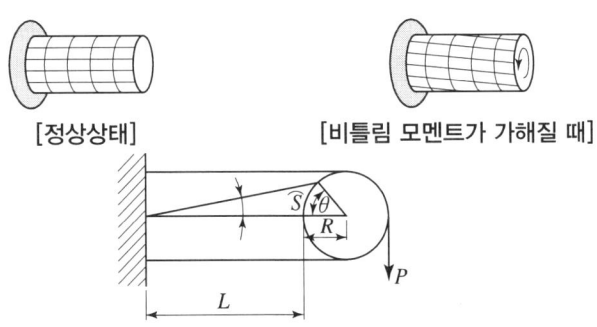

[정상상태]   [비틀림 모멘트가 가해질 때]

여기서, L : 보의 길이, γ : 전단 변형률, θ : 비틀림 각, R : 반지름, P : 접선력

비틀림 모멘트 $T = \tau_{\max} \times Z_P$

유도하기 ⇨ $\tan\gamma \fallingdotseq \gamma = \dfrac{s}{L} = \dfrac{R\theta}{L}$,   전단변형률 $\gamma = \dfrac{R\theta}{L}$

Hook's law에서 $\tau = G \cdot \gamma$, $\tau = \dfrac{GR\theta}{l}$, $\tau = f(R)$

$\left(R = 0 \Rightarrow \tau = 0, \ R = R \Rightarrow \tau_{\max} = \dfrac{GR\theta}{l} \right)$

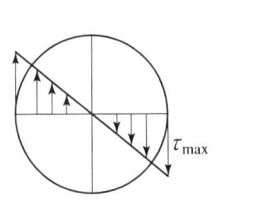
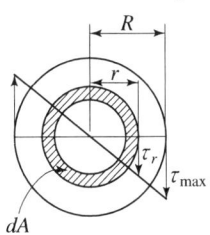

여기서, τ_r : 임의의 반경 r에서의 전단응력

$\tau_r : r = \tau_{\max} : R$에서 임의의 반경 r에서의 전단응력 $\tau_r = \dfrac{\tau_{\max} r}{R}$

『미소토크 = 미소 힘 × 거리 = (응력 × 미소단면적) × 거리』

$dT = dF \times r = (\tau_r \times dA) \times r = \left(\dfrac{\tau_{\max} r}{R} \right) \times dA \times r = \left(\dfrac{\tau_{\max} r^2}{R} \right) \times dA$

적분하면

$T = \displaystyle\int_A dT = \int \dfrac{\tau_{\max} r^2}{R} dA = \dfrac{\tau_{\max}}{R} \int_A r^2 dA = \dfrac{\tau_{\max}}{R} I_p$

∴ 비틀림 모멘트 $T = \tau_{\max} \times Z_P$

5-2 비틀림 각 θ[rad]

비틀림 각은 축의 강성을 설계하는 값이다.

1. 강도(strength)

재료에 부하가 걸린 경우, 재료가 파단 되기까지의 변형저항을 표현하는 총칭 = 외부 적인 힘에 의한 치수를 설계하는 것   [예] 인장강도, 압축강도

2. 강성(stiffness = rigidity)

하중에 대한 변형저항으로 특히 외부 하중에 의한 변형량의 측면에서 치수를 설계할 때 사용되는 값으로 사용된다. 비틀림 모멘트에 의한 변형량의 값은 비틀림 각이 많이 사용된다.

$$\tau = \frac{GR\theta}{L} \quad \cdots (1)$$

$$\tau = \frac{T}{Z_P} \quad \cdots (2)$$

(1) = (2)에서

$$\text{비틀림 각} \quad \theta = \frac{TL}{Z_p GR} = \frac{TL}{I_P G} \ [\text{rad}]$$

$$\theta = \frac{Tl}{GI_P} \times \frac{180°}{\pi} \ (\text{도})$$

여기서, T : 비틀림 모멘트, L : 보의 길이, G : 횡탄성 계수, I_P : 극 단면 2차 모멘트

5-3 비틀림 모멘트와 전달동력의 관계

$$\text{동력} = \frac{\text{일}}{\text{시간}} = \frac{\text{힘} \times \text{거리}}{\text{시간}} = \text{힘} \times \text{속도}$$

$$\text{동력} \quad H = \frac{W}{t} = \frac{F \times S}{t} = F \times V \qquad \text{속도} \quad V = \omega \times R = \frac{\pi DN}{60}$$

$$\text{동력} \quad H = F \times V = F \times R \times \omega = T \times \omega = T \times \frac{2\pi N}{60}$$

여기서, V : 원주 속도, ω : 각속도, N : 분당회전수[rpm]

1. 동력 H가 마력(ps)을 주어질 때 $1\text{Ps} = 75\text{kg}_f \cdot \text{m/s}$

$$T = \frac{60}{2\pi} \times 75 \times \frac{H_{ps}}{N} = 716.2 \frac{H_{ps}}{N} \, [\text{kg}_f \cdot \text{m}]$$

$$T = 716.2 \frac{H_{ps}}{N} \, [\text{kg}_f \cdot \text{m}] = 7018.76 \frac{H_{ps}}{N} \, [\text{J}]$$

$$T = 71620 \frac{H_{ps}}{N} \, [\text{kg}_f \cdot \text{cm}] = 7018.76 \frac{H_{ps}}{N} \, [\text{J}]$$

$$T = 716200 \frac{H_{ps}}{N} \, [\text{kg}_f \cdot \text{mm}] = 7018.76 \frac{H_{ps}}{N} \, [\text{J}]$$

2. 동력 H가 [kw]로 주어질 때 $1\text{kW} = 102\text{kg}_f \cdot \text{m/s}$

$$T = \frac{60}{2\pi} \times 102 \times \frac{H_{KW}}{N} = 974 \frac{H_{KW}}{N} \, [\text{kg}_f \cdot \text{m}]$$

$$T = 974 \frac{H_{KW}}{N} \, [\text{kg}_f \cdot \text{m}] = 9545.2 \frac{H_{KW}}{N} \, [\text{J}]$$

$$T = 97400 \frac{H_{KW}}{N} \, [\text{kg}_f \cdot \text{cm}] = 9545.2 \frac{H_{KW}}{N} \, [\text{J}]$$

$$T = 974000 \frac{H_{KW}}{N} \, [\text{kg}_f \cdot \text{mm}] = 9545.2 \frac{H_{KW}}{N} \, [\text{J}]$$

제 1 편 재료역학

Chapter 6 보(Beam)

※ 기사시험에서 2문제~3문제 출제
※ 전단력선도, 굽힘, 모멘트선도를 그릴 수 있어야 합니다.

❶ 외팔보의 전단력선도(SFD), 굽힘 모멘트선도(BMD)

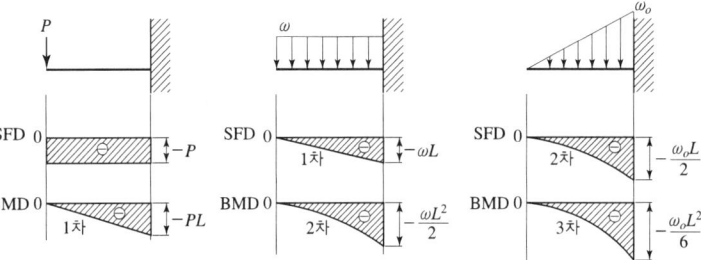

❷ 오른팔보의 전단력선도(SFD), 굽힘 모멘트선도(BMD)
외팔보의 전단력선도 값이 (+양의 값)이고 전단력의 크기, 모멘트의 크기는 같다.

❸ 단순보의 전단력선도(SFD), 굽힘 모멘트선도(BMD)

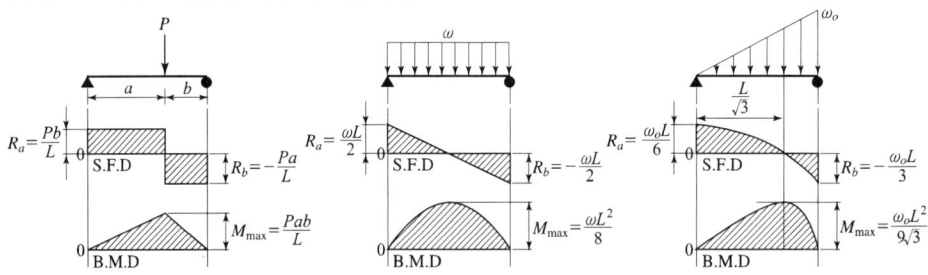

❹ 단순보에 우력(M0)이 작용할 때

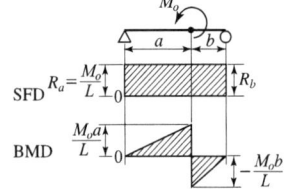

❺ 분포하중(ω), 전단력(F), 굽힘 모멘트(M)의 관계 $\omega = \dfrac{dF}{dx} = \dfrac{d\left(\dfrac{dM}{dx}\right)}{dx} = \dfrac{d^2M}{dx^2}$

6-1 지점의 종류

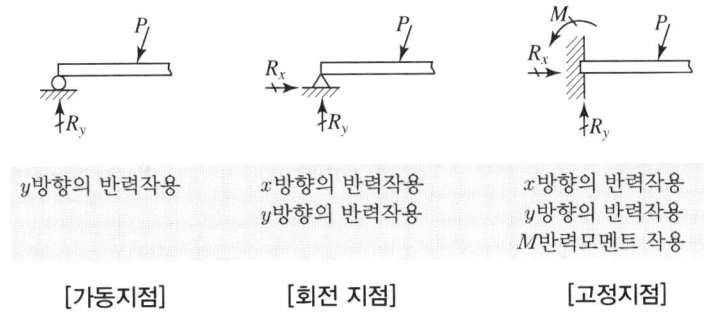

6-2 보의 종류

(1) 정정보

평형방정식만으로 미지의 반력을 구할 수 있는 보

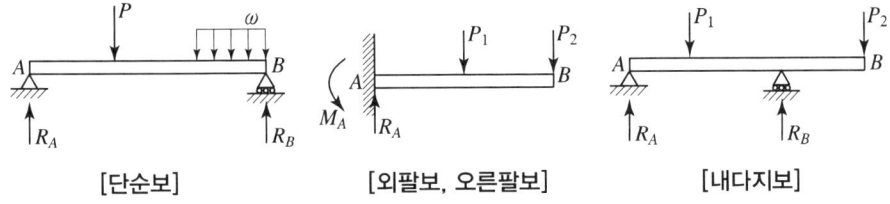

(2) 부정정보

평형방정식 만으로 미지의 반력을 구할 수 없는 보

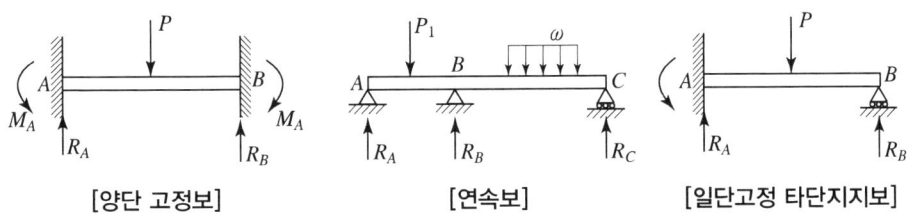

6-3 보에 작용하는 하중의 종류

(1) 종류

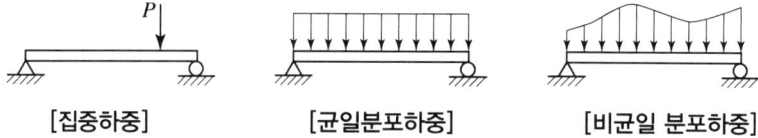

[집중하중]　　　　[균일분포하중]　　　　[비균일 분포하중]

(2) 분포하중

분포하중의 크기 ω는 단위 길이 당 작용하는 힘 $\omega[\mathrm{kg/m}]$이고, 분포하중의 크기는 집중하중으로 등가시킬 수 있다.

$$\int_0^l \omega_x \, \mathrm{d}x = P(\text{분포하중의 면적}) = (\text{집중하중의 크기})$$

 ## 6-4 보의 반력 계산법 – 단순보의 반력계산하기

(1) 집중하중이 작용할 때

$$R_a = \frac{P \cdot b}{L}$$

$$R_b = \frac{P \cdot a}{L}$$

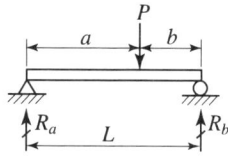

(2) 균일분포하중이 작용할 때

$$R_a = \frac{\omega L}{2}$$

$$R_b = \frac{\omega L}{2}$$

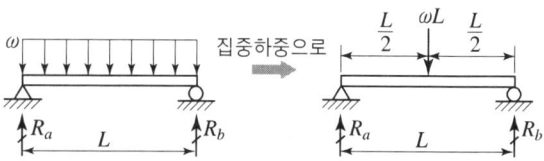

집중하중으로

(3) 삼각분포하중이 작용할 때

$$R_a = \frac{\omega_0 L}{6}$$

$$R_b = \frac{\omega_0 L}{3}$$

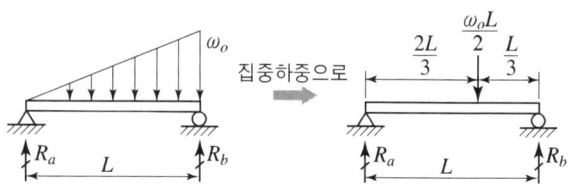

집중하중으로

6-5 전단력 선도(Shearing Force Diagram, S.F.D)
굽힘 모멘트선도(Bending Moment Diagram, B.M.D)

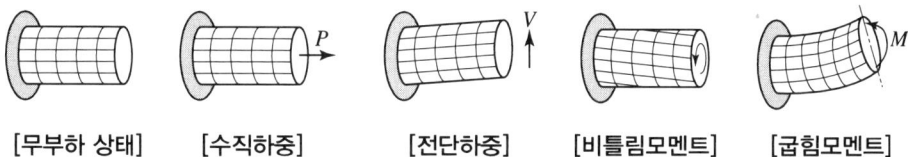

[무부하 상태]   [수직하중]   [전단하중]   [비틀림모멘트]   [굽힘모멘트]

1. 분포하중, 전단력, 굽힘 모멘트의 관계

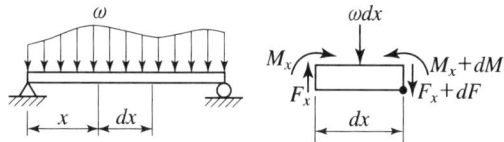

(1) $\sum F_y = 0$

$+ F - (F + dF) - \omega\, dx = 0 - dF = \omega\, dx \qquad \therefore\ \omega = \dfrac{dF}{dx}$

$$\text{분포하중}\quad \omega = \dfrac{dF}{dx},\quad \omega\, dx = dF$$

(2) $\sum M_o = 0$

$+ M - (M + dM) + (F + dF)dx - (\omega\, dx) \times \dfrac{dx}{2} = 0$

$- dM + F dx + dF dx - \omega \dfrac{dx^2}{2} = 0 \ \rightarrow\ \text{고차항 무시}$

$dM = F dx,\quad F = \dfrac{dM}{dx}\,(\text{전단력은 굽힘모멘트의 기울기})$

$$\omega = \dfrac{dF}{dx} = \dfrac{d\left(\dfrac{dM}{dx}\right)}{dx} = \dfrac{d^2 M}{dx^2}$$

2. 부호의 약속

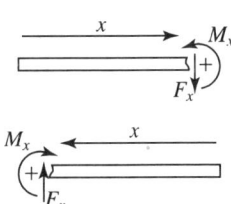

굽힘모멘트는 이런 양상을 나타내는 구간을 +구간이다.

전단력은 이런 양상을 나타내는 구간을 +구간이다.

3. 전단력선도(SFD)와 굽힘 모멘트선도(BMD) 그리는 순서

① 반력과 반력 모멘트 구한다.
② 하중의 연속유무에 따라 구간을 나눈다.
③ 구간을 나누어서 각 구간의 자유물체도를 그린다.
④ 자유물체도 에서 힘의 평형조건과 모멘트의 평형조건을 이용 부호의 약속에 맞게 선도를 그린다.

4. 단순보의 전단력 선도, 굽힘 모멘트선도

(1) 집중하중이 작용할 때

① 구간 $0 \leq x_1 \leq a$

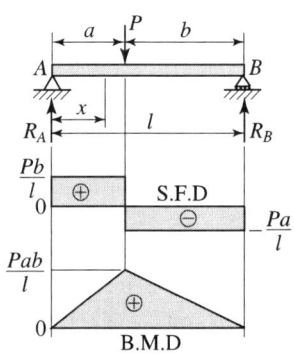

$+ F_{x_1} - R_a - 0, \quad F_{x_1} = + R_a$

$+ M_{x_1} - R_a \times x_1 = 0, \quad M_{x_1} = R_a \times x_1$

$M_{\max} = M_{x_1 = a} = R_a \times a = \dfrac{Pba}{l}$

② 구간 $0 \leq x_2 \leq b$

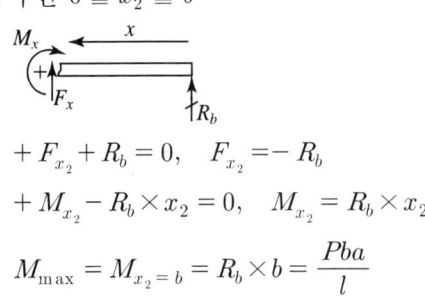

$+ F_{x_2} + R_b = 0, \quad F_{x_2} = - R_b$

$+ M_{x_2} - R_b \times x_2 = 0, \quad M_{x_2} = R_b \times x_2$

$M_{\max} = M_{x_2 = b} = R_b \times b = \dfrac{Pba}{l}$

(2) 균일분포하중이 작용할 때

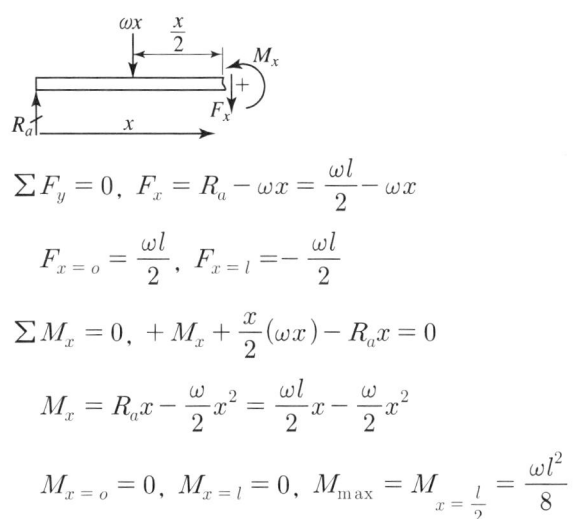
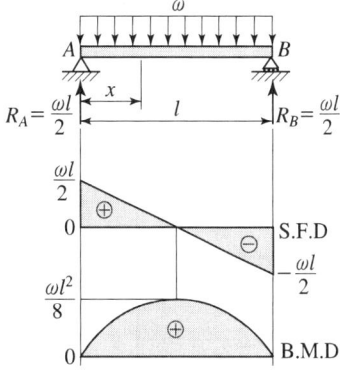

$$\sum F_y = 0, \ F_x = R_a - \omega x = \frac{\omega l}{2} - \omega x$$

$$F_{x=o} = \frac{\omega l}{2}, \ F_{x=l} = -\frac{\omega l}{2}$$

$$\sum M_x = 0, \ +M_x + \frac{x}{2}(\omega x) - R_a x = 0$$

$$M_x = R_a x - \frac{\omega}{2}x^2 = \frac{\omega l}{2}x - \frac{\omega}{2}x^2$$

$$M_{x=o} = 0, \ M_{x=l} = 0, \ M_{\max} = M_{x=\frac{l}{2}} = \frac{\omega l^2}{8}$$

(3) 삼각분포하중이 작용할 때

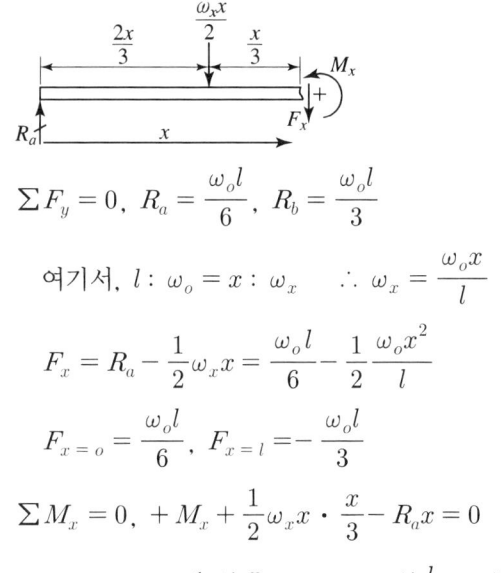
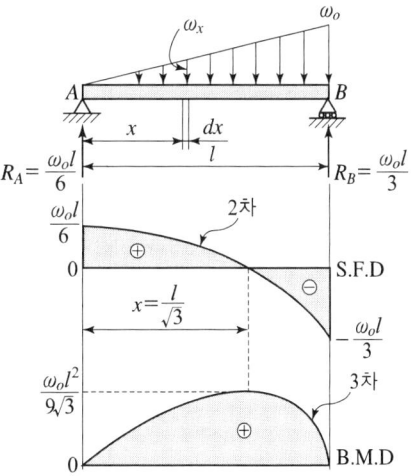

$$\sum F_y = 0, \ R_a = \frac{\omega_o l}{6}, \ R_b = \frac{\omega_o l}{3}$$

여기서, $l : \omega_o = x : \omega_x$ $\therefore \omega_x = \frac{\omega_o x}{l}$

$$F_x = R_a - \frac{1}{2}\omega_x x = \frac{\omega_o l}{6} - \frac{1}{2}\frac{\omega_o x^2}{l}$$

$$F_{x=o} = \frac{\omega_o l}{6}, \ F_{x=l} = -\frac{\omega_o l}{3}$$

$$\sum M_x = 0, \ +M_x + \frac{1}{2}\omega_x x \cdot \frac{x}{3} - R_a x = 0$$

$$M_x = R_a x - \frac{1}{2}\frac{\omega_o x}{l} \cdot x \cdot \frac{x}{3} = \frac{\omega_o l}{6}x - \frac{\omega_o x^3}{6l}$$

$$M_{x=o} = 0, \ M_{x=l} = 0, \ M_{\max} = M_{x=\frac{l}{\sqrt{3}}} = \frac{\omega_o l^2}{9\sqrt{3}}$$

$F_x = \dfrac{dM_x}{dx} = 0$일 때, 모멘트의 최대 · 최소점 $F_x = \dfrac{dM_x}{dx} = 0$을 만족시키는 $x = \dfrac{l}{\sqrt{3}}$

6-6 외팔보

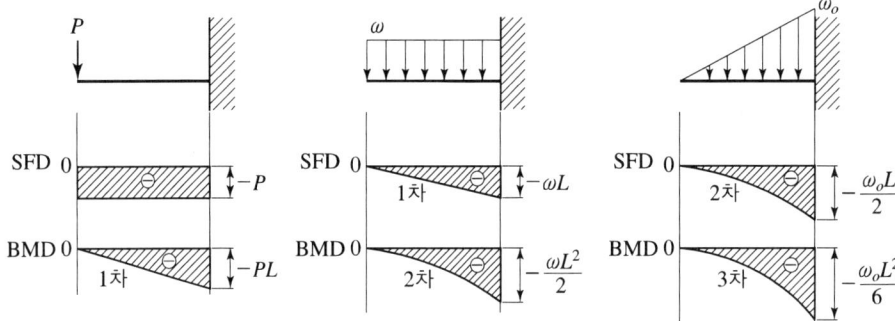

# 6-7 오른팔보

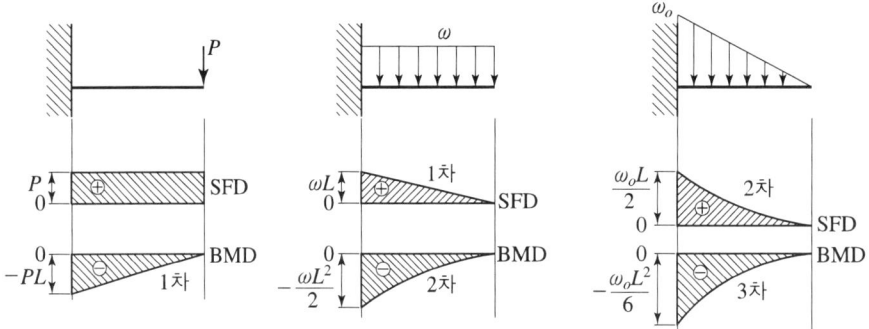

# 6-8 보에 우력이 발생할 때

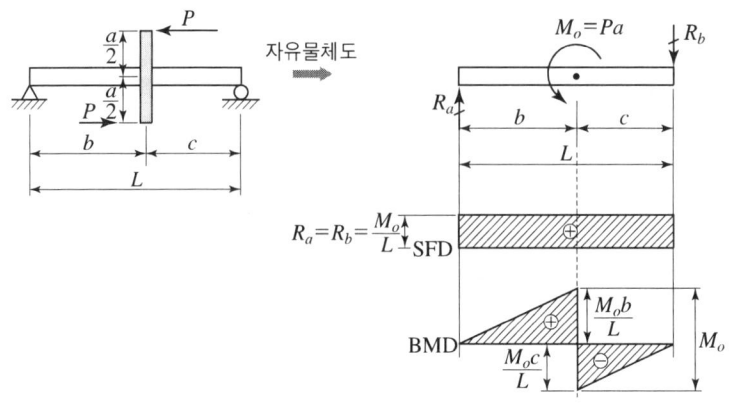

(1) $0 \leq x_1 \leq b$

$\sum M = 0$
$+ M_x - R_a x = 0$
$M_x = R_a x_1 = \dfrac{Pa}{L} x_1$
$M_{x=b} = \dfrac{Pab}{L}$

(2) $0 \leq x_2 \leq c$

$\sum M = 0$
$+ M_x + R_b x = 0$
$M_x = -R_b x_2 = -\dfrac{Pa}{L} x_2$
$M_{x=c} = -\dfrac{Pac}{L}$

6-9 돌출보

1. 집중하중이 작용할 때

$\sum F_y = 0$
$\quad R_a + R_b = 16$
$\sum M_a = 0$
$\quad (10 \times 2) - (R_b \times 4) + (6 \times 6) = 0$
$R_b = \dfrac{20 + 36}{4} = 14\,\text{kg}_f$
$\therefore R_a = 16 - 14 = 2\,\text{kg}_f$

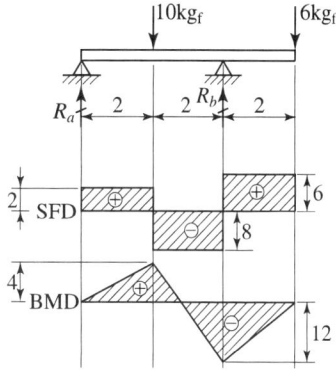

2. 균일분포 하중이 작용할 때

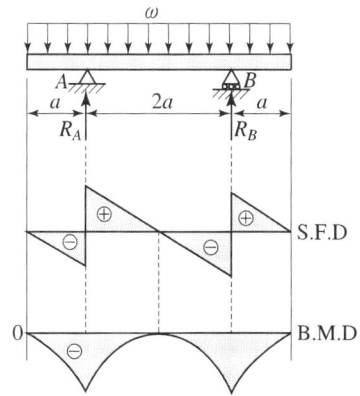

3. 돌출보에 균일분포 하중이 작용할 때

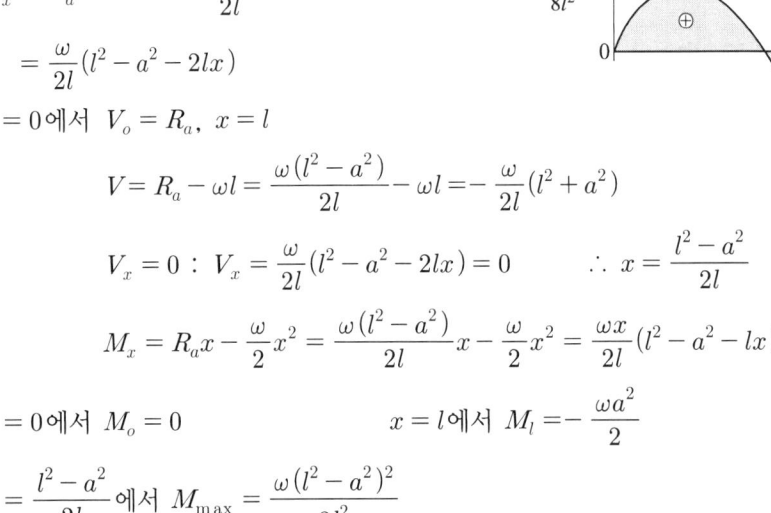

(1) 반력

$\sum M_B = 0$

$R_a l - \omega l \dfrac{l}{2} + \dfrac{\omega}{2} a^2 = 0 \quad \therefore R_a = \dfrac{\omega(l^2 - a^2)}{2l}$

$\sum M_A = 0$

$R_b l - \omega \dfrac{(l+a)^2}{2} = 0 \quad \therefore R_b = \dfrac{\omega(l+a)^2}{2l}$

(2) 구간 $AB(0 \leq x \leq l)$

$V_x = R_a - \omega x = \dfrac{\omega(l^2 - a^2)}{2l} - \omega x$

$\quad = \dfrac{\omega}{2l}(l^2 - a^2 - 2lx)$

$x = 0$ 에서 $V_o = R_a$, $x = l$

$V = R_a - \omega l = \dfrac{\omega(l^2 - a^2)}{2l} - \omega l = -\dfrac{\omega}{2l}(l^2 + a^2)$

$V_x = 0 : V_x = \dfrac{\omega}{2l}(l^2 - a^2 - 2lx) = 0 \quad \therefore x = \dfrac{l^2 - a^2}{2l}$

$M_x = R_a x - \dfrac{\omega}{2} x^2 = \dfrac{\omega(l^2 - a^2)}{2l} x - \dfrac{\omega}{2} x^2 = \dfrac{\omega x}{2l}(l^2 - a^2 - lx)$

$x = 0$ 에서 $M_o = 0$ $\qquad x = l$ 에서 $M_l = -\dfrac{\omega a^2}{2}$

$x = \dfrac{l^2 - a^2}{2l}$ 에서 $M_{\max} = \dfrac{\omega(l^2 - a^2)^2}{8l^2}$

(3) 구간 $BC(l \leq x \leq l+a)$: ($\overset{x}{\leftarrow}$)

이 구역에서는 C점으로부터 좌측으로 길이 (x_1)를 잡는 것이 보다 간단하다.

$V_x = \omega x, \ M_x = -\dfrac{\omega x^2}{2}$

B.C. $x = 0$ 에서 $M_o = 0$ $\qquad x = a$ 에서 $M_a = -\dfrac{\omega a^2}{2}$

>  **알아야 할 적분공식**
>
> $\displaystyle \int X^n dx = \dfrac{X^{n+1}}{n+1} + C$ 단, $X = -1$ $\qquad \displaystyle \int x^{-1} dx = \ln|X| + C$
>
> $\displaystyle \int (aX+b)^n dx = \dfrac{1}{a} \dfrac{(aX+b)^{n+1}}{n+1} + C$ $\qquad \displaystyle \int \sin(ax+b) dx = -\dfrac{1}{a} \cos(ax+b) + C$

Chapter 7

보속의 응력

 출제 FOCUS

※ 기사시험에서 3문제~4문제 출제
※ 암기를 해야만 1분30초에 한 문제 해결이 가능합니다.

❶ 굽힘 모멘트 $M = \sigma Z$ 여기서, σ : 굽힘 응력, Z : 단면계수

$\dfrac{1}{\rho} = \dfrac{M}{I \cdot E} = \dfrac{\sigma}{Ee}$ 여기서, ρ : 곡률반경, I : 단면2차 모멘트, M : 굽힘 모멘트, E : 탄성계수

❷ 굽힘에 의해 보속에 발생되는 전단응력

굽힘에 의한 보속의 전단응력 : $\tau = \dfrac{FQ}{bI}$

여기서, F : 전단력, b : τ를 구하고자 하는 그 위치에서의 폭, I : 단면전체의 2차 모멘트
Q : τ를 구하고자 하는 그 위치에서 상단에 실린 1차 모멘트

굽힘에 의해 발생되는 사각형 내의 최대전단응력 : $\tau_{\max} = \dfrac{3}{2}\tau_{av}$

굽힘에 의해 발생되는 원형 내의 최대전단응력 : $\tau_{\max} = \dfrac{4}{3}\tau_{av}$

❸ 보에서 굽힘 모멘트와 비틀림 모멘트가 동시에 작용될 때 보속에 나타나는 최대수직응력 $\sigma_{\max}$

$\sigma_{\max} = \dfrac{M_e}{Z}$ 여기서, 상당 굽힘 모멘트 : $M_e = \dfrac{1}{2}(M + \sqrt{M^2 + T^2})$

❹ 보에서 굽힘 모멘트와 비틀림 모멘트가 동시에 작용될 때 보속에 나타나는 최대전단응력 $\tau_{\max}$

$\tau_{\max} = \dfrac{T_e}{Z_P}$ 여기서, 상당 비틀림 모멘트 : $T_e = \sqrt{M^2 + T^2}$

제 1 편 재료역학

7-1 보속의 굽힘 응력

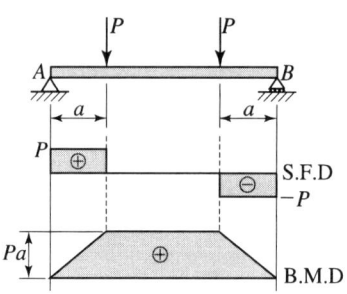

1. 순수굽힘영역에서의 응력과 변형률

(1) 변형률 $\epsilon = \dfrac{l'-l}{l} = \dfrac{\Delta l}{l} = \dfrac{\frac{ly}{\rho}}{l} = \dfrac{y}{\rho}$

(2) 응력 $\sigma_y = E \cdot \epsilon = E \times \dfrac{y}{\rho} = \dfrac{E \cdot y}{\rho}$

(3) 응력과 모멘트의 관계

$$\dfrac{1}{\rho} = \dfrac{\sigma_y}{E \cdot y} = \dfrac{M}{E \cdot I}$$

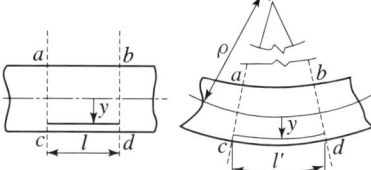

여기서, $\dfrac{1}{\rho}$: 곡률

미소모멘트 = 미소힘 × 거리 = (응력 × 미소단면적) × 거리

$dM = dF \times y = \sigma_y \times dA \times y$ $\int dM = \int \dfrac{Ey^2}{\rho} \times dA$

$M = \dfrac{E}{\rho} \int y^2 dA = \dfrac{E}{\rho} I$ $\therefore M = \dfrac{\sigma_y I}{y} = \sigma_{\max} \dfrac{I}{\frac{h}{2}} = \sigma_{\max} Z_x$

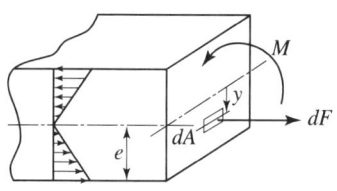

$$M = \sigma Z$$

여기서, M : 굽힘 모멘트, σ : 굽힘 응력, Z : 단면계수

$$\dfrac{1}{\rho} = \dfrac{M}{I \cdot E} = \dfrac{\sigma}{Ee}$$

여기서, ρ : 곡률반경, I : 단면2차 모멘트, M : 굽힘 모멘트, E : 탄성계수

7-2 굽힘모멘트에 의한 전단응력

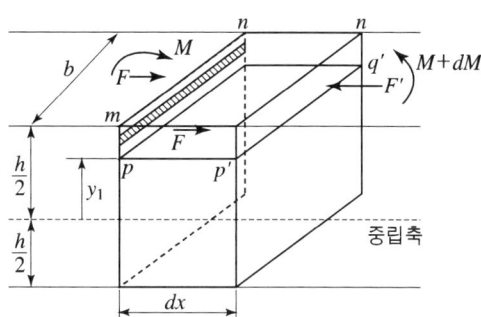

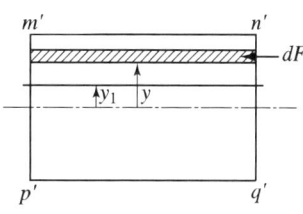

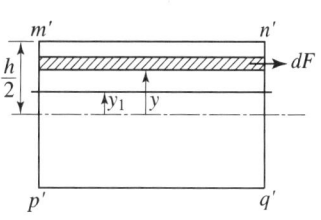

$$dF = \sigma_y dA = \frac{Ey}{\rho} dA$$

$$\int_{y_1}^{\frac{h}{2}} dF = \int_{y_1}^{\frac{h}{2}} \frac{Ey}{\rho} dA, \quad \frac{1}{\rho} = \frac{M}{E \cdot I}, \quad \frac{E}{\rho} = \frac{M}{I} \Rightarrow$$

$$F = \int_{y_1}^{\frac{h}{2}} \frac{Ey}{\rho} dA = \int_{y_1}^{\frac{h}{2}} \frac{My}{I} dA \quad \cdots\cdots (1)$$

$$F' = \int_{y_1}^{\frac{h}{2}} \frac{(M+dM)y}{I} \cdot dA \quad \cdots\cdots (2)$$

$$F_\tau = \tau \cdot dA = \tau \times b \times dx \quad \cdots\cdots (3)$$

$$\int_{y_1}^{\frac{h}{2}} \frac{My}{I} dA - \int_{y_1}^{\frac{h}{2}} \frac{(M+dM)}{I} y da + \tau b dx = 0$$

$$\tau b dx = \int_{y_1}^{\frac{h}{2}} \frac{dM}{I} y dA$$

$$\therefore \tau = \frac{1}{bdx} \int_{y_1}^{\frac{h}{2}} \frac{dM \cdot y}{I} dA$$

$$\tau = \frac{dM}{bdxI} \int_{y_1}^{\frac{h}{2}} y dA$$

굽힘에 의한 보속의 전단응력 $\tau = \dfrac{FQ}{bI}$

여기서, F : 전단력, b : τ를 구하고자 하는 그 위치에서의 폭, I : 단면전체의 2차 모멘트
Q : τ를 구하고자 하는 그 위치에서 상단에 실린 1차 모멘트

(1) 사각단면($b \times h$)의 경우 굽힘에 의한 최대 전단응력

$$Q = \frac{h}{4} \times \frac{bh}{2} = \frac{bh^2}{8}$$

$$\tau = \frac{F \cdot Q}{b \cdot I} = \frac{F \times \frac{bh^2}{8}}{b \times \frac{bh^3}{12}} = \frac{3}{2} \times \frac{F}{bh} = \frac{3}{2}\tau_{av}$$

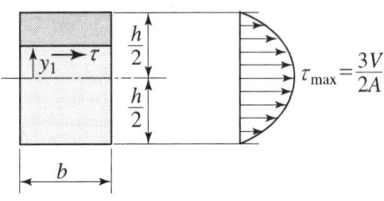

$$\tau_{\max} = \frac{3}{2}\tau_{av}$$

여기서, τ_{av} : 평균전단응력

(2) 원형단면의 경우

$$\bar{y} = \frac{4R}{3\pi}$$

$$Q = \frac{4R}{3\pi} \times \frac{\pi R^2}{2} = \frac{4R^3}{6}, \quad I = \frac{\pi D^4}{64} = \frac{\pi R^4}{4}$$

$$\tau = \frac{FQ}{bI} = \frac{F \times \frac{4R^3}{6}}{2R \times \frac{\pi R^4}{4}} = \frac{4F}{3\pi R^2} = \frac{4}{3}\tau_{av}$$

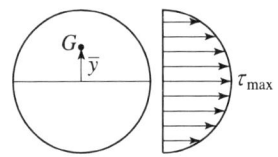

$$\tau_{\max} = \frac{4}{3}\tau_{av}$$

여기서, τ_{av} : 평균전단응력

7-3 재료의 조합응력

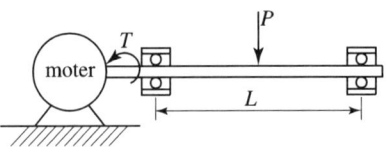

$$\sigma_b = \frac{M}{Z} = \frac{32M}{\pi d^3}, \quad \tau = \frac{T}{Z_p} = \frac{16T}{\pi d^3}$$

여기서, σ_x : 순수굽힘응력(σ_b), $\sigma_y = 0$, τ : 순수비틀림응력

(1) 최대 주응력설

$$\sigma_{\max} = \frac{1}{2}(\sigma_x + \sigma_y) + \frac{1}{2}\sqrt{(\sigma_x + \sigma_y)^2 + 4\tau} = \frac{1}{2}\sigma_b + \frac{1}{2}\sqrt{\sigma_b^2 + 4\tau^2}$$

$$= \frac{1}{2}(\sigma_b + \sqrt{\sigma_b^2 + 4\tau^2}) = \frac{1}{2}\left\{\frac{32M}{\pi d^3} + \sqrt{\left(\frac{32M}{\pi d^3}\right)^2 + 4\left(\frac{16T}{\pi d^3}\right)^2}\right\}$$

$$\boxed{\begin{aligned}
\sigma_{\max} &= \frac{1}{2}\left(\frac{32M}{\pi d^3} + \frac{32}{\pi d^3}\sqrt{M^2 + T^2}\right) \\
M_e &= \sigma_{\max} \times Z = \frac{1}{2}\left(\frac{32M}{\pi d^3} + \frac{32}{\pi d^3}\sqrt{M^2 + T^2}\right) \times \frac{\pi d^3}{32} \\
\text{상당 굽힘 모멘트} \quad M_e &= \frac{1}{2}(M + \sqrt{M^2 + T^2})
\end{aligned}}$$

여기서, $\sigma_{\max}$: 보에서 굽힘 모멘트와 비틀림 모멘트가 동시에 작용될 때 보속에 나타나는 최대수직응력

$$\sigma_{\max} = \frac{M_e}{Z}$$

M_e : 상당 굽힘 모멘트 $M_e = \frac{1}{2}(M + \sqrt{M^2 + T^2})$

(2) 최대 전단응력설

$$\tau_{\max} = \frac{1}{2}\sqrt{\sigma_b^2 + 4\tau^2} = \frac{1}{2}\sqrt{\left(\frac{32}{\pi d^3}\right)^2 + 4 \times \left(\frac{16T}{\pi d^3}\right)^2}$$

$$\boxed{\begin{aligned}
\tau_{\max} &= \frac{1}{2} \times \frac{32}{\pi d^3}\sqrt{M^2 + T^2} \\
T_e &= \tau_{\max} \times Z_P = \frac{1}{2} \times \frac{32}{\pi d^3}\sqrt{M^2 + T^2} \times \frac{\pi d^3}{16} \\
\text{상당 비틀림 모멘트} \quad T_e &= \sqrt{M^2 + T^2}
\end{aligned}}$$

여기서, $\tau_{\max}$: 보에서 굽힘 모멘트와 비틀림 모멘트가 동시에 작용될 때 보속에 나타나는 최대전단응력

$$\tau_{\max} = \frac{T_e}{Z_P}$$

T_e : 상당 비틀림 모멘트 $T_e = \sqrt{M^2 + T^2}$

7-4 축경 설계

(1) 굽힘 모멘트만 고려한 직경 D_M

$$M = \sigma \cdot Z = \sigma \times \frac{\pi d^3}{32}, \quad D_M = \sqrt[3]{\frac{32 \times M}{\pi \times \sigma}}$$

(2) 비틀림 모멘트만 고려한 직경 D_T

$$T = \tau \cdot Z_p = \tau \times \frac{\pi d^3}{16}, \quad D_T = \sqrt[3]{\frac{16 \times T}{\pi \times \tau}}$$

(3) 상당 비틀림 모멘트만 고려한 직경 D_{Te}

$$D_{Te} = \sqrt[3]{\frac{16 \times T_e}{\pi \times \tau}}$$

(4) 상당 굽힘 모멘트를 고려한 직경 D_{Me}

$$D_{Me} = \sqrt[3]{\frac{32 \times M_e}{\pi \times \sigma}}$$

(1), (2), (3), (4) 직경 중 가장 큰 직경을 얻으면 된다.

Chapter 8

보의 처짐

● 보의 처짐 해석 방법

① 처짐 곡선의 미분방정식 $y'' = -\dfrac{M_x}{EI}$

② 면적 모멘트 법

처짐량 $\delta = \dfrac{A_M}{EI}\overline{x}$, 처짐각 $\theta = \dfrac{A_M}{EI}$

$A = \dfrac{hl}{n+1}$ $\overline{x}' = \dfrac{l}{n+2}$

③ 탄성에너지법(= 카스틸리아노의 정리)

처짐량 $\delta = \dfrac{\partial U}{\partial P}$, 처짐각 $\theta = \dfrac{\partial U}{\partial M}$

④ 중첩법

⑤ 우리들의 방법

제 1 편 재료역학

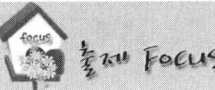 ※ 기사시험에서 2문제~3문제 출제
※ 보에 발생되는 처짐량과 처짐각을 암기해야만 합니다.

❶ 처짐 곡선의 미분방정식에 의한 처짐 구하기 $y'' = (-)\dfrac{M_x}{EI}$

여기서, M_x : 임의의 x지점에서의 모멘트, EI : 강성계수

❷ 면적 모멘트 법에 처짐 구하기   처짐각 : $y' = \dfrac{1}{EI}A_M$,   처짐량 : $y = \delta = \dfrac{A_M}{EI}\bar{x}$

여기서, A_M : B.M.D(굽힘 모멘트선도)의 면적
$\bar{x}$: 처짐을 구하고자 하는 그 위치로부터 B.M.D의 도심까지의 거리
곡선식이 n차일 때의 면적 : $A_M = \dfrac{hl}{n+1}$, 곡선식이 n차일 때의 도심 : $\bar{x}' = \dfrac{l}{n+2}$

❸ 탄성에너지법(카스틸리아노의 정리)에 의한 처짐 구하기

처짐량 : $\delta = \dfrac{\partial U}{\partial P}$, 처짐각 : $\theta = \dfrac{\partial U}{\partial M}$, 탄성에너지 : $U = \dfrac{M^2 l}{2EI}$

❹ 우리들의 방법에 의한 처짐 구하기(K값을 적용하면 된다.)

보의 종류	P↓▬▬	ω▼▼▼▬▬	P↓△▬△	ω▼▼▼△▬△	P↓△▬▬	ω▼▼▼△▬▬
$F_{MAX} = KP$	1	1	1/2	1/2	1/2	1/2
$M_{MAX} = KPl$	1	1/2	1/4	1/8	1/8	1/12
$\delta_{MAX} = \dfrac{Pl^3}{KEI}$	3	8	48	384/5	192	384
$\theta_{MAX} = \dfrac{Pl^2}{KEI}$	2	6	16	24	64	125

여기서, F_{MAX} : 최대전단력, M_{MAX} : 최대굽힘모멘트, δ_{MAX} : 최대처짐량, θ_{MAX} : 최대굽힘각

❺ 단순보에 나타나는 처짐각과 처짐량

① 단순보에 임의의 지점에 집중하중이 작용할 때

$x = \sqrt{\dfrac{l^2 - b^2}{3}}$ 에서

최대처짐 $\delta_{\max} = \dfrac{Pb(l^2 - b^2)^{\frac{3}{2}}}{9\sqrt{3}\,EI}$

$\theta_A = \dfrac{Pab(l+b)}{6\,lEI}$

$\theta_B = \dfrac{Pab(l+a)}{6\,lEI}$

하중이 작용하는 점의 처짐량 $\delta_c = \dfrac{Pa^2 b^2}{3lEI}$

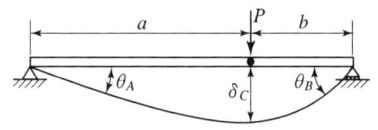

② 단순보의 끝단에 우력(M)이 작용할 때

A단의 굽힘각 : $\theta_A = y'_{x=0} = \dfrac{M_o l}{6EI}$

B단의 굽힘각 : $\theta_B = y'_{x=l} = \dfrac{M_o l}{3EI}$

∴ $x = \dfrac{l}{\sqrt{3}}$ 위치에서 $\delta_{\max}$ 가 발생된다.   최대 처짐량 : $\delta_{\max} = \dfrac{M_o l^2}{9\sqrt{3}\,EI}$

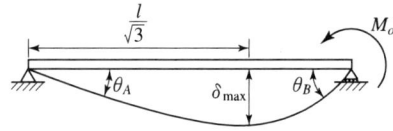

8-1 처짐 곡선의 미분 방정식

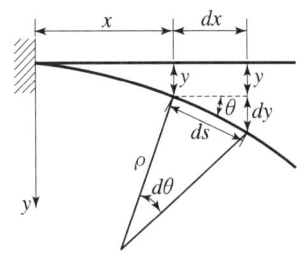
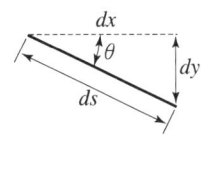

$dx = ds\cos\theta$, $\theta = 0$일 때 $dx = ds$, $\tan\theta = \dfrac{dy}{dx}$, $\theta = 0$일 때, $\tan\theta \approx \theta = \dfrac{dy}{dx}$

$ds = \rho \times d\theta$, $\dfrac{1}{\rho} = \dfrac{d\theta}{dx}$, $\dfrac{1}{\rho} = \dfrac{d\theta}{dx} = \dfrac{d\dfrac{dy}{dx}}{dx}$ $\therefore \dfrac{1}{\rho} = \dfrac{d^2y}{dx^2} = \dfrac{M_x}{E \cdot I}$

$y'' = (-)\dfrac{M_x}{EI}$ ··· 처짐 곡선의 미분방정식 (1)

(1) 식을 적분하면 $y'(x) = \dfrac{1}{EI}\int M_x = \theta_x$ (처짐각) ··· (2)

(2) 식을 적분하면 $y(x) = \dfrac{1}{EI}\int\int M_x = \delta_x$ (처짐량) ··· (3)

(1) 식을 미분하면 $\dfrac{1}{EI}\dfrac{dM_x}{dx} = y'''$, $\dfrac{1}{EI}F_x = y'''$ ··· (4)

(4) 식을 미분하면 $\dfrac{1}{EI}\dfrac{dF_x}{dx} = y''''$, $\dfrac{1}{EI}\omega_x = y''''$ ··· (5)

정리하면

$(-)\dfrac{1}{EI}\omega_x = y''''$ $\quad\quad\quad\omega_x$: 분포하중

$(-)\dfrac{1}{EI}F_x = y'''$ $\quad\quad\quad F_x$: 전단력

$(-)\dfrac{1}{EI}M_x = y''$ $\quad\quad\quad M_x$: 모멘트

$(-)\dfrac{1}{EI}\int M_x dx = y'$ $\quad\quad\quad y'_x = \theta_x$ = 곡선의 기울기

$(-)\int\int M_x dx = y$ $\quad\quad\quad y_x = \delta_x$ = 곡선의 처짐량

1. 외팔보의 처짐 계산

(1) 우력을 받는 외팔보

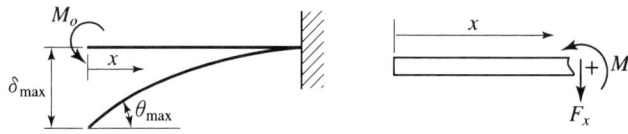

$+ M_x + M_o = 0,\ M_x = - M_o,\ EIy'' = - M_x,\ EIy'' = M_o$ ················ (1)

(1)식을 적분하면 $EIy' = M_o x + c_1$ ·· (2)

(2)식을 적분하면 $EIy = \dfrac{M_o}{2}x^2 + c_1 x + c_2$ ······································ (3)

여기서, 적분상수를 결정하면

고정단의 처짐각은 0이다. $y'_{x=l} = 0,\ M_o \cdot l + c_1 = 0 \qquad \therefore C_1 = - M_o \cdot l$

고정단의 처짐량은 0이다. $y_{x=l} = 0,\ \dfrac{M_o}{2}l^2 - M_o l^2 + C_2 = 0 \quad \therefore C_2 = \dfrac{M_o l^2}{2}$

처짐각의 일반해 $y'_x = \dfrac{1}{EI}(M_o x - M_o l)$

처짐량의 일반해 $y_x = \dfrac{1}{EI}\left(\dfrac{M_o}{2}x^2 - M_o lx + \dfrac{M_o l^2}{2}\right)$

$x = 0$일 때 $\theta_{\max},\ \delta_{\max}$ 발생

외팔보가 자유단에서 우력이 발생할 때

최대 처짐각 $y'_{x=0} = \theta_{\max} = - \dfrac{M_o l}{EI}$, 최대 처짐량 $y_{x=0} = \delta_{\max} = \dfrac{M_o l^2}{2EI}$

---

(2) 집중하중을 받는 외팔보

$EIy'' = - M_x = Px$ ·· (1)

(1)식 적분하면, $EIy' = \dfrac{P}{2}x^2 + C_1$ ·· (2)

(2)식 적분하면, $EIy = \dfrac{P}{2} \times \dfrac{x^3}{3} + C_1 x + C_2$ ···································· (3)

경계조건 이용해서 적분상수 결정

$$y'_{x=l} = 0, \; 0 = \frac{P}{2}l^2 + C_1 = 0 \qquad \therefore \; C_1 = -\frac{P}{2}l^2$$

$$y_{x=l} = 0, \; 0 = \frac{Pl^3}{6} - \frac{P}{2}l^3 + C_2 = 0 \qquad \therefore \; C_2 = \frac{2Pl^3}{6} = \frac{Pl^3}{3}$$

> 일반해
>
> $y' = \dfrac{1}{EI}\left(\dfrac{P}{2}x^2 - \dfrac{P}{2}l^2\right)$ 　　최대처짐각　$\theta_{\max} = y'_{x=0} = -\dfrac{Pl^2}{2EI}$
>
> $y = \dfrac{1}{EI}\left(\dfrac{P}{6}x^3 - \dfrac{P}{2}l^2x + \dfrac{Pl^3}{3}\right)$ 　　최대처짐량　$\delta_{\max} = y_{x=0} = +\dfrac{Pl^3}{3EI}$

(3) 균일 분포 하중이 작용하는 외팔보

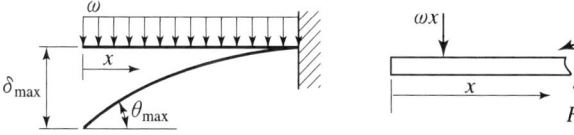

$$EIy'' = -M_x = \frac{wx^2}{2}, \quad EIy' = \frac{w}{2} \times \frac{x^3}{3} + C_1$$

$$EIy = \frac{w}{6} \times \frac{x^4}{4} + C_1 x + C_2 = \frac{wl^4}{24} - C_1 + C_2$$

경계조건을 이용하여 적분상수 구하기

$$x = l \text{이면}, \; y' = 0 = \frac{wl^3}{6} + C_1 \qquad \therefore \; C_1 = -\frac{wl^3}{6}$$

$$x = l \text{이면}, \; y = 0 \qquad\qquad\qquad \therefore \; C_2 = \frac{wl^4}{8}$$

> 일반해
>
> 처짐각의 일반해　$y' = \dfrac{1}{EI}\left(\dfrac{w}{6}x^3 - \dfrac{wl^3}{6}\right)$
>
> 처짐량의 일반해　$y = \dfrac{1}{EI}\left(\dfrac{w}{24}x^4 - \dfrac{wl^3}{6}x + \dfrac{wl^4}{8}\right)$

> $x = 0$일 때 최대 처짐과 최대 처짐각이 발생
> 외팔보가 균일 분포 하중을 받을 때
>
> 　　　최대 처짐각　$\theta_{\max} = -\dfrac{wl^3}{6EI}$
>
> 　　　최대 처짐량　$\delta_{\max} = \dfrac{wl^4}{8EI}$

2. 단순보의 처짐 계산

(1) 우력을 받는 단순보

$$EIy'' = -\frac{M_o}{l}x$$

$$EIy' = -\frac{M_o}{2l}x^2 + C_1$$

$$EIy = -\frac{M_o}{2l} \times \frac{x^2}{3} + C_1 + C_2$$

$x = 0$일 때, $y = 0$
$\therefore C_2 = 0$

$x = l$일 때, $y = 0$, $0 = -\frac{M_o}{6l}l^3 + C_1 l = 0$

$\therefore C_1 = \frac{M_o l}{6}$

일반해 $y = \frac{1}{EI}\left(-\frac{M_o}{6l}x^3 + \frac{M_o l}{6}x\right)$, $y' = \frac{1}{EI}\left(-\frac{M_o}{2l}x^2 + \frac{M_o l}{6}\right)$

$$\theta_A = y'_{x=0} = \frac{M_o l}{6EI} \qquad \theta_B = y'_{x=l} = \frac{M_o l}{3EI}$$

> 단순보에서 B지점에서 우력이 작용할 때
>
> A단의 굽힘각 $\theta_A = y'_{x=0} = \frac{Ml_o}{6EI}$ 　　B단의 굽힘각 $\theta_B = y'_{x=l} = \frac{M_o l}{3EI}$

최대 처짐이 발생되는 x의위치 ⇨ 굽힘각이 0이 되는 위치이다.

$\frac{dy}{dx} = 0$인 위치 $0 = \frac{M_o}{2L}x^2 = \frac{M_o l}{6}$ 　$\therefore x = \frac{l}{\sqrt{3}} = 0.577l$

> 단순보의 B지점에서 우력 M_o이 작용할 때 $x = \frac{l}{\sqrt{3}}$ 위치에서 $\delta_{\max}$가 발생된다.
>
> 최대 처짐량 $\delta_{\max} = \frac{M_o l^2}{9\sqrt{3}\,EI}$

(2) 단순보에 임의의 지점에 집중하중이 작용할 때

$x = \sqrt{\frac{l^2 - b^2}{3}}$ 에서

최대처짐 $\delta_{\max} = \frac{Pb(l^2 - b^2)^{\frac{3}{2}}}{9\sqrt{3}\,EI}$

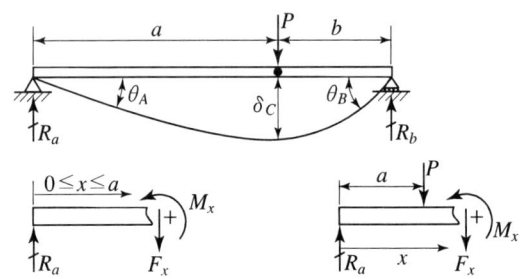

첫 번째 구간 $0 \leq x \leq a$에서

$EIy'' = -\dfrac{Pb}{l}x$

→ x에 관해 두 번 적분하면

$EIy' = -\dfrac{P}{2l}b x^2 + c_1$

$EIy = -\dfrac{Pb}{6l}x^3 + C_1 x + C_2$

첫 번째 구간의 일반해

$y'_x = -\dfrac{Pb}{6EIl}(l^2 - b^2 - 3x^2)$

$y = \dfrac{Pbx}{6EIl}(l^2 - b^2 - x^2)$

두 번째 구간 $a \leq x \leq l$에서

$EIy'' = -\dfrac{Pb}{l}x + P(x-a)$

→ x에 관해 두 번 적분하면

$EIy' = -\dfrac{Pb}{2l}x^2 + \dfrac{P}{2}(x-a)^2 + D_1$

$EIy = -\dfrac{Pb}{6l}x^3 + \dfrac{P}{6}(x-a)^3 + D_1 x + D_2$

두 번째 구간의 일반해

$y'_x = -\dfrac{Pb}{6EIl}\left\{(l^2 - b^2) + \dfrac{3l}{b}(x-a)^2 - 3x^2\right\}$

$y = \dfrac{Pb}{6EIl}\left\{\dfrac{l}{6}(x-a)^3 + (l^2 - b^2)x - x^3\right\}$

경계조건 $x = a$에서 기울기 와 처짐량이 같아야 함으로 $C_1 = D_1, \ C_2 = D_2$

   $x = 0$에서 $y = 0$이므로 $C_2 = D_2 = 0$

   $x = l$에서 $y = 0$이므로 $C_1 = D_1 = \dfrac{Pb}{6l}(l^2 - b^2)$

위 일반식을 이용하여 최대 처짐이 발생하는 x의 위치

$y'_x = -\dfrac{Pb}{6EIl}(l^2 - b^2 - 3x^2) = 0$을 만족하는 x이다.

$\therefore x = \sqrt{\dfrac{l^2 - b^2}{3}}$

---

① 단순보의 중앙에 집중하중 P가 작용할 경우

  A, B지점의 처짐각 $\theta_a = \theta_b = \dfrac{Pl^2}{16EI}$, 최대 처짐량 $\delta_{\max} = y_{l=\frac{l}{2}} = \dfrac{Pl^3}{48EI}$

② 단순보의 임의의 집중하중 P가 작용할 경우

  $\theta_a = \dfrac{Pab(l+b)}{6\,lEI}$, $\theta_b = \dfrac{Pab(l+a)}{6\,lEI}$, 하중이 작용하는 점의 처짐량 $\delta_c = \dfrac{Pa^2b^2}{3lEI}$

---

(3) 균일분포하중을 받는 단순보

$M_x + \dfrac{\omega x^2}{2} - R_a x = 0$

$\therefore M_x = R_a x - \dfrac{\omega x^2}{2}$

$EIy'' = -M_x = +\dfrac{\omega x^2}{2} - \dfrac{\omega l}{2}x$

$EIy' = +\dfrac{\omega x^3}{6} - \dfrac{\omega l}{4}x^2 + C_1$

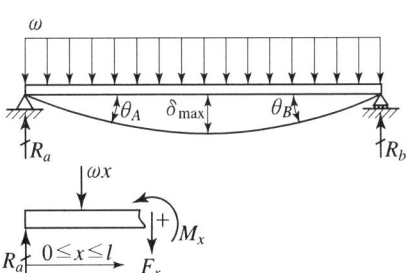

$$EIy = +\frac{\omega x^4}{24} - \frac{\omega l}{12}x^3 + C_1 x + C_2$$

경계조건 $x=0$에서 $y=0$이므로 $\therefore C_2 = 0$

일반해

$$y' = \frac{1}{EI}\left(\frac{\omega}{6}x^3 - \frac{\omega l}{4}x^2 + \frac{\omega l^3}{24}\right),\ y = \frac{1}{EI}\left(\frac{\omega}{24}x^4 - \frac{\omega l}{12}x^3 + \frac{\omega l^3}{24}x\right)$$

$x=l$에서 $y=0$이므로 $\therefore C_1 = \dfrac{\omega l^3}{24}$

단순보에서 균일 분포하중이 작용할 때

지점의 굽힘각 $y'_{x=0} = \theta_a = \theta_b = \dfrac{\omega l^3}{24EI}$

최대처짐량 $y_{x=\frac{l}{2}} = \delta_{\max} = \dfrac{5\omega l^4}{384EI}$

8-2 면적 모멘트 법

$EIy'' = -M_x$

$y'' = \dfrac{M_x}{EI}$를 한 번 적분하면 → $y' = \dfrac{1}{EI}\int M_x dx = \dfrac{1}{EI}A_M$를 적분하면 →

$y = \dfrac{1}{EI}\int\int M_x dx = \dfrac{1}{EI}\int A_M dx = \dfrac{A_M}{EI}\bar{x}$

처짐각 $y' = \dfrac{1}{EI}A_M$, 처짐량 $y = \delta = \dfrac{A_M}{EI}\bar{x}$

여기서, A_M : B.M.D(굽힘 모멘트선도)의 면적
 $\bar{x}$: 처짐을 구하고자 하는 그 위치로부터 B.M.D의 도심까지의 거리

1. 면적과 도심 구하는 일반식

$$A_M = \frac{HL}{n+1},\ x' = \frac{L}{n+2}$$

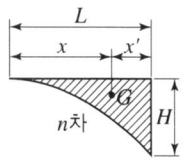

BMD 0차	BMD 1차	BMD 2차	BMD 3차
$A_M = M \times l$	$A_M = \dfrac{1}{2} Pl \cdot l$	$A_M = \dfrac{1}{3} \dfrac{\omega l^2}{2} \times l$	$A_M = \dfrac{1}{4} \dfrac{\omega l^3}{6} \times l$
$x' = \dfrac{1}{2} l$	$x' = \dfrac{1}{3} l$	$x' = \dfrac{1}{4} l$	$x' = \dfrac{1}{5} l$
$x = \dfrac{1}{2} l$	$x = \dfrac{2}{3} l$	$x = \dfrac{3}{4} l$	$x = \dfrac{4}{5} l$
$\theta_A = \dfrac{1}{EI} Ml$	$\theta_A = \dfrac{1}{EI} \dfrac{Pl^2}{2}$	$\theta_A = \dfrac{1}{EI} \dfrac{\omega l^3}{6}$	$\theta_A = \dfrac{1}{EI} \dfrac{\omega l^3}{24}$
$\delta_{MAX} = \delta_A = \dfrac{Ml^2}{2EI}$	$\delta_A = \dfrac{Pl^3}{3EI}$	$\delta_A = \dfrac{\omega l^4}{8EI}$	$\delta_A = \dfrac{\omega l^4}{30EI}$

2. 면적모멘트법의 응용

자유단의 처짐각 $\theta = \dfrac{A_M}{EI} = \dfrac{A_1 + A_2 + A_3}{EI}$

최대 처짐량 $\delta_{\max} = \dfrac{A_M}{EI} \bar{x} = \dfrac{A_1 x_1 + A_2 x_2 + A_3 x_3}{EI}$

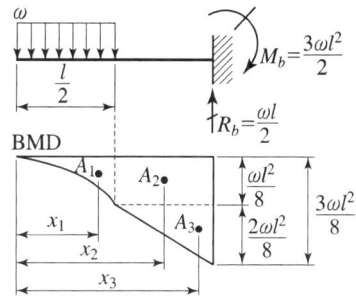

$A_1 = \dfrac{\dfrac{l}{2} \times \dfrac{\omega l^2}{8}}{n+1} = \dfrac{\dfrac{l}{2} \times \dfrac{\omega l^2}{8}}{2+1} = \dfrac{\omega l^3}{48}$

$A_2 = \dfrac{l}{2} \times \dfrac{\omega l^2}{8} = \dfrac{\omega l^3}{16}$

$A_3 = \dfrac{1}{2} \times \dfrac{l}{2} \times \dfrac{2\omega l^2}{8} = \dfrac{\omega l^3}{16}$

$x_1 = \dfrac{l}{2} - x' = \dfrac{l}{2} - \dfrac{\dfrac{l}{2}}{n+2} = \dfrac{l}{2} - \dfrac{\dfrac{l}{2}}{2+2} = \dfrac{3l}{8}$

$x_2 = \dfrac{l}{2} + \dfrac{l}{4} = \dfrac{3l}{4}$

$x_3 = \dfrac{l}{2} + \left(\dfrac{l}{2} + \dfrac{2}{3}\right) = \dfrac{5l}{6}$

자유단의 처짐각 $\theta = \dfrac{A_M}{EI} = \dfrac{A_1 + A_2 + A_3}{EI} = \dfrac{7\omega l^3}{48EI}$

최대 처짐량 $\delta_{\max} = \dfrac{A_M}{EI} \bar{x} = \dfrac{A_1 x_1 + A_2 x_2 + A_3 x_3}{EI} = \dfrac{41 \omega l^4}{384 EI}$

 8-3 중첩법

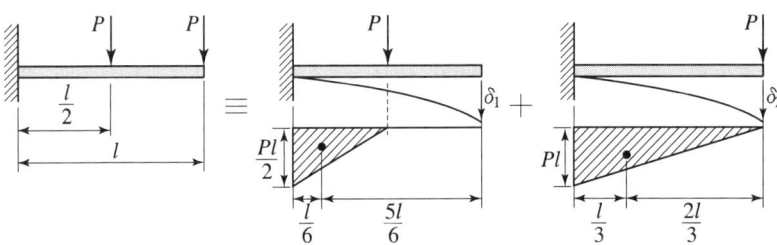

$$\delta_1 = \frac{5Pl^3}{48EI}, \quad \theta_1 = \frac{Pl^2}{8EI}, \quad \delta_2 = \frac{Pl^3}{3EI}, \quad \theta_2 = \frac{Pl^2}{2EI}$$

최대 처짐량 $\delta = \delta_1 + \delta_2 = \dfrac{21Pl^3}{48EI}$ 최대 굽힘각 $\theta = \theta_1 + \theta_2 = \dfrac{5Pl^2}{8EI}$

 8-4 탄성 에너지법

카스틸리아노의 정리 : 탄성에너지를 이용한 처짐량 계산하는 방법

처짐량 $\delta = \dfrac{\partial U}{\partial P}$ 처짐각 $\theta = \dfrac{\partial U}{\partial M}$

그림에서

$l = \rho \times \theta$, $\dfrac{1}{\rho} = \dfrac{\theta}{l} = \dfrac{M}{EI}$

$\theta = \dfrac{M\,l}{EI}$

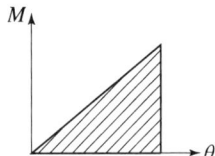 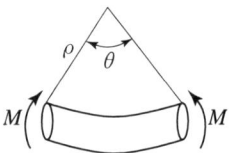

$$U = \frac{1}{2}M \times \theta = \frac{1}{2}M\frac{Ml}{EI} = \frac{M^2 l}{2EI}$$

여기서, U : 자유단에 집중하중을 받는 외팔보에 저장되는 굽힘 탄성에너지

$du = \dfrac{M_x^2\,dx}{2EI}$ $\displaystyle\int_0^l du = \int \dfrac{M_x^2\,dx}{2EI}$

$U = \displaystyle\int_0^l \dfrac{M_x^2\,dx}{2EI}$ $U = \dfrac{1}{2EI}\displaystyle\int_0^l P^2 x^2 dx = \dfrac{P^2}{2EI} \times \dfrac{l^3}{3} = \dfrac{P^2 l^3}{6EI}$

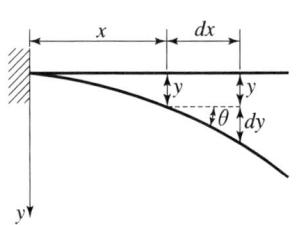

여기서, du : 미소거리 dx에서의 저장되는 탄성에너지

처짐량 $\delta = \dfrac{\partial U}{\partial P} = \dfrac{Pl^3}{3EI}$

탄성에너지법에서, 처짐량 $\delta = \dfrac{\partial U}{\partial P}$, 처짐각 $\theta = \dfrac{\partial U}{\partial M}$, 탄성에너지 $U = \dfrac{M^2 l}{2EI}$

8-5 우리들의 방법

※ 비례계수 K값만 기억하자.

[우리들의 방법에 의한 처짐 구하기(K값을 적용하면 된다.)]

보의 종류						
$F_{MAX} = KP$	1	1	1/2	1/2	1/2	1/2
$M_{MAX} = KPl$	1	1/2	1/4	1/8	1/8	1/12
$\delta_{MAX} = \dfrac{Pl^3}{KEI}$	3	8	48	384/5	192	384
$\theta_{MAX} = \dfrac{Pl^2}{KEI}$	2	6	16	24	64	125

여기서, F_{MAX} : 최대전단력, M_{MAX} : 최대굽힘모멘트, δ_{MAX} : 최대처짐량, θ_{MAX} : 최대굽힘각

Chapter 9 부정정보

◎ 부정정보

정역학적 평형방정식($\sum F = 0$, $\sum M = 0$)식 만으로 미지의 반력, 반력모멘트를 구할 수 없는 보로서 제한조건을 이용하여 미지의 반력, 반력모멘트를 구할 수 있는 보

> ※ 기사시험에서 1문제~2문제 출제
> ※ 정정보를 중첩시킴으로써 부정정보의 반력, 반력 모멘트를 구할 수 있다.

❶ 일단고정 타단 지지보에 중앙에 집중 하중이 작용할 때

고정단의 반력 : $R_a = \dfrac{11}{16} P$ 지지단의 반력 : $R_b = \dfrac{5}{16} P$

고정단의 반력모멘트 : $M_a = \dfrac{3}{16} Pl = M_{\max}$

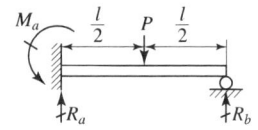

❷ 일단고정 타단 지지보에 균일 분포하중이 작용할 때

고정단의 반력 : $R_a = \dfrac{5}{8} wl$ 지지단의 반력 : $R_b = \dfrac{3}{8} wl$

고정단의 반력모멘트 : $M_a = \dfrac{wl^2}{8}$

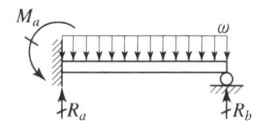

❸ 양단 고정보에서 집중하중이 작용할 때

$R_a = \dfrac{Pb^2}{l^3}(3a+b)$ $R_b = \dfrac{Pa^2}{l^3}(3b+a)$

$M_a = \dfrac{Pab^2}{l^2}$ $M_b = \dfrac{Pa^2 b}{l^2}$

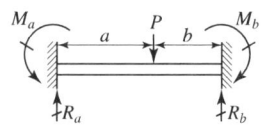

❹ 양단고정보에서 균일 분포하중이 작용할 때

고정단의 굽힘모멘트 : $M_a = M_b = \dfrac{wl^2}{12} = M_{\max}$

중간단의 모멘트 : $M_{중간단} = \dfrac{wl^2}{24}$

지점의 반력 : $R_a = R_b = \dfrac{wl}{2}$

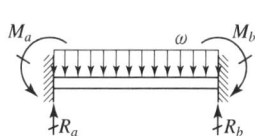

❺ 연속보

$R_a = R_b = \dfrac{3wl}{16}$ $R_c = \dfrac{5wl}{8}$

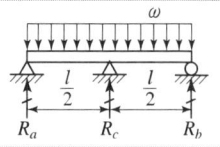

9-1 부정정보의 종류 및 해석

1. 일반고정 타단 자유보

(1) 집중하중을 받을 때

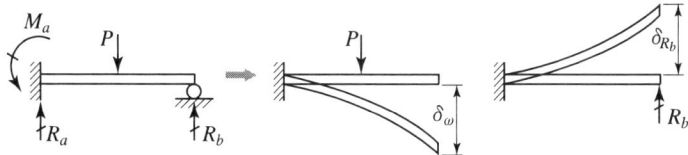

제한조건 : $|\delta_P| = |\delta_{Rb}|$, $\delta_{R_b} = \dfrac{R_b l^3}{3EI}$, $\delta_P = \dfrac{1}{2} Pa \times a(l - \dfrac{a}{3}) \times \dfrac{1}{EI}$

∴ 일반해 $R_a = \dfrac{Pb}{2l^3}(3l^2 - b^2)$, $R_b = \dfrac{Pa^2}{2l^3}(3l - a)$, $M_a = \dfrac{Pb}{2l^2}(l^2 - b^2)$

> 일단고정 타단지지보에서 중앙에 집중하중이 작용할 때
>
> 고정단의 반력 $R_a = \dfrac{11}{16} P$ 지지단의 반력 $R_b = \dfrac{5}{16} P$
>
> 고정단의 반력모멘트 $M_a = \dfrac{3}{16} Pl = M_{\max}$

(2) 균일분포 하중을 받을 때

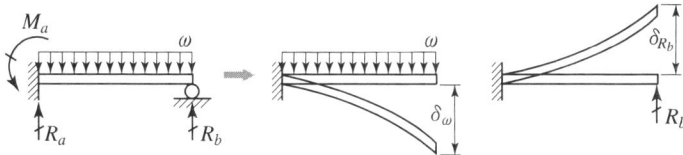

분포하중에 의한 자유단의 처짐 $\delta_w = \dfrac{wl^4}{8EI}$

반력에 의한 자유단의 처짐 $\delta_{Rb} = \dfrac{R_b l^3}{3EI}$

제한조건 : $|\delta_w| = |\delta_{Rb}|$, $R_a = \dfrac{5}{8} wl$, $R_b = \dfrac{3}{8} wl$, $M_A = \dfrac{wl^2}{8}$

$M_{\max}$의 위치 : $x = \dfrac{5}{8} l$ $M_{\max} = \dfrac{9 wl^2}{128}$

> 일단고정 타단지지보에서 균일분포하중이 작용할 때
>
> 고정단의 반력 $R_a = \dfrac{5}{8} wl$ 지지단의 반력 $R_b = \dfrac{3}{8} wl$
>
> 고정단의 반력모멘트 $M_a = \dfrac{wl^2}{8}$

2. 양단 고정보

(1) 집중하중을 받을 때

$$\left\{\theta_{A1} = \frac{Pab(l+b)}{6lEI}\right\} = \left\{\theta_{A2} = \frac{M_a l}{3EI}\right\} + \left\{\theta_{A3} = \frac{M_a l}{6EI}\right\} \quad \cdots (1)$$

$$\left\{\theta_{B1} = \frac{P\,a\,b(l+a)}{6lEI}\right\} = \left\{\theta_{B2} = \frac{M_b l}{6EI}\right\} + \left\{\theta_{B3} = \frac{M_b l}{3EI}\right\} \quad \cdots (2)$$

$$R_A + R_B = P \quad \cdots (3)$$

$$\sum M_A = 0 \quad \cdots (4)$$

미지수 4개와 식 4개가 있으므로 반력, 반력모멘트를 구할 수 있다.

> 양단고정보에서 집중하중이 작용할 때
> $$R_A = \frac{Pb^2}{l^3}(3a+b),\quad R_B = \frac{Pa^2}{l^3}(3b+a),\quad M_A = \frac{Pab^2}{l^2},\quad M_B = \frac{Pba^2}{l^2}$$

여기서, $a = b = \dfrac{l}{2}$ 일 경우 $M_A = M_B = M_{\max} = \dfrac{Pl}{8} = M_{중간단}$

(2) 균일분포 하중을 받을 때

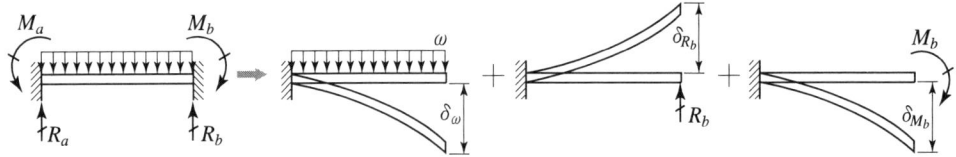

제한조건 : $|\delta_w + \delta_{Mb}| = |\delta_{Rb}|$

$$\left\{\delta_W = \frac{wl^4}{8EI}\right\} + \left\{\delta_{Mb} = \frac{M_B l^2}{2EI}\right\} = \left\{\delta_{Rb} = \frac{R_B l^3}{3EI}\right\}$$

힘의 평형조건과 모멘트의 평형조건으로

$$M_a = M_b = \frac{wl^2}{12} = M_{\max},\quad M_{중간단} = \frac{wl^2}{24},\quad R_a = R_b = \frac{wl}{2}$$

> 양단고정보에서 균일 분포하중이 작용할 때
>
> 고정단의 굽힘 모멘트 $M_a = M_b = \dfrac{wl^2}{12} = M_{\max}$
>
> 중간단의 모멘트 $M_{중간단} = \dfrac{wl^2}{24}$ 지점의 반력 $R_a = R_b = \dfrac{wl}{2}$

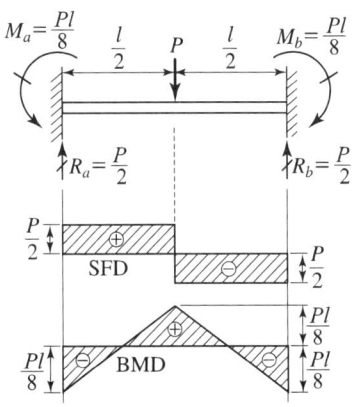 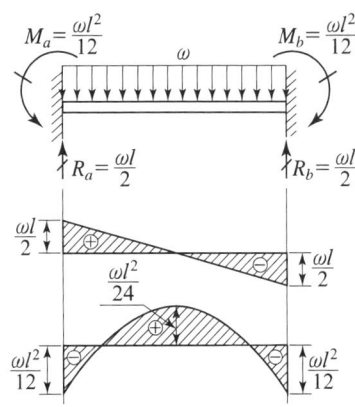

3. 연속보

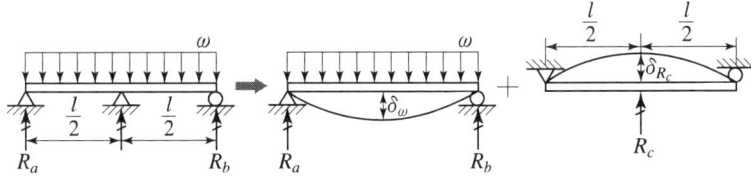

제한조건 : $\delta_w = \delta_{Rc}$, $\dfrac{5wl^4}{384EI} = \dfrac{R_c l^3}{48EI}$

$\therefore R_c = \dfrac{5wl}{8}$, $R_a = R_b = \dfrac{3wl}{16}$

9-2 코일 스프링

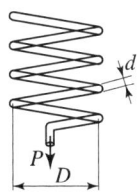

여기서, D : 코일의 평균직경
d : 코일의 소선직경
K : 스프링상수[kg/cm]
C : 스프링지수
δ : 스프링의 늘음량[cm]
n : 감김수

1. 스프링 상수 K

$P = K\delta$, $K = \dfrac{P}{\delta}$ [kg/cm] (단위길이를 늘이는데 필요한 하중)

2. 스프링 지수 C

$$C = \frac{D}{d}$$

3. 스프링에 생기는 전단응력

(1) 하중 P에 의해 생기는 전단응력 : τ_1

$$\tau_1 = \frac{P}{\frac{\pi}{4}d^2} = \frac{4P}{\pi d^2}$$

(2) 비틀림에 의한 전단응력 : τ_2

$$T = \tau_2 \cdot Z_P = P \cdot \frac{D}{2} \qquad \tau_2 = \frac{P \cdot D}{2 \times Z_P} = \frac{8PD}{\pi d^3}$$

(3) 최대 전단응력 : $\tau_{\max}$

$$\tau_{\max} = \frac{8PDK'}{\pi d^3} = \frac{8PCK'}{\pi d^2} = \frac{8PC^3K'}{\pi D^2}$$

Kwall의 응력수정계수 $K' = \frac{4C-1}{4C-4} + \frac{0.615}{C}$

4. 스프링의 처짐량 : δ

$$\delta = R \times \theta = \frac{D}{2} \times \frac{T \cdot l}{G \times I_P} = \frac{8D^3 nP}{G d^4} = \frac{8C^3 nP}{Gd} = \frac{8C^4 nP}{G D}$$

5. 스프링의 연결

(1) 직렬연결

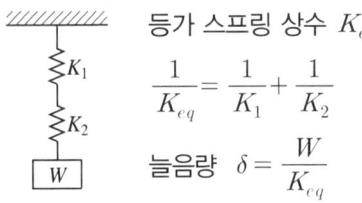

등가 스프링 상수 K_{eq}

$\frac{1}{K_{eq}} = \frac{1}{K_1} + \frac{1}{K_2}$

늘음량 $\delta = \frac{W}{K_{eq}}$

(2) 병렬연결

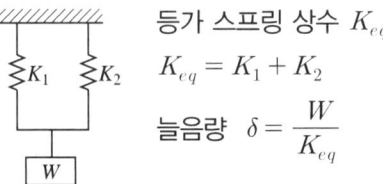

등가 스프링 상수 K_{eq}

$K_{eq} = K_1 + K_2$

늘음량 $\delta = \frac{W}{K_{eq}}$

6. 탄성에너지의 계산

$$U = \frac{1}{2}P\delta = \frac{P}{2} \times \frac{8D^3 Pn}{Gd^4} = \frac{4D^3 P^2 n}{Gd^4} = 4 \times \left(\frac{\tau\pi d^3}{K'8D}\right)^2 \frac{D^{3n}}{Gd^4}$$

$$W = \frac{\tau\pi D^3}{K'8D}\left(\tau = K'\frac{8WD}{\pi d^3}\right) \text{에서}$$

$$U = \frac{\pi}{4}d^2 \times \pi DN \times \frac{\tau^2}{4K^2 G} = V \times \frac{\tau^2}{4K'2G}$$

9-3 판스프링

1. 삼각판 스프링

(1) 굽힘응력

$$\sigma_b = \frac{6Wl}{b_o h^2}$$

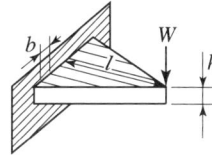

(2) 최대 처짐량

$$\delta_{\max} = \frac{6Wl^3}{b_o h^3 E}$$

여기서, b_o : 전체강판의 너비 $b_o = n \times b$,
n : 판의 수

2. 겹판 스프링

삼각판 스프링에서 $l \to \frac{l}{2}$, $W \to \frac{W}{2}$

(1) 굽힘 응력

$$\sigma_b = \frac{3Wl}{2nbh^2}$$

(2) 최대 처짐량

$$\sigma_{\max} = \frac{3Wl^3}{8nbh^3 E}$$

여기서, b : 강판의 너비
b_o : 전체강판의 너비 $b_o = n \times b$
W : 집중하중, E : 탄성계수
n : 판의 수, h : 높이

Chapter 10 기둥(column)

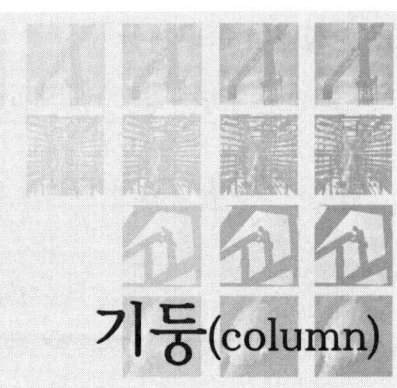

※ 기사시험에서 1문제~2문제 출제
※ 암기를 해야만 1분30초에 한 문제 해결 가능합니다.

❶ 세장비

$$\lambda = \frac{(기둥의길이)l}{(최소회전반경)K} = \frac{l}{\sqrt{\dfrac{I}{A}}}$$

 원일 경우 $K = \dfrac{D}{4}$ 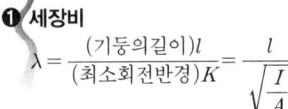 사각형일 경우 $K = \dfrac{작은길이}{2\sqrt{3}}$

❷ 편심하중을 받는 기둥의 최대응력 $\sigma_{\max} = \sigma_n + \sigma_b = \dfrac{P}{A} + \dfrac{M}{Z}$

❸ 장주에 나타나는 좌굴하중 $P_B = \dfrac{n\pi^2 EI}{l^2}$

장주에 나타나는 좌굴응력 $\sigma_B = \dfrac{n\pi^2 E}{\lambda^2}$

여기서, n : 단말 계수, EI : 강성계수, l : 기둥의 길이, λ : 세장비

일단고정타단자유 : $n = \dfrac{1}{4}$ 양단회전 : $n = 1$

일단고정타단회전 : $n = 2$ 양단고정 : $n = 4$

10-1 기둥의 종류

(1) 단 주
세장비가 30 이하인 기둥

(2) 장 주
세장비가 160 이상인 기둥

$$\text{세장비 } \lambda = \frac{(\text{기둥의 길이})l}{(\text{최소 회전반경})K} = \frac{l}{\sqrt{\dfrac{I}{A}}}$$

(3) 최소회전반경 K

 ① 원일 경우 : $K = \dfrac{D}{4}$ ② 사각형일 경우 : $K = \dfrac{\text{작은 길이}}{2\sqrt{3}}$

10-2 편심하중을 받는 단주

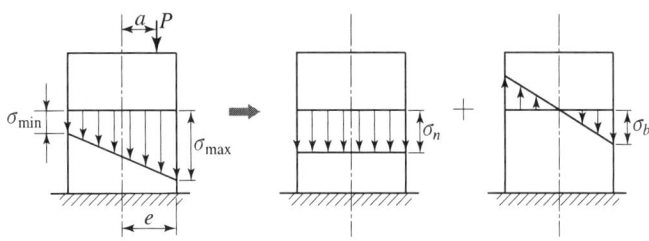

$$\text{기둥에 나타나는 최소응력 } \sigma_{\min} = \sigma_n - \sigma_b = \frac{P}{A} - \frac{M}{Z}$$

$$\text{기둥에 나타나는 최대응력 } \sigma_{\max} = \sigma_n + \sigma_b = \frac{P}{A} + \frac{M}{Z}$$

$\sigma_{\min} > 0$일 때 항상 압축만 일어난다. $\sigma_b = \dfrac{M}{Z}$

$\sigma_{\min} = \dfrac{P}{A} - \dfrac{M}{Z} = \dfrac{P}{A} - \dfrac{Pae \times A}{I \times A} = \dfrac{P}{A}\left(1 - \dfrac{aeA}{I}\right) = \dfrac{P}{A}\left(1 - \dfrac{aeA}{k^2 A}\right)$

$\therefore \left(1 - \dfrac{ae}{k^2}\right) > 0$일 때 압축만 발생, $a = \dfrac{k^2}{e}$일 때 압축만 일어난다.

   (a : 핵반경=핵심)이라 한다.

제 1 편 재료역학

(1) 원형단면일 때 핵심구하기

$$\text{핵심} \quad a = \frac{K^2}{e} = \frac{\dfrac{D^2}{16}}{\dfrac{D}{2}} = \frac{D}{8}$$

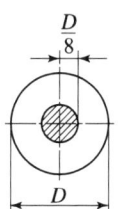

여기서, $K^2 = \dfrac{I}{A} = \dfrac{\dfrac{\pi D^4}{64}}{\dfrac{\pi D^2}{4}} = \dfrac{D^2}{16}$

(2) 사각단면일 때의 핵심 구하기

$$K_y^2 = \frac{I_x}{A} = \frac{\dfrac{BH^3}{12}}{BH} = \frac{H^2}{12}$$

$$a_y = \frac{K_y^2}{e} = \frac{\dfrac{H^2}{12}}{\dfrac{H}{2}} = \frac{H}{6}$$

$$a_y = \frac{H}{6}, \quad a_x = \frac{B}{6}$$

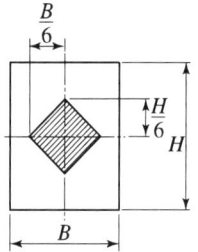

10-3 장주(긴 봉에 축 방향 하중이 작용할 때 좌굴이 일어난다.)

(1) 오일러의 공식(Euler's formula)

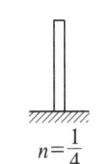  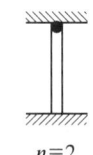 

$n = \dfrac{1}{4}$ $n = 1$ $n = 2$ $n = 4$

[일단고정다단자유] [양단회전] [일단고정다단회전] [양단고정]

여기서, n : 단말계수
= 기둥의 고정계수

① 좌굴하중

$$P_B = \frac{n\pi^2 EI}{l^2}$$

② 좌굴응력

$$\sigma_B = \frac{P_B}{A} = \frac{n\pi^2 EI}{l^2} \times \frac{1}{A} = \frac{n\pi^2 EK^2 A}{l^2} \times \frac{1}{A} = \frac{n\pi^2 EK^2}{l^2} = \frac{n\pi^2 E}{\lambda^2}$$

③ $P_s = \dfrac{P_B}{S}$ (여기서, S : 안전율, P_s : 안전하중)

장주에 나타나는 좌굴하중 $P_B = \dfrac{n\pi^2 EI}{l^2}$

장주에 나타나는 좌굴응력 $\sigma_B = \dfrac{n\pi^2 E}{\lambda^2}$

여기서, n : 단말계수, EI : 강성계수, l : 기둥의 길이, λ : 세장비

유효세장비

$$\text{유효세장비} = \frac{(\text{유효기둥길이})\,L_e}{(\text{최소 회전반경})\,k}$$

$P_B = \dfrac{\pi^2 EI}{4L^2}$	$P_B = \dfrac{\pi^2 EI}{L^2}$	$P_B = \dfrac{2\pi^2 EI}{L^2}$	$P_B = \dfrac{4\pi^2 EI}{L^2}$
$L_e = 2L$	$L_e = L$	$L_e = 0.699L$	$L_e = 0.5L$
$n = \dfrac{1}{4}$	$n = 1$	$n = 2$	$n = 4$

[부록] 재료역학 공식 모음

1	수직응력, 전단응력	$\sigma = \dfrac{P}{A}$, $\tau = \dfrac{P_s}{A}$ (P : 수직하중, P_s : 전단하중)
2	수직변형률	$\epsilon = \dfrac{\Delta l}{l}$, $\epsilon' = \dfrac{\Delta D}{D}$ (Δl : 세로 변형량, ΔD : 가로 변형량)
3	전단변형률	$\gamma = \dfrac{\lambda_s}{l}$ (λ_s : 전단 변형량)
4	포와송의 비	$\mu = \dfrac{\epsilon'}{\epsilon} = \dfrac{\Delta l \cdot D}{l \cdot \Delta D} = \dfrac{1}{m}$ (m : 포와송수)
5	후크의 법칙	$\sigma = E \times \epsilon$, $\tau = G \times \gamma$ (E : 종탄성계수 G : 횡탄성계수)
6	길이 변형량	$\Delta l = \dfrac{Pl}{AE}$, $\lambda_s = \dfrac{P_s l}{AG}$ (Δl : 수직하중에 의한 변형량, λ_s : 전단하중에 의한 변형량)
7	단면적 변형률 체적 변형률	$\epsilon_A = 2\mu\epsilon$, $\epsilon_v = \epsilon(1-2\mu)$
8	탄성계수의 관계	$1Em = 2G(m+1) = 3K(m-2)$
9	두 힘의 합성	$F = \sqrt{F_1^2 + F_2^2 + 2F_1 F_2 \cos\theta}$
10	세 힘의 합성(Lami의 정리)	$\dfrac{F_1}{\sin\theta_1} = \dfrac{F_2}{\sin\theta_2} = \dfrac{F_3}{\sin\theta_3}$
11	응력의 관계	$\sigma_w \leq \sigma_\sigma = \dfrac{\sigma_u}{S}$ (σ_w : 사용응력, σ_σ : 허용응력, σ_u : 극한응력)
12	응력집중	$\sigma_{\max} = \alpha \times \sigma_n$ (α : 응력집중계수, σ_n : 공칭응력)
13	병렬조합 단면의 응력	$\sigma_1 = \dfrac{PE_1}{A_1 E_1 + A_2 E_2}$, $\sigma_2 = \dfrac{PE_2}{A_1 E_1 + A_2 E_2}$
14	자중을 고려한 늘음량	$\delta_w = \dfrac{\gamma l^2}{2E} = \dfrac{wl}{2AE}$ (γ : 비중량, w : 자중)
15	열응력	$\sigma = E\epsilon_{th} = E \times \alpha \times \Delta T$ (ϵ_{th} : 열변형률, α : 선팽창계수)
16	탄성에너지	$U = \dfrac{1}{2}P\lambda = \dfrac{\sigma^2 Al}{2E}$, $u = \dfrac{\sigma^2}{2E}$
17	충격에 의한 응력, 늘음량	$\sigma = \sigma_0\left\{1 + \sqrt{1 + \dfrac{2h}{\lambda_0}}\right\}$, $\lambda = \lambda_0\left[1 + \sqrt{1 + \dfrac{2h}{\lambda_0}}\right]$ (σ_0 : 정적응력, λ_0 : 정적 늘음량)
18	내압을 받는 얇은 원통의 응력	$\sigma_y = \dfrac{PD}{2t}$, $\sigma_x = \dfrac{PD}{4t}$ (P : 내압력, D : 내경, t : 두께)

19	얇은 회전체의 응력	$\sigma_y = \dfrac{\gamma v^2}{g}$ (γ : 비중량, v : 원주속도)
20	단순응력 상태의 경사면 수직응력	$\sigma_n = \sigma_x \cos^2\theta$
21	단순응력 상태의 경사면 전단응력	$\tau = \dfrac{1}{2}\sigma_x \sin 2\theta$
22	2축응력 상태의 경사면 수직응력	$\sigma_n{'} = \dfrac{1}{2}(\sigma_x + \sigma_y) + \dfrac{1}{2}(\sigma_x - \sigma_y)\cos 2\theta$
23	2축응력 상태의 경사면 전단응력	$\tau = \dfrac{1}{2}(\sigma_x - \sigma_y)\sin 2\theta$
24	평면응력 상태의 최대, 최소 주응력	$\sigma_{1,2} = \dfrac{1}{2}(\sigma_x + \sigma_y) \pm \dfrac{1}{2}\sqrt{(\sigma_x - \sigma_y)^2 + 4\tau^2}$
25	평면의 성질 공식 정리	

	수학적 표현	공식	도형의 종류		
			사각형	중심축	중공축
단면1차 모멘트	$Q_y = \int x\,dA$ $Q_x = \int y\,dA$	$\bar{y} = \dfrac{A_1 y_1 + A_2 y_2}{A_1 + A_2}$ $\bar{x} = \dfrac{A_1 x_1 + A_2 x_2}{A_1 + A_2}$	$\bar{y} = \dfrac{h}{2}$ $\bar{x} = \dfrac{b}{2}$	$\bar{y} = \bar{x} = \dfrac{d}{2}$	내외경비 $x = \dfrac{d_1 (\text{내경})}{d_2 (\text{외경})}$
단면2차 모멘트	$I_x = \int y^2 dA$ $I_y = \int x^2 dA$	$K_x = \sqrt{\dfrac{I_x}{A}}$ $K_y = \sqrt{\dfrac{I_y}{A}}$	$I_x = \dfrac{bh^3}{12}$ $I_y = \dfrac{hb^3}{12}$	$I_x = I_y = \dfrac{\pi d^4}{64}$	$I_x = I_y = \dfrac{\pi d_2^4}{32}(1 - x^4)$
극단면2차 모멘트	$I_p = \int r^2 dA$	$I_p = I_x + I_y$	$I_p = \dfrac{bh}{12}(b^2 + h^2)$	$I_p = \dfrac{\pi d^4}{32}$	$I_p = \dfrac{\pi d_2^4}{32}(1 - x^4)$
단면계수	$Z = \dfrac{I_x}{e_x}$	$Z = \dfrac{M}{\sigma_b}$	$Z_x = \dfrac{bh^2}{6}$ $Z_y = \dfrac{hb^2}{6}$	$Z_x = Z_y = \dfrac{\pi d^3}{32}$	$Z_x = Z_y = \dfrac{\pi d_2^3}{32}(1 - x^4)$
극단면계수	$Z_p = \dfrac{I_P}{e_p}$	$Z_p = \dfrac{T}{\tau_a}$		$Z_p = \dfrac{\pi d^3}{16}$	$Z_p = \dfrac{\pi d_2^3}{16}(1 - x^4)$

26	토크와 전단응력의 관계	$T = \tau \times Z_P = \tau \times \dfrac{\pi d^3}{16}$
27	토크와 동력과의 관계	$T = 716.2 \times \dfrac{H}{N}[\text{kg} \cdot \text{m}]$ 단, $H[\text{ps}]$ $T = 974 \times \dfrac{H'}{N}[\text{kg} \cdot \text{m}]$ 단, $H'[\text{kW}]$
28	비틀림각	$\theta = \dfrac{Tl}{GI_p}[\text{rad}]$ (G : 횡탄성계수)

29 보공식 정리

보의 종류	반력	최대굽힘모멘트 M_{max}	최대 굽힘각 θ_{max}	최대처짐량 δ_{max}
캔틸레버보 (M_o)	–	M_o	$\dfrac{M_o l}{EI}$	$\dfrac{M_o l^2}{2EI}$
캔틸레버보 (P)	$R_b = P$	Pl	$\dfrac{Pl^2}{2EI}$	$\dfrac{Pl^3}{3EI}$
캔틸레버보 (ω)	$R_b = wl$	$\dfrac{wl^2}{2}$	$\dfrac{wl^3}{6EI}$	$\dfrac{wl^4}{8EI}$
단순보 (M_o)	$R_a = R_b = \dfrac{M_o}{l}$	M_o	$\theta_A = \dfrac{M_o l}{3EI}$ $\theta_B = \dfrac{M_o l}{6EI}$	$x = \dfrac{l}{\sqrt{3}}$ 일 때 $\dfrac{M_o l^2}{9\sqrt{3}\,EI}$
단순보 (P 중앙)	$R_a = R_b = \dfrac{P}{2}$	$\dfrac{Pl}{4}$	$\dfrac{Pl^2}{16EI}$	$\dfrac{Pl^3}{48EI}$
단순보 (P, a,b)	$R_a = \dfrac{Pb}{l}$ $R_b = \dfrac{Pa}{l}$	$\dfrac{Pab}{l}$	$\theta_A = \dfrac{Pab(l+b)}{6lEI}$ $\theta_B = \dfrac{Pab(l+a)}{6lEI}$	$\delta_c = \dfrac{Pa^2b^2}{3lEI}$
단순보 (ω)	$R_a = R_b = \dfrac{wl}{2}$	$\dfrac{wl^2}{8}$	$\dfrac{wl^3}{24EI}$	$\dfrac{5wl^4}{384EI}$
단순보 (삼각하중)	$R_a = \dfrac{wl^2}{6}$ $R_b = \dfrac{wl^2}{3}$	$\dfrac{wl^2}{9\sqrt{3}}$	–	–
일단고정 타단지지 (P)	$R_a = \dfrac{5P}{16}$ $R_b = \dfrac{11P}{16}$	$M_B = M_{max} = \dfrac{3}{16}Pl$	–	–
일단고정 타단지지 (ω)	$R_a = \dfrac{3wl}{8}$ $R_b = \dfrac{5wl}{8}$	$\dfrac{9wl^2}{128}$, $x = \dfrac{5l}{8}$ 일 때		
양단고정보 (P, a,b)	$R_a = \dfrac{Pb^2}{l^3}(3a+b)$	$M_A = \dfrac{Pb^2 a}{l^2}$ $M_B = \dfrac{Pa^2 b}{l^2}$	$a=b=\dfrac{l}{2}$ 일 때 $\dfrac{Pl^2}{64EI}$	$a=b=\dfrac{l}{2}$ 일 때 $\dfrac{Pl^3}{192EI}$
양단고정보 (ω)	$R_a = R_b = \dfrac{wl}{2}$	$M_A = M_B = \dfrac{wl^2}{12}$ 중간단의 모멘트 $= \dfrac{wl^2}{24}$	$\dfrac{wl^3}{125EI}$	$\dfrac{wl^4}{384EI}$
연속보	$R_a = R_b = \dfrac{3wl}{16}$ $R_c = \dfrac{5wl}{8}$	$M_c = \dfrac{wl^2}{32}$	–	–

30	굽힘에 의한 응력	$\sigma = E\dfrac{y}{\rho}$, $\dfrac{1}{\rho} = \dfrac{M}{EI} = \dfrac{\sigma}{Ee}$, $M = \sigma Z$ (ρ : 주름반경, e : 중립축에서 끝단까지 거리)
31	분포하중, 전단력, 굽힘모멘트의 관계	$w = \dfrac{dF}{dx} = \dfrac{d^2M}{dx^2}$
32	처짐곡선의 미분 방정식	$EIy'' = -M_x$
33	면적 모멘트 법	$\theta = \dfrac{A_m}{E_l}$, $\delta = \dfrac{A_m}{E_l}\bar{x}$ (θ : 굽힘각, δ : 처짐량, A_m : BMD의 면적, $\bar{x}$: BMD의 도심까지의 거리)
34	굽힘 탄성에너지	$U = \displaystyle\int_0^1 \dfrac{M_x^2 dx}{2EI}$
35	스프링 상수, 스프링 지수	$K = \dfrac{P}{\delta}$, $C = \dfrac{D}{d}$ (P : 하중, δ : 늘음장, d : 소선의 직각 D : 평균직경)
36	등가스프링 상수	$K_{eg} = K_1 + K_2$ ⇨ 병렬연결 $\dfrac{1}{K_{eg}} = \dfrac{1}{K_1} + \dfrac{1}{K_2}$ ⇨ 직렬연결
37	스프링의 처짐량	$\delta = \dfrac{8PD^3n}{Gd^4}$ (G : 횡탄성계수, n : 감김수)
38	3각판스프링의 늘음량, 응력	$\delta_{\max} = \dfrac{6Pl^3}{nbh^3E}$, $\sigma = \dfrac{6Pl}{nbh^2}$ (b : 판목, E : 종탄성계수 n : 판의 개수)
39	겹판스프링의 늘음량, 응력	$\delta_{\max} = \dfrac{3P'^3}{8nbh^3E}$, $\eta = \dfrac{3Pl}{2nbh^2}$
40	편심하중을 받는 단주의 최대응력	$\sigma_{\max} = \dfrac{P}{A} + \dfrac{M}{Z}$
41	핵반경	원형단면 $a = \dfrac{d}{8}$, 사각형단면 $a = \dfrac{b}{6}, \dfrac{h}{6}$
42	Euler의 좌굴하중공식	$P_B = \dfrac{n\pi^2 EI}{l^2}$ (n : 단말계수)
43	세 장비	$\lambda = \dfrac{l}{K}$ (l : 기둥의 길이) $K = \sqrt{\dfrac{I}{A}}$ (K : 최소 회전반경)
44	좌굴 응력	$\sigma_B = \dfrac{P_B}{A} = \dfrac{n\pi^2 E}{\lambda^2}$

Part 2

유체역학

Chapter 1	유체의 정의 및 성질
Chapter 2	유체의 정역학
Chapter 3	유체 운동학
Chapter 4	운동량 방정식
Chapter 5	유체의 유동과 유동함수
Chapter 6	유체유동의 손실수두
Chapter 7	차원해석과 상사법칙
Chapter 8	개수로 유동
Chapter 9	압축성 유동
Chapter 10	유체계측
[부록]	유체역학 공식 모음

Chapter 1 유체의 정의 및 성질

○ **유체역학(流體力學, hydrodynamics)의 정의**
유체에 힘이 작용할 때 나타나는 평형상태 및 운동에 관하여 논하는 학문

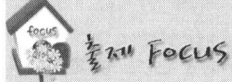

※ 기사시험에서 2문제~3문제 출제
※ 암기를 해야만 1분30초에 한 문제 해결이 가능합니다.

❶ **비중량** $\gamma = \dfrac{W}{V} = \dfrac{mg}{V} = \rho g, \ \gamma = \rho g, \ W = \gamma V = S\gamma_w V$

  여기서, V : 체적, ρ : 밀도, W : 무게, m : 질량, S : 비중

❷ **뉴톤의 점성법칙** 유체에 점성에 의한 전단응력 : $\tau = \mu \dfrac{du}{dy}$ 여기서, $\dfrac{du}{dy}$: 속도구배

  점성계수 μ의 단위 : $1\text{Poise} = 1[\text{dyne} \times \text{s/cm}^2]$

❸ **체적탄성계수** $K = \dfrac{\Delta P}{-\dfrac{\Delta V}{V}} = \dfrac{1}{\beta}$ 여기서, β : 압축률, ΔP : 압력차, ΔV : 체적변화량

❹ **표면장력** $\sigma = \dfrac{\Delta P D}{4}$ 여기서, D : 내경, ΔP : 압력차

❺ **모세관 현상에 의한 물의 상승높이**

  $h = \dfrac{4\sigma \cos\beta}{\gamma D}$ 여기서, σ : 표면장력, β : 접촉각, γ : 유체의 비중량, D : 내경

1-1 유체의 정의

물질 ─ 고체 ── 수직력, 전단력 존재
　　　└ 유체 ┬ 액체 : 비압축성
　　　　　　 └ 기체 : 압축성

유체의 정의 : 아무리 작은 힘(전단력)이라도 물질 내에 전단응력이 발생하는 물질. 즉 아무리 작은 힘이라도 변형이 존재

1-2 단위와 차원

(1) 단 위

		길이	질량	시간	힘	일	동력	비고
절대 단위	M.K.S	m	kg	sec	$1N = 1kg\ m/s^2$	$1J = 1N \cdot m$	$W = 1J/sec$	$1kW = 102kg_f \cdot m/s$
	C.G.S	cm	g	sec	dyne	erg	W, kW	
공학 단위	중력 단위	m cm	$\dfrac{kg_f S^2}{m}$	sec	kg_f	$kg_f \cdot m$	PS	$1PS = 75kg_f \cdot m/s$

※ $1kg_f = 9.8N = 9.8kgm/s^2$

(2) 차원계

① $M.L.T$ [질량, 길이, 시간]
② $F.L.T$ [힘, 길이, 시간]　　$F = ma$, $[F] = [MLT^{-2}]$

[물리량의 차원]

물리량	기호	MLT계		FLT계	
		단위	차원	단위	차원
면적	A	m^2	L^2	m^2	L^2
체적	V	m^3	L^3	m^3	L^3
속도	V, u	m/s	LT^{-1}	m/s	LT^{-1}
가속도	a	m/s^2	LT^{-2}	m/s^2	LT^{-2}
각속도	ω	rad/s	T^{-1}	rad/s	T^{-1}
질량	m	kg	M	$kg_f s^2/m$	$FL^{-1}T^2$

물리량	기호	MLT계		FLT계	
		단위	차원	단위	차원
힘	F	N	MLT^{-2}	kg_f	F
회전력	T	J	ML^2T^{-2}	$kg_f \cdot m$	FL
동력	P	W	ML^2T^{-3}	$kg_f \cdot m/s$	FLT^{-1}
전단응력	τ	$Pa = N/m^2$	$ML^{-1}T^{-2}$	kg_f/m^2	FL^{-2}

 1-3 물질의 성질

(1) 비중량(γ) : 단위 체적당 무게 $= \dfrac{무게}{체적}$

$$\gamma = \frac{W}{V} = \frac{mg}{V} = \rho g$$

물의 비중량 $\gamma_w = 1000 \dfrac{kg_f}{m^3} = 1 \dfrac{kg_f}{l} = 1 \dfrac{g_f}{cc}$ $\quad \gamma_w = 9800 \dfrac{N}{m^3} = 9.8 \dfrac{kN}{m^3}$

(2) 밀도 = 비질량(ρ) : 단위 체적당 질량 $= \dfrac{질량}{체적}$

$$\rho = \frac{m}{V}, \quad m = \rho V$$

물의 밀도 $\rho_w = 1000 \dfrac{kg}{m^3} = 102 \dfrac{kg_f s^2}{m^4}$

중력단위계 질량 $1kg = \dfrac{1}{9.8} \dfrac{kg_f s^2}{m}$

(3) 비체적(v)

① 단위 질량당 체적

$$v = \frac{V}{m} = \frac{1}{\rho}$$

② 단위 중량당 체적

$$v = \frac{V}{W} = \frac{1}{\gamma}$$

(4) 비중(s)

같은 체적 하에서 물과 어떤 물질의 무게의 비

$$s = \frac{\text{어떤 물질의 비중량}}{\text{물의 비중량}} = \frac{\gamma}{\gamma_w} = \frac{\rho}{\rho_w}$$

어떤 물질의 밀도 $\rho = s \times \rho_w$ 어떤 물질의 비중량 $\gamma = S \times \gamma_w$

(5) 비중량과 밀도의 관계

$$\gamma = \frac{W}{V} = \frac{mg}{V} = \frac{m}{V}g = \rho g, \quad \gamma = \rho g$$

1-4 Newton의 점성의 법칙

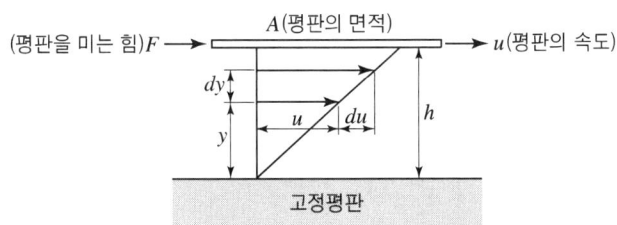

$$F \propto \frac{Au}{h}, \; F = \mu \frac{Au}{h}, \; \tau = \frac{F}{A} = \mu \frac{u}{h} \;\Rightarrow\; \tau = \mu \frac{du}{dy} \;\cdots\cdots\cdots\text{Newton의 점성법칙}$$

여기서, F : 평판을 움직이는 힘, A : 평판의 단면적, u : 평판의 속도, h : 평판사이의 수직거리
  μ : 점성계수

 **뉴톤 유체와 비뉴톤 유체**

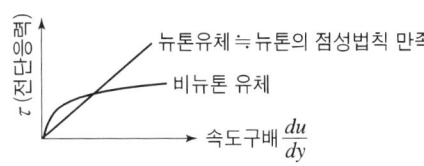

(1) 점성계수(μ)의 단위와 차원

$$\tau = \mu \frac{u}{h}, \; \mu = \frac{\tau h}{u} \;\Rightarrow\; \text{차원} \; \frac{[FLT]}{[L^2 L]} = [FL^{-2}T], \; [\mu] = [FL^{-2}T] = [ML^{-1}T^{-1}]$$

점성의 단위(Poise) : 1Poise ⇨ C.G.S 단위의 기본차원에서 유도

$$[\mu] = [FL^{-2}T] = \left[\frac{\text{dyne} \times \sec}{\text{cm}^2}\right] = \left[\frac{\text{dyne} \times \text{s}}{\text{cm}^2}\right] = \frac{1}{10}\frac{\text{NS}}{\text{m}^2}$$

$$= [ML^{-1}T^{-1}] = \left[\frac{\text{g}}{\text{cm} \times \sec}\right]$$

$$1\text{Poise} = 1\frac{\text{dyne} \times \sec}{\text{cm}^2} = 1\frac{\text{g}}{\text{cm} \times \sec} = \frac{1}{10}\text{Pa} \times \text{s}$$

※ 상온에서 물의 점성 $1cp = 1 \times 10^{-2}\text{Poise}$

(2) 동점성계수

점성계수에 밀도 값을 나눈 것

$$v = \frac{\mu}{\rho} = \frac{[ML^{-1}T^{-1}]}{[ML^{-3}]} = [L^2T^{-1}]$$

※ 동점성의 단위[stoke] : 1stoke ⇨ C.G.S 단위의 기본차원에서 유도
$$1\text{stoke} = [L^2T^{-1}] = [\text{cm}^2/\sec], \ 1\text{stoke} = 1\text{cm}^2/\sec$$

1-5 체적탄성계수(K)

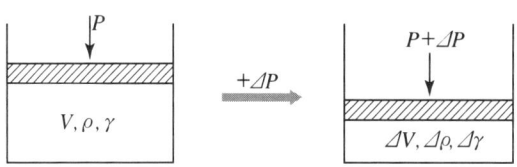

$$\Delta P \propto \frac{\Delta V}{V}, \ \Delta P = K\frac{-\Delta V}{V}$$

체적탄성계수 $K = \dfrac{\Delta P}{-\dfrac{\Delta V}{V}} = \dfrac{\Delta P}{\dfrac{\Delta \gamma}{\gamma}} = \dfrac{1}{\beta}$

여기서, β : 압축률

체적탄성계수가 무한대인 유체는 비압축성 유체를 의미한다.

 ## 1-6 표면장력

액체 표면의 응집력 때문에 생기는 장력≒(단위길이 당 작용하는 힘) $\sigma = [FL^{-1}]$

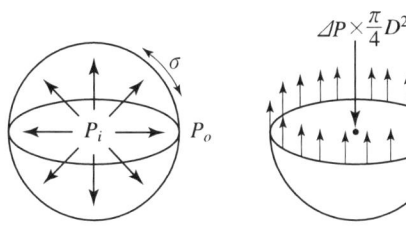

압력차 $P_i - P_0 = \Delta P$

압력차에 의한 힘 $F_p = \Delta P \times \dfrac{\pi}{4} D^2$

표면장력에 의한 힘 $F_\sigma = \sigma \times \pi D$

$\sum Fy = 0, \ F\sigma = F_{\Delta p}$ 구 표면의 표면장력 $\sigma = \dfrac{\Delta PD}{4}$

 ## 1-7 모세관 현상

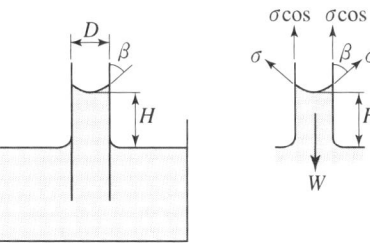

올라온 유체의 무게 $W = \gamma \times \dfrac{\pi}{4} D^2 \times H$

표면장력에 의한 힘 $F_{\sigma_y} = \sigma \cos\beta \times \pi D, \ \sum F_y = 0, \ F_{\sigma_y} = W$

∴ 물의 상승높이 $H = \dfrac{4 \sigma \cos\beta}{\gamma D}$

여기서, β : 액면의 접촉각, σ : 표면장력, D : 관의 직경, γ : 액체의 비중량

Chapter 2 유체의 정역학

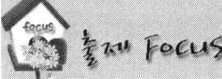

※ 기사시험에서 3문제~4문제 출제
※ 암기를 해야만 1분30초에 한 문제 해결이 가능합니다.

❶ **절대압력** $P_{abs} = P_o + P_G = P_o - P_V = P_o - xP_o = P_o(1-x)$
  여기서, P_G : 게이지 압 = 정압, P_V : 진공압 = 부압, P_o : 국소대기압, x : 진공도
  표준대기압 $1\text{atm} = 760\text{mmHg} = 1.0332\text{kg/cm}^2 = 10.332\text{mAg} = 1.01325\text{bar} = 101325\text{Pa}$

❷ **수심이 H인 정지유체 내에서의 게이지압력** $P_G = \gamma H = S\gamma_w H$
  여기서, γ : 유체의 비중량, γ_w : 물의 비중량, S : 유체의 비중, H : 수심

❸ **전압력** $F_P = \gamma \overline{H} A$
  전압력 작용점의 위치 $Y_{F_P} = \overline{y} + \dfrac{I_G}{A\overline{y}}$
  여기서, $\overline{H}$: 도심까지의 수심, A : 단면적, $\overline{y}$: 도심까지의 경사진 거리, I_G : 도심에서의 단면 이차모멘트

❹ **떠 있는 물체에 작용하는 부력**
  $F_B = \gamma_{유체} \times V_{잠긴}$ 여기서, $\gamma_{유체}$: 유체의 비중량, $V_{잠긴} = V_{배제}$: 잠긴 체적 = 배제된 체적
  완전히 잠긴 물체에 작용하는 부력
  $F_B = \gamma_{유체} \times V_{잠긴}$ 여기서, $V_{물체} = V_{잠긴} = V_{전체}$: 물체의 체적 = 잠긴 체적 = 물체의 전체 체적
  액체속에서의 물체의 무게 $W' = (물체의 무게)W - (부력)F_B$

❺ x**방향 등가속도 운동을 할 때 기울어진 각도** $\theta = \tan^{-1}\left(\dfrac{a_x}{g}\right)$ 여기서, a_x : x방향 등가속도

  등속회전 운동을 할 때의 수심차 $\Delta h = h_0 - h_i = \dfrac{V^2}{2g} = \dfrac{(wR)^2}{2g} = \dfrac{\left(\dfrac{\pi DN}{60}\right)^2}{2g}$
  여기서, V : 원주속도[mm/sec], N : 회전수[rpm], ω : 각속도[rad/s], R : 반경[mm], D : 직경[mm]

2-1 압 력(pressure) : P

단위면적당 작용하는 힘 : $P = \dfrac{F}{A}$

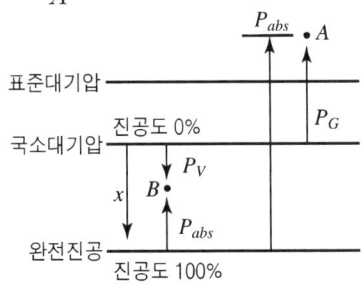

$$P_{abs} = P_o + P_G = P_o - P_V = P_o - xP_o = P_o(1-x)$$

여기서, P_G : 게이지 압=정압, P_V : 진공압=부압, P_{abs} : 절대압, P_o : 국소대기압, x : 진공도

표준대기압 $1atm = 760mmHg = 1.0332kgf/cm^2 = 10.332mAq = 1.01325bar = 101325Pa$
국소대기압 = 게이지압 Zero = 진공도 Zero
절대압 시작 = 완전진공상태 = 진공도100%

(1) 파스칼의 원리(principle of pascal)

≒유압기의 원리 : 밀폐된 용기에서 유체에 가한 압력은 모든 방향에서 같은 크기로 전달된다.

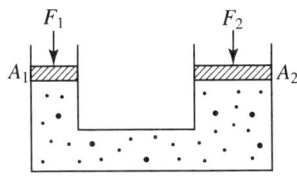 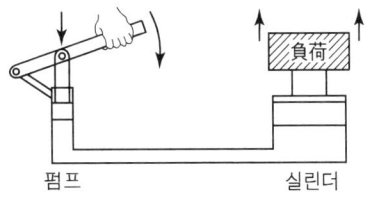

$$P_1 = P_2 \text{이므로} \quad \dfrac{F_1}{A_1} = \dfrac{F_2}{A_2} \qquad V_2(\text{감소된 체적}) = V_1(\text{증가된 체적})$$

(2) 정지유체내의 압력변화

① 힘의 평형

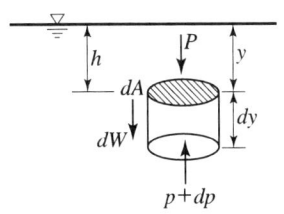

$$Pda - (p+dp)da + dw = 0 - dp\ da = dw = rda\ dy$$
$$-dp = rdy$$

② 적분

$$\int dp = -r \int dy$$
$$P_y = -r \int dy + C$$
$$P_{y=0} = ry + C = P_o, \quad C = P_o$$
$$P_y = \gamma y + P_o, \quad P_{y=H} = \gamma H + P_o$$

수심이 H인 정지유체 내에서의 게이지 압력 $P_G = \gamma H = S\gamma_w H$

여기서, γ : 유체의 비중량, γ_w : 물의 비중량, S : 유체의 비중, H : 수심

2-2 액 주 계(manometer)

액주의 높이를 측정하여 유체의 압력을 구하는 계기이다.

(1) 간단한 액주계(피에조미터)

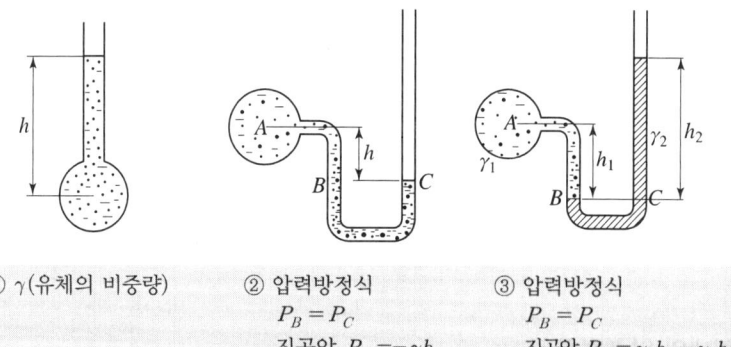

① γ(유체의 비중량) ② 압력방정식 ③ 압력방정식
　　　　　　　　　　$P_B = P_C$　　　　$P_B = P_C$
　　　　　　　　　진공압 $P_A = -\gamma h$　진공압 $P_A = \gamma_2 h_2 - \gamma_1 h_1$

[피에조미터]

(2) 시차액주계

두 개의 탱크나 관속에 있는 유체의 압력측정

① U자관

> 압력 평형식
> $P_C = P_D, \ P_C = P_A + \gamma_1 h_1$
> $P_D = P_B + \gamma_3 h_3 + \gamma_2 h_2$
> $\therefore \ P_A - P_B = \gamma_3 h_3 + \gamma_2 h_2 - \gamma_1 h_1$

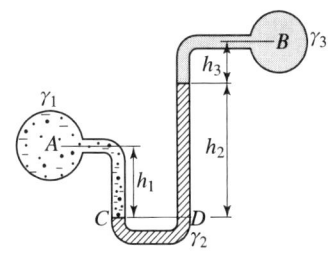

② 역 U자관

> 압력 평형식
> $P_C = P_D, \ P_A = P_C + \gamma_2 h_2 + \gamma_1 h_1$
> $P_B = P_D + \gamma_3 h_3$
> $\therefore \ P_A - P_B = \gamma_1 h_1 + \gamma_2 h_2 - \gamma_3 h_3$
> $P_B - P_A = \gamma_3 h_3 - \gamma_2 h_2 - \gamma_1 h_1$

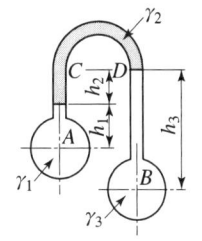

③ 축소관의 액주계

> 압력 평형식
> $P_D = P_B + \gamma_1 k + \gamma_0 h$
> $P_C = P_D, \ P_C = P_A + \gamma(k+h)$
> $\therefore \ P_A - P_B = (\gamma_0 - \gamma)k$

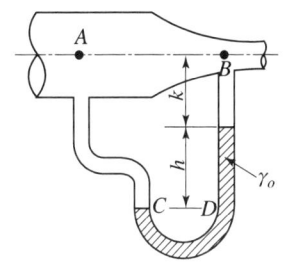

여기서, γ_0 : 액주계 내의 비중량, γ : 관 속에서의 비중량

 ## 2-3 전 압 력

압력에 의해 생기는 전체 힘

(1) 수평평면에 작용하는 유체의 전압력 F_P

> 전압력 $F_P = P \times A = \gamma h A$
> 작용점 도심에 작용

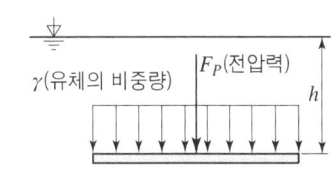

(2) 경사면에 작용하는 유체의 전압력 F_P

> $\overline{H} = \overline{y} \sin\theta$
> 전압력 $F_P = \gamma \overline{H} A$
> 전압력 작용점의 위치 $y_{F_P} = \overline{y} + \dfrac{I_G}{A\overline{y}}$

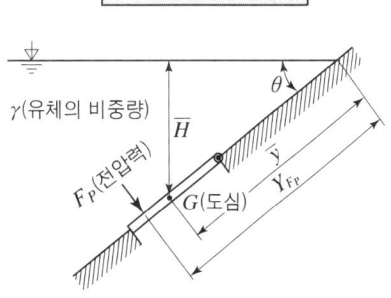

도심(G)에서의 단면 2차 모멘트 I_G

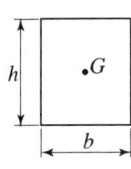
$I_G = \dfrac{bh^3}{12}$

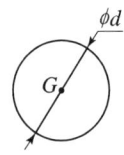
$I_G = \dfrac{\pi d^4}{64}$

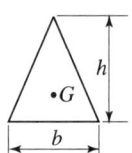
$I_G = \dfrac{bh^3}{36}$

(3) 곡면에 작용하는 유체의 전압력

① 수평분력 : $F_x = F_H$ ≒ 곡면의 수직평면에 투영한 면에 작용하는 전압력

$$F_x = \gamma \overline{H} A = \gamma\left(h + \dfrac{R}{2}\right)(R \times L)$$

② 수직분력 : $F_y = F_V$ ≒ 곡면위의 유체의 무게

$$F_y = \gamma \times V_{전체} = \gamma \times \left[(h \times L \times R) + \left(\dfrac{\pi R^2}{4} \times L\right)\right]$$

③ 합력 : F

$$F = \sqrt{{F_x}^2 + {F_y}^2}$$

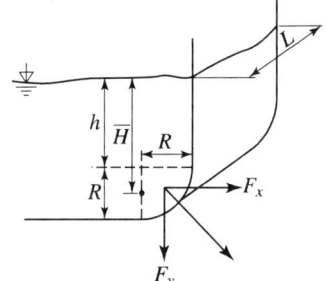

2-4 부 력(FB)

정지유체속에 잠겨 있거나 떠있는 물체가 유체로부터 받는 수직상방향의 힘 ≒ 배제된 유체의 중량

(1) 아르키메데스(Archimedes)의 부력 원리

① 제1원리 = 떠있는 경우

떠있는 물체에 작용하는 부력 F_B = 배제된 유체의 무게
떠있는 물체에 작용하는 부력 $F_B = \gamma_{유체} \times V_{잠긴}$

여기서, $\gamma_{유체}$: 유체의 비중량
$V_{잠긴} = V_{배제}$: 잠긴 체적 = 배제된 체적

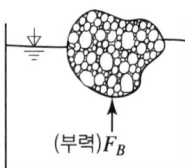

② 제2원리 = 잠긴 경우

완전히 잠긴 물체에 작용하는 부력 $F_B = \gamma_{유체} \times V_{잠긴}$

여기서, $V_{물체} = V_{잠긴} = V_{전체}$:
　　　물체의 체적 = 잠긴 체적 = 물체의 전체 체적

액체속에서의 물체의 무게
$W' = (물체의\ 무게)W - (부력)F_B$
$W' = \gamma_{물체} \times V_{전체} - \gamma_{유체} \times V_{전체} = V_{전체}(\gamma_{물체} - \gamma_{유체})$

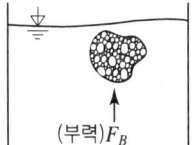

(2) 부양체의 안정

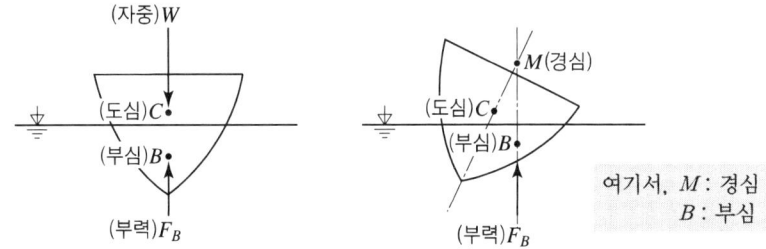

여기서, M : 경심
　　　　B : 부심

[절대안정조건] 경심이 무게 중심보다 위쪽에 있어야한다. 경심고가 ⊕ 여야 한다.

① 복원모멘트 = 복원우력 = M_R

$$M_R = W \times \overline{MC}\sin\theta$$

여기서, I : 단면 2차 모멘트, V : 잠긴 체적

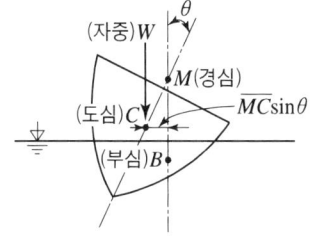

 **2-5 상대평형**

유체가 담긴 용기가 등가속도 운동을 하면 유체가 고체처럼 운동한다. 이때를 상대평형이라 한다.

(1) 수평등가속도 운동 ≒ a_x를 받을 때 $\theta = ?$

$\sum F_x = dma_x = \dfrac{dW}{g}a_x,\ dW = rdAL$

$P_1 = rh_1,\ P_2 = rh_2$

$\sum F_x = P_1 dA - P_2 dA$ ························· (1)

$\dfrac{dW}{g}a_x = \dfrac{rdAl}{g}a_x$ ························· (2)

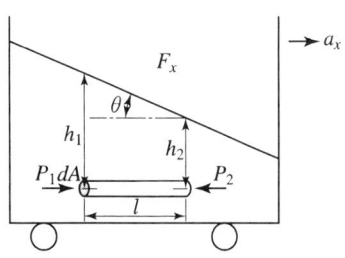

$(1)=(2)$ $(P_1-P_2)dA = \dfrac{rdAl}{g}a_x,\ r(h_1-h_2) = \dfrac{rl}{g}a_x,\ \dfrac{h_1-h_2}{l} = \dfrac{a_x}{g} = \tan\theta$

$\therefore\ \tan\theta = \dfrac{a_x}{g} = \dfrac{h_1-h_2}{l}$

$$\tan\theta = \dfrac{a_x}{g} = \dfrac{h_1-h_2}{l}$$

(2) 연직방향의 등가속도 운동 ≒ a_y를 받을 때 $P_2 - P_1 = ?$

$\sum F_y = dm\,a_y = \dfrac{dW}{g}a_y$

$\sum F_y = P_2 dA - P_1 dA - dW = P_2 dA - P_1 dA - rdAl$ ········ (1)

$\dfrac{dW}{g}a_y = \dfrac{rdAl}{g}a_y$ ·· (2)

$(1)=(2)$ $P_2 - P_1 - rl = \dfrac{rl}{g}a_y$

$\therefore\ P_2 - P_1 = rl\left(1 + \dfrac{a_y}{g}\right)$

$$P_2 - P_1 = rl\left(1 + \dfrac{a_y}{g}\right)$$

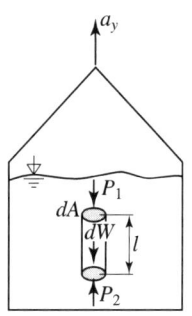

여기서, γ : 비중량, a_y : y방향의 가속도

(3) 등속회전 운동을 받는 유체

$\Delta h = h_2 - h_1 = \dfrac{V^2}{2g} = \dfrac{(wR)^2}{2g} = \dfrac{\left(\dfrac{\pi DN}{60}\right)^2}{2g}$

속도의 관계 $V = \dfrac{\pi DN}{60} = w \times R$

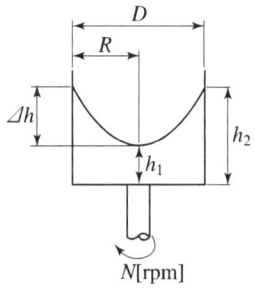

여기서, V : 원주속도[mm/sec], N : 분당회전수[rpm]
  w : 각속도[rad/s], R : 반경[mm], D : 직경[mm]

Chapter 3 유체 운동학

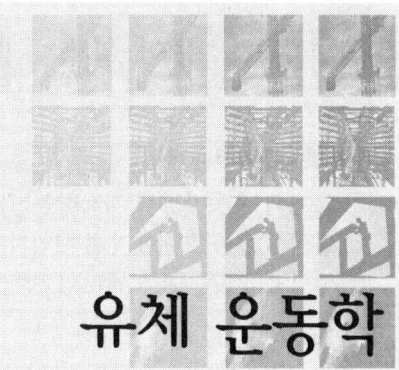

출제 FOCUS

※ 기사시험에서 3문제~4문제 출제
※ 암기를 해야만 1분30초에 한 문제 해결이 가능합니다.

❶ **유선의 방정식** $\dfrac{dx}{u}=\dfrac{dy}{v}=\dfrac{dz}{w}$

속도 벡터 $V=ui+vj+wk$
미소 단위 벡터 $ds=dxi+dyj+dzk$

❷ **연속방정식**
질량유량 $M=\rho_1 A_1 V_1 = \rho_2 A_2 V_2$
중량유량 $G=\gamma_1 A_1 V_1 = \gamma_2 A_2 V_2$
체적유량 $Q=A_1 V_1 = A_2 V_2$ 여기서 ρ : 밀도, γ : 비중량, A : 단면적, V : 유속

❸ **Bernoulli equation** : 유체유동을 에너지 보존의 법칙에 적용시킨 방정식

$\dfrac{P}{r}+\dfrac{V^2}{2g}+Z=H_t \Rightarrow$ 압력수두 + 속도수두 + 위치수두 = 전수두

모든 단면에서 압력수두, 속도수두, 위치수두의 합은 항상 일정하다.

❹ **B·E의 적용**

토리첼리효과에서 아주 큰 수조에서 높이 h 지점에서의 출구속도 : $V_2=\sqrt{2gh}$

Pitot 관을 이용한 유속 측정 : $V=\sqrt{2g\Delta h}$ 여기서, Δh : 액주계의 눈금 읽음

Pitot 정압관을 이용한 유속 측정, 관속 임의의 지점에서의 유속 $V=\sqrt{2gH\left(\dfrac{\gamma_\text{액}-\gamma_\text{관}}{\gamma_\text{관}}\right)}$

여기서, H : 액주계의 눈금 읽음, $\gamma_\text{액}$: 액주계내의 유체의 비중량, $\gamma_\text{관}$: 관 속의 유체의 비중량

3-1 용어 설명

(1) 유선(stream line)
① 유체의 운동방향을 지시하는 가상곡선
② 임의의 유동장 내에서 유체입자가 곡선을 따라 움직인다고 할 때 그 곡선이 갖는 접선과 유체입자가 갖는 속도벡터의 방향이 일치하도록 해석할 때 그 곡선을 유선이라 한다.

속도 벡터 $V = ui + vj + wk$
미소 단위 벡터 $ds = dxi + dyj + dzk$
$V \times ds = 0$
$V \times ds = \begin{vmatrix} i & j & k \\ u & v & w \\ dx & dy & dz \end{vmatrix}$
$= (vdz - wdy)i - (udz - wdx)j + k(udy - vdx)$
$= 0$
$\therefore$ 유선의 방정식 $\dfrac{dx}{u} = \dfrac{dy}{v} = \dfrac{dz}{w}$

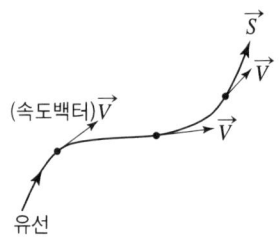

(2) 유관(stream tube) : 유선관
유선으로 둘러싸인 유체의 관

(3) 유적선(path line)
주어진 시간 동안에 유체입자가 유선을 따라 진행한 경로
[예] 흘러가는 물에 물감을 뿌렸을 때 어느 공간에 나타나는 모양

(4) 유맥선(Streakline)
유동장내에서 고정된 한 점을 지나는 모든 유체 입자들의 순간궤적

3-2 유체운동의 분류

(1) 정상류(steady flow)
유동장 내에서 임의의 한 점에 있어서 유동조건이 시간에 관계없이 항상 일정한 흐름

$$\dfrac{\partial \rho}{\partial t} = 0, \quad \dfrac{\partial v}{\partial t} = 0, \quad \dfrac{\partial \rho}{\partial t} = 0$$

(2) 비정상류(unsteady flow)

유동장 내에서 임의의 한 점에 있어서 유동조건이 시간에 따라 변하는 흐름

$$\frac{\partial \rho}{\partial t} \neq 0, \quad \frac{\partial v}{\partial t} \neq 0, \quad \frac{\partial \rho}{\partial t} \neq 0$$

(3) 등류 = 등속도 = 균속도 유동(uniform flow)

유동상태에서 거리의 변화에 관계없이 속도가 항상 일정

$$\frac{\partial v}{\partial s} = 0$$

여기서, v : 속도, s : 거리

(4) 비등류 = 비등속류 = 비균속도 유동(nonuniform flow)

유동상태에서 거리의 변화에 따라 속도가 달라지는 흐름

$$\frac{\partial v}{\partial s} \neq 0$$

여기서, v : 속도, s : 거리

 ## 3-3 연속 방정식(continuity equation)

흐르는 유체에 질량보존의 법칙을 적용하여 얻은 방정식

(1) 1차원 연속방정식 $\frac{dm}{dt} = 0$

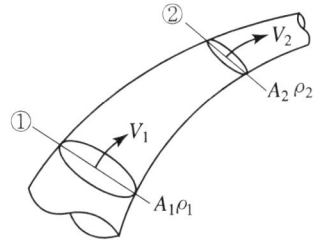

① 질량유량(M) : 단위시간당 흘러간 유체의 질량[MT^{-1}]

$$M = \frac{m}{t} = \frac{\rho V}{t} = \rho A \times l \times \frac{1}{t} = \rho A \frac{l}{t} = \rho A V, \quad M = \rho_1 A_1 V_1 = \rho_2 A_2 V_2$$

② 중량유량(G) : 단위시간당 흘러간 유체의 중량[FT^{-1}]

$$G = \frac{W}{t} = \frac{rV}{t} = rAl \times \frac{1}{t} = rA\frac{l}{t} = rAV, \quad G = \gamma_1 A_1 V_1 = \gamma_2 A_2 V_2$$

③ 체적유량(Q) : 단위시간당 통과하는 유체의 체적[$L^3 T^{-1}$]

$$Q = \frac{V}{t} = \frac{Al}{t} = A \times \frac{l}{t} = AV, \quad Q = A_1 V_1 = A_2 V_2$$

체적유량은 비압축성 유체에만 적용이 가능하다.

$$M = \rho_1 A_1 V_1 = \rho_2 A_2 V_2, \quad G = \gamma_1 A_1 V_1 = \gamma_2 A_2 V_2$$

여기에서 ($\rho_1 = \rho_2$, $\gamma_1 = \gamma_2$) 같다는 의미는 비압축성 유체이다.

④ 1차원 연속방정식의 미분형

$M = \rho AV = Const$ 양변을 미분하면 $d(\rho AV) = 0$, $AVd\rho + \rho V \, dA + \rho A \, dV = 0$

양변을 ρAV로 나누면 $\dfrac{d\rho}{\rho} + \dfrac{dA}{A} + \dfrac{dV}{V} = 0$ ·············· 1차원 연속방정식

⑤ 2차원, 3차원 연속방정식의 미분형

속도벡터 $\quad V = ui + vj + wk$

구배연산자 $\quad \nabla = \dfrac{\partial}{\partial x}i + \dfrac{\partial}{\partial y}j + \dfrac{\partial}{\partial z}k =$ Gradiant

$i \cdot i = 1, \quad i \cdot j = 0, \quad i \cdot k = 0$

$\nabla \cdot V = \left(\dfrac{\partial}{\partial x}i + \dfrac{\partial}{\partial y}j + \dfrac{\partial}{\partial z}k\right) \cdot (u\,i + v\,j + w\,k) = \dfrac{\partial u}{\partial x} + \dfrac{\partial v}{\partial y} + \dfrac{\partial w}{\partial z}$

$\quad$ = Divergence $V = div \cdot V$

$\nabla \cdot V = 0$일 때 비압축성유동의 연속 방정식이 된다.

즉, $\nabla \cdot V = 0 = \dfrac{\partial u}{\partial x} + \dfrac{\partial v}{\partial y} + \dfrac{\partial w}{\partial z}$ ············· 3차원, 정상류, 비압축성 유동의 연속방정식

$\quad \nabla \cdot V = 0 = \dfrac{\partial u}{\partial x} + \dfrac{\partial v}{\partial y}$ ············· 2차원, 정상류, 비압축성 유동의 연속방정식

⑥ 회전운동과 비회전운동의 구분

$\nabla \times V = curl\ V = $ (와도)$\sum$ 라 한다.

회전운동 : $curl\ V \neq 0$, 비회전운동 : $curl\ V = 0$

$$\text{와도 } \sum = \nabla \times V = \begin{vmatrix} i & j & k \\ \dfrac{\partial}{\partial x} & \dfrac{\partial}{\partial y} & \dfrac{\partial}{\partial z} \\ u & v & w \end{vmatrix} = \left[\dfrac{\partial w}{\partial y} - \dfrac{\partial v}{\partial z}\right]i - \left[\dfrac{\partial w}{\partial x} - \dfrac{\partial u}{\partial z}\right]j + \left[\dfrac{\partial v}{\partial x} - \dfrac{\partial u}{\partial y}\right]k$$

> ✔ 예제
>
> 속도벡터 $v = (x^2 + y^2)i + (2xy)j + (-4xz)k$가 회전운동인지 비회전운동인지를 확인하고 회전운동이라면 점(2, 3, 4)에서의 각속도를 구하여라.
>
> 해설
>
> $\nabla \times V = curl\ V = $(와도)$\Sigma$ 라 한다. 회전운동 : $curl\ V \neq 0$, 비회전운동 : $curl\ V = 0$
>
> 와도 $\Sigma = \nabla \times V = \begin{vmatrix} i & j & k \\ \frac{\partial}{\partial x} & \frac{\partial}{\partial y} & \frac{\partial}{\partial z} \\ u & v & w \end{vmatrix} = \left[\frac{\partial w}{\partial y} - \frac{\partial v}{\partial z}\right]i - \left[\frac{\partial w}{\partial x} - \frac{\partial u}{\partial z}\right]j + \left[\frac{\partial v}{\partial x} - \frac{\partial u}{\partial y}\right]k = (4z)j$
>
> $\nabla \times V = curl\ V = $(와도)$\Sigma = (4z)j$ 가 0이 아니므로 회전운동이다.
>
> 각속도 $\omega = \frac{1}{2}\Sigma = \frac{1}{2}(4 \times 4)j = 8j$. (점 2,3,4)는 y를 중심으로 각속도 8이다.

3-4 오일러의 운동방정식(Euler equation)

(1) 오일러 방정식의 유도

[가정조건]
① 유체입자가 유선을 따라 움직인다.
② 유체는 마찰이 없다. = 비점성이다.
③ 정상류이다.

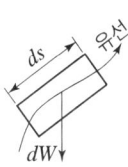
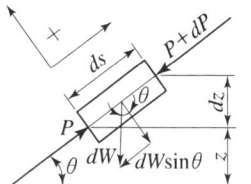

$\sum F_s = dm\ a_s$ 식 이용

미소질량 $dm = \rho dAds$, 미소중량 $dW = rdAds$

$\sum Fs = (P \times dA) - (P + dp)dA - dW\sin\theta$ ·········· (1)

$dm\ a_s = dm \times \dfrac{dV}{dt} = dm \times \dfrac{dV}{ds} \times \dfrac{ds}{dt} = dm\dfrac{dV}{ds}V$

$\qquad = \rho dAds \times \dfrac{dV}{ds} \times V = \rho dA\,dV \times V$ ·········· (2)

① = ② $-dpdA - rdAds\sin\theta = \rho dA\,dV \times V$

$-dp - rds\,\dfrac{dz}{ds} = \rho VdV$

$\rho VdV + dp + rdz = 0 \leftarrow \times \dfrac{1}{r}$

$\dfrac{dp}{r} + \dfrac{V}{g}dV + dz = 0 \rightarrow $ Euler equation

오일러 방정식을 적분하면, $\rightarrow$ Bernoulli equation ≒ B.E

$$\int \frac{dp}{r} + \frac{V^2}{2g} + z = \quad \leftarrow \text{가정조건 } \gamma=\text{const 즉, 비압축성이다.}$$

$$\frac{P}{r} + \frac{V^2}{2g} + z = C = B.E \quad \cdots\cdots\cdots\cdots \text{Bernoulli equation}$$

3-5 베르누이 방정식(Bernoulli equation)

(1) 에너지보존의 법칙을 유체유동에 적용시킨 방정식

[베르누이 방정식 유도 가정 조건]
① 유체 입자가 유선을 따라 움직인다.
② 유체는 마찰이 없다
③ 정상류이다.
④ 비압축성 유동이다.

$$\underbrace{\frac{P}{r}}_{\text{압력수두}} + \underbrace{\frac{V^2}{2g}}_{\text{속도수두}} + \underbrace{z}_{\text{위치수두}} = C = \underbrace{H}_{\text{전수두}} \Rightarrow \text{유체역학의 에너지 보존의 법칙}$$

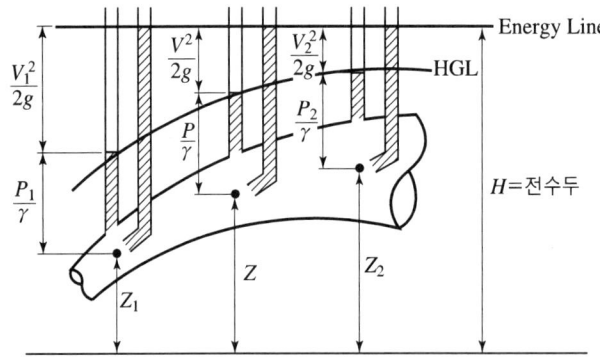

여기서, E.L(Energy Line) : 전수두선 = 에너지선

$$E.L = \frac{P}{r} + z + \frac{V^2}{2g}, \quad E.L = H.G.L + \frac{V^2}{2g}$$

H.G.L(Hydraulic Grade Line) : 수력구배선 = 압력수두 + 위치수두

※ 수력구배선은 에너지선보다 항상 속도 수두만큼 아래에 있다. $\frac{P_1}{r} + \frac{V_1^2}{2g} + z_1 = \frac{P_2}{r} + \frac{V_2^2}{2g} + z_2$

※ 수정 B.E ⇨ 손실이 있을 때 H_p : 펌프양정, H_f : 손실수두, H_T : 터빈수두

$$\frac{P_1}{r} + \frac{V_1^2}{2g} + z_1 + H_p = \frac{P_2}{r} + \frac{V_2^2}{2g} + z_2 + H_f + H_T$$

3-6 B.E의 적용

(1) 토리첼리의 정리(Torricelli's theorem)

1과 2지점을 B.E 적용시키면

$$\text{출구속도} \quad V_2 = \sqrt{2gh}$$

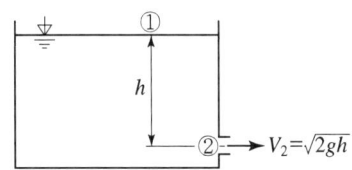

(2) 피토우트 관(Pitot tube)

동압을 측정하는 속도계측기기
$P_1 = $ 정압, $P_1 = rh$
$P_2 = Ps = $ 총압 $=$ 전압 $=$ 정체점압력
$P_2 = rh + r\Delta h$
V_1 : ①지점의 유속
V_2 : ②지점의 유속
②지점은 정체점이므로 속도는 0이다. $V_2 = 0$
$Z_1 = Z_2$: ①과 ②지점의 위치수두는 같다.

B.E 적용하면 $\dfrac{P_1}{r} + \dfrac{V_1^2}{2g} + z_1 = \dfrac{P_2}{r} + \dfrac{V_2^2}{2g} + z_2$

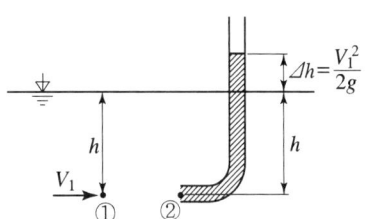

$$\text{①지점의 유속} \quad V_1 = \sqrt{2g\,\Delta h}$$

$$\text{②지점의 압력} \quad P_2 = P_s = rh + r\Delta h = P_1 + \dfrac{rV_1^2}{2g} = \text{정지압} + \text{동압}$$

(3) 피토우트 정압관

관속임의의 지점의 유속측정

$$\text{관속 임의의 지점에서의 유속}$$
$$V = \sqrt{2gH\left(\dfrac{\gamma_\text{액} - \gamma_\text{관}}{\gamma_\text{관}}\right)}$$

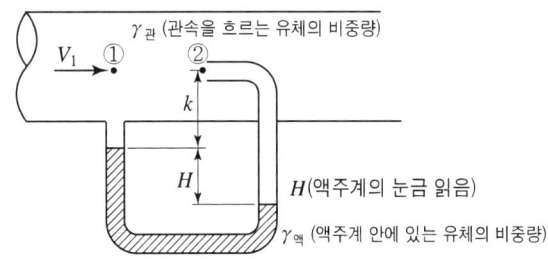

$\gamma_\text{관}$ (관속을 흐르는 유체의 비중량)
H (액주계의 눈금 읽음)
$\gamma_\text{액}$ (액주계 안에 있는 유체의 비중량)

(4) 벤츄리관(Venturi tube)

유체의 유량을 측정

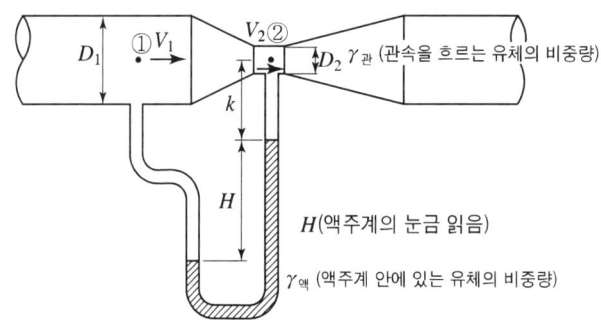

①과 ②지점에서 B.E 적용

$$\frac{P_1}{r}+\frac{V_1^2}{2g}+Z_1=\frac{P_2}{r}+\frac{V_2^2}{2g}+Z_2$$

①과 ②지점에서 ⇒ 압력 평형식 적용
①과 ②지점에서 연속방정식 적용 $Q=A_1V_1=A_2V_2$

속도 $V_2 = \dfrac{1}{\sqrt{1-\left(\dfrac{D_2}{D_1}\right)^4}}\sqrt{2gH\left(\dfrac{r_{액}}{r_{관}}-1\right)}$

유량 $Q=A_2V_2$

3-7 동 력(Power)

$$H_{ps}=\frac{rHQ}{75}[\text{ps}] \qquad H_{kw}=\frac{rHQ}{102}[\text{kw}]$$

여기서, r : 비중량[kg$_f$/m^3], Q : 유량[m^3/s], H : 전두수 $H=\dfrac{P_1}{r}+\dfrac{V_1^2}{2g}+Z$[m]

Chapter 4

운동량 방정식

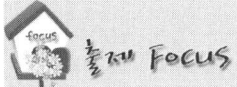

※ 기사시험에서 1문제~2문제 출제
※ 암기를 해야만 1분30초에 한 문제 해결이 가능합니다.

❶ **날개각 θ를 가지면서 날개의 속도 u 있을 때 날개에 작용하는 힘**
  x방향에 작용하는 분력 $F_x = \rho Q(V-u)[1-\cos\theta] = \rho A(V-u)^2[1-\cos\theta]$
  y방향에 작용하는 분력 $F_y = \rho Q(V-u)\sin\theta = \rho A(V-u)^2\sin\theta$
  여기서, u : 날개의 속도, V : 분류의 속도, A : 분류가 나오는 단면적 ρ
    Q : 체적유량, θ : 유입 각을 0으로 할 때의 유출 각

❷ **프로펠러를 통과하는 평균유속** $V = \dfrac{V_4 + V_1}{2} = \dfrac{\text{유출속도} + \text{유입속도}}{2}$
  프로펠러의 추진력 $F = \rho Q(V_4 - V_1) = \rho AV(V_4 - V_1)$
  프로펠러의 입력동력 $H_{IN} = (\text{추력} \times \text{프로펠러틀 통과유속}) = \rho Q(V_4 - V_1) \times V$
  프로펠러의 출력동력 $H_{OUT} = (\text{추력} \times \text{배의 속도}) = \rho Q(V_4 - V_1) \times V_1$
  프로펠러의 효율 $\eta = \dfrac{H_{OUT}}{H_{IN}} = \dfrac{V_1}{V} = \dfrac{(\text{배의 속도} = \text{유입속도})}{\text{프로펠러 통과유속}}$
  여기서, V_1 : 유입속도 = 진입속도, V : 프로펠러 통과 속도, V_4 : 유출속도 = 가속된 속도

제 2 편 유체역학

4-1 운동량과 역적

1. 운동량(P)

질량(m) × 속도(V)

$$P = m \times V \, [\text{kg} \cdot \text{m/s}]$$

2. 역적(力積) = 충격력(impluse)

(1) 역적 = 운동량의 변화

$$F = m \times a = m \times \frac{\Delta V}{\Delta t} \qquad F \times \Delta t = m \times \Delta V$$

(2) 유체의 운동량 방정식 가정조건

① 비압축성 유동
② 정상류 유동

$$F = m \times a = m \times \frac{dV}{dt} = \frac{m}{dt}dV = MdV = \rho Q dV \qquad \therefore \ F = \rho Q dV$$

$$\boxed{\text{움직이는 유체가 가지고 있는 힘} \quad F = \rho Q dV}$$

여기서, M : 질량유동

$$\int F = \int \rho Q dV, \quad \Sigma F = \rho Q(V_2 - V_1)$$
$$\Sigma F_x = \rho Q(V_{2x} - V_{1x}) \qquad \Sigma F_y = \rho Q(V_{2y} - V_{1y})$$

3. 운동량 방정식의 응용

(1) 곡관에 미치는 힘에 대해

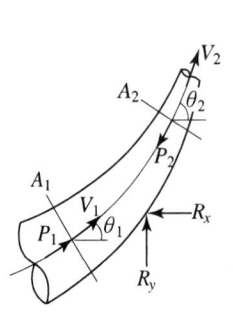
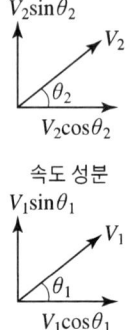
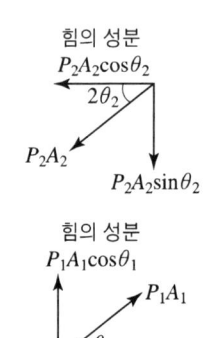

운동량 방정식 적용 $\sum Fx = \rho Q(V_2 x - V_1 x)$

$\sum F_x = P_1 A_1 \cos\theta_1 - P_2 A_2 \cos\theta_2 - R_x$ ·· (1)

$\rho Q(V_2 x - V_1 x) = \rho Q(V_2\cos\theta_2 - V_1\cos\theta_1)$ ·· (2)

(1)=(2) 같은 방법으로

$R_X = P_1 A_1 \cos\theta_1 - P_2 A_2 \cos\theta_2 + \rho Q(V_1 \cos\theta_1 - V_2 \cos\theta_2)$

$-R_y = P_1 A_1 \sin\theta_1 - P_2 A_2 \sin\theta_2 + \rho Q(V_1 \sin\theta_1 - V_2 \sin\theta_2)$

(2) 날개 및 평판에 작용하는 힘

① 움직이는 날개에 작용하는 힘

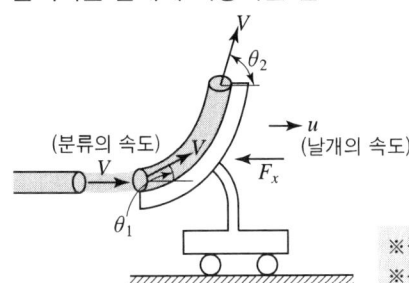

※ 절대속도 : 정지상태를 0으로 하고 측정한 속도(V, u)
※ 상대속도 : 비교속도($V-u$)

※ 가정조건(정상류흐름) $A_1 = A_2$, $V_1 = V_2 = (V-u)$

$\sum F_x = \rho Q(V_{2x} - V_{1x})$

$\sum F_x = P_1 A_1 \cos\theta_1 - P_2 A_2 \cos\theta_2 - F_x$ ····················· (1)

$\rho Q[(V-u)\cos\theta_2 - (V-u)\cos\theta_1]$ ····················· (2)

①, ② 정상류 비압축성이기 때문에 압력무시

$\therefore F_x = \rho Q(V-u)[\cos\theta_1 - \cos\theta_2]$

$F_x = \rho Q(V-u)[1-\cos\theta] = \rho A(V-u)^2[1-\cos\theta]$

$\sum F_y = \rho Q(V_{2y} - V_{1y}) = \rho Q(V-u)\sin\theta - 0$

$\quad = \rho Q(V-u)\sin\theta = \rho A(V-u)^2\sin\theta$

> 날개각 θ를 가지면서 날개의 속도 U가 있을 때
>
> $$F_x = \rho Q(V-u)[1-\cos\theta] = \rho A(V-u)^2[1-\cos\theta]$$
>
> $$F_y = \rho Q(V-u)\sin\theta = \rho A(V-u)^2\sin\theta$$

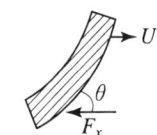
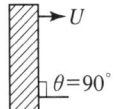
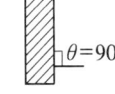

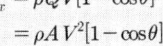
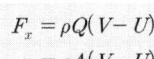

$F_x = \rho Q(V-U)[1-\cos\theta]$
$\quad = \rho A(V-U)^2[1-\cos\theta]$

$F_x = \rho QV[1-\cos\theta]$
$\quad = \rho AV^2[1-\cos\theta]$

$F_x = \rho Q(V-U)$
$\quad = \rho A(V-U)^2$

$F_x = \rho AV^2$

[이동날개]　　　[고정날개]　　　[이동평판]　　　[고정평판]

4. 분류가 경사질 때

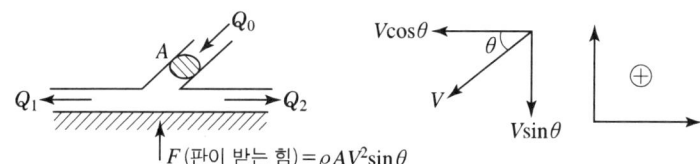

$$Q_1 + Q_2 = Q_0 \quad \cdots\cdots\cdots (1)$$
$$Q_0 \cos\theta = Q_1 - Q_2 \quad \cdots\cdots\cdots (2)$$
$$\sum F_x = 0 \quad \text{충돌전의 운동량} = \text{충돌후의 운동량}$$
$$\rho Q_0 V \cos\theta = \rho Q_1 V - \rho Q_2 V, \quad Q_0 \cos\theta = Q_1 - Q_2$$

(1)과 (2)식에서

$$Q_1 = \frac{Q_0}{2}(1+\cos\theta), \quad Q_2 = \frac{Q_0}{2}(1-\cos\theta)$$
$$\sum F_y = \rho Q(V_{2y} - V_{1y}), \quad V_{1y} = V\sin\theta, \quad V_{2y} = 0$$
$$\text{판이 받는 힘 } F = \rho Q V \sin\theta = \rho A V^2 \sin\theta$$

5. 평판이 경사질 때

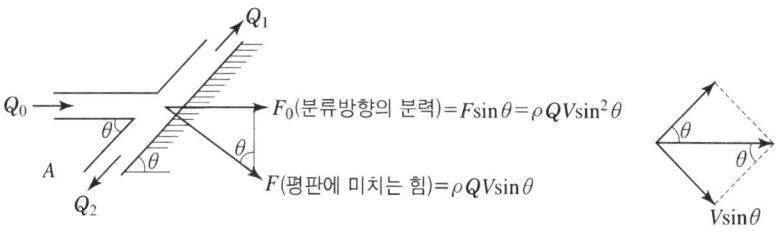

$$Q_0 = Q_1 + Q_2 \quad \cdots\cdots\cdots (1)$$
$$Q_0 \cos\theta = Q_1 - Q_2 \quad \cdots\cdots\cdots (2)$$
$$\sum F_x = 0 \quad \text{충돌전의 운동량} = \text{충돌후의 운동량}$$
$$\rho Q_0 V \cos\theta = \rho Q_1 V - \rho Q_2 V, \quad Q_0 \cos\theta = Q_1 - Q_2$$

(1)과 (2)식에서

$$Q_1 = \frac{Q_0}{2}(1+\cos\theta), \quad Q_2 = \frac{Q_0}{2}(1-\cos\theta)$$

4-2 프로펠러 이론(propeller)

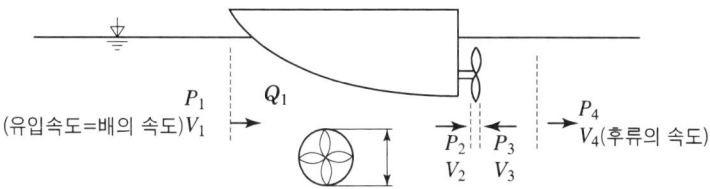

여기서, V_1 : 유입속도
$V_2 = V_3 = V$
V_4 : 유출속도=가속된 속도=진입속도(프로펠러 통과 속도)

(1) 프로펠러를 통과하는 평균유속

$$V = \frac{V_4 + V_1}{2} = \frac{\text{유출속도} + \text{유입속도}}{2}$$

(2) 프로펠러의 추진력

$$F = \rho Q(V_4 - V_1) = \rho A V(V_4 - V_1)$$

(3) 프로펠러의 입력동력

$$H_{IN} = (\text{추력} \times \text{프로펠러를 통과유속}) = \rho Q(V_4 - V_1) \times V$$

(4) 프로펠러의 출력동력

$$H_{OUT} = (\text{추력} \times \text{배의 속도}) = \rho Q(V_4 - V_1) \times V_1$$

(5) 프로펠러의 효율

$$\eta = \frac{H_{OUT}}{H_{IN}} = \frac{V_1}{V} = \frac{(\text{배의 속도} = \text{유입속도})}{\text{프로펠러 통과유속}}$$

프로펠러를 통과하는 평균유속 유도식

$P_2 < P_1 = P_4 < P_3$, $V_1 < V_2 = V_3 = V < V_4$

추력 $F = (P_3 - P_2)A = \rho Q(V_4 - V_1) = \rho A V(V_4 - V_1)$ ·················· (1)

단면 ① → ② B.E 적용

$$\frac{P_1}{\gamma} + \frac{V_1^2}{2g} + Z_1 = \frac{P_2}{\gamma} + \frac{V_2^2}{2g} + Z_2 \quad \cdots\cdots\cdots (2)$$

단면 ③ → ④ B.E 적용

$$\frac{P_3}{\gamma} + \frac{V_3^2}{2g} + Z_3 = \frac{P_4}{\gamma} + \frac{V_4^2}{2g} + Z_4 \quad \cdots\cdots\cdots (3)$$

(3)식 – (2)식의 차는

$$\frac{P_3 - P_2}{\gamma} + \frac{V_3^2 - V_2^2}{2g} = \frac{P_4 - P_1}{\gamma} + \frac{V_4^2 - V_1^2}{2g} \quad 가정조건 : P_4 = P_1,\ V_2 = V_3$$

$$P_3 - P_2 = \frac{\gamma}{2g}(V_4^2 - V_1^2) = \frac{\rho}{2}(V_4 - V_1)(V_4 + V_1) \quad \cdots\cdots\cdots (4)$$

(1)식과 (4)식에서 $\rho V(V_4 - V_1) = \frac{\rho}{2}(V_4 - V_1)(V_4 + V_1)$

$$\therefore 프로펠러 통과유속 \quad V = \frac{V_4 + V_1}{2}$$

4-3 분류 추진

(1) 탱크에 붙어있는 노즐에 의한 추진

① 노즐의 유속

$$V_2 = \sqrt{2gh}$$

② 추진력

$$F = \rho Q V_2 = \rho A V_2^2 = \rho A 2gh = 2\gamma A h$$

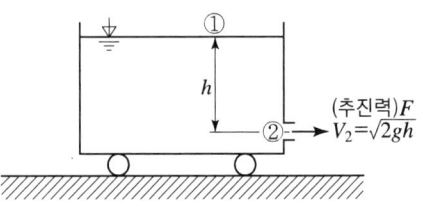

(2) 제트 추진

$$F = \rho_2 Q_2 V_2 - \rho_1 Q_1 V_1 = M_2 V_2 - M_1 V_1$$

※ 단위주의 [N]

여기서, M_1 : 유입되는 질량유량

M_2 : 유출되는 질량유량, $M_2 = M_1 + \Delta M$

ΔM : 연소실에서 공급된 질량유량

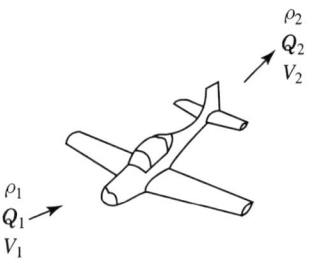

(3) 로켓트 추진

추진력 $F = \rho Q V = \dot{M} V$

여기서, $\dot{M}$: 유출되는 질량유량

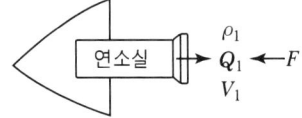

Chapter 5 유체의 유동과 유동함수

> ※ 기사시험에서 3문제~4문제 출제
> ※ 암기를 해야만 1분30초에 한 문제 해결이 가능합니다.

❶ 레이놀즈 수 $Re = \dfrac{관성력}{점성력} = \dfrac{\rho VD}{\mu} = \dfrac{VD}{\upsilon}$

여기서, V : 유속, D : 내경, μ : 점성계수, υ : 동점성계수
관유동에서 Re가 2100 이하는 층류, 4000 이상이면 난류이다.

❷ 수평원관에서의 층류 유동일 때의 유량 $Q = \dfrac{\pi D^4 \Delta P}{128 \mu L}$ → Hagen-Poiseuille Equation

여기서, D : 내경, ΔP : 압력차, μ : 점성계수, L : 관의 길이

❸ 층류 경계층 두께 $\delta = \dfrac{5x}{\left(Re_x\right)^{\frac{1}{2}}}$ 여기서, x : 선단까지의 거리, Re_x : 선단에서의 레이놀즈 수

❹ 항력 $D = \dfrac{\gamma V^2}{2g} \times A_D \times C_D$ 여기서, γ : 비중량, V : 속도, A_D : 항력이 작용하는 단면적, C_D : 항력계수

양력 $L = \dfrac{\gamma V^2}{2g} \times A_L \times C_L$ 여기서, γ : 비중량, V : 속도, A_L : 양력이 작용하는 단면적, C_L : 양력계수

❺ 낙구식 점도계에서 측정한 항력 $D = 6R\mu V\pi$ 여기서, R : 반지름, μ : 점성계수, V : 속도, π : 원주율

5-1 층류와 난류 - Reynolds의 실험

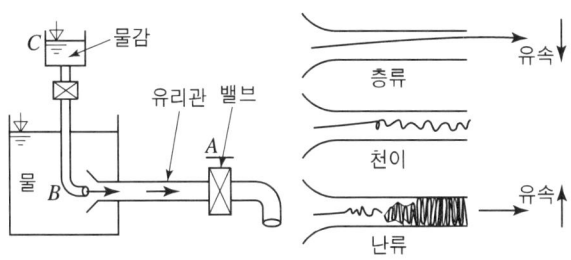

Reynolds 실험에서 유동은 점성력과 관성력에 의해 결정된다.
- **층류** : 입자의 점성력 > 입자의 관성력
- **난류** : 입자의 점성력 < 입자의 관성력

$$Re = \frac{관성력}{점성력}$$

(1) 층류

유체입자가 질서정연하게 유동
※ 뉴톤의 점성법칙 만족≒뉴톤 유체

$$층류의 전단응력 \quad \tau = \mu \frac{du}{dy}$$

여기서, μ : 점성계수

(2) 난류

유체입자가 불규칙하게 유동
※ 뉴톤의 점성법칙 만족하지 않음≒비뉴톤 유체

$$난류의 전단응력 \quad \tau = \eta \frac{du}{dy}$$

여기서, η : 와점성계수 $\eta = \rho l^2 \frac{du}{dy}$, ρ : 밀도

$$프란들의 혼합거리 \quad l = ky$$
$$\therefore \tau = \eta \frac{du}{dy} = \rho l^2 \left(\frac{du}{dy}\right)^2 = \rho (ky)^2 \left(\frac{du}{dy}\right)^2$$

여기서, k : 난동상수, y : 벽면에서 떨어진 거리, τ : 난류의 전단응력＝겉보기 응력＝Reyond 응력

5-2 Reynold number, Re ≒ 무차원 수

$$Re = \frac{관성력}{점성력} = \frac{\rho l^2 V^2}{\mu V l} = \frac{\rho V l}{\mu} = \frac{V l}{\upsilon}$$

관성력 $F ≒ m \times a ≒ \rho l^3 \times \dfrac{V}{t} ≒ \rho l^2 \dfrac{l}{t} \times V ≒ \rho l^2 V^2$

점성력 $F ≒ \tau \times A ≒ \mu \dfrac{V}{h} \times A ≒ \mu \dfrac{V}{l} l^2 ≒ \mu V l$

$$\therefore Re = \frac{\rho V l}{\mu} = \frac{V l}{\upsilon}$$

여기서, ρ : 밀도, μ : 점성계수, V : 속도, υ : 동점성계수 $\upsilon = \dfrac{\mu}{\rho}$

(1) 관유동일 때 $l = D$(직경)

$$Re = \frac{\rho V D}{\mu} = \frac{V D}{\upsilon}$$

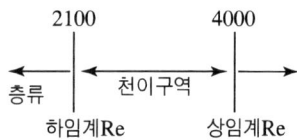

(2) 평판유동일 때 $l = l$(평판의 길이)

$$Re = \frac{\rho V l}{\mu} = \frac{V l}{\upsilon}$$

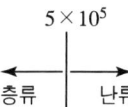

(3) 개수로 유동일 때, $l = l$(개수로의 길이)

$$Re = \frac{\rho V l}{\mu} = \frac{V l}{\upsilon}$$

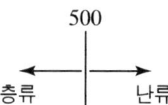

5-3 수평원관에서의 층류유동

1. 수평원관에서의 층류유동의 속도와 전단력

유도가정조건

(1) 층류

(2) 정상류의 흐름($V_2 = V_1 = V$)

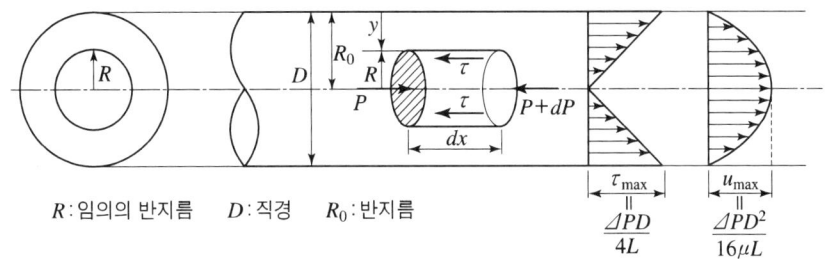

R: 임의의 반지름 D: 직경 R_0: 반지름

① 운동량 방정식 적용

$$\sum F_x = \rho Q(V_2 - V_1) = 0, \ (V_2 = V_1)$$

$$\sum F_x = P\pi R^2 - (P+dP)\pi R^2 - \tau \times 2\pi R dx = 0$$

$$\therefore \tau = -\frac{R}{2}\frac{dP}{dx} \quad \cdots\cdots\cdots\cdots\cdots\cdots\cdots\cdots\cdots\cdots\cdots\cdots\cdots\cdots\cdots\cdots\cdots\cdots\cdots (1)$$

$$\tau = \frac{D\Delta P}{4L}$$

$$\boxed{R_0 \text{지점에서의 전단응력} \quad \tau = \frac{\Delta PD}{4L}}$$

② 벽면에서 떨어진 거리 y에 대한 뉴톤의 점성법칙

$$y + R = R_0, \ y = R_0 - R, \ dy = -dR$$

$$\tau = \mu\frac{du}{dy} = -\mu\frac{du}{dR} \quad \cdots\cdots\cdots\cdots\cdots\cdots\cdots\cdots\cdots\cdots\cdots\cdots\cdots (2)$$

(1)=(2) $\tau = -\mu\dfrac{du}{dR} = -\dfrac{R}{2}\dfrac{dP}{dx}$

$$\therefore du = \frac{RdP}{2dx} \times \frac{dR}{\mu} \quad \cdots\cdots\cdots\cdots\cdots\cdots\cdots\cdots \text{속도에 관한 일반식}$$

→ 적분하여, 경계조건 대입, $R = R_0$ 일 때 $u = 0$

③ 최대유속

$$\boxed{\text{관 중심에서 최대 유속 발생} \quad \text{최대유속} \ u_{\max} = \frac{\Delta PD^2}{16\mu L}}$$

④ 최대유속($u_{\max}$)와 임의의 지점의 유속(u_R)의 관계

$$\frac{u_R}{u_{\max}} = 1 - \frac{R^2}{R_0^2}$$

⑤ 점성의 영향을 고려한 유량 Q

$$Q = AV_{av} = \int_A u_R dA = \frac{\pi D^4 \Delta P}{128\mu L}$$

$$Q = \frac{\pi D^4 \Delta P}{128\mu L} \quad \cdots\cdots\cdots\cdots\cdots\cdots \text{Hagen-Poiseuille Equation}$$

⑥ 최대유속과 평균유속관계

$$u_{\max} = 2V_{av}$$

⑦ 손실동력

$$H_L = \Delta P Q$$

2. 평행평판 사이의 층류 흐름

최대유속 $u_{\max} = \dfrac{3}{2} V_{av}$

평균유속 $V_{av} = \dfrac{Q}{A} = \dfrac{Q}{bh}$

최대전단응력 $\tau_{\max} = \dfrac{\Delta P h}{2L}$

평행평판 사이의 층류유동의 유량

$Q = \dfrac{\Delta P b h^3}{12\mu l}$

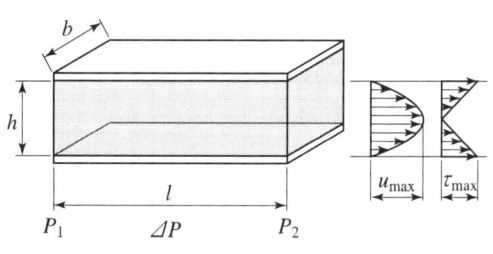

여기서, μ : 유체의 점성

5-4 유체 경계층

(1) 경계층

① 유체가 유동할 때 물체표면 부근에 점성의 영향에 의해 생긴 얇은 층

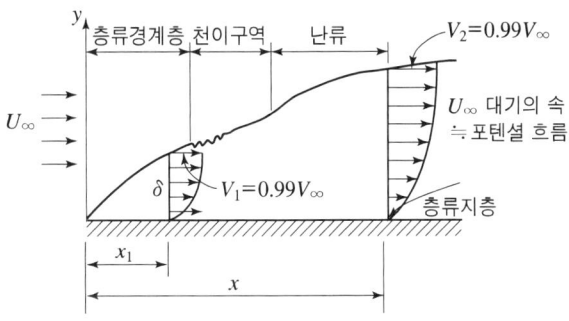

② 경계층 내에서는 점성의 영향이 크다.
③ 경계층 외에는 비점성 유동

(2) 경계층 두께

$$\text{층류 경계층 두께 } \delta = \frac{5x}{(Re_x)^{\frac{1}{2}}}$$

$$\text{난류경계층 두께 } \delta = \frac{0.16x}{(Re_x)^{\frac{1}{7}}}$$

(3) 경계층의 배제 두께

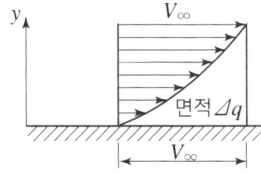 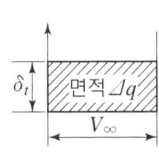

δ_t : 배제두께
경계층 형성으로 자유흐름 유선이 밀려난 거리 배제두께가 크면 점성의 영향이 커지고 경계층내의 속도 구배도 커진다.

5-5 물체주위의 유동

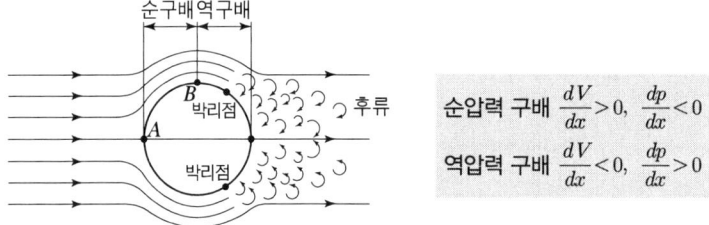

[원주 주위의 점성유체의 흐름]

(1) 박리(Separation)
역구배 영역, 즉 속도는 감소하고 압력은 증가하면 유체입자가 유선을 이탈한다. C점을 박리점이라 한다.

(2) 후류(Wake)
박리현상에 의해 큰 속도구배를 갖는 복잡한 회전, 유동역을 후류, 박리점 후방에서 압력손실로 인해 생긴다.

(3) 원기둥 둘레의 흐름
오른쪽 그림과 같이 점성이 없는 이상유체의 흐름과 직각으로 놓인 원기둥 둘레의 흐름을 생각한다.
평행흐름의 압력을 P_0,
평행흐름의 속도를 V_0,
원기둥 표면의 임의의 점에 대한 압력을 P_θ,
원기둥 표면의 임의의 점에 대한 속도를 V_θ
로 하여 Bernoulli의 정리를 적용하면, 원기둥 둘레의 흐름(이상유체)일 때

$$\frac{P_0}{\gamma} + \frac{V_0^2}{2g} = \frac{P_\theta}{\gamma} + \frac{V_\theta^2}{2g}$$

한편 원기둥 표면의 임의의 점의 유속 V는, θ를 원기둥 전방의 정체점에서 잰 원기둥상의 임의점을 나타내는 각이라고 하면, 유체역학의 이론에 의하여 다음과 같이 된다.
따라서 유체의 밀도를 ρ라 하면, 원기둥 표면의 압력분포는 다음 식과 같이 된다.

$$\frac{P_\theta - P_0}{r} = \frac{V_0^2 - V_\theta^2}{2g} = \frac{V_0^2}{2g}(1 - 4\sin^2\theta)$$

$$\boxed{\text{임의의 원주표면의 속도} \quad V_\theta = 2V_o\sin\theta, \quad \frac{P_\theta - P_0}{\rho V_0^2/2} = 1 - 4\sin^2\theta}$$

5-6 항력과 양력

(1) 항력 (Drag force)

항력＝동압×항력이 작용하는 단면적×항력계수

$$\text{항력} \quad D = \frac{\gamma V^2}{2g} \times A_D \times C_D$$

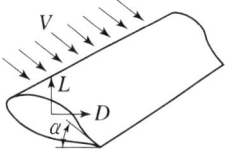

(2) 양력(Life force)

양력＝동압×양력이 작용하는 단면적×양력계수

$$\text{양력} \quad L = \frac{\gamma V^2}{2g} \times A_L \times C_L$$

5-7 점성 측정하는 방법

(1) 스토크의 법칙(Stoke's law)≒실험식≒낙구식 점도 측정

| 스토크의 낙구식 점도측정 실험식   항력 $D = 6R\mu V\pi$ |

여기서, R : 반지름, μ : 유체의 점도, V : 구의 낙하속도

$$\text{항력} \quad D = 6R\mu V\pi$$
$$\text{구의 무게} \quad W = \gamma_구 \times V_구 = \gamma_구 \times \frac{4\pi R^3}{3}$$
$$\text{부력} \quad F_B = \gamma_{유체} \times V_{전체} = \gamma_{유체} \times \frac{4}{3}\pi R^3$$
$$W = D + F_B \text{에서} \quad D = W - F_B = \frac{4}{3}\pi R^3 (\gamma_구 - \gamma_{유체})$$
$$\mu = \frac{2R^2(\gamma_구 - \gamma_{유체})}{9V}$$

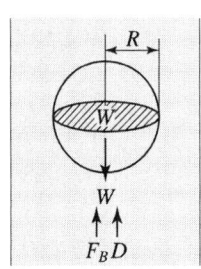

R : 구의 반지름

여기서, R : 반지름, μ : 점성계수, V: 속도, π : 원주율

(2) 오스트발트(Ostwald) 점도계

$$Q = \frac{\pi D^4 \Delta P}{128 \mu L}, \quad \mu = \frac{\pi D^4 \Delta P}{128 QL}$$

5-8 유동함수

(1) 속도벡터 $\vec{V}$

$$\vec{V} = ui + vj$$

여기서, u : x방향 속도, v : y방향 속도

미분연산자군

$$\frac{D}{Dt} = \frac{\partial}{\partial t} + u\frac{\partial}{\partial x} + v\frac{\partial}{\partial y}$$

x방향 가속도 $a_x = \dfrac{Du}{Dt} = \dfrac{\partial u}{\partial t} + u\dfrac{\partial u}{\partial x} + v\dfrac{\partial u}{\partial y}$

y방향 가속도 $a_y = \dfrac{Dv}{Dt} = \dfrac{\partial v}{\partial t} + u\dfrac{\partial v}{\partial x} + v\dfrac{\partial v}{\partial y}$

가속도의 크기 $|a| = \sqrt{a_x^2 + a_y^2}$

✔ 예제

2차원 속도장 $\vec{V} = y^2 i - xyj$ 일 때 점(1,2)에서 가속도의 크기는 얼마인가? (단 거리는 [m], 시간은 [s]이다.

해설

$\vec{V} = ui + vj$

x방향속도 : $u = y^2$, y방향속도 : $v = -xy$

$a_x = \dfrac{Du}{Dt} = \dfrac{\partial u}{\partial t} + u\dfrac{\partial u}{\partial x} + v\dfrac{\partial u}{\partial y} = \dfrac{\partial(y^2)}{\partial t} + (y^2)\dfrac{\partial(y^2)}{\partial x} + (-xy)\dfrac{\partial(y^2)}{\partial y}$

$\quad = 0 + 0 + (-2xy^2) = (-2 \times 1 \times 2^2) = -8$

$a_y = \dfrac{Dv}{Dt} = \dfrac{\partial v}{\partial t} + u\dfrac{\partial v}{\partial x} + v\dfrac{\partial v}{\partial y} = \dfrac{\partial(-xy)}{\partial t} + (y^2)\dfrac{\partial(-xy)}{\partial x} + (-xy)\dfrac{\partial(-xy)}{\partial y}$

$\quad = 0 + (-y^3) + (x^2 y) = (-2^3) + (1^2 \times 2) = -6$

가속도의 크기 $|a| = \sqrt{a_x^2 + a_y^2} = \sqrt{(-8)^2 + (-6)^2} = 10 \left[\dfrac{m}{s^2}\right]$

(2) 2차원 비압축성유동에 대한 유동함수

① 유동함수 Ψ : 유동형태를 수학적으로 기술하는 함수

$$d\Psi = \frac{\partial \Psi}{\partial x}dx + \frac{\partial \Psi}{\partial y}dy$$

② 직교좌표에서의 속도성분

x방향속도 $u = \dfrac{\partial \Psi}{\partial y}$, y방향속도 $v = -\dfrac{\partial \Psi}{\partial x}$

③ 극좌표의 속도성분

반경방향속도 $V_r = \dfrac{1}{r} \cdot \dfrac{\partial \Psi}{\partial \theta}$, 횡방향속도 = 원주방향속도 $V_\theta = -\dfrac{\partial \Psi}{\partial r}$

✔ **예제**

속도장 $\vec{V} = Axi - Ayj$, $A = 2s^{-1}$일 때 유동함수 Ψ는?

해설

$$u = Ax = \frac{\partial \Psi}{\partial y} \Rightarrow \Psi = Axy + f(x)$$

$$v = -Ay = -\frac{\partial \Psi}{\partial x} \Rightarrow \Psi = Axy + g(y) \quad \text{그러므로} \ \Psi = Axy + c$$

✔ **예제**

유동함수가 $\Psi = Ar\sin\theta$인 유동에서 r과 θ방향속도인 V_r과 V_θ를 구하시오.

해설

$$V_r = \frac{1}{r}\frac{\partial \Psi}{\partial \theta} = \frac{1}{r}Ar\cos\theta = A\cos\theta$$

$$V_\theta = -\frac{\partial \Psi}{\partial r} = -A\sin\theta$$

✔ **예제**

유동함수 $\Psi = Axy + c$인 유동에서 점(3,5)지점과 점(7,5)지점 사이에 흐르는 유량은?

해설

$$\Psi(7,5) - \Psi(3,5) = (A \times 7 \times 5 + c) - (A \times 3 \times 5 + c) = 20A$$

(3) 속도포텐셜 Φ

2차원 비회전, 비압축성 유동일 때의 유동함수

$$\vec{V} = ui + vj$$
$$u = -\frac{\partial \Phi}{\partial x},\ v = -\frac{\partial \Phi}{\partial y}$$ 의 관계식을 만족하는 2차원 비회전, 비압축성 유동

연속방정식 : $\dfrac{\partial u}{\partial x} + \dfrac{\partial v}{\partial y} = 0 \Rightarrow \dfrac{\partial^2 \Phi}{\partial x^2} + \dfrac{\partial^2 \Phi}{\partial y^2} = 0$

비회전조건 : $\dfrac{\partial v}{\partial x} - \dfrac{\partial u}{\partial y} = 0 \Rightarrow \dfrac{\partial^2 \Psi}{\partial x^2} + \dfrac{\partial^2 \Psi}{\partial y^2} = 0$

✔ 예제

2차원 유동 중 속도 포텐셜이 존재하는 것은? [단, $\vec{V} = (u, v)$이다.]

① $\vec{V} = (x^2 - y^2,\ 2xy)$ ② $\vec{V} = (x^2 - y^2,\ -2xy)$
③ $\vec{V} = (x^2 + y^2,\ -2xy)$ ④ $\vec{V} = (x^2 + y^2,\ xy)$

해설

비회전조건 : $\dfrac{\partial v}{\partial x} - \dfrac{\partial u}{\partial y} = 0$일 때 속도 포텐셜 존재한다.

① $\dfrac{\partial v}{\partial x} - \dfrac{\partial u}{\partial y} = \dfrac{\partial(2xy)}{\partial x} - \dfrac{\partial(x^2 - y^2)}{\partial y} = 2y - (-2y) = 4y \neq 0$

② $\dfrac{\partial v}{\partial x} - \dfrac{\partial u}{\partial y} = \dfrac{\partial(-2xy)}{\partial x} - \dfrac{\partial(x^2 - y^2)}{\partial y} = -2y - (-2y) = 0$

③ $\dfrac{\partial v}{\partial x} - \dfrac{\partial u}{\partial y} = \dfrac{\partial(-2xy)}{\partial x} - \dfrac{\partial(x^2 + y^2)}{\partial y} = -2y - (2y) = -4y \neq 0$

④ $\dfrac{\partial v}{\partial x} - \dfrac{\partial u}{\partial y} = \dfrac{\partial(xy)}{\partial x} - \dfrac{\partial(x^2 - y^2)}{\partial y} = y - (-2y) \neq 0$

그러므로 ②일 때 속도 포텐셜이 존재한다.

✔ 예제

비압축성 유동장 $\Psi = 2x^2 - 2y^2$일 때 유동이 비회전임을 증명하고 속도 포텐셜을 구하시오.

해설

비회전조건 : $\dfrac{\partial v}{\partial x} - \dfrac{\partial u}{\partial y} = 0 \Rightarrow \dfrac{\partial^2 \Psi}{\partial x^2} + \dfrac{\partial^2 \Psi}{\partial y^2} = 0$, $\dfrac{\partial^2 \Psi}{\partial x^2} + \dfrac{\partial^2 \Psi}{\partial y^2} = 0$

$\dfrac{\partial^2 \Psi}{\partial x^2} = 2$, $\dfrac{\partial^2 \Psi}{\partial y^2} = -2$이므로 $\dfrac{\partial^2 \Psi}{\partial x^2} + \dfrac{\partial^2 \Psi}{\partial y^2} = 0 \Rightarrow$ 비회전운동

$u = \dfrac{\partial \Psi}{\partial y} = \dfrac{\partial}{\partial y}(2x^2 - 2y^2) = -4y$, $v = -\dfrac{\partial \Psi}{\partial x} = -\dfrac{\partial}{\partial x}(2x^2 - 2y^2) = -4x$

$u = -\dfrac{\partial \Phi}{\partial x}$, $v = -\dfrac{\partial \Phi}{\partial y}$ 이므로

속도포텐셜 $\Phi = 4xy + f(x)$, $\Phi = 4xy + g(x) \Rightarrow \Phi = 4xy + c$

✔ 예제

그림과 같이 비점성, 비압축성 유체가 쐐기 모양의 벽면 사이를 흘러 작은 구멍을 통해 나간다. 이 유동을 극좌표(r, θ)에서 근사적으로 표현한 속도 포텐셜 $\Phi = 3\ln r$일 때 원호 $r = 2$, 각도 $0 \leq \theta \leq \dfrac{\pi}{2}$를 통과하는 단위 길이당 체적유량은 얼마인가?

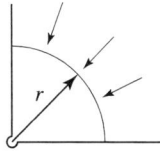

해설

각도방향속도 $v_\theta = \dfrac{d\Phi}{dr} = \dfrac{d(3\ln r)}{dr} = 3\dfrac{1}{r}$

단위길이당 유량 $\dfrac{Q}{b} = r\dfrac{\pi}{2} \times v_\theta = r\dfrac{\pi}{2} \times 3\dfrac{1}{r} = \dfrac{3\pi}{2}$

제 2 편 유체역학

Chapter 6

유체유동의 손실수두

※ 기사시험에서 2문제~3문제 출제
※ 암기를 해야만 1분30초에 한 문제 해결이 가능합니다.

❶ 원형관의 손실수두

$$H_L = f \times \frac{l}{D} \times \frac{V^2}{2g}$$

여기서, f : 관마찰 계수, l : 관의 길이, D : 관의 직경, V : 속도

층류의 관마찰 계수 : $f = \dfrac{64}{Re}$

❷ 비 원형관의 손실수두

$$H_L = f \times \frac{l}{4R_h} \times \frac{V^2}{2g}$$

여기서, 수력반경 : $R_h = \dfrac{\text{유동단면적}}{\text{접수길이}}$

❸ 돌연확대관의 손실수두

$$H_L = \frac{(V_1 - V_2)^2}{2g}$$

여기서, V_1 : 확대되기 전의 속도, V_2 : 확대된 후의 속도

❹ 돌연축소관의 손실수두

$$H_L = \left(\frac{1}{C_C} - 1\right)^2 \frac{V_2^2}{2g}$$

여기서, 축맥계수 : $C_C = \dfrac{A_C}{A_2} = \dfrac{\text{축맥부분의 단면적}}{\text{축소관의 단면적}}$

❺ 관의 상당길이

$$Le = \frac{Kd}{f}$$

여기서, K : 부속품의 부차적 손실계수, d : 관의 직경, f : 관마찰계수

6-1 원형관속의 손실수두

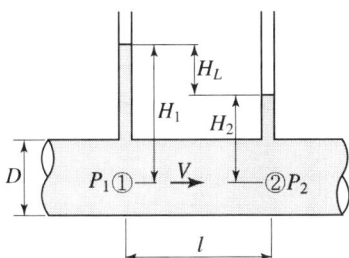

(1) 손실수두 H_L

$$H_L \propto \frac{l}{D} \times \frac{V^2}{2g}$$

$$H_L = f \times \frac{l}{D} \times \frac{V^2}{2g} \quad \cdots\cdots\cdots\cdots \text{(darcy-weisbch equation)} \text{층류, 난류 모두 적용}$$

여기서, f : 관마찰 계수, l : 관의 길이, D : 관의 직경, V : 속도

(2) 관마찰 계수 f

$$f = \text{함수}\left(Re,\ \frac{e}{d}\right)$$

관마찰계수는 레이놀드 수(Re)와 상대조도($\frac{e}{d}$)의 함수이다.

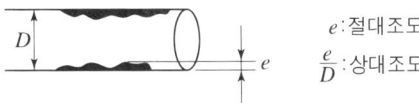

e : 절대조도
$\frac{e}{D}$: 상대조도

[층류에서 관마찰 계수]

$$Q = \frac{\pi D^4 \Delta P}{128\mu l},\ \Delta P = \frac{128\mu l}{\pi D^4} = \gamma H_L$$

$$H_L = \frac{\Delta P}{\gamma} = \frac{128\mu l}{\gamma \pi D^4} \quad \cdots\cdots\cdots\cdots\cdots\cdots\cdots\cdots\cdots\cdots\cdots\cdots\cdots\cdots\cdots\cdots (1)$$

$$H_L = f \times \frac{l}{D} \times \frac{V^2}{2g} \quad \cdots\cdots\cdots\cdots\cdots\cdots\cdots\cdots\cdots\cdots\cdots\cdots\cdots\cdots\cdots\cdots (2)$$

(1)=(2)에서 $f = \dfrac{64}{Re}$

$$\text{층류의 관마찰 계수}\ \ f = \frac{64}{Re}$$

6-2 비원형 단면에서의 손실수두

(1) 수력반경(R_h) (Hydraulic Radius)

$$R_h = \frac{유동단면적}{접수길이} = \frac{A}{P}$$

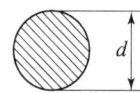

원형관에 유체가 가득 차서 흐르는 경우

$$R_h = \frac{\frac{\pi}{4}d^2}{\pi d} = \frac{d}{4} \quad \therefore \ d = 4R_h$$

여기서, 비원형 단면의 경우는 원형단면에서 $d \rightarrow 4R_h$만 대입

(2) 손실수두(H_L)

① 원형단면

$$H_L = f \times \frac{l}{d} \times \frac{V^2}{2g}$$

② 비원형단면

$$H_L = f \times \frac{l}{4R_h} \times \frac{V^2}{2g}$$

(3) 레이놀드 수(Reynold number) : Re

① 원형단면

$$Re = \frac{Vd}{v} = \frac{\rho Vd}{\mu}, \quad v = \frac{\mu}{\rho}$$

② 비원형단면

$$Re = \frac{V4R_h}{v} = \frac{\rho V 4R_h}{\mu}$$

여기서, v : 동점성계수, μ : 절대점성계수, d : 관의직경, V : 속도, ρ : 밀도

(4) 상대조도

① 원형단면

$$\frac{e}{D} = \frac{절대조도}{관의직경}$$

② 비원형단면

$$\frac{e}{4R_h}$$

6-3 부차적 손실수두

(1) 단면적 변화에 의한 손실수두

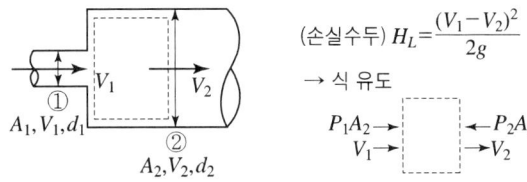

① B.E 적용

$$\frac{P_1}{\gamma} + \frac{V_1^2}{2g} + Z_1 = \frac{P_2}{\gamma} + \frac{V_2^2}{2g} + Z_2 + H_L$$

$$\frac{P_1 - P_2}{\gamma} = \frac{(V_2^2 - V_1^2)}{2g} + H_L \quad \cdots\cdots\cdots\cdots\cdots\cdots\cdots\cdots\cdots\cdots\cdots\cdots (1)$$

② 운동량 방정식 적용

$$\sum F = \rho Q(V_2 - V_1)$$

$$P_1 A_2 - P_2 A_2 = \rho Q(V_2 - V_1) = \frac{\gamma}{g} Q(V_2 - V_1)$$

$$\frac{P_1 - P_2}{\gamma} = \frac{1}{g}\frac{Q}{A_2}(V_2 - V_1) = \frac{1}{g}V_2(V_2 - V_1) = \frac{1}{g}(V_2^2 - V_1 V_2) \quad \cdots\cdots\cdots (2)$$

(1)와 (2)식을 같이 놓으면 $\dfrac{(V_2^2 - V_1^2)}{2g} + H_L = \dfrac{1}{g}(V_2^2 - V_1 V_2)$, $H_L = \dfrac{(V_1 - V_2)^2}{2g}$

$$\boxed{\text{돌연확대관의 손실수두} \quad H_L = \frac{(V_1 - V_2)^2}{2g}}$$

여기서, $d_1 \ll d_2$일 경우 $H_L = 1 \times \dfrac{V_1^2}{2g}$

(2) 돌연축소관의 손실수두

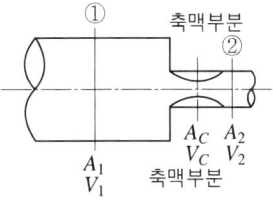

$$\boxed{\text{돌연축소관의 손실수두} \quad H_L = \left(\frac{1}{C_C} - 1\right)^2 \frac{V_2^2}{2g}}$$

여기서, C_C : 축맥계수 $C_C = \dfrac{A_C}{A_2}$

유도하기 ⇨ 축맥부분과 단면 ②는 단면이 확대되는 구간이므로

$$H_L = \frac{(V_C - V_2)^2}{2g} = \frac{\left(\frac{A_2 V_2}{A_C} - V_2\right)^2}{2g} = \frac{V_2^2\left(\frac{A_2}{A_C} - 1\right)^2}{2g} = \frac{\left(\frac{1}{C_C} - 1\right)^2 V_2^2}{2g}$$

[Weisbach가 물에 대하여 실험한 축맥계수 C_C]

A_2/A_1	0.1	0.2	0.3	0.4	0.5	0.6	0.7	0.8	0.9	1
C_C	0.61	0.62	0.63	0.64	0.67	0.7	0.73	0.77	0.84	1
$\frac{1}{C_C} - 1$	0.41	0.38	0.34	0.29	0.24	0.18	0.014	0.089	0.036	0

(3) 관부속품에 의한 손실수두 $H_L = K\frac{V^2}{2g}$

[주요부품의 손실계수 K]

부품	K	부품	K
그로브 밸트 (완전개방)	10	90°엘보(90° elbow)	0.9
게이트 밸브 (완전개방)	0.19	45°엘보(45° elbow)	0.42
스윙체크 밸브 (완전개방)	2.5	표준 엘보우	0.9

(4) 관의 상당길이 le

① 임의의 부차적 손실수두의 합 $H_L = K\frac{V^2}{2g}$

② 관 마찰에 의한 손실수두 $H_L = f\frac{l}{d} \times \frac{V^2}{2g}$

$H_L = f\frac{l_e}{d} \times \frac{V^2}{2g} = K\frac{V^2}{2g}$, $le = \frac{Kd}{f}$

> 관의 상당길이 $le = \frac{Kd}{f}$

6-4 병렬관에서의 손실수두

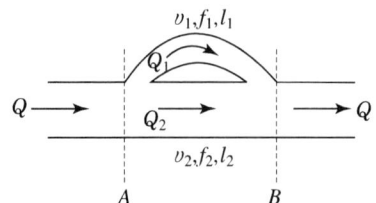

여기서, v : 속도
f : 관마찰계수
Q : 유량

$Q = Q_1 + Q_2$ (유량의 합은 같다.), $H_{L_1} = H_{L_2}$ (각 경로의 손실수두는 같다.)

Chapter 7

차원해석과 상사(相似)법칙

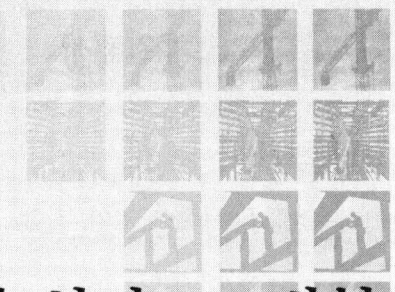

※ 기사시험에서 1문제~2문제 출제
※ 암기를 해야만 1분30초에 한 문제 해결이 가능합니다.

❶ 레이놀드수 $Re = \dfrac{\text{관성력}}{\text{점성력}} = \dfrac{\rho v l}{\mu} = \dfrac{Vl}{v}$

⇨ 관유동, 잠수함, 점성유동에서 모형과 실형의 Re가 같으면 역학적 상사

프로이드수 $Fr = \dfrac{\text{관성력}}{\text{중력}} = \dfrac{\rho l^2 V^2}{\rho l^3 g} = \dfrac{V^2}{gl}$

⇨ 선박(배), 조파저항, 개수로유동에서 모형과 실형의 Fr가 같으면 역학적 상사

마하수 $Ma = \dfrac{\text{관성력}}{\text{탄성력}} = \dfrac{\text{속도}}{\text{음속}} = \dfrac{V}{\sqrt{\dfrac{K}{\rho}}} = \dfrac{V}{\sqrt{\dfrac{kP}{\rho}}} = \dfrac{V}{\sqrt{kRT}} = \dfrac{V}{a}$

웨이브 수 $We = \dfrac{\text{관성력}}{\text{표면장력}} = \dfrac{\rho l V^2}{\sigma}$

오일러 수 $Eu = \dfrac{\text{압축력}}{\text{관성력}} = \dfrac{P}{\rho V^2}$

코시수 $Co = \dfrac{\text{관성력}}{\text{탄성력}} = \dfrac{\rho V^2}{K}$

❷ $\pi = n - m$ 여기서, π : 얻을 수 있는 무차원 수의 개수, n : 물리량의 수, m : 기본 차원의 개수 [M.L.T]

❸ 차원해석   [MLT] = [질량, 길이, 시간], [FLT] = [힘, 길이, 시간]

7-1 차원해석

(1) 차원해석

$$[MLT] = [질량, 길이, 시간], \quad [FLT] = [힘, 길이, 시간], \quad F = [MLT^{-2}], \quad F = ma$$

(2) 동차성의 원리

7-2 버킹함의 π 정리

$$\pi = n - m$$

여기서, π : 얻을 수 있는 무차원 수의 개수, n : 물리량의 수, m : 기본 차원의 개수, $[M.L.T]$

✔ 예제 – 무차원수 구하는 방법

원관 속을 흐름에 관계되는 물리량이다. 독립무차원의 개수를 구하고, 독립 무차원을 찾아라.

변수	기호	차원	변수	기호	차원
관의 길이	l	L	점성계수	μ	$ML^{-1}T^{-1}$
압력차	ΔP	$ML^{-1}T^{-2}$	평균유속	V	LT^{-1}
유체의 밀도	ρ	ML^{-3}	관의 직경	D	L

해설

무차원량의 개수 $\pi = n - m = 6 - 3 = 3$개, 분모는 D, V, ρ로 잡는다.

$$\pi_1 = \frac{\Delta P}{D^{a_1} V^{b_1} \rho^{c_1}}, \quad \pi_2 = \frac{\mu}{D^{a_2} V^{b_2} \rho^{c_2}}, \quad \pi_3 = \frac{l}{D^{a_3} V^{b_3} \rho^{c_3}}$$

각 항에 a, b, c를 결정하면 무차원이 된다.

$$\Delta P = \pi_1 \times D^{a_1} V^{b_1} \rho^{c_1}$$

$$[ML^{-1}T^{-2}] = \pi_1 [L]^{a_1} [LT^{-1}]^{b_1} [ML^{-3}]^{c_1} = \pi_1 M^{c_1} L^{a_1 + b_1 - 3c_1} T^{-b_1}$$

$$\therefore M^0 \to M^{-1} = M^{c_1} \qquad \therefore c_1 = 1$$
$$L^0 \to L^{-1} = L^{a_1 + b_1 - 3c_1} \Rightarrow b_1 = 2$$
$$T^0 \to T^{-2} = T^{-b_1} \qquad a_1 = 0$$

$$\therefore \pi_1 = \frac{\Delta P}{D^0 V^2 \rho^1} = \frac{\Delta P}{V^2 \rho} \quad \text{같은 방법으로}$$

$$\pi_2 = \frac{\mu}{\rho D v}, \quad \pi_3 = \frac{l}{D}$$

7-3 상사법칙

※ **기호약속**　실형(proto type) : 첨자 P
　　　　　　　모형(model type) : 첨자 M

(1) 역학적 상사

모든 힘들의 비가 같을 때

$$\frac{(관성력)m}{(관성력)p} = \frac{(중력)m}{(중력)p} = \frac{(전압력)m}{(전압력)p} = \frac{(전단력)m}{(전단력)p} = \frac{(표면장력)m}{(표면장력)p} = \frac{(탄성력)m}{(탄성력)p}$$

① 관성력

$$F = ma = \rho l^3 \times \frac{V}{t} = \rho l^2 \times \frac{l}{t} \times V = \rho l^2 V^2$$

② 중력

$$F = mg = \rho l^3 g$$

③ 전압력

$$F = P \times A = P l^2$$

④ 전단력

$$F = \tau \times A = \mu \times \frac{V}{h} \times A = \mu \times \frac{V}{l} \times l^2 = \mu V l$$

⑤ 표면장력

$$F = \sigma \times l$$

여기서, σ : 표면장력

⑥ 탄성력

$$F = K \times A = K l^2$$

여기서, K : 체적탄성계수

(2) 중요한 무차원수

① 레이놀즈 수 *Re

$$\frac{관성력}{점성력} = \frac{\rho \times l^2 \times V^2}{\mu \times V \times l} = \frac{\rho v l}{\mu} = \frac{Vl}{v}$$

② 프로이드 수 *Fr

$$\frac{관성력}{중력} = \frac{\rho l^2 V^2}{\rho l^3 g} = \frac{V^2}{gl}$$

③ 마하수 *Ma

$$\frac{관성력}{탄성력} = \frac{속도}{음속} = \frac{\rho l^2 V^2}{K l^2} = \frac{\rho V^2}{K} = \frac{V^2}{\frac{K}{\rho}} = \frac{V}{\sqrt{\frac{K}{\rho}}} = \frac{V}{\sqrt{\frac{kP}{\rho}}} = \frac{V}{\sqrt{kRT}} = \frac{V}{a}$$

④ 웨이브 수 We

$$\frac{관성력}{표면장력} = \frac{\rho l^2 V^2}{\sigma l} = \frac{\rho l V^2}{\sigma}$$

⑤ 오일러 수 Eu

$$\frac{압축력}{관성력} = \frac{P l^2}{\rho l^2 V^2} = \frac{P}{\rho V^2}$$

⑥ 코시수 Co

$$\frac{1}{Ma}$$

(3) 역학적 상사의 적용

① Re
관유동, 잠수함, 파이프 등 점성력 작용하는 유동

② Fr
선박(배, 강에서의 모형실험, 댐 공사, 수력도약 개수로 유동 등, 중력이 작용하는 유동, 조파저항), (Re and Fr) : 유체기계(펌프, 송풍기)

③ Ma
유속이 음속에 가까울 때나 음속이상 일 때 사용되는 무차원 수, 압축성 유동에서 사용되는 무차원수

④ We
서로 다른 유체의 경계면에서 사용되는 무차원수 물방울 형성에 중요한 무차원수

Chapter 8

개수로 유동

◎ 정의
경계면 일부가 항상 대기에 접해서 흐르는 유체유동

출제 FOCUS

※ 기사시험에서 0문제~1문제 출제
※ 암기를 해야만 1분30초에 한 문제 해결이 가능합니다.

❶ 최대효율단면
유량이 최대가 되기 위해서 접수길이 P가 최소가 되어야 한다. 이때의 유동을 발생시키는 단면을 최대효율 단면이라 한다.

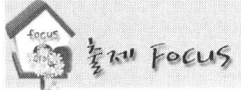
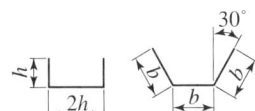

❷ 수력도약(Hydraulic jump)
빠른 흐름이 느린 흐름으로 변하면서 수심이 깊어지고 운동에너지가 위치에너지로 변하는 현상

수력도약에 의한 손실수두 $H_L = \dfrac{(y_2 - y_1)^3}{4 y_1 y_2}$

여기서, y_2 : 수력도약후의 높이, y_1 : 수력도약전의 높이

8-1 개수로 유동의 분류

(1) 등류와 비등류

① 등류 = 균속도 유동

$$\frac{\partial V}{\partial s} = 0$$

② 비등류 = 비균속도 유동

$$\frac{\partial V}{\partial s} \neq 0$$

여기서, s : 거리, V : 속도

(2) 층류와 난류

$$\text{개수로 유동에서 } Re = \frac{V \times 4 \times R_h}{\nu}$$

여기서, V : 유속, R_h : 수력반경, ν : 동점성계수

```
         500
  ←———————|———————→
   층류          난류
```

(3) 상류와 사류

① 상류(常流) : 보통의 흐름 ≒ 속도가 느린 흐름 = 아임계흐름
② 사류(射流) : 빠른 흐름 ≒ 속도가 빠른 흐름 = 초임계흐름

상류와 사류의 구분

$$Fr = \frac{V_1^2}{lg}$$

① $Fr < 1$ 아임계 흐름 ≒ 상류
② $Fr = 1$ 임계 흐름 ≒ 등류
③ $Fr > 1$ 초임계 유동 ≒ 사류

8-2 최대 효율 단면 ≒ 최량 수력 단면

$Q_{\max}$가 되기 위해 접수길이 P는 최소가 되어야 한다. 이때의 유동을 최대효율 단면이라 한다.

(1) 사각형 단면

$h = \dfrac{b}{2}$ 인 단면

접수길이 $P = 2h + b = 2 \times \dfrac{b}{2} + b = 2b$

수력반경 $R_h = \dfrac{h \times b}{2b} = \dfrac{\dfrac{b}{2} \times b}{2b} = \dfrac{b}{4}$

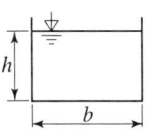

(2) 사다리꼴

접수길이 $P = 3b = 3 \times \dfrac{H}{\cos 30} = 2\sqrt{3}\,H$

수력반경 $R_h = \dfrac{A}{P} = \dfrac{(b \times H) + (b \sin 30 \times H)}{P}$

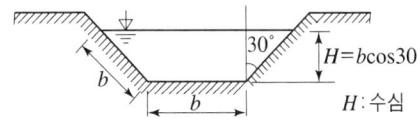

$H = b\cos 30$
H : 수심

 8-3 수력도약(Hydraulic jump)

빠른 흐름이 느린 흐름으로 변하면서 수심이 깊어지고 운동에너지가 위치에너지로 변하는 현상

(1) 수력도약이 일어날 조건

① 운동에너지 → 위치에너지
② 빠른 흐름 → 느린 흐름
③ $Fr > 1$ → $Fr < 1$
④ 사류(射流) → 상류(常流)

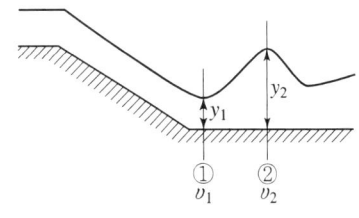

(2) 수력도약후의 높이 y_2

연속방정식과 운동량 방정식 적용하면

$$y_2 = \dfrac{y_1}{2}\left(-1 + \sqrt{1 + \dfrac{qV_1^2}{gy_1}}\right)$$

(3) 수력도약에 의한 손실수두

$$H_L = \dfrac{(y_2 - y_1)^3}{4\,y_1 y_2}$$

Chapter 9 압축성 유동

> ※ 기사시험에서 1문제~2문제 출제
> ※ 암기를 해야만 1분30초에 한 문제 해결이 가능합니다.

❶ 마하수 $Ma = \dfrac{V}{a} = \dfrac{속도}{음속} = \dfrac{V}{\sqrt{kRT}}$ 여기서, 음속  $a = \sqrt{\dfrac{dp}{d\rho}} = \sqrt{\dfrac{K}{\rho}} = \sqrt{\dfrac{kP}{\rho}} = \sqrt{kRT}$

❷ 1차원 등엔트로피흐름의 상태변화 $\dfrac{T_1}{T_2} = \left(\dfrac{\rho_1}{\rho_2}\right)^{k-1} = \left(\dfrac{P_1}{P_2}\right)^{\frac{k-1}{k}} = \dfrac{(k-1)}{2}M_a^2 + 1$

❸ 서술적 표현에 관한 문제
    ① 초음속을 얻는 방법=축소확대관 사용 ⇨ 라발노즐 사용
    ② 노즐목에서는 최대유속은 음속 또는 아음속

제 9 장 압축성 유동

9-1 마하수(mach number) Ma

$$Ma = \frac{V}{a} = \frac{속도}{음속} = \frac{V}{\sqrt{kRT}}$$

여기서, k : 비열비, R : 기체상수, T : 절대온도

(1) 음속 a

$$음속 \quad a = \sqrt{\frac{dp}{d\rho}} = \sqrt{\frac{K}{\rho}} = \sqrt{\frac{kP}{\rho}} = \sqrt{kRT} \qquad 체적탄성계수 \quad K = \frac{dp}{\frac{d\rho}{\rho}}, \quad \frac{K}{\rho} = \frac{dp}{d\rho}$$

여기서, 공기 중의 체적탄성계수 : $K = kP$, 액체중의 체적탄성계수 : $K = P$

$$음속 \quad a = \sqrt{\frac{dp}{d\rho}} = \sqrt{\frac{K}{\rho}} = \sqrt{\frac{kP}{\rho}} = \sqrt{kRT}$$

(2) 마하각(mach angle) μ

$$\sin\mu = \frac{1}{M_a} = \frac{a}{V} \qquad \mu = \sin^{-1}\left(\frac{1}{M_a}\right)$$

9-2 단면적이 변하는 관속에서의 흐름

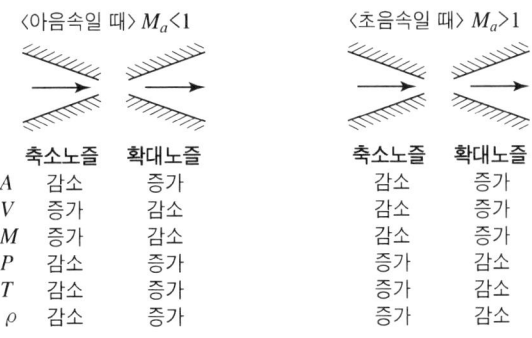

[서술적 표현] ① 초음속을 얻는 방법 = 축소 확대관 사용 ⇒ 라발노즐 사용
　　　　　　② 노즐목에서는 최대유속은 음속 또는 아음속

9-3 충격파(shock ware)

초음속으로 흐르다가 갑자기 압력상승이 일어나 아음속으로 변하면서 생기는 압축파

※ 충격파의 현상≒수력도약(운동에너지 → 위치에너지)
① 압력(P)↑ ② 밀도(ρ)↑ ③ 속력(V)↓ ④ 마하수(M)↓ ⑤ Entropy(s)↑

9-4 1차원 등엔트로피 흐름

(1) 등 Entropy 흐름의 에너지 방정식

SI 단위에서의 열역학 제 1법칙

$$q + h_1 + gz_1 + \frac{V_1^2}{2} = h_2 + gz_2 + \frac{V_2^2}{2} + W \quad \cdots \quad (1)$$

여기서, q : 가열량, h : Entropy, V : 속도, Z : 위치, W : 일

(1)식에서 등Entropy 과정(≒단열과정 $q=0,\ W=0$) ($Z_1 = Z_2$)

$$\therefore h_1 - h_2 = \frac{V_2^2 - V_1^2}{2}$$

$$\boxed{h_1 - h_2 = \frac{V_2^2 - V_1^2}{2}}$$

(2) 정체온도(T_1), 정체압력(P_1), 정체밀도(ρ_1)

$$C_p(T_1 - T_2) = \frac{V_2^2 - V_1^2}{2}$$

$$\frac{kR}{k-1}(T_1 - T_2) = \frac{V_2^2 - V_1^2}{2}, \quad \frac{kR}{k-1}(T_1 - T_2) = \frac{V_2^2}{2}$$

$$\therefore T_1 = \frac{V_2^2}{2} \times \frac{(k-1)}{kR} + T_2$$

$$\boxed{C_p - C_v = R, \quad \frac{C_p}{C_v} = k, \quad C_p = \frac{kR}{k-1}, \quad C_v = \frac{R}{k-1}}$$

여기서, C_p : 정압비열, C_v : 정적비열, R : 기체상수, k : 비열비

양변을 T_2로 나누면

$$\frac{T_1}{T_2} = \frac{(k-1)}{2} \times \frac{V^2}{\left(\sqrt{kRT_2}\right)^2} + 1 = \frac{(k-1)}{2} M_a^2 + 1$$

$$\frac{T_1}{T_2} = \frac{k-1}{2} M_a^2 + 1 \Rightarrow \text{단열과정일 때}$$

$$\frac{T_1}{T_2} = \left(\frac{\rho_1}{\rho_2}\right)^{k-1} = \left(\frac{P_1}{P_2}\right)^{\frac{k-1}{k}} = \frac{k-1}{2} M_a^2 + 1$$

(3) 임계상태 값≒2지점에서 $M_a = 1$일 때 즉, 2지점의 값이 임계상태의 값이다.

$$\frac{T_1}{T_2} = \left(\frac{\rho_1}{\rho_2}\right)^{k-1} = \left(\frac{P_1}{P_2}\right)^{\frac{k-1}{k}} = \frac{k+1}{2}$$

$$\frac{T_1}{T^*} = \left(\frac{\rho_1}{\rho^*}\right)^{k-1} = \left(\frac{P_1}{P^*}\right)^{\frac{k-1}{k}} = \frac{k+1}{2}$$

2지점이 임계상태량(T^*, ρ^*, P^*)의 값이 된다.

제 2 편 유체역학

Chapter 10

유체계측

 출제 FOCUS

※ 기사시험에서 1문제 출제
※ 암기를 해야만 1분30초에 한 문제 해결이 가능합니다.

❶ 비중, 비중량, 밀도 측정하는 계측기기
① 비중병 ② U자관 ③ 부력을 이용하여 ④ 비중계

❷ 점성을 측정하는 계측기기
① 낙구식 점도계 ·················· stokes 법칙 이용
② Ostwald 점도계, Say bolt 점도계 ········· 하겐 포아젤방정식 이용한 점도계
③ Macmichael 점도계, Stomer 점도계 ········ Newton의 점성법칙 이용 점도계

❸ 압력을 측정하는 계측기기
① 정압관(static tube) - 마노미터와 높이차 Δh로 측정
② 피에조미터(piezometer) - 액주계의 높이차로 정압측정

❹ 속도를 측정하는 계측기기
① 피트우트관(piot tube)
② 피트우트 정압관
③ 열선속도계 : 난류유동과 같이 매우 빠르게 변화는 유체의 속도를 측정

❺ 유량을 측정하는 계측기기
① 벤츄리미터-가장 정확한 유량측정계기
② 노즐
③ 오리피스
④ 위어
  ㉠ 사각위어 : 중간유량측정 $Q \propto H^{\frac{3}{2}}$
  ㉡ V놋치위어(삼각위어) : 소유량 측정 $Q \propto KH^{\frac{5}{2}}$

제10장 유체계측

 10-1 비중량 측정 ≒ 밀도 측정 ≒ 비중

(1) 비중병을 이용(피코노메타)

$$\gamma = \frac{(용기\ 무게 + 액체\ 무게) - 용기무게}{용기의\ 체적} = \frac{W_2 - W_1}{V}$$

$$\gamma = \rho g, \quad \rho = \frac{\gamma}{g}, \quad s = \frac{\rho}{\rho_w} = \frac{\gamma}{\gamma_w}$$

(2) 아르키메데스의 원리

$$부력 \quad F_B = \gamma_{유체} \times V_{잠긴} \qquad 물체의\ 무게 \quad W = \gamma_{물체} \times V_{물체}$$

$$\gamma_{유체} = \frac{\gamma_{물체} \times V_{물체}}{V_{잠긴}}$$

여기서, F_B : 부력, W : 물체의 무게

(3) 비중계를 사용 : 눈금을 읽는다.

(4) U자관 사용 : 압력 평형식

 10-2 점성계수(μ)의 측정

(1) 낙구식 점도계 – stokes 법칙 이용

| 스토크의 낙구식 점도측정 실험식   항력 $D = 6R\mu V\pi$ |

여기서, R : 반지름, μ : 유체의 점도, V : 구의 낙하속도

항력 $\quad D = 6R\mu V\pi$

구의 무게 $\quad W = \gamma_구 \times V_구 = \gamma_구 \times \dfrac{4\pi R^3}{3}$

부력 $\quad F_B = \gamma_{유체} \times V_{전체} = \gamma_{유체} \times \dfrac{4}{3}\pi R^3$

$W = D + F_B$에서 $D = W - F_B = \dfrac{4}{3}\pi R^3(\gamma_구 - \gamma_{유체})$

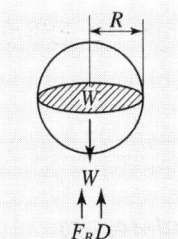

R : 구의 반지름

$$\mu = \frac{2R^2(\gamma_구 - \gamma_{유체})}{9V}$$

여기서, R : 반지름, μ : 점성계수, V : 속도, π : 원주율

(2) Ostwald 점도계 – Say bolt 점도계

하겐-포아젤 방정식 이용

$$Q = \frac{\pi D^4 \Delta P}{128 \mu L} \qquad \mu = \frac{\pi D^4 \Delta P}{128 Q L}$$

(3) Macmichael 점도계 – Stomer 점도계

Newton의 점성법칙 이용

$$\tau = \mu \frac{u}{h} \qquad \mu = \frac{\tau \times h}{u}$$

10-3 압력측정

(1) 정압관(static tube) : 마노미터와 높이차 Δh로 측정
(2) 피에조미터(piezometer) : 액주계의 높이차로 정압측정

10-4 유속측정

(1) 피트우트관(piot tube)

$$V = \sqrt{2g \Delta h}$$

(2) 피트우트 정압관(시차 액주계)

$$V = \sqrt{2gR\left(\frac{S_o}{S} - 1\right)}$$

(3) 열선속도계

난류유동과 같이 매우 빠르게 변화는 유체의 속도를 측정

10-5 유량측정

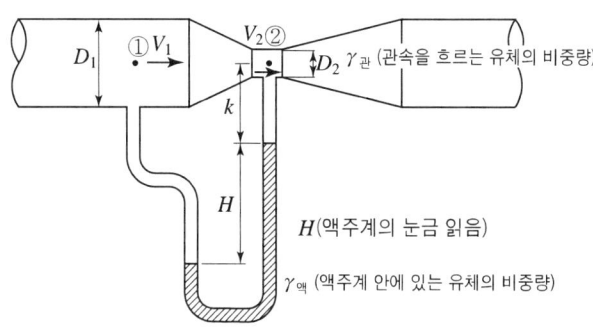

(1) 벤츄리미터

압력평형식, 연속방정식, B,E적용

$$V_2 = \frac{1}{\sqrt{1-\left(\frac{D_2}{D_1}\right)^4}} \sqrt{2gH\left(\frac{r_{액}}{r_{관}}-1\right)} \qquad Q = A_2 V_2$$

(2) 노즐

벤츄리미터에서 수두손실을 감소시키기 위하여 있는 대원추부를 제외하고는 벤츄리미터와 같다.

(3) 오리피스

관의 이음매 사이에 얇은 판을 끼워 넣어 설치하고 유량을 측정하는 계측기로 구조가 간단하고 값싸게 설치 할 수 있다.

(4) 로타미터

부식성이 있는 유체의 유량측정에 사용한다.

(5) 위어(Weir) : 개수로의 유량측정

① 예봉위어 : 대유량측정
② 광봉위어 : 대유량측정
③ 사각위어 : 중간유량측정 $Q \propto H^{\frac{3}{2}}$
④ V놋치위어(삼각위어) : 소유량 측정 $Q \propto KH^{\frac{5}{2}}$

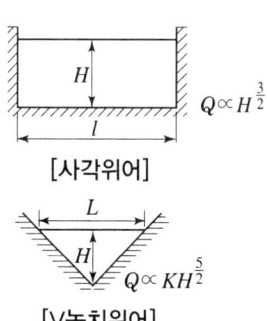

[사각위어]

[V놋치위어]

[부록] 유체역학 공식 모음

1	Newton의 운동방정식	$F = ma = m\dfrac{dv}{dt} = \rho Q v$	

2 단위계

구분		거리	질량	시간	힘	동력
절대단위	MKS	m	kg	sec	N	$1\text{kW} = \dfrac{102\text{kg}_f \cdot \text{m}}{\text{s}}$
	CGS	cm	g	sec	dyne	W
중력단위계	공학단위계	m cm mm	$\dfrac{1}{9.8}\dfrac{\text{kg}_f \text{s}^2}{\text{m}}$	sec min	kg_f	$1\text{PS} = \dfrac{75\text{kg}_f \cdot \text{m}}{\text{s}}$

3	밀도(ρ), 비중량(γ)	$\rho = \dfrac{M(\text{질량})}{V(\text{체적})},\ \gamma = \dfrac{W(\text{무게})}{V(\text{체적})}$
4	비체적(v)	단위질량당 체적 $v = \dfrac{V}{M} = \dfrac{1}{\rho}$ 단위중량당 체적 $v = \dfrac{V}{W} = \dfrac{1}{\gamma}$
5	비중(s)	$S = \dfrac{\gamma}{\gamma_w} = \dfrac{\rho}{\rho_w},\ \gamma_w = \dfrac{1000\text{kg}_f}{\text{m}^3} = \dfrac{1\text{kg}_f}{l} = \dfrac{1\text{g}_f}{\text{cm}^3}$
6	뉴톤의 점성법칙	$F = \mu\dfrac{uA}{h},\ \dfrac{F}{A} = \tau = \mu\dfrac{du}{dy}$ (u : 속도, μ : 점성계수)
7	점성계수(μ)	$1\text{Poise} = \dfrac{1\text{dyne}\cdot\text{sec}}{\text{cm}^2} = \dfrac{1\text{g}}{\text{cm}\,\text{S}} = \dfrac{1}{10}\text{Pa}\cdot\text{s}$
8	동점성계수(ν)	$\nu = \dfrac{\mu}{\rho}$ (1stoke $= 1\text{cm}^2/\text{s}$)
9	체적탄성계수	$K = \dfrac{\Delta p}{\dfrac{\Delta v}{v}} = \dfrac{\Delta p}{\dfrac{\Delta r}{r}} = \dfrac{1}{\beta}$ (β : 압축률)
10	표면장력	$\sigma = \dfrac{\Delta P d}{4}$ (ΔP : 압력차이, d : 직경)
11	모세관현상에 의한 액면상승 높이	$h = \dfrac{4\sigma\cos\beta}{\gamma d}$ (σ : 표면장력, β : 접촉각)
12	파스칼의 원리	$\dfrac{F_1}{A_1} = \dfrac{F_2}{A_2}$ ($P_1 = P_2$)
13	정지 유체내의 압력	$P = \gamma h$ (γ : 유체의 비중량, h : 유체의 깊이)
14	압력의 단위	$1\text{atm} = 760\text{mmHg} = 10.332\text{mAq}$ $= 1.0332\text{kg}_f/\text{cm}^2 = 101325\text{Pa} = 1.01325\text{bar}$

[부록] 유체역학 공식 모음

15	압력의 종류	$P_{abs} = P_O + P_G = P_O - P_V = P_O(1-x)$ (x : 진공도, P_{abs} : 절대압력, P_O : 국소대기압, P_G : 게이지압, P_V : 진공압)
16	경사면에 작용하는 유체의 전압력 전압력이 작용하는 위치	$F = \gamma \overline{H} A$, $y_F = \overline{y} + \dfrac{I_G}{A\overline{y}}$ (γ : 비중량, H : 수문의 도심까지의 수심 $\overline{y}$: 수문의 도심까지의 거리, A : 수문의 면적)
17	부력	$F_B = \gamma V$ (γ : 유체의 비중량, V : 잠겨진 유체의 체적)
18	수평등가속도 운동을 받을 때	$\tan\theta = \dfrac{a_x}{g}$
19	연직등가속도 운동을 받을 때	$P_2 - P_1 = \gamma h \left(1 + \dfrac{a_y}{g}\right)$
20	등속각속도 운동을 받을 때	$\Delta H = \dfrac{V_o^2}{2g}$ (V_o : 바깥부분의 원주속도)
21	유선의 방정식	$v = ui + vj + wk \quad ds = dxi + dyj + dzk$ $v \times ds = 0 \quad \dfrac{dx}{u} = \dfrac{dy}{v} = \dfrac{dz}{w}$
22	질량유량	$\dot{M} = \rho A V = Const$ (ρ : 밀도, A : 단면적, V : 유속)
23	중량유량	$\dot{G} = \gamma A V = Const$ (γ : 비중량, A : 단면적, V : 유속)
24	체적유량	$Q = A_1 V_1 = A_2 V_2$
25	1차원 연속 방정식의 미분형	$\dfrac{d\rho}{\rho} + \dfrac{dv}{v} + \dfrac{dA}{A} = 0$ 또는 $d(\rho A V) = 0$
26	3차원 연속 방정식	$\dfrac{\partial u}{\partial x} + \dfrac{\partial v}{\partial y} + \dfrac{\partial w}{\partial z} = 0$
27	오일러 방정식	$\dfrac{dP}{\rho} + VdV + gdz = 0$
28	베르누이 방정식	$\dfrac{P}{r} + \dfrac{v^2}{2g} + z = H$
29	높이차가 H인 구멍부분의 속도	$v = \sqrt{2gH}$
30	피토우트관을 이용한 유속측정	$v = \sqrt{2g\Delta H}$ (ΔH : 피토트관을 올라온 높이)
31	피토 정압관을 이용한 유속측정	$V = \sqrt{2g\Delta H \left(\dfrac{S_o - S}{S}\right)}$ (S_o : 액주계내의 비중, S : 관내의 비중)
32	운동량 방정식	$Fdt = m(V_2 - V_1)$ (Fdt : 역적, mV : 운동량)
33	수직평판이 받는 힘	$F_x = \rho Q(V - u)$ (V : 분류의 속도, u : 날개의 속도)

34	고정 날개가 받는 힘	$F_x = \rho QV(1-\cos\theta)$, $F_y = -\rho QV\sin\theta$
35	이동날개가 받는 힘	$F_x = \rho Q(V-u)(1-\cos\theta) = \rho A(v-u)^2(1-\cos\theta)$
36	프로펠러 추력	$F = \rho Q(V_4 - V_1)$ (V_4 : 유측속도, V_1 : 유입속도)
37	프로펠러를 통과하는 평균속도	$V = \dfrac{V_4 + V_1}{2}$
38	프로펠러의 효율	$\eta = \dfrac{\text{출력동적}}{\text{입력동적}} = \dfrac{\rho QV_1}{\rho QV} = \dfrac{V_1}{V}$
39	탱크에 달려있는 노즐에 의한 추진력	$F = \rho QV = PAV^2 = \rho A2gh = 2Ah\gamma$
40	제트 추진력	$F = \rho_2 Q_2 V_2 - \rho_1 Q_1 V_1 = \dot{M_2}V_2 - \dot{M_1}V_1$
41	로켓 추진력	$F = \rho QV$
42	원관에서의 레이놀드수	$Re = \dfrac{\rho VD}{\mu} = \dfrac{VD}{\nu}$ (2100 이하 : 층류, 4000 이상 : 난류)
43	수평원관에서의 층류유동	유량 $Q = \dfrac{\Delta P \pi D^4}{128\mu L}$ (ΔP : 압력강하, μ : 점성, L : 길이, D : 직경)
44	층류유동일 때의 경계층두께	$\delta = \dfrac{5x}{\sqrt{Re}}$
45	동압에 의한 항력	$D = C_D \dfrac{\gamma V^2}{2g}A = C_D \times \dfrac{\rho V^2}{2}A$ (C_D : 항력계수)
46	동압에 의한 양력	$L = C_L \dfrac{\gamma V^2}{2g}A = C_L \times \dfrac{\rho V^2}{2}A$ (C_L : 양력계수)
47	스토크법칙에서의 항력	$D = 6R\mu V\pi$ (R : 구의 반지름, V : 속도, μ : 점성계수)
48	원형관속의 손실수두	$H_L = f\dfrac{l}{d} \times \dfrac{V^2}{2g}$ (f : 관마찰계수, l : 관의 길이, d : 관의 직경)
49	층류유동에서의 관마찰계수	$f = \dfrac{64}{Re}$
50	수력반경	$R_h = \dfrac{(\text{유동단면적})}{(\text{접수길이})} = \dfrac{A}{P} = \dfrac{d}{4}$
51	비원형관에서의 손실수두	$H_L = f \times \dfrac{l}{4R_h} \times \dfrac{V^2}{2g}$
52	최량수로 단면	$H = \dfrac{L}{2}$, L 30°

53	부차적 손실수두	돌연확대관의 손실수두 $H_L = \dfrac{(V_1 - V_2)^2}{2g}$
		돌연축소관의 손실수두 $H_L = \dfrac{V_2^2}{2g}\left(\dfrac{1}{C_c} - 1\right)^2$
		관부속품의 손실수두 $H_L = K\dfrac{V^2}{2g}$
		(K : 관 부속품의 부차적 손실계수, C_C : 수축계수)
54	버킹함의 π정리	$\pi = n - m$ (π : 독립무차원수, n : 물리량수, m : 기본차수)

55	중요한 무차원수				
		명칭	정의	물리적 의미	적용범위
		레이놀드수	$R_e = \dfrac{\rho V L}{\mu}$	$\dfrac{관성력}{점성력}$	점성이 고려되는 유동의 상사법칙 관속의 흐름, 비행기의 양력·항력, 잠수함
		프루우드수	$F_r = \dfrac{V}{\sqrt{Lg}}$	$\dfrac{관성력}{중력}$	자유표면을 갖는 유동(댐), 개수로 수면위배 조파저항
		웨버수	$W_e = \dfrac{\rho L V^2}{\sigma}$	$\dfrac{관성력}{표면장력}$	표면장력에 관계되는 상사법칙 적용
		마하수	$Ma = \dfrac{V}{C}$	$\dfrac{속도}{음속}$	풍동문제, 유체기체
		코우시수	$Co = \dfrac{\rho V^2}{K}$	$\dfrac{관성력}{탄성력}$	마하수의 역수
		오일러수	$Eu = \dfrac{\rho V^2}{\rho}$	$\dfrac{압축력}{관성력}$	압축력이 고려되는 유동의 상사법칙
		압력계수	$P = \dfrac{\Delta P}{\rho V^2/2}$	$\dfrac{정압}{동압}$	

56	음속	$a = \sqrt{kRT}$ (k : 비열비, R : 기체상수, T : 절대온도)
57	마하각	$\sin\phi = \dfrac{1}{Ma}$ (Ma : 마하수)

58	유체계측		
		비중량 측정	비중병, 비중계, u자관
		점성측정	낙구식점도계, 맥미첼점도계, 스토머점도계, 오스트발트 점도계, 세이볼트 점도계
		정압측정	피에조미터, 정압관
		유속측정	피트우트관-정압관 $V = C_v\sqrt{2gR\left(\dfrac{S_0}{S} - 1\right)}$ 시차액주계, 열선 풍속계
		유량측정	벤츄리미터, 노즐, 오리피스, 로타메타 : 사각위어 $Q = kH^{\frac{3}{2}}$ 삼각위어 = V놋치위어 $Q = kH^{\frac{5}{2}}$

Part 3

열 역 학

Chapter 1	열역학적 정의와 단위
Chapter 2	열역학 제1법칙
	– 에너지 보존의 법칙(Conservation of Energy)
Chapter 3	이상기체와 각 과정 상태변화
Chapter 4	열역학 제2법칙
Chapter 5	순수물질 및 증기
Chapter 6	증기동력 사이클(vapor power cycles)
Chapter 7	내연기관 사이클
Chapter 8	냉동 사이클(Refrigeration Systems)
Chapter 9	유체흐름과 노즐(Fluid Flow and Nozzles)
Chapter 10	연소와 전열
[부록 1]	열역학 공식 모음
[부록 2]	사이클 정리

Chapter 1 열역학적 정의와 단위

◉ 열역학의 정의와 목적

열역학(熱力學 ; thermodynamic)은 열과 일의 관계 및, 열과 일에 관계를 갖는 물질의 성질을 다루는 과학이라 정의할 수 있다. 열에너지를 효율적으로 기계적 에너지로 변환하는 방법을 연구하는 학문으로써 열이 일로 변환되는 과정 및 이 과정이 반복되는 주기 즉, 사이클을 통해 열에너지를 효율 적으로 이용할 수 있다. 열역학의 공부하는 궁극적인 목표는 열에너지를 기계적 에너지로 변화하는데 보다 효율적이고 경제적으로 변환하기 위함이다.

 열역학은 고체, 유체처럼 보이는 것이 아니기 때문에 용어의 개념 파악이 중요합니다. 그래서 고체역학, 유체역학보다는 서술적 표현에 대한 문제가 많이 출제 됩니다.

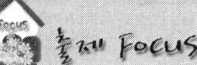
※ 기사시험에서 1문제~2문제 출제
※ 암기를 해야만 1분30초에 한 문제 해결이 가능합니다.

❶ **열역학 0법칙**(온도평형의 법칙, 열적평형의 법칙)

열량의 변화 $\Delta Q = m C \Delta T$

여기서, m : 질량, C : 비열, ΔT : 온도의 변화

열량의 단위 : $1\text{kcal} = 3.968\text{BTU} = 4.185\text{kJ} = 427\text{kg}_f\,\text{m} = 2.205\text{CHU}$

두 물체의 혼합후의 평균온도 $T_m = \dfrac{m_1 C_1 T_1 + m_2 C_2 T_2}{m_1 C_1 + m_2 C_2}$

여기서, m : 질량, C : 비열, T : 온도의 변화

❷
$\dfrac{9}{5}t℃+32$

℃ →(+273)→ °K ↓×1.8
°F ←(+460)← °R

여기서, ℃ : 섭씨온도, °K : 섭씨온도의 절대온도, °F : 화씨온도, °R : 화씨온도의 절대온도

❸ $\delta Q = dU + \delta W$

여기서, δQ : 열량의 변화, dU : 내부 에너지의 변화, δW : 일량의 변화

❹ **열기관의 효율**

$\eta = \dfrac{output}{input} = \dfrac{\text{단위시간당 얻어진 정미일량}}{\text{단위시간당 공급된 연소열량}} = \dfrac{\text{동력}}{\text{연료의 저위발열량} \times \text{연료소비율}} = \dfrac{H}{Q_L \times f}\,(\times 100\%)$

제 1 장 열역학적 정의와 단위

1-1 열역학의 접근 방법

열역학은 다루는 방법에 있어 크게 두 가지 관점으로 나눌 수 있다. 미시적 관점에서는 해석하는 통계열역학(統計 熱力學 ; statistical thermodynamics)과 거시적 관점에서 해석하는 고전열역학(古典 熱力學 ; classical thermodynamics) 또는 공업열역학(工業 熱力學 ; engineering thermodynamics)이 그것이다. 미시적 방법에서는 분자 하나하나의 운동을 통계적인 방법으로 집합적으로 분석한다. 거시적 방법에서는 개별적인 분자들의 상호 작용보다는 전체에 걸쳐서 일어나는 평균 효과에 대해서만 관심을 가지고 해석한다. 우리들이 살아가는 데서 흔히 사용하는 기준 척도(尺度 ; scale)도 거시적인 방법을 택하고 있다. 즉, 길이는 미터로 측정하고 시간은 초를 기준으로 한다. 이러한 측정치는 분자들의 거동에 대해 비교하여 보면 매우 큰 간격이다. 따라서 거시적이란 용어가 성립하며 우리가 어렸을 적부터 친숙히 사용해 온 이런 방법을 사용하여 열역학을 다루는 것이 편리하다. 온도에 대한 척도도 거시적인 효과의 하나이다. 그러나 어떤 현상을 설명하는 데에는 거시적 방법으로는 불충분한 경우도 있으므로 이럴 때에는 반드시 미시적 방법으로 해결하여야 한다는 것도 아울러 알아두어야 한다. 본 교재에서는 거시적 방법에 대해서만 다루기로 한다.

1-2 열과 에너지

19C초까지만 해도 사람들은 열이란 열소(熱素)라고 하는 작은 알갱이에 의하여 전달되는 것으로 생각하였다. 그래서 열소를 질량이 없는 유체로 생각하여 열의 이동이나 열의 혼합에 대한 설명으로 사용했다. 그러나 마찰로 인한 열의 발생은 설명할 수 없었다. 그러다가 주울(James Prescott Joule : 1818~1889)이 비로써 열도 기계적인 일과 마찬가지로 일종의 에너지임을 밝혀냈다. 주울은 열과 일을 본질적으로 같은 에너지로 규정짓고 일과 열의 단위를 동등하게 변환시키는 발상의 대전환을 이룩하였다.

1-3 열역학의 용어

(1) 동작물질

동작물질(動作物質 ; working substance)이란 작업유체라고도 하며 에너지를 저장하거나 운반하는 물질이다. 예를 들면 자동차 엔진에서는 연료와 공기의 혼합기, 증기 터빈에서는 증기, 냉동 사이클에서는 냉매가 곧 동작물질이다.

(2) 계, 주위, 경계

동작물질은 절대로 혼자서 존재할 수 없다. 반드시 그 제한이 되는 구역이 있어야만 한다. 이것은 곧 계(係 ; system)의 개념을 낳게 한다. 열역학에서 계란 어떤 물질의 모임 또는 공간적으로 한정된 구획으로 정의된다. 계가 아닌 모든 것을 주위(周圍 ; surroundings)라 하며 계와 주위를 구분 짓는 한계를 경계(境界 ; boundary)라 한다.

계에는 다음과 같이 밀폐계, 개방계, 고립계가 있다.

① 밀폐계(密閉係 ; closed system)
   계 내의 동작물질이 계의 경계를 통하여 주위로 이동할 수는 없으나 열이나 일등 에너지의 이동은 존재하는 계로서 비유동계(非流動係 ; nonflow system)라고도 한다. 피스톤 - 실린더 내의 공간은 밀폐계의 예이다.
② 개방계(開放係 ; open system)
   동작물질이 계의 경계를 통하여 주위로 이동하고 열이나 일등 에너지의 이동이 있는 계이다. 유동계(流動係 ; flow system)라고도 한다. [예] 펌프, 터빈
③ 고립계(孤立係 ; isolated system)
   계의 경계를 통해서 물질이나 에너지의 이동이 전혀 없는 계이다. 주위와 아무런 상호작용을 하지 않으며 절연계(絶緣係)라고도 한다.

1-4 상태량

상태량(狀態量 ; property)이란 관측이 가능한 값으로서 물질의 상태(state)를 규정하는 량을 말한다. 상태량은 성질이라고도 하며 계의 상태만으로 정하여지는 것으로서 그 상태로 되는 데까지의 과정(process)이나 경로(path)에는 무관하다. 따라서 상태량은 점함수(point function)이다. 이와는 달리 열이나 일등의 에너지는 상태량이 아니며 과정이나 경로에 따라 값이 결정 되므로 경로함수 또는 도정함수(path function)라 한다.

(1) 강도성 상태량(强度性 狀態量 ; intensive property)

물질이 가지는 질량의 크기에 관계없는 상태량으로 온도(T), 압력(P) 등이 대표적이다. - 나누어도 변화가 없는 상태량

(2) 종량성 상태량(從良性 狀態量 ; extensive property)

물질의 질량에 따라서 값이 변하는 상태량이다. 체적(V), 내부에너지(U), 엔탈피(H), 엔트로피(S) 등이 있다. - 나누면 변화가 있는 상태량

(3) 비상태량(比狀態量 ; specific property) = 단위질량당의 상태량

물질의 종량성 상태량을 질량으로 나눈 값이다. 즉, 단위 질량당의 종량성 상태량을 비상태량이라 한다. 비상태량은 물질의 량에 따라 결정되지 않는다는 점에서 강도성 상태량과 같이 취급할 수는 있으나 엄밀한 의미에서는 강도성 상태량이 아니며 단지 比를 나타내는 비상태량일 뿐이다.

$$\text{비체적}\quad v = \frac{V}{m} \qquad \text{비엔탈피}\quad h = \frac{H}{m} \qquad \text{비엔트로피}\quad s = \frac{S}{m}$$

1-5 평형상태

평형상태(平衡狀態 ; equilibrium state)란 계의 상태가 시간적으로 불변이고 어떠한 유동상태도 일어나지 않을 때의 상태를 의미한다. 보통 밀폐계에서 평형상태가 되기 위하여서는 계와 주위의 강도성 상태량의 차이가 없어야 한다. 즉, 계와 주위의 온도가 같을 때에는 열평형(熱平衡 ; thermal equilibrium)이 되었다고 하고, 힘 또는 압력이 같을 때에는 역학적 평형(力學的 平衡 ; mechanical equilibrium)이 되었다고 한다. 또 화학적 조성이 같을 때에는 화학적 평형(化學的 平衡 ; chemical equilibrium)이 되었다고 한다. 이 세 가지가 모두 만족되었을 때 우리는 열역학적 평형상태(thermodynamic equilibrium)라고 한다.

1-6 과정과 사이클

과정(過程 ; process)이란 계의 상태가 변하는 것을 나타내는 말이다. 과정은 단지 계의 상태가 변화되었음을 말하는 것으로서 초기상태인 1에서 나중상태인 2로 변화되었음을 나타낸다. 그러나 경로(經路 ; path)는 상태 1에서 상태 2로 진행하는 어느 특정한 과정을 의미한다. 따라서 한 상태에서 다른 상태로 가는 과정은 수많은 경로를 설정할 수 있다.

열역학에서 사이클(循環 ; cycle)이라 함은 계가 어느 과정을 겪은 다음 다시 최초의 상태로 되돌아가기까지의 과정을 말한다. 사이클을 이루는 과정이 어느 경로를 택하느냐에 따라 사이클은 달라진다. 그림에서 보는바와 같이 1-A-2-B-1과 1-A-2-C-1은 다른 사이클임을 알 수 있다.

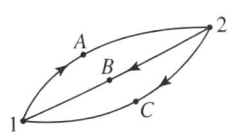

1-7 단위

단위		길이	질량	시간	힘	일	동력	비고
절대 단위	M.K.S	m	kg	sec	$1N = 1kg\ m/s^2$	$1J = 1N \cdot m$	$W = 1J/sec$	$1kW = 102kg_f \cdot m/s$
	C.G.S	cm	g	sec	dyne	erg	W, kW	
공학 단위	중력 단위	m cm	$\dfrac{kg_f S^2}{m}$	sec	kg_f	$kg_f \cdot m$	PS	$1PS = 75kg_f \cdot m/s$

※ $1kg_f = 9.8N = 9.8kgm/s^2$

배수	접두어 약호	배수	접두어 약호
$10^9 = 1000000000$	giga(G)	$10^{-1} = 0.1$	deci(d)
$10^6 = 1000000$	mega(M)	$10^{-2} = 0.01$	centi(c)
$10^3 = 1000$	kilo(k)	$10^{-3} = 0.001$	milli(m)
$10^2 = 100$	hecto(h)	$10^{-6} = 0.000001$	micro(μ)
$10^1 = 10$	deca(D)	$10^{-9} = 0.000000001$	nano(n)

1-8 비체적, 밀도, 비중량

(1) 비체적(v)

비체적(比體積 ; specific volume)은 비상태량으로서 체적(V)을 질량(m)으로 나눈 값이다. 즉, 단위질량당 그 물질이 차지하는 체적을 말한다.

$$v = \frac{V}{m}\ [m^3/kg]$$

(2) 밀도(ρ)

밀도(密度 ; density)는 질량을 체적으로 나눈 값으로 비체적의 역수이다.

$$\rho = \frac{m}{V} = \frac{1}{v}\ [kg/m^3]$$

(3) 비중량(γ)

비중량(比重量 ; specific weight)은 중량(W)을 체적으로 나눈 값이다. 즉, 단위체적당 중량이다.

$$\gamma = \frac{W}{V} = \rho g\ [N/m^3,\ kg_f/m^3]$$

1-9 압력

(1) 압력 : 단위면적당 작용하는 힘 $P = \dfrac{F}{A}$

① 표준대기압 1atm = 760mmHg = 1.0332kg/cm2 = 10.332mAg = 1.01325bar
            = 101325Pa
② 국소대기압 = 게이지압 Zero = 진공도 Zero
③ 절대압 시작 = 완전진공상태 = 진공도 100%
④ 압력의 관계

$$P_{abs} = P_O + P_G = P_O - P_V = P_O + P_G = P_O(1-x)$$

여기서, P_G : 게이지압 = 정압, P_V : 진공압 = 부압, P_{abs} : 절대압, P_O : 국소대기압, x : 진공도

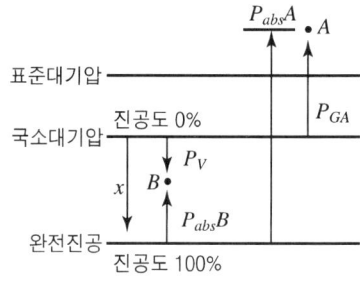

(2) 공학기압(ata)

압력의 단위로서 사용하는 $1\text{kg}_f/\text{cm}^2$을 1공학기압이라 하며 1ata 또는 1at로 표시한다. 공학기압은 기술현장에서 많이 사용한다.

$$1\text{ata} = 1\text{at} = 1\text{kg}_f/\text{cm}^2$$

1-10 열역학 제0법칙

열역학 제0법칙(zeroth law of thermodynamics)은 다음과 같이 표현된다. 즉, 두 물체가 제3의 물체와 더불어 열평형 상태에 놓여 있다면 두 물체는 서로 열평형이 되며 따라서 같은 온도를 갖는다. 그림은 제0법칙을 예시하는 것이다. 이 경우 제3의 물체는 온도계이다. 열역학 제0법칙의 결과로부터 온도계는 두 물체를 직접 접촉시키지 않고도 이들의 온도를 측정하는데 이용될 수 있는 것이다. 이 경우 제3의 물체는 온도계이다. 열역학 제0법칙의 결과로부터 온도계는 두 물체를 직접 접촉시키지 않고도 이들의 온도를 측정하는데 이용될 수 있다. 열평형 상

제 3 편 열역학

태에 있는 두 물체의 온도는 서로 같다고 하는 열역학 제0법칙은 열역학 제1법칙보다 늦게 확인되었으나 가장 기본적인 원리이므로 0법칙이라 명명되었다.

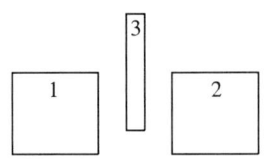

1-11 온 도 계(TEMPERATURE SCALE)

(1) 정의

① 섭씨온도(Celsius degree)
   1atm하에서 물의 3중점을 0℃, 물의 비등점을 100℃로 하여 구간을 100등분한 것
② 화씨온도(Fahrenheit degree)
   1atm하에서 물의 3중점을 32°F, 물의 비등점을 212°F로 하여 구간을 180등분한 것
③ 켈빈온도(Kelvin degree)
   절대 0도를 0K로 하고 물의 3중점을 273.15K로 한 것. 눈금 간격은 섭씨온도와 같다.
④ 랭킨온도(Rankine degree)
   절대 0도를 0°R로 하고 1K=1.8°R로 한 것. 눈금 간격은 화씨온도와 같다.

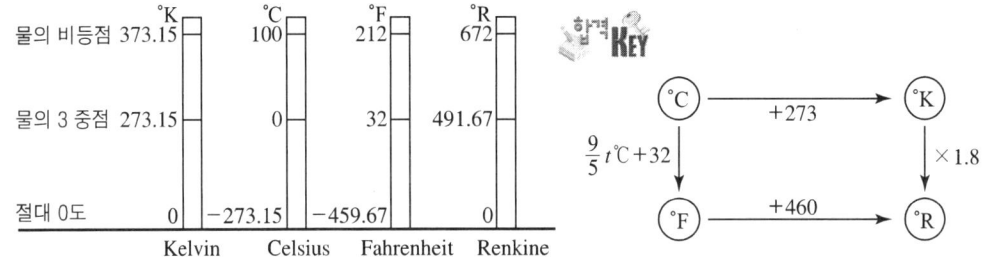

1-12 에너지-열과 일(Energy – Heat and Work)

에너지란 물리학적으로 표현하여 일로 환산되어질 수 있는 모든 량의 총칭이다. 따라서 일은 물론이고 열이나 빛 또는 전자기(電磁氣)적 작용에 관계되는 물리량도 포함된다.
열역학에서 특히 중요하게 다루는 에너지로는 기계적 에너지와 화학적 에너지가 있다. 기계적 에너지로는 운동에너지와 위치에너지 그리고 탄성에너지를 들 수 있고 화학에너지로는 열에너지와 그 밖의 포텐셜 에너지를 들 수 있다. 이 중 본 교재에서는 운동에너지와 위치에너지

그리고 열에너지에 대해서만 고찰하기로 한다.
열역학적 에너지 보존의 법칙인 제 1법칙은 제2장에서 다루기로 하고 이 장에서는 열과 일의 간단한 수식적 사항인 에너지의 표현방법에 대해서만 알아보기로 한다.

1-13 열 량(quantity of heat)

고온의 물체와 저온의 물체가 서로 접촉되면 두 물체의 온도차는 적어지고 끝내는 같은 온도 즉, 열평형에 도달한다. 이때 고온물체는 열을 잃고 저온물체는 열을 얻게 된다. 이처럼 열은 양 물체 사이를 이동하는 에너지의 한 형태로서 반드시 온도차에 의하여 이동하는 것이 그 특징이다. 따라서 열이란 명칭은 이동 과정 중인 에너지에 대해서만 쓰여 진다.
물체가 보유하는 에너지를 관용적으로 열량(熱量 ; quantity of heat)이라 한다. 크기와 재질이 같은 물체에서 온도가 높은 것이 분명 열량이 많다.

1-14 열량의 단위

열량의 단위는 SI단위로 주울(J), 킬로주울(kJ)이다. 그러나 관용적으로 많이 사용하는 단위로 칼로리(cal), 킬로칼로리(kcal)가 있다.
① 1kcal란 표준대기압 하에서 순수한 물 $1l$(1kg)를 1℃만큼 상승시키는데 필요한 열량
② 1Btu(British thermal unit)란 물 1파운드(lb)를 1℉ 높이는데 필요한 열량이며,
③ 1Chu(Centigrade heat unit)는 물 1파운드(lb)를 1℃ 높이는데 필요한 열량을 말한다.

$$1\text{kcal} = 3.968\text{Btu} = 4.18673\text{kJ} = 427\text{kg}_f\,\text{m} = 2.205\text{Chu}$$

1-15 비 열(specific heat)

질량 m kg인 물체에 δQ kcal의 열이 이동하여 그 물체의 온도가 dT℃만큼 변화되었다면 다음과 같은 관계식을 얻을 수 있다.

$$\delta Q = mCdT \qquad \delta q = \frac{\delta Q}{m} = CdT$$

여기서, 비례상수 C는 물질에 따라 정해지는 값으로 이것을 그 물질의 비열(比熱 ; specific heat)이라 한다. 즉, 비열이란 단위 질량의 물체의 온도를 단위 온도차만큼 변화시키는 데 필요한 열량으로 정의된다.

$$\text{비열 } C = \frac{\delta Q}{m \Delta T} = \frac{\delta q}{\Delta T} \, [\text{kJ/kgC}]$$

(1) 평균비열(C_m)

비열은 온도의 함수이다. 즉, 비열은 온도에 따라 변한다.

$$C_m \times (T_2 - T_1) = \int_1^2 C_T \, dT$$

$$\text{평균비열 } C_m = \frac{1}{T_2 - T_1} \int_1^2 C_T \, dT$$

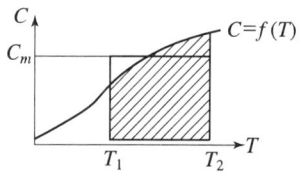

1-16 일(work)과 열의 관계

일이란 에너지의 표현 중 대표적인 것이다. 일은 물리적으로 스칼라량이며 보통 W로 표기한다. 어떤 물체가 힘 F로 변위 r 만큼 이동하였다면 이때 이 물체는 일을 한 것이 되며 그 크기는

$$W = F \cdot r = \text{힘} \times \text{변위}, \; 1\text{J} = 1\text{N} \cdot \text{m}, \; 1\text{kg}_f \text{m} = 9.8\text{N} \cdot \text{m} = 9.8\text{J}$$

일은 열과 마찬가지로 에너지이며 열역학적인 상태량이 아니고 과정에 의존하는 도정함수(path function)이다. 열역학 제1법칙은 열과 일이 본질적으로 같은 에너지라는 점을 나타내는 에너지 보존의 법칙을 말한다.

$$1\text{kcal} = 4.18673\text{kJ} = 427\text{kg}_f \text{m}$$

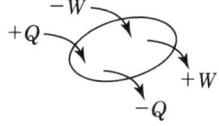

열역학에서는 열과 일의 부호를 다음과 같이 규약 한다. 즉, 계가 주위로부터 받은 열량은 正(+)의 값으로, 계가 주위로 방출한 열량은 負(-)의 값으로 정한다. 또한 계가 주위로 행한 일량은 正(+), 계가 주위로부터 받는 일량은 負(-)로 정한다. 열량과 일량의 부호규약은 계와 주위의 상관관계에 따라 서로 반대부호가 됨을 주의하여야 한다.

(1) 평균온도(T_m)

질량이 m_1, m_2인 두 물질의 비열(평균비열)이 C_1, C_2라 하고 온도가 T_1, $T_2 (T_1 > T_2)$일 경우 이 두 물질을 혼합하여 열평형에 달하였을 때의 온도 T_m은 물질 1이 잃은 열량과 물질 2가 얻은 열량이 크기가 같으므로

$$m_1 C_1 (T_1 - T_m) = m_2 C_2 (T_m - T_2)$$
$$\therefore \text{평균온도} \quad T_m = \frac{m_1 C_1 T_1 + m_2 C_2 T_2}{m_1 C_1 + m_2 C_2}$$

이 된다. 일반적으로 n종류의 물질을 서로 섞었을 때도 그 열평형온도 T_m 을 구하는 식은 위의 경우와 마찬가지의 방법으로 정리하면 다음과 같은 식을 얻을 수 있다.

$$T_m = \frac{m_1 C_1 T_1 + m_2 C_2 T_2 + \cdots + m_n C_n T_n}{m_1 C_1 + m_2 C_2 + \cdots + m_n C_n} = \frac{\sum M_i C_i T_i}{\sum m_i C_i}$$

기체상태에 있는 물질은 그 상태의 조건에 따라 비열이 달라 지게 되는데 체적이 일정하게 유지되며 열 이동이 이루어질 때의 비열인 정적비열 C_v와 압력이 일정하게 유지되며 열 이동이 이루어질 때의 비열인 정압비열 C_p로 구분하여 살펴야 한다.

1-17 동 력(power)

동력(動力)은 공률(工率)이라고도 하며 단위 시간당의 일량으로 정의한다. 일이 스칼라량이므로 동력 또한 스칼라량이다. 동력을 H라 할 때

$$H = T \cdot \omega = F \cdot v$$

여기서, T는 토오크(torque), ω는 각속도, F는 힘, v는 속도이다.
동력의 단위는 SI단위로 와트(W), 킬로와트(kW)이며 관용단위로 마력(PS)이 있다.

$$1W = 1 \text{ J/s}$$
$$1kW = 1000 \text{ w} = 1 \text{ kJ/s}$$
$$1kW = 102 kg_f \text{ m/s}$$
$$1PS = 75 kg_f \text{ m/s}$$

동력×시간은 분명 에너지가 된다. 따라서

$$1kWh = 860 kcal$$
$$1PSh = 632.2 kcal$$

1-18 효 율(heat efficiency)

어떤 연료를 태워 얻은 열량으로 다른 기계적 에너지로 변환시킬 때 그 공급된 에너지와 얻을 수 있는 에너지와의 차가 존재하게 된다. 즉, 공급되는 연소열량(input) = 얻는 정미일량(output)이 되며 보통 input > output이다. 이러한 비를 효율이라 할 때

$$\text{효율} \quad \eta = \frac{output}{input} = \frac{\text{단위시간당 얻어진 정미일량}}{\text{단위시간당 공급된 연소열량}}$$
$$= \frac{\text{동력}}{\text{연료의 저위발열량} \times \text{연료소비율}} \equiv \frac{H}{Q_L \times f} \; (\times 100\%)$$

효율은 무차원량이므로 단위가 없으며 그 값은 항상 1보다 작다.

$$\Delta q = \Delta u + \Delta w \text{ 을 미분 값으로 취하면}$$
$$\delta q = du + \delta w \quad \cdots\cdots\cdots\cdots \text{ 미분형태로 표현(단위질량당의 변화)}$$
$$\delta Q = dU + \delta W \quad \cdots\cdots\cdots\cdots\cdots\cdots\cdots\cdots\cdots\cdots\cdots\cdots \text{ 계의 전 에너지 변화}$$

식을 밀폐계에서의 열역학 제1법칙이라 한다.

Chapter 2
열역학 제1법칙 - 에너지 보존의 법칙
(Conservation of Energy)

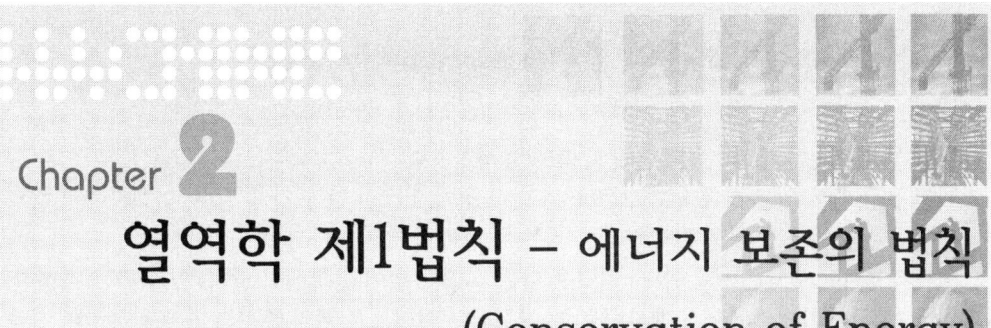

◆ 정의

열과 일은 에너지의 이동 형태를 지칭하는 말이다. 이동의 형태만을 나타내는 것이므로, 예를 들어서 어느 물체가 열이나 일을 보유하고 있다는 관용적인 표현은 엄밀한 뜻에서 올바른 표현이 아니다.

어느 2개의 係 사이에서 에너지의 이동이 일어나는 것은 그 2개의 계 사이에 어떤 종류의 강도성 상태량의 差가 존재할 때이며 어떤 종류의 강도성 상태량인가에 따라서 에너지의 이동 형태는 달라진다. 힘의 차에 의한 경우는 力學的인 일로서 에너지가 이동하고, 電位差에 의한 경우는 전기적인 일로서 에너지가 이동한다. 온도차에 의한 경우는 熱의 형태로 에너지가 이동하는 것이다.

열이나 일은 같은 에너지로서 다만 그 이동할 때의 겉보기 형태만이 다를 뿐이므로 兩者는 같은 단위로 표시할 수 있다. 열량은 온도에 대한 연구 등에서 파생된 개념으로 발전되어 왔고 일은 역학적인 에너지 량의 정의 등으로부터 발전되어 온 경위가 있으므로, 이 양자가 상호 전환될 수 있다는 개념이야말로 열역학에서 가장 기본적인 것으로 생각할 수 있으며 이것이 바로 열역학 제1법칙(the first law of thermodynamics)이고, 열을 포함하는 경우의 에너지 보존의 법칙이다.

이 章에서는 제1법칙을 계의 2가지 형태 -밀폐계와 개방계- 에서 각각 표현 방법 및 그 의미에 대해서 중점적으로 究明하고자 한다.

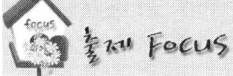 출제 FOCUS

※ 기사시험에서 1문제 출제
※ 암기를 해야만 1분30초에 한 문제 해결이 가능합니다.

❶ 열역학 1법칙의 미분형
$\delta q = du + \delta w = du + Pdv$, $\delta q = dh + \delta w_t = dh - vdP$
여기서, δq : 단위 질량당 열량의 변화, du : 비내부에너지의 변화, δw : 단위 질량당의 절대일의 변화
P : 압력, dv : 비체적의 변화, dh : 비엔탈피의 변화, δw_t : 단위질량당의 공업 일의 변화
dP : 압력의 변화, v : 비체적
$h = u + Pv$
여기서, h : 비엔탈피, u : 비 내부에너지, Pv : 유동에너지

❷ 열역학 1법칙의 서술적 표현

2-1 질량보존의 법칙(conservation of mass)

어떤 물체(또는 물질)의 속도가 빛의 속도(光速 : 3×10^8 m/s)와 비교하여 무시할 수 있는 크기라면 운동 중에 있는 상태라도 그 질량은 변화 없이 일정한 값을 갖게 된다. 열역학에서 다루는 범위가 巨視的이기 때문에 질량의 크기는 일정하게 유지된다고 봐도 무방하다.

밀폐계에서는 질량은 보존된다. 이것은 다른 설명이 없어도 확실히 알 수 있을 만큼 자명한 것이다. 그러나 개방계에서는 계가 공간에 고정되는 것이므로 계와 주위의 경계를 통하여 질량의 출입이 있게 되며 따라서 시간에 대한 개념을 한 번 더 생각해야만 한다. 개방계에서 그 계가 차지하는 공간을 검사 체적(control volume)이라 하는데 이 검사 체적을 통해 단위 시간당 유입되는 질량($\dot{m}_{in}$)과 유출되는 질량($\dot{m}_{out}$)의 차는 분명 계의 질량 증가율을 의미한다.

즉, $\Delta \dot{m} = \dot{m}_{in} - \dot{m}_{out}$ 이며, 이것이 곧 개방계에서의 질량 보존을 나타내는 식이다.

여기서 단위 시간당 질량을 질량 유동율(mass flow rate)이라 정의한다.

$$dm/dt \equiv \dot{m} \, [\text{kg/s}]$$

만일, 정상상태(steady state) 1차원 흐름이라면 식은 0이 된다.

$$\Delta \dot{m} = 0 \qquad \therefore \dot{m}_{in} = \dot{m}_{out}$$

보통 유체의 밀도 ρ, 비체적 v, 단면적 A, 속도 V라 할 때 질량 유동율은

$$\dot{m} = \frac{\rho A}{v} = \rho A V = \text{일정}$$

이 되고 이것을 연속방정식(continuity equation)이라고 부른다.

2-2 에너지의 형태와 제1법칙

앞에서도 언급했듯이 열역학 제1법칙은 다음과 같이 요약할 수 있다.

"열과 일은 동일한 에너지의 이동 형태이고 열은 일로 일은 열로 상호 전환될 수 있다."

$$열 \Leftrightarrow 일, \, Q \Leftrightarrow W$$

에너지보존의 법칙은 어떤 기계적 일을 행하는 기계를 계속하여 작동시키려면 그에 상응하는 다른 에너지를 지속적으로 보충해서 공급해야함을 나타내는 원리를 말한다.

따라서 에너지의 補給없이도 永久히 운동을 계속하는 기관이 제1종 영구 기관은 열역학 제1법

제 2 장 열역학 제1법칙 – 에너지 보존의 법칙(Conservation of Energy)

칙에 위배되므로 실현 불가능하다는 것을 알 수 있다.
열역학 제1법칙의 실험적 증명의 예로서 2가지를 들 수 있다.
① 주울의 실험으로 일을 열로 열을 일로 환산하는 지표를 제시해 준다.
② 주울은 그림 같은 장치를 이용하여 위치에너지⇒운동에너지⇒열의 발생 (온도의 증가)을 확인하였다.

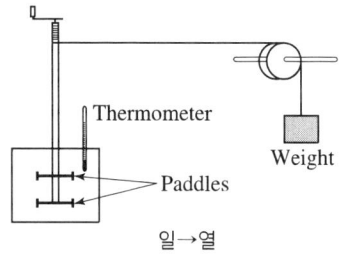

일→열

실린더 속의 가스 팽창이다. 이것은 열이 일로 바뀌는 것을 적절히 설명해 준다.
그림에서 보는 바와 같이 실린더 속의 가스가 열을 받으면 실린더를 움직이게 하는 일로 바뀌게 된다.

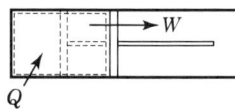

열과 일이 본질적으로 같은 에너지이기 때문에 그 단위 또한 같아야 한다. SI단위에서 이들의 단위는 J, kJ이다. 그러나 관용적으로 열은 kcal로 표시하고 일은 kg_f m로 나타내기 때문에 이 둘의 단위를 맞춰 줄 필요가 생기게 된다. 1kcal = 427kg_f m임을 알기 때문에 열과 일의 等價係數를 다음과 같이 정의할 수 있다.

$$J = 427 kg_f\, m/kcal \Rightarrow J(열의\ 일상당량)$$
$$A = \frac{1}{427} kcal/kg_f\, m \Rightarrow A(일의\ 열상당량)$$

여기서, J를 열에 대한 일의 등가계수-열의 일當量(mechanical equivalent of heat)이라 하고, A를 일에 대한 열의 등가계수-일의 열當量(thermal equivalent of work)이라 한다.

$$Q = AW \qquad W = JQ$$

SI단위계에서는 A나 J를 병기하지 않음이 물론이다.

2-3 가역과정과 비가역과정

(1) 가역과정

물체가 열역학적으로 평형상태를 유지하면서 변하고 있을 때의 과정을 可逆科程(reversible process)이라 한다. 가역변화에서 상태가 변화할 때는 일시적으로 평형을 잃게 되나 그 변화가 극히 완만히 진행되어 속도가 무한히 작을 경우에는 언제나 평형상태를 유지하면서 변화한다고 생각할 수 있다. 이와 같은 변화에 있어서는 임의의 시간에 그 변화의 방향을 역으로 바꾸어도 평형상태를 잃는 일 없이 앞에서와 똑같은 역의 변화를 이룰 수 있으며 이러한 변화를 하는 과정을 가역과정이라 한다.

예를 들어 그림 같은 重力場내에 놓여있는 실린더를 생각해 보자. 수직하게 입상된 피스톤로드 위에 여러 장의 철판이 얹혀 있어 실린더 내의 가스 압력과 균형을 이루고 있다 하자. 이제 맨 위의 철판 한 장을 옆으로 옮겨 제거하면 실린더 내의 압력은 분명 감소될 것이다. 계속해서 위의 철판을 옆으로 옮기면 마찬가지로 실린더 내의 압력도 따라서 감소될 것이다. 이 때 철판의 두께는 매우 얇아서 그 무게가 미소하다면 이렇게 변화하는 과정에서 그때그때마다 평형상태를 유지하며 변화하는 것으로 생각할 수 있다. 역으로 옆에 옮겨진 철판을 다시 피스톤 위에 얹어 가면 역시 실린더 내의 압력은 서서히 증가하게 될 것이고 이 때에도 평형상태를 유지하며 변화하는 과정으로 생각할 수 있다. 이러한 변화가 가역변화인 것이다.

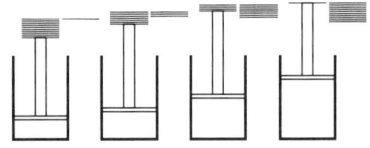

(2) 비가역과정

상태가 변화할 때 평형이 깨어져 가역변화를 하지 못하고 반드시 에너지 손실이 발생하는 변화를 하는 과정을 非可逆過程(irreversible process)이라 한다. 그림에서 비가역변화를 설명하는 예이다. 실린더-피스톤 계에서 두 개의 블록을 얹어 평형을 유지하고 있다. 이때 블록의 무게는 무시할 수 없다고 하자. 블록을 옆으로 옮기면 실린더 내의 압력은 갑자기 떨어지게 되어 계 내의 평형이 깨지게 된다. 여기서 피스톤이 정지된 채로 시간이 경과하면 압력은 균일하게 되어 평형을 찾게 되지만 계속하여 블록을 옮기면 압력은 계속하여 떨어지게 되며 불균형 상태로 된다.

즉, 실린더 내면에 작용하는 압력과 피스톤에 작용하는 압력이 서로 달라져서 계의 압력은 불평형 상태로 존재하게 된다. 이때 피스톤은 위 아래로 진동하며 계의 압력이 평형이 될 때까지 계속될 것이다. 이와 같이 평형을 이루지 못하고 변화하는 과정은 한 방향으로만 움직일 수 밖에 없으며 이 때문에 이러한 과정을 비가역과정이라 한다. 만일 그림에서 블록을 얹어가는 과정을 생각해 볼 때 이것도 또한 비가역과정이 된다. 또 하나의 과정은 비가역과정이다.

자연계에서 일어나는 모든 과정은 모두 비가역과정이다. 그러나 어떤 문제를 해석하는데 있어서

제 2 장 열역학 제1법칙 – 에너지 보존의 법칙(Conservation of Energy)

경우에 따라 비가역과정을 가역과정으로 생각하고 문제를 해결하는 편이 훨씬 효용성이 높아진다. 이렇게 가역과정으로 취급할 수 있는 과정을 準平衡過程(quasi-equilibrium process) 또는 준정적과정(quasi-static process)이라 한다.

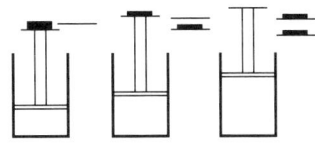

2-4 일과 PV선도

실린더-피스톤으로 구성된 계에서 앞 그림 과 같이 가스의 상태가 1에서 2로 변화하는 경우를 생각하여 보자. 변화를 가역과정으로 보면, 미소 변위 dL만큼 움직였을 때 계가 행하는 일은 피스톤에 미치는 힘 $F=PA$ 이므로 $\delta W=PAdL$ 이고, $AdL=dV$ 이므로 $\delta W=PdV$ 이 된다.
따라서 상태 1에서 2까지 계가 하는 전체 일은 식을 적분하여 얻을 수 있다.

$$_1W_2 = \int_1^2 \delta W = \int_1^2 PdV$$

이때 압력 P는 체적 V에 대한 변화과정에 따라서 정해지는 함수 $P=f(V)$로 표시할 수 있을 때 비로소 적분 수행이 가능하다.

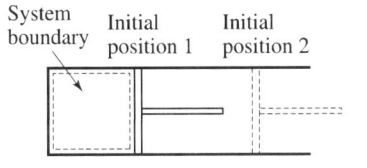 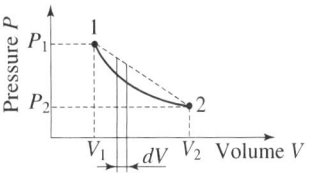

[밀폐계에서의 일, $P-V$ 선도]

$P-V$ 선도에서 면적 $12ba$가 바로 $_1W_2$를 의미한다. 가역변화의 경우, 상태 1에서 2로 팽창할 때 계가 외부에 대해 하는 일(+값) $_1W_2$는 상태 2에서 1로 압축될 때 계가 외부로부터 받는 일(-값) $_2W_1$과 크기가 서로 같다.
즉, $_1W_2=-{}_2W_1$이다. 그러나 비가역변화인 경우에는 팽창할 때 얻어지는 일량은 가역변화 시의 일량 보다 작게 되고 역으로 압축에 필요한 일량은 가역변화시의 일량보다 커지게 된다. 가역변화의 경우라 하더라도 일량 $_1W_2$는 처음과 끝의 상태 1, 2가 같아도 그 도중의 변화 경로가 달라지면 그 크기가 달라진다. 즉, 일은 상태량이 아니다.
연산자 δ는 미분연산자 d와는 다르다. 이것은 일이 과정에 의존하는 도정함수이기 때문에 붙이는 기호이다. 따라서 일이나 열의 미소량을 나타낼 때는 dW 또는 dQ라고 표시할 수 없고, 계의 변화가 규정되어서 W과 Q를 상태량의 함수로 나타낼 수 있는 특별한 경우에만 δ를 붙여 δW, δQ라 해야 한다.
일을 단위질량당의 값으로 표기할 수 있다. 즉, $w = W/m$이고 $v = V/m$이므로

$$\delta w = \frac{\delta W}{m} = Pdv$$

따라서 위의 식은 다음과 같이 표시된다.

$$_1w_2 = \frac{_1W_2}{m} = \int_1^2 Pdv$$

이것은 계산할 때 사용하여 마지막으로 전체 일량을 $W = mw$로 할 수 있는데 그 효용성이 있다.

2-5 밀폐계에서의 제1법칙

밀폐계에서 에너지 보존 법칙은 다음과 같이 된다.

나중상태의 에너지 − 처음상태의 에너지 = 계에 공급된 에너지

$$E_2 - E_1 = Q - W$$

여기서 열과 일은 모두 계에 공급되는 량이므로 $(+Q)$, $(-W)$로 표기된다.
또한 상태점에서의 에너지 E는 운동에너지 E_k, 위치에너지 E_p, 그리고 내부에너지 U의 합으로 나타난다.

$$E = U + \frac{mv^2}{2} + mgz \text{ [J]}$$

단위 질량당 에너지로는 질량 m으로 나누어

$$e = u + \frac{v^2}{2} + gz \text{ [J/kg]}$$

내부에너지(internal energy)는 물체내의 개개의 분자가 갖는 에너지의 총합이다. 분자들의 병진운동에너지, 진동에너지, 회전운동에너지, 위치에너지 등등을 거시적으로 살펴서 내부에너지로 표기한다. 比내부에너지(specific internal energy)는 단위질량당 갖는 내부에너지를 말하며 u로 표기한다.

제 2 장 열역학 제1법칙 - 에너지 보존의 법칙(Conservation of Energy)

$$u = \frac{U}{m} \text{ [J/kg]}$$

밀폐계를 생각해 보자. 이 계는 열량 Q를 받아 상태 1에서 2로 변하면서 일 W를 한다면 윗식을 변형시켜 다음을 얻을 수 있다.

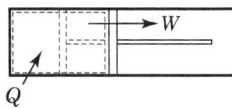

처음상태의 에너지+공급에너지 = 나중상태의 에너지+출력에너지

$$_1q_2 = (u_2 - u_1) + \frac{(v_2^2 - v_1^2)}{2} + g(z_2 - z_1) + _1w_2$$

일반적으로 밀폐계에서는 위치에너지와 운동에너지를 무시하므로 $_1q_2 = (u_2 - u_1) + _1w_2$, $q = \Delta u + w$를 미분 값으로 취하면 $\delta q = du + \delta w$이 되고 계의 전 에너지 변화는 $\delta Q = dU + \delta W$이다. 식을 밀폐계에서의 열역학 제1법칙이라 한다.

 ## 2-6 사이클과 제1법칙

에너지의 정의를 상기하여 보면 사이클에서는 계의 상태가 변화 前後에서 같은 값을 갖게 된다. 즉, $E_1 = E_2$가 되어 다음과 같이 쓸 수 있다.

$$Q_{input} + W_{input} = Q_{output} + W_{output}$$
$$Q_{input} - Q_{output} = W_{output} - W_{input}$$
$$\Sigma Q = \Sigma W$$

이것을 사이클 적분으로 표시하면 $\int \delta Q = \int \delta W$

어느 사이클에서나 $\int \delta Q - \int \delta W = 0$

또한 $\delta Q - \delta W = dE$을 상기하여

따라서 $\int \delta Q - \int \delta W = \int dE = 0$

이것은 계가 사이클을 이루어 변화하면 그 상태량의 차는 0이 됨을 의미한다.

$$\int dU = \int d(K.E.) = \int d(P.E.) = 0$$

계가 사이클을 이루어 변화할 때 그 순간방향에 따라 열과 일의 부호를 결정할 수 있다. 사이클이 시계방향으로 순환할 때를 +값으로 하고, 반시계방향으로 순환할 때를 -값으로 한다.

2-7 개방계에서의 제1법칙

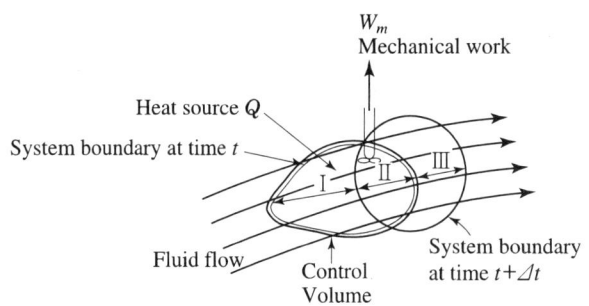

[유동계의 검사체적 : 일과 열 변환]

질량유동이 있는 계인 개방계(open system)를 생각해보자. 개방계에서는 계를 이루는 공간 즉 검사체적 또는 제어체적(control volume)이 고정되며 여기를 동작물질이 에너지와 함께 유입 유출되는 것으로 유동계(flow system)라고도 한다. 제트엔진에서 공기는 엔진에 유입되어 다시 유출된다. 증기터빈에서도 증기가 터빈 입 출구에서 유입 유출된다. 이 두 경우에 모두 일이 수행되고 열이 교환되며 따라서 에너지 변환이 있게 된다.

단위시간당 정미유동일은 $\dot{W}_{flow} = (pvm)_{out} - (pvm)_{in}$ 이다.

단위시간당 계의 일량은 공업일과 유동일의 합이므로

$$\dot{W} = \dot{W}_{in} + \dot{W}_{flow}$$
$$\frac{dE_{cv}}{dt} = \dot{Q} - \dot{W}_m + (e+pv)_{in}\dot{m}_{in} - (e+pv)_{out}\dot{m}_{out}$$
$$= \dot{Q} - \dot{W}_m + (u+pv+e_k+e_p)_{in}\dot{m}_{in} - (u+pv+e_k+e_p)_{out}\dot{m}_{out}$$

이것이 곧 개방계에서의 1법칙을 표현하는 일반식이다.

개방계에는 유동과정에 따라 定常流動過程(steady flow process)와 非定常流動過程(unsteady flow process)의 2경우로 구분된다. 정상유동이란 계 내의 임의의 한 점이 갖는 상태 값의 시간적 변화율이 없는 과정을 말하며 비정상유동이란 시간에 따라 각 상태량의 값이 변하는 유동을 말한다.

계에 유입되는 상태점을 1, 유출되는 상태점을 2로 표기한다면 정상유동과정에서는 $\frac{dE_{cv}}{dt} = 0$ 이고 $\dot{m}_{in} = \dot{m}_{out} = \dot{m}$ 이므로

$$\dot{Q} + \dot{m}[u_1 + p_1v_1 + e_{k1} + e_{p1}] = \dot{m}[u_2 + p_2v_2 + e_{k2} + e_{p2}] + \dot{W}$$

단위시간당 질량 $\dot{m}$ 으로 나누면

제 2 장 열역학 제1법칙 – 에너지 보존의 법칙(Conservation of Energy)

$$q = \Delta u + \Delta(pv) + \Delta e_k + \Delta e_p + w_m q + u_1 + p_1 v_1 + e_{k1} + e_{p1}$$
$$= u_2 + p_2 v_2 + e_{k2} + e_{p2} + w_m$$
$$\delta q = du + d(pv) + de_k + de_p + \delta w_m$$

여기서, $u + pv$ 를 하나의 상태량으로 정의할 수 있는 데 이것을 엔탈피(enthalpy), h 라고 정의한다.

비상태량 = 단위질량당 상태량 $h = u + pv$
전체상태량 $H = U + pV$

엔탈피는 상태량의 하나로 내부에너지와 같은 단위를 가지며 특히 유동과정에서 중요한 량이다.

정상유동에서의 제1법칙은 다음과 같이 정리할 수 있다.

$$\dot{Q} + \dot{m}\left[u_1 + p_1 v_1 + \frac{v_1^2}{2} + gZ_1\right] = \dot{m}\left[u_2 + p_2 v_2 + \frac{v_2^2}{2} + gZ_2\right] + \dot{W}_m$$

$$\dot{Q} + \dot{m}\left[h_1 + \frac{v_1^2}{2} + gZ_1\right] = \dot{m}\left[h_2 + \frac{v_2^2}{2} + gZ_2\right] + \dot{W}_m$$

$$q + u_1 + p_1 v_1 + \frac{v_1^2}{2} + gZ_1 = u_2 + p_2 v_2 + \frac{v_2^2}{2} + gZ_2 + w_m$$

$$q + h_1 + \frac{v_1^2}{2} + gZ_1 = h_2 + \frac{v_2^2}{2} + gZ_2 + w_m$$

$$\delta q = dh + de_k + de_p + \delta w_m$$

로 쓸 수 있고 밀폐계에서의 1법칙 식 $\delta q = du + pdv$
엔탈피의 정의로부터 $dh = du + pdv + vdp$
그러므로 $dh = \delta q + vdp$, $\delta w = -vdp - de_k - de_p$
만일, 운동에너지와 위치에너지의 변화를 무시하다면,

$$\delta w = -vdp \qquad W = -\dot{m}\int vdp$$

이것이 유동계에서의 공업일 또는 기계장치로부터 얻을 수 있는 동력이다.
비정상 유동에서는

$$\dot{Q} + \dot{m}_1\left[h_1 + \frac{v_1^2}{2} + gZ_1\right] = \frac{dE}{dt} + \dot{m}_2\left[h_2 + \frac{v_2^2}{2} + gZ_2\right] + \dot{W}_m$$

제3편 열역학

$$\delta q = du + \delta w = du + Pdv \qquad \delta q = dh + \delta w_t = dh - vdP$$

여기서, v : 비체적
 P : 압력
 δq : 단위 질량당 열량의 변화
 du : 비내부에너지의 변화,
 δw : 단위 질량당의 절대일의 변화, = 절대일의 변화 = 팽창일의 변화 = + 일
 δw_t : 단위질량당의 공업 일의 변화 = 공업일의 변화 = 압축일의 변화 = − 일
 dv : 비체적의 변화
 dP : 압력의 변화
 dh : 비엔탈피의 변화 $h = u + Pv$, h : 비엔탈피, u : 비 내부에너지, Pv : 유동에너지

제 3 장 이상기체와 각 과정 상태변화

Chapter 3

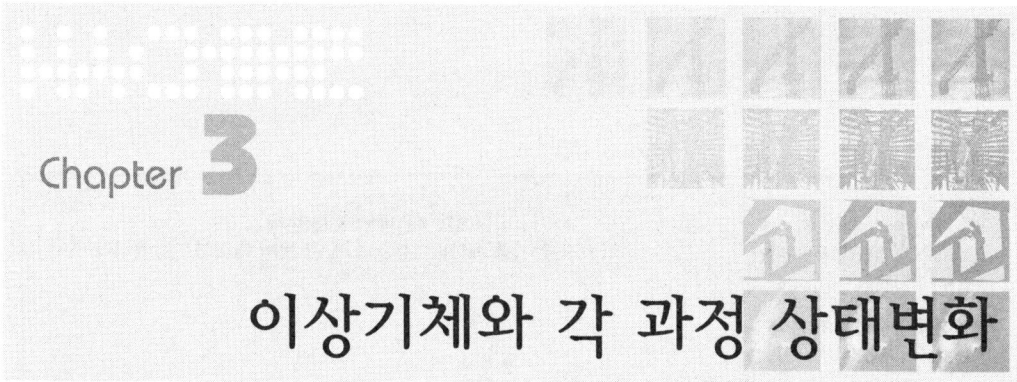

이상기체와 각 과정 상태변화

◯ 이상기체

이상기체(ideal gas)란 분자들 간에 인력이나 斥力이 작용하지 않는 기체를 말한다. 따라서 이상기체는 현실적으로 존재하지 않는다. 그러나 실제기체(actual gas)를 해석함에 있어 분자의 크기를 무시하고 분자들 간에 점성이 없는 기체로 가정하면 이상기체로 간주할 수 있다. 특히 고온, 저압상태에서 밀도가 희박한 경우의 기체(또는 증기)는 이상기체로 봐도 무방하다. 이 장에서는 동작물질이 기체 또는 증기인 경우에 적용할 수 있는 상태식과 비열의 표현방법에 대해 알아보기로 한다.

열역학 3장에 나오는 이상기체상태방정식과 각 과정별 상태변화를 이해하지 못하면 4장부터 나오는 각종 cycle을 이해하지 못합니다. cycle에 대한 문제가 열역학에서 50%를 차지하고 있기 때문에 반드시 3장의 내용들은 다 이해하여야만 합니다. cycle은 각 과정이 하나의 주기를 가지는 형태이기 때문입니다.

제3편 열역학

> ※ 기사시험에서 4문제~5문제 출제
> ※ 암기를 해야만 1분30초에 한 문제 해결이 가능합니다.

❶ 이상기체 상태 방정식
$PV = mRT$

여기서, P : 절대압력, V : 체적, m : 질량
R : 기체상수 $R = \dfrac{8314}{(분자량)M} \left[\dfrac{Nm}{Kg°K}\right]$, T : 절대온도

❷ 열역학 1법칙과 이상기체상태 방정식과의 관계

$$\delta q = du + \delta w = C_V dT + Pdv = \dfrac{R}{k-1}dT + Pdv$$

$$\delta q = dh + \delta w_t = C_P dT - vdP = \dfrac{kR}{k-1}dT - vdP$$

여기서, δq : 단위 질량당 열량의 변화
δw : 단위 질량당의 절대일의 변화 = PV 선도에서 V 방향의 폐곡선의 면적 = Pdv
δw_t : 단위 질량당의 공업일의 변화 = PV 선도에서 P 방향의 폐곡선의 면적 = $-vdP$

비 내부에너지의 변화 $du = C_V dT = \dfrac{R}{k-1}dT$

비 엔탈피의 변화 $dh = C_P dT = \dfrac{kR}{k-1}dT$

기체상수 $R = C_P - C_V$

비열비 $k = \dfrac{C_P}{C_V}$

여기서, C_P : 정압비열, C_V : 정적비열, P : 압력, dv : 비체적의 변화, dP : 압력의 변화
v : 비체적

$h = u + Pv$ 여기서, h : 비엔탈피, u : 비내부에너지, Pv : 유동에너지

❸ 단열과정의 온도, 비체적, 압력의 관계
$$\dfrac{T_2}{T_1} = \left(\dfrac{v_1}{v_2}\right)^{k-1} = \left(\dfrac{P_2}{P_1}\right)^{\frac{k-1}{k}}$$

❹ Polytropic과정의 일반식
폴리트로픽 과정의 일반식 $Pv^n = c$
폴리트로픽 지수 $n = 0$ 이면 $p = c$: 정압과정
　　　　　　　　$n = 1$ 이면 $pv = c$: 등온과정
　　　　　　　　$n = k$ 이면 $Pv^k = c$: 단열과정
　　　　　　　　$n = \infty$ 이면 $pv^\infty = c$: 정적과정

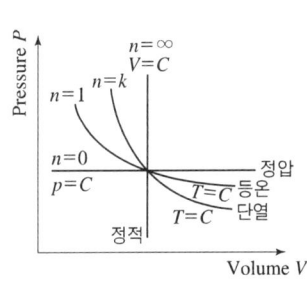

❺ 폴리트로픽 비열
$C_n = c_v \dfrac{n-k}{n-1}$

여기서, c_v : 정적비열, n : 폴리트로픽지수, k : 비열비

3-1 이상기체의 상태식

기체에 대한 상태식은 여러 가지가 있지만 가장 일반적인 것은 이상기체의 상태식이다. 이것은 한 상태의 압력, 체적, 온도 및 질량에 따라 결정되어진다. 기체가 어떤 상태에서 평형을 이루고 있을 때, 이상기체의 상태식은 다음과 같이 표현된다.

$$PV = mRT$$

여기서, P : 절대압력, V : 체적, m : 질량, R : 기체상수 $R = \dfrac{8314}{M(=분자량)} \dfrac{\text{Nm}}{\text{kgK}°}$, T : 절대온도

여기서, P는 절대압력, V는 계의 전체 체적, m은 질량, T는 절대온도이며 R은 그 기체의 기체상수이다. 위 식을 m으로 나누면

$$Pv = RT$$

이다. 아래 표 는 여러 기체의 기체상수 값을 나타내었다. 기체상수 R은 여러 단위로 표현할 수 있다.

아보가드로의 법칙(Avogadro's law)에 따르면 "모든 기체는 표준상태에서 1몰(mol)당 22.4l의 체적을 가지며 6.023×10^{23}개의 분자수를 가진다." 22.4l/mol, 6.023×10^{23}개/mol, 1몰(mol)이란 분자량을 나타내는 값에 그램(g) 단위를 붙인 것이다. 어떤 기체의 분자량(molecular mass)이 M이라고 하면 Mg/mol을 의미한다. 또 $1l = 103\text{cc} = 10^{-3}\text{m}^3$이고 $1\text{kmol} = 10^3\text{mol}$이므로 아보가드로 법칙에서, 22.4$\text{m}^3$/kmol, Mkg/kmol 기체의 몰 비체적 (1kmol당 가지는 체적)을 $\overline{v}$라 하면 $Mv = \overline{v}$가 되며 식으로부터

$$P\overline{v} = MRT$$

이상기체 상태식에서 기체상수를 보다 일반화한 값으로 표시할 수 있다.
$MR = \overline{R}$라 하면, $p\overline{v} = \overline{R}T$로 되고 여기서 $\overline{R}$는 일반기체상수(universal gas constant)라 한다. 일반기체상수는 기체의 종류에 상관없이 항상 일정한 값을 갖는다.

$$\overline{R} = 8.3143 \text{ [kJ/kmolK]}$$

또 기체의 질량=몰수×분자량($m = nM$)이므로 식에서 $PV = nMRT = n\overline{R}T$
중력단위계를 사용할 때는 위에서 유도한 모든 식에 m 대신 G를 대입하면 된다. 이때 kg은 질량이 아니라 중량이며 기체상수 R의 단위는 $\left[\dfrac{\text{N} \cdot \text{m}}{\text{kg} \cdot \text{K}}\right]$ 이다.

일반 가스 상수 $\overline{R}$는, $\overline{R} = 848 \text{ [kgm/kmolK]}$이다.

[각종 가스의 분자량, 가스 상수, 비중 및 비열]

가스	분자기호	분자량 (m)	가스상수 (R) $\frac{kg\,m}{kg\,°K}$	비열 (kcla/kg°C)		비열비	가스상수 (R) (J/kg·K)	비열 (J/kg·K)	
				C_p	C_v			C_p	C_v
헬륨	He	44.003	211.9	1.251	0.755	1.667	2078	5191	3114
아르곤	Ar	39.944	21.23	0.125	0.076	1.668	208.2	520	311.8
수소	H_2	2.016	420.55	3.403	2.412	1.409	4124	14207	10083
질소	N_2	28.016	30.26	0.248	0.177	1.400	296.8	1039	742.0
산소	O_2	32.00	26.49	2.218	0.156	1.397	259.8	914.2	654.4
공기	–	28.964	29.27	0.240	0.171	1.400	287	1005	718
일산화탄소	CO	28.01	30.27	0.249	0.176	1.400	296.8	1038.8	742
산화질소	NO	30.008	28.25	0.238	0.172	1.384	277	998	721
염화수소	HCl	36.465	23.25	0.191	0.136	1.400	228	798	570
수증기	H_2O	18.016	47.06	0.444	0.334	1.330	461.4	1860	1398
탄산가스	CO_2	44.01	19.26	0.196	0.151	1.300	188.9	818.6	629.7
아산화질소	N_2O	44.016	19.26	0.213	0.168	1.270	188.9	891.1	702.2
아황산가스	SO_2	64.06	13.24	0.145	0.114	1.272	129.8	607	477.2
암모니아	NH_3	17.032	49.78	0.491	0.373	1.313	488.2	2048	1560
아세틸렌	C_2H_2	26.036	32.59	0.361	0.290	1.255	319.3	1572	1252
메탄	CH_4	16.042	52.89	0.515	0.390	1.319	518.3	2143	1624.8
염화메틸	CH_3Cl	50.490	16.79	0.176	0.137	1.128	164.3	736.9	572.6
에틸렌	C_2H_4	28.052	30.25	0.386	0.308	1.249	296.4	1487	1190.4
에탄	C_2H_6	30.068	28.22	0.413	0.345	1.200	276.5	1659	1382.5
염화메틸	C_2H_5Cl	64.511	13.14	0.320	0.276	1.160	128.9	934.5	805.6

3-2 보일의 법칙과 샤를의 법칙

(1) 보일의 법칙 = 등온의 법칙

이상기체의 상태식에서 온도가 일정한 과정을 생각해보자.

$$P_1 v_1 = RT_1 \qquad P_2 v_2 = RT_2 = RT_1 \qquad P_1 v_1 = P_2 v_2 = 일정$$

이러한 관계를 제일 처음 깨달은 사람이 보일(Robert Boyle)이었다. 따라서 이 관계식을 보일의 법칙(Boyle's law)이라 부른다. 보일의 법칙은 "온도가 일정할 때 기체의 압력은 체적에 반비례한다."는 것을 말한다.

(2) 샤를의 법칙 = 정압의 법칙

압력이 일정할 때 기체의 체적은 절대온도에 비례한다.

$$P_1 = \frac{RT_1}{v_1} = P_2 = \frac{RT_2}{v_2} \qquad \frac{T_2}{v_2} = \frac{T_1}{v_1} = \frac{T}{v} = C$$

체적이 일정할 때 기체의 압력은 절대온도에 비례한다.

$$v_1 = \frac{RT_1}{P_1} = v_2 = \frac{RT_2}{P_2} \qquad \frac{T_2}{P_2} = \frac{T_1}{P_1} = \frac{T}{P} = C$$

샤를의 법칙(Charles' law)이라고 한다.

(3) 보일-샤를의 법칙

기체의 압력은 절대온도에 비례하고 체적에 반비례한다.

$$\frac{P_1 v_1}{T_1} = \frac{P_2 v_2}{T_2} = 일정$$

보일-샤를의 법칙은 이상기체의 상태식이 된다.

 ## 3-3 이상기체의 비열

(1) 정적비열과 주울의 실험

이상기체의 정적비열(specific heat at constant volume), c_v는 다음과 같이 정의된다.

$$c_v \equiv \left(\frac{\partial u}{\partial T}\right)_v \ [\text{kJ/kg} \cdot \text{K}]$$

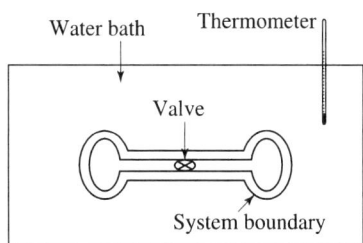

주울은 그림과 같은 실험을 하였다. 2개의 실(1과2)을 밸브로 연결해 놓고 그 주위에 물을 채운 후 온도계를 설치하였다. 일정시간이 흐른 후에 온도계의 눈금을 기록하고 밸브를 열어 기체를

Ⅰ실에서 Ⅱ실로 팽창시켰다. 이때 온도계의 눈금은 변화가 없었다. 주울의 실험 결과는 다음과 같은 뜻을 지닌다. 열량의 출입이 없었으므로 $\delta Q = 0$, 기계가 한 일이 물의 온도를 변화시키지 못하였으므로 결국 일을 하지 않은 것이 된다.

$$\delta W = 0$$

따라서 내부에너지의 변화가 없다. 즉, 체적이 변하여도 온도가 변하지 않으면 내부에너지도 변함이 없다. 내부에너지는 상태량이며 온도와 비체적의 함수로 표시하면

$$u = u(v, T), \quad du = \left(\frac{\partial u}{\partial v}\right)_T dv + \left(\frac{\partial u}{\partial T}\right)_v dT$$

주울의 실험결과 $\left(\frac{\partial u}{\partial v}\right)_T = 0$이므로

$$du = \left(\frac{\partial u}{\partial T}\right)_v dT, \quad du = c_v dT, \quad dU = mc_v dT$$

이상기체의 내부에너지는 온도만의 함수로서 체적에는 무관하다.

$$u = u(T)$$

정적비열 C_v는 $C_v = \left(\frac{\partial u}{\partial T}\right)_v = \left(\frac{\partial q}{\partial T}\right)_v$로 정하여지는 것으로서 이상기체일 때는 온도만의 함수가 된다(∵ 주울의 실험). 정적과정에서 1법칙 식은 $\delta W = PdV = 0$이므로

$$\delta Q = dU, \quad Q = \int_1^2 \delta Q = \int_1^2 dU = U_2 - U_1$$

이상기체일 때, $U_2 - U_1 = \int_1^2 mc_v dT$

여기서 질량이 일정하고 비열이 온도범위에 따른 평균값으로 생각될 때는

$$U_2 - U_1 = \Delta U = mc_v(T_2 - T_1), \quad u_2 - u_1 = \Delta u = c_v(T_2 - T_1)$$

이다.

(2) 정압비열

이상기체의 정압비열(specific heat at constant pressure), C_p는 다음과 같이 정의된다.

$$C_p = \left(\frac{\partial h}{\partial T}\right)_p \text{ [kJ/kg·K] [kcal/kg·K]}$$

이상기체의 엔탈피는 $h = u + pv = u + RT = u(T)$로 표현될 수 있다. 즉, 이상기체의 엔탈피도 내부에너지와 마찬가지로 온도만의 함수가 된다. 따라서 이상기체의 엔탈피도 온도만의 함수이다.

$$c_p = \frac{dh}{dT}, \quad dh = c_p dT, \quad dH = mc_p dT$$

정압변화에서의 제1법칙 식은

$$\delta q = du + pdv = du + d(pv) = dh$$

따라서, $\delta Q = dH = mc_p dT$

3-4 비열비와 기체상수

이상기체의 비열은 온도만의 함수이다.
정적비열 C_v와 정압비열 C_p와의 차는 기체상수 R과 같다. 이상기체의 엔탈피를 미분형으로 표시하고

$$dh = du + RdT, \quad C_p dT = C_v dT + RdT, \quad C_p - C_v = R$$

이상기체의 정압비열과 정적비열의 比를 비열비(specific heat ratio), k라 한다.

$$C_p - C_v = R, \quad k = \frac{C_p}{C_v}, \quad C_v = \frac{R}{k-1}, \quad C_p = \frac{kR}{k-1}$$

여기서, C_v : 정적비열, C_p : 정압비열, R : 기체상수, k : 비열비
를 얻는다.

3-5 이상기체의 상태변화

이상기체의 상태가 가역 또는 비가역으로 변화할 때 그 수식적 표현은 무엇이고 어떤 제한이 뒤따라야 하는가?
이 휴의 목적은 바로 이러한 의문을 해결하기 위해 기술되었다. 앞에서도 언급하였듯이 가역변화란 계가 어떤 상태에서 다른 상태로 변화할 때 평형상태를 유지하면서 변화하는 과정을 의미한다. 이상기체가 상태 $1(C_p = \frac{k}{k-1}R)$에서 상태 $2(p_2 v_2 \; T_2)$로 가역변화 하는 데는 무수한

과정이 있을 수 있으나 중요한 과정으로는 5개의 변화를 들 수 있다.

또 계가 밀폐계로 구성되었는지 개방계로 구성되었는지에 따라서 각 변화과정에서의 값에는 일정한 제약이 따르게 된다. 즉, 밀폐계에서는 질량 m, 절대일(팽창일) W 등이, 그리고 개방계에서는 질량유동율 $\dot{m}$, 공업일(압축일) W_m 등이 중요한 변수로 기능하게 되고 따라서 열량의 변화 또한 다르게 표시되어질 것이다.

여기에서는 밀폐계에서나 개방계에서 모두 적용 가능한 단위질량(또는 단위 질량 유동율)당의 값으로 표기하도록 하겠다.

비가역 변화의 예는 이 章 끝부분에 소개하였다.

(1) 정적변화

정적변화(isochronic ; constant volume change)란 일정한 체적을 유지하면서 상태가 변화하는 가역과정을 의미한다.

① 상태

$$v = const : v_1 = v_2 = v = const : dv = 0$$
$$\frac{p}{T} = const : \frac{p_1}{T_1} = \frac{p_2}{T_2} = \frac{p}{T} = c$$

② 절대일(밀폐계) : w

$$\delta w = pdv = 0 \qquad \therefore {}_1w_2 = 0$$

③ 공업일(개방계) : w_m

$$\delta w_m = -vdp, \quad w_m = -\int_1^2 vdp = -v(p_2 - p_1) = v(p_1 - p_2)$$

④ 내부에너지 : u

$$du = c_v dT, \quad c_v = const$$
$$u_2 - u_1 = c_v(T_2 - T_1) = \frac{R}{k-1}(T_2 - T_1) = \frac{1}{k-1}(p_2 v_2 - p_1 v_1) = \frac{v}{k-1}(p_2 - p_1)$$

⑤ 엔탈피 : h

$$dh = c_p dT, \quad c_p = const$$
$$h_2 - h_1 = c_p(T_2 - T_1) = \frac{k}{k-1}R(T_2 - T_1) = \frac{k}{k-1}v(p_2 - p_1)$$

⑥ 열량 : q

$$\delta q = du + \delta w = du$$
$${}_1q_2 = u_2 - u_1 = c_v(T_2 - T_1) = \frac{R}{k-1}(T_2 - T_1) = \frac{v}{k-1}(p_2 - p_1)$$

(2) 정압변화

定壓變化(isobaric ; constant pressure change)란 압력이 일정하게 유지되어 변화하는 과정이다.

① 상태

$$p = const : p_1 = p_2 = p = const : dp = 0$$

$$\frac{v}{T} = const : \frac{v_1}{T_1} = \frac{v_2}{T_2} = \frac{v}{T} = c$$

② 절대일(밀폐계) : w

$$\delta w = pdv \qquad \therefore \ _1w_2 = p(v_2 - v_1)$$

③ 공업일(개방계) : w_m

$$w_m = -\int_1^2 vdp = 0$$

④ 내부에너지 : u

$$du = c_v dT, \quad c_v = const$$

$$u_2 - u_1 = c_v(T_2 - T_1) = \frac{R}{k-1}(T_2 - T_1) = \frac{p}{k-1}(v_2 - v_1)$$

⑤ 엔탈피 : h

$$dh = c_p dT, \quad c_p = const$$

$$h_2 - h_1 = c_p(T_2 - T_1) = \frac{k}{k-1}R(T_2 - T_1) = \frac{k}{k-1}p(v_2 - v_1)$$

⑥ 열량 : q

$$\delta q = dh - vdp = dh, \quad _1q_2 = h_2 - h_1$$

정압변화에서는 가열량이 모두 엔탈피의 증가로 되나 팽창할 때 일을 하므로 정적변화의 경우보다 온도상승이 작게 된다.

정압변화에서 엔탈피, 내부에너지, 일량, 열량, 비열비는 다음과 같은 관계를 가진다.

$$\frac{\Delta h}{\Delta u} = k, \quad \frac{_1w_2}{_1q_2} = \frac{k-1}{k}$$

(3) 등온변화

等溫變化(isothermal ; constant temperature)란 온도를 일정하게 유지하며 변화하는 과정이다.

① 상태

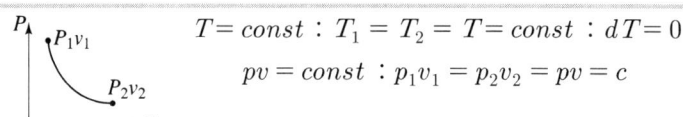

$$T = const : T_1 = T_2 = T = const : dT = 0$$
$$pv = const : p_1v_1 = p_2v_2 = pv = c$$

② 절대일(밀폐계) : w

$$_1W_2 = \int_1^2 pdv = \int_1^2 \frac{p_1v_1}{v}dv = p_1v_1\int_1^2 \frac{dv}{v} = p_1v_1\ln\frac{v_2}{v_1} = p_1v_1\ln\frac{p_1}{p_2}$$
$$= RT\ln\frac{v_2}{v_1} = RT\ln\frac{p_1}{p_2}$$

③ 공업일(개방계) : w_m

$$W_m = -\int_1^2 vdp = -\int_1^2 \frac{p_1v_1}{p}dp = -p_1v_1\int_1^2 \frac{dp}{p} = -p_1v_1\ln\frac{p_2}{p_1} = p_1v_1\ln\frac{p_1}{p_2}$$
$$= RT\ln\frac{p_1}{p_2} = RT\ln\frac{v_2}{v_1}$$

④ 내부에너지 : u

$$du = c_v dT = 0, \quad u_2 - u_1 = 0, \quad u = const$$

⑤ 엔탈피 : h

$$dh = c_p dT = 0, \quad h_2 - h_1 = 0, \quad h = const$$

⑥ 열량 : q

$$\delta q = du + \delta w = \delta w \qquad \therefore \;_1q_2 = \;_1w_2$$

등온변화에서는 절대일, 공업일, 열량의 크기가 모두 같다.

$$_1w_2 = w_m = \;_1q_2$$

등온변화에서는 가열량이 모두 일로 변환될 수 있으며, 압축의 경우에는 압축에 필요한 일량에 해당하는 열을 외부로 방출시켜야 한다. 등온변화에서는 내부에너지와 엔탈피의 변화가 없어 일정한 값을 유지한다.

(4) 단열변화

斷熱變化(adiabatic change)란 계와 주위와의 사이에 열 교환이 없고 마찰 등에 의한 열의 유출이 없을 때의 변화를 말하며 피스톤에 의한 기체의 압축, 팽창 등에서 볼 수 있다.

① 상태

$$\delta q = 0$$

제 1법칙과 이상기체의 상태식으로부터 단열변화시의 상태량(p, v, T)의 관계를 다음과 같이 유도할 수 있다.

단열변화시의 p, v, T 상태량 변화를 나타내는 식 유도하기

① P와 v와의 관계

제1법칙 : $du + Pdv = \delta q = 0$ ∴ $c_v dT + Pdv = 0$ ·················· (1)

이상기체 상태방정식 : $Pv = RT$ ∴ $Pdv + vdP = RdT$ ·················· (2)

(1)식에서 $dT = -\dfrac{P}{c_v}dv$를 얻어 (2)식에 대입하면

$Pdv + vdP = R \times \left(-\dfrac{P}{c_v}dv\right) \Rightarrow Pdv + vdP = R \times \left\{-\dfrac{P}{\left(\dfrac{R}{k-1}\right)}dv\right\} \Rightarrow$

$Pdv + vdP = -P \times (k-1)dv \Rightarrow Pdv + vdP = -Pkdv + Pdv \Rightarrow Pkdv + vdP = 0$

이 식을 Pv 나누면 $\dfrac{kdv}{v} + \dfrac{dP}{P} = 0$ 를 적분하면

$k\ln v + \ln P = c$, $\ln Pv^k = c$

∴ $Pv^k = C$ ·················· (3)

② T와 v와의 관계

$Pv = RT$에서 $P = \dfrac{RT}{v}$이고 (3)식에서 $Pv^k = C$이므로

$\left(\dfrac{RT}{v}\right)v^k = C$, $Tv^{k-1} = \dfrac{C}{R} = C$

∴ $Tv^{k-1} = C$ ·················· (4)

③ P와 T의 관계

$Pv = RT$에서 $v = \dfrac{RT}{P}$, (2)식에서 $Pv^k = C$이므로

$P\left(\dfrac{RT}{P}\right)^k = C$, $P^{(1-k)}T^k = \dfrac{C}{R^k} = C$

양변에 $\dfrac{1}{k}$ 제곱근를 곱하면 $P^{\left(\dfrac{1-k}{k}\right)} \times T = C^{\dfrac{1}{k}} = C$

∴ $TP^{\left(-\dfrac{k-1}{k}\right)} = C$ ·················· (5)

(3), (4), (5)식에서

$$\therefore \text{증명됨} \quad \dfrac{T_2}{T_1} = \left(\dfrac{v_1}{v_2}\right)^{k-1} = \left(\dfrac{P_2}{P_1}\right)^{\dfrac{k-1}{k}}$$

② 절대일(밀폐계) : $_1W_2$

$$\begin{aligned}
_1W_2 &= \int_1^2 pdv = \int_1^2 \frac{p_1 v_1^k}{v^k} dv = p_1 v_1^k \int_1^2 v^{-k} dv \\
&= p_1 v_1^k \left[\frac{v^{1-k}}{1-k}\right]_1^2 = p_1 v_1^k \frac{1}{1-k}(v_2^{1-k} - v_1^{1-k}) = \frac{1}{k-1} p_1 v_1^k (v_1^{1-k} - v_2^{1-k}) \\
&= \frac{1}{k-1}(p_1 v_1^k v^{1-k} - p_2 v_2^k v^{1-k}) = \frac{1}{k-1}(p_1 v_1 - p_2 v_2) \\
&= \frac{1}{k-1} p_1 v_1 \left(1 - \frac{T_2}{T_1}\right) = \frac{1}{k-1} RT_1 \left(1 - \frac{T_2}{T_1}\right) = \frac{1}{k-1} R(T_1 - T_2) \\
&= c_v(T_1 - T_2) \frac{1}{k-1} = p_1 v_1 \left[1 - \left(\frac{p_2}{p_1}\right)^{\frac{k-1}{k}}\right]
\end{aligned}$$

③ 공업일(개방계) : $_1W_{t2}$

$$\begin{aligned}
_1W_{t2} &= -\int_1^2 vdp = \int_1^2 \frac{p_1^{1/k} v_1}{p^{1/k}} dp = -p_1^{\frac{1}{k}} v_1 \int_1^2 p^{-\frac{1}{k}} dp \\
&= -p_1^{\frac{1}{k}} v_1 \frac{k}{k-1}\left(p_2^{\frac{k-1}{k}} - p_1^{\frac{k-1}{k}}\right) = \frac{k}{k-1} p_1^{\frac{1}{k}} v_1 \left(p_1^{\frac{k-1}{k}} - p_2^{\frac{k-1}{k}}\right) \\
&= \frac{k}{k-1}(p_1 v_1 - p_2 v_2) = \frac{k}{k-1} R(T_1 - T_2) = c_p(T_1 - T_2) \\
&= \frac{k}{k-1} RT_1 \left(1 - \frac{T_2}{T_1}\right) = \frac{k}{k-1} RT_1 \left[1 - \left(\frac{v_1}{v_2}\right)^{k-1}\right] \\
&= \frac{k}{k-1} RT_1 \left[1 - \left(\frac{p_2}{p_1}\right)^{\frac{k-1}{k}}\right] = \frac{k}{k-1} p_1 v_1 \left[1 - \frac{T_2}{T_1}\right] \\
&= \frac{k}{k-1} p_1 v_1 \left[1 - \left(\frac{v_1}{v_2}\right)^{k-1}\right] = \frac{k}{k-1} p_1 v_1 \left[1 - \left(\frac{p_2}{p_1}\right)^{\frac{k-1}{k}}\right]
\end{aligned}$$

공업일은 절대일보다 비열비(k) 배 크다.

④ 내부에너지 : u

$$du = c_v dT, \quad c_v = const, \quad u_2 - u_1 = c_v(T_2 - T_1) = {_1w_2}$$

⑤ 엔탈피 : h

$$dh = c_p dT, \quad c_p = const, \quad h_2 - h_1 = c_p(T_2 - T_1) = {_1w_2}$$

단열변화에서는 기체의 변화량만큼 외부에 일을 하는 것이 되므로 온도는 강하된다.

⑥ 열량 : q

$$_1q_2 = 0, \quad _1q_2 = (u_2 - u_1) + _1w_2, \quad _1w_2 = -(u_2 - u_1)$$
$$_1q_2 = 0, \quad _1q_2 = (h_2 - h_1) + _1w_2, \quad _1w_2 = -(h_2 - h_1)$$

(5) 폴리트로우프 변화

폴리트로우프 변화(polytropic change)란 단열변화를 보다 일반화하여 열의 출입이 있는 것으로 간주하여 단열변화시의 지수(비열비) k를 n으로 대치시킨 변화과정을 말한다. 이때 지수 n을 폴리트로우프 지수라 하고 $-\infty < n < \infty$의 값을 갖는 것으로 한다.

① 상태

$$pv^n = const \quad ; \quad p_1v_1^n = p_2v_2^n = pv^n = c$$
$$Tv^{n-1} = const \quad ; \quad T_1v_1^{n-1} = T_2v_2^{n-1} = Tv^{n-1} = c$$
$$\frac{T_2}{T_1} = \left(\frac{v_1}{v_2}\right)^{n-1} = \left(\frac{p_2}{p_1}\right)^{\frac{n-1}{n}}$$

② 절대일 : $_1W_2 = \dfrac{1}{n-1}R(T_1 - T_2)$

$$_1W_2 = \int_1^2 pdv = \int_1^2 \frac{p_1v_1^n}{v^n}dv = p_1v_1^n \int_1^2 v^{-n}dv = p_1v_1^n\left[\frac{1}{1-n}v^{1-n}\right]$$
$$= \frac{1}{n-1}(p_1v_1 - p_2v_2) = \frac{1}{n-1}R(T_1 - T_2) = \frac{1}{n-1}RT_1\left[1 - \frac{T_2}{T_1}\right]$$
$$= \frac{1}{n-1}p_1v_1\left[1 - \left(\frac{v_1}{v_2}\right)^{n-1}\right] = \frac{1}{n-1}p_1v_1\left[1 - \left(\frac{p_2}{p_1}\right)^{\frac{n-1}{n}}\right]$$

③ 공업일(개방일) : $_1W_{t2} = \dfrac{n}{n-1}R(T_1 - T_2)$

$$_1w_{t2} = -\int_1^2 vdp = -\int_1^2 \frac{p_1^{\frac{1}{n}}v_1}{p^{\frac{1}{n}}}dp = -p_1^{\frac{1}{n}}v_1\int_1^2 p^{-\frac{1}{n}}dp$$
$$= -p_1^{\frac{1}{n}}v_1\frac{n}{n-1}\left(p_2^{-\frac{1}{n}+1} - p_2^{-\frac{1}{n}+1}\right) = \frac{n}{n-1}p_1v_1\left[1 - \left(\frac{v_1}{v_2}\right)^{n-1}\right]$$
$$= \frac{n}{n-1}p_1v_1\left[1 - \left(\frac{p_2}{p_1}\right)^{\frac{n-1}{n}}\right] = \frac{n}{n-1}p_1v_1\left[1 - \frac{T_2}{T_1}\right] = \frac{n}{n-1}R(T_1 - T_2)$$

절대일과 공업일의 관계 : $_1W_{t2} = n \, _1W_2$, 공업일은 절대일의 n배이다.

④ 내부에너지 : u

$$u_2 - u_1 = c_v(T_2 - T_1) = \frac{R}{k-1}(T_2 - T_1) \quad \cdots\cdots (1)$$

절대일 $_1w_2 = \frac{R}{n-1}(T_1 - T_2)$에서 $R(T_2 - T_1) = -_1w_2(n-1)$

(1)에 대입하면

∴ 내부에너지의 변화 $u_2 - u_1 = -\left(\frac{n-1}{k-1}\right){_1w_2}$

⑤ 엔탈피 : h

$$h_2 - h_1 = c_p(T_2 - T_1) = \frac{kR}{k-1}(T_2 - T_1) \quad \cdots\cdots (1)$$

공업일 $_1W_{t2} = \frac{kR}{n-1}(T_1 - T_2)$에서 $kR(T_2 - T_1) = {_1w_{t2}}(n-1)$

(1)에 대입하면

∴ 내부에너지의 변화 $h_2 - h_1 = -\left(\frac{n-1}{k-1}\right){_1w_{t2}}$

⑥ 열량 : q

$$_1q_2 = u_2 - u_1 = {_1w_2}, \quad _1w_2 = \frac{R}{n-1}(T_1 - T_2)$$

$$_1q_2 = c_v(T_2 - T_1) + \frac{R}{n-1}(T_1 - T_2) = c_v(T_2 - T_1) + \frac{k-1}{n-1}c_v(T_1 - T_2)$$

$$= c_v\left(1 - \frac{k-1}{n-1}\right)(T_2 - T_1) = c_V\frac{n-k}{n-1}(T_2 - T_1) = C_n(T_2 - T_1)$$

여기서, C_n을 폴리트로픽 비열이라 정의한다.
Polytropic 변화의 열량변화는 다음과 같다.

$$_1q_2 = C_n(T_2 - T_1) \quad \text{여기서, 폴리트로우프 비열 } C_n = C_v\left(\frac{n-k}{n-1}\right)$$

(6) 폴리트로우프 지수와 이상기체의 상태량

① Polytropic 지수에 따른 상태변화

Polytropic 과정의 일반식 $Pv^n = c$
Polytropic 지수 $n = 0$이면 $p = c$: 정압과정
$n = 1$이면 $pv = c$, ∴ $T = c$: 등온과정
$n = k$이면 $pv^k = c$: 단열과정
$n = \infty$이면 $pv^\infty = c$: 정적과정

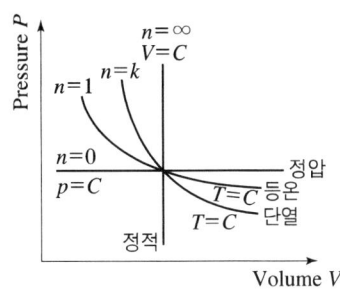

② Polytropic 지수에 따른 비열관계

식에서 $C_n = c_v \left(\dfrac{n-k}{n-1} \right)$

$n = 0$이면 $C_n = C_v \times k = C_p$ 정압비열 : 정압과정

$n = 1$이면 $C_n = C_v \times \infty = \infty$: 등온과정

$n = k$이면 $C_n = C_v \times 0 = 0$: 단열과정

$n = \infty$이면 $C_n = C_v \dfrac{1 - \dfrac{k}{\infty}}{1 - \dfrac{1}{\infty}} = C_v$ 정적비열 : 정적과정

③ Polytropic 지수 구하는 법

선도가 그려져 있는 경우에는 면적의 비로 구한다.

$pv^n = c$
$d(pv^n) = v^n dp + nv^{n-1} p dv = 0$

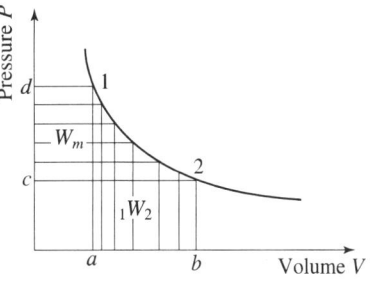

$nv^{n-1} p dv \equiv -v^n dp$

$npdv = -\dfrac{v^n}{v^{n-1}} dp = -vdp$

$\therefore n = -\dfrac{vdp}{pdv} = \dfrac{\delta w_m}{\delta w} = \dfrac{w_m}{{_1}w_2} = \dfrac{\text{면적}\,12cd}{\text{면적}\,12ab}$

만일 상태점 1, 2로 주어질 때에는

$p_1 v_1^n = p_2 v_2^n$

$\ln p_1 + n \ln v_1 = \ln p_2 + n \ln v_2, \quad n(\ln v_1 - \ln v_2) = \ln p_2 - \ln p_1$

$\therefore n = \dfrac{\ln p_2 - \ln p_1}{\ln v_1 - \ln v_2} = \dfrac{\ln \dfrac{p_2}{p_1}}{\ln \dfrac{v_1}{v_2}}$

또는

$$T_1 v_1^{n-1} = T_2 v_2^{n-1}$$
$$\ln T_1 + (n-1)\ln v_1 = \ln T_2 + (n-1)\ln v_2 \qquad (n-1)(\ln v_1 - \ln v_2) = \ln T_2 - \ln T_1$$
$$\therefore n = 1 + \frac{\ln T_2 - \ln T_1}{\ln v_1 - \ln v_2} = \frac{\ln \dfrac{p_2}{p_1}}{\ln \dfrac{v_1}{v_2}}$$

④ pv^n의 대수좌표

$$\ln p + n \ln v = \ln c = c$$

그림에서 $\tan\alpha = \dfrac{c}{\dfrac{c}{n}} = n = \dfrac{\ln p}{\ln v}$

정압 : $n=0$, $\tan\alpha=0$ ∴ $\alpha=0$
등온 : $n=1$, $\tan\alpha=1$ ∴ $\alpha=45$
단열 : $n=k$, $\tan\alpha=k>1$ ∴ $\alpha>45$
등적 : $n=\infty$, $\tan\alpha=\infty$ ∴ $\alpha=90$

$\ln p + \ln v = c$
($x+ny=c$ 꼴)

$n=0, \alpha=0$, 등압
$n=1, \alpha=45$, 등온
$n=\infty, \alpha=90$
$n=k$, 단열

(7) 비가역 단열 변화

기체의 내부에 마찰이나 와류 현상의 발생을 동반하여서 역학적 열적인 불평형의 상태를 포함하는 변화를 비가역 변화라 한다.

기체가 급격히 압축되거나 팽창될 때에는 기체 내부에 亂動이 생겨서 기체와 외부와의 상이에 열 교환이 없어도 내부의 마찰이나 와류 현상 등에 의하여 일이 손실되면서 열을 발생하고 그 열이 기체에 흡수되어 내부적으로 단열적이 아닌 것으로 되는데 이와 같은 변화를 비가역 단열 변화라 한다. 기체는 마찰에 이기기 위하여 일을 하게 되고 그것이 열로 변환되어서 다시 기체에 가하여지므로 에너지의 식으로는 다음과 같이 표현된다.

$$\delta Q + \delta Q_f = dU + \delta W + \delta W_f$$

여기서, W_f는 마찰로 인한 손실일이고, Q_f는 그것에 의하여 생긴 열량이다.

따라서 $\delta Q_f = \delta W_f$ 이고 단열변화에서는 $\delta Q = 0$ 이므로 $dU + \delta W = 0$

$$W_{irr} = U_1 - U_2 = mC_v(T_1 - T_2)_{irr} \quad \cdots\cdots\cdots (1)$$

로 되어 가역변화의 경우와 같은 형태를 갖는다.

지금 처음의 상태 (P_1, T_1)로부터 압력 P_2까지 가역 단열 변화시킨 경우의 일량은

$$W_{rev} = U_1 - U_{2,rev} = mC_v(T_1 - T_{2,rev}) \quad \cdots\cdots\cdots (2)$$

식(1)과 (2)를 비교하여 보면 비가역단열변화(첨자 irr)의 경우는 가역단열변화(첨자 rev)일 때보다 온도가 높아지므로 $T_{2,irr} > T_{2,rev}$. 따라서, $W_{irr} < W_{rev}$로 되어서 일량은 가역단열변화인 경우보다 작아지게 된다.

(8) 교축과정 = 등 엔탈피 과정

기체가 유동하는 도중에 콕이나 밸브 혹은 다공질의 플러그 등이 있어서 통로를 좁히게 되는 경우가 있으면 그곳에서는 속도가 빨라지고 압력은 낮아지게 된다. 따라서 가스가 그곳을 통과하면 운동에너지가 마찰이나 와류의 발생으로 소비되어서 압력이 회복되지 못하고 떨어진 그대로 된다. 이러한 과정은 비가역적이므로 유동방향을 역으로 하면 지금까지 압력이 높았던 상류가 이제는 하류가 되어 압력이 저하된다. 이런 과정을 교축과정(throttling process)이라 한다.

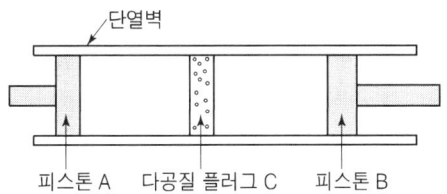

피스톤 A   다공질 플러그 C   피스톤 B

교축과정에서 유체는 언제나 유동방향으로 압력강하를 가져온다. 그림에서 室(Ⅰ)과 (Ⅱ)의 압력을 각각 일정하게 유지시키면서 피스톤 A, B를 조용히 右로 움직여 플러그 C를 통하여 기체가 左로부터 右로 옮겨지게 한다. 지금 기체의 상태를 p_1, v_1, T_1이라 하고 그 후의 상태를 p_2, v_2, T_2라 하면 기체가 양쪽의 피스톤에 대하여 한 일은 $p_2v_2 - p_1v_1$이다.

$$U_2 - U_1 + (p_2v_2 - p_1v_1) = 0$$

따라서, $H_2 - H_1 = 0$ ∴ $H_1 = H_2$

교축과정은 엔탈피가 일정한 등엔탈피 과정이다.

동작물질이 이상기체인 경우에는 등엔탈피 변화는 등온변화가 되므로 이상기체의 교축과정은 등엔탈피 변화이면서 또한 동시에 등온변화과정이 된다. 그러나 실제기체의 교축과정은 등엔탈피 변화는 온도가 변화한다.

제 3 편 열역학

변화	정적변화	정압변화	정온변화	단열변화	폴리트로픽 변화
p, v, T 관계	$v=C, dv=0$ $\dfrac{P_1}{T_1}=\dfrac{P_2}{T_2}$	$P=C, dP=0$ $\dfrac{v_1}{T_1}=\dfrac{v_2}{T_2}$	$T=C, dT=0$ $Pv=P_1v_1=P_2v_2$	$Pv^k=c$ $\dfrac{T_2}{T_1}=\left(\dfrac{v_1}{v_2}\right)^{k-1}$ $=\left(\dfrac{P_2}{P_1}\right)^{\frac{k-1}{k}}$	$Pv^n=c$ $\dfrac{T_2}{T_1}=\left(\dfrac{v_1}{v_2}\right)^{n-1}$
(절대일) 외부에 하는 일 $_1w_2=\int pdv$	0	$P(v_2-v_1)$ $=R(T_2-T_1)$	$P_1v_1\ln\dfrac{v_2}{v_1}$ $=P_1v_1\ln\dfrac{P_1}{P_2}$ $=RT\ln\dfrac{v_2}{v_1}$ $=RT\ln\dfrac{P_1}{P_2}$	$\dfrac{1}{k-1}(P_1v_1-P_2v_2)$ $=\dfrac{RT_1}{k-1}\left(1-\dfrac{T_2}{T_1}\right)$ $=\dfrac{RT_1}{k-1}\left[1-\left(\dfrac{v_1}{v_2}\right)^{k-1}\right]$ $=C_v(T_1-T_2)$	$\dfrac{1}{n-1}(P_1v_1-P_2v_2)$ $=\dfrac{P_1v_1}{n-1}\left(1-\dfrac{T_2}{T_1}\right)$ $=\dfrac{R}{n-1}(T_1-T_2)$
공업일 (압축일) $w_t=-\int vdp$	$v(P_1-P_2)$ $=R(T_1-T_2)$	0	w_{12}	k_1w_2	n_1w_2
내부에너지의 변화 u_2-u_1	$C_v(T_2-T_1)$ $=\dfrac{R}{k-1}(T_2-T_1)$ $=\dfrac{1}{k-1}v(P_2-P_1)$	$C_v(T_2-T_1)$ $=\dfrac{1}{k-1}P(v_2-v_1)$	0	$C_v(T_2-T_1)=-_1W_2$	$-\dfrac{(n-1)}{k-1}\,_1W_2$
엔탈피의 변화 h_2-h_1	$C_p(T_2-T_1)$ $=\dfrac{k}{k-1}R(T_2-T_1)$ $=\dfrac{k}{k-1}v(P_2-P_1)$ $=k(u_2-u_1)$	$C_p(T_2-T_1)$ $=\dfrac{kR}{k-1}(T_2-T_1)$ $=\dfrac{k}{k-1}P(v_2-v_1)$	0	$C_p(T_2-T_1)=-W_t$ $=-k\,_1W_2$ $=k(u_2-u_1)$	$-\dfrac{(n-1)}{k-1}\,_1W_2$
외부에서 얻은 열 $_1q_2$	u_2-u_1	h_2-h_1	$_1W_2=W_t$	0	$C_n(T_2-T_1)$
n	∞	0	1	k	$-\infty$ 에서 $+\infty$
비열 C	C_v	C_p	∞	0	$C_n=C_v\dfrac{n-k}{n-1}$
엔트로피의 변화 s_2-s_1	$C_v\ln\dfrac{T_2}{T_1}=C_v\ln\dfrac{P_2}{P_1}$	$C_p\ln\dfrac{T_2}{T_1}=C_p\ln\dfrac{v_2}{v_1}$	$R\ln\dfrac{v_2}{v_1}$	0	$C_n\ln\dfrac{T_2}{T_1}$ $=C_v\dfrac{n-k}{n}\ln\dfrac{P_2}{P_1}$

Chapter 4

열역학 제2법칙

○ 에너지 보존의 법칙인 열역학 제1법칙은 열과 일은 본질상 같은 에너지로서 일정한 비로 상호 전환이 가능하며 그의 양적 관계만 표시하는데 반해 그 전환의 방향에 대해서는 다루지 않았다.
즉, $Q \Leftrightarrow W$는 어떤 제한 조건이 붙는다. $Q \Rightarrow W$가 될 수 있도록 근본적인 조건을 제시하는 경험적 법칙을 열역학 제2법칙이라 한다.

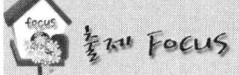 출제 FOCUS

※ 기사시험에서 2문제~3문제 출제
※ 암기를 해야만 1분30초에 한 문제 해결이 가능합니다.

❶ 열역학 2법칙의 서술적 표현에 대한 문제

❷ carnot cycle의 효율 $\eta_c = \dfrac{W_{net}}{Q_H} = \dfrac{Q_H - Q_L}{Q_H} = 1 - \dfrac{Q_L}{Q_H} = 1 - \dfrac{T_L}{T_H}$

여기서, W_{net} : 유효일량, Q_H : 고열원에서 공급된 열량, Q_L : 저열원에서 버리는 열량
T_L : 저열원의 절대온도, T_H : 고열원의 절대온도

❸ clausius integral $\oint \dfrac{\delta Q}{T} \leq 0$

엔트로피변화량 $dS = \dfrac{\delta Q}{T}$

❹ 각 과정별 엔트로피 변화량 $\Delta S = S_2 - S_1 = C_v \ln \dfrac{T_2}{T_1} + R \ln \dfrac{v_2}{v_1} = C_p \ln \dfrac{T_2}{T_1} - R \ln \dfrac{p_2}{p_1} = C_p \ln \dfrac{v_2}{v_1} + C_v \ln \dfrac{p_2}{p_1}$

여기서, C_v : 정적비열, C_p : 정압비열, R : 기체상수, T_2 : 나중온도, T_1 : 처음온도
v_2 : 나중체적, v_1 : 처음체적, p_2 : 나중압력, p_1 : 처음압력

❺ 교축과정은 등enthalpy 과정이다.

4-1 열역학 제2법칙

열역학 제2법칙(the second law of thermodynamics)은 여러 가지 방법으로 서술할 수 있다. 그러나 결론적으로 말한다면 제2법칙의 목적은 에너지 변환 과정에 대한 방향을 제시하는 것이다.

에너지가 변환될 때 에너지는 보존되지만 에너지 레벨은 보존되지 않으며 자연계에서는 항상 낮은 에너지 레벨로 감소하는 방향을 갖는다.

"제2법칙은 Kelvin-Plank와 Clausius의 표현으로도 서술될 수 있다."

(1) Kelvin-Planck의 표현

자연계에 어떠한 변화도 남기지 않고 일정온도인 어느 열원의 열을 계속하여 열로 변환시키는 기계를 만드는 것은 불가능하다.

즉, 하나의 열원에서 열을 받고 또한 동시에 버리면서 열을 일로 바꿀 수는 없다.

열기관이 동작유체에 의하여 일을 발생시키려면 공급열원보다 더 낮은 열원이 필요하다. 따라서 단일 열원에서 열을 주고받는 다면 이는 열이 100% 일로 변환된다는 뜻이므로 열효율 100%인 기관은 만들 수 없다는 표현이다.

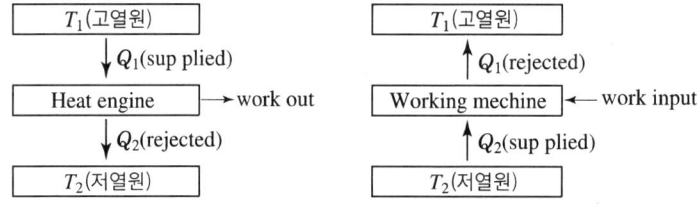

[열역학 제 2법칙의 적용 예]

(2) Clausis의 표현

자연계에 어떠한 변화도 남기지 않고 열을 저온의 물체로부터 고온의 물체로 이동시키는 기계를 만드는 것은 불가능하다. 즉, 열은 그 자신으로는 다른 물체에 아무런 변화도 주지 않고 저온의 물체에서 고온의 물체로 이동하지 않는다.

이 표현은 성능계수가 무한대인 냉동기는 만들 수 없다는 의미이다.

4-2 사이클, 열효율, 성능계수

동작유체가 어떤 상태에서부터 시작하여 여러 가지 과정의 변화를 연속적으로 수행한 후 최초의 상태로 되돌아오는 것을 사이클이라 한다. 사이클은 항상 폐곡선을 이룬다. 사이클에서 모든 과정이 가역과정이면 가역사이클이고 어느 한 과정이라도 비가역 과정이면 비가 역 사이클이다.

$$\text{유효열량} = \text{유효일량} = q_1 - q_2 = q_H - q_L = w_1 - w_2$$

유효열량 및 유효일량은 $P-V$ 선도에서의 폐곡선의 면적이다.

$$\text{열효율} \quad \eta = \frac{\text{유효일량}}{\text{유효열량}} = \frac{W_{net}}{Q_{in}} = \frac{Q_1 - Q_2}{Q_1} = \frac{q_1 - q_2}{q_1} = \frac{q_H - q_L}{q_H}$$

성적계수, 성능계수(coefficient of performance) : COP, ϵ
사이클에서 시계방향의 사이클 〈그림〉은 1사이클마다 외부에 일(w_{net})을 하며 逆으로 반시계 방향의 사이클 〈그림〉은 1사이클마다 일(w_{net})을 받아 저열원(q_2)에서 고열원(q_1)으로 열을 공급한다. 이것이 냉동기 및 열펌프이며 냉동기는 저열원의 온도를 낮추는 것이 목적이고 열펌프는 고열원의 온도를 높이는 것이 목적이다.
냉동기의 성능계수 ϵ_1, 열펌프의 성능계수 ϵ_2라 할 때

$$\text{냉동기의 성능계수} \quad \epsilon_1 = \frac{q_2}{w_{net}} = \frac{q_2}{q_1 - q_2} = \frac{q_L}{q_H - q_L}$$

$$\text{열펌프의 성능계수} \quad \epsilon_2 = \frac{q_1}{w_{net}} = \frac{q_1}{q_1 - q_2} = \frac{q_H}{q_H - q_L}$$

이때 $\epsilon_2 = \epsilon_1 + 1$의 관계가 성립하여 열펌프의 성능계수는 냉동기의 성능계수보다 항상 1만큼 크다.

 4-3 카르노 사이클

열을 일로 100% 변환시키는 것은 불가능하다는 것을 제2법칙을 통해 알았다. 그러나 최대의 열효율을 얻기 위해서는 많은 연구와 검토를 통하여 가역변화 과정으로 해야 함을 알게 되었다. 왜냐하면 비가역변화는 반드시 에너지손실이 따르기 때문이다. 1824년 프랑스의 Sadi Carnot는 2개의 등온과정과 2개의 단열과정으로 구성된 가역과정인 1개의 이론적 사이클을 제창하였다. 그림에 도시한 $P-V$ 선도 상의 폐곡선 12341은 동작유체가 1사이클 당 발생하는 일의 양을 표시한다. 즉, 면적은 w_{net} 이며 사이클에서의 내부에너지는 변화가 없다.

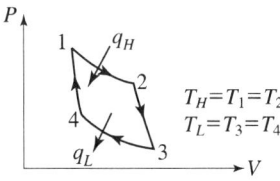

과정1 → 2 : 등온팽창
과정2 → 3 : 단열팽창
과정3 → 4 : 등온압축
과정4 → 1 : 단열압축

$T_H = T_1 = T_2$
$T_L = T_3 = T_4$

제1법칙에서 $q_H - q_L = w_{net}$

카르노 사이클의 열효율 $\eta_c = \dfrac{w_{net}}{q_H} = \dfrac{q_H - q_L}{q_H} = 1 - \dfrac{q_L}{q_H} = 1 - \dfrac{T_H}{T_L}$

▶ 과정 $1 \to 2$ 등온과정 $T_1 = T_2 = T_H$

공급받는 열량 $q_H = q_1 = \displaystyle\int_1^2 \delta q = \int_1^2 Pdv = \int_1^2 \dfrac{RT_H}{v} dv = \int_1^2 RT_H \dfrac{dv}{v} = RT_H \ln\dfrac{v_2}{v_1}$

▶ 과정 $3 \to 4$ 등온과정 $T_3 = T_4 = T_L$

버린 열량 $(-q_L) = (-q_2) = \displaystyle\int_3^4 \delta q = \int_3^4 Pdv = \int_3^4 \dfrac{RT_L}{v} dv = \int_3^4 RT_L \dfrac{dv}{v} = RT_L \ln\dfrac{v_4}{v_3}$

그러므로 $q_L = -RT_L \ln\dfrac{v_4}{v_3} = RT_L \ln\dfrac{v_3}{v_4}$

▶ 과정 $2 \to 3$ 단열과정 $\dfrac{T_3}{T_2} = \left(\dfrac{v_2}{v_3}\right)^{k-1}, \quad \dfrac{T_L}{T_H} = \left(\dfrac{v_2}{v_3}\right)^{k-1}$

▶ 과정 $4 \to 1$ 단열과정 $\dfrac{T_4}{T_1} = \left(\dfrac{v_1}{v_4}\right)^{k-1}, \quad \dfrac{T_L}{T_H} = \left(\dfrac{v_1}{v_4}\right)^{k-1}$

$$\dfrac{T_L}{T_H} = \dfrac{v_2}{v_3} = \dfrac{v_1}{v_4}, \quad \dfrac{v_2}{v_1} = \dfrac{v_3}{v_4}$$

$$\eta_c = 1 - \dfrac{q_L}{q_H} = 1 - \dfrac{RT_L \ln\dfrac{v_2}{v_1}}{RT_H \ln\dfrac{v_3}{v_4}} = 1 - \dfrac{T_L}{T_H}$$

카르노 사이클의 열효율 $\eta_c = \dfrac{w_{net}}{q_H} = \dfrac{q_H - q_L}{q_H} = 1 - \dfrac{q_L}{q_H} = 1 - \dfrac{T_L}{T_H}$

카르노 사이클의 열효율은 동작물질의 종류에 관계없이 양 열원의 절대온도에만 관계있다. 카르노 사이클은 열기관의 이상적 사이클로서 최고의 열효율을 갖는다. 같은 두 열원에서 작동하는 모든 가역 사이클은 열효율이 같다. 카르노 사이클은 동작유체의 온도를 열원의 온도와 같게 한 것으로 실제로는 불가능하다.

4-4 열역학적 절대온도

열역학 제0법칙을 논할 때 상태량의 변화를 관찰함으로써 온도를 측정할 수 있음을 알았다. 우리는 보통 온도계내의 수은이나 다른 액체의 체적의 변화를 관찰하게 된다. 물질은 그 열 팽창율이 다르기 때문에 온도계에 사용되는 물질이 다르면 두 정점의 온도는 일치할 지라도 도중의 온도는 일치하지 않을 수 있다. 참된 온도계는 물질의 성질에 관계없이 항상 일정한 눈금을 가리키는 것이어야 한다.

지금 아래 그림에 도시한 바와 같은 가역기관을 생각하여 본다. 3개의 가역기관에서 발생되는 일량을 W_{12}, W_{23}, W_{13}라 하자. 이때 열 저장소의 온도는 각각 T_1, T_2, T_3이다. 기관 Ⅰ은 온도 T_1에서 열 Q_1을 받아 온도 T_2로 열 Q_2를 버리면서 일 W_{12}를 한다. 기관 Ⅱ는 온도 T_2에서 열 Q_2을 받아 온도 T_3로 열 Q_3를 버리면서 일 W_{23}를 한다. 그리고 기관 Ⅲ은 온도 T_1에서 열 Q_1을 받아 온도 T_3로 열 Q_3를 버리면서 일 W_{13}를 한다.

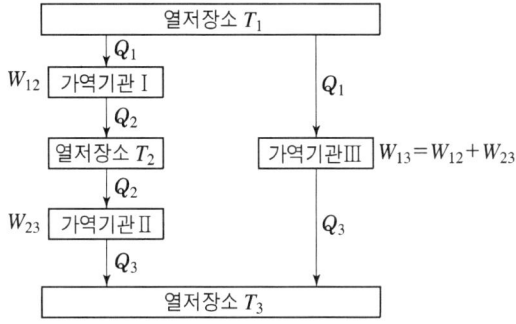

두 열 저장소 사이에서 작동되는 가역기관의 열효율은 단지 온도만의 함수로 표시된다. 기관 Ⅰ에서 열효율을 η_{12}라 하면 $\eta_{12} = f(T_1, T_2)$ 그리고 열효율은 또한 $\eta_{12} = 1 - \dfrac{Q_2}{Q_1}$이므로 위의 두 식으로부터 열량의 비와 열 저장소 온도 사이에 새로운 함수 관계를 세울 수 있다. $\dfrac{Q_1}{Q_2} = \phi(T_1, T_2)$ 같은 방법으로 Ⅱ기관과 Ⅲ기관에서도 다음과 같은 관계를 얻을 수 있다.

$$\frac{Q_2}{Q_3} = \phi(T_2, T_3), \ \frac{Q_1}{Q_3} = \phi(T_1, T_3)$$

3개의 열량의 비 사이에는 $\dfrac{Q_1}{Q_2} = \dfrac{Q_1/Q_3}{Q_2/Q_3}$이므로 다음과 같이 되고 $\phi(T_1, T_2) = \dfrac{\phi(T_1, T_3)}{\phi(T_2, T_3)}$ 여기서 온도 T_3를 제거하여도 함수관계가 변하지 않도록 새로운 함수 ϕ를 도입하면

$$\phi(T_1, T_2) = \frac{\phi(T_1)}{\phi(T_2)}$$

식 (6.13)을 만족하게 하는 함수관계는 여럿이 있을 수 있다. 그러나 가장 단순한 관계가 Kelvin에 의하여 제안되었다. $\phi(T) = T$

즉, $\dfrac{Q_1}{Q_2} = \dfrac{T_1}{T_2}$ 따라서 식은 다음과 같이 된다.

$$\eta_{12} = 1 - \frac{Q_2}{Q_1} = 1 - \frac{T_2}{T_1}, \quad \eta_{12} = 1 - \frac{Q_L}{Q_H} = 1 - \frac{T_L}{T_H}$$

열역학적 절대온도는 켈빈의 온도와 그 눈금이 일치한다. 그 눈금의 범위는 0에서부터 +∞까지이다.

카르노 사이클로 작동되는 열기관은 제작 불가능하므로 우리가 열역학적 절대온도를 사용해야 할 때는 온도를 측정하는 기구인 온도계에 의지하여야만 한다. 이상기체에 가장 가까운 값을 갖는 기체는 수소(H_2)이므로 수소온도계는 그 눈금이 열역학적 절대온도에 가장 잘 맞는다. 이것이 표준온도계로 수소온도계를 사용하는 근거가 된다.

 4-5 클라우시우스의 폐적분(Clausius integral)

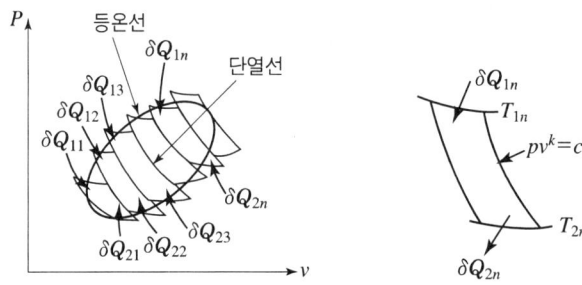

그림처럼 폐곡선을 많은 작은 Carnot cycle로 분할하여

제 1 Carnot cycle에서 $\delta Q_{11} \rightarrow \delta Q_{21}$

제 2   " $\delta Q_{12} \rightarrow \delta Q_{22}$

제 3   " $\delta Q_{13} \rightarrow \delta Q_{23}$

⋮   ⋮

제 n " $\delta Q_{1n} \rightarrow \delta Q_{2n}$

열을 授受 한다고 생각한다. 여기서 첨자는 첫째 첨자 : 高溫, 低溫을 표시하는 것이고 둘째 첨자는 cycle을 표시한다.

$$\frac{-\delta Q_{21}}{\delta Q_{11}} = \frac{T_{21}}{T_{11}}, \quad \frac{-\delta Q_{22}}{\delta Q_{12}} = \frac{T_{22}}{T_{12}} \quad \cdots\cdots \quad \frac{-\delta Q_{2n}}{\delta Q_{1n}} = \frac{T_{2n}}{T_{1n}}$$

$$\therefore \frac{\delta Q_{11}}{T_{11}} + \frac{\delta Q_{21}}{T_{21}} = 0, \quad \frac{\delta Q_{12}}{T_{12}} + \frac{\delta Q_{22}}{T_{22}} = 0 \quad \cdots\cdots \quad \frac{Q_{1n}}{T_{1n}} + \frac{\delta Q_{2n}}{T_{2n}} = 0$$

$$\oint \frac{\delta Q}{T} = 0 \quad \text{가역 상태에서 클라우시우스 폐적분은 항상 zero이다.}$$

4-6 엔트로피(Entropy)

상태 1과 2를 순환하는 계에서

$$\oint \frac{\delta Q}{T} = 0 = \int_{1\to a}^{2} \frac{\delta Q}{T} + \int_{2\to b}^{1} \frac{\delta Q}{T} \quad \cdots\cdots (1)$$

$$\oint \frac{\delta Q}{T} = 0 = \int_{1\to a}^{2} \frac{\delta Q}{T} + \int_{2\to c}^{1} \frac{\delta Q}{T} \quad \cdots\cdots (2)$$

$(1)-(2) \;;\; \int_{2\to b}^{1} \frac{\delta Q}{T} = \int_{2\to c}^{1} \frac{\delta Q}{T}$ 즉, $\int \frac{\delta Q}{T}$ 값이 경로에 무관한 량이다.

여기서, $\frac{\delta Q}{T} = dS$ ······ Property ······ Entropy

∴ 엔트로피의 변화 $dS = \frac{\delta Q}{T}$ [kJ/K] 단위 질량당 엔트로피의 변화 $ds = \frac{\delta q}{T}$ [kJ/kg K]

4-7 완전가스의 엔트로피 식

(1) T와 v의 함수

1st law : $\delta q = du + p\,dv = C_v\,dT + \frac{RT}{v} dv$ ∴ $ds = \frac{\delta q}{T} = C_v \frac{dT}{T} + R \frac{dv}{v}$

∴ $\Delta S = S_2 - S_1 = C_v \ln \frac{T_2}{T_1} + R \ln \frac{v_2}{v_1}$ ·········· (1)

(2) T와 p의 함수

1st law : $\delta q = dh - v\,dp = C_p\,dT - \frac{RT}{p} dp$

∴ $ds = \frac{\delta q}{T} C_v \frac{dT}{T} + R \frac{dv}{v}$

∴ $\Delta S = S_2 - S_1 = C_p \ln \frac{T_2}{T_1} - R \ln \frac{p_2}{p_1}$ ·········· (2)

(3) p와 v의 함수

$C_p - C_v = R$이므로 (1)식 또는 (2)식에서

$\Delta S = C_p \ln \frac{T_2}{T_1} - (C_p - C_v) \ln \frac{p_2}{p_1} = C_p \left(\ln \frac{T_2}{T_1} - \ln \frac{p_2}{p_1} \right) + C_v \ln \frac{p_2}{p_1} = C_p \ln \frac{T_2}{T_1} \frac{p_1}{p_2} + C_v \ln \frac{p_2}{p_1}$

여기서 이상기체 $pv = RT$ 에서 $\dfrac{p_1}{T_1} = \dfrac{R}{v_1}$, $\dfrac{p_2}{T_2} = \dfrac{R}{v_2}$ 이므로

$$\Delta S = C_p \ln \dfrac{v_2}{v_1} + C_v \ln \dfrac{p_2}{p_1} \quad \cdots\cdots\cdots\cdots\cdots\cdots\cdots\cdots\cdots\cdots\cdots\cdots\cdots\cdots\cdots\cdots\cdots\cdots (3)$$

이상기체의 엔트로피 상태식(반드시 암기)

$$\Delta S = S_2 - S_1 = C_v \ln \dfrac{T_2}{T_1} + R \ln \dfrac{v_2}{v_1}$$

$$\Delta S = S_2 - S_1 = C_p \ln \dfrac{T_2}{T_1} - R \ln \dfrac{p_2}{p_1}$$

$$\Delta S = S_2 - S_1 = C_p \ln \dfrac{v_2}{v_1} + C_v \ln \dfrac{p_2}{p_1}$$

4-8 엔트로피 증가의 원리

비가역 과정의 entropy 변화 그림에서 Ⅰ과정을 비가역 사이클(역기관)로 하고 Ⅱ과정을 가역 사이클(냉동기)로 하면, 비가역 사이클의 열효율을 η', 가역사이클의 열효율을 η라 하면 가역 사이클의 열효율이 크다.

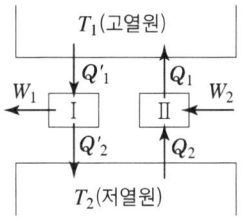

가역사이클(Ⅱ기관)에서 $\dfrac{-Q_1}{T_1} = \dfrac{Q_2}{T_2}$ (유입, 유출)에서 $\dfrac{Q_1}{T_1} + \dfrac{Q_2}{T_2} = 0$ ∴ $\displaystyle\int \dfrac{\delta Q}{T} = 0$

비가역 사이클(Ⅰ기관)에서 $\dfrac{Q_1}{T_1} = \dfrac{-Q_2'}{T} - \alpha$ (유입, 유출)에서 α는 $Q_2' > Q_2$ 이므로 등식을 만족시키기 위한 보정량이다. 따라서 비가역 변화에서는 $\dfrac{Q_1}{T_1} + \dfrac{Q_2'}{T_2} = -\alpha$

즉, $\dfrac{Q_1}{T_1} + \dfrac{Q_2'}{T_2} < 0$ 이다.

 비가역변화의 clausius integral $\displaystyle\int \dfrac{\delta Q}{T} < 0$

(1) 엔트로피 증가의 원리

이제 비가역 사이클에서

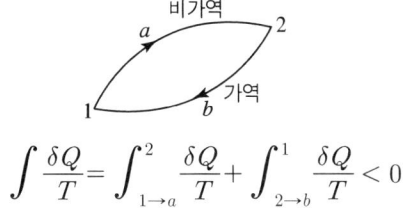

$$\int \frac{\delta Q}{T} = \int_{1 \to a}^{2} \frac{\delta Q}{T} + \int_{2 \to b}^{1} \frac{\delta Q}{T} < 0$$

지금 $1 \to a \to 2 \to b \to 1$ 과정이 비가역이므로, 이때 $1 \to a \to 2$과정은 비가역 과정이고 $2 \to b \to 1$은 가역 과정이라면 전체계系는 비가역을 만족하게 된다.

따라서 가역과정인 $2 \to b \to 1$은 $\int_{2 \to b}^{2} \frac{\delta Q}{T} < S_2 - S_1$이로 된다. 이것은 비가역변화인 $1 \to a \to 2$ 경로를 따라 $\frac{\delta Q}{T}$를 적분한 값이 변화 전 후의 상태에 대한 엔트로피의 차보다 작아지는 것을 의미한다. 여기서 $S_2 - S_1 = dS$로 생각하면

$$\frac{\delta Q}{T} < dS \text{ 또는 } \frac{\delta q}{T} < dS, \ \delta Q < TdS \text{ 또는 } \delta q < TdS$$

만일 단열 변화를 할 때 $\delta Q = 0$이므로 가역단열 변화 일 때는 $dS = 0$이 되어 엔트로피가 변화하지 않으나 비가역 단열변화 일 때 $dS > 0$이 되어 엔트로피는 반드시 증가한다.

(2) 엔트로피 증가의 법칙

계系內에서 모든 변화가 가역적으로 이루어지면 그 사이에 증감된 엔트로피의 총합은 zero가 되지만 그들의 변화 中 어느 하나라도 비가역 변화가 있으면 계系전체의 엔트로피는 반드시 증가한다. 즉 자연계에서는 항상 엔트로피가 증가하면 그 증가하려는 方向은 평형상태 쪽이다.

 ## 4-9 비가역 변화의 실례 – 엔트로피 증가

비가역 변화의 예로 열 이동, 마찰, 교축, 혼합 등이 있다.

(1) 열 이동

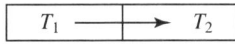

고온체(T_1)과 저온체(T_2)의 두 물체를 접촉하면 열 이동이 생긴다. 열평형에 도달되기까지 열의 이동은 계속 될 것이며 이 변화로 인해 생긴 엔트로피의 변화는

고온물체의 엔트로피 변화량 $\Delta S_1 = \dfrac{-Q}{T_1}$, 저온물체의 엔트로피 변화량 $\Delta S_2 = \dfrac{+Q}{T_2}$

이다. 따라서 系전체의 엔트로피 변화는 $\Delta S = \Delta S_1 + \Delta S_2 = Q\left(\dfrac{1}{T_2} - \dfrac{1}{T_1}\right)$로 표현되어지고 여기서 $T_1 > T_2$이므로 $\Delta S > 0$이다.

열 이동에 의하여 생긴 변화에서 系전체의 엔트로피는 증가한다.

(2) 마 찰

변화과정 中에 마찰을 동반하는 경우에는 마찰로 인하여 생기는 열(마찰열) Q_f가 발생되어지고 이 Q_f가 系에 공급되어진다.

系와 외부가 단열 되어진다 하더라도 이 내부에서 발생되어지는 마찰열로 인하여 系의 엔트로피는 증가하게 된다. 즉, $\Delta S = \dfrac{Q_f}{T} > 0 (\because Q_f > 0)$

단열재로 싸여있는 管路를 흐르는 유체의 상태에서도 적용된다.

(3) 교 축

Joule-Thomson의 교축 실험과 같은 교축상태나 좁은 목 부분을 갖는 管路(Valve, joint 類)의 교축흐름에서 비가역 변화의 예이다.

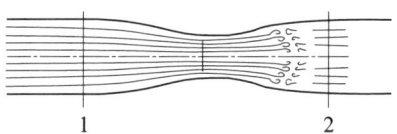

교축 전후에서 엔탈피는 일정하므로 온도차가 없이 일정하고, 압력은 강하된다.

$$k_1 = k_2, \ p_1 > p_2$$

엔트로피의 관계식 p와 T의 함수에서 $T_1 = T_2$이므로

$$\Delta S = C_p \ln \dfrac{T_2}{T_1} = R \ln \dfrac{p_2}{p_1} = 0 - R \ln \dfrac{p_2}{p_1} = R \ln \dfrac{p_1}{p_2} > 0 \ (p_1 > p_2)$$

교축과정에서도 $\Delta S > 0$이므로 엔트로피가 증가함을 알 수 있다.

※ 自然系에서 실제 변화과정은 비가역 변화과정이므로 항상 엔트로피는 증가한다. 자연계에서는 에너지는 모두 열로 변환하려는 경향이 있으며 그 열은 온도를 평균하려는 방향으로 움직인다. 즉 우주계에서는 엔트로피가 증가되는 방향으로 변화한다. 따라서 온 우주계는 모두 같은 온도가 될 때까지 무한히 변화하려고 한다.

※ 자연계에서 일어나는 물리적 현상에서는 그 체계의 에너지 총합은 일정불변이지만(제1법칙), 엔트로피는 항상 증가의 방향을 가진다(제2법칙)

4-10 T-S 선도와 상태 변화

엔트로피(S, s)는 상태량, 상태함수이므로 $P-V$ 선도처럼 $T-s$ 선도를 그려낼 수 있다. $\delta Q = TdS$, $\delta q = Tds$ 인 관계에서 강도성 상태량인 T를 종축으로, 종량성 상태량인 S를 횡축으로 하여 좌표를 택하면 사선 부분은 Tds 곧 δQ이다.

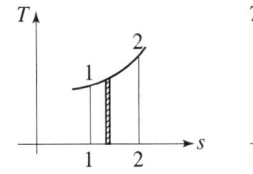
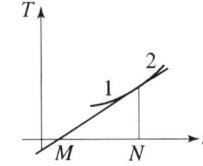

따라서 $_1q_2 = \int_1^2 TdS$ = 면적 1, 2, 2', 1'이다.

$_1Q_2 = m\, _1q_2$ 또는 $_1Q_2 = G\, _1q_2$이다.

또 상태 1에서 2로 변화하는 中間의 점을 P라 할 때 이 임의의 위치 P에서 접선을 그으면 이 접선의 기울기는 $\dfrac{dT}{dS}$로 표시되고, $\dfrac{\overline{PN}}{\overline{MN}} = \dfrac{dT}{ds}$ 이므로 $\overline{MN} = \overline{PN} \times \dfrac{ds}{dT} = T \cdot \dfrac{ds}{dT}$

또 점 P에서의 비열을 C라 하면 $C = \dfrac{\delta Q}{dT} = T\dfrac{ds}{dT}$, 즉 비열 $C = \overline{MN}$, 비열은 선분 MN의 길이와 같다. 이 때 곡선의 기울기는 비열과 관계있으며 비열이 작으면 곡선의 기울기가 커지고, 비열이 크면 곡선의 기울기는 작아진다.

일반적으로 $C_p > C_v$이므로 등적선과 등압선의 기울기는 "등적선의 기울기>등압선의 기울기"가 된다. 따라서 $T-s$ 선도에서는 등적변화의 그래프가 등압변화의 그래프보다 기울기가 큰 것으로 표현된다.

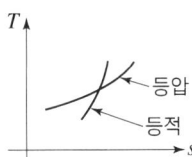

(1) 정적 변화

① $dS = \dfrac{\delta q}{T} = \dfrac{du + p\,dv}{T} = \dfrac{du}{T}\ (\because dv = 0)$

$\therefore \Delta S = S_2 - S_1 = \int_1^2 \dfrac{du}{T} = \int_1^2 \dfrac{C_v dT}{T} = C_v \ln\dfrac{T_2}{T_1}$

② $v = c$, $\dfrac{p}{T} = \dfrac{p_1}{T_1} = \dfrac{p_2}{T_2} = c \quad \therefore \dfrac{T_2}{T_1} = \dfrac{p_2}{p_1}$

$\therefore \Delta S = S_2 - S_1 = C_v \ln\dfrac{p_2}{p_1}$

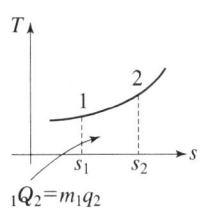

③ $C_v = C_p - R$

$$\therefore \Delta S = S_2 - S_1 = (C_p - R)\ln\frac{p_2}{p_1} = (C_p - R)\ln\frac{T_2}{T_1}$$

$$= C_p \ln\frac{p_2}{p_1} - R\ln\frac{p_2}{p_1} = C_p \ln\frac{T_2}{T_1} - R\ln\frac{T_2}{T_1}$$

3개의 엔트로피 식에서

$$\Delta S = S_2 - S_1 = C_v \ln\frac{T_2}{T_1} + R\ln\frac{v_2}{v_1}\!\!\!\nearrow^{0}$$
$$= C_p \ln\frac{T_2}{T_1} - R\ln\frac{p_2}{p_1}$$
$$= C_p \ln\frac{v_2}{v_1}\!\!\!\nearrow^{0} + C_v \ln\frac{p_2}{p_1}$$

위의 결과와 같다.

(2) 정압 변화

① $dS = \dfrac{\delta q}{T} = \dfrac{dh - v\,dp}{T} = \dfrac{dh}{T} = C_p \dfrac{dT}{T}\;(\because p = c,\ dp = 0)$

$$\therefore \Delta S = S_2 - S_1 = C_p \ln\frac{P_2}{P_1}$$

② $p = c \quad \therefore \dfrac{v}{T} = \dfrac{v_1}{T_1} = \dfrac{v_2}{T_2} = c,\ \dfrac{T_2}{T_1} = \dfrac{v_2}{v_1}$

$$\therefore \Delta S = S_2 - S_1 = C_p \ln\frac{v_2}{v_1}$$

③ $C_p = C_v + R$

$$\therefore \Delta S = S_2 - S_1 = (C_v + R)\ln\frac{v_2}{v_1} = (C_v + R)\ln\frac{T_2}{T_1}$$

$$= C_v \ln\frac{v_2}{v_1} + R\ln\frac{v_2}{v_1} = C_v \ln\frac{T_2}{T_1} + R\ln\frac{T_2}{T_1}$$

3개의 엔트로피식에서 $\ln\dfrac{p_2}{p_1} = 0$으로 하면 그 결과가 위와 같다.

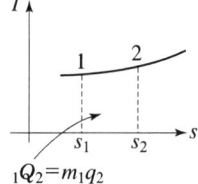

$_1Q_2 = m_1q_2$

(3) 등온 변화

① $ds = \dfrac{\delta q}{T} = \dfrac{du + p\,dv}{T} = \dfrac{p}{T}dv = \dfrac{R}{v}dv\;(\because T = c,\ dT = 0)$

$$\therefore \Delta S = S_2 - S_1 = \int_1^2 \frac{R}{v}dv = R\ln\frac{v_2}{v_1}$$

② $T = c,\ pv = p_1v_1 = p_2v_2 = c \quad \therefore \dfrac{v_2}{v_1} = \dfrac{p_1}{p_2}$

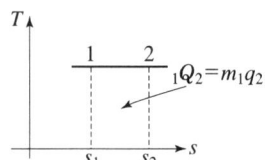

$_1Q_2 = m_1q_2$

$$\therefore \Delta S = S_2 - S_1 = R \ln \frac{p_1}{p_2} = -R \ln \frac{p_2}{p_1}$$

③ $R = C_p - C_v$, $R = C_p - C_v$

$$\therefore \Delta S = S_2 - S_1 = (C_p - C_v) \ln \frac{v_2}{v_1} = -(C_p - C_v) \ln \frac{p_2}{p_1} = C_p \ln \frac{v_2}{v_1} - C_v \ln \frac{v_2}{v_1}$$

$$= -C_p \ln \frac{p_2}{p_1} + C_v \ln \frac{p_2}{p_1} = C_p \ln \frac{v_2}{v_1} + C_v \ln \frac{p_2}{p_1}$$

3개의 엔트로피 식에서 $\ln \frac{T_2}{T_1} = 0$을 대입하면 그 결과가 위와 같다.

(4) 단열 변화

$ds = \dfrac{\delta q}{T} = 0$ $\therefore S_2 - S_1 = 0$

$\therefore S_1 = S_2 = S =$ 일정, 등엔트로피 변화(가역단열 변화)

※ 비가역 단열변화 時에는 엔트로피가 증가한다.

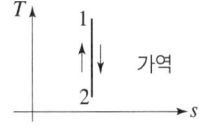

(5) 폴리트로우프 변화

$$\delta q = C_n \, dT = C_v \frac{n-k}{n-1} dT$$

$$\therefore \Delta S = S_2 - S_1 = C_v \frac{n-k}{n-1} \ln \frac{T_2}{T_1}$$

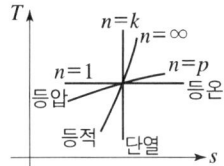

4-11 유효에너지와 무효에너지

열효율이 가장 좋은 cycle은 Carnot cycle이다. 그러나 이 카르노 사이클도 어떤 온도 구간에서 작동되느냐 하는 것이 중대한 문제가 된다.

지금 고열원 T_1에서 열량 Q_1을 받아 저열원 T_2로 열량 Q_2를 버리면서 일을 하는 카르노 사이클이 있다. 이때에 유효하게 사용된 열은 $Q_1 - Q_2$이다. 이렇게 유효하게 사용되는 에너지의 량을 유효에너지(Q_a)라 하고 버리는 열 Q_2를 무효에너지라 한다.

$$Q_a = Q_1 - Q_2 = Q_H - Q_L$$

카르노 사이클의 열효율 η_c라 하면 Q_a와 Q_2는

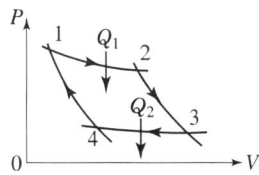

$$\text{유효에너지} \quad Q_a = Q_1 - Q_2 = \frac{Q_1 - Q_2}{Q_1} \cdot Q_1 = \eta_0 \cdot Q_1$$
$$\text{무효에너지} \quad Q_2 = Q_1 - \eta_c Q_1 = (1 - \eta_c) Q_1$$

이 되며, $\eta_c = 1 - \dfrac{T_2}{T_1}$, $\Delta S = \dfrac{Q_1}{T_1} = \dfrac{Q_2}{T_2}$ 이므로

$$\text{유효에너지} \quad Q_a = (1 - \frac{T_2}{T_1}) Q_1 = Q_1 - T_2 \Delta S$$
$$\text{무효에너지} \quad Q_2 = \frac{T_2}{T_1} Q_1 = T_2 \Delta S$$

① cycle 1234에서
  공급열량 : 면적 a12ba
  무효에너지 : 면적 a43ba
  유효에너지 : 면적 12341
  엔트로피 변화량 : $\Delta S_{1234} = \dfrac{Q_1}{T_1} = \dfrac{Q_2}{T_2}$

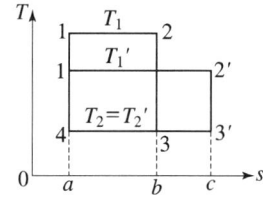

② cycle 1'2'3'4'에서
  공급열량 : 면적 $a1'2'ca$
  무효에너지 : 면적 $a43'ca$
  유효에너지 : 면적 1',2',3',4,1'
  엔트로피 변화량 : $\Delta S_{1'2'3'4} = \dfrac{Q_1{'}}{T_1{'}} = \dfrac{Q_2{'}}{T_2{'}}$

따라서 엔트로피가 증가하면 무효에너지 Q_2는 증가하고 유효에너지 Q_a는 감소한다. 그러므로 무효에너지를 최소로 하기 위한 조건은 저열원 T_2의 수용열량이 작으면 금세 온도가 상승되므로 무한대의 수용능력을 갖는 대기나 해수로 택하게 되며 大氣나 海水는 온도가 어느 일정치를 갖게 되므로 저열원의 온도를 높이는 것이 합리적이다.
이것은 다음의 $T-s$ 선도로서 증명할 수 있다.
그림에서 두 개의 사이클 1, 2, 3, 4와 1',2',3',4'로 구성되는 계를 생각하면, 사이클의 면적이 유효에너지이다.
여기서, $T_1 > T_1{'}$, $Q_1 = Q_2{'}$ 양의 크기이므로

$$\Delta S' > \Delta S$$

즉, 엔트로피가 증가하면 무효에너지는 증가하고 유효에너지는 감소됨을 알 수 있다.

Chapter 5

순수물질 및 증기

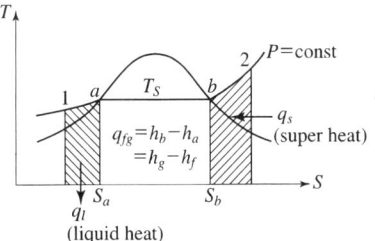

※ 기사시험에서 1문제~2문제 출제
※ 암기를 해야만 1분30초에 한 문제 해결이 가능합니다.

❶ $v_x = v' + x(v'' - v')$

여기서, v_x : 습증기의 상태량, v' : 포화수의 상태량, v'' : 포화증기의 상태량

x : 건도 $x = \dfrac{증기의\ 중량}{전체중량}$

❷ 정압 하에서의 증기의 상태변화

여기서, TS(Saturated temperature) : 포화온도
q_l(lipuid heat or sensible heat) : 액체열, 감열, 현열
q_{fg}(latent heat) : 증발잠열
q_s(super heat) : 과열

❸ 증발잠열
$r = h'' - h' = u'' - u' + P(v'' - v')$

여기서, h'' : 포화증기의 엔탈피, h' : 포화수의 엔탈피
v'' : 포화증기의 비체적, v' : 포화수의 비체적

5-1 순수물질(Pure substance)

원자가 모여 분자를 이루면 분자는 일단 안정된 구조를 가지며 여간해서는 다시 원자로 분해되지 않는다. 어느 온도 및 압력의 범위에서 분자의 상태는 액체 또는 기체로 존재하게 된다. 보통 단일성분으로 되어있는 물질은 혼합물이 아니며 또한 화학적으로 안정되어 있을 때 이를 순수물질로 본다.

예를 들어서 물은 상온에서 액체로 존재하며 이를 동일한 압력 하에서 가열하면 수증기로 된다. 그러나 물이 가지는 화학적 평형은 지속되어서 항상 H_2O의 상태로 된다. 따라서 물은 순수물질이다.

보통 액화나 기화가 용이하여 cycle의 동작물질로 삼을 때 액화 및 기화를 되풀이 반복하는 순수물질을 증기(蒸氣 : vapor)라 하고, 내연기관의 연소가스처럼 액화나 기화가 쉽게 일어나지 않는 물질(순수물질이 아니더라도 좋다)을 가스(gas)라 하며 증기와 뚜렷이 구별한다. 일반적으로 증기는 순수물질로 취급하며 상온에서 액체의 상태로 존재할 수 있는 물질이 기화된 것을 지칭한다.

5-2 포화액체, 포화증기, 포화온도 및 잠열

포화란 어느 한 물질의 액상(액체상태)과 기상(기체상태)이 평형이 되어서 공존하는 상태를 말하며 순수물질인 경우에는 포화액체와 포화증기는 항상 공존하게 된다. 만일 압력이 일정하게 유지된다면 兩相의 비율은 변화하여도 온도는 일정하다. 이 온도가 되어서는 더 이상 온도가 올라가지 않고 일정해지며 증발이 시작된다. 이때 증발이 시작되기 직전의 액체상태를 포화액이라고 하며 이때까지 공급된 열량을 감열 또는 현열(感熱, 顯熱 : sensible heat)이라고 한다. 증발이 시작되면 온도는 변화하지 않으나 포화액체로부터 포화증기로 변화하는데 공급되는 열량을 잠열(潛熱 : latent heat)이라 한다. 잠열은 보통 r로 표시하며 엔탈피의 차로 나타내어진다.

즉, 증발잠열＝포화증기의 比엔탈피 － 포화액체의 比엔탈피

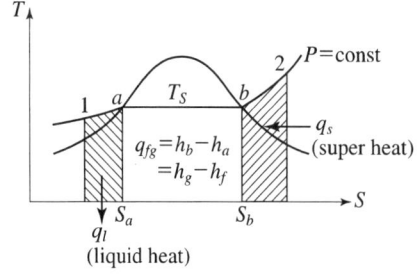

T_S(Saturated temperature) : 포화온도
q_l(lipuid heat or sensible heat) : 액체열, 감열, 현열
q_{fg}(latent heat) : 증발잠열
q_s(super heat) : 과열

포화액과 포화증기가 공존하는 온도를 포화온도라 하며 압력에 따라 그 값은 변하지만 일단 압력이 주어지면 바로 그 압력에 대한 포화온도는 항상 일정하다. 예를 들면 물은 대기압 하에서 100℃의 포화온도는 항상 일정하다. 예를 들면 물은 대기압 하에서 100℃의 포화온도를 가진다.

포화증기에서 1kg의 포화액을 등압 하에서 건포화 증기가 될 때까지 가열하는데 필요한 열량, 즉 증발잠열 r 은 $\delta q = du + pdv$ 또는 $\delta q = dh + vdp$ 에서

$$r = \int \delta q = u'' - u' + p(v'' - v') = h'' - h'$$

이때 첨자 ′는 포화액에서 포화증기로 변환될 때의 상태, 즉 위의 그림에서 a 점을 의미하며 첨자 ″는 포화증기에서 과열증기로 변환될 때, 즉 위의 그림에서 b 점을 의미한다.

또한 $u'' - u' = \rho$: 내부증발열, $v'' - v' = \psi$: 외부증발열로 표시할 때 $r = \rho + \psi$ 이다.

 5-3 증기의 건도

포화액체와 포화증기의 혼합물 中에서 액체의 중량을 G_l, 증기의 중량을 G_g 라 하고 포화액체의 비체적을 v', 포화증기의 비체적을 v'' 라 할 때 혼합물의 평균적인 비체적 v 는

$(G_l + G_g)v = G_l v' + G_g v''$ 에서 $v = \dfrac{G_l}{(G_l + G_g)} v' + \dfrac{G_g}{(G_l + G_g)} v''$ 이다.

여기서 증기의 건도(dryness fraction) 또는 질(quality)을 x 라 하면

$x = \dfrac{G_g}{G_l + G_g}$ 로 정의되고 위식은 다음과 같이 표현되어 진다.

$v = (1-x)v' + xv''$ ∴ $v = v' + x(v'' - v')$

보일러 등의 증기발생장치로부터 나오는 포화증기 속에는 미세한 비말형(飛沫形)의 포화수가 함유되어 있는데 이와 같은 증기를 습증기(wet steam)라 하고 건도(질)로서 그 정도를 표시한다. 이에 대하여 포화수를 전혀 포함하지 않는 포화증기를 건포화증기(dry saturated steam)라 한다. 따라서 포화액의 상태(a 또는 ′)에서는 건도 $x = 0$ 이고 포화증기상태(b 또는 ″)에서는 건도 $x = 1$ 이 된다.

일반적으로 氣·液 혼합증기의 比상태량은

$v = v' + x(v'' - v')$	$u = u' + x(u'' - u')$
$h = h' + x(h'' - h')$	$S = S' + x(S'' - S')$

로 된다.

5-4 임계점(critical point)

포화증기에서 압력을 높이면 증발잠열이 작아지고 결국에는 0이 되는 곳이 있다. 즉, 액상과 기상과의 사이에 엔탈피의 변화가 없어지고 이와 동시에 비체적의 변화도 없어진다. 액상과 기상과의 사이에 확실한 구별이 없어짐을 의미한다. 이러한 한계상태를 임계점이라고 하며 임계점에서의 압력을 임계압력, 온도를 임계온도라 한다.

보통 물질은 액화의 조건은 임계압력 이상의 압력을 가하고 임계온도 이하로 온도를 낮출 때 일어난다. 따라서 기화의 조건은(보통 증발) 임계압력 이하의 압력 하에서 임계온도 이상으로 열량을 공급할 때 일어난다. 증기에서 건도 x이 상태에서 계속 열을 가하면 건도는 증가하여 $x=1$인 상태(건포화증기)가 된다. 이때 더욱 열을 가하면 온도가 상승하며 포화온도 이상으로 증가하게 된다. 이러한 증기를 과열증기라 한다. 과열증기의 상태는 압력과 온도여하에 따라 다르며 어떤 상태에서의 과열증기와 포화온도의 차를 과열도라 한다. 증기는 이상기체가 아니기 때문에 $Pv = RT$를 만족하지 못하지만 과열도가 커짐에 따라 이상기체의 성질에 가까워진다. 보통 임계점 이상에서 거의 완전가스(이상기체)라 볼 수 있다.

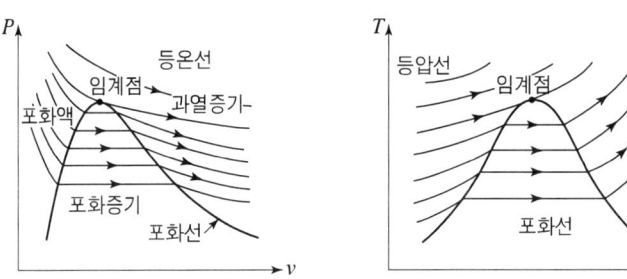

※ 선도에서 습포화증기 영역에서는 등온선과 등압선이 일치한다.

5-5 증기표와 증기선도

어느 물질의 액상으로부터 기상에 걸친 상태량 사이의 함수관계를 수치로 나타낸 것을 증기표라고 한다. 증기표는 v만이 아니고 h나 S도 함께 기재되어 있어서 계산하지 않고도 쉽게 알 수 있다.

증기표의 종류로는 포화증기표와 압축액체, 과열증기표로 나누어진다. 물의 포화증기표는 압력을 변수로 취한 것과 온도를 변수로 취한 것이 있고 각 상태량의 값에서 포화수는 v', h', u', S'로 포화증기는 v'', h'', u'', S'' 등으로 표시한다.

증기표에서는 3중점의 물의 상태, 즉 0.01℃, 0.001m³/kg인 포화수의 상태를 기준으로 그 상태량을 표시한다. 액체·증기계의 상태량의 변화과정을 간단한 선도로 표시한 것이 증기선도이다. 증기선도로서는 $p-v$ 선도, $T-s$ 선도 및 $h-S$ 선도(몰리에르 선도), $p-h$ 선도(냉매선도) 등이 쓰이고 있다.

5-6 증기의 상태변화

(1) 정적변화

① 상태변화

$$v = v_1 = v_2 = c$$

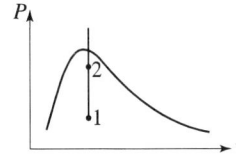 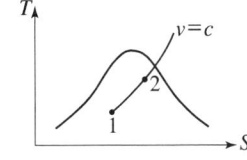 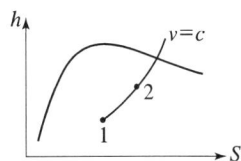

등적변화후의 건도가 x_1에서 x_2로 될 때(습증기 구역內에서 변화)

$v_1 = v_1' + x_1(v_1'' - v_1')$

$v_2 = v_2' + x_2(v_2'' - v_2')$

$v_1 = v_2$이므로

$v_1' + x_1(v_1'' - v_1') = v_2' + x_2(v_2'' - v_2')$

$\therefore x_2 = \dfrac{v_1' - v_2'}{v_2'' - v_2'} + x_1\dfrac{v_1'' - v_1'}{v_2'' - v_2'} \fallingdotseq x_1\dfrac{v_1'' - v_1'}{v_2'' - v_2'}$

② 열량

$$\delta q = du + Pdv \qquad {}_1q_2 = u_2 - u_1$$
$$u_2 = u_2' + x(u_2'' - u_2') \qquad u_1 = u_1' + x(u_1'' - u_1')$$
$$\delta q = dh + vdp \qquad {}_1q_2 = h_2 - h_1 - v(P_2 - P_1)$$
$$h_2 = h_2' + x(h_2'' - h_2') \qquad h_1 = h_1' + x(h_1'' - h_1')$$

③ 절대일

$$\delta w = Pdv, \quad {}_1w_2 = 0$$

④ 공업일

$$\delta w_t = -vdp, \quad w_P = -v(P_2 - P_1)$$

(2) 정압변화

① 상태변화

$$P = P_1 = P_2 = c, \quad dP = 0$$

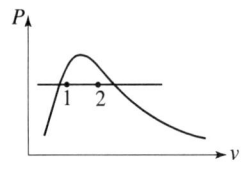 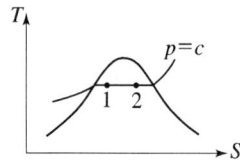 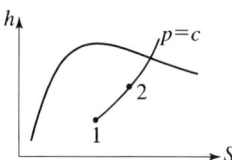

습증기 영역에서는 등압변화와 등온변화가 일치한다.

② 열량

$$\delta q = du + P dv$$
$$_1q_2 = u_2 - u_1 + P(v_2 - v_1) = h_2 - h_1 = r(x_2 - x_1)$$
$$h_2 = h_2' + x_2(h_2'' - h_2') \qquad h_1 = h_1' + x_1(h_1'' - h_1')$$
$$h_1' = h_2' \qquad\qquad h_1'' = h_2''$$

③ 내부에너지 변화

$$\int_1^2 = u_2 - u_1 = (x_2 - x_1)\rho$$
$$u_2 = u_2' + x_2(u_2'' - u_2') \qquad u_1 = u_1' + x_1(u_1'' - u_1')$$
$$\rho = u_1'' - u_1' = u_2'' - u_2' \qquad u_1' = u_2' \qquad u_1'' = u_2''$$

④ 절대일

$$_1w_2 = P(v_2 - v_1) = P(x_2 - x_1)(v'' - v')$$
$$v_1 = v_1' + x_1(v_1'' - v_1') \qquad v_1' = v_2' \qquad v_1'' = v_2''$$

⑤ 공업일

$$\delta w_t = -v\,dp = 0 \qquad w_t = 0$$

(3) 등온변화

① 상태변화

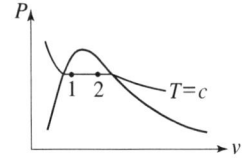 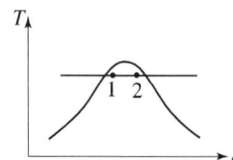 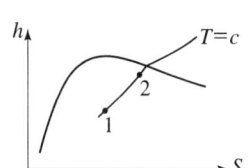

② 열량

$$_1q_2 = T(S_2 - S_1) = T(x_2 - x_1)(S'' - S') = r(x_2 - x_1) \quad (\because S'' - S' = \frac{r}{T})$$
$$S_2 = S_2' + x(S_2'' - S_2'), \; S_1 = S_1' + x(S_1'' - S_1')$$

③ 절대일

$$_1w_2 = \int_1^2 \delta q - \int_1^2 du = {_1q_2} - (u_2 - u_1) = (x_2 - x_1)r - (x_2 - x_1)\rho$$
$$= (x_2 - x_1)\psi = P(x_2 - x_1)(v'' - v')$$
$$u_2 = u_2' + x_2(u_2'' - u_2'), \quad u_1 = u_1' + x_1(u_1'' - u_1'), \quad \rho = u'' - u'$$
$$\psi = P(v'' - v'), \quad r = h'' - h'$$

④ 공업일

$$w_t = \int_1^2 \delta q - \int_1^2 dh = {_1q_2} - (h_2 - h_1)$$

(4) 단열변화

① 상태변화

$$\delta q = 0, \quad _1q_2 = 0$$

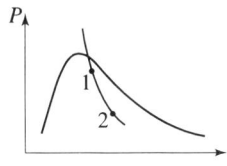
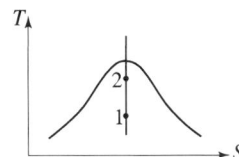
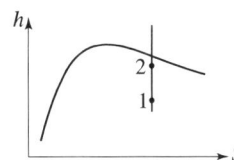

변화후의 건조도
$$S_1 = S_1' + x_1(S_1'' - S_1'), \; S_2 = S_2' + x_2(S_2'' - S_2')$$
$$\delta q = 0 \text{이므로 } dS = \frac{\delta q}{T} = 0 \quad \therefore S_2 = S_1$$
$$S_1' + x_1(S_1'' - S_1') = S_2' + x_2(S_2'' - S_2')$$
$$\therefore x_2 = \frac{S_1' - S_2'}{S_2'' - S_2'} + x_1 \frac{S_1'' - S_1'}{S_2'' - S_2'}$$

② 열량

$$_1q_2 = 0$$

③ 절대일

$$_1w_2 = -(u_2 - u_1)$$

④ 공업일

$$w_t = -(h_2 - h_1)$$

(5) 교축변화(등엔탈피 변화)

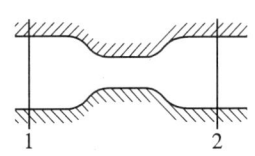 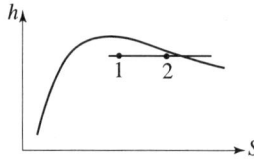 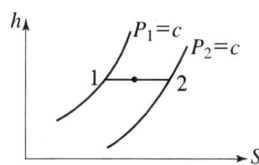

정상류 에너지식

$$\dot{Q} = \dot{m}\left[(h_2 - h_1) + \frac{1}{2}(c_2^2 - c_1^2) + g(z_2 - z_1)\right] + \dot{W} \qquad \therefore h_2 = h_1$$

교축변화 시 압력강화가 발생한다.

 **교축열량계**

교축과정을 이용하여 건도를 측정한다.

$h_2 = h_1 \qquad h_1 = h_1' + x_1(h_1'' - h_1') \qquad h_2 = h_2' + x_2(h_2'' - h_2')$

$\therefore h_1 = h_2' + x_2(h_2'' - h_2') = h_2' + x_2 r_2$

$h_2 = h_1' + x_1(h_1'' - h_1') = h_1' + x_1 r_1$

$\therefore x_2 = \dfrac{h_1 - h_2'}{r_2} \qquad x_1 = \dfrac{h_2 - h_1'}{r_1}$

제 6 장 증기동력(蒸氣動力) 사이클(vapor power cycles)

증기동력(蒸氣動力) 사이클 (vapor power cycles)

○ **vapor(steam) power cycle**
① Rankine cycle
② Reheat cycle
③ Regenerative cycle
④ Reheat and regenerative cycle

○ **증기원동소의 구성**
① 증기 보일러(steam boiler) : 정압가열
② 증기 터어빈(steam turvine) : 단열팽창
③ 복수기(condencer) : 정압방열
④ 급수 펌프(feed water pump) : 단열압축(or 정적압축)

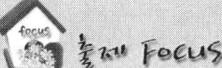

※ 기사시험에서 1문제~2문제 출제
※ 각 과정별 과정을 이해한 후 열효율 증가 방법에 대한 문제가 출제됨

❶ **Rankin cycle의 효율**
$$\eta_R = \frac{참일량}{보일러에서\ 가한열량} = \frac{w_{net}}{q_B} = \frac{터빈일-펌프일}{보일러에서\ 가한열량}$$
Rankin cycle의 효율 증가 방법에 대한 서술적 표현

❷ **재열 cycle의 효율**
$$\eta_{RH} = \frac{참일량}{보일러에서\ 가한열량+재열기에서\ 가한열량} = \frac{w_{net}}{q_B+q_R} = \frac{W_{T1}+W_{T2}-W_P}{q_B+q_R}$$

❸ **재생 cycle의 열효율 증가 방법**
복수기에서 배출하는 열량이 많기 때문에 열손실이 크다. 이 열손실을 감소시키기 위하여 터빈에서 단열팽창도중의 동작유체의 일부를 추출하여 이 증기의 잠열로서 보일러에 공급되는 물을 예열하고 복수기에서 방출되는 폐기의 일부열량을 급수에 재생(Regeneration)한다.
즉, 재생사이클은 증기터어빈의 팽창도중에 증기를 추출하여 급수를 가열하도록 하여 사이클 효율을 개선시킨 증기원동소 사이클이다.

6-1 랭킨의 사이클

급수된 물이 급수펌프에 의해 보일러에 포화증기가 되어 과열기로 들어간다. 과열기에서 높은 열을 함유한 과열증기가 되어 터빈을 돌린다. 이때 고온 고압의 과열증기가 팽창하면서 터빈을 돌려 터빈으로부터 발생되는 일이 발전기, 기타 소요의 부하를 구동하게 된다. 터빈에서 배출된 폐증기는 복수기에 유입되어 응축된다. 이때 복수기는 진공상태이므로 배압이 낮아 증기가 다시 팽창되므로 외부의 찬 물이 들어와 식혀주도록 된다. 이러한 사이클은 1854년 Rankine이 제창하였다.

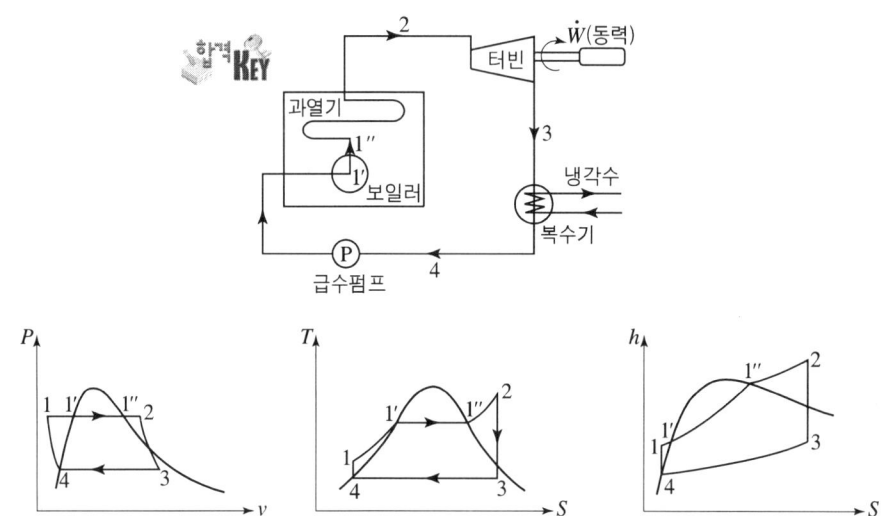

위의 그림에서 2개의 단열변화와 2개의 정압변화로 이루어진 사이클로 이해할 수 있고 이때 1 → 2(정압가열), 2 → 3(단열팽창), 3 → 4(정압방열), 4 → 1(단열 or 정정압축)과정이다. 우선 복수기(condencer)에서 나온 포화수 4는 급수펌프에 의하여 증기보일러에 압입된다. 이때 4 →1 변화는 단열압축 과정인바 유체가 물인 경우 체적의 변화가 없다고 보아도 무방하므로 이 과정은 등적과정이기도 하다. 따라서 1의 상태는 압축 수이므로 사실상 포화액이며 P축에 평행한 수직선으로 된다($P-v$ 선도). 또한 이 과정은 $T-S$ 선도 상에서는 엄밀히 생각될 때 4와 1의 두 점은 서로 다르나 실제 그림 상에서는 거의 일치한다.

보일러에 유입된 물 1은 등압가열 되면 포화수 1'가 되어 증발이 개시되고 계속 가열되어(보일러에서) 소요의 증발잠열을 흡열하고 건포화증기 1″가 된다. 건포화 증기는 과열기(super heater)에서 같은 압력하의 소요의 과열증기 2가 된다. 이 때 압력 P_1인 과열증기는 터빈에서 상태 P_3까지 단열팽창하고 복수기에서 대기온도 가까이까지 냉각되어 응축한다. 따라서 원래의 상태인 4의 상태에 포화수가 된다.

이제 각 과정별로 상태를 살펴보면

제 6 장 증기동력(蒸氣動力) 사이클(vapor power cycles)

① 4 → 1 과정 : 포화수를 보일러 압력까지 압축하여 송입하는 단열압축이며 이 동안에 급수 펌프가 1kg의 물을 압송하는데 소비하는 일, 즉 펌프일을 w_P라 하면

$$w_P = (h_1 - h_4) = v'(P_1 - P_4)$$

② 1 → 2 과정 : 보일러에 송입된 물이 과열증기가 되는 동안 1kg당 가열한 열량을 q_1이라 하면

$$q_1 = h_2 - h_1 \approx h_2 - h_4$$

③ 2 → 3 과정 : 터빈에서 단열팽창과정이며 이때 증기 1kg당 발생한 일을 w_t라 하여 터빈 일이라 하면

$$w_t = h_2 - h_3$$

④ 3 → 4 과정 : 복수기 속에서 복수되는 상태이며 1kg당 방출되는 열량을 q_2이라 하면

$$q_2 = h_3 - h_4$$

따라서 Rankine cycle로 작동되는 증기원동소의 1 사이클 당 얻어지는 유효일 w_{net} 는 $q_1 - q_2$이고 또한 $w_t - w_P$이다.

$$\begin{aligned} w_{net} &= q_1 - q_2 = (h_2 - h_3) - (h_1 - h_4) \\ &= w_t - w_P = (h_2 - h_3) - (h_1 - h_4) = (h_2 - h_1) - (h_3 - h_4) \end{aligned}$$

Rankine cycle의 열효율 η_R 은

$$\text{랭킨사이클의 효율} \quad \eta_R = \frac{q_1 - q_2}{q_1} = \frac{w_{net}}{q_1} = \frac{(h_2 - h_3) - (h_1 - h_4)}{h_2 - h_1}$$

여기서, $h_1 - h_4$, 즉 펌프일 w_P는 압력 P_1이 극히 높지 않는 한 터어빈 일 w_t에 비해 무시해도 무방하다. 즉, $h_1 \fallingdotseq h_4$로 생각하여 랭킨 사이클의 열효율은

$$\text{펌프일을 무시한 랭킨사이클의 효율} \quad \eta_R = \frac{(h_2 - h_3) - (h_1 - h_4)}{(h_2 - h_4) - (h_1 - h_4)} \approx \frac{h_2 - h_3}{h_2 - h_4}$$

로 계산되어지고 이상의 결과에서 랭킨사이클의 열효율은 터어빈의 全后에서 初壓 및 初溫이 높을수록, 排壓이 낮을수록 커진다는 사실을 알 수 있다.

6-2 재열(再熱)사이클(Reheat cycle)

열효율을 높이기 위하여 터어빈 입구의 압력을 높이면 터어빈 속에서 증기가 단열팽창을 할 경우 터어빈 출구에 가까이 올수록 습분이 증가하여 터어빈 날개의 마모 및 부식 등의 장애를 가져온다. 이것을 방지 또는 감소시키기 위해서는 증기의 건도를 높일 필요가 있으며 팽창도중의 증기를 전부 뽑아내어 재열기(Reheater)로 보내 재열한 후 다시 다음 단계의 터어빈으로 보내는 재열 사이클이 고안되었다.

재열사이클의 주 목적은 열효율 증대가 아니라 터어빈의 수명을 길게 하는데 있다. 즉 터어빈 출구에서의 증기의 건도를 높여 터어빈의 수명 증가와 부수적으로 열효율 개선도 함께 이룰 수 있는 advance된 증기 원동소 사이클이다.

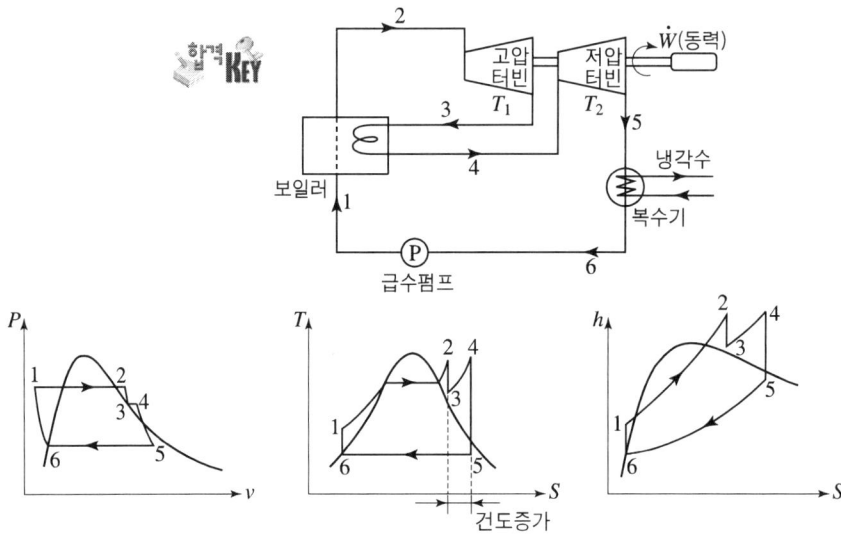

(1) 보일러에 가해진 열량 : $q_1{'}$

$$q_1{'} = h_2 - h_1$$

(2) 재열기에 가해진 열량 : $q_1{''}$

$$q_1{''} = h_4 - h_3$$
$$\therefore \text{총 공급 열량 : } q_1 = q_1{'} + q_1{''} = (h_2 - h_1) + (h_4 - h_3)$$

(3) 고압 터어빈에서 발생한 일량 : w_{T_1}

$$w_{T_1} = h_2 - h_3$$

(4) 저압 터어빈에서 발생한 일량 : w_{T_2}

$$w_{T_2} = h_4 - h_5$$

(5) 급수펌프에서 발생한 일량 : w_P

$$w_P = h_1 - h_6 \quad \therefore \text{발생한 정미일량} \quad w_{net} = w_{T_1} + w_{T_2} - w_P$$

Reheat cycle의 열효율 η_{Reh}은

$$\eta_{Reh} = \frac{w_{net}}{q_1} = \frac{(h_2 - h_3) + (h_4 - h_5) - (h_1 - h_6)}{(h_2 - h_1) + (h_4 - h_3)}$$

보통 펌프일 w_P를 무시하면($h_1 = h_6$)

 펌프일을 무시한 재열사이클의 효율 $\eta_{Reh} = \dfrac{(h_2 - h_3) + (h_4 - h_5)}{(h_2 - h_6) + (h_4 - h_3)}$

재열사이클에서의 열효율이 랭킨사이클의 경우보다 얼마나 개선되었는가를 알기 위하여 개선율

$$\text{개선율} = \frac{\eta_{Reh} - \eta_R}{\eta_R} \times 100(\%)$$

6-3 재생(再生)사이클(Regenerative cycle)

복수기에서 배출하는 열량이 많기 때문에 열손실이 크다. 이 열손실을 감소시키기 위하여 터어빈에서 단열팽창도중의 동작유체의 일부를 추출하여 이 증기의 잠열로서 보일러에 공급되는 물을 예열하고 복수기에서 방출되는 폐기의 일부열량을 급수에 재생(Regeneration)한다. 즉, 재생사이클은 증기 터어빈의 팽창도중에 증기를 추출하여 급수를 가열하도록 하여 사이클 효율을 개선시킨 증기원동소 사이클이다.

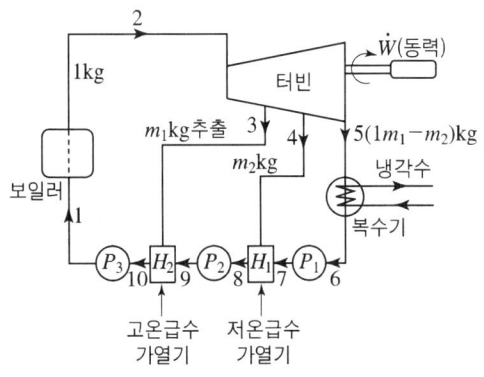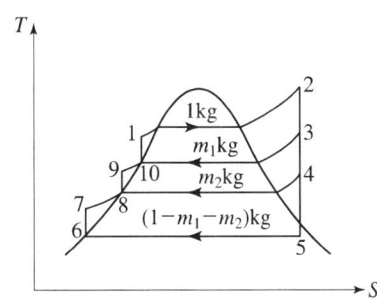

(1) 가열량 : q_1

$$q_1 = h_2 - h_1 \approx h_2 - h_{10}$$

고온급수가열기 후의 엔탈피

(2) 터어빈에서 한 일 : w_T

$$w_T = (h_2 - h_3) + (1 - m_1)(h_3 - h_4) + (1 - m_1 - m_2)(h_4 - h_5)$$
$$= (h_2 - h_5) - \{m_1(h_3 - h_5) + m_2(h_4 - h_5)\}$$

(3) 재생사이클의 열효율 : η_{Reg}

$$\eta_{Reg} = \frac{w_T}{q_1} = \frac{(h_2 - h_5) - m_1(h_3 - h_5) + m_2(h_4 - h_5)}{h_2 - h_{10}}$$
$$= \frac{(h_2 - h_3) + (1 - m_1)(h_3 - h_4) + (1 - m_1 - m_2)(h_4 - h_5)}{h_2 - h_{10}}$$

(4) 추기량 : m_1

m_1이 잃은 열량 = $(1 - m_1)$이 얻은 열량

$$m_1(h_3 - h_{10}) = (1 - m_1)(h_{10} - h_8) = (h_{10} - h_8) - m_1(h_{10} - h_8)$$
$$m_1\{(h_3 - h_{10})(h_{10} - h_8)\} = h_{10} - h_8 \quad \therefore m_1 = \frac{h_{10} - h_8}{h_3 - h_8}$$

(5) 추기량 : m_2

m_2가 잃은 열량 = $(1 - m_1 - m_2)$가 얻은 열량

$$m_2(h_4 - h_8) = (1 - m_1 - m_2)(h_8 - h_6)$$
$$\therefore m_2 = \frac{(1 - m_1)(h_8 - h_6)}{h_4 - h_6} = \frac{h_3 - h_{10}}{h_3 - h_8} \times \frac{h_8 - h_6}{h_4 - h_6}$$

6-4 재열, 재생 사이클(Reheat & Regenerative cycle)

전술한 바와 같이 재생사이클은 현저한 열효율의 증가를 가져와 열역학적으로 큰 이익을 주는 사이클이고, 재열사이클은 열역학적인 이익보다는 습증기를 피하여 터어빈 속에서의 마찰 손

실 및 기계수명을 증가시키는 기계적 차원의 이익을 가져다준다.
재생의 효과와 재열의 효과를 동시에 만족시켜주기 위해 서로 저촉이 되지 않으면서 상보적으로 결합시킨 사이클을 재열. 재생사이클이라 한다.

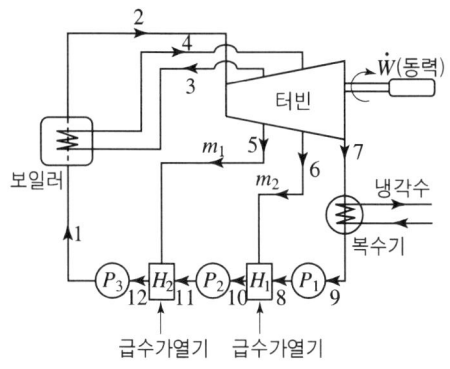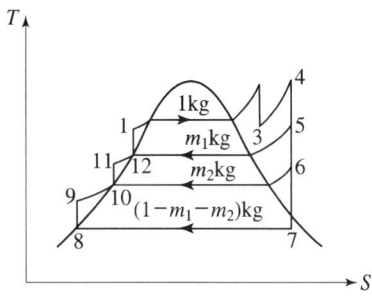

(1) 터어빈 일(Turbine work)

$$w_T = (h_2 - h_3) + (h_4 - h_5) + (1 - m_1)(h_5 - h_6) + (1 - m_1 - m_2)(h_6 - h_7)$$

(2) 펌프일(pump work)

$$w_T = (1 - m_1 - m_2)(h_9 - h_8) + (1 - m_1)(h_{11} - h_{10}) + (h_1 - h_{12})$$

(3) 가열량 : q_{in}

$$q_{in} = (h_2 - h_1) + (h_4 - h_3)$$

(4) 재생사이클의 열효율 $\eta_{reh-reg}$

$$\eta_{reh-reg} = \frac{w_t - w_P}{q_{in}} = \frac{w_{net}}{q_{in}}$$

(5) 추기량 계산

$$h_{12} = m_1 h_5 + (1 - m_1) h_{11}$$

$$\therefore m_1 = \frac{h_{12} - h_{11}}{h_5 - h_{11}} \quad \text{················ 제2단 열교환기 추출 증기량}$$

$$(1 - m_1) h_{10} = m_2 h_6 + (1 - m_1 - m_2) h_9$$

$$\therefore m_2 = \frac{(1 - m_1)(h_{10} - h_9)}{h_6 - h_9} \quad \text{················ 제1단 열교환기 추출 증기량}$$

6-5 증기소비율과 열소비율

(1) 증기 소비율

1kWh 또는 1Psh당 소비되는 증기의 량을 kg으로 표시한 것

1kWh=860kcal, 1Psh=632.3kcal

증기소비율 $S_{th} = \dfrac{860}{w_{net}} = \dfrac{860}{h}$ [kg/kWh], $S_{th} = \dfrac{632.2}{w_{net}} = \dfrac{632.3}{h}$ [kg/Psh]

단, h는 단열 열낙차

$$h = (h_2 - h_3) - (h_1 - h_4) = h_2 - h_3$$

(2) 열소비율

1kWh 또는 1Psh당의 증기에 의하여 소비되는 열량

열소비율 $H_{th} = \dfrac{860}{\eta_{th}}$ [kcal/kW], $H_{th} = \dfrac{632.2}{\eta_{th}}$ [kcal/Psh]

또 1 사이클 당 증기 1kg이 소비하는 열량을 q_c라 하면

$$\eta_{th} = q_c \cdot S_{th}$$

$$\therefore \eta_{th} = \dfrac{860}{H_{th}} = \dfrac{860}{q_c \cdot S_{th}} \qquad \eta_{th} = \dfrac{632.3}{H_{th}} = \dfrac{632.2}{q_c \cdot S_{th}}$$

Chapter 7

내연기관 사이클

◯ **가스동력기관 – 내연기관, 외연기관**
 • 내연기관 : 연소가스를 동작유체로 함. 가솔린 기관, 디이젤 기관, 로우터리 기관, 개방사이클의 가스터빈, 제트엔진
 • 외연기관 : 보일러, 열교환기를 통하여 열을 공급받는 형식의 열기관. 증기원동기, 밀폐 사이클의 가스터빈
 내연기관의 동작물질은 연소 전에는 공기와 연료의 혼합물 및 실린더 내에 남아 있는 잔류가스 등의 혼합가스이며, 연소 후에는 연소가스이다. 여기서, 화학변화를 무시하고 동작물질인 연소가스를 완전가스인 공기로 생각하고 단순한 사이클로 해석할 수 있다. 이러한 해석을 공기표준해석이라 하고, 이런 사이클을 공기표준 사이클이라 하며 다음과 같은 가정 하에 해석된다.
 ① 동작물질은 완전가스로 취급하는 공기만으로 되어 있다. 따라서, 비열은 일정하다.
 ② 동작물질의 가열은 가스 자체의 연소에 의한 것이 아니고, 밀폐된 상태에서 외부로부터 열을 공급받고 외부로 방출된다.
 ③ 압축 및 팽창과정은 단열 등엔트로피 과정이다.
 ④ 연소과정 중 열해리현상은 일어나지 않는다.

◯ **내연기관 사이클**(Internal Combustion Engines Cycle) : 내연기관 사이클로는 대략 5개가 쓰인다.
 ① Otto cycle : const. vol. cycle(정적 사이클)   ② Diesel cycle : const. pr. cycle(정압 사이클)
 ③ Sabathe cycle : dual cycle(2중 연소 사이클)   ④ gas turbine cycle
 ⑤ Jet propulsion cycle

 출제 FOCUS
※ 기사시험에서 2문제 출제
※ 각종 내연기관 cycle의 과정을 이해하고 효율식을 암기해야 됩니다.

❶ **Sabathe cycle의 효율** $\eta_{th} = 1 - \left(\dfrac{1}{\epsilon}\right)^{k-1} \times \dfrac{\rho\sigma^k - 1}{(\rho-1) + k\rho(\sigma-1)}$

여기서, ϵ : 압축비(compression ratio) $\epsilon = \dfrac{\text{실린더체적}}{\text{연소실체적}} = 1 + \dfrac{\text{행정체적}}{\text{연소실체적}}$

ρ : 압력상승비 = 폭발비 = 압력비(explosion ratio) $\rho = \dfrac{\text{연소후의 최고압력}}{\text{압축말의 압력}}$

σ : 체절비 = 단절비(cut off ratio) $\sigma = \dfrac{\text{연소후의 체적}}{\text{연소실체적} + \text{압축말의 체적}}$

$\sigma = 1$일 때 **오토사이클의 효율** $\eta_o = 1 - \left(\dfrac{1}{\epsilon}\right)^{k-1}$, $\rho = 1$일 때 **디젤사이클의 효율** $\eta_{th,d} = 1 - \left(\dfrac{1}{\epsilon}\right)^{k-1} \dfrac{\sigma^k - 1}{k(\sigma-1)}$

여기서, k : 비열비(specific heat ratio)

❷ **Brayton cycle의 효율** $\eta_B = 1 - \left(\dfrac{1}{\gamma}\right)^{\frac{k-1}{k}}$ 여기서, γ : 압력비 $\gamma = \dfrac{\text{최대압력}}{\text{최소압력}}$

7-1 오토 사이클(Air standard Otto cycle, 정적 사이클)

공기 표준 사이클로 전기점화기관의 이상적 사이클로서 동작유체(작업유체)의 열 공급 및 방열을 일정한 체적 하에서 이루어지므로 정적 사이클이라고 한다. 보통 작업유체(Working fluid)로는 실제로는 혼합기(mixture), 즉 air+fuel 이나 이론상 air로 취급한다.
가솔린 기관(gasoline engine)의 기본 사이클이다.

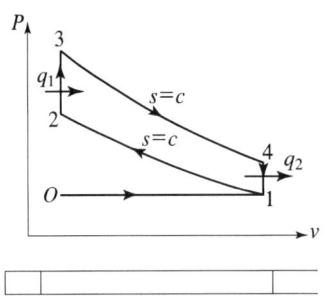
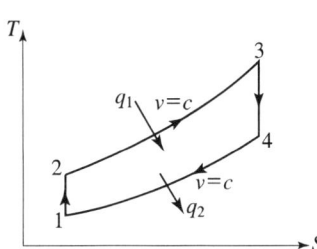

그림의 $p-v$ 선도에서 0→1 과정은 1→0 과정과 일의 크기가 같고 방향이 반대이므로 서로 상쇄되어 상태 12341 만으로 해석된다. 지금 가스 1kg당 공급열량을 q_1, 방출열량을 q_2 라 하면

$$\text{가열량} \quad q_1 = C_v(T_3 - T_2) \qquad \text{방열량} \quad q_2 = C_v(T_4 - T_1)$$

따라서, 유효일에 해당하는 열량은 $W_{net} = q_1 - q_2$ 이므로 오토사이클의 이론열효율 $\eta_{th,o}$ 는

$$\eta_{th,0} = \frac{W_{net}}{q_1} = \frac{q_1 - q_2}{q_1} = 1 - \frac{q_2}{q_1} = 1 - \frac{T_4 - T_1}{T_3 - T_2}$$

각 과정별로 살펴보면

(1) 1 → 2 : 단열압축(adiabatic compression)

$$Tv^{k-1} = c \qquad \therefore T_1 v_1^{k-1} \qquad \therefore \frac{T_1}{T_2} = \left(\frac{v_2}{v_1}\right)^{k-1}$$

여기서, v_1 : stroke vol(행정체적), v_2 : clearance vol(통극체적)

$$\text{행정체적} \quad (V_1 - V_2) = \frac{\pi}{4}D^2 \times S \times Z$$

여기서, D : 실린더 내경, S : 행정, Z : 실린더 수

압축비 $\epsilon = \dfrac{v_1}{v_2} = \dfrac{\text{실린더 체적}}{\text{연소실 체적}} = \dfrac{\text{연소실 체적} + \text{행정체적}}{\text{연소실 체적}} = 1 + \dfrac{\text{행정체적}}{\text{연소실체적}}$

압축비(압축비는 $\epsilon = 7\sim10$ for gasoline engine = $13\sim21$ for diesel engine)

$$\therefore \frac{T_1}{T_2} = \frac{1}{\epsilon^{k-1}} \qquad \therefore T_2 = T_1 \epsilon^{k-1} \quad \cdots\cdots (1)$$

(2) 2 → 3 : 등적과정(폭발)

$$v_2 = v_3 \qquad \therefore \frac{P_2}{T_2} = \frac{P_3}{T_3} \qquad \therefore T_3 = \frac{P_3}{P_2} T_2 = \rho T_2$$

여기서, ρ : 폭발비, 압력비 $\rho = \dfrac{P_3}{P_2}$

(3) 3 → 4 : 단열팽창(등엔트로피 팽창)

$$T_3 v_3^{k-1} = T_4 v_4^{k-1} \qquad \therefore \frac{T_4}{T_3} = \left(\frac{v_3}{v_4}\right)^{k-1} \qquad \therefore T_3 = T_4 \epsilon^{k-1} \cdots\cdots (2)$$

(4) 4 → 1 : 등적 과정(배기)

$$v_4 = v_1 \qquad \therefore \frac{P_4}{T_4} = \frac{P_1}{T_1}$$

이상의 관계에서

$$\frac{T_1}{T_2} = \left(\frac{v_2}{v_1}\right)^{k-1} = \left(\frac{v_3}{v_4}\right)^{k-1} = \frac{T_4}{T_3} = \frac{T_4 - T_1}{T_3 - T_2}$$

$$\therefore \eta_{th,0} = 1 - \frac{T_4 - T_1}{T_3 - T_2} = 1 - \left(\frac{v_2}{v_1}\right)^{k-1} = 1 - \frac{1}{\epsilon^{k-1}} \quad (\because (1),(2))$$

Otto cycle의 열효율은 공급열량에는 관계가 없고, 단지 압축비(ϵ)와 비열비(k)의 함수이며, 이들이 크면 클수록 효율이 증가한다. 동작유체를 공기로 보아 $k = 1.4$, 압축비는 클 경우에는 knocking 현상 때문에 제한을 받아 5~10 정도이다.

① **평균유효압력**(mean effective pressure : m. e. p) : P_m

1 사이클 당의 압력 변화의 평균치이고, 1 사이클 중에 이루어진 일은 행정체적($V_1 - V_2$)으로 나눈 값이다. 오토사이클에서 평균유효압력 $P_{m,o}$는

$$P_{m,o} = \frac{w}{v_1 - v_2} = \frac{\eta_{th,o} \cdot q_1}{v_1\left(1 - \dfrac{v_2}{v_1}\right)} = \frac{\eta_{th,o} \cdot q_1}{v_1\left(1 - \dfrac{1}{\epsilon}\right)} = \frac{p_1 q_1 \eta_{th,o}\, \epsilon}{RT_1(\epsilon - 1)}$$

또 압력비(폭발비, 최고압력 상승비)를 ρ라 하면

$$\rho \equiv \frac{P_3}{P_2}$$

이고 오토사이클의 평균유효압력 $P_{m,o}$는

$$P_{m,o} = P_1 \frac{(\rho-1)(\epsilon^k - \epsilon)}{(k-1)(\epsilon-1)}$$

otto cycle의 평균유효압력 $P_{m,o}$의 증명 ⇨ 증명과정은 이해만 하면 됩니다.

$-w = \int_1^2 Pdv$에서 P를 P_m으로 대치하면 $w = P_m(v_0 - v_2)$

$$\therefore P_{m,o} = \frac{w}{v_1 - v_2} = \frac{w}{v_1\left(1 - \frac{v_2}{v_1}\right)} = \frac{\eta_{th,o} \cdot q_1}{v_1\left(1 - \frac{1}{\epsilon}\right)} = \frac{1 - \left(\frac{1}{\epsilon}\right)^{k-1} \cdot q_1}{v_1\left(1 - \frac{1}{\epsilon}\right)} = \frac{P_1 q_1}{RT_1} \times \frac{1 - \frac{1}{\epsilon^{k-1}}}{1 - \frac{1}{\epsilon}}$$

$\frac{P_3}{P_2} = \rho$, $q_1 = c_v(T_3 - T_2)$이므로, 또 $C_v = \frac{R}{k-1}$이므로

여기서, 2 → 3 : 정적 $v_2 = v_3$

1 → 2 : 단열 $\frac{T_2}{T_1} = \left(\frac{v_1}{v_2}\right)^{k-1} = \left(\frac{P_2}{P_1}\right)^{\frac{k-1}{k}}$에서 $\left(\frac{v_1}{v_2}\right)^k = \left(\frac{P_2}{P_1}\right)$

또, $P_3 = \rho P_2$이므로

$$P_{m,o} = P_1 \frac{R}{k-1}(T_3 - T_2) \cdot \frac{1 - \frac{1}{\epsilon^{k-1}}}{1 - \frac{1}{\epsilon}} = \frac{P_1(RT_3 - RT_2)}{P_1 v_1(k-1)} \cdot \frac{1 - \frac{1}{\epsilon^{k-1}}}{1 - \frac{1}{\epsilon}}$$

$$= \frac{p_3 v_3 - p_2 v_2}{v_1(k-1)} \cdot \frac{1 - \frac{1}{\epsilon^{k-1}}}{1 - \frac{1}{\epsilon}} = \frac{v_2(p_3 - p_2)}{v_1(k-1)} \cdot \frac{\frac{\epsilon^{k-1} - 1}{\epsilon^{k-1}}}{\frac{\epsilon - 1}{\epsilon}}$$

$$= \frac{v_2}{v_1} \cdot \frac{(\rho p_2 - p_2)}{(k-1)} \cdot \frac{\epsilon^k - \epsilon}{(\epsilon-1)\epsilon^{k-1}} = \frac{1}{\epsilon} \cdot \frac{P_2(\rho-1)}{k-1} \cdot \frac{1}{\epsilon-1} \cdot \frac{\epsilon^k - \epsilon}{\epsilon^{k-1}}$$

$$= \frac{(\rho-1)(\epsilon^k - \epsilon)P_2}{(k-1)(\epsilon-1)\epsilon \cdot \epsilon^{k-1}}$$

$\frac{P_2}{P_1} = \left(\frac{v_1}{v_2}\right)^k = \epsilon^k = \frac{(\rho-1)(\epsilon^k - \epsilon)}{(k-1)(\epsilon-1)} \frac{P_1 \epsilon^k}{\epsilon^k}$

$$\therefore P_{m,o} = P_1 \frac{(\rho-1)(\epsilon^k - \epsilon)}{(k-1)(\epsilon-1)}$$

7-2 디젤 사이클(Air standard diesel cycle)

독일인 Rudolf Diesel이 창안한 것으로 2개의 단열과정(등엔트로피 과정), 1개의 등압과정, 1개의 등적과정 등 4과정으로 이루어진 사이클로 저속 디이젤기관의 기본 사이클이다.

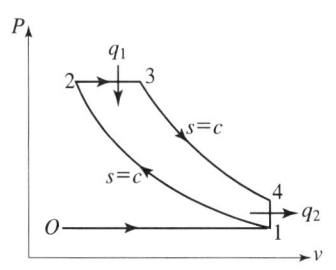
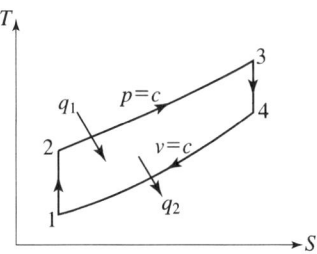

정압과정에서 연소가 일어나므로 정압 사이클이라고도 한다. 이 사이클의 정적 사이클과 다른 점은 과정 2 → 3의 기간에 연료가 분사되어 압력이 일정한 상태로 유지되면서 공급열량(가스 1kg당) q_1은 정압 하에서, 방열량 q_2는 정적 하에서 이루어지는 점이다.
각 과정별로 살펴보면

0 → 1 : 흡입(공기)   1 → 2 : 단열압축(공기)
2 → 3 : 등압가열(연료분사, 연소)   3 → 4 : 단열팽창(연소가스)
4 → 1 : 등적방열(연소가스)   1 → 0 : 배기(연소가스)

가열량 $q_1 = C_P(T_3 - T_2)$
방열량 $q_2 = C_v(T_4 - T_1)$
이론열효율 $\eta_{th,\alpha} = 1 - \dfrac{q_2}{q_1} = 1 - \dfrac{C_v(T_4 - T_1)}{C_P(T_3 - T_2)} = 1 - \dfrac{T_4 - T_1}{k(T_3 - T_2)}$

(1) 과정 1 → 2 : 단열변화

$$\frac{T_2}{T_1} = \left(\frac{v_1}{v_2}\right)^{k-1} = \epsilon^{k-1} \qquad \therefore\ T_2 = T_1 \epsilon^{k-1}$$

(2) 과정 2 → 3 : 등압

$$\frac{v_2}{T_2} = \frac{v_3}{T_3} \qquad \therefore\ \frac{T_3}{T_2} = \frac{v_3}{v_2} = \sigma \qquad \therefore\ T_3 = \sigma \cdot T_2 = \sigma \cdot T_1 \epsilon^{k-1}$$

여기서, $\sigma = \dfrac{v_3}{v_2}$: 체절비(cut off ratio), 연료분사 단절비

(3) 과정 3 → 4 : 단열

$$\frac{T_4}{T_3} = \left(\frac{v_3}{v_4}\right)^{k-1}$$

$$T_4 = \left(\frac{v_3}{v_4}\right)^{k-1} \cdot T_3 = \left(\frac{\sigma \cdot v_2}{v_1}\right)^{k-1} \sigma \cdot T_1 \cdot \epsilon^{k-1} = \left(\frac{\sigma}{\epsilon}\right)^{k-1} \sigma \cdot T_1 \cdot \epsilon^{k-1} = \sigma^k \cdot T_1$$

(4) 과정 4 → 1 : 등적

$$v_4 = v_1 \quad \therefore \quad T_2 = T_1 \epsilon^{k-1}, \quad T_3 = \sigma \cdot T_1 \epsilon^{k-1}, \quad T_4 = \sigma^k \cdot T_1$$

① 디이젤 사이클의 열효율

$$\eta_{th,d} = 1 - \frac{T_4 - T_1}{k(T_3 - T_2)} = 1 - \frac{\sigma^k(T_1 - T_1)}{k(\sigma T_1 \epsilon^{k-1} - T_1 \epsilon^{k-1})}$$

$$= 1 - \frac{1}{\epsilon^{k-1}} \times \frac{\sigma^k - 1}{k(\sigma - 1)} = f(\epsilon, k, \sigma)$$

σ가 클수록 효율은 감소된다.

② 디이젤 사이클의 평균유효압력 $P_{m,d}$

$$P_{m,d} = \frac{w}{v_1 - v_2} = \frac{\eta_d q_1}{v_1 - v_2} = \frac{\eta_d q_1}{v_1\left(1 - \frac{1}{\epsilon}\right)} = \frac{p_1 q_1}{RT_1} \cdot \frac{1 - \dfrac{\sigma^k - 1}{\epsilon^{k-1} \cdot k(\sigma - 1)}}{1 - \dfrac{1}{\epsilon}}$$

$$= p_1 \cdot \frac{\epsilon^k k(\sigma - 1) - \epsilon(\sigma^k - 1)}{(k-1)(\epsilon - 1)}$$

diesel cycle의 평균유효압력 $P_{m,d}$의 증명 ⇨ 증명과정은 이해만 하면 됩니다.

$$P_{m,d} = \frac{p_1 q_1}{RT_1} \times \frac{1 - \dfrac{\sigma^k - 1}{\epsilon^{k-1} \cdot k(\sigma - 1)}}{1 - \dfrac{1}{\epsilon}} = \frac{p_1 C_P (T_3 - T_2)}{RT_1} \times \frac{\epsilon - \dfrac{\sigma^k - 1}{\epsilon^{k-1} \cdot k(\sigma - 1)}}{\epsilon - 1}$$

$$= \frac{p_1 kR(T_3 - T_2)}{RT_1(k-1)} \cdot \frac{\epsilon^k k(\sigma - 1) - \epsilon(\sigma^k - 1)}{(\epsilon - 1)\epsilon^{k-1}k(\sigma - 1)}$$

$$= \frac{p_1(T_3 - T_2)}{T_1(k-1)} \cdot \frac{\epsilon^k k(\sigma - 1) - \epsilon(\sigma^k - 1)}{(\epsilon - 1)\epsilon^{k-1}(\sigma - 1)}$$

여기서, $T_2 = T_1 \epsilon_{k-1}$, $T_3 = \sigma T_1 \epsilon_{k-1}$이므로

$$= \frac{p_1(\sigma - 1) T_1 \epsilon^{k-1}}{T_1(k-1)} \cdot \frac{\epsilon^k k(\sigma - 1) - \epsilon(\sigma^k - 1)}{(\epsilon - 1)\epsilon^{k-1}(\sigma - 1)} = p_1 \cdot \frac{\epsilon^k k(\sigma - 1) - \epsilon(\sigma^k - 1)}{(k-1)(\epsilon - 1)}$$

7-3 복합 사이클(Composite cycle)
– 합성 사이클(Combined cycle), 사바테 사이클(Sabathe cycle)

고속 디젤기관의 기본 사이클로 등적–등압 사이클, 이 중 연소 사이클(dual cycle)이라고도 한다. 고속디젤기관은 無氣분사 시스템인데 이것은 고속 디젤기관에서 연소시간을 단축하기 위해 등압 연소뿐 아니라 등적 연소도 발생케 한다. 이때 일찍 분사된 연료는 압축 착화되고 뒤에 분사되는 연료는 등압 하에서 연소하게 함으로써 사이클을 완성한다.

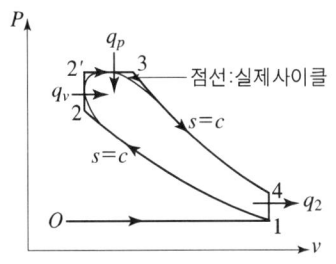 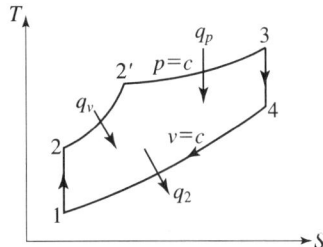

각 과정별로 살펴보면

- $0 \to 1$: 흡입(공기)
- $2 \to 2'$: 등적가열(연료분사)
- $3 \to 4$: 단열팽창
- $1 \to 0$: 배기(연소가스)
- $1 \to 2$: 단열압축(공기)
- $2 \to 3$: 등압가열(연료분사)
- $4 \to 1$: 등적방열

지금 비열 C_v, C_p가 각각 주어진 온도 범위 내에서 일정하다고 보면 이 사바테 사이클의 가스 1kg당 공급열량 q_1 및 방열량 q_2는

$$q_1 = q_v + q_P = c_v(T_2' - T_2) + c_P(T_3 - T_2')$$
$$q_2 = c_v(T_4 - T_1)$$

따라서 이 사이클의 열효율

$$\eta_{th,S} = 1 - \frac{q_2}{q_1} = 1 - \frac{C_v(T_4 - T_1)}{C_v(T_2' - T_2) + C_P(T_3 - T_2')}$$
$$= 1 - \frac{1}{\epsilon^{k-1}} \cdot \frac{\rho\sigma^k - 1}{(\rho - 1) + k\rho(\sigma - 1)}$$

제 3 편 열역학

> **합격KEY** Sabathe cycle의 효율 $\eta_{th,S} = 1 - \dfrac{1}{\epsilon^{k-1}} \times \dfrac{\rho\sigma^k - 1}{(\rho-1) + k\rho(\sigma-1)}$

여기서, ϵ : 압축비(=compression ratio) $\epsilon = \dfrac{\text{실린더체적}}{\text{연소실체적}} = 1 + \dfrac{\text{행정체적}}{\text{연소실체적}}$

ρ : 압력상승비(=폭발비=압력비=explosion ratio) $\rho = \dfrac{\text{연소후의 최고압력}}{\text{압축말의 압력}}$

σ : 체절비(=단절비=cut off ratio) $\sigma = \dfrac{\text{연소후의 체적}}{\text{연소실체적} = \text{압축말의 체적}}$

$\sigma = 1$일 때 오토사이클의 효율 $\eta_o = 1 - \left(\dfrac{1}{\epsilon}\right)^{k-1}$

$\rho = 1$일 때 디젤사이클의 효율 $\eta_{th,d} = 1 - \left(\dfrac{1}{\epsilon}\right)^{k-1} \dfrac{\sigma^k - 1}{k(\sigma-1)}$

k : 비열비(specific heat ratio)

참고 **composite cycle의 열효율에 대한 증명** ⇨ 증명과정은 이해만 하면 됩니다.

① 과정 1 → 2 : 단열(isotropic change)

$$T_2 = T_1\left(\dfrac{v_1}{v_2}\right)^{k-1} = T_1\epsilon^{k-1}$$

② 과정 2 → 2' : 등적변화

$$\dfrac{p_2}{T_2} = \dfrac{p_2'}{T_2'} \quad \therefore T_2' = \dfrac{p_2'}{p_2} \cdot T_2 = \rho T_1\epsilon^{k-1}$$

여기서, $\rho = \dfrac{p_2'}{p_2}$: 압력비(폭발비)

③ 과정 2' → 3 : 등압(isobaric change)

$$\dfrac{v_2'}{T_2'} = \dfrac{v_3}{T_3} \quad \therefore T_3 = \dfrac{v_3}{v_2'}T_2 = \sigma \times T_2' = \sigma \times \rho \times \epsilon^{k-1}T_1$$

여기서, $\sigma = \dfrac{v_3}{v_2} = \dfrac{v_3}{v_2'}$: 체절비, 단절비

④ 과정 3 → 4 : 단열

$$\dfrac{T_4}{T_3} = \left(\dfrac{v_3}{v_4}\right)^{k-1} = \left(\dfrac{v_3}{v_2'} \times \dfrac{v_2'}{v_4}\right)^{k-1} = \left(\sigma \times \dfrac{1}{\epsilon}\right)^{k-1} \quad v_1 = v_4$$

$$\therefore T_4 = \sigma^{k-1}\dfrac{1}{\epsilon^{k-1}} \times T_3 = \sigma^{k-1}\dfrac{1}{\epsilon^{k-1}}\sigma\rho\,\epsilon^{k-1}T_1 = \sigma^k\rho\,T_1$$

이상의 결과에서

$$T_2 = T_1\epsilon^{k-1}, \quad T_2' = \rho T_1\epsilon^{k-1}, \quad T_3 = \sigma\rho\epsilon^{k-1}T_1, \quad T_4 = \sigma^k\rho T_1$$

따라서 사바테 사이클의 열효율은

$$\eta_{th.S} = 1 - \frac{C_v(T_4 - T_1)}{C_v(T_2' - T_2) + kC_v(T_3 - T_2')}$$

$$= 1 - \frac{\sigma^k \rho\, T_1 - T_1}{(\rho\, \epsilon^{k-1}\, T_1 - \epsilon^{k-1}\, T_1) + k(\sigma\, \rho\, \epsilon^{k-1}\, T_1 - \rho\, \epsilon^{k-1}\, T_1)}$$

$$= 1 - \frac{\rho\sigma^k - 1}{\epsilon^{k-1} \times (\rho - 1) + k\rho(\sigma - 1)} = 1 - \frac{1}{\epsilon^{k-1}} \times \frac{\rho\sigma^k - 1}{(\rho - 1) + k\rho(\sigma - 1)}$$

$$\therefore\ \eta_{th.S} = 1 - \frac{1}{\epsilon^{k-1}} \times \frac{\rho\sigma^k - 1}{(\rho - 1) + k\rho(\sigma - 1)} = f(\epsilon, k, \sigma, \rho)$$

ϵ와 ρ가 클수록, σ가 작을수록 열효율이 높아진다.
여기서, k : 비열비(specific heat ratio), ϵ : 압축비(compression ratio)
ρ : 압력비 = 폭발비(explosion ratio), σ : 연료단절비 = 체절비(cut off ratio)

또 $\sigma = 1$일 때 otto cycle, ϵ와 $\rho = 1$일 때 diesel cycle과 같다.
사바테 사이클의 이론평균유효압력 $P_{m,s}$ 은

$$P_{m,s} = \frac{w}{v_1 - v_2} = \frac{\eta_s q_1}{v_1 - v_2} = \frac{\eta_s q_1}{v_1\left(1 - \frac{1}{\epsilon}\right)} = \frac{p_1 q_1 \eta_s\, \epsilon}{RT_1(\epsilon - 1)}$$

$$= \frac{p_1(q_v + q_p)}{RT_1} \times \frac{\epsilon}{\epsilon - 1}\eta_s = \frac{p_1\{C_v(T_2' - T_2) + C_p(T_3 - T_2')\}}{RT_1} \times \frac{\epsilon}{\epsilon - 1}\eta_s$$

$$= \frac{p_1\{R(T_2' - T_2) + kR(T_3 - T_2')\}}{RT_1(k-1)} \times \frac{\epsilon}{\epsilon - 1}\eta_s$$

여기서, $T_2 = \epsilon^{k-1}\, T_1$, $T_2' = \rho\, \epsilon^{k-1}\, T_1$, $T_3 = \sigma\, \rho\, \epsilon^{k-1}\, T_1$ 이므로

$$T_2' - T_2 = \rho\, \epsilon^{k-1}\, T_1 - \epsilon^{k-1}\, T_1 = \epsilon^{k-1}\, T_1(\rho - 1)$$

$$T_3 - T_2' = \sigma\, \rho\, \epsilon^{k-1}\, T_1 - \rho\, \epsilon^{k-1}\, T_1 = \rho\, \epsilon^{k-1}\, T_1(\sigma - 1)$$

따라서

$$P_{m,s} = p_1 \frac{\{\epsilon^{k-1}(\rho - 1) + \rho\, \epsilon^{k-1}(\sigma - 1)\, T_1\}}{T_1(k - 1)} \times \frac{\epsilon}{\epsilon - 1}\eta_s$$

$$= p_1 \frac{\epsilon^{k-1}\{(\rho - 1) + k\rho(\sigma - 1)(k - 1)(\epsilon - 1)\}}{\epsilon \times \left\{1 - \frac{1}{\epsilon^{k-1}} \times \frac{\sigma^k \rho - 1}{(\rho - 1) + k\rho(\sigma - 1)}\right\}}$$

$$= p_1 \frac{\epsilon^{k-1}\{(\rho - 1) + k\rho(\sigma - 1)\}(k - 1)(\epsilon - 1)}{\epsilon \times \frac{\epsilon^{k-1}\{(\rho - 1) + k\rho(\sigma - 1)\} - (\sigma^k \rho - 1)}{\epsilon^{k-1}\{(\rho - 1) + k\rho(\sigma - 1)\}}}$$

$$= p_1 \frac{\epsilon^k\{(\rho - 1) + k\rho(\sigma - 1)\} + \epsilon(\sigma^k \rho - 1)}{(k - 1)(\epsilon - 1)}$$

$$\therefore\ P_{m,s} = p_1 \frac{\epsilon^k\{(\rho - 1) + k\rho(\sigma - 1)\} + \epsilon(\sigma^k \rho - 1)}{(k - 1)(\epsilon - 1)}$$

에서 $\sigma = 1$일 때 오토사이클

$$P_{m,o} = p_1 \frac{\epsilon^k(\rho-1) + \epsilon(\rho-1)}{(k-1)(\epsilon-1)} = p_1 \frac{(\rho-1)(\epsilon^k - \epsilon)}{(k-1)(\epsilon-1)}$$

$\rho = 1$일 때 디이젤 사이클

$$P_{m,o} = p_1 \frac{\epsilon^k k(\sigma-1) + \epsilon(\sigma^k - 1)}{(k-1)(\epsilon-1)}$$

7-4 각 사이클의 효율비교

(1) 가열량 및 압축비가 일정한 경우

$$\eta_{th,o} > \eta_{th,s} > \eta_{th,d}$$

(2) 가열량 및 최대압력이 일정한 경우

$$\eta_{th,d} > \eta_{th,s} > \eta_{th,o}$$

7-5 가스터빈 사이클

(1) gas turbine
① 밀폐 사이클(Closed cycle) : 작업유체(作業 流體 : workingflow)를 순환시켜서 사용하는 경우
② 개방(開放) 사이클(Open cycle) : 작업 유체를 대기중(大氣中)에 방출(放出)하는 경우
가스터어빈은 터어빈의 날개 차의 날개에 직접 연소가스를 분출시켜 회전 일을 얻는 직접 회전식 내연기관이라 할 수 있다.

(2) 가스 터어빈의 3大 요소
① 압축기(Aircompressor)
② 연소기(Combustor)
③ 터어빈(Turbine)

7-6 브레이톤 사이클(Brayton cycle)
- 단순가스 터어빈 사이클(Simple gas turbine cycle)

공기 표준 가스 터어빈 사이클로 정압 연소 과정을 갖는다. 브레이톤 사이클의 형식에는 개방형과 밀폐형이 있다.

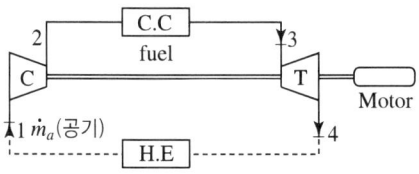

- C : 압축기(air compress)
- C.C : 연소실(combustion chamber)
- T : 터어빈(turbine)
- H.E : 열교환기(Heat exchanger)
- 실선 ——— : open cycle
- 점선 ······ : closed cycle

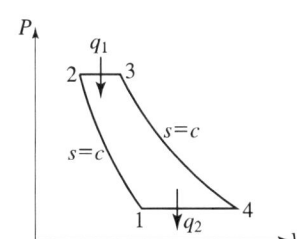
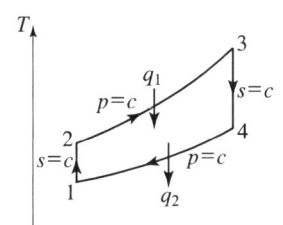

[밀폐형의 각 과정] 1 → 2 : 공기압축기의 압축과정
2 → 3 : 연소기내에서 정압연소과정
3 → 4 : 터어빈의 단열팽창
4 → 1 : 터어빈 출구로부터 압축기입구까지의 정압방열과정

(1) 공급열량

$$q_1 = C_p(T_3 - T_2)$$

(2) 방열량

$$q_2 = C_p(T_4 - T_1)$$

(3) 열효율

$$\eta_B = 1 - \frac{q_2}{q_1} = 1 - \frac{T_4 - T_1}{T_3 - T_2} = 1 - \frac{T_4}{T_3} = 1 - \frac{T_1}{T_2}$$

과정 1 → 2, 과정 3 → 4 : 단열 변화

$$\frac{T_2}{T_1} = \left(\frac{v_1}{v_2}\right)^{k-1} = \left(\frac{P_2}{P_1}\right)^{\frac{k-1}{k}} \qquad \therefore T_2 = T_1 \, \epsilon^{k-1} = \gamma^{\frac{k-1}{k}}$$

여기서, $\epsilon = \dfrac{v_1}{v_2}$: 압축비, $\gamma = \dfrac{P_2}{P_1}$: 압력비

브레이톤 사이클의 효율 $\eta_B = 1 - \left(\dfrac{1}{\gamma}\right)^{\frac{k-1}{k}}$

압력상승비 $\gamma = \dfrac{P_2}{P_1}$

same as for otto cycle
실제의 가스터어빈 기관의 $T-s$ 선도는 오른쪽 그림에서 점선과 같은 변화를 한다. 따라서 터어빈은 3→4', 압축기는 1→2' 상태로 된다.

(4) 터어빈의 단열효율

$$\eta_t = \frac{h_3 - h_4^{'}}{h_3 - h_4} = \frac{T_3 - T_4^{'}}{T_3 - T_4}$$

(5) 압축기의 단열효율

$$\eta_c = \frac{h_2 - h_1}{h_2^{'} - h_1} = \frac{T_2 - T_1}{T_2^{'} - T_1}$$

(6) 실제 사이클의 열효율 η_{actual}

$$\eta_{act} = \frac{w^{'}}{q_1} = \frac{(h_3 - h_4^{'}) - (h_2^{'} - h_1)}{h_3 - h_2^{'}} = \frac{(T_3 - T_4^{'}) - (T_2^{'} - T_1)}{T_3 - T_2^{'}}$$

simple gas turbine cycle에서 turbine work의 70~80%는 compressor를 돌리는데 이용된다.

Chapter 8

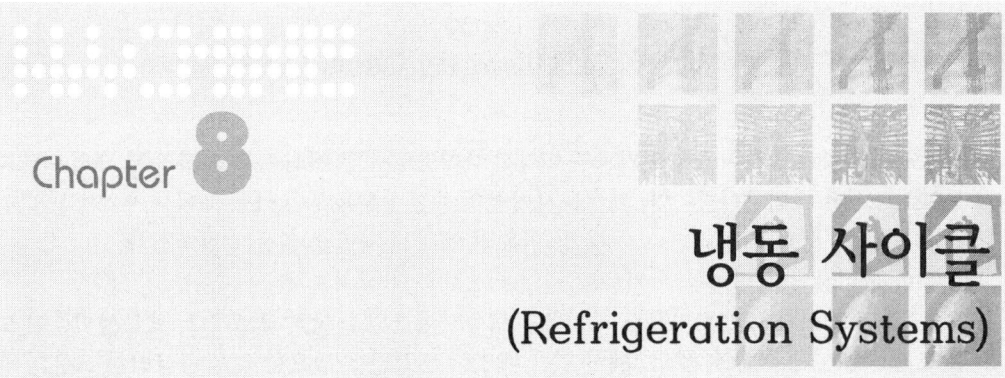

냉동 사이클
(Refrigeration Systems)

◎ 정의

공학적 의미에서의 냉동(冷凍 : refrigeration)이란 주위의 온도보다 낮은 온도로 계를 유지하는 것을 의미한다. 즉, 어떤 물체 또는 특정장소로부터 열을 제거하여 대기(大氣)온도보다 낮게 유지시키는 기술을 냉동이라 한다. 이것은 물론 자연적으로 발생되어지지는 않으며 이러한 조건을 유지하기 위해서는 어떤 장치가 필요하다. 외부에서 일을 공급하여 냉동 시스템을 구성하는 장치를 냉동기(冷凍機 : refrigerator)라 한다. 후술하겠지만 동일한 시스템으로 구성되면서도 그 사용목적이 고열원의 온도를 더욱 높이는데 사용하는 것을 열펌프(Heat pump)라 하여 냉동기와 구별한다.

냉동은 또한 냉각(冷却 : Chilling or Cooling)과 구별된다. 얼음의 융해열, 드라이아이스의 승화열, 액체질소의 증발열 등으로도 계의 온도를 낮출 수 있으나 이는 이 물질이 존재할 때만 부분적으로 나타나는 현상이고 이러한 물질이 없어지면 곧 효력이 없어지므로 이를 냉동이라 하지 않고 냉각이라 한다.

냉동이란 냉매(冷媒 : refrigerant)라는 동작물질(working substance)을 사용하여 지속적으로 저온의 물체로부터 열을 빼앗아 고온의 물체로 열을 이동시키는 순환과정(cycle)을 이룬다.

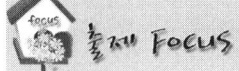 출제 FOCUS

※ 기사시험에서 1문제~2문제 출제
※ 암기를 해야만 1분30초에 한 문제 해결이 가능합니다.

❶ 증기 냉동 사이클의 효율 및 압력-엔탈피 선도

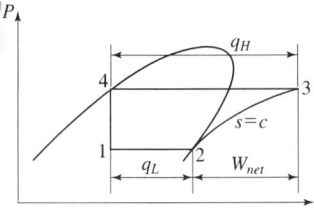

과정 1-2 : 증발기
과정 2-3 : 압축기
과정 3-4 : 응축기
과정 4-1 : 팽창밸브

냉동사이클 성능계수 $COP = \dfrac{q_L}{W_C} = \dfrac{h_2 - h_1}{h_3 - h_2}$

여기서, q_L : 냉동효과 = 저열원에서 흡수한 열량
W_C : 압축기에서 한 일

❷ 1냉동톤(1RT) : 0℃의 물 1 ton(1000kg)을 24시간 동안에 0℃의 얼음으로 만드는 냉동능력을 말한다. 냉동효과를 나타내는 단위, 1냉동톤(RT) = 3320kcal/hr = 3.86kW

8-1 역 카르노 사이클(Reversed Carnot Cycle)

앞에서 배운 카르노 사이클은 열기관의 이상적 사이클로서 두 개의 등온 과정과 두 개의 단열과정으로 구성된 가역사이클이다. 카르노사이클의 순환방향은 T-s선도 등에서 시계방향 회전이었다. 1사이클이 완성되면 고·저 양 열원의 에너지 차만큼 일을 수행하였다.
이제 이 사이클의 반대, 즉 역 카르노 사이클에 대해서 살펴보자.
결론적으로 말해서, 역(逆)카르노 사이클은 냉동사이클의 이상적 모델이다. 냉동사이클이 모두 그러하듯이 저온의 열 저장소에서 열을 빼앗아 열전달에 필요한 일을 공급받아 고온의 열 저장소로 이 에너지를 방출한다. 역 카르노 사이클은 반시계방향으로 회전하며 2개의 단열과정과 2개의 등온과정으로 이루어진 가역 사이클이다.

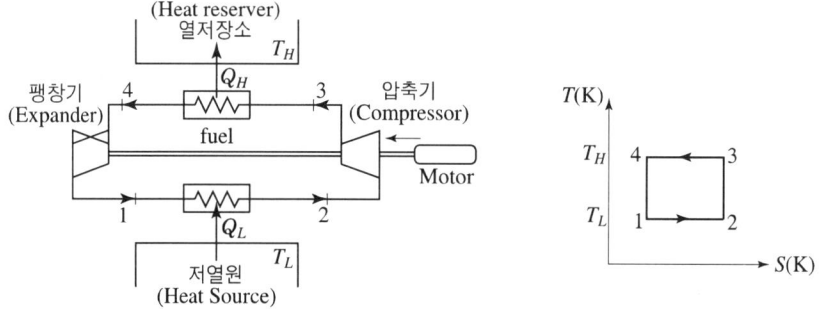

[가역 사이클인 역Carnot Cycle로 작동되는 냉동시스템]

따라서 역 카르노 사이클의 성적계수 COP 는

$$COP = \frac{Q_L}{W_{net}} = \frac{T_L \times \Delta S}{(T_H - T_L) \times \Delta S} = \frac{T_L}{(T_H - T_L)}$$

역 카르노 사이클의 성적계수는 냉동사이클에서 얻을 수 있는 최대 값이므로 실제 기관의 성적계수 값에 대한 비교의 기준으로 자주 이용된다.
만일, 역 카르노 사이클을 열펌프로 사용하였다면 이때의 성적계수는

$$COP_h = \frac{Q_{net}}{W_{net}} = \frac{Q_H}{(Q_H - Q_L)} = \frac{T_H}{(T_H - T_L)}$$

가 된다. 보통의 경우의 경우, 냉동사이클에서 성적계수란 냉동기의 성적계수 COP_c 를 의미한다.

8-2 냉 매(冷媒, Refrigerant Considerations)

냉동 시스템에 사용되어질 수 있는 동작물질(냉매)은 어떤 것이 있을까? 여기에는 표에서 보는 바와 같이 이용 가능한 많은 선택이 있다. 그러나 대다수의 냉매가 갖추어야 하는 조건 중 필수적인 것으로는 압축기 입구 압력(증발기 출구 압력)이 대기압과 같거나 그 이상이어야 한다는 점이다. 그래야만 냉동 시스템 속으로 대기(大氣)가 유입되지 않는다. 다음으로는 대기압 하에서 동작물질의 비등점온도가 주위의 온도보다 낮아야 한다는 점이다.

표에 주어진 많은 냉매들이 대기압 하에서의 비등점온도는 이러한 냉매로서의 조건을 갖추고 있음을 알 수 있다. 예를 들면 암모니아는 대기압 하에서 비등점온도가 $-33.3℃$이고 냉매 $R-12$는 $-29.7℃$이다.

[냉매의 물리적 성질]

냉매번호	화학식	분자량	1atm에서의 비등점(K)	임계온도(K)	임계압력(MPa)	비등점에서의 잠열(kJ/kgmol)	안전도* 그룹
729	Air	28.97	78.8	132.6	3.77	–	1
744	CO_2	44.01	194.6	304.1	7.38	25306	1
717	NH_3	17.03	239.8	406.1	11.42	23328	2
R-13	$CClF_3$	104.47	191.7	302.0	3.87	15503	1
R-13B1	$CBrF_3$	148.9	215.4	340.3	3.96	17679	1
R-22	$CHClF_2$	86.48	232.4	369.1	4.98	20425	1
R-12	CCl_2F_2	120.93	243.4	385.1	4.11	19969	1
R-114	$CClF_2ClF_2$	170.93	276.7	418.9	3.27	23442	1
R-21	$CHCl_2F$	102.93	282.1	451.6	5.17	24918	1
R-11	CCl_3F	137.38	296.7	471.1	4.38	25022	1
R-113	CCl_2FCClF_2	187.39	320.7	487.3	3.41	27493	1

*안전도 그룹1 : 비교적 독성이 없으며 난연성, 그룹2 : 독성이 있고 가연성

(1) 냉매의 구배조건

① 응축 압력이 그다지 높지 않을 것
② 증발압력이 너무 낮지 않을 것
③ 증발열이 클 것
④ 비열이 작을 것
⑤ 비체적이 작을 것
⑥ 임계점이 높을 것
⑦ 인화성·폭발성이 없을 것
⑧ 부식성이 없을 것
⑨ 화학적으로 안정하고 해리되지 않을 것
⑩ 윤활유를 변질시키지 않을 것
⑪ 가격이 저렴할 것

(2) 프레온(Freon)계(系) 냉매의 표시방법

불소(F)를 1개 이상 함유한 냉매를 프레온 계 냉매라 하며 앞에 R을 붙인다.

R-○△□

맨 오른쪽 숫자 : □ : F - 원자의 수.
두 번째 숫자 : △ : H - 원자의 수에서 1을 더한다.
세 번째 숫자 : ○ : C - 원자의 수에서 1을 뺀다.

8-3 증기압축 냉동 사이클(Vapor-Compression Refrigeration Cycle)

(1) 액-증기 계에 대한 역 카르노 사이클(Reversed Carnot vapor-compression system)

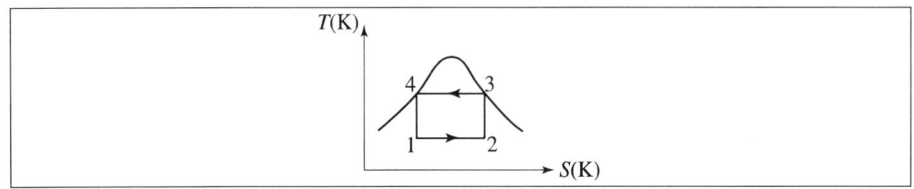

액-증기 2상(相)물질이 동작물질로서 작용되는 역 카르노 증기압축 시스템에 대한 $T-s$ 선도는 그림과 같이 된다. 이 경우 냉동영역으로부터 공급된 열은 상태 1에서 2에 도달될 때까지 액체를 증발시키게 될 것이다. 상태 2점은 습증기 영역 속에 있으므로 건도는 1보다 작은 값을 갖게 되고 상태 2에서 압축기에 의해서 습증기를 등엔트로피적으로 포화증기가 될 때까지 압축하며 고온 상태 3이 된다.

이렇게 습증기영역에서 등엔트로피 압축이 일어나는 것을 습 압축(wet compression)이라 한다. 상태 3에서 4로 열이 등온 방출되며 증기는 포화 액으로 응축되어 다시 등엔트로피 팽창을 하며 상태 1의 온도, 압력이 될 때까지 일을 수행한다.

(2) 단순 표준 냉동 사이클(simple standard vapor-compression cycle)

앞에 언급한 액-증기 역 카르노 사이클로 구성된 시스템에는 몇 가지 불리한 점이 있다. 그것은 첫째, 압축기는 증기-액체 혼합영역(saturated-mixture region)에서 작동시켜서는 안된다는 점이다.

윤활유가 압축과정에서 씻겨 나갈지도 모르기 때문이다. 둘째로 팽창기(expander)에 의하여 수행된 일은 압축기 일에 비해서 매우 작다. 그리고 이와 같은 팽창기에 대한 비용이 불필요하게 비싸다는 점이다. 이러한 단점을 보완 극복하게 비싸다는 점이다.

이러한 단점을 보완극복하기 위해 표준증기 압축 시스템을 고안하였다. 그림에 표시하였다.
위의 2가지 문제점을 극복하기 위해
첫째, 냉매는 상태 1에서 상태2(포화 증기 점)로 될 때까지 열을 흡수하도록 하고,
둘째, 팽창과정으로는 비가역 단열과정인 교축과정을 택하여 팽창밸브를 설치한다.

제 8 장 냉동 사이클(Refrigeration Systems)

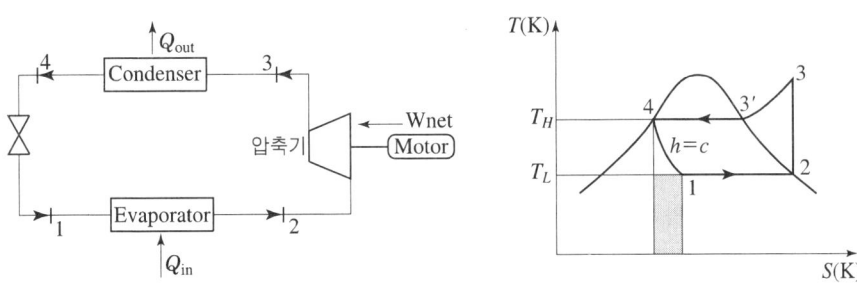

[단순 냉동 시스템의 개략도와 T-s선도]

이 시스템의 각 과정별로 살펴보면 다음과 같다.

① 증발기(과정 1→2) : 등온 팽창
   팽창밸브를 통과한 냉매(저온·저압)가 증발기의 압력까지 팽창하여 주위로부터 증발에 필요한 잠열을 흡수하여 증발한다. 증발기 출구에서 냉매는 저온·저압의 건포화증기가 된다. 증발기에서 흡수한 열량을 냉동효과라 한다.

② 압축기(과정 2→3) : 등엔트로피 압축
   증발기에서 나온 저온·저압의 증기를 압축기에 의하여 냉매의 응축압력이상으로 단열적으로 압축한다. 이때 냉매는 고온·고압의 상태로 된다. 상태2가 건 포화증기 이므로 이때의 압축을 건 압축(dry compression)이라고 한다.

③ 응축기(과정 3→4) : 등온 응축(방열)
   압축기에서 나온 고온·고압의 냉매는 응축기에서 냉각수 또는 공기에 의하여 냉각되어 액화한다. 즉 과열증기 3은 냉각됨으로서 엔트로피가 감소되어 3'에 이르러 건포화증기가 되고 더욱 변화하여 습증기가 되어 포화액 4가 된다. 즉 응축기 출구에서의 냉매는 고압·저온의 상태가 된다.

④ 팽창밸브(과정 4→1) : 교축 팽창(등엔탈피)
   응축기에서 액화된 냉매는 팽창밸브를 통하여 교축 팽창한다. 이 경우 냉매의 압력·온도가 모두 떨어짐과 동시에 일부가 증발하며 이 과정 중 외부와 열의 주고받음이 없으므로 등엔탈피 변화를 한다. 상태 1은 습포화증기(0<건도<1)로 이것은 상태 4인 포화냉매액이 교축될 때 냉매 액의 일부가 증발하여 기화하기 때문이다. 이 증기를 플래쉬 가스(flash gas)라고도 한다.

이 냉동시스템에서 1cycle마다 단위질량의 냉매가 행하는 냉동효과와 압축일은 다음과 같다.

$$\text{냉동효과(흡입열량)} : q_L = h_2 - h_1 \qquad \text{압축일} : W_{net} = h_3 - h_2$$

따라서 성적계수 COP는

$$COP = \frac{q_L}{W_{net}} = \frac{h_2 - h_1}{h_3 - h_2}$$

그림에서 과열 뿔(superheat horn)은 습압축과 비교하였을 때 건압축에서 필요한 추가적 일량을 도시한 것이다. 또한 면적 abc1은 등엔트로피 팽창과정과 비교하여 비가역 교축과정에 따르는 냉동효과의 손실을 나타낸다. 실제적으로 냉동사이클에서는 $T-s$ 선도보다는 아래 그림과 같은 $p-h$ 선도가 더욱 많이 사용된다.

증기 압축 냉동사이클에서 냉매의 상태변화 중에는 정압과정과 교축과정(등엔탈피 과정)이 있는데 이 과정에서의 에너지 변화는 모두 그 변화 전후의 엔탈피의 차로 표시된다는 사실로 미루어 $p-h$ 선도의 유용성을 알 수 있다.

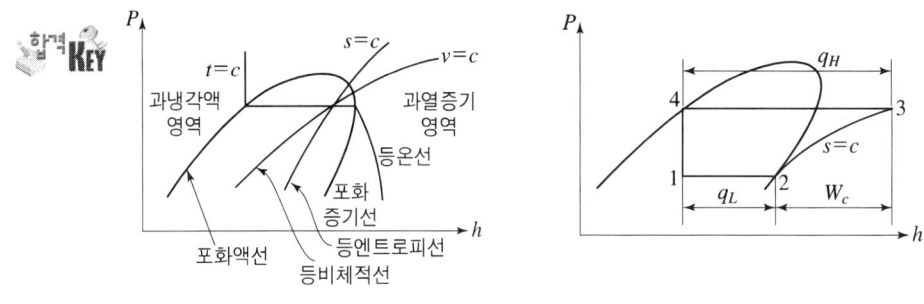

[냉동사이클의 p-h선도]

냉동효과를 나타내는 단위로 냉동톤(ton of refrigeration)이 있다.
1냉동톤이란 0℃의 물 1ton(1000kg)을 24시간 동안에 0℃의 얼음으로 만드는 냉동능력을 말한다. 따라서 얼음의 융해열은 79.68Kcal/kg이므로

$$1\text{냉동톤(RT)} = \frac{79.68\text{kcal/kg} \times 1000\text{kg}}{24\text{hr}} = 3320\text{kcal/hr} = 3.86\text{kW}$$

또 미국 냉동 공학협회(A.S.R.E)에서 채택하고 있는 표준 냉동톤(USRT)은 1ton을 2000lb (파운드)로 계산한 값이다. 즉, 얼음의 융해잠열은 334.9kJ/kg이고 2000lb는 907.18kg이므로

$$1\text{USRT} = \frac{334.9\text{kJ/kg} \times 907.18\text{kg}}{24 \times 3600\text{s}} = 3.516\text{kW}$$

(3) 개선된 표준냉동사이클(improving the standard cycle)

상태4(응축기 출구)의 냉매를 과냉(supercooling)시킴으로서 증기 압축냉동시스템의 효율을 증가시킬 수 있다. 과냉은 냉동효과를 증가시키도록 행해진다. 이것은 응축기에서 필요한 것보다 더 많은 냉각을 행함으로서 달성된다. 이 결과는 냉동효과를 증가시킨다.
상태4'를 위치시키기 위해서 우리는 과냉 온도에서 포화액의 상태량이 상태4'에서의 값이라고 가정할 수 있다. 이 가정은 정확하다. 왜냐하면 정압선과 포화액선은 거의 일치하기 때문이다. 이것은 냉동효과를 증가시킴으로서 사이클 효율을 증가시키고 냉매가 교축밸브에 들어가기 전에 증발되는 것을 방지함으로서 또한 사이클 효율을 증가시킨다.
또 다른 방법으로는 증발기를 나온 냉매가 과열되도록 하면 냉동효과가 또한 증가되어진다.

제 8 장 냉동 사이클(Refrigeration Systems)

그러나 이 경우 더 많은 일의 등기가 필요하게 된다. 이렇게 2'에서 3'로 압축하는 것을 과열압축(superheat compression)이라 한다. 과열압축은 팽창밸브의 제어와 압축기에 들어가는 냉매가 액체상태로 되는 것을 방지하는데 유효하다.

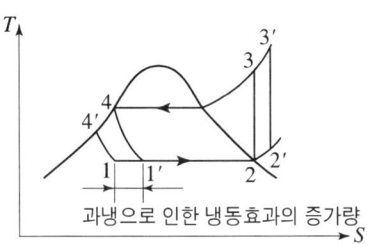

Chapter 9 유체흐름과 노즐
(Fluid Flow and Nozzles)

◎ 이 장의 목적은 유체 유동을 열역학적 측면에서 고찰해 보는 것이다. 여기에는 어떤 과정을 수행하는 동안 계의 상태량도 포함된다. 과정에는 가역적인 것과 비가역적인 것, 유체는 압축성인 것과 비압축성인 것 모두 있을 수 있다.

열역학과 유체역학이 많이 중복되어 있으나 여기에서는 단순히 유체역학의 과정을 나타내는데 그 목적이 있지 않고 오히려 열역학적 이해가 필요한 여러 상황을 분석해 보는데 목적이 있다 하겠다. 실제의 모든 유체유동은 비가역적이고 3차원적이다. 그러나 이러한 제한에 너무 얽매어 문제를 복잡하게 해석하려면 그 접근 방법이 매우 어려워진다. 수많은 유동조건을 근사적으로 취급하여 1차원 정상상태 정상유동으로 생각할 수 있다. 이렇게 생각할 수 있는 단적인 이유는 오차의 범위가 매우 작아서 그것을 무시할 수 있기 때문이다. 유체유동 중에서 매우 중요한 면이 바로 터어빈 설계에서의 노즐 유동이다.

노즐은 두 가지 중요한 기능을 하는데 그 첫째는 정확한 각도에서 유체를 직접 유동시키는 것이고 둘째는 유체의 열에너지를 운동에너지로 변환시키는 기능이다.

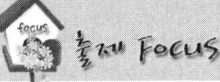 출제 FOCUS

※ 기사시험에서 1문제~2문제 출제
※ 암기를 해야만 1분30초에 한 문제 해결이 가능합니다.

❶ 음속 $a = \sqrt{\dfrac{dp}{d\rho}} = \sqrt{\dfrac{K}{\rho}} = \sqrt{\dfrac{1}{\rho\beta_0}}$

　　　여기서, dp : 압력의 변화, $d\rho$: 밀도의 변화, ρ : 밀도, β_0 : 압축율, K : 체적탄성계수

　공기 속에서의 음속 $= \sqrt{\dfrac{K}{\rho}} = \sqrt{\dfrac{kP}{\rho}} = \sqrt{kRT}$

　공기 중에서의 최적 탄성 계수 $K = kP$　여기서, k : 비열비, P : 압력

　액체 속에서의 음속 $= \sqrt{\dfrac{K}{\rho}} = \sqrt{\dfrac{P}{\rho}} = \sqrt{RT}$

　액체 중에서의 최적탄성 계수 $K = P$　　여기서, P : 압력

❷ $\dfrac{T_1}{T_2} = \left(\dfrac{\rho_1}{\rho_2}\right)^{k-1} = \left(\dfrac{P_1}{P_2}\right)^{\frac{k-1}{k}} = \dfrac{k-1}{2}M_a^2 + 1$

　　　여기서, k : 비열비, M_a : 2지점에서의 마하수

　　　　　　$\dfrac{T_1}{T_2} = \left(\dfrac{\rho_1}{\rho_2}\right)^{k-1} = \left(\dfrac{P_1}{P_2}\right)^{\frac{k-1}{k}}$ ⇨ 단열과정에서의 온도, 밀도, 압력의 관계

제 9 장 유체흐름과 노즐(Fluid Flow and Nozzles)

9-1 질량의 보존(Conservation of Mass)

1차원 정상류 유동에너지 질량 보존의 연속방정식은

$$\dot{m} = \left(\frac{1}{v}\right)AV = \rho AV \quad \cdots\cdots\cdots\cdots (1)$$

여기서, $\dot{m}$: 질량 유동율[kg/s], v : 비체적, ρ : 밀도, A : 유동면적, V : 유체의 평균 속도[m/s]

정상류 유동에서 한 단면에서의 질량 유동율은 다른 단면에서의 값과 같다.
즉, $\dot{m} = \rho_1 A_1 V_1 = \rho_2 A_2 V_2 = \cdots = \rho_i A_i V_i =$ 일정
(1)식의 양변에 대수를 취하고 미분하여 다음과 같은 미분 방정식을 얻는다.

$$\text{1차원 연속방정식의 미분형} \quad \frac{d\rho}{\rho} + \frac{dA}{A} + \frac{dV}{V} = 0$$

9-2 질량 및 운동량 보존

1차원 정상류 유동에서 $\dot{m} = \left(\frac{1}{v}\right)AV = \rho AV =$ 일정

운동량 방정식 적용하면 $\sum F = \rho_2 A_2 V_2^2 - \rho_1 A_1 V_1^2 = \dot{m}_2 V_2 - \dot{m}_1 V_1$

9-3 음 속

$$\text{음속} \quad a = \sqrt{\frac{dp}{d\rho}} = \sqrt{\frac{K}{\rho}} = \sqrt{\frac{1}{\rho\beta_0}}$$

여기서, dp : 압력의 변화, $d\rho$: 밀도의 변화, ρ : 밀도, β_0 : 압축율, K : 체적탄성계수

이상기체의 등엔트로피(단열과정) 유동에서

$$\text{공기 중에서의 최적 탄성 계수} \quad K = kP$$

여기서, k : 비열비, P : 압력

$$a = \sqrt{\frac{dp}{d\rho}} = \sqrt{kRT} \quad [\text{SI 단위}] \qquad a = \sqrt{kgRT} \quad [\text{중력계}]$$

9-4 1차원 등엔트로피 흐름

(1) 등 Entropy 흐름의 에너지 방정식

SI 단위에서의 열역학 제 1법칙

$$q + h_1 + gz_1 + \frac{V_1^2}{2} = h_2 + gz_2 + \frac{V_2^2}{2} + W \quad \cdots \cdots (1)$$

여기서, q : 가열량, h : entropy, V : 속도, Z : 위치, W : 일

(1)식에서 등 Entropy 과정(≒단열과정 $q=0$, $W=0$) $(Z_1 - Z_2)$

$$h_1 - h_2 = \frac{V_2^2 - V_1^2}{2}$$

(2) 정체온도(T_1), 정체압력(P_1), 정체밀도(ρ_1)

$$C_p(T_1 - T_2) = \frac{V_2^2 - V_1^2}{2} \qquad \frac{kR}{k-1}(T_1 - T_2) = \frac{V_2^2 - V_1^2}{2}$$

$$T_1 = \frac{V_2^2}{2} \times \frac{(k-1)}{kR} + T_2 \qquad \frac{kR}{k-1}(T_1 - T_2) = \frac{V_2^2}{2}$$

$$C_p - C_v = R, \quad \frac{C_p}{C_v} = k, \quad C_p = \frac{kR}{k-1}, \quad C_v = \frac{R}{k-1}$$

여기서, C_p : 정압비열, C_v : 정적비열, R : 기체상수, k : 비열비

양변을 T_2로 나누면

$$\frac{T_1}{T_2} = \frac{(k-1)}{2} \times \frac{V^2}{(\sqrt{kRT_2})^2} + 1 = \frac{(k-1)}{2} M_a^2 + 1$$

$$\frac{T_1}{T_2} = \frac{(k-1)}{2} M_a^2 + 1 \Rightarrow \text{단열과정일 때}$$

$$\frac{T_1}{T_2} = \left(\frac{\rho_1}{\rho_2}\right)^{k-1} = \left(\frac{P_1}{P_2}\right)^{\frac{k-1}{k}} = \frac{k-1}{2} M_a^2 + 1$$

(3) 임계상태 값≒2지점에서 $M_a = 1$일 때, 즉 2지점의 값이 임계상태의 값이다.

$$\frac{T_1}{T_2} = \left(\frac{\rho_1}{\rho_2}\right)^{k-1} = \left(\frac{P_1}{P_2}\right)^{\frac{k-1}{k}} = \frac{k+1}{2}$$

$$\frac{T_1}{T^*} = \left(\frac{\rho_1}{\rho^*}\right)^{k-1} = \left(\frac{P_1}{P^*}\right)^{\frac{k-1}{k}} = \frac{k+1}{2}$$

2지점이 임계상태량(T^*, ρ^*, P^*)의 값이 된다.

$K = 1.2$: $P^t = 0.577 P_0$ 포화증기
$K = 1.3$: $P^t = 0.545 P_0$ 과열증기
$K = 1.4$: $P^t = 0.528 P_0$ 공기 등 2원자 기체
$K = 1.67$: $P^t = 0.487 P_0$ 단원자 기체

9-5 체적탄성계수(k)와 압력(P)의 관계

(1) 등온과정일 때 k(체적탄성계수)= P(압력) 관계식 유도

등온과정에서 $PV = C$, $P = \dfrac{C}{V}$ ⇨ 체적에 대해 미분하면 $\dfrac{dP}{dV} = -CV^{-2}$

$K = -\dfrac{dP}{dV}V = -(-CV^{-2})V = CV^{-1} = (PV)V^{-1} = P$

등온과정일 때 k(체적탄성계수)= P(압력)

(2) 단열과정일 때 k(체적탄성계수)= kP=(비열비×압력) 관계식 유도

단열과정에서 $PV^k = C$, $P = \dfrac{C}{V^k}$ ⇨ 체적에 대해 미분하면 $\dfrac{dP}{dV} = -CkV^{-k-1}$

$K = -\dfrac{dP}{dV}V = -(-CkV^{-k-1})V = CkV^{-k} = (PV^k)kV^{-k} = kP$

단열과정일 때 k(체적탄성계수)= kP=(비열비×압력)

등온과정일 때 k(체적탄성계수)= P(압력)
단열과정일 때 k(체적탄성계수)= kP=(비열비×압력)

Chapter 10 연소와 전열

출제 FOCUS

※ 기사시험에서 1문제 출제
※ 암기를 해야만 1분30초에 한 문제 해결이 가능합니다.

❶ 연소반응식

화학반응식	$C + O_2 = CO_2 + 97200 \, [\text{kcal/kmol}]$		
중 량 비	12kg	32kg	44kg
몰 수 비	1kmol	1kmol	1kmol
체 적	22.4m³	22.4m³	22.4m³
탄소 1kg당 무게	1kg	2.667kg	3.667kg
탄소 1kg당 체적	$\frac{22.4}{12} = 1.867 \, \text{m}^3$	$\frac{22.4}{12} = 1.867 \, \text{m}^3$	$\frac{22.4}{12} = 1.867 \, \text{m}^3$
구 분	반 응 물		생 성 물

❷ 연료의 발열량 구하는 문제

고위 발열량 : $H_h = 8100C + 34000\left(H - \dfrac{O}{8}\right) + 2500s \; \left[\dfrac{\text{kcal}}{\text{kg}}\right]$

저위 발열량 : $H_l = 8100C + 29000\left(H - \dfrac{O}{8}\right) + 2500S - 600w = H_h - 600(9h + w) \; \left[\dfrac{\text{kcal}}{\text{kg}}\right]$

여기서, H_h : 연료 1kg이 연소하는데 발생되는 열량
C : 연료 1kg에 포함된 탄소의 양 kg
H : 연료 1kg에 포함된 수소의 양 kg
O : 연료 1kg에 포함된 산소의 양 kg
S : 연료 1kg에 포함된 황의 양 kg
w : 연료 1kg에 포함된 수분의 양 kg

10-1 연 소

가연성 물질이 공기 중의 산소와 화합하여 열과 빛을 내면서 타는 현상

1. 연소 반응식

(1) 탄소(C)의 완전연소

화학반응식	$C + O_2 = CO_2 + 97200\,kcal/kmol$		
중 량 비	12kg	32kg	44kg
몰 수 비	1kmol	1kmol	1kmol
체적	22.4m³	22.4m³	22.4m³
탄소 1kg당 무게	1kg	2.667kg	3.667kg
탄소 1kg당 체적	$\frac{22.4}{12} = 1.867\,m^3$	$\frac{22.4}{12} = 1.867\,m^3$	$\frac{22.4}{12} = 1.867\,m^3$
구분	반 응 물		생 성 물

탄소 1kg이 연소하는데 산소는 2.667kg이 필요 ⎤
탄소 1kg이 연소하는데 산소는 1.867m³이 필요 ⎦ 필요한 공기량

① 건공기의 조성(0℃ 1atm)

조 직	N_2	O_2	Ar
체적(%)	78.1	20.93	0.993
중량(%)	75.51	23.15	1.286

1m³의 공기(Air) = $0.781m^3 N_2 + 0.2093m^3 O_2 + 0.00993m^3 Ar$
1kg의 공기(Air) = $0.7551kgN_2 + 0.2315kgO_2 + 0.01286kgAr$

- 탄소 1kg이 연소하는데 필요한 공기량[kg] $2.667kg_{O_2} \times \dfrac{1kg_{Air}}{0.2315kg_{O_2}} = 11.52kg$
- 탄소 1kg이 연소하는데 필요한 공기량[m³] $1.867m^3_{O_2} \times \dfrac{1m^3_{Air}}{0.2093m^3_{O_2}} = 8.89m^3_{Air}$

② 정리

> 탄소 1kg이 연소하는데 산소는 2.667kg 공기는 11.49kg
> 탄소 1kg이 연소하는데 산소는 1.867m³ 공기는 8.89m³

연소가스가 실온까지 냉각되어 "가스 중"의 수증기가 증발잠열을 방출한다.

기체 —액화잠열→ 액체   기체 —증발잠열을 소비한다.→ 액체

연소가스가 200~300℃ 이상의 온도로 연소할 때 증발잠열을 소비한 채 열량발생

③ 공기 과잉률 : $\mu = \dfrac{실제}{이론}$ $\mu > 1$일 때는 잉여산소는 연소가스 성분으로 남는다.

2. 발열량

(1) Dulong의 식

① 고위 발열량

$$H_h = 8100c + 34000\left(h - \frac{O}{8}\right) + 2500s \quad \left[\frac{kcal}{kg}\right]$$

② 저위 발열량

$$H_l = 8100c + 29000\left(h - \frac{O}{8}\right) + 2500s - 600w = H_h - 600(9h + w) \quad \left[\frac{kcal}{kg}\right]$$

[연료 1kg이 연소하는데 발생되는 열량]

C : 연료 1kg에 포함된 탄소의 양[kg]   H : 연료 1kg에 포함된 수소의 양[kg]
O : 연료 1kg에 포함된 산소의 양[kg]   S : 연료 1kg에 포함된 황의 양[kg]
W : 연료 1kg에 포함된 수분의 양[kg]

[가연원소의 화학반응식]

연소기호	연소반응의 방정식 분자량에 의한 중량 kg 분자량에 의한 체적 Nm^3		가연원소 1kg에 대하여							
			연소생성물		소비산소		잔존질소		연소가스	
			명칭	기호	양	기호	양	기호	양	기호	양
C	$C + O_2 = CO_2 + 97,200$ kcal 12kg 32kg 44kg 22.4Nm^3 22.4Nm^3		탄산가스	CO_2	3.667kg 1.867Nm^3	O_2	2.667kg 1.867Nm^3	N_2	8.827kg 7.022Nm^3	CO_2 및 N_2	12.49kg 8.89Nm^3
	$C + \frac{1}{2}O_2 = CO + 29,400$ kcal 12kg 16kg 28kg $\frac{1}{2}$22.1Nm^3 22.4Nm^3		일산화탄소	CO	2.333kg 1.867Nm^3	O_2	1.333kg 0.933Nm^3	N_2	4.414kg 3.511Nm^3	CO_2 및 N_2	6.75kg 5.38Nm^3
H	$H_2 + \frac{1}{2}O_2 = H_2O$ (기체)57,600kcal (액체)68,400kcal 2kg 16kg 18kg $\frac{1}{2} \times 22.4Nm^3$ 22.4Nm^3		수증기	H_2O	9kg 11.2Nm^3	O_2	8kg 5.6Nm^3	N_2	26.48kg 21.07Nm^3	H_2O 및 N_2	35.5kg 32.3Nm^3
S	$S + O_2 = SO_2 + 80,000$ kcall 32kg 32kg 64kg 22.4Nm^3 22.4Nm^3		아황산가스	SO_2	2kg 0.7Nm^3	O_2	1kg 0.7Nm^3	N_2	3.31kg 2.63Nm^3	SO_2 및 N_2	5.31kg 3.33Nm^3

3. 연료 연소 시 필요한 이론 공기량 L_o 계산

$$L_o = 8.89C + 26.7\left(H - \frac{O}{8}\right) + 3.33S \quad [m^3]$$

여기서, C : 연료가 가지고 있는 탄소의 양[kg], h : 연료가 가지고 있는 수소의 양[kg]
O : 연료가 가지고 있는 산소의 양[kg], S : 연료가 가지고 있는 황소의 양[kg]

10-2 전 열(heat transfer)

열에너지의 이동 현상(전도, 대류, 복사)

1. 전도에 의한 전열

$$\text{푸리의 법칙} \quad Q = -kA\frac{dT}{dx} \text{ [kcal/hr]}$$

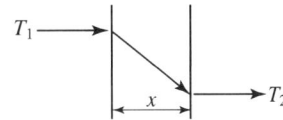

여기서, Q : 전열량 = 열전달량[kcal/hr]
A : 전열면적[m^2]
k : 열전도율 = 열전도계수[kcal/mh℃]
dx : 전달간격[m]
dT : 온도변화[℃]

2. 대류에 의한 전열

$$Q = kA(T_1 - T_2) \text{ [kcal/hr]}$$

여기서, Q : 열관류율[kcal/hr]

$$Q = \alpha A(T_1 - T_w) \text{ [kcal/hr]}$$

여기서, α : 대류열전달계수[kcal/m^{2}hr℃], A : 전열면적[m^2], T_1 : 유체의 온도, T_w : 고체의 온도

3. 복사에 의한 전열

높은 온도를 가진 모든 물체는 그 물체의 온도에 의해 에너지를 방사 하는데 이것을 열복사라고 부른다.
복사는 물질의 형태에 관계없이 구성원자나 분자들의 전자배열의 변화로 생각될 수 있다. 즉 복사는 물질이 원자나 분자의 구조가 변하면서 전자기파 또는 광자의 형태로 방출되는 에너지이다. 이에너지를 전달하기 위해서 복사는 전도나 대류와 달리 배질을 필요하지 않는다.

$$Q = \alpha A(T_1^4 - T_2^4) \text{ [kcal/hr]}$$

여기서, α : 스테판-볼츠만의 상수[4.8806×10^{-8} kcal/h · m^2 · K^4]
A : 전열면적[m^2]
절대온도가 T_1 흑체(이상복사체)가 절대온도 T_2인 주위 물체의 의해여 완전히 둘러싸여 있을 때의 복상에 의한 전열량

(1) 연료에서 열량을 낼 수 있는 물질 C, H, S

$H_2 + O \rightarrow H_2O + 68000$
2kg　16kg　18kg

- 기체 : 증발잠열을 소비 ⇒ 저위발열량
- 액체 : 증발잠열을 소비안함 ⇒ 고위발열량

$H_2 + O \rightarrow H_2O + 68000$kcal
2kg　16kg　18kg　+　68000kcal
1kg　8kg　9kg　+　$\boxed{34000\text{kcal}}$ — 수소 1kg이 연소하는데 발생되는 열량(고위발열량)
　　　　　　　　　　　　　　— 수소 1kg이 연소하는데 물 9kg이 발생
　　　　　　　　　　　　　　— 수소 1kg이 연소하는데 산소 8kg이 발생

① 고위발열량(H_h) : 물이 액상으로 존재, 증발잠열 포함
② 저위발열량(H_L) : 물이 기상으로 존재, 증발잠열 소비

$$H_h = H_L + 600(9H+w)$$

- 연료의 자체수분증량[kg]
- 수소 1kg이 9kg의 물을 생성, 즉 연료중의 수소중량[kg]

(2) 유효수소

실제 연소하는 수소량

$$\text{유효수소} = \left(H - \frac{O}{8}\right)$$

- 산소와 반응하는 수소량
- 연료중의 수소량

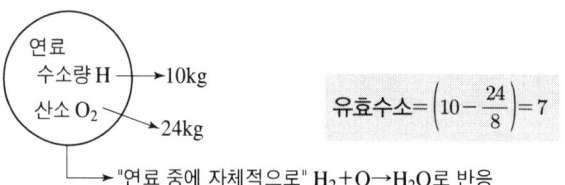

$$\text{유효수소} = \left(10 - \frac{24}{8}\right) = 7$$

→ "연료 중에 자체적으로" $H_2 + O \rightarrow H_2O$로 반응

① $H_2 + O \rightarrow H_2O + 68000$
　2kg　16kg　18kg　　68000
　1kg　8kg　9kg　　$\boxed{34000}$ → 고위발열량
　　　　$34000 - (600 \times 9) = 28600 \fallingdotseq 29000$kcal

② $C + O_2 = CO_2 + 97200$
　12kg　32kg　44kg　+　97200
　1kg　2.667kg　3.667kg　+　$\boxed{8100\text{kcal}}$ → 탄소 1kg 연소 시 발생열량

③ S + O₂ = SO₂ + 80000
   32kg 32kg   64kg + 80000
   1kg   1kg   2kg + $\boxed{2500\text{kcal}}$ → 황 1kg 연소 시 발생열량

$$H_h = 8100C + 34000\left(h - \dfrac{0}{8}\right) + 2500S$$

$$H_L = 8100C + 29000\left(h - \dfrac{0}{8}\right) + 2500S - 600W$$

[부록 1] 열역학 공식 모음

1	열역학 0법칙, 열용량	$Q = Gc\Delta T$ (G : 중량 or 질량, c : 비열, ΔT : 온도차)
2	온도 환산	$F = \frac{9}{5}C + 32$, ℃ $\xrightarrow{+273}$ K, ℉ $\xrightarrow{+460}$ °R, K $\xrightarrow{\times 1.8}$ °R
3	열량의 단위	1kcal = 3.968BTU = 2.205CHU = 4.1867kJ
4	비열의 단위	$\left[\dfrac{1\text{kcal}}{\text{kg}\cdot\text{℃}}\right] = \left[\dfrac{1\text{BTU}}{\text{lb}\cdot\text{℉}}\right] = \left[\dfrac{1\text{CHU}}{\text{lb℃}}\right]$
5	평균온도, 평균비열	$Tm = \dfrac{m_1 C_1 T_1 + m_2 C_2 T_2}{m_1 C_1 + m_2 C_2}$, $C_m = \dfrac{1}{T_2 - T_1}\int_1^2 C dT$
6	일과 열의 관계	$Q = AW$ (A : 일의 열 상당량 = 1kcal/427kg$_f\cdot$m) $W = JQ$ (J : 열의 일 상당량 = $1/A$)

7 상태변화

변화 p, v, T 관계	정적변화	정압변화	정온변화	단열변화	폴리트로픽 변화
	$v = C,\ dv = 0$ $\dfrac{P_1}{T_1} = \dfrac{P_2}{T_2}$	$P = C,\ dP = 0$ $\dfrac{v_1}{T_1} = \dfrac{v_2}{T_2}$	$T = C$ $dT = 0$ $Pv = P_1 v_1$ $= P_2 v_2$	$Pv^k = c$ $\dfrac{T_2}{T_1} = \left(\dfrac{v_1}{v_2}\right)^{k-1}$ $= \left(\dfrac{P_2}{P_1}\right)^{\frac{k-1}{k}}$	$Pv^n = c$ $\dfrac{T_2}{T_1} = \left(\dfrac{v_1}{v_2}\right)^{n-1}$
(절대일) 외부에 하는 일 $_1w_2 = \int p dv$	0	$P(v_2 - v_1)$ $= R(T_2 - T_1)$	$P_1 v_1 \ln\dfrac{v_2}{v_1}$ $= P_1 v_1 \ln\dfrac{P_1}{P_2}$ $= RT\ln\dfrac{v_2}{v_1}$ $= RT\ln\dfrac{P_1}{P_2}$	$\dfrac{1}{k-1}(P_1 v_1 - P_2 v_2)$ $= \dfrac{RT_1}{k-1}\left(1 - \dfrac{T_2}{T_1}\right)$ $= \dfrac{RT_1}{k-1}\left[1 - \left(\dfrac{v_1}{v_2}\right)^{k-1}\right]$ $= C_v(T_1 - T_2)$	$\dfrac{1}{n-1}(P_1 v_1 - P_2 v_2)$ $= \dfrac{P_1 v_1}{n-1}\left(1 - \dfrac{T_2}{T_1}\right)$ $= \dfrac{R}{n-1}(T_1 - T_2)$
공업일 (압축일) $w_t = -\int v dp$	$v(P_1 - P_2)$ $= R(T_1 - T_2)$	0	w_{12}	$k_1 w_2$	$n_1 w_2$
내부에너지의 변화 $u_2 - u_1$	$C_v(T_2 - T_1)$ $= \dfrac{R}{k-1}(T_2 - T_1)$ $= \dfrac{1}{k-1}v(P_2 - P_1)$	$C_v(T_2 - T_1)$ $= \dfrac{1}{k-1}P(v_2 - v_1)$	0	$C_v(T_2 - T_1) = -\,_1W_2$	$-\dfrac{(n-1)}{k-1}\,_1W_2$
엔탈피의 변화 $h_2 - h_1$	$C_p(T_2 - T_1)$ $= \dfrac{k}{k-1}R(T_2 - T_1)$ $= \dfrac{k}{k-1}v(P_2 - P_1)$ $= k(u_2 - u_1)$	$C_p(T_2 - T_1)$ $= \dfrac{kR}{k-1}(T_2 - T_1)$ $= \dfrac{k}{k-1}v(P_2 - P_1)$	0	$C_p(T_2 - T_1) = -W_t$ $= -k_1 W_2$ $= k(u_2 - u_1)$	$-\dfrac{(n-1)}{k-1}\,_1W_2$
외부에서 얻은 열 $_1q_2$	$u_2 - u_1$	$h_2 - h_1$	$_1W_2 = W_t$	0	$C_n(T_2 - T_1)$
n	∞	0	1	k	$-\infty$ 에서 $+\infty$

[부록 1] 열역학 공식 모음

변화	정적변화	정압변화	정온변화	단열변화	폴리트로픽 변화
비열 C	C_v	C_p	∞	0	$C_n = C_v \dfrac{n-k}{n-1}$
엔트로피의 변화 $s_2 - s_1$	$C_v \ln \dfrac{T_2}{T_1} = C_v \ln \dfrac{P_2}{P_1}$	$C_p \ln \dfrac{T_2}{T_1} = C_p \ln \dfrac{v_2}{v_1}$	$R \ln \dfrac{v_2}{v_1}$	0	$C_n \ln \dfrac{T_2}{T_1} = C_v \dfrac{n-k}{n} \ln \dfrac{P_2}{P_1}$

8	동력과 열량과의 관계	1Psh = 632.3kcal, 1kWh = 860kcal
9	열효율	$\eta = \dfrac{\text{정미출력}}{\text{저위발열량} \times \text{연료소비율}}$
10	열역학 1법칙의 표현	$\delta q = du + Pdv = C_v dT + \delta W = dh + vdP = C_p dT + \delta Wt$
11	엔탈피	$H = U + pv$ = 내부에너지 + 유동에너지
12	완전가스 상태 방정식	$PV = mRT$ (P: 절대압력, V: 체적, m: 질량, R: 기체상수, T: 절대온도)
13	정적비열(C_v) 정압비열(C_p)	$C_v = \dfrac{R}{k-1}$, $C_p = \dfrac{kR}{k-1}$ 비열비 $k = \dfrac{C_p}{C_v}$ 기체상수 $R = C_p - C_v$
14	혼합가스의 기체상수	$R = \dfrac{m_1 R_1 + m_2 R_2 + m_3 R_3}{m_1 + m_2 + m_3}$
15	열기관의 열효율	$\eta = \dfrac{\Delta Wa}{Q_H} = \dfrac{Q_H - Q_L}{Q_H} = 1 - \dfrac{T_L}{T_H}$
16	냉동기의 성능계수	$\epsilon_r = \dfrac{Q_L}{W_C} = \dfrac{Q_L}{Q_H - Q_L} = \dfrac{T_L}{T_H - T_L}$
17	열 펌프의 성능계수	$\epsilon_H = \dfrac{Q_H}{W_a} = \dfrac{Q_H}{Q_H - Q_L} = \dfrac{T_H}{T_H - T_L} = 1 + \epsilon_r$
18	엔트로피	$ds = \dfrac{\delta Q}{T} = \dfrac{mcdT}{T}$
19	엔트로피 변화	$\Delta S = C_V \ln \dfrac{T_2}{T_1} + R \ln \dfrac{V_2}{V_1} = C_P \ln \dfrac{T_2}{T_1} - R \ln \dfrac{P_2}{P_1} = C_P \ln \dfrac{V_2}{V_1} + C_V \ln \dfrac{P_2}{P_1}$
20	습증기의 상태량 공식	$v_x = v' + x(v'' - v')$ $h_x = h' + x(h'' - h')$ $s_x = s' + x(s'' - s')$ $u_x = u' + x(u'' - u')$ 건도 $x = \dfrac{\text{습증기의중량}}{\text{전체중량}}$ (v', h', s', u': 포화액의 상대값 v'', h'', s'', u'': 건포화증기의 상태값)
21	증발잠열(잠열)	$\gamma = h'' - h' = (u'' - u') + P(u'' - u')$ 증발잠열 = 포화증기의 엔탈피 − 포화수의 엔탈피
22	노즐에서의 출구속도	$V_2 = \sqrt{2g(h_1 - h_2)} = \sqrt{h_1 - h_2}$
23	고위 발열량	$H_h = 8100C + 34000\left(H - \dfrac{O}{8}\right) + 2500S$
24	저위 발열량	$H_c = 8100C - 29000\left(H - \dfrac{O}{8}\right) + 2500S - 600W = H_h - 600(9H + W)$

[부록 2] 사이클 정리

1. 카르노 사이클 = 가역이상 열기관 사이클

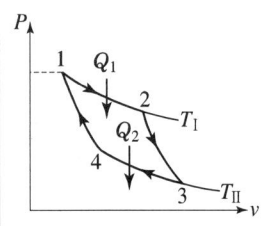
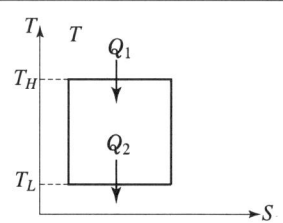

카르노 사이클의 효율
$$\eta_c = \frac{W_a}{Q_H} = \frac{Q_H - Q_L}{Q_H}$$
$$= \frac{T_H - T_L}{T_H} = 1 - \frac{T_L}{T_H}$$

2. 랭킨 사이클 = 증기 원동소사이클의 기본사이클

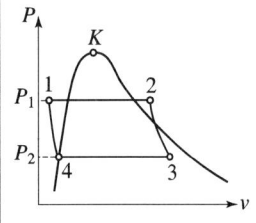
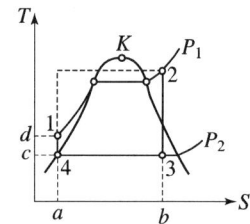

랭킨사이클의 효율
$$\eta_R = \frac{W_a}{Q_H} = \frac{W_T - W_P}{Q_H}$$

터빈일 $W_T = h_2 - h_3$
펌프일 $W_P = h_1 - h_4$
보일러 공급 열량 $Q_H = h_2 - h_1$

3. 재열 사이클

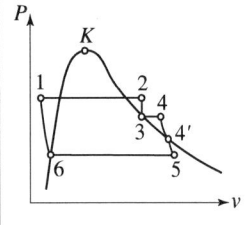
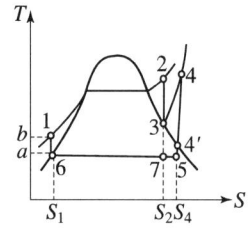

재열사이클의 효율
$$\eta_R = \frac{W_a}{Q_H + Q_R} = \frac{W_{T1} + W_{T2} - W_P}{Q_H + Q_R}$$

터빈1의 일 $= h_2 - h_3$
터빈2의 일 $= h_4 - h_5$
펌프의 일 $= h_1 - h_6$
보일러의 공급열량 $Q_H = h_2 - h_1$
재열기의 공급열량 $Q_R = h_3 - h_4$

4. 오토사이클 = 정적사이클 = 가솔린기관의 기본사이클

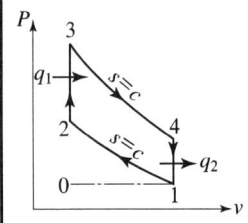
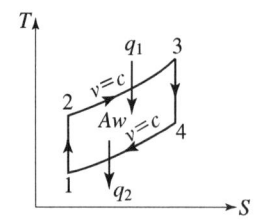

$$\eta_O = \frac{q_1 - q_2}{q_1} = 1 - \frac{q_2}{q_1}$$
$$= 1 - \frac{C_v(T_4 - T_1)}{C_v(T_3 - T_2)}$$
$$= 1 - \frac{(T_4 - T_1)}{(T_3 - T_2)} = 1 - \left(\frac{1}{\epsilon}\right)^{k-1}$$

압축비 $\epsilon = \dfrac{\text{실린더체적}}{\text{연소실체적}}$

5. 디젤 사이클 = 정압 사이클 = 저중속 디젤기관의 기본사이클

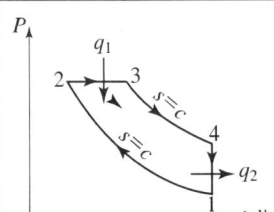 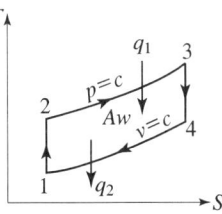

$$\eta_O = \frac{q_1 - q_2}{q_1} = 1 - \frac{q_2}{q_1}$$

$$= 1 - \frac{C_v(T_4 - T_1)}{C_p(T_3 - T_2)}$$

$$= 1 - \left(\frac{1}{\epsilon}\right)^{k-1} \frac{\sigma^k - 1}{k(\sigma - 1)}$$

체절비 $\sigma = \dfrac{V_3}{V_2}$

6. 사바테 사이클 = 복합사이클 = 고속디젤사이클의 기본사이클

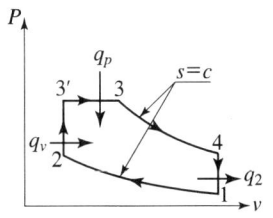 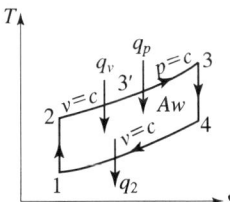

사바테 사이클의 효율

$$\eta_S = \frac{q_p + q_v - q_v}{q_p + q_v} = 1 - \frac{q_v}{q_p + q_v}$$

$$= 1 - \frac{C_v(T_4 - T_1)}{C_P(T_3 - T_3{'}) + C_V(T_3{'} - T_2)}$$

$$= 1 - \left(\frac{1}{\epsilon}\right)^{k-1} \frac{\rho\sigma^k - 1}{(\rho - 1) + k\rho(\sigma - 1)}$$

7. 브레이클 사이클 = 가스터빈의 기본사이클

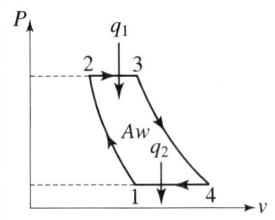 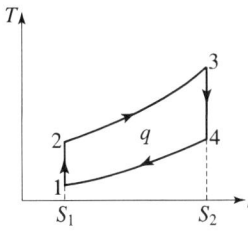

$$\eta_B = \frac{q_1 - q_2}{q_1}$$

$$= \frac{C_P(T_3 - T_2) - C_P(T_4 - T_1)}{C_P(T_3 - T_2)}$$

$$= 1 - \left(\frac{1}{\rho}\right)^{\left(\frac{k-1}{k}\right)}$$

압력상승비 $\rho = \dfrac{P_{\max}}{P_{\min}}$

8. 증기 냉동사이클

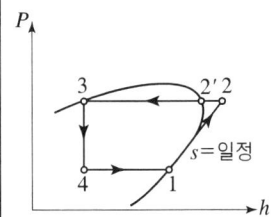 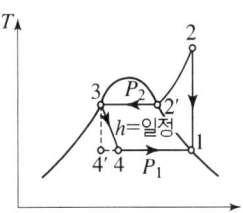

$$\eta_R = \frac{Q_L}{W_a} = \frac{Q_L}{Q_H - Q_L}$$

$$= \frac{(h_1 - h_4)}{(h_2 - h_3) - (h_1 - h_4)}$$

(Q_L : 저열원에서 흡수한 열량)

냉동능력 $1\text{RT} = 3.86\text{kW}$

단기완성 일반기계기사 필기

Part 4

기계제작법

Chapter 1	기계제작법의 정의 및 분류
Chapter 2	절삭이론
Chapter 3	선반가공
Chapter 4	드릴가공과 보링가공
Chapter 5	평면가공
Chapter 6	밀링가공
Chapter 7	연삭가공
Chapter 8	정밀 입자 가공(호닝, 래핑, 슈퍼피니싱, 액체호닝), 브로칭 머신
Chapter 9	특수가공
Chapter 10	NC가공
Chapter 11	측 정 기
Chapter 12	수기가공
Chapter 13	치 공 구
Chapter 14	주　　조
Chapter 15	소성가공
Chapter 16	용　　접

제 4 편 기계제작법

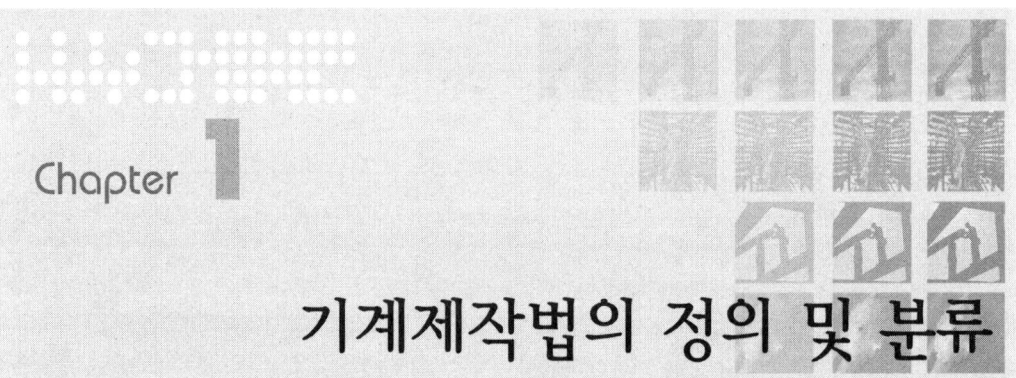

Chapter 1 기계제작법의 정의 및 분류

1-1 기계제작법(manufacturing process)의 정의

재료를 가공 및 성형하여 유용한 기계, 기구, 장치 등을 제조 또는 제작하는 기술을 논하는 학문을 "기계제작법"이라고 한다.

1-2 기계제작법의 분류

```
기계제작법 ┬ 비절삭가공 ┬ 주조 ─┬ ① 목형제작시 주의사항
          │            │       ├ ② 주형제작시 주의사항
          │            │       └ ③ 특수주조법 : 칠드주조법, 다이캐스팅, 원심주조법, 셸주조법,
          │            │          인베스트먼트법
          │            └ 소성가공 ┬ ① 단조 ┬ 열간단조 : 해머단조, 프레스단조, 업셋단조
          │                      │        └ 냉간단조 : 콜드헤딩, 코이닝, 스웨이징
          │                      ├ ② 압연 ┬ 분괴압연 : 중간재를 만드는 압연
          │                      │        └ 성형압연 : 제품을 만드는 압연
          │                      ├ ③ 인발 – 봉재인발, 관재인발, 신선
          │                      ├ ④ 압출 – 직접압출, 간접압출, 충격압출
          │                      ├ ⑤ 전조 – 나사전조, 기어전조
          │                      └ ⑥ 판금가공 ┬ 전단가공 : 블랭킹, 펀칭, 전단, 분단, 슬로팅, 노칭,
          │                                  │           트리밍, 셰이빙
          │                                  ├ 굽힘가공 : 굽힘, 비딩, 컬링, 시밍
          │                                  ├ 프레스가공 : 드로잉, 벌징, 스피닝
          │                                  └ 압축가공 : 코이닝, 엠보싱, 스웨이징
          └ 절삭가공 ┬ 절삭공구 ┬ ① 고정공구 : 선반, 플레이너, 셰이퍼, 슬로터, 브로우칭
                    │ 가공     └ ② 회전공구 : 밀링, 드릴링, 보링, 호빙, 소잉
                    └ 연삭공구 ┬ ① 고정입자 : 연삭, 호닝, 슈퍼피니싱, 버핑, 샌더링
                      가공     └ ② 분말입자 : 래핑, 액체호닝, 배럴가공
```

 **1-3 기계제작법에 사용되는 용어 정리**

재료의 특성에 나타내는 용어

① **강도**(strength) : 일정 하중에 대한 인장강도, 압축강도, 굽힘 강도, 비틀림 강도, 전단강도 등

② **인성**(toughness) : 소성에 대한 저항이 크고, 파괴되기까지의 변형량이 큰 성질＝질긴 성질＝충격값이 큰 성질

③ **경도**(hardness) : 표면 경도, 마모 저항 등

④ **피로강도**(fatigue strength) : 동적 하중으로 생기는 각종 피로강도

⑤ **연성**(ductility) : 물체가 탄성한도를 넘는 외력에도 파괴되지 않고 가늘고 길게 늘어나는 성질

　　Au > Ag >　　Al　 > Cu > Pt > Pb > Zn > Fe > Ni
　　금　> 은 > 알루미늄 > 구리 > 백금 > 납 > 아연 > 철 > 니켈

⑥ **전성**(＝가단성malleability) : 금속을 두드려서 얇은 판으로 만들 수 있는 성질＝넓게 퍼지는 성질

　　Au > Ag > Pt >　　Al　 > Fe > Ni > Cu > Zn
　　금　> 은 > 백금 > 알루미늄 > 철 > 니켈 > 구리 > 아연

⑦ **전연성**＝가소성(malleability and ductility) : 전성과 연성을 총괄하 용어로 소성가공을 하기 쉬운 성질

⑧ **취성**(brittleness)＝메짐성 : 인성과 반대 성질, 충격 하중이 극히 작음에도 불구하고 파괴되는 성질＝충격값이 작다＝인성이 작다.

Chapter 2 절삭이론

 ## 2-1 절삭 가공의 종류

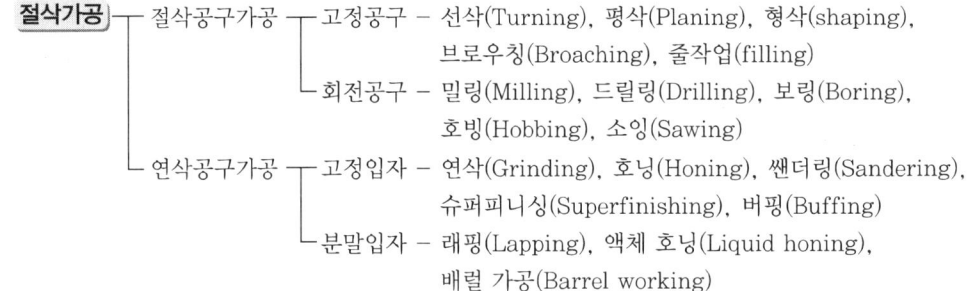

 ## 2-2 칩(chip)의 형성

(1) 칩의 형태 및 원인

① 유동형칩
  공구가 진행함에 따라 일감이 미세한 간격으로 계속적으로 미끄럼 변형을 하여 칩이 생기며 연속적으로 공구 윗면을 흘러 나가는 모양의 칩을 말한다.

② 전단형칩
  미끄럼 간격이 다소 큰 형태의 칩으로 비스듬히 위쪽을 향하여 발생 한다

③ 열단형칩
  재료가 공구 윗면에 정착하여 흘러 나가지 못하고 공구의 전진에 따라 압축하여 균열이 생기고, 이어 전단이 생겨 분리되는 모양을 말한다.

[칩의 형태 및 원인]

종 류	형 상	원 인	특 징
유동형칩 (Flow type chip)	전단각 ϕ 전단면	연강, 구리, 알루미늄 같은 인성이 많은 재료 고속 절삭 시 • 윗면 경사각이 클 때 • 절삭 깊이가 작을 때 • 절삭 속도가 클 때 • 절삭량이 적고 절삭유를 사용할 때	칩의 두께가 일정하고 균일하게 생성되며 가공면이 깨끗함
전단형칩 (Shear type chip)		연성재료 저속 절삭 시 • 바이트의 경사각이 작을 때 • 절삭 깊이가 클 때	비연속적인 칩이 생성됨
열단형칩 = 경작형칩 (Tear type chip)		점성이 큰 가공물을 경사각이 매우 작을 때 • 절삭 깊이가 클 때 • 공작물의 재질이 공구에 점착하기 쉬울 때	가공면이 거칠고 비연속 칩으로 가공 후 흠집이 생김
균열형칩 (Crack type chip)		주철과 같은 메진 가공재료를 저속으로 절삭할 때	날 끝에 치핑이 발생 공구수명이 단축 비연속적인 칩으로 가공면이 거침

 연강을 절삭할 때, 칩 형태의 발생조건과 결과

구분		칩의 모양	유동형 칩	전단형 칩	경작형칩 = 열단형 칩
발생조건		윗면 경사각	대	중	소
		절삭속도	대	중	소
		절삭깊이	소	중	대
		윗면의 마찰	소	중	대
결과		가공면의 정도	양호	중	불량
		절삭저항의 변동	소	중	대

(2) 구성인선(built up edge)

바이트 재료와 친화력이 강한 연강, 알루미늄(Al), 스테인리스강을 절삭할 경우 바이트날 끝에 피삭재의 미소한 입자가 압착 또는 용착되어 나타나는 것을 말한다.

① 구성인선을 발생순서

발생 → 성장(→ 최대 성장) → 분열 → 탈락(→ 일부 잔류)의 과정을 1/100~1/300초 주기로 반복 한다

② 원인
  ㉠ 바이트의 온도가 올라갈 경우
  ㉡ 윗면 경사각이 작을 경우(30°이하)
  ㉢ 절삭 속도가 작을 경우(50m/sec 이하)
  ㉣ 절삭 깊이가 크고 이송 속도가 적을 경우
  ㉤ 경사면의 거칠기가 좋지 못한 경우

③ 방지책
  ㉠ 절삭 깊이를 적게 한다.
  ㉡ 경사각을 크게 한다(30°이상).
  ㉢ 공구의 인선을 예리하게 한다.
  ㉣ 절삭 속도를 높인다(120m/min 이상).
  ㉤ 칩과 바이트 사이의 윤활성이 좋은 절삭유제 사용한다.

④ 구성인선의 이용

인성이 큰 재료는 구성인선이 일어나기 쉬운데 이 구성인선은 다듬질면이 불량하고 유해하므로 경사각을 크게 해줌으로서 절삭 저항을 감소시키고 공구의 수명을 연장시켜 주는 장점이 있다. 이러한 장점을 이용한 것이 Silver White Cutting Method(실버 화이트 커팅법)이 있다. 이때 사용되는 바이트가 SWC바이트이다.

2-3 절삭저항

(1) 정의

절삭할 때 날 끝에 가해지는 힘을 절삭 저항이라 한다.

(2) 절삭 저항의 3분력

① 주분력(F_c) : 절삭 방향과 평행한 방향의 힘
② 횡분력(F_a) : 공구의 이송 방향과 반대쪽 방향의 힘 = 이송분력
③ 배분력(F_r) : 주분력과 횡분력에 수직한 방향의 힘

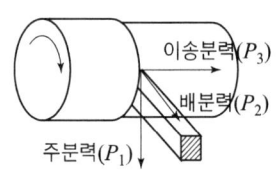

| 분력의 크기 : 주분력 > 배분력 > 이송분력 = 횡분력 |

(3) 절삭 저항을 변화 시키는 요소

일감의 재질, 날 끝의 모양, 절삭 면적, 절삭 속도

(4) 절삭 속도

$$V = \frac{\pi \cdot d \cdot N}{1000} [\text{m/min}]$$

여기서, d : 공작물의 지름(mm), N : 공작물의 회전수(rpm)

(5) 절삭 동력

$$HP = \frac{P_1 V}{60 \times 75 \eta} [\text{PS}]$$

여기서, P_1 : 주분력(kg), η : 기계효율, V : 회전 속도(m/min)

(6) 공구 수명

$$VT^n = C$$

여기서, V : 회전 속도(m/min), T : 공구 수명(min), C : 공구, 공작물, 절삭 조건에 따른 상수
n : 공구와 공작물에 따른 상수 – 고속도강(0.1), 초경합금공구(0.125~0.25), 세라믹(0.4~0.55)

(7) 공구 수명 판별방법

① 가공표면에 광택이 있는 무늬가 발생될 때(반점, 변색, 광휘대, 등…)
② 절삭공구 날 끝의 마모가 일정량에 도달하였을 때=날 끝이 많이 마모되었을 때
③ 가공 완료된 제품의 치수의 변화가 일정량에 도달하였을 때

주의
① 가공 완성된 치수의 변화가 일정량 이상 되면 공구수명이 오래 된 것이다.
② 가공 완성된 치수의 변화가 일정량 이하 되면 공구수명은 아직 남았다.

④ 주분력은 변화가 없어도, 배분력, 이송분력이 급격히 증가할 때

2-4 절삭 공구 재료

(1) 구비조건

피절삭재 보다 굳고 인성이 있어야 하며, 절삭 온도가 높아져도 강도가 쉽게 저하되지 않아야 하며, 쉽게 원하는 모양으로 만들 수 있고, 마모 저항이 커야 한다.

(2) 절삭 공구의 종류

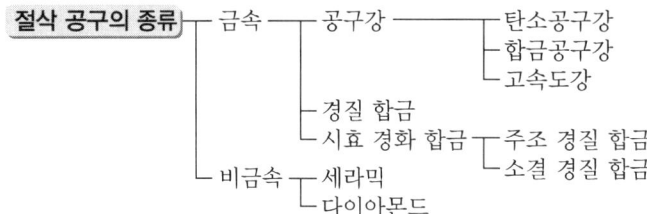

① **탄소공구강** : 탄소 함유량이 0.9~1.3%인 탄소강을 담금질, 뜨임하여 사용하는데 고온 경도가 낮으며 저속 절삭 및 총형 바이트로 이용되고 강인성이 있고, 충격에 잘 견딘다.

② **합금공구강** : 탄소 공구강에 Cr, W, Ni, Mo, Co, V을 첨가한 합금강으로 탄소 공구강보다 고온경도가 다소 좋으나 450℃ 이상이 되면 사용이 불가능하며, 절삭성이 좋고 내마멸성과 경도가 높고, 저속 절삭용으로 적합하다

③ **고속도강** : W, Cr, V, Mo, Cr, Mn 등을 함유한 합금강을 담금질하여 강도를 증가시킨 강으로 탄소 공구강보다 높은 온도에서 절삭 성능이 뛰어나며 600℃까지 경도를 유지한다.
  ㉠ 표준 고속도강 : 18-4-1형(W 18%, Cr 4%, V 1%)
  ㉡ 특수 고속도강 : 표준 고속도강에 Co, V를 함유시킨 것으로 고온 절삭이 용이하다

④ **스텔라이트**(= stelite 주조 경질 합금) : C(2~4%), Cr(15~33%), W(10~17), Co(40~50%), Fe(5%)를 2300℃에서 주조하여 만든 합금으로 그 자체의 경도가 높아 담금질 할 필요 없이 주조한 그대로 사용되고, 단조는 할 수 없다. 내구력, 내식성이 강하고, 절삭 공구, 의료 기구에 적합하며 내마모 살붙이로도 사용된다. 취성이 있어 인장 및 충격에 약하다.

⑤ **초경합금**(소결 경질 합금 : cemented carbide) : 탄화 텅스텐, 탄화 티탄 등 아주 단단한 화합물의 분말과 코발트 등의 금속 분말을 섞어서 고압으로 압축하고, 금속이 녹지 않을 정도의 고온으로 가열하여 소결, 성형시킨 것이다. 초경합금은 대단히 굳고, 내마모성이 우수하므로 금속제품을 자르거나 깎는 커터(절단기), 다이스 등에 사용되며, 그밖에 광산이나 토목용에서 바위에 구멍을 뚫는 착암용 공구의 선단에도 사용된다.

⑥ **다이아몬드** : 경도가 가장 높고, 내마멸성도 크며, 절삭 속도가 가장 크고, 능률적이며 경질 고무, 베이클라이트, 알루미늄과 그 합금, 유리 황동 등과 같은 특수 가공도 가능하다.

⑦ **세라믹** : 산화 알루미늄 가루에 규소, 마그네슘의 산화물 또는 다른 산화물의 첨가물을 넣고 소결한 것으로 고온 경도가 크고 고속 절삭에 사용하여 980℃까지 사용이 가능하며, 취성이 있기 때문에 진동 및 충격에 매우 약하다.

2-5 절삭유

(1) 절삭유 사용 목적
냉각 작용, 윤활 작용, 세척 작용, 가공물 표면의 방청 작용을 한다.

(2) 종류
알칼리성 유용액, 솔류블오일(Soluble oil), 광유, 동·식물유

(3) 구비조건
① 냉각, 방청, 방식성이 좋아야 한다.
② 마찰성이 좋고, 윤활성이 좋아야 한다.
③ 유동성이 좋고, 잘 떨어져야 한다.
④ 인체에 해롭지 않고 악취가 없어야 한다.
⑤ 인화점과 발화점이 높아야 한다.
⑥ 가격이 저렴해야 한다.

Chapter 3 선반가공

3-1 선반의 구조

(1) 주축대(head stock)

탄소강, 니켈·크롬(Ni-Cr)강을 담금질한 후 정밀 다듬질하여 만드는데 중공축으로 끝부분은 모오스 테이퍼(morse taper)구멍으로 되어 있으며, 일감을 지지하여 회전시키는 주축과 이것을 지지하는 롤러 베어링과 주축을 회전시키는 주축 속도 변환 장치로 구성되어 있다.

[주축을 중공 축으로 하는 이유]
① 실출(중실축)보다 굽힘과 비틀림응력에 강하다.
② 중량이 감소하여 주축베어링에 작용하는 하중을 줄여 준다.
③ 긴 공작물의 고정이 편리하다.
④ 콜릿척의 사용이 쉽고 센터를 쉽게 분리 할 수 있다.

(2) 심압대(tail stock)

주축대의 반대쪽에 붙여 있으며, 일감의 한 쪽 끝을 센터로 지지하거나 드릴탭, 리머 등의 절삭 공구로 고정하는 작업에 사용된다.

(3) 왕복대(carriage)

배드의 안내면 상에 놓여지고, 주축대와 심압대 사이에 위치하며, 좌우 왕복 운동을 한다. 왕복대는 새들(saddle), 에이프런(apron), 공구대(tool post)등으로 구성되는데 I자형의 새들을 통해 배드 안내면에 놓여 있고, 그 위에 공구대가 있다. 에이프런은 자동 이송 장치, 나사 깎기 장치 등이 내장되어 있으며 새들의 앞쪽에 있다.

(4) 베드(bed)

상자형 주물로 그 위에 주축대, 심압대, 왕복대, 공작물 등을 지지하며 절삭 운동의 저항 및 안내 작용을 한다. 배드의 표면이 산형인 미국식과 평평한 영국식이 있다.
① 미국식=산형베드 : 중소형에 사용
② 영국식=평형베드 : 대형에 사용

(5) 이송 기구(feed mechanism)
이송기구는 에이프론에 장치되어 있으며 수동이송을 위한 손잡이와 각종레버가 달려있다.

 3-2 보통 선반의 부속 장치

(1) 척(chuck)
선반의 주축 끝에 설치되어 공작물을 고정하고 회전시키는 역할을 하는 부속품으로 일종의 회전형 바이스라고 할 수 있다.
① **연동척** : 3개의 조가 120°로 배치되어 있으며 3본척=만능척이라고 도 한다. 3개의 조가 동일한 방향과 크기로 이동한다. 단면이 불규칙한 공작물은 고정이 곤란하다.
② **단동척** : 4개의 조가 90°로 배치되어 있으며 4본척이라 고도 한다.
③ **복동척** : 단동척과 연동척의 기능을 겸비한 척이다.
④ **콜릿척** : 터릿선반이나 자동선반에서 지름이 작은 공작물이나 각봉을 가공할 때 사용한다.

(2) 면판(face plate)
면판은 척에 고정 할 수 없는 대형공작물 또는 복잡한 공작물을 고정할 때 사용한다. 주축에서 척을 떼어내고 면판을 고정하여 사용한다. 공작물을 고정하였을 때 무게 중심이 맞지 않으면 대각선 방향으로 균형추를 달아서 균형을 맞춘 다음에 가공한다.

(3) 센터(center)
그 재질은 탄소 공구강 또는 특수 공구강을 열처리 경화시킨 다음 다시 풀림 열처리하여 인성을 부여한 것으로 센터의 각도는 보통 60°정도이고 중절삭의 경우에는 75°와 90°이고 그 종류는 아래와 같다.
① **회전 센터**(live center) : 지지 부분의 마찰이 적어 재질은 연강이고 주축에 고정하는 센터로 자루 부분은 모스 테이퍼로 되어 있다.
② **정지 센터**(stop center) : 심압대에 고정하는 센터로 센터 끝에 마찰열로 손상이 많으므로 초경합금을 경납땜하여 사용한다.
③ **베어링 센터**(bearing center) : 심압축에 꽂아 공작물과 함께 회전하는 센터이다.
④ **하프 센터**(half center) : 끝면 깎기에 사용하는 센터이다.

(4) 센터 드릴(center drill)

가공물에 센터의 끝이 들어가는 구멍을 뚫는 드릴로 그 크기는 일감의 지름에 따라 정한다.

(5) 돌림판(driving plate)과 돌리개(lathe dog)

이 두 장치는 양 센터 작업 시 주축의 회전을 공작물에 전달하기 위해 함께 사용되는데 돌림판은 주축끝 나사부에 고정하고, 돌리개는 공작물에 고정한다. 그 종류는 다음과 같다.

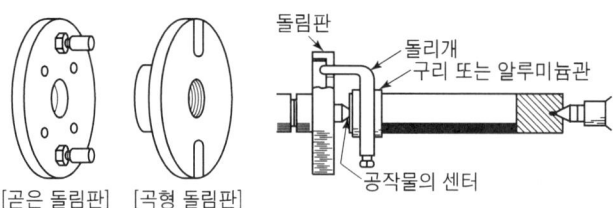

[곧은 돌림판]   [곡형 돌림판]

(6) 방진구(work rest)

가늘고 긴 공작물을 가공할 때 공작물은 자중과 절삭력으로 인하여 휘거나 처짐이 생기고 진동을 일으켜 균일한 직경을 가공하기가 곤란해진다. 이를 방지하기 위해 방진구를 사용한다. 고정식 방진구와 이동식 방진구가 있다.

(7) 심봉(mandre = 맨드릴)

기어, 벨트 풀리 등 구멍이 있는 소재의 공작물에 구멍 가공이 먼저 되었을 때 측면이나 외주면을 중심 구멍에 대하여 직각이나 동심원으로 가공하기 위해 사용하는 공구이다.

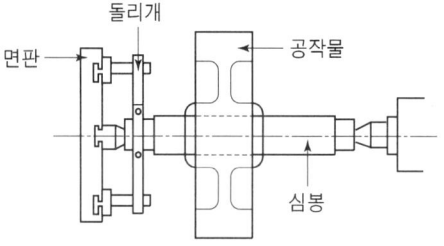

선반의 크기 표시방법
① 베드의 길이
② 베드위의 스윙(베드에 접촉하지 않고 가공 할 수 있는 공작물의 최대지름)
③ 왕복대위의 스윙(왕복대에 접촉하지 않고 가공할 수 있는 공작물의 최대지름)
④ 주축대와 심압대 양 센터 사이의 거리(양 센터로지지 할 수 있는 공작물의 최대길이)

 ## 3-3 선반의 종류

(1) 보통 선반(engine lathe)
가장 일반적으로 사용하는 것으로 단차식과 기어식이 있으며 다소 소량 생산과 수리에 사용하고, 슬라이딩(Sliding), 단면절삭(Surfacing), 나사 깎기(Screw cutting)를 할 수 있어 '3S 선반'이라고 한다.

(2) 탁상 선반(bench lathe)
작업대에 설치하여 사용하는 소형 선반으로 계기, 시계 등의 부품과 같은 것을 절삭하는데 사용한다.

(3) 정면 선반(face lathe)
길이가 짧고 지름이 큰 공작물을 절삭하는 데 사용하며, 배드가 짧고, 스윙이 큰 것을 말한다.

(4) 수직 선반(vertical lathe)
주축이 수직으로 되어 있으며 테이블이 수평으로 움직인다. 중량이 큰 대형 공작물이나 직경이 크고 폭이 좁으며, 불균형한 공작물 및 내면 절삭 등의 가공에 적합하다.

(5) 공구 선반(tool room lathe)
작은 공구 게이지나 정밀기계 부품을 가공하는데 사용하는 선반으로 보통 선반과 같으나 테이퍼 깎기 장치, 밀링커터의 여유각을 깎는 릴리빙, 밀링커터의 여유 깎기 장치가 붙어있다.

(6) 모방 선반(copying lathe)
자동 모방 장치를 사용하며 특수한 형상을 한 공작물을 선삭하기 위해 실물 또는 실물과 같은 형판을 설치하고, 바이트가 형판을 따라 움직이게 하여 절삭 가공하는 선반으로 유압식, 전기식, 전기 유압식이 있다.

(7) 터릿 선반(turret lathe)
보통 선반의 심압대 대신 회전 공구대를 설치한 선반으로 대량 생산용의 선반으로 많은 공구를 가공 순으로 터릿 공구대에 장치하여 차례로 공구대를 돌려서 가공하여 공구대가 한 바퀴 돌면 가공이 끝나게 된다. 터릿 모양에 따라 육각형, 드럼형으로 분류한다.

(8) 자동 선반(automatic lathe)
선반의 주작을 캠이나 유압기구를 이용하여 핀, 볼트, 시계, 자동차 등의 부품가공을 자동화한 대량 생산용 선반이다. 작업공정을 일단 정해 놓으면 부품이 자동적으로 가공되기 때문에 한사람이 여러 대의 선반을 조작 할 수 있어 능율적이며 인건비를 절감 할 수 있다. 여러 대의 자동 선반을 조작할 수 있다.

(9) CNC(Computerized Numerical Control)선반

CNC선반은 컴퓨터에 입력된 작업 프로그램의 지령에 따라 자동으로 가공조건, 가공순서가 제어되는 선반으로서 다종 소량 제품을 생산 하는데 적합하다.

(10) 각종 전용 선반

차륜 선반(wheel lathe), 크랭크축 선반(crank shaft lathe), 수치제어 선반(numerical control lathe)

 3-4 선반 작업의 종류

(1) 기본 작업

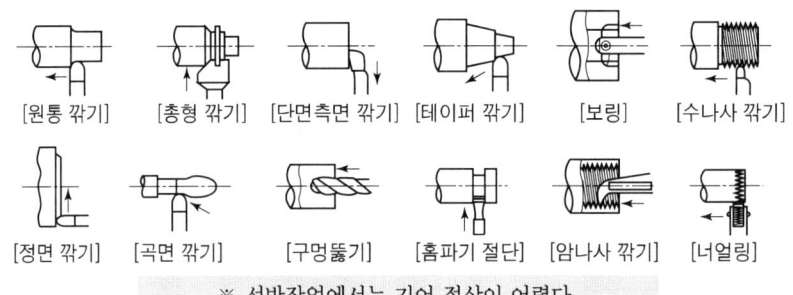

[원통 깎기] [총형 깎기] [단면측면 깎기] [테이퍼 깎기] [보링] [수나사 깎기]
[정면 깎기] [곡면 깎기] [구멍뚫기] [홈파기 절단] [암나사 깎기] [너얼링]

※ 선반작업에서는 기어 절삭이 어렵다.

(2) 테이퍼 작업

① 복식 공구대를 선회 시키는 방법
② 심압대 편위에 의한 방법
③ 테이퍼 절삭장치를 이용하는 방법
④ 총형 바이트를 이용하는 방법

복식 공구대 선회각	$\dfrac{\theta}{2} = \alpha = \tan^{-1}\dfrac{(D-d)}{2l}$
삽입대의 편위량	$e = \dfrac{(D-d)L}{2l}$

여기서, L : 공작물의 전체 길이(mm), D : 큰지름(mm), d : 작은 지름(mm), l : 테이퍼 길이(mm)

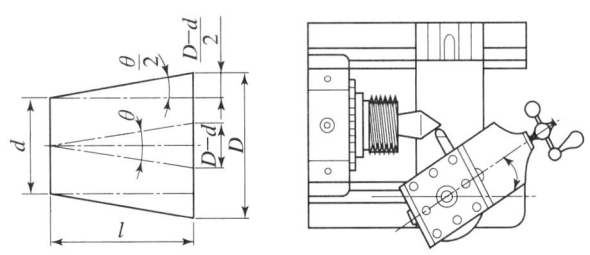

[복식 공구대를 선회시키는 방법]

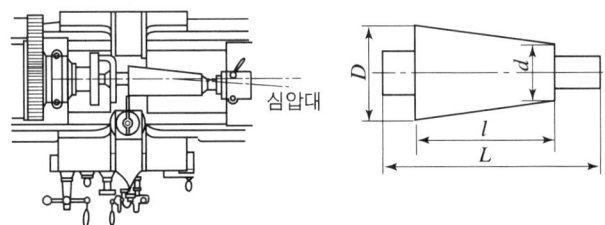

[심압대 편위에 의한 방법]

(3) 나사 절삭 작업

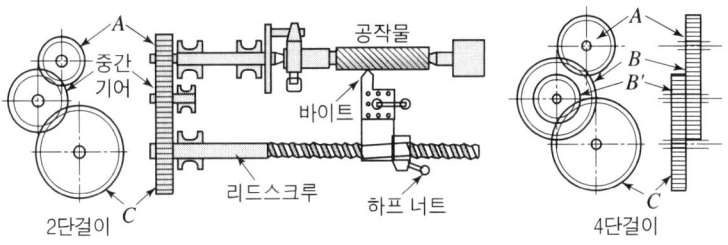

주축과 리드 스크류(=어미나사)를 기어로 연결하여 공작물의 회전과 리드 스크류의 회전비에 따라 공작물에 나사가 깎인다.

$$2단\ 걸기 : \frac{(일감의\ 피치)p_{나사}}{(어미나사의\ 피치)p_{어미}} = \frac{Z_A}{Z_C}\ (회전비가\ 1/6\ \sim 6\ 이하)$$

$$4단\ 걸기 : \frac{(일감의\ 피치)p_{나사}}{(어미나사의\ 피치)p_{어미}} = \frac{Z_A}{Z_B} \times \frac{Z_B'}{Z_C}\ (회전비가\ 6\ 이상\ 또는\ 1/6\ 미만)$$

여기서, Z_A : 주축에 끼우는 기어의 잇수, Z_B, Z_B' : 중간기어의 잇수
Z_C : 리드 스크류에 연결되는 기어의 잇수

미터나사 $M10 \times 2$인 나사의 피치는 2mm

인치나사 $UNF\frac{1}{2} - 12$인 나사의 피치는 $\frac{25.4}{12}$mm

① ⓐ 경우 : 미터식 어미나사로 미터식 나사를 깎을 때
  [예] 어미나사의 피치 $p_{어미}=8$mm을 이용하여
      일감의 피치 $p_{나사}=2$mm인 나사를 깎을 때의 변환기어 잇수를 구하여라.
      ◎ 풀이 $\dfrac{2}{8}=\dfrac{1\times 20}{4\times 20}=\dfrac{(Z_A)=20}{(Z_C)=80}$

  [예] 일감의 피치 $p_{나사}2$mm을 이용하여
      어미나사의 피치 $p_{어미}12$mm인 나사를 깎을 때의 변환기어 잇수를 구하여라.
      ◎ 풀이 $\dfrac{2}{12}=\dfrac{1\times 2}{3\times 4}=\dfrac{1\times 20}{3\times 20}\times\dfrac{2\times 25}{4\times 25}=\dfrac{(Z_A)=20}{(Z_B)=60}\times\dfrac{(Z'_B)=50}{(Z_C)=100}$

② ⓑ 경우 : 인치식 어미나사로 인치식 나사를 깎을 때
  [예] 인치식 어미나사의 산수 $Z_{어미}=10$산을 이용하여
      인치식 일감의 나사의 산수 $Z_{나사}=6$산인 나사를 깎을 때의 변환기어 잇수를 구하여라.

      $Z_{어미}=10$산 → $p_{어미}=\dfrac{25.4}{10}$mm, $Z_{나사}=6$산 → $p_{나사}=\dfrac{25.4}{6}$mm

      ◎ 풀이 $\dfrac{p_{나사}}{p_{어미}}=\dfrac{\dfrac{25.4}{6산}}{\dfrac{25.4}{10산}}=\dfrac{10\times 5}{6\times 5}=\dfrac{(Z_A)=50}{(Z_C)=30}$

③ ⓒ 경우 : 인치식 어미나사로 미터식 나사를 깎을 때
  [예] 인치식 어미나사의 산수 $Z_{어미}=10$산을 이용하여
      일감의 피치 $p_{나사}=6$mm인 나사를 깎을 때의 변환기서 잇수를 구하여라.
      ◎ 풀이 $\dfrac{p_{나사}}{p_{어미}}=\dfrac{6}{\dfrac{25.4}{10산}}=\dfrac{6\times 10\times 5}{25.4\times 5}=\dfrac{6\times 10\times 5}{127}$

      $=\dfrac{5\times 60}{1\times 127}=\dfrac{(Z_A)=100}{(Z_B)=20}\times\dfrac{(Z'_B)=60}{(Z_C)=127}$

④ ⓓ 경우 : 미터식 어미나사로 인치식 나사를 깎을 때
  [예] 어미나사의 피치 $p_{어미}=10$mm을 이용하여
      인치식 나사의 산수 $Z_{나사}=6$산인 나사를 깎을 때의 변환기어 잇수를 구하여라.
      ◎ 풀이 $\dfrac{p_{나사}}{p_{어미}}=\dfrac{\dfrac{25.4}{6}}{10}=\dfrac{25.4\times 5}{6\times 10\times 5}=\dfrac{127}{5\times 60}=\dfrac{(20\times 1)\times 127}{(20\times 5)\times 60}$

      $=\dfrac{(Z_A)=20}{(Z_B)=100}\times\dfrac{(Z'_B)=127}{(Z_C)=60}$

[변환기어 잇수]

형식	변환기어 잇수	참고
미국식	20, 24, 28, 32, 36, 40, 44, 48, 52, 56, 60, 64, 72, 80, 127	잇수 20~64사이는 4씩 증가 72, 80, 127기어 1개
영국식	20, 25, 30, 35, 40, 45, 50, 55, 60, 65, 70, 75, 80, 85, 90, 95, 100, 105, 110, 115, 120, 127, 157	잇수 20~120사이는 5씩 증가 127, 기어 1개 157기어 1개

⑤ 절삭 속도

절삭 속도가 클수록 표면 거칠기는 좋아지나 속도의 증가와 더불어 절삭 온도가 상승하고 바이트 수명이 급격히 저하한다.

$$v = \frac{\pi dN}{1000} \,[\text{m/min}]$$

여기서, d : 공작물의 지름(mm), N : 주축의 회전수(rpm)

백기어(back gear)
단차식 주축대에서 저속 강력 절삭을 하거나 주축의 변환 속도의 폭을 넓히기 위해 설치하는 기어이다.

⑥ 절삭 시간

$$\text{가공시간} \quad T = \frac{L}{NS} \,[\text{mm}]$$

여기서, N : 주축의 회전수(rpm), L : 공작물의 길이[mm], S : 공구의 이송[mm/rev]

제 4 편 기계제작법

Chapter 4

드릴가공과 보링가공

 ## 4-1 드릴 가공 종류

가공종류	의미	단축기호
드릴링(drilling)	구멍을 뚫는 작업	D
보링(boring)	뚫은 구멍이나 주조한 구멍을 넓히는 작업	B
리밍(reaming)	뚫린 구멍을 정밀하게 다듬는 작업	FR
태핑(tapping)	탭을 사용하여 암나사를 가공하는 작업	
스폿페이싱(spot facing)	볼트가 앉을 자리를 만드는 작업	
카운터 보링(counter boring)	볼트 머리가 묻히게 깊은 자리를 파는 작업	DCB
카운터 싱킹(counter sinking)	접시머리 나사의 머리부를 묻히게 원뿔 자리를 파는 작업	DCS

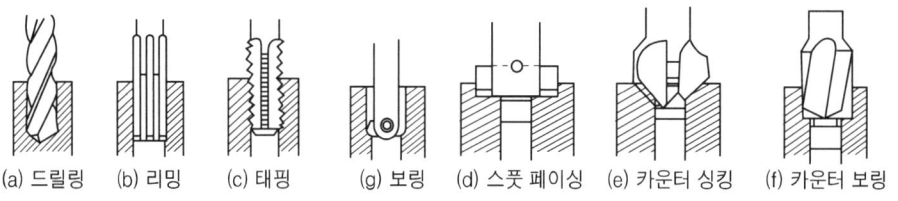

(a) 드릴링　(b) 리밍　(c) 태핑　(g) 보링　(d) 스폿 페이싱　(e) 카운터 싱킹　(f) 카운터 보링

 ## 4-2 드릴의 종류

(1) 평드릴(flat drill)

둥근 봉의 선단을 납작하게 만들어 날을 붙인 것이며, 가장 간단한 형식으로 연한 재질(목재)을 가진 공작물의 구멍을 뚫을 때 사용되며, 날선 단부의 경사각은 30~40°이다.

(2) 트위스트 드릴(twist drill)

가장 널리 쓰이는 드릴로 2개의 비틀림 날이 회전 날 끝으로 있어 절삭성이 매우 좋으며, 견고하고 구조가 잘 되어 있으며 칩은 자연적으로 홈으로 배출되고, 자체 안내 작용이 있어 정확한 구멍이 뚫린 면을 연삭하여도 지름의 차가 아주 적어 드릴의 수명이 긴 장점이 있다.
[종류] 보통 드릴, 플랫 트위스트 드릴, 3에지 트위스트 드릴, 4에지 트위스트 드릴, 직선홈 드릴

4-3 드릴 각부의 명칭과 날끝각

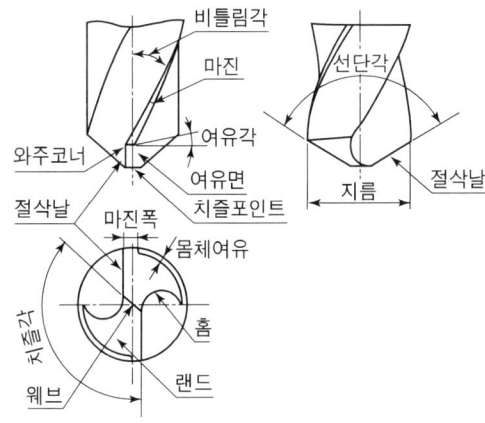

(1) 몸통(body)

드릴의 몸체가 되는 부분으로 홈이 있다.

(2) 홈(flute)

드릴 몸체에 직선 또는 나선으로 파여진 홈을 말하며, 칩을 배출하고, 절삭유를 공급할 통로이다.

(3) 섕크(shank)

드릴을 고정하는 부분이며 곧은 것과 모스 테이퍼 진 것이 있다.

(4) 탱(tang)

테이퍼 자루 끝을 납작하게 한 부분으로 드릴에 회전력을 주는 역할을 한다.

(5) 마진(margin)

드릴 홈의 가장자리에 있는 좁은 면으로 드릴의 위치를 잡아주고, 드릴의 크기를 정하며, 예비적인 날의 역할 또는 날의 강도를 보강하는 역할을 한다.

(6) 웨브(web)

2개의 비틀림 홈 사이의 뒷골 부분을 웨브 라고하며 웨브 쪽을 중심두께라 하여 드릴의 강성을 유지하는 역할을 하고, 자루 쪽을 갈수록 두꺼워진다.

(7) 드릴끝각(선단각 : point angle)

드릴 끝에서 절삭날이 이루는 각으로 보통 118°정도(연강)이다.

(8) 비틀림각(홈나선각 ; helix angle ; angle of torsion)

나선형 홈과 드릴 축이 이루는 각도로 20~35°정도이다.

(9) 날여유각(여유각 ; lip clearance angle ; lip relief angle)

절삭날이 장해를 받지 않고 재료를 절삭하도록 절삭날에 주어진 여유각으로 10~15°정도이다.

(10) 백테이퍼(back taper)

드릴의 선단보다 자루 쪽으로 갈수록 약간의 테이퍼를 준 것으로 구멍과 드릴이 접촉하지 않도록 한 것으로 드릴의 지름이 5mm 이상인 것은 100mm당 0.03~0.1mm정도 지름을 작게 한다.

4-4 드릴 고정법

(1) 드릴 척을 사용하는 방법

지름이 작은 드릴은 자루가 테이퍼 되어있지 않고 곧으므로 주축 구멍에 맞지 않아 주축에 맞는 드릴 척의 자루를 주축에 꽂아서 고정한 후 드릴을 척에 고정시키는 방법이다.

(2) 소켓(socket) 또는 슬리브(sleeve)를 사용하는 방법

드릴 자루부가 주축 구멍에 맞지 않을 경우 슬리브나 소켓을 주축에 박고 거기에 드릴을 꽂아 사용한다.

(3) 드릴을 주축에 직접 고정하는 방법

드릴 지름이 어느 정도 커지면 자루부가 테이퍼로 되어 있어서 이것이 주축의 테이퍼 구멍에 맞을 때는 직접 드릴의 자루를 주축에 박아서 고정시킨다.

시닝(thinning)

드릴을 연삭하면 웨브의 두께가 두꺼워져 절삭 효율이 나빠지므로 웨브의 두께를 얇게 연삭하여 갈아내는 것을 말한다. 또한 이런 연마기를 thinning machine 라 한다.

4-5 공작물 고정법

(1) 바이스(vise)에 의한 고정
보편적으로 공작물을 고정할 때 사용한다.

(2) 클램프(clamp)에 의한 고정
앵글플레이트, 나사잭, 볼트 등을 사용하는 데 공작물을 정확히 위치시키는 데는 시간과 숙련이 필요하다.

(3) 지그(jig)에 의한 고정
신속하고 정확한 구멍을 뚫을 수 있으며 대량 생산에 이용한다.
① 플레이트 지그(plate jig) : 평면에 많은 구멍을 뚫을 경우 사용하는 판상 지그를 말한다.
② 박스 지그(box jig) : 복잡한 가공물에 구멍을 뚫을 경우 사용하는 것이며 상자형으로 만든 것으로 나사나 지그로 정확히 고정되어 있을 뿐 아니라 다른 면도 할 수 있도록 외부에 정확히 가공, 다듬질 되어 있어야 한다.

4-6 드릴의 절삭 속도, 동력

(1) 절삭 속도(v)

$$v = \frac{\pi d N}{1000} [\text{m/mim}]$$

여기서, d : 드릴의 직경(mm), N : 분당 회전수(rpm)

(2) 가공 시간(T)

$$T = \frac{h+t}{NS} = \frac{\pi d(h+t)}{1000 v S}$$

여기서, S : 드릴 1회전 시 이송 거리(mm)
t : 구멍의 깊이(mm)
h : 드릴 끝 원뿔의 높이(mm)

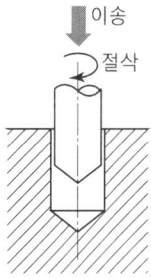

4-7 보링 머신(boring machine)

보링은 이미 뚫려 있는 구멍을 정확한 치수로 넓히는 작업이다. 보링머신은 대형공작물, 중량이 큰 공작물, 복잡한 형상 등의 구멍을 넓힐 때 편심이 우려 될 때 사용하는 공작기계이다. 보링머신은 보링이외에 드릴링, 정면절삭, 나사가공 등을 할 수 있고 정면 밀링커터를 사용하면 평면절삭도 할 수 있다.

특히 보링 바(boring bar)는 보링 바이트(boring bite)를 주축에 고정하여 회전하고 공작물에 이송을 주어 구멍을 가공하며 바이트는 선반용 바이트와 같은 계통의 것이 사용된다.

[보링머신의 종류]
① 수평 보링 머신(horizontal boring machine)
② 정밀 보링 머신(fine boring machine)
③ 지그 보링 머신(jig boring machine)
④ 코어 보링 머신(core boring machine)

지그 보링 머신

드릴링 머신 또는 보통 보링 머신 으로 뚫은 구멍은 중심 위치가 정밀하지 못하다. 그러므로 정밀도가 높은 지그 보링머신을 사용하며 특히 지그 제작 및 정밀기계의 구멍가공에 사용하기 위한 전문기계로서, 제품의 허용 오차가 극히 작은 ±0.002~0.005mm 정도의 정밀도를 가진 보링 머신이다.

Chapter 5 평면가공

5-1 셰이퍼(shaper)

(1) 셰이퍼의 종류

바이트가 고정된 램이 왕복 운동을 하고, 공작물은 바이트의 운동 방향에 직각으로 이송되어 바이트의 형상과 상관없이 평면 가공을 하게 된다. 구조가 간단하고 취급이 용이하나, 높은 정밀도를 얻기 어렵고, 바이트가 전진할 때에만 절삭을 하며, 귀환 행정으로 후진할 때에는 시간이 손실되므로 작업 능률이 떨어진다. 셰이퍼의 호칭은 램의 최대행정으로 표시하며 400, 500, 600, 700mm의 것이 있다.

셰이퍼의 크기 표시방법
① 램의 최대행정 길이
② 테이블의 크기(길이, 나비, 높이) 로 표시한다.

램의 왕복운동기구 = 급속 귀환장치기구
① 크랭크기구 ② 유압기구
③ 래크와 피니언 ④ 스크류와 너트
주로 사용되는 것은 크랭크 기구이다.

(2) 가공 분야

평면, 측면, 경사면, 키홈, 기어, 곡면

(3) 셰이퍼의 종류
① 수평형 ② 수직형(Slotter) ③ 기어 셰이퍼

(4) 셰이퍼 가공의 절삭 속도(v)

$$v = \frac{NL}{1000k}$$

여기서, N : 바이트(램)의 분당 왕복 횟수(stroke/min)
L : 행정의 길이(mm)
k(급속귀환비) : 절삭 행정의 시간과 바이트 1회 왕복의 시간과의 비 ($k = \frac{3}{5} \sim \frac{2}{3}$)

✔ **예제**

셰이퍼의 램 행정길이가 300mm, 행정수가 30회/min일 경우 셰이퍼의 절삭속도는 얼마인가? (단, $k = 3/5$로 한다.)

위의 공식에 의해 $v = \frac{30 \times 300}{1000 \times 3/5} = 15\text{m/min}$가 된다.

5-2 슬로터(slotter) = 수직 형삭기(vertical shaper)

(1) 슬로터 가공의 개요

슬로터는 셰이퍼를 직립형으로 한 공작기계로 상하 운동하는 램의 절삭운동으로 테이블에 수평으로 설치된 공작물을 절삭하는 공작기계이다.

슬로터의 크기 표시방법
① 램의 최대행정 거리
② 테이블의 이동거리
③ 회전테이블의 지름

슬로터의 램의 왕복운동기구 = 급속 귀환장치기구
① 크랭크기구　　② 휘트워드 급속귀환 운동기구식
③ 래크와 피니언　④ 유압식

(2) 가공 분야

구멍의 내면의 키홈 제작, 구멍의 내면이나 곡면가공도 가능하다.

 ## 5-3 플레이너(평삭기, planer)

(1) 플레이너 가공의 개요

셰이퍼, 슬로터 및 플레이너는 평면 가공을 한다는 것에 공통점이 있으나, 셰이퍼와 슬로터에는 소형 공작물을 가공하지만, 플레이너는 대형 공작물을 가공대상으로 한다.
공작물은 테이블위에 고정되어 수평 왕복운동하고 바이트를 공작물의 운동방향과 직각방향으로 이송시켜서 평면, 수직면, 홈, 경사면 등을 가공한다.

(2) 플레이너의 종류

① 쌍주식 플레이너(double housing planer) : 2개의 기둥이 있고 그 사이에 크로스레일(cross rail)이 있어 상하로 이동하게 되어 있으며, 테이블 위에 공작물을 고정하여 왕복운동을 시키며 이 운동 방향과 직각되게 바이트를 이송 시킨다. 일감의 크기가 제한되지만 구조상 강력한 절삭이 가능하다.

② 단주식 플레이너(open side planer) : 기둥이 배드의 한쪽 옆에 있고 크로스 레일이 외팔보로 되어 있어 폭이 넓은 일감을 깎을 수 있으나, 강력한 절삭을 할 때에는 정밀도에 주의하여야 한다.

(3) 플레이너 절삭 속도

$$v_m = \frac{2L}{t} = \frac{2v_s}{1+\frac{1}{n}}[\text{m/min}] \qquad \text{1회 왕복시간} \quad t = \frac{L}{v_s} + \frac{L}{v_r}[\text{min/회}]$$

여기서, v_m : 절삭 평균 속도(m/min), L : 행정(m), t : 1회 왕복 시간(min)

$$\text{속도비} \quad n = \frac{v_r}{v_s} = \frac{\text{귀환속도}(\text{m/min})}{\text{절삭속도}(\text{m/min})} = 3 \sim 4$$

(4) 플레이너 가공 시간(T)

$$T = \frac{2 \cdot b \cdot L}{\eta \cdot s \cdot v_m}(\text{min})$$

여기서, T : 가공시간(min), b : 일감의 폭(m), L : 행정(m), η : (절삭효율), S : 이송(m/strock)
v_m : 평균 속도(m/min)

Chapter 6 밀링가공

6-1 Milling machine의 가공 분야와 밀링 커터의 종류

(1) 가공 분야

원통의 둘레에 많은 날을 가진 밀링 커터(milling cutter)를 회전시켜 테이블 위에 고정된 공작물을 이송(feed)하거나 절삭하는 공작기계로서 그 가공 분야는 다음과 같다.

[평면절삭]　[키 홈파기]　[절단]　[각 홈파기]

[정면절삭]　[곡면절삭]　[기어절삭]　[총형절삭]　[나사절삭]

※ 밀링머신으로 할 수 없는 작업 : ① 바깥지름 절삭=외경절삭, ② 원통 테이퍼 가공
※ 밀링머신으로 가공은 할 수 있지만 어려운 작업은 : 나사절삭
※ 밀링머신으로 가공할 수 없는 기어는 : 하이 포이드 기어

(2) 밀링 커터의 종류

커터의 재료는 고속도강(H.S.S)과 초경합금을 사용한다.
① **플레인 커터**(plain cutter) : 원통면에 날이 있으며 폭이 10~15mm인 것은 직선이고 그 이상인 것은 비틀린 날로 만들며, 비틀린 날의 커터는 절삭이 순차적으로 되며 소비동력이 적고 가공면이 좋으나 추력이 발생하는 단점이 있다.
② **메탈 소오**(metal saw) : 폭 5mm 이하로 절단 작업에 사용된다.

③ 측면 커터(side milling cutter) : 폭이 좁은 플레인 커터의 양측면에도 날이 있어 홈 및 단면 가공에 사용한다.
④ 정면 커터(face cutter) : 한쪽 단면 및 원통면에 날이 있고 자루(shank)가 없는 커터로 넓은 평면가공에 사용한다.
⑤ 엔드밀(end mill) : 원둘레와 단면 모두 날을 갖고 있어 키홈이나 좁은 평면 가공에 사용한다.
⑥ 각 커터(angular cutter) : 원주에 45°, 60°, 70°의 각을 갖고 있어 각을 갖는 홈이나 면을 가공할 때 사용한다.
⑦ 총형 커터(formed cutter) : 날 부분의 형상이 깎으려는 형상과 같은 커터로 드릴, 리머, 기어 절삭에 사용한다.
⑧ T커터 : T형 홈절삭에 사용하는 커터이다.

6-2 밀링 머신의 종류

(1) 니형 밀링 머신(knee type milling machine)

가장 널리 사용하는 것으로 커터 축에 의해 테이블이 전후, 좌우, 상하로 움직이며 그 종류는 수평 밀링 머신(horizontal milling machine), 만능 밀링 머신(universal milling machine), 수직식 밀링 머신(vertical milling machine)이 있다.

(2) 생산 밀링 머신(production milling machine)

같은 부품을 장시간 대량 생산하는데 적합하도록 어느 정도 단순화하였다. 주축대를 다소 이동시킬 수 있으며 커터를 2~3개 장치하여 2~3면을 동시 가공이 가능하며 단두식, 쌍두식, 회전 테이블식 밀링 머신이 있다.

(3) 특수 밀링 머신(special milling machine)

모형이나 형판에 의해 밀링 커터가 움직여 같은 형상으로 공작물을 깎을 수 있는 것으로 각종 금형제작에 널리 쓰이는 모방 밀링 머신(profile milling machine), 나사 깎는 전용 밀링 머신으로 나사 밀링 머신(therad milling machine)과 윤곽 제어에 의한 평면캠, 원통캠, 판게이지 등을 가공하는 수치 제어 밀링 머신(NC milling machine)이 있다.

(4) 플레이너 밀러(플래노 밀러 : plano-miller)

플레이너의 공구대 대신 밀링 커터를 붙이는 주축대가 있어 대형 공작물의 강력 절삭에 적합한 밀링 머신이다.

6-3 밀링 머신의 크기

밀링머신의 크기는 일반적으로 테이블의 이동거리를 호칭번호로 표시한다.

호칭번호		NO. 0	NO. 1	NO. 2	NO. 3	NO. 4	NO. 5
테이블의 이동거리	좌우(테이블)	450	550	700	850	1050	1250
	전후(새들)	150	200	250	300	350	400
	상하(니)	300	400	450	450	450	500

6-4 밀링 머신의 부속품 및 장치

(1) 밀링커터 고정구

① 아버(arber) : 밀링커터를 고정하는 축으로서 한 쪽 끝은 주축 구멍에 끼워 고정할 수 있도록 테이퍼로 되어 있다. 특히 수평밀링 아버는 휘어지는 변형을 방지하기 위하여 수직으로 세워서 보관해야 한다.

② 급속교환 어댑터(quick change adapter) : 수직 밀링의 경우 주축에 급속교환 어댑터를 설치하면 조임너트를 1/4정도만 회전시켜도 아버를 교환 할 수 있어 매우 편리하다.

③ 콜릿(collect)과 콜릿척(collet chuck) : 엔드밀 같은 밀링커터를 고정시키는데 사용하는 커터고정구

(2) 슬로팅 장치

슬로팅장치(sllotting attachment)는 니형 밀링머신의 컬럼에 설치하여 사용한다. 주축의 회전운동을 직선 왕복운동으로 변화시켜 공작물의 안지름에 키홈, 스플라인, 세레이션 등을 가공 할 수 있다. 슬로팅 장치는 평면 위에서 임의의 각도로 경사시켜 절삭 할 수도 있다.

(3) 밀링 바이스(milling vise)

테이블 위에 있는 홈을 이용하여 바이스를 고정하는 간단한 공작물을 고정시키는데 사용한다.

(4) 회전 테이블(circular table)

300, 400, 500mm의 직경을 가지며, 주로 수직 밀링 가공에 사용되며 수동 및 자동 이송에 의해 회전 시킬 수 있으므로 원호형의 홈이나, 바깥둘레 원형 절삭에 사용된다. 핸들 축에는 각도 눈금이 새겨져 있는 마이크로 컬러가 부착되어 간단한 각도 분할도 가능하다.

(5) 분할대(indexing head)

공작물의 바깥둘레를 분할하든지 회전시킬 경우 사용하며, 비틀림각 구동 장치 등과 겸용하여 베벨 기어나 밀링 커터의 비틀림 홈 등을 가공할 수 있다. 그 규격은 테이블상의 스윙으로 표시한다.

(6) 수직 밀링 장치(vertical milling attachment)
수평식 밀링 머신에서 수직 밀링 머신 작업을 할 수 있도록, 오버 암을 뒤로 후퇴시킨 후 주축대에 고정하여 수직 방향으로 커터를 고정한다.

(8) 래크 절삭 장치(rack cutting attachment)
공작물 고정용 특수 바이스와 총형 커터를 이용하여 래크를 가공할 수 있는 장치이다.

(9) 만능 밀링 장치(universal milling attachment)
밀링 머신의 칼럼면에 고정하여 수평 및 수직면 내에서 임의의 각도로 스핀들을 고정시키는 장치며 헬리컬과 래크를 가공할 수 있는 장치이다.

6-5 밀링 작업

(1) 밀링 커터의 절삭 방향
① 상향 밀링 : 공작물의 이송 방향과 커터의 회전 방향이 반대 방향
② 하향 밀링 : 공작물의 이송 방향과 커터의 회전 방향이 같은 방향

	상향 절삭(올려깎기)	하향 절삭(내려깎기)
장점	① 밀링 커터의 날이 일감을 들어올리는 방향으로 작용 하므로, 기계에 무리를 주지 않는다. ② 절삭을 시작할 때 날에 가해지는 절삭 저항이 0에서 점차적으로 증가하므로, 날이 부러질 염려가 없다. ③ 칩이 날을 방해하지 않고 절삭된 칩이 가공된 면에 쌓이지 않으므로 절삭열에 의한 치수 정밀도의 변화가 작다. ④ 커터 날의 절삭 방향과 일감의 이송 방향이 서로 반대이고, 따라서 서로 밀고 있으므로 이송기구의 백래시가 자연히 제거 된다.	① 밀링 커터의 날이 마찰 작용을 하지 않으므로, 날의 마멸이 작고 수명이 길다. ② 커터 날이 밑으로 향하여 절삭하고, 따라서 일감을 밑으로 눌러서 절삭하므로, 일감의 고정이 간편하다. ③ 커터의 절삭 방향과 이송 방향이 같으므로, 날 하나 마다의 날 자리 간격이 짧고, 따라서 가공면이 깨끗하다. ④ 절삭된 칩이 가공된 면 위에 쌓이므로 가공할 면을 잘 볼 수 있어 좋다.
단점	① 커터가 일감을 들어올리는 방향으로 작용하므로, 일감 고정이 불안정 하고, 떨림이 일어나기 쉽다. ② 커터 날이 절삭을 시작할 때 재료의 변형으로 인하여 절삭이 되지 않고 마찰 작용을 하므로, 날의 마멸이 심하다. = 공구수명이 짧다. ③ 커터의 절삭 방향과 이송 방향이 반대이므로 절삭 자체의 피치가 길고, 마찰 작용과 아울러 가공면이 거칠다. ④ 칩이 가공할 면 위에 쌓이므로 시야가 좋지 않다. ⑤ 동력손실이 많다	① 커터의 절삭 작용이 일감을 누르는 방향으로 작용하므로, 기계에 무리를 준다. ② 커터의 날이 절삭을 시작할 때 절삭 저항이 가장 크므로, 날이 부러지기 쉽다. ③ 가공된 면 위에 칩이 쌓이므로, 절삭열로 인한 치수 정밀도가 불량해질 염려가 있다. ④ 커터의 절삭 방향과 이송 방향이 같으므로, 백래시 제거 장치가 없으면 가공이 곤란하다.

[상향절삭]   [하향절삭]

(2) 절삭 속도

$$V = \frac{\pi d N}{1000} [\text{m/min}]$$

여기서, d : 밀링 커터의 지름(mm), N : 밀링 커터의 회전수(rpm)

(3) 1분간 테이블의 이송량 : f

$$f = f_z \cdot Z \cdot n = f_z \cdot Z \cdot \frac{1000 V}{\pi d} [\text{mm/min}]$$

여기서, f_z : 밀링 커터의 날 1개마다의 이송(mm), Z : 밀링 커터의 날수, n : 밀링커터의 회전수(rpm)

(4) 분할법

- 직접 분할법(direct indexing) = 면판 분할법
- 단식 분할법(simple indexing) :
- 차동 분할법(differential indexing)
- 각도 분할법(degree dividing)

① **직접 분할법**(direct indexing) : 주축의 선단에 고정되어 있는 직접분할판을 이용하여 분할하는 방법을 직접분할법이라고 한다. 직접분할판은 등간격으로 24등분의 구멍이 설치되어 있으므로 24의 약수에 해당하는 2, 3, 4, 6, 8, 12, 24분할만이 가능하다.

> **✔ 예제**
>
> 원둘레를 6등분하여라.
>
> **해설**
>
> $\frac{24}{6} = 4$이므로 직접 분할판을 이용 4구멍씩 회전시켜 6번 가공하면 된다.

② **단식 분할법**(simple indexing) : 분할 크랭크와 분할판을 사용하여 분할하는 방법으로 크랭크를 40번 회전시키면 주축은 1회전하게 되어 있다. 따라서 $\frac{1}{N}$ 회전시키면 된다.

$$n = \frac{40}{N} \text{ (브라운 샤프형, 신시내타형)}$$

여기서, N : 일감의 등분 분할 수, n : N등분에 요하는 분할 크랭크 핸들의 회전수
40 : 주축 1회전에 요하는 분할 크랭크 핸들의 회전수

종류	분할판	원판의 구멍수
브라운 샤프형	NO.1	5, 16, 17, 18, 19, 20
	NO.2	21, 23, 27, 29, 31, 33
	NO.3	37, 38, 41, 43, 47, 49
신시내타형	표면(전면)	24, 25, 28, 30, 34, 37, 38, 39, 41, 42, 43
	이면(후면)	46, 47, 49, 51, 53, 54, 57, 58, 59, 62, 66
밀워키형	표면(전면)	100, 96, 92, 84, 72, 66, 60
	이면(후면)	98, 88, 78, 76, 68, 58, 54

✔ 예제

신시내티형 분할대를 사용하여 원주를 18등분하시오.

해설

$$n = \frac{40}{N} = \frac{40}{18} = 2\frac{2}{9} = 2\frac{2 \times 6}{9 \times 6} = 2\frac{12}{54}$$

분할 크랭크 핸들을 2회전하고 계속하여 $\frac{2}{9}$ 회전하면 공작물은 18등분된다.

분할 크랭크 핸들을 2회전하고 분할판에서 54구멍을 찾아 12구멍만 회전시키면 공작물이 18등분된다.

③ **차동 분할법**(differential indexing) : 단식 분할로 분할할 수 없을 경우 사용하는데 변환기어로 분할판을 차동 시켜 분할하는 방법이다.

신시내티형 변환기어 잇수	17, 18, 19, 20, 21, 22, 24, 27, 30, 36, 39, 42, 45, 48, 51, 55, 60
브라운샤프형변환기어 잇수	24, 28, 32, 40, 44, 48, 56, 64, 72, 86, 100

[차동분할 방법으로 분할하는 순서]

분할하려는 수 N에 가까운 수로서 단식 분할이 가능한 수를 N'라고 가정한다.

N'로 등분하는 분할판의 회전수 n을 구한다($n = \frac{40}{N}$).

변환기어의 차동비 i을 구한다.

$$i = 40\frac{N' - N}{N'} = \frac{Z_a}{Z_d} = \frac{Z_a \times Z_b}{Z_c \times Z_d}$$

여기서, i : 변환 기어비, N' : 가정 분할수, N : 분할수, 기어 잇수

✔ 예제
원주를 97등분하시오.

해설

① 가정분할수 $N' = 100$으로 하고

② $n = \dfrac{40}{N} = \dfrac{40}{100} = \dfrac{2}{5} = \dfrac{2 \times 5}{5 \times 5} = \dfrac{10}{25}$

분할판의 구멍수 25를 택하여 10구멍씩 돌리면 된다.

③ 변환기어의 차동비 $i = 40 \dfrac{N' - N}{N'} = 40 \dfrac{100 - 97}{100} = \dfrac{6}{5} = \dfrac{6 \times 6}{5 \times 6} = \dfrac{36}{30}$

변환기어 잇수는 36개, 30개가 필요하다.

④ 각도 분할법

$$360° : 40° = x : n \qquad n = \dfrac{x°}{9°}$$

✔ 예제
원주면을 7.5°로 분할하시오

해설

$$n = \dfrac{x°}{9°} = \dfrac{7.5°}{9°} = \dfrac{7.5° \times 2}{9° \times 2} = \dfrac{15}{18}$$

18구멍 분할판에서 15구멍씩 이동시킨다.

6-6 기어 가공 방식 – 기어절삭법

(1) 성형법(成形法) = 총형공구 기어 절삭법

플레이너, 셰이퍼에서 바이트를 치형에 맞추어 점점 절삭 깊이를 조절하여 치형을 성형하는 방법으로 치형 곡선과 피치의 정밀도가 나쁘고, 생산 능률도 낮다.

(2) 창성법(創成法)

기어가 회전운동 할 때에 접촉하는 것과 같은 상대운동으로 절삭하는 방법이며, 가공물을 서로 상대 운동시키면 서로 맞물리는 부분이 가공되어 이상적인 인벌루트 치형이 형성되는데 이것을 창성 운동이라 한다. 대표적으로 호빙머신, 기어세이퍼 등이 있다.

① 호빙 머신(hobbing machine) : 호브라는 기어 절삭 공구를 사용하여 가공하는 절삭기계로 스퍼기어, 헬리컬 기어, 웜기어를 가공할 수 있다.

② 펠로우 기어 셰이퍼(fellow gear shaper) : 피니언 커터를 사용하여 기어를 절삭하는 방법으로 스퍼기어, 헬리컬기어, 내접기어, 자동차의 삼단 기어, 2중 헬리컬 기어 등을 가공할 수 있다.

③ 마그식 기어 셰이퍼(maag gear shaper), 선덜랜드식 기어 셰이퍼(sunderland gear shaper) : 래커터를 사용하여 기어를 절삭하는 공작기계로 헬리컬 기어와 스퍼 기어를 가공할 수 있다.

(3) 형판법(型判法) = 모형식 기어 절삭법

기어의 이의 모양과 같은 형판(template)을 사용하여 일종의 모방 절삭으로 가공하는 방법으로 다듬면이 매끈하지 못하며, 능률도 낮아 저속용 대형 스퍼 기어, 직선 베벨 기어의 치형 가공에 이용된다.

(4) 전조에 의한 방법

소성 가공 방법으로 소형기어 가공에 사용된다.

6-7 호빙 머신(hobbing machine)

호브(hob)라고 하는 공구를 사용하여 기어를 가공하는 것으로 호브와 가공물의 상대운동은 호브를 웜(worm), 가공물을 웜기어라고 생각하면 이해되리라 생각된다. 호빙 머신으로 제작 가능한 기어는 스퍼기어, 헬리컬 기어, 웜기어, 스플라인 축 등이다.

Chapter 7 연삭가공

7-1 숫돌바퀴(grinding wheel)

1. 숫돌바퀴의 표시법

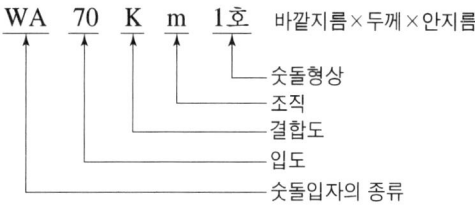

(1) 숫돌 입자

공작물을 연삭할 수 있는 충분한 경도를 가져야 하며, 충분히 내마멸성과 충격에 견딜 수 있도록 탄성이 높아야 하고, 결합제에 의해 쉽게 결합, 성형되어야 하며, 쉽게 얻을 수 있고, 값이 싸야한다. 그 종류는 인조산으로 알루미나(Al_2O_3), 탄화규소(SiC)가 있으며 천연산으로는 다이아몬드가 있다.

연삭재	기호	성분	용도	특징
알루미나 (Al_2O_3)	A	알루미나 약 95%	주강, 가단주철, 일반강재	갈색, C숫돌보다 부드러우나 강인함.
	WA	알루미나 약 99.5% 이상	스텔라이트, 고속도강, 특수강, 담금질강	백색이며 순도가 높고 A숫돌보다 잘 부러짐.
탄화규소 (SiC)	C	탄화규소 약 97%	주철, 비철금속, 석재, 유리 등	흑자색이며 A숫돌보다 굳으나 잘 부서짐.
	GC	탄화규소 약 98% 이상	초경합금, 유리	녹색이며 순도가 높고 발열을 피할 경우 사용
다이아몬드	D	다이아몬드 100%	유리, 초경합금, 보석, 석재, 래핑용	가장 강도가 큼.

(2) 입도

숫돌 입자의 크기와 굵기를 숫자로 표시한 것으로 거친 것, 중간 것, 고운 것, 매우 고운 것으로 4가지가 있다.
① **거친입도** : 거친 연삭, 절삭 깊이와 이송을 많이 줄 경우, 연하고 연성이 있는 재료, 숫돌과 일감의 접촉면이 클 경우
② **고운입도** : 다듬연삭, 공구연삭, 경도가 높고 메진 일감, 숫돌과 일감의 접촉면이 작을 경우

호칭	거친입도=입자가 크다	중간입도	고운입도	매우 고운입도=입자가 작다
입도	10, 12, 14, 16, 20, 24	30, 36, 46, 54, 60	70, 80, 90, 100 120, 150, 180, 220	240, 280, 320, 400, 500, 600, 700, 800

(3) 결합도

입자를 결합하는 세기를 결합도라 한다.

호칭	극히 연한 것	연한 것	중간 것	단단한 것	매우 단단한 것
결합도	E, F, G	H, I, J, K	L, M, N, O	P, Q, R, S	T, U, V, W, X, Y, Z

(4) 조직

숫돌의 단위 용적당 입자의 양으로 입자의 조밀 상태를 나타낸다.

입자의 밀도	치밀한 것=조밀	중간 것	거친 것
조직기호(기호)	c	m	w
조직번호	0, 1, 2, 3	4, 5, 6	7, 8, 9, 10, 11, 12
입자비율	50% 이상	42~50% 미만	42% 미만

(5) 결합제

숫돌 입자를 결합하여 숫돌을 형성하는 재료로 입자 간에 기공이 생기도록 하며, 균일한 조직으로 임의의 형상 및 크기로 만들 수 있도록 하고, 고속회전에 대한 안전강도를 가질 수 있도록 하며, 열과 연삭액에 대하여 안전하여야 한다.

구 분	결합제	기호	특 징
무기질 결합제	비트리파이드 결합제 (vitrified bond)	V	숫돌 입자를 장석 점토와 혼합하여, 성형 하고 건조한 다음 노에서 약 1300℃로 소성하여 결합도를 광범위하게 조절할 수 있다. 열에 강하고 연삭액에 대해서도 안전하여 정밀 연삭에 사용되고 가장 광범위하게 사용되는 결합재이다. 크기가 크거나 얇은 숫돌바퀴에는 맞지 않다.
	실리케이트 결합제 (silicate bond)	S	대형 숫돌바퀴를 만들 수 있고, 고속도강과 같이 균열이 생기기 쉬운 재료에 사용, 중연삭에 적합하지 않음.
유기질 결합제 (탄성 숫돌바퀴 결합제)	고무 결합제 (rubber bond)	R	얇은 숫돌에 적합, 절단용 숫돌, 센터리스 연삭기의 조정 숫돌로 사용한다.
	레지노이드 결합제 (resinoid bond)	B	연삭열로 연화의 경향이 적고, 연삭유에 안정하다.
	셸락 결합제 (shellac bond)	E	강도와 탄성이 큼, 얇은 것에 적합, 크랭크 축, 톱 절단용으로 사용한다.
	비닐 결합제 (vinyl bond)	PVA	초강성 숫돌
금속 결합제	금속 결합제 (metal bone)	M	숫돌입자의 지지력이 큼, 기공이 작아 수명이 길다. 과한 사용에 견디고, 연삭능률이 낮다.

7-2 연삭기의 가공 분야 및 연삭기의 종류

1. 가공분야

원통 연삭, 테이퍼 연삭, 내면 연삭, 평면 연삭, 나사 연삭, 공구 연삭, 기어 연삭 등을 할 수 있다.

2. 연산기의 종류

(1) 원통 연삭기 의 작업방법

① 트래버스 연삭(traverse grinding) : 일감과 연삭 숫돌을 회전 시키면서 일감이나 숫돌을 좌우로 이동시켜 가공하는 방법을 트래버스 연삭(traverse grinding)이라 한다.
② 플런지 연삭(plunge grinding) : 일감은 그 자리에 회전하고 숫돌을 회전 전후 이송시켜 연삭하는 방식을 플런지 연삭(plunge grinding)이라 한다.

(2) 내면 연삭기

내면 연삭 방식은 원통의 실린더형 공작물을 회전시키고 공작물은 그 자리에서만 회전하는 형의 보통 형과 공작물은 정지하고 숫돌이 회전 하면서 공작물의 내면이나 외면을 따라 공전하는 방식의 유성형, 특수한 연삭기를 사용하여 일감을 고정하지 않은 상태에서 연삭하는 방식의 센터리스형이 있다.

(3) 평면 연삭기

수평형 연삭기, 직립형 연삭기가 있다.

(4) 센터리스 연삭기(centerless grinding machine)

공작물을 센터로 지지하지 않고 연삭 숫돌과 조정 숫돌 사이에 일감을 삽입하고 지지판으로 지지하면서 연삭하는 기계로 조정 숫돌은 고무 결합제를 사용한 것으로 공작물과 조정 숫돌의 마찰력에 의해 공작물을 회전시키고 조정 숫돌의 일감에 대한 압력으로써 일감의 회전 속도를 조정한다.

(5) 공구 연삭기

드릴 연삭기, 초경공구 연삭기(다이아몬드 숫돌 사용), 만능공구 연삭기(밀링 커터, 호브, 리머) 등이 있다.

(6) 그 밖의 연삭기

나사 연삭기(나사 게이지, 탭, 정밀 나사) 기어 연삭기 등이 있다.

7-3 숫돌바퀴의 수정

(1) 드레싱(dressing)
숫돌바퀴의 입자가 막히거나 달아서 절삭도가 둔해졌을 경우, 드레서(dresser)라는 날내기하는 공구로 숫돌 바퀴의 표면을 깎아 숫돌바퀴의 날을 세우는 작업으로 정밀 연삭용에는 다이아몬드 드레서를 사용한다.

(2) 트루잉(truing)
숫돌바퀴의 형상을 수정하는 작업으로 연삭 중에 숫돌차의 숫돌 입자가 탈락하여 절삭면의 형상이 처음과 달라졌을 경우 다이아몬드 드레서를 사용하여 처음 모양으로 고쳐주는 작업을 말한다.

7-4 숫돌바퀴 부착법

[숫돌바퀴 부착 시 주의 사항]
① 균형이 맞도록 밸런싱 머신(balancing machine)을 사용하여 완전히 균형을 잡은 뒤 사용한다.
② 축에 숫돌바퀴를 고정할 때 무리한 힘으로 너트를 죄지 않는다.
③ 플랜지의 바깥지름은 숫돌지름의 1/3 이상이 넘지 않도록 한다.
④ 숫돌과 플랜지 사이는 0.5mm 이하의 습지, 고무와 같은 연질의 패킹을 끼워 사용한다.
⑤ 숫돌 구멍은 축지름보다 0.1~0.15mm 크게 한다.
⑥ 패킹의 안지름은 숫돌의 안지름보다 조금 크게 한다.

7-5 연삭 작업

(1) 숫돌바퀴의 원주 속도(v)

$$V = \frac{\pi d N}{1000} \, [\text{m/min}]$$

여기서, d : 숫돌바퀴의 바깥지름(mm), N : 숫돌바퀴의 회전수(rpm)

(2) 공작물의 원주 속도

숫돌바퀴의 원주 속도의 1/100정도 한다.

(3) 연삭 마력(HP)

$$HP = \frac{P\ V}{75 \times 60 \times \eta}$$

여기서, P : 연삭력(kg), V : 숫돌바퀴의 원주 속도(m/min), η : 연삭기 효율

(4) 이송 속도(f_v)

$$f_v = \frac{fN}{1000}\ [\text{m/min}]$$

여기서, f : 이송(mm/rev), N : 회전수(rpm)

(6) 연삭액

① 구비 조건 : 감마성, 냉각성, 침유성이 뛰어나야 하며, 금속에 산화, 부식 등 유해 작용을 하지 않으며, 화학적으로 안정하고 장시간 사용에 견딜 수 있고, 유동성이 좋고 칩이나 숫돌 면의 세척 작용을 하여야 하고, 연삭 칩의 침전, 청정이 빨리 되고, 거품이 일지 않아야 하며, 연삭열에 증발하지 않아야 한다.

③ 종류 : 물, 수용액, 황화유, 불수용성유 등이 있다.

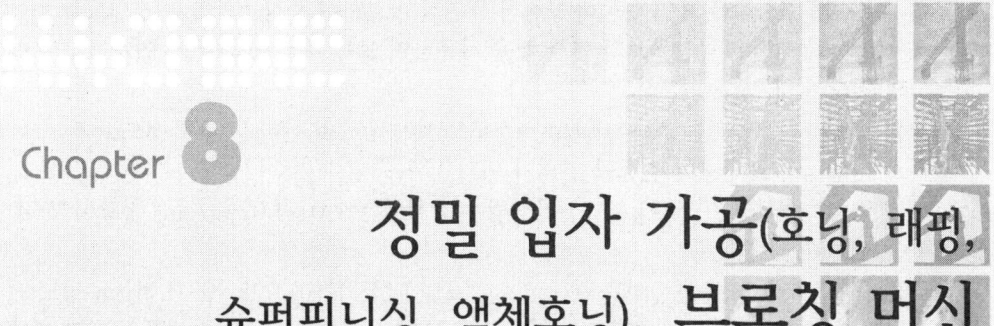

Chapter 8 정밀 입자 가공(호닝, 래핑, 슈퍼피니싱, 액체호닝), 브로칭 머신

 ## 8-1 정밀 입자 가공

(1) 호닝(honing)

몇 개의 호운(hone)이라는 숫돌을 붙인 회전 공구를 사용하여 숫돌에 압력을 가하면서 공작물에 대하여 회전 운동을 시키면서 많은 양의 연삭액을 공급하여 가공하는 것으로 발열이 적고 경제적인 정밀 절삭을 할 수 있으며, 전가공에서 나타난 직선도, 테이퍼, 진직도를 바로 잡을 수 있고, 표면 정밀도를 높일 수 있으며, 정확한 치수 가공을 할 수 있다.

① 호닝 압력
  ㉠ 비트리파이드 결합제 : 거친 호닝 10kg/cm² 이상, 다듬 호닝 4~6kg/cm²
  ㉡ 레지노이드 결합제 : 비트리파이드 결합제 숫돌의 1/10
② 연삭액 : 주철에는 석유, 강에는 석유+황화유, 연한 금속에는 라드유를 사용한다.

(2) 래핑(lapping)

공작물과 랩공구 사이에 미분말 상태의 래핑제와 연마제를 넣고 이들 사이에 상대 운동을 시켜 면을 매끈하게 하는 방법으로 랩과 공작물 사이에 래핑제와 래핑액을 충분히 넣고 각공 하는 습식법과 공작물 표면에 래핑제를 넣고 건조 상태에서 래핑하는 건식법이 있는데 습식법은 건식법에 비해 절삭량이 많고 다듬면은 광택이 적고, 건식법은 다듬면이 거울면과 같이 광택이 난다. 이런 래핑 제품으로는 블록 게이지, 렌즈 등의 측정기기, 광학기기 등의 다듬질에 이용된다. 래핑 작업은 원통 래핑, 평면 래핑, 구면 래핑, 나사 래핑, 기어 래핑, 크랭크 축의 래핑 등이 있다.
① **래핑제** : 탄화규소(SiC : C, GC : 거친 래핑, 굳은 일감), 알루미나(AlO : A, WA : 정밀 다듬용), 산화철, 다이아몬드 가루가 있다.
② **래핑액** : 보통 석유가 가장 좋고 스핀들유, 머신유, 중유 등을 사용한다.

③ 랩(lap) : 랩은 공작물 표면에 묻혀 공작물 표면과 마찰하여 공작물의 표면 정밀도를 높이는 공구로 랩의 재질은 공작물보다 연한 것을 사용하며 보통 주철제가 많고, 연강이나 구리합금의 것도 있다.

④ 래핑 속도 : 건식에서는 30~50m/min정도로 래핑제가 비산하지 않을 정도로 하고 너무 빠르면 열처리 표면층이 변질될 염려가 있다.

⑤ 래핑 압력 : 습식법은 0.5kg/cm^2, 건식법은 강철에는 1.0~0.02kg/cm^2 정도이고, 주철에는 이보다 낮게 한다.

⑥ 래핑 여유 : 다듬 여유는 0.01~0.02mm , 표면 거칠기는 0.025~0.0125μm 정도

⑦ 장단점 : 거울면과 같은 매끈한 가공면을 얻을 수 있으며, 정도가 높은 제품의 대량 생산이 가능하고, 다듬질면의 내식성과 내마멸성이 크며, 윤활성이 증가하며, 마찰계수가 적은 장점이 있다. 반면에 작업 환경이 깨끗하지 않고, 랩제가 다른 기계나 부품에 부착하여 부분품을 마멸시킬 우려가 있고, 가공면에 랩제가 잔류되기 쉬운 단점이 있다.

(3) 슈퍼 피니싱(정밀 다듬질 ; super finishing)

공작물 표면에 입자가 고운 숫돌을 가벼운 압력(0.5~2kg/cm^2)으로 누르고 작은 진폭으로 진동을 시키면서 공작물에 이송 운동을 줌으로서 그 표면을 다듬질하는 방법으로 가공면이 매끈하고 방향성이 없으며 가공에 의한 표면의 변질부는 극히 작고, 숫돌과 일감의 접촉 면적이 넓으므로 연삭 가공에서 남은 이송자리, 숫돌의 떨림으로 나타난 자리를 제거할 수 있으며, 숫돌너비는 공작물 지름의 60~70% 정도로 하며, 길이는 공작물과 같게 한다.

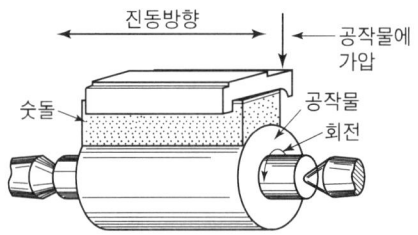

① 숫돌 재료와 연삭액 : 주철, 알루미늄, 구리합금, 동합금에는 GC숫돌, 탄소강, 합금강에는 WA숫돌을 사용하는데 입도는 미세하고 결합도가 비교적 약한 것을 사용하며, 연삭액은 주로 석유를 사용한다.

② 숫돌의 진폭과 진동수, 표면 거칠기 : 진폭은 1.5~5mm 정도, 진동수는 500~2000회/min, 가공여유는 0.002~0.01mm 정도이며, 표면 거칠기는 0.1~0.3μm 정도이다.

(4) 액체 호닝(liquid honing)

미립자의 연마제를 첨가한 물 또는 그에 적당한 부식 억제제를 첨가한 것을 노즐을 통하여 고속으로 금속 제품이나 재료에 뿜어서 깨끗한 표면으로 연마하는 가공법으로 짧은 시간에 매끈하고 광택이 적은 다듬면을 얻게 되며 피닝 효과가 있고, 복잡한 모양의 공작물 표면 다듬질이 가능하며, 공작물 표면의 산화막이나 도료 등을 제거할 수 있는 특징이 있다.

① 연마제로는 SiC, Al O ,규사 등의 가루를 사용하고, 가공액은 물에 방청제를 첨가하여 사용한다. 연마제와 가공액의 혼합비는 1 : 2정도가 가장 효율이 좋다.
② 공기 압력은 3.5~7.0kg/cm^{2}이며 높을수록 능률이 좋고 분사각은 철강일 경우 40~50°정도이고 클수록 거칠어진다.

8-2 브로치(broach)가공

(1) 브로칭(broaching) = 전단가공의 형태이면서 칩이 발생되는 절삭가공이다.

봉의 외주에 많은 상사형의 날을 축을 따라 치수 순으로 배열한 절삭 공구를 브로치라는 절삭 공구를 사용하여 공작물의 안팎을 필요한 모양으로 절삭하는 가공법을 말하는데 둥근 구멍안의 키홈, 스플라인홈, 다락형 구멍 등을 가공하는 내면 브로치 작업과 세그먼트 기어의 치형이나 홈, 그 밖의 특수한 모양의 면 가공을 하는 외면 브로치 작업이 있다. 그 특징은 각 제품에 따라 브로치를 만들어야 하며 설계, 제작에 시간이 걸리고, 공구의 값이 비싸므로 일정량 이상의 대량 생산에 이용된다.

(2) 브로치의 재료

보통 고속도강(H.S.S)으로 만들고 다듬질 치수를 정확히 하고자 할 경우는 다듬질 날에 초경합금을 붙여 사용한다.

Chapter 9 특수가공

 9-1 특수가공의 정의

기계가공법 중에서 기계적, 열적 에너지를 원동력으로 하여 바이트, 커버, 연삭숫돌 등 실체가 있는 공구를 사용하는 가공법을 관용가공법이라고 하며 이외에 전기, 전자, 광(光), 음향, 부식을 이용하는 실체가 없는 공구에 의한 가공법을 특수 가공법이라 한다.

 9-2 특수가공의 분류

(1) 열에 의한 분해, 용융, 기화를 이용한 열적 특수가공
방전가공, 전자빔가공, 레이저가공, 프라스마가공

(2) 전기화학적 용출이나 석출을 이용한 전기화학적 특수가공
전해연삭, 전해가공

(3) 화학적 용해를 이용한 화학적특수가공
화학연마, 케미컬밀링

(4) 기계적 파괴를 이용한 기계적 특수가공
초음파가공, 고속액체 제트가공

9-3 방전 가공(electric discharge machine ; EDM)

방전 현상을 인공적으로 발생시키고, 이때 발생된 에너지를 이용하여 가공하는 방법

(1) 방전 가공의 원리
석유, 경유, 등유 등과 같은 절연성이 있는 가공액 중에 공구와 공작물을 넣고 5~10μm정도 간격을 두어 100V의 직류 전압으로 방전하면 공작물의 재료가 미분말 상태의 칩으로 되어 가공액 중에 부유물로 뜨게 하여 가공하는 방법이다.

(2) 전극의 요구 조건
가공 능률이 좋고, 소모가 적어야 하며, 열전도도가 좋아야 하고, 용융점이 높을수록 좋으며 그 재료는 80~90%는 그래파이트(graphite : 흑연)가 사용되며, 구리, 구리-텅스텐, 은-텅스텐, 황동 등이 쓰인다.

(3) 가공액의 요구 조건
점도가 낮고, 절연체이어야 하며, 인화성이 없고, 가격이 저렴해야 한다.
석유, 저점도의 기름, 물, 탈이온수가 사용된다.

(4) 특징
높은 경도로 절삭 가공이 곤란한 금속(초경합금, 열처리강, 내열강, (담금질)퀜칭된 고속도강, 스테인리스, 강철 등)을 쉽게 가공할 수 있다. 또한 열의 영향이 적으므로 가공 변질층이 얇고 내마멸성, 내부식성이 높은 표면을 얻을 수 있으며, 작은 구멍, 좁고 깊은 홈 등 작고 복잡한 가공도 할 수 있다.

축전기법
방전가공의 방법 중 대표적인 방법으로 가공물을 양극으로, 공구를 음극으로 하여 방전시킨다.

9-4 와이어 컷 방전가공(WEDM)

와이어 컷 방전가공은 구리, 황동, 텅스텐와이어를 전극으로 하여 2차원 형태의 윤곽가공을 한다. 와이어 컷 방전가공은 일반공작기계로는 가공이 곤란한 미세가공이나 복잡한 형상을 쉽게 가공 할 수 있다.

# 9-5 초음파 가공(ultra-sonic machining)

(1) 초음파 가공의 원리

약 16kHz 이상의 음파를 초음파라 하는데 테이블에 고정된 공작물에 숫돌 입자와 물 또는 기름의 혼합액을 순환시키면서 일정한 압력 하에서 수직으로 설치된 진동 공구가 16~30kHz, 폭 30~40μm로 진동할 때 숫돌 입자의 급격한 타격으로 공작물(초경합금, 보석류, 세라믹, 다이아몬드, 수정, 유리)을 절단, 구멍 뚫기, 평면 가공, 표면 다듬질을 하는 것이다.

(2) 특징

① 전기적으로 부도체도 보통 금속과 동일하게 가공할 수 있다.
② 연삭 가공에 비해 가공면의 변질과 변형이 적다.
③ 초경질, 메짐성이 큰 재료에 사용한다.
④ 절단, 구멍 뚫기, 평면 가공, 표면 가공 등을 할 수 있다.
⑤ 가공 면적과 깊이가 제한 받는다.
⑥ 가공 속도가 느리고 공구의 소모가 많다.
⑦ 납, 구리, 연강 등 연질재료는 가공이 어렵다.

9-6 전기 화학 가공(electro-chemical machining : ECM)

(1) 전기 화학 가공의 원리

전도성의 공구를 음극(-), 공작물을 양극(+)에 0.02~0.7mm의 간격으로 접근시키고, 그 사이에 전해액(NaCl, NaNO)을 분출시켜, 양극 사이에 전압은 5~20V, 전류밀도는 30~200A를 통전시켜 공작물을 용해 가공하는 방법이다.

(2) 특징

경도가 크고 인성이 큰 재질에 대해서 가공량이 크고 가공면에 응력이나 변형이 없으며, 공구인 전극의 소모가 거의 없으나, 폐전해액의 처리가 어렵다.

9-7 전해연삭(electro - chemical grinding : ECG)

(1) 전해연삭의 원리
기계연삭과 전해 작용을 조합한 가공으로 전해 작용을 할 때 (+)극에 나타나는 용출물을 숫돌로 갈아 제거함으로써 가공하는 방법이다.

(2) 가공액
공작물에 따라 다르나 KNO_3, $NANO_3$, KNO_2 등의 혼합액

(3) 특징
가공 속도는 일반 기계 연삭보다 빠르고 숫돌의 소모가 적으며, 초경합금과 같은 경질재료, 열에 민감한 재료를 가공하는데 적합하며 연질 재료나 얇고 작은 부품도 변형 없이 가공되며, 원통 및 내면 연삭도 가능하다. 그러나 가공 정밀도는 일반 기계 연삭보다 떨어지며, 시설비가 많이 든다.

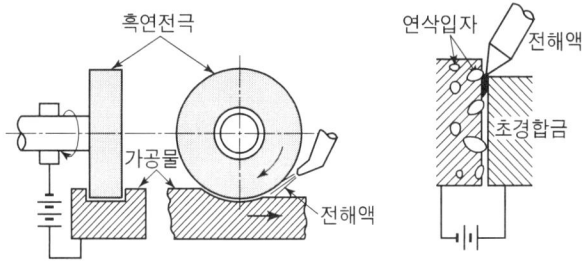

9-8 전해연마(electrolytic polishing)

전기도금과는 반대로 일감을 양극(+)으로 하여 적당한 전해액에 넣고 직류 전류를 짧은 시간 동안 세게 흐르게 하여 전기적으로 그 표면을 녹여 매끈하고 광택이 나게 하는 가공법이다. 그 특징은 기계연마보다 훨씬 그 표면이 매끈하고 가공 변질층이 나타나지 않으므로 평활한 면을 얻을 수 있고, 복잡한 형상의 연마도 가능하며, 가공면에는 방향성이 없고, 내마멸성, 내부식성이 좋아진다.

9-9 쇼트 피닝(shot peening)

금속(주철, 주강제)으로 만든 구(球)모양의 쇼트(shot) (지름 0.7~0.9mm의 공)를 40~50 m/sec의 속도로 공작물 표면에 압축공기나, 원심력을 사용하여 분사하면 매끈하고 0.2mm 경화층을 얻게 된다. 이때 shot들이 해머와 같이 작용을 하여 공작물의 피로강도나 기계적 성질을 향상시켜 준다. 크랭크축, 판 스프링, 커넥팅 로드, 기어, 로커암에 사용한다.

9-10 버 핑(buffing)

식물이나 헝겊과 같은 부드러운 재료로 된 원판에 미세한 입자를 부착한 후, 이것을 회전시키면서 공작물을 눌러 그 표면을 매끈하게 다듬질하는 방법이다.

9-11 폴리싱(polishing)

금속 표면에 광택을 내는 것으로 광내기라고도 하며, 미세한 연마제를 아교나 열경화성 플라스틱 등으로 고착시킨 원판, 띠, 롤러 모양의 공구를 사용하여 공작물 표면에 광택을 내기 위한 가공 처리를 하는 것을 말한다.

9-12 압부 가공(burnishing, barrel finishing)

(1) 버니싱(burnishing)

원통 내면에 내경보다 약간 지름이 큰 강구를 압입하여 내면에 소성 변형을 주어 매끈하고 정밀도가 높은 면을 얻고자 하는 방법이다.

(2) 배럴 다듬질(barrel finishing)

8각형이나 6각형의 용기(barrel)속에 가공물과 연마제(숫돌입자, 석영, 모래, 강구 등) 및 매제(컴파운드)를 넣고 물을 가해 회전시켜 공작물의 연마제의 충돌로 공작물의 표면을 갈아내는 정밀 연마법을 말한다.

9-13 플라즈마 가공(Plasma machining)

일반적으로 물질의 상태는 열을 가하면 고체에서 액체, 액체에서 기체로 변한다. 이때 기체에 온도를 더 올리면 기체는 전리하여 전기적으로 중성상태인 플라즈마가 된다. 이 플라즈마를 이용한 가공을 플라즈마 가공이라 하며 각종재료의 절단, 용접, 질화처리에 사용된다.

(1) 플마즈마절단

공기나 산소를 동작가스로 이용하는 공기 플라즈마나 산소 플라즈마는 연강판의 고속절단에 최적이며 절단면 품질보다 절단속도를 중시하는 작업에 많이 사용된다.
플라즈마 절단의 특징은 다음과 같다.
① 모든 금속에 적용할수 있고 절단 속도가 빠르다.
② 절단 후 재료의 변형이 작고 형상절단이 용이하다.
③ 가스절단으로 곤란한 알루미늄이나 스텐인리스강도 절단 할 수 있다.
④ 절단면이 수직이 아니고 절단 가능 두께가 가스 절단에 비해 매우 작다.
⑤ 가스절단보다 절단 폭이 크고 초기 시설비가 크다.

(2) 플라즈마 용사

용사란 와이어, 금속화합물, 세라믹, 플라스틱, 등의 분말을 가열하여 반요융상태에서 용사총의 노즐로부터 공작물에 분사시켜 밀착 피복시키는 방법이다. 이러한 피복에 의해 공작물 표면의 물리적 성질을 개선하는 것이 플라즈마 용사의 목적이다.

Chapter 10 NC가공

10-1 CNC 기초

(1) NC의 개요

NC는 "Numerical Control(수치제어)"의 약호로 '부호와 수치로써 구성된 수치 정보로 기계의 운전을 자동제어 한다.'는 것을 말한다. 즉, 사람이 알아보도록 작성된 설계나 도면을 기계가 이해할 수 있는 고유의 언어로 정보화(파트 프로그램)하고, 이를 천공 테이프 또는 플로피 디스크 등을 이용하여 수치제어장치에 입력시켜 입력된 정보대로 기계를 자동제어 하는 것이다.

(2) NC의 특징

① 복잡한 형상이라도 짧은 시간에 높은 정밀도로 가공할 수가 있다.
② 기능의 융통성과 가변성이 높아 다품종 중·소량 생산에 적합하다.
③ 생산 공장에서 가공의 능률화와 자동화에 중요한 역할을 한다.
④ 비숙련자도 가공이 가능하고 한 사람이 여러 대의 기계를 다룰 수 있다.

(3) NC의 종류

[NC 공작기계의 3가지 기본동작]
① 위치 정하기 : 공구의 최종위치만 제어하는 것. G00(위치결정 급속이송)
② 직선 절삭 : 공구가 이동 중에 직선절삭을 하는 기능, G01(직선가공)
③ 원호 절삭 : 공구가 이동 중에 원호절삭을 하는 기능, G02(원호가공 시계방향CW), G03(원호가공 반시계방향CCW)

(4) NC 공작기계 발전의 4단계

① 제1단계
공작기계 1대에 NC장치가 1대 붙어 있어 단순 제어하는 단계(NC)

② 제2단계
1대의 공작기계가 몇 종류의 공구를 가지고 자동적으로 교환 하면서(ATC 장치) 순차적으로 몇 종류의 가공을 행하는 기계 즉, machining center라고 불리 우는 공작기계(CNC : NC 장치 내에 컴퓨터를 내장한 NC)

③ 제3단계
1대의 컴퓨터로 몇 대의 공작기계를 제어하며 생산 관리적 요소를 생략한 system으로 DNC(Direct Numerical Control)단계 또는 군관리 시스템이라고도 한다.

④ 제4단계
여러 종류의 다른 공작기계를 제어함과 동시에 생산관리도 같은 컴퓨터로 행하게 하여 기계 공장 전체를 자동화한 system으로 FMS(Flexible Manufacturing System)단계

(5) CNC와 DNC의 장점

① CNC의 장점
㉠ 공작 중에도 파트 프로그램 수정이 가능하며 단위를 자동변환할 수 있다(inch/mm).
㉡ NC에 비해 유연성이 높고, 계산능력도 훨씬 크다.
㉢ 가공에 자주 사용되는 파트 프로그램을 사용자가 매크로(macro) 형태로 짜서 컴퓨터의 기억장치에 저장해 두고, 필요할 때 항상 불러 쓸 수 있다.
㉣ 전체 생산 시스템의 CNC는 컴퓨터와 생산 공장과의 상호 연결이 쉽다.
㉤ 고장 발생 시 자기 진단을 할 수 있으며, 고장 발생 시기와 상황을 파악할 수 있다.

② DNC의 장점
㉠ 천공 테이프를 사용하지 않는다.
㉡ 유연성과 높은 계산 능력을 가지고 있으며 가공이 어려운 금형과 같은 복잡한 일감도 쉽게 가공할 수 있다.
㉢ CNC 프로그램들을 컴퓨터 파일로 저장할 수 있다.
㉣ 공장에서 생산성에 관계되는 데이터를 수집하고, 일괄 처리할 수 있다.
㉤ 공장 자동화의 기반이 된다.

DNC 시스템의 4가지 기본구성요소
① 중앙 컴퓨터
② CNC 프로그램을 저장하는 기억장치
③ 통신선
④ 공작기계

(6) 서보기구

① 서보기구의 구성
  ㉠ 정보처리 회로 : 인간의 머리에 해당하는 부분
  ㉡ 서보 기구 : 인간의 손과 발에 해당하는 부분으로 정보처리회로의 지령에 따라 공작기계의 테이블 등을 움직이는 역할을 한다.

② 서보 기구의 종류
  ㉠ 기계를 직접 움직이는 구동 모터로써 우수한 특성을 지닌 DC 서보 모터가 널리 사용
  ㉡ 서보 모터를 속도 검출기와 위치 검출기에 의해 각각 속도와 위치를 검출하고 그 정보를 제어회로에 피드백(feed back)하여 제어한다.

피드백을 실행하는 방법은 검출기를 부착하는 위치에 따라 다음 4가지로 나눈다.
- 개방회로방식(open loop system)
- 폐쇄회로방식(closed loop system)
- 반 폐쇄회로방식(semi-closed system)
- 하이브리드 서보 방식

① 개방회로방식(open loop system)
  ㉠ 되먹임(feed back)이 없는 오픈 루프 방식
  ㉡ 간단하여 값이 저렴, 소형, 경량, 정밀도가 낮아 NC에서는 거의 쓰이지 않는다.
  ※ 스테핑 모터(stepping moter & pulse moter) : 1개의 펄스가 주어지면 일정한 각도만 회전하는 모터
② 폐쇄회로방식(closed loop system) : 기계의 테이블 등에 직선자(linear scale)를 부착해 위치를 검출하여 되먹임하는 방식이다. 이 방식은 높은 정밀도를 요구하는 공작기계나 대형의 기계에 많이 이용된다.
③ 반 폐쇄회로방식(semi-closed system) : 위치와 속도의 검출을 서보 모터의 축이나 볼 나사의 회전 각도로 검출하는 방식이다. 최근에는 고정밀도의 볼 나사 생산과 뒤틈 보정 및 피치 오차 보정이 가능하게 되어 대부분의 NC 공작기계에 이 방식이 사용된다.
④ 하이브리드 서보 방식(hybrid servo system) : 반 폐쇄회로방식과 폐쇄회로방식을 절충한 것으로 높은 정밀도가 요구되며, 공작기계의 중량이 커서 기계의 강성을 높이기 어려운 경우와 안정된 제어가 어려운 경우에 많이 이용된다.

10-2 프로그래밍의 기초

1. 좌표축 및 NC테이프 코드

(1) 오른손 좌표계

① NC 가공을 위하여 프로그래밍 할 때 사용한다.
② 공작기계의 표준 좌표계이다.

③ 공작물에 대하여 공구가 움직이는 것이 기본이다.
④ 주축의 방향을 Z축, 나머지를 X축, Y축으로 한다.

(2) NC테이프 코드

NC테이프 코드는 크게 2가지로 구분된다.
① EIA(Electronics Industries Association) : 미국 전자 공업 협회 코드
② ISO(International Organization Standardization) : 국제 표준 규격코드

구분 코드	EIA 코드	ISO코드
채널의 합	홀수	짝수
패리티 채널	제 5채널	제 8채널

※ 패리티 체크 : 짝수와 홀수의 간단한 판독으로 기계의 동작을 정지시켜 큰 사고를 사전에 방지

2. 좌표계

CNC 기계에 사용되는 좌표계는 크게 세 종류가 있으며, 공구는 이들 중의 한 좌표계에서 지정된 위치로 이동하게 된다.

(1) 기계 좌표계(machine coordinate system)

기계의 기준점으로 기계 원점이라고도 하며, 기계 제작자가 파라메타에 의해 정하는 점이며, 사용자가 임의로 변경해서는 안 된다. 이 기준점은 공구대가 항상 일정한 위치로 복귀하는 고정점이며, 일감의 프로그램 원점과 거리를 알려 줄 때에 기준이 되는 점이다.

(2) 공작물 좌표계(work coordinate system)

도면을 보고 프로그램을 작성할 때에 절대 좌표계의 기준이 되는 점으로서, 프로그램 원점 또는 공작물 원점이라고도 한다.

(3) 상대 좌표계(relative coordinate system)

일감을 측정하거나 정확한 거리의 이동 또는 공구 보정을 할 때에 사용하며, 현 위치가 좌표계의 중심이 되고 필요에 따라 그 위치를 0점(기준점)으로 지정(steeing)할 수 있다.

3. 좌표계 설정

공구가 일감을 가공하기 위해서는 기계의 CNC 장치에 일감의 위치가 어디 있는지, 즉 기계원점과 공작물 원점과의 거리를 CNC장치에 알려 주어야 한다. 이 작업을 좌표계 설정이라 하며, CNC 선반은 G50 X___Z___로 밀링 머신이나 머시닝 센터는 G92 X___Y___Z로 설정한다.

4. 프로그래밍

(1) 프로그램 작성 과정
① 먼저 도면을 보고 가공계획을 수립
② 가공계획에 따라 NC 프로그램을 작성
③ 데이터를 NC 공작기계에 입력
④ 시험 제작품 가공
⑤ 시제품 가공 후 수정을 거쳐 완제품 생산

(2) 지령절(block)
① 프로그램은 몇 개의 지령절(block)로 된다.
② 한개의 지령절은 EOB(End of Block)로 끝난다.
③ EOB기호는 편의상 " ; "로 표시한다.

(3) 단어(word)
① 한 개의 지령절(block)은 몇 개의 단어로 구성
② 그 단어는 주소(address) 또는 수치(data)의 조합으로 구성

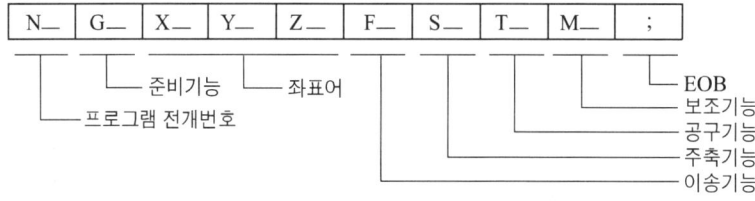

[프로그램 입력순서]

(4) 주소(address)
① 영문 대문자(A~Z)중 1개를 사용
② 각각의 주소는 그에 따른 의미가 부여

기 능	주 소	의 미
프로그램 번호	O	프로그램 인식 번호
전개 번호	N	명령절 전개 번호(작업 순서)
준비 기능	G	이동 형태(직선, 원호)
좌표어	X Y Z	각 축의 이동 위치 지정(절대 방식 명령)
좌표어	U V W	각 축의 이동 거리와 방향 지정(증분 방식 명령)
좌표어	A B C	부가 축의 이동 명령
좌표어	I J K	원호 중심의 각 축 성분
좌표어	R	원호 반지름, 구석 R
이송 기능	F	회전당 이송 속도
이송 기능	F	분당 이송 속도

기 능	주 소	의 미
		나사의 리드
	E	나사의 리드
주축 기능	S	주축 속도
공구 기능	T	공구 번호 및 공구 보정 번호
보조 기능	M	기계작동 부분 ON/OFF 기능
휴지 시간	P U X	휴지 시간(dwell)명령
프로그램 번호 지정	P	보조 프로그램 호출번호 명령
명령절 전개번호지정	P , Q	복합 고정 사이클에서 시작과 종료 번호
반복 횟수	L	보조 프로그램의 반복 횟수
매개변수 (파라미터)	A	각 도
	D, I, K	절입량
	D	횟수

5. CNC 선반의 기능

(1) 좌표값 명령

CNC 선반에서는 공구대의 전후 방향을 X축, 길이 방향을 Z축으로 한다.

(2) 준비 기능(preparatory function) : G

G-코드(code)	그룹(group)	G-코드의 지속성	기 능
▶G 00	01	modal (계속 유효)	위치 결정(급속이송)
▶G 01			직선 가공(절삭이송)
G 02			원호 가공(시계방향, CW)
G 03			원호가공(반시계방향, CCW)
G 04	00	one shot (1회 유효)	일시 정지(dwell)
G 10			데이터(data)설정
G 20	06	modal (계속 유효)	inch 입력
▶G 21			metric 입력
▶G 22	04		금지(경계)구역 설정
G 23			금지(경계)구역 설정 취소
G 27	00	one shot (1회 유효)	원점 복귀 확인
G 28			자동 원점 복귀
G 29			원점으로부터 복귀
G 30			제2, 제3, 제4 원점 복귀
G 31			생략(skip) 기능
G 32	01	modal (계속 유효)	나사 절삭 기능
▶G 40	07		공구 인선 반지름 보정 취소
G 41			공구 인선 반지름 보정 좌측

G-코드(code)	그룹(group)	G-코드의 지속성	기능
G 42			공구 인선 반지름 보정 우측
G 50			공작물 좌표계설정 주축 최고 회전수 설정
G 70			정삭 사이클
G 71			내,외경 황삭 사이클
G 72	00	one shot (1회 유효)	단면 황삭 사이클
G 73			형상 반복 사이클
G 74			단면 홈가공 사이클(펙 드릴링)
G 75			X방향 홈 가공 사이클
G 76			나사 가공 사이클
G 90			내,외경 절삭 사이클
G 92	01		나사 절삭 사이클
G 94		modal (계속 유효)	단면 절삭 사이클
G 96	02		원주 속도 일정 제어
▶G 97			원주속도 일정 제어 취소
▶G 98	05		분당 이송 지정(mm/min)
G 99			회전당 이송 지정(mm/rev)

※ 표에서 ▶표시는 전원을 공급할 때 설정되는 G코드를 나타낸다.

(3) 이송 기능(feed function) : F

이송 기능이란, 일감과 공구의 상대속도를 지정하는 것이다. 일반적으로, CNC 선반에서는 회전 당 이송으로 CNC 밀링이나 머시닝 센터에서는 분당 이송을 사용한다.

G98 G01 Z100. F20 ; 공구 이송이 1분당 20mm 이송
G99 G01 Z100. F0.3 ; 공구 이송이 1회전 당 0.3mm 이송

(4) 보조 기능(miscellaneous function) : M

제어장치의 명령에 따라 CNC 공작기계가 가지고 있는 보조 기능을 제어(ON/OFF)하는 기능이다.

M 코드	의 미	적용기종	M 코드	의 미	적용기종
M 00	프로그램 정지	선반, 밀링	M 09	절삭유 공급 중지	선반, 밀링
M 01	선택적 정지	선반, 밀링	M 19	주축 일방향 정지	밀링
M 02	프로그램 끝	선반, 밀링	M 30	프로그램끝 및재개	선반, 밀링
M 03	주축 정회전(CW)	선반, 밀링	M 40	주축 기어 중립	선반
M 04	주축 역회전(CCW)	선반, 밀링	M 41	주축 기어 저속	선반
M 05	주축 정지	선반, 밀링	M 42	주축 기어 고속	선반
M 06	공구 교환	밀링	M 98	보조 프로그램호출	선반, 밀링
M 08	절삭유 공급 시작	선반, 밀링	M 99	주 프로그램 호출	선반, 밀링

(5) 주축 기능(spindle-speed function, S) : (G96, G97)

주축의 회전수 명령방법에는 두 가지가 있다.

> G96 S150 M03 ; $v = 150\text{m/min}$(원주 속도 일정 제어)
> G97 S150 M03 ; $n = 150\text{rpm}$(회전수 일정 제어)

여기서, v : 절삭속도(m/min), n : 회전수(rpm)

(6) 공구 기능(tool function) : T

Chapter 11 측정기

11-1 측정기의 종류

길이측정	선측정 (눈금이 있는 것)	전장 측정기	① 강철자 ③ 마이크로미터 ⑤ 공구현미경 ⑦ 옵티컬 프로젝커	② 버니어 캘리퍼스 ④ 측장기 ⑥ 만능측정 현미경
		비교 측정기	① 다이알 게이지 ③ 옵티미터 ⑤ 공기마이크로미터	② 미니미터 ④ 전기마이크로미터
	단면측정	표준 게이지	① 표준 블록 게이지(등급AA, A) ② 표준 원통 게이지 ③ 표준 켈리퍼스형 게이지 ④ 표준 테이퍼 게이지 ⑤ 표준 나사 게이지	
		한계 게이지	① 축용 한계 게이지	② 구멍용 한계 게이지
		기타 게이지	① 간극게이지 ③ 센터게이지 ⑤ 와이어게이지	② 반지름 게이지 ④ 피치 게이지 ⑥ 드릴게이지
각도측정	고정각도측정기		① 직각자, ② 컴비네이션베벨, ③ 분할대, ④ 드릴 포인트 게이지	
	눈금 있는 각도측정기		① 분도기 ② 만능각도측정기 ③ 컴비네이션세트 ④ 사인바 ⑤ 광학각도 측정기 ⑥ 수준기 ⑦ 오토콜리메이션	
면측정	평면도측정		① 옵티컬 플랫 ② 스트레이트에지 ③ 수준기 ④ 오토몰리미터 ⑤ 긴장강선	
	표면거칠기 측정		① 표면거칠기 ② 표준편 ③ 촉침법 ④ 광절단법	
나사측정	유효지름측정		① 나사마이크로미터 ② 삼침법 ③ 공구현미경 ④ 투영검사기(투영기)	
	피치측정		① 나사피치게이지 ② 공구현미경	
	나사산각도		① 투영검사기(투영기) ② 공구현미경 ③ 만능측정현미경	

미소 이동량의 확대 지시장치

① 나사(screw)를 이용한 것 ──────────── 마이크로미터
② 기어(gear)를 이용한 것 ──────────── 다이얼게이지
③ 레버(lever)를 이용한 것 ──────────── 미니미터
④ 광학 확대장치를 이용한 것 ──────────── 옵티미터
⑤ 전기용량의 변화를 이용한 것 ──────── 전기 마이크로미터
⑥ 공기 유출량에 의한 압력변화를 이용한 것 ── 공기 마이크로미터

(1) 버니어 캘리퍼스(vernier calipers)

어미자와 아들자로 구성되어 있으며, 바깥지름, 안지름, 깊이를 측정할 수 있다.

$$\text{최소측정값} \quad C = A - B = A - \frac{n-1}{n}A = \frac{A}{n}$$

여기서, A : 본척(어미자)의 1눈금, B : 부척(아들자)의 1눈금, n : 부척의 등분눈금 수

아베의 원리(Abbe's principle)
표준자와 피측정물은 동일 축선상에 있어야 한다.

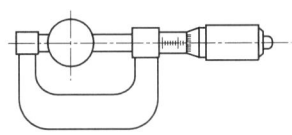

[마이크로미터(아베의 원리에 맞음)]　　[버니어 켈리퍼스(아베의 원리에 맞지 않음)]

(2) 마이크로미터(micrometer)

[마이크로미터(micrometer)의 최소 측정가능값]
바깥지름, 안지름 및 깊이 측정에 사용되며, 암나사와 수나사의 끼워 맞춤을 이용한 측정기이다.

① 미터식 마이크로미터 : (나사부분의 피치 $p = \frac{1}{2}$mm, 딤블의 원주를 50등분

　미터식 마이크로미터의 최소 측정 가능값 $c = \frac{1}{2} \times \frac{1}{50} = \frac{1}{100}$mm

② 인치식 마이크로미터 : 나사부분의 피치 $p = \frac{1}{40}$inch, 딤블의 원주를 25등분

　인치식 마이크로미터의 최소 측정 가능값 $c = \frac{1}{40} \times \frac{1}{25} = \frac{1}{1000}$인치

(3) 하이트 게이지(height gauge)

정반위에 버니어 캘리퍼스를 수직으로 설치하여 금 긋기, 높이를 측정하는데 사용되며 읽을 수 있는 최소 눈금은 0.02mm로 HT형, HB형, HM형이 있다.
HT형 : 표준형, HB형 : 경량형(금긋기작업이 불량하다.), HM형 : 대형(0점조정이 안된다.)

(4) 다이알게이지(dial gauge) : 대표적인 비교측정장치

래크와 피니언을 이용하여 미소 길이를 확대 표시하는 기구로 되어 있는 측정기이며 평면도, 원통도, 진원도, 축의 흔들림을 측정하는 기구로 레버식, 백플런지식, 시크네스, 다이얼 뎁스 게이지, 다이얼 캘리퍼스 게이지 등이 있으며 소형, 경량으로 취급이 쉽고 측정 범위가 넓으며, 눈금과 지침에 의해 읽으므로 시차가 적고, 연속된 변위량의 측정이 가능하며, 진원 측정의 검출기로서 사용할 수 있고, 부속품(어태치먼트)을 사용하면 광범위한 측정을 할 수 있는 특징이 있다.

(5) 블록 게이지(block gauge)

길이 측정의 표준이 되는 게이지이며 표면은 정밀하게 래핑되어 있으며, 재질은 특수공구 강, 초경합금, 고탄소강 등이 있으며, 열처리하여 연마한 후 래핑 다듬질 후 사용한다.

구분	등급	구분	등급
공작용	C	표준용	A
검사용	B	참조용(연구소용)	AA

블록게이지의 밀착(wringing) : 두개의 블록게이지를 밀착시키는 방법으로 기름을 묻혀 가볍게 누르면서 돌려 붙이면 밀착이 된다.

(6) 표준 테이퍼 게이지(standard taper gauge)

원통형 게이지와 흡사한 것으로 규정된 테이퍼가 있는데 선반에는 모스 테이퍼(Morse taper), 밀링머신에는 브라운 샤프 테이퍼(Brown & Shape taper), 드릴 척에는 자콥스 테이퍼, 밀링머신의 스핀들에는 내셔널 테이퍼가 사용된다.

(7) 한계 게이지(limit gauge)

2개의 게이지를 조합하여 한쪽을 허용 최대 치수로, 한쪽을 허용 최소 치수로 하고 제품의 치수가 한도 내로 되어 있는가의 여부를 검사하는 게이지로 주로 기계 부품의 끼워 맞춤 부분의 제작 검사에 사용된다.

축용한계게이지
① 링게이지   ② 스냅게이지

구멍용한계게이지
① 원통형 플러그 게이지   ② 판형 플러그 게이지   ③ 봉게이지   ④ 터보게이지

(8) 시그니스 게이지(thickness gauge) = 틈새게이지

미세한 간격을 두어 정확히 가공물을 조립할 때 사용하는 측정기로 여러가지 두께의 박강판 게이지를 조합한 것으로 보통 0.02~0.7mm까지의 두께를 가진 16장이 한조로 되어 있어 몇 장을 조합하여 틈새를 측정한다.

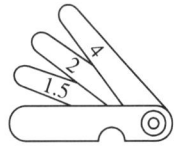

(9) 반경 게이지(radius gauge)

공작물의 라운딩(rounding, Fillet)을 측정할 때 사용한다.

(10) 센터 게이지(center gauge)

선반으로 나사를 깎을 경우 나사 절삭 바이트의 날끝각을 조사하거나 바이트를 바르게 설치하는데 이용되는 게이지이며, 또한 공작물의 중심 위치의 양부를 조사하는 게이지를 말하기도 한다.

(11) 와이어 게이지(wire gauge)

철사의 지름을 재는데 사용하는 게이지로 원판의 주위에 철사의 번호에 해당하는 치수의 구멍이 가공되어 있는 것을 말한다.

(12) 드릴 게이지(drill gauge)

드릴의 치수, 드릴 끝의 원뿔 정각 등을 검사하는데 이용되는 측정기이다.

(13) 수준기(level vial) : 각도, 평면도를 측정가능하다.

유리관 속에 에틸 또는 알코올 등을 봉입하고 약간의 기포를 남겨 놓아 기포의 위치에 의하여 수평을 재는 기계이다.

(14) 사인바(sine bar) : 45° 이상은 오차가 발생된다.

직각삼각형의 2변 길이로 삼각함수에 의해 각도를 구하는 것으로 삼각법에 의한 측정에 많이 이용되며 양 원통 롤러 중심거리(L)는 일정 치수로 보통 100mm 또는 250mm로 만든다. 그래서 각도 α는 $\sin\alpha = \dfrac{H}{L}$ 이 된다. (H : 블록게이지의 높이차)

(15) 콤비네이션 세트(combination set)

각도의 측정, 중심내기 등에 사용되는 측정기이다.

(16) 탄젠트 바(tangent bar)
일정한 간격 L로 놓여진 2개의 블록 게이지 H 및 h와 그 위에 놓여진 바에 의해 각도를 측정한다.

(17) 만능 각도기(bevel protractor)
눈금판과 블레이드(blade)와 스토크로 되어 있으며, 아들자는 어미자의 23눈금을 12등분한 것으로, 5도까지 측정할 수 있다.

(18) 옵티컬 플랫(optical flat) : 빛의 간섭무늬를 이용한 평면도 측정
비교적 작은 부분의 평면도 측정에 이용되고 있는데 광학유리를 연마하여 만든 극히 정확한 평행평면반을 측정면에 살그머니 포개어 놓고 표면에 나트륨 광선과 같은 탄색광을 비추어 간섭무늬를 만든다. 무늬가 곧게 나타나면 정밀한 평면이다. 또한 간섭 한 개의 크기는 약 $0.3\mu m$이다.

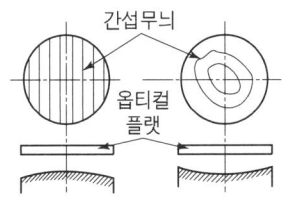

[오철면 구별법]

(19) 나사 피치 게이지(screw thread pitch gauge)
각종 피치로 된 다수의 나사형을 만든 강판을 집합한 것으로 나사의 피치 검사용으로 사용된다.

(20) 나사 마이크로미터(screw micrometer)
나사 마이크로미터는 앤빌이 나사의 산과 골 사이에 끼워지도록 되어 있으며 나사에 알맞게 끼워 넣어서 유효지름을 측정한다.

(21) 3침법(three wire method) : 가장 정확한 나사의 유효지름 측정
나사의 골에 적당한 굵기의 침을 3개 깨워서 침의 외측거리 M을 외측 마이크로미터로 측정하여 수나사의 유효지름을 계산한다.

$$\text{미터나사의 유효지름} \quad d_m = M - 3W + 0.86603p$$

여기서, M : 외측 마이크로미터의 측정길이, W : 침의 지름, p : 나사의 피치

> **참고** 나사의 유효지름 측정가능한 것
> ① 삼침법(삼선법) ② 나사마이크로미터 ③ 투영기 ④ 공구현미경

Chapter 12

수기가공

 **12-1 정 의**

공작기계를 사용하지 않고 정, 스크레이퍼(scraper), 망치(hammer), 줄(file), 리머, 드릴, 탭, 다이, 톱 등을 사용하는 손가공을 말한다.

 **12-2 수기가공에 사용되는 공구의 종류**

수기가공	공구종류
금긋기 작업 (Marking-off)	정반(표준대, surfaceplate), 자(scale), 컴퍼서, 트로멜(Trommel), 캘리퍼스, 펀치(punch), V블록, 서피스 게이지(surface gauge)
정(chisel)작업	정(chisel), 망치(hammer), 바이스(vise)
줄(file)작업	단면형에 의한 분류 : 평형, 원형, 반원형, 각형 삼각형 날의 종류에 의한 분류 : 홑줄날, 두줄날, 라스프날, 곡선날
스크레이퍼(scraper) 작업	평면 스크레이퍼, 빗면날 스크레이퍼, 곡면 스크레이퍼, 훅 스크레이퍼
탭작업	동경 수동 탭(핸드 탭), 중경 탭, 기계 탭, 관용 탭, 마스터 탭, 건탭(gun tap), 스테이 탭, 풀리 탭

※ 서피스게이지(surface gauge) : 정반 위에 놓고 공작물에 평행선이나 공작물의 높이를 평행으로 긋는 기구이며, 선반작업에서는 공작물의 중심을 구할 때 사용한다.

12-3 줄 작업

줄 작업에 사용되는 줄의 크기는 몸체의 길이로 표시한다. 줄 질은 1분간 40~50회가 적당하다. 가공물이 강철 일 때는 칩이 줄눈에 박혀 줄질이 잘되지 않는데 이때는 줄눈에 백묵을 발라서 사용하면 좋다.
① 줄을 이용한 평면가공방법 : 직진법, 사진법, 병진법이 있다.
② 사진법 : 공작물을 깎아내는데 효과가 크고 널리 사용된다.

12-4 스크레이퍼 작업

세이퍼, 플레이너로 가공한 평면이나, 베어링과 같이 둥근 내면을 더욱 정밀하게 하기 위해 스크레이퍼로 조금씩 깎아내는 작업을 말한다. 그 재질은 고속도강이 사용되나, 최근에는 초경팁을 붙여 사용한다. 스크레이핑은 주철, 황동, 베어링메탈 등의 다듬질에 사용되며, 열처리된 강철에는 사용하기 어렵다.

절삭제의 재질	거친다듬질용	본다듬질용
주철,연강	70~90°	90~120°
동합금, 화이트메탈	60~75°	75~80°

12-5 탭 작업

탭은 나사부와 자루부분으로 되어 있으며 암나사를 만드는 공구이다.
① **핸드탭** : 1번, 2번, 3번 탭의 3개가 1개조로 되어있고, 탭의 가공률은 1번 : 55% 2번 : 25% 3번 : 20% 가공을 한다. 현장에서는 보통2번, 3번 탭만으로 태핑을 한다.
② **기계탭** : 작업능률을 향상시키기 위해 기계에 장치하여 나사를 내는 탭

$$\text{나사구멍의 드릴지름} \quad d = D - p$$

여기서, D : 나사의 바깥지름, p : 나사의 피치

12-6 다이스 작업

다이스는 수나사를 만드는 공구로서 내면은 나사로 되어 있고 칩이 빠져 나올 수 있는 홈이 있다.

Chapter 13 치공구

13-1 정의

치공구는 허용공차 범위 내에서 동일한 다수의 부품을 정확하게 가공하는데 사용되는 생산용 특수공구로서 지그(jig)와 고정구(fixture)를 말한다.
① **지그**(jig) : 공작물의 위치를 결정(locating)하고 작업도중에 절삭공구를 공작물에 안내하는 역할을 한다.
② **고정구**(fixture)공작물을 견고하게 지지(supporting)하고, 고정(holding)해 주는 역할을 한다. 수기가공에 사용되는 공구의 종류이다.
③ **풀프루핑**(foolproofing) : 공작물을 공구에 장착 할 때 공작물이 바른 위치에만 놓이도록 하는 수단을 말한다. 완전대칭인 부품가공시에는 설치 할 필요가 없다. 대칭이 아닌 부품가공시에는 꼭 필요하다.

치공구 ┌ 지그 : 위치 결정구, 체결기구, 공구안내장치를 가지고 있는 것
       └ 고정구 : 위치 결정구, 체결기구를 가지고 있는 것

13-2 지그의 종류

(1) 템플릿 지그(=형판지그)

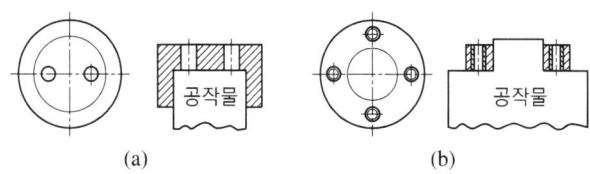

① 템플릿 지그(templatee jig)는 생산속도보다는 제품의 정밀도가 더 요구될 때 사용된다.
② 템플릿 지그는 공작물의 윗부분 또는 내부에 끼워서 작업을 하며 일반적으로 고정하지 않고 사용한다.
③ 템플릿 지그는 제작비가 저렴하고 가장 단순한 지그로서 부시를 사용할 수도 있다.
부시를 사용하지 않을 때는 지그 전체를 경화시켜 사용한다.

(2) 플레이트 지그(= 평판지그)

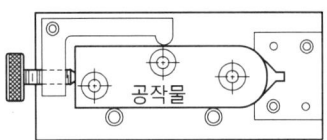

플레이트 지그(plate jig)는 템플릿 지그에 클램프를 장치한 것으로서 지그 본체에 위치결정 핀과 클램핑 기구를 갖고 있으며 공작물의 수량에 따라 부시를 사용할 수도 있다.

(3) 테이블 지그

대형 공작물을 가공할 때는 플레이트 지그에 다리를 붙여서 공작기계의 테이블로부터 높이 띄워놓고 작업을 하는데 이런 형태의 지그를 테이블 지그라고 한다.

(4) 샌드위치 지그

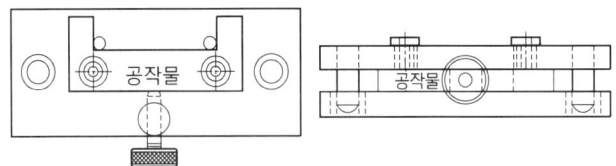

샌드위치 지그(sandwich jig)는 받침판이 있는 플레이트 지그로서 휘거나 뒤틀리기 쉬운 얇은 공작물 또는 연질 재료의 공작물을 가공할 때 사용된다. 샌드위치 지그도 공작물의 수량에 따라서 부시의 사용 여부를 결정한다.

(5) 리프 지그(leaf jig)

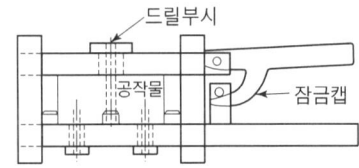

리프 지그는 샌드위치 지그의 두 지그 판을 힌지로 연결하여 쉽게 열고 닫음으로써 공작물의 착탈을 용이하게 한 지그이다. 리프 지그는 클램핑력이 약하여 소형 공작물 가공에 적합하다.

(6) 박스 지그

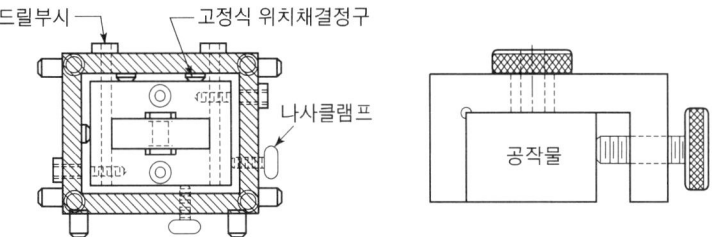

박스 지그(box jig 또는 tumble jig)는 공작물의 전체 면이 지그로 둘러싸인 것으로서 공작물을 한번 고정하면 지그를 회전시켜 가면서 전면을 가공할 수 있다.

(7) 채널 지그

채널 지그(channel jig)는 박스 지그 중에서 가장 간단한 형태의 지그로서 공작물을 지그의 두면 사이에 고정시켜 가공한다.

(8) 앵글플레이트 지그

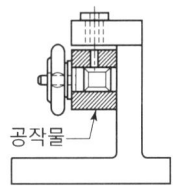

앵글플레이트 지그(angle-plate jig)는 설치된 위치결정구에 대하여 직각이 되는 방향으로 공작물을 고정할 때 사용되는 지그로서 풀리(pulley), 칼라(collar), 기어(gear) 등의 가공에 적합하다. 90°이외의 각도로 가공할 경우에는 앵글플레이트 지그를 개조하여 사용한다.

(9) 분할 지그(indexing jig)

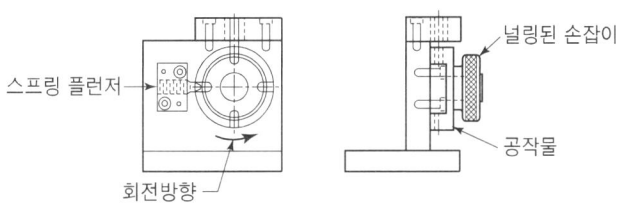

분할 지그는 공작물을 정확한 간격으로 구멍을 뚫거나 다른 기계가공을 하는데 쓰이며 이때 분할의 기준으로써 공작물 자체 또는 플런저(plunger)를 사용한다. 특수한 형태의 분할작업은 가공물의 조건에 따라 분할판을 만들어 사용하며 분할판을 제작할 때는 마모 여유와 흔들림이 한쪽으로만 생기도록 설계하여 한다.

(10) 트러니언 지그

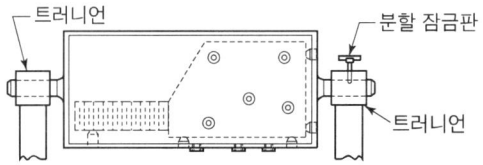

트러니언 지그(trunnion jig)는 로터리 지그의 일종으로서 대형 공작물이나 불규칙한 형상의 공작물 가공에 사용된다. 공작물을 상자 모양의 캐리어(carrier)에 담아서 트러니언 위에 올려 놓고 작업을 하며 분할 잠금 핀을 이용하여 공작물이 트러니언의 중심에서 등분 및 회전이 가능 하도록 되어 있다.

(11) 다단 지그

다단 지그(multistaion jig)는 지금까지 설명된 어떠한 형태의 지그로도 구성될 수 있다. 그림 다단 지그의 한 예로서 한 개의 공작물을 드릴링할 때 두 번째는 리밍, 세 번째는 카운터 보링을 하고 마지막 단에서 완성된 공작물을 꺼내고 새로운 공작물을 넣게 되어 있다. 이 지그는 주로 다축 공작기계에서 사용되지만 단축기계에서도 사용 될 수 있다.

Chapter 14 주 조

14-1 주 조(casting)

1. 주 조

금속을 가열하여 융해시켜 유동성을 갖는 용융 금속으로 만든 후, 이것을 모래나 금속으로 만든 주형(mold)에 주입(pouring)하여 그 속에서 냉각, 응고시킨 것을 주물 또는 주조품이라 하며 이때의 공정(process)을 주조(casting)라 한다.

2. 주조 공정

계획(설계 도면 : 주조 방안 결정) → 모형(pattern : 원형)제작 → 주형(mold)제작 → 용해 → 주입 → 주형 해체 → 주물

예를 들어 주철로 만든 나의 손을 만들 때 나무로 만든 손모양의 목형을 모형, 원형이라 하며 나무로 만든 손을 모래 틀에 넣고 다진 후 나무로 된 손을 빼면 손모양이 있는 빈공간의 모래틀을 주형이라 한다. 여기에 주철을 녹인 쇳물을 부어 응고 시킨 후 주형틀을 해체 하면 주철로 된 손이 된다. 즉 주철로 된 손을 주물이라 한다.

모형=원형 : 나무로 만든 모형손
주형=손모양의 빈공간이 있는 모래 틀
주물=주철로 된 손=제품

14-2 모 형(목형, 원형, pattern)

1. 모형 = 원형(pattern)의 종류

(1) 재질에 따른 분류

① 목형(wood pattern) : 목재를 사용하여 만든 원형으로 가공이 쉽고, 가볍고, 팽창계수가 적으며, 제작비가 적게 드는 장점이 있으나, 조직이 불균일하여 수분을 함유하면 변형하기 쉽고 가공면이 금속류에 비하여 고르지 못한 단점이 있다.

② 금형(metal pattern) : 금속을 사용하여 만든 원형으로 다른 원형에 비해 제작비는 많이 들지만 내구성과 정밀도가 좋고 미세한 부분의 주조도 가능하여 대량 생산용으로 널리 사용된다(제작 개수가 많을 때 사용).

③ 현물형(solid pattern) : 원형을 제작할 시간적 여유가 없고, 제작 수량이 적고 정밀도가 요구되지 않는 주물 제작시, 제품 그대로를 직접 원형의 대용으로 사용할 수 있는 것이다.

④ 석고형(plaster pattern) : 석고를 직접 가공하거나, 목재 또는 왁스 등으로 먼저 모형을 만든 다음, 석고로 재생시킨 원형을 석고형이라 한다.

⑤ 합성 수지형(synthetic resin) : 목형은 수축 변형이 심하고, 근래에는 그 재료값도 고가화되어 저가인 플라스틱(plastic)과 같은 합성수지를 많이 이용한다.

⑥ 풀 몰드형(full mold pattern) : 발포성 수지를 재료로 하여 만든 원형을 말하는데, 비교적 대형 주물에 많이 사용한다.

※ 목재, 구리, 황동, 강, 알루미늄, 플라스틱 등이 있는데 **목재**가 많이 사용된다.

(2) 구조에 따른 분류

① 현형(solid pattern) : 원형으로 가장 기본적이고 일반적인 것으로 제작할 제품과 거의 같은 모양의 원형에 주조 재료의 수축 여유, 가공 여유, 코어 프린터 등을 고려하여 만든 원형을 현형이라 한다.
  ㉠ 단체형(one piece pattern) : 간단한 주물 (1개로 된 목형)
  ㉡ 분할형(split pattern) : 한쪽에 단이 있는 부품 (상형, 하형의 2개의 목형)
  ㉢ 조립형(built-up pattern) : 아주 복잡한 주물 (3개 이상의 목형) - 상수도관용 밸브
    분할형에서 상형, 하형을 연결하기 위해 맞춤 못(dowel joint)을 사용한다.

② 회전형(sweeping pattern) : 비교적 작고 제작 수량이 적은 벨트 풀리, 기어의 소재 등과 같은 회전체로 된 물체를 제작할 때 많이 사용한다(풀리, 회전체).

③ 고르게(긁기)형(strickle pattern) : 소정의 단면의 형상과 같은 안내판으로 모래를 긁어서 주형을 만드는 방법이다(밴드 파이프 : bend pipe : 곡관).

④ 골격형(skeleton pattern) : 제작 개수가 적은 대형 파이프, 대형 주물의 제작비를 절약하기 위해 골격만 목재로 만들고, 그 골격 사이를 점토 등으로 메꾸어 현형을 만드는 방법이다(대형 파이프, 대형 주물).

⑤ 부분형(section pattern) : 목형이 대형이고 같은 모양의 부분이 연속하여 전체를 구성하

고 있을 경우, 그 한 부분의 목형을 만들고 이 목형을 이동하면서 주형 전체를 만들 수 있는 목형이다(큰기어, 프로펠러).
⑥ **코어형**(core pattern) : 코어제작을 위한 목형, 중공 부분을 만들어 주는 것이므로 코어 프린터를 적당한 길이로 만들어 주어야 한다.
⑦ **매치 플레이트**(match plate) : 소형 제품을 대량으로 생산하고자 할 때 유용하며 목형의 한 면을 조형기 테이블에 고정시키는 것을 말한다.
⑧ **잔형** : 복잡한 부분의 일부분을 따로 만든 모형을 잔형이라 한다.
※ 위의 재료 중에서 **목재**가 많이 사용된다.

2. 목재의 선택   ※ 수분이 적은 목재를 택하면 된다.

(1) 목재의 종류
홍송, 낙엽송, 비송, 전나무, 벗나무, 소나무류, 박달나무 등
※ 참나무는 너무 단단하여 가공하기가 어려워 사용하지 않는다.

(2) 목재의 수축 정도
① 나이테 방향(연륜방향) > 연수방향(나무의 길이 방향=반지름방향) > 섬유방향
② 활엽수 > 침엽수
③ 변재(백재) > 심재(적재)
④ 유목(어린나무) > 노목(장년기 나무)
⑤ 여름철 나무 > 겨울철 나무

(3) 목재의 수축 방지법
① 장년기의 수목을 동기(겨울철)에 침엽수 벌채하여 심재부분을 섬유방향으로 잘라 사용한다.
② 건조재를 선택할 것, 많은 목편을 조합하여 만들 것, 적당한 도장을 할 것

3. 목재의 건조법
① **자연 건조법** : 야적법, 가옥적법
② **인공 건조법** : 침재법, 훈재법, 자재법, 열기 건조법, 진공 건조법

4. 목재의 방부법
① **도포법** : 목재 표면에 크레졸을 주입하거나 페인트를 도포하는 방법
② **침투법** : 염화아연, 유산 등의 수용액을 침투 또는 흡수시키는 방법
③ **자비법** : 방부제를 끓여서 부분적으로 침투시키는 방법
④ **충전법** : 목재를 구멍을 파서 방부재를 주입하는 방법

5. 모형 제작시 고려 사항

① 수축 여유(shrinkage allowance) : 용융 금속을 주형(mold) 안에서 응고 또는 냉각되면서 그 부피가 줄어드는데 이를 수축이라 한다. 이 수축을 고려하여 필요한 치수보다 수축량을 고려하여 모형의 치수를 결정하여야 한다.

주물 재료	길이 1m에 대한 수축 여유
주철	8mm
가단 주철	15mm
강철 주철	20mm
알루미늄	20mm
황동, 청동, 포금 등	15mm

※ 수축율 $\phi = \dfrac{L-l}{L}$ 여기서, ϕ : 수축률, L : 목형의 길이, l : 주물의 길이

따라서, 목형의 치수는 $L = l + \left(\dfrac{\phi}{1-\phi}\right)l$ 의 식으로 구할 수 있다.

㉠ 수축 여유가 가장 작은 재료는 "주철"이라는 것을 알 수 있다.

㉡ 수축 여유를 고려하여 만든 자를 주물자라 한다. 주철이 쇳물 상태에서는 부피가 크고 응고 되면서 부피가 작아지기 때문에 처음에 목형을 크게 만들어야 된다.

② 가공 여유(machining allowance) : 주조 후 기계 가공을 요하는 부분은 가공에 필요한 치수만큼 크게 도면에 기입하여 목형을 만드는데 이 양을 가공 여유라 한다. 가공 여유를 붙일 경우 제품의 다듬질 정도를 항상 염두에 두어야 한다.

③ 목형구배(taper) : 모래주형(sand mold)에서 목형(원형)을 뽑아 낼 때 주형이 파손되지 않도록 목형의 측면을 경사지게 하는 것으로 목형의 모양에 따라 다르나 1m당 6~10mm 정도의 구배를 둔다.

④ 코어 프린트(core print) = 부목 : 코어(core)의 위치를 정하거나, 주형에 쇳물을 부었을 때 쇳물의 부력에 코어가 움직이지 않도록 하거나 또는 쇳물을 주입했을 때 코어에서 발생되는 가스를 배출시키기 위해서 코어에 코어 프린트를 붙인다.

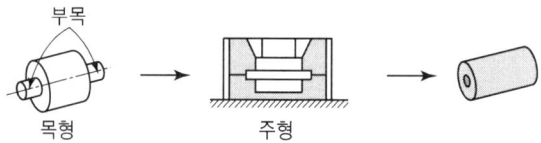

⑤ 라운딩(rounding) : 응고할 때 직각인 부분에 결정 조직의 경계가 생겨 부서지기 쉬운데 이를 방해하기 위해 모서리 부분을 둥글게 만들어 주는 것을 말한다.

⑥ 덧붙임(stop off) : 주물의 두께가 균일하지 못하고 복잡한 주물은 냉각될 때 냉각 속도의 차이로 내부 응력에 의해 변형 또는 파손되기 쉬운데 이것을 방지할 목적으로 덧붙임 하여 목형을 만들고 이것으로 주형을 만들어 주조한다. 주조 후 잘라 버린다.

 **코어** : 중공부(中空部)가 있는 주물을 만들 경우에 사용된다. 중공부를 만들기 위해 주형에서 쇳물 대신 자리를 차지하는 물체로서 코어는 보통 모래로 만든다. = 모래로 만든 봉

6. 주물 금속의 중량 계산법

$$\frac{(모형의 중량)}{(모형의 비중)} = \frac{(주물의 중량)}{(주물의 비중)}$$

7. 목형의 착색

① 주물의 흑피부 : 칠하지 않는다.
② 다듬질면 : 적색 래커칠을 한다.
③ 잔형 – 황색 래커칠을 한다.
④ 코어 프린트 : 흑색 래커칠을 한다.
⑤ 목형을 도장하는 이유는 흡수를 방지하고, 목형을 오래 보존하고, 충해를 방지하고, 표면이 매끈하여 모래와 분리가 잘 되게 하기 위함이다.

14-3 주형 제작

1. 주형 제작시 주의 사항

① 습도(moisture) : 주형의 종류와 재질에 따라 적당량의 수분이 필요한데 그 함량이 많으면 주물에 기포가 생기기 쉽고, 적으면 조형하기가 곤란하며 강도 등이 떨어진다.
② 다지기(ramming) : 주물사를 너무 다지게 되면 통기성이 나빠지고 약하게 다지면 성형성이 감소되어 쇳물 압력에 주형이 파손되기 쉽다.
③ 공기뽑기(venting) : 주조 시 발생하는 수증기, 가스 등을 뽑아내기 위해 통기성이 좋은 새 모래를 사용하며, 송곳으로 가스 배출구를 만들고 주물사에 짚, 톱밥 등을 넣어 통기성을 좋게 한다.

2. 주형재료

(1) 주물사(molding sand)의 구비 조건

① 내열성이 크고,
② 화학적 변화가 생기지 않아야 하고,
③ 성형성이 좋아야 하며
④ 통기성이 좋고,
⑤ 적당한 강도를 가져야 하며
⑥ 가격이 저렴하고 구입이 용이하고, 노화 되지 않으며 재사용이 가능해야 한다.

(2) 주물사의 원료
규사, 하천 모래, 바다 모래, 산모래, 점토 등

(3) 모래의 주성분
석영, 장석, 운모, 점토 등

(4) 모래 이외의 재료
① 석탄, 코크스 : 모래의 성형성을 좋게 하고, 모래가 주물면에 녹아 붙는 것을 방지하고, 모래의 다공화를 증가시켜 준다.
② 톱밥, 볏짚, 수모 : 모래에 다공성을 증가시켜 준다.
③ 당밀, 유지, 인조수지 : 모래의 강도와 통기성을 증가시켜 준다.

(5) 주철용 주물사
① 신사(greem sand) : 생형사라고도 하면 산사(山砂)+점토(15% 이하) + 수분(7∼10%) + 석탄분말(5∼20%)의 배합한다.
② 건조사(dry sand) : 주철용 주물사로서 대형주형 및 복잡하고 정확한 주물을 제작할 때 사용한다.
일반적으로 greem sand보다 수분과 점토분이 많이 첨가함으로써 가소성이 크다. 따라서 습기가 많으면 가스가 잘 빠지지 않으므로 건조하여 사용하여야 한다. 때에 따라서는 톱밥, 코오크스, 흑연분말, 하천모래 등을 적당히 혼합하여 가스가 잘 빠지도록 하기도 한다.

(6) 주강용 주물사
주철보다 주입 온도가 1500∼1560℃로 높으므로 주물사는 내화성이 크고, 통기성이 좋아야 한다.

규사 + 점결제(내화점토, 벤토나이트 : bentonite)

벤토나이트(bentonite)
주물사로 사용되는 점토의 일종으로 건조강도, 열간강도, 내화성이 크며 주강용 주형의 점결제로 사용된다.

(7) 코어 샌드(core send)
코어 샌드는 통기성 및 내화성이 좋고, 또한 쇠뭉치 압력에 견딜 수 있어야 한다. 코어 샌드는 규사성분이 많은 새 모래와 점토, 식물유 등을 혼합하여 사용하며, 특히 가스의 방출을 좋게 하기 위하여 톱밥, 코우크스 분말 등을 섞는다.

3. 주물사 시험법

(1) 수분 함유량
시료 50g을 105℃에서 1~2시간 건조시켜 무게를 달아 건조 전과 건조 후의 무게를 구한다.

(2) 통기도
시험편을 통기도 시험기에 넣어 일정 압력으로 한쪽에서 2000cc의 공기를 보낼 때 일어나는 공기 압력의 차이와 그 시간을 측정하여 구한다.

$$\text{통기도} \quad K = \frac{Vh}{PAt} \, [\text{cm/min}]$$

여기서, V : 시험편을 통과한 공기량(cc) h : 시험편의 높이(cm),
   t : 통과시간(min) A : 시험편의 단면적(cm^2)
   P : 시험편 상하의 압력 차이에 의한 수주높이(cm)

(3) 내화도(耐火度)시험
① 용융 내화도 : 제게르 코운(segercone)＝제게르 추라고도 한다. 주물사를 제게르 코운과 같은 형상으로 만들어 노 중에서 가열하여 90℃로 굴곡하는 모양을 제게르 코운 시편과 비교하여 내화도를 결정한다.
② 소결내화도 : 제게르가 고안한 소결 내화도 시험기를 사용하는 시험법

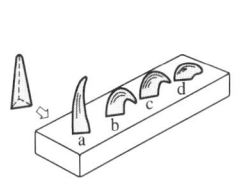
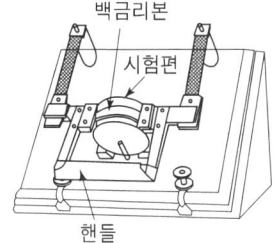

[제게르 코운(seger cone)] [소결 내화도 시험기]

소결[燒結, sintering]
분말체(粉末體)를 적당한 형상으로 가압 성형한 것을 가열하면 서로 단단히 밀착하여 한 덩어리가 되는 현상

(4) 주형 제작
① 주형 제작법
② 조립 주형법(turn over molding) : 위 아래로 2개 또는 여러개의 주형틀을 사용하여 만드는 방법
 ㉠ 바닥 주형법(floor molding) : 주물 공장 바닥을 수평으로 다진 후 밑바닥에 주형을 만

드는 방법
ⓒ 혼성 주형법(bedin molding) : 주형 상자를 사용할 수 없을 만큼 대형의 주물일 때 주형의 대부분은 주형 제작 공장의 모래 바닥을 파서 만들고 나머지 일부분만 주형 상자에 만들어 결합시킴으로써 주형을 완성하는 방법

③ 주형 제작 시 주의 사항

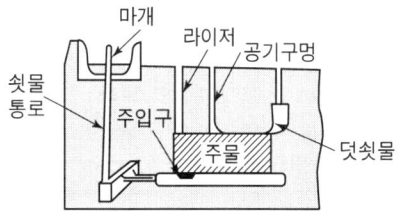 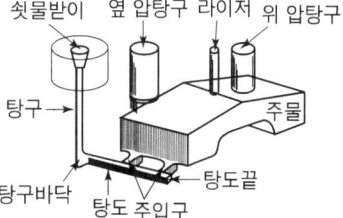

㉠ 습도(moisture) : 주형의 종류와 재질에 따라 일정 양의 수분이 필요한데 수분이 많으면 주물에 기포가 생기기 쉽고, 적으면 조형하기가 곤란하며 강도 등이 떨어지게 된다.

㉡ 다지기(ramming) : 주물사를 너무 다지게 되면 통기성이 나빠지고 약하게 다지면 성형성이 감소되어 쇳물 압력에 주형이 파손되기 쉽다.

㉢ 공기 뽑기(venting) : 주조 시 발생하는 수증기, 가스등을 뽑아내기 위해 통기성이 좋은 새 모래를 사용하며 송곳으로 가스 배출구를 만들고 주물사에 짚, 톱밥 등을 넣어 통기성을 좋게 한다.

㉣ 탕구계(gating system) : Dross(slag : 먼지)가 없는 쇳물을 주형에 주입하기 위한 목적으로4부분으로 구성된다.
  • 쇳물받이＝탕류(pouring cup)
  • 탕구(sprue)
  • 탕도(runner)
  • 주입구(gate)로 구성된다.

㉤ 압탕구＝덧쇳물(feeder) : 주형 내에서 쇳물이 응고될 때 수축으로 쇳물 부족 현상이 발생하는데 이 부족한 양을 보충해 주며, 수축공이 없는 치밀한 주물을 만들기 위한 것으로 덧쇳물의 위치를 주물이 두꺼운 부분이나 응고가 늦은 부분 위에 설치한다.

㉥ 라이저(riser) : 주형 내의 가스, 공기, 증기 등을 배출시키고 주입쇳물이 주형 각 부분에 채워져 있는지를 확인 할 수 있도록 한다. 소형 주물에서는 압탕구와 라이저를 구별없이 같이 사용한다.

㉦ 플로오프(flowoff) : 주형의 상형에 설치하며, 주형속의 가스빼기, 용탕속의 슬래그나 모래 알갱이 등의 혼압물을 주형 밖으로 내보내는 역할을 한다. 또 플로오프는 주입할 때 용탕이 주형공간에 다 채워졌는지를 확인하는 역할도 한다.

㉧ 냉각판(chilled plate) : 두께가 같지 않은 주물에서 전체를 같게 냉각시키기 위해 두께가 두꺼운 부분에 쓰는데 부분적으로 급랭시켜 견고한 조직을 얻을 목적으로도 사용된다. 가스 빼기를 생각해 주형의 측면이나 아래쪽에 붙인다.

㉨ 코어 받침대(core chaplet) : 코어의 자중과 쇳물의 압력, 부력으로 코어가 주형내의 일

정 위치에 있기 곤란 할 경우에 사용하는데, 코어의 양끝을 주형 내에 고정시키기 위해 받침대를 붙이는데 사용한다. 이 받침대는 쇳물에 녹아버리도록 주물과 같은 재질의 금속으로 만든다.

㉣ 중추 : 주형에 쇳물을 주입하면 주물의 압력으로 주형이 부력을 받아 윗 상자가 압상될 수 있는데 이를 방지하기 위해 중추를 올려놓는다. 중추의 무게는 보통 압상력의 3배 정도로 한다.

14-4 금속의 용해법

(1) 큐우폴라(용선로 : cupola)

주철을 용해하는데 이용하는 노(爐)로 시간당 용해할 수 있는 능력(ton)으로 용량을 표시하며 열효율이 좋으며 구조가 간단하여 시설비가 염가이며 작업이 간편하다. 성분의 변화가 많으며, 산화하여 양이 감량된다.

고로 = 용광로(blast furnace)
① 철광석을 이용하여 선철을 만드는 노(ton/24hr)
② 제선법에 사용되는 노 = 선철을 만드는 노

(2) 전로(bessemer furnace) = 베세머로

용광로에서 이미 용해된 용탕을 장입하고 용탕의 표면에 공기(산소)를 불어주어 용강을 얻는 로이다. 제강시간이 대단히 짧아 15~20분이면 완료된다.

LD전로법
1949년 오스트리아의 린츠(Linz)공장과 도나비츠(Donawitz)공장에서 공동연구로 개발된 산소전로법으로 LD전로법은 순산소를 노 위에서 불어넣어 강을 정련하는 방법으로 제강능률이 평로법에 비해 6~8배에 달하며, 품질면에서는 평로와 동등하거나 그 이상이다.

(3) 도가니로(crucible furnace)

구리 합금 및 알루미늄 합금과 같은 비철 합금의 용해에 사용하는데 비교적 불순물이 적은 순수한 것을 얻을 수 있다. 설비비는 적게 드나 열효율이 낮으며 그 규격은 1회에 용해할 수 있는 구리의 중량(kg)으로 표시한다.

(4) 반사로(reverberatory furnace)

대형 주물 및 고급 주물을 제조할 때 사용하는데 많은 금속을 값싸게 용해할 수 있으며 용해된 금속의 변질이 적다. 그 규격은 1회의 용해 중량(kg)으로 표시한다.

(5) 평로(open heat furnace)

1회에 다량을 제강할 때 사용되며, 다량의 선철, 고철 등을 용해할 수 있는 노(爐)로서 그 규격은 1회 용해량(ton)으로 표시한다.

(6) 전기로(electric furnace)

전기를 사용하여 특수 주철, 특수강 등을 용해하고 제강하는 노로 노안의 온도조절이 용이하고, 정확하게 할 수 있으며, 금속의 융용 손실이 적으며 또한 가스 발생이 적다.

구분	용량	종류	특징
큐우폴라	시간당 용해 능력(ton)	산성로 염기성로	열효율이 좋음, 구조 간단, 시설비 저렴, 작업 간편, 성분 변화가 많음, 산화되어 탕이 감량됨.
전로	1회 제강량	산성 전로 염기성 전로	용융 금속의 성분 균일, 탕 온도 강하됨.
도가니로	1회 용해 가능한 구리의 중량(kg)	백점토도가니로 흑연도가니로 자연 통풍식 강제 통풍식	불순물 적음, 설비비 저렴, 열효율 낮음.
반사로	1회 용해중량(kg)		많은 금속을 저렴하게 용해 가능, 대량/고급 주물 제조 가능, 용해 금속 변질 적음.
평로	1회 용해량(ton)	산성 평로 염기성 평로	1회에 다량 제강
전기로	1회 용해 가능한 중량	아크식 전기로 유도식 전기로 전기저항식 전기로	온도 조절 용이, 금속의 손실이 적음, 가스 발생 적음.

14-5 특수 주조법

(1) 칠드 주조(chilled casting : 냉경 주물)

① 특징 : 주물을 제작할 때 일부에 금속을 대고 급랭시키면 이 부분은 다른 부분보다 조직이 백선화(白銑化)해서 단단한 탄화철이 되고 그 내부는 서서히 냉각되어 연한 주물이 된다. 이 방법을 칠드 주조라 하고, 이렇게 이루어진 주물을 칠드 주물이라 한다.

② 제품 : 압연 롤러, 볼 밀(ball mill), 파쇄기(crusher)등

(2) 다이캐스팅(die casting)
① 특징 : 정밀한 금형에 용융 금속을 고압, 고속으로 주입하여 주물을 얻는 방법이다.
② 장점 : 정밀도가 높고 주물 표면이 깨끗하여 다듬질 공정을 줄일 수 있다. 조직이 치밀하여 강도가 크다. 얇은 주물이 가능하며 제품을 경량화 할 수 있다. 주조가 빠르기 때문에 대량 생산하여 단가를 줄일 수 있다.
③ 단점 : Die의 제작비가 많이 들므로 소량 생산에 부적당하다. Die의 내열강도 때문에 용융점이 낮은 아연, 알루미늄, 구리 등의 비철 금속에 국한된다.
④ 제품 : 자동차 부품, 전기 기계, 통신 기기 용품, 일용품, 기화기, 광학 기계 등

(3) 원심 주조법(centrifugal casting)
① 특징 : 회전하는 원통의 주형 안에 용융 금속을 넣고 회전시켜 원심력에 의해 중공 주물을 얻는 방법이다.
② 장점 : 코어가 필요 없다. 질이 치밀하고 강도가 크다. 기포의 개입이 적다. gate, riser, feeder가 필요 없다.
③ 제품 : 파이프, 피스톤링, 실린더 라이너, 브레이크링, 차륜 등

(4) 셸 주조법(shell moulding)
① 원리 : 석탄산계 합성수지 분말을 혼합한 모래를 사용하여 5~6mm정도의 조개껍질 모양의 셀형의 주형을 만들어 이 형에 쇳물을 부어 주물을 만드는 방법이다.
② 공정 : 금형의 가열(250~300℃) → 이형제(Silicon oil)분사 → 정반에 덤프상자 고정 → 레진샌드를 덮음 → 경화되지 않은 레진샌드 분리 → 경화셸 가열 → 셸형 압출 → 조립하여 주형을 만듦.
③ 장단점 : 주형을 신속히 대량 생산할 수 있으며, 주물의 표면이 아름답고, 치수의 정밀도가 높으며, 복잡한 형상을 만들 수 있고, 기계 가공을 하지 않아도 사용할 수 있다. 숙련공이 필요 없으며 완전 기계화가 가능하다. 주형에 수분이 없으므로 pin hole 발생이 없다. 주형이 얇기 때문에 통기 불량에 의한 주물 결함이 없다.
④ 제품 : 자동차, 재봉틀, 계측기 등의 얇고 작은 부품의 주조

(5) 인베스트먼트 주조법(investment casting)
① 원리 : 주물과 동일한 모양을 왁스(wax), 파라핀(paraffin) 등으로 만들어 주형재에 매몰하고 가열로에서 가열하여 주형을 경화시킴과 동시에 모형재인 왁스나 파라핀을 녹여 주형을 완성하는 방법으로 "lost wax법", "정밀주조"라고도 한다.
② 특징 : 치수의 정도와 표면의 평활도가 여러 정밀주조법 중에서 가장 우수하나 주형 제작비가 비싸다.

(6) CO_2 법
단시간에 건조 주형을 얻는 방법으로 주형재인 주물사에 물유리(특수 규산소다)를 5~6%정도 첨가한 주형에 이산화탄소 가스를 통과시켜 경화하게 하는 방법이다.

14-6 주물의 결함 종류

(1) 기공(blow hole)
주물 속에 생기는 기포의 총칭으로 주로 주조할 때 가스 배출(vent)이 불완전해서 생긴다.
[방지법] 쇳물 주입 온도를 필요 이상으로 높게 하지 말 것, 쇳물 아궁이를 크게 할 것, 통기성을 좋게 할 것, 주형의 수분을 제거할 것

(2) 수축공(shrinkage hole)
용융 상태의 쇳물이 표면부터 응고하면서 제일 마지막으로 응고하게 되는 부분은 쇳물 부족으로 빈 공간이 생기게 된 것.
[방지법] 쇳물 아궁이를 크게 할 것, 덧쇳물을 부을 것

(3) 편석(segregation)
주물의 일부분에 불순물이 집중되거나 성분의 비중차에 의해 한 곳에 서로 다른 성분끼리 치우치거나 처음 생긴 결정과 나중에 생긴 결정 사이에 경계가 생기는 현상이다.

(4) 주물 표면 불량
모래 입자의 굵기, 용탕의 표면 장력, 용탕의 압력 등의 영향에 의해 발생한다.

(5) 치수 불량
주물사의 선정이 부적절하거나, 목형의 변형에 의한 것, 코어가 이동 했을 경우, 주물 상자의 조립이 불량하거나 중추의 중량 부족에 의해 발생한다.

Chapter 15 소성가공

15-1 소성 가공의 목적

금속의 전연성을 이용하여 균일한 제품을 다량 생산하기 위함이 그 목적이다.

15-2 소성과 탄성

(1) 소성(plasticity)
재료를 파괴시키지 않고 영구 변형을 일으킬 수 있는 성질을 말한다.

(2) 탄성(elasticity)
재료에 외력을 가하였다가 제거하면 원형으로 되돌아오는 성질을 말한다.

15-3 응력의 관계

(1) 허용 응력
보통 극한 응력에 안전율을 나눈 값으로 안전하게 사용할 수 있는 응력의 최대값

(2) 탄성한계
응력과 변형을 선도에서 선형적인 구역으로 외력을 제거하면 원래의 모양으로 되돌아오는 구역을 말한다. 즉, 탄성과 소성의 한계이다.

(3) 항복점

금속 재료의 인장 시험 시 신장의 종점으로, 하중이 증가하지 않고 재료가 급격히 늘어나기 시작할 때의 응력을 말한다.

(4) 인장강도 순서

인장강도 : 인장시험에서 시험편이 견딜 수 있는 최대 하중, 즉 인장하중을 평행부의 원래 단면적으로 나눈 값이다.

> 인장강도 > 탄성한계 > 항복점 > 허용강도

15-4 소성 가공에 이용되는 성질

(1) 전성(malleability) = 가단성

단면에 의해 금속을 얇고 넓게 늘릴 수 있는 성질을 말한다.

Au > Ag > Pt > Al > Fe > Ni > Cu > Zn
금 > 은 > 백금 > 알루미늄 > 철 > 니켈 > 구리 > 아연

(2) 연성(ductility)

금속선(wire)을 뽑을 때 길이 방향으로 늘어나는 성질을 말한다.

Au > Ag > Al > Cu > Pt > Pb > Zn > Fe > Ni
금 > 은 > 알루미늄 > 구리 > 백금 > 납 > 아연 > 철 > 니켈

(3) 가소성(plasticity : 소성)

물체에 압력을 가할 때 고체 상태에서 유도되는 성질(소성)로써 탄성이 없는 성질을 말한다.

15-5 소성 가공의 종류와 장점

(1) 소성 가공의 종류

① 단조 가공(forging) : 금속을 일정한 온도의 열과 압력을 가해 성형하는 작업
② 압연 가공(rolling) : 금속 소재를 고온 또는 상온에서 압연기(rolling mill)의 회전 롤러(roller) 사이로 통과시켜 판재나 레일과 같은 모양의 재료를 성형하는 것
③ 인발 가공(drawing) : 선재나 파이프 등을 만들 경우 다이를 통하여 인발함으로써 필요한

치수, 형상으로 만들어 내는 가공
④ **압출 가공(extrusion)** : 용기 모양의 공구 속에 빌릿(billet)이라고 불리는 소재 조각을 삽입하여 램에 의해서 가압하고 다이에 뚫은 구멍에서 재료를 압출하여 다이구멍의 단면 형상을 가진 긴 제품을 만드는 가공
⑤ **판금 가공(sheet metal working)** : 금속판을 소성 변형시켜서 여러 가지 원하는 모양으로 만드는 가공
⑥ **전조 가공(rolling of rood)** : 가공 방법은 압연과 유사하나 전조 공구(roller)를 사용하여 나사나 기어 등을 성형하는 가공

(2) 주물에 대한 소성 가공의 장점
① 주물에 비하여 성형된 치수가 정확하다.
② 금속 결정 조직이 치밀하고 성질이 강해진다.
③ 대량 생산으로 균일 제품을 쉽게 얻을 수 있다.
④ 재료의 사용량을 절약할 수 있다.
⑤ 제품의 정밀도가 높다.
⑥ 가격이 싸다.

15-6 냉간 가공과 열간 가공의 특징

(1) 냉간 가공(상온 가공 : cold working)
재결정 온도 이하에서 금속의 기계적 성질을 변화시키는 가공이다.
① 가공면이 깨끗하고 정밀한 모양으로 가공된다.
② 가공 경화로 강도는 증가되지만 연신율(연율)은 작아진다.
③ 가공 방향 섬유 조직이 생기고 판재 등은 방향에 따라 강도가 달라진다.
　㉠ **가공 경화(work hardening)** : 냉간 가공에 의해 경도, 강도가 증가하는 현상, 재료에 외력을 가하면 단단해지는 성질을 말한다.
　㉡ **시효 경화(age hardening)** : 어떤 종류의 금속이나 합금은 가공 경화한 직후부터 시간의 경과와 더불어 기계적 성질이 변화하나, 나중에는 일정한 값을 나타내는 현상이다.

(2) 열간 가공(고온 가공 : hot working)
재결정 온도 이상에서 금속의 기계적 성질을 변화시키는 가공이다.
① 한 번 가공으로 많은 변형을 줄 수 있다.
② 가공 시간이 냉간 가공에 비하여 짧다.
③ 성형시키는 데 냉간 가공에 비하여 동력이 적게 든다.
④ 조직을 미세화 하는 데 효과가 있다.

⑤ 표면이 산화되어 변질이 잘 된다.
⑥ 냉간 가공에 비하여 균일성이 적다.
⑦ 치수에 변화가 많다.

재결정
금속의 결정 입자를 적당한 온도로 가열하면 변형된 결정 입자가 파괴되어 점차로 미세한 다각형 모양의 결정 입자로 변화하는 것. 금속의 가공도와 재결정 온도의 관계는 가공도가 크면 재결정 온도가 낮아지고 가공도가 낮으면 재결정 온도가 높아진다.

단조는 열이 가해지는 가공임으로 가공과 동시에 결정입자는 미세화 되나 가공 작업이 완료하여도 재결정온도 보다 너무 높을 때에는 결정입자는 다시 조대화 된다. 따라서 가공완료온도는 재결정 온도 근처로 하는 것이 좋다. 즉, 가공 완료 온도가 재결정온도보다 높으면 재료는 조대화 된다.

조대화(粗大化)
거칠고 커진다는 의미

15-7 단조 가공

(1) 단조의 종류

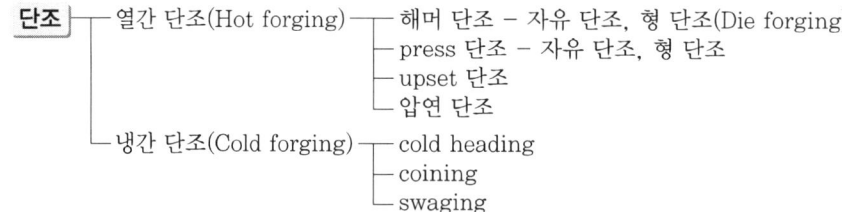

① **자유 단조** : 개방형 형틀을 사용하여 소재를 변형시키는 것
② **형 단조** : 2개의 다이 사이에 재료를 넣고 가압하여 성형시키는 방법으로 복잡한 형상을 가진 제품을 값싸게 대량 생산할 수 있는 장점이 있으나 형틀의 가격이 비싸다는 단점이 있다.
③ **업셋 단조** : 가열된 재료를 수평으로 형틀에 고정하고, 한 쪽 끝을 돌출시키고, 돌출부를 축 방향으로 공구로 타격을 주어 성형시키는 방법이다.
④ **압연 단조** : 1쌍의 반원통 롤러 표면 위에 형을 조각하여 롤러를 회전시키면서 성형시키는 방법으로 봉재와 같은 가늘고 긴 것을 성형할 때 이용한다.
⑤ **콜드 헤딩(cold heading)** : 볼트, 리벳의 머리 제작에 이용한다.

⑥ 압인가공(coining=코닝) : 프레스로 매끈한 표면과 정밀한 치수를 얻으려고 할 때 사용한다. 동전, 화폐제작에 사용된다.
  ⑦ 스웨이징(swaging) : 소재 판의 크기에 비하여 상대적으로 아주 작은 부분만을 압축가공하는 작업을 말한다.

(2) 단조 재료와 가열로

① 단조 재료

재료의 항복점이 낮고, 연신율이 큰 재료일수록 소성변형이 잘 일어나므로 단조가 용이해진다. 탄소강, 특수강, 동합금, 경합금 등은 단조가 가능하나, 주철은 불가능하다.

적열취성
강재에서 유황(S)의 함유량이 많을 때 일어나는 취성이다.

(3) 단조용 공구 및 기계

① 단조용 공구
  ㉠ 앤빌(anvil) : 소재(일감)를 올려놓고 타격을 가할 때 받침대로 사용하며 앤빌의 크기는 중량으로 표시하며 보통 130~150kg이다.
  ㉡ 정반(표준대) : 기준 치수를 맞추는 대로서 두꺼운 철판 또는 주물로 만들며, 앤빌의 대용으로 사용한다.
  ㉢ 이형공대(swage block)=스웨이지 블록 : 일정한 크기의 주물, 주강 블록에 여러 가지 모양의 구멍과 홈이 있어 홈의 모양대로 단조할 수 있다. 앤빌 대용으로도 사용된다.
  ㉣ 단조용 탭(Swage tool)=스웨이지 공구 : 재료를 성형시키는 공구로 단조재에 원형, 사각형, 육각형 등의 단면을 얻는데 사용한다.
  ㉤ 집게(Tong) : 가공물을 집는 공구로 규격은 전체 길이로 표시한다.
  ㉥ 정(chisel) : 재료를 절단하는 공구이다.

② 단조용 기계
  ㉠ 단조 해머(Forging hammer) : 가공물을 타격하는 기계

$$\text{단조해머의 효율} \quad \eta = \frac{\text{단조에 이용된 해머의 유효에너지}}{\text{해머의 운동에너지}}$$
$$= \frac{\text{타격을 받는 부분의 전체질량}}{\text{해머의 질량} + \text{타격을 받는 부분의 전체질량}}$$

해머와 같이 타격을 가하지 않고 저속으로 압력을 가하므로 해머에 비해 작용 압력이 내부까지 잘 전달되며, 에너지 손실이 적으며, 소음이 적다.

$$\text{프레스용량} \quad P = \frac{A \cdot K_f}{\eta} = \frac{\text{유효단면적} \cdot \text{변형저항}}{\text{기계효율}}$$

(4) 단조 작업

① 자유단조
  ㉠ 늘이기(drawing) : 굵은 재료를 때려 단면을 좁히고, 길이를 늘이는 작업
  ㉡ 굽히기(bending) : 재료의 바깥쪽은 늘어나고, 안쪽은 압축된다. 응력과 변형이 없는 중립면은 안쪽으로 이동한다. 얇아지는 것을 방지하기 위해 바깥쪽에 덧살을 붙인다.
  ㉢ 눌러붙이기(up-setting) : 단면적을 크게 하여 길이를 줄이는 작업
  ㉣ 단짓기(setting down) : 어느 선을 경계로 하여 한 쪽만 압력을 가하여 가늘게 하는 작업
  ㉤ 구멍뚫기(punching) : 펀치를 때려 박아 구멍을 뚫는 작업
  ㉥ Rotary swaging : 주축과 함께 다이(die)를 회전시켜서 다이에 타격을 가하는 작업
  ㉦ 탭작업(tapping) : 탭을 이용하여 소재의 단면을 소정의 단면으로 가공하는 작업
  ㉧ 절단(cutting off) : 절단용 정으로 주위를 때려 절단하는 작업

② 형 단조
  ㉠ 특징 : 대량 생산에 적합하고, 제품을 빨리 만들 수 있다.
  ㉡ 구비 조건 : 내마모성이 커야 한다. 내열성이 커야 한다. 수명이 길어야 한다. 가격이 저렴해야 한다. 강도가 커야 한다.

③ 단접(smith welding)
  접합할 재료의 접합 부분을 반용융 상태가 되기까지 가열하여 여기에 압력을 가해 접합하는 작업으로 맞대기 단접, 겹치기 단접, 쪼개어 물리기 단접이 있다.

 15-8 압연(Rolling) 가공

(1) 개 요

상온 또는 고온에서 회전하는 롤러 사이에 재료를 통과시켜 그 재료의 소성변형을 이용하여 강철, 구리합금, 알루미늄 합금 등의 각종 판재, 봉재 및 단면재 등을 성형하기 위한 작업을 말한다.

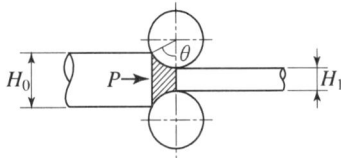

압하량 $\Delta H = H_0 - H_1$ 압하율 $\epsilon = \dfrac{H_O - H_1}{H_O}$

자력압연조건 $\mu P \cos\theta \geq P \sin\theta$, $\mu \geq \tan\theta$

여기서, P : 롤러가 판재를 누르는 힘(kg), μP : 롤러와 판재의 마찰력(kg), θ : 롤러와 판재의 접촉각(°)
μ : 마찰계수

참고 | 압하율을 증가하는 방법

① 압연재의 온도를 높인다.
② 지름이 큰 롤러 사용한다.
③ 롤러의 회전속도를 감소시킨다.
④ 압연재를 뒤에서 밀어준다.
⑤ 롤러 축에 평행인 홈을 롤러 표면에 만들어 준다.

(2) 롤러의 구성품

몸체, 넥, 웨블러의 3가지로 구성된다.

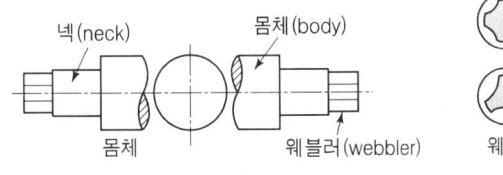

[롤러의 모양]

(3) 분류

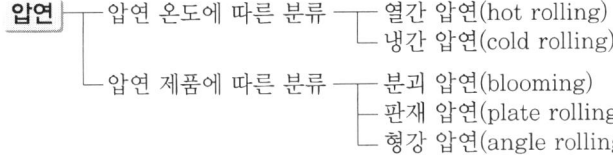

(4) 열간압연

① 압연 재료의 재결정 온도 이상에서 작업하는 것
② 재료의 가소성이 크므로 압연 가공에 대한 소비 동력이 적음.
③ 많은 양의 가공 변형을 쉽게 할 수 있고, 단조물과 같은 좋은 성질을 가진 재질이 됨.
④ 열간 압연 재료는 재질에 방향성이 생기지 않음.
⑤ 압하율을 크게 할 수 있음.
⑥ 가공 시간이 적음

(5) 냉간 압연

① 압연 재료의 재결정 온도 이하에서 작업하는 것
② 정밀한 완성 가공 재료를 얻을 수 있음.
③ 냉간 압연판은 조직에 방향성이 생김.
④ 내부 응력이 커지며 가공 경화에 의한 취성이 증가함.
⑤ 스케일 부착이 없고 흠집이 없으며 표면이 깨끗하고 고움
⑥ 박판용으로 0.1mm 이하의 것도 가공이 가능

(6) 분괴압연

정의 : 강괴 = 잉곳(ingot)에서 제품의 중간재를 만드는 압연이며 중간재로 불룸(bloom), 빌릿(billet), 슬랩(slab)이 있다. 즉, 분괴 압연은 중간재를 만드는 1차 가공 압연이다.

잉곳(ingot)
용강(鎔鋼)을 잉곳케이스라고 하는 거푸집에 부어서 굳힌 것. 클수록 재질이 좋고, 금속의 이용률이 크게 된다.

중간재의 종류
① 불룸(bloom) : 단면이 정사각형, 크기 150×150~250×250 정도
② 빌릿(billet) : 단면이 직사각형, 크기 40×50~120×120 정도
③ 슬랩(slab) : 단면이 직사각형, 두께 50~150, 너비 600~1500 정도
④ 스트립(strip) : 코일 상태의 긴 판재, 두께 0.75~15, 너비 450 이하는 좁은 스트립, 너비 450 이상은 넓은 스트립
⑤ 라운드(round) : 지름 200 이상의 환봉재

(7) 성형압연

중간재를 이용하여 봉재, 레일과 같은 제품을 제작하는 2차 가공 압연이다.

15-9 압출 가공(Extruison)

(1) 압출 가공의 개요

알루미늄, 아연, 구리 합금 등의 각종 형상의 단면재, 파이프 및 선재 등을 제작할 때 소성이 큰 재료에 강력한 압력으로 다이를 통과시켜 가공하는 방법이다.

(2) 압출 가공의 용도

열간 압연이 곤란한 판류 및 이형단면재의 가공이나, 케이블에 연관을 씌워 연피복 케이블 제작에 사용한다.

(3) 압출 가공의 분류

① **직접 압출(전방 압출)** : 램의 진행 방향과 압출재의 유동 방향이 같은 경우로 역시 압출보다 소비 동력이 크며 가공 하중은 1000~8000ton 정도이다.
② **역식 압출(후방 압출)** : 램의 진행 방향과 압출재의 유동 방향이 다른 경우로 컨테이너에 남아 있는 재료가 직접 압출에 비하여 적고, 압출 마찰이 적으나 제품 표면에 스케일(scale)이 부착하기 쉽다.

스케일(scale)
때, 물 때, 주조 작업에서 쇳물에 생기는 기포, 가스 등의 혼합물

③ **충격 압출**(impact extrusion) : Zn, Pb, Sn, Al, Cu와 같은 연질 금속을 다이에 놓고 펀치에 충격을 가하여 치약 튜브, 약품용기, 건전지 케이스 등을 제작하는 방법이다.

15-10 인발 가공(Drawing)

(1) 개요
테이퍼 구멍을 가진 다이(die)에 재료를 통과시켜 다이 구멍의 최소 단면 치수로 가공하는 방법을 인발 가공이라 한다.

(2) 종류
① 봉재 인발 : 봉재 및 단면재로 드로잉하는 것이다.
② 관재 인발 : 다이를 통과하는 동안 파이프 내면에 소정 치수의 심봉(mandrel)을 삽입하여 제작한다.
③ 선재 인발 : 5mm 이하의 가는 선재의 인발
④ 디프 드로잉(deep drawing) : 판재를 사용하여 각종 소총탄환, 탄피, 알루미늄, 주전자, 들통 등을 제작할 때 사용한다.

(3) 인발에 영향을 미치는 인자
단면 감소율, 다이각도, 인발력, 역장력 다이와 소재의 마찰계수, 소재의 유동성, 인발 속도
① **인발력**
  ㉠ 소재의 지름을 감소시키는 데 필요한 힘
  ㉡ 소재와 다이벽 사이의 마찰을 이기는 데 필요한 힘
  ㉢ 다이 입구와 출구간에 표면층의 전단 변형에 필요한 힘
② **역장력** : 인발 방향과 반대 방향으로 가한 힘을 말한다.
  ㉠ 다이의 마멸이 적고 수명이 길어지며 정확한 치수의 제품을 얻을 수 있다.
  ㉡ 역장력이 커질 때 인발력도 증가하나 인발력에서 역장력을 뺀 다이추력은 감소된다.
  ㉢ 소성 변형이 중심부와 외측부가 비교적 균등히 이루어지고 변형 중에 발생열도 적어진다.
  ㉣ 제품에 잔류 응력이 적어지며, 다이 온도의 상승도 작아진다.

15-11 전 조(Form rolling)

(1) 개요
다이나 롤러 사이에 소재를 놓고 회전시켜 제품을 만드는 가공법으로 일종의 특수 압연이라 볼 수 있다.

(2) 종류
나사 전조(thread rolling), 볼 전조(ballo rolling), cylindrical roller rolling, 기어 전조(gear rolling)

① 나사 전조의 특징 : 소성 변형에 의해 조직이 양호하고, 인장강도가 증가되며, 피로한도가 상승되어 충격에 대해 강하게 된다. 또한 정밀도가 높아지고, 제품의 균등성이 좋으며 가공 시간이 짧으므로 대량 생산에 적합하다.

② 기어 전조의 특성 : 재료가 절약되고, 원가가 싸게 들며, 결정 조직이 치밀해진다. 또한 제작이 간단하고 빠르며, 연속적인 섬유 조직을 가진 강한 재질로 된다.

15-12 프레스 가공

(1) 전단 가공

① 블랭킹(blanking) : 펀치로 판재를 뽑기 하는 작업으로 뽑은 제품을 Blank라고 하며 남은 부분을 scrap이라 한다.
② 펀칭(punching) : 펀치로 판재를 뽑기 하였을 경우 뽑고 남은 부분(scrap)이 제품이 된다.
③ 전단(shearing) : 소재를 원하는 모양으로 잘라내는 것을 말한다.
④ 분단(parting) : 제품을 분리하는 과정을 말하며 2차 가공에 속한다.
⑤ 노칭(notching) : 소재의 한 쪽 끝에서 다른 쪽 끝까지 직선 또는 곡선 상으로 절단하는 것을 말한다.
⑥ 트리밍(trimming) : Punch와 die로써 drawing제품의 flange를 소요의 형상과 치수에 맞게 잘라내는 것을 말하며 2차 가공에 속한다.
⑦ 셰이빙(shaving) : 뽑거나 전단한 제품의 단면이 곱지 못할 경우 클리어런스가 작은 펀치와 다이로 매끈하게 가공하는 것을 말한다.
⑧ 브로칭(broaching) : 브로치에 의한 절삭 가공을 말한다.
※ 브로치 가공은 절삭공구에 의한 가공이며 가공형태는 전단가공 형태이다.

(2) 굽힘 가공

① 종류
  ㉠ 비딩(beading) : 드로잉된 용기에 홈을 내는 가공으로 보강이나 장식이 목적이다.
  ㉡ 컬링(curling) : 용기의 가장자리를 둥글게 말아 붙이는 가공을 말한다.
  ㉢ 시밍(seaming) : 판과 판을 잇는 것을 말한다.

② 스프링 백(spring back)
  ㉠ 의미 : 굽힘 가공 시 굽히는 힘을 제거하면 판의 탄성에 의해 원상태로 되돌아가려는 현상
  ㉡ 스프링백의 양
    - 경도가 높을수록 크며, 같은 판재에서 구부림 반경이 같을 경우에는 두께가 얇을수록 커진다.
    - 같은 두께에서 구부림 반경이 클수록 크며, 같은 두께의 판재에서는 구부림 각도가 작을수록 크다.

구부림 반경과 구부림 각도는 반비례 관계이다. 구부림 각도가 작을수록 굽힘반경은 커진다.
최소 굽힘반경 – 바깥 면에 균열이 생기기 바로 직전의 굽힘반경

(3) 디프 드로잉(deep drawing) 가공

① 디프 드로잉 가공의 종류
  ㉠ 커핑(cupping) : 단일 공정으로 제작되는 컵형상의 제품을 만드는 과정이며 1차 드로잉이라고도 한다.
  ㉡ 디프 드로잉(deep drawing)
    - 직접 디프 드로잉(direct deep drawing) : 용기의 내외면이 cupping때와 같다.
    - 역식 디프 드로잉(inverse deep drawing) : 용기의 하부에서 반대로 펀치를 압입하여 용기의 내 외면이 반대로 되는 방식으로 큰 단면 감소율을 얻을 수 있으며, 중간에 annealing이 필요 없고, 복잡한 형상에서도 금속의 유동이 잘 되며, 두께 1/4인치보다 두꺼운 판에 대해서는 곤란하고 정확한 조정을 요하는 특징이 있다.
  ㉢ 벌징(bulging) : 최소 지름으로 드로잉한 용기에 고무를 넣고 압축하는 고무 벌징과 액체를 넣는 액체 벌징이 있으며 배모양의 볼록한 형상을 만든다.
  ㉣ 마르폼 방법(marform process) : 다이 대신으로 고무를 사용한 성형법을 말한다.
  ㉤ 스피닝(spinning) : 선반의 주축에 다이를 고정하고, 그 다이에 blank를 심압대로 눌러 blank 를 다이와 함께 회전시켜 spinning stick이나 롤러로 가공하는 것으로 소량 생산에 적합하며 원통형의 것 외에는 가공할 수 없다.

(4) 압축 가공

① 압인 가공(coining) : 소재면에 요철을 내는 가공으로 내면과는 무관하며 판두께의 변화에 의한 가공이다. 화폐, 메달(medal), 문자 등의 가공에 많이 사용한다.

② **엠보싱**(embossing) : 요철이 있는 다이와 펀치로 판재를 눌러 판에 요철()을 내는 가공으로 판의 두께에는 전혀 변화가 없다.

③ **스웨이징**(swaging) : 재료의 두께를 감소시키는 작업으로 소재의 면적에 비하여 압입하는 공구의 접촉 면적이 작은 경우이다.

Chapter 16 용 접

16-1 개 요

(1) 정의
2개의 금속을 반용융 상태나 용융 상태, 상온에서 압력을 가하여 접합하는 것을 말한다.

(2) 장·단점(리벳이음과 비교한 장단점)

장 점	단 점
① 재료 절약	① 열영향으로 재질이 변하기 쉬움
② 공정수 절약	② 용접 균열 발생
③ 좋은 접합 효율	③ 수축 응력, 잔류 응력 발생
④ 보수용이	④ 품질 검사 곤란
⑤ 설비비 저렴	⑤ 숙련된 기술자가 필요하다.
⑥ 기밀을 요할 수 있음	

(3) 용접종류

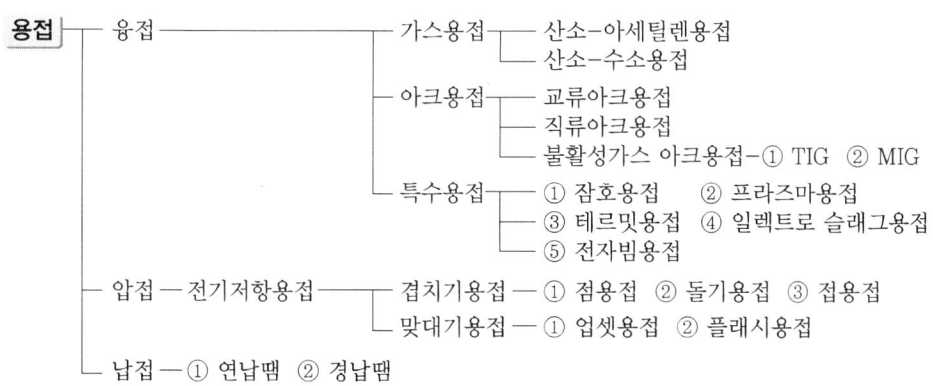

제 4 편 기계제작법

① 융접(fusion welding) : 접합하고자 하는 물체의 접합부를 가열 용융시켜 용가재를 이용하여 접합하는 방법
② 압접(pressure welding, smith welding) : 접합부를 냉간 상태 또는 적당한 온도를 가열한 후 기계적 압력으로 접합하는 방법
③ 납땜(soldering) : 모재를 용융시키지 않고 별도로 용융 금속을 접합부에 넣어 용융 접합하는 방법

연납
주석(63%)과 납(37%)의 합금

 16-2 아크(Arc) 용접

피복재를 입힌 용접봉과 모재 사이의 전기 아크열을 이용하여 용접하는 방법이다.

(1) 분류
① 용접봉에 따라 : 금속 아크 용접(3000), 탄소 아크 용접(4000)
② 전원에 따라 : 직류 아크 용접, 교류 아크 용접

(2) 아크 용접기(arc welder)
① 직류 아크 용접기(D.C arc welder) : 용접 전류로 직류를 쓰는 것으로 직류전원 발생 방법에 따라 정류기형 직류 용접기, 전자식 직류 용접기, 발전기식 직류 용접기로 나눈다.
② 교류 아크 용접기(A.C arc welder) : 현재 널리 사용되는 것으로 200V전원에서 전압을 낮추어 대전류를 얻는 일종의 변압기로, 조정하는 기구로 가동 철심형, 가동 코일형, 가포화 리액터형, 탭전환 형으로 나눈다.

(3) 용접봉의 심선
심선의 지름은 1~10mm까지 15종이 있으나 3.2~6mm가 널리 쓰이며 모재가 주철, 특수강, 비철합금일 때에는 동일 재질의 것이 많이 사용되며, 모재가 연강일 경우에는 탄소가 비교적 적은 연강봉을 사용한다.

(4) 피복제의 역할
① 공기 중의 산소나 질소의 침입을 방지하여, 피복재의 연소 가스의 이온화에 의하여 전류가 끊어졌을 때에도 계속 아크를 발생 시키므로 안정된 아크를 얻을 수 있도록 한다.

② 슬래그(slag)를 형성하여 용접부의 급냉을 방지하며, 용착 금속에 필요한 원소를 보충한다.
③ 불순물과 친화력이 강한 재료를 사용하여 용착 금속을 정련한다.
④ 붕사, 산화티탄 등을 사용하여 용착 금속의 유동성을 좋게 한다.
⑤ 좁은 틈에서 작업할 때 절연 작용을 한다.

(5) 연강용 피복용접봉의 표시방법

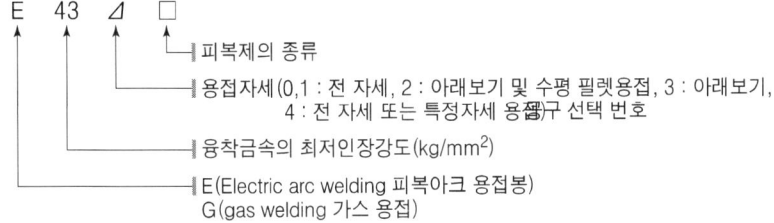

- 피복제의 종류
- 용접자세(0,1 : 전 자세, 2 : 아래보기 및 수평 필렛용접, 3 : 아래보기, 4 : 전 자세 또는 특정자세 용접구 선택 번호
- 융착금속의 최저인장강도(kg/mm²)
- E(Electric arc welding 피복아크 용접봉)
- G(gas welding 가스 용접)

 16-3 특수 아크 용접

(1) 서브머지드 아크 용접(submerged arc welding) : =상품명 Lincon welding

① 원리

분말로 된 용제를 용접부에 뿌리고, 용제 속에서 용접봉의 심선이 들어간 상태에서 모재와 용접봉 사이에 아크를 발생시킨다. 또한 아크열로서 용제, 용접봉 및 모재를 용해하여 용접하는 방법으로 잠호 용접이라고도 한다.

② 장점
  ㉠ 일정 조건하에서 용접이 되므로 강도, 신뢰성이 높다.
  ㉡ 열에너지 손실이 적고 용접 속도는 수동 용접의 10~20배 정도 높다.
  ㉢ Weaving할 필요가 없어 용접부 홈을 작게 할 수 있으므로, 용접 재료의 소비가 적고 용접부의 변형도 적다.

③ 단점
  ㉠ Bead가 불규칙일 경우와 하향 용접 외의 용접은 곤란하다.
  ㉡ 용접 홈의 가공 정밀도가 좋아야 한다.
  ㉢ 설비비가 고가이다.

(2) 불활성 가스 아크 용접

① 불활성 가스 금속 아크 용접(MIG 용접)
  ㉠ 원리 : 용접할 부분을 공기와 차단된 상태에서 용접하기 위해 불활성 가스(아르곤, 헬륨)에 금속 피복 용접봉을 통하여 용접부에 공급하면서 용접하는 방법이다.
  ㉡ 특징
    • 대체로 모든 금속의 용접이 가능하다.(두께 3mm이상일 경우)

- 용제를 사용하지 않으므로 슬래그(slag)가 없어 용접 후 청소할 필요 없다.
- Spatter나 합금 원소의 손실이 적으며, 값이 비싸다.
- 전자세 용접이 가능하며, 용접 가능한 판의 두께 범위가 넓다.
- 능률이 높다.

② 불활성 가스 텅스텐 아크 용접(TIG용접)

불활성 가스에 텅스텐 전극봉을 사용하는 용접을 말한다. 용가재(용접봉)이 필요하다. 알루미늄, 티타늄, 마그네슘 등의 용접에 사용된다.

③ CO_2 가스 아크 용접
- ㉠ 원리 : MIG 용접의 불활성 가스 대신 CO_2를 사용한 소모식 용접법으로 구조용강, 고장력강, 스테인레스강의 용접에 적합한 용접 방법이다.
- ㉡ 특징 : 산화나 질화가 없어 우수한 용착 금속을 얻을 수 있으며, 용착 금속 중 수조 함유량이 적어 수소로 인한 결함이 거의 없다. 용입이 양호하다.

④ 테르밋 용접(Thermit welding)
- ㉠ 원리 : 알루미늄 분말과 산화철 분말을 1 : 3의 비율로 혼합한 다음 그 위에 점화재인 과산화바륨과 마그네슘 등의 혼합분말을 넣고 점화하면 테르밋 반응에 의하여 발열반응이 일어나면서 고온의 열이 발생한다. 이 열을 이용한 용접이다.
- ㉡ 특징
    - 전원이 필요 없고 용접기구가 간단하며 설비비가 싸다.
    - 작업장소의 이동이 용이하다
    - 용접시간이 비교적 짧고 용접 후의 변형이 적다.
    - 접합강도가 낮다.

테르밋반응
금속산화물의 산소가 알루미늄 분말에 빼앗기면서 고온의 열이 발생되는 현상이다.

16-4 전기 저항 용접

(1) 맞대기 저항 용접

① 업셋 맞대기 용접(upset butt welding) : 모재를 압력으로서 접촉시키고 대전류를 주어 저항열로 가열되었을 때 다시 가압하여 접합하는 방식이다.

② 플래시 맞대기 용접(flash butt welding) : 모재를 적당한 거리로 떼어 놓은 상태에서 대전류를 주어 스파크(spark)를 일으켜 점점 압력을 가하여 접촉시키면 저항열에 의해 가열되고 용접이 완료되는 방식이다.

(2) 겹치기 저항 용접

① **점 용접**(spot welding) : 두 전극간에 2장의 판을 끼우고 가압하면서 통전하면 저항열로 용융 상태에 달하게 될 때 가압하여 접합하는 방법으로 6mm이하의 판재를 접합할 때 적당하며, 0.4~3.2mm의 판재가 가장 능률적이다. 자동차, 항공기에 널리 사용된다.

② **시임 용접**(seam welding) : 점 용접의 전극 대신 롤러 형상의 전극을 사용하여 용접 전류를 공급 하면서 전극을 회전시켜 용접하는 방법으로 접합부의 내밀성을 필요로 할 때 이용하며 얇은 판재에 연속적으로 전류를 통하여도 좋은 결과를 얻을 수 있다. 또한 가열 범위가 좁으므로 변형이 적고 박판과 후판의 용접이 가능하며 산화 작용이 적은 특징이 있다.

③ **프로젝션 용접**(projection welding process) : 점 용접의 변형으로 용융부에 돌기를 만들어 전류를 집중시켜 가압하여 용접하는 방법으로 판재의 두께가 다른 것도 용접이 가능하며, 열전도율이 다른 금속의 용접 또한 가능하다. 전류와 압력이 각 점에 균일하므로 용접의 신뢰도가 높으며, 작업 속도가 빠르다.

16-5 가스 용접

가연성 가스와 산소를 혼합 연소시켜 고온의 불꽃을 용접부에 대어 용접부를 녹여 접합하는 방법으로 가연성 가스에는 아세틸렌가스, 프로판 가스, 수소 등이 쓰이나, 아세틸렌은 온도가 높아 경제적으로 널리 쓰인다.

(1) 전기용접과 비교한 가스용접의 장단점

① 가스용접의 장점
   ㉮ 응용범위가 넓다.
   ㉯ 가열조작이 자유롭고 어디서나 사용할 수 있다.
   ㉰ 설비비가 저렴하다
   ㉱ 유해광선의 발생이 적다.

② 가스용접의 단점
   ㉮ 열의 집중성이 나빠서 열효율이 낮다.
   ㉯ 산소 및 아세틸렌가스의 폭발의 위험이 많다.
   ㉰ 가스 소모 비율이 크다.
   ㉱ 금속이 탄화 또는 산화 될 염려가 많다.
   ㉲ 가열범위가 넓어서 변형이 증가한다.

(2) 아세틸렌(C_2H_2)의 발생

순수한 카바이드(CaC_2)와 물이 혼합하면 아래와 같은 화학반응식에 의해 아세틸렌이 발생하며 카바이드(CaC_2) 1kg으로 $348l$의 아세틸렌가스가 발생 하며 1급품은 $280l$의 아세틸렌가스가 발생한다.

$$CaC_2 + 2H_2O = C_2H_2 + Ca(OH)_2$$

카바이드(CaC₂)에 물이 혼합되는 방식과 따라 다음과 같이 3가지 형태로 아세틸렌이 발생한다.

구분	주수식 발생기	투입식 발생기	침지식 발생기
원리	카바이드에 물주입	물속에 카바이드 투입	투입식과주수식의 절충형
구조 및 취급	비교적 간단함	취급이 불편함	가장 간단함
발생 아세틸렌	고온에서 불순 지연 발생됨	온도가 낮고 불순물 적으나 발생량의 조정이 용의함	가장 온도가 높으며, 불순물도 많고, 지연 발생이 큼.
안정성	큼	큼	충격으로 폭발의 위험이 있음

(3) 아세틸렌 용기 : 아세틸렌 용기 색은 황색이다.

용해가스로 아세톤에 1 : 25의 비율로 용해되어 있는 용해 가스이다. 아세틸렌가스를 15℃에서 15기압으로 충전되어 있다. 아세틸렌 용기의 체적은 $10l$, $30l$, $50l$ 등이 있으나 $30l$가 많이 사용되고 있다. 그러므로 충전되어 있는 아세틸렌가스의 체적은 $30l$ 용기에 $4500l$의 가스틸렌이 용해되어 있다.

(4) 산소 용기(산소통 : bomb) : 산소병은 색은 녹색이다.

순도 99.5% 이상의 산소를 온도 35에서 150기압(kg/cm^2)으로 압축하여 충전하며 이것을 감압용 밸브를 통하여 5~20kg/cm^2의 압력으로 떨어뜨려 아세틸렌가스와 혼합하여 사용한다.

산소 용기 취급 방법
① 충격을 주면 안 되며, 항상 온도가 40℃ 이하로 유지해야 한다.
② 직사광선을 피하고, 밸브에 기름을 묻혀서는 안 된다(기름진 장갑으로 밸브를 개폐 해서는 안된다).
③ 가연성 물질을 피하고, 밸브의 개폐는 조용히 하여야 한다.
④ 운반 시 운반 용구에 세워서 한다.

(5) 토치(welding torch)

토치는 산소와 아세틸렌가스가 고무호스로 연결되어 있으며 두 가스를 혼합시켜 용접불꽃을 일으키는 기구로서 손잡이, 혼합실, 팁의 세부분으로 구성되어 있다.
팁의 크기는 번호로 표시 하며 이것은 용접 작업시 아세틸렌가스의 시간당 소비량으로 나타낸다.

(6) 용제(flux)

용제는 용접작업 중에 생기는 산화물이나 비금속 불순물과 결합하여 슬래그(slag)가 되며 용착금속과 분리되면서 용융부 표면에 떠올라 용착금속을 보호한다. 용접 중에 용접부를 공기와 차단하여 산화작용을 방지 한다. 용제는 일반적으로 용제분말을 물이나 알코올에 섞어 반죽한 다음 모재의 용접 부위에 얇게 발라서 사용한다.

모재	용제의 종류
연강	산화철 자체가 용제작용을 하므로 사용하지 않지만, 충분한 용제 작용이 요구 될 때는 붕산, 규산나트륨이 사용됨
고탄소강, 추철, 특수강	탄산수소나트륨, 붕산, 붕사
구리, 구리합금	붕사, 붕산, 불화나트륨(NaF)

(7) 불꽃의 종류

① **중성 불꽃** : 표준 불꽃이라고도 하며, 산소와 아세틸렌의 혼합 비율이 1 : 1인 것으로 불꽃의 색은 백색이며, 약 3250℃정도로 주철, 연강, 청동, 알루미늄 등 거의 모든 금속의 용접에 이용된다.
② **탄화 불꽃** : 아세틸렌가스가 많이 공급 될 때의 불꽃으로서 길이가 길고 붉은 담황색으로 보인다. 불꽃온도는 약 3100℃정도로 주로 스테인리스 강, 스텔라이트의 용접에 사용된다.
③ **산화 불꽃** : 중성 불꽃에서 산소의 양을 많이 공급했을 경우의 불꽃으로 약 3400℃정도이다. 높은 온도가 요구 될 때 이용되며 용접부 표면에서 산화와 탈탄이 발생된다. 주로 구리합금류의 용접에 이용된다.

16-6 가스 절단

(1) 원리
적열된 강과 산소 사이에 일어나는 화학 작용, 즉 강의 연소를 이용하여 절단하는 방법이다.

(2) 절단이 곤란하거나 불가능한 금속

절단이 좋은 재료	절단이 어려운 재료	절단이 불가능한 재료
연강, 주강	주철	구리, 황동, 청동, 알루미늄, 납, 주석, 아연

(3) 절단 조건
① 금속의 산화 연소 온도가 그 금속의 용융 온도보다 낮아야 한다.
② 연소되어 생긴 산화물의 용융 온도가 그 금속의 용융 온도보다 낮고 유동성이 있어야 한다.
③ 재료의 성분 중 연소를 방해하는 원소가 적어야 한다.

Part 5 기계재료

Chapter 1 기계재료의 분류 및 개요
Chapter 2 철강재료
Chapter 3 비철금속재료
Chapter 4 신 소 재

제 5 편　기계재료

Chapter 1

기계재료의 분류 및 개요

1-1 기계재료의 분류

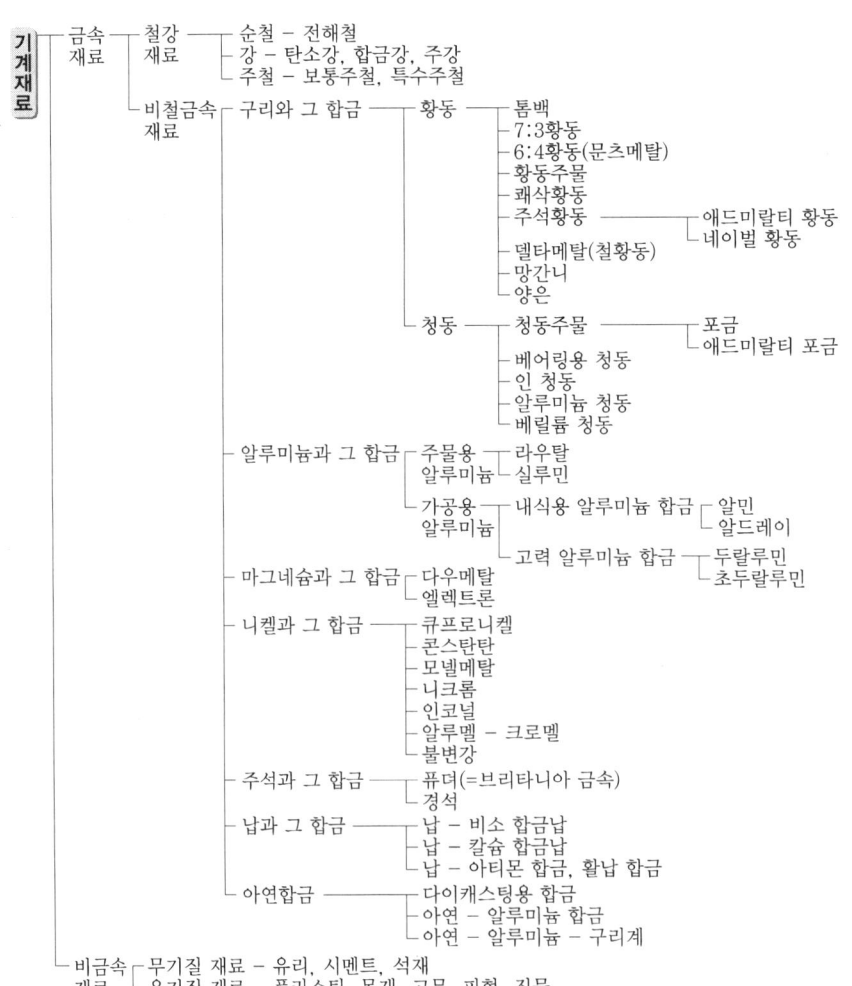

- 기계재료
  - 금속재료
    - 철강재료
      - 순철 – 전해철
      - 강 – 탄소강, 합금강, 주강
      - 주철 – 보통주철, 특수주철
    - 비철금속재료
      - 구리와 그 합금
        - 황동
          - 톰백
          - 7:3황동
          - 6:4황동(문츠메탈)
          - 황동주물
          - 쾌삭황동
          - 주석황동
            - 애드미럴티 황동
            - 네이벌 황동
          - 델타메탈(철황동)
          - 망간니
          - 양은
        - 청동
          - 청동주물
            - 포금
            - 애드미럴티 포금
          - 베어링용 청동
          - 인 청동
          - 알루미늄 청동
          - 베릴륨 청동
      - 알루미늄과 그 합금
        - 주물용 알루미늄
          - 라우탈
          - 실루민
        - 가공용 알루미늄
          - 내식용 알루미늄 합금
            - 알민
            - 알드레이
          - 고력 알루미늄 합금
            - 두랄루민
            - 초두랄루민
      - 마그네슘과 그 합금
        - 다우메탈
        - 엘렉트론
      - 니켈과 그 합금
        - 큐프로니켈
        - 콘스탄탄
        - 모넬메탈
        - 니크롬
        - 인코넬
        - 알루멜 – 크로멜
        - 불변강
      - 주석과 그 합금
        - 퓨더(=브리타니아 금속)
        - 경석
      - 납과 그 합금
        - 납 – 비소 합금납
        - 납 – 칼슘 합금납
        - 납 – 안티몬 합금, 활납 합금
      - 아연합금
        - 다이캐스팅용 합금
        - 아연 – 알루미늄 합금
        - 아연 – 알루미늄 – 구리계
  - 비금속재료
    - 무기질 재료 – 유리, 시멘트, 석재
    - 유기질 재료 – 플라스틱, 목재, 고무, 피혁, 직물

1-2 합금강(특수강)의 분류

- **합금강의 분류**
  - 구조용 합금강 ─ 강인강
    - 니켈강(SN) : 니켈 포함. 미세화. 인장강도 증가되나 연신율은 감소되지 않음.
    - 크롬강(SCr) : 크롬 포함. 내마멸성이 좋아 내연기관의 실린더 라이너용
    - 니켈-크롬강(SNC) : 강인하고 탄성한도가 높으며 담금질 효과가 크나 뜨임 메짐을 일으키기 쉽다.
    - 니켈-크롬-몰리브덴강(SNCM) : 니켈-크롬강의 뜨임 메짐을 방지하기 위해 적은 양의 몰리브덴을 첨가하여 강인성을 증가시키고, 담금질할 경우에 질량 효과를 감소시켜 메짐을 방지할 수 있도록 개선한 강이다.
  - 공구용 합금강
    - 고속도강(HSS) : 주성분이 0.8%C, 18%W, 4%Cr, 1%V로 된 것이 표준형
    - 초경합금 : 탄화텅스텐(WC), 탄화티탄(TiC), 탄화탄탈(TaC)의 가루를 소결하여 압축하여 만듦.
    - 스텔라이트 : 주조 경질 합금. 열처리할 수 없다.
    - 세라믹 : 알루미나(Al_2O_3)를 주성분으로 결합제를 사용하지 않고 소결시킨 공구
    - 서멧 : 세라믹과 금속을 합쳐 만든 공구강
    - CBN 공구 : 고경도 담금질강, 내열합금 등 난삭재의 가공에 사용된다. 열처리된 강도 가공 가능
    - 다이아몬드 : 경도가 크므로 절삭 공구에 쓰이는데 연삭 숫돌의 드레서(dresser) 유리 절삭에 쓰인다.
  - 내식강(STS) stainless강
    - 크롬-니켈계 : 오스테나이트계(크롬 18%-니켈 8%) 18-8스테인레스강이라 한다. 자석에 붙지 않고, 열처리 안 된다. 내식성이 우수하다.
    - 크롬계
      - 마텐자이트계, 크롬 13% : 담금질 경화성 있음. 자성 있음.
      - 페라이트계, 크롬 15% : 담금질 경화성 없음. 자성 있음.
  - 쾌삭강(SUM)
    - 황쾌삭강 : 황은 황화망간(MnS)으로 되어 절삭성은 향상시키나 기계적 성질은 떨어뜨린다.
    - 납쾌삭강 : 납을 첨가한 것으로 자동차 등의 중요 부품에 대량 생산용에 널리 사용된다.
  - 스프링 강
    - 철강재료
      - 냉간가공 : 철사스프링, 얇은 판 스프링 제작
      - 열간가공 : 탄소 0.6% 이상의 고탄소강에 규소를 넣어주고, 뜨임한 것으로 인장강도와 탄성한계가 크고, 충격과 피로에 대한 저항력이 크다.
    - 비철재료 ─ 인청동 : 인으로 탈산시킨 것으로 스프링, 기어, 밸브 등에 사용된다.
  - 불변강
    - 인바(invar) : 줄자, 표준자, 시계의 추 등의 재료에 사용
    - 엘린바(elinvar) : 정밀 계측기기, 전자기 장치, 각종 정밀 부품의 스프링재질로 사용된다.
    - 초불변강(super invar)(=초인바) : 인바보다 선팽창계수가 작다.
    - 코엘린바(koelinvar) : 공기나 물 속에서 부식되지 않는다. 주로 스프링, 태엽, 기상 관측용 기구 등의 부품 재료로 사용된다.
    - 플래티나이트(platinite) : 전구나 진공관의 도입선(열팽창계수가 유리나 백금과 같다)
    - 퍼멀로이(permalloy) : Ni 75~80%, 약한 자장으로 큰 투자율을 가지므로 해저 전선의 장하 코일용으로 사용된다.
  - 베어링 강
    - 화이트 메탈(WM)
      - 주석계 화이트 메탈 배빗 메탈 : Sn+Sb+Cu
      - 납계 화이트 메탈 : Pb+Sn+Sb+Cu
    - 구리계 합금(KM) : 켈밋 : Cu+Pb
    - 알루미늄 합금(AM)
    - 함유 베어링(oilless bearing) - 베어링 자체에 기름이 함유되어 있어 기름 공급이 어려운 부분에 사용되는 베어링

1-3 기계재료의 개요

(1) 기계재료의 필요한 성질
① 가공성(주조성, 소성, 용접성, 절삭성), 열처리성, 표면처리성이 좋아야 한다.
② 될 수 있는 한 가볍고, 안정성이 높아야 한다.
③ 재료의 보급과 대량 생산이 가능한 것이어야 한다.
④ 경제성이 있어야 한다.

(2) 기계재료의 특징
① 금속
　㉠ 철금속
　　ⓐ 종류 : 순철, 강, 주철
　　ⓑ 특징 : 자원이 풍부하고 강도가 크며, 가격이 비교적 싸므로, 금속의 전체 생산고의 대부분을 차지하고 있다.
　㉡ 비철금속 : 철강 이외의 금속으로 Cu, Al, Sn, Ni, Cr, W, Mg, Sb, Be, Cd 등
② **비금속** : 합성수지, 다이아몬드, 내화재료, 보온재료, 윤활재료, 절삭제, 목재, 시멘트, 도료, 고무, 가죽, 접착제 등

1-4 금속의 성질

(1) 순금속의 특징
① 상온에서 수은(Hg)을 제외하고 고체이다. 수은(Hg)은 상온에서 유일한 액체 상태의 금속이다.
② 금속 특유의 광택을 가지고 있다.
③ 전기가 잘 통하는 도체이다.
④ 열전도성이 높다.
⑤ 용융점이 높다.
⑥ 일반적으로 빛을 잘 반사한다.
⑦ 연성과 전성이 커서 변형이 쉬우며 소성 가공이 용이하다.
⑧ 비중이 비교적 크다.

(2) 순금속에 대한 합금의 특징
① 순금속에 다른 원소가 들어가므로 전기 전도율이나 열전도율이 낮아진다.

② 기계적 성질을 보완하고자 다른 원소가 들어감으로써 강도와 경도가 커지고 전성과 연성이 작아진다.
③ 용융점이 낮아져 순금속에 비해 낮은 온도에서 액화된다.

1-5 기계재료의 공업상 필요한 성질

- 물리적 성질(physical properties) : 비중, 용융점, 전기전도율, 열전도율, 비열, 자성
- 화학적 성질(chemical properties) : 내식성
- 기계적 성질(mechanical properties) : 강도, 경도, 취성, 전성, 연성, 인성, 피로파괴, 크리프

(1) 물리적 성질

① 비중

어떤 물체의 무게와 4℃에 있어서 이와 같은 부피의 물의 무게와의 비로, 최소 0.53(Li)부터 최고 22.5(Ir)까지 있다.

㉠ 경금속 : 비중이 4.5 이하의 가벼운 금속
Li(리튬 비중 0.53), Mg(마그네슘 비중 1.7), Al(알루미늄 비중 2.7), TI(티탄 비중 4.5)

㉡ 중금속 : 비중이 4.5 이상의 무거운 금속
Ir(이디늄 비중 22.5), Au(금 비중 19.32), W(텅스텐 19.3), Ag(은 비중 10.49), Cu(구리 비중 8.96), Ni(니켈 비중 8.9), Fe(철 비중 7.87)

② 용융점

금속이 열에 의해 녹아서 액체가 되는 점으로 최소 −38.8℃(Hg)부터 최고 3410℃(W)까지 있다.

③ 전기전도율

전기를 전도하는 정도로 도전율이라고도 하며 도전율은 전기저항의 역수관계이다.

전기전도율의 크기
Ag > Cu > Au > Al > Mg > Zn > Ni > Fe > Pb > Sb
✔ 암기방법 은 구 금 알 / 마 아 니 철 / 납 안

④ 열전도율(K)

길이 1cm에 대하여 1℃의 온도차가 있을 때, 1cm²의 단위면적을 통하여 1초 사이에 전달되는 열량 $K[kW/m℃]$

$$K \quad \begin{matrix} 은 \\ (Ag) \\ 418.6 \end{matrix} > \begin{matrix} 구리 \\ (Cu) \\ 393.9 \end{matrix} > \begin{matrix} 금 \\ (Au) \\ 297.2 \end{matrix} > \begin{matrix} 알루미늄 \\ (Al) \\ 221.9 \end{matrix} > \begin{matrix} 아연 \\ (Zn) \\ 113 \end{matrix} > \begin{matrix} 니켈 \\ (Ni) \\ 92.1 \end{matrix} > \begin{matrix} 철 \\ (Fe) \\ 75.3 \end{matrix} > \begin{matrix} 크롬 \\ (Cr) \\ 67 \end{matrix}$$

✔ **암기방법** : 은구금알/아니철크

⑤ 선팽창계수(α) : 원래의 길이(L)에서 1℃씩 증가할 때 열에 의해 늘어나는 길이(ΔL_{th})

$$\alpha \left[\frac{\Delta L_{th}}{L℃}\right] = \left[\frac{1}{℃}\right]$$

$$\alpha \times 10^{-6} \left[\frac{1}{℃}\right] \quad \begin{matrix} 아연 \\ (Zn) \\ 39.6 \end{matrix} > \begin{matrix} 알루미늄 \\ (Al) \\ 23.6 \end{matrix} > \begin{matrix} 은 \\ (Ag) \\ 19.68 \end{matrix} > \begin{matrix} 구리 \\ (Cu) \\ 16.5 \end{matrix} > \begin{matrix} 금 \\ (Au) \\ 14.2 \end{matrix} > \begin{matrix} 니켈 \\ (Ni) \\ 13.3 \end{matrix} > \begin{matrix} 철 \\ (Fe) \\ 11.76 \end{matrix} > \begin{matrix} 크롬 \\ (Cr) \\ 6.2 \end{matrix}$$

✔ **암기방법** : 아알은구/금니철크

⑥ 비열

단위질량을 단위온도로 올리는데 필요한 열량으로 비열이 크다는 것은 온도변화가 쉽게 일어나지 않는 것을 의미한다.

물의 비열 : 1kcal/kg℃, 철의 비열 : 0.104kcal/kg℃

⑦ 자성

금속을 자장에 놓으면 유도작용에 의하여 자기를 띠어 자석으로 자화되는 성질
  ㉠ 강자성체 : 강한 자석을 만들 수 있는 자성체(철, 코발트, 니켈, 호이슬러 합금 등의 강한 자성을 가진 물체)
  ㉡ 상자성체 : 자석이 될 수는 있으나 힘이 미약해서 육안 확인은 어려운 자성체
  ㉢ 비자성체 : 자석에 전혀 반응하지 않는 물체(물, 공기, 유리, 나무)
  ㉣ 반자성체 : 자석을 가까이하면 반발하여 밀려나는 자성체. 그러나 그 힘이 미약해서 육안 확인은 어려움.(알루미늄, 구리)

호이슬러 합금(Heusler alloy)
강자성 성분을 함유하지 않은, 즉 망간, 아연, 구리(동), 알루미늄 등의 합금으로서 강자성을 가지게 한 합금을 호이슬러 합금이라 한다.

(2) 화학적 성질

① 부식 : 금속이 화학적 또는 전기화학적인 작용에 의해서 비금속성 화합물을 만들어 점차 손실되어 가는 현상으로 이온화 경향이 큰 금속일수록 화합물이 되기 쉬워 부식이 잘된다.

K > Ba > Ca > Mg > Al > Mn > Zn > Cr > Fe > Co > Ni > Mo > Sn > Pb > (H) > Cu > Hg > Ag > Pt > Au
이온화 경향이 크다. ←――――――――――――――――――――→ 이온화 경향이 적다. 부식이 잘된다. 부식이 잘되지 않는다. 귀금속

② 내식성 : 금속의 부식에 대한 저항력

(3) 기계적 성질

① **강도** : 외력에 대한 재료 단면에 작용하는 최대 저항력으로 보통 인장강도를 뜻하며 굴곡강도, 전단강도, 압축강도, 비틀림 강도 등
② **경도** : 다이아몬드와 같은 딱딱한 물체를 재료에 압입할 때의 변형 저항
③ **인성** : 충격에 대한 재료의 저항=충격시험에서 재료의 시험편이 파단될 때까지 재료가 에너지를 흡수할 수 있는 능력
  ㉠ 인성이 큰 것은 충격값이 크게 나온다. 즉 큰 충격을 흡수할 수 있는 것이다.
  ㉡ 인성이 작다는 것은 충격값이 작게 나온다.
④ **취성** : 잘 부서지고 혹은 잘 깨지는 성질=충격값이 작은 재료이다.
  취성이 있는 재료=작은 충격을 받아도 깨어진다=충격값이 작다=인성이 작은 재료이다.
⑤ **피로파괴** : 하중을 연속적으로 받아 재료가 파괴되는 현상으로 피로강도가 클수록 피로파괴가 잘 일어나지 않는다.
⑥ **크리프** : 금속이 고온에서 오랜 시간 외력을 받으면 시간의 경과에 따라 서서히 그 변형이 증가하는 현상
⑦ **연성** : 가느다란 선으로 늘일 수 있는 성질
⑧ **전성** : 얇은 판으로 넓게 펼 수 있는 성질

연성의 크기
Au>Ag>Al>Cu>Pt>Pb>Zn>Fe>Ni
✔ 암기방법 연금은 알구백납

전성의 크기
Au>Ag>Pt>Al>Fe>Ni>Cu>Zn
✔ 암기방법 전금은 백알철니

[금속 원소와 물리적 성질]

원소기호	금속명	원자번호	원자량	비중 20℃	용융점 [℃]	비등점 [℃]	비열 [cal/g℃]
Ag	은	47	107.880	10.497	960.5	2210	0.056[℃]
Al	알루미늄	13	26.98	2.699	660.2	2060	0.223
Au	금	79	192.10	19.32	1063.0	2970	0.131
Ba	바륨	56	137.36	3.78	704±20	1640	0.068
Be	베릴륨	4	9.013	1.84	1278±5	1500	0.4246
Bi	비스무트	83	209.00	9.80	271	1420	0.0303
Ca	칼슘	20	40.08	1.55	850±20	1440	0.149
Nb	니오브	41	92.91	8.569	2415	3300	0.065
Cd	카드뮴	48	112.41	8.65	320.9	767	0.0559
Ce	세륨	58	140.13	6.90	600±50	1400	0.042
Co	코발트	27	58.94	8.90	1495	2375±40	0.1042
Cr	크롬	24	52.04	7.09	1553	2220	0.1178

제 5 편 기계재료

원소 기호	금 속 명	원자 번호	원자량	비중 20℃	용융점 [℃]	비등점 [℃]	비열 [cal/g℃]
Cu	구　　리	29	63.554	8.96	1083.0	2310	0.0931
Fe	철	26	55.85	7.871	1538±3	2450	0.1172
Ga	갈　　륨	31	69.72	5.91	29.78	2070	0.079
Ge	게르마늄	32	72.60	5.36	958±10	2700	0.073
Hg	수　　은	80	200.61	13.55	-38.89	357	0.03326
In	인　　듐	49	114.76	7.31	156.4	1450	0.057
Ir	이리듐	77	193.50	22.50	2454±3	5300	0.031
K	칼　　륨	19	39.090	0.862	63±1	762.2	0.182
Li	리　　듐	3	0.940	0.534	180±5	1400	0.092
Mg	마그네슘	12	24.32	1.743	650	1110	0.2475
Mn	망　　간	25	54.93	7.40	245±10	1900	0.1211
Mo	몰리브덴	42	95.95	10.218	2025±50	3700	0.059
Na	나트륨	11	22.99	0.971	97.9	882.9	0.295
Ni	니　　켈	28	58.68	8.85	1455	2450~2900	0.2079
Pb	납	82	207.21	11.341	327.43	1540~15	0.031
Pd	팔라듐	46	106.70	12.03	1554	4000	0.058
Pt	백　　금	78	195.23	21.43	1773.5	4410	0.032
Rh	로　　듐	45	102.91	12.44	1966±3	4500	0.059
Sb	안티몬	51	121.76	6.62	630.5	1440	0.0502
Se	셀　　렌	34	78.96	4.81	220±5	680	0.084
Si	규　　소	14	28.09	2.33	1414	3500	0.162
Sn	주　　석	50	118.70	7.298	231.84	2270	0.551
Te	텔루르	52	127.61	6.235	450±10	1390	0.047
Th	토　　륨	90	232.12	11.50	1800±150	3000	0.034
Ti	티　　탄	22	47.90	4.54	1800±22	3400	0.1125
U	우라늄	92	238.07	18.70	1133±2	-	0.028
V	바나듐	23	50.95	5.82	1725±50	3400	0.1153
W	텅스텐	74	183.92	19.26	3410±20	5930	0.0338
Zn	아　　연	30	65.38	7.133	419.46	906	0.0944
Zr	지르코늄	40	91.22	6.50	1530	2900	0.066

1-6 금속의 결정

(1) 체심 입방 격자(b.c.c)

원자수 9개, 단위포 2개 : 단단하다.
Fe(α, δ), W, V, Mo, Cr, Ta, K, Li, Na

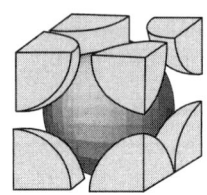 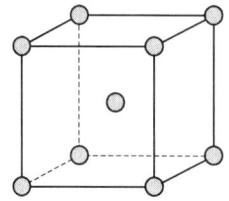 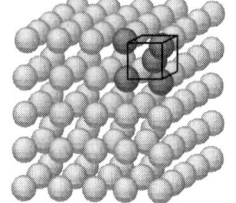

(2) 면심 입방 격자(f,c,c)

원자수 14개, 단위포 4개 : 연성과 전성이 좋다.
Fe(γ), Al, Au, Cu, Pt, Pb, Ni, Ag, Ir, Th, Ca, Ce

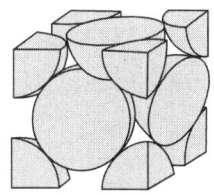 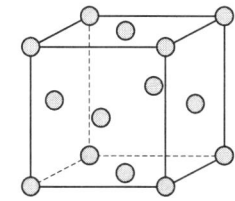 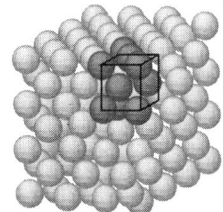

(3) 조밀 육방 격자(h,c,p)

원자수 17, 단위포 2 : 연성이 부족하다. 취성이 있다.
Zn, Ti, Mg, Be, Cd, Zr, Ce, Co(α), Ru, Os, Hg

(4) 금속의 변태

① 변태
  ㉠ 동소변태 : 온도나 압력의 변화에 의해 금속과 결정격자가 다른 결정격자로 변하는 현상. 동소변태 금속 Fe, Co, Zr, Ti
  ㉡ 자기변태 : 온도나 압력의 변화에 의해 결정격자의 변화를 일으키지 않고 자성이 변화하는 현상. 자기변태 금속 Fe, Co, Ni
  ※ 순철의 변태 : 순철은 3개의 동소체가 있다(α철, δ철, γ철). 2개의 동소변태점과 1개의 자기변태점이 있다.

② 변태점의 측정법
  ㉠ 열분석법   ㉡ 시차열분석법   ㉢ 비열법   ㉣ 전기저항법
  ㉤ 열팽창법   ㉥ 자기분석법   ㉦ X선 분석법

(5) 재결정

가공 경화된 결정격자에 적당한 온도로 가열하면 재료가 무르게 된다. 이와 같이 재료를 가열하면 응력이 제거되어 본래의 상태로 되돌아온다. 이 같은 현상을 회복(recovery)이라고 한다. 그러나 경도는 변화하지 않으므로 더욱 가열하면 결정의 슬립이 해소되며, 새로운 핵이 생기어 전체가 새로운 결정으로 된다. 이때의 상태를 재결정이라고 하며, 이때의 온도를 재결정 온도(re-crystallization temperature)라 한다.
소성가공 분야에서는 재결정 온도 이상에서 가공하는 것을 열간가공이라 하며, 재결정온도 이하에서 가공하는 것을 소성가공이라 한다.

[금속의 재결정 온도]

원 소 명	Fe	Ni	Au	Cu	Al	Mg	W	Mo	Zn	Pb
재결정 온도[℃]	450	600	200	200	150	150	1200	900	15(상온)	15 이하(상온 이하)

제 5 편 기계재료

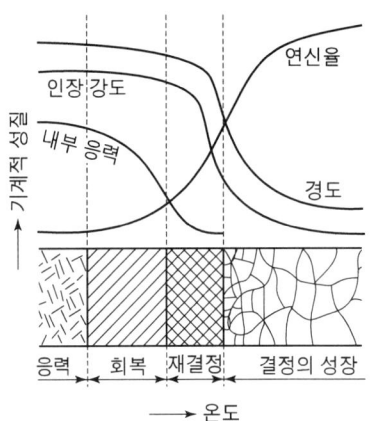

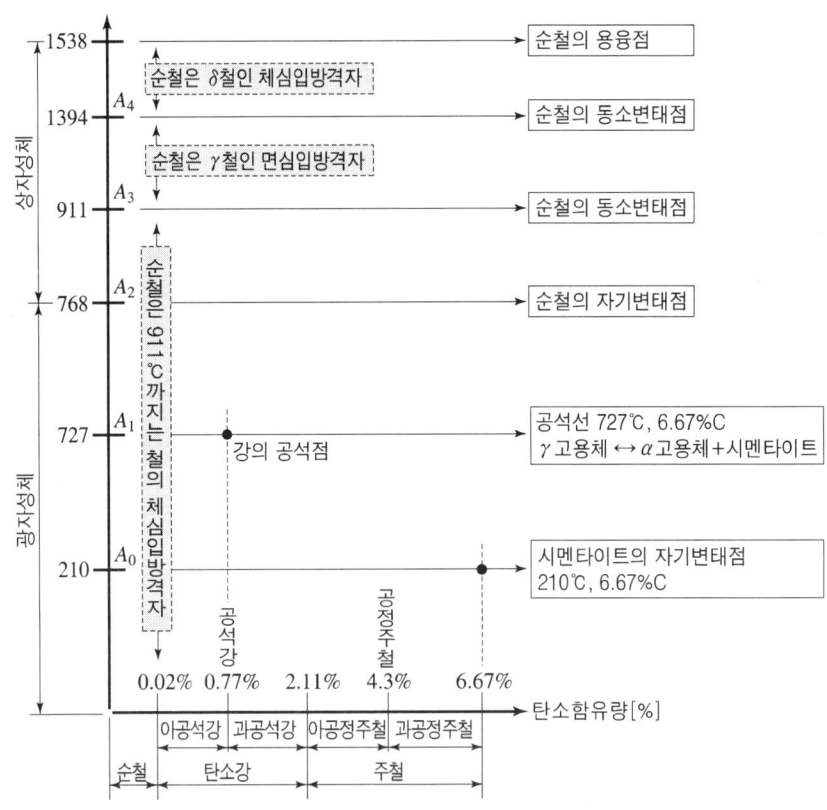

[철강의 변태점과 온도]

1-7 재료시험

(1) 인장시험

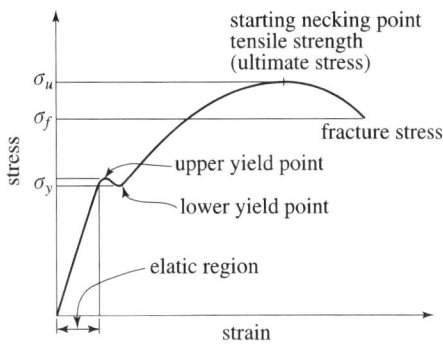

① σ_w : 사용응력(working stress)
   사용할 수 있는 응력＝영구 변형 없이 구조물을 안전하게 사용할 수 있는 응력
② σ_a : 허용응력(allow stress)
   사용응력으로 선정한 안전한 범위의 응력 = 사용응력의 상한응력
③ σ_u : 극한강도(ultimate stress)＝(최대 응력)
④ 응력의 관계

$$\sigma_w \leqq \sigma_a = \frac{\sigma_u}{S} \quad \text{여기서, } S : \text{안전율}$$

$$\text{사용응력} \leq \text{허용응력} = \left(\frac{\text{극한강도}}{\text{안전율}}\right) \leq \text{비례한도} \leq \text{항복응력} \leq \text{극한강도}$$

⑤ 인장강도＝$\dfrac{\text{최대 하중}}{\text{최초의 단면적}}$ (인장시험의 최대 하중을 최초의 단면적으로 나눈 값)

⑥ Hook's 의 법칙≒ 응력과 변형률의 법칙 : 비례한도 이하에서 만족한다.
   ㉠ 수직응력을 받는 경우

$$\sigma = E \cdot \epsilon = E \times \frac{\Delta l}{l}, \quad \text{(수직변형량) } \Delta l = \frac{\sigma \cdot l}{E} = \frac{P \cdot l}{A \cdot E}$$

여기서, E : 비례계수＝종탄성계수＝세로탄성계수＝영계수(Young's modulus)
        ＝수직탄성계수

(2) 충격 시험

인성과 취성을 알아보기 위하여 하는 시험

① **샤르피형** : 시험편을 단순보의 상태에서 시험하는 것으로 파괴하는데 필요한 에너지를 시험편의 전단부의 단면적으로 나눈 값으로 표시
② **아이조드형** : 시험편을 내다지보의 상태에서 시험하는 것으로 파괴에너지로 표시

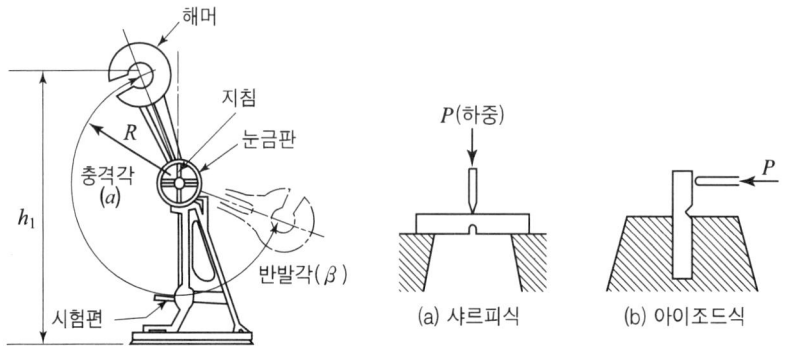

충격값[J/mm^2]이 커진다는 말은 잘 깨어지지 않는 것을 의미한다.
=즉 인성이 큰 재료이다.

(3) 피로시험

피로강도(피로한도)를 구하기 위한 시험으로 반복하중이 가해지는 재료의 기준강도로서 피로시험에서 구한다.

피로시험에서 반복횟수와 응력의 관계의 결과 그래프 결과는 응력(S)과 반복횟수(N)와의 관계를 그래프로 표시한다(S-N 곡선). 즉 반복횟수가 계속되어도 응력이 더 이상 낮아지지 않을 때의 응력값을 피로한도(피로강도)라 한다.

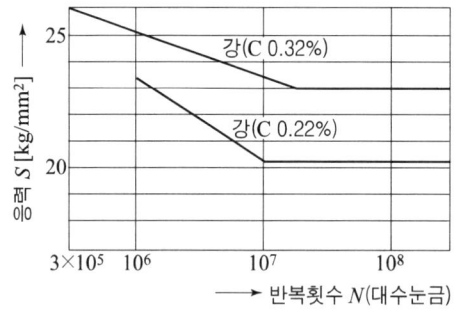

[S-N 곡선]

(4) 경도 시험

표면의 딱딱한 정도를 측정하는 시험

[경도시험기의 종류]

시험기의 종류	기호	시험법의 원리	압입자의 모양	특징
브리넬 경도 (Brinell hardness)	H_B	압입자에 하중을 걸어 자국의 크기로 경도를 조사한다. $H_B = \dfrac{P}{\pi dt}$	압입자는 강구	압입면적이 커서 정확한 시험을 할 수 있다.
비커스 경도 (Vickers hardness)	H_V	압입자에 하중을 작용시켜 자국의 대각선 길이로써 조사한다. $H_V = \dfrac{하중}{자국의 표면적}$ $= \dfrac{W}{A} = \dfrac{1.8544 W}{d^2}$	136° 압입자는 선단이 4각뿔인 다이아몬드	자국 계측 시 오차가 적으며, 작은 물품, 박판 표면층의 시험에 적당하다. 질화강, 침탄강, 담금질된 강의 경도시험
로크웰 경도시험 (Rockwell hardness)	H_R (H_{RD}, R_{RB})	압입자에 하중을 걸어 홈의 길이를 측정한다. 기준 하중은 10kg이고, B 스케일은 하중이 100kg, C 스케일은 150kg이다. $H_R B = 130 - 500 \Delta t$ $H_R C = 100 - 500 \Delta t$	1.588mm 강구 B스케일의 입자 120° 다이아몬드 C스케일의 입자 압입자는 강구(B스케일)와 다이아몬드(C스케일)가 있다.	경도는 직접 눈금판에서 읽을 수 있다. 강구 압입자 : 연강, 황동용 다이아몬드 압입자 : 담금질된 강에 사용한다.
쇼어 경도 (Shore hardness)	H_S	추를 일정한 높이에서 낙하시켜 이때 반발한 높이로 측정한다. $H_S = \dfrac{10,000}{65} \times \dfrac{h}{h_o}$ h : 반발한 높이 h_o : 낙하 높이	다이아몬드	운반 취급이 용이하며, 완성 제품의 경도를 측정하는데 사용한다.

(5) 비파괴 시험

[비파괴 시험 방법]

방사선 투과 시험	일반 2중벽 촬영	RT RT-W	X선 또는 Co(코발트 60) 등에서 발생한 γ선이 물질을 통과할 때, 그 물질의 밀도 및 두께에 따라 투과 후의 강도에 차이가 생기는 것을 사진 필름에 감광시켜 결함을 찾아내는 방법
초음파 탐상 시험	일반 수직 탐상 경사각 탐상	UT UT-N UT-A	사람의 귀에 들리지 않는 초음파(1~5[Hz])를 사용하여 검사하는 방법으로, 흠집, 결함 등의 위치 및 크기를 알아낼 수 있다.
자기 분말 탐상 시험	일반 형광 탐상	MT MT-F	자화된 재료에 강자성체의 분말을 뿌리거나, 또는 이것을 강자성체 분말의 액체 속에 담그면 결함이 있는 곳에 자성체 분말이 몰려 결함의 소재 위치를 쉽게 알 수 있는 방법
침투 탐상 시험	일반 형광 탐상 비형광 탐상	PT PT-F PT-D	재료의 표면에 흠집이나 결함이 있을 때에 표면을 깨끗이 하여 침투제에 침투시킨 다음 남는 것을 닦아내고 현상제(MgO, $BaCO_3$ 등의 용제)를 칠하여 결함을 검출하는 방법
전체선 시험		○	각 시험의 기호 뒤에 붙인다.
부분 시험(샘플링 시험)		△	

(6) 금속의 조직 검사

① **현미경 조직 검사** : 시험편을 채취하여 그 표면, 또는 절단면을 연마한 후, 그 연마면을 다시 화학적 또는 전해적으로 부식(etching)시켜 반사 현미경으로 검사하는 방법

② **매크로 조직 검사** : 10배 이내의 확대경을 사용하거나 육안으로 직접 관찰하여 금속 조직을 시험하는 방법

부식제
철강 시료에 가장 널리 쓰이는 것으로는 염산 50mL를 물 50mL에 섞은 용액이다.

제 2 장 철강재료

Chapter 2
철강재료

 2-1 철강 제조법

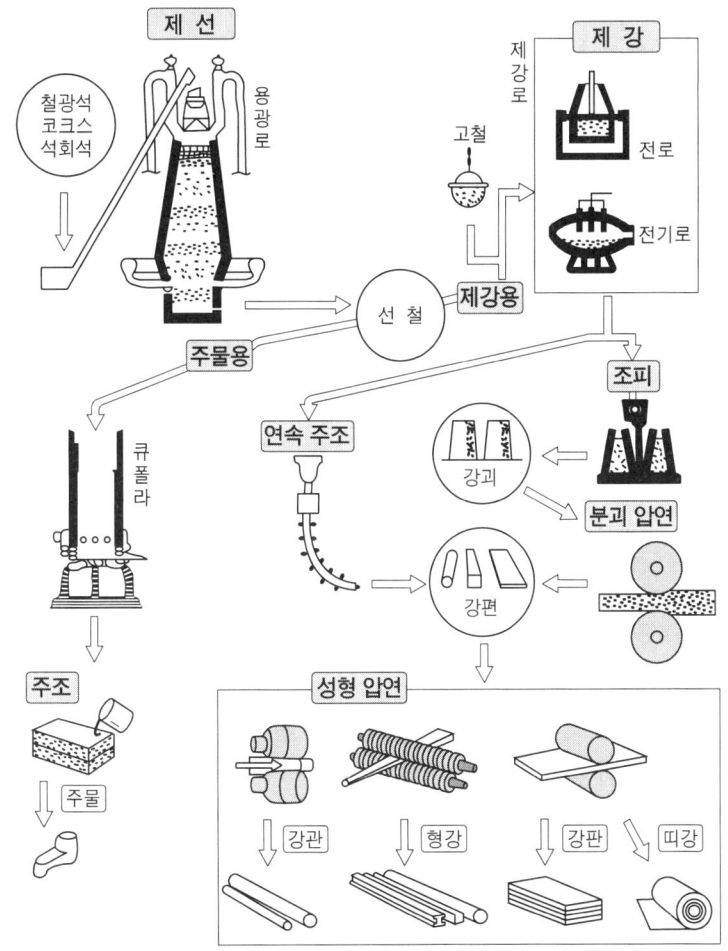

철광석 ➡ 예비처리(파쇄) ➡ 용광로 ➡ 선철 ➡ 제강로 ➡ 강 ➡ 강괴 ➡ 압연강재

[철광석의 종류]

	화학식	화학식에서 계산한 조성		결정계	비중	경도 (Mohs)	색	자성
		Fe[%]	H_2O 또는 CO_2[%]					
적철광	Fe_2O_3	70.0		육방정계	4.5~5.3	5.5~6.5	적, 적갈, 회, 흑	약자성
자철광	Fe_3O_4	72.4		등축정계	4.9~5.2	5.5~6.5	철흑	강자성
갈철광	$Fe_2O_3 n H_2O$ $n=0.5~4$ 결정 FeOOH	66.3~48.3 62.9	(H_2O) 5.6~31.0	비정질 + 사방정계	3.6~4.0	4.0~5.5	황갈 적갈	약자성
능철광	$FeCO_3$	48.3	(CO_2) 37.0	육방정계	3.7~3.9	3.5~4.0	담황 갈색	약자성

선철과 주철은 성분적으로 동일하나 주조재료로서 쓰일 때 이것을 주철이라 하고, 철광석 제련의 산물, 제강 그 밖의 원료로서 쓰일 때를 선철이라 한다.

2-2 철강재료의 분류

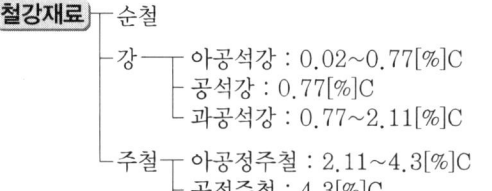

① 순철 : 0.02[%]C 이하
② 강 : 0.02~2.11[%]C
③ 주철 : 2.11~6.67[%]C

※ 금속 조직학상으로는 C 2% 이하를 강, C 2% 이상을 주철이라 규정한다.

(1) 순철(0.02% 이하의 C 함유)

암코철, 전해철, 수소정제철, 카보닐철 등이 있으며 연약하여 구조용 재료로서 사용할 수 없고 또한 제조 비용이 많이 든다.

① 순철의 변태

순철은 1528℃에서 응고하며 상온까지 냉각하면 A_4, A_3, A_2인 3개의 변태점이 있다.

제 2 장 철강재료

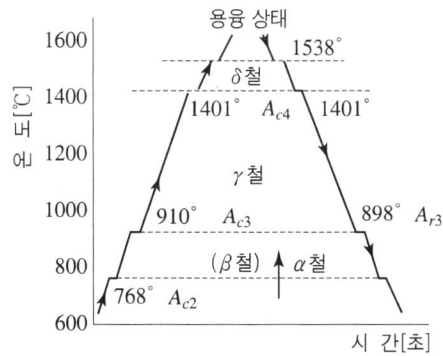

A_c : 가열할 때 일어나는 변태 A_r : 냉각할 때 일어나는 변태

종류	변태 형식	변태점	철의 변화	원자 배열
A_4 변태	동소변태	약 1400℃	$\delta-Fe \Leftrightarrow \gamma-Fe$	체심⇔면심
A_3 변태	동소변태	약 900℃	$\gamma-Fe \Leftrightarrow \beta-Fe$	면심⇔체심
A_2 변태	자기변태	약 775℃	$\beta-Fe \Leftrightarrow \alpha-Fe$	원자 배열 없음

(2) 철강의 제조법

① **제선법** : 용광로에서 선철을 제조하는 방법
  ㉠ 선철 : 용광로의 상부에 철광석, 코크스, 석회석 등을 교대로 장입하고 약 800℃로 예열시킨 공기를 송풍구를 통하여 불어 넣으면 철광석 중의 산화철은 환원되어 1600℃에서 용융된 철로 된다.

용광로(고로)의 크기

24시간 동안에 생산된 선철의 무게를 톤(ton)으로 표시하며, 보통 100~2000톤의 것이 많이 사용된다.

정련(smelting)

불순물 등을 산화시켜 순도가 높은 금속을 만드는 것

② **제강법** : 선철에 포함된 다량의 탄소, 규소, 인, 황 등의 불순물을 제거하고 필요한 양의 성분이 되도록 정련하여 강을 만든다.

(3) 강의 분류 방법

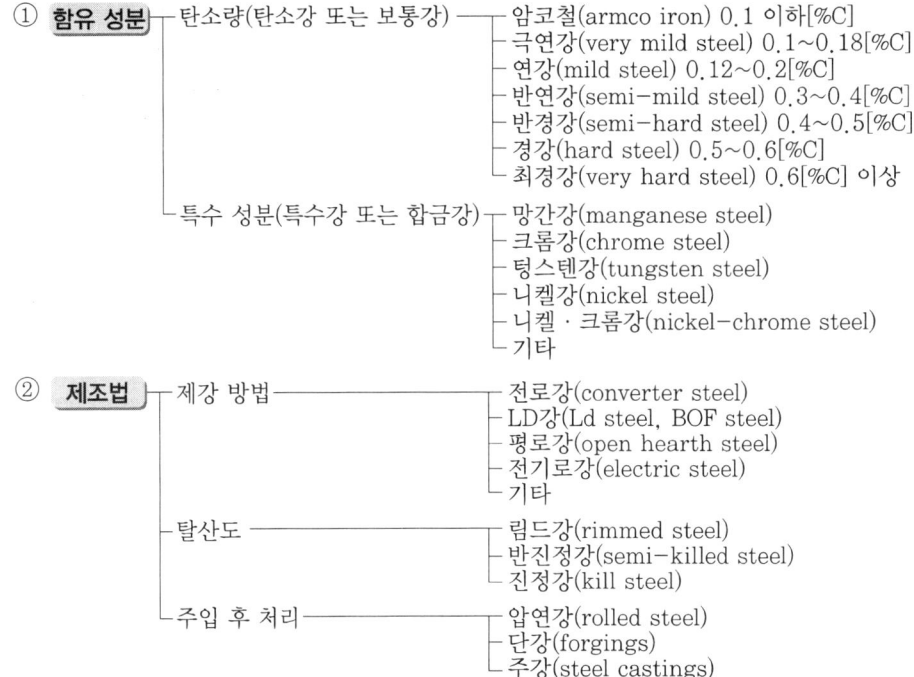

(4) 제강로의 종류

① 평로 제강법

일종의 반사로로서 선철과 강철 부스러기를 함께 용해실에 넣고, 연료인 중코크스를 사용하여 열을 천장에서부터 반사시켜 열로 가열 용해하며, 탄소와 불순물, 그리고 산소 등을 산화 제거시켜 강철을 만든다.

㉠ 평로의 크기 : 1회에 용해할 수 있는 최대량을 톤으로 표시하며 보통 25~400[ton] 범위의 것이 사용된다.

㉡ 평로법의 종류
  ⓐ 염기성 평로법 : 극연강의 제조가 가능하다.
  ⓑ 산성 평로법 : 제조 과정에서 가격도 비싸다. 병기 또는 선재와 같은 양질의 강의 제조에만 사용된다.

② 전로 제강법

노 안에 순수한 산소를 불어 넣어 불순물을 산화 제거시켜 강철을 만든다. 크기는 1회 장입량으로 표시하며, 제강시간은 수십 분 정도이고, 작업 능률이 좋으며, 양질의 강을 생산할 수 있다.

㉠ 전로의 크기 : 1회에 제강할 수 있는 무게를 톤으로 표시

㉡ 전로법의 종류 : 노 안의 내화재의 종류에 따라 산성법과 염기성법으로 나눈다.
  ⓐ 산성법 : P와 S를 제거하기 곤란하며, 원료에는 인의 함유량이 적은 베세머 선철을 사용한다. 내화벽돌은 규석이다.

ⓑ 염기성법 : P와 S를 제거할 수 있으며, 원료는 토머스 선철을 사용한다. 내화벽돌은 소성 돌로마이트나 마그네샤를 사용한다.

LD 전로법
전로 제강법의 한 방법으로 1949년 오스트리아의 린츠(Linz) 공장과 도나비츠(Donawitz) 공장에서 공동연구로 개발된 산소전로법이 있다. 이 전로법을 LD 전로법이라 한다. LD 전로법은 순산소를 노 위에서 불어 넣어 강을 정련하는 방법으로 제강 능률이 평로법보다 6~8배에 달하며, 품질면에 있어서는 평로강과 동등하거나 그 이상이다.
LD 전로법은 또한 평로 전로법의 건설비보다 60~70%에 불과하므로 현재 세계적으로 가장 많이 사용되는 제강법이다.

③ 전기 제강법
전열을 이용하여 철과 선철 등의 원료를 용해해서 강을 만들거나 합금강을 용해할 때 사용한다. 전열을 발생시키는 방법에는 아크열을 이용한 아크식 전기로와 고주파 전류를 이용한 고주파 전기로가 있다. 1회에 용해할 수 있는 최대량을 톤으로 표시하며 1~40[ton] 범위에 있다.

④ 도가니로
이 노는 정련보다는 금속을 용융하는데 더 많이 이용된다. 불꽃이 용강에 직접 접촉하지 않으므로 불순물의 혼입을 막을 수 있다. 도가니로의 용량은 1회 녹일 수 있는 양을 구리의 무게로 표시한다.

(5) 탈산 정도에 따른 강의 분류

용강을 주형에서 냉각시킨 것을 강괴(ingot)라고 하며, 단면 모양은 원형, 각형으로 탈산정도에 따라 림드강, 킬드강, 세미킬드강이 있다.
불순물이 함유되지 않은 순수한 철의 제조는 불가능하며, 공업적으로 생산하는 철은 다소의 불순물이 함유되어 있다.

① 탈산제
제강용 탈산제에는 페로실리콘(Fe-Si), 페로망간(Fe-Mn), 알루미늄(Al)이 있다.

② 강괴의 종류
용강의 탈산 정도에 따라 3가지가 있다.
㉠ 킬드강(killed steel) : 탈산제로 충분히 탈산시킨 강괴로서 비교적 성분이 균일하여 보일러용 강판, 기계구조용 탄소강 등 고급 강제로 사용한다. 기포나 편석이 없고 진정강이라고 한다.
㉡ 림드강(rimmed steel) : 용강을 Fe-Mn로 가볍게 탈산시킨 것으로 내부에는 기포가 남아 있다. 표면 부근은 순도가 높기 때문에 봉, 관재, 판재로 사용한다.
㉢ 세미킬드강(semi-killed steel) : 킬드강과 림드강의 중간 정도의 강괴이다.

2-3 탄소함유량에 따른 철강재료

(1) 탄소함유량에 따른 분류 – 탄소강의 조직

금속조직학상에는 다음과 같은 용어가 사용된다.

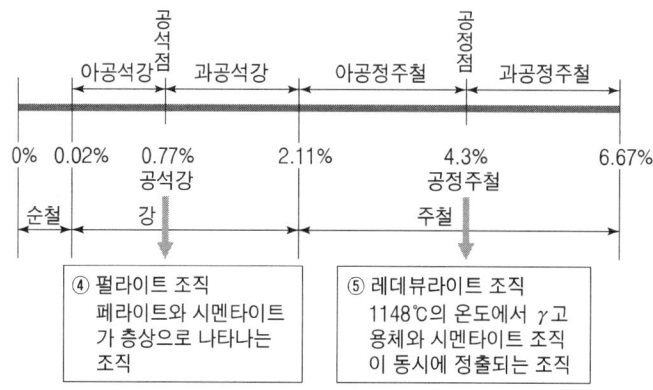

① **오스테나이트** = γ 고용체 : γ 철에 최대 2.11%C까지 고용되어 있는 고용체로 A_1점 이상에서 안정한 조직으로 상자성체이며, 인성이 크다.($H_B \fallingdotseq 155$)

② **페라이트** = α 고용체 : α 철에 최대 0.0218%C까지 고용된 고용체로 전성과 연성이 크며, A_2점 이하에서는 강자성을 나타낸다. ($H_B \fallingdotseq 90$)

③ **시멘타이트** = Fe_3C : 6.67%C와 철의 화합물(Fe_3C)로서, 매우 단단하고 부스러지기 쉽다.($H_B \fallingdotseq 820$)

④ **펄라이트** = α 고용체 + Fe_3C

⑤ **레데뷰라이트** = γ 고용체 + Fe_3C

아공석강 : 페라이트 + 펄라이트
과공석강 : 시멘타이트 + 펄라이트

(2) Fe-C계 평형상태도

가로축을 Fe-C의 2원 합금 조성[%]으로 하고 세로축을 온도[℃]로 했을 때, 각 조성의 비율에 따라 나타나는 합금의 변태점을 연결하여 만든 선도

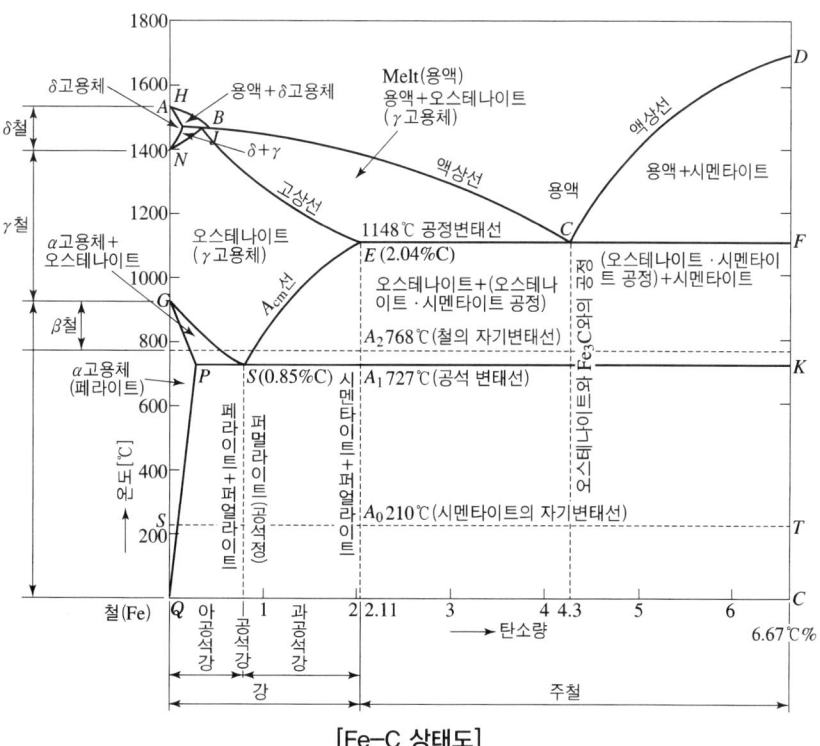

[Fe-C 상태도]

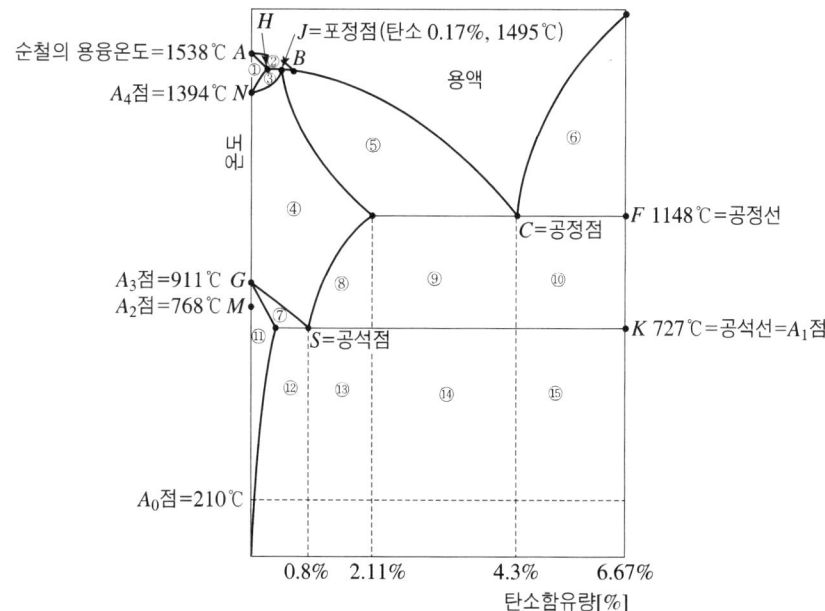

① 의 조직 : δ고용체 = δ페라이트
② 의 조직 : δ고용체 + 용액
③ 의 조직 : δ고용체 + γ고용체
④ 의 조직 : γ고용체 = 오스테나이트
⑤ 의 조직 : γ고용체(= 오스테나이트) + Fe_3C(= 시멘타이트) + 용액
⑥ 의 조직 : 용액 + Fe_3C(= 시멘타이트)
⑦ 의 조직 : α고용체(= 페라이트) + γ고용체(= 오스테나이트)
⑧ 의 조직 : γ고용체(= 오스테나이트) + Fe_3C(= 시멘타이트)
⑨ 의 조직 : γ고용체(= 오스테나이트) + 레데뷰라이트(γ + Fe_3C)
⑩ 의 조직 : 레데뷰라이트(γ + Fe_3C) + 시멘타이트(Fe_3C)
⑪ 의 조직 : α고용체 = 페라이트
⑫ 의 조직 : 페라이트 + 펄라이트
⑬⑭⑮ : 펄라이트 + Fe_3C(= 시멘타이트)

변태	온도	내용	비교
A_0	210	시멘타이트의 자기변태	강
A_1	727	공석변태 austenite ↔ pearlite	강
A_2	768	철의 자기변태(α철 ↔ β철)	철강
A_3	911	철의 동소변태(α철 ↔ γ철)	철강
A_4	1394	철의 동소변태(γ철 ↔ δ철)	철강
A_{cm}	727~1145	과공석강의 시멘타이트의 고용 석출	강
Ae		평형 상태에서의 변태	
가열의 변태	Ac_1	pearlite → austenite	강
	Ac_3	austenite에 ferrite 용출	강
	Acm	austenite cementite의 용출	강
냉각의 변태 (연속)	Ar_1	austenite → pearlite	강
	Ar_3	austenite로부터 ferrite 석출	강
	Ar'	austenite → pearlite(미세중)	강
	Ar''	austenite → martensite	강
	Ms	austenite → martensite의 시점	강
	Mf	austenite → martensite의 종점	강
냉각의 변태 (항온)	Ab	austenite → bainite	강
기타	Mp	austenite 가공에 의한 martensite 점	강
	Ms	안정화된 austenite의 martensite 점	강

- A점 : 순철의 응고점 (1539℃)
- AB선 : 융체로부터 δ고용체가 정출(晶出)하기 시작하는 액상선이고, 이 곡선이 오른쪽으로 갈수록 내려가고 있는 것은 탄소함유량이 증가함에 따라 δ고용체의 정출하는 온도가 내려가는 것을 의미한다.
- H점 : δ고용체가 C를 최대로 고용하는 점이고, 탄소량은 0.10%이다.
- AH선 : 융체로부터 δ고용체의 정출이 종료되는 온도선이며, δ고용체의 고상선(固相線 : solidus line)이라 한다.
- HJB선 : 포정 온도선이며, 일정한 온도 1492℃에 있어서 탄소함유량이 0.10~0.50%의 강에서 다음과 같은 포정 반응이 나타난다.

$$[δ고용체]_H + (융체)_B \Leftrightarrow [γ고용체]$$

- J점 : 포정점(庖丁點 : peritectic point)이라 하며, 그 탄소함유량은 0.18%C이다.
- N점 : 순철의 A_4변태점으로서 1401℃에서 δ고용체로부터 γ고용체로 변화한다.

즉, $[\delta$고용체$] \Leftrightarrow [\gamma$고용체$]$
- NH선 : δ고용체로부터 γ고용체가 석출하기 시작하는 온도선을 나타낸다. 이것은 순철과 강의 A_4 변태 개시온도로서, 탄소량이 증가함에 따라 올라가고 있다.
- NJ선 : δ고용체로부터 γ고용체가 석출이 종료되는 온도선이다.
- BC선 : γ고용체의 액상선(liquidus line)으로서, 융체로부터 γ고용체가 정출하기 시작하는 온도선이다.
- JE선 : γ고용체의 고상선으로서, 융체로부터 γ고용체가 정출하기 시작하는 온도선이다.
- D점 : 시멘타이트(Fe_3C)의 응고점(1550℃)
- CD선 : 시멘타이트의 액상선으로서, 융체로부터 시멘타이트가 정출하기 시작하는 온도선이다.
- E점 : γ고용체가 탄소를 최대로 고용하는 점이고, 탄소량은 2.0%이다.
- ECF선 : 공정온도선이며, 일정 온도 1130℃에 있어서 탄소량이 2.0~6.67%의 주철에서 다음과 같은 공정반응(共晶反應 : eutectic reaction)이 나타난다.

$$(융체)_C \Leftrightarrow [\gamma\text{고용체}]_E + [Fe_3C]$$

이때 나오는 조직 γ고용체와 시멘타이트의 혼합 조직인 레데뷰라이트(ledeburite)를 공정조직(共晶組織)이라 한다.
- C점 : 공정점(共晶點 : eutectic point)이고, 탄소함유량은 4.3%이다.
- ES점 : γ고용체로부터 α고용체가 석출하기 시작하는 온도선이며, 이것을 A[cm]변태라고 한다.
- G점 : 순철의 A_3변태점이며, 그 반응은 $\gamma-Fe \Leftrightarrow \alpha-Fe$이고, 온도는 910℃이다.
- GS선 : γ고용체로부터 α고용체가 석출하기 시작하는 온도선이며, 이것은 강의 A_3변태에 상당하고, 탄소량이 증가함에 따라 점차로 감소하며, 0.85%의 S점에 이르면 A_1변태와 일치하게 된다.
- GP선 : γ고용체로부터 α고용체의 석출이 종료되는 온도선이다.
- M점 : 순철의 A_2 자기변태점이며, 온도는 768℃이다. 이것을 순철의 큐리점(curie point)이라고도 한다.
- MO선 : 강의 A_2 자기변태점이며, 온도는 768℃이다.
- P점 : α고용체가 탄소를 최대로 고용하는 점이고, 탄소량은 0.025%이다.
- PSK선 : 공석온도선이라고 하며, 일정 온도 727℃에 있어서 탄소함유량이 0.025~6.67%의 강에서 다음과 같은 공석반응(共析反應)을 한다.

$$[\gamma\text{고용체}]_S \Leftrightarrow [\alpha\text{고용체}]_P + [Fe_3C]_K$$

이때 γ고용체로부터 α고용체와 시멘타이트가 동시에 석출하여 펄라이트(pearlite)라는 공석 조직을 만든다. 엄밀히 말해서 PS선은 A_1변태 또는 SK선을 A_{321}변태라고 구별해서 부르기도 한다. 즉, A_{321}변태의 의미는 A_3, A_2, A_1의 3가지 변태가 합쳐진 것이다.
- PQ선 : α고용체에 대한 시멘타이트의 용해도 곡선이며, 상온에서 탄소가 0.008%이다.

[Fe-C 상태도의 영역별 구분]

2-4 강의 열처리

강을 가열과 냉각의 방법으로 확산이나 변태를 일으켜, 조직을 조정하거나 내부의 변형을 제거하고 또한 변태의 일부를 막고 적당한 조직을 만들어 목적하는 성질이나 상태를 얻는 조작

열처리 종류
- 일반 열처리
  - 담금질(quenching) : 담금질 조직, 담금질 온도, 담금질의 목적
  - 뜨임(tempering) : 저온 뜨임, 고온 뜨임, 뜨임 온도, 뜨임의 목적
  - 불림(normalizing) : 불림 온도, 불림의 목적
  - 풀림(annealing) : 풀림의 종류, 풀림의 온도, 풀림의 목적
- 항온 열처리
  - 항온 풀림 : 공구강, 특수강, 기타 자경성이 강한 특수강의 풀림에 사용
  - 항온 담금질
    - 오스템퍼링(austempering)
    - 마템퍼링(martempering)
    - 마퀜칭(marquenching)
    - Ms퀜칭(Ms quenching)
    - 오스포밍(ausforming)
  - 항온 뜨임 : 뜨임에 의하여 2차 경화되는 고속도강이나 다이스강의 뜨임에 사용
- 표면 경화법
  - 화학적 방법
    - 침탄법 : 고체침탄법, 액체침탄법, 가스침탄법
    - 질화법 : 암모니아가스를 이용해 표면에 질소를 넣어 표면을 경화시킨다.
    - 금속침투법 : 크로마이징(Cr침투), 칼로라이징(Al침투), 실리코나이징(Si침투), 브로나이징(B침투), 세라다이징(Zn침투)
  - 물리적 방법
    - 화염경화법
    - 고주파경화법
    - 쇼트피닝
    - 액체호닝

1. 일반 열처리의 종류

(1) 담금질(quenching)

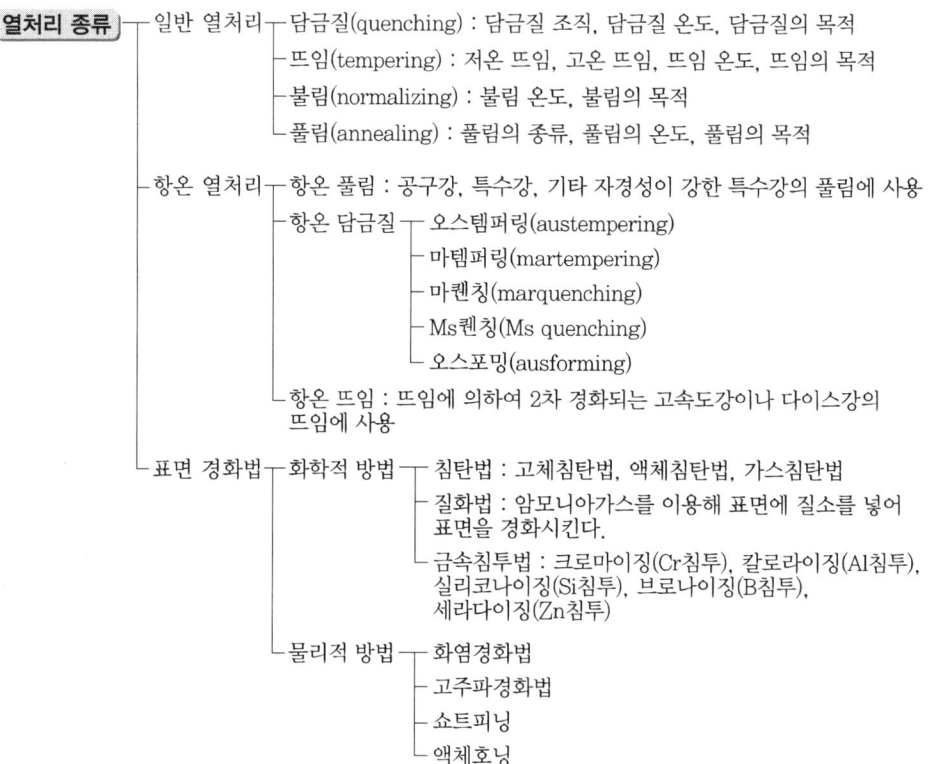

냉각 방법	조 직
노중 냉각(공냉)	펄라이트
공기중 냉각(공냉)	소르바이트
유중 냉각(유냉)	트루스타이트
수중 냉각(수냉)	마텐자이트

① 방법 : 강을 A_{321} 변태점보다 30~50℃ 정도의 높은 온도로 일정 시간 가열한 후 물 또는 기름과 같은 담금질제 중에서 급랭시켜 강하게 하거나 경도를 증가시킨다.
② 담금질 조직 : 다음과 같은 4가지 조직이 있다.
  ㉠ 오스테나이트 : 고탄소강을 수냉하였을 때 나타나는 조직으로 비자성체이며, 전기 저항이 크고 경도는 작으나 인장강도에 비하여 연신율이 크다.
  ㉡ 소르바이트 : 트루스타이트보다 냉각속도를 느리게 하였을 때의 조직으로 스프링에 사용된다.
  ㉢ 트루스타이트 : 마텐자이트보다 냉각속도를 느리게 하였을 때 나타나는 조직으로 부식이 가장 잘된다.
  ㉣ 마텐자이트 : 강을 물 속에서 급랭시켰을 때 나타나는 침상 조직으로 부식에 대한 저항이 크고 강자성체이며, 경도와 강도는 크나 여린 성질이 있고 연성이 작다.

조직이름	페라이트	오스테나이트	펄라이트	소르바이트	트루스타이트	마텐자이트	시멘타이트
경도(H_V)	90	155	255	270	445	880	1100

③ 담금질 조직의 경(硬)한 순으로 나열하면 : 마텐자이트 > 트루스타이트 > 소르바이트 > 오스테나이트
④ 담금질 조직의 냉각속도에 따른 조직 변화 순서 : 오스테나이트 > 마텐자이트 > 트루스타이트 > 소르바이트

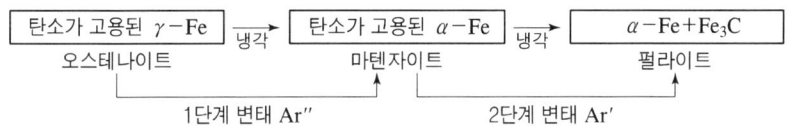

⑤ 질량 효과(mass effect) : 담금질할 때 질량이 작은 재료는 내·외부에 온도차가 없으나 질량이 큰 재료는 열의 전도(傳導)에 시간이 소요되어 내·외부에 온도차가 생겨 외부는 경화되어도 내부는 경화(硬化)되지 않는 현상
⑥ 강의 경화성(hardenability) : 담금질성이라고도 하며 급랭 경화된 깊이로 표시하고 담금질성을 향상시키는 원소로 B, Mn, Co, Cr 등이 있다. 경화성 시험 : 그로스맨 시험, 조미니 시험

(2) 뜨임(tempering)

저온 뜨임과 고온 뜨임이 있으며, 일정한 온도로 가열 후 공기 중에서 냉각(공냉), 또는 노 안에서 냉각(노냉)시킨다.
① 저온 뜨임 : 담금질에 의해 발생한 내부응력이 제거되고, 강재의 표면에 발생한 응력이나 마텐자이트의 메짐성이 없어진다. 이와 같이 경도만이 요구되는 경우 약 100~200℃ 부근에서 뜨임하는 것을 말한다(오스테나이트 ➡ 트루스타이트). 또는 마텐자이트를 400℃로 뜨임하면 트루스타이트가 얻어진다. (M ➡ T)
② 고온 뜨임 : 강인한 재질로 만들기 위하여 500~600℃의 고온에서 뜨임하는 것을 말한다. (트루스타이트 ➡ 소르바이트)

[템퍼링 온도에 대한 색]

온도	색	온도	색
200	엷은 청색	290	짙은 청색
220	황색	300	청색
240	갈색	350	청회색
260	자주색	400	회색
280	보라색		

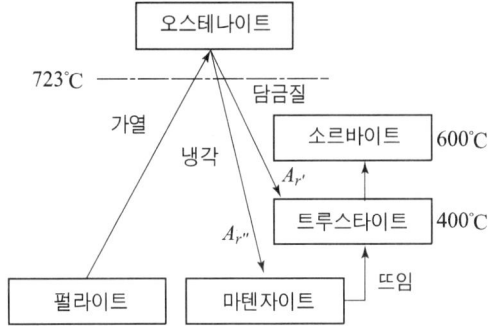

(3) 풀림(annealing)

① **풀림 방법** : 재료를 단조, 주조 및 기계 가공을 하게 되면 가공 경화나 내부응력이 생기게 되는데 이를 제거하기 위해서 변태점 이상의 적당한 온도로 가열하여 노 안에서 냉각, 즉 노냉(서냉)시킨다.

② **풀림의 목적**
  ㉠ 열처리로 경화된 재료를 연화시킨다.
  ㉡ 가공 경화된 재료를 연화시킨다.
  ㉢ 가공중의 내부응력을 제거시킨다.
  ㉣ 인성의 향상시킨다.
  ㉤ 재료의 불균일을 제거한다.
  ㉥ 피절삭성의 개선한다.
  ㉦ 기계적 성질의 개선한다.

③ **풀림의 종류**
  ㉠ 저온 풀림 : A_1 변태점 이하에서 열처리하는 풀림으로 응력 제거 풀림, 프로세서 풀림, 구상화 풀림, 재결정 풀림
  ㉡ 고온 풀림 : A_1 변태점 이상에서 열처리하는 풀림으로 완전 풀림, 확산 풀림, 항온 풀림, 구상화 풀림

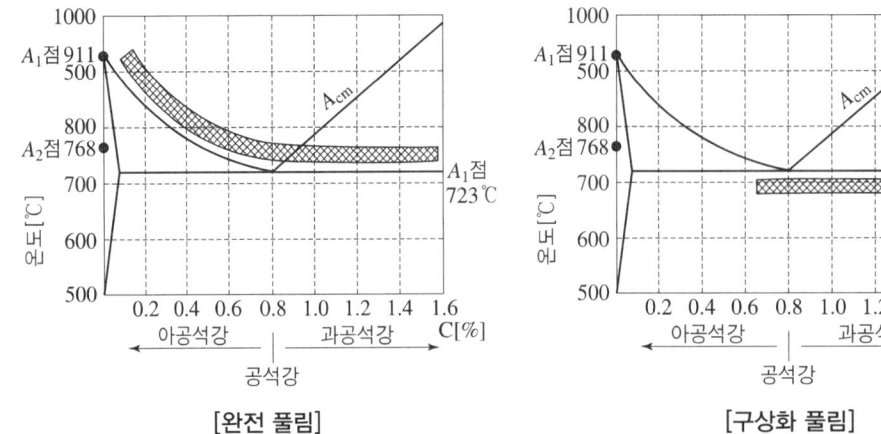

[완전 풀림]　　　　　　　　　　　　[구상화 풀림]

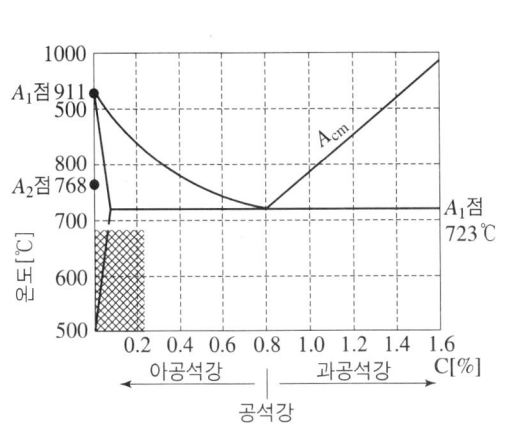

[응력 제거 풀림]

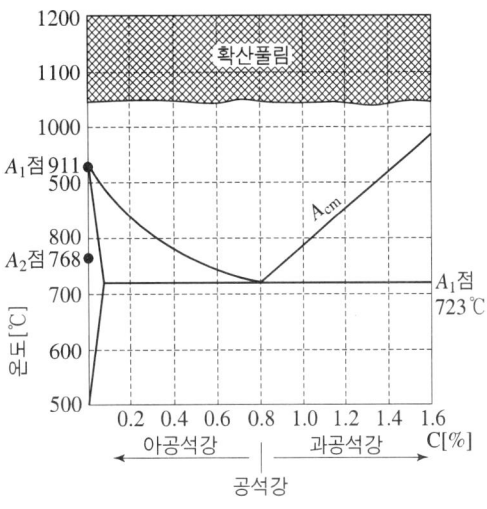

[확산 풀림]

(4) 불림(normalizing)

단조, 압연 등의 소성 가공이나 주조로 거칠어진 조직을 미세화(표준화)하고, 편석이나 잔류 응력을 제거하기 위해 A_3변태점(911℃)보다 약 30~50℃ 높게 가열하여 공기 중에서 공냉하는 작업

[특징] 결정입자와 조직이 미세하게 되어 경도, 강도가 크게 증가하고, 연신율과 인성도 다소 증가한다.

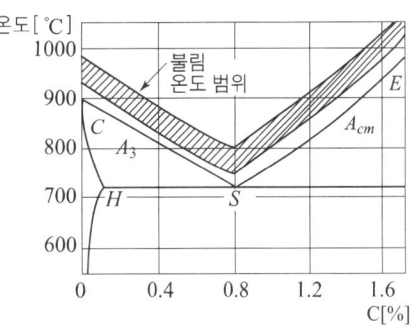

[탄소강의 불림 온도]

2. 항온 열처리

항온 열처리의 종류
- 항온 풀림 (isothermal annealing) ── 공구강, 특수강, 기타 자경성이 강한 특수강의 풀림에 사용
- 항온 담금질 (isothermal quenching)
  - 오스템퍼링(austempering)
  - 마템퍼링(martempering)
  - 마퀜칭(marquenching)
  - Ms퀜칭(Ms quenching)
  - 오스포밍(ausforming)
- 항온 뜨임 (isothermal tempering) ── 뜨임에 의하여 2차 경화되는 고속도강이나 다이스강의 뜨임에 사용

강을 오스테나이트 상태에서 냉각할 때 냉각 도중 어떤 온도에서 냉각을 정지하고 그 온도에서 변태를 한다. 이와 같은 변태를 항온 변태라 한다.(항온 변태 곡선=TTT 곡선=S곡선이라 한

다.)

[특징] ① 계단 열처리보다 균열이 방지되고 경도가 높고 인성이 커서 기계적 성질이 우수하다.
② 변태 개시온도와 변태 완료온도를 온도-시간곡선으로 나타낸다.

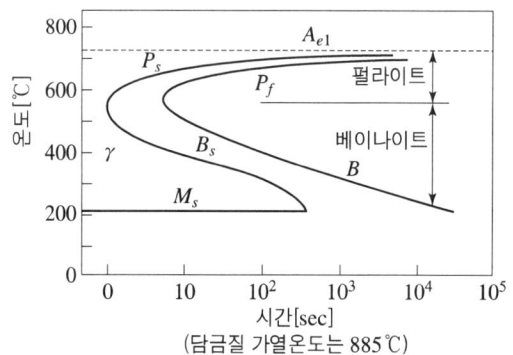

[0.89% C강의 항온 변태 곡선 : T.T.T. 곡선]

(1) 항온 풀림(isothermal annealing)

항온 풀림은 옆의 그림과 같이 풀림온도가 가열한 강재를 비교적 급속히 펄라이트 변태가 진행되는 온도, 즉 S곡선의 코(nose) 부근의 온도(600~700℃)에서 항온 변태시키고, 변태가 끝난 후에 꺼내어 공냉한다. 보통 풀림시간보다 처리시간이 단축되고, 노를 순환적으로 이용할 수 있다. 일반적으로 공구강, 특수강, 기타 자경성이 강한 특수강 등의 풀림에 적합하다.

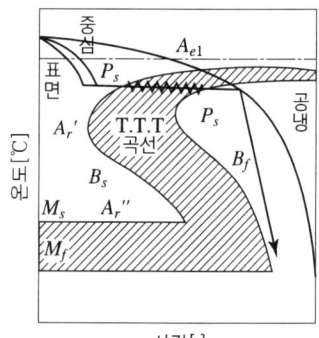

[항온 풀림(isothermal annealing)]

(2) 오스템퍼링(austempering)

담금질 온도에서 M_s점보다 높은 온도의 염욕 중에 넣어 항온 변태를 끝낸 후에 상온까지 냉각하는 담금질 방법으로 옆의 그림과 같이 S곡선에서 코(nose)와 Ms점 사이에서 항온 변태를 시킨 후 열처리하는 것으로서 점성이 큰 베이나이트 조직이 얻을 수 있어 뜨임할 필요가 없고 강인성이 크며, 담금질 균열 및 변형을 방지할 수 있다.

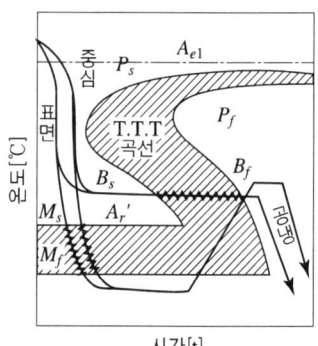

[오스템퍼링(austempering)]

(3) 마템퍼링(martempering)

담금질 온도로 가열한 강재를 옆의 그림과 같이 M_s점과 M_f점 사이의 항온 염욕에서 항온 변태를 시킨 후에 상온까지 공냉하는 담금질 방법으로 경도가 크고 인성이 있는 마테자이트와 베이나이트 혼합조직이 얻어지므로 담금질 변형 및 균열 방지, 취성 제거에 이용되고 있으나, 항온시간이 너무 길어서 공업적으로 이용되기에는 어려움이 있다.

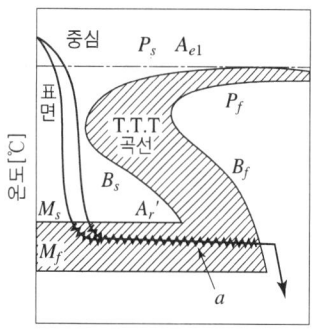

[마템퍼링(martempering)]

(4) 마퀜칭(marquenching)

담금질 온도로 가열한 강재를 옆의 그림과 같이 M_s보다 다소 높은 온도의 염욕에서 담금질하여 강재의 내·외가 동일한 온도로 될 때까지 항온을 유지시킨 후에 급랭하여 마텐자이트 변태를 시키는 담금질 방법으로 마퀜칭 후에 필요한 경도로 뜨임하여 이용한다. 마퀜칭을 하면 수중에서 담금질한 경우보다 경도가 다소 낮아지나, 강의 내·외가 거의 동시에 서서히 마텐자이트로 변화하므로 담금질 균열이나 변형이 생기기 않는다. 이 방법은 복잡한 물건의 담금질, 특히 고탄소강, 게이지강, 베어링, 고속도강 등의 합금강과 같이 수중에서 냉각하면 균열이 생기기 쉽고, 유중에서 급랭하면 변형이 많은 강재에 적합하다.

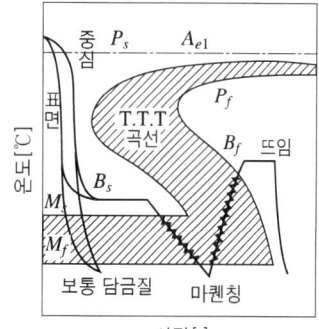

[마퀜칭(marquenching)]

(5) Ms퀜칭(Ms quenching)

담금질 온도로 가열한 강재를 옆의 그림과 같이 M_s점보다 약간 낮은 온도의 염욕에 담금질하여 강의 내·외부가 동일 온도로 될 때까지 항온 유지(지름 25mm 둥근 막대는 약 5분 정도)한 후 꺼내어 물 또는 기름 중에 급랭하는 방법으로 잔류 오스테나이트를 제거한다.

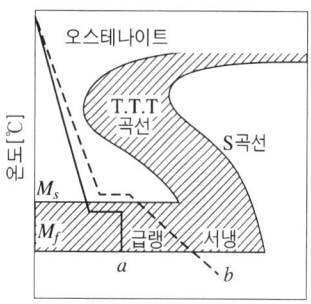

[Ms퀜칭(Ms quenching)]

(6) 오스포밍(ausforming)

오스포밍은 옆의 그림과 같이 강을 오스테나이트 상태로 가열한 후 항온 변태곡선 온도까지 급랭시켜 M_s 변태점 이상의 온도에서 항온 유지하고 소성가공을 하면서 담금질(유냉, 수냉)을 행한 후 마텐자이트 변태를 일으키게 한 뒤에 템퍼링하는 방법으로 마텐자이트 조직을 얻으며, 자동차 스프링, 저합금 구조용 강, 초강인강 등의 열처리에 적용, 이용된다.

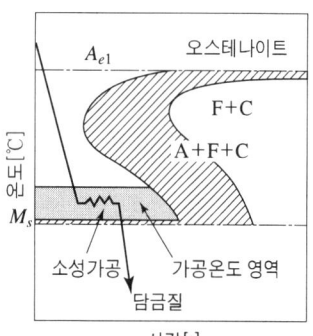

[오스포밍(ausforming)]

 **서브제로 처리 = 심랭 처리 = 영하 처리**
오스테나이트를 염욕에서 M_f점 이하로 하여 잔류 오스테나이트를 제거하는 방법

3. 강의 표면 경화법

표면에는 경도를 높이고 내부에는 인성이 남아 있게 하는 열처리

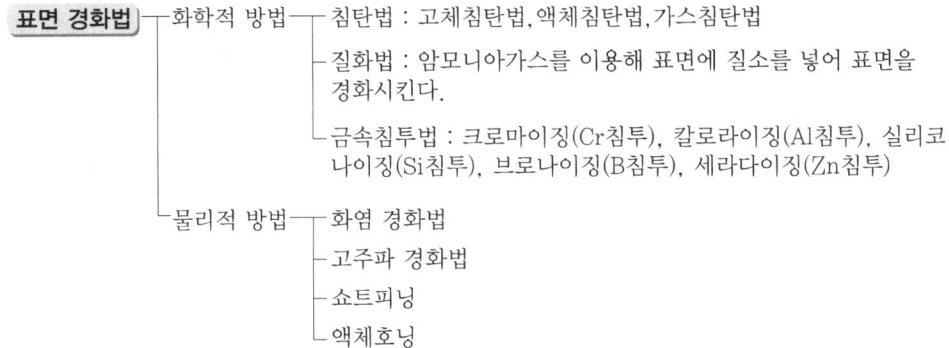

(1) 화학적인 방법

① **침탄법** : 0.2% 이하의 저탄소강을 침탄제(탄소 : C)와 침탄 촉진제를 소재와 함께 침탄 상자에 넣은 후 침탄 노에서 가열하면 0.5~2mm의 침탄층이 생겨 표면만 단단하게 하는 표면 경화법이다. 표면에 C를 침입, 고용시키는 방법이다.
  ㉠ 고체 침탄법 : 침탄제인 목탄이나 코크스 분말과 침탄 촉진제[탄산바륨($BaCO_3$), 적혈염, 소금 등]를 소재와 함께 침탄 상자에서 900~950℃로 3~4시간 가열하여 표면에서 0.5~2mm의 침탄층을 얻는 방법이다.
  ㉡ 액체 침탄법 : 침탄제[시안화나트륨(NaCN), 시안화칼륨 KCN]에 염화물(NaCl, KCl, $CaCl_2$ 등)과 탄화염을 40~50% 첨가하고 600~900℃에서 용해하여 C와 N가 동시에 소재의 표면에 침투하게 하여 표면을 경화시키는 방법으로 침탄 질화법 또는 청화법 또는 시안화법이라고도 한다.
  ㉢ 가스 침탄법 : 이 방법은 탄화수소계 가스(메탄 가스, 프로판 가스 등)를 이용한 침탄법이다. 연속적인 침탄이 가능하고 직접 담금질을 할 수 있어 대량 생산에 적합하다.

비 고	질화법	침탄법
열처리시간	열처리하는 시간이 많이 걸린다.	열처리하는 시간이 짧다.
경도	경도가 침탄법보다 높다.	경도가 질화법보다 낮다.
열처리 후 수정	수정되지 않는다.(수정 불가)	침탄 후 수정 가능
열처리 후의 상태	질화 후의 열처리가 필요없다.	침탄 후의 열처리가 필요하다.
변형	경화에 의한 변형이 적다.	경화에 의한 변형이 생긴다.

② **질화법** : 질화법은 암모니아 가스(NH_3)를 이용한 표면 경화법으로, 520℃ 정도에서 50~100시간 오랜 시간 작업을 해야 질화되며, 질화용 합금강(Al, Cr, Mo 등을 함유한 강)을 사용해야 한다. 질화되지 않게 하기 위해서는 Ni, Sn 도금을 한다.

③ **금속 침투법** = 확산침투 도금법(세멘테이션, Cementation)

철과 친화력이 강한 금속을 표면에 침투시켜 내열층, 내식층을 만드는 방법으로 크로마이징(Cr침투), 칼로라이징(Al침투), 실리코나이징(Si침투), 브로나이징(B침투), 세라다이징(Zn침투) 등이 있다.

  ㉠ 세라다이징(sheradizing) : 소형물의 내식성을 개량하기 위해 철의 표면에 아연(Zn)을 침투 확산시키는 방법
  ㉡ 칼로라이징(calorizing) : Al 및 알루미나(Al_2O_3) 분말에 강 제품을 넣고 950℃로 가열하여 내열성이 우수한 Fe-Al 합금의 피복층을 얻는 방법
  ㉢ 크로마이징(chromizing) : 크롬(Cr)확산 피복법이라고도 한다. 철강재료의 표면경화법에 많이 사용된다. 대표적으로 분말팩법에서는 크롬분말과 확산제로 피도금부를 뒤덮어 열처리로써 크롬을 철강표면에 확산시켜 내식성의 층을 만든다.
  ㉣ 실리코나이징(siliconizing) : 강 표면에 규소(Si) 성분이 많은 합금층을 형성하여 내마멸성, 내식성, 내열성이 극히 우수한 피막을 얻는 방법
  ㉤ 브로나이징(boronizing) : 강 표면에 붕소(B)를 침투시켜 가장 우수한 경화층을 얻는 방법으로 밀착성도 대단히 우수함

(2) 물리적인 방법

① **화염 경화법**(flame hardening) : 0.4%C 전후의 탄소강을 산소-아세틸렌 표준불꽃으로 가열하여 물로 냉각시키면 표면만 단단해진다. 이와 같은 표면 경화법을 화염 경화법이라 하며, 경화층의 깊이는 불꽃온도, 가열시간, 화염의 이동속도에 의하여 결정되기 때문에 균일한 표면의 경도값을 얻기 힘들다.

② **고주파 경화법**(induction hardening) : 고주파에 의한 열로 표면을 가열한 후 물에 급랭시켜 표면을 경화시키는 방법으로, 경화시간이 대단히 짧아 탄화물을 고용시키기가 쉽다.

③ **쇼트피닝** : 금속 재료의 표면에 강이나 주철의 작은 입자(ϕ0.5~1.0mm)들을 고속으로 분사시켜, 가공 경화에 의하여 표면층의 경도를 높이는 방법으로 휨, 비틀림의 반복하중에 대해서 피로한도를 현저하게 증가시킨다.

④ **도금법**(plating) : 내식성과 내마모성을 주기 위하여 표면에 Cr 등을 도금하는 방법이다.

2-5 탄소강의 성질

1. 탄소강에 함유된 성분의 영향

(1) 탄소
탄소강에서 C가 많을수록 가공 변형은 어렵게 되고, 냉간 가공은 되지 않는다. 용접성이 나빠진다.

> **탄소강에서 탄소(C) 함유량이 많아질수록**
> 증가하는 것 : 강도, 경도, 취성, 전기저항, 비열, 항복강도
> 감소하는 것 : 연성, 전성, 인성, 충격값, 비중, 열전도율, 열팽창계수

(2) 규소(Si)
① 강 중에는 보통 0.1~0.35% 정도 함유
② 인장강도, 경도, 탄성한계를 증가하여 연신율과 충격값을 감소
③ 단접, 용접성 및 냉간가공성을 저하
④ 결정입자를 최대화하고 소성을 감소시킨다.

(3) 망간(Mn)
① 0.2~0.8% 정도 함유
② 강에 경도, 강도, 점성을 증가
③ 탈산작용을 하여 강의 유동성을 좋게 한다.
④ 고온에서 결정의 성장을 저하시켜 조직을 치밀하게 한다.
⑤ 적열취성을 제거하고 절삭성을 개선

(4) 인(P)
① 결정립을 조대화시키면서 경도와 인장강도를 증가시킨다.
② 연신율 및 충격값을 감소시킨다.
③ 적당한 양은 용선의 유동성을 좋게 한다.
④ 가공 시 균열을 일으키며 상온 취성의 원인

(5) 황(S)
① 강의 유동성을 해치고 기포가 발생
② Mn과 결합하여 절삭성을 개선
③ 단조, 압연 시 고온취성의 원인
④ 0.02% S 이하일지라도 인장강도, 연신율, 충격값 등이 감소

> **탄소강에 포함된 5원소**
> C, Si, Mn, P, S

(6) 가스의 영향
① N_2 : 석출하여 경화시킨다.
② O_2 : FeO, MnO, SiO_2 등과 같이 산화물로 개재
③ H_2 : 강에 백점이나 헤어크랙(hair-crack)의 원인

2. 탄소강에 나타나는 여러 가지 메짐성

(1) 청열 메짐성
금속 재료는 일반적으로 온도의 상승과 더불어 강도가 감소하고 연신율은 커진다. 하지만 연강이나 탄소강은 200~300℃에서는 강도는 커지고, 연신율은 대단히 작아져서 결국 메짐성을 나타내나, 이때의 강은 청색의 산화피막을 발생하는데, 이것을 청열 메짐성이라고 한다.

(2) 적열 메짐성
황이 많은 강은 고온에서 여린 성질을 나타내는데 이것을 적열 메짐성이라고 한다.

(3) 상온 메짐성
인은 강의 결정입자를 조대화시켜서 강을 여리게 만들며, 특히 상온 또는 그 이하의 저온에 있어서는 특별히 현저해진다. 인은 상온 메짐성 또는 냉간 메짐성의 원인이 된다.

(4) 고온 메짐성
강은 구리의 함유량이 0.2% 이상으로 되면 고온에 있어서 현저히 여리게 되며, 결국 고온 메짐성을 일으킨다.

(5) 냉간 메짐성
강은 일반적으로 충격값은 100℃ 부근에서 최대이며, 상온 이하에 있어서는 현저히 여리게 된다. 이것을 냉간 메짐성이라고 한다.
탄소강은 200~300℃에서 상온일 때보다 인성이 저하하는 특성이 있는데, 이를 탄소강의 청열 취성(blue shortness)이라 한다. 또 황을 많이 함유한 탄소강은 약 950℃에서 인성이 저하하는 특성이 있다. 이를 탄소강의 적열 취성(red shortness)이라 한다. 또, 탄소강은 온도가 상온 이하로 내려가면 강도와 경도가 증가되나, 충격값은 크게 감소된다. 특히, 인을 많이 함유한 탄소강은 상온에서도 인성이 낮으며, 이를 탄소강의 상온 취성(cold shortness)이라 한다.

3. 탄소강의 종류와 용도

```
탄 소 강 ┬ 구조용 탄소강 ┬ 일반 구조용 탄소강(SS)
        │              └ 기계 구조용 탄소강(SM)
        └ 탄소공구강(STC)
```

[구조용 탄소강의 분류]

	특별 극연강	극연강	연강	반연강	반경강	경강	최경강
탄소함유량[%]	0.08 이하	0.08~0.12	0.12~0.2	0.2~0.3	0.3~0.4	0.4~0.5	0.5~0.6
인장강도 [kgf/mm^2]	32~36	36~42	38~48	44~55	50~60	58~70	64~100
용도	전선 박판	용접관 새시 리벳	철골 철근 리벳 차량용 판	건축용 선박용 교량용	축 볼트	실린더 레일 차륜	축 나사 레일

(1) 구조용 탄소강

0.6% 이하인 구조용 강은 압연한 그대로 또는 열처리하여 사용한다.

① **일반 구조용 압연강(SS)** : 특별한 기계적 성질을 요구하지 않는 곳에 사용되는 것으로 건축물, 교량, 철도 차량, 조선, 자동차 등에 강판(P), 평강(F), 강대(S), 형강(A), 봉강(B), 림드강으로 판든 후판(厚板) 등에 사용된다.

② **기계 구조용 탄소강(SM)** : 일반 구조용 강보다 중요한 기계 부품에 사용하며 킬드강으로 만든다. 이 외에 기계 구조용 탄소강에는 보일러용 압연 강재, 용접 구조용 압연 강재, 리벳용 압연 강재, 체인용 환강, 열간 및 냉간 압연용 강판 등이 있다.

SM45C(Carbon steel for machine structural use)
기계 구조용 탄소강, 탄소함량 0.45% (0.42%~0.48% 탄소함유량)

SM300A(Steel Marine)
용접 구조용 압연 강재 인장강도(400~510N/mm^2), 즉 최저 인장강도 400N/mm^{2}이다.

(2) 탄소 공구강(STC)

0.6~1.7%C의 고 탄소강으로서 가공이 용이하며, 간단히 담금질하여 높은 경도를 얻을 수 있으며, 특별히 P와 S의 함유량이 적어야 한다. 목공에 쓰이는 공구나 기계에서 금속을 깎을 때 쓰이는 공구로, 경도가 높고 내마멸성이 있다.

탄소공구강	탄소함유량(%)		용도
STC1	1.3~1.5%	과공석강	칼줄
STC2	1.1~1.3%		드릴, 철공용 줄, 소형펀치, 면도날, 태엽, 쇠톱
STC3	1.0~1.1%		나사 가공 다이스, 쇠톱, 프레스 형틀, 게이지, 끌, 치공구
STC4	0.9~1.0%		태엽, 목공용 드릴, 목공용 띠톱, 펜촉 도끼, 끌, 면도날
STC5	0.8~0.9%		각인, 프레스 형틀, 태엽, 띠톱, 치공구, 원형 톱, 게이지
STC6	0.7~0.8%	아공석강	각인, 원형 톱, 태엽, 프레스 형틀
STC7	0.6~0.7%		각인, 스냅, 프레스 형틀, 나이프

4. 합금강

(1) 합금강의 정의

강의 기계적 성질을 개선하거나 특수한 성질을 부여하기 위하여 탄소강에 니켈, 크롬, 망간, 텅스텐 등의 금속원소를 첨가한 것으로 특수강이라고 한다.

(2) 합금강의 목적

① 탄소강에 원소를 첨가하여 기계적 성질(강도, 경도, 인성, 내피로성)의 향상시키는 것이 주 목적이다.
② 고온강도 증가(텅스텐을 첨가하면 고온강도가 증가된다.)
③ 내식성을 증가[크롬이 13% 이상이면 내식강(스테인리스강)이다.]
④ 내마멸성의 증대(니켈이 포함되면 내마멸성이 증가된다.)
⑤ 결정입도의 성장 방지

(3) 여러 가지 합금원소의 효과

원소명	효과	원소명	효과
Ni	• 강인성 및 내식성, 내산성 증가	Mo	• 텅스텐과 거의 흡사하며, 효과는 W의 2배이다. • 담금성, 내식성, 크리프 저항성 증가
Mn	• 내마멸성, 강도, 경도, 인성 증가 • 점성이 크고, 고온 가공이 용이 • S에 의한 메짐현상의 발생 방지	Cu	• 내산성 증가
Cr	• 경도, 인장강도 증가 • 내식성, 내열성, 내마멸성이 증가하며, 열처리를 용이하게 함	V	• 경화성 증가 • Cr이나 Mo를 함께 사용
		Si	• 강도, 내식성, 내열성 증가 • 자기적 성질 증가
W	• 경도, 강도 증가 • 고온경도, 고온강도 증가 • 탄화물을 만들기 쉽게 함	Co	• 고온경도, 고온강도 증가 • 단독으로 사용하지 않음

(4) 합금강의 분류

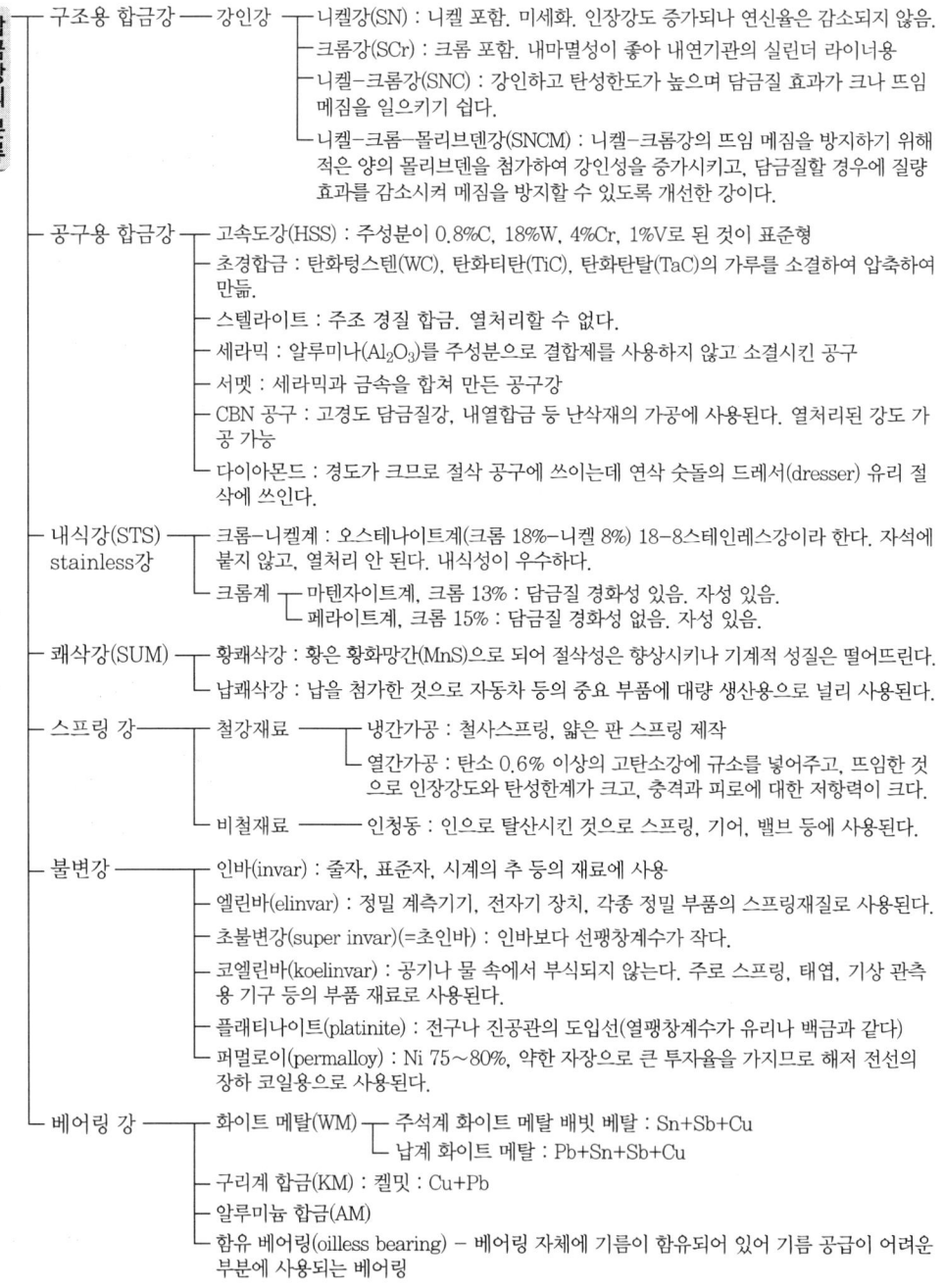

- 합금강의 분류
  - 구조용 합금강 — 강인강
    - 니켈강(SN) : 니켈 포함. 미세화. 인장강도 증가되나 연신율은 감소되지 않음.
    - 크롬강(SCr) : 크롬 포함. 내마멸성이 좋아 내연기관의 실린더 라이너용
    - 니켈-크롬강(SNC) : 강인하고 탄성한도가 높으며 담금질 효과가 크나 뜨임 메짐을 일으키기 쉽다.
    - 니켈-크롬-몰리브덴강(SNCM) : 니켈-크롬강의 뜨임 메짐을 방지하기 위해 적은 양의 몰리브덴을 첨가하여 강인성을 증가시키고, 담금질할 경우에 질량 효과를 감소시켜 메짐을 방지할 수 있도록 개선한 강이다.
  - 공구용 합금강
    - 고속도강(HSS) : 주성분이 0.8%C, 18%W, 4%Cr, 1%V로 된 것이 표준형
    - 초경합금 : 탄화텅스텐(WC), 탄화티탄(TiC), 탄화탄탈(TaC)의 가루를 소결하여 압축하여 만듦.
    - 스텔라이트 : 주조 경질 합금. 열처리할 수 없다.
    - 세라믹 : 알루미나(Al_2O_3)를 주성분으로 결합제를 사용하지 않고 소결시킨 공구
    - 서멧 : 세라믹과 금속을 합쳐 만든 공구강
    - CBN 공구 : 고경도 담금질강, 내열합금 등 난삭재의 가공에 사용된다. 열처리된 강도 가공 가능
    - 다이아몬드 : 경도가 크므로 절삭 공구에 쓰이는데 연삭 숫돌의 드레서(dresser) 유리 절삭에 쓰인다.
  - 내식강(STS) stainless강
    - 크롬-니켈계 : 오스테나이트계(크롬 18%-니켈 8%) 18-8스테인레스강이라 한다. 자석에 붙지 않고, 열처리 안 된다. 내식성이 우수하다.
    - 크롬계
      - 마텐자이트계, 크롬 13% : 담금질 경화성 있음. 자성 있음.
      - 페라이트계, 크롬 15% : 담금질 경화성 없음. 자성 있음.
  - 쾌삭강(SUM)
    - 황쾌삭강 : 황은 황화망간(MnS)으로 되어 절삭성은 향상시키나 기계적 성질은 떨어뜨린다.
    - 납쾌삭강 : 납을 첨가한 것으로 자동차 등의 중요 부품에 대량 생산용으로 널리 사용된다.
  - 스프링 강
    - 철강재료
      - 냉간가공 : 철사스프링, 얇은 판 스프링 제작
      - 열간가공 : 탄소 0.6% 이상의 고탄소강에 규소를 넣어주고, 뜨임한 것으로 인장강도와 탄성한계가 크고, 충격과 피로에 대한 저항력이 크다.
    - 비철재료 — 인청동 : 인으로 탈산시킨 것으로 스프링, 기어, 밸브 등에 사용된다.
  - 불변강
    - 인바(invar) : 줄자, 표준자, 시계의 추 등의 재료에 사용
    - 엘린바(elinvar) : 정밀 계측기기, 전자기 장치, 각종 정밀 부품의 스프링재질로 사용된다.
    - 초불변강(super invar)(=초인바) : 인바보다 선팽창계수가 작다.
    - 코엘린바(koelinvar) : 공기나 물 속에서 부식되지 않는다. 주로 스프링, 태엽, 기상 관측용 기구 등의 부품 재료로 사용된다.
    - 플래티나이트(platinite) : 전구나 진공관의 도입선(열팽창계수가 유리나 백금과 같다)
    - 퍼멀로이(permalloy) : Ni 75~80%, 약한 자장으로 큰 투자율을 가지므로 해저 전선의 장하 코일용으로 사용된다.
  - 베어링 강
    - 화이트 메탈(WM)
      - 주석계 화이트 메탈 배빗 메탈 : Sn+Sb+Cu
      - 납계 화이트 메탈 : Pb+Sn+Sb+Cu
    - 구리계 합금(KM) : 켈밋 : Cu+Pb
    - 알루미늄 합금(AM)
    - 함유 베어링(oilless bearing) — 베어링 자체에 기름이 함유되어 있어 기름 공급이 어려운 부분에 사용되는 베어링

① **구조용 합금강** = 강인강(强靭鋼 ; 강할강, 질길 인, 굳셀 강)이라는 이름의 강재
  ㉠ 니켈강(Ni강) : 탄소강에 니켈을 첨가하면 철 중에 잘 고용되어 결정입자를 미세화하며, 연신율을 그리 감소시키지 않으면서 인장강도, 경도 등을 증가시킬 뿐 아니라 고온에서의 기계적 성질도 좋아서 강도가 크고 내마멸성 및 내식성이 우수하다.
  ㉡ 크롬강(SCr) : 내마멸성이 좋아 내연기관의 실린더 라이너용으로 사용되며 그 밖에 기계 부품으로서 기어, 암, 캠축, 밸브 및 강력 볼트, 너트 등에 이용된다.
  ㉢ 니켈 – 크롬강(SNC) : 강인하고 탄성한도가 높으며 담금질 효과가 크나 뜨임 메짐을 일으키기 쉽다.
  ㉣ 니켈-크롬-몰리브덴강(SNCM) : 니켈-크롬강의 뜨임 메짐을 방지하기 위해 적은 양의 몰리브덴을 첨가하여 강인성을 증가시키고, 담금질할 경우에 질량 효과를 감소시켜 메짐을 방지할 수 있도록 개선한 강이다.

[기계 구조용 합금강]

명 칭	KS 기호	
크롬강(Cr강)	SCr 415	4 : 주요 합금 원소기호 15 : 탄소함유량 평균값 0.15C%
니켈-크롬강(Ni-Cr강)	SNC415	4 : 주요 합금 원소기호 15 : 탄소함유량 평균값 0.15C%
망간강(Mn강)	SMn420	4 : 주요 합금 원소기호 15 : 탄소함유량 평균값 0.20C%
망간-크롬강(Mn-Cr강)	SMnC443	4 : 주요 합금 원소기호 43 : 탄소함유량 평균값 0.43C%
크롬-몰리브덴강(Cr-Mo강)	SCM415	4 : 주요 합금 원소기호 15 : 탄소함유량 평균값 0.15C%
니켈-크롬-몰리브덴강(Ni-Cr-Mo강)	SNCM220	2 : 주요 합금 원소기호 20 : 탄소함유량 평균값 0.20C%

[주요 합금 원소량 코드와 원소함유량(%)]

주요 합금 원소량 코드 \ 구분	크롬강	망간강	망간 크롬강		크롬 몰리브덴		니켈 크롬강		니켈 크롬 몰리브덴강		
	Cr	Mn	Mn	Cr	Cr	Mo	Ni	Cr	Ni	Cr	Mo
2	0.30 이상 0.80 미만	1.00 이상 1.30 미만	1.00 이상 1.30 미만	0.30 이상 0.90 미만	0.30 이상 0.80 미만	0.15 이상 0.30 미만	1.00 이상 2.00 미만	1.00 이상 2.00 미만	0.25 이상 0.70 미만	0.20 이상 1.00 미만	0.15 이상 0.40 미만
4	0.80 이상 1.40 미만	1.30 이상 1.60 미만	1.30 이상 1.60 미만	0.30 이상 0.90 미만	0.80 이상 1.40 미만	0.15 이상 0.30 미만	2.00 이상 2.50 미만	0.25 이상 1.25 미만	0.70 이상 2.00 미만	0.40 이상 1.50 미만	0.15 이상 0.40 미만

② **공구용 합금강** : 담금질 효과가 좋고, 또 결정입자도 미세하고 경도가 크며, 내마멸성이 우수하다. 또 고온에서 경도가 유지되기 때문에 절삭 공구, 형단조용 공구 등으로도 쓰인다.

㉠ 합금 공구강(alloy tool steel) : STS, STD, STF (주성분 : W-Cr-V-Ni)
탄소량이 0.8~1.5%에 소량의 텅스텐(W), 크롬(Cr), 바나듐(V), 니켈(Ni) 등을 첨가한 강이며, 탄소공구강보다는 절삭성이 양호하고 내마멸성과 고온 경도가 높아 저속 절삭용 및 총형 공구용으로 주로 사용된다.

합금공구강 종류				
	절삭 공구용	S2종	STS 2	탭, 드릴, 커터의 재료
		S21종	STS 21	
		S5종	STS 5	원형 톱, 띠톱의 재료
		S51종	STS 51	
	냉간 금형용	D1종	STD 1	성형틀 다이스, 분말성 형틀 재료
		D11종	STD 11	나사 전조 다이, 프레스 형틀 재료
		D12종	STD 12	
	열간 금형용	F3종	STF 3	다이블록(die block), 압출공구 재료
		F4종	STF 4	프레스 형틀, 압출공구 재료

㉡ 고속도 공구강(high speed steel : HSS) : HSS(하이스 JIS 규격), SKH(KS 규격)
HSS(하이스 JIS 규격), SKH(KS 규격)
주성분이 0.8%C, 18%W, 4%Cr, 1%V로 된 것이 표준형인 표준 고속도강으로 18-4-1공구강이라고도 한다. 500~600℃의 고온에서도 경도가 저하되지 않고, 내마멸성이 크며, 고속도의 절삭 작업이 가능하게 된다.
ⓐ 600℃ 이상에서도 경도 저하 없이 고속절삭이 가능하며 고온경도가 크다.
ⓑ 고온 및 마모저항이 크고 보통강에 비하여 고온에서 3~4배의 강도를 갖는다.
ⓒ 18-8-1형인 표준 고속도강은 오스테나이테와 마텐자이트 기지에 망상을 한 오스테나이트와 복합탄화물의 혼합 조직이다.
ⓓ 고속도강은 다른 공구강에 비하여 열처리 공정이 특별하다. 담금질 온도가 매우 높고, 유지시간은 짧다. 그러므로 예열을 하여 담금질 온도에서의 짧은 유지시간에도 탄화물이 오스테나이트 상에 많이 고용되게 해야 한다. 예열은 2단 예열을 실시하며, 1차 예열은 650℃, 2차 예열은850℃에서 하는 것이 좋다. 2차예열이 끝나면 즉시 단금질온도(1175~1245℃)로 급속하게 가열한다.

㉢ 주조 경질 합금(cast alloyed hard metal)-스텔라이트(W-Cr-Co-C)
주조한 상태의 것을 연삭 성형하여 사용하는 공구로, 열처리하지 않아도 충분한 경도를 가진 주조 경질 합금이다. 단조 또는 절삭할 수 없으므로 금형에 주입, 주조한 후 연삭 성형한다. 주조 후 열처리하지 않아도 고온경도와 내마모성이 크다. 주성분으로는 W-Cr-Co-C이다.(보통 공구 선단에 전기용접 또는 동납으로 땜하여 사용)

㉣ 초경합금(sintered hard metal)=소결 탄화물 경질 합금(주성분 : WC, TiC, TaC, Co)
경도가 높은 금속 탄화물 가루에 결합제로서 코발트 가루를 혼합하고, 이를 압축 성형시켜 소결 제조한 탄화물 합금
ⓐ 금속 탄화물 : 탄화텅스텐(WC), 탄화티탄(TiC), 탄화탄탈(TaC)

ⓑ 초경합금의 특징 : 경도가 매우 크고 내열성, 내마멸성이 우수하다. 메짐성이 있으며, 또 연삭도 쉽지 않다.
ⓒ 초경합금의 용도 : 주철과 칠드 주철의 절삭가공이나 순금속, 비철금속, 비금속 등의 정밀가공 및 철사 뽑기 다이(die) 등에 이용된다.
ⓓ 종류 : 초경합금은 P, M, K계열이 있으며
  P계열 : 강, 합금강 가공용으로 적합하다.
  M계열 : 스테인리스강, 주철, 주강 가공용으로 적합하다.
  K계열 : 은, 주철, 비철금속, 비금속 가공용으로 적합하다.
  경도는 P>M>K, 인성은 P<M<K 순이다.
ⓔ 초경합금의 상품명 : 비디아(Widia), 텅갈로이(Tungalloy), 미디아(Midia), 카볼로이(Carboloy)

㉤ 세라믹 공구(ceramic tool)-주성분 : 산화 알루미늄(Al_2O_3)
처음에는 점토를 소결하여 사용하였으나, 1955년경부터 알루미나(Al_2O_3)를 주성분으로 결합제를 사용하지 않고 소결시킨 공구이다.
산화 알루미늄(Al_2O_3) 가루에 규소 및 마그네슘의 산화물 또는 다른 산화물의 첨가물을 넣고 소결한 합금으로, 고온에서도 경도가 높고 내마멸성이 좋으며, 초경합금보다 더욱 높은 속도로 절삭할 수 있으나, 경질 합금보다 인성이 적고 취성(brittleness)이 있어 충격 및 진동에 약하다. 절삭 시 절삭유를 사용하지 않는다.

㉥ 서멧 공구(cermet tool)-주성분 : 탄질화 티탄(TiCN)
세라믹(ceramic)과 금속(metal)의 합성어로 세라믹의 단점인 취성을 보완하기 위해 금속의 인성을 부여하여 만든 공구이다. 서멧(cermet) 공구는 탄화 텅스텐보다 경도 및 고온 특성이 우수한 탄질화 티탄(TiCN)을 주체로 한 공구로서 종래 탄화 티탄(TiC) 주체의 서멧에 비하여 인성을 한층 보강시킨 고강도 공구이며, 초경합금에 비해 고속 절삭이 가능하고 공구 수명이 길다.

㉦ CBN 공구(Cubic Boron Nitride Tool : 입방정질화 붕소)
철계 금속의 절삭에 이상적인 공구 재료로서 CBN은 다이아몬드 경도의 $\frac{2}{3}$이며, 초경합금보다 경도가 1.5~2배 크다. CBN은 초경합금이나 세라믹보다도 고경도, 고열전도율, 저열팽창률의 장점을 갖고 있다. 다이아몬드와는 달리 공기 중에도 안정된 물질로서 철과의 반응성이 낮아 절삭열이 많이 발생되는 철계 금속의 절삭에 이상적이다. 절삭가공 분야에서 현재까지의 일반적인 상식은 열처리 후의 고경도의 각종 난삭 재료는 비능률적으로 경제적인 절삭이 곤란하여 부득이 절삭가공을 하고 열처리한 후 연삭가공을 할 수밖에 없었다. 하지만 CBN 공구의 개발로 열처리된 강이나 난삭재의 절삭을 가공할 수 있게 되었다.

㉧ 피복 초경합금(coated tungsten carbide tool material)-코팅팅 초경합금
  ⓐ 물리적 증착 방법(PVD : Physical Vapor Depostion) : 피복 초경합금 초경합금의 모재 위에 탄화물 또는 질화물, 탄질화물질[TiC, TiN, Ti(C, N)]을 5~10μm 얇게 피복한 초경합금
  ⓑ 화학적 증착 방법(CVD : Chemical Vapor Deposition) : 가스의 플라스마 상태에

서 생기는 이온을 이용하여 피복하는 과반응가스를 고온(900~1000℃)에서 화학반응시켜 피복하는 방법

피복 초경합금은 주로 화학 증착법으로 행하며 이는 고온에서 증착되기 때문에 접착력이 아주 강하여 강, 주강, 주철, 비철금속 절삭에 많이 사용된다.

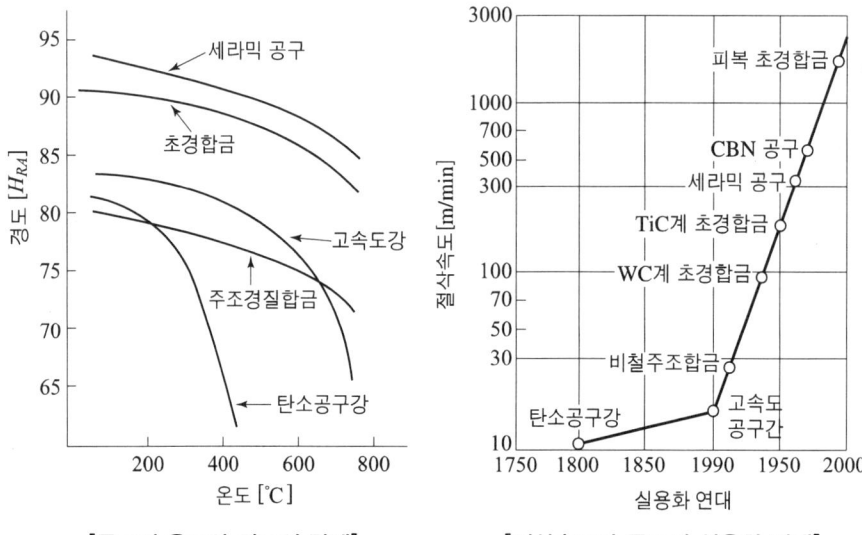

[공구의 온도와 경도의 관계] [절삭속도와 공구의 실용화 연대]

③ 내식, 내열용 강
  ㉠ 스테인리스강(KS규격 : STS, 일본 규격 : SSC) : Cr, Ni을 다량 첨가하여 내식성을 현저히 향상시킨 강으로 불수강이라고도 하며 Cr의 함유량이 12% 이상인 것을 말한다.
  ㉡ 내열강(HRS)
    ⓐ 페라이트계 내열강 : Fe에 Cr을 가하여 내산성을 증가시키고, Fe의 재결정 온도를 상승하게 함으로써 크리프 강도를 증가시킨 강이나, 고온에서의 기계적 성질이 좋지 않다.
    ⓑ 오스테나이트계 내열강 : 페라이트계 내열강은 내산화성은 우수하고 고온에 있어서의 기계적 성질이 떨어지므로, 고온 강도 또는 크리프 저항이 큰 것이 요구되는 기계 부품에 사용한다.

성분계	조직	KS 기호	특징	
			자성	담금질 경화성(열처리성)
Cr계	마텐자이트(13%Cr)	STS410	있음	있음
	페라이트(15%Cr)	STS430	있음	없음
Cr-Ni계 내식성 가장 우수	오스테나이트 18%Cr-8%Ni	STS304	없음	없음

④ 쾌삭강(SUM)

공작기계의 고속, 고능률화에 따라 가공 재료의 피절삭성을 높이고 제품의 정밀도와 절삭 공구의 수명을 길게 하기 위하여 절삭 중 절삭되어 나오는 쇳밥(chip) 처리의 능률, 공정의 단축, 가공 단가의 저렴화 등을 고려하여 재질의 성질을 개선한 철강 재료이다.

㉠ 황 쾌삭강 : 탄소강에 황을 기본 첨가량보다 0.1~0.25% 정도 증가시킨 것으로 황은 황화망간(MnS)으로 되어 절삭성은 향상시키나 기계적 성질은 떨어뜨린다.

㉡ 납 쾌삭강 : 납을 0.1~0.35% 첨가한 것으로 강도를 중요시하는 기계 부품용으로 이용될 수 있으며, 자동차 등의 중요 부품에 대량 생산용으로 널리 사용된다.

⑤ 스프링강(SPS)

스프링강은 보통 냉간가공의 것과 열간 가공의 것이 있다. 냉간가공하는 것으로는 철사 스프링, 얇은 판 스프링 등이 있고, 열간가공하는 것으로는 탄소 0.6% 이상의 고탄소강에 규소를 많이 넣어주고, 400~500℃에서 뜨임한 것으로, 인장강도와 탄성한계가 크고, 충격과 피로에 대하여 저항력이 크다. 그 외에도 열간가공하는 스프링강 재질로는 Mn강, Si-Mn강, Si-Cr강, Cr-V강 등이 있다.

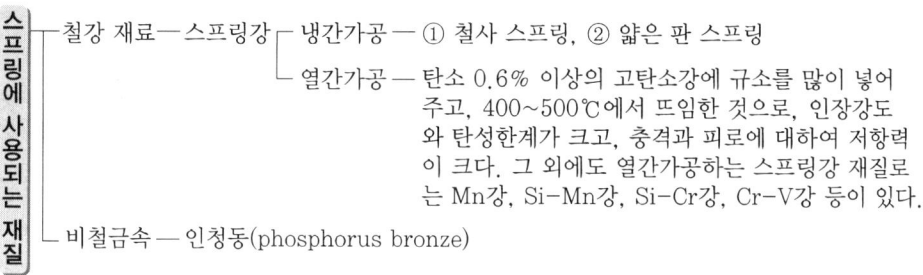

⑥ 불변강 : 주위 온도가 변화하여도 재료의 선팽창 수나 탄성률 등의 특성이 변하지 않는 합금강

㉠ 인바(invar) : 0.2%C 이하, 35~36%Ni, 약 0.4%Mn의 철 합금, 200℃ 이하의 온도에서 선팽창계수가 작다.(20℃에서 보통 탄소강은 12.0×10^{-6}이나 인바는 1.2×10^{-6}이다.) 줄자, 표준자, 시계의 추 등의 재료에 사용된다.

㉡ 엘린바(elinvar) : 36%Ni, 12%Cr의 철 합금이다. 탄성계수는 온도 변화에 의해서도 거의 변화하지 않고 선팽창계수가 8.0×10^{-6}이다. 정밀 계측기기의 스프링 재료, 전자기 장치, 각종 정밀 부품 등의 주요 부품재료로 사용된다.

㉢ 초불변강(super invar=초인바) : 30.5~32.5%Ni, 4~6%Co를 함유하는 철 합금이다. 20℃에서의 선팽창계수가 0.1×10^{-6}으로서 인바보다 훌륭한 합금이다.

㉣ 코엘린바(coelinvar) : 10~11%Cr, 26~58%Co, 0~16.5%Ni를 함유하는 철 합금이다. 온도 변화에 의한 길이 변화가 매우 작고, 공기나 물 속에서 부식되지 않는다. 주로 스프링, 태엽, 기상 관측용 기구 등의 부품 재료로 사용된다.

㉤ 플래티나이트(platinite : 44~47.5%Ni, 나머지 Fe) 열팽창계수가 유리나 백금에 가까우며, 주고 전구의 도입선으로 사용된다.

5. 주 철

(1) 주철의 장·단점

장 점	단 점
① 용융점이 낮고 유동성이 좋다. ② 주조성이 양호하여 대형 또는 복잡한 형상의 부품을 주조한다. ③ 마찰저항 및 절삭성이 우수하다. ④ 가격이 저렴하다. ⑤ 녹 발생이 거의 없다.(도색 양호) ⑥ 압축강도가 크다.(인장강도의 3~4배) ⑦ 감쇠능이 우수하여 동력전달장치의 몸체에 사용된다.	① 인장강도, 휨강도가 작다. ② 충격값, 연신율이 작다. ③ 가공이 어렵다.(고온가공) ④ 인성이 낮고 소성가공이 안 된다.

(2) 주철의 조직에 미치는 원소의 영향

① 탄소 : 함유량이 4.3% 범위 안에서는 탄소 함유량의 증가와 더불어 용융점이 저하되며, 주조성이 좋아진다.

② 규소 : 주철 중의 화합탄소를 분리하여 흑연화를 촉진하며, 따라서 주철의 질을 연하게 하고 냉각 시 수축을 적게 한다.

③ 망간 : 황과 화합하여 황화망간(MnS)으로 되어 용해 금속 표면에 떠오르면, 함유량이 증가함에 따라 펄라이트는 미세해지고, 페라이트는 감소한다.

④ 황 : FeS로서 편석하여 균열의 원인이 되고, 또한 많은 황이 존재하면 취성이 증가하며, 강도가 현저히 감소된다.

⑤ 인 : 주철 속에 들어가면 용융점이 저하되고 유동성이 좋아지나, 탄소의 용해도가 저하되어 시멘타이트가 많아지면서 단단하고 취성이 커지므로, 보통 주물에서는 0.5% P 이하가 좋다.

주철의 성장(growth of cast iron)
주철을 A_1 변태점 이상의 온도에서 장시간 방치하거나 다시 되풀이하여 가열하면, 점차로 그 부피가 증가되고 변형이나 균열을 가져와 강도나 수명이 짧아지는 현상

흑연화 촉진제 : Si, Ni, Al, Ti, Co
흑연화 방지제 : Mo, S, Cr, Mn, V, W

(3) 주철의 종류

① 보통 주철
  ㉠ 회주철을 대표하는 주철로 인장강도가 10~25[kg/mm^2] 정도이며, 기계 가공성이 좋고 값이 싸다.

ⓒ 강인성이 작고 단조가 안 되나, 용융점이 낮고 유동성이 좋으므로 주조하기가 쉬워 널리 사용된다.
ⓒ 일반 기계 부품, 수도관, 난방용품, 가정용품, 농기구 등에 사용되며, 특히 공작 기계의 베드, 프레임 및 기계 구조물의 몸체 등에 널리 사용되고 있다.
② **고급 주철**(=펄라이트 주철) : 편상 흑연 주철 중에서 인장강도가 $25[kg/mm^2]$ 정도 이상의 주철로 바탕이 펄라이트로 되어 있어 펄라이트 주철이라고도 한다.

고급 주철의 제조법
① 란츠법 : 초정, Fe_3C를 없게 하고 지지를 펄라이트화하는 방법
② 에멜법 : 저탄소 주철이라 하며 $C_3[\%]$, $Si_2[\%]$의 고급 주철을 얻는 방법
③ 피보와르스키법 : 저탄소 고규소의 재료를 사용해서 흑연을 미세화하기 때문에 전기로에서 용탕을 과열하는 방법
④ 미한법 : Fe-Si 또는 Ca-Si 등을 첨가해서 흑연 핵의 생성을 촉진시키는 방법으로 이 조작을 접종이라 한다.

③ **특수 주철**
  ㉠ 가단 주철 : 보통 주철의 결점인 여리고 약한 인성을 개선하기 위하여 백주철을 장시간 열처리하여 C의 상태를 분해 또는 소실시켜, 인성 또는 연성을 증가시킨 주철
    ⓐ 백심 가단 주철 : 파단면이 흰색을 나타내며 강도는 흑심 가단 주철보다 다소 높으나 연신율은 작다.
    ⓑ 흑심 가단 주철 : 표면은 탈탄되어 있으나 내부는 시멘타이트가 흑연화되어서 파단면이 검게 보이는 주철
    ⓒ 펄라이트 가단 주철 : 입상흑연과 입상 펄라이트 조직으로 된 주철로 인성은 약간 떨어지나, 강력하고 내마멸성이 좋다.
  ㉡ 구상 흑연 주철 : 용융 상태의 주철 중에 마그네슘, 세륨(Ce) 또는 칼슘 등을 첨가 처리하여 흑연을 구상화한 것으로, 노듈러 주철(nodular cast iron), 덕타일 주철(ductile cast iron) 등으로 불리며 인장강도, 내마멸성, 내식성 등이 우수하여 실린더 라이너, 피스톤, 기어 등에 사용한다.
  ㉢ 칠드 주철 : 주조할 때 필요한 부분에만 모래 주형 대신 금형으로 하고, 금형에 접한 부분을 급랭, 칠(chill)화시켜 경도를 높인 것으로 내부가 연하고 표면이 단단하여 롤러, 차바퀴 등에 사용한다. 칠드된 표면은 시멘타이트 조직이다.

(4) Maurer 상태도
탄소와 규소량에 따른 주철의 조직 관계를 표시한 것

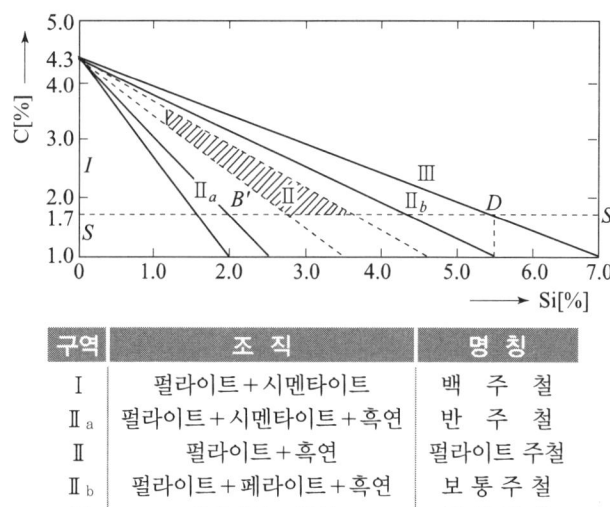

구역	조직	명칭
I	펄라이트+시멘타이트	백주철
II_a	펄라이트+시멘타이트+흑연	반주철
II	펄라이트+흑연	펄라이트 주철
II_b	펄라이트+페라이트+흑연	보통 주철
III	페라이트+흑연	극연 주철

[Maurer 선도]

6. 주 강

(1) 주강의 특징

① 주강품은 모양이 크거나 복잡하여 단조품으로서는 만들기가 곤란하거나, 주철로서는 강도가 부족한 경우에 사용된다.
② 용융점 온도가 1600℃ 전후의 고온으로 취급이 까다로우며 응고 수축이 크다.
③ 주철에 비하여 기계적 성질이 좋고, 용접에 의하여 보수가 용이하다.
④ 단조품이나 압연품에 비하여 방향성이 없다.

(2) 주강의 종류

① 보통 주강(탄소 주강)
  ㉠ 탄소의 함유량에 따라 0.2% 이하의 저탄소 주강, 0.2~0.5%의 중탄소 주강, 0.5% 이상의 고탄소 주강으로 구분한다.
  ㉡ 크롬 주강 : 보통 주강에 3% 이하의 크롬을 첨가하면 강도와 내마멸성이 높아지므로, 분쇄기계와 석유 공업용 심정 기계 부품으로 이용된다.
  ㉢ 니켈-크롬 주강 : 저니켈, 저크롬 주강으로 인장강도, 연성, 내충격성이 좋으므로 기어, 압연 롤러 등에 널리 이용되고 있다.
  ㉣ 망간 주강
    ⓐ 저망간 강(듀콜강) : 0.9~1.2% Mn인 주강으로 펄라이트계이며 열처리에 의하여 니켈-크롬 주강과 비슷한 기계적 성질을 가지게 되므로 제지용이나 롤러에 이용된다.
    ⓑ 고망간 강(하드필드강) : 12% Mn인 주강으로 인성이 높고, 내마멸성도 매우 크므

로, 레일의 포인트, 분쇄기 롤러 등에 이용된다.(절삭이 곤란하여 주물로 사용)

Ducol steel
저망간 강으로 항복점과 인장강도가 대단히 크다. 전연성의 감소가 비교적 적어서 조선, 차량, 건축, 토목 구조물, 철골, 교량, 함선용으로 사용된다.

Chapter 3

비철금속재료

3-1 구리와 그 합금

1. 구리의 특징

① 비중 8.96, 용융점 1083℃
② 용융점 이외에는 변태점이 없다.
③ 면심입방격자이다.(연하고 전연성이 좋아 소성가공하기 쉽다.)
④ 비자성체로 자석에 붙지 않는다.
⑤ 전기 전도도가 우수하다. 금속 중 은(Ag) 다음으로 전기 전도도가 우수하다.
⑥ 열 전도도가 우수하다. 금속 중 은(Ag) 다음으로 열 전도도가 우수하다.
⑦ 공기 중에서 표면이 산화되어 암적색이 되고 재료 내부는 부식되지 않는다.
⑧ 철강 재료에 비하여 내식성이 커서 공기 중에서 거의 부식되지 않으나, 황산, 염산, 질산에 쉽게 용해된다.
⑨ 해수(海水)에 부식되어 염기성 탄산동의 녹이 생긴다.
⑩ 아름다운 색을 띠고 있다.
⑪ 용접 및 접합성이 우수하다.

전기 전도율을 해치는 원소 : Ti, P, Fe, Si, As 등
가공성을 저하하는 원소 : Bi, Pb
구리 강도 및 내마모 향상 원소 : Cd

수소병(수소 취성)
산화구리를 환원성 분위기에서 가열하면 H_2가 반응하여 수증기를 발생하고 구리 중에 확산 침투하여 균열(haler crack)을 발생한다.

2. 황동(구리 + 아연)

(1) 황동의 성질
① 색이 아름다우며 순수한 구리보다도 주조하기가 쉬워 공업용으로 많이 사용된다.(일명 놋쇠라 한다.)
② 전연성(늘어나는 성질)이 풍부하다. 압연과 단조가 가능하다.
③ 아연의 함유량에 따른 변화
  ㉠ 아연량이 증가함에 따라 비중은 직선적으로 작아지며,
  ㉡ 전기 전도도, 열 전도도는 40% Zn까지의 α고용체 범위에서는 감소를 하나 그 이상이 되면 β상이 석출되면서 전기 전도도는 상승하여 50% Zn에서 극대값을 이룬다.
  ㉢ 인장강도는 아연 함유량과 더불어 증가하는데, 40% Zn일 때 최대가 된다.

(2) 황동의 결함
① **자연 균열**(season crack) : 냉간가공한 봉, 관, 용기 등이 사용 중이나 저장 중에 가공 때의 내부응력, 공기 중의 염류, 암모니아 가스(NH_3)로 인해 입간 부식을 일으켜 균열이 발생하는 현상이다.
  [방지법] ㉠ 200~300℃에서 저온 풀림하여 내부 응력 제거
          ㉡ 도금법 및 도색법
② **탈아연 부식** : 바닷물에 침식되어 아연(Zn)이 용해 부식되는 현상이다.
  [방지법] ㉠ 아연판을 도선에 연결
          ㉡ 전류에 의한 방식법
          ㉢ 주석황동을 만든다.(Sn 1% 첨가)
③ **경년 변화** : 냉간 가공한 후 저온 풀림 처리한 황동(스프링)이 사용 중 시간의 경과와 더불어 스프링의 특성(경도값 증가)을 잃는 현상이다.

3. 청동(구리 + 주석)

(1) 청동의 성질
① 대기 중에서 내식성이 있으며 해수에도 우수한 저항성을 가진다.(산이나 알칼리에 대해서는 약하다.)
② 주조성, 강도가 좋으며 가볍다.
③ **주석의 함유량에 따른 변화**
  ㉠ Sn의 함유량이 증가할수록 전기 전도도는 감소한다.
  ㉡ Sn의 함유량이 증가할수록 강도, 경도는 증가한다.
  ㉢ Sn 4%에서 연신율 최대, 그 이상에서는 급격히 감소한다.
  ㉣ Sn 15% 이상에서 경도가 급격히 증가하고 Sn 함량에 비례하여 증가한다.

제 5 편 기계재료

구리합금

비중 : 8.96
용융점 : 1083℃

구리의 특징
- 전기가 잘 통한다.
- 비자성체이다.
- 열전도도가 우수하다.
- 면심입방격자
- 전연성이 풍부
- 변태점이 없다.
- 용접성이 우수
- 공기중에서 표면이 산화되어 암적색이 되고 재료 내부는 부식되지 않음
- 해수에 침식된다.
- 황산, 염산, 질산에 쉽게 용해된다.

- 황동
  - 톰백 : 모조금 아연 5~20%. 전연성이 좋고 색깔이 금색 모조금으로 사용, 판재 사용
  - 7:3황동 : 70%Cu-30%Zn의 합금. 가공용 황동의 대표. 자동차 방열기, 탄피 재료
  - 6:4황동=문쯔메탈 : 60%Cu-40%Zn 황동 중 가장 저렴. 탈아연 부식 발생
  - 황동 주물 : 절삭성과 주조성이 좋아 기계 부품, 건축용 부품
  - 쾌삭 황동 : 1.5~3.0%Pb 절삭성이 좋아 정밀 절삭가공을 필요로 하는 기계용 기어, 나사에 사용
  - 주석 황동
    - 애드미럴티 황동 : 7:3황동에 1%의 내의 Sn 첨가
    - 네이벌 황동 : 6:4황동에 1%의 내의 Sn 첨가
  - 델타메탈(=철황동) : 6:4황동에 1~2%Fe 함유, 강도와 내식성 우수. 광산, 선박, 화학기계에 사용
  - 망간니 : 황동에 10~15%망간 함유. 전기저항률이 크고, 온도계수가 적어 표준저항기, 정밀기계에 사용
  - 양은=양백=Nickel Silver : 10~20%Ni 장식품, 악기, 광학기계 부품에 사용

- 청동
  - 청동 주물
    - 포금 : 8~12%의 Sn에 1~2%의 Zn을 함유, 해수에 잘 침식되지 않는다.
    - 애드미럴티 포금 : 88%Cu, 10%Sn, 2%Zn의 합금으로 포금의 주조성과 절삭성 개량
  - 베어링용 청동 : 10~14%Sn, 내마멸성이 크므로 자동차나 일반기계의 베어링으로 사용
  - 인 청동 : 인으로 탈산시킨 것으로 강인하고 내식성이 좋아 스프링 재료로 사용
  - 알루미늄 청동 : 약 15% Al 함유, 선박용, 화학공업용
  - 베릴륨 청동 : 탄성이 좋은 점의 이용, 고급 스프링, 벨로즈(bellows)
  - 니켈 청동 : 점성이 강하고, 내식성도 크며, 표면의 평활한 합금이 된다. 뜨임 취성을 일으키는 단점이 있다.

3-2 알루미늄과 그 합금

1. 알루미늄의 특징

① 비중은 2.7, 용융점은 660℃이다.
② 면심입방격자이다.(연하고 전연성이 좋아 소성가공하기 쉽다.)
③ 전기 및 열의 양도체이다.
④ 상자성체(常磁性)이다.
⑤ 순수 Al은 주조가 곤란, 유동성이 작고, 수축률이 크다.
⑥ 대기 중에서 안정한 표면에 산화피막(산화알루미늄 Al_2O_3)을 형성하여 대기 중에서는 부식이 되지 않는다.
⑦ 염산이나 황산 등의 무기산에는 약하며 특히 알칼리 수용액에는 더욱 약하여 바닷물에는 심하게 침식된다.
⑧ 알루미늄은 보크사이트(bauxite)를 원광으로 하여 추출(抽出)하여 얻어진다.
⑨ 주조가 용이하며 다른 금속과 잘 합금되어 여러 가지 합금으로 만들어진다.

상자성체(常磁性, paramagnetism)

상자성체에 외부에서 자기장을 가하면 그에 비례해 약한 자성을 띠며 자기장을 없애면 열에 의한 분자운동 때문에 자기장의 방향이 다시 아무렇게나 흐트러져서 물질 전체적으로는 자성이 없어진다. 상자성 물질은 자성을 강하게 띠지 않기 때문에 그 자신을 움직일 만한 자력을 형성하지 않는다. 그래서 자석에 가까이와도 붙지 않는다. 상자성체로는 텅스텐, 알루미늄, 마그네슘 등이 있다.

산화피막

알루미늄은 녹이 슬면 철과 다르게 구조가 매우 견고하고 조밀해져서 공기와의 접촉을 차단해준다. 추가로 녹이 스는 것을 막아 준다. 즉 알루미늄은 표면만 녹이 슬게 되고 안에 더 이상 녹이 슬지 않게 된다. 이 산화된 표면을 산화피막(알루미나)이라고 한다.

2. 알루미늄 합금의 종류

알루미늄 합금
비중 : 2.7
용융점 : 660℃

알루미늄의 특징
- 전기 및 열의 양도체
- 면심 입방 격자
- 전연성이 좋다.
- 염산·황산·바닷물에 침식된다.
- 대기 중에서 안정한 표면 산화막을 형성
- 열처리로 석출 경화, 시효 경화시켜 성질 개선

주물용 알루미늄 합금
- 알루미늄-구리계 합금 ── 알코아 : 자동차 하우징, 버스 및 항공기 바퀴, 크랭크 케이스에 사용된다. 고온 메짐, 수축 균열이 있다.
- 알루미늄-규소계 합금 ── 실루민 : 주조성은 좋으나 절삭성 불량, 재질(개량) 처리 효과가 크다.
- 알루미늄-구리-규소계 합금 ── 라우탈 : 주조성이 좋고 시효 경화성이 있다. 주조 균열이 적어 두께가 얇은 주물의 주조와 금형 주조에 적합하다.
- 알루미늄-마그네슘 합금 ── 하이드로날륨 : Al + Mg(10%) : 열처리하지 않고 승용차의 커버, 휠디스크의 재료
- 다이캐스팅용 합금 : 라우탈, 실루민, 하이드로날륨
- Y합금-Al + (4%Cu) + (2%Ni) + (1.5%Mg) : 내열용 알루미늄 합금으로 피스톤 재료로 사용
- Lo-ex(로엑스) 합금-Al + Si + Cu + Mg + Ni : 열팽창계수가 적고 내열성, 내마멸성이 우수하다. 금형에 주조되는 피스톤용

가공용 알루미늄 합금

고강도 알루미늄 합금
- 두랄루민(D) : Al+(4%Cu)+(0.5%Mg)+(0.5%Mn) 무게를 중시하는 항공기나 자동차에 사용
- 초두랄루민(SD) : Al+(4.5%Cu)+(1.5%Mg)+(0.6%Mn) 항공기의 구조재와 리벳, 기계류, 일반 구조물에 사용
- 초강두랄루민(ESD) : Al+(1.6%Cu)+(2.5%Mg)+(0.2%Mn)+(5.6%Zn)+(0.3%Cr) 주로 항공기에 사용되며 인강강도가 높다.

내식용 알루미늄 합금
- 알민(almin)(Al-Mn 1~1.5%) : 내식성 우수, 가공성, 용접성이 우수하며 저장탱크, 기름탱크에 사용
- 알드레이(aldrey)(Al-Mg-Si계) : 강도와 인성이 있고 큰 가공 변형에도 견딤. 송전선에 사용
- 하이드로날륨(hydronalium)(Al-Mg계) : 해수, 알칼리성에 대한 내식성이 강하다. 승용차의 커버, 휠디스크의 재료

3-3 니켈과 그 합금

1. 니켈의 특징

① 비중 : 8.9, 용융점 : 1455℃, 은백색의 면심 입방 격자
② 열전도도가 우수하다.
③ 상온에서 전연성이 좋고, 소성가공 및 내식성, 내산화성이 우수하다.
④ 상온에서 강자성체 360℃에서 자성을 잃는다.(자기변태)
⑤ 내식성이 크고 공기 중에서 500~1000℃로 가열해도 열로 산화 안 됨. 질산, 염산에 침식되고 황산에 부식되지 않으며 알칼리에 강하다.
⑥ 용도는 화학공업, 식품공업, 화폐, 도금용 등에 널리 사용된다.
⑦ 니켈(Ni)의 제조법에는 전기 분해법으로 만든 전해 Ni과 광석에서 몬드법(Mond process)으로 만든 몬드 니켈이 있다.

2. 니켈 합금

니켈 합금
비중 : 8.9
용융점 : 1455℃

니켈의 특징
- 열 전도도가 좋다.
- 전연성이 있다.
- 염산이나 황산 등에는 잘 부식되지 않는다.
- 알칼리에 대해서도 저항력이 크다.
- 질산에 약하다.

- 큐프로니켈 : 10~30%Ni을 함유한 것으로, 비철합금 중 전연성이 가장 크다. 화폐, 급수가열기
- 콘스탄탄 : 40~50%Ni 함유, 전기저항이 크고, 온도계수가 작다. 전기저항선, 열전쌍에 사용, 전기용 정밀 부품
- 모넬메탈 : 65~70%Ni 함유, 주조 및 단련이 쉽다. 고압, 과열증기 밸브 펌프 부품, 터빈 날개, 펌프 임펠러 재료
- 니크롬 : Ni에 15~20%Cr계 합금을 니크롬이라 하며 전기저항, 내열성, 고온경도 및 강도가 커 전기저항선에 사용
- 인코넬 : 70~80%Ni, 15%Cr 5%Fe. 산성 용액, 알칼리 수용액, 각종 유기산에 잘 견딘다. 내식성이 강하여 우유 가공용 재료, 전열기의 부품에 사용된다.
- 크로멜 : Ni에 20%Cr이 함유된 합금을 크로멜이라 하며, 고온 산화, 고온 강도가 커서 고온용 발열체로 사용
- 알루멜 : 35%Al, 0.5%Fe, 나머지 Ni. 열전대로 이용된다.
- 불변강 : Ni-Fe계 합금으로, 인바, 슈퍼인바, 엘린바, 플래티나이트, 니칼로이, 퍼멀로이

3-4 마그네슘과 그 합금

1. 마그네슘의 특징

① 비중 1.74로 실용 금속 중 가장 가볍다. 용융점 650℃, 재결정 온도 150℃
② 조밀육방격자이다.

③ 상자성체(常磁性)이다.
④ 물과 반응하여 금속 화재가 발생한다. 또한 고온에서 발화하기 쉽다.
⑤ 대기중에서 내식성이 양호하나 산이나 염류에는 침식되기 쉽다. 알카리성에 거의 부식되지 않는다.
⑥ 냉간가공이 거의 불가능하여 200℃ 정도에서 열간 가공(300~400℃) 압연·압출한다.

2. 마그네슘 합금

① 다우메탈(Dow-metal) : Mg-Al계 Mg 합금 중 비중이 가장 적다. 주조용 합금으로 용해, 주조, 단조가 비교적 용이하다.
② 일렉트론(Elektron) : Mg-Al-Zn계 주조용 합금으로 항공기, 자동차 부품에 사용된다.

3-5 주석과 그 합금

1. 주석(Sn)의 특징

① 비중 7.3, 용융점 232℃
② 동소변태 13℃[α-Sn(회주석) $\rightleftarrows$ -Sn(백주석)]
③ 용융점이 낮아 주조성이 뛰어나다.
④ 주석은 신체에 전혀 해가 없는 무독성의 재질로 일상 생활용품과 유아용품으로도 사용된다.
⑤ 소성이 커서 박판의 제조가 용이하다.(선으로 인발이 어렵다.)
⑥ 주석은 금이나 백금, 은과 같은 귀금속과 마찬가지로 녹슬거나 변하지 않는다.
⑦ 은백색의 광택을 가지고 있어 공예품 소재로 사용된다.
⑧ 온도를 유지하는 성질이 있어 각종 식품용기, 맥주잔 등으로 사용된다.

2. 주석 합금

① Sn-Sb-Cu계[퓨터(pewter) 또는 브리타니아 메탈] 합금 : 식기(食器), 그림물감의 튜브, 의약품 튜브, 각종 용기 제작
② 퓨즈용 합금 : Pb, Sn, Bl, Cd 등의 저용융 합금 첨가. 용도로는 자동차 소화기, 화재경보 장치, 보일러 안전밸브, 전기용 퓨즈에 사용
③ 활자 합금 : Pb-Sn-Sb계 합금의 경도와 내마멸성이 요구되는 곳에 사용

3-6 아연과 그 합금

1. 아연의 특징

① 비중 7.14, 용융점 419℃
② 조밀육방격자의 회백색 금속
③ 청색이 도는 은백색 금속으로 상온에서는 부서지기 쉽다.
④ 100℃~150℃에서는 전성(展性)·연성(延性)이 증가하여 철사나 얇은 판으로 만들 수 있다.
⑤ 210℃ 이상에서는 다시 부서지기 쉬워진다.
⑥ 상온에서 습한 공기 중에서는 물과 이산화탄소의 작용으로 표면만 산화되어 얇은 회백색 피막(염기성 탄산아연[$Zn_5(OH)_6CO_3$])이 생기며 이로 인해 내부가 보호된다. 공기 중에서의 내식성(耐蝕性)은 순도가 높을수록 좋다
⑦ 아연도금철판(함석)으로 가장 많이 사용된다. 이것은 얇은 철판에 아연 박막(薄膜)을 씌운 것으로 표면에 주석을 씌운 주석판(양철)에 비해서 화학적 내성(耐性)이 훨씬 좋다.

3-7 납과 그 합금

1. 납의 특징

① 비중 : 11.34, 용융점 : 325.6℃
② 면심입방격자로 전연성이 우수하다.
③ 용융점이 낮아 주조성이 우수하다.
④ 순수한 물에 산소가 용해되어 있는 경우에는 심한 부식을 하게 되나, 자연수 또는 해수에는 거의 부식이 되지 않는다.
⑤ 황산용액과 같은 부식성 물질의 용기로 사용된다.
⑥ Pb은 방사선을 흡수하므로 원자로나 X선의 차단 재료로 사용
⑦ 전기 전도율이 나쁘다.

2. 납 합금

① **연납** : Pb-Sn계로 납땜을 할 때 사용되는 납 합금, 순도가 높은 납 합금이다.
② **경납** : Pb-Sb 납은 내식성은 좋지만, 연질(軟質)이기 때문에 안티몬을 소량 첨가하여 합금으로써 사용되며, 이것을 경납(硬鉛)이라고 한다. 안티몬 2~3%의 합금은 케이블 피복용,

안티몬 4%의 합금은 축전지용, 화학장치용, 안티몬 6% 이상의 합금은 내산밸브, 코크 등에 사용된다. 안티몬납이라고도 한다.

 3-8 티탄과 그 합금

1. 티탄의 특징

① 비중 : 4.54, 용융점 : 1668℃
② 880℃ 이하에서는 조밀육방격자(HCP)인 α상을 가지고, 880℃ 이상에서는 면심입방격자(BCC)인 β상을 나타낸다.
③ 비중에 대한 인장강도의 비, 즉 비강도가 극히 높아 우주 항공기 분야에 많이 사용된다.
④ 크리프 강도가 높아 고온 재료, 즉 항공기, 우주선, 가스 터빈의 구조용 재료에 사용된다.
⑤ 실용 금속 중 내식성이 가장 우수하다. 화학공업용으로 수산화나트륨의 제조장치, 분뇨처리설비 등 강부식의 환경용으로 사용된다.
해수(海水)에 거의 부식이 없기 때문에 선박 부품에 사용되며, 해안 부근의 설비나 건축물의 구조재로 사용된다.
⑥ 인체와 친화성이 대단히 좋아 안경, 시계, 장신구 및 인공치아, 의치, 인공뼈 등 생체 재료로도 사용된다.
⑦ 티탄 제조법에는 크롤(Kroll)법과 헌터(Hunter)법이 있다.

2. Ti 합금

① α형 합금
조밀육방격자(HCP)로 이루어져 있으며 열처리성이 없기 때문에 고온 강도가 높다. 대표적인 재료로는 Ti-Al(5%)-Sn(2.5%)계, Ti-Al(8%)-Mo(1%)-V(1%)계가 있다.
② ($\alpha + \beta$)형 합금
Ti 합금의 대부분을 차지하는 합금으로 비강도가 저탄소강(탄소 함유량 0.12~0.2%)의 5배에 가까운 값을 나타내며 실용 금속 중 비강도가 가장 크다.
미국에서 우주·항공기 부품용 재료로 사용되고 있고, 자동차의 커넥팅 로드, 골프채 등의 제작용으로 사용된다.
Ti-Al(6%)-V(4%)계가 있다. 단점으로는 냉간가공성이 떨어진다.
③ β형 합금
Ti-V(13%)-Cr(11%)-Al(6%)계로 냉간가공이 용이하고 용접성이 우수하다.

Chapter 4 신소재

4-1 초전도 재료

(1) 초전도 현상
구리 등의 금속선은 전류를 통하면 전기저항으로 인하여 전력이 소비되고, 사용온도를 낮추면 전기저항이 완전히 없어지는 현상을 나타낸다. 이러한 현상을 초전도 현상이라 한다. 이러한 현상을 나타내는 재료를 초전도 재료라 한다.

(2) 초전도 현상에 영향을 주는 인자
① 온도 ② 자기장 ③ 전류밀도

(3) 초전도 재료의 종류
① 순금속계-6종류
　㉠ Nb(니오브) : 초전도온도 절대온도로 9.25K, 섭씨온도 −263.9℃ 이하가 되면 초전도 현상이 발생된다.
　㉡ Pb(납) : 초전도온도 절대온도로 7.2K, 섭씨온도 −265.95℃ 이하가 되면 초전도 현상이 발생된다.
　㉢ V(바나늄) : 초전도온도 절대온도로 5.4K, 섭씨온도 −267.75℃ 이하가 되면 초전도 현상이 발생된다.
　㉣ Ta(탄탈) : 초전도온도 절대온도로 4.47K, 섭씨온도 −268.68℃ 이하가 되면 초전도 현상이 발생된다.
　㉤ Tc(테크네튬) : 초전도온도 절대온도로 7.8K, 섭씨온도 −265.35℃ 이하가 되면 초전도 현상이 발생된다.
　㉥ La(란탄) : 초전도온도 절대온도로 4~6K, 섭씨온도 −269.15~−267.15℃에서 초전도 현상이 발생된다.

② 합금계
    ㉠ Nb계 : Nb-Ti계가 주로 사용된다.
    ㉡ Pb계
③ 세라믹계

 4-2 자성재료

(1) 자성재료의 종류
    ① **연자성 재료** : 쉽게 자화되고, 탈자화되는 재료
    ② **경자성 재료** : 자화되기 어렵고, 탈자화가 어렵다. 분자력과 잔류자기유도가 높다.
    ③ **페라이트**
        ㉠ 연페라이트 : TV 수상기의 접속 코일, 자기 테이퍼의 기록용 헤드
        ㉡ 경페라이트 : 바륨 페라이트, 스피커용 자석

(2) 자성재료의 용도
    ① **연자성 재료** : 대표적으로 퍼롤로이(permalloy), 무메탈(mumetal)로서 음향기기나, 측정기기에 쓰이는 변압기에 주로 사용된다.
    ② **경자성 재료**
        ㉠ 대표적으로 알니코(알루미늄+니켈+코발트)
        ㉡ 희토류 자석 : 인체 내의 이식이 가능한 펌프나 밸브 등의 의료기기
        ㉢ 철+크롬+코발트계 자석 : 전화 수화기에 사용되는 영구 자석

 4-3 형상 기억 합금

항복점을 넘은 변형은 영구변형, 즉 소성변형이 남게 된다. 이것을 가열하면 원래의 상태로 회복되는 재료를 형상 기억 합금이라 한다.

[형상 기억 합금의 종류] ① 니켈-티탄계 합금
                      ② 구리-알루미늄-니켈 합금
                      ③ 구리-아연-알루미늄 합금

4-4 복합재료

물리 화학적으로 특성이 다른 수종의 재료를 조합하여 단일재보다 뛰어난 특성을 가진 재료를 말한다. 복합재료는 비강도, 비강성이 크기 때문에 기계 구조물의 중량이 감소되어 에너지를 절감할 수 있다.

※ **비강도**(specific strength) = 강도/비중
※ **비강성**(specific modulus) = 탄성계수/비중

[복합재료의 종류]
① FRM(섬유강화 금속 = fiber reinforced metals) : 모재의 종류가 금속
② FRP(섬유강화 플라스틱 = fiber reinforced plastic) : 모재의 종류가 플라스틱
③ GFRP : FRP에 보강재료로 유리(glass)가 사용된 것
④ CFRP : FRP에 보강재료로 탄소(carbon)가 사용된 것
⑤ 콘크리트 : 시멘트, 모래, 자갈을 섞어서 물로 반죽하여 쓰는 것으로, 양생온도는 15~35℃가 가장 적당하며, 콘크리트의 강도는 혼합수 28일의 강도를 표준으로 하고, 압축강도가 강하고 내수성, 내화성이 크다.

4-5 플라스틱

플라스틱은 합성수지를 주성분으로 하고 이것에 충전제, 안정제 등의 배합제를 넣고 성형한 것

(1) 열가소성 수지의 종류

종 류	특 징	용 도
폴리에틸렌 수지(PE)	무색 투명, 절연성, 내약품성, 내수성 우수, 유연성, 내한성이 좋고 충격에 강함.	용기, 필름, 병류, 전선 피복, 전기 부품
폴리프로필렌 수지(PP)	인장강도, 절연성, 휨 우수	상자, 식기, 전기 부품
폴리스티렌 수지(PS)	무색, 착색 용이, 상온에서 단단함.	컵, 용기, 완구, 가전제품
폴리염화비닐 수지(PVC)	강도, 절연성, 내약품성 우수, 내열성 약함.	파이프, 필름, 병류, 절연 테이프, 전선
폴리아미드 수지(PA)	내열성, 내수성 우수	커넥트, 소켓, 스위치, 조명기구, TV 부품
폴리카보네이트 수지(PC)	충격강도 우수	절연볼트, 너트, 전동 공구류
아크릴 수지	무색 투명, 미려한 광택, 내산·내알칼리성 우수	조명 기구, 투명 부품

종 류	특 징	용 도
아크릴니트릴 브타디엔 스티렌 수지	내충격성, 내화학약품성 우수. 착색 용이	TV, 라디오, 청소기, 세탁기, 전화기, 헤어드라이어, 에어컨, 조명기구 부품

그 외 플루오르 등은 열가소성 수지이다.

(2) 열경화성 수지의 종류

종 류	특 징	용 도
페놀수지(PF)	압축강도, 절연성, 내열성 우수. 내습성 및 충격에 취약	전화기, TV, 커넥트, 스위치, 배선기구, 가전제품, 전열기구 부품
멜라민 수지	착색 용이. 무색 투명. 표면 강함. 내습성 취약	식기, 쟁반, 재떨이, 합판, 버튼, 손잡이 등의 착색 부품
에폭시 수지(EP)	내열성, 내습성, 절연성 우수. 저압. 성형 가능	통신기 부품, 콘덴서 절연 케이스
요소 수지	착색 용이. 내습성 취약	가전 제품, 착색 부품, 형광등 소켓, 배선기구

그 외 폴리에스테르 PET, 실리콘, 폴리우레탄 등은 열경화성 수지이다.
돌의 접합, 틈새의 메우기에 사용하거나 또는 볼트를 고정시킬 때 사용한다.

4-6 제진재료(制振材料 : high damping materials)

구조물이나 기기 또는 장치가 운전되면 반드시 진동이 발생한다. 이 진동은 피로로 연결되어 기계 수명을 줄인다. 또한 떨림에 의해 공작기계에서 가공 정도에 영향을 미치기도 한다. 이러한 진동을 억제할 때 사용되는 재료가 제진재료(制振材料)이다. 대표적인 제진재료로는 고무, 제진강판이 있다.

(1) 제진제료의 종류

① **복합형** : 모상(母相)과 제2상과의 계면에서 점성 또는 소성 유동으로 인해 진동이 열로 변환하는 것으로 주철계 재료나, Al-Zn합금이 있다.
② **강자성형** : 강자성체 중에 존재하는 자벽(磁壁)의 불가역성 이동에 의해 진동을 열로 변환하는 것으로 Fe계 재료가 있다.
③ **전위형** : 고착되어 있는 전위를 불순물 등에 의해 고착점에서 분리해 내고 진동을 열로 변화시키는 것으로 Mg합금이 있다.
④ **쌍정형** : 쌍정 경계의 진동에 의한 이동으로 진동을 열로 발생되는 것으로 Mn-Cu 등의 마텐자이트 조직을 가진 것이다.

⑤ 계면 진동형 : 미세한 균열 틈새 등으로 인해 일어나는 요동에 의해 열이 발생하는 것으로 스테인리스강을 화학 처리한 것이 있다.

공업용세라믹(Fine cetamics)
천연 원료를 정제 또는 합성하여 뛰어난 특성을 가진 세라믹

(2) 세라믹의 종류
① 산화물계 : 알루미나(Al_2O_3)
② 탄화물계 : 탄화규소(SiC), 탄화티탄(TiC), 탄화붕소(B_4C)
③ 질산물계 : 질화규소(Si_3N_4)
④ 유전성(遺傳性), 자성(磁性)이 뛰어나다.
⑤ 내충격성, 내열충격성이 낮다.
⑥ 성형성 및 기계가공성이 나쁘다.

4-7 초소성 재료(超塑性材料 : superplasticitymaterials)

일정한 온도 영역과 변형 속도 영역에서 유리질처럼 늘어나며, 이때 강도가 낮고, 연성이 크므로 작은 힘으로 복잡한 형상의 성형이 가능한 기능성 재료를 초소성 재료라 한다. 인장하중이 작용되고 있을 때 재료가 넥킹(necking)을 일으키지 않고 엿 모양으로 균일하게 늘어나는 현상으로 연신율이 수백%까지 나타나는 현상이다.

(1) 초소성의 형태
① **미세결정입자 초소성**(항온 초소성) : 결정립 직경이 수 μm 이하의 대단히 미세한 합금에 나타나는 초소성으로 일반적으로 초소성이라고 하면 미세결정입자 초소성 또는 항온 초소성이라 한다.
② **변태 초소성** : 재료가 변형 중에 변태점을 전후로 열사이클을 받는 경우에 발생하는 현상으로 연성이 갑자기 증가하는 형태이다. 예를 들어 철강처럼 도소변태를 나타내는 합금을 변태점을 사이에 두고 가열과 냉각을 주기적으로 열사이클을 반복시키면 재료가 연성이 증가되어 초소성이 일어나는 경우이다.

(2) 초소성 재료
① Al-Zn합금은 플라스틱 성형용 금형을 제작하는데 실용적으로 사용되고 있다.
② Ni-Cr(39%)-Fe(10%)합금은 제트엔진의 부품 제작에 사용되고 있다.
③ Ti-Al(6%)-V(4%)합금은 항공기 부품 제작에 사용되고 있다.

시험에 자주 출제되는 기계재료

[스테인리스강(stainless steel)]

성분계	조직	KS 기호	특 징	
			자성	담금질성(열처리성)
Cr계	마텐자이트(13%Cr)	STS410	자성 있음	담금질 경화성 있음
	페라이트(15%Cr)	STS430	자성 있음	담금질 경화성 없음
Cr-Ni계 내식성 가장 우수	오스테나이트 18%Cr-8%Ni	STS304	자성 없음	담금질 경화성 없음

[합금공구강 종류]

절삭 공구용	S2종	STS 2	탭, 드릴, 커터의 재료
	S21종	STS 21	
	S5종	STS 5	원형 톱, 띠톱의 재료
	S51종	STS 51	
냉간 금형용	D1종	STD 1	성형틀 다이스, 분말 성형틀 재료
	D11종	STD 11	나사 전조 다이, 프레스 형틀 재료
	D12종	STD 12	
열간 금형용	F3종	STF 3	다이 블록(die block), 압출공구 재료
	F4종	STF 4	프레스 형틀, 압출공구 재료

[탄소공구강]

탄소공구강	탄소함유량[%]		용도
STC1	1.3~1.5%	과공석강	칼줄
STC2	1.1~1.3%		드릴, 철공용 줄, 소형펀치, 면도날, 태엽, 쇠톱
STC3	1.0~1.1%		나사 가공 다이스, 쇠톱, 프레스 형틀, 게이지, 끌, 치공구
STC4	0.9~1.0%		태엽, 목공용 드릴, 목공용 띠톱, 펜촉 도끼, 끌, 면도날
STC5	0.8~0.9%		각인, 프레스 형틀, 태엽, 띠톱, 치공구, 원형 톱, 게이지
STC6	0.7~0.8%	아공석강	각인, 원형 톱, 태엽, 프레스 형틀
STC7	0.6~0.7%		각인, 스냅, 프레스 형틀, 나이프

[냉간압연강판, 강대(cold-reduced carbon steel sheets and strip)]

종류의 기호	용 도
SPCC	일반용
SPCD	드로이용
SPCE	딥드로잉 용

[열간압연강판, 강대(hot-reduced carbon steel sheets and strip)]

종류의 기호	용 도
SPHC	일반용
SPHD	드로이용
SPHE	딥드로잉 용

[기계 구조용 합금강]

명 칭	KS기호	
크롬강(Cr강)	SCr 415	4 : 주요 합금 원소기호 15 : 탄소함유량 평균값 0.15C%
니켈-크롬강(Ni-Cr강)	SNC415	4 : 주요 합금 원소기호 15 : 탄소함유량 평균값 0.15C%
망간강(Mn강)	SMn420	4 : 주요 합금 원소기호 15 : 탄소함유량 평균값 0.20C%
망간-크롬강(Mn-Cr강)	SMnC443	4 : 주요 합금 원소기호 43 : 탄소함유량 평균값 0.43C%
크롬-몰리브덴강(Cr-Mo강)	SCM415	4 : 주요 합금 원소기호 15 : 탄소함유량 평균값 0.15C%
니켈-크롬-몰리브덴강(Ni-Cr-Mo강)	SNCM220	2 : 주요 합금 원소기호 20 : 탄소함유량 평균값 0.20C%

① SM45C(Carbon steel for machine structural use) : 기계 구조용 탄소강, 탄소함량 0.45%(0.42%~0.48% 탄소함유량)
② SM400A(Steel Marine) : 용접 구조용 압연강재 인장강도(400~510N/mm^2), 즉 최저 인장강도 400N/mm^{2}이다. A, B, C의 순서로 용접성이 좋아진다.
③ SS330 : 일반 구조용 압연강재, 최저인장강도 330N/mm^2
④ GC210 : 회주철(보통주철), 최저 인장강도 210N/mm^2
⑤ WMC330 : 백심 가단주철, 최저 인장강도 330N/mm^2
⑥ BMC270 : 흑심 가단주철, 최저 인장강도 270N/mm^2
⑦ PMC440 : 펄라이트 가단주철, 최저 인장강도 440N/mm^2
⑧ GCD400 : 구상흑연 주철, 최저 인장강도 400N/mm^2
⑨ SC420 : 탄소강 주조품, 최저 인장강도 420N/mm^2
⑩ SF340A : 탄소강 단조품, 최저 인장강도 340N/mm^2, A(Annealing : 풀림 열처리)
⑪ SPS6 : 스프링 강재 6종
⑫ SKH2 : 고속도강(표준고속도강 SKH2)
⑬ PPS420 : 압력 배관용 탄소강관 최저 인장강도 410N/mm^2
⑭ SPP15A : 일반 배관용 탄소강관(carbon steel pipes for ordinary piping) 내경이 15mm 배관용 탄소강관

주기율표

1족																	18족
1 H 1.01 수소	2족											13족	14족	15족	16족	17족	2 He 4.00 헬륨
3 Li 6.94 리튬	4 Be 9.01 베릴륨											5 B 10.81 붕소	6 C 12.01 탄소	7 N 14.01 질소	8 O 16.00 산소	9 F 19.00 플루오르	10 Ne 20.18 네온
11 Na 22.99 나트륨	12 Mg 24.31 마그네슘	3족	4족	5족	6족	7족	8족	9족	10족	11족	12족	13 Al 26.98 알루미늄	14 Si 28.09 규소	15 P 30.97 인	16 S 32.07 황	17 Cl 35.45 염소	18 Ar 39.95 아르곤
19 K 39.10 칼륨	20 Ca 40.08 칼슘	21 Sc 44.96 스칸듐	22 Ti 47.88 티탄	23 V 50.94 바나듐	24 Cr 52.00 크롬	25 Mn 54.94 망간	26 Fe 55.85 철	27 Co 58.93 코발트	28 Ni 58.69 니켈	29 Cu 63.55 구리	30 Zn 65.39 아연	31 Ga 69.72 갈륨	32 Ge 72.61 게르마늄	33 As 74.92 비소	34 Se 78.96 셀렌	35 Br 79.90 브롬	36 Kr 83.80 크립톤
37 Rb 85.47 루비듐	38 Sr 87.62 스트론튬	39 Y 88.91 이트륨	40 Zr 91.22 지르코늄	41 Nb 92.90 니오브	42 Mo 95.94 몰리브덴	43 Tc (98) 테크네튬	44 Ru 101.07 루테늄	45 Rh 102.91 로듐	46 Pd 106.42 팔라듐	47 Ag 107.87 은	48 Cd 112.41 카드뮴	49 In 114.88 인듐	50 Sn 118.71 주석	51 Sb 121.76 안티몬	52 Te 127.60 텔루르	53 I 126.90 요오드	54 Xe 131.29 크세논
55 Cs 132.91 세슘	56 Ba 137.33 바륨	57 La 138.91 란탄	72 Hf 178.49 하프늄	73 Ta 180.95 탄탈	74 W 183.84 텅스텐	75 Re 186.21 레늄	76 Os 190.23 오스뮴	77 Ir 192.22 이리듐	78 Pt 195.08 백금	79 Au 196.97 금	80 Hg 200.59 수은	81 Tl 204.38 탈륨	82 Pb 207.20 납	83 Bi 208.98 비스무트	84 Po (209) 폴로늄	85 At (210) 아스타틴	86 Rn (222) 라돈
87 Fr (223) 프랑슘	88 Ra (226) 라듐	89 Ac (227) 악티늄															

번호 기호
원자량
원자이름

※ 금 속 : 상온(25℃)에서 대부분 고체 [예외 : Ga(액체), Hg(액체), Cs(액체), Fr(액체) 등]
※ 비금속 : 상온(25℃)에서 대부분 기체 [예외 : Br(액체), Br₂), I(고체, I₂) 등]
(※ 중금속 : 금속과 비금속의 경계지역 / ※ 양쪽성 원소 : Al, Zn, Sn, Pb)
→ (※ 전이원소 : 굵은 테두리 → 나머지 : 전형원소

	58 Ce 140.12 세륨	59 Pr 140.91 프라세오디뮴	60 Nd 144.24 네오디뮴	61 Pm (145) 프로메튬	62 Sm 150.36 사마륨	63 Eu 151.97 유로퓸	64 Gd 157.25 가돌리늄	65 Tb 158.93 테르븀	66 Dy 162.50 디스프로슘	67 Ho 164.93 홀뮴	68 Er 167.26 에르븀	69 Tm 168.93 툴륨	70 Yb 173.04 이테르븀	71 Lu 174.97 루테튬
란탄 계열														
악티늄 계열	90 Th 232.04 토륨	91 Pa (231) 프로트악티늄	92 U 238.03 우라늄	93 Np (237) 넵투늄	94 Pu (244) 플루토늄	95 Am (243) 아메리슘	96 Cm (247) 퀴륨	97 Bk (247) 버클륨	98 Cf (251) 캘리포르늄	99 Es (252) 아인시타이늄	100 Fm (257) 페르뮴	101 Md (258) 멘델레븀	102 No (259) 노벨륨	103 Lw (260) 로렌슘

Part 6

유압기기

Chapter 1	유압기기의 개요 (油壓機器, oil pressure machine)
Chapter 2	유압 작동유(hydraulic operating oil)
Chapter 3	유압 펌프
Chapter 4	유압 제어밸브
Chapter 5	유압 액츄에이터 (유압작동체, Hydraulic actuator)
Chapter 6	축 압 기(어큐물레이터, Accumulatr)
Chapter 7	유압회로와 관이음
Chapter 8	한국 공업 규격 유압 용어 (Glossary of Terms for Oil Hydraulics)

제 6 편 유압기기

Chapter 1 유압기기의 개요
(油壓機器, oil pressure machine)

1-1 유압기기의 원리 (파스칼의 원리 적용)

▶ **파스칼의 원리**(pascal's Principle) = 유압기기의 원리

밀폐된 용기 속에 정지하고 있는 유체의 압력은 항상 같고 모든 면에 수직으로 작용한다. 또한 유체의 압력은 모든 부분에 그대로 전달되고 그 방향과 관계없이 동일하다.

① 공기는 압축되나 오일은 압축되지 않는다.
② 오일은 운동을 전달할 수 있다.
③ 오일은 힘을 전달할 수 있다.
④ 단면적을 변화시키면 힘을 증대시킬 수 있다.
⑤ 밀폐된 용기에 오일을 채우고 이곳에 압력을 가하면 이 용기의 내면에 직각으로 똑같은 압력이 작용한다.

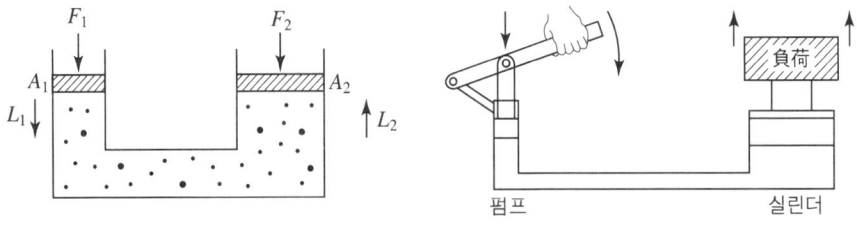

압력은 같다 ▶ $P_1 = P_2$: $\dfrac{F_1}{A_1} = \dfrac{F_2}{A_2}$

입력일과 출력일은 같다 ▶ $F_1 \times L_1 = F_2 \times L_2$

원통인 용기인 경우의 단면적 : $A_1 = \dfrac{\pi d_1^2}{4}$, $A_2 = \dfrac{\pi d_2^2}{4}$

움직인 거리 : L_1, L_2

제 1 장 유압기기의 개요(油壓機器, oil pressure machine)

 ## 1-2 유압기기의 장·단점

동력전달 방식에는 유압, 전기, 공압, 기계적 등의 여러 가지 방식이 있다.
유압방식은 이들 방법 중 대동력의 전달에 적합하고 다음과 같은 장점과 단점이 있다.

(1) 장 점
① 파스칼의 원리가 적용되어 소형으로 대동력의 전달이 가능하다.
② 압력과 유량의 변화를 통해 출력의 크기와 속도를 무단으로 간단히 제어할 수 있다.
③ 전기적인 신호를 주어 자동제어, 원격제어가 가능하다.
④ 여러 가지 움직임을 동시에 일어나게 하거나 연속운동이 가능하다.
⑤ 과부하 안전장치가 간단하다. 안전장치로는 다음과 같은 장치가 있다.
  (축압기＝어큐머레이터＝Accumulator) : 충격압력흡수
  (안전밸브＝릴리프밸브＝Relief valve) : 회로내의 최고압력을 제한하는 밸브
⑥ 가동시의 관성이 작아 가동, 정지를 빠르게 할 수 있다.
⑦ 기계동력을 유체동력으로 축척이 가능하다(축압기＝어큐머레이터＝Accumulator).
⑧ 비압축성유체를 이용함으로 응답속도가 빠르다.

(2) 단 점
① 유온의 변화에 따른 기름의 점도의 변화로 정확한 제어가 힘이 든다.
② 유온이 상승하거나, 장치의 이음매의 불량에 의한 작동유가 누설되기 쉽다.
③ 유압에너지를 변환하기 위해서 상당한 설비장치가 필요하다.
④ 소음, 진동이 발생하기 쉽다.
⑤ 기름속에 공기나 먼지가 혼입되어 있으면 고장을 일으키기 쉽다.
⑥ 속도를 너무 크게 하면 공동화현상(cavitation)이 발생되기 때문에 작동속도에 제한이 있다.

1-3 유압기기의 분류

유압펌프 (oil hydraulic pump)	(1) 기어펌프(gear pump) ① 외접기어펌프(external gear) ② 내접기어펌프(internal gear)
	(2) 베인펌프(vane pump) ① 정용량형 베인펌프(constant-volume type vane pump) ② 가변용량형 베인펌프(variable volume type vane pump)
	(3) 로터리플런저펌프(rotary plunger pump) = 회전피스톤펌프 ① 엑시얼플런저펌프(axial plunger pump) : 경사추식엑시얼 플런저펌프, 경사판식엑시얼플런저펌프, 회전경사판식 엑시얼플런저펌프 ② 레이디얼실린더펌프(radial cylinder pump) : 회전실린더식 플런저펌프, 고정실린더식 플런저펌프
	(4) 나사펌프(screw pump)
유압액추에이터 (oil hydraulic actuator)	(1) 유압실린더(oil hydraulic cylinder) ① 플런저형실린더(plunger type cylinder) ② 램실린더형(ram cylider type) ③ 다단실린더형(multistage cylinder type)
	(2) 유압모터(hydraulic motor) ① 기어모터(gear motor) ② 베인모터(vane motor) ③ 로터리플런저모터(rotary plunger motor)
	(3) 요동모터(rocker motor) : ① 베인형(vane type) ② 플런저형(piston type)
유압제어밸브 (oil hydraulic contol valve)	(1) 압력제어밸브(pressurce control valve) ① 릴리프밸브(relief valve)　② 감압밸브(reducing valve) ③ 시퀀스밸브(sequence valve)　④ 카운터 밸런스밸브(counter balance valve) ⑤ 무부하밸브(unloading valve) ⑥ 압력스위치(pressure switch)
	(2) 유량제어밸브(flow control valve) ① 유량조정밸브(flow regulating valve) ② 조리개(restrictor) ③ 분류기(shunts)
	(3) 방향제어밸브(direction contrd valve) ① 방향변환밸브(direction change valve) ② 디셀러레이션밸브(deceleration valve) ③ 역지밸브(oil check valve)
유압부속기기	(1) 축압기(accumulator) : ① 공기압축형, ② 중추형, ③ 스프링형
	(2) 유여과기(oil fitter) : ① 탱크용, ② 관로용, ③ 통기용필터
	유냉각기(oil cooler), 기름탱크(oil tank), 공기청정기(air breather), 배관부속품(pipe fitting)

제 1 장 유압기기의 개요(油壓機器, oil pressure machine)

[유압기기의 4대 요소] 유압탱크, 유압펌프, 유압밸브, 유압 작동기(액츄에이터)

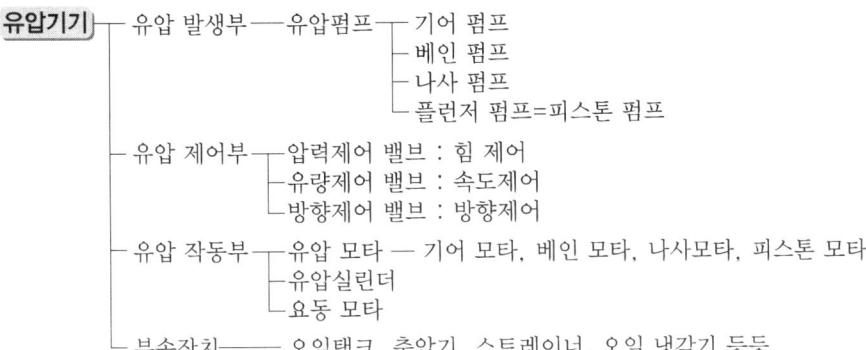

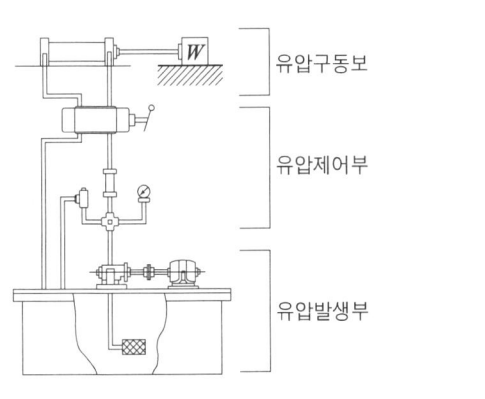

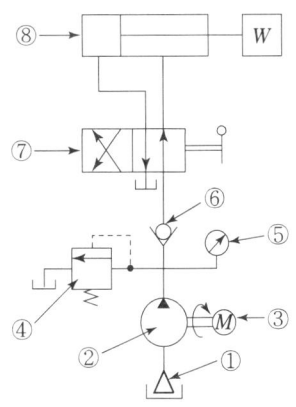

① 오일여과기 ② 유압펌프 ③ 전기모터 ④ 릴리프밸브
⑤ 압력계 ⑥ 체크밸브 ⑦ 방향제어밸브 ⑧ 실린더

Chapter 2

유압 작동유 (hydraulic operating oil)

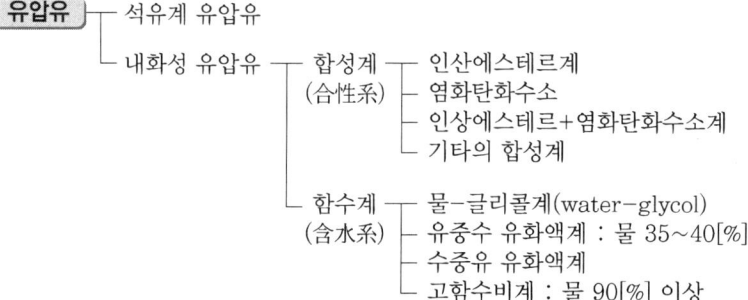

① 작동유의 성질 중 가장 중요한 것은 점도이다.
② 유압유로 가장 널리 사용 : 석유계 유압유
③ 고온유, 내열, 불연성, 항 착화성 등의 특수한 운전 사용조건 : 합성 유압유, 수성형 유압유

(1) 작동유의 구비조건

① 체적탄성계수가 큰 작동유 일 것=비압축성유체일 것
② 점도지수(VI)가 높을 것=온도변화에 따라 점도변화가 작을 것
③ 비열이 클 것=열을 가해도 작동유의 온도변화가 적을 것
④ 내열성이 클 것
⑤ 끓는점이 높을 것=비점(沸點)이 높을 것=비등점(沸騰點)이 높을 것
⑥ 빙점(氷點)=어는점이 작을 것
⑦ 유동점(流動點)=pour point)이 낮을 것
⑧ 불이 붙는 온도가 높을 것=인화점과 발화점이 높을 것
⑨ 비중이 낮을 것=가벼워야 될 것
⑩ 유체 및 증기의 상태에서 독성이 적을 것
⑪ 소포성이 좋을 것=기포가 발생했을 때 빨리 액면위로 올리는 성질이 좋을 것
⑫ 유압장치용으로 쓰이는 재료[금속, 페인트, 플라스틱, 엘라스토머(elastomer)]에 대하여

제 2 장 유압 작동유(hydraulic operating oil)

　　불활성일 것=화학적으로 안정적일 것
⑬ 방청(防錆)성이 우수할 것 : 유압유에 섞인 수분에 의하여 금속표면에 녹이 생기는 것을 방지하는 성질이 우수 할 것, 즉 작동유에 의해 금속이 녹이 발생이 되지 않을 것
⑭ 방식(防蝕)성이 우수할 것 : 작동유가 금속과 접촉하여 화학작용에 의하여 침식되지 않도록 방지하는 일=즉 작동유 자체가 금속과 반응하여 변하지 않을 것
⑮ 열팽창계수가 작을 것=온도의 변화에 따른 체적의 변화가 적을 것
⑯ 열전달율이 높을 것=유온이 상승하였을 때 외부로 열을 잘 방출할 것
⑰ 흡습성이 없고, 물과의 상호 용해성이 매우 작을 것
⑱ 적어도 10[%]의 희석에 대해서까지 현재의 작동유와 적합성이 있을 것
⑲ 냄새가 없을 것
⑳ 값이 싸고 이용도가 높을 것
㉑ 오염에 강하고 수명이 길 것, 열, 물, 산화 및 전단에 대한 안정성이 클 것
㉒ 공기의 흡수도가 적을 것
㉓ 증기압이 낮을 것=낮은 압력에서도 기포가 발생이 되지 않을 것

(2) 작동유의 일반사항

① 점검시간 : 작업 전과 작업 중 10시간 마다
② 교환 시기 : 1000 ~1500시간 마다
③ 작동유의 온도
　　정상 유온 : 30~55(℃)
　　인화점 : 170~220(℃)
　　유동점 : 응고점 + 25(℃)
④ 점성 : 오일의 흐름에 저항하는 성질
⑤ 점도 : 기름의 끈끈한 정도를 나타내는 것
⑥ 유성 : 유막을 이루는 성질
⑦ 점도지수 : 온도의 변화에 대한 점도의 변화량을 표시하는 것
⑧ 윤활성 : 오일이 가지는 미끄러운 성질

제 6 편 유압기기

 **2-1 작동유의 온도와 점도와의 관계**

1. 작동유의 온도가 상승하면 점도가 낮아진다 = 농도가 묽어진다.

(1) 작동유의 온도가 상승하는 원인
  ① 작업환경이 고온에서 이루어질 때(여름철 또는 밀폐된공간에서 연속작업할 때)
  ② 오일냉각기(=유냉각기=oil cooler)가 고장이 발생될 때
  ③ 과부하 상태로 작업을 연속적으로 할 때

(2) 작동유의 온도가 높을 때의 현상 = 점도가 낮을 때 발생하는 현상
  ① 농도가 묽어져서 유압접합부(seal)에서 오일 누설(누유(漏油)=oil leak)가 발생된다.
  ② 누유에 의해 회로내의 압력유지의 곤란해진다.
  ③ 누유에 의해 유압펌프, 모터 등의 용적효율(=체적효율) 낮아진다.
  ④ 누유에 의해 압력 저하로 인한 정확한 작동불가
  ⑤ 작동유가 유성을 잃어 유압 부품이 마모가 발생된다.

2. 작동유의 온도가 낮아지면 점도가 높아진다 = 농도가 진해진다 = 작동유가 뻑뻑해진다.

(1) 작동유의 온도가 낮아지는 원인
  ① 작업환경이 저온에서 이루어질 때(겨울철 또는 냉동창고에서 작업할 때)
  ② 오일냉각기가 열린 상태로 고장이 나서 운전될 때

(2) 작동유의 온도가 낮아질 때의 현상 = 점도가 너무 높을 경우의 영향 = 농도가 진하다
  ① 작동유의 점성증가로 내부마찰의 증대된다.
  ② 점도가 높은 작동유의 유동저항이 증가되어 압력손실의 증대
  ③ 동력손실 증가로 기계 효율의 저하
  ④ 작동유의 이송이 잘되지 않아 유압기기의 운동이 활발히 일어나지 않는다.

제 2 장 유압 작동유(hydraulic operating oil)

2-2 작동유의 첨가제

작동유의 첨가제 ★★★
① 점도지수 향상제 : 고분자 중합체
② 방청제 : 유기산에스테르, 지방산염, 유기인화합물
③ 산화방지제 : 이온화합물, 인산화합물, 아민 및 페놀화합물
④ 소포제 : 실리콘유, 실리콘의 유기화합물
⑤ 유성향상제 = 마찰방지제 : 에스테르류의 극성화합물
⑥ 유동점 강하제 : 파라핀결정의 성장방지)

(1) 점도지수 향상제
① 점도지수를 높이는 것이다.
② 본질적으로 기름의 성질을 변화시키는 것이 아니다.
③ 방향족 성분을 제거함으로써 점도지수를 꾀한다.
④ 고분자 중합체를 첨가한다.

점도지수(viscosity index) VI
유압유의 온도 변화에 대한 점도변화의 비를 나타내는 값을 점도지수(VI)라 한다. 점도지수가 높다는 것은 온도 변화에 따른 점도 변화의 값이 작다는 것이다.

$$VI = \frac{L-U}{L-H} \times 100$$

여기서, L : 210[°F]에서 시료유와 같은 점도인 $VI=0$인 유압유(naphthen계 유)의 100[°F] 에서의 점도(SSU)
H : 210[°F]에서 시료유와 같은 점도인 유압유(paraffin계 유)의 100[°F]에서의 점도 (SSU)
U : 점도지수 VI를 구하기 위한 유압유의 100[°F]에서의 점도(SSU)

※ 참고 : SUS 는 Saybolt Universal Second 의 약어이며 일정온도에서 60mL의 오일이 빠져나오는데 걸리는 시간(초)으로 나타내는 점도 단위이다.
SUS는 경유 등 점도가 작은 기름에 사용하고 있는 점성단위이다.
점도단위간에는 다음과 같은 관계가 있다.
- SSU = Centistokes(cSt) × 4.55
- $1\text{cSt} = 1\dfrac{\text{cm}^2}{\text{s}}$

(2) 방청제(防錆劑 = rust inhibitor)

유압유에 섞인 수분에 의하여 금속표면에 녹이생기는 것을 방지하기 위한 첨가제 이다. 즉 유압유로 인해 금속이 녹이 생기는 것을 방지하기 위한 첨가제이다.
① 유압유와 접촉하는 금속 부품의 녹(stain) 발생을 방지한다.
② 금속 표면에 수분이 있더라도 밀어내어 금속면을 덮는다.
③ 금속 표면에 잘 퍼지고 물이나 산소의 금속과 접촉을 차단한다.
④ 금속면에 대하여 흡착성이 강한 유기산에스테르, 지방산염, 유기인화합물

(3) 산화방지제

유압유가 공기중의 산소와 반응하여 산화되면 점도가 증가하고 부식성의 산화 생성물을 만들게 된다. 더 진행하게 되면 용해되지 않는 슬래지(sludge)를 석출하게 된다. 즉 유압유 자체가 산화되는 것을 방지하기 위한 첨가제이다.
① 산화방지제 첨가제로는 이온화합물, 인산화합물, 아민 및 페놀화합물 등이 있다.
② 유압유가 산화되면 다음과 같은 과정을 거치게 된다.
　　유압유 산화 → 점도증가 → 부식성의 산화생성물 → 불용성의 슬러지 석출

(4) 소포제

① 거품을 빨리 유면에 부상시켜서 거품을 없애는 작용
② 공기와 기름의 경계면을 불안정한 평형이 되게 하여 거품을 없애는 역할
③ 실리콘유 또는 실리콘의 유기화합물

에어레이션(aeration)
공기가 미세한 기포로 혼입되어 있는 상태

(5) 유성 향상제

① 작동유의 온도가 상승되면 작동유가 유성을 잃어 금속의 고체 마찰이 발생하는데 이를 방지하기 위한 첨가제이다.
② 시저(seizure = 눌러 붙음)를 방지
③ 물리적 작용하는 것과 화학적 작용하는 두 종류
　　㉠ 물리적 작용 : 경계 마찰 면에 극성 분자가 배열하여 강인한 흡착막을 만들며 금속끼리 마찰을 방지한다. 마찰계수를 저하 시키는 에스테르류의 극성 화합물
　　㉡ 화학적 작용 : 마찰면의 금속과 화학적으로 반응하여 화합물의 피막 만듦, 금속의 직접 접촉을 막는 융착 방지제이다. 이오우, 염소, 인 등의 유기 화합물

(6) 유동점 강하제(流動點降下劑)

유압유 중에서 포함된 석납분이 저온이 되면 결정을 형성하여 유동을 방해한다. 이 결정의 성장을 방지해 준다. 파라핀 첨가하면 유동점이 낮아진다.

유동점(流動點)
작동유는 온도가 높아지면 점도가 감소되고, 이와 반대로 유온이 낮아지면 점도가 증대하며 어떤 일정한 온도가 되면 유동성이 없어지게 된다. 즉 온도가 계속 낮아지면 작동유는 유동하기가 힘들게 된다. 이때, 이 점의 최저온도를 유동점(pour point)라 하고 유동성이 완전히 없어지는 점을 응고점(solidifing point)이라 한다.
유동점은 일반적으로 응고점 보다 25℃ 높은 온도가 된다.

제 6 편 유압기기

Chapter 3 유압 펌프

정의 : 전동기나 엔진 등에 의하여 얻어진 기계적인 에너지를 유압에너지로 바꾸는 장치

[유압펌프의 분류]

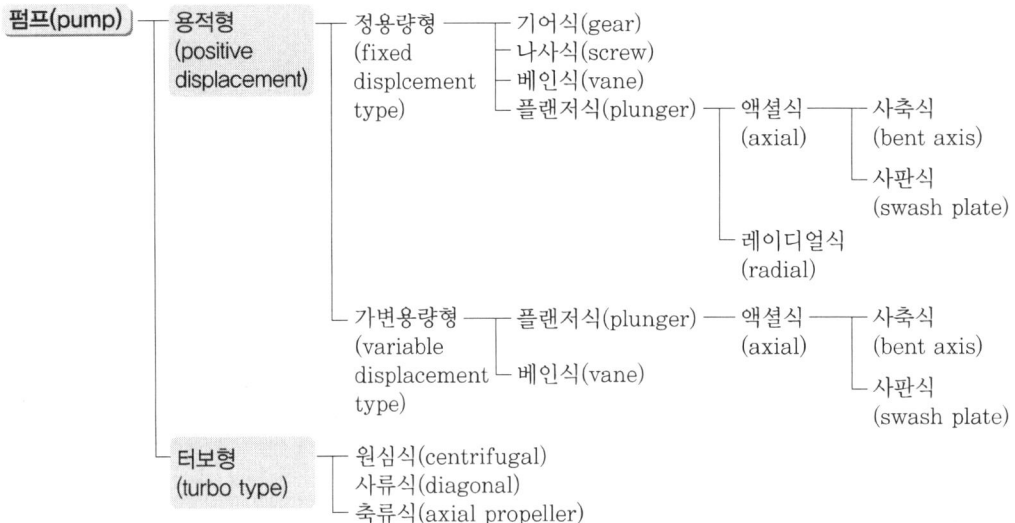

종류	압력[kgf/cm^2]	토출량[l/min]	최고회전수[rpm]	전효율[%]
나사펌프	5~175	3~9100	1000~3500	75~85
기어펌프	20~175	2~1170	1800~7000	75~90
베인펌프	20~175	2~950	2000~4000	75~90
피스톤펌프	140~500	1~1350	600~6000	85~95

- 정용량형 펌프는 (비유량) $q = \dfrac{Q\left(\dfrac{l}{\min}\right)}{N\left(\dfrac{rev}{\min}\right)} = \dfrac{Q}{N}\left[\dfrac{l}{rev}\right]$, 즉 1회전(rev)당 토출체적이 일정한 펌프이다.

- 가변용량형 펌프는 (비유량) $q = \dfrac{Q\left(\dfrac{l}{\min}\right)}{N\left(\dfrac{rev}{\min}\right)} \neq \dfrac{Q}{N}\left[\dfrac{l}{rev}\right]$, 즉 1회전(rev)당 토출체적이 일정한 하지 않고 변화를 줄 수 있는 펌프이다.

정용량형 펌프	가변용량형 펌프

3-1 기어펌프의 특징

기어펌프는 장점으로는
① 구조가 간단하여 소형, 경량으로 가격이 저렴하다.
② 가혹한 운전 상태(분진에 의한 기름의 오염, 유온의 상승, 과부하)에 대해서도 견딜 수 있어, 특히 건설 기계, 산업 차량, 농업 기계 등에서의 유압 구동에 적합하다.
③ 고속회전하여 흡입능력이 크다.

기어펌프의 단점으로는
① 고속회전에 의해 흡입구에 캐비테이션이 발생이 쉽다.
② 기어의 물림에 의해 토출될 때 맥동이 발생한다.
③ 기어의 맞물림부분에 폐입현상이 발생 충격압이 발생된다.

유온의 한계는 공작 기계에 사용될 경우는 65[℃] 정도까지이나 건설 기계 등에서는 80[℃], 단시간이면 100[℃] 정도까지 사용된다. 적당한 기름의 점도는 30~80[cSt]이다.
압력은 20~210[kgf/cm^2]의 범위에 사용되고, 회전수는 600~3,000[rpm]의 범위가 많으나, 소형 펌프에서는 700[rpm] 정도까지 사용되고 있는 예가 있다. 이와 같은 고속 회전에 의해 흡입능력이 크지만 흡입구에서의 캐비테이션에 특히 유의할 필요가 있다.

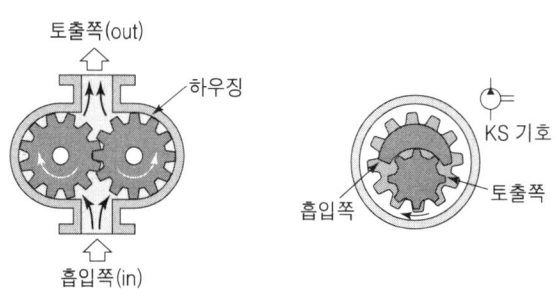

[외접형기어펌프]   [내접형기어펌프]

(2) 기어펌프의 작동원리

기어펌프의 작동원리는 기어가 이를 맞물고 돌아갈 때 두 기어의 이가 선접이므로 입구측(저압력)과 출구측(고압력)을 차단시킨다. 기어의 이가 입구 측에서 서로 떼어질 때 흡입실의 용적이 한 개의 이가 점유한 용적만큼 증대되기 때문에 약간의 진공상태가 되어 유압유를 빨아올린다. 빨아올린 유압유는 기어 치곡과 케이싱 외주사이에 끼어 토출실로 압송된다. 토출실에서 이가 서로 맞물릴 때 토출실용적은 이가 서로 맞물릴 때 배제되는 용적만큼 감소되어 유압유는 토출실로부터 토출구로 압출된다.

(3) 기어펌프의 폐입현상

두 개의 이가 동시에 접촉하는 경우에 두 접 사이의 밀폐공간에 유체가 유입되고 밀폐된 공간은 흡입구나 송출구로 통하지 않으며 폐입된 유체의 압력이 밀폐용적의 변화에 의하여 변화하는데, 이러한 현상을 폐입현상(trapping)이라 한다. 폐입용적의 변화를 그대로 두면 유체의 압축, 팽창이 반복되고 압력의 변화에 의하여 베어링의 하중의 증대, 기어의 진동, 소음 등의 원인이 된다. 제거방법은 케이싱 측벽이나 측판에 릴리프 토출용 홈(Relief 홈 = 여유홈)을 만들거나 전위기어를 사용한다.

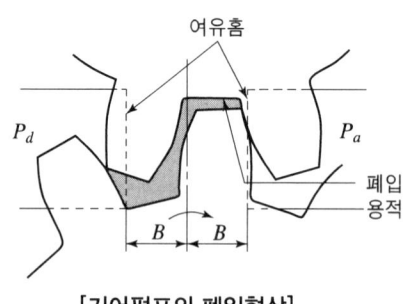

[기어펌프의 폐입현상]

(4) 기어펌프 이론 송출량

$$Q_{th} = 2 \cdot \pi \cdot m^2 Z \cdot b \cdot N \times 10^{-6} \, [l/\min]$$

여기서, m : 모듈, Z : 잇수, b : 잇폭[mm], N : 회전수[rpm]

3-2 베인 펌프(vane pump)의 특징

베인 펌프의 기본 구조는 그림에 나타난 바와 같이 로터(rotor)에 방사상으로 설치된 홈에 삽입된 깃(vane)이 캠링(cam ring)에 내접하여 회전함으로써 2개의 인접한 깃 사이에 폐입 된 기름을 흡입 측에서 토출 측으로 토출하는 것이다.

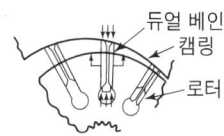

(1) 베인펌프의 장단점

베인펌프의 장점	베인펌프의 단점
① 송출압력의 맥동이 적다. 　실용상 맥동이 거의 없기 때문에 매끈하게 운동할 수 있다. ② 깃의 마모에 의한 압력 저하가 일어나지 않는다. 깃의 선단이 마모되더라도 깃은 항상 고압에 의하여 밀려 접 촉 하고 있으므로 캠링과 깃의 선단에 간격을 만드는 일이 없기 때문에 최고 사용압력이 저하될 염려는 없다. ③ 펌프의 유동력에 비하여 형상치수가 적다. (=펌프의 크기가 작다) ④ 고장이 적고 보수가 용이하다. ⑤ 소음이 적다 ⑥ 기동토크가 작다	① 공작정도가 요구된다. 　깃 및 로터는 캠링과 bushing에 끼여 회전하므로, 그 접촉 면적이 큰 관계상 각 부의 직각도, 치수 등은 상당히 정도가 높아야 된다. ② 유압유의 점도에 제한이 있다. 　접촉 면적이 크기 때문에, 체적 효율을 높이려면 간극을 작게 하도록 기름의 점도를 정할 필요가 있다. 보통 38℃에서 점도가 150~300SSU의 것이 사용된다. ③ 기름의 보수에 주의가 필요하다. 　유압유에 먼지가 들어간다든지 기름 자신이 열화 되어 있으면 기능이 크게 떨어진다. ④ 베인수명이 짧다.

(2) 베인 펌프

① 이론 송출량

$$Q_{th} = 2 \cdot \pi \cdot d_2 \cdot e \cdot b \cdot N \times 10^{-6} \, [l/\min]$$

여기서, d_2 : 캠링안지름[mm], e : 편심량[mm], b : 롤러폭[mm]

② 실제 송출량

$$Q = Q_{th} \times \eta_v \, [l/\min]$$

3-3 플런저 펌프(회전 피스톤 펌프)의 특징

① 왕복운동(piston, plunger)에 의한 실린더 안쪽의 체적변화를 이용한 압출형식의 펌프이다.
② 가변 토출량형이며, 피스톤 수는 보통 9개 정도이다.
③ 고효율(85~95[%])을 낼 수 있다.(펌프 중 효율이 가장 높다)
④ 송출압이 210[kg/cm^2] 이상이며 고압을 발생할 때 사용되는 펌프이다.

피스톤 펌프는 피스톤의 왕복운동에 의하여 펌핑 작용을 하는 펌프로써 고압, 초고압펌프에 적합하다. 피스톤 펌프는 피스톤의 왕복운동 방향과 구동회전 방향과의 관계에 따라 액셜형(axial type)과 레이디얼형(radial type)으로 크게 나누어진다. 피스톤의 지름이 비교적 작고, 행정도 작으며 공작정도도 얻기 쉬우므로 높은 용적효율의 펌프를 얻을 수 있다.
현재 시판되고 있는 피스톤 펌프는 송출압력 350~700kgf/cm^2, 송출량 10~500l/min, 효율 80~90%로 고압이며 효율이 높다.

(1) 액셜 피스톤 펌프

① piston의 왕복운동을 주는 기구에 의한 분류
    ㉠ 경사판식(in-line type)
    ㉡ 경사축식(bent axis type)
② 배제용적의 가변기구의 유무에 의한 분류
    ㉠ 정용량형(경사각 α가 일정)
    ㉡ 가변용량형
③ 실린더의 회전, 비 회전에 의한 분류
    ㉠ 회전 실린더형
    ㉡ 고정 실린더형

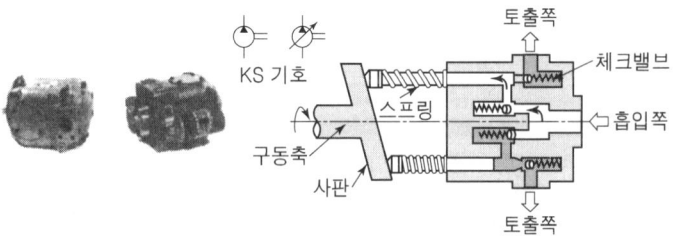

[액셜형 피스톤 펌프(사판식)]

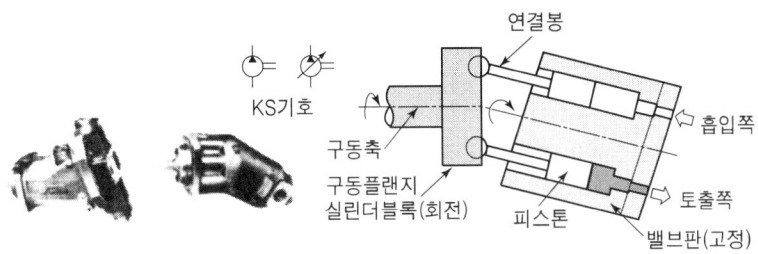

[액셜형 피스톤 펌프(사축식)]

(2) 레이디얼 피스톤 펌프
슬라이드 블록을 반대방향(오른쪽)으로 옮기면 실린더의 회전 방향은 같지만 흡입과 토출 작용이 상하 반대로 되어 토출 오일의 흐르는 방향을 바꿀 수 있다.
① 실린더 블록의 회전, 비회전에 의한 분류
  ㉠ 회전실린더형
  ㉡ 고정실린더형
② 배제용적의 가변기구의 유무에 의한 분류
  ㉠ 정용량형
  ㉡ 가변용량형

 ## 3-4 나사펌프의 특징

장점	단점
① 대유량(대용량)을 연속적으로 보낼 수 있다. ② 송출유가 연속 이송이 되어 진동이나 소음을 동반하지 않고 고속운동에서도 매우 조용하다. ③ 나사가 맞물려 회전하면 유체를 폐입한 부분이 축방향으로 이동하면서 연속적으로 펌핑작용을 한다. ④ 점도가 낮은 작동유에도 사용할 수 있다. ⑤ 운전이조용하며 고속회전이 가능하다. ⑥ 맥동이 없는 일정량의 기름을 토출한다.	축방향으로 하중이 걸리므로 설계시 추력을 고려해야 한다.

(송출유량) $Q_{lk} = A p N$

여기서, A : 송유단면적
　　　　p : 나사의 피치
　　　　N : 회전수

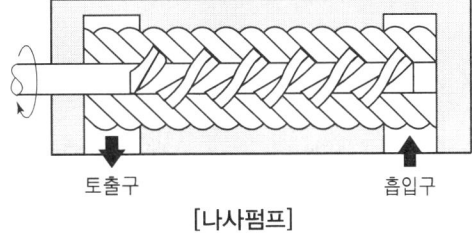

[나사펌프]

유압펌프의 선정 ★★★
① 기어펌프 : 흡입능력이크다. 송출량 일정, 구조간단, 가격이 저렴, 중간 정도의 압력발생, 단순한 회로구성에 사용
② 베인펌프 : 맥동이 적다. 중간정도의 압력발생 가변용량형이 가능하다.
③ 피스톤펌프 : 고압력, 고효율 가격이 고가, 가변용량형이 가능하다.
④ 나사펌프 : 대유량(대용량)펌프, 점도가 낮은 오일사용가능, 소음이 적다.

3-5 펌프의 이상현상 - 공동현상, 펌프의 소음

1. 공동현상(Cavition)

유압 기기에서 작동유에서 기포가 발생하는 수가 있다. 이것은 작동유의 증발보다는 오히려 기름 속에 용해되어 있는 공기의 분리에 의해 발생하는 경우가 많다.. 따라서 이것은 공기혼입(aeration)이라고 말하기로 하는데, 일반적으로 넓은 의미로 해석하여 공동현상(cavitation)이라 말하고 있다.

(1) 공동현상이 발생하는 부분
① 유압펌프에서의 공동현상
② 교축에서의 공동현상
③ 스풀밸브와 유압액츄에이터의 공동현상

(2) 유압펌프에서의 공동현상 방지책
① 유효흡입수두NPSH(Net Positive Suction Head)를 크게 한다.
② 흡입양정을 낮춘다.(펌프의 설치 위치를 낮춘다)
③ 손실수두를 작게 한다(밸브의 부속품의 수를 적게 하게 손실수두를 줄인다.)
④ 관의 단면적을 크게 한다.
⑤ 펌프의 회전수를 낮추어 유속을 작게 하고 유량을 적게 보낸다.
⑥ 양흡입펌프를 사용한다.
⑦ 흡입비속도를 작게 한다.

유효흡입수두(NPSH)

$$NPSH = \frac{P_a(대기압)}{\gamma(비중량)} - H_s(흡입높이) - H_L(손실수두) - \frac{P_g(공기분리압)}{\gamma(비중량)}$$

2. 펌프의 소음

(1) 펌프가 소음을 내는 경우
① 여과기가 너무 작은 경우 흡입에 대한 손실이 클 때
② 유압유의 점도가 너무 큰 경우 유동저항 및 손실수두가 클 때
③ 펌프의 회전이 너무 빠른 경우 공동화 현상에 의해
④ 유중에 기포가 있는 경우 기포가 터지면서 충격에 의한 소음발생
⑤ 흡입관이 막혀있는 경우
⑥ 흡입과의 접합부에서 공기를 빨아들이는 경우
⑦ 펌프축과 원동기축의 중심(center)이 맞지 않아 편심이 되었을 경우

(2) 펌프가 소음을 줄이는 방법
① 공동 현상이 일어나지 않도록 한다.
② 맥동을 흡수하기 위해 펌프출구에 머플러를 설치한다.
③ 방진고무를 설치한다.
④ 송출 관로의 일부에 고무호스를 설치한다.
⑤ 펌프 내부의 급격한 압력 변화를 주지 않는다.
⑥ 펌프축과 원동기축의 중심(center)를 잘 맞춘다.

3-6 펌프의 동력

(1) 펌프축동력 = 축동력(Shaft power)(L_s) : 전기모타동력 또는 전동기의 동력

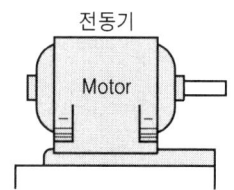

$$L_s = \frac{T \times w}{75}[\text{PS}], \quad L_s = \frac{T \times w}{102}[\text{kW}]$$

여기서, T : 구동토크[kgf·m]
  w : 각속도 $w = \frac{2\pi N}{60}$
  N : 분당회전수[rpm]

$$L_s = \frac{T \times w}{1000}[\text{kW}]$$

여기서, T : 구동토크 $T[\text{Nm}] = [\text{J}]$
  w : 각속도 $w = \frac{2\pi N}{60}$
  N : 분당회전수[rpm]

(2) 구동 토크(T) = 전기모터의 토크 = 전동기의 토크

$$T = \frac{P \cdot q}{2 \cdot \pi}[\text{kgf} \cdot \text{m}]$$

$$T = \frac{P \cdot q}{2 \cdot \pi}[\text{N} \cdot \text{m}] = \frac{P \cdot q}{2 \cdot \pi}[\text{J}]$$

여기서, P : 압력[kgf/m²]
q : 비유량 $q = \frac{Q}{N}\left[\frac{\text{m}^3}{\text{rev}}\right]$
Q : 유량[m³/s]
N : 분당회전수[rpm]

여기서, P : 압력[N/m²] = [Pa]
q : 비유량 $q = \frac{Q}{N}\left[\frac{\text{m}^3}{\text{rev}}\right]$
Q : 유량[m³/s]
N : 분당회전수[rpm]

(3) 유체동력(Oil power) = 유동력(L_o)

$$L_o = \frac{PQ}{75}[\text{PS}], \quad L_o = \frac{PQ}{102}[\text{PS}]$$

$$L_o = \frac{PQ}{1000}[\text{kW}]$$

여기서, P : 압력[kgf/m²]
Q : 유량[m³/s]
$1\text{PS} = 75\left[\frac{\text{kgf} \cdot \text{m}}{\text{s}}\right]$
$1[\text{kW}] = 102\left[\frac{\text{kgf} \cdot \text{m}}{\text{s}}\right]$

여기서, P : 압력[N/m²] = [Pa]
Q : 유량[m³/s]

(4) 펌프이론동력(L_{th}) = 이론동력

펌프내부의 누설손실이 아주 없을 때의 동력

$$L_{th} = \frac{P_o Q_o}{75}[\text{PS}], \quad L_o = \frac{P_o Q_o}{102}[\text{kW}]$$

$$L_{th} = \frac{P_o Q_o}{1000}[\text{kW}]$$

여기서, Q_o : 이론송출유량[m³/s]
P_o : 펌프에 손실이 없을 때의
토출압력[kgf/m²]

여기서, Q_o : 이론송출유량[m³/s]
P_o : 펌프에 손실이 없을 때의
토출압력[N/m²] = [Pa]

(5) 펌프동력(L_P)

실제로 펌프에서 기름에 전달되는 동력

$$L_P = \frac{PQ_a}{75}[\text{Ps}] = \frac{PQ_a}{102}[\text{kW}]$$

$$L_P = \frac{PQ_a}{1000}[\text{kW}]$$

여기서, P : 실제 송출 압력[kgf/m²]
Q_a : 실제 송출 유량[m³/s]

여기서, P : 실제 송출 압력[N/m²] = [Pa]
Q_a : 실제 송출 유량[m³/s]

 ## 3-7 펌프의 각종 효율

(1) 체적 효율(Volumetric efficiency)
유압펌프로 유입되는 이론적 유량과 펌프로부터 송출되는 실제유량의 비를 말한다.

$$\eta_v = \frac{Q_a(실제송출유량)}{Q_{th}(이론유입유량)}$$

(2) 기계 효율(Mechanical efficiency)
축동력과 이론동력의 비이다.

$$\eta_m = \frac{L_{th}(펌프이론동력)}{L_s(축동력)}$$

(3) 전 효율(Total efficiency) η_P = 펌프효율
유압펌프가 축을 통하여 받은 축동력과 유압유에 준 유동력의 비이다.

$$\eta_P = \frac{L_P(펌프동력)}{L_s(축동력)} = \eta_v \times \eta_m$$

 ## 3-8 동력과 효율의 관계

$$(축동력)\ L_s = \frac{L_P(펌프동력)}{\eta_P(펌프효율)} = \frac{L_P(펌프동력)}{\eta_v(체적효율) \times \eta_m(기계효율)}$$

$$(펌프동력)\ L_P = \frac{PQ_a}{75}[\text{Ps}] = \frac{PQ_a}{102}[\text{kW}]$$

여기서, P : 실제 송출 압력[kgf/m²]
  Q_a : 실제 송출 유량[m³/s]

$$(펌프동력)\ L_P = \frac{PQ_a}{1000}[\text{kW}]$$

여기서, P : 실제 송출 압력[N/m²] = [Pa]
  Q_a : 실제 송출 유량[m³/s]

✔ 예제

토출압이 40[kgf/cm²], 토출유량이 48[l/min], 펌프의 전효율이 85%일 때 펌프의 축동력은 얼마인가?

㉮ 3.69[kW]　　㉯ 3.69[PS]　　㉰ 9.5[kW]　　㉱ 9.5[PS]

해설

(축동력) $L_s = \dfrac{L_P(\text{펌프동력})}{\eta_P(\text{펌프효율})} = \dfrac{3.13}{0.85} = 3.69[\text{kW}]$

(펌프동력) $L_P = \dfrac{PQ_a}{102} = \dfrac{\left(\dfrac{40}{10^{-4}}\right) \times \left(\dfrac{48 \times 10^{-3}}{60}\right)}{102} = 3.13[\text{kW}]$

(토출압) $P = \dfrac{40}{10^{-4}} \left[\dfrac{\text{kgf}}{\text{m}^2}\right]$

(토출유량) $Q_a = \dfrac{48 \times 10^{-3}}{60} \left[\dfrac{\text{m}^3}{\text{s}}\right]$

Chapter 4

유압 제어밸브

 **4-1 제어밸브의 개요**

유압기기의 장점 중 힘의 크기, 속도, 방향을 사용자의 요구에 의해 쉽게 제어가능 하다. 이것은 제어밸브를 통해 가능 하면 제어 밸브는 크게 3가지로 나눌수 있다.

① 압력제어밸브 : (압력) $P = \dfrac{F(\text{힘})}{A(\text{면적})}$

　유압기기의 면적이 변화지 않는다면 압력을 조절하여 힘의 크기를 제어할 수 있다.

② 유량제어밸브 : (유량) $Q = A(\text{면적}) \times V(\text{속도})$

　유압기기의 면적이 변화지 않는다면 유량을 조절하여 속도를 제어할 수 있다.

③ 방향제어밸브 : 실린더의 경우는 전진 후진을 결정할 수 있으면, 유압모터인 경우 정회전, 역회전을 방향제어밸브를 통해 가능하다. 즉 힘의 방향을 결정 할수 있다.

 **4-2 유압제어 밸브의 종류**

1. 압력제어 밸브(pressure control valve)

　① 릴리프밸브(Relief Valve) = 안전밸브(safety valve) : 상시폐형
　② 스퀀스밸브 (Sequence Valve) = 순차작동 밸브 = 순차밸브 : 상시폐형
　③ 언로드밸브(Unloading valve) = 무부하 밸브 : 상시폐형
　④ 카운터 밸런스 밸브 (Counter Balance Valve) : 상시폐형
　⑤ 리듀싱밸브(Reducing Valve) = 감압밸브 : 상시개형
　⑥ 압력스위치

(1) 릴리프밸브(Relief Valve) = 안전밸브(safety valve) : 상시폐형

유압펌프에서 작동유의 압력이 규정압력보다 높아지는 경우에 작동유를 바로 탱크로 보내어 회로내의 최고압을 제한 한다.유 = 회로내의 최고압력을 제한하기 때문에 안전장치의 역할도 하기 때문에 안전밸브(safety valve)라고도 한다.

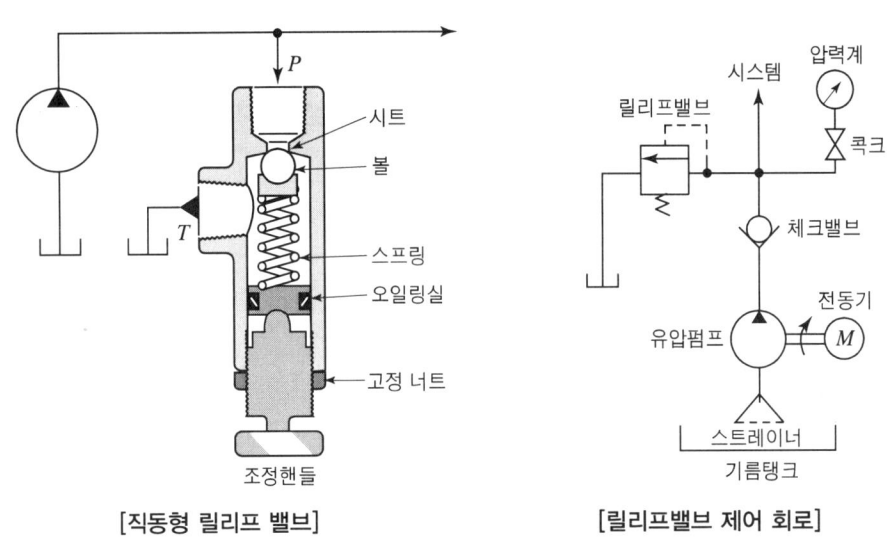

[직동형 릴리프 밸브]   [릴리프밸브 제어 회로]

(2) 스퀀스밸브(Sequence Valve) = 순차작동 밸브 = 순차밸브 : 상시폐형

주회로의 압력을 일정하게 유지하면서 분기회로의 압력을 조절하여 2개 이상의 작동기를 순차적으로 작동시키기 위하여 사용되는 밸브이다.

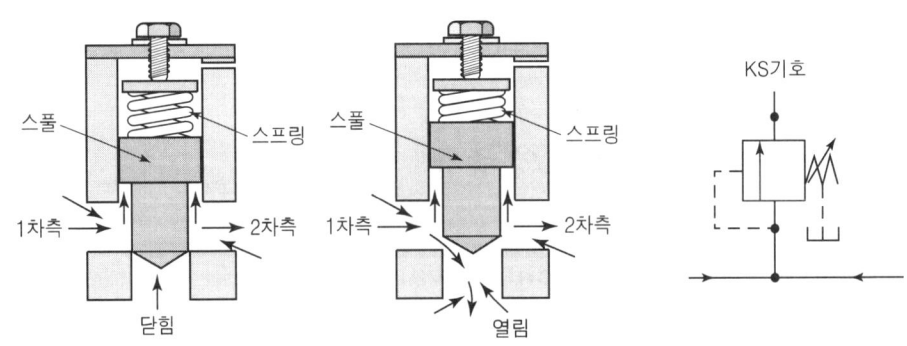

[시퀀스밸브의 구조 = 순차밸브의 구조]

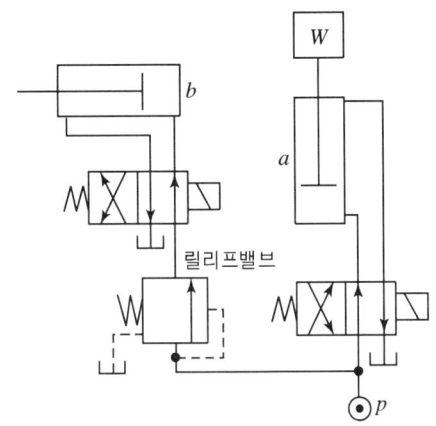

[시퀀스밸브의 사용회로 예 = 순차밸브의 사용회로의 예]

(3) 언로드밸브(Unloading valve) = 무부하 밸브 : 상시폐형

유압회로 내에서는 항상 릴리프 밸브에서 설정된 압력이 필요한 것은 아니므로 회로내의 압력이 일정한 압력에 달하면 유압유를 유압펌프로부터 직접 오일탱크로 귀환시키면서 펌프를 무부하 상태로 만들고 회로압력이 일정한 압력까지 낮아지면 다시 회로에 압력을 형성시켜주는 것이 바람직하며, 이러한 역할을 하는 밸브가 무부하밸브(unloading valve)이다.

 **무부하 밸브의 설치목적**
동력의 절감과 유압유의 온도상승을 막기 위한 것이 주목적이다.

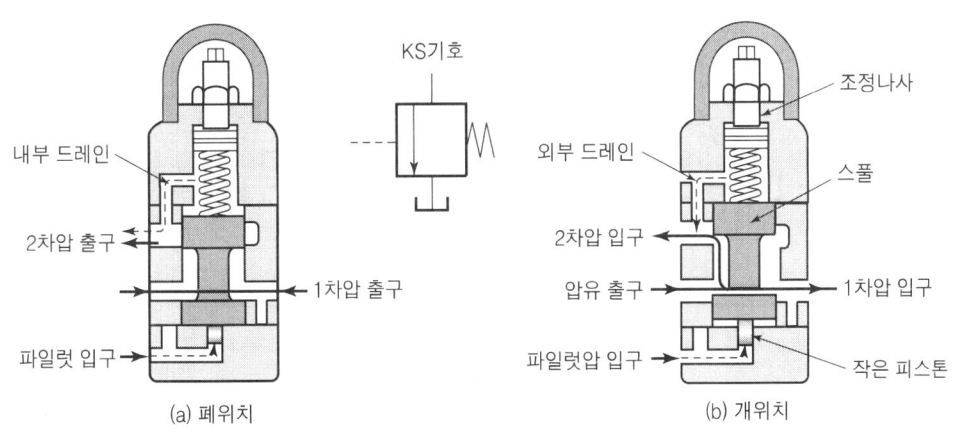

[무부하밸브의 구조와 기호]

제 6 편 유압기기

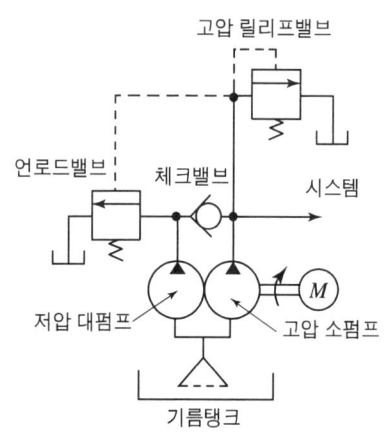

[무부하밸브의 사용 예]

(4) 카운터 밸런스 밸브 (Counter Balance Valve) : 상시폐형

유압회로의 한 방향의 흐름에 대해서는 설정된 배압이 형성되고 다른 방향의 흐름은 체크밸브를 설치하여 만든 밸브이고 유압작동기와 탱크로 가는 귀환 유로 사이에 설치한다. 이 구조와 작동원리는 순차작동밸브와 유사하다. 카운터 밸런스 밸브의 특징은 유압작동기에 걸려있는 부하가 급격히 제거되었을 때 그 자중이나 관성력으로 인하여 작동기의 제어가 불가능한 상태가 되는 것을 방지하기 위하여 시스템내에 배압을 형성하여 작동기의 운동속도를 제어하는 역할을 한다.

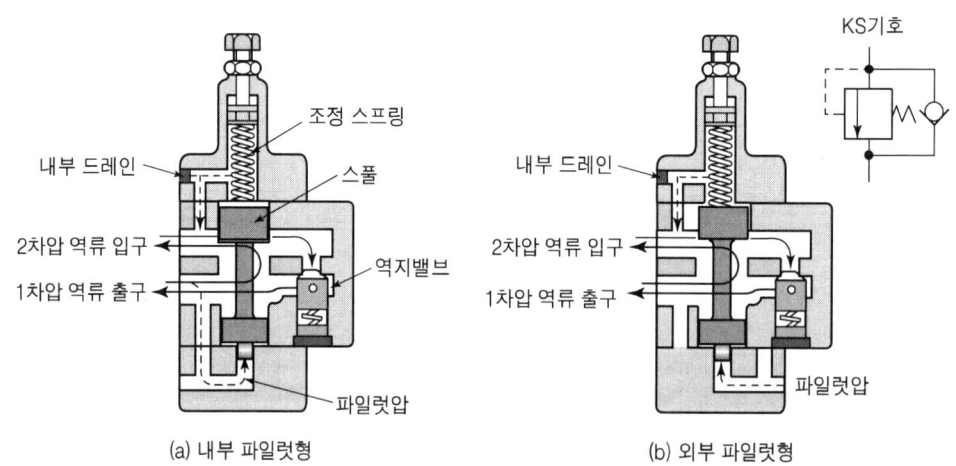

[카운터 밸런스 밸브]

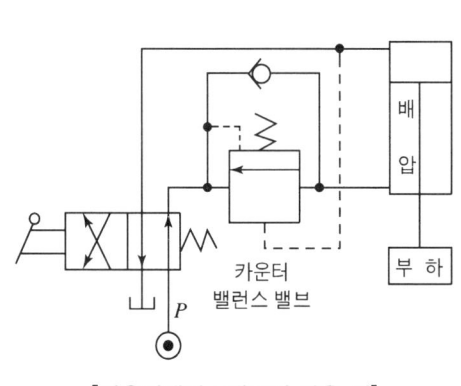

[카운터밸런스밸브의 사용 예]

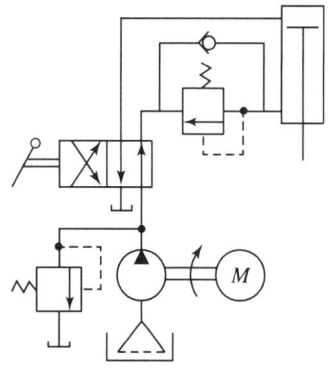

[카운트 밸런스밸브를 이용한
피스톤의 자유낙하 방지 회로]

(5) 리듀싱밸브(Reducing Valve) = 감압밸브 : 상시개형

유압회로의 일부를 유압시스템의 주릴리프 밸브의 설정압력보다 저압으로 사용하고자 할 때 사용하는 밸브로서 상시 개방되어 있어서 흡입구의 1차 측의 주 회로에서 토출구의 2차 측의 유압회로에 유압유가 흐른다. 2차 측의 압력이 감압밸브의 설정압력보다 높아지면 밸브는 유압유의 유로가 닫히도록 작동한다. 감압밸브에서 스풀(spool)은 흡입구측 압력의 영향을 받지 않고 토출구측 압력만으로 작동하도록 되어있다.

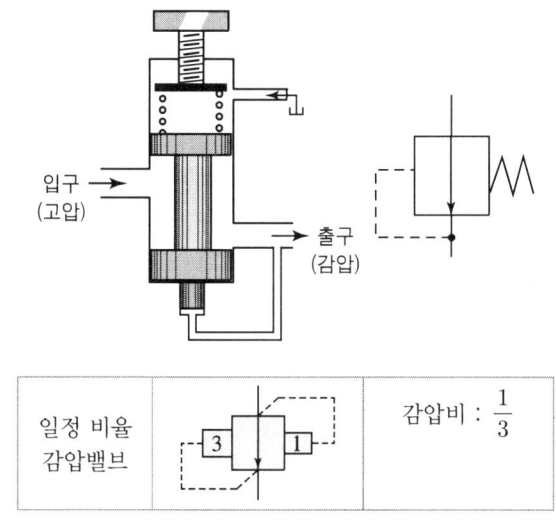

[작동형 감압밸브]

(6) 압력스위치(Pressure Switch)

유압시스템의 압력이 설정압력에 도달하였을 때 시스템의 전기회로에 신호를 보내서 전기적인 신호가 다음 일을 수행하게 하는 역할을 하는 전환 스위치이다.

유압회로의 압력을 일정하게 유지하거나 최고압력을 제어하거나 일정한 배압을 관로에 주는 등, 회로의 압력을 제어하는 밸브

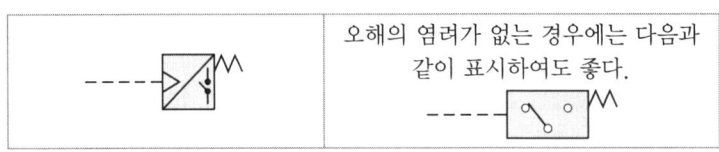

[압력스위치]

2. 유량제어밸브

(1) 개요

① 유압 실린더나 유압 모터 등 유압작동기의 운동속도를 제어하기 위하여 유량을 조정하는 밸브
② 관로 일부의 단면적을 줄여서 저항을 주어 유압회로의 유량을 제어하는 것이며, 일명 속도제어 밸브라고도 한다.

(2) 유량조정밸브 세 가지 사용 방법

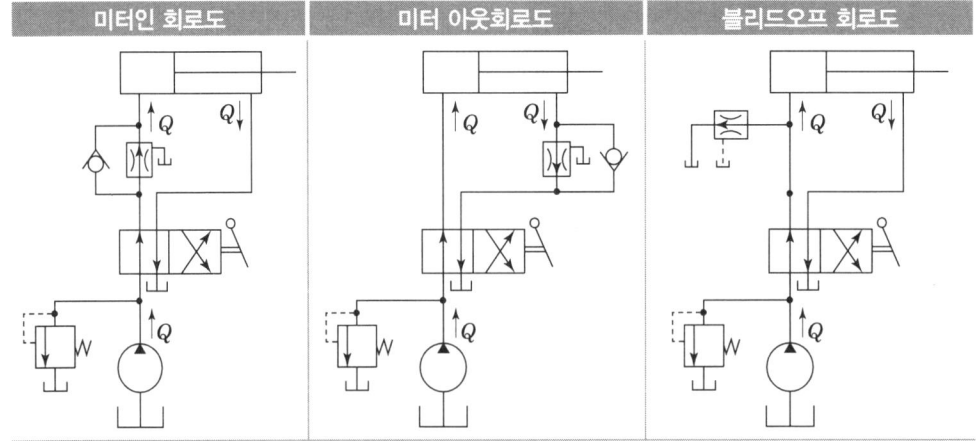

① 미터 인 회로법

유량조정 밸브를 실린더 앞에 부착, 실린더에 들어가는 유량을 제어하고 나머지 유량은 릴리프 밸브에서 기름 탱크로 복귀시키고 있는 회로이다. 이 회로의 효율은 좋다고는 할 수 없으나 부하 변동이 크고 피스톤의 움직임에 대해 정방향의 부하가 가해지는 경우 적합하다.
㉠ 실린더 입구측에 유량 제어밸브를 직렬로 부착하여 유량을 제어한다.

ⓛ 동작 중 부하가 항상 정부하 일 때만 사용한다.
　　ⓒ 연삭기의 테이블 이송에 사용된다.
　　ⓔ 유압펌프로부터 항상 실린더에서 요구되는 유량이상을 토출해야 하고 여분은 릴리프 밸브를 통하여 탱크로 귀환시킨다.
　　ⓜ 동력손실을 줄이기 위해 릴리프 밸브의 설정압을 실린더의 요구 압력보다 유량제어 밸브의 교축 저항만큼 크게 설정한다.

② **미터 아웃 회로법**
　실린더의 복귀회로에 유량조정 밸브를 부착, 실린더에서 유출하는 유량을 제어하고 나머지 유량은 미터 인 회로와 동일하게 릴리프 밸브로부터 기름 탱크로 복귀시키고 있는 회로이다. 실린더의 출구가 교축 되어 실린더의 배압이 걸리므로 부방향의 부하, 즉 피스톤이 인입되는 경우의 속도제어에 적합하며 드릴링머신, 프레스 등에 많이 사용된다.
　　㉠ 귀환측 관로에 유량제어 밸브를 부착하여 탱크로 들어가는 유량을 제어하는 방법으로 실린더에는 항상 배압이 걸린다.
　　ⓛ 항상 실린더의 배압이 작용하고 있으므로 피스톤이 당겨지는 부하가 걸리는 회로에서는 실린더의 이탈을 방지하는 역할을 한다.
　　ⓒ 드릴머신, 보링머신 등의 공작기계용 회로에 사용한다.

③ **블리드 오프 회로법**
　펌프와 실린더 간의 분기 관로에 유량조정 밸브를 설치하여 기름 탱크로 복귀시키는 유량을 제어함으로써 속도를 제어하는 회로이다. 릴리프 밸브에 의한 유출량이 없으며 동력손실이 적다. 그러나 부하변동이 큰 경우 펌프 토출량이 바뀌며 정확한 속도제어가 안된다. 따라서 비교적 부하 변동이 적은 호우닝 머신이나 정밀도가 그다지 필요하지 않은 윈치의 속도제어 등에 사용된다.
　　㉠ 실린더에 유입되는 유량을 제어하는 방법이다
　　ⓛ 실린더와 병렬로 유량제어 밸브를 설치한 회로이다.
　　ⓒ 유압 펌프로부터 토출유의 일부를 바이패스시켜 오일 탱크로 되돌리고 그 복귀유의 양을 제어 하는 밸브이다.
　　ⓔ 여분의 기름을 릴리프 밸브를 통하지 않고 유량밸브를 통하여 흐르므로 동력손실이 다른 회로보다 적고 효율이 높다
　　ⓜ 실린더의 부하변동이 심한 경유에는 정확한 유량제어가 곤란하다.
　　ⓗ 부하변동이 적은 브로치 머신, 연마기계 등에 사용된다.

(3) 유량제어밸브의 종류

교축밸브 = 관줄임	가변교축밸브	
	스톱밸브	
	감압밸브 (기계조작가변 교축밸브)	
	1방향 교축밸브	
유량조정밸브	직렬형 유량조정밸브	
	직렬형 유량조정밸브 (온도보상붙이)	
	바이패스형유량조정밸브	
	체크밸브붙이 유량조정밸브	
	분류밸브	
	집류밸브	

3. 방향제어밸브

(1) 개 요
관로 내 기름의 개폐작용 및 역류를 저지하는 것이며, 작동기의 시동장치 및 동 방향 등을 변환하는 것을 목적으로 하여 유압의 흐름방향을 제어하는 밸브

(2) 방향제어밸브의 종류
- 체크밸브(Check Valve) = 역지(逆止) 밸브 = 한방향밸브
- 셔틀 밸브(Shuttle Valve) = 양체크밸브(double check valve) - 고압우선형, 저압우선형
- 감속 밸브(Deceleration Valve)

① 체크밸브(Check Valve) = 역지(逆止) 밸브 = 한방향밸브

한방향밸브 또는 일방향 밸브라고도 하며, 한 방향의 흐름은 가능하지만 역 방향의 흐름은 저지하는 역할을 하는 밸브이다. 이 밸브의 구조는 포핏이나 볼이 스프링으로 시트에 밀착되어 있으며 밸브의 입구측에서 출구쪽으로 흐를 때는 스프링의 힘에 대항하여 포핏을 밀어서 흐르게 된다. 이때의 압력을 체크밸브의 크래킹 압력(cracking pressure)이라 한다. 체크밸브는 유압시스템의 관로의 일부분에 설치하여 시스템의 안정과 효율을 높이는데 주로 사용한다.

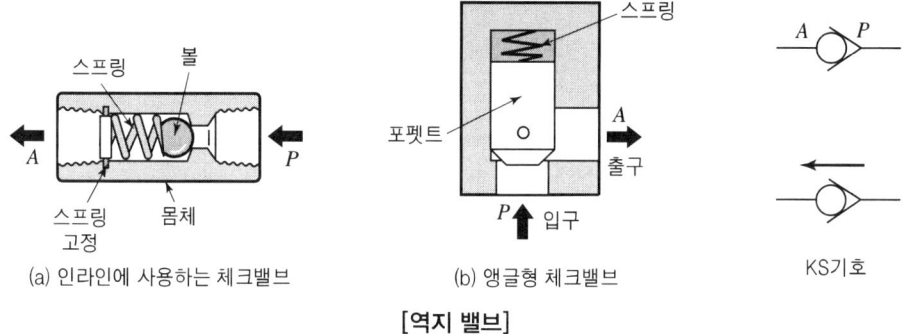

[역지 밸브]

② 셔틀 밸브(Shuttle Valve) = 양체크밸브(double check valve)

㉠ 고압 우선형 셔틀 밸브

2개의 입구측 포트 중에서 저압측 포트를 막아서 항상 고압측의 유압유만을 통과시키는 밸브이다.

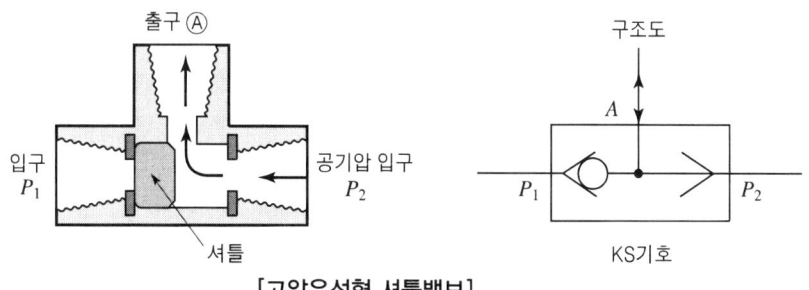

[고압우선형 셔틀밸브]

ⓒ 저압 우선형 셔틀 밸브
2개의 입구측 포트 중에서 고압측 포트를 막아서 항상 저압측의 유압유만을 통과시키는 밸브이다.

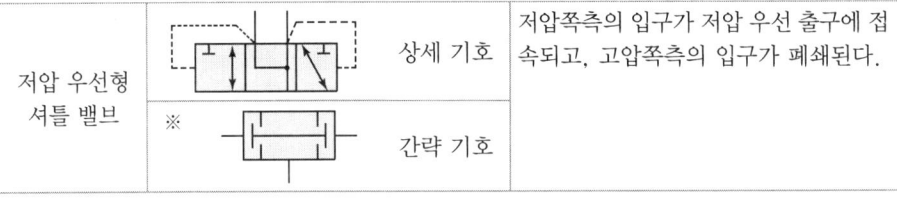

저압 우선형 셔틀 밸브	상세 기호	저압쪽측의 입구가 저압 우선 출구에 접속되고, 고압쪽측의 입구가 폐쇄된다.
※	간략 기호	

③ 감속 밸브(Deceleration Valve)
유압 작동기의 운동위치에 따라 캠(cam) 조작으로 회로를 개폐시키는 밸브로서 작동기의 시동, 정지, 속도 변환시에 움직임을 감속 또는 가속하기 위해 유량제어 밸브와 함께 사용된다.

4. 서보밸브

서보밸브(servo valve)는 서보기구에 의한 피드백 제어(오류검출)가 가능한 전기유압변환기이다. 자동화를 위한 자동제어방법을 대별하면 시퀀스제어(sequential control)와 피드백제어(feed back control)로 구분하는데 서보 밸브는 시퀀스제어의 단점을 보완한 것이 서보기구이며 서보기구는 미약한 전기적 입력신호로 높은 압력의 작동유를 공급할 때 유량과 압력을 양호한 응답속도로 물체의 위치, 방위, 자세 등 목표값을 추종하도록 구성된 제어계를 말한다. 서보 밸브는 미약한 10~15[mA] 전기입력으로 작동유 압력 200~300[kg/cm^2]의 높은 압력 작동유를 유량과 압력을 제어하는 장점이 있어 항공기, 미사일, 선박, 공작기계, 자동차, 일반 산업기계 등의 제어에 널리 사용되고 있다.

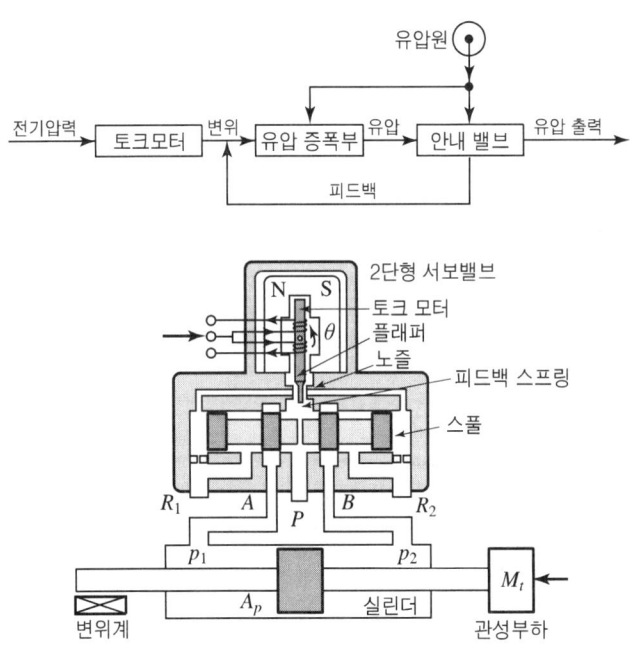

제 6 장 축 압 기(어큐물레이터, Accumulatr)

Chapter 5

유압 액츄에이터
(유압작동체, Hydraulic actuator)

5-1 액츄에이터(Actuator)의 개요

유압펌프에 의하여 공급되는 유체의 압력에너지를 기계적인 에너지로 변환시키는 기기 즉, 유압을 입력받아 기계적일로 출력 시키는 장치

5-2 종 류

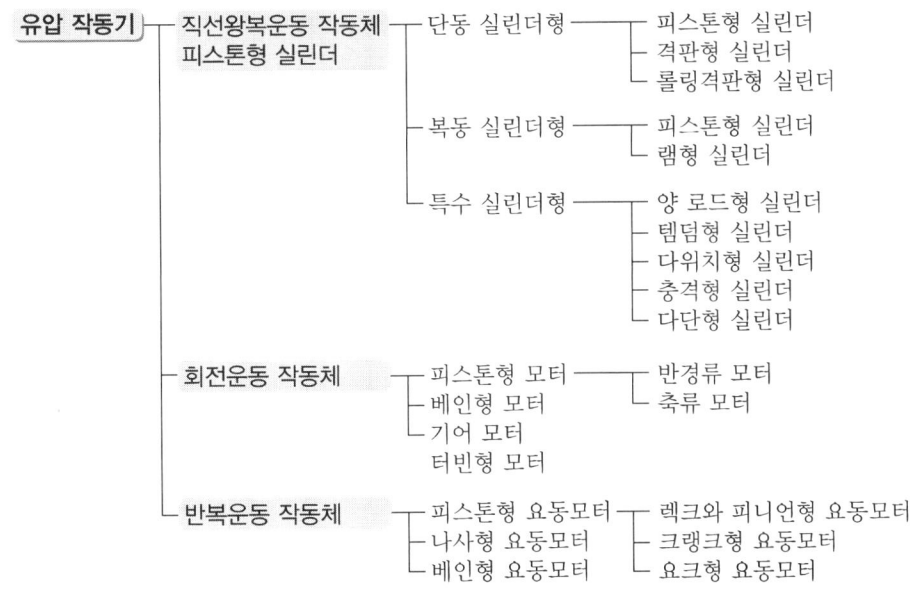

1. 유압실린더

(1) 개 요

유압에너지를 직선왕복운동으로 바꾸는 기기

(2) 유압실린더에 필요한 계산식

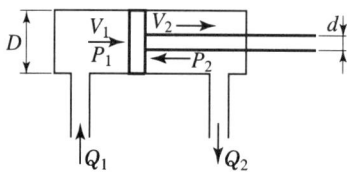

① 피스톤의 속도

$$V_1 = \frac{Q}{A_1} = \frac{4 \cdot Q_1}{\pi \cdot D^2} \text{[m/s]} \qquad V_2 = \frac{Q_1}{A_2} = \frac{4 \cdot Q_2}{\pi(D^2 - d^2)} \text{[m/s]}$$

② 피스톤로드에 작용하는 힘

$$F_1 = A_1 \times P_1 = \frac{\pi \cdot D^2}{4} \times P_1 \text{[kg]} \qquad F_2 = A_2 \times P_2 = \frac{\pi(D^2 - d^2)}{4} \times P_2 \text{[kg]}$$

③ 압력계산

$$P_2 = P_1 \times \frac{D^2}{D^2 - d^2} \text{[kg/cm}^2\text{]}$$

단동 실린더	피스톤형	
	램형	
복동 실린더	단로드형	
	양로드형	
	이중피스톤형	
다단 실린더	텔레스커픽형	단동
		복동
	멀티형	

[유압실린더의 종류]

제 6 장 축 압 기(어큐물레이터, Accumulatr)

[유압실린더의 고정방법]

부하의 운동방향		설치 형식	설치예	비고
실린더 고정	부하가 직선운동을 한다.	풋형 (foot mounting type)	축방향풋형 (바깥방향)	가장 일반적이고 간단한 설치방법. 주로 경부하에 사용된다.
			축방향풋형 (안방향)	
		플렌지형 (flange mounting type)	로드측플랜지형	가장 강력한 설치를 할수 있다. 부하의 운동방향과 축심을 정확히 일치시켜야 된다.
			헤드측플랜지형	
실린더 요동	부하가 힌지점을 기준으로 하여 일정각도만큼 회전할 수 있다.	피벗형	분납식 아이형	설치할 때 피스톤의 요동운동이 다른 기구와 충돌이 되지않도록 주의한다.
			분납식 클레버스형	
		트레버스형 (tranion mounting type)	로드형 트러니언형	
			중간 트러니언	
			헤드측 트러니언	

2. 유압 모터

(1) 개 요

유압을 입력받아 회전하는 운동에너지로 바꾸어 주는 장치

(2) 유압모터에 필요한 계산식

① 이론 토크

$$T = \frac{P \cdot q}{2\pi} \, [\text{kg} \cdot \text{cm}]$$

여기서, P : 유압[kg/cm^2], q : 1회전당배제유량[cm^3/rev]

② 유압모터의 전효율

$$(\text{모터의 전효율} = \text{모터효율})\eta_M = \frac{(\text{모터출력동력})L_M}{(\text{유체동력})L_o} = \eta_m \eta_v$$

η_m : 기계효율, η_v : 체적효율

$$(\text{유체동력}) \, L_o = \frac{PQ_a}{75} [\text{Ps}] = \frac{PQ_a}{102} [\text{kW}]$$

여기서, P : 모터 유입 압력[kgf/m^2]
Q_a : 모터 실제 유입유량[m^3/s]

$$(\text{유체동력}) \, L_o = \frac{PQ_a}{1000} [\text{kW}]$$

여기서, P : 모터 유입 압력[N/m^2]=[Pa]
Q_a : 모터 실제 유입유량[m^3/s]

✔ 예제

압력이 65[kg/cm^2] 유량이 30[l/min]인 유압모터에서 1회전에 대한 유량이 20[cc/rev], 모터의 전효율이 90[%]로 할 때 모터의 출력은 약 몇 [kW]인가?

㉮ 2.29[kW]   ㉯ 3.8[kW]   ㉰ 3.54[kW]   ㉱ 2.9[kW]

해설

$$(\text{모터출력동력})L_M = \eta_M \times L_o = 0.9 \times \frac{PQ_a}{102}$$

$$= 0.9 \times \frac{\left(\frac{65}{10^{-4}}\right) \times \left(\frac{30 \times 10^{-3}}{60}\right)}{102} = 2.867[\text{kW}]$$

3. 유압요동모터(Hydraulic Oscillating Motor)

360° 이내의 제한된 회전운동을 하는 유압 엑추에이터이다. 유압요동 모터를 사용하면 불필요한 링크(link)기구가 필요 없게 되고, 감속기구도 필요 없이 비교적 작은 공간 내에서 회전운동을 얻을 수 있다.

[유압요동모터의 종류]

요동형 액추에이터	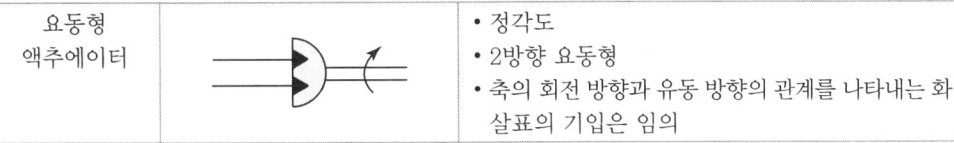	• 정각도 • 2방향 요동형 • 축의 회전 방향과 유동 방향의 관계를 나타내는 화살표의 기입은 임의

(1) 베인형 요동모터 (Vane Type Oscillating Motor)

내부누설이 다소 있고 부하 상태에서 중립위치 정지를 장시간 유지하기가 어렵다. 그러나 구조가 간단하고 소형이기 때문에 설치공간이 적게 요구되므로 많이 사용한다. 내부 누설은 보통 압력 70kgf/cm²에서 유량은 50~300cc/min 정도의 누설이 있다.
단일 베일형 요동모터로서 280°까지 요동각을 취할 수 있으나 내부가 유압평형이 이루어져 있지 않기 때문에 베어링은 불평형력을 받게 된다. 그러나 베어링은 유압유에 의한 레이디얼 하중을 받지 않으므로 기계적 효율이 단일 베인형보다 높다. 이중 베인형 요동모터로서 요동각이 100° 이하이다. 삼중 베인형은 요동각이 60° 이하이다. 일반적으로 전효율은 단일 베인형이 75~80%이고 이중 베인형이 85~90%이다.

(2) 피스톤형 요동모터(Piston Type Oscillating Motor)

베인형에 비해 요동각은 자유로이 얻을 수 있으나 외관형상이 길어지고 설치공간이 많이 요구된다. 구조는 유압실린더와 같이 유압에 의한 피스톤의 직선운동으로 각종 기구를 사용하여 회전운동으로 변환시키는 구조로 되어있다.
랙과 피니언형 요동모터로서 그 작동방법은 랙과 피스톤이 일체가 되어서 피니온기어를 회전시켜서 출력축에 회전력을 전달시킨다. 요동각은 랙의 길이에 따라서 다르며 360°까지 가능하다.

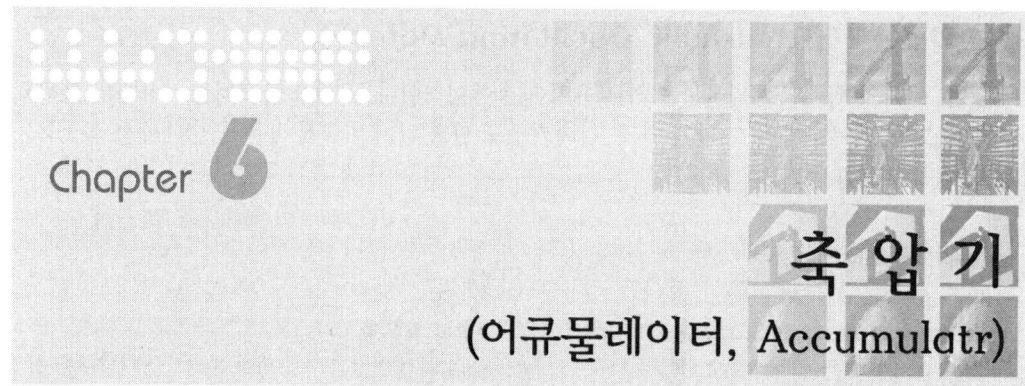

Chapter 6
축압기 (어큐뮬레이터, Accumulatr)

6-1 개 요

기름이 가지고 있는 유압에너지를 저축하는 용기로서 유압에너지를 가압상태로 저장하여 유압을 보상해 주는 역할이다.

6-2 종 류

(1) 공기 압축형

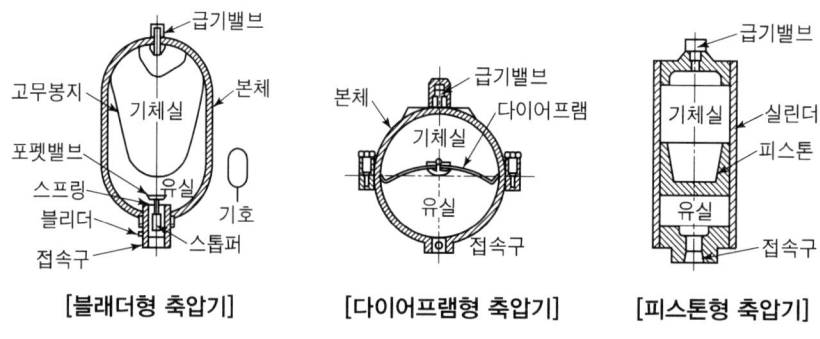

[블래더형 축압기]   [다이어프램형 축압기]   [피스톤형 축압기]

(2) 중추형 : 일정유압 공급이 가능, 외부누설 방지 곤란하다.

(3) 스프링형 : 저압용에 사용, 소형으로 가격이 싸다.

제 6 장 축 압 기(어큐뮬레이터, Accumulatr)

 6-3 용 도

① 충격압력흡수 및 유압펌프의 공회전시 유압 에너지의 저장한다.
② 회로내의 부족한 압력을 대신 할수 있어 2차 회로의 보상을 할 수 있다.
③ 회로내의 부족한 압력을 보충 할수 있어 사이클시간을 단축할 수 있다.
④ 펌프의 맥동을 흡수 할수 있다.(노이즈 댐퍼)
⑤ 충력압력(서지압력=surge pressure)을 흡수할 수 있다.
⑥ 펌프의 전원이 차단되었을 때 펌프의 역할을 하여 작동유의 수송을 할 수 있다.
⑦ 고장, 정전 등의 긴급 유압원으로 사용할 수 있다.

 6-4 축압기의 크기선정

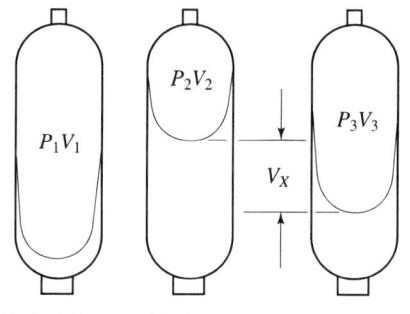

(a) 축압전상태　(b) 축압시　(c) 축압사용상태

[축압기의 기체의 압축과 팽창]

등온변화인 경우 : $V_1 = \dfrac{V_x \left(\dfrac{P_3}{P_1}\right)}{1 - \left(\dfrac{P_3}{P_2}\right)}$　　단열변화인 경우 : $V_1 = \dfrac{V_x \left(\dfrac{P_3}{P_1}\right)^{1/n}}{1 - \left(\dfrac{P_3}{P_2}\right)^{1/n}}$

여기서. V_1 : 최초의 봉입된 기체의 체적[cm^3]=축압기의 용량★★
　　　V_2 : 유압회로의 최고압력이 작용했을 때 압축된 기체의 체적[cm^3]
　　　V_3 : 회로의 최저압력일때 팽창된 기체의 체적[cm^3]
　　　V_x : 축압기로부터 유출된 유량[cm^3]　$V_x = V_3 - V_2$
　　　P_1 : 최초의 봉입된 기체의 절대압력[kgf/cm^2] $P_1 \leq P_3$, 최초 압력
　　　P_2 : 기체 V_2일 때 기체의 절대압력[kgf/cm^2] 시스템압력과 같다. 최고 압력
　　　P_3 : 기체 V_3일 때 기체의 절대압력[kgf/cm^2], 최저 압력

✔ 예제

유압시스템의 최대압력이 210[kgf/m²]인 유압회로가 있다. 최저작동압력이 100[kgf/m²]에서 5*l*의 유량을 유출시키기 위한 축압기의 용량을 등온변화일 때와 단열변화일 때 각각 계산하여라. 단, 질소가스의 최초봉입압력은 70[kgf/m²]이다.

해설

등온변화인 경우 : $V_1 = \dfrac{V_x\left(\dfrac{P_3}{P_1}\right)}{1-\left(\dfrac{P_3}{P_2}\right)} = \dfrac{5000\left(\dfrac{100}{70}\right)}{1-\left(\dfrac{100}{210}\right)} = 13,636.36\,[\text{cm}^3]$

단열변화인 경우 : $V_1 = \dfrac{V_x\left(\dfrac{P_3}{P_1}\right)^{1/n}}{1-\left(\dfrac{P_3}{P_2}\right)^{1/n}} = \dfrac{5000\left(\dfrac{100}{70}\right)^{1/1.4}}{1-\left(\dfrac{100}{210}\right)^{1/1.4}} = 15,681.33\,[\text{cm}^3]$

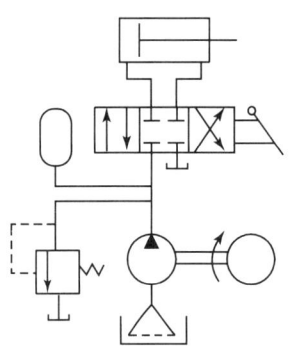

[축압기에 의한 충격 흡수회로]

Chapter 7

유압회로와 관이음

 ## 7-1 유압회로도

(1) 개 요
유압장치의 압력제어, 속도제어, 방향제어 등의 기본적인 구성을 목적에 따라 조합하여 통일된 기호로 나타낸 그림

(2) 유압회로도의 종류
① 그림식 회로도 : 구성기기의 외관을 알기 쉬운 약도로 나타낸 것
② 단면 회로도 : 기기를 단면으로 나타낸 것이며, 기기의 내부 구조나 기능의 원리 또는 오일의 유로 등을 이해하기 쉬우므로 일반적인 설명용이나 교육용에 적합
③ 기호 회로도 : KS 유압기호로 나타낸 것이며, 일반적으로 많이 사용
④ 조합식 회로도(복합회로도) : 그림식, 단면, 기호회로도를 표시한 것

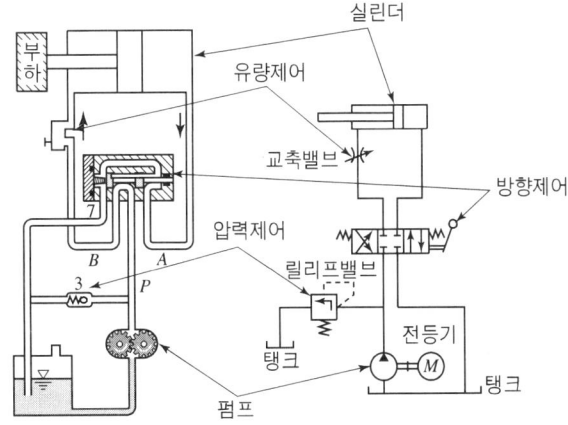

7-2 유압회로 응용

(1) Hi-Lo 회로

저압 대용량 펌프와 고압 소용량 펌프를 동시에 사용하는 것으로 공작기계나 프레스 등에 있어서 급속이송(저압대유량)을 위하여 응용되는 회로

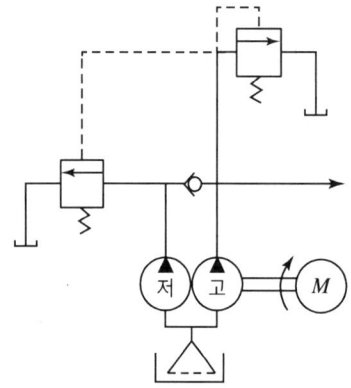

저 : 저압 대유량 펌프 : 속도를 빨리 할 때 사용된다.
고 : 고압 저유량펌프 : 큰힘이 필요할 때 사용된다.

(3) 차동실린더 회로 = 차동회로

단로드형 실린더에 있어서 피스톤이 전진행정일 때 펌프 송출량과 로드 쪽에서의 귀환유를 합류시켜 실린더 입구로 공급하고 속도의 증대를 도모하는 회로

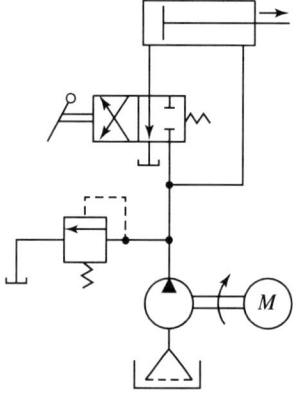

[차동실린더 회로]

(4) 동기회로 = 동조회로

같은 크기의 2개의 유압실린더에 같은 양의 압유를 유입시키면 이들 실린더는 동기운동을 할 것으로 생각되나, 실제로는 유압실린더의 치수, 누유량, 마찰 등의 완전히 일치하지 않기 때문에 완전한 동기 운동이란 불가능한 일이다. 또 같은 양의 압유를 2개의 실린더에 공급한다는

것도 어려운 일이다.
아래와 같은 4가지 정도로 구성할 수 있다.
① 유압실린더의 직렬회로
② 2개의 유량조절밸브를 사용한 회로
③ 2개의 펌프를 사용한 동조
④ 2개의 모터에 의한 동조

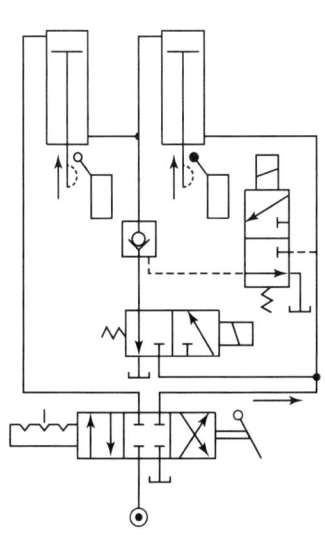

[유압실린더의 직렬회로]

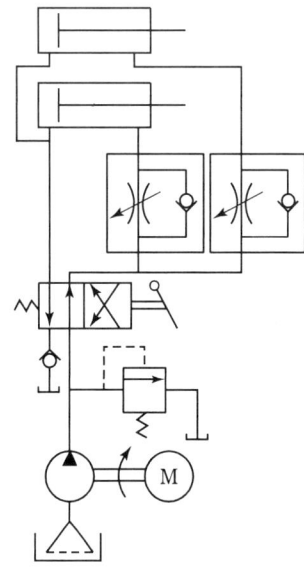

[2개의 유량조절밸브를 사용한 회로]

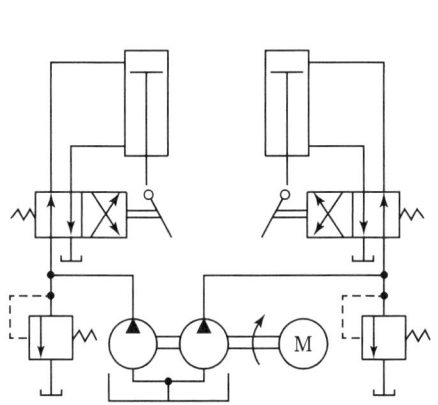

[2개의 펌프를 사용한 동조]

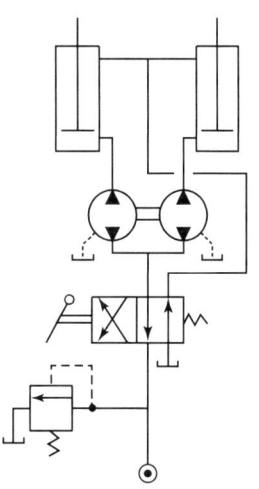

[2개의 모터에 의한 동조]

7-3 관 이음(Pipe Joint)

유압장치용 관이음으로서는 아래와 같은 구비조건을 갖추어야 한다.
① 관이음 에 의해 단면적의 변화가 심하지 않아야 한다.
② 관의 연결을 위해 특수 공구가 필요하지 않아야 한다.
③ 충격, 진동에 강하고 쉽게 이완되지 않아야 한다.
④ 외경과 길이가 소형이어야 하며 가벼워야 한다.
⑤ 조립분해가 쉽고 다시 사용할 수 있어야 하며 누설이 있어서는 안된다.

나사이음 140~210[kgf/cm²] 의 압력에 견딘다.	테이프 나사	PT나사(일본규격)	테이퍼 나사는 엘보우 등 방향성이 있는 관 이음류에 사용할 경우 기기의 포트를 변형시킬 우려가 있다.
		NPT나사(미국규격)	
		NPTF나사(미국규격으로항공기용)	
	평행 나사	유니파이 나사(UNF)	압력 실은 O링, 금속패킹, 몰드패킹(mould packing)등이 삽입되어야 한다.
		위드워스(With-worth)계 나사	
		미터나사	
플랜지 이음 (Flange Joint)			고압 저압에 관계없이 대관경의 관 이음에 이용되며 분해 보수의 면에서도 유리하다.
플레어 이음 (Flare Joint)			플레어 이음은 튜브에 적용하는 것으로 관 끝부분을 원추형의 펀치를 이용하여 나팔형(flare)으로 넓혀서 관용 슬리브와 너트로 체결하여 유압유의 누설을 방지하는 것이다. 플레어의 각도는 중심선에 대하여 37°(표준)와 45°(표준)의 것이 있다.
플레어리스이음 (flareless)			크로치형 이음(Crotch Joint)이라고도 한다. 관에 물려들게 한 슬리브(sleeve)에 의해 관을 접합하여 기름의 누출을 방지하는 식이다. 크로치형 관이음은 용접 이음에 비하여 두께가 얇고 중간의 굽힘부가 필요할 때 쉽게 굽힐 수 있고 플레어 작업이나 용접작업이 필요 없고 또한 착탈이 용이하여 관 이음으로 널리 사용되고 있다.
용접형 이음			용접형 이음에는 맞대기 용접형과 삽입 용접형이 있으며 어느 것이나 스케줄(schedule)관에 적용되는 것이고 유압용으로도 사용되고 있다. 맞대기 용접형은 용접 플래시가 관내에 부착할 우려가 있으므로 관내의 청정을 중요시하는 유압 배관에는 사용하지 않는 것이 좋다.
스위블이음 (Swival Joint)			유압장치의 목적을 수행하기 위하여 때로는 배관이 회전해야 할 경우가 있다. 이러한 회전목적에 사용되는 관 이음을 스위블 이음이라 한다. 일반적으로 스러스트(thrust)를 받는 볼(ball), 회전 베아링부 및 누출 방지용 O링 시일부가 주요 구성요소이다.

제 7 장 유압회로와 관이음

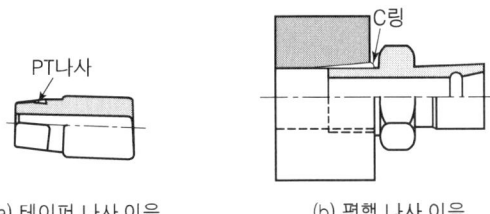

[나사이음(Screw Joint)]

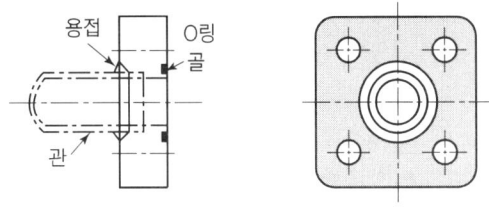

[플랜지 이음]

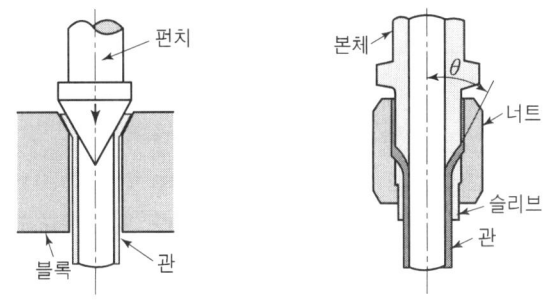

[플레어 이음]

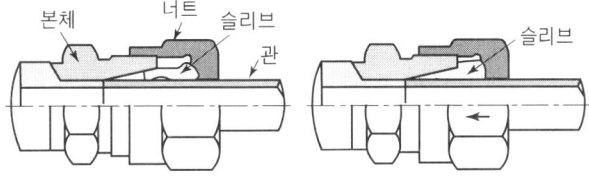

[플레어 리스이음 = 클러치 이음]

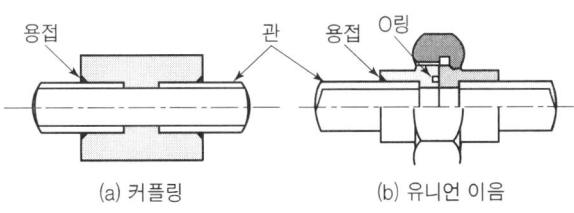

[용접이음]

제 6 편 유압기기

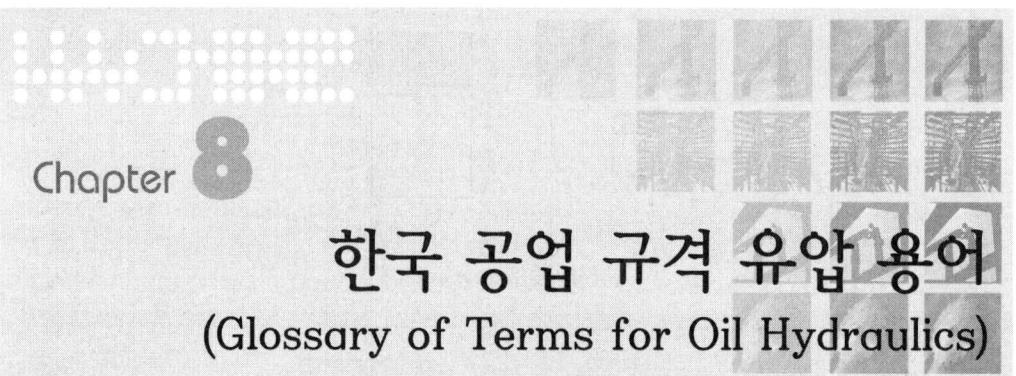

Chapter 8 한국 공업 규격 유압 용어
(Glossary of Terms for Oil Hydraulics)

 KS B 0019

제정 1973년 10월 7일
확인 1986년 9월 3일

1. 적용범위

이 규격은 항공기용을 제외한 각종 기계의 유압작동 계통 및 그 구성부품의 명칭, 형식, 현상, 특성 등에 사용되는 주요한 용어 및 뜻에 관하여 규정한다. 또한 참고로 대응 영어를 표시한다.

2. 분류

유압 용어는 다음 다섯으로 분류하여 구분한다.
(1) 기본 용어
(2) 유압 펌프에 관한 용어
(3) 유압 모터 및 유압 실린더에 관한 용어
(4) 유압 제어 밸브에 관한 용어
(5) 부속기기 및 기타 기기에 관한 용어

3. 번호, 용어 및 뜻 번호, 용어 및 뜻은 다음과 같다.

〈비고〉
(1) 용어의 일부는 큰 괄호를 ( )를 붙였을 경우에는 큰 괄호 속의 용어를 포함시킨 용어와 큰 괄호 속의 용어를 생략한 용어의 두 가지가 있음을 표시한다.
(2) 2개 이상의 용어를 병기하였을 경우에는 그의 순위에 따라 우선적으로 사용한다.
(3) 뜻 난의 * 표시는 그 용어의 뜻이 유압에 한정됨을 표시한다.

제 8 장 한국 공업 규격 유압 용어(Glossary of Terms for Oil Hydraulics)

번호	용어	뜻	대응 영어(참고)
101	혼입공기	액체 속에 아주 작은 기포상태로 섞여져 있는 공기	entrained air ; aeration
102	공기혼입	액체에 공기가 아주 작은 기포상태로 섞여지는 현상 또는 섞여져 있는 상태	aeration
103	캐비테이션 (공동현상)	*유동하고 있는 액체의 압력이 국부적으로 저하되어, 포화 증기압 또는 용해 공기 등이 분리되어 기포를 일으키는 현상. 이것들이 흐르면서 터지게 되면 국부적으로 초고압이 생겨 소음 등을 발생시키는 경우가 많다.	cavitation
104	채터링	*릴리프 밸브 등으로 밸브시트를 두들겨서 비교적 높은 음을 발생시키는 일종의 자력진동 현상	chattering ; chatter ; singing
105	점핑	*유량제어 밸브(압력 보상 붙이)에서 유체가 흐르기 시작할 때 등, 유량이 과도적으로 설정값을 넘어서는 현상	jumping
106	유체고착현상	스풀 밸브 등으로 내부 흐름의 불균성 등에 따라서, 축에 대한 압력분포의 평형이 깨어져서 스풀 밸브 몸체(또는 슬리브)에 강하게 밀려 고착되어 그 작동이 불가능하게 되는 현상	hydraulic look
107	디더	스풀 밸브 등으로 마찰 및 고착 현상 등의 영향을 감소시켜서, 그 특성을 개선시키기 위하여 가하는 비교적 높은 주파수의 진동	dither
108	유압평형	기름의 압력에 의하여, 힘의 평형을 맞추는 것	hydraulic balance
109	디컴프레션	프레스 등으로 유압실린더의 압력을 천천히 빼어 기계 손상의 원인이 되는 회로의 충격을 작게 하는 것	decompression
110	랩	미끄럼 밸브의 랜드와 포트부와의 사이의 겹친 상태 또는 그 양	lap
111	제로랩	미끄럼 밸브 등으로 밸브가 중립점에 있을 때, 포트는 닫혀 있고 밸브가 조금이라도 변위되면 포트가 열려 유체가 흐르게 되어 있는 겹친 상태	zero lap
112	오버랩	미끄럼 밸브 등으로 밸브가 중립점으로부터 약간 변위하여 처음으로 포트가 열려 유체가 흐르도록 되어 있는 겹친 상태	over lap ; positive lap
113	언더랩	미끄럼 밸브 등에서 밸브가 중립점에 있을 때 이미 포트가 열려 있어 유체가 흐르도록 되어 있는 겹친 상태	under lap ; negative lap
114	유량	단위 시간에 이동하는 유체의 체적	flow ; rate of flow
115	토출량	일반적으로 펌프가 단위시간에 토출시키는 액체의 체적	delivery ; rate of flow ; flow rate ; discharge ; discharge rate
116	행정체적	용적식 펌프 또는 모터의 1회전마다에 배제시키는 기하학적 체적	displacement

번호	용어	뜻	대응 영어(참고)
117	드레인	기기의 통로나 관로에서 탱크나 매니폴드 등으로 돌아오는 액체 또는 액체가 돌아오는 현상	drain
118	누설	정상 상태로는 흐름을 폐지시킨 장소 또는 흐르는 것이 좋지 않은 장소를 통하는 비교적 적은 양의 흐름	leakage
119	제어 흐름	제어된 흐름	controlled flow
120	자유 흐름	제어되지 않은 흐름	free frow
121	규제 흐름	유량이 미리 설정된 값으로 제어된 흐름. 다만, 펌프의 토출 이외의 것에 사용한다.	metered flow
122	흐름의 형태	*밸브의 임의의 위치에서 각 포트를 접속시키는 유체 흐름의 경로와 모양	flow pattern
123	인터 플로	밸브의 변환 도중에서 과도적으로 생기는 밸브포트 사이의 흐름	interflow
124	컷오프	펌프 출구 측 압력이 설정압력에 가깝게 되었을 때 가변 토출량 제어가 작동하여 유량을 감소시키는 것	cut-off
125	풀컷오프	펌프의 컷 오프 상태에서 유량이 0(영)이 되는 것	full cut-off
126	압력강하	흐름에 따르는 유체압의 감소	pressure drop
127	배압	유압 회로의 귀로 쪽 또는 압력 작동면의 배후에 작동하는 압력	back pressure
128	압력의 맥동	정상적인 작동 조건에서 발생하는 토출 압력의 변동, 과도적인 압력 변동은 제외한다.	pressure pulsation
129	서지압(력)	*과도적으로 상승한 압력의 최대 값	surge pressure
130	크래킹압(력)	릴리프 또는 첵밸브에서 압력이 상승하여 밸브가 열리기 시작하는 압력	cracking pressure
131	리시트압(력)	체크밸브 또는 릴리프 밸브 등으로 입구 쪽 압력이 강하하여 밸브가 닫히기 시작하여 밸브의 누설량이 어떤 규정된 양까지 감소되었을 때의 압력	reseat pressure
132	최소 작동 압력	기구가 작동하기 위한 최소의 압력	minimum operating
133	온유량최대압력	펌프가 임의의 일정 회전 속도로 회전하고 있을 때 가변 토출량 제어가 작동하기 전(컷 오브 개시 직전)의 토출 압력	maximum full flow pressure
134	컷인	언로드 밸브 등으로 펌프에 부하를 가하는 것, 그 한계 입력을 컷인 압력(cut-in pressure ; unloading pressure)이라 한다.	cut-in ; reloading
135	컷 아웃	언로드 밸브 등에서 펌프를 무부하로 하는 것, 그 한계 압력을 컷 아웃 압력(cut-out pressure ; unloading pressure)	cut-out ; unloading
136	정격압력	*연속하여 사용할 수 있는 최고 압력	rated pressure
137	파괴시험압력	*파괴되지 않고 견디어야 하는 시험 압력	burst pressure
138	실파괴압력	*실제로 파괴되는 압력	actual burst pressure

제 8 장 한국 공업 규격 유압 용어(Glossary of Terms for Oil Hydraulics)

번호	용어	뜻	대응 영어(참고)
139	보증내압력	정격압력으로 복귀시켰을 때 성능의 저하를 가져오지 않고 견디어야하는 압력을 정해진 조건에서의 값으로 택한다.	proof pressure
140	정격유량	일정한 조건하에서 정해진 보증 유량	rated flow
141	정격회전속도	* 정격압력으로 연속해서 운전될 수 있는 최고 회전 속도	rated speed
142	정격 속도	* 정격압력으로 연속해서 운전될 수 있는 최고 속도	rated speed
143	유체 동력	유체가 갖는 동력, 유압으로는 실용상 유량과 압력의 곱으로 표시한다.	fluid power ; hydraulic power ; hydraulic horse power
144	유압 회로	각종 유압기기 등의 요소에 따라서 조립된 유압 장치 기능의 구성	oil hydraulic circuit
145	회로도	기호를 사용하여 회로를 표시한 선도	graphical diagram ; schematic diagram
146	인력 방식	인력에 의하여 조작하는 방식	manual control
147	수동 방식	인력방식의 일종으로 수동에 의하여 조작하는 방식	manual control ; hand control
148	파일럿방식	파일럿 밸브에 의해 유도된 압력에 따른 제어 방식	pilot control
149	미터인방식	액츄에이터의 입구쪽 관로에서 유량을 교축시켜 작동속도를 조절하는 방식	meter-in system
150	미터아웃방식	액츄에이터의 출구쪽 관로에서 유량을 교축시켜 작동속도를 조절하는 방식	meter-out system
151	블리드오프방식	액츄에이터로 흐르는 유량의 일부를 탱크로 분기함으로서 작동속도를 조절함	bleed-off system
152	전기유압(방)식	유압 조작에 솔레노이드 등의 전기적 요소를 조합시킨 방식	electro-hydraulic system
153	관로	작동유체를 연결하여 주는 역할을 하는 관 또는 주요 관로	line
154	주관로	흡입 관로, 압력 관로 및 귀환관로를 포함하는 주요 관로	main line
155	바이패스관로	필요에 따라 유체의 일부 또는 전량을 분기시키는 관로	by-pass ; by-pass line
156	드레인 관로	드레인을 귀환 관로 또는 탱크 등으로 연결하는 관로	drain line
157	통기관로	대기로 언제나 개방되어 있는 관로	vent line
158	통로	* 구성부품의 내부를 관통하거나 또는 그의 내부에 있는 유체를 연결하는 기계 가공이나 주물 뽑기를 인도하는 연락로	passage
159	포트	작동 유체 통로의 열린 부분	port

번호	용어	뜻	대응 영어(참고)
160	벤트포트	대기로 개방되어 있는 뽑기 구멍	vent-port
161	통로구	대기로 개방되어 있는 구멍	breather ; bleedr
162	공기 뽑기	유압 회로 중에 폐쇄되어 있는 공기를 뽑기 위한 니들 밸브 또는 가는 관 등	air-bleeder
163	조임	흐름의 단면적을 감소시켜 관로 또는 통로 내에 저항을 갖게 하는 기구. 초크 조임과 오리피스 조임이 있다.	restriction ; restrictor
164	초크	면적을 감소시킨 통로로서 그 길이가 단면 치수에 비해서 비교적 긴 경우의 흐름의 조임. 이 경우에 압력 강하는 유체 점도에 따라 크게 영향을 받는다.	choke
165	오리피스	면적을 감소 시킨 통로로서 그 길이가 단면 치수에 비해서 비교적 짧은 경우의 조임. 이 경우에 압력 강하는 유체 점도에 따라 크게 영향 받지 않는다.	orifice
166	피스톤	* 실린더만을 왕복 운동하면서 유체 압력과 힘을 주고 받음을 실시하기 위한 지름에 비해서 길이가 짧은 기계 부품. 보통 연결봉 또는 피스톤 봉과 같이 사용된다.	piston
167	플런저	* 실린더 안을 왕복운동하면서 유체 압력과 힘을 주고 받음을 실시하기 위한 지름에 비해서 길이가 긴 기계 부품. 보통 연결봉 등을 붙이지 않고 사용된다.	plunger
168	램	유압 실린더, 어큐뮬레이터 등에 이용되는 플런저	ram
169	슬리브	속이 빈 원통형의 구성 부품으로 피스톤 스플 drain등을 안내하는 하우징의 안쪽 붙임	sleeve
170	슬라이드	* 미끄럼 면에 접촉되어 이동하여, 유로를 개폐하는 구성 부품	slide
171	스풀	* 원통형 미끄럼 면에 내접하여 축 방향으로 이동하여 유로를 개폐하는 꼬챙이 모양의 구성부품	spool
172	개스킷	정지 부분에서 사용되는 유체의 누설 방지 부품	gasket
173	개스킷접속	개스킷을 사용하여 기구를 접속시키는 방법	gasket mounting
174	패킹	미끄럼 면에서 사용되는 유체의 누설 방지 부품	packing

제 8 장 한국 공업 규격 유압 용어(Glossary of Terms for Oil Hydraulics)

시험에 자주 출제되는 유압회로 기호

	고정형 유량조정밸브	
	가변형 유량조정밸브	
	체크밸브	
	파일럿 조작 체크밸브	
	셔틀밸브	
	급속배기밸브	
	고정조리개 붙이 체크밸브 = 체크밸브부 유량조정밸브	
인력 방식	인력를 이용한 작동방식	(인력방식의 작동방식의 기본회로)
	레버를 이용한 작동방식	
	누름단추 작동방식	
	패달을 이용한 작동	
기계 방식	누름봉 작동방식	(기계방식의 작동방식의 기본회로)
	스프링 작동방식	
	롤러를 이용한 작동방식	
	한쪽 작동롤러 방식	
	단일 코일형 전자방식	

명칭	기호
복수 코일형 전자방식	
전자-유압제어 순차작동방식	
전자-공압제어 순차작동방식	
전자 또는 유압제어 작동방식	
전자 또는 공압제어 작동방식	
한방향 흐름의 정용량형 유압펌프	
양방향 흐름의 정용량형 유압펌프	
한방향 흐름의 가변용량형 유압펌프	
양방향 흐름의 가변용량형 유압펌프	
한방향 흐름의 정용량형 유압모타	
양방향 흐름의 정용량형 유압모타	
한방향 흐름의 가변용량형 유압모타	
양방향 흐름의 가변용량형 유압모타	

제 8 장 한국 공업 규격 유압 용어(Glossary of Terms for Oil Hydraulics)

정용량형 유압펌프, 모터	펌프나 모타가 그 흐르는 방향이 같은 한 방향만의 흐름		가변용량형 유압펌프, 모타	
	펌프는 한 방향만의 흐름, 모타는 그 역방향만의 흐름의 경우			
	펌프나 모타가 모두 그 흐르는 방향이 양방향의 경우			
요동형 모타				
관로의 접속				
휨관로(플렉시블관로)				
관로의 교차				
필터	배수기 없는 필터			
	배수기 있는 필터 (인력방식)			
	배수기 있는 필터 (자동방식)			
온도 조절기				
냉각기				
가열기				
소음기				
압력계				
온도계				

명칭	기호
유량계	
압력스위치	
리밋스위치	
아날로그 변환기	
2포트 2위치전환밸브	
4포트 3위치 전환밸브	
4포트 조리개 전환밸브	

Part 7

기계동력학

Chapter 1   변위, 속도, 가속도의 관계
Chapter 2   운동량 방정식
Chapter 3   원 운 동
Chapter 4   구속된 운동
Chapter 5   에너지보존의 법칙
Chapter 6   진동의 개요
Chapter 7   조화운동과 단진동
Chapter 8   감쇠자유진동
Chapter 9   비틀림 진동
Chapter 10   진동에 의한 힘 전달율

Chapter 1. 변위, 속도, 가속도의 관계

출제 FOCUS

❶ 속도 $V = \dfrac{ds}{dt}$ **가속도** $a = \dfrac{dv}{dt}$

여기서, S : 변위, t : 시간

❷ 등가속도 운동

나중속도 $V_2 = V_1 + at$

변위 $s = V_1 t + \dfrac{1}{2} at^2$, $2as = V_2{}^2 - V_1{}^2$

여기서, V_1 : 처음속도, V_2 : 나중속도, a : 등가속도

❸ 투사체 운동

운동방향을 x방향 성분, 운동방향을 y방향 성분으로 구분해서 푼다.

가속도(a)의 부호 : • 속도가 증가되는 가속도 ⊕
　　　　　　　　　 • 속도가 감소되는 가속도 ⊖

제 1 장 변위, 속도, 가속도의 관계

 1-1 변위와 거리

(1) 변위
  크기와 방향을 갖는 벡터량(vector)

(2) 거리
  이동한 총 길이(scalar)

> ✔ 예제
> A지점이 최초 지점 B지점이 최종지점(나중지점)일 경우 변위와 거리를 구하여라.
>
>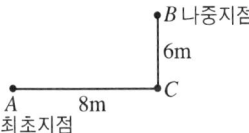
>
> **해설**
> ① 변위는 A점에서 36.87° 방향으로 10m이동 $\overrightarrow{AB}$ 36.87° 방향으로 10m
> ② 거리는 14m

 1-2 속도와 속력

(1) 방향과 크기가 있는 vector : 속도

$$\text{속도} = \frac{\text{변위}}{\text{걸린시간}} \qquad \vec{V} = \frac{\overrightarrow{ds}}{dt} \, [\text{m/s}]$$

(2) 크기만 있는 Scalar : 속력

$$\text{속력} = \frac{\text{이동거리}}{\text{경과된시간}} \qquad V = \frac{\Delta S}{\Delta t} \, [\text{m/s}]$$

제 7 편 기계동력학

✔ **예제**

A의 최초지점에서 C까지 걸린 시간 4초 C에서 나중지점 B까지 걸린 시간 3초일 때 속도와 속력을 구하여라.

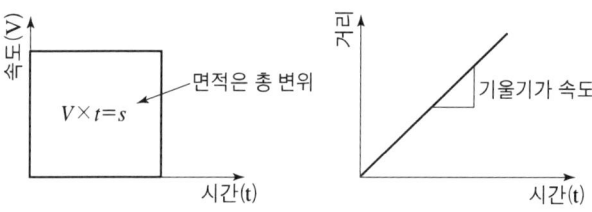

해설

① 속도 = $\dfrac{\vec{s}}{t} = \dfrac{10}{7}$ m/s   ② 속력 = $\dfrac{14}{7} = 2$ m/s

 1-3 등속직선운동 = 등속도 운동 $\vec{V}$ = 일정

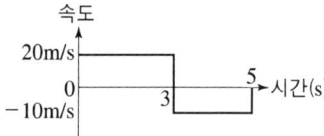

✔ **예제**

다음 그림을 보고 거리와 변위를 각각 구하여라.

① 5초 동안 이동 한 거리 : $(20 \times 3) + (10 \times 2) = 80$m
② 5초 동안의 변위 : $+(20 \times 3) - (10 \times 2) = 40$m

490

제 1 장 변위, 속도, 가속도의 관계

1-4 등가속도 운동(가속도) $a = \text{const}$

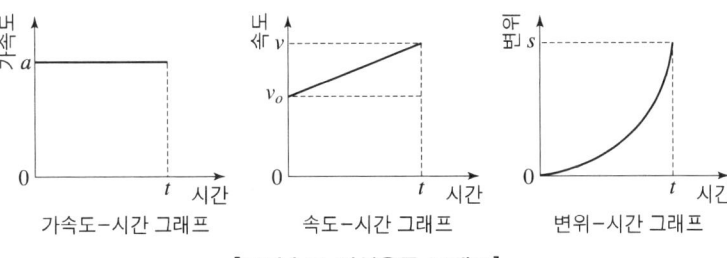

[등가속도 직선운동 그래프]

$$\vec{V} = \frac{ds}{dt} [\text{m/s}] \qquad 가속도\ \vec{a} = \frac{dV}{dt} [\text{m/s}^2]\ (단위시간당\ 속도의\ 변화)$$

암기공식 $\quad V_2 = V_1 + at \qquad 2as = V_2^2 - V_1^2 \qquad s = V_1 t + \frac{1}{2} at^2$

여기서, V_1 : 처음속도, V_2 : 나중 속도, a : 가속도, t : 걸린 시간, s : 변위

암기공식 유도식 ➪

$\vec{a} = \frac{d\vec{V}}{dt}$ 에서 $d\vec{V} = adt$, 적분하면 → $V_2 - V_1 = at$, $V_2 = V_1 + at$ ················ (1)

$\vec{V} = \frac{ds}{dt}$ 에서 $V_1 + at = \frac{ds}{dt}$ → $ds = (V_1 + at)dt$, $s = V_1 t + \frac{1}{2} at^2$ ················ (2)

$\vec{a} = \frac{d\vec{V}}{dt}$ 에서 각각에 ds를 곱하면 → $\vec{a}ds = \frac{ds}{dt} d\vec{V}$, $ads = Vd\vec{V}$ → 적분하면

$a(s_2 - s_1) = \frac{1}{2}(V_2^2 - V_1^2)$, $as = \frac{1}{2}(V_2^2 - V_1^2)$, $2as = V_2^2 - V_1^2$ ················ (3)

1-5 자유낙하 할 때 $a = +g$

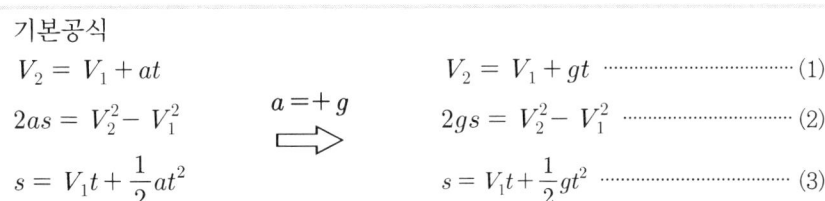

기본공식
$V_2 = V_1 + at$
$2as = V_2^2 - V_1^2$
$s = V_1 t + \frac{1}{2} at^2$

$a = +g$ ⇒

$V_2 = V_1 + gt$ ················ (1)
$2gs = V_2^2 - V_1^2$ ················ (2)
$s = V_1 t + \frac{1}{2} gt^2$ ················ (3)

✔ 예제

높이 10m에서 자유낙하 할 때 낙하 때까지 걸린 시간과 낙하지점에서의 속도를 구하시오.

해설

(2)식에서 $V_1 = 0$ $V_2 = \sqrt{2gs} = \sqrt{2 \times 9.8 \times 10} = 14\text{m/s}$

(1)식에서 걸린 시간 $t = \dfrac{V_2}{g} = \dfrac{14}{9.8} = 1.428\text{sec}$

1-6 연직 방향으로 올린 물체의 운동 $a = -g$

기본공식

$V_2 = V_1 + at$ $\qquad\qquad\qquad\qquad V_2 = V_1 - gt$ ······················· (1)

$2as = V_2^2 - V_1^2$ $\quad a = -g \Rightarrow \quad 2gs = V_2^2 - V_1^2$ ······················· (2)

$s = V_1 t + \dfrac{1}{2}at^2$ $\qquad\qquad\qquad s = V_1 t - \dfrac{1}{2}gt^2$ ······················· (3)

✔ 예제

지면에서 4m 높이의 마루에서 초기속도 $V_1 = 10\,\text{m/s}$로 올린 공의 최고 높이 점까지 걸린 시간과 지면에서의 최고 높이 전까지의 거리는?

해설

(2)식에서 최고점 도달했을 때 속도 $V_2 = 0$에서

최고점 도달까지 걸린 시간 $t = \dfrac{V_1}{g} = \dfrac{10}{9.8} = 1.02\text{sec}$

(2)식에서 1.02초 동안 이동한 거리 $s = \dfrac{V_1^2}{2g} = 5.102\text{m}$

지면과 최고 높이 점까지의 거리 $H = 9.102\text{m}$

1-7 수평방향으로 던진 물체의 운동

기본공식에 x방향 운동, y방향 운동을 나누어서 정리한다.

$$V_2 = V_1 + at$$
$$2as = V_2^2 - V_1^2$$
$$s = V_1 t + \frac{1}{2}at^2$$

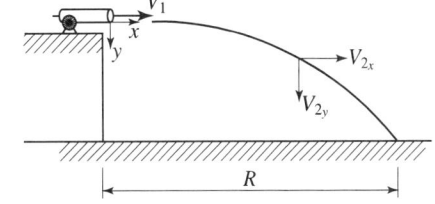

x방향 운동	y방향 운동
x방향 가속도 $a_x = 0$, $V_{1x} = V_1$ $V_{2x} = V_{1x} + 0$, $0 = V_{2x} - V_{1x}$, $x = V_{1x}t$	y방향 가속도 $a_y = +g$, $V_{1y} = 0$ $V_{2y} = V_{1y} + gt$, $2gy = V_{2y}$, $y = V_{1y}t + \frac{1}{2}gt^2$

✔예제

위 그림에서 포탄의 초기속도 $V_1 = 120\,\text{m/s}$ 이고 절벽의 높이 60m 일 때 포탄이 지면에 닿을 때까지 걸린 시간과 수평거리 R을 구하라.

해설

절벽높이 $H = y = V_{1y}t + \frac{1}{2}gt^2$ 에서 $V_{1y} = 0$ $H = \frac{1}{2}gt^2$

지면 도달까지 걸린 시간 $t = \sqrt{\dfrac{2H}{g}} = \sqrt{\dfrac{2 \times 60}{9.8}} = 3.499\,\text{sec}$

수평도달 거리 $R = V_{1x}t = V_1 \times t = 120 \times 3.499 = 419.91\,\text{m}$

1-8 비스듬히 아래로 던져진 물체의 운동

$$V_2 = \sqrt{V_{2x}^2 + V_{2y}^2}$$
$$\tan\theta_2 = \frac{V_{2y}}{V_{2x}}$$

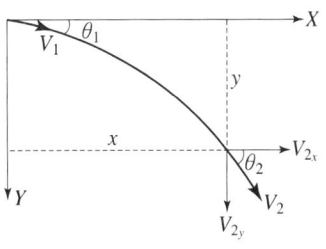

x방향 운동	y방향 운동
$a_x = 0$ $V_{1x} = V_1 \cos\theta_1$ $V_{2x} = V_2 \cos\theta_2$	$a_y = +g$ $V_{1y} = V_1 \sin\theta_1$ $V_{2y} = V_2 \sin\theta_2$
$V_{2x} = V_{1x}$ ·············· (1) $0 = V_{2x}^2 - V_{1x}^2$ $x = V_{1x} t$	$V_{2y} = V_{1y} + gt$ ······ (2) $2gy = V_{2y}^2 - V_{1y}^2$ $y = V_{1y} t + \dfrac{1}{2} gt^2$
기본 식에 적용	기본 식에 적용
t초 후의 속도 $V_2 = \sqrt{V_{2x}^2 + V_{2y}^2}$ 여기서, $V_{2x} = V_{1x} = V_1 \cos\theta_1$ ······(1)식에서 $V_{2y} = V_{1y} + gt$ ······ (2)식	

✔ 예제

다음 그림에서 포탄이 지면에 도달하는데 걸린 시간은?

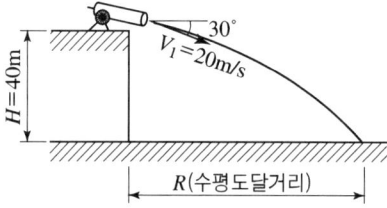

해설

$V_{1x} = V_1 \cos 30 = 20 \times \cos 30 = 17.32 \text{m/s}$

$V_{1y} = V_1 \sin 30 = 10 \text{m/s}$

$y = H = V_{1y} t + \dfrac{1}{2} gt^2 \rightarrow 40 = 10 \times t + \dfrac{1}{2} 9.8 t^2 \rightarrow 4.9 t^2 + 10 t - 40 = 0$ 에서

지면에 도달하는데 걸린 시간

$t = \dfrac{-b \pm \sqrt{b^2 - 4ac}}{2a} = \dfrac{-10 \pm \sqrt{10^2 - 4 \times 4.9 \times (-40)}}{2 \times 4.9} = 2.01 \text{sec}$

수평 도달 거리 $R = x = V_{1x} t = 17.32 \times 2.01 = 34.87 \text{m}$

1-9 비스듬히 위로 던진 물체의 운동

$$V_2 = \sqrt{V_{2x}^2 + V_{2y}^2}$$

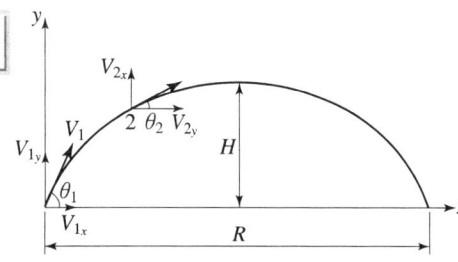

x방향 운동	y방향 운동
$a_x = 0$ $V_{1x} = V_1\cos\theta_1$ $V_{2x} = V_2\cos\theta_2$	$a_y = -g$ $V_{1y} = V_1\sin\theta_1$ $V_{2y} = V_2\sin\theta_2$
$V_{2x} = V_{1x}$ $0 = V_{2x}^2 - V_{1x}^2$ $x = V_{1x}t$ ⋯⋯⋯ (3)	$V_{2y} = V_{1y} - gt$ ⋯⋯ (1) $2gy = V_{2y}^2 - V_{1y}^2$ $y = V_{1y}t - \dfrac{1}{2}gt^2$ ⋯⋯ (2)
기본 식에 적용한 것임	기본 식에 적용한 것임

(1) 최고점 H까지 걸린 시간 t_H   (1)식에서 $V_{2y} = 0$일 때의 시간 t_H

$$H\text{까지 걸린 시간 } t_H = \frac{V_{1y}}{g} = \frac{V_1\sin\theta_1}{g}$$

(2) 최고점의 높이 H   (2)식에서 $y = H$, $t = t_H = \dfrac{V_1\sin\theta_1}{g}$

$$H = \left(V_1\sin\theta_1 \times \frac{V_1\sin\theta_1}{g}\right) - \left(\frac{1}{2}g \times \frac{V_1^2\sin^2\theta_1}{g^2}\right) = \frac{V_1^2\sin^2\theta_1}{2g}$$

(3) 수평 도달 거리 R까지 걸린 시간

$$t_R = 2 \times t_H = 2 \times \frac{V_1\sin\theta_1}{g}$$

(4) 수평도달 거리 R   (2)식에서 $x = R$

$$R = V_1\cos\theta_1 \times \frac{2V_1\sin\theta_1}{g} = \frac{2V_1^2\sin\theta_1\cos\theta_1}{g} = \frac{V_1^2\sin 2\theta_1}{g}$$

여기서, $\sin 2\theta = 2\sin\theta\cos\theta$

제 7 편 기계동력학

✔ 예제

다음 그림을 보고 물음에 답하여라.

① 최고 도달 높이 까지 걸린 시간 $t_H = ?$

② 최고 도달 높이 $H = ?$

③ 수평 도달거리 R까지 걸린 시간 $= ?$

④ 수평 도달거리 $R = ?$

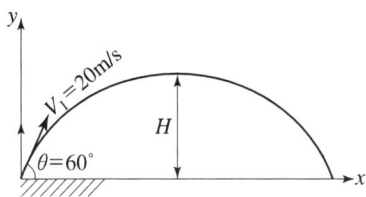

해설

① 최고 도달 높이 까지 걸린 시간 $t_H = ?$

$V_{2y} = 0$, $V_{2y} = V_{1y} - gt$ 에서, $t_H = \dfrac{V_1 \sin\theta}{g} = \dfrac{20 \times \sin 60}{9.8} = 1.767 \text{sec}$

② 최고 도달 높이 $H = ?$

$y = V_{1y}t - \dfrac{1}{2}gt^2$

$H = V_1 \sin\theta_1 \times t_H - \dfrac{1}{2}gt_H^2 = 20\sin 60 \times 1.767 - \dfrac{1}{2} 9.8 \times 1.767^2 = 15.306 \text{m}$

③ 수평 도달거리 R까지 걸린 시간? $t_R = 2 \times t_H = 2 \times 1.767 = 3.534 \text{sec}$

④ 수평 도달거리 R? $x = V_{1x}t$, $R = V_1 \cos\theta \times t_R = 20 \times \cos 60 \times 3.534 = 35.34 \text{m}$

Chapter 2

운동량 방정식

출제 FOCUS

❶ $F \times \Delta t = m\Delta V$, 충격량=운동량의 변화량

❷ **운동량 보존의 법칙**
$m_1 v_1 + m_2 v_2 = m_1 v_1' + m_2 v_2'$
충돌전의 운동량=충돌후의 운동량
속도의 방향 → $\oplus V$, ← $\ominus V$

❸ 반발계수 $e = \dfrac{V_2' - V_1'}{V_1 - V_2}$

2-1 운동량

(1) 운동량 = 질량 × 속도

$$P = m \times V$$

(2) 운동량의 변화 = 질량 × 속도의 변화

$$\Delta P = m \times \Delta V$$

(3) 운동량과 충격력의 관계

$$F = ma = m \times \frac{\Delta V}{\Delta t} \text{에서 } F \times \Delta t = m \delta V$$

여기서, $F \times \delta t$: 충격력, $m \times \Delta V$: 운동량의 변화, 충격력 = 운동량의 변화

> **✔ 예제**
>
> V_1 = 6m/s일 때 질량이 5kg인 물체 A를 10N 힘으로 4초 동안 가하였다. A의 나중 속도는?
>
> V_1 = 6m/s
> ⓐ
>
> **해설**
>
> $F \times \Delta t = m \times \Delta V \quad F \times \Delta t = m \times \Delta V, \quad 10 \times 4 = 5 \times (V_2 - V_1)$
> 나중속도 $V_2 = 14 \text{m/s}$

2-2 운동량 보존의 법칙

(1) 동일선상의 운동량 보존의 법칙

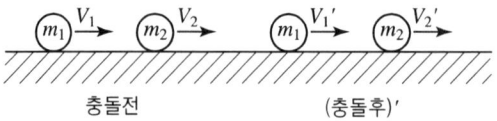

| 충돌전의 운동량 = 충돌 후의 운동량 | $m_1 V_1 + m_2 V_2 = m_1 V_1' + m_2 V_2'$ |

여기서, 속도는 반드시 방향을 고려하여야 한다.

> ✔ 예제
> 질량 0.2kg인 공 A가 속도 2m/s로 충돌하여 정지하고 있는 질량 0.6kg 공 B와 충돌 하였다. 공 B는 A가 운동하는 방향으로 0.8m/s의 속도로 튕겨졌다. 공 A는 어떤 방향으로 얼마의 속도로 운동하는가?
>
> 해설
> $$m_A V_A + m_B V_B = m_A V_A' + m_B V_B'$$
> $V_B = 0$, $V_B = +0.8 (0.2 \times 2) + (0.6 \times 0) = 0.2 \times V_A' + 0.6 \times 0.8$, $V_A' = -0.4$
> 충돌후의 A의 공의 속도 $V_A' = -0.4$
> 왼쪽방향(←) 0.4m/s로 운동한다.

> ✔ 예제
> 0.5m/s의 속력으로 움직이고 있는 질량 8000kg의 화차에 1.8m/s의 속도로 질량 5000kg의 화차가 접근하여 연결되었다. 연결 후의 속도는? (단, 두 화차는 같은 방향으로 움직인다.)
>
> 해설
> $$m_1 V_1 + m_2 V_2 = (m_1 + m_2) V', \quad (8000 \times 0.5) + (5000 \times 1.8) = (8000 + 5000) V'$$
> 충돌 후 연결된 후의 속도 $V' = 1 \text{m/s}$

(2) 평면상의 운동량 보존의 법칙

충돌 전 속도성분 : $V_{1x} = V_1 \cos\theta_1 \quad V_{1y} = -V_1 \sin\theta_1$
$V_{2x} = +V_2 \cos\theta_2 \quad V_{2y} = +V_2 \sin\theta_2$

충돌 후 속도성분 : $V_{1x}' = V_1' \cos\theta_1 \quad V_{1y}' = V_1 \sin\theta_1'$
$V_{2x}' = V_2' \cos\theta_2' \quad -V_{2y}' = V_2' \sin\theta_2'$

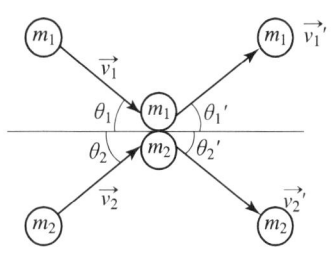

① x 방향의 운동량 보존의 법칙

$$m_1 V_{1x} + m_2 V_{2x} = m_1 V_{1x}' + m_2 V_{2x}'$$
$$m_1 V_1 \cos\theta_1 + m_2 V_2 \cos\theta_2 = m_1 V_1' \cos\theta_1 + m_2 V_2' \cos\theta_2'$$

② y 방향의 운동량 보존의 법칙

$$m_1 V_{1y} + m_2 V_{2y} = m_1 V_{1y}' + m_2 V_{2y}'$$
$$-m_1 V_1 \sin\theta_1 + m_2 V_2 \sin\theta_2 = m_1 V_1' \sin\theta_1' - m_2 V_2' \sin\theta_2'$$

제 7 편 기계동력학

✔ 예제

다음 그림과 같이 정지해 있든 공 B를 공 A가 10m/s로 와서 부딪쳐서 다음 그림과 같은 그림으로 벌어졌다. 충돌후의 속도를 각각 구하라.

해설

충돌 후의 A의 속도 $V_A' = ?$ 충돌 후의 B의 속도 $V_B' = ?$

x 방향의 운동량 보존의 법칙 $m_A V_A = m_A V_A' \cos 60 + m_B V_B' \cos 30$

$2 \times 10 = 2 \times V_A' \dfrac{1}{2} + 5 V_B' \dfrac{\sqrt{3}}{2}$, $20 = V_A' + 2.5\sqrt{3} V_B'$ ················(1)

y 방향의 운동량 보존의 법칙 $0 = m_A V_A' \sin 60 - m_B V_B' \sin 30$

$0 = 2 \times V_A' \dfrac{\sqrt{3}}{2} - 5 V_B' \dfrac{1}{2}$, $0 = \sqrt{3} V_A' - 2.5 V_B'$ ················(2)

(1)과 (2)식을 연립해서 풀면

(2)식에서 $2.5 V_B' = \sqrt{3} V_A'$, $V_B' = \dfrac{\sqrt{3}}{2.5} V_A' = 0.693 V_A'$

(1)식 $20 = V_A' + 2.5\sqrt{3} (0.693 V_A') = V_A' (1 + 2.5\sqrt{3} \times 0.693) = 4 V_A'$

충돌후의 A의 속도 $V_A' = 5$ 충돌후의 B의 속도 $V_B' = 3.465$

✔ 예제

두 자동차가 교차로에서 충돌하여 결합된 상태로 이동하였다. (바닥의 마찰을 무시할 때) 속도와 방향을 구하여라.

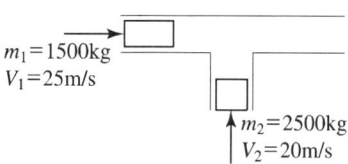

해설

x 방향의 운동량 보존의 법칙 $m_A V_A = (m_A + m_B) V' \cos\theta$ ················(1)

y 방향의 운동량 보존의 법칙 $m_B V_B = (m_A + m_B) V' \sin\theta$ ················(2)

(1)식에서 $1500 \times 25 = 4000 \times V' \cos\theta$, (2)식에서 $2500 \times 20 = 4000 \times V' \sin\theta$

$\dfrac{2식}{1식} = \dfrac{50000}{37500} = \dfrac{4000 \times V' \sin\theta}{4000 V' \cos\theta}$, $1.3333 = \tan\theta$

$\theta = \tan^{-1}(1.3333) = 53.13°$, $V' = 15.625 \, \text{m/s}$

2-3 충돌과 운동량 보존

(1) 반발계수

$$e = \frac{\text{멀어지는 속도}}{\text{가까워지는 속도}} = \frac{V_2' - V_1'}{V_1 - V_2}$$

여기서, 속도는 벡터이므로 방향을 고려해야 된다.

(2) 충돌의 종류

① 완전탄성 충돌＝탄성충돌 : 반발계수 $e = 1$일 때
  완전탄성 충돌은 운동량과 운동 에너지도 보존된다.

$$m_1 V_1 + m_2 V_2 = m_1 V_1' + m_2 V_2'$$

$$\frac{1}{2} m V_1^2 + \frac{1}{2} m V_2^2 = \frac{1}{2} m_1 V_1'^2 + \frac{1}{2} m_2 V_2'^2$$

② 비탄성 충돌 $0 < e < 1$, 가까워지는 속도＞멀어지는 속도
  비탄성 충돌은 운동량만 보존된다. 즉, 운동에너지는 보존되지 않는다.

③ 완전 비탄성 충돌 $e = 0$
  충돌 후 두 물체는 한 덩어리로 합쳐져서 운동한다.
  이러한 충돌을 하는 물체를 완전 비탄성체(예, 진흙)가 있다.

(3) 비탄성 충돌 : $0 <$ 반발계수 $e < 1$인 충돌

✔ 예제

벽면의 반발계수가 0.8일 때 처음속도가 10m/s일 때 나오는 속도는?

벽면의 질량 m_2, 벽면은 고정 $v_2 = v_2' = 0$

해설

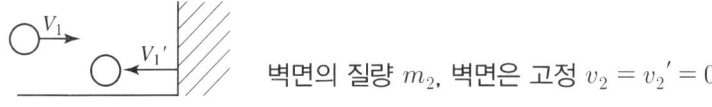

반발계수 $e = \dfrac{V_2' - V_1'}{V_1 - V_2} = \dfrac{0 - (-V_1')}{10 - 0}$, $0.8 = \dfrac{V_1'}{10}$

벽면을 맞고 나오는 속도 $V_1' = 8\text{m/s}$

✔ 예제

m_1이 4m 높이에서 자유낙하 할 때 바닥의 반발계수가 $e=0.8$ 이라면 충돌 후의 뛰어 오른 높이 H는?

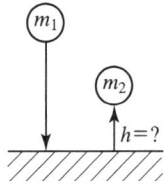

해설

$$mgh = \frac{1}{2}mV^2$$

바닥의 질량 m_2, 바닥의 $v_2 = v_2' = 0$

충돌직전의 속도 $V_1 = \sqrt{2gH}$, 충돌후의 속도 $V_1' = \sqrt{2gH'}$

$$e = \frac{V_2' - V_1'}{V_1 - V_2} = \frac{0 - \sqrt{2gH'}}{-\sqrt{2gH} - 0} = \frac{\sqrt{H'}}{\sqrt{H}}, \ e = \frac{\sqrt{H'}}{4}$$

충돌후의 높이 $H' = 2.56\,m$

✔ 예제

질량 6kg인 A자동차는 오른쪽으로 3m/s로 달려오고, 질량 2.5kg인 B자동차는 왼쪽으로 7m/s로 달려와서 충돌하였다. 충돌 후 A, B 자동차의 속도와 방향을 구하여라. (단, 충돌 할 때의 반발계수는 0.55였다.)

해설

$m_A = 6\,\text{kg}$, $m_B = 2.5\,\text{kg}$ $V_A = 3\,\text{m/s}$, $V_B = -7\,\text{m/s}$

$$e = \frac{V_B' - V_A'}{V_A - V_B} \text{(충돌 방향은 아직 모름)} \cdots\cdots (1)$$

(1)식에서 $0.55 = \dfrac{V_B' - V_A'}{3-(-7)} = \dfrac{V_B' - V_A'}{10}$, $5.5 = V_B' - V_A'$

$$m_A V_A + m_B V_B = m_A V_A' + m_B V_B' \cdots\cdots (2)$$

(2)식 운동량 보존의 법칙에서 $(6 \times (+3)) + (2.5 \times (-7)) = (6V_A') + (2.5V_B')$

$\rightarrow 5.5 = V_B' - V_A'$, $0.5 = 6V_A' + 2.5V_B'$

두 식을 연립해서 풀면 $V_A = -1.55\,\text{m/s}$, $V_A' = -1.55\,\text{m/s}$

즉, 왼쪽으로 $1.55\,\text{m/s} \leftarrow$ 운동, $V_B = +3.95\,\text{m/s}$ 즉, 오른쪽으로 $3.95\,\text{m/s} \rightarrow$ 운동

✔ 예제

같은 차종 A, B, C가 브레이크가 풀린 채 정지하고 있다. 이때 같은 모델의 자동차 A가 1.5m/s의 속력으로 B와 충돌하면 B와 C가 다시 충돌하게 되어 결국 3대의 자동차가 연쇄충돌하게 된다. 이때 B와 C가 충돌한 전후 C차의 속도는? (단, 변화의 반발계수 $e=0.75$)

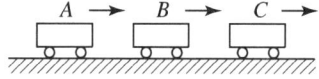

해설

A와 B 자동차의 충돌 $V_B = 0$, $m_A = m_B = m_C$

$m_A V_A + m_B V_B = m_A V_A' + m_B V_B'$, $1.5 = V_A' + V_B'$ ·········· (1)

$e = 0.75 = \dfrac{V_B' - V_A'}{V_A - V_B}$, $0.75 \times 1.5 = V_B' - V_A'$, $1.125 = V_B' - V_A'$ ·········· (2)

(1)과 (2)식에서 $V_B' = 1.3125 \, \text{m/s}$, $V_A' = 0.1875 \, \text{m/s}$

B와 C의 자동차 $V_B' = 1.3125 \, \text{m/s}$, $V_C = 0$

$m_B V_B' + m_C V_C = m_B V_B'' + m_C V_C'$, $1.3125 = V_B'' + V_C'$ ·········· (3)

$e = \dfrac{V_C' + V_B''}{V_B' - V_C}$, $0.75 \times 1.3125 = V_C' - V_B''$,

$0.9843 = V_C' - V_B''$ ·········· (4)

(3)과 (4)식에서 $V_C' = 1.1484 \, \text{m/s}$, $V_B'' = 0.1641 \, \text{m/s}$

제7편 기계동력학

Chapter 3 원운동

출제 FOCUS

❶

법선가속도 $a_n = w^2 R = \dfrac{V^2}{R}$

접선가속도 $a_t = \alpha R$

가속도 $a = \sqrt{a_n^2 + a_t^2}$

여기서, V : 원주속도 $V = w \times R = \dfrac{\pi DN}{60}$, w : 각속도 $w = \dfrac{d\theta}{dt} = \dot{\theta}$

α : 각가속도 $\alpha = \dfrac{dw}{dt} = \ddot{\theta}$

등각가속도 운동일 때 $\alpha = const$

$w_2 = w_1 + \alpha t \qquad \theta = w_1 t + \dfrac{1}{2}\alpha t^2 \qquad 2\alpha\theta = w_2^2 - w_1^2$

❷

미끄럼이 없을 때 $V_G = V$, $V = w \times R$

$V_A = V_G + V = 2V_G$

$V_B = \sqrt{V_G^2 + V^2} = \sqrt{2}\,V_G$

$V_C = V_G - V = 0$

$V_D = \sqrt{V_G^2 + V^2} = \sqrt{2}\,V_G$

❸

$V_r = w \times r$

$W' = mg'$

$W = mg$

$\therefore V = \sqrt{\dfrac{gR^2}{R+h}}$, $g' = \dfrac{gR^2}{(R+h)^2}$

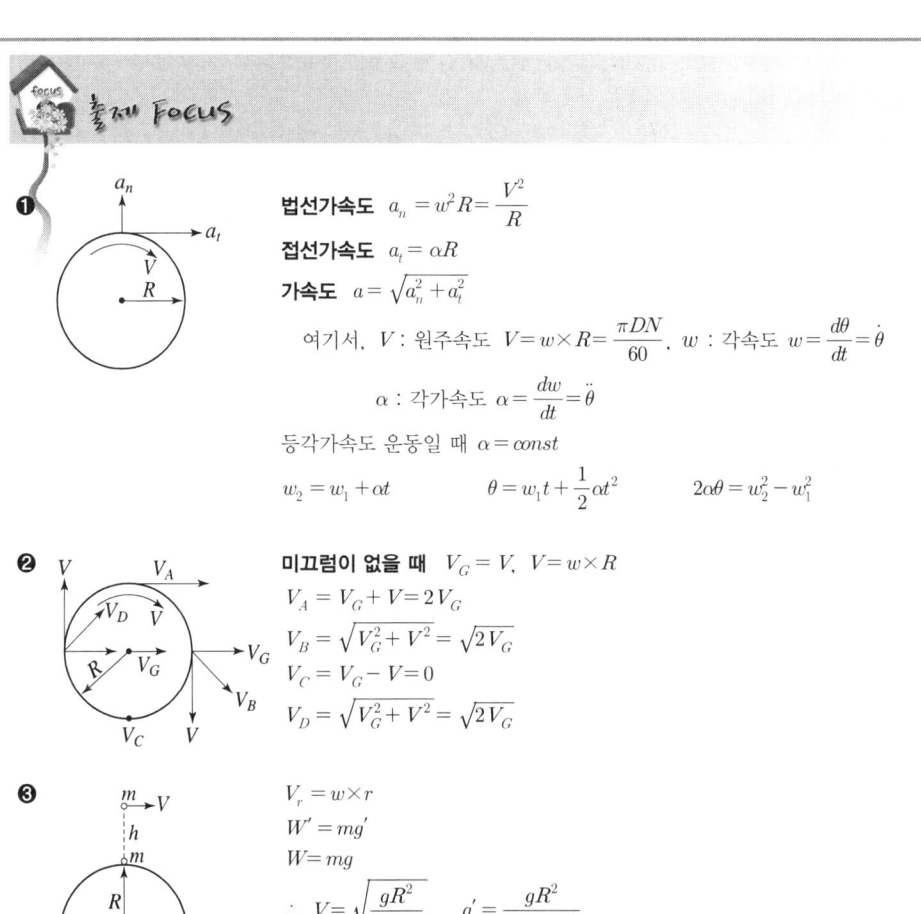

제 3 장 원운동

3-1 각 속 도

초당 회전한 각도[rad]

$$\omega = \frac{각도[\text{rad}]}{시간[\text{sec}]}$$

✔예제
1min 동안에 한 바퀴 회전할 때의 각속도는?

해설

$$w = \frac{2\pi}{60 \text{sec}} = \frac{2\pi}{60}\frac{\text{rad}}{\text{sec}} = 0.1047 \frac{\text{rad}}{\text{sec}}$$

원주속도=선속도 V_P, 각속도 w, 회전수 N[rpm]의 관계

$$V_P = w \times R = \frac{\pi DN}{60}$$

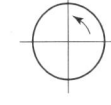

3-2 각 가속도

단위 시간 당 각속도의 변화

$$\alpha = \frac{dw}{dt} \left[\frac{\text{rad}}{\text{sec}^2}\right]$$

(1) 등 각 가속도 운동

$\alpha = const$ 일 때

나중각속도 $\omega_2 = \omega_1 \alpha t$ 회전각도 $\theta = \omega_1 t + \frac{1}{2}\alpha t^2$ $2\alpha\theta = \omega_2^2 - \omega_1^2$

3-3 법선 가속도 a_n, 접선 가속도 a_t, 선 속도 = 원주 속도 V_P

(1) 법선 가속도 a_n

$$\text{법선 가속도} \quad a_n = w^2 R = \left(\frac{V_P}{R}\right)^2 \times R = \frac{V_p^2}{R} \qquad V_p = V_1 + a_t t$$

(2) 접선 가속도 a_t

$$\text{접선 가속도} \quad a_t = \alpha \times R = \frac{dw}{dt} \times R$$

여기서, α : 각 가속도, w : 각속도

(3) 구심력

$$F = ma_n = m \times \frac{V_P^2}{R} = mw^2 R$$

(4) 가속도

$$a = \sqrt{a_n^2 + a_t^2}$$

✔ 예제

그림과 같이 최초 정지 상태에 있는 바퀴에 줄이 감겨있다. 줄에 힘이 가해질 때 줄의 가속도 $a = 4t\,\text{m/s}^2$일 때 바퀴의 각속도를 나타낸 것은?

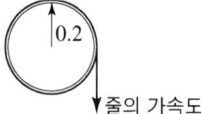
줄의 가속도

해설

$a = 4t\,\text{m}^2/\text{s} = a_t$ (접선 가속도)

$a_t = 4t$, $a_t = R \times \alpha = R \times \frac{dw}{dt}$, $dw = \frac{a_t}{R}dt = \frac{4t}{R}dt$, $w_2 - w_1 = \frac{1}{R} \times 2t^2 = 10t^2$

✔ 예제

최초 정지 상태에 있는 바퀴 주위에 줄이 감겨있다. 줄에 5초 동안 힘을 가하여 줄의 가속도는 $a = 6t\text{m/sec}^2$이 생겼다. 이때 5초 후의 각속도와 각 변위 θ를 구하여라.

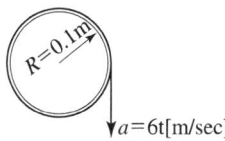

해설

줄의 가속도 = 접선 가속도 $a_t = R\alpha = R\dfrac{dw}{dt}$

$dw = \dfrac{a_t}{R}dt$, $\displaystyle\int dw = \int \dfrac{6t}{R}dt$, $w = \dfrac{6}{R} \times \dfrac{t^2}{2} = \dfrac{6}{0.1} \times \dfrac{t^2}{2} = 30\,t^2$

(각속도) $w = 30t^2$

(5초 후의 각속도) $w_{(t=5)} = 30 \times 5^2 = 750 \left[\dfrac{\text{rad}}{\text{s}}\right]$

$w = \dfrac{d\theta}{dt}$

$d\theta = wdt$, $\displaystyle\int d\theta = \int_0^5 wdt = \int_0^5 30t^2 dt$, $\theta = 30\dfrac{t^3}{3} = 10\,t^3$

(5초 후의 각변위) $\theta_{(t=5)} = 10 \times 5^3 = 1250[\text{rad}]$

✔ 예제

질량 m인 자동차가 아래 그림과 같이 반경 R인 원 궤도 내부로 진입하여 최고점 B를 무사히 (아래로 떨어지지 않고) 통과하고자 한다. 이를 위하여 필요한 자동차의 진입속도 V_A의 최소값은? (단, 원 궤도와 자동차 타이어와의 마찰 및 공기저항은 무시한다.)

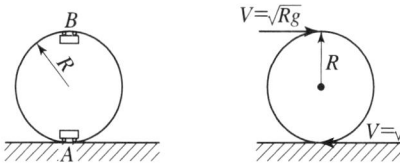

해설

B지점에서의 힘의 평형조건 $m\dfrac{V_B^2}{R} = mg$, B점의 속도 $V_B = \sqrt{gR}$

반경 R인 트랙에서 최고점에서 떨어지지 않기 위한 V_B의 속도와 진입속도 $V_A = ?$

A점의 에너지 $E_a = \dfrac{1}{2}mV_A^2$

B점의 에너지 $E_B = \dfrac{1}{2}mV_B^2 + mg(2R) = \dfrac{1}{2}mgR + 2mgR$

$E_A = E_B$, $\dfrac{1}{2}mV_A^2 = \dfrac{1}{2}mgR + 2mgR$

예제

경주용 자동차가 반경300m인 원형 트럭을 달리고 있다. 정지상태로부터 7m/s^2의 일정 가속도로 속력이 증가하고 있다. 가속도가 8m/s^2가 될 때까지 걸린 시간과 그때의 속력을 계산하여라.

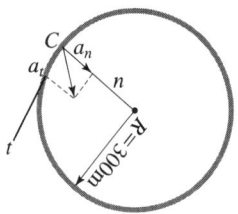

해설

접선 가속도 $a_t = 7\text{m/s}^2$

법선 가속도 $a_n = \dfrac{V_P^2}{R} = \dfrac{(7t)^2}{300} = 0.163t^2$

원주속도 $V_P = V_o + a_t t = 0 + 7t = 7t$

$V_P = V_o + a_t t = 0 + 7t = 7t$, $8 = \sqrt{7^2 + (0.163t^2)^2}$

$0.163t^2 = \sqrt{8^2 - 7^2}$ 에서 $t = 4.87\text{sec}$

8m/s^2가 될 때까지 시간은 4.87sec 그때 속력은 $7 \times 4.87 = 34.1\text{m/s}$

예제

자동차가 반경 600m인 원형도로를 100m/s로 등속도로 달리고 있다. 주행 방향과 직각으로 작용하는 마찰력이 없이 원형 도로를 위 또는 아래로 미끄러지지 않기 위해서는 경사각 $\theta = ?$

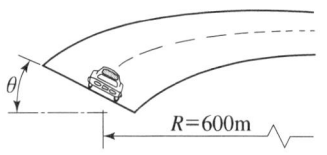 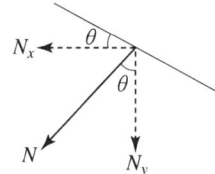

해설

x방향의 힘의 평형조건 $N_x = N\sin\theta = m\dfrac{V^2}{R}$ ········(1)

y방향의 힘의 평형조건 $N_y = N\cos\theta = mg$ ········(2)

경사면에 수직하는 성분에 대해

(2)식에서 $m = \dfrac{N\cos\theta}{g} \times \dfrac{V^2}{R}$

(1)식에 대입하면 $N\sin\theta = \dfrac{N\cos\theta}{g} \times \dfrac{V^2}{R}$, $\dfrac{\sin\theta}{\cos\theta} = \dfrac{V^2}{gR}$, $\tan\theta = \dfrac{V^2}{Rg}$

미끄러지지 않을 경사각 $\theta = \tan^{-1}\left(\dfrac{V^2}{Rg}\right) = \tan^{-1}\left(\dfrac{100^2}{600 \times 9.8}\right) = 59.54°$

3-4 인공위성운동

질량 m인 인공위성(artificial satellite)이 지면으로부터 높이 h인 곳에서 지구 둘레를 등속원운동할 때 반드시 구심력에 해당하는 힘이 인공위성에 작용해야 한다.
이때 구심력이 되는 힘은 지구와 인공위성 사이의 만유인력이다.

$$\text{만유인력}\ F = G \times \frac{\text{질량}_1 \times \text{질량}_2}{\text{두 질량의 거리}^2}$$

여기서, G : 만유인력상수 $= 6.672 \times 10^{-11} \left[\dfrac{N \cdot m^2}{kg^2} \right]$

$$\text{중력}\ W = G\frac{Mm}{R^2} = mg$$

여기서, G : 만유인력상수
M : 지구의 질량 ($M \fallingdotseq 5.96 \times 10^{24}$[kg])
R : 지구의 반지름 ($R \fallingdotseq 6380$km)
m : 지구표면의 질량체의 질량
g : 중력가속도 ($g = \dfrac{GM}{R^2} \fallingdotseq 9.81$[m/s^2])

지상에서 h 높이의 인공위성의 무게

$$W' = G\frac{Mm}{(R+h)^2} = \frac{gR^2 m}{(R+h)^2} = m\frac{R^2}{(R+h)^2}g = mg'$$

$$g' = \frac{R^2}{(R+h)^2}g$$

$$\text{원심력}\ F' = m\frac{V^2}{(R+h)}$$

인공위성의 무게 $W' = mg' = m\dfrac{R^2}{(R+h)^2}g$

$$F' = W',\quad m\frac{V^2}{(R+h)} = m\frac{R^2}{(R+h)^2}g$$

인공위성의 속도 $V = \sqrt{\dfrac{gR^2}{(R+h)}}$

$$W' = mg' = m\frac{R^2}{(R+h)^2}g$$

$$g' = \frac{R^2}{(R+h)^2}g$$

인공위성의 속도 $V = \sqrt{\dfrac{gR^2}{(R+h)}}$

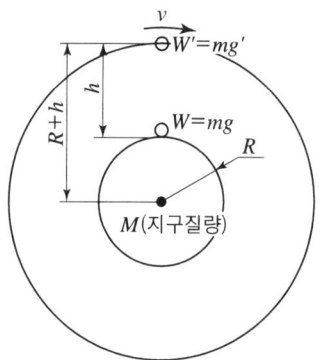

여기서, R : 지구 반지름
       h : 인공위성의 높이
       m : 인공위성의 질량
       g : 중력가속도

✔ 예제

지구 중심을 중심으로 원 궤도를 그리며 비행하기 위한 인공위성의 속력은 약 몇 km/s인가? (단, 인공위성은 지표면으로부터 고도 300km로 비행하며 지구의 반경 $R=6371$km 이다.)

해설

인공위성 속력 $V = \sqrt{\dfrac{gR^2}{(R+h)}} = \sqrt{\dfrac{9.8 \times 6371000^2}{(6371000+300000)}} = 7722\text{m/s} = 7.722\text{km/s}$

✔ 예제

인공위성이 반경이 R인 지구 주위를 $0.1R$의 고도를 유지하며 원형궤도를 돌기 위한 속도 V는?

해설

$V = \sqrt{\dfrac{gR^2}{(R+h)}} = \sqrt{\dfrac{gR^2}{(R+0.1R)}} = \sqrt{\dfrac{gR^2}{1.1R}} = \sqrt{\dfrac{gR}{1.1}}$

✔ 예제

지표면으로부터 500km 상공에 있는 인공위성의 지구의 중력에 의한 가속도는 약 몇 m/s² 인가? (단, 지구의 반경은 6371km 이다.)

해설

$g' = \dfrac{R^2 g}{(R+h)^2} = \dfrac{6371^2 \times 9.8}{(6371+500)^2} = 8.43\text{m/s}^2$

Chapter 4

구속된 운동

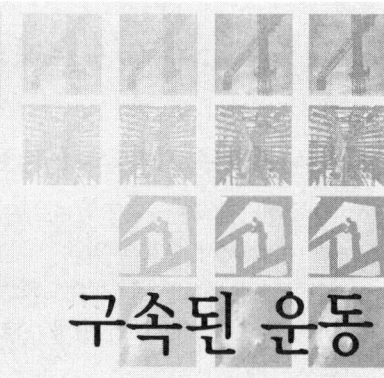

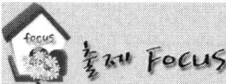

❶ 구속된 운동의 자유물체도 그리기
① 구속된 운동은 가속도와 장력이 같다.
② 질량의 운동방향이 ⊕ 방향이다.
③ 가속도의 방향 = 질량의 운동방향
④ $F = ma$에 적용한다.

❷ 반경방향과 횡방향 성분
속도 $V = \sqrt{V_r^2 + V_\theta^2}$
   여기서, (반경 방향 속도) $V_r = \dot{r}$, (횡방향 속도) $V_\theta = wr = \dot{\theta}r$
가속도 $a = \sqrt{a_r^2 + a_\theta^2}$
   여기서, (반경 방향 가속도) $a_r = \ddot{r} - r\dot{\theta}^2$, (횡방향 가속도) $a_\theta = r\ddot{\theta} + 2\dot{r}\dot{\theta}$

4-1 수직 도르래의 운동

$m_1 < m_2$ 일 경우, 가속도와 줄의 장력 구하기

- 구속된 운동은 가속도와 장력이 같다.
- $F = ma$ 에서 부호의 약속
- 질량의 운동방향 즉 가속도의 방향이 +방향으로 한다.
- 힘(F) 또한 가속도의 방향 +로 힘이 가속도와 반대 방향이면 -로 한다.

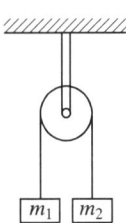

① m_1의 운동 $F_1 = m_1 a$

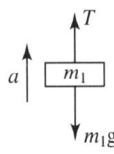

$\uparrow m_1 a = + m_1 a$, $F_1 = + T - m_1 g$, $m_1 a = T - m_1 g$ ·················· (1)

② m_2의 운동

$F_2 = m_2 a$, $\downarrow m_2 a = + m_2 a$, $F_2 = - T + M_2 g$, $m_2 a = m_2 g - T$ ····· (2)

(1)식에서 $T = m_1 a + m_1 g$ → (2)식에 대입

$m_2 a = m_2 g - m_1 a - m_1 g$, $m_2 a = m_2 g - m_1 a - m_1 g$

$a = \dfrac{(m_2 - m_1)g}{m_1 + m_2}$

$T = m_1 a + m_1 g$ 에서

$= m_1 \left(\dfrac{m_2 - m_1}{m_1 + m_2} \right) g + m_1 g = m_1 g \left(\dfrac{m_2 - m_1}{m_1 + m_2} + \dfrac{m_1 + m_2}{m_1 + m_2} \right) = m_1 g \left(\dfrac{2 m_2}{m_1 + m_2} \right)$

$= \dfrac{2 m_1 m_2}{m_1 + m_2} g$

✔ 예제

① 질량 4kg의 물체의 가속도?   ② 실의 장력은?

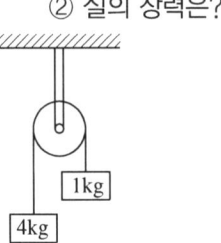

해설

$+4 \times a = 4 \times g - T$
$T = 4g - 4a$

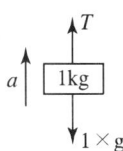

$1 \times a = T - 1 \times g, \quad a = 4g - 4a - 1g, \quad 5a = 3g$

가속도 $\quad a = \dfrac{3 \times 9.8}{5} = 5.88 \, \text{m/s}^2$

(1)식에서 $T = 4 \times g - 4 \times a = 4 \times 9.8 - 4 \times 5.88 = 15.68 \, \text{N}$

 4-2 평면 도르래 운동

(1) 마찰을 무시할 때

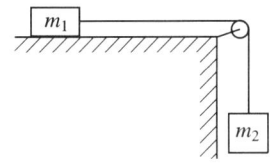

도르래 운동에서 $a = a_1 = a_2$ 장력도 같다.
아래로 운동하는 경우 $F = ma$에서 운동하는 방향 즉 가속도의 방향 +힘의 방향도 가속도 방향 +로 한다.

$+ m_1 a = + T$
$+ m_2 a = + m_2 g - T, \quad m_2 a = m_2 g - m_1 a, \quad m_2 a + m_1 a = m_2 g, \quad a(m_2 + m_1) = m_2 g$

가속도 $\quad a = \dfrac{m_2 g}{m_1 + m_2} \qquad$ 장력 $\quad T = m_1 a = \dfrac{m_1 m_2 g}{m_1 + m_2}$

제 7 편 기계동력학

> ✔ 예제
> 가속도와 장력을 구하여라(마찰을 무시한다).

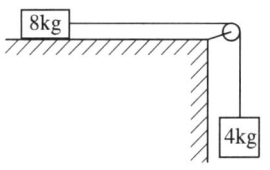

해설

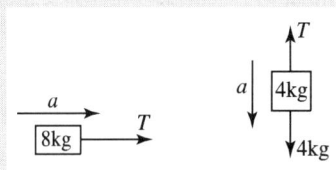

$8 \times a = T$, $4 \times a = 4 \times g - T$

장력 $T = 8 \times 3.26 = 26.13\,\text{N}$, $4a = 4g - 8a$, $12a = 4g$, $a = \dfrac{4g}{12} = \dfrac{1}{3}g = 3.26\,\text{m/s}^2$

(2) 마찰을 고려할 때

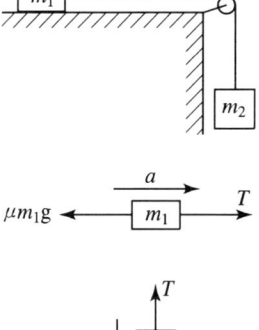

$m_1 a = T - \mu m_1 g$, $\quad T = m_1 a + \mu m_1 g$

$m_2 a = m_2 g - T$, $m_2 a = m_2 g - m_1 a - \mu m_1 g$, $m_2 a + m_1 a = m_2 g - \mu m_1 g$

$(m_2 + m_1)a = m_2 g - \mu m_1 g$, $a = \dfrac{(m_2 g - \mu m_1 g)}{(m_2 + m_1)}$

 ## 4-3 경사면의 도르래 운동

마찰이 없는 경사면을 내려 갈 때의 가속도와 장력을 구하기

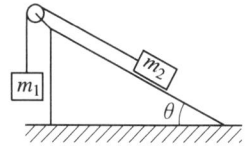 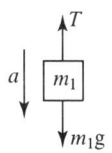 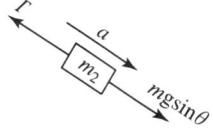

$+m_1 a = T - m_1 g,\ \ T = m_1 a + m_1 g$

$+m_2 a = m_2 g \sin\theta - T$

$m_2 a = m_2 g \sin\theta - m_1 a - m_1 g$

$m_2 a + m_1 a = m_2 g \sin\theta - m_1 g$

가속도 $a = \dfrac{(m_2 \sin\theta - m_1)g}{(m_2 + m_1)}$

장력 $T = m_1 a + m_1 g$

$= m_1 \left(\dfrac{m_2 \sin\theta - m_1}{m_2 + m_1} \right) g + m_1 g = m_1 g \left(\dfrac{m_2 \sin\theta - m_1}{m_2 + m_1} + 1 \right)$

$= m_1 g \left(\dfrac{m_2 \sin\theta - m_1 + m_2 + m_1}{m_2 + m_1} \right) = m_1 g \dfrac{m_2 (\sin\theta + 1)}{m_2 + m_1}$

$= \dfrac{m_1 m_2 g (\sin\theta + 1)}{m_2 + m_1}$

 ## 4-4 움직이는 도르래 운동

어떤 질점이 움직이면 다른 질점이 따라 움직이는 경우이다. 즉 질점의 위치가 한 개 또는 그 이상의 다른 질점들의 위치에 따라 연계되어 변화하는 경우이다. 예를 들어 2개 이상의 다름 질점들의 위치에 따라 연계되어 변화하는 경우이다.

예를 들어 2개 이상의 질점들이 변형되지 않는다고 가정된 줄, 로프, 막대 등으로 서로 연결되어 있을 때 각 질점의 운동은 다른 질점의 운동과 연계되어 움직인다. 이와 같은 운동을 종속운동(dependent motion)이라 한다. 종속이란 의미는 상하 지배관계에 있다는 뜻이 아니고 서로 연관되어 있다는 뜻이다.

이때 질점이 운동을 하더라도 줄의 총 길이가 변함없이 일정하다는 조건이 계속 유지된다. 줄의 각 부분의 길이는 각 질점들의 위치에 무관하게 일정하며, 각 질점의 위치좌표를 이용하여 표시할 수 있다.

줄의 각 부분의 길이의 합은 줄의 총 길이가 된다는 사실을 이용한다. 이로부터 각 질점의 위치에 대한 관계식을 얻을 수 있다. 질점의 속도 및 가속도에 관한 식은 위치에 관한 식을 시간에 대하여 미분하여 얻을 수 있다.

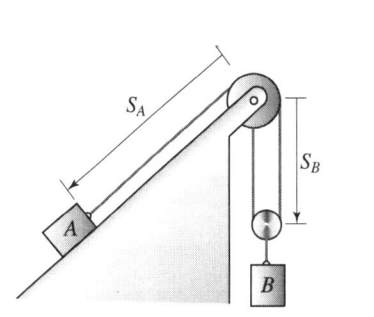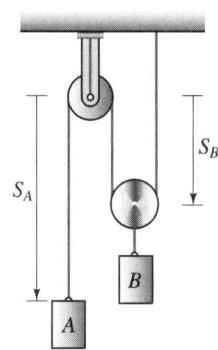

위 그림에 나타낸 계는 같은 식으로 표현될 수 있는 계로서 두 물체는 도르래를 매개로 하여 줄로 연결되어 있다.

두 물체의 움직임에도 불구하고 줄의 총 길이가 변화하지 않는다고 가정하면 두 물체 A, B의 변위 s_A와 s_B는 다음과 같은 관계로 나타낼 수 있다.

$$s_A + 2s_B = \text{일정}$$

윗 식을 시간에 대해 한번 미분하면 물체 A, B의 속도 관계를 알 수 있다.

$$v_A + 2v_B = 0$$

윗 식을 시간에 대해 또 한번 미분하면 물체 A, B의 가속도 관계를 알 수 있다.

$$a_A + 2a_B = 0$$

✓ **예제**

물체 A가 왼쪽 방향으로 0.1m/s의 속도와 오른쪽 방향으로 0.2m/s²의 가속도로 움직일 때, 물체 B의 속도와 가속도를 구하라.

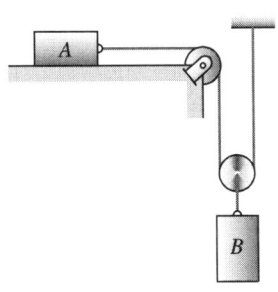

[적용원리]
- 줄의 길이의 합은 변함이 없이 일정하다.
- 기준점은 물체가 움직이더라도 변동되지 않는 점으로 정하여야 한다. 기준점은 물체의 운동을 쉽게 나타낼 수 있어야 하며, 여 러곳에 잡을 수도 있다.
- 줄의 길이는 물체의 움직임에 따라 변동되는 부분의 길이가 있고 도르레에 감긴 부분의 길이처럼 변동하지 않는 부분의 길이가 있다.
- 풀이 결과가 속도 또는 가속도가 양수이면 가정하였던 방향과 동일하고, 음수이면 가정하였던 방향과 반대이다.

해설

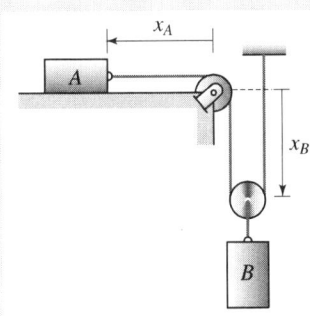

고정도르래를 기준으로 하여 물체 A까지의 거리를 x_A(왼편 방향을 +)라 하고, 고정도르래에서 물체 B까지의 거리를 x_B(아랫방향을 +)라 하자.

줄의 길이는 일정하므로 $x_A + 2x_B =$ 일정

속도의 관계식은 위 식을 시간에 대한 미분하여 얻는다.

$v_A + 2v_B = 0$

주어진 자료 $v_A = 0.1\text{m/s}(\leftarrow) = 0.1\text{m/s}$ 대입하면 물체의 속도는

$0.1 + 2v_B = 0 \quad \therefore v_B = 0.05\text{m/s}$

가속도의 관계식은 위 식을 시간에 대하여 미분하여 얻는다.

$a_A + 2a_B = 0$

주어진 자료 $a_A = 0.2\text{m/s}^2(\rightarrow) = -0.2\text{m/s}^2$ (위의 풀이와 부호가 다름)를 대입하면 물체 B의 가속도는

$-0.2 + 2a_B = 0 \quad \therefore a_B = 0.1\text{m/s}^2$

양수는 풀이에서 가정한 방향과 일치한다는 의미이다.

[답] $v_B = 0.05\text{m/s} \uparrow$, $a_B = 0.1\text{m/s}^2 \downarrow$

✔ 예제

그림과 같은 풀리시스템에서 물체 A의 속도가 0.3m/s, 가속도가 -0.06m/s²일 때, 물체 B의 속도와 가속도를 구하라.

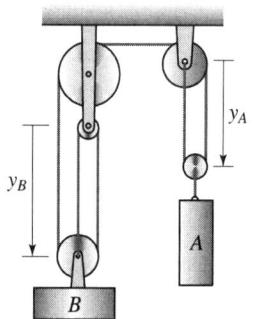

[적용원리]
- 줄의 길이의 합은 변함이 없다.
- 줄의 길이는 물체의 움직임에 따라 변동되는 부분의 길이가 있고 도르래에 감김 부분의 길이처럼 변동하지 않는 부분의 길이가 있다.
- 풀이 결과가 속도 또는 가속도가 양수이면 가정하였던 방향과 동일하고, 음수이면 가정하였던 방향과 반대이다.

해설

줄의 길이가 일정하므로, 변위 관계식은
$3y_B + 2y_A = $ 일정
속도 관계식은 시간에 대하여 미분하여 얻는다.
$3\dot{y}_B + 2\dot{y}_A = 0$
주어진 자료 $v_A = 0.3$m/s를 대입하면 물체 B의 속도는
$3v_B + 2 \cdot 0.3 = 0$
$\therefore v_B = -0.2$m/s

가속도 관계식은 속도 관계식을 시간에 대하여 미분하여 얻는다.
$3a_B + 2a_A = 0$
주어진 자료 $a_A = -0.06$m/s²를 대입하면 물체 B의 가속도는
$3a_B + 2(-0.06) = 0$
$\therefore a_B = 0.04$m/s²

[답] $v_B = 0.2$m/s ↑, $a_B = 0.04$m/s² ↓

✔ 예제

블록 A의 속도는 오른쪽으로 1m/s이다. 블록 B의 속도는 얼마인가? (단, 도르래 및 줄의 질량과 마찰은 무시한다.)

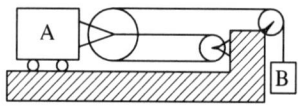

해설

종속운동관계에서 $3S_A + S_B = L$를 미분하면
$3V_A + V_B = 0$, $V_B = -3V_A = -3$m/s
$\therefore$ 아래로 3m/s

✓ 예제

물체 B가 일정한 속도 0.21m/s로 오른쪽으로 미끄러진다. 다음을 구하라.
(a) 물체 A의 속도
(b) 줄의 C 부분의 속도
(c) 줄의 D 부분의 속도
(d) 물체 A에 대한 줄 C부분의 상대속도

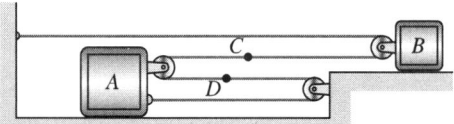

[적용원리]
• 줄의 길이의 합은 변함이 없다.
• 줄의 길이는 물체의 움직임에 따라 변동되는 부분의 길이가 있고 도르레에 감긴 부분의 길이처럼 변동되지 않는 부분의 길이가 있다.
• 풀이 결과가 속도 또는 가속도가 양수이면 가정하였던 방향과 동일하고, 음수이면 가정하였던 방향과 반대이다.

해설

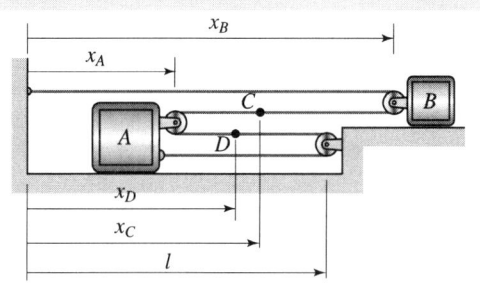

(a) 줄의 길이는 일정하므로 $x_B+(x_B-x_A)+2(l-x_A)$=일정, 즉 $2x_B-3x_A$=일정이 성립한다.
따라서 $2v_B-3v_A=0$ $2\cdot 0.21-3v_A=0$ $\therefore v_A=0.14\text{m/s}$

[답] $v_A=0.14\text{m/s}$ →

(b) 점 O-물체 B-점 C까지의 줄의 길이가 일정하므로 $x_B+(x_B-x_C)$=일정
따라서 $2v_B-v_C=0$
$2\cdot 0.21-v_C=0$ $\therefore v_C=0.42\text{m/s}$

[답] $v_C=0.42\text{m/s}$

(c) 점 O-물체의 B-물체 A-점 D까지의 줄길이가 일정하므로
$x_B+(x_B-x_A)+(x_B-x_A)$=일정
즉, $2x_B-2v_A+x_D$=일정
따라서 $2v_B-2v_A+v_D=0$, $2\cdot 0.21-2\cdot 0.14+v_D=0$
$\therefore v_D=-0.14\text{m/s}$

[답] $v_D=0.14\text{m/s}$

(d) 슬라이더 물체 A에 대한 케이블 C부분의 상대속도는
$v_{c/A}=v_C-v_A=0.42-0.14=0.28\text{m/s}$

4-5 반경방향과 횡방향 성분

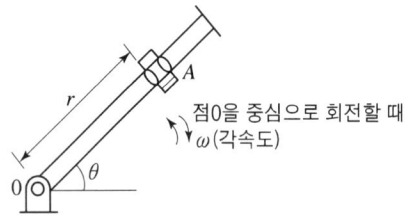

반경방향과 횡방향 성분

$$\text{속도} \quad V = \sqrt{V_r^2 + V_\theta^2} \left[\frac{\text{m}}{\text{s}}\right]$$

여기서, 반경방향속도 : $V_r = \dfrac{dr}{dt} = \dot{r}, \ V_r = \dot{r} \left[\dfrac{\text{m}}{\text{s}}\right]$

횡방향 속도(원주속도) : $V_\theta = w \times r = \dfrac{d\theta}{dt} \times r = \dot{\theta} \times r, \ V_\theta = \dot{\theta} \times r \left[\dfrac{\text{m}}{\text{s}}\right]$

$$\text{가속도} \quad a = \sqrt{a_r^2 + a_\theta^2}$$

여기서, 반경방향가속도 : $a_r = \ddot{r} - r \times \dot{\theta}^2 \left[\dfrac{\text{m}}{\text{s}^2}\right]$

횡방향 가속도 : $a_\theta = r\ddot{\theta} + 2\dot{r}\dot{\theta}$

✔ **예제**

평면상에서 운동하고 있는 로봇 팔의 끝단 P점의 위치를 극좌표계로 나타내면 다음과 같다. 거리 $r(t) = 2 - \sin(\pi t)$, 각 $\theta(t) = 1 - 0.5\cos(2\pi t)$, $t = 1$초에서의 P점의 가속도의 크기로서 맞는 것은?

㉮ π^2 ㉯ $2\pi^2$ ㉰ $3\pi^2$ ㉱ $4\pi^2$

해설

(반경 방향 가속도) $a_r = \ddot{r} - r\dot{\theta}^2$

(횡 방향 가속도) $a_\theta = r\ddot{\theta} + 2\dot{r}\dot{\theta}$

$r(t) = 2 - \sin(\pi t), \ \dot{r}(t) = -\pi\cos(\pi t), \ \ddot{r}(t) = +\pi^2\sin(\pi t)$

$r(1) = 2, \ \dot{r}(1) = +\pi, \ \ddot{r}(1) = 0$

$\theta(t) = 1 - 0.5\cos(2\pi t), \ \dot{\theta}(t) = +0.5 \times 2\pi\sin(2\pi t), \ \ddot{\theta}(t) = +0.5 \times (2\pi)^2\cos(2\pi t)$

$\theta(1) = 0.5, \ \dot{\theta}(1) = 0, \ \ddot{\theta}(1) = 2\pi^2$

(반경 방향 가속도) $a_r = \ddot{r} - r\dot{\theta}^2 = 0 - 2 \times 0^2 = 0$

(횡 방향 가속도) $a_\theta = r\ddot{\theta} + 2\dot{r}\dot{\theta} = (2 \times 2\pi^2) + (2 \times \pi \times 0) = 4\pi^2$

(가속도) $\vec{a} = \sqrt{a_r^2 + a_\theta^2} = \sqrt{0^2 + (4\pi^2)^2} = 4\pi^2$

✔예제

$\theta = t^3$ [rad]로 회전하고 $r = 100t^2$ [mm]로 미끄러지고 있다. (t는 단위 초) 1초 후의 고리의 속도와 가속도를 구하여라.

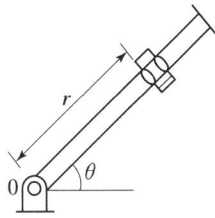

해설

$t = 1$초에서의 미분형은
$r = 100t^2 \quad \dot{r} = 200t \quad \ddot{r} = 200$
$\theta = t^3 \quad \dot{\theta} = 3t^2 \quad \ddot{\theta} = 6t$

$t = 1$을 대입하면
$r = 100 \quad \dot{r} = 200 \quad \ddot{r} = 200$
$\theta = 1 \quad \dot{\theta} = 3 \quad \ddot{\theta} = 6$

(1초 후의 속도) $V = \sqrt{V_r^2 + V_\theta^2} = \sqrt{200^2 + 300^2} = 361 \dfrac{\text{mm}}{\text{s}}$

$V_r = \dot{r} = 200 \dfrac{\text{mm}}{\text{s}}$

$V_\theta = r\dot{\theta} = 100 \times 3 = 300 \dfrac{\text{mm}}{\text{s}}$

(1초 후의 가속도) $a = \sqrt{a_r^2 + a_\theta^2} = \sqrt{(-700)^2 + 1800^2} = 1931 \dfrac{\text{mm}}{\text{s}^2}$

$a_r = \ddot{r} - r\dot{\theta}^2 = 200 - 100 \times 3^2 = -700 \dfrac{\text{mm}}{\text{s}^2}$

$a_\theta = r\ddot{\theta} + 2\dot{r}\dot{\theta} = (100 \times 6) + (2 \times 200 \times 3) = 1800 \dfrac{\text{mm}}{\text{s}^2}$

Chapter 5 에너지보존의 법칙

출제 FOCUS

❶ 에너지보존의 법칙

$(E_k + E_p + U)_1 = (E_k + E_p + U + f)_2$

운동에너지 $E_k = \dfrac{1}{2}mv^2$

위치에너지 $E_p = mgH$

탄성에너지 $U = \dfrac{1}{2}kx^2$ 여기서, k : 스프링 상수, x : 스프링의 변위

마찰에너지 $f = \mu N \times s$ 여기서, N : 마찰면에 수직한 힘, s : 이동거리

5-1 에너지의 종류

(1) 운동에너지

$$E_k = \frac{1}{2}mV^2$$

(2) 위치 에너지

$$E_P = mgh$$

(3) 탄성 에너지

$$U = \frac{1}{2}Px = \frac{1}{2}kx^2$$

(4) 마찰 에너지 = 손실 에너지

$$f = \mu N \times S$$

여기서, N : 접촉면에 수직한 힘, S : 마찰이 작용한 거리

 ## 5-2 에너지보존의 법칙

$$(E_K + E_P + U)_1 = (E_K + E_P + U + f)_2$$

✔ 예제

아래 그림에서 바닥의 마찰을 무시할 때 스프링의 변화량 x 는?
(단, 스프링 상수 $k = 10000$N/m이다.)

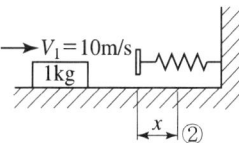

해설

$\frac{1}{2}mV_1^2 = \frac{1}{2}kx^2$, $\frac{1}{2} \times 1 \times 10^2 = \frac{1}{2} \times 10000 \times x^2$, $x = 0.1\,\text{m}$

제 7 편 기계동력학

✓ 예제

원래 스프링의 길이 1m, 스프링을 0.2m을 압축 후 물체를 놓았다. 벽면에서 1.2m일 때의 물체의 속도는? 단, 스프링 상수 $k=500$N/m 마찰계수 0.2이다.

해설

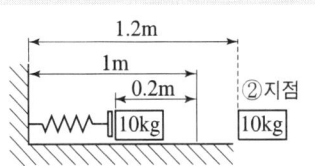

①지점의 탄성에너지 $E_1 = \frac{1}{2}kx^2 = \frac{1}{2} \times 500 \times 0.2^2 = 10\,\text{N}\cdot\text{m}$

②지점까지의 에너지 $E_2 = \frac{1}{2}mV_2^2 + \mu mg \times 0.4 = \frac{1}{2} \times 10 V_2^2 + 0.2 \times 10 \times 9.8 \times 0.4$

$\qquad\qquad\qquad\qquad = \frac{1}{2} \times 10 V_2^2 + 7.84$

① = ②, $E_1 = E_2$, $V_2 = 0.657\,\text{m/s}$

5-3 경사면의 운동

(1) 마찰을 무시

①의 에너지 $E_1 = \frac{1}{2}mV_1^2$

②의 에너지 $E_2 = \frac{1}{2}mV_2^2 + mgh$

$E_1 = E_2$, $\frac{1}{2}mV_1^2 = \frac{1}{2}mV_2^2 + mgl\sin\theta$

그 지점의 속도 $V_2 = \sqrt{V_1^2 - 2gl\sin\theta}$

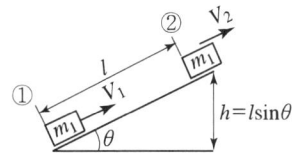

(2) 마찰을 고려

①식의 에너지 $E_1 = \frac{1}{2}mV_1^2$

②식의 에너지 $E_2 = \frac{1}{2}mV_2^2 + mgl\sin\theta + \mu mg\cos\theta \times l$

$E_1 = E_2$, $\frac{1}{2}mV_1^2 = \frac{1}{2}mV_2^2 + mgl\sin\theta + \mu mg\cos\theta \times l$

$V_2 = \sqrt{V_1^2 - 2gl\sin\theta - 2\mu g\cos\theta \, l}$

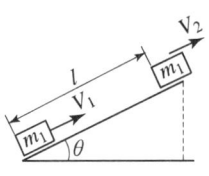
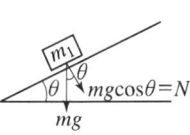

제 5 장 에너지보존의 법칙

✔ 예제

정지된 $m = 100$kg, 수평방향 500N을 가했을 때 마찰계수 $\mu = 0.2$일 때 2m를 움직인 뒤의 물체의 속도는?

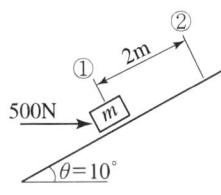
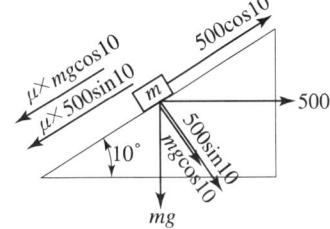

해설

경사면에 가해진 일량 $E_1 = 500 \times \cos 10 \times 2 = 984.807 \, \text{N} \cdot \text{m}$

2지점의 에너지 $E_2 = \dfrac{1}{2} m V_2^2 + mg \, 2 \sin \theta + \mu(mg \cos 10 + 500 \sin 10) \times 2$

$E_1 = E_2$

$984.807 = \dfrac{1}{2} 100 \times V_2^2 + 100 \times 9.8 \times 2 \sin 10 + 0.2(100 \times 9.8 \times \cos 10 + 500 \sin 10) \times 2$

2지점에서의 속도 $V_2 = 2.11 \, \text{m/s}$

[참고] 접촉면에 수직한 힘 $N = (mg \cos \theta + 500 \sin \theta)$

✔ 예제

총알의 질량이 3kg이고 속도는 20m/s이다. 이 총알이 질량 4kg의 고정된 나무에 박혀 올라갈 때 최고 높이 H는?

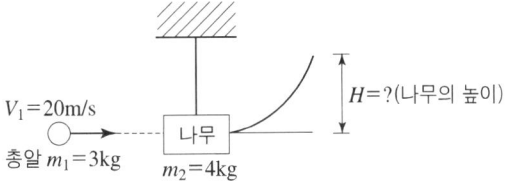

해설

$m_1 v_1 + m_2 v_2 = (m_1 + m_2) v'$ 운동량 보존이 된다.

$(3 \times 20) + 4 \times 0 = 7 \times v'$

충돌후의 속도 $v' = \dfrac{60}{7}$ m/s

총알이 나무에 박혀서 운동 할 때의 에너지 보존의 법칙 적용)

$\dfrac{1}{2}(m_1 + m_2) v_1'^2 = (m_1 + m_2) gH, \quad \dfrac{1}{2} 7 \times \left(\dfrac{60}{7}\right)^2 = 7 \times 9.8 \times H, \quad H = 3.74 \, \text{m}$

제 7 편 기계동력학

✔ 예제

질량 $m = 10\text{kg}$인 질점이 그림의 위치를 지날 때의 속력 $V_1 = 1\text{m/s}$이다. 질점의 경사면을 5m 만큼 내려가 스프링과 충돌한다. 스프링의 최대변형 $X_{\max}$는 얼마인가? (단, 마찰계수는 0.3, 스프링상수는 $k = 1000\text{N/m}$이다.)

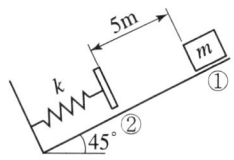

해설

1지점의 에너지 $E_1 = \dfrac{1}{2}mV_1^2 + mg5\sin 45$

$\qquad\qquad\qquad = \left(\dfrac{1}{2} \times 10 \times 1^2\right) + (10 \times 9.8 \times 5\sin 45) = 351.48\,\text{N}\cdot\text{m}$

2지점의 에너지 $E_2 = \dfrac{1}{2}mV_2^2 + \mu mg\cos 45 \times 5$

$\qquad\qquad\qquad = \dfrac{1}{2}10 \times V_2^2 + (0.3 \times 10 \times 9.8\cos 45 \times 5)$

$\qquad\qquad\qquad = \dfrac{1}{2}10 \times V_2^2 + 103.94$

$E_1 = E_2$에서 $\dfrac{1}{2}10V_2^2 = 247.54$, $V_2 = 7.036\,\text{m/s}$

탄성에너지 $U = \dfrac{1}{2}kx^2 = \dfrac{1}{2}kX^2$

그 지점과 변화 후의 관계 $\dfrac{1}{2}mV_2^2 + mg\,x\sin 45 = \dfrac{1}{2}kx^2 + \mu mg\cos\theta \times x$

$\qquad\qquad\qquad \dfrac{1}{2} \times 10 \times 7.036^2 + 10 \times 9.8 \times x \times \sin 45$

$\qquad\qquad\qquad\qquad = \dfrac{1}{2} \times 1000 \times x^2 + 0.3 \times 10 \times 9.8 \times \cos 45 \times x$

$\qquad\qquad\qquad 247.526 + 69.296x = 500x^2 + 20.788x$

$\qquad\qquad\qquad 500x^2 - 48.508x - 247.526 = 0$

$x = \dfrac{-b + \sqrt{b^2 - 4ac}}{2a} = \dfrac{48.508 + \sqrt{48.508^2 + 4 \times 500 \times 247.526}}{2 \times 500} = 0.7537\,\text{m}$

✔ 예제

그림과 같이 교차로에서 두 자동차가 충돌 하였다. 충돌 후 두자동차가 한 덩어리가 되어 움직인다. 바닥면의 마찰계수가 0.6일 때 충돌 후 합쳐진 두 자동차의 이동한 거리는?

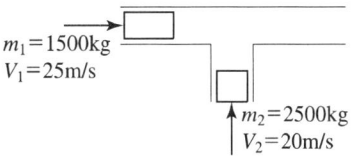

해설

x 방향의 운동량 보존의 법칙
$$1500 \times 25 = (m_1 + m_2) V' \cos\theta, \quad 1500 \times 25 = (m_1 + m_2) V' \cos\theta \quad \cdots\cdots (1)$$

y 방향의 운동량 보존의 법칙
$$2500 \times 20 = (m_1 + m_2) V' \sin\theta, \quad 2500 \times 25 = 4000 \times V' \sin\theta \quad \cdots\cdots (2)$$

(1)과 (2)식에서 $\theta = 53.1°, \ V' = 15.6 \, \text{m/s}$

$E_A(A$의 에너지$) \ \dfrac{1}{2}(m_1 + m_2) V'^2, \ \dfrac{1}{2} 4000 \times 15.6^2 = 486720 \, \text{N} \cdot \text{m}$

$E_B(B$의 에너지$) \ \mu(m_1 + m_2)gs, \ 0.6 \times 4000 \times 9.8 \times s, \ E_A = E_B$, 이동거리 $s = 20.69 \, \text{m}$

Chapter 6 진동의 개요

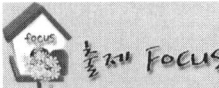

❶ 직선계의 진동방정식

$m\ddot{x} + c\dot{x} + kx = F(t)$

여기서, m : 질량[kg], C : 감쇠계수[NS/m], k : 스프링 상수[N/m], $F(t)$: 기진력[N]

❷ 회전계의 진동방정식

$J\ddot{\theta} + c_t\dot{\theta} + k_t\theta = T(t)$

여기서, J : 질량관성모멘트$[JS^2/rad] = [kgm^2/rad]$
c_t : 비틀림감쇠계수$[JS/rad] = [N \cdot mS/rad]$
k_t : 비틀림스프링상수$[J/rad] = [N \cdot m/rad]$
$T(t)$: 비틀림모멘트 = 회전모멘트$[J] = [N \cdot m]$

6-1 진 동(Vibration)

질량과 탄성을 가진 운동체가 일정한 시간간격으로 똑같은 반복운동을 행하는 것을 말한다.

(1) 주기진동
일정한 시간이 지날 때 마다 되풀이되는 운동을 말하며 특히, sine이나 cosine함수로 표시되는 운동을 조화운동이라 한다.

(2) 비주기 진동
갑자기 가해진 외력에 의한 과도운동이다.

6-2 진동계의 구성요소

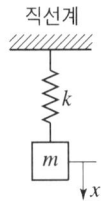
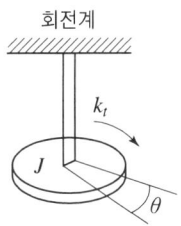

비 고	직 선 계	회 전 계
관성요소	질량 m[kg]	질량관성모멘트 J[kg·m²]
변위	길이 L[m]	각도 θ[rad]
탄성요소	스프링상수 k[N/m]	비틀림 스프링상수 $k_t = \dfrac{T}{\theta}$[Nm/rad]
감쇠요소	감쇠계수 C[N·s/m]	비틀림 감쇠계수 C_t[Nm s/ rad]
기진요소	기전력=힘 F[N]	비틀림 모멘트=회전모멘트 T[Nm]=[J]

6-3 진동의 종류

$$mx'' + cx' + kx = F(t), \quad J\theta'' + C_t\theta' + k_t\,\theta = T(t)$$

① 강제진동 : 기전력 $F(t)$가 있는 진동 $F(t) \neq 0$, $T(t)$가 있는 진동 $T(t) \neq 0$
② 자유진동 : 기전력 $F(t)$가 없는 진동 $F(t) = 0$, $T(t)$가 없는 진동 $T(t) = 0$
③ 감쇠진동 : 감쇠계수 C가 있는 진동 $C \neq 0$, C_t가 있는 진동 $C_t \neq 0$
④ 비감쇠진동 : 감쇠계수 C가 없는 진동 $C = 0$, C_t가 없는 진동 $C_t = 0$

(1) 비감쇠 자유진동

$$mx'' + kx = 0 \qquad J\theta'' + k_t\,\theta = 0$$

(2) 감쇠 자유진동

$$mx'' + cx' + kx = 0 \qquad J\theta'' + C_t\theta' + k_t\,\theta = 0$$

(3) 비감쇠 강제진동

$$mx'' + kx = F(t) \qquad J\theta'' + k_t\,\theta = T(t)$$

(4) 감쇠 강제진동

$$mx'' + cx' + kx = F(t) \qquad J\theta'' + C_t\theta' + k_t\,\theta = T(t)$$

(5) 질량관성모멘트

① 원형판의 질량관성모멘트

$$\text{원판의 도심에서의 질량관성모멘트} \quad J_G = \frac{mR^2}{2} = mk^2$$

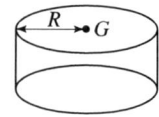

여기서, m : 질량, R : 원판의 반지름, k : 회전반경

② 원통막대의 도심에서의 질량관성모멘트

$$\text{원통 막대의 도심에서 질량관성모멘트} \quad J_G = \frac{mL^2}{12} = mk^2$$

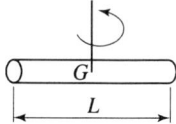

여기서, m : 질량, L : 막대의 길이, k : 회전반경

③ 원통막대의 끝단에서의 질량관성모멘트

$$\text{원통 끝단에서 질량관성모멘트} \quad J_o = \frac{mL^2}{3}$$

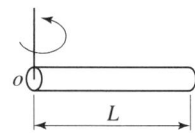

여기서, m : 질량, L : 막대의 길이

유도하기 ⇨ $J_G = 2\int_0^{\frac{L}{2}} x^2 dm$

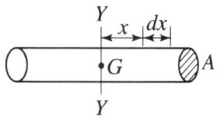

여기서, $dm = \frac{dW}{g} = \frac{\gamma A dx}{g}$

$$J_G = 2\int_0^{\frac{L}{2}} x^2 \frac{\gamma A}{g} dx = \frac{2\gamma A}{g}\left(\frac{x^3}{3}\right)_0^{\frac{L}{2}} = \frac{mL^2}{12}$$

봉의 중심선 중앙의 수직하는 축의 질량관성 모멘트 $J_G = \frac{mL^2}{12}$

④ 평행 축 정리

도심이 아닌 축에 대한 질량관성모멘트

$$J_o = J_G + ma^2$$

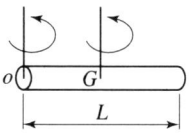

여기서, m : 질량관성모멘트, a : 축간 떨어진 거리
 J_o : 도심이 아닌 축의 질량관성모멘트
 J_G : 도심에서의 질량관성모멘트

Chapter 7 조화운동과 단진동

출제 FOCUS

❶ 변위 $x(t) = A\sin\omega t$ **속도** $\dot{x}(t) = A\omega\cos\omega t$ **가속도** $\ddot{x}(t) = -A\omega^2\sin\omega t$

여기서, A : 진폭, ω : 각속도, t : 시간

❷ 주기 $T = \dfrac{2\pi}{w} = \dfrac{1}{f}$

여기서, T : 주기-한 주기(cycle) 운동에 필요한 시간 $\left[\dfrac{\sec}{\text{cycle}}\right]$

f : 진동수-단위시간 당 운동한 주기 $\left[\dfrac{\text{cycle}}{\sec}\right]$

❸ 비 감쇠 자유진동의 진동방정식 $m\ddot{x} + kx = 0$

고유각 진동수 $w_n = \sqrt{\dfrac{k}{m}} = \sqrt{\dfrac{g}{\delta}} = \dfrac{1}{f}$

여기서, k : 스프링 상수, m : 질량, g : 중력가속도, δ : 처짐량

❹ 등가스프링상수

① 직렬연결의 등가스프링상수 k_{eq} $\dfrac{1}{k_{eq}} = \dfrac{1}{k_1} + \dfrac{1}{k_2}$

② 병렬연결의 등가스프링상수 k_{eq} $k_{eq} = k_1 + k_2$

③ 단순보의 등가스프링상수 k_{eq} $k_{eq} = \dfrac{P}{\delta} = \dfrac{P}{\dfrac{PL^3}{48EI}} = \dfrac{48EI}{L^3}$

④ 외팔보의 등가스프링상수 k_{eq} $k_{eq} = \dfrac{P}{\delta} = \dfrac{P}{\dfrac{PL^3}{3EI}} = \dfrac{3EI}{L^3}$

7-1 단진동

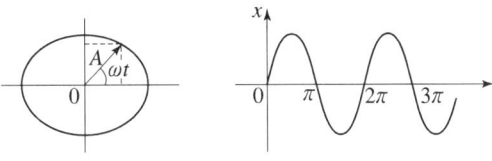

| 변위의 일반해 $x(t) = A\sin\theta = A\sin(\omega t)$ |

여기서, ω : 각속도, A : 진폭

(1) **최대변위** : $x = A$(진폭)

(2) **속도** : $x' = \dfrac{d\,x(t)}{dx} = \omega A\cos\omega t = \omega A\sin\left(\omega t + \dfrac{\pi}{2}\right)$

(3) **가속도** : $x'' = \dfrac{d^2 x(t)}{dt^2} = -\omega^2 A\sin\omega t = \omega^2 A\sin(\omega t + \pi)$

(4) **최대속도** : $x'_{\max} = \omega A$

(5) **최대가속도** : $x''_{\max} = \omega^2 A$

(6) **주기**(T) : 한주기(cycle)운동에 필요한 시간 $\left[\dfrac{\sec}{\text{cycle}}\right]$

(7) **진동수**(f) : 단위시간에 운동한 주기 수(cycle 수) $\left[\dfrac{\text{cycle}}{\sec}\right]$

$x(t) = A\sin(\omega t + \phi)$에서 $\begin{cases} \text{주기 } T = \dfrac{2\pi}{\omega}(\sec) = \left[\dfrac{\sec}{\text{cycle}}\right] \\ \text{진동수 } f = \dfrac{1}{T} = \dfrac{\omega}{2\pi}(\text{cps}) = [\text{Hz}] = \left[\dfrac{\text{cycle}}{\sec}\right] \end{cases}$

✔ **예제**

단순조화운동을 하는 물체의 최대속도 및 최대 가속도가 각각 0.5m/s, 2.0m/s²이다. 속도가 0.25m/s일 때의 가속도 크기는 몇 m/s²인가?

해설

최대속도 : 0.5m/s, 최대가속도 : 2.0m/s²이다.
$x(t) = A\sin wt = A\sin\theta$
$v = \dot{x}(t) = Aw\cos wt = Aw\cos\theta, \; v = 0.5 \times \cos\theta$ ················(1)
$a = \ddot{x}(t) = -Aw^2\sin wt = -Aw^2\sin\theta, \; a = 2\sin\theta$ ················(2)
속도는 $0.25 = 0.5 \times \cos\theta, \; \theta = 60°$, 가속도 $a = 2\sin(60) = 1.732\,\text{m/s}^2$

제 7 편 기계동력학

> **✔ 예제**
>
> 질량 10kg의 물체가 진폭 24cm, 주기 4sec의 단진동을 할 때 $t=0$에서 좌표가 +24cm였다면 $t=0.5sec$일 때 물체에 미치는 힘의 크기와 방향은?
>
> **해설**
>
> $F=ma$, 주기 $T=\dfrac{2\pi}{w}$, 각속도 $w=\dfrac{2\pi}{T}=\dfrac{2\pi}{4}=\dfrac{\pi}{2}$
>
> 최초 변위가 +24cm인 것은 단진동의 운동에서
> $x(t)=A\cos wt$, $V=\dot{x}(t)=-Aw\sin wt$
>
> $a=\ddot{x}=-Aw^2\cos wt=-24\left(\dfrac{\pi}{2}\right)^2\cos\left(\dfrac{\pi}{2}\times 0.5\right)=-24\left(\dfrac{\pi}{2}\right)^2\sin(45°)=-41.87\,cm/s^2$
>
> $F=ma=10\times(-41.87)=-418.7\times 10^{-2}=-4.18\,N$
>
> [주의] 계산기 사용에서 각도단위를 잘 선택하여 계산한다.

 7-2 조화운동

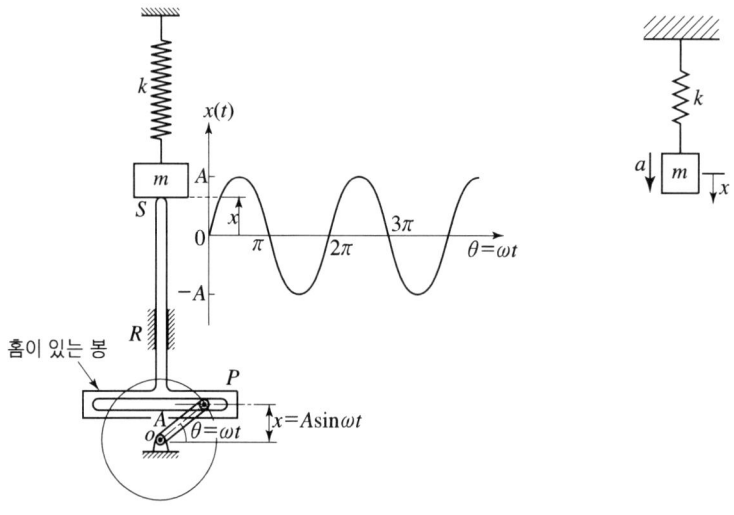

(1) 조화운동의 복소수 표시

$$x(t)=A\cos wt+iA\sin wt=Ae^{iwt} \text{ (Euler's 공식)}$$

(2) 조화운동의 합성

① 진동수가 같은 두 개의 조화운동의 합성

$$A\cos wt + B\sin wt = \sqrt{A^2+B^2}\cos\left(wt - \tan^{-1}\frac{B}{A}\right)$$

$$= \sqrt{A^2+B^2}\sin\left(wt + \tan^{-1}\frac{A}{B}\right)$$

$$A\cos wt - B\sin wt = \sqrt{A^2+B^2}\cos\left(wt + \tan^{-1}\frac{B}{A}\right)$$

$$= \sqrt{A^2+B^2}\sin\left(wt - \tan^{-1}\frac{A}{B}\right)$$

$$A\cos wt + B\cos(wt+\alpha) = X\cos(wt+\beta)$$

$$X = \sqrt{(A+B\cos\alpha)^2 + (B\cos\alpha)^2} = \sqrt{A^2+B^2+2AB\cos\alpha}$$

$$\beta = \tan^{-1}\frac{B\sin\alpha}{A+B\cos\alpha}$$

② 진동수가 다른 두 개의 조화운동의 합성

$$\sin w_1 t + \sin w_2 t = 2\sin\left(\frac{w_1+w_2}{2}\right)t \times \cos\left(\frac{w_1-w_2}{2}\right)t$$

$$\sin w_1 t - \sin w_2 t = 2\cos\left(\frac{w_1+w_2}{2}\right)t \times \sin\left(\frac{w_1-w_2}{2}\right)t$$

$$\cos w_1 t + \cos w_2 t = 2\cos\left(\frac{w_1+w_2}{2}\right)t \times \cos\left(\frac{w_1-w_2}{2}\right)t$$

$$\cos w_1 t - \cos w_2 t = 2\sin\left(\frac{w_1+w_2}{2}\right)t \times \sin\left(\frac{w_1-w_2}{2}\right)t$$

③ 울림현상 = 맥놀이 현상

진동수 $\gamma = \dfrac{w_1}{w_2}$ 가 1에 가까운 2개의 조화운동을 합성하면 진폭이 서서히 변화하는 진동이 된다. 이와 같은 현상을 울림현상 또는 맥놀이 현상이라 한다.

두 조화운동이 합성될 때 각 진동수가 약간 다를 때 일어난다.

$$x = x_1 + x_2 = A\cos wt + A\cos(wt+\epsilon)t = 2A\cos\frac{\epsilon}{2}\cos\left(wt+\frac{\epsilon}{2}\right)t$$

울림진동수 $f_b = f_2 - f_1 = \dfrac{w_2-w_1}{2\pi} = \dfrac{(wt+\epsilon)-wt}{2\pi} = \dfrac{\epsilon}{2\pi}$ [Hz]

울림주기 $T_b = \dfrac{1}{f_b} = \dfrac{2\pi}{\epsilon}\left[\dfrac{\sec}{\text{cycle}}\right]$

제 7 편 기계동력학

✔ 예제

2개의 조화운동 $x_1 = 3\sin\omega t$와 $x_2 = 4\cos\omega t$의 합성운동을 나타내는 식은?

해설

조화운동의 합

$$A\cos\omega t + B\sin\omega t = \sqrt{A^2+B^2}\cos\left(\omega t - \tan^{-1}\left(\frac{B}{A}\right)\right) = \sqrt{A^2+B^2}\sin\left(\omega t + \tan^{-1}\left(\frac{A}{B}\right)\right)$$

$$4\cos\omega t + 3\sin\omega t = \sqrt{4^2+3^2}\cos\left(\omega t - \tan^{-1}\left(\frac{3}{4}\right)\right) = 5\cos(\omega t - 0.653)$$

$$4\cos\omega t + 3\sin\omega t = \sqrt{4^3+3^2}\sin\left(\omega t + \tan^{-1}\left(\frac{4}{3}\right)\right) = 5\sin(\omega t + 0.927)$$

$\therefore 5\sin(\omega t + 0.927)$

※ 주의 : 계산기에서 rad 각도로 하세요.

✔ 예제

두 개의 조화운동 $x_1 = 4\sin 10t$와 $x_2 = 4\sin 10.2t$를 합성하면 맥놀이(beat)현상이 발생하는데 이때 맥놀이 진동수(Hz)는? (단, t의 단위는 s이다.)

해설

맥놀이(beat)현상 : 진동수가 비슷한 두 개의 조화운동을 합성하면 울림현상이 발생되는데 이를 맥놀이 현상 또는 울림현상이 발생한다.

울림진동수 $f_b = \dfrac{\omega_2 - \omega_1}{2\pi}$

$$x = x_1 + x_2 = 4(\sin 10t + \sin 10.2t)$$

$$f_b = \frac{10.2 - 10}{2\pi} = 0.0318\text{Hz}$$

$\therefore 0.0318\text{Hz}$

7-3 진동방정식

$F = ma = m\ddot{x}$

힘의 성분 $F = -k(\delta_o + x) + mg = -k\left(\dfrac{mg}{k} + x\right) + mg = -kx$

관성성분 $ma = +m\ddot{x}$, $F = ma = m\ddot{x}$ $-kx = m\ddot{x}$ $m\ddot{x} + kx = 0$

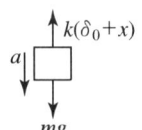

고유각 진동수 유도하기

$x(t) = A\sin(\omega t)$, $x'(t) = A\omega\cos(\omega t)$, $\ddot{x}(t) = -A\omega^2\sin(\omega t)$

$mx'' + kx = 0$, $m \times (-A\omega^2 \sin\omega t) = -kA\sin\omega t$

여기서, 등식을 만족하는 각속도 ω가 고유각 진동수이다.

$$\text{즉, 고유각 진동수 } \omega_n = \sqrt{\frac{k}{m}}$$

(1) 직선계의 운동 방정식

$$mx'' + kx = 0$$

(2) 정적 처짐

$$\delta_0 = \frac{mg}{k}$$

(3) 고유진동수

$$f_n = \frac{\omega_n}{2\pi}[\text{cycle/ses}] = [\text{Hz}]$$

(4) 고유각 진동수

$$\omega_n = \sqrt{\frac{k}{m}} = \sqrt{\frac{g}{\delta_{st}}}\,[\text{rad/sec}]$$

(5) 주기

$$T = \frac{1}{f_n} = \frac{2\pi}{\omega_n}[\text{sec/cycle}]$$

스프링의 질량(m_s)을 고려한 진동

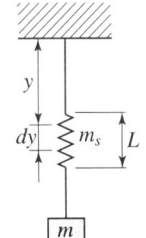

스프링 질량을 고려한 고유각 진동수

$$w_n = \sqrt{\frac{k}{m + \frac{m_s}{3}}}\,\left[\frac{\text{rad}}{\text{s}}\right]$$

여기서, m_s : 스프링질량, m : 관성체의 질량, k : 스프링 상수

[유도하기]

관성체질량 m의 속도 : $\dot{x}$

미소거리에 dy에 있는 스프링의 미소질량 : $dm_s = \dfrac{m_s dy}{L}$, $L : m_s = dy : dm_s$

y지점에서의 스프링의 속도 : $v_s = \dfrac{y\dot{x}}{L}$, $L : \dot{x} = y : v_s$ (속도는 선형적으로 증가한다)

스프링의 미소운동에너지 : $dE_s = \dfrac{1}{2} dm_s \times v_s^2 = \dfrac{1}{2}\left(\dfrac{m_s}{L}dy\right) \times \left(\dfrac{y\dot{x}}{L}\right)^2$

스프링의 전체 운동에너지 : $E_s = \displaystyle\int_0^L \dfrac{1}{2}\left(\dfrac{m_s}{L}\right) \times \left(\dfrac{y\dot{x}}{L}\right)^2 dy = \dfrac{1}{2} \times \dfrac{m_s}{3} \dot{x}^2$

계 전체의 운동에너지 : $E_T = \dfrac{1}{2} m\dot{x}^2 + \dfrac{1}{2} \times \dfrac{m_s}{3} \dot{x}^2$

계 전체의 탄성에너지 : $U = \dfrac{1}{2} kx^2$

$x = A\sin wt$, $\dot{x} = Aw\cos wt$ 　　최대변위 A, 최대속도 $\dot{x} = v_{\max} = Aw$

최대운동에너지 $E_{\max} = \dfrac{1}{2} m(Aw)^2 + \dfrac{1}{2} \times \dfrac{m_s}{3}(Aw)^2 = \dfrac{1}{2}\left(m + \dfrac{m_s}{3}\right) A^2 w^2$

최대탄성에너지 $U_{\max} = \dfrac{1}{2} kA^2$

$E_{\max} = U_{\max}$, $\dfrac{1}{2}\left(m + \dfrac{m_s}{3}\right) A^2 w^2 = \dfrac{1}{2} kA^2$

$w = \sqrt{\dfrac{k}{m + \dfrac{m_s}{3}}}$

✔ 예제

스프링과 질량으로 된 자유진동계에서 스프링상수를 k, 스프링의 질량을 m_s, 물체의 질량을 m이라 하면 그것의 고유 진동수는?

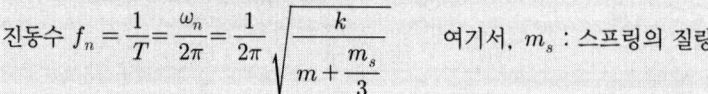

스프링의 질량을 무시할 때 고유각 진동수 $\omega_n = \sqrt{\dfrac{k}{m}}$

진동수 $f_n = \dfrac{1}{T} = \dfrac{\omega_n}{2\pi} = \dfrac{1}{2\pi}\sqrt{\dfrac{k}{m}}$

스프링의 질량을 고려할 때 고유각 진동수 $\omega_n = \sqrt{\dfrac{k}{m}}$

진동수 $f_n = \dfrac{1}{T} = \dfrac{\omega_n}{2\pi} = \dfrac{1}{2\pi}\sqrt{\dfrac{k}{m + \dfrac{m_s}{3}}}$　　여기서, m_s : 스프링의 질량

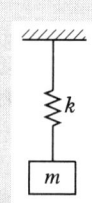

✔ 예제

1자유도 질량-스프링계에서 초기조건으로 변위 X_o가 주어진 상태에서 가만히 놓아 진동이 일어난다면 진동변위를 표시하는 식은?

㉮ $X_o \cos\omega_n t$　　㉯ $X_o \sin\omega_n t$　　㉰ $X_o \cos^2\omega_n t$　　㉱ $X_o \sin^2\omega_n t$

해설　최초 변위가 X_o가 되는 조화 함수, 즉 $x_{(t)} = X_o \cos w_n t$

7-4 스프링의 등가상수

형태	그림	등가 스프링상수(k_{eq})
직렬 스프링	k_1, k_2, P	$\dfrac{1}{k_{eq}} = \dfrac{1}{k_1} + \dfrac{1}{k_2}$
병렬스프링	k_1, k_2, P (중앙에 하중이 작용될 때)	$k_{eq} = k_1 + k_2$
	k_1, k_2, a, b, P (편하중이 작용될 때)	$k_{eq} = \dfrac{(a+b)^2}{\dfrac{b^2}{k_1} + \dfrac{a^2}{k_2}}$
외팔보	P, L	$k_{eq} = \dfrac{3EI}{L^3}$
단순보	P, $\dfrac{L}{2}$, $\dfrac{L}{2}$, L	$k_{eq} = \dfrac{48EI}{L^3}$
외팔보에 연결된 질량	L, k, m	$k_{eq} = \dfrac{3EIk}{3EI + kL^3}$
단순보에 연결된 질량	$\dfrac{L}{2}$, $\dfrac{L}{2}$, k, m	$k_{eq} = \dfrac{48EIk}{48EI + kL^3}$
양단고정보에 연결된 질량	$\dfrac{L}{2}$, $\dfrac{L}{2}$, k, m	$k_{eq} = \dfrac{192EIk}{192EI + kL^3}$

예제

그림과 같은 진동계의 운동 방정식을 $m\ddot{x} + kx = 0$라 놓을 때 k는 몇 N/cm인가?

해설

등가 스프링상수 $k_{eq} = 300\,\text{N/cm}$

예제

그림에 보인 진동계에서 $\dfrac{m}{k} = 6$이라면 계의 고유진동수(f_n)는 몇 Hz인가?

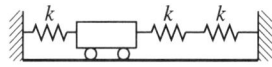

해설

$$f_n = \frac{w_n}{2\pi} = \frac{1}{2\pi}\sqrt{\frac{k_{eq}}{m}} = \frac{1}{4\pi} = 0.0795\,[\text{Hz}]$$

$k_{eq} = \dfrac{3k}{2}$, 문제 조건에서 $m = 6k$

예제

질량 m과 스프링상수가 k_1인 스프링으로 구성된 진동계의 고유진동수는 f_1이다. 스프링상수 k_2인 스프링이 k_1과 직렬로 연결되었을 때 진동계의 고유진동수가 $\dfrac{1}{2}f_1$이 되었다면 k_2는 k_1의 몇 배인가?

해설

$$f_1 = \frac{1}{2\pi}\sqrt{\frac{k_1}{m}},\ f_2 = \frac{1}{2\pi}\sqrt{\frac{k_{eq}}{m}} = \frac{1}{2}f_1$$

따라서, $\sqrt{k_{eq}} = \dfrac{1}{2}\sqrt{k_1}$, 즉 $k_{eq} = \dfrac{1}{4}k_1$ ･････････････････････ (1)

그런데, $k_{eq} = \dfrac{k_1 \cdot k_2}{k_1 + k_2}$ ･････････････････････････････････････ (2)

결국 (1), (2)식에서 $\dfrac{k_2}{k_1 + k_2} = \dfrac{1}{4}$이므로 $\therefore k_2 = \dfrac{1}{3}k_1$

Chapter 8 감쇠자유진동

 **출제 FOCUS**

❶ 감쇠자유진동의 진동 방정식 $m\ddot{x} + c\dot{x} + kx = 0$

① 임계감쇠계수 $C_c = 2\sqrt{mk} = 2m\omega_n = \dfrac{2k}{\omega_n}$

여기서, m : 질량, k : 스프링상수, ω_n : 고유각진동수

② 감쇠비 $\varphi = \dfrac{C}{C_c}$

③ 감쇠의 종류
 • 초임계 감쇠=과도감쇠 $\varphi > 1$, $C > C_c$, $C > 2\sqrt{mk}$
 • 임계감쇠 $\varphi = 1$, $C = C_c$, $C = 2\sqrt{mk}$
 • 아임계감쇠=부족감쇠 $\varphi < 1$, $C < C_c$, $C < 2\sqrt{mk}$

❷ 부족감쇠의 진동

① 대수감쇠율 $\delta = \dfrac{1}{n}\ln\dfrac{x_o}{x_n} = \dfrac{2\pi\varphi}{\sqrt{1-\varphi^2}}$

여기서, x_o : 초기진폭, x_n : n번째 진폭, φ : 감쇠비

② 진폭비 $e^\delta = \dfrac{x_o}{x_1} = \dfrac{x_1}{x_2} = \dfrac{x_2}{x_3}$: 이웃하는 진폭비는 일정하다.

③ 감쇠고유각진동수 $\omega_{nd} = \omega_n\sqrt{1-\varphi^2}$

541

제 7 편 기계동력학

8-1 감쇠의 종류

실제 진동계에서는 어떤 형태든 간에 물체에 작용하는 운동저항 때문에 진동의 진폭이 점차적으로 감쇠되어가는 과정을 감쇠(Damping)라고 한다.

(1) 점성감쇠

유체와 고체면 사이에 생기는 점성저항이며, 동일재료에 대해서 비교적 저속상대 운동에서는 속도에 비례한다. 고속에서는 속도의 2승에 비례하기도 한다.

(2) 쿨롱감쇠

건조한 고체면사이의 미끄럼에서 생기는 건성저항을 말한다.

(3) 고체감쇠

고체에 주기적인 변동하중이 작용하여 변형할 때 내부마찰이나 히스테리스에 의해서 생긴다.

8-2 점성 감쇠

운동방정식 $mx'' + cx' + kx = 0$

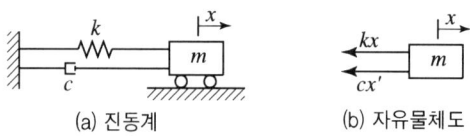

(a) 진동계   (b) 자유물체도

(1) 임계감쇠계수 : C_c

$$\text{임계감쇠계수 } C_c = 2\sqrt{mk} = 2mw_n = \frac{2k}{w_n}$$

여기서, m : 질량, k : 스프링 상수, w_n : 고유각 진동수

(2) 감쇠비 : φ

$$\varphi = \frac{c}{c_c} = \frac{c}{2\sqrt{mk}} = \frac{c}{2mw_n} = \frac{cw_n}{2k}$$

임계감쇠 계수 $Cc = 2\sqrt{mk}$ **유도하기** ⇨

$mx'' + cx' + kx = 0$ 미분방정식을 풀기 위해서 $e^{(st)} = x$라 취환하자,
$x = e^{(st)}$ $\dot{x} = se^{st}$ $\ddot{x} = s^2 e^{st}$ 대입하면 $ms^2 e^{st} + c\,se^{st} + ke^{st} = 0$
$ms^2 + cs + k = 0$ 근의 공식에 대입하면
$s = \dfrac{-c \pm \sqrt{c^2 - 4mk}}{2m}$ 근을 갖기 위한 판별식 $\sqrt{c^2 - 4mk}$, $c^2 - 4mk = 0$
이때의 감쇠계수를 임계 감쇠 계수라 한다. $Cc = 2\sqrt{mk}$

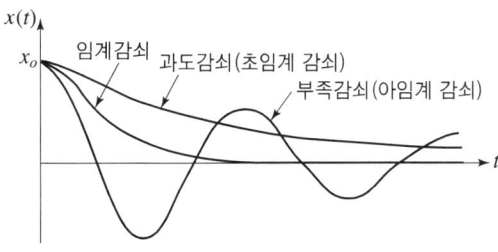

(3) 감쇠형태

① 임계감쇠
  $C = C_c$, $\varphi = 1$: 떨림이 일어나자마자 끝나는 감쇠현상

② 초임계감쇠 = 과도감쇠
  $C > C_c$, $\varphi > 1$: 감쇠가 커서 떨림이 전혀 일어나지 않는 감쇠현상

③ 아임계감쇠 = 부족감쇠
  $C < C_c$, $\varphi < 1$: 감쇠가 부족해서 떨림이 발생하여 일정시간동안 떨림이 발생되는 감쇠현상

(4) 진폭비

2개의 이웃하고 있는 진폭의비를 진폭비라 한다.

$$\text{진폭비 } e^\delta = \text{일정} = \frac{X_0}{X_1} = \frac{X_1}{X_2} = \frac{X_2}{X_3} = \frac{X_3}{X_4} = \frac{X_4}{X_5} \cdots\cdots = \frac{X_{n-1}}{X_n}$$

대수감쇠율 δ **유도하기** ⇨

$\dfrac{X_0}{X_1} \times \dfrac{X_1}{X_2} \times \dfrac{X_2}{X_3} \times \dfrac{X_3}{X_4} \times \dfrac{X_4}{X_5} \cdots\cdots \times \dfrac{X_{n-1}}{X_n} = (e^\delta)^n$

$\dfrac{X_0}{X_n} = (e^\delta)^n$, $\left(\dfrac{X_0}{X_n}\right)^{\frac{1}{n}} = (e^\delta)$ log를 양변에 취하면

이때의 δ값을 대수감쇠율이라 부른다.

$\therefore$ 대수감쇠율 $\delta = \dfrac{1}{n} \ln \dfrac{X_0}{X_n}$ 여기서, X_0 : 초기진폭, X_n : n번째 진폭

(5) 감쇠비(φ)와 대수감쇠율(δ)의 관계

① 대수감쇠율 : $\delta = \dfrac{2\pi\varphi}{\sqrt{1-\varphi^2}}$ 　단, $\varphi \ll 1$인 경우에는 $\delta \approx 2\pi\varphi$

② 감쇠비 : $\varphi = \dfrac{\delta}{\sqrt{4\pi^2 + \delta^2}}$

③ 감쇠 고유각 진동수 : $w_{nd} = w_n\sqrt{1-\varphi^2}$

✔ **예제**

감쇠 자유진동에서 질량 $m = 40\text{kg}$, $C = 0.5\text{N} \cdot \text{sec/cm}$, $k = 8\text{N/cm}$일 때 다음을 구하여라.
① 임계 감쇠계수　　　　② 감쇠비(φ)　　　　③ 감쇠 고유각 진동수(w_{nd})

해설

① 임계감쇠계수 $C_c = 2\sqrt{mk} = 2\sqrt{40 \times 800} = 357.77\,[\text{N} \cdot \text{S/m}]$

② 감쇠비 $\varphi = \dfrac{C}{C_c} = \dfrac{50}{357.77} = 0.139$

③ 감쇠 고유각 진동수 $w_{nd} = w_n\sqrt{1-\varphi^2} = 4.47\sqrt{1-0.139^2} = 4.426\,[\text{rad/sec}]$

단, 고유각진동수 $w_n = \sqrt{\dfrac{k}{m}} = \sqrt{\dfrac{800}{40}} = 4.47\,[\text{rad/sec}]$

✔ **예제**

다음 1자유도 감쇠 진동계의 감쇠비는?

$k = 8\text{kN/m}$　$c = 130\text{N·s/m}$　$m = 20\text{kg}$

해설

감쇠비 $\varphi = \dfrac{C}{C_C} = \dfrac{C}{2\sqrt{mk}} = \dfrac{130}{2\sqrt{20 \times 8000}} = 0.1625$

✔ **예제**

감쇠비가 0.0681인 감쇠 자유진동에서 서로 이웃하고 있는 2개 사이클의 진폭비는?

해설

대수감쇠율 $\delta = \dfrac{2\pi\varphi}{\sqrt{1-\varphi^2}} = \dfrac{2 \times \pi \times 0.0681}{\sqrt{1-0.0681^2}} = 0.429$

이웃하고 있는 두 개 사이의 진폭 $\dfrac{x_1}{x_2} = e^{\delta} = e^{0.429} = 1.54$

✔ 예제
1자유도 시스템에서 감쇠비가 0.1인 경우 대수감소율은?

해설

대수감쇠율 $\delta = \dfrac{2\pi\varphi}{\sqrt{1-\varphi^2}} = \dfrac{1}{n}\ln\dfrac{X_o}{X_n}$

여기서, 감쇠비 $\varphi = \dfrac{C(\text{감쇠계수})}{C_c(\text{임계감쇠계수})}$, 대수감소율 $\delta = \dfrac{2\pi \times 0.1}{\sqrt{1-0.1^2}} = 0.63$

✔ 예제
그림과 같은 외팔보에 초기변위 5mm를 가한 뒤 외팔보의 끝단에서 세번째 진동변위를 측정한 값이 3mm이었다면 이 외팔보의 대수감소율은?

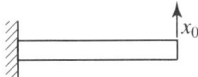

해설

대수감쇠율 $\delta = \dfrac{2\pi\varphi}{\sqrt{1-\varphi^2}} = \dfrac{1}{n}\ln\dfrac{X_o}{X_n} = \dfrac{1}{3}\ln\dfrac{5}{3} = 0.17$

(6) 감쇠 및 스프링 상수의 등가계

	구분	등가점성감쇠계수
직렬	c_1 —[]— c_2 —[]— →	$C_{eq} = \dfrac{c_1 c_2}{c_1 + c_2}$
병렬	c_1, c_2 병렬	$C_{eq} = c_1 + c_2$

		k_{eq}	C_{eq}
	c_1, k_1, m, k_2, c_2	$k_1 + k_2$	$c_1 + c_2$
	c_1, c_2, m, k_1, k_2	$\dfrac{k_1 k_2}{k_1 + k_2}$	$\dfrac{c_1 c_2}{c_1 + c_2}$
	$k_1, c_3, k_3, m, c_1, c_2, k_2$	$k_1 + k_2 + k_3$	$c_1 + c_2 + c_3$
	$c_1, k_1, c_2, m, c_3, c_4, k_2$	$k_1 + k_2$	$c_1 + c_2 + \dfrac{c_3 c_4}{c_3 + c_4}$

Chapter 9

비틀림 진동

출제 FOCUS

❶ 회전계의 진동방정식 $J\ddot{\theta} + C_t\dot{\theta} + k_t\theta = T(t)$

① 원형판의 질량관성모멘트 $J_G = \dfrac{mR^2}{2}$

② 원통막대의 질량관성모멘트 $J_G = \dfrac{mL^2}{12}$

③ 비틀림 감쇠계수 $C_t\,[\mathrm{JS/rad}] = [\mathrm{N \cdot mS/rad}]$

④ 비틀림 강성계수 $k_t\,[\mathrm{J/rad}] = [\mathrm{N \cdot m/rad}]$

⑤ 고유각 진동수 $w_n = \sqrt{\dfrac{k_t}{J}}$

⑥ 임계 감쇠계수 $c_c = 2\sqrt{Jk_t}$

❷ 회전계의 운동방정식

① 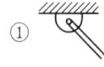 막대진자 $\ddot{\theta} + \dfrac{3g}{2L}\theta = 0$

② 단진자 = 실진자 $\ddot{\theta} + \dfrac{g}{L}\theta = 0$

③  구르는 원통 $\ddot{\theta} + \left(\dfrac{kR^2}{mR^2 + J_G}\right)\theta = 0$

④ 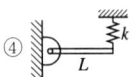 스프링에 지지된 봉 $\ddot{\theta} + \dfrac{3k}{m}\theta = 0$

⑤ U자관의 액주계 $\ddot{x} + \dfrac{2g}{L}x = 0$

제 9 장 비틀림 진동

9-1 직선계와 회전계의 비교

직선 진동계	비틀림 진동계
$mx'' + cx' + kx = F(t)$	$J\theta'' + C_t\theta' + k_t\theta = T(t)$

구분	기호	단위	구분	기호	단위
질량	m	kg	관성모멘트	J	Kgm^2
스프링 상수	k	N/m	비틀림 강성계수	k_t	Nm/rad
감쇠계수	c	NS/m	비틀림 감쇠계수	c_t	Nm s/rad
힘	F	N	토크	T	N m
변위	x	m	각변위	θ	rad
속도	$\dot{x}=v$	m/s	각속도	$\dot{\theta}=w$	rad/s
가속도	$\ddot{x}=a$	F	각 가속도	$\ddot{\theta}=\alpha$	rad/s^2
감쇠비	$\dfrac{C}{2\sqrt{mk}}$	무차원	감쇠비	$\dfrac{C_t}{2\sqrt{Jk_t}}$	무차원
고유각진동수	$\sqrt{\dfrac{k}{m}}$	rad/s	고유각진동수	$\sqrt{\dfrac{k_t}{J}}$	rad/s
위치에너지	$\dfrac{1}{2}kx^2$	N·m	위치에너지	$\dfrac{1}{2}k_t\theta^2$	N·m
운동에너지	$\dfrac{1}{2}m\dot{x}^2$	N·m	운동에너지	$\dfrac{1}{2}J\dot{\theta}^2$	N·m

$$V_2 = V_1 + at$$
$$2aS = V_2^2 - V_1^2$$
$$S = V_1 t + \dfrac{1}{2}at^2$$

$$w_2 = w_1 + \alpha t$$
$$2\alpha\theta = w_2^2 - w_1^2$$
$$\theta = w_1 t + \dfrac{1}{2}\alpha t^2$$

여기서, V_2 : 나중속도, s : 변위, V_1 : 처음속도
t : 걸린 시간, a : 가속도

여기서, w_2 : 나중각속도, θ : 각도
w_1 : 처음 각 속도, t : 걸린 시간
α : 각 가속도

제 7 편 기계동력학

> **✓ 예제**
>
> 가느다란 철사에 매달린 원판이 분당 30사이클로 진동한다. 철사를 10도 비트는데 $1\text{kg}_f \cdot \text{cm}$ 의 토크가 필요하다면 원판의 관성모멘트는 얼마인가?
>
> **해설**
>
> 주기 $T = 2\pi\sqrt{\dfrac{J}{k_t}}$ 에서 주기 $T = \dfrac{60\text{sec}}{30\text{cycle}} = 2\,[\text{sec/cycle}]$
>
> 비틀림상수 $k_t = \dfrac{T}{\theta} = \dfrac{1}{10 \times \dfrac{\pi}{180}} = 5.73\,\text{kg}_f \cdot \text{cm/rad}$
>
> 질량관성모멘트 $J = \dfrac{k_t T^2}{4\pi^2} = \dfrac{5.73 \times 2^2}{4 \times \pi^2} = 0.58\,\text{kg}_f \cdot \text{cm} \cdot \text{sec}^2$

 9-2 질량관성모멘트

(1) 원형판의 질량관성모멘트

원판의 도심에서의 질량관성모멘트 $J_G = \dfrac{mR^2}{2} = mk^2$

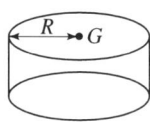

여기서, m : 질량, R : 원판의 반지름, k : 회전반경

(2) 원통막대의 도심에서의 질량관성모멘트

원통 막대의 도심에서 질량관성모멘트 $J_G = \dfrac{mL^2}{12} = mk^2$

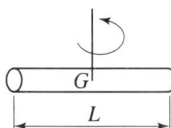

여기서, m : 질량, L : 막대의 길이, k : 회전반경

(3) 원통막대의 끝단에서의 질량관성모멘트

원통 끝단에서 질량관성모멘트 $J_o = \dfrac{mL^2}{3}$

여기서, m : 질량, L : 막대의 길이

유도하기 ⇨ $J_G = 2\displaystyle\int_0^{\frac{L}{2}} x^2\,dm$

여기서, $dm = \dfrac{dW}{g} = \dfrac{\gamma A\,dx}{g}$

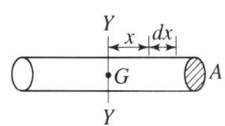

$$J_G = 2\int_0^{\frac{L}{2}} x^2 \frac{\gamma A}{g} dx = \frac{2\gamma A}{g}\left(\frac{x^3}{3}\right)_0^{\frac{L}{2}} = \frac{mL^2}{12}$$

봉의 중심선 중앙의 수직하는 축의 질량관성 모멘트 $J_G = \dfrac{mL^2}{12}$

(4) 평행 축 정리

도심이 아닌 축에 대한 질량관성모멘트

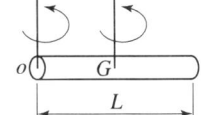

$$J_o = J_G + ma^2$$

여기서, m : 질량관성모멘트, a : 축간 떨어진 거리
   J_o : 도심이 아닌 축의 질량관성모멘트
   J_G : 도심에서의 질량관성모멘트

 9-3 비틀림 스프링 상수 K_t

$$K_t = \frac{T}{\theta} = \frac{T}{\frac{TL}{GI_p}} = \frac{GI_p}{L} = \frac{G\pi d^4}{32L}, \quad K_t = \frac{G\pi d^4}{32L}$$

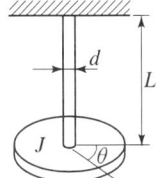

여기서, K_t : 비틀림 스프링 상수, G : 횡탄성계수

$J\theta'' + K_t \theta = 0$, 고유각진동수 $w_n = \sqrt{\dfrac{K_t}{J}}$

비틀림 스프링상수 $\quad K_t = \dfrac{G\pi d^4}{32L}, \quad J = \dfrac{mR^2}{2}$

✔ 예제

다음 그림에서 무게(W)인 원판의 주기(T)를 구하여라.

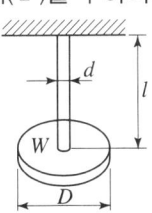

해설

주기 $T = \dfrac{2\pi}{w_n} = 2\pi\sqrt{\dfrac{J}{K_t}} = 2\pi\sqrt{\dfrac{\dfrac{WD^2}{8g}}{\dfrac{G\pi d^4}{32l}}} = 2\pi\sqrt{\dfrac{4WD^2 l}{\pi g G d^4}}$

$J = \dfrac{mR^2}{2} = \dfrac{mD^2}{8} = \dfrac{WD^2}{8g}$

✔ 예제

질량 50kg, 중심에 대한 회전반경(radius of gyration) 0.5m인 플라이휠에 2N · m의 토크 M이 가해진다. 처음에 정지 상태에서 출발하여 5바퀴 회전한 후의 각속도는?

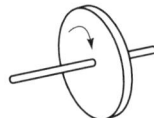

해설

$\sum M_T = J\alpha = J\ddot{\theta},\ J = mk^2 = 50 \times 0.5^2 = 12.5\,\text{kgm}^2$

각가속도 $\alpha = \dfrac{\sum M_T}{J} = \dfrac{2}{12.5} = 0.16\,\text{rad/s}^2 = \ddot{\theta}$

직선계 $2as = v_2^2 - v_1^2$

회전계 $2\alpha\theta = w_2^2 - w_1^2$에서 회전각 $\theta = (2\pi \times 5) = 10\pi$

5회전 후의 각속도 $w_2 = \sqrt{2 \times 0.16 \times 10\pi} = 3.17\,\text{rad/s}$

9-4 회전계의 등가계

비틀림 진동계	고유 각 진동수(ω_n)
(그림: 길이 L, 지름 d인 축 끝에 J인 원판, 각 θ)	$K_t = \dfrac{\pi d^4 G}{32L}$ $\omega_n = \sqrt{\dfrac{K_t}{J}}$
(그림: d_1, L_1과 d_2, L_2 양단에 J인 원판)	$K_{t1} = \dfrac{\pi d_1^4 G}{32L_1}\quad K_{t2} = \dfrac{\pi d_2^4 G}{32L_2}\quad \omega_n = \sqrt{\dfrac{K_{eq}}{J}}$ $K_{eq} = k_{t1} + k_{t2}$

비틀림 진동계	고유 각 진동수(ω_n)
(그림: $d_1, K_{t1}, L_1, d_2, K_{t2}, L_2, J$)	$K_{t1} = \dfrac{\pi d_1^4 G}{32 L_1}$ $K_{t2} = \dfrac{\pi d_2^4 G}{32 L_2}$ $\omega_n = \sqrt{\dfrac{K_{eq}}{J}}$ $\dfrac{1}{k_{eq}} = \dfrac{1}{k_{f1}} + \dfrac{1}{k_{f2}}$
(그림: J_1, k_t, J_2)	$\dfrac{1}{J_{eq}} = \dfrac{1}{J_1} + \dfrac{1}{J_2}$ $\omega_n = \sqrt{\dfrac{K_t}{J_{eq}}}$
(그림: $J_1, k_{t1}, k_{t2}, J_2, 1:n$)	$\omega_n = \sqrt{\dfrac{k_{eq}}{J_{eq}}}$ $\dfrac{1}{k_{eq}} = \dfrac{1}{k_{t_1}} + \dfrac{1}{n^2 k_{t_2}}$ $\dfrac{1}{J_{eq}} = \dfrac{1}{J_1} + \dfrac{1}{n^2 J_2}$

 9-5 막대진자의 운동방정식

진동방정식 $\theta'' + \dfrac{3g}{2L}\theta = 0$

고유각속도 $\omega_n = \sqrt{\dfrac{3g}{2L}}$

주기 $T = \dfrac{2\pi}{\omega_n} = 2\pi\sqrt{\dfrac{2L}{3g}}$

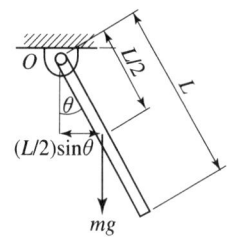

실진자 진동방정식 유도하기 ⇨

O 지점의 질량관성 모멘트 $J_0 = \dfrac{mL^2}{3}$

O 지점의 관성성분 $\dfrac{mL^2}{3}\theta''$

회전모멘트 성분 $\sum M_t = -mg \times L\sin\left(\dfrac{\theta}{2}\right) = -mg \times L\left(\dfrac{\theta}{2}\right)$

$\dfrac{L}{2}\sin\theta ≒ \dfrac{L}{2}\theta$ (단, θ는 라디안 값일 때), $\sin$미소≒미소(라디안 값일 때)

$\sum M = J\ddot\theta$ 에서 진동방정식 $\left(\dfrac{mL^2}{3}\right)\theta'' + \left(\dfrac{mgL}{2}\right)\theta = 0$

∴ 진동방정식 $\theta'' + \dfrac{3g}{2L}\theta = 0$

✔ 예제

질량 m, 길이 L의 가는 막대 AB가 A점을 중심으로 회전한다. $\theta = 60°$의 정지상태의 막대를 놓는 순간 막대 AB의 각가속도는 얼마인가?

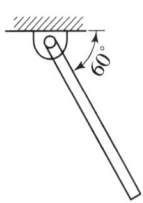
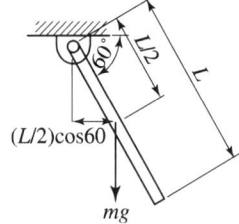

해설

$$\sum M_t = J_o \ddot{\theta} = J_o \alpha$$

각가속도 $\ddot{\theta} = \alpha = \dfrac{M_t}{J_o} = \dfrac{W \times \left(\dfrac{L}{2}\cos 60\right)}{J_o} = \dfrac{mg\dfrac{L}{2} \times \dfrac{1}{2}}{\dfrac{mL^2}{3}} = \dfrac{3mgL}{4mL^2} = \dfrac{3}{4}\dfrac{g}{L}$

✔ 예제

길이 L의 가늘고 긴 일정한 단면의 봉이 좌측 단에서 핀이 지지되어있다. 봉을 수평으로 하여 정지시킨 후, 이를 놓으면 중력에 의해 자유롭게 회전할 수 있다. 봉이 수직위치로 되는 순간의 봉의 각속도는? (단, 핀 부분의 마찰은 무시한다.)

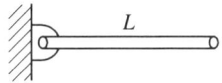

해설

$$\sum M_t = J_o \ddot{\theta} = J_o \alpha, \quad mg \times \dfrac{L}{2} = \dfrac{mL^2}{3} \times \ddot{\theta}, \quad 각가속도\ \ddot{\theta} = \alpha$$

$\alpha = \ddot{\theta} = \dfrac{3g}{2L}$, $2as = v_2^2 - v_1^2$에서 $2\alpha\theta = w_2^2 - w_1^2$, $2 \times \dfrac{3g}{2l} \times \dfrac{\pi}{2} = w_2^2$

나중 각속도 $w_2 = \sqrt{\dfrac{3g\pi}{2L}}$

9-6 단진자의 운동방정식

진동방정식 $\theta'' + \dfrac{g}{L}\theta = 0$

고유각속도 $\omega_n = \sqrt{\dfrac{g}{L}}$

주기 $T = \dfrac{2\pi}{\omega_n} = 2\pi\sqrt{\dfrac{L}{g}}$

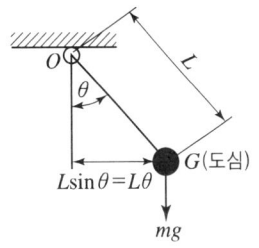

실진자의 운동방정식의 운동방정식유도하기 ➪

O 지점의 질량관성모멘트 $J_0 = J_G + ma^2$

도심에서의 질량관성모멘트 $J_G ≒ 0$ (미소질량으로 보고 무시한다)

축간 떨어진 거리 $a = L$, $J_0 = J_G + mL^2 = 0 + mL^2 = mL^2$

관성요소 $J_0\ddot{\theta} = mL^2\ddot{\theta}$ 운동방정식

모멘트의 성분 $\sum M_t = -mg \times L\sin\theta = -mg \times L\theta$

$\sum M = J\theta''$ 에서 운동방정식 → $mL^2\theta'' + mg \times L\theta = 0$

∴ 진동방정식 $\theta'' + \dfrac{g}{L}\theta = 0$

✔ **예제**

길이 l인 실 끝에 질량 m인 추를 달고 이것을 흔들 때, 주기 T는 얼마인가?

해설

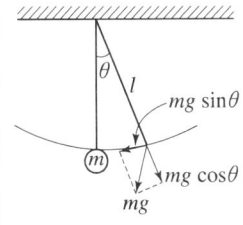

$\ddot{\theta} + \dfrac{g}{l}\theta = 0$, 고유각 진동수 $w_n = \sqrt{\dfrac{g}{l}}$, 주기 $T = \dfrac{2\pi}{w_n} = 2\pi\sqrt{\dfrac{l}{g}}$

제 7 편 기계동력학

9-7 직선운동과 회전운동의 조합운동

(1) 스프링에 의해 구르는 원통의 운동

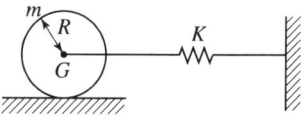

도심에서의 질량관성모멘트 $J_G = \dfrac{mR^2}{2}$

진동방정식 $\theta'' + \left(\dfrac{KR^2}{mR^2 + J_G}\right)\theta = 0$

고유각속도 $w_n = \sqrt{\dfrac{KR^2}{mR^2 + J_G}}$

주기 $T = \dfrac{2\pi}{w_n} = 2\pi\sqrt{\dfrac{mR^2 + J_G}{KR^2}}$

스프링에 의해 구르는 원통의 운동방정식 유도하기 ⇨

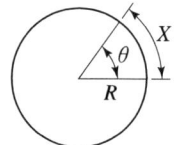

$x = R\theta$: 변위
$x' = R\theta'$: 선속도
$x'' = R\theta''$: 선가속도
$J_G = \dfrac{mR^2}{2}$: 도심에서의 질량관성모멘트

직선 운동에너지 + 회전운동에너지 + 탄성에너지 = 일정

① 직선운동 에너지 : $E_1 = \dfrac{1}{2}mv^2 = \dfrac{1}{2}mx'^2 = \dfrac{1}{2}mR^2\theta'^2$

② 회전운동에너지 : $E_2 = \dfrac{1}{2}J_G w^2 = \dfrac{1}{2}J_G \theta'^2$

③ 탄성에너지 : $E_3 = \dfrac{1}{2}Kx^2 = \dfrac{1}{2}KR^2\theta^2$

$\left(\dfrac{1}{2}mR^2\theta'^2 + \dfrac{1}{2}J_G\theta'^2 + \dfrac{1}{2}KR^2\theta^2\right) = 일정 = E$

$\dfrac{dE}{dt} = 0 = mR^2\theta'' + J_G\theta'' + KR^2\theta,\ (mR^2 + J_G)\theta'' + KR^2\theta = 0$

∴ 진동방정식 $\theta'' + \left(\dfrac{KR^2}{mR^2 + J_G}\right)\theta = 0$

∴ 고유각 진동수 $w_n = \sqrt{\dfrac{KR^2}{mR^2 + J_G}},\ J_G = \dfrac{mR^2}{2}$

제 9 장 비틀림 진동

> ✓ **예제**
> 중심 G에 대한 질량관성 모멘트가 J_G이고 반지름 R, 질량 m인 원통의 중심 G에 스프링상수 k인 스프링이 달려있다. 원통이 미끄럼 없이 굴러갈 때 이 계의 고유진동수 [Hz]는?
>
>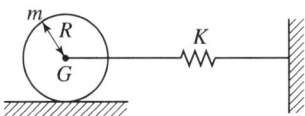
>
> **해설**
>
> 고유각 진동수 $f_n = \dfrac{w_n}{2\pi} = \dfrac{1}{2\pi}\sqrt{\dfrac{KR^2}{mR^2+J_G}}$

(2) 스프링에 지지된 긴 봉의 운동

진동방정식 $\ddot{\theta} + \left(\dfrac{6K}{m} - \dfrac{3g}{2L}\right)\theta = 0$

고유각속도 $w_n = \sqrt{\dfrac{6k}{m} - \dfrac{3g}{2L}}$

주기 $T = \dfrac{2\pi}{w_n}$

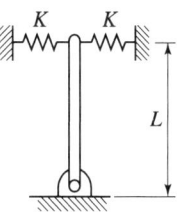

스프링에 지지된 긴 봉의 진동방정식 유도하기 ⇨

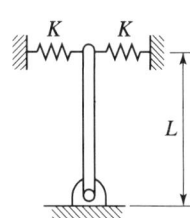 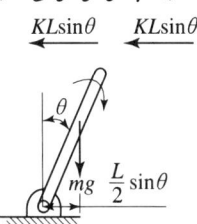

O지점의 관성모멘트 $J_0 = \dfrac{mL^2}{3}$

관성요소 $\dfrac{mL^2}{3}\ddot{\theta}$

회전 모멘트 요소 : sin미소≒미소(단 미소의 단위가 radian일 때)

$+\left(mg \times \dfrac{L}{2}\sin\theta\right) - (2KL\sin\theta \times L) = +\left(mg \times \dfrac{L}{2}\theta\right) - (2KL\theta \times L)$

$\sum M_t = J_o\ddot{\theta}$에서 $\oplus mg\dfrac{L}{2}\theta \ominus 2KL^2\theta = \oplus \dfrac{mL^2}{3}\ddot{\theta}$, $\dfrac{mL^2}{3}\ddot{\theta} + \left(2KL^2 - mg\dfrac{L}{2}\right)\theta = 0$

∴ 진동방정식 $\ddot{\theta} + \left(\dfrac{6K}{m} - \dfrac{3g}{2L}\right)\theta = 0$ 고유각 진동수 $w_n = \sqrt{\dfrac{6k}{m} - \dfrac{3g}{2L}}$

(3) 보의 끝이 스프링에 의해 지지된 봉의 운동

진동방정식 $\ddot{\theta} + \dfrac{3K}{m}\theta = 0$

고유각속도 $w_n = \sqrt{\dfrac{3K}{m}}$

주기 $T = \dfrac{2\pi}{w_n}$

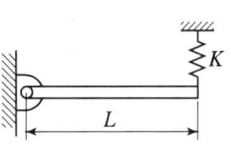

보의 끝이 스프링에 의해 지지된 봉의 운동방정식 유도하기 ⇨

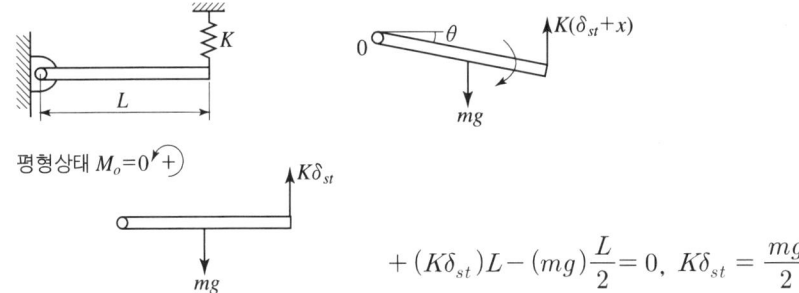

평형상태 $M_o = 0 \curvearrowright (+)$

$+ (K\delta_{st})L - (mg)\dfrac{L}{2} = 0, \ K\delta_{st} = \dfrac{mg}{2}$

O지점의 관성모멘트 $J_0 = \dfrac{mL^2}{3}$

관성요소 $\dfrac{mL^2}{3}\ddot{\theta}$

회전 모멘트 요소 : sin미소≒미소(단 미소의 단위가 radian일 때)

$\sum M_t = -K(\delta_{st} + x)L + mg\left(\dfrac{L}{2}\right) = (-K\delta_{st} - KL\sin\theta)L + mg\left(\dfrac{L}{2}\right)$

$\sum M_t = -\dfrac{mg}{2}L - KL^2\theta + mg\dfrac{L}{2} = -KL^2\theta, \ \sum M_t = J_o\theta''$에서 $\dfrac{mL^2}{3}\ddot{\theta} + KL^2\theta = 0$

∴ 진동방정식 $\ddot{\theta} + \dfrac{3K}{m}\theta = 0$ 고유 각 진동수 $w_n = \sqrt{\dfrac{3K}{m}}$

(4) 봉의 중앙에 스프링에 의해 지지된 봉의 운동

진동방정식 $\ddot{\theta} + \dfrac{3K}{4m}\theta = 0$

고유각속도 $w_n = \sqrt{\dfrac{3K}{4m}}$

주기 $T = \dfrac{2\pi}{w_n}$

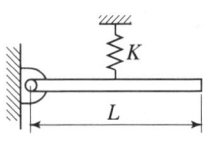

봉의 중앙에 스프링에 의해 지지된 봉의 운동방정식 유도하기 ⇨

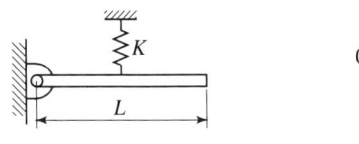 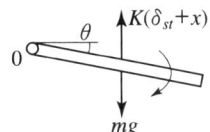

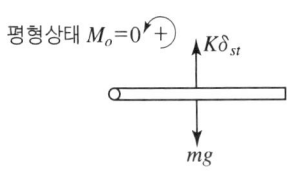

$$+ (K\delta_{st})\frac{L}{2} - (mg)\frac{L}{2} = 0, \quad K\delta_{st} = mg$$

0지점의 관성모멘트 $J_0 = \dfrac{mL^2}{3}$

관성요소 $\dfrac{mL^2}{3}\ddot{\theta}$

회전 모멘트 요소 : sin미소≒미소(단 미소의 단위가 radian일 때)

$$\sum M_t = -K(\delta_{st} + x)\frac{L}{2} + mg\left(\frac{L}{2}\right) = \left(-K\delta_{st} - K\frac{L}{2}\sin\theta\right)\frac{L}{2} + mg\left(\frac{L}{2}\right)$$

$$\sum M_t = -mg\left(\frac{L}{2}\right) - K\frac{L}{2}\theta\frac{L}{2} + mg\left(\frac{L}{2}\right) = -\frac{KL^2}{4}\theta$$

$\sum M_t = J_o\theta''$ 에서 $\dfrac{mL^2}{3}\ddot{\theta} + \dfrac{L^2 K}{4}\theta = 0$

∴ 진동방정식 $\ddot{\theta} + \dfrac{3K}{4m}\theta = 0$ 고유 각 진동수 $w_n = \sqrt{\dfrac{3K}{4m}}$

(5) 액주계내의 유체의 진동방정식

| 진동방정식 $\ddot{x} + \dfrac{2g}{L}x = 0$ |
| 고유각속도 $w_n = \sqrt{\dfrac{2g}{L}}$ |

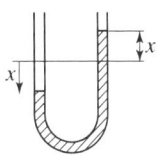

여기서, L : 유체의 전체길이

액주계내의 유체의 진동방정식 유도하기 ⇨

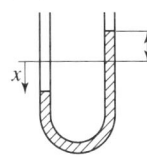

여기서, L : 유체 전체길이
ρ : 유체밀도
A : U자관의 면적(유체의 질량)

관성요소 $m\ddot{x} = \rho A L \ddot{x}$
움직인 유체의 무게 $\sum F = -\rho g A 2x$
$\sum F$ 유체운동에 반대 방향으로 힘은 $2x$ 에 해당되는 유체의 무게이다.

$$\sum F = m\ddot{x} \qquad \rho AL\ddot{x} + \rho gA2x = 0$$

$$\ddot{x} + \frac{2g}{L}x = 0$$

U자관 속의 액체의 진동 방정식, 고유 각진동수 $w_n = \sqrt{\dfrac{2g}{L}}$

✔ 예제

밀도 0.8g/cm³인 액체가 채워진 U자 관이 수직으로 놓여 있다. 관의 직경 1cm로 균일하며 액체가 채워져 있는 부분의 길이는 50cm, 중력가속도는 9.81m/s²이다. 이 액체의 진동 주기는 몇 초인가?

해설

U자관 진동 방정식

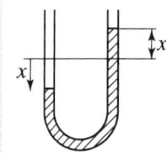

L : 유체 전체길이, ρ : 유체밀도, A : U자관의 직경

유체의 질량 $m = \rho AL$

고유 각진동수 $w_n = \sqrt{\dfrac{2g}{L}} = \sqrt{\dfrac{2 \times 9.81}{0.5}} = 6.264\,[\text{rad/sec}]$

주기 $T = \dfrac{2\pi}{w_n} = \dfrac{2 \times \pi}{6.264} = 1\left[\dfrac{\sec}{\text{cycle}}\right]$

Chapter 10

진동에 의한 힘 전달율

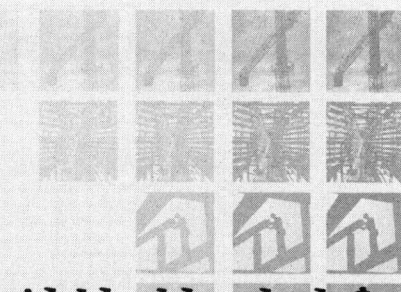

출제 FOCUS

❶ 힘전달율 $TR = \dfrac{\text{최대 전달력}}{\text{기전력의 최대값}} = \dfrac{F_{TR}}{f_o} = \left|\dfrac{1}{\gamma^2 - 1}\right|$

여기서, γ : 진동수비 $\gamma = \dfrac{(\text{외부각속도})\,\omega}{(\text{고유각진동수})\,\omega_n}$

❷ 정상상태진폭 $X = \dfrac{f_o}{\sqrt{(k-m\omega^2)^2 + (c\omega)^2}} = \dfrac{\dfrac{f_o}{k}}{\sqrt{(1-\gamma^2)^2 + (2\varphi\gamma)^2}} = \dfrac{f_o}{k-m\omega^2}$

❸ 공진진폭 $X_n = \dfrac{f_o}{c\omega_n}$

❹ 최대 진폭이 생기는 진동수비 $\gamma_p = \sqrt{1 - 2\varphi^2}$ 여기서, φ : 감쇠비

10-1 외부 기전력 $F(t) = f_0 \sin \omega t$ 이 가해지는 강제진동

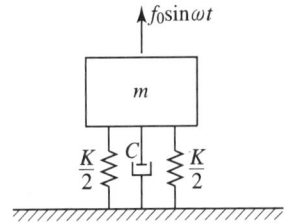

여기서, k : 스프링상수
c : 감쇠계수
w : 외부기진력의 각 속도
f_o : 외부기전력의 진폭

(1) 물질의 정상상태 진폭

$$X = \frac{f_0}{\sqrt{(k-mw^2)^2 + (cw)^2}}$$

(2) 기초에 전달되는 최대 힘

$$F_{TR} = \sqrt{(kx)^2 + (cwX)^2}$$

(3) 감쇠진동일 때의 힘 전달 율

$$TR = \frac{\text{최대전달력}}{\text{기진력의 최대값}} = \frac{F_{TR}}{f_0} = \frac{\sqrt{(kX)^2 + (cwX)^2}}{\sqrt{(k-mw^2)^2 + (cw)^2}} = \frac{\sqrt{1+(2\varphi r)^2}}{\sqrt{(1-r^2)^2 + (2\varphi r)^2}}$$

여기서, γ : 진동수비 $\gamma = \frac{w(\text{외부기진력의 각속도})}{w_n(\text{물체의 고유각 진동수})}$, φ : 감쇠비 $\varphi = \frac{C(\text{감쇠계수})}{C_c(\text{임계감쇠계수})}$

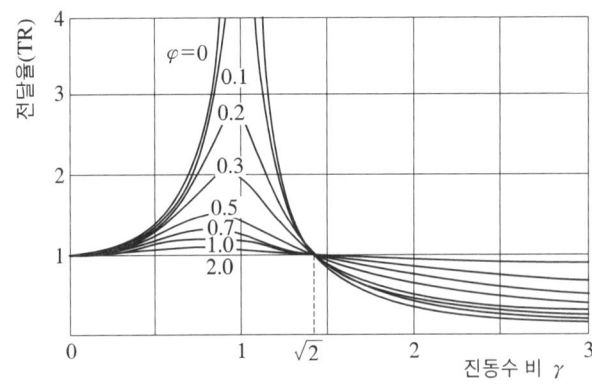

(4) 힘 전달율 TR을 줄이기 위한 방법

① $\gamma > \sqrt{2}$ 인 경우 : φ를 감소시킴
② $\gamma < \sqrt{2}$ 인 경우 : φ를 증가시킴

(5) 비감쇠진도에서의 힘 전달율 = 감쇠를 무시될 때의 힘 전달율

$$TR = \left| \frac{1}{1-r^2} \right|$$

 10-2 진동절연

진동의 전달을 차단하는 것을 말한다. 탄성을 갖는 스프링, 고무, 코르크 등이 사용된다.

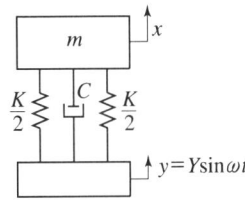

✔예제

질량이 40kg인 냉장고가 각각 K[N/m]의 스프링 상수를 갖는 4개의 스프링에 의해 지지되어 있다. 냉장고 유닛트(unit)가 580rpm으로 작동 시 유닛트의 흔들이는 힘의 10%만큼만 지지대에 전달되게 하려면 스프링 상수를 얼마로 하면 되는가?

해설

힘 전달율 $TR = \dfrac{\text{최대전달력}}{\text{기진력의 최대값}} = \dfrac{F_{TR}}{f_0} = \dfrac{1}{\gamma^2 - 1} = \dfrac{10}{100}$

힘 전달율 $TR = \dfrac{1}{\gamma^2 - 1} = \dfrac{10}{100}$

진동수비 $\gamma = 3.316$, $\gamma = 3.316 = \dfrac{w}{w_n}$

외부 각속도 $w = \dfrac{2\pi N}{60} = \dfrac{2\pi \times 580}{60} = 60.7$ [rad/sec]

고유 각 진동수 $w_n = \dfrac{w}{\gamma} = \dfrac{60.7}{3.316} = 18.305$ [rad/sec], $w_n = \sqrt{\dfrac{K_{eq}}{m}} = \sqrt{\dfrac{4K}{m}}$

$18.305 = \sqrt{\dfrac{4K}{m}} = \sqrt{\dfrac{4K}{40}}$

스프링 하나의 스프링 상수 $K = 3350.7$N/m

단기완성 일반기계기사 필기

Part 8
최근 기출문제

2018년도	2018년 3월 4일 시행	2021년도	2021년 3월 7일 시행
	2018년 4월 28일 시행		2021년 5월 15일 시행
	2018년 9월 15일 시행		2021년 9월 12일 시행
2019년도	2019년 3월 3일 시행	2022년도	2022년 3월 5일 시행
	2019년 4월 27일 시행		2022년 4월 24일 시행
	2019년 9월 21일 시행		2022년 9월 CBT 시행
2020년도	2020년 6월 6일 시행		
	2020년 8월 22일 시행		
	2020년 9월 27일 시행		

일반기계기사

2018년 3월 4일 시행

제1과목 재료역학

001 최대 사용강도(σ_{max})=240MPa, 내경 1.5m, 두께 3mm의 강재 원통형 용기가 견딜 수 있는 최대 압력은 몇 kPa인가? (단, 안전계수는 2이다.)
① 240
② 480
③ 960
④ 1920

해설
(용기두께) $t = \dfrac{PDS}{2\sigma_{max}}$

(압력) $P = \dfrac{2\sigma_{max} t}{DS} = \dfrac{2 \times 240 \times 3}{1500 \times 2} = 0.48\text{MPa} = 480\text{kPa}$

해답 ②

002 그림과 같은 직사각형 단면의 목재 외팔보에 집중하중 P가 C점에 작용하고 있다. 목재의 허용압축응력을 8MPa, 끝단 B점에서의 허용처짐량을 23.9mm라고 할 때 허용압축응력과 허용 처짐량을 모두 고려하여 이 목재에 가할 수 있는 집중하중 P의 최대값은 약 몇 kN인가? (단, 목재의 탄성계수는 12GPa, 단면2차모멘트 $1022 \times 10^{-6}\text{m}^4$, 단면계수는 $4.601 \times 10^{-3}\text{m}^3$이다.)
① 7.8
② 8.5
③ 9.2
④ 10.0

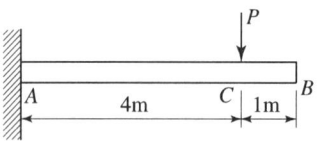

해설 $M = \sigma_b \times Z$
$P \times 4000 = 8 \times 4.601 \times 10^{-3} \times 10^9$
$P = 9202\text{N} = 9.2\text{kN}$
(굽힘응력을 고려한 하중) $P = 9.2\text{kN}$
$E = 12\text{GPa} = 12000\text{MPa}$
$I = 1022 \times 10^{-6}\text{m}^4 = 1022 \times 10^6 \text{mm}^4$
$\bar{x} = \dfrac{11}{3}\text{m} = \dfrac{11000}{3}\text{mm}$

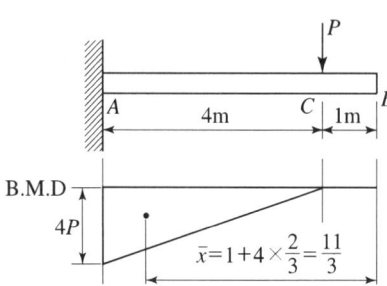

$$\delta = \frac{A_M}{EI}\bar{x}, \quad 23.9 = \frac{\frac{1}{2} \times 4000 \times 4000 \times P}{12000 \times 1022 \times 10^6} \times \frac{11000}{3}$$

(처짐을 고려한 집중하중) $P = 9992.37\text{N} = 9.992\text{kN}$

하중이 작아야 안전하므로 P의 최대값은 9.2kN이다.

해답 ③

003

길이가 $l+2a$인 균일 단면 봉의 양단에 인장력 P가 작용하고, 양 단에서의 거리가 a인 단면에 Q의 축 하중이 가하여 인장될 때 봉에 일어나는 변형량은 약 몇 cm인가? (단, $l=60$cm, $a=30$cm, $P=10$kN, $Q=5$kN, 단면적 $A=4$cm², 탄성계수는 210GPa이다.)

① 0.0107
② 0.0207
③ 0.0307
④ 0.0407

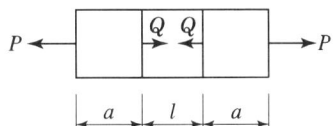

해설 $P = 10000\text{N}$, $a = 300\text{mm}$, $l = 600\text{mm}$, $A = 400\text{mm}^2$
$E = 210000\text{MPa}$, $Q = 5000\text{N}$

(변형량) $\Delta L = \Delta L_P - \Delta L_Q = \dfrac{P(2a+l)}{AE} - \dfrac{Ql}{AE} = 0.107\text{mm} = 0.0107\text{cm}$

해답 ①

004

양단이 힌지로 지지되어 있고 길이가 1m인 기둥이 있다. 단면이 30mm×30mm인 정사각형이라면 임계하중은 약 몇 kN인가? (단, 탄성계수는 210GPa이고, Euler의 공식을 적용한다.)

① 133
② 137
③ 140
④ 146

 단말계수 $n=1$, $E=210000\text{MPa}$, $I=\dfrac{30^4}{12}\text{mm}^4$, $L=1000\text{mm}$

(임계하중) $F_b = \dfrac{n\pi^2 \times E \times I}{L^2} = 139901.64\text{N} = 139.9\text{kN} \fallingdotseq 140\text{kN}$

해답 ③

005

직사각형 단면(폭×높이=12cm×5cm)이고, 길이 1m인 외팔보가 있다. 이 보의 허용굽힘응력이 500MPa이라면 높이와 폭의 치수를 서로 바꾸면 받을 수 있는 하중의 크기는 어떻게 변화하는가?

① 1.2배 증가
② 2.4배 증가
③ 1.2배 감소
④ 변화없다.

해설 $M = PL$

$M = \sigma_b \times \dfrac{bh^2}{6}$, $PL = \sigma_b \times \dfrac{bh^2}{6}$, $P = \sigma_b \times \dfrac{bh^2}{6L}$

$P_1 = \sigma_b \times \dfrac{12 \times 5^2}{6L}$

$P_2 = \sigma_b \times \dfrac{12^2 \times 5}{6L} = \sigma_b \times \dfrac{12 \times 5^2}{6L} \times \dfrac{12}{5} = P_1 \times \dfrac{12}{5} = P_1 \times 2.4$

해답 ②

006 아래 그림과 같은 보에 대한 굽힘 모멘트 선도로 옳은 것은?

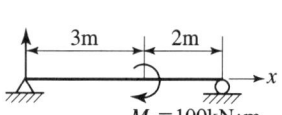

① M_b 0

② M_b 0

③ M_b 0

④ M_b 0

해설

$R_A = \dfrac{M_b}{L} = \dfrac{100 \text{kNm}}{5\text{m}} = 20 \text{kN} \downarrow$

$R_B = \dfrac{M_b}{L} = \dfrac{100 \text{kNm}}{5\text{m}} = 20 \text{kN} \uparrow$

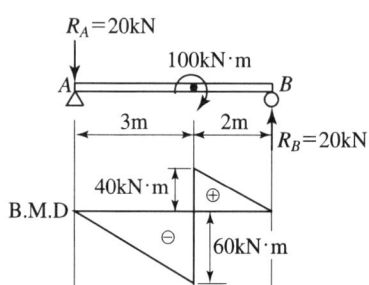

해답 ③

007 코일스프링의 권수를 n, 코일의 지름 D, 소선의 지름 d인 코일스프링의 전체 처짐 δ는? (단, 이 코일에 작용하는 힘은 P, 가로탄성계수는 G이다.)

① $\dfrac{8nPD^3}{Gd^4}$

② $\dfrac{8nPD^2}{Gd}$

③ $\dfrac{8nPD^2}{Gd^2}$

④ $\dfrac{8nPD}{Gd^2}$

해설 (코일스프링의 전체처짐) $\delta = \dfrac{8nPD^3}{Gd^4}$

해답 ①

008 그림과 같은 정삼각형 트러스의 B점에 수직으로, C점에 수평으로 하중이 작용하고 있을 때, 부재 AB에 작용하는 하중은?

① $\dfrac{100}{\sqrt{3}}$N ② $\dfrac{100}{3}$N
③ $100\sqrt{3}$N ④ 50N

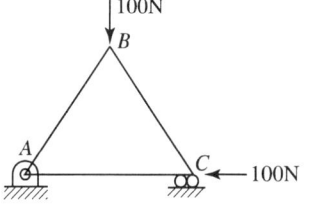

해설
$\dfrac{T_{AB}}{\sin 90} = \dfrac{50}{\sin 120}$

$T_{AB} = \dfrac{50}{\sin 120} \times \sin 90 = \dfrac{100}{\sqrt{3}}$ N

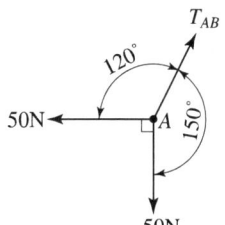

해답 ①

009 $\sigma_x = 700$MPa, $\sigma_y = -300$MPa가 작용하는 평면응력 상태에서 최대 수직응력($\sigma_{\max}$)과 최대 전단응력($\tau_{\max}$)은 각각 몇 MPa인가?

① $\sigma_{\max} = 700$, $\tau_{\max} = 300$
② $\sigma_{\max} = 600$, $\tau_{\max} = 400$
③ $\sigma_{\max} = 500$, $\tau_{\max} = 700$
④ $\sigma_{\max} = 700$, $\tau_{\max} = 500$

해설 (최대수직응력) $\sigma_{\max} = 700$MPa
(최대전단응력) $\tau_{\max} = 50$MPa

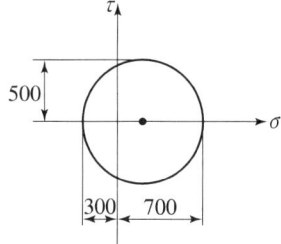

해답 ④

010 그림과 같이 초기온도 20℃, 초기길이 19.95cm, 지름 5cm인 봉을 간격이 20cm인 두 벽면 사이에 넣고 봉의 온도를 220℃로 가열했을 때 봉에 발생되는 응력은 몇 MPa인가? (단, 탄성계수 $E = 210$GPa이고, 균일 단면을 갖는 봉의 선팽창계수 $a = 1.2 \times 10^{-5}$/℃ 이다.)

① 0
② 25.2
③ 257
④ 504

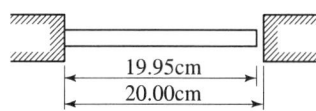

해설 $\Delta L_{Th} = \alpha \times L \times \Delta T = 1.2 \times 10^{-5} \times 19.95 \times 200 = 0.04788 \text{cm}$
떨어진 간격 0.05cm, 그러므로 열영역은 0이다.

해답 ①

011

그림과 같이 T형 단면을 갖는 돌출보의 끝에 집중하중 $P = 4.5\text{kN}$이 작용한다. 단면 $A-A$에서의 최대 전단응력은 약 몇 kPa인가? (단, 보의 단면2차 모멘트는 5313cm^4이고, 밑면에서 도심까지의 거리는 125mm이다.)

① 421
② 521
③ 662
④ 721

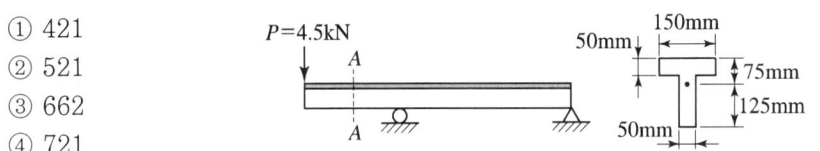

해설 굽힘에 의한 최대 전단응력은 중립축에서 최대가 된다.

$$\tau_{\max} = \frac{F_{A-A} \times Q}{b \times I} = \frac{4500 \times 390625}{50 \times 53130000} = 0.6617\text{MPa} = 661.7\text{kPa}$$

$F_{A-A} = 4500\text{N}, \quad Q = 50 \times 125 \times \dfrac{125}{2} = 390625\text{mm}^3$

$b = 50\text{mm}, \quad I = 53130000\text{mm}^4$

해답 ③

012

다음 금속재료의 거동에 대한 일반적인 설명으로 틀린 것은?

① 재료에 가해지는 응력이 일정하더라도 오랜 시간이 경과하면 변형률이 증가할 수 있다.
② 재료의 거동이 탄성한도로 국한된다고 하더라도 반복하중이 작용하면 재료의 강도가 저하 될 수 있다.
③ 응력-변형률 곡선에서 하중을 가할 때와 제거할 때의 경로가 다르게 되는 현상을 히스테리시스라 한다.
④ 일반적으로 크리프는 고온보다 저온상태에서 더 잘 발생한다.

해설 크리프(creep) : 금속이 고온에서 오랜 시간 외력을 받으면 시간의 경과에 따라 서서히 그 변형이 증가하는 현상

해답 ④

013

다음 그림과 같이 집중하중 P를 받고 있는 고정 지지보가 있다. B점에서의 반력의 크기를 구하면 몇 kN인가?

① 54.2
② 62.4
③ 70.3
④ 79.0

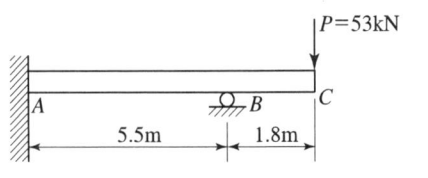

해설

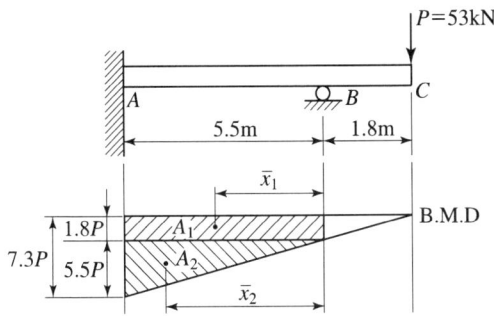

(외팔보의 자유단에 집중하중이 작용될 때 B지점의 처짐량) δ_B

$$\delta_B = \frac{1}{EI}(A_1\overline{x_1} + A_2\overline{x_2}) = \frac{P \times 82.683}{EI} = \frac{53 \times 82.683}{EI} = \frac{4382.216}{EI} \quad \cdots\cdots\cdots\cdots ①식$$

$A_1 = 1.8P \times 5.5, \quad \overline{x_1} = \frac{5.5}{2} \qquad A_2 = \frac{1}{2} \times 5.5P \times 5.5, \quad \overline{x_2} = \frac{2}{3} \times 5.5$

$$\delta_B = \frac{R_B \times 5.5^3}{3EI} \quad \cdots\cdots\cdots\cdots\cdots\cdots\cdots\cdots\cdots\cdots\cdots\cdots\cdots\cdots\cdots\cdots\cdots\cdots ②식$$

① = ②

$\dfrac{4382.216}{EI} = \dfrac{R_B \times 5.5^3}{3EI}$

$R_B = 79\text{kN}$

해답 ④

014

지름 80mm의 원형단면의 중립축에 대한 관성모멘트는 약 몇 mm^4인가?

① 0.5×10^6 ② 1×10^6
③ 2×10^6 ④ 4×10^6

해설 $I = \dfrac{\pi \times d^4}{64} = \dfrac{\pi \times 80^4}{64} = 2010619.298 \text{mm}^4 \fallingdotseq 2 \times 10^6 \text{mm}^4$

해답 ③

015

길이가 이며, 관성 모멘트가 I_p이고, 전단탄성계수 G인 부재에 토크 T가 작용될 때 이 부재에 저장된 변형 에너지는?

① $\dfrac{TL}{GI_p}$ ② $\dfrac{T^2L}{2GI_p}$
③ $\dfrac{T^2L}{GI_p}$ ④ $\dfrac{TL}{2GI_p}$

해설 $U_T = \dfrac{1}{2}T \times \theta = \dfrac{1}{2}T \times \dfrac{TL}{GI_p} = \dfrac{T^2L}{2GI_p}$

해답 ②

016

지름 50mm의 알루미늄 봉에 100kN의 인장 하중이 작용할 대 300mm의 표점거리에서 0.219mm의 신장이 측정되고, 지름은 0.01215mm만큼 감소되었다. 이 재료의 전단탄성계수 G는 약 몇 GPa인가? (단, 알루미늄 재료는 탄성거동 범위 내에 있다.)

① 21.2 ② 26.2
③ 31.2 ④ 36.2

해설

(포와송의 비) $\mu = \dfrac{\epsilon'}{\epsilon} = \dfrac{\frac{\Delta D}{D}}{\frac{\Delta L}{L}} = \dfrac{\frac{0.01215}{50}}{\frac{0.219}{300}} = 0.3328$

(수직탄성계수) $E = \dfrac{\sigma}{\epsilon} = \dfrac{P \times L}{A \times \Delta L} = \dfrac{100 \times 10^3 \times 300}{\frac{\pi}{4} \times 50^2 \times 0.219}$

$= 69766.55 \text{MPa} = 69.766 \text{GPa}$

$1Em = 2G(m+1)$

(전단탄성계수) $G = \dfrac{1Em}{2(m+1)} = \dfrac{1 \times 69.766 \times \frac{1}{0.3328}}{2\left(\frac{1}{0.3328}+1\right)} = 26.172 \text{GPa}$

해답 ②

017

비틀림 모멘트 T를 받고 있는 직경이 d인 원형축의 최대전단응력은?

① $\tau = \dfrac{8T}{\pi d^3}$ ② $\tau = \dfrac{16T}{\pi d^3}$
③ $\tau = \dfrac{32T}{\pi d^3}$ ④ $\tau = \dfrac{64T}{\pi d^3}$

해설

$\tau_{\max} = \dfrac{T}{Z_P} = \dfrac{T}{\frac{\pi \times d^3}{16}} = \dfrac{16 \times T}{\pi \times d^3}$

해답 ②

018

그림과 같은 외팔보가 있다. 보의 굽힘에 대한 허용응력을 80MPa로 하고, 자유단 B로부터 보의 중앙점 C 사이에 등분포하중 ω를 작용시킬 때, w의 허용최대값은 몇 kN/m인가? (단, 외팔보의 폭 x, 높이는 5cm×9cm이다.)

① 12.4
② 13.4
③ 14.4
④ 15.4

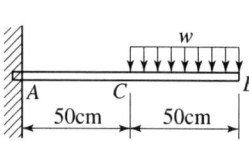
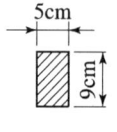

해설 $M_{\max} = w \times 500 \times 750$

$\sigma = \dfrac{M_{\max}}{\dfrac{bh^2}{6}} = \dfrac{w \times 500 \times 750}{\dfrac{bh^2}{6}}$, $80 = \dfrac{w \times 500 \times 750}{\dfrac{50 \times 90^2}{6}}$

$w = 14.4\text{N/mm} = 14.4\text{kN/m}$

해답 ③

019
다음 정사각형 단면(40mm×40mm)을 가진 외팔보가 있다. $a-a$면에서의 수직응력(σ_n)과 전단응력(τ_s)은 각각 몇 kPa인가?

① $\sigma_n = 693$, $\tau_s = 400$
② $\sigma_n = 400$, $\tau_s = 693$
③ $\sigma_n = 375$, $\tau_s = 217$
④ $\sigma_n = 217$, $\tau_s = 375$

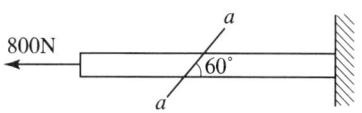

해설 $\sigma_{xx} = \dfrac{800}{40 \times 40} = 0.5\text{MPa}$

$\tau_{aa} = \dfrac{\sigma_{xx}}{2} \times \sin 60 = \dfrac{0.5}{2} \times \sin 60 = 0.216\text{MPa} = 216\text{kPa}$

$\sigma_{aa} = \dfrac{\sigma_{xx}}{2} + \dfrac{\sigma_{xx}}{2} \times \cos 60 = 0.375\text{MPa} = 375\text{kPa}$

해답 ③

020
다음 보의 자유단 A 지점에서 발생하는 처짐은 얼마인가? (단, EI는 굽힘강성이다.)

① $\dfrac{5PL^3}{6EI}$
② $\dfrac{7PL^3}{12EI}$
③ $\dfrac{11PL^3}{24EI}$
④ $\dfrac{17PL^3}{48EI}$

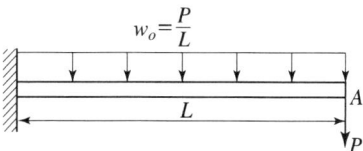

해설 $\delta_A = \dfrac{PL^3}{3EI} + \dfrac{wL^4}{8EI} = \dfrac{PL^3}{3EI} + \dfrac{\dfrac{P}{L}L^4}{8EI} = \dfrac{11PL^3}{24EI}$

해답 ③

제2과목 기계열역학

021 이상적인 오토 사이클에서 단열압축되기 전 공기가 101.3kPa, 21℃이며, 압축비 7로 운전할 때 이 사이클의 효율은 약 몇 %인가? (단, 공기의 비열비는 1.4이다.)

① 62% ② 54%
③ 46% ④ 42%

해설 $\eta_o = 1 - \left(\dfrac{1}{\epsilon}\right)^{k-1} = 1 - \left(\dfrac{1}{7}\right)^{1.4-1} = 0.5408 = 54.08\%$

해답 ②

022 다음 중 강성적(강도성, intensive) 상태량이 아닌 것은?

① 압력 ② 온도
③ 엔탈피 ④ 비체적

해설
- **강도성상태량** : 나누어도 계의 상태가 변화없는 상태량(온도, 압력, 밀도)
- **종량성상태량** : 나누면 계의 상태가 변화 되는 상태량(체적, 질량, 부피, 엔탈피, 엔트로피)

해답 ③

023 이상기체 공기가 안지름 0.1m인 관을 통하여 0.2m/s로 흐르고 있다. 공기의 온도는 20℃, 압력은 100kPa, 기체상수는 0.287kJ/(kg K)라면 질량유량은 약 몇 kg/s인가?

① 0.0019 ② 0.0099
③ 0.0119 ④ 0.0199

해설 (질량유량) $\dot{m} = \rho A V = 1.189 \times \dfrac{\pi}{4} \times 0.1^2 \times 0.2 = 1.867 \times 10^{-3} \fallingdotseq 0.0019\,\text{kg/s}$

(밀도) $\rho = \dfrac{P}{RT} = \dfrac{100 \times 10^3}{287 \times (20+273)} = 1.189\,\text{kg/m}^3$

해답 ①

024 이상기체가 정압과정으로 dT만큼 온도가 변하였을 때 1kg당 변화된 열량 Q는? (단, C_v는 정적비열, C_p는 정압비열, k는 비열비를 나타낸다.)

① $Q = C_v dT$ ② $Q = k^2 C_v dT$
③ $Q = C_p dT$ ④ $Q = k C_p dT$

해설 (정압과정의 열량의 변화) $\delta Q = m C_p dT$, $\delta q = C_p dT$

해답 ③

025
열역학적 변화와 관련하여 다음 설명 중 옳지 않은 것은?

① 단위 질량당 물질의 온도를 1℃ 올리는데 필요한 열량을 비열이라 한다.
② 정압과정으로 시스템에 전달된 열량은 엔트로피 변화량과 같다.
③ 내부 에너지는 시스템의 질량에 비례하므로 종량적(extensive) 상태량이다.
④ 어떤 고체가 액체로 변화할 때 융해(Melting)라고 하고, 어떤 고체가 기체로 바로 변화할 때 승화(Sublimation)라고 한다.

해설 (정압과정의 열량의 변화) $\delta Q = m C_p dT$, $\delta q = C_p dT$
정압과정의 열량의 변화=엔탈피의 변화와 같다.
$\delta q = dh - v dp$, 정압과정은 $dp = 0$, $\delta q = dh$

해답 ②

026
저온실로부터 46.4kW의 열을 흡수할 때 10kW의 동력을 필요로 하는 냉동기가 있다면, 이 냉동기의 성능계수는?

① 4.64
② 5.65
③ 7.49
④ 8.82

해설 $\epsilon_R = \dfrac{Q_L}{W_{net}} = \dfrac{46.4}{10} = 4.64$

해답 ①

027
엔트로피(s) 변화 등과 같은 직접 측정할 수 없는 양들을 압력(P), 비체적(v), 온도(T)와 같은 측정 가능한 상태량으로 나타내는 Maxwell 관계식과 관련하여 다음 중 틀린 것은?

① $\left(\dfrac{\partial T}{\partial P}\right)_S = \left(\dfrac{\partial v}{\partial s}\right)_P$
② $\left(\dfrac{\partial T}{\partial v}\right)_s = -\left(\dfrac{\partial P}{\partial s}\right)_v$
③ $\left(\dfrac{\partial v}{\partial T}\right)_P = -\left(\dfrac{\partial s}{\partial P}\right)_T$
④ $\left(\dfrac{\partial T}{\partial v}\right)_T = -\left(\dfrac{\partial P}{\partial T}\right)_v$

해설 맥스웰 관계식(Maxwell relations)은 엔트로피변화와 같이 직접 측정할수 없는 양들을 측정가능한 양들 압력(P), 비체적(v), 온도(T)로 나타낸 관계식이다. 4개의 관계식이 있다.

$\left(\dfrac{\partial T}{\partial P}\right)_s = +\left(\dfrac{\partial v}{\partial s}\right)_P$ $\left(\dfrac{\partial T}{\partial v}\right)_s = -\left(\dfrac{\partial P}{\partial s}\right)_v$

$\left(\dfrac{\partial v}{\partial T}\right)_P = -\left(\dfrac{\partial s}{\partial P}\right)_T$ $\left(\dfrac{\partial s}{\partial v}\right)_T = +\left(\dfrac{\partial P}{\partial T}\right)_v$

해답 ④

028 다음 4가지 경우에서 ( ) 안의 물질이 보유한 엔트로피가 증가한 경우는?

ⓐ 컵에 있는 (물)이 증발하였다.
ⓑ 목욕탕의 (수증기)가 차가운 타일 벽에서 물로 응결되었다.
ⓒ 실린더 안의 (공기)가 가역 단열적으로 팽창되었다.
ⓓ 뜨거운 (커피)가 식어서 주위온도와 같게 되었다.

① ⓐ ② ⓑ
③ ⓒ ④ ⓓ

해설 엔트로피가 증가하는 경우는 열을 흡수하는 과정이다.
ⓐ 컵에 있는 (물)이 증발하기 위해서는 열을 흡수 하여야 된다.
ⓑ 목욕탕의 (수증기)가 차가운 타일벽에서 물로 응결 되는 것은 열을 잃은 과정이다.
ⓒ 실린더 안의 (공기)가 가역 단열적을 팽창되면 온도가 내려가는 과정임으로 열을 잃는 과정이다.
ⓓ 뜨거운 (커피)가 식어서 주위온도와 같게 되는 것은 열을 잃은 과정이다.

해답 ①

029 공기압축기에서 입구 공기의 온도와 압력은 각각 27℃, 100kPa이고, 체적유량은 0.01m³/s이다. 출구에서 압력이 400kPa이고, 이 압축기의 등엔트로피 효율이 0.8일 때, 압축기의 소요 동력은 약 몇 kW인가? (단, 공기의 정압비열과 기체상수는 각각 1kJ/(kg·K), 0.287kJ/(kg·K)이고, 비열비는 1.4이다.)

① 0.9 ② 1.7
③ 2.1 ④ 3.8

해설

(단열압축동력) $H_{ad} = \frac{k}{k-1} P_1 \dot{V}_1 \left[\left(\frac{P_2}{P_1} \right)^{\frac{k-1}{k}} - 1 \right]$

$= \frac{1.4}{1.4-1} \times 100 \times 0.01 \times \left[\left(\frac{400}{100} \right)^{\frac{1.4-1}{1.4}} - 1 \right] = 1.7 \text{kW}$

(압축기의 등엔트로피 효율) $\eta_c = \frac{(단열압축동력) H_{ad}}{압축기의 소요동력(=정미압축동력) H_c}$

$0.8 = \frac{1.7}{H_c}$

(압축기의 소요동력=정미압축동력) $H_c = \frac{1.7}{0.8} = 2.125 \text{kW}$

해답 ③

030 초기 압력 100kPa, 초기 체적 0.1m³인 기체를 버너로 가열하여 기체 체적이 정압 과정으로 0.5m³이 되었다면 이 과정 동안 시스템이 외부에 한 일은 몇 kJ인가?

① 10 ② 20
③ 30 ④ 40

해설 (정압과정에서 한일) $_1W_2 = P(V_2 - V_1) = 100 \times (0.5 - 0.1) = 40\text{kJ}$　　해답 ④

031
증기터빈 발전소에서 터빈 입구의 증기 엔탈피는 출구의 엔탈피보다 136kJ/kg 높고, 터빈에서의 열손실은 10kJ/kg이다. 증기속도는 터빈 입구에서 10m/s이고, 출구에서 110m/s일 때 이 터빈에서 발생시킬 수 있는 일은 약 몇 kJ/kg인가?

① 10　　② 90
③ 120　　④ 140

해설
$_1q_2 = w_t + \dfrac{V_2^2 - V_1^2}{2} + (h_2 - h_1)$, $-10 = w_t + 6 + (-136)$

(터빈에서 발생시킬 수 있는 일) $w_t = 120\text{kJ/kg}$

$_1q_2 = -10\text{kJ/kg}$

$\dfrac{V_2^2 - V_1^2}{2} = \dfrac{110^2 - 10^2}{2} = 6000\text{m}^2/\text{s}^2 = 6000\dfrac{\text{kg} \times \text{m}^2}{\text{kg} \times \text{s}^2} = 6000\text{J/kg} = 6\text{kJ/kg}$

$(h_2 - h_1) = -136\text{kJ/kg}$　　해답 ③

032
그림과 같이 온도(T)-엔트로피(S)로 표시된 이상적인 랭킨사이클에서 각 상태의 엔탈피(h)가 다음과 같다면, 이 사이클의 효율은 약 몇 %인가? (단, $h_1 = 30\text{kJ/kg}$, $h_2 = 31\text{kJ/kg}$, $h_3 = 274\text{kJ/kg}$, $h_4 = 668\text{kJ/kg}$, $h_5 = 764\text{kJ/kg}$, $h_6 = 478\text{kJ/kg}$ 이다.)

① 39
② 42
③ 53
④ 58

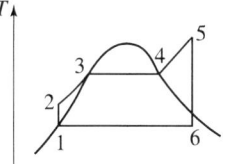

해설 $\eta_R = \dfrac{(h_5 - h_6) - (h_2 - h_1)}{h_5 - h_2} = \dfrac{(764 - 478) - (31 - 30)}{(764 - 31)} = 0.3888 = 38.88\%$　　해답 ①

033
이상적인 복합 사이클(사바테 사이클)에서 압축비는 16, 최고압력비(압력상승비)는 2.3, 체절비는 1.6이고, 공기의 비열비는 1.4일 때 이 사이클의 효율은 약 몇 %인가?

① 55.52　　② 58.41
③ 61.54　　④ 64.88

해설 Sabathe cycle의 효율 η_S

$$\eta_S = 1 - \left(\frac{1}{\epsilon}\right)^{k-1} \frac{\rho\sigma^k - 1}{(\rho-1) + k\rho(\sigma-1)}$$
$$= 1 - \left(\frac{1}{16}\right)^{1.4-1} \frac{2.3 \times 1.6^{1.4} - 1}{(2.3-1) + 1.4 \times 2.3 \times (1.6-1)} = 0.6488 = 64.88\%$$

해답 ④

034 단위질량의 이상기체가 정적과정 하에서 온도가 T_1에서 T_2로 변하였고, 압력도 P_1에서 P_2로 변하였다면, 엔트로피 변화량 ΔS는? (단, C_v와 C_p는 각각 정적비열과 정압비열이다.)

① $\Delta S = C_v \ln \dfrac{P_1}{P_2}$
② $\Delta S = C_p \ln \dfrac{P_2}{P_1}$
③ $\Delta S = C_v \ln \dfrac{T_2}{T_1}$
④ $\Delta S = C_p \ln \dfrac{T_1}{T_2}$

해설 각 과정별 엔트로피 변화량

$$\Delta S = S_2 - S_1 = C_v \ln \frac{T_2}{T_1} + R \ln \frac{v_2}{v_1} = C_p \ln \frac{T_2}{T_1} - R \ln \frac{P_2}{P_1} = C_p \ln \frac{v_2}{v_1} + C_v \ln \frac{P_2}{P_1}$$

(정적과정의 엔트로피 변화) $\Delta S_v = C_v \ln \dfrac{T_2}{T_1} = C_v \ln \dfrac{P_2}{P_1}$

해답 ③

035 온도가 각기 다른 액체 A(50℃), B(25℃), C(10℃)가 있다. A와 B를 동일질량으로 혼합하면 40℃로 되고, A와 C를 동일질량으로 혼합하면 30℃로 된다. B와 C를 동일질량으로 혼합할 때는 몇 ℃로 되겠는가?

① 16℃
② 18.4℃
③ 20℃
④ 22.5℃

해설 A와 B의 혼합 $\quad C_A \times (50 - 40) = C_B \times (40 - 25)$
$\qquad\qquad\qquad\qquad C_A = 1.5 C_B$
$\quad A$와 C의 혼합 $\quad C_A \times (50 - 30) = C_C \times (30 - 20)$
$\qquad\qquad\qquad\qquad C_A = C_C$
$\qquad\qquad\qquad\qquad C_A = C_C = 1.5 C_B$
$\quad B$와 C의 혼합 $\quad C_B \times (25 - T_m) = C_C \times (T_m - 10)$
$\qquad\qquad\qquad\qquad C_B \times (25 - T_m) = 1.5 C_B \times (T_m - 10)$
$\qquad\qquad\qquad\qquad T_m = 16℃$

해답 ①

036
어떤 기체가 5kJ의 열을 받고 0.18kN·m의 일을 외부로 하였다. 이때의 내부에너지의 변화량은?

① 3.24kJ
② 4.82kJ
③ 5.18kJ
④ 6.14kJ

해설 $\Delta Q = \Delta U +_1 W_2$

(내부에너지의 변화) $\Delta U = \Delta Q -_1 W_2 = 5 - 0.18 = 4.82 \text{kJ}$

해답 ②

037
대기압이 100kPa일 때, 계기 압력이 5.23MPa인 증기의 절대 압력은 약 몇 MPa인가?

① 3.02
② 4.12
③ 5.33
④ 6.43

해설 (절대압력) $P_{abs} = P_o + P_g = 0.1\text{MPa} + 5.23\text{MPa} = 5.33\text{MPa}$

해답 ③

038
압력 2MPa, 온도 300℃의 수증기가 20m/s 속도로 증기터빈으로 들어간다. 터빈 출구에서 수증기 압력이 100kPa, 속도는 100m/s이다. 가역단열과정으로 가정 시, 터빈을 통과하는 수증기 1kg 당 출력일은 약 몇 kJ/kg인가? (단, 수증기표로부터 2MPa, 300℃에서 비엔탈피는 3023.5kJ/kg, 비엔트로피는 6.7663kJ/(kg·K)이고, 출구에서의 비엔탈피 및 비엔트로피는 아래 표와 같다.)

출구	포화액	포화증기
비엔트로피[kJ/(kg·K)]	1.3025	7.3593
비엔탈피[kJ/kg]	417.44	2675.46

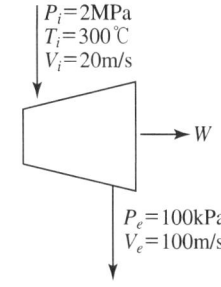

① 1534
② 564.3
③ 153.4
④ 764.5

해설 (터빈일) $w_T = h_{과열} - h_x = 3023.5 - 2449.658 = 573.842 \text{kJ/kg}$

(습공기의 엔탈피) $h_x = h' + x(h'' - h') = 417.44 + 0.9 \times (2675.46 - 417.44)$
$$= 2449.658 \text{kJ/kg}$$
$$s_{과열} = s_x = 6.7663 \text{kJ/kg}$$
$$s_x = s' + x(s'' - s')$$

(건도) $x = \dfrac{s_x - s'}{s'' - s'} = \dfrac{6.7663 - 1.3025}{7.3593 - 1.3025} = 0.9$

해답 ②

과년도출제문제

039 520K의 고온 열원으로 18.4kJ 열량을 받고 273K의 저온 열원에 13kJ의 열량 방출하는 열기관에 대하여 옳은 설명은?

① Calusius 적분값은 -0.0122kJ/K이고, 가역과정이다.
② Calusius 적분값은 -0.0122kJ/K이고, 비가역과정이다.
③ Calusius 적분값은 +0.0122kJ/K이고, 가역과정이다.
④ Calusius 적분값은 +0.0122kJ/K이고, 비가역과정이다.

해설
$\sum \dfrac{Q}{T} = \dfrac{Q_H}{T_H} + \dfrac{Q_L}{T_L} = \dfrac{18.4}{520} + \dfrac{-13}{273} = -0.012\text{kJ/K}$

$\sum \dfrac{Q}{T} < 0$ 그러므로 비가역과정이다.

해답 ②

040 랭킨 사이클에서 25℃, 0.01MPa 압력의 물 1kg을 5MPa 압력의 보일러로 공급한다. 이때 펌프가 가역단열과정으로 작용한다고 가정할 경우 펌프가 한 일은 약 몇 kJ인가? (단, 물의 비체적은 0.001m³/kg이다.)

① 2.58 ② 4.99
③ 20.10 ④ 40.20

해설 (단위질량당 펌프일) $w_P = v(P_2 - P_1) = 0.001 \times (5 - 0.01) \times 10^3 = 4.99\text{kJ/kg}$
(펌프일) $W_P = w_P \times m = 4.99 \times 1 = 4.99\text{kJ}$

해답 ②

제3과목 기계유체역학

041 지름 0.1mm, 비중 2.3인 작은 모래알이 호수바닥으로 가라앉을 때, 잔잔한 물 속에서 가라앉는 속도는 약 몇 mm/s인가? (단, 물의 점성계수는 $1.12 \times 10^{-3}\text{N s/m}^2$이다.)

① 6.32 ② 4.96
③ 3.17 ④ 2.24

해설 (낙구식 점도계에서 측정한 항력) $D = 6R\mu V\pi$
$= 6 \times \dfrac{0.1 \times 10^{-3}}{2} \times 1.12 \times 10^{-3} \times V \times \pi$
$= 1.0555 \times 10^{-6} \times V$

여기서, R : 반지름, μ : 점성계수, V : 속도, π : 원주율

(부력) $F_B = \gamma_w \times \dfrac{4\pi}{3} R^3 = 9800 \times \dfrac{4\pi}{3} \left(\dfrac{0.1 \times 10^{-3}}{2}\right)^3 = 5.131 \times 10^{-9} \text{N}$

(모래의 무게) $W_{모래} = S_{모래} \times \gamma_w \times \dfrac{4\pi}{3} R^3 = 2.3 \times 9800 \times \dfrac{4\pi}{3} \left(\dfrac{0.1 \times 10^{-3}}{2}\right)^3$
$\qquad\qquad\qquad = 1.18 \times 10^{-8} \text{N}$

$W_{모래} = D + F_B$
$1.18 \times 10^{-8} = (1.0555 \times 10^{-6} \times V) + (5.131 \times 10^{-9})$
(속도) $V = 6.318 \times 10^{-3} \text{m/s} = 6.318 \text{mm/s}$

해답 ①

042

반지름 R인 파이프 내에 점도 μ인 유체가 완전발달 층류유동으로 흐르고 있다. 길이 L을 흐르는데 압력 손실이 Δp만큼 발생했을 때, 파이프 벽면에서의 평균전단응력은 얼마인가?

① $\mu \dfrac{R}{4} \dfrac{\Delta p}{L}$ ② $\mu \dfrac{R}{2} \dfrac{\Delta p}{L}$

③ $\dfrac{R}{4} \dfrac{\Delta p}{L}$ ④ $\dfrac{R}{2} \dfrac{\Delta p}{L}$

해설 **수평원관에서의 층류 유동**

① (유량) $Q = \dfrac{\pi D^4 \Delta P}{128 \mu L}$ → Hagen-Poiseuille Equation
  여기서, D: 내경, ΔP: 압력차, μ: 점성계수, L: 관의 길이

② (최대전단응력) $\tau = \dfrac{\Delta P D}{4L} = \dfrac{\Delta P R}{2L}$ → 관벽에서 최대 전단응력 발생

③ (최대유속) $u_{\max} = \dfrac{\Delta P D^2}{16 \mu L}$ → 관 중심에서 최대 유속 발생

④ (평균유속) $V_{av} = \dfrac{u_{\max}}{2}$

해답 ④

043

어느 물리법칙이 $F(a, V, v, L) = 0$과 같은 식으로 주어졌다. 이 식을 무차원수의 함수로 표시하고자 할 때 이에 관계되는 무차원수는 몇 개인가? (단, a, V, v, L은 각각 가속도, 속도, 동점성계수, 길이이다.)

① 4 ② 3
③ 2 ④ 1

해설 (독립수차원이 개수) $\pi = n - m = 4 - 2 = 2$개
  여기서, n: a, V, ν, L 물리량의 개수 $n = 4$개
  m: L, T만 사용 $m = 2$개

해답 ③

044
평균 반지름이 R인 얇은 막 형태의 작은 비누방울의 내부 압력을 P_i, 외부 압력을 P_o라고 할 경우, 표면 장력(σ)에 의한 압력차 ($P_i - P_o$)는?

① $\dfrac{\sigma}{4R}$
② $\dfrac{\sigma}{R}$
③ $\dfrac{4\sigma}{R}$
④ $\dfrac{2\sigma}{R}$

해설 표면장력

$\sigma = \dfrac{\Delta PD}{4}$ 여기서, D : 내경, ΔP : 압력차(두께를 무시할 수 있을 때)

$\sigma = \dfrac{\Delta PD}{8}$ 여기서, D : 내경, ΔP : 압력차(두께를 무시할 수 없을 때)

$\sigma = \dfrac{\Delta PD}{8} = \dfrac{\Delta P \times 2R}{8} = \dfrac{\Delta PR}{4}$

(압력차) $\Delta P = \dfrac{4\sigma}{R}$

해답 ③

045
1/20로 축소한 모형 수력 발전 댐과, 역학적으로 상사한 실제 수력 발전 댐이 생성할 수 있는 동력의 비(모형 : 실제)는 약 얼마인가?

① 1 : 1800
② 1 : 8000
③ 1 : 35800
④ 1 : 160000

해설 $\dfrac{V_p^2}{L_p g} = \dfrac{V_m^2}{L_p g}$, $\dfrac{V_p^2}{20g} = \dfrac{V_m^2}{1g}$

(모형의 속도) $V_m = \dfrac{V_p}{\sqrt{20}}$

(동력) $P = \gamma Q = \gamma A V H \approx \gamma L^2 V L = \gamma L^3 V$

모형과 실형의 유체는 동일, 즉 (비중량) $\gamma = \dfrac{P}{L^3 V}$

$\dfrac{P_p}{L_p^3 V_p} = \dfrac{P_m}{L_m^3 V_m}$, $\dfrac{P_p}{20^3 V_p} = \dfrac{P_m}{1^3 \times \dfrac{V_p}{\sqrt{20}}}$

$\dfrac{P_m}{P_p} = \dfrac{1^3 \times \dfrac{V_p}{\sqrt{20}}}{20^3 V_p} = \dfrac{1}{35777.08} \doteqdot \dfrac{1}{35800}$

해답 ③

046

비압축성 유체의 2차원 유동 속도성분이 $u = x^2 t$, $v = x^2 - 2xyt$ 이다. 시간(t)이 2일 때, $(x, y) = (2, -1)$에서 x방향 가속도(a_x)는 약 얼마인가? (단, u, v는 각각 x, y방향 속도성분이고, 단위는 모두 표준단위이다.)

① 32
② 34
③ 64
④ 68

해설

(x방향의 가속도) $a_x = u\dfrac{\partial u}{\partial x} + \dfrac{\partial u}{\partial t} = (x^2 t)\dfrac{\partial(x^2 t)}{\partial x} + \dfrac{\partial(x^2 t)}{\partial t}$

$= (x^2 t) \times 2xt + x^2$

$= (2^2 \times 2) \times 2 \times 2 \times 2 + 2^2 = 68$

(y방향의 가속도) $a_y = v\dfrac{\partial v}{\partial x} + \dfrac{\partial v}{\partial t} = (x^2 - 2xyt)\dfrac{\partial(x^2 - 2xyt)}{\partial x} + \dfrac{\partial(x^2 - 2xyt)}{\partial t}$

$= (x^2 - 2xyt) \times (2x - 2yt) + (-2xy)$

해답 ④

047

다음과 같이 유체의 정의를 설명할 때 괄호속에 가장 알맞은 용어는 무엇인가?

유체란 아무리 작은 (　　)에도 저항할 수 없어 연속적으로 변형하는 물질이다.

① 수직응력
② 중력
③ 압력
④ 전단응력

해설 유체는 아무리 작은 (전단응력)에도 저항할 수 없어 연속적으로 변형하는 물질

해답 ④

048

안지름 100mm인 파이프 안에 2.3m³/min의 유량으로 물이 흐르고 있다. 관 길이가 15m라고 할 때 이 사이에서 나타나는 손실수두는 약 몇 m인가? (단, 관마찰계수는 0.01로 한다.)

① 0.92
② 1.82
③ 2.13
④ 1.22

해설

(원형관의 손실수두) $H_L = f \times \dfrac{L}{D} \times \dfrac{V^2}{2g} = 0.01 \times \dfrac{15}{0.1} \times \dfrac{4.88^2}{2 \times 9.8} = 1.822\text{m}$

(속도) $V = \dfrac{Q}{\dfrac{\pi}{4}D^2} = \dfrac{\dfrac{2.3}{60}}{\dfrac{\pi}{4} \times 0.1^2} = 4.88\text{m/s}$

해답 ②

049

지름 20cm, 속도 1m/s인 물 제트가 그림과 같이 넓은 평판에 60° 경사하여 충돌한다. 분류가 평판에 작용하는 수직방향 힘 F_N은 약 몇 N인가? (단, 중력에 대한 영향은 고려하지 않는다.)

① 27.2
② 31.4
③ 2.72
④ 3.14

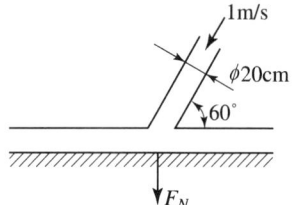

해설 $F_N = \rho Q V \sin\theta = \rho A V^2 \sin\theta = 1000 \times \dfrac{\pi}{4} \times 0.2^2 \times 1^2 \times \sin 60 = 27.2\text{N}$

해답 ①

050

경계층(boundary layer)에 관한 설명 중 틀린 것은?
① 경계층 바깥의 흐름은 포텐셜 흐름에 가깝다.
② 균일 속도가 크고, 유체의 점성이 클수록 경계층의 두께는 얇아진다.
③ 경계층 내에서는 점성의 영향이 크다.
④ 경계층은 평판 선단으로부터 하류로 갈수록 두꺼워진다.

해설 (층류경계층 두께) $\delta = \dfrac{5x}{\sqrt{Re_x}} = \dfrac{5x\sqrt{\mu}}{\sqrt{\rho V x}}$

경계층 두께는 균일속도(V)가 크수록 얇아지고, 점성(μ)이 클수록 두꺼워진다.

해답 ②

051

안지름이 20cm, 높이가 60cm인 수직 원통형 용기에 밀도 850kg/m³인 액체가 밑면으로부터 50cm 높이만큼 채워져 있다. 원통형 용기와 용기와 액체가 일정한 각속도로 회전할 때, 액체가 넘치기 시작하는 각속도는 약 몇 rpm인가?

① 134
② 189
③ 276
④ 392

해설
$\Delta H = \dfrac{V_o^2}{2g}$

$V_o = \sqrt{2g\,\Delta H} = \sqrt{2 \times 9.8 \times 0.2} = 1.9798\text{m/s}$

$V_o = \dfrac{\pi D N}{60}$

(분당회전수) $N = \dfrac{V_o \times 60}{\pi D} = \dfrac{1.9798 \times 60}{\pi \times 0.2}$
$= 189\text{rpm}$

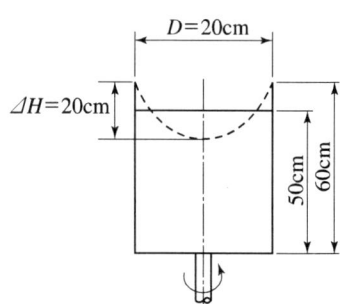

해답 ②

052

유체 계측과 관련하여 크게 유체의 국소속도를 측정하는 것과 체적유량을 측정하는 것으로 구분할 때 다음 중 유체의 국소속도를 측정하는 계측기는?

① 벤투리미터
② 얇은 판 오리피스
③ 열선 속도계
④ 로터미터

해설 속도를 측정하는 계측기기
① 피트우트관(piot tube)
② 피트우트 정압관
③ 열선속도계 : 난류유동과 같이 매우 빠르게 변화는 유체의 속도를 측정

해답 ③

053

유체(비중량 $10N/m^3$)가 중량유량 6.28N/s로 지름 40cm인 관을 흐르고 있다. 이 관 내부의 평균 유속은 약 몇 m/s인가?

① 50.0
② 5.0
③ 0.2
④ 0.8

해설 (중량유량) $\dot{W} = \gamma A V$

(평균유속) $V = \dfrac{\dot{W}}{\gamma A} = \dfrac{6.28}{10 \times \dfrac{\pi}{4} \times 0.4^2} = 4.99 \text{m/s}$

해답 ②

054

수평면과 60° 기울어진 벽에 지름이 4m인 원형창이 있다. 창의 중심으로부터 5m 높이에 물이 차있을 때 창에 작용하는 합력의 작용점과 원형창의 중심(도심)과의 거리(C)는 약 몇 m인가? (단, 원의 2차 면적 모멘트는 $(\pi R^4)/4$이고, 여기서 R은 원의 반지름이다.)

① 0.0866
② 0.173
③ 0.866
④ 1.73

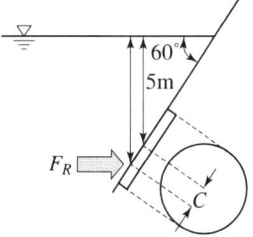

해설 (빗면에서 도심까지 거리) $\bar{y} = \dfrac{5}{\sin 60} = 5.77\text{m}$

$$C = \dfrac{I_G}{\bar{y}A} = \dfrac{\dfrac{\pi \times 2^4}{4}}{5.77 \times \pi \times 2^2} = 0.1733\text{m}$$

해답 ②

055

(x, y)좌표계의 비회전 2차원 유동장에서 속도 포텐셜(potential)는 $\phi = 2x^2y$로 주어졌다. 이때 점(3, 2)인 곳에서 속도 벡터는?
(단, 속도포텐셜 ϕ는 $\phi \equiv \nabla\phi = grad\phi$로 정의된다.)

① $24\vec{i} + 18\vec{j}$ ② $-24\vec{i} + 18\vec{j}$
③ $12\vec{i} + 9\vec{j}$ ④ $-12\vec{i} + 9\vec{j}$

해설 (속도벡터) $\vec{V} = \nabla\Phi = \frac{\partial\Phi}{\partial x}\vec{i} + \frac{\partial\Phi}{\partial y}\vec{j} = \frac{\partial(2x^2y)}{\partial x}\vec{i} + \frac{\partial(2x^2y)}{\partial y}\vec{j}$
$= 4xy\vec{i} + 2x^2\vec{j} = (4\times3\times2)\vec{i} + (2\times3^2)\vec{j}$
$= 24\vec{i} + 18\vec{j}$

해답 ①

056

연직하방으로 내려가는 물제트에서 높이 10m인 곳에서 속도는 20m/s였다. 높이 5m인 곳에서의 물의 속도는 약 몇 m/s 인가?

① 29.45
② 26.34
③ 23.88
④ 22.32

해설 $2gs = V_2^2 - V_1^2$, $2\times9.8\times5 = V_2^2 - 20^2$
(나중 속도) $V_2 = 22.315\text{m/s} \fallingdotseq 22.32\text{m/s}$
$s = 10\text{m} - 5\text{m} = 5\text{m}$

해답 ④

057

그림에서 압력차$(P_x - P_y)$는 약 몇 kPa인가?

① 25.67
② 2.57
③ 51.34
④ 5.13

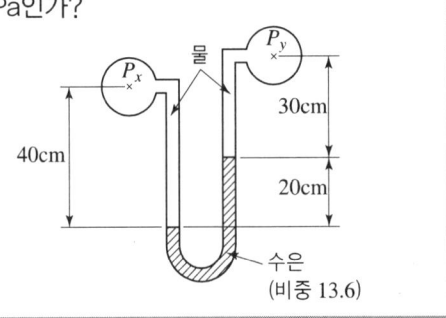

해설 $P_x + (\gamma_w \times 0.4) = P_y + (\gamma_w \times 0.3) + (13.6 \times \gamma_w \times 0.2)$
$P_x - P_y = \gamma_w(0.3 + (13.6\times0.2) - 0.4)$
$= 9800 \times (0.3 + (13.6\times0.2) - 0.4) = 25676\text{Pa} = 25.676\text{kPa}$

해답 ①

058

공기로 채워진 0.189m의 오일 드럼통을 사용하여 잠수부가 해저 바닥으로부터 오래된 배의 닻을 끌어올리려 한다. 바닷물 속에서 닻을 들어올리는데 필요한 힘은 1780N이고, 공기 중에서 드럼통을 들어 올리는데 필요한 힘은 222N이다. 공기로 채워진 0.189m³의 드럼통을 닻에 연결한 후 잠수부가 이 닻을 끌어올리는 데 필요한 최소 힘은 약 몇 N인가? (단, 바닷물의 비중은 1.025이다.)

① 72.8   ② 83.4
③ 92.5   ④ 103.5

해설 (드럼통의 부력) $F_B = S \times \gamma_w \times V = 1.025 \times 9800 \times 0.189 = 1898.505\text{N}$

(드럼통의 무게) $W_{드럼} = 222\text{N}$

(잠수부가 닻을 올리는 최소 힘) $F + F_B = W_{드럼} + 1780$

$F + 1898.505 = 222 + 1780$

$F = 103.495\text{N}$

해답 ④

059

수력기울기선(Hydraulic Grade Line; HGL)이 관보다 아래에 있는 곳에서의 압력은?

① 완전 진공이다.   ② 대기압보다 낮다.
③ 대기압과 같다.   ④ 대기압보다 높다.

해설 **수력구배선** = 위치수두 + 압력수두

즉 같은 위치에서는 위치수두가 같다. 그러므로 수력구배선보다 아래 있는 곳은 대기압보다 낮은 압력이다.

해답 ②

060

원관 내부의 흐름이 층류 정상 유동일 때 유체의 전단응력 분포에 대한 설명으로 알맞은 것은?

① 중심축에서 0이고, 반지름 방향 거리에 따라 선형적으로 증가한다.
② 관 벽에서 0이고, 중심축까지 선형적으로 증가한다.
③ 단면에서 중심축을 기준으로 포물선 분포를 가진다.
④ 단면적 전체에서 일정하다.

해설 **정상류의 흐름**($V_2 = V_1 = V$)

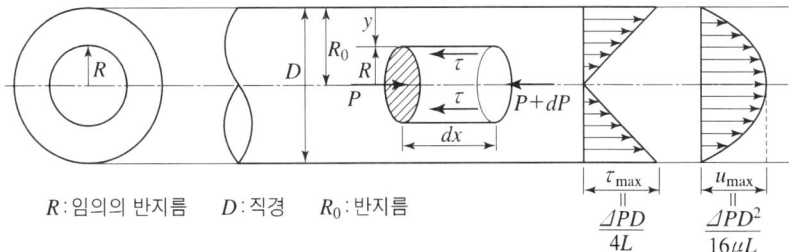

R: 임의의 반지름 D: 직경 R_0: 반지름

해답 ①

제4과목 기계재료 및 유압기기

061 플라스틱 재료의 일반적인 특징을 설명한 것 중 틀린 것은?

① 완충성이 크다.
② 성형성이 우수하다.
③ 자기 윤활성이 풍부하다.
④ 내식성은 낮으나, 내구성이 높다.

해설 플라스틱은 내식성이 아주 우수한 기재 재료이다.

해답 ④

062 주조용 알루미늄 합금의 질별 기호 중 T6가 의미하는 것은?

① 어닐링 한 것
② 제조한 그대로의 것
③ 용체화 처리 후 인공시효 경화 처리한 것
④ 고온 가공에서 냉각 후 자연 시효시킨 것

해설
T1 : 고온가공으로부터 냉각 후 자연 시효 시킨 것
T2 : 고온가공으로부터 냉각 후 냉간 가공을 한 후 자연 시효 시킨 것
T3 : 용체화 처리 후 냉간 가공을 한 후 자연 시효 시킨 것
T4 : 용체화 처리 후 자연 시효 시킨 것
T5 : 고온 가공으로부터 냉각 후 인공 시효 경화 처리 한 것
T6 : 용체화 처리 후 인공 시효 경화 처리 한 것
T7 : 용체화 처리 후 안전화 처리 한 것
T8 : 용체화 처리 후 냉간 가공을 해, 인공시효경화 처리 한 것
T9 : 용체화 처리 후 인공 시효경화 처리를 해, 냉간 가공 한 것
T10 : 고온 가공으로부터 냉각 후 냉간 가공을 해, 인공 시효경화 처리한 것

해답 ③

063 주철에 대한 설명으로 옳은 것은?

① 주철은 액상일 때 유동성이 좋다.
② 주철은 C 와 Si 등이 많을수록 비중이 커진다.
③ 주철은 C 와 Si 등이 많을수록 용융점이 높아진다.
④ 흑연이 많을 경우 그 파단면은 백색을 띠며 백주철이라 한다.

해설
• 주철에서 C가 많아 지면 비중이 작아진다.
• 주철은 C함유량이 4.3%까지는 용융점이 감소하고 4.3%~6.67%에서는 용융점이 증가한다.
• 주철은 흑연이 많을수록 회주철(Gray castig)이 된다.

해답 ①

064 특수강을 제조하는 목적이 아닌 것은?

① 절삭성 개선
② 고온강도 저하
③ 담금질성 향상
④ 내마멸성, 내식성 개선

해설 특수강은 탄소강에 다른 원소를 넣어 기계적 성질을 증가시키기 위한 강이다.
그러므로 특수강에는 ① 절삭성을 개선한 강을 쾌삭강
② 고온강도를 증가시킨 강을 내열강
③ 내마멸성, 내식성을 개선한 강을 내식강(stainless 강)
④ 열처리성(담금질성)을 향상시키기 위한 특수강 등이 있다.

해답 ②

065 확산에 의한 경화 방법이 아닌 것은?

① 고체 침탄법
② 가스 질화법
③ 쇼트 피이닝
④ 침탄 질화법

해설
- 확산에 의한 열처리법은 화학적인 표면 경화법으로 침탄법, 질화법, 침탄·질화법이 있다.
- 쇼트피닝은 금속표면의 압축잔류응력을 발생시켜 피로한도를 증가시키는 방법이다.

해답 ③

066 조미니 시험(Jominy test)은 무엇을 알기 위한 시험 방법인가?

① 부식성
② 마모성
③ 충격인성
④ 담금질성

해설 조미니시험(Jominy test)
강의 담금질성을 판단하기 위한 시험으로 시험편의 지름은 25mm, 길이 100mm이다. 이 시험편에 일정 온도를 가열한 후 시험편의 하단부를 일정한 유량의 냉각수를 분사 시켜 냉각시킨다. 냉각된 시험편의 종단면의 중심선에 따라 경도변화를 측정하는 시험이다.

해답 ④

067 기계태엽, 정밀계측기, 다이얼 게이지 등을 만드는 재료로 가장 적합한 것은?

① 인청동
② 엘린바
③ 미하나이트
④ 애드미럴티

해설 불변강
① 인바 : 줄자, 표준자, 시계의 추 등의 재료에 사용
② 엘린바 : 기계태엽, 정밀 계측기기 부품, 전자기 장치, 각종 정밀 부품 등의 주요 부품재료로 사용된다.

③ 초불변강(Super invar, 초인바) : 인바보다 선팽창계수가 작다
④ 코엘린바 : 공기나 물 속에서 부식되지 않는다. 주로 스프링, 태엽 기상 관측용 기구 등의 부품 재료로 사용된다.

해답 ②

068 금속재료에 외력을 가했을 때 미끄럼이 일어나는 과정에서 생긴 국부적인 격자 배열의 선결함은?

① 전위 ② 공공
③ 적층결함 ④ 결정립 경계

해설 전위(dislocation) : 금속의 결정체 내부는 원자들이 완전하게 결정을 이루고 있는 완전 결정체가 아니라 보통 원자나 원자면이 더 있거나 탈락되어 있는 불완전한 결정체를 형성하고 있는데 이와 같은 불완전한 결정체 부분을 전위(dislocation)라 한다.
전위가 발생되는 대표적인 경우는 금속재료에 외력을 가했을 때 미끄럼(Slip)이 국부적인 격자배열이 선결합 형태로 일어난다.

해답 ①

069 배빗메탈(babbit metal)에 관한 설명으로 옳은 것은?

① Sn-Sb-Cu계 합금으로서 베어링재료로 사용된다.
② Cu-Ni-Si계 합금으로서 도전율이 좋으므로 강력 도전 재료로 이용된다.
③ Zn-Cu-Ti계 합금으로서 강도가 현저히 개선된 경화형 합금이다.
④ Al-Cu-Mg계 합금으로서 상온치효처리 하여 기계적 성질을 개선시킨 합금이다.

해설 베어링합금
① 화이트 메탈(WM) : ㉠ 주석계 화이트 메탈(베빗메탈) : Sn+Sb+Cu
㉡ 납계 화이트 메탈 : Pb+Sn+Sb+Cu
② 구리계 합금(KM) : 켈밋(Cu+Pb)
③ 알루미늄 합금(AM)
④ 카드뮴계 : Alzen305합금
⑤ 함유베어링(oilless Bearing) : 베어링 자체에 기름이 함유되어 있어 기름공급이 어려운부분에 사용되는 베어링

해답 ①

070 Fe-C 평형 상태도에서 나타날 수 있는 반응이 아닌 것은?

① 포정반응 ② 공정반응
③ 공석반응 ④ 편정반응

해설 포정점(0.17%C, 1495℃)
공정점(4.3%C, 1148℃)
공석점(2.11%C, 727℃)

해답 ④

071
부하가 급격히 변화하였을 때 그 자중이나 관성력 때문에 소정의 제어를 못하게 된 경우 배압을 걸어주어 자유낙하를 방지하는 역할을 하는 유압제어 밸브로 체크 밸브가 내장된 것은?

① 카운터밸런스 밸브
② 릴리프 밸브
③ 스로틀 밸브
④ 감압 밸브

해설

형식	명칭	기능
상시 폐형	릴리프밸브(relief valve) 안전밸브(safety valve)	회로내의 압력을 설정치로 유지하는 밸브. 특히 회로의 최고압력을 한정하는 밸브를 안전밸브라고 한다.
	시퀀스밸브 (sequence valve)	둘 이상의 분기회로가 있는 회로내에서 그 작동순서를 회로의 압력 등에 의해 제어하는 밸브. 입구압력 또는 외부파일럿 압력이 소정의 값에 도달하면 입구측으로부터 출구측의 흐름을 허용하는 밸브
	무부하밸브 (unloadin valve)	회로의 압력이 설정치에 달하면 펌프를 무부하로 하는 밸브
	카운터밸런스밸브 (counterbalance valve)	부하의 낙하를 방지하기 위해 배압을 부여하는 밸브. 한 방향의 흐름에는 설정된 배압을 주고 반대방향의 흐름을 자유흐름으로 하는 밸브
상시 개형	감압밸브 (pressure reducing valve)	출구측압력을 입구측압력보다 낮은 설정압력으로 조정하는 밸브

해답 ①

072
다음 중 유압장치의 운동부분에 사용되는 실(seal)의 일반적인 명칭은?

① 심레스(seamless)
② 개스킷(gasket)
③ 패킹(packing)
④ 필터(filter)

해설
- **패킹**(packing) : 운동부분에 사용되는 기밀유지 하는 실(seal) 역할을 한다.
- **개스킷**(gasket) : 고정부분에 사용되는 기밀유지 하는 실(seal) 역할을 한다.

해답 ③

073
미터-아웃(meter-out) 유량 제어 시스템에 대한 설명으로 옳은 것은?

① 실린더로 유입하는 유량을 제어한다.
② 실린더의 출구 관로에 위치하여 실린더로부터 유출되는 유량을 제어한다.
③ 부하가 급격히 감소되더라도 피스톤이 급진되지 않도록 제어한다.
④ 순간적으로 고압을 필요로 할 때 사용한다.

- **미터인 방식** : 실린더 입구측에 유량 제어밸브를 직렬로 부착하여 유량을 제어한다.
- **미터 아웃 방식** : 귀환측(출구측) 관로에 유량제어 밸브를 부착하여 탱크로 들어가는 유량을 제어하는 방법으로 실린더에는 항상 배압이 걸린다.
- **블리더 오프 방식** : 실린더에 유입되는 유량을 병렬로 부착하여제어하는 방법으로 동력소모가 다른 유량제어방식보다 적다.

해답 ②

074 다음 기호에 대한 명칭은?

① 비례전자식 릴리프 밸브
② 릴리프 붙이 시퀀스 밸브
③ 파일럿 작동형 감압 밸브
④ 파일럿 작동형 릴리프 밸브

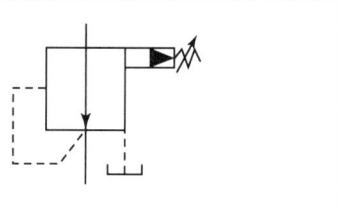

해설

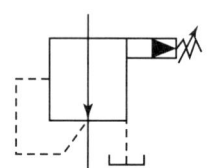   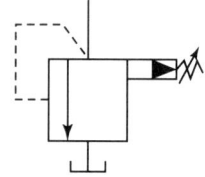

[파일럿 작동형 감압밸브(비례전자식)]   [파일럿 작동형 릴리프 밸브(비례전자식)]

해답 ③

075 다음 중 어큐뮬레이터 용도에 대한 설명으로 틀린 것은?

① 에너지 축적용
② 펌프 맥동 흡수용
③ 충격압력의 완충용
④ 유압유 냉각 및 가열용

해설 축압기의 용도
① 에너지의 축적 하여 에너지의 보조할 수 있다.
② 압력 보상
③ 서어지 압력방지
④ 충격압력 흡수
⑤ 유체의 맥동감쇠(맥동 흡수)
⑥ 사이클 시간 단축
⑦ 2차 유압회로의 구동
⑧ 펌프대용 및 안전장치의 역할
⑨ 액체 수송(펌프 작용)

해답 ④

076 온도 상승에 의하여 윤활유의 점도가 낮아질 때 나타나는 현상이 아닌 것은?

① 누설이 잘된다.
② 기포의 제거가 어렵다.
③ 마찰 부분의 마모가 증대된다.
④ 펌프의 용적 효율이 저하된다.

해설

점도가 너무 높을 경우의 영향 = 농도가 진하다	점도가 너무 낮을 경우의 영향 = 농도가 묽다
① 동력손실 증가로 기계 효율의 저하	① 내부 오일 누설의 증대
② 소음이나 공동현상 발생	② 압력유지의 곤란
③ 유동저항의 증가로 인한 압력손실의 증대	③ 유압펌프, 모터 등의 용적효율 저하
④ 내부마찰의 증대에 의한 온도의 상승	④ 기기 마모의 증대
⑤ 유압기기 작동의 불활발	⑤ 압력 발생 저하로 정확한 작동불가

해답 ②

077 그림과 같은 유압회로의 명칭으로 옳은 것은?

① 브레이크 회로
② 압력 설정 회로
③ 최대압력 제한 회로
④ 임의 위치 로크 회로

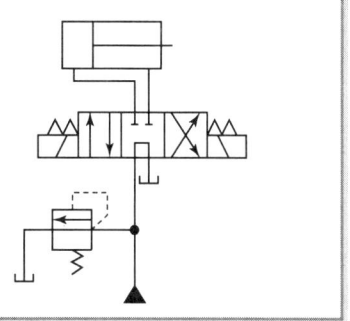

해설 로크회로 : 실린더 행정 중 임의의 위치에 실린더를 고정시켜 놓을 필요가 있을 때 사용하는 회로이다. 피스톤의 이동을 방지 하는 회로이다.

해답 ④

078 크래킹 압력(cracking pressure)에 관한 설명으로 가장 적합한 것은?

① 파일런 관로에 작용시키는 압력
② 압력 제어 밸브 등에서 조절되는 압력
③ 체크 밸브, 릴리프 밸브 등에서 압력이 상승하고 밸브가 열리기 시작하여 어느 일정한 흐름의 양이 인정되는 압력
④ 체크 밸브, 릴리프 밸브 등의 입구 쪽 압력이 강하하고, 밸브가 닫히기 시작하여 밸브의 누설량이 어느 규정의 양까지 감소했을 때의 압력

해설 크랭킹 압력 : 체크밸브, 릴리프 밸브 등에서 압력이 상승하고 밸브가 열리기 시작하여 어는 일정 한 흐름의 양이 인정되는 압력을 크랭킹 압력이라 한다.

해답 ③

079 다음 중 기어 모터의 특성에 관한 설명으로 가장 거리가 먼 것은?

① 정회전, 역회전이 가능하다.
② 일반적으로 평기어를 사용한다.
③ 비교적 소형이며 구조가 간단하기 때문에 값이 싸다.
④ 누설량이 적고 토크 변동이 작아서 건설기계에 많이 이용된다.

해설 **기어모터의 장점**
① 구조 간단하고 정회전, 역회전이 가능하다.
② 다루기가 용이하고 가격이 싸다.
③ 기름의 오염에 비해 강한 편이다.
④ 회전수가 다른 펌프에 비해 크기 때문에 흡입능력이 크다.
기어모터의 단점
① 효율은 피스톤에 비해 떨어진다.
② 가변 용량형으로 만들기 힘들다.

해답 ④

080 펌프의 압력이 50Pa 토출유량은 40m³/min인 레이디얼 피스톤 펌프의 축동력은 약 몇 W인가? (단, 펌프의 전효율은 0.85이다.)

① 3921
② 39.1
③ 2352
④ 23.52

해설 (펌프의 전효율) $\eta_P = \dfrac{\text{펌프동력}(L_P)}{\text{축동력}(L_s)}$

(축동력) $L_s = \dfrac{L_P}{\eta_P} = \dfrac{50 \times \dfrac{40}{60}}{0.85} = 39.21\,\text{W}$

해답 ②

제5과목 기계제작법 및 기계동력학

081 반지름이 1m인 원을 각속도 60rpm으로 회전하는 1kg 질량의 선형운동량(linearmomentum)은 몇 kg·m/s인가?

① 6.28
② 1.0
③ 62.8
④ 10.0

해설 (선형운동량) $P = m \times \dfrac{\pi \times D \times N}{60} = 1 \times \dfrac{\pi \times 2 \times 60}{60} = 6.28\,\text{kg}\cdot\text{m/s}$

해답 ①

082 질량 m인 물체가 h의 높이에서 자유낙하한다. 공기 저항을 무시할 때, 이 물체가 도달할 수 있는 최대 속력은? (단, g는 중력가속도이다.)

① $\sqrt{mgh}$
② $\sqrt{mh}$
③ $\sqrt{gh}$
④ $\sqrt{2gh}$

해설 위치에너지 = 운동에너지
$mgh = \dfrac{1}{2}mV^2,\ V = \sqrt{2gh}$

해답 ④

083

그림과 같이 0.6m 길이에 질량 5kg의 균질봉이 축의 직각방향으로 30N의 힘을 받고 있다. 봉이 $\theta=0°$일 때 시계방향으로 초기 각속도 $w_1=10\text{rad/s}$ 이면 $\theta=90°$일 때 봉의 각속도는? (단, 중력의 영향을 고려한다.)

① 12.6rad/s
② 14.2rad/s
③ 15.6rad/s
④ 17.2rad/s

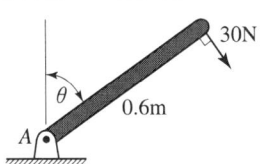

해설 (1상태의 에너지) E_1 = (2상태의 에너지) E_2

(질량관성모멘트) $J = \dfrac{mR^2}{3} = \dfrac{5 \times 0.6^2}{3} = 0.6 \text{kg} \cdot \text{m}^2$

$E_1 = (\dfrac{1}{2} \times J \times w_1^2) + (mgh_1) + (T \times \theta)$

$= (\dfrac{1}{2} \times 0.6 \times 10^2) + (5 \times 9.8 \times 0.3) + \left(0.6 \times 30 \times \dfrac{\pi}{2}\right) = 72.974 \text{N} \cdot \text{m}$

(세워진 상태의 질량 중심 높이) $h_1 = 0.3\text{m}$

$E_2 = \dfrac{1}{2} J w_2^2 = \dfrac{1}{2} \times 0.6 \times w_2^2 = 0.3 w_2^2$

$72.974 = 0.3 w_2^2$

$w_2 = 15.596 \fallingdotseq 15.6 \text{rad/s}$

해답 ③

084

국제단위체계(SI)에서 1N에 대한 설명으로 옳은 것은?

① 1g의 질량에 1m/s^2의 가속도를 주는 힘이다.
② 1g의 질량에 1m/s의 속도를 주는 힘이다.
③ 1kg의 질량에 1m/s^2의 가속도를 주는 힘이다.
④ 1g의 질량에 1m/s의 속도를 주는 힘이다.

해설 $1\text{N} = 1\text{kg} \times 1\text{m/s}^2$

해답 ③

085

전기모터의 회전자가 3450rpm으로 회전하고 있다. 전기를 차단했을 때 회전자는 일정한 각가속도로 속도가 감소하여 정지할 때까지 40초가 걸렸다. 이때 각가속도의 크기는 약 몇 rad/s^2인가?

① 361.0
② 180.5
③ 86.25
④ 9.03

해설 (각가속도) $\alpha = \dfrac{\Delta w}{\Delta t} = \dfrac{\dfrac{2\pi \times 3450}{60}}{40} = 9.03 \text{rad/s}^2$

해답 ④

086 20m/s의 속도를 가지고 직선으로 날아오는 무게 9.8N의 공을 0.1초 사이에 멈추게 하려면 약 몇 N의 힘이 필요한가?

① 20 ② 200
③ 9.8 ④ 98

해설 운동량 변화＝힘×시간
$m \times \Delta V = F \times \Delta t$
$\dfrac{W}{g} \times \Delta V = F \times \Delta t$, $\dfrac{9.8}{9.8} \times 20 = F \times 0.1$, $F = 200\text{N}$

해답 ②

087 기계진동의 전달율(transmissibility ratio)을 1 이하로 조정하기 위해서는 진동수비(ω/ω_n)를 얼마로 하면 되는가?

① $\sqrt{2}$ 이하로 한다. ② 1 이상으로 한다.
③ 2 이상으로 한다. ④ $\sqrt{2}$ 이상으로 한다.

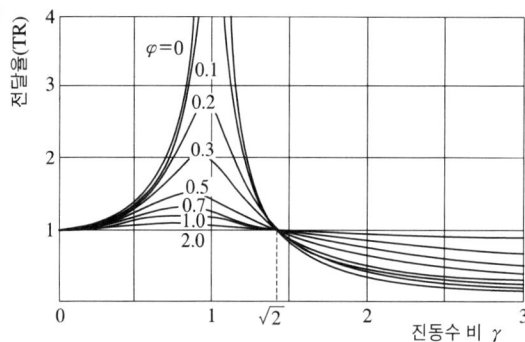

전달율이 1 이하가 되기 위해서는 $\dfrac{w}{w_n} > \sqrt{2}$

해답 ④

088 동일한 질량과 스프링 상수를 가진 2개의 시스템에서 하나는 감쇠가 없고, 다른 하나는 감쇠비가 0.12인 점성감쇠가 있다. 이때 감쇠진동 시스템의 감쇠 고유진동수와 비감쇠진동시스템의 고유진동수의 차이는 비감쇠진동 시스템 고유진동수의 약 몇 %인가?

① 0.72% ② 1.24%
③ 2.15% ④ 4.24%

해설 (감쇠진동 시스템의 감쇠 고유진동수) $w_{xd} = w_n\sqrt{1-\varphi^2}$
(비감쇠진동 시스템의 고유진동수) w_n
$\dfrac{w_n - w_{nd}}{w_n} = \dfrac{1-\sqrt{1-\phi^2}}{1} = \dfrac{1-\sqrt{1-0.12^2}}{1} = 7.22 \times 10^{-3} = 0.722\%$

해답 ①

089 스프링상수가 20N/cm와 30N/cm인 두 개의 스프링을 직렬로 연결했을 때 등가스프링상수 값은 몇 N/cm인가?

① 50
② 12
③ 10
④ 25

해설 $\dfrac{1}{K_e} = \dfrac{1}{K_1} + \dfrac{1}{K_2}$, $\dfrac{1}{K_e} = \dfrac{1}{20} + \dfrac{1}{30}$, $K_e = 12\text{N/cm}$

해답 ②

090 그림과 같이 스프링상수는 400N/m, 질량은 100kg인 1자유도계 시스템이 있다. 초기에 변위는 0이고 스프링 변형량도 없는 상태에서 방향으로 3m/s의 속도로 움직이기 시작한다고 가정할 때 이 질량체의 속도 v를 위치 x에 관한 함수로 나타내면?

① $\pm (9 - 4x^2)$
② $\pm \sqrt{(9 - 4x^2)}$
③ $\pm (16 - 9x^2)$
④ $\pm \sqrt{(16 - 9x^2)}$

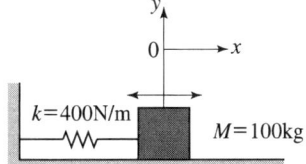

해설 운동에너지 = 탄성에너지

$\dfrac{1}{2}m(V_1^2 - V_x^2) = \dfrac{1}{2}kx^2$

$\dfrac{1}{2} \times 100 \times (3^2 - V_x^2) = \dfrac{1}{2} \times 400 x^2$

$V_x^2 = 3^2 - 4x^2$

$V_x = \pm \sqrt{9 - 4x^2}$

해답 ②

091 다음 가공법 중 연삭 입자를 사용하지 않는 것은?

① 초음파가공
② 방전가공
③ 액체호닝
④ 래핑

해설 절삭가공
① 절삭공구가공
　㉠ 고정공구 : 선반, 플레이너, 셰이퍼, 슬로터, 브로우칭
　㉡ 회전공구 : 밀링, 드릴링, 보링, 호빙, 소잉
② 연삭공구가공
　㉠ 고정입자 : 연삭, 호닝, 슈퍼피니싱, 버핑, 샌더링
　㉡ 분말입자 : 래핑, 액체호닝, 배럴가공

해답 ②

092
다음 중 주물의 첫 단계인 모형(pattern)을 만들 때 고려사항으로 가장 거리가 먼 것은?

① 목형 구배
② 수축 여유
③ 팽창 여유
④ 기계가공 여유

해설 모형 제작시 고려 사항
① 수축 여유(shrinkage allowance)
② 가공 여유(machining allowance)
③ 목형구배(taper)
④ 코어 프린트(core print)=부목
⑤ 라운딩(rounding)
⑥ 덧붙임(stop off)

해답 ③

093
선반에서 주분력이 1.8kN, 절삭속도가 150m/min일 때, 절삭동력은 약 몇 kW인가?

① 4.5
② 6
③ 7.5
④ 9

해설 (절삭동력) $H_{KW} = \dfrac{F \times V}{\eta} = \dfrac{1.8 \times \dfrac{150}{60}}{1} = 4.5\,\text{kW}$

해답 ①

094
정격 2차 전류 300A인 용접기를 이용하여 실제 270A의 전류로 용접을 하였을 때, 허용 사용률이 94%이었다면 정격 사용률은 약 몇 %인가?

① 68
② 72
③ 76
④ 80

해설 허용 사용률 : 전격 2차 전류 이하의 전류로서 용접을 하는 경우의 허용되는 사용률을 말한다.

$$허용사용률(\%) = \dfrac{(전격2차 전류)^2}{(실제용접전류)^2} \times 정격사용률(\%)$$

$$94 = \dfrac{300^2}{270^2} \times 정격사용률(\%)$$

정격사용률(%) = 76.14%

해답 ③

095. 다음 중 심냉 처리(sub-zero treatment)에 대한 설명으로 가장 적절한 것은?

① 강철은 담금질하기 전에 표면에 붙은 불순물은 화학적으로 제거시키는 것
② 처음에 기름으로 냉각한 다음 계속하여 물속에 담그고 냉각하는 것
③ 담금질 직후 바로 템퍼링 하기 전에 얼마 동안 0에 두었다가 템퍼링 하는 것
④ 담금질 후 0℃ 이하의 온도까지 냉각시켜 잔류 오스테나이트를 마텐자이트화 하는 것

해설 **심냉처리**(Sub-Zero Treatment) : 담금질 후 0℃이하의 온도까지 냉각시켜 잔류오스테나이트를 마텐자이트화 하는 것이다. 방법으로는 일정 시간동안 액체질소를 투여하여 극저온에서 금속을 처리하는 기술로써 물성을 보다 향상시킬 수 있는 공정이다.

해답 ④

096. 다음 측정기구 중 진직도를 측정하기에 적합하지 않은 것은?

① 실린더 게이지
② 오토콜리메이터
③ 측미 현미경
④ 정밀 수준기

해설 실린더게이지는 실린더의 안지름 측정기구이다.

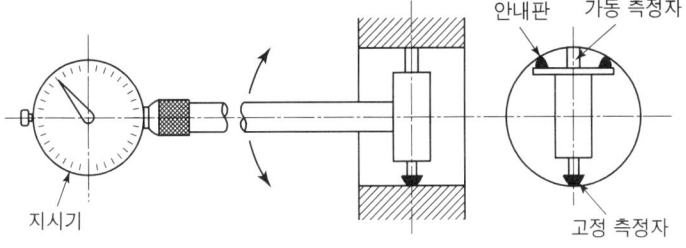

[실린더 게이지의 내경 측정]

해답 ①

097. 전해연마의 특징에 대한 설명으로 틀린 것은?

① 가공 변질 층이 없다.
② 내부식성이 좋아진다.
③ 가공면에는 방향성이 있다.
④ 복잡한 형상을 가진 공작물의 연마도 가능하다.

해설 **전해연마**
전기도금과는 반대로 일감을 양극(+)으로 하여 적당한 전해액에 넣고 직류 전류를 짧은 시간 동안 세게 흐르게 하여 전기적으로 그 표면을 녹여 매끈하고 광택이 나게 하는 가공법이다. 그 특징은 기계연마보다 훨씬 그 표면이 매끈하고 가공 변질층이 나타나지 않으므로 평활한 면을 얻을 수 있고, 복잡한 형상의 연마도 가능하며, 가공면에는 방향성이 없고, 내마멸성, 내부식성이 좋아진다.

해답 ③

098 냉간가공에 의하여 경도 및 항복강도가 증가하나 연신율은 감소하는데 이 현상을 무엇이라 하는가?

① 가공경화 ② 탄성경화
③ 표면경화 ④ 시효경화

해설 **가공 경화**(加工硬化, work hardening, strain hardening)
냉간가공에 의하여 경도 및 항복강도가 증가하나 연신율은 감소하는 현상이다. 소성 변형으로 금속이나 고분자가 단단해지는 현상을 말한다. 물질의 결정 구조 내에서 전위적 이동과 전위적 생성으로 인해 발생한다.

해답 ①

099 절삭유제를 사용하는 목적이 아닌 것은?

① 능률적인 칩 제거 ② 공작물과 공구의 냉각
③ 절삭열에 의한 정밀도 저하 방지 ④ 공구 윗면과 칩 사이의 마찰계수 증대

해설 **절삭유제의 사용목적**
① 공구 수명의 연장
② 절삭열에 의한 정밀도 저하방지로 가공 정밀도 향상
③ 칩(Chip)의 신속한 제거
④ 절삭율 증대
⑤ 전력소모 감소
⑥ 공작물과 공구의 냉각 및 윤활 작용
⑦ 방청, 방삭 작용
⑧ 구성인선의 억제, 제어

해답 ④

100 다음 중 자유단조에 속하지 않는 것은?

① 업세팅(up-setting) ② 블랭킹(blanking)
③ 늘리기(drawing) ④ 굽히기(bending)

해설 **자유단조**
① 늘이기(drawing) : 굵은 재료를 때려 단면을 좁히고, 길이를 늘이는 작업
② 굽히기(bending) : 재료의 바깥쪽은 늘어나고, 안쪽은 압축된다. 응력과 변형이 없는 중립면은 안쪽으로 이동한다. 얇아지는 것을 방지하기 위해 바깥쪽에 덧살을 붙인다.
③ 눌러붙이기(up-setting) : 단면적을 크게 하여 길이를 줄이는 작업
④ 단짓기(setting down) : 어느 선을 경계로 하여 한 쪽만 압력을 가하여 가늘게 하는 작업
⑤ 구멍뚫기(punching) : 펀치를 때려 박아 구멍을 뚫는 작업
⑥ Rotary swaging : 주축과 함께 다이(die)를 회전시켜서 다이에 타격을 가하는 작업
⑦ 탭작업(tapping) : 탭을 이용하여 소재의 단면을 소정의 단면으로 가공하는 작업
⑧ 절단(cutting off) : 절단용 정으로 주위를 때려 절단하는 작업

해답 ②

일반기계기사

2018년 4월 28일 시행

제1과목 재료역학

001 원형 단면축이 비틀림을 받을 때, 그 속에 저장되는 탄성 변형에너지 U는 얼마인가?(단, T : 토크, L : 길이, G : 가로탄성계수, I_P : 극관성모멘트, I : 관성모멘트, E : 세로 탄성계수이다.)

① $U = \dfrac{T^2 L}{2GI}$ ② $U = \dfrac{T^2 L}{2EI}$

③ $U = \dfrac{T^2 L}{2EI_P}$ ④ $U = \dfrac{T^2 L}{2GI_P}$

해설 $U_T = \dfrac{1}{2} T \times \theta = \dfrac{1}{2} T \times \dfrac{TL}{GI_P} = \dfrac{T^2 L}{2GI_P}$

해답 ④

002 그림과 같은 보에서 발생하는 최대 굽힘모멘트는 몇 kN·m인가?

① 2
② 5
③ 7
④ 10

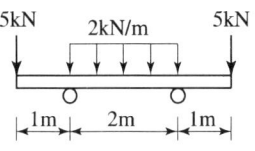

해설

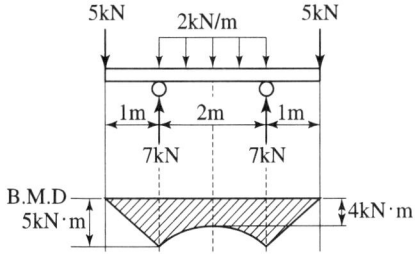

해답 ②

003

그림과 같은 전길이에 걸쳐 균일 분포하중 w를 받는 보에서 최대처짐 δ_{max}를 나타내는 식은? (단, 보의 굽힘 강성계수는 EI이다.)

① $\dfrac{wL^4}{64EI}$ ② $\dfrac{wL^4}{128.5EI}$

③ $\dfrac{wL^4}{186.4EI}$ ④ $\dfrac{wL^4}{192EI}$

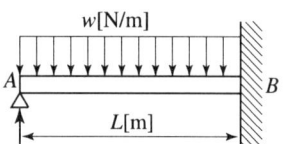

해설

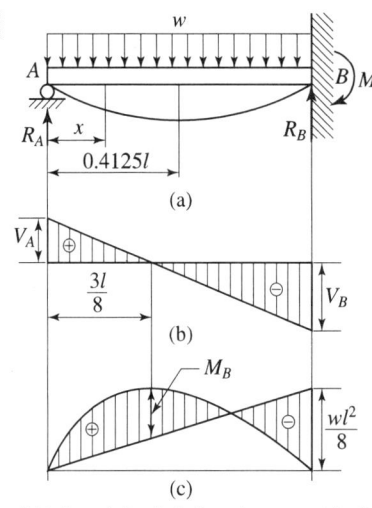

$R_A = \dfrac{3wl}{8}$, $R_B = \dfrac{5wl}{8}$

$V_A = \dfrac{3wl}{8}$, $-V_B = \dfrac{5wl}{8}$

※ 고정단 B에서 최대굽힘모멘트 발생

$(M_B)_{max} = -\dfrac{wl^2}{8}$

※ $x = 0.4215l$ 지점에서 최대처짐발생

$\delta_{max} = \dfrac{wl^4}{184.6EI} = 0.0054\dfrac{wl^4}{EI}$

$y = \dfrac{w}{48EI}(2x^4 - 3lx^3 + l^3x)$

[일단고정타 단지지보의 B.M.D 선도]

해답 ③

004

그림의 H형 단면의 도심축인 Z축에 관한 회전반경(radius of gyration)은 얼마인가?

① $K_Z = \sqrt{\dfrac{Hb^3 - (b-t)^3 b}{12(bH - bh + th)}}$

② $K_Z = \sqrt{\dfrac{12Hb^3 + (b-t)^3 b}{bH + bh + th}}$

③ $K_Z = \sqrt{\dfrac{Hb^3 - hb^3 + ht^3}{12(Hb - hb + ht)}}$

④ $K_Z = \sqrt{\dfrac{12Hb^3 + (b+t)^3 b}{bH + bh - th}}$

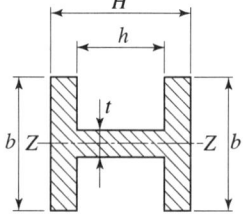

해설

(Z축의 단면2차모멘트) $I_Z = \dfrac{\left(\dfrac{H-h}{2}\right) \times b^3}{12} \times 2 + \dfrac{ht^3}{12} = \dfrac{Hb^3 - hb^3 + ht^3}{12}$

(면적) $A = \left(\dfrac{H-h}{2}\right) \times b \times 2 + ht = Hb - hb + ht$

(회전반경) $K_Z = \sqrt{\dfrac{I_Z}{A}} = \sqrt{\dfrac{\frac{Hb^3 - hb^3 + ht^3}{12}}{Hb - hb + ht}} = \sqrt{\dfrac{Hb^3 - hb^3 + ht^3}{12(Hb - hb + ht)}}$

해답 ③

005

그림에 표시한 단순 지지보에서의 최대 처짐량은? (단, 보의 굽힘 강성은 EI이고, 자중은 무시한다.)

① $\dfrac{wl^3}{48EI}$ ② $\dfrac{wl^4}{24EI}$

③ $\dfrac{5wl^3}{253EI}$ ④ $\dfrac{5wl^4}{384EI}$

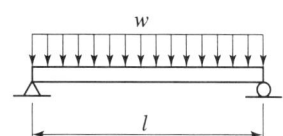

해설

보의 종류						
$F_{MAX} = KP$	1	1	1/2	1/2	1/2	1/2
$M_{MAX} = KPl$	1	1/2	1/4	1/8	1/8	1/12
$\delta_{MAX} = \dfrac{Pl^3}{KEI}$	3	8	48	384/5	192	384
$\theta_{MAX} = \dfrac{Pl^2}{KEI}$	2	6	16	24	64	125

해답 ④

006

그림에서 784.8N과 평형을 유지하기 위한 힘 F_1과 F_2는?

① $F_1 = 392.5\text{N}$, $F_2 = 632.4\text{N}$
② $F_1 = 790.4\text{N}$, $F_2 = 632.4\text{N}$
③ $F_1 = 790.4\text{N}$, $F_2 = 395.2\text{N}$
④ $F_1 = 632.4\text{N}$, $F_2 = 395.2\text{N}$

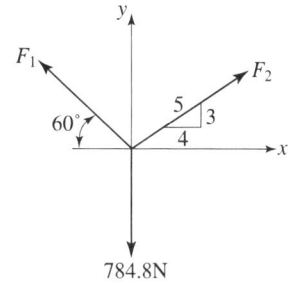

해설

$\dfrac{F_1}{\sin 126.87} = \dfrac{F_2}{\sin 150} = \dfrac{784.8}{\sin 83.13}$

$F_1 = 632.379\text{N}$

$F_2 = 395.237\text{N}$

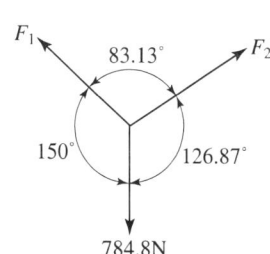

해답 ④

007
지름이 60mm인 연강축이 있다. 이 축의 허용전단응력은 40MPa이며 단위길이 1m당 허용 회전각도는 1.5°이다. 연강의 전단 탄성계수를 80GPa이라 할 때 이 축의 최대 허용 토크는 약 몇 N·m 인가? (단, 이 코일에 작용하는 힘은 P, 가로탄성계수는 G이다.)

① 696 ② 1696
③ 2664 ④ 3664

해설
$$\theta = \frac{T_\theta l}{GI_P} \times \frac{180}{\pi}[\text{도}] \qquad 1.5 = \frac{T_\theta \times 1000}{80000 \times \frac{\pi \times 60^4}{32}} \times \frac{180}{\pi}$$

$T_\theta = 2664793.188 \text{N} \cdot \text{mm} \fallingdotseq 2664 \text{N} \cdot \text{m}$

$T_\tau = \tau_a \times Z_P = 40 \times \frac{\pi \times 60^3}{16} = 1696460 \text{N} \cdot \text{mm} = 1696 \text{N} \cdot \text{m}$

두 토크 중 작은 토크일 때 연강축을 안전하게 사용할 수 있다.
그러므로 축의 최대 허용토크는 1696N·m이다.

해답 ②

008
지름 3cm인 강축이 26.5rev/s의 각속도로 26.5kW의 동력을 전달하고 있다. 이 축에 발생하는 최대 전단응력은 약 몇 MPa인가?

① 30 ② 40
③ 50 ④ 60

해설
$$\tau_{\max} = \frac{T}{Z_P} = \frac{159154}{\left(\frac{\pi \times 30^3}{16}\right)} = 30 \text{MPa}$$

$$T = \frac{60}{2\pi} \times \frac{H}{N} = \frac{60}{2\pi} \times \frac{26.5 \times 10^3}{26.5 \times 60} = 159.154 \text{N} \cdot \text{m} = 159154 \text{N} \cdot \text{mm}$$

(분당회전수) $N = 26.5 \text{rev/s} \times \frac{60s}{1\min} = 26.5 \times 60 \text{rev/min} = 26.5 \times 60 [\text{rpm}]$

해답 ①

009
폭 3cm, 높이 4cm의 직사각형 단면을 갖는 외팔보가 자유단에 그림에서와 같이 집중하중을 받을 때 보 속에 발생하는 최대전단응력은 몇 N/cm²인가?

① 12.5
② 13.5
③ 14.5
④ 15.5

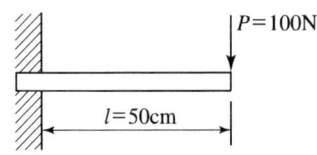

해설 (굽힘에 의해 발생되는 사각형 내의 최대전단응력)
$$\tau_{\max} = \frac{3}{2} \times \frac{F_{\max}}{A} = \frac{3}{2} \times \frac{100}{3 \times 4} = 12.5 \text{N/cm}^2$$

해답 ①

010

평면 응력 상태에서 $\epsilon_x = -150 \times 10^{-6}$, $\epsilon_y = -280 \times 10^{-6}$, $r_{xy} = 850 \times 10^{-6}$일 때, 최대주변형률($\epsilon_1$)과 최소주변형률($\epsilon_2$)은 각각 약 얼마인가?

① $\epsilon_1 = -215 \times 10^{-6}$, $\epsilon_2 = -645 \times 10^{-6}$
② $\epsilon_1 = 645 \times 10^{-6}$, $\epsilon_2 = 215 \times 10^{-6}$
③ $\epsilon_1 = 315 \times 10^{-6}$, $\epsilon_2 = 645 \times 10^{-6}$
④ $\epsilon_1 = -545 \times 10^{-6}$, $\epsilon_2 = 315 \times 10^{-6}$

해설 More's circle 변형률

(최대수직변형률) $\epsilon_1 = \dfrac{\epsilon_x + \epsilon_y}{2} + \sqrt{\left(\dfrac{\epsilon_x - \epsilon_y}{2}\right)^2 + \left(\dfrac{\gamma_{xy}}{2}\right)^2}$

$= \dfrac{(-150) + (-280)}{2} + \sqrt{\left(\dfrac{(-150) - (-280)}{2}\right)^2 + \left(\dfrac{850}{2}\right)^2}$

$= -215 \times 10^{-6}$

(최소수직변형률) $\epsilon_2 = \dfrac{\epsilon_x + \epsilon_y}{2} - \sqrt{\left(\dfrac{\epsilon_x - \epsilon_y}{2}\right)^2 + \left(\dfrac{\gamma_{xy}}{2}\right)^2}$

$= \dfrac{(-150) + (-280)}{2} - \sqrt{\left(\dfrac{-150 - (-280)}{2}\right)^2 + \left(\dfrac{850}{2}\right)^2}$

$= -644.94 \times 10^{-6} \fallingdotseq -645 \times 10^{-6}$

(최대전단변형률) $\gamma_{\max} = 2\sqrt{\left(\dfrac{\epsilon_x - \epsilon_y}{2}\right)^2 + \left(\dfrac{\gamma_{xy}}{2}\right)^2}$

해답 ①

011

길이 6m인 단순 지지보에 등분포하중 q가 작용할 때 단면에 발생하는 최대 굽힘응력이 337.5MPa이라면 등분포하중 q는 약 몇 kN/m인가? (단, 보의 단면은 폭×높이=40mm×100mm이다.)

① 4 ② 5
③ 6 ④ 7

해설

$M_{\max} = \sigma_{\max} \times Z$, $\dfrac{qL^2}{8} = \sigma_{\max} \times \dfrac{bh^2}{6}$

(분포하중) $q = \sigma_{\max} \times \dfrac{bh^2}{6} \times \dfrac{8}{L^2} = 337.5 \times \dfrac{40 \times 100^2}{6} \times \dfrac{8}{6000^2} = 5\text{N/mm}$

해답 ②

012

보의 자중을 무시할 때 그림과 같이 자유단 C에 집중하중 $2P$가 작용할 때 B점에서 처짐 곡선의 기울기각은?

① $\dfrac{5Pl^2}{9EI}$ ② $\dfrac{5Pl^2}{18EI}$

③ $\dfrac{5Pl^2}{27EI}$ ④ $\dfrac{5Pl^2}{36EI}$

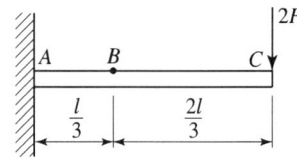

해설

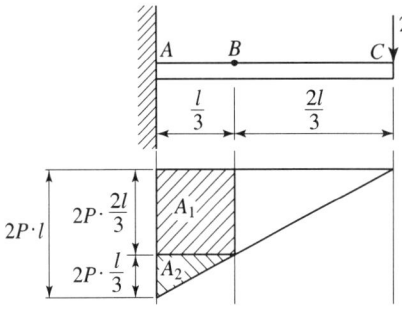

(B 지점의 기울기각) $\theta_B = \dfrac{1}{EI}(A_1 + A_2)$

$= \dfrac{1}{EI}\left\{\left(2P \cdot \dfrac{2l}{3} \times \dfrac{l}{3}\right) + \left(\dfrac{1}{2} \times 2P \cdot \dfrac{l}{3} \times \dfrac{l}{3}\right)\right\} = \dfrac{5Pl^2}{9EI}$

해답 ①

013

그림과 같은 외팔보에 대한 전단력 선도로 옳은 것은? (단, 아랫방향을 양(+)으로 본다.)

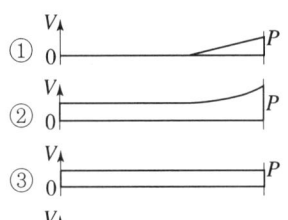

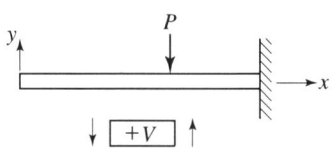

해설

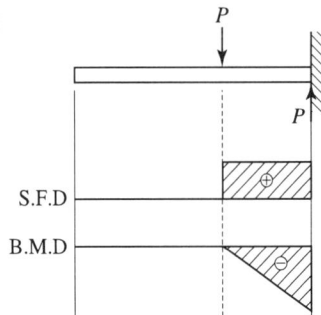

해답 ④

014

그림과 같이 길이가 동일한 2개의 기둥 상단에 중심 압축 하중 2500N이 작용할 경우 전체 수축량은 약 몇 mm인가? (단, 단면적 $A_1=1000mm^2$, $A_2=2000mm^2$, 길이 $L=300mm$, 재료의 탄성계수 $E=90GPa$이다.)

① 0.625
② 0.0625
③ 0.00625
④ 0.000625

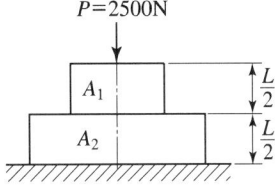

해설 $\Delta L = \Delta L_1 + \Delta L_2 = \dfrac{PL_1}{A_1 E_1} + \dfrac{PL_2}{A_2 E_2} = \dfrac{2500 \times 150}{1000 \times 90000} + \dfrac{2500 \times 150}{2000 \times 90000} = 0.00625 \text{mm}$

해답 ③

015

최대 사용강도 400MPa의 연강봉에 30kN의 축방향의 인장하중이 가해질 경우 강봉의 최소지름은 몇 cm까지 가능한가? (단, 안전율은 5이다.)

① 2.69　　② 2.99
③ 2.19　　④ 3.02

해설 (허용응력) $\sigma_a = \dfrac{\sigma_u}{S} = \dfrac{400}{5} = 80 \text{Pa}$

$d = \sqrt{\dfrac{4 \times F}{\pi \times \sigma_a}} = \sqrt{\dfrac{4 \times 30000}{\pi \times 80}} = 21.85 \text{mm} \fallingdotseq 2.19 \text{cm}$

해답 ③

016

그림과 같이 A, B의 원형 단면봉은 길이가 같고, 지름이 다르며, 양단에서 같은 압축하중 P를 받고 있다. 응력은 각 단면에서 균일하게 분포된다고 할 때 저장되는 탄성 변형 에너지의 $\dfrac{U_B}{U_A}$는 얼마가 되겠는가?

① 1/3
② 5/9
③ 2
④ 9/5

(A)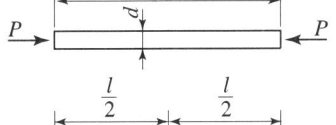

(B)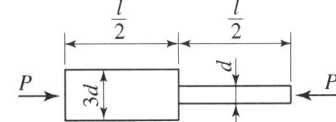

해설 $U_A = \dfrac{1}{2} P \times \delta = \dfrac{1}{2} P \times \dfrac{Pl}{E \times \dfrac{\pi}{4} d^2} = \dfrac{2P^2 l}{E\pi d^2}$

$$U_B = \frac{1}{2}P \times \delta = \frac{1}{2}P \times \left\{ \left(\frac{P \times \frac{l}{2}}{E \times \frac{\pi}{4}(3d)^2} \right) + \left(\frac{P \times \frac{l}{2}}{E \times \frac{\pi}{4}d^2} \right) \right\} = \frac{1}{2}P \times \frac{20Pl}{9E\pi d^2} = \frac{10P^2l}{9E\pi d^2}$$

$$\frac{U_B}{U_A} = \frac{\frac{10P^2l}{9E\pi d^2}}{\frac{2P^2l}{E\pi d^2}} = \frac{5}{9}$$

해답 ②

017

다음과 같이 3개의 링크를 핀을 이용하여 연결하였다. 2000N의 하중 P가 작용할 경우 핀에 작용되는 전단응력은 약 몇 MPa인가? (단, 핀의 직경은 1cm이다.)

① 12.73
② 13.24
③ 15.63
④ 16.56

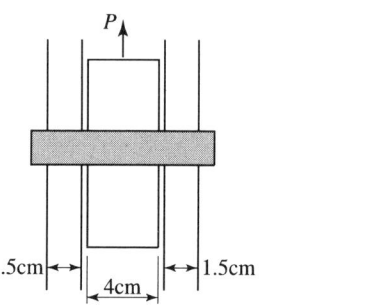

해설 $\tau = \dfrac{P}{2 \times \dfrac{\pi}{4}d^2} = \dfrac{2000}{2 \times \dfrac{\pi}{4} \times 10^2} = 12.73 \text{MPa}$

해답 ①

018

원통형 압력용기에 내압 P가 작용할 때, 원통부에 발생하는 축 방향의 변형률 ϵ_x 및 원주 방향 변형률 ϵ_y는? (단, 강판의 두께 t는 원통의 지름 D에 비하여 충분히 작고, 강판 재료의 탄성계수 및 포아송 비는 각 E, ν이다.)

① $\epsilon_x = \dfrac{PD}{4tE}(1-2\nu)$, $\epsilon_y = \dfrac{PD}{4tE}(1-\nu)$

② $\epsilon_x = \dfrac{PD}{4tE}(1-2\nu)$, $\epsilon_y = \dfrac{PD}{4tE}(2-\nu)$

③ $\epsilon_x = \dfrac{PD}{4tE}(2-\nu)$, $\epsilon_y = \dfrac{PD}{4tE}(1-\nu)$

④ $\epsilon_x = \dfrac{PD}{4tE}(1-\nu)$, $\epsilon_y = \dfrac{PD}{4tE}(2-\nu)$

해설 $\sigma_x = \dfrac{PD}{4t}$, $\sigma_y = \dfrac{PD}{2t}$

$$\epsilon_x = \frac{\sigma_x}{E} - \frac{\sigma_y}{mE} = \frac{\left(\frac{PD}{4t}\right)}{E} - \frac{\nu \times \left(\frac{PD}{2t}\right)}{E} = \frac{PD}{4tE}(1-2\nu)$$

$$\epsilon_y = \frac{\sigma_y}{E} - \frac{\sigma_x}{mE} = \frac{\left(\frac{PD}{2t}\right)}{E} - \frac{\nu \times \left(\frac{PD}{4t}\right)}{E} = \frac{PD}{4tE}(2-\nu)$$

해답 ②

019

지름 20mm, 길이 1000mm의 연강봉이 50kN의 인장하중을 받을 때 발생하는 신장량은 약 몇 mm인가? (단, 탄성계수 $E=210$GPa이다.)

① 7.58
② 0.758
③ 0.0758
④ 0.00758

 $\Delta L = \frac{PL}{AE} = \frac{50000 \times 1000}{\frac{\pi}{4} \times 20^2 \times 210000} = 0.7578\text{mm}$

해답 ②

020

지름이 0.1m이고 길이가 15m인 양단힌지인 원형강 장주의 좌굴임계하중은 약 몇 kN인가? (단, 장주의 탄성계수는 200GPa이다.)

① 43
② 55
③ 67
④ 79

(장주에 나타나는 좌굴하중) $P_B = \frac{n\pi^2 EI}{l^2} = \frac{1 \times \pi^2 \times 200000 \times \frac{\pi \times 100^4}{64}}{15000^2}$
$= 43064.27\text{N} \fallingdotseq 43\text{kN}$

해답 ①

제2과목   기계열역학

021

온도 150℃, 압력 0.5MPa의 공기 0.2kg이 압력이 일정한 과정에서 원래 체적의 2배로 늘어난다. 이 과정에서의 일은 약 몇 kJ인가? (단, 공기는 기체상수가 0.287kJ/(kg·K)인 이상기체로 가정한다.)

① 12.3kJ
② 16.5kJ
③ 20.5kJ
④ 24.3kJ

해설 이상기체 상태 방정식 $PV = mRT$

$$V_1 = \frac{mRT_1}{P_1} = \frac{0.2 \times 287 \times (150+273)}{0.5 \times 10^6} = 0.0485 \text{m}^3$$

$$_1W_2 = P(2V_1 - V_1) = PV_1 = 500 \times 0.0485 = 24.25 \text{kJ}$$

해답 ④

022

마찰이 없는 실린더 내에 온도 500K, 비엔트로피 3kJ/(kg · K)인 이상기체가 2kg 들어 있다. 이 기체의 비엔트로피가 10kJ/(kg · K)이 될 때까지 등온과정으로 가열한다면 가열량은 약 몇 kJ인가?

① 1400kJ
② 2000kJ
③ 3500kJ
④ 7000kJ

해설 $\Delta s = s_2 - s_1 = 10 - 3 = 7 \text{kJ/kg} \cdot \text{K}$

$\Delta S = m \times \Delta s = 2 \times 7 = 14 \text{kJ/kg}$, $\Delta S = \frac{\Delta Q}{T}$

(가열량) $\Delta Q = \Delta S \times T = 14 \times 500 = 7000 \text{kJ}$

해답 ④

023

랭킨 사이클의 열효율을 높이는 방법으로 틀린 것은?

① 복수기의 압력을 저하시킨다.
② 보일러 압력을 상승시킨다.
③ 재열(reheat) 장치를 사용한다.
④ 터빈 출구 온도를 높인다.

해설 Rankin cycle의 효율 증가 방법
① 터입입구온도, 압력이 초온, 초압을 높인다.
② 보일러의 압력은 높을수록 복수기의 압력은 낮을수록 열효율이 증가된다.
③ 터빈출구의 압력(배압)은 낮을수록 열효율증가
④ 터빈출구의 온도가 낮으면 오히려 열효율이 감소된다.
⑤ 터빈출구의 건도가 높을수록 열효율 증가된다.

해답 ④

024

유체의 교축과정에서 Joule-Thomson 계수(μ_J)가 중요하게 고려되는데 이에 대한 설명으로 옳은 것은?

① 등엔탈피 과정에 대한 온도변화와 압력변화와 비를 나타내며 $\mu_J < 0$인 경우 온도상승을 의미한다.
② 등엔탈피 과정에 대한 온도변화와 압력변화의 비를 나타내며 $\mu_J < 0$인 경우 온도 강하를 의미한다.
③ 정적 과정에 대한 온도변화와 압력변화의 비를 나타내며 $\mu_J < 0$인 경우 온도 상승을 의미한다.
④ 정적 과정에 대한 온도변화와 압력변화의 비를 나타내며 $\mu_J < 0$인 경우 온도 강하를 의미한다.

해설 Joule-Thomson 계수는 교축과정인 노즐이나 밸브의 좁은 면적을 통과 하는 경우 유속이 매우 빠르기 때문에 많은 열을 전달할 만한 충분한 시간도 면적도 없다. 그러므로 이와 같은 과정을 보통 단열과정으로 가정한다.
Joule-Thomson 계수가 양(+)이면 교축 중에 온도가 떨어진다는 것을 의미하며, 음(−)이면 교축 중에 온도가 올라간다는 것을 의미한다.

(Joule-Thomson 계수) $\mu_J = \left(\dfrac{\partial T}{-\partial P}\right)_h$

교축과정은 등엔탈피 과정이다.

해답 ①

025
이상적인 카르노 사이클의 열기관이 500°C인 열원으로부터 500kJ을 받고, 25°C에 열을 방출한다. 이 사이클의 일(W)과 효율(η_{th})은 얼마인가?
① $W = 307.2$kJ, $\eta_{th} = 0.6143$
② $W = 207.2$kJ, $\eta_{th} = 0.5748$
③ $W = 250.3$kJ, $\eta_{th} = 0.8316$
④ $W = 401.5$kJ, $\eta_{th} = 0.6517$

해설 (carnot cycle의 효율) $\eta_{th} = \dfrac{W_{net}}{Q_H} = 1 - \dfrac{T_L}{T_H}$

$\eta_{th} = 1 - \dfrac{T_L}{T_H} = 1 - \dfrac{25+273}{500+273} = 0.6144$

$0.6144 = \dfrac{W_{net}}{500}$ $W_{net} = 307.2$kJ

해답 ①

026
Brayton 사이클에서 압축기 소요일은 175kJ/kg, 공급열은 627kJ/kg, 터빈 발생일은 406kJ/kg로 작동될 때 열효율은 약 얼마인가?
① 0.28
② 0.37
③ 0.42
④ 0.48

해설 $\eta_B = \dfrac{w_{net}}{q_H} = \dfrac{w_T - w_c}{q_H} = \dfrac{406 - 175}{627} = 0.3684 ≒ 0.37$

해답 ②

027
그림과 같이 다수의 추를 올려놓은 피스톤이 장착된 실린더가 있는데, 실린더 내의 압력은 300kPa, 초기 체적은 0.05m³이다. 이 실린더에 열을 가하면서 적절히 추를 제거하여 포리트로픽 지수가 1.3인 폴리트로픽 변화가 일어나도록 하여 최종적으로 실린더 내의 체적이 0.2m³이 되었다면 가스가 한 일은 약 몇 kJ인가?
① 17
② 18
③ 19
④ 20

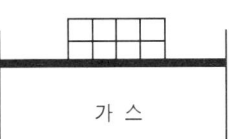

해설 $_1W_2 = \dfrac{1}{n-1}(P_1V_1 - P_2V_2) = \dfrac{1}{1.3-1}(300 \times 0.05 - 49.481 \times 0.2) = 17\text{kJ}$

$\dfrac{T_2}{T_1} = \left(\dfrac{V_1}{V_2}\right)^{n-1} = \left(\dfrac{P_2}{P_1}\right)^{\frac{n-1}{n}}$

$\dfrac{V_1}{V_2} = \left(\dfrac{P_2}{P_1}\right)^{\frac{1}{n}}$, $\dfrac{0.05}{0.2} = \left(\dfrac{P_2}{300}\right)^{\frac{1}{1.3}}$, $P_2 = 49.481\text{kPa}$

해답 ①

028

다음의 열역학 상태량 중 종량적 상태량(extensive property)에 속하는 것은?

① 압력 ② 체적
③ 온도 ④ 밀도

해설 **상태량의 종류**
① 강도성 상태량(强度性 狀態量 ; intensive property) : 물질이 가지는 질량의 크기에 관계없는 상태량으로 온도(T), 압력(P) 등이 표적이다. - 나누어도 변화가 없는 상태량
② 종량성 상태량(從良性 狀態量 ; extensive property) : 물질의 질량에 따라서 값이 변하는 상태량이다. 체적(V), 내부에너지(U), 엔탈피(H), 엔트로피(S) 등이 있다. - 나누면 변화가 있는 상태량

해답 ②

029

피스톤-실린더 장치 내에 공기가 0.3m³에서 0.1m³으로 압축되었다. 압축되는 동안 압력(P)과 체적(V) 사이에 $p = aV^{-2}$의 관계가 성립하며, 계수 $a =$ 6kPa·m⁶이다. 이 과정 동안 공기가 한 일은 약 얼마인가?

① -53.3kJ ② -1.1kJ
③ 253kJ ④ -40kJ

해설 (한 일) $_1W_2 = \displaystyle\int_{0.3}^{0.1} PdV = \int_{0.3}^{0.1} 6V^{-2}dV = 6 \times \left(\dfrac{0.1^{-1} - 0.3^{-1}}{-1}\right) = -40\text{kJ}$

해답 ④

030

매시간 20kg의 연료를 소비하여 74kW의 동력을 생산하는 가솔린 기관의 열효율은 약 몇 %인가? (단, 가솔린의 저위발열량은 43470kJ/kg이다.)

① 18 ② 22
③ 31 ④ 43

해설 (열기관의 효율) $\eta = \dfrac{\text{동력}}{\text{연료의 저위발열량} \times \text{연료소비율}}$

$= \dfrac{74\text{kW}}{43470\dfrac{\text{kJ}}{\text{kg}} \times \dfrac{20\text{kg}}{3600\text{s}}} = 0.3064 ≒ 31\%$

해답 ③

031 다음 중 이상적인 증기 터빈의 사이클인 랭킨사이클을 옳게 나타낸 것은?

① 가역등온압축 → 정압가열 → 가역등온팽창 → 정압냉각
② 가역단열압축 → 정압가열 → 가역단열팽창 → 정압냉각
③ 가역등온압축 → 정적가열 → 가역등온팽창 → 정적냉각
④ 가역단열압축 → 정적가열 → 가역단열팽창 → 정적냉각

해설 과정1-2 : 보일러 : 정압흡열 q_B
$q_B = h_2 - h_1 \approx h_2 - h_4$
과정2-3 : 터빈 : 가역단열팽창 w_t
$w_t = h_2 - h_3$
과정3-4 : 복수기 : 정압방열 q_c
$q_c = h_3 - h_4$
과정4-1 : 펌프 : 가역단열압축 w_P
$w_P = (h_1 - h_4) = v'(P_1 - P_4)$

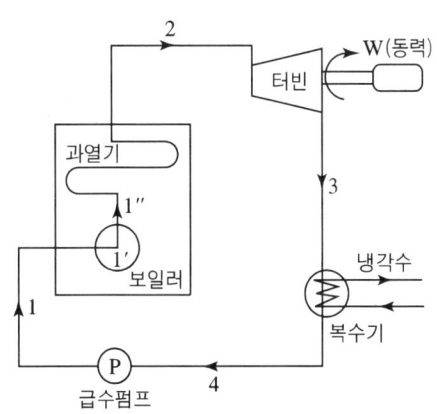

해답 ②

032 내부 에너지가 30kJ인 물체에 열을 가하여 내부 에너지가 50kJ이 되는 동안에 외부에 대하여 10kJ의 일을 하였다. 이 물체에 가해진 열량은?

① 10kJ ② 20kJ
③ 30kJ ④ 60kJ

해설 $\Delta Q = \Delta U + \Delta W = (50-30) + 10 = 30\text{kJ}$

해답 ③

033 천제연 폭포의 높이가 55m이고 주위와 열교환을 무시한다면 폭포수가 낙하한 후 수면에 도달할 때까지 온도 상승은 약 몇 K인가? (단, 폭포수의 비열은 4.2kJ/(kg·K)이다.)

① 0.87 ② 0.31
③ 0.13 ④ 0.68

해설 $\Delta Q = mC\Delta T = m \times 4200 \times \Delta T$
(위치에너지) $W = mgH = m \times 9.8 \times 55$
$m \times 4200 \times \Delta T = m \times 9.8 \times 55$
(온도상승) $\Delta T = 0.128 ≒ 0.13\text{K}$

해답 ③

034

어떤 카르노 열기관이 100℃ 와 30℃ 사이에서 작동되며 100℃의 고온에서 100kJ의 열을 받아 40kJ의 유용한 일을 한다면 이 열기관에 대하여 가장 옳게 설명한 것은?

① 열역학 제 1법칙에 위배된다.
② 열역학 제 2법칙에 위배된다.
③ 열역학 제1법칙과 제2법칙에 모두 위배되지 않는다.
④ 열역학 제1법칙과 제2법칙에 모두 위배된다.

해설
(카르노사이클 효율) $\eta_c = 1 - \dfrac{T_L}{T_H} = 1 - \dfrac{30+273}{100+273} = 0.1876 = 18.76\%$

(실제 열기관의 효율) $\eta_a = \dfrac{w_{net}}{Q_H} = \dfrac{40}{100} = 40\%$

실제 열기관의 효율이 카르노 사이클 효율보다 클 수 없다. 열역학 제2법칙에 위배된다.

해답 ②

035

증기 압축 냉동 사이클로 운전하는 냉동기에서 압축기 입구, 응축기 입구, 증발기 입구의 엔탈피가 각각 387.2kJ/kg, 435.1kJ/kg, 241.8kJ/kg일 경우 성능계수는 약 얼마인가?

① 3.0　　② 4.0
③ 5.0　　④ 6.0

해설
(성능계수) $\epsilon_R = \dfrac{q_L}{w_c} = \dfrac{387.2 - 241.8}{435.1 - 387.2} = 3.03 \fallingdotseq 3$

해답 ①

036

온도 20℃에서 계기압력 0.183MPa의 타이어가 고속주행으로 온도 80℃로 상승할 때 압력은 주행 전과 비교하여 약 몇 kPa 상승하는가? (단, 타이어의 체적은 변하지 않고, 타이어 내의 공기는 이상기체로 가정한다. 그리고 대기압은 101.3kPa이다.)

① 37kPa　　② 58kPa
③ 286kPa　　④ 445kPa

해설 정적과정
(1상태의 절대압력) $P_1 = P_o + P_g = 101.3 + 183 = 284.3 \text{kPa}$

$\dfrac{P_1}{T_1} = \dfrac{P_2}{T_2}$, $\dfrac{284.3}{20+273} = \dfrac{P_2}{80+273}$, $P_2 = 342.518 \text{kPa}$

(상승한 압력) $\Delta P = P_2 - P_1 = 342.518 - 284.3 = 58.218 \text{kPa} \fallingdotseq 58 \text{kPa}$

해답 ②

037
온도가 T_1인 고열원으로부터 온도가 T_2인 저열원으로 열전도, 대류, 복사 등에 의해 Q만큼 열전달이 이루어졌을 때 전체 엔트로피 변화량을 나타내는 식은?

① $\dfrac{T_1 - T_2}{Q(T_1 \times T_2)}$
② $\dfrac{T_1 + T_2}{Q(T_1 \times T_2)}$
③ $\dfrac{Q(T_1 - T_2)}{T_1 \times T_2}$
④ $\dfrac{Q(T_1 \times T_2)}{T_1 + T_2}$

해설 $\Delta S = \dfrac{Q}{T_2} - \dfrac{Q}{T_1} = Q\left(\dfrac{T_1 - T_2}{T_2 \times T_1}\right)$

해답 ③

038
1kg의 공기가 100℃를 유지하면서 가역등온팽창하여 외부에 500kJ의 일을 하였다. 이 때 엔트로피의 변화량은 약 몇 kJ/K인가?

① 1.895
② 1.665
③ 1.467
④ 1.340

해설 $\Delta S = \dfrac{Q}{T} = \dfrac{500}{100+273} = 1.34\,\text{kJ/K}$

해답 ④

039
습증기 상태에서 엔탈피 h를 구하는 식은? (단, h_f는 포화액의 엔탈피, h_g는 포화증기의 엔탈피, x는 건도이다.)

① $h = h_f + (xh_g - h_f)$
② $h = h_f + x(h_g - h_f)$
③ $h = h_g + (xh_f - h_g)$
④ $h = h_g + x(h_g - h_f)$

해설 (습증기의 엔탈피) $h_x = h' + x(h'' - h') = h_f + x(h_g - h_f)$
(건도) $x = \dfrac{증기의\ 중량}{전체\ 중량}$

해답 ②

040
이상기체에 대한 관계식 중 옳은 것은? (단, C_p, C_v는 저압 및 정적 비열, k는 비열비이고, R은 기체 상수이다.)

① $C_p = C_v - R$
② $C_p = \dfrac{k-1}{k}R$
③ $C_p = \dfrac{k}{k-1}R$
④ $R = \dfrac{C_p + C_v}{2}$

해설 (기체상수) $R = C_P - C_V$ (비열비) $k = \dfrac{C_P}{C_V}$

(정압비열) $C_P = \dfrac{kR}{k-1}$ (정적비열) $C_V = \dfrac{R}{k-1}$

해답 ③

제3과목   기계유체역학

041 길이가 150m의 배가 10m/s의 속도로 항해하는 경우를 길이 4m의 모형 배로 실험하고자 할 때 모형 배의 속도는 약 몇 m/s로 해야 하는가?

① 0.133   ② 0.534
③ 1.068   ④ 1.633

해설 $\dfrac{V_1^2}{gL_1} = \dfrac{V_2^2}{gL_2}$, $\dfrac{10^2}{g \times 150} = \dfrac{V_2^2}{g \times 4}$, $V_2 = 1.632 \text{m/s}$

해답 ④

042 그림과 같은 수문(폭×높이=3m×2m)이 있을 경우 수문에 작용하는 힘의 작용점은 수면에서 몇 m 깊이에 있는가?

① 약 0.7m
② 약 1.1m
③ 약 1.3m
④ 약 1.5m

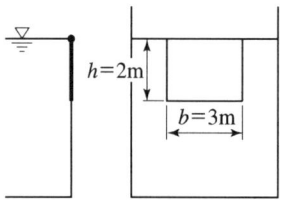

해설 수면에서 시작되기 때문에 힘의 작용점의 수문높이의 $\dfrac{2}{3}$ 지점이다.

$\bar{y} = 2 \times \dfrac{2}{3} = 1.33 \text{m}$

[별해] $\bar{y} = \dfrac{h}{2} + \dfrac{I_G}{\dfrac{h}{2} \times bh} = \dfrac{2}{2} + \dfrac{\dfrac{3 \times 2^3}{12}}{\dfrac{2}{2} \times 3 \times 2} = 1.33 \text{m}$

해답 ③

043 흐르는 물의 속도가 1.4m/s일 때 속도 수두는 약 몇 m인가?

① 0.2   ② 10
③ 0.1   ④ 1

해설 $H_V = \dfrac{V^2}{2g} = \dfrac{1.4^2}{2 \times 9.8} = 0.1\text{m}$

해답 ③

044
다음의 무차원수 중 개수로와 같은 자유표면 유동과 가장 밀접한 관련이 있는 것은?

① Euler수
② Froude수
③ Mach수
④ Plantl수

해설
① (레이놀드수) $Re = \dfrac{관성력}{점성력} = \dfrac{\rho vl}{\mu} = \dfrac{Vl}{\nu}$

② (프로이드수) $Fr = \dfrac{관성력}{중력} = \dfrac{V^2}{gl}$

중력이 고려되어 유체의 자유표면유동과 관계있다.

③ (마하수) $Ma = \dfrac{관성력}{탄성력} = \dfrac{속도}{음속} = \dfrac{V}{\sqrt{\dfrac{K}{\rho}}} = \dfrac{V}{\sqrt{\dfrac{kP}{\rho}}} = \dfrac{V}{\sqrt{kRT}} = \dfrac{V}{a}$

④ (웨이브 수) $We = \dfrac{관성력}{표면장력} = \dfrac{\rho l V^2}{\sigma}$

⑤ (오일러 수) $Eu = \dfrac{압축력}{관성력} = \dfrac{P}{\rho V^2}$

해답 ②

045
x, y평면의 2차원 비압축성 유동장에서 유동함수(stream function) ψ는 $\psi = 3xy$로 주어진다. 점(6, 2)과 점(4, 2)사이를 흐르는 유량은?

① 6
② 12
③ 16
④ 24

해설 2차원 유동함수(ψ)는 유선사이에 Z축 방향으로 단위높이에 대한 유량(q)으로 나타낸다.
점(6,2)일 때 유동함수 $\psi_1 = 3xy = 3 \times 6 \times 2 = 36$
점(4,2)일 때 유동함수 $\psi_2 = 3xy = 3 \times 4 \times 2 = 24$
단위높이에 대한 유량 $q = \psi_1 - \psi_2 = 36 - 12 = 24$

해답 ②

046
원통 속의 물이 중심축에 대하여 ω의 각속도로 강체와 같이 등속회전하고 있을 때 가장 압력이 높은 지점은?

① 바닥면의 중심점 A
② 액체 표면의 중심점 B
③ 바닥면의 가장자리 C
④ 액체 표면의 가장자리 D

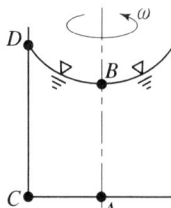

해설 (압력) $P = \gamma h$
수심(h)이 가장 깊은 바닥의 C지점이다.

해답 ③

047

개방된 탱크 내에 비중이 0.8인 오일이 가득차 있다. 대기압이 101kPa라면, 오일 탱크 수면으로부터 3m 깊이에서 절대압력은 약 몇 kPa인가?

① 25
② 249
③ 12.5
④ 125

해설 $P_{abs} = P_o + s\gamma_w h = 101\text{kPa} + 0.8 \times 9.8\text{kN/m}^3 \times 3\text{m} = 124.52\text{kPa}$

해답 ④

048

그림과 같이 물이 고여 있는 큰 댐 아래에 터빈이 설치되어 있고, 터빈의 효율이 85%이다. 터빈 이외에서의 다른 모든 손실을 무시할 때 터빈의 출력은 약 몇 kW인가? (단, 터빈 출구관의 지름은 0.8m, 출구속도 V는 10m/s이고 출구압력은 대기압이다.)

① 1043
② 1227
③ 1470
④ 1732

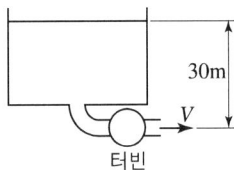

해설 (수정 Bernoulli equation) $\dfrac{P_1}{r} + \dfrac{V_1^2}{2g} + Z_1 = \dfrac{P_2}{r} + \dfrac{V_2^2}{2g} + Z_2 + H_T$

(터빈의 수두) $H_T = (Z_1 - Z_2) - \dfrac{V_2^2}{2g} = (30 - 0) - \dfrac{10^2}{2 \times 9.8} = 24.897\text{m}$

(터빈의 효율) $\eta_T = \dfrac{P_{KW}}{\gamma \times H_T \times Q}$

(터빈의 출력) $P_{KW} = \eta_T \times \gamma \times H_T \times Q$

$= 0.85 \times 9.8 \dfrac{\text{kN}}{\text{m}^3} \times 24.897\text{m} \times \left(\dfrac{\pi}{4} \times 0.8^2 \times 10\right) \dfrac{\text{m}^3}{\text{s}}$

$= 1042.465\text{kW} \fallingdotseq 1043\text{kW}$

해답 ①

049

2차원 정상유동의 속도 방정식이 $V = 3(-xi + yj)$라고 할 때, 이 유동의 유선의 방정식은? (단, C는 상수를 의미한다.)

① $xy = C$
② $\dfrac{y}{x} = C$
③ $x^2 y = C$
④ $x^3 y = C$

해설 $u = -3x$, $v = 3y$

$\dfrac{dx}{u} = \dfrac{dy}{v}$, $\dfrac{dx}{-3x} = \dfrac{dy}{3y}$, $0 = \dfrac{dx}{3x} + \dfrac{dy}{3y}$ → 적분하면 $C = \dfrac{1}{3}\ln x + \dfrac{1}{3}\ln y$

$C = \ln x + \ln y = \ln xy$
$\ln C = \ln xy$
$C = xy$

해답 ①

050
지름 2cm의 노즐을 통하여 평균속도 0.5m/s로 자동차의 연료 탱크에 비중 0.9인 휘발유 20kg 채우는데 걸리는 시간은 약 몇 s 인가?

① 66
② 78
③ 102
④ 141

해설 (질량) $m = \dot{m} \times t$

(걸리는 시간) $t = \dfrac{m}{\dot{m}} = \dfrac{m}{s\rho_w A V} = \dfrac{20}{0.9 \times 1000 \times \dfrac{\pi}{4} \times 0.02^2 \times 0.5} = 141.471\text{s}$

해답 ④

051
체적탄성계수가 2.086GPa인 기름의 체적을 1% 감소시키려면 가해야 할 압력은 몇 Pa인가?

① 2.086×10^7
② 2.086×10^4
③ 2.086×10^3
④ 2.086×10^2

해설 (체적탄성계수) $K = \dfrac{\Delta P}{\dfrac{\Delta V}{V}}$

(가해야 될 압력) $\Delta P = K \times \dfrac{\Delta V}{V} = 2.086 \times 10^9 \times \dfrac{1}{100} = 2.086 \times 10^7 \text{Pa}$

해답 ①

052
경계층의 박리(separation)현상이 일어나기 시작하는 위치는?

① 하류방향으로 유속이 증가할 때
② 하류방향으로 유속이 감소할 때
③ 경계층 두께가 0으로 감소될 때
④ 하류방향의 압력기울기가 역으로 될 때

해설 역압력 구배가 발생되는 구간에서 발생한다.
즉 하류 방향의 압력기울기가 역으로 되는 시점에서 박리현상이 일어난다.

해답 ④

053
원관 내에 완전발달 층류유동에서 유량에 대한 설명으로 옳은 것은?
① 관의 길이에 비례한다. ② 관 지름의 제곱에 반비례한다.
③ 압력강하에 반비례한다. ④ 점성계수에 반비례한다.

해설 수평원관에서의 층류 유동
(유량) $Q = \dfrac{\pi D^4 \Delta P}{128 \mu L}$ → Hagen-Poiseuille Equation

해답 ④

054
표면장력의 차원으로 맞는 것은? (단, M : 질량, L : 길이, T : 시간)
① MLT^{-2}
② $ML^2 T^{-1}$
③ $ML^{-1} T^{-2}$
④ MT^{-2}

해설 (표면장력) $\sigma [F/L] = [FL^{-1}] = [MLT^{-2} \times L^{-1}] = [MT^{-2}]$

해답 ④

055
수평으로 놓인 안지름 5cm인 곧은 원관속에서 점성계수 0.4Pa·s의 유체가 흐르고 있다. 관의 길이 1m당 압력강하가 8kPa이고 흐름 상태가 층류일 때 관 중심부에서의 최대 유속(m/s)은?
① 3.125
② 5.217
③ 7.312
④ 9.714

해설 (최대유속) $u_{\max} = \dfrac{\Delta P D^2}{16 \mu L} = \dfrac{8000 \times 0.05^2}{16 \times 0.4 \times 1} = 3.125 \text{m/s}$ → 관 중심에서 최대 유속 발생

해답 ①

056
그림과 같이 비중 0.8인 기름이 흐르고 있는 개수로에 단순 피토관을 설치하였다. $\Delta h = 20$mm, $h = 30$mm일 때 속도 V는 약 몇 m/s인가?
① 0.56
② 0.63
③ 0.77
④ 0.99

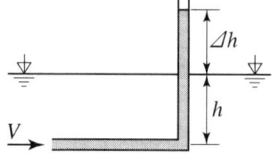

해설 $V = \sqrt{2g \Delta h} = \sqrt{2 \times 9.8 \times 0.03} = 0.766 \text{m/s}$

해답 ②

057 quruas에 평행한 방향의 속도(u) 성분만이 있는 유동장에서 전단응력을 τ, 점성계수를 μ, 벽면으로부터의 거리를 y로 표시하면 뉴턴의 점성법칙을 옳게 나타낸 식은?

① $\tau = \mu \dfrac{dy}{du}$ ② $\tau = \mu \dfrac{du}{dy}$

③ $\tau = \dfrac{1}{\mu} \dfrac{du}{dy}$ ④ $\tau = \mu \sqrt{\dfrac{du}{dy}}$

해설 (유체에 점성에 의한 전단응력) $\tau = \mu \dfrac{du}{dy}$ 여기서, $\dfrac{du}{dy}$: 속도구배

해답 ②

058 여객기가 888km/h로 비행하고 있다. 엔진의 노즐에서 연소가스를 375m/s로 분출하고, 엔진의 흡기량과 배출되는 연소가스의 양은 같다고 가정하면 엔진의 추진력은 약 몇 N인가? (단, 엔진의 흡기량은 30kg/s이다.)

① 3850N ② 5325N
③ 7400N ④ 11250N

해설
$V_2 = \dfrac{888 \times 10^3}{3600} = 246.66 \text{m/s}$
(추진력) $F = \rho Q(V_2 - V_1) = \dot{m} \times (V_2 - V_1)$
$= 30 \times (375 - 246.66) = 3850.2\text{N} \fallingdotseq 3850\text{N}$

해답 ①

059 구형 물체 주위의 비압축성 점성 유체의 흐름에서 유속이 대단히 느릴 때(레이놀즈 수가 1보다 작을 경우) 구형 물체에 작용하는 항력 D_r은? (단, 구의 지름은 d, 유체의 점성계수를 μ, 유체의 평균속도를 V라 한다.)

① $D_r = 3\pi \mu d V$ ② $D_r = 6\pi \mu d V$

③ $D_r = \dfrac{3\pi \mu d V}{g}$ ④ $D_r = \dfrac{3\pi d V}{\mu g}$

해설 (낙구식 점도계에서 측정한 항력) $D = 6R\mu V\pi = 3d\mu V\pi$
여기서, R : 반지름, μ : 점성계수, V : 속도, π : 원주율

해답 ①

060 지름이 10mm의 매끄러운 관을 통해서 유량 0.02L/s의 물이 흐를 때 길이 10m에 대한 압력손실은 약 몇 Pa인가?

① 1.140Pa ② 1.819Pa
③ 1140Pa ④ 1819Pa

해설 (유량) $Q = \dfrac{0.02\text{L}}{\text{s}} = \dfrac{0.00002\text{m}^3}{\text{s}}$

$V = \dfrac{Q}{\dfrac{\pi}{4}d^2} = \dfrac{0.00002}{\dfrac{\pi}{4} \times 0.01^2} = 0.254\text{m/s}$

$R_e = \dfrac{VD}{\nu} = \dfrac{0.254 \times 0.01}{1.4 \times 10^{-6}} = 1814.285$ (층류)

$H_L = f \times \dfrac{l}{d} \times \dfrac{V^2}{2g} = \dfrac{64}{1814.285} \times \dfrac{10}{0.01} \times \dfrac{0.254^2}{2 \times 9.8} = 0.116\text{m}$

(압력손실) $\Delta P = \gamma \times H_L = 9800 \times 0.116 = 1136.8\text{Pa} \fallingdotseq 1140\text{Pa}$

해답 ③

제4과목 기계재료 및 유압기기

061 다음은 일반적으로 수지에 나타나는 배향특성에 대한 설명으로 틀린 것은?

① 금형온도가 높을수록 배향은 커진다.
② 수지의 온도가 높을수록 배향이 작아진다.
③ 사출 시간이 증가할수록 배향이 증대된다.
④ 성형품의 살두께가 얇아질수록 배향이 커진다.

해설 **분자 배향**(orientation)
플라스틱 수지의 충진에 의하여 전단응력이 발생하면 고분자는 흐르는 방향으로 배향되며, 그 배향의 정도는 전단응력 클수록 배향성은 크다. 따라서 배향성은 온도가 낮을수록, 속도가 빠를수록, 두께가 얇을수록 크다. 그러므로 금형온도가 낮을수록 배향성은 커진다. 또한 유동 중 배향된 고분자는 유동 정지 후 배향성이 서서히 복원되지만 고화가 빠르게 진행되는 표면부위는 냉각 후에도 그 상태를 유지한다.

해답 ①

062 표점거리가 100mm, 시험편의 평행부 지름이 14mm인 시험편을 최대하중 6400kgf로 인장한 후 표점거리가 120mm로 변화 되었을 때 인장강도는 약 몇 kgf/mm²인가?

① 10.4　　② 32.7
③ 41.6　　④ 61.4

해설 (인장강도) $\sigma_u = \dfrac{(\text{최대하중})F_{max}}{(\text{최초면적})A_0} = \dfrac{6400}{\dfrac{\pi}{4} \times 14^2} = 41.575\text{kgf/mm}^2$

해답 ③

063
금속침투법 중 Zn을 강 표면에 침투 확산시키는 표면처리법은?

① 크로마이징 ② 세라다이징
③ 칼로라이징 ④ 브로나이징

해설 **금속 침투법** : 철과 친화력이 강한 금속을 표면에 침투시켜 내열층, 내식층을 만드는 방법으로 세라다이징(Zn침투), 크로마이징(Cr침투), 칼로라이징(Al침투), 실리코나이징(Si침투), 부로나이징(B침투) 등이 있다.

해답 ②

064
다음 그림과 같은 상태도의 명칭은?

① 편정형 고용체 상태도
② 전율 고용체 상태도
③ 공정형 한율 상태도
④ 부분 고용체 상태도

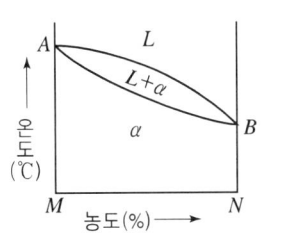

해설 **전율 고용체**(homogeneous solid solution)
금과 은, 금과 백금, 코발트와 니켈, 구리와 니켈 등과 같이 어떤 비율로 혼합을 하더라도 단상 고용체를 만드는 합금

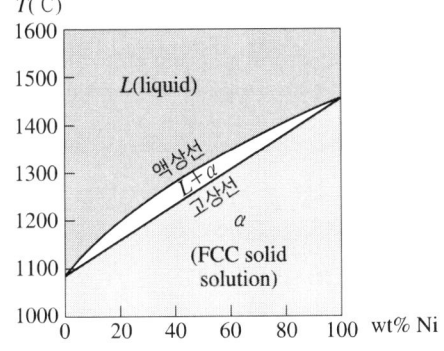

해답 ②

065
황(S) 성분이 적은 선철을 용해로에서 용해한 후 주형에 주입 전 Mg, Ca 등을 첨가시켜 흑연을 구상화한 주철은?

① 합금주철 ② 칠드주철
③ 가단주철 ④ 구상흑연주철

해설 **구상흑연주철**(GCD) : 용융상태에서 Mg, Ce, Ca 등을 첨가 처리하여 흑연을 구상화로 석출시킨 것.
 ① 주로 자동차 주물, 잉곳 상자 및 특수 기계부품용 재료로 사용
 ② 조직 : 시멘타이트형, 페라이트형, 펄라이트형

해답 ④

066
금속나트륨 또는 플루오르화 알칼리 등의 첨가에 의해 조직이 미세화되어 기계적 성질의 개선 및 가공성이 증대되는 합금은?

① Al – Si
② Cu – Sn
③ Ti – Zr
④ Cu – Zn

해설 Al-Si계 알루미늄 합금의 대표적인 합금은 실루민이다. 실루민은 주조성은 좋으나 절삭성이 나쁘다. 이를 개선하기 위하여 Si의 결정을 미세화시키기 위해서 특수원소인 금속나트륨 또는 플루오르화 알칼리 등을 첨가 하여 기계적 성질을 개선하여 재료의 가공성을 증대시킨다. 이러한 처리를 "개량처리"라 한다.

해답 ①

067
다음 합금 중 베어링용 합금이 아닌 것은?

① 화이트메탈
② 켈밋합금
③ 배빗메탈
④ 문쯔메탈

해설 베어링합금
① 화이트 메탈(WM) : ㉠ 주석계 화이트 메탈(베빗메탈) : Sn+Sb+Cu
　　　　　　　　　㉡ 납계 화이트 메탈 : Pb+Sn+Sb+Cu
② 구리계 합금(KM) : 켈밋(Cu+Pb)
③ 알루미늄 합금(AM)
④ 카드뮴계 : Alzen305합금
⑤ 함유베어링(oilless Bearing) : 베어링 자체에 기름이 함유되어 있어 기름공급이 어려운부분에 사용되는 베어링

해답 ④

068
상온에서 순철의 결정격자는?

① 체심입방격자
② 면심입방격자
③ 조밀육방격자
④ 정방격자

해설 상온(15℃~25℃)에서의 순철은 α-Fe로 체심입방격자이다.

해답 ①

069
탄소함유량이 0.8%가 넘는 고탄소강의 담금질 온도로 가장 적당한 것은?

① A_1 온도보다 30~50℃ 정도 높은 온도
② A_2 온도보다 30~50℃ 정도 높은 온도
③ A_3 온도보다 30~50℃ 정도 높은 온도
④ A_4 온도보다 30~50℃ 정도 높은 온도

해설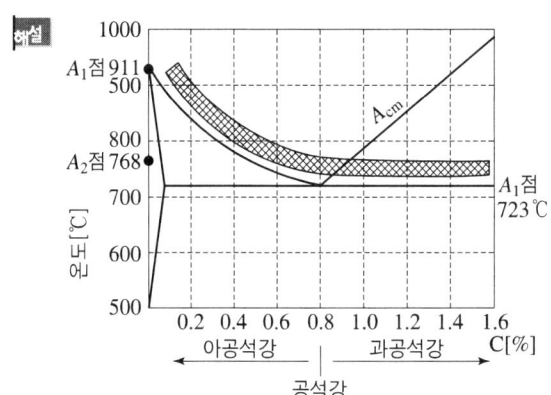

해답 ①

070
영구 자석강이 갖추어야 할 조건으로 가장 적당한 것은?
① 잔류자속 밀도 및 보자력이 모두 클 것
② 잔류자속 밀도 및 보자력이 모두 작을 것
③ 잔류자속 밀도가 작고 보자력이 클 것
④ 잔류자속 밀도가 크고 보자력이 작을 것

해설 **자석강**(magnet steel) : 영구 자석에 적합한 강. 자석강에는 탄소강, 텅스텐강, 크롬강, W-Cr 강, Co 강 등이 사용된다. 자석강의 에너지곱은 간단히 하려면 (보자력×잔류자속밀도)의 크기에 의해서 비교되어 있다.

해답 ①

071
체크밸브, 릴리프 밸브 등에서 압력이 상승하고 밸브가 열리기 시작하여 어느 일정한 흐름의 양이 인정되는 압력은?
① 토출 압력
② 서지 압력
③ 크래킹 압력
④ 오버라이드 압력

해설 **크랭킹 압력** : 체크밸브, 릴리프 밸브 등에서 압력이 상승하고 밸브가 열리기 시작하여 어느 일정한 흐름의 양이 인정되는 압력을 크랭킹 압력이라 한다.

해답 ③

072
그림은 KS 유압 도면기호에서 어떤 밸브를 나타낸 것 인가?
① 릴리프 밸브
② 무부하 밸브
③ 시퀀스 밸브
④ 감압 밸브

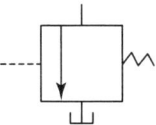

형식	명칭	기능	기호
상시 폐형	릴리프밸브 (relief valve) 안전밸브 (safety valve)	회로내의 압력을 설정치로 유지하는 밸브, 특히 회로의 최고압력을 한정하는 밸브를 안전밸브라고 한다.	
	시퀀스밸브 (sequence valve)	둘 이상의 분기회로가 있는 회로내에서 그 작동순서를 회로의 압력 등에 의해 제어하는 밸브. 입구압력 또는 외부파일럿 압력이 소정의 값에 도달하면 입구측으로부터 출구측의 흐름을 허용하는 밸브.	
	무부하밸브 (unloadin valve)	회로의 압력이 설정치에 달하면 펌프를 무부하로 하는 밸브	
	카운터밸런스밸브 (counterbalance valve)	부하의 낙하를 방지하기 위해 배압을 부여하는 밸브한 방향의 흐름에는 설정된 배압을 주고 반대방향의 흐름을 자유흐름으로 하는 밸브	
상시 개형	감압밸브 (pressure reducing valve)	출구측압력을 입구측압력보다 낮은 설정압력으로 조정하는 밸브	

해답 ②

073 다음 유압회로는 어떤 회로에 속하는가?

① 로크 회로
② 무부화 회로
③ 블리드 오프 회로
④ 어큐뮬레이터 회로

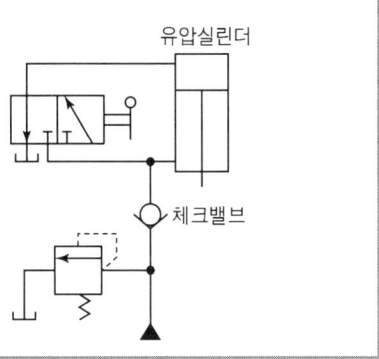

유압 실린더 출구쪽으로는 작동유가 나오지 못하는 회로인 로크 회로이다.
로크회로는 실린더 행정 중 임의의 위치에 실린더를 고정시켜 놓을 필요가 있을 때 사용하는 회로이다. 피스톤의 이동을 방지 하는 회로이다.

해답 ①

074 유압모터의 종류가 아닌 것은?

① 회전피스톤 모터
② 베인 모터
③ 기어 모터
④ 나사 모터

유압작동기
① 유압실린더 − ㉠ 단동형 : 플런지식, 피스톤식
　　　　　　　　㉡ 복동형 : 한쪽 로드식, 양쪽 로드식
　　　　　　　　㉢ 다단형
② 요동형 유압모터
③ 유압모터 − ㉠ 기어형
　　　　　　　㉡ 베인형
　　　　　　　㉢ 회전 피스톤형 : 액셜형, 레이디얼형

해답 ④

075

유압 베인 모터의 1회전 당 유량이 50cc일 때, 공급 압력을 800N/cm², 유량을 30L/min 으로 할 경우 베인 모터의 회전수는 약 몇 rpm인가? (단, 누설량은 무시한다.)

① 600　　　　　　　　② 1200
③ 2666　　　　　　　④ 5333

해설 (비유량) $q = \dfrac{Q}{N}$, $50\text{cc/rev} = \dfrac{30000\text{cc/min}}{N}$, $N = 600[\text{rpm}]$

해답 ①

076

그림과 같은 유압 잭에서 지름이 $D_2 = 2D_1$ 일 때 누르는 힘 F_1 과 F_2의 관계를 나타낸 식으로 옳은 것은?

① $F_2 = F_1$　　② $F_2 = 2F_1$
③ $F_2 = 4F_1$　　④ $F_2 = 8F_1$

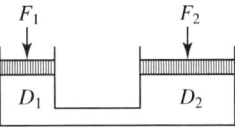

 $P_1 = P_2 : \dfrac{F_1}{A_1} = \dfrac{F_2}{A_2}$, $\dfrac{4F_1}{\pi D_1^2} = \dfrac{4F_2}{\pi(2D_1)^2}$, $F_2 = 4F_1$

해답 ③

077

다음 어큐뮬레이터의 종류 중 피스톤 형의 특징에 대한 설명으로 가장 적절하지 않은 것은?

① 대형도 제작이 용이하다.　　② 축유량을 크게 잡을 수 있다.
③ 형상이 간단하고 구성품이 적다.　　④ 유실에 가스 침입의 염려가 없다.

축압기(어큐뮬레이터)의 종류
① 공기압축형
　㉠ 블래더형(기체봉입형) : 유실에 가스침입 없다. 대형제작 용이 가장 많이 사용
　㉡ 다이어프램프(판형) : 유실에 가스침입 없다. 소형 고압용 적당
　㉢ 피스톤형(실린더형) : 형상이 간단하고 축유량을 크게 잡을 수 있다. 대형 제작이 가능하다. 단점으로는 유실에 가스침입이 발생할 수 있다.
② 중추형 : 일정 유압 공급이 가능, 외부누설 방지 곤란
③ 스프링형 : 저압용에 사용, 소형으로 가격이 싸다.

해답 ④

078
주로 펌프의 흡입구에 설치되어 유압작동유의 이물질을 제거하는 용도로 사용하는 기기는?

① 드레인 플러그 ② 스트레이너
③ 블래더 ④ 배플

해설 스트네이너 : 주로 펌프의 흡입구에 설치되어 유압작동유의 이물질을 제거하는 용도로 사용하는 기기이다.

해답 ②

079
카운터 밸런스 밸브에 관한 설명으로 옳은 것은?

① 두 개 이상의 분기 회로를 가질 때 각 유압 실린더를 일정한 순서로 순차 작동시킨다.
② 부하의 낙하를 방지하기 위해서, 배압을 유지하는 압력제어 밸브이다.
③ 회로 내의 최고 압력을 설정해 준다.
④ 펌프를 무부하 운전시켜 동력을 절감시킨다.

해설 **카운터밸런스밸브**(counterbalance valve)
부하의 낙하를 방지하기 위해 배압을 부여하는 밸브, 한 방향의 흐름에는 설정된 배압을 주고 반대방향의 흐름을 자유흐름으로 하는 밸브

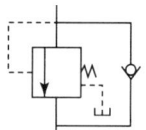

해답 ②

080
유압 기본회로 중 미터인 회로에 대한 설명으로 옳은 것은?

① 유량제어 밸브는 실린더에서 유압작동유의 출구 측에 설치한다.
② 유량제어 밸브를 탱크로 바이패스 되는 관로 쪽에 설치한다.
③ 릴리프밸브를 통하여 분기되는 유량으로 인한 동력손실이 크다.
④ 압력설정 회로로 체크밸브에 의하여 양방향만의 속도가 제어된다.

해설 **미터 인 회로법**
유량조정 밸브를 실린더 앞에 부착, 실린더에 들어가는 유량을 제어하고 나머지 유량은 릴리프 밸브에서 기름 탱크로 복귀시키고 있는 회로이다. 이 회로의 효율은 좋다고는 할 수 없으나 부하 변동이 크고 피스톤의 움직임에 대해 정방향의 부하가 가해지는 경우 적합하다.

해답 ③

제5과목 기계제작법 및 기계동력학

081 압축된 스프링으로 100g의 추를 밀어 올려 위에 있는 종을 치는 완구를 설계하려고 한다. 스프링 상수가 80N/m라면 종을 치게 하기 위한 최소의 스프링 압축량은 약 몇 cm인가? (단, 그림의 상태는 스프링이 전혀 변형되지 않은 상태이며 추가 종을 칠 때는 이미 추와 스프링은 분리된 상태이다. 또한 중력은 아래로 작용하고 스프링의 질량은 무시한다.)

① 8.5cm
② 9.9cm
③ 10.6cm
④ 12.4cm

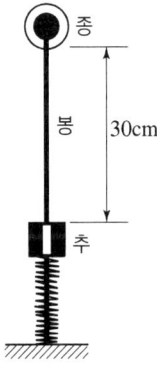

해설 위치에너지 = 탄성에너지

$$m \times g \times (0.3 + x) = \frac{1}{2} \times K \times x^2$$

$$0.1 \times 9.8 \times (0.3 + x) = \frac{1}{2} \times 80 \times x^2$$

$$x = 0.0988 ≒ 9.9\text{cm}$$

해답 ②

082 그림과 같은 진동계에서 무게 W는 22.68N, 댐핑계수 C는 0.0579N·s/cm, 스프링 정수 K가 0.357N/cm일 때 감쇠비(damping ratio)는 약 얼마인가?

① 0.19
② 0.22
③ 0.27
④ 0.32

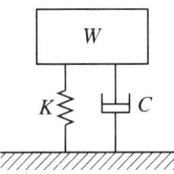

해설 $C = 5.79 \dfrac{\text{N} \cdot \text{s}}{\text{m}}$

$K = 35.7 \text{N/m}$

$m = \dfrac{W}{g} = \dfrac{22.68}{9.8} = 2.314 \text{kg}$

(감쇠비) $\varphi = \dfrac{C}{C_c} = \dfrac{C}{2\sqrt{mK}} = \dfrac{5.79}{2\sqrt{2.314 \times 35.7}} = 0.318$

해답 ④

083

경사면에 질량 M의 균일한 원기둥이 있다. 이 원기둥에 감겨 있는 실을 경사면과 동일한 방향으로 위쪽으로 잡아당길 때, 미끄럼이 일어나지 않기 위한 실의 장력 T의 조건은? (단, 경사면의 각도를 θ, 경사면과 원기둥사이의 마찰계수를 μ_s, 중력가속도를 g라 한다.)

① $T \leq Mg(3\mu_s \sin\theta + \cos\theta)$
② $T \leq Mg(3\mu_s \sin\theta - \cos\theta)$
③ $T \leq Mg(3\mu_s \cos\theta - \sin\theta)$
④ $T \leq Mg(3\mu_s \cos\theta + \sin\theta)$

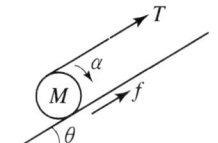

해설 (경사면의 힘의 합) $\sum F \geq Ma_t$

(접선 가속도) $a_t = \alpha \times R$
$\sum F \geq M \times \alpha \times R$
$\sum F = +T - Mg\sin\theta + f$
$+T - Mg\sin\theta + f \geq M \times \alpha \times R$ ·················· (1)식

(경사면의 모멘트의 평형조건) $\sum T_m = J_G \times \alpha \ +\curvearrowleft$
$\sum T_m = +T \times R - f \times R$
$J_G \times \alpha = \dfrac{1}{2}MR^2 \times \alpha$
$+T \times R - f \times R = \dfrac{1}{2}MR^2 \times \alpha$
$T - f = \dfrac{1}{2}MR \times \alpha$
$2T - 2f = MR \times \alpha$ ·················· (2)식

(2)식을 (1)식에 대입
$+T - Mg\sin\theta + f \geq 2T - 2f$
$3f - Mg\sin\theta \geq T$
$3\mu_c Mg\cos\theta - Mg\sin\theta \geq T$
$Mg(3\mu_c\cos\theta - \sin\theta) \geq T$

해답 ④

084

펌프가 견고한 지면 위의 네 모서리에 하나씩 총 4개의 동일한 스프링으로 지지되어 있다. 이 스프링의 정적 처짐이 3cm일 때, 이 기계의 고유진동수는 약 몇 Hz인가?

① 3.5
② 7.6
③ 2.9
④ 4.8

해설

(고유진동수) $f_n = \dfrac{w_n}{2\times\pi} = \dfrac{\sqrt{\dfrac{g}{\delta}}}{2\times\pi} = \dfrac{\sqrt{\dfrac{9.8}{0.03}}}{2\times\pi} = 2.87\text{Hz}$

해답 ③

085 그림과 같이 2개의 질량이 수평으로 놓인 마찰이 없는 막대 위를 미끄러진다. 두 질량의 반발계수가 0.6일 때 충돌 후 A의 속도(u_A)와 B의 속도(u_B)로 옳은 것은?

① $u_A=3.65\text{m/s}$, $u_B=1.25\text{m/s}$
② $u_A=1.25\text{m/s}$, $u_B=3.65\text{m/s}$
③ $u_A=3.25\text{m/s}$, $u_B=1.65\text{m/s}$
④ $u_A=1.65\text{m/s}$, $u_B=3.25\text{m/s}$

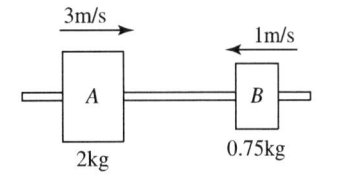

 $e=\dfrac{u_B-u_A}{V_A-V_B}$, $0.6=\dfrac{u_B-u_A}{+3-(-1)}$

$u_B-u_A=2.4$ ··· ①식

$m_A V_A + m_B V_B = m_A u_A + m_B u_B$

$(2\times 3)+(0.75\times -1)=2u_A+0.75u_B$

$5.25=2u_A+0.75u_B$ ·· ②식

①식과 ②식을 연립하여 풀면
$u_B=3.65\text{m/s}$ (방향 →)
$u_A=1.25\text{m/s}$ (방향 →)

해답 ②

---

086 다음 설명 중 뉴턴(Newton)의 제 1법칙으로 맞는 것은?

① 질점의 가속도는 작용하고 있는 합력에 비례하고 그 합력의 방향과 같은 방향에 있다.
② 질점에 외력이 작용하지 않으면, 정지상태를 유지하거나 일정한 속도로 일직선상에서 운동을 계속한다.
③ 상호작용하고 있는 물체간의 작용력과 반작용력은 크기가 같고 방향이 반대이며, 동일직선상에 있다.
④ 자유낙하하는 모든 물체는 같은 가속도를 가진다.

해설 뉴턴(Newton)법칙
① 1법칙 : 관성의 법칙, 제1법칙은 관성의 법칙이나 갈릴레이의 법칙으로도 불린다. 물체의 질량 중심은 외부 힘이 작용하지 않는 한 일정한 속도로 움직인다. 또한 외력이 작용하니 않으면 정지상태인 것은 정지상태를 유지 한다.
② 2법칙 : 가속도의 법칙
  $\sum F=ma$
③ 제3법칙 : 작용과 반작용의 법칙

해답 ②

087

그림과 같은 질량은 3kg인 원판의 반지름이 0.2m일 때, $x-x'$축에 대한 질량관성 모멘트의 크기는 약 몇 kg·m²인가?

① 0.03 ② 0.04
③ 0.05 ④ 0.06

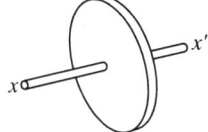

해설 $J_{x-x} = \dfrac{mR^2}{2} = \dfrac{3 \times 0.2^2}{2} = 0.06 \text{kg} \cdot \text{m}^2$

해답 ④

088

공을 지면에서 수직방향으로 9.81m/s의 속도로 던져졌을 때 최대 도달 높이는 지면으로부터 약 몇 m인가?

① 4.9 ② 9.8
③ 14.7 ④ 19.6

해설 $2 \times -g \times h = V_2^2 - V_1^2$, 최고점의 높이($h_{\max}$)일 때는 $V_2 = 0$

$h_{\max} = \dfrac{V_1^2}{2g} = \dfrac{9.81^2}{2 \times 9.81} = 4.905\text{m} \fallingdotseq 4.9\text{m}$

해답 ①

089

엔진(질량 m)의 진동이 공장바닥에 직접 전달될 때 바닥에는 힘이 $F_o \sin\omega t$로 전달된다. 이때 전달되는 힘을 감소시키기 위해 엔진과 바닥 사이에 스프링(스프링상수 k)과 댐퍼(감쇠계수 c)를 달았다. 이를 위해 진동계의 고유진동수(ω_n)와 외력의 진동수(ω)는 어떤 관계를 가져야 하는가? (단, $\omega_n = \sqrt{\dfrac{k}{m}}$ 이고, t는 시간을 의미한다.)

① $\omega_n < \omega$ ② $\omega_n > \omega$
③ $\omega_n < \dfrac{\omega}{\sqrt{2}}$ ④ $\omega_n > \dfrac{\omega}{\sqrt{2}}$

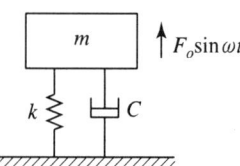

해설
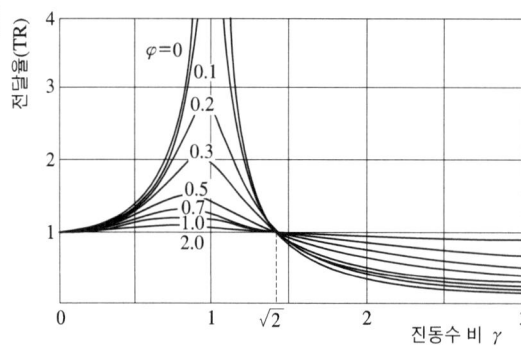

진동에 의해 전달되는 힘을 감소시키기 위해서는 힘 전달률(T_R)이 1보다 작아야 된다. 즉 진동수비(γ)는 $\sqrt{2}$ 보다 커야 된다.

(진동수 비) $\gamma = \dfrac{\omega}{\omega_n}$

$\sqrt{2} < \dfrac{\omega}{\omega_n}$, $\omega_n < \dfrac{\omega}{\sqrt{2}}$

해답 ③

090 그림(a)를 그림(b)와 같이 모형화 했을 때 성립되는 관계식은?

① $\dfrac{1}{k_{eq}} = \dfrac{1}{k_1} + \dfrac{1}{k_2}$

② $k_{eq} = k_1 + k_2$

③ $k_{eq} = k_1 + \dfrac{1}{k_2}$

④ $k_{eq} = \dfrac{1}{k_1} + \dfrac{1}{k_2}$

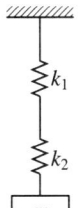
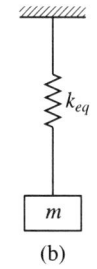

(a)　　(b)

해설 (스프링의 직렬연결) $\dfrac{1}{k_{eq}} = \dfrac{1}{k_1} + \dfrac{1}{k_2}$

해답 ①

091 사형(砂型)과 금속형(金屬型)을 사용하며 내마모성이 큰 주물을 제작할 때 표면은 백주철이 되고 내부는 회주철이 되는 주조 방법은?

① 다이캐스팅법　　② 원심주조법
③ 칠드주조법　　④ 셀주조법

해설 특수 주조법
① 칠드주조법 : 사형(砂型)과 금속형(金屬型)을 사용하며, 내마모성이 큰 물을 제작할 때 표면은 백주철(Fe_3C), 내부는 회주철이 된다.
② 원심주조법 : 주형을 고속회전 시켜 원심력에 의해 코 없이 중공주물 제작(피스톤링, 실린더 라이너 등의 제작)
③ 다이캐스팅 : 금형에 고압으로 주입시켜 소형 및 정밀한 주물 제작(대량생산, 표면 깨끗). 사용 재료 : 아연, 알루미늄, 구리 등의 합금
④ 셀 몰드법 : 규소모래와 열경화성 수지
⑤ 인베스트먼트법 : 모형을 왁스나 파라핀으로 만든 다음 내화물질을 칠하고 용융된 내화성 주형재를 부착시켜 굳힌 후 가열 하여 왁스를 제거하여 주형 제작(표면 깨끗하고 복잡한 형상의 주물 제작)

해답 ③

092 불활성 가스가 공급되면서 용가재인 소모성 전극와이어를 연속적으로 보내서 아크를 발생시켜 용접하는 불활성 가스 아크 용접법은?

① MIG 용접　　　　　　　② TIG 용접
③ 스터드 용접　　　　　　④ 레이저 용접

해설 **불활성 가스 금속 아크 용접**(MIG 용접)
① 원리 : 용접할 부분을 공기와 차단된 상태에서 용접하기 위해 불활성 가스(아르곤, 헬륨)에 용가재인 소모성 전극 와이어 연속적으로 용접부에 공급하면서 용접하는 방법이다.
② 특징
　㉠ 대체로 모든 금속의 용접이 가능하다.(두께 3mm이상일 경우)
　㉡ 용제를 사용하지 않으므로 슬래그(slag)가 없어 용접 후 청소할 필요 없다.
　㉢ Spatter나 합금 원소의 손실이 적으며, 값이 비싸다.
　㉣ 전자세 용접이 가능하며, 용접 가능한 판의 두께 범위가 넓다.
　㉤ 능률이 높다.

해답 ①

093 절삭 공구에 발생하는 구성 인선의 방지법이 아닌 것은?

① 절삭 깊이를 작게 할 것
② 절삭 속도를 느리게 할 것
③ 절삭 공구의 인선을 예리하게 할 것
④ 공구 윗면 경사각(rake angle)을 크게 할 것

해설 **구성인선방지책**
① 절삭 깊이를 적게 한다.　　② 경사각을 크게 한다.
③ 공구의 인선을 예리하게 한다.　④ 절삭 속도를 높인다.
⑤ 칩과 바이트 사이의 윤활을 완전하게 한다.

해답 ②

094 압연가공에서 압하율을 나타내는 공식은? (단, H_o는 압연전의 두께, H_1은 압연후의 두께이다.)

① $\dfrac{H_1 - H_o}{H_1} \times 100(\%)$　　　　② $\dfrac{H_o - H_1}{H_o} \times 100(\%)$

③ $\dfrac{H_1 + H_o}{H_o} \times 100(\%)$　　　　④ $\dfrac{H_1}{H_o} \times 100(\%)$

해설 (압하율) $\epsilon = \dfrac{H_0 - H_1}{H_0}$
여기서, H_0 : 압연 전의 두께, H_1 : 압연 후의 두께

해답 ②

095
0℃ 이하의 온도에서 냉각시키는 조직으로 공구강의 경도가 증가 및 성능을 향상시킬 수 있으며, 담금질된 오스테나이트를 마텐자이트화하는 열처리법은?

① 질량 효과(mass effect) ② 완전 풀림(full annealing)
③ 화염 경화(frame hardening) ④ 심냉 처리(sub-zero treatment)

해설 **심냉처리(Sub-Zero Treatment)** : 담금질 후 0℃이하의 온도까지 냉각시켜 잔류오스테나이트를 마텐자이트화 하는 것이다. 방법으로는 일정 시간동안 액체질소를 투여하여 극저온에서 금속을 처리하는 기술로써 물성을 보다 향상시킬 수 있는 공정이다.

해답 ④

096
연삭가공을 한 후 가공표면을 검사한 결과 연삭 크랙(crack)이 발생되었다. 이 때 조치하여야 할 사항으로 옳지 않은 것은?

① 비교적 경(硬)하고 연삭성이 좋은 지석을 사용하고 이송을 느리게 한다.
② 연삭액을 사용하여 충분히 냉각시킨다.
③ 결합도가 연한 숫돌을 사용한다.
④ 연삭 깊이를 적게 한다.

해설 **연삭균열(Crack)** : 연삭에 의한 발열로 공작물 표면이 고온이 되어 열팽창 또는 재질 변화에 의한 균열 발생
① 그물 모양으로 나타남
② 탄소강에 주로 나타남
③ 담금질한 강에서도 발생하기 쉬움
④ 질화, 탄화 표면경화 처리한 공작물, 합금강에서 균열 발생 경향 높음
⑤ 방지 : 연한 숫돌 사용하고 연삭깊이를 작게 하고 이송을 크게 하여 발열량을 적게 주거나 연삭액 사용하여 냉각실리케이트 숫돌 사용 효과적임

해답 ①

097
다음 중 아크(Arc) 용접봉의 피복제 역할에 대한 설명으로 가장 적절한 것은?

① 용착효율을 낮춘다. ② 전기 통전 작용을 한다.
③ 응고와 냉각속도를 촉진시킨다. ④ 산화방지와 산화물의 제거작용을 한다.

해설 **피복제의 역할**
① 공기 중의 산소나 질소의 침입을 방지하여, 피복재의 연소 가스의 이온화에 의하여 전류가 끊어졌을 때에도 계속 아크를 발생시키므로 안정된 아크를 얻을 수 있도록 한다.
② 슬래그(slag)를 형성하여 용접부의 급냉을 방지하며, 용착 금속에 필요한 원소를 보충한다.
③ 불순물과 친화력이 강한 재료를 사용하여 용착 금속을 정련한다.
④ 붕사, 산화티탄 등을 사용하여 용착 금속의 유동성을 좋게 한다.
⑤ 좁은 틈에서 작업할 때 절연 작용을 한다.

해답 ④

098

다음 중 연삭숫돌의 결합제(bond)로 주성분이 점토와 장석이고, 열에 강하고 연삭액에 대해서도 안전하므로 광범위하게 사용되는 결합제는?

① 비트리파이드
② 실리케이트
③ 레지노이드
④ 셀락

해설 **비트리파이드 결합제**(vitrified bond) : 연삭숫돌의 표시 방법. "V"로 표시
주성분이 점토와 장석이고, 열에 강하고 연삭액에 대해서도 안전하므로 광범위하게 사용된다. 단점으로는 강도가 강하지 못하고 지름이 크거나 얇은 숫돌바퀴에는 맞지 않음

해답 ①

099

두께 4mm인 탄소강판에 지름 1000mm의 펀칭을 할 때 소요되는 동력은 약 kW인가? (단, 소재의 전단저항은 245.25MPa, 프레스 슬라이드의 평균속도는 5m/min, 프레스의 기계효율(η)은 65% 이다.)

① 146
② 280
③ 396
④ 538

해설 (기계효율) $\eta = \dfrac{(\text{전단력})F \times (\text{프레스속도})V}{(\text{소요동력})H}$

(전단력) $F = \tau \times A = 245.25 \times (\pi \times 1000 \times 4) = 3084415.67 \text{N}$

$0.65 = \dfrac{3084415.67 \times \dfrac{5}{60}}{H}$

(소요동력) $H = 395437.9\text{W} \fallingdotseq 396\text{kW}$

해답 ③

100

회전하는 상자 속에 공작물과 숫돌입자, 공작액, 콤파운드 등을 넣고 서로 충돌시켜 표면의 요철을 제거하며 매끈한 가공면을 얻는 가공법은?

① 호닝(honing)
② 배럴(barrel) 가공
③ 숏 피닝(shot peening)
④ 슈퍼 피니싱(super finishing)

해설 **배럴(barrel)가공** : 8각형 또는 6각형으로 된 배럴(용기) 속에 가공물과 연마제(研磨劑) 및 매제(媒劑)를 넣고 물을 첨가하여 회전시켜 공작물의 표면을 연마하거나 광택을 내는 가공법을 말한다.

해답 ②

일반기계기사

2018년 9월 15일 시행

제1과목 재료역학

001 다음 단면에서 도심의 y축 좌표는 얼마인가?

① 30
② 34
③ 40
④ 44

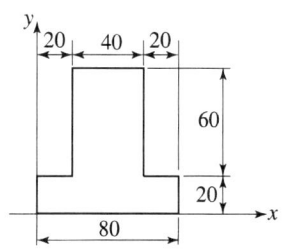

해설 (도심의 y축 좌표) $\bar{y} = \dfrac{A_1\bar{y_1} + A_2\bar{y_2}}{A_1 + A_2} = \dfrac{(80 \times 20) \times 10 + (40 \times 60) \times 50}{(80 \times 20) + (40 \times 60)} = 34$

해답 ②

002 그림과 같이 원형 단면을 갖는 외팔보에 발생하는 최대 굽힘응력 σ_b는?

① $\dfrac{32Pl}{\pi d^3}$
② $\dfrac{32Pl}{\pi d^4}$
③ $\dfrac{6Pl}{\pi d^2}$
④ $\dfrac{\pi d}{6Pl}$

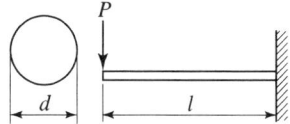

해설 (최대굽힘응력) $\sigma_b = \dfrac{M}{Z} = \dfrac{Pl}{\dfrac{\pi d^3}{32}} = \dfrac{32Pl}{\pi d^3}$

해답 ①

003 양단이 힌지로 된 길이 4m인 기둥의 임계하중을 오일러 공식을 사용하여 구하면 약 몇 N인가? (단, 기둥의 세로탄성계수 E = 200GPa이다.)

① 1645
② 3290
③ 6580
④ 13160

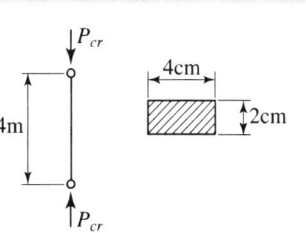

635

해설

(기둥의 임계하중) $P_{cr} = \dfrac{n\pi^2 EI}{L^2} = \dfrac{1 \times \pi^2 \times 200 \times 10^3 \times \dfrac{40 \times 20^3}{12}}{4000^2}$
$= 3289.868\text{N} \fallingdotseq 3290\text{N}$

해답 ②

004

길이가 50cm인 외팔보의 자유단에 정적인 힘을 가하여 자유단에서의 처짐량이 1cm가 되도록 외팔보를 탄성변형 시키려고 한다. 이때 필요한 최소한의 에너지는 약 몇 J인가? (단, 외팔보의 세로탄성계수는 200GPa, 단면은 한 변의 길이가 2cm인 정사각형이라고 한다.)

① 3.2
② 6.4
③ 9.6
④ 12.8

해설

(집중하중크기) $P = \dfrac{\delta \times 3EI}{L^3} = \dfrac{10 \times 3 \times 200 \times 10^3 \times \dfrac{20^4}{12}}{500^3} = 640\text{N}$

(에너지) $U = \dfrac{1}{2} P \times \delta = \dfrac{1}{2} \times 640 \times 0.01 = 3.2\text{J}$

해답 ①

005

그림에서 클램프(clamp)의 압축력이 $P = 5\text{kN}$일 때 $m - n$ 단면의 최소두께 h를 구하면 약 몇 cm인가? (단, 직사각형 단면의 폭 $b = 10\text{mm}$, 편심거리 $e = 50\text{mm}$, 재료의 허용응력 $\sigma_w = 200\text{MPa}$이다.)

① 1.34
② 2.34
③ 2.86
④ 3.34

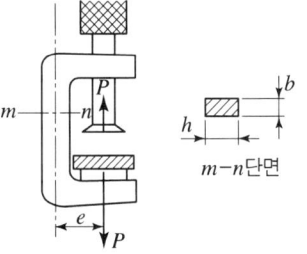

$m-n$단면

해설

$\sigma_w = \sigma_n + \sigma_b = \dfrac{P}{b \times h} + \dfrac{P \cdot e \times 6}{bh^2}$

$200 = \dfrac{5 \times 10^3}{10 \times h} + \dfrac{(5 \times 10^3) \times 50 \times 6}{10 \times h^2}$ 에서

$h = 28.66\text{mm} = 2.86\text{cm}$

해답 ③

006

강선의 지름이 5mm이고 코일의 반지름이 50mm인 15회 감긴 스프링이 있다. 이 스프링에 힘이 작용할 때 처짐량이 50mm일 때, P는 약 몇 N인가? (단, 재료의 전단탄성계수 $G=100$GPa이다.)

① 18.32
② 22.08
③ 26.04
④ 28.43

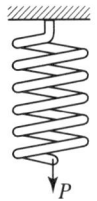

해설 (처짐량) $\delta = \dfrac{8PD^3 n}{Gd^4}$

(하중) $P = \dfrac{\delta \times Gd^4}{8D^3 n} = \dfrac{50 \times 100 \times 10^3 \times 5^4}{8 \times 100^3 \times 15} = 26.0416$N

해답 ③

007

지름이 d인 강봉의 지름을 2배로 했을 때 비틀림 강도는 몇 배가 되는가?

① 2배
② 4배
③ 8배
④ 16배

해설 (지름 d일 때 극단면계수) $Z_P = \dfrac{\pi d^3}{16}$

(지름 $2d$일 때 극단면계수) $Z_P' = \dfrac{\pi (2d)^3}{16} = 8 Z_P$

해답 ③

008

그림과 같이 단순 지지보가 B점에서 반시계 방향의 모멘트를 받고 있다. 이때 최대의 처짐이 발생하는 곳은 A점으로부터 얼마나 떨어진 거리인가?

① $\dfrac{L}{2}$
② $\dfrac{L}{\sqrt{2}}$
③ $L\left(1 - \dfrac{1}{\sqrt{3}}\right)$
④ $\dfrac{L}{\sqrt{3}}$

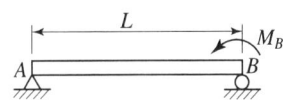

해설 단순보의 끝단에 우력(M)이 작용할 때

A단의 굽힘각: $\theta_A = y'_{x=0} = \dfrac{M_o l}{6EI}$

B단의 굽힘각: $\theta_B = y'_{x=l} = \dfrac{M_o l}{3EI}$

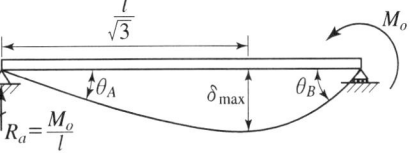

∴ $x = \dfrac{l}{\sqrt{3}}$ 위치에서 $\delta_{\max}$가 발생된다.

최대 처짐량: $\delta_{\max} = \dfrac{M_o l^2}{9\sqrt{3}\, EI}$

해답 ④

009

포아송(Poission)비가 0.3인 재료에서 세로탄성계수(E)가 가로탄성계수(G)의 비 (E/G)는?

① 0.15
② 1.5
③ 2.6
④ 3.2

해설 $1Em = 2G(m+1) = 3K(m-2)$

$$\frac{E}{G} = \frac{2(m+1)}{m} = \frac{2\left(\frac{1}{0.3}+1\right)}{\frac{1}{0.3}} = 2.6$$

해답 ③

010

그림과 같은 양단 고정보에서 고정단 A에서 발생하는 굽힘 모멘트는? (단, 보의 굽힘 강성계수는 EI이다.)

① $M_A = \dfrac{Pab}{L}$

② $M_A = \dfrac{Pab(a-b)}{L}$

③ $M_A = \dfrac{Pab}{L} \times \dfrac{a}{L}$

④ $M_A = \dfrac{Pab}{L} \times \dfrac{b}{L}$

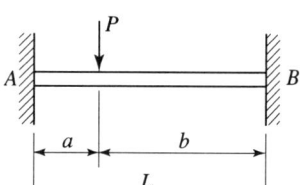

해설 $M_A = \dfrac{Pab^2}{L^2}$, $M_B = \dfrac{Pa^2b}{L^2}$

$R_A = \dfrac{Pb^2}{L^3}(L+2a)$, $R_B = \dfrac{Pa^2}{L^3}(L+2b)$

해답 ④

011

그림과 같은 선형 탄성 균일단면 외팔보의 굽힘 모멘트 선도로 가장 적당한 것은?

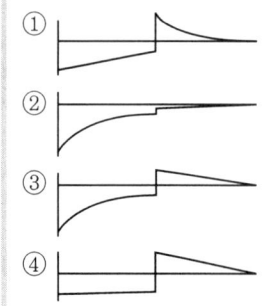

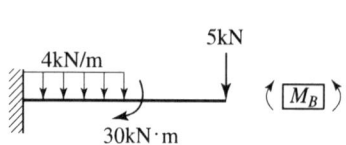

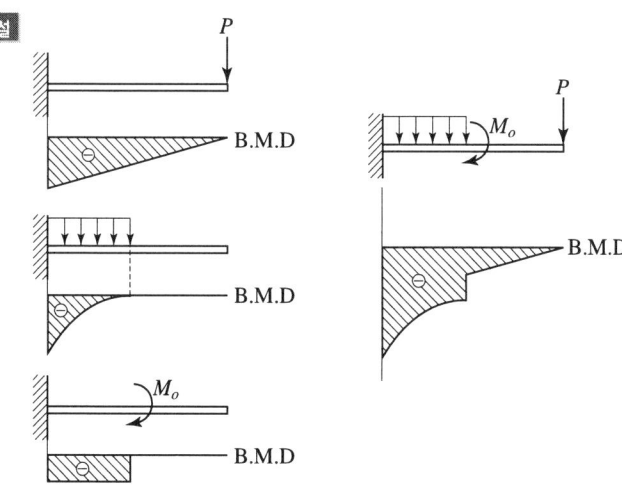

012

다음 단면의 도심 축($X-X$)에 대한 관성모멘트는 약 몇 m⁴인가?

① 3.627×10^{-6}
② 4.627×10^{-7}
③ 4.933×10^{-7}
④ 6.893×10^{-6}

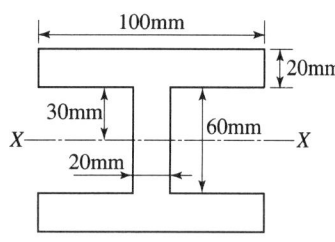

해설 (도심축 $x-x$)관성모멘트

$$I_x = \frac{100 \times 100^3}{12} - 2 \times \frac{40 \times 60^3}{12} = 6893333.33 \mathrm{mm}^4 = 6.893 \times 10^{-6} \mathrm{m}^4$$

해답 ④

013

한 변의 길이가 10mm인 정사각형 단면의 막대가 있다. 온도를 60℃ 상승시켜서 길이가 늘어나지 않게 하기 위해 8kN의 힘이 필요할 때 막대의 선팽창계수(α)는 약 몇 ℃⁻¹인가? (단, 탄성계수 E=200GPa이다.)

① $\frac{5}{3} \times 10^{-6}$
② $\frac{10}{3} \times 10^{-6}$
③ $\frac{15}{3} \times 10^{-6}$
④ $\frac{20}{3} \times 10^{-6}$

해설 (열응력) $\sigma_{th} = E \times \alpha \times \Delta T = \dfrac{P_{th}}{A}$

(선팽창계수) $\alpha = \dfrac{P_{th}}{A} \times \dfrac{1}{E \times \Delta T} = \dfrac{8000}{100} \times \dfrac{1}{200 \times 10^3 \times 60} = \dfrac{20}{3} \times 10^{-6} \left[\dfrac{1}{℃}\right]$

해답 ④

014

그림과 같은 단순 지지보에서 길이(l)는 5m, 중앙에서 집중하중 P가 작용할 때 최대 처짐이 43mm라면 이때 집중하중 P의 값은 약 몇 kN인가? (단 보의 단면 폭(b)×높이(h)=5cm×12cm, 탄성계수 E=210GPa로 한다.)

① 50
② 38
③ 25
④ 16

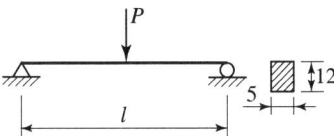

해설 (최대처짐) $\delta = \dfrac{Pl^3}{48EI}$

(집중하중) $P = \dfrac{\delta \times 48EI}{l^3} = \dfrac{43 \times 48 \times 210000 \times \dfrac{50 \times 120^3}{12}}{5000^3} = 24966.144\text{N} \fallingdotseq 25\text{kN}$

해답 ③

015

길이가 l인 외팔보에서 그림과 같이 삼각형 분포하중을 받고 있을 때 최대 전단력과 최대 굽힘모멘트는?

① $\dfrac{wl}{2}, \dfrac{wl^2}{6}$
② $wl, \dfrac{wl^2}{3}$
③ $\dfrac{wl}{2}, \dfrac{wl^2}{3}$
④ $\dfrac{wl^2}{2}, \dfrac{wl}{6}$

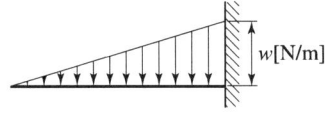

해설

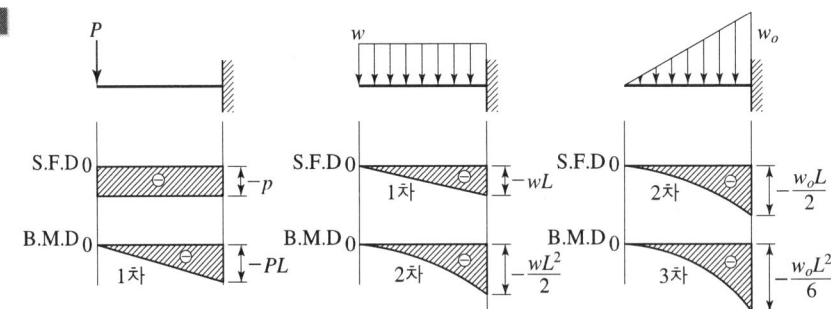

해답 ①

016

400rpm으로 회전하는 바깥지름 60mm, 안지름 40mm인 중공 단면축의 허용 비틀림 각도가 1°일 때 이 축이 전달할 수 있는 동력의 크기는 약 몇 kW인가? (단, 전단 탄성계수 G=80GPa, 축 길이 L=3m이다.)

① 15
② 20
③ 25
④ 30

640

해설 (비틀림각) $\theta = \dfrac{TL}{GI_p}$

(토크) $T = \dfrac{\theta \times GI_p}{L} = \dfrac{1 \times \dfrac{\pi}{180} \times 80 \times 10^3 \times \dfrac{\pi}{32}(60^4 - 40^4)}{3000}$
$= 475203.17 \text{N} \cdot \text{mm} \fallingdotseq 475.203 \text{N} \cdot \text{m}$

(동력) $H = T \times \dfrac{2\pi N}{60} = 475.203 \times \dfrac{2\pi \times 400}{60} = 19905.256 \text{W} \fallingdotseq 20 \text{kW}$

해답 ②

017

볼트에 7200N의 인장하중을 작용시키면 머리부에 생기는 전단응력은 몇 MPa인가?

① 2.55
② 3.1
③ 5.1
④ 6.25

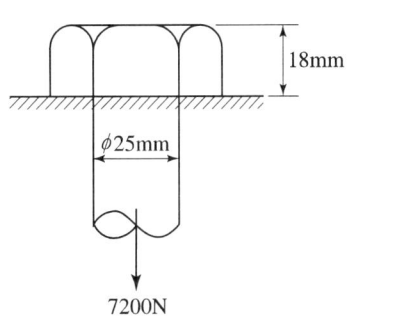

해설 (전단응력) $\tau = \dfrac{P}{\pi dh} = \dfrac{7200}{\pi \times 25 \times 18} = 5.09 \text{MPa} \fallingdotseq 5.1 \text{MPa}$

해답 ③

018

그림과 같은 구조물에 1000N의 물체가 매달려 있을 때 두 개의 강선 AB와 AC에 작용하는 힘의 크기는 약 몇 N인가?

① $AB = 732$, $AC = 897$
② $AB = 707$, $AC = 500$
③ $AB = 500$, $AC = 707$
④ $AB = 897$, $AC = 732$

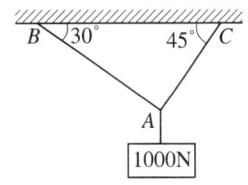

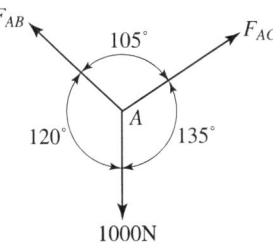

$\dfrac{1000}{\sin 105} = \dfrac{F_{AB}}{\sin 135} = \dfrac{F_{AC}}{\sin 120}$

$F_{AB} = 732 \text{N}$, $F_{AC} = 896.57 \text{N}$

해답 ①

019

그림과 같이 스트레인 로제트(strain rosette)를 45°로 배열한 경우 각 스트레인 게이지에 나타나는 스트레인량을 이용하여 구해지는 전단 변형률 γ_{xy}는?

① $\sqrt{2}\,\epsilon_b - \epsilon_a - \epsilon_c$
② $2\epsilon_b - \epsilon_a - \epsilon_c$
③ $\sqrt{3}\,\epsilon_b - \epsilon_a - \epsilon_c$
④ $3\epsilon_b - \epsilon_a - \epsilon_c$

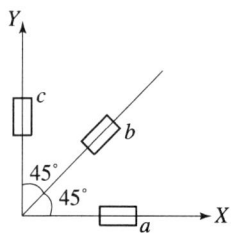

해설
$\epsilon_a = \epsilon_x,\ \epsilon_c = \epsilon_y$

$$\epsilon_b = \frac{(\epsilon_x + \epsilon_y)}{2} + \frac{(\epsilon_x - \epsilon_y)}{2}\cos 2\theta + \frac{\gamma_{xy}}{2}\sin 2\theta$$

$$= \frac{(\epsilon_x + \epsilon_y)}{2} + \frac{(\epsilon_x - \epsilon_y)}{2}\cos 90 + \frac{\gamma_{xy}}{2}\sin 90$$

$$= \frac{(\epsilon_x + \epsilon_y)}{2} + \frac{\gamma_{xy}}{2}$$

$2\epsilon_b = (\epsilon_x + \epsilon_y) + \gamma_{xy}$

$\gamma_{xy} = 2\epsilon_b - \epsilon_x - \epsilon_y = 2\epsilon_b - \epsilon_a - \epsilon_c$

해답 ②

020

단면적이 40cm²인 강봉에 그림과 같이 하중이 작용할 때 이 봉은 약 몇 cm 늘어나는가? (단, 세로탄성계수 $E = 210\text{GPa}$이다.)

① 0.80
② 0.24
③ 0.0028
④ 0.015

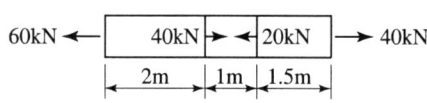

해설

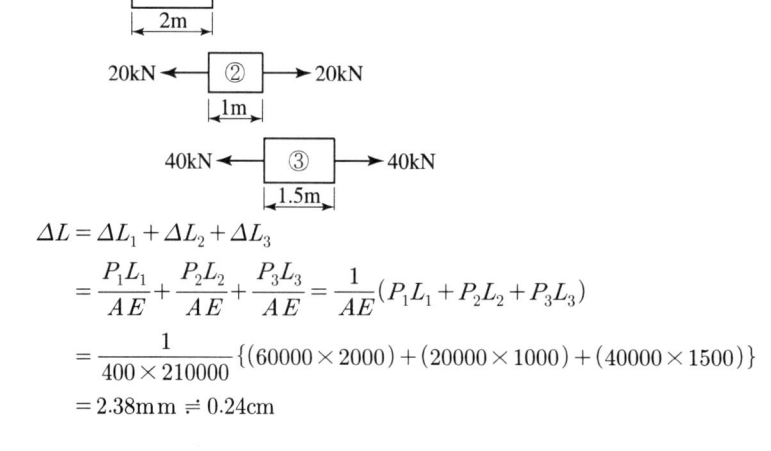

$\Delta L = \Delta L_1 + \Delta L_2 + \Delta L_3$

$$= \frac{P_1 L_1}{AE} + \frac{P_2 L_2}{AE} + \frac{P_3 L_3}{AE} = \frac{1}{AE}(P_1 L_1 + P_2 L_2 + P_3 L_3)$$

$$= \frac{1}{400 \times 210000}\{(60000 \times 2000) + (20000 \times 1000) + (40000 \times 1500)\}$$

$= 2.38\text{mm} \fallingdotseq 0.24\text{cm}$

해답 ②

제2과목 기계열역학

021 그림의 증기압축 냉동사이클(온도(T)-엔트로피(s) 선도)이 열펌프로 사용될 때의 성능계수는 냉동기로 사용될 때의 성능계수의 몇 배인가? (단, 각 지점에서의 엔탈피는 $h_1 = 180\text{kJ/kg}$, $h_2 = 210\text{kJ/kg}$, $h_3 = h_4 = 50\text{kJ/kg}$이다.)

① 0.81
② 1.23
③ 1.63
④ 2.12

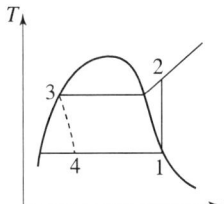

해설
(열펌프 성능계수) $\epsilon_H = \dfrac{(\text{고열원으로 보낸 열량})h_2 - h_3}{(\text{공급받은 일량})h_2 - h_1} = \dfrac{210 - 50}{210 - 180} = 5.33$

(냉동기 성능계수) $\epsilon_R = \dfrac{(\text{저열원에서 흡수한 열량})h_1 - h_4}{(\text{공급받은 일량})h_2 - h_1} = \dfrac{180 - 50}{210 - 180} = 4.33$

$\dfrac{\epsilon_H}{\epsilon_R} = \dfrac{5.33}{4.33} = 1.23$

해답 ②

022 물질이 액체에서 기체로 변해가는 과정과 관련하여 다음 설명 중 옳지 않은 것은?

① 물질의 포화온도는 주어진 압력 하에서 그 물질의 증발이 일어나는 온도이다.
② 물의 포화온도가 올라가면 포화압력도 올라간다.
③ 액체의 온도가 현재 압력에 대한 포화온도보다 낮을 때 그 액체를 압축액 또는 과냉각액이라 한다.
④ 어떤 물질이 포화온도 하에서 일부는 액체로 존재하고 일부는 증기로 존재할 때 전체 질량에 대한 액체 질량의 비를 건도로 정의한다.

해설 건도 $= \dfrac{\text{증기질량}}{\text{전체질량}}$

해답 ④

023 공기 1kg을 1MPa, 250°C의 상태로부터 등온과정으로 0.2MPa까지 압력변화를 할 때 외부에 대하여 한 일은 약 몇 kJ인가? (단, 공기는 기체상수가 0.287kJ/(kg · K)인 이상기체이다.)

① 157
② 242
③ 313
④ 465

해설 $_1W_2 = mRT_1 \ln\frac{P_1}{P_2} = 1 \times 0.287 \times (250+273) \times \ln\frac{1}{0.2} = 241.578\text{kJ} \fallingdotseq 242\text{kJ}$

해답 ②

024
100kPa의 대기압 하에서 용기 속 기체의 진공압이 15kPa이었다. 이 용기 속 기체의 절대압력은 약 몇 kPa인가?

① 85
② 90
③ 95
④ 115

해설 $P_{abs} = P_o - P_v = 100 - 15 = 85\text{kPa}$

해답 ①

025
다음 열역학 성질(상태량)에 대한 설명 중 옳은 것은?

① 엔탈피는 점함수(point function)이다.
② 엔트로피는 비가역과정에 대해서 경로함수이다.
③ 시스템 내 기체가 열팽창(thermal equilibrium) 상태라 함은 압력이 시간에 따라 변하지 않는 상태를 말한다.
④ 비체적은 종량적(extensive) 상태량이다.

해설
- 엔트로피는 변화과정 중에 열량의 이용가치를 나타내는 종량성 상태량이다.
- 시스템 내 기체가 열팽창 상태일 때는 압력의 변화가 변하고 열이 계 전체로 퍼져 나가는 상태이다.
- 비체적은 강도성 상태량이다.

해답 ①

026
피스톤 실린더로 구성된 용기 안에 이상 기체 공기 1kg이 400K, 200kPa 상태로 들어있다. 이 공기가 300K의 충분히 큰 주위로 열을 빼앗겨 온도가 양쪽 다 300K가 되었다. 그 동안 압력은 일정하다고 가정하고, 공기의 정압비열은 1.004kJ/(kg·K)일 때 공기와 주의를 합친 총 엔트로피 증가량은 약 몇 kJ/K인가?

① 0.0229
② 0.0458
③ 0.1674
④ 0.3347

해설 (총 엔트로피 증가량) $\Delta S = \Delta S_{공기} + \Delta S_{주위} = -0.288 + 0.334 = 0.046\text{kJ/K}$

(공기 엔트로피 증가량) $\Delta S_{공기} = mC_p \ln\frac{T_2}{T_1} = 1 \times 1.004 \times \ln\frac{300}{400} = -0.288\text{kJ/K}$

(주위 엔트로피 증가량) $\Delta S_{주위} = \frac{mC_p(T_{공기} - T_{주위})}{T_{주위}} = \frac{1 \times 1.004 \times (400-300)}{300}$
$= 0.334\text{kJ/K}$

해답 ②

027 폴리트로프 지수가 1.33인 기체가 폴리트로프 과정으로 압력이 2배가 되도록 압축된다면 절대온도는 약 몇 배가 되는가?

① 1.19배
② 1.42배
③ 1.85배
④ 2.24배

 $\dfrac{T_2}{T_1} = \left(\dfrac{P_2}{P_1}\right)^{\frac{n-1}{n}}$, $\dfrac{T_2}{T_1} = \left(\dfrac{2P_1}{P_1}\right)^{\frac{1.33-1}{1.33}} = 1.187 \fallingdotseq 1.19$

해답 ①

028 비열이 0.475kJ/(kg·K)인 철 10kg을 20℃에서 80℃로 올리는데 필요한 열량은 몇 kJ인가?

① 222
② 252
③ 285
④ 315

 $_1Q_2 = mC(T_2 - T_1) = 10 \times 0.475 \times (80-60) = 285\text{kJ}$

해답 ③

029 압축비가 7.5이고, 비열비가 1.4인 이상적인 오토 사이클의 열효율은 약 몇 %인가?

① 55.3
② 57.6
③ 48.7
④ 51.2

 $\eta_o = 1 - \left(\dfrac{1}{\epsilon}\right)^{k-1} = 1 - \left(\dfrac{1}{7.5}\right)^{1.4-1} = 0.5533 \fallingdotseq 55.3\%$

(압축비) $\epsilon = \dfrac{\text{실린더체적}}{\text{연소실체적}} = \dfrac{\text{연소실체적} + \text{행정체적}}{\text{연소실체적}}$

해답 ①

030 정압비열이 0.8418kJ/(kg·K)이고, 기체상수가 0.1889kJ/(kg·K)인 이상기체의 정적비열은 약 몇 kJ/(kg·K)인가?

① 4.456
② 1.220
③ 1.031
④ 0.653

 $R = C_P - C_V$

(정압비열) $C_P = R + C_V = 0.1889 + 0.8418 = 1.0307 \fallingdotseq 1.031\text{kJ/kg·K}$

해답 ④

과년도출제문제

031 산소(O_2) 4kg, 질소(N_2) 6kg, 이산화탄소(CO_2) 2kg으로 구성된 기체혼합물의 기체상수(kJ/(kg·K))는 약 얼마인가?

① 0.328　　　　　　　② 0.294
③ 0.267　　　　　　　④ 0.241

해설
$$R_m = \frac{m_1R_1 + m_2R_2 + m_3R_3}{m_1 + m_2 + m_3} = \frac{4 \times \frac{8.314}{32} + 6 \times \frac{8.314}{28} + 2 \times \frac{8.314}{44}}{4+6+2}$$
$$= 0.266 \text{kJ/kg·K}$$

해답 ③

032 열기관이 1100K인 고온열원으로부터 1000kJ의 열을 받아서 온도가 320K인 저온열원에서 600kJ의 열을 방출한다고 한다. 이 열기관이 클라우지우스 부등식 ($\oint \frac{\delta Q}{T} \leq 0$)을 만족하는지 여부와 동일온도 범위에서 작동하는 카르노열기관과 비교하여 효율은 어떠한가?

① 클라우지우스 부등식을 만족하지 않고, 이론적인 카르노열기관과 효율이 같다.
② 클라우지우스 부등식을 만족하지 않고, 이론적인 카르노열기관보다 효율이 크다.
③ 클라우지우스 부등식을 만족하고, 이론적인 카르노열기관과 효율이 같다.
④ 클라우지우스 부등식을 만족하고, 이론적인 카르노열기관보다 효율이 작다.

해설 (이론적인 carnot cycle의 효율) $\eta_c = 1 - \frac{T_L}{T_H} = 1 - \frac{320}{1100} = 0.709 = 70.9\%$

(열기관 효율) $\eta_E = 1 - \frac{Q_L}{Q_H} = 1 - \frac{600}{1000} = 0.4 = 40\%$

$\frac{Q_H}{T_H} - \frac{Q_L}{T_L} = \frac{1000}{1100} - \frac{600}{320} = -0.9659$

$\int \frac{\delta Q}{T} \leq 0$ 음소(-)값을 만족하므로 클라우지우스 부등식을 만족한다.
$\eta_c > \eta_E$ 열기관의 효율은 이론적인 carnot cycle의 효율보다 작다.

해답 ④

033 실린더 내부의 기체의 압력을 150kPa로 유지하면서 체적을 0.05m³에서 0.1m³까지 증가시킬 때 실린더가 한 일은 약 몇 kJ인가?

① 1.5　　　　　　　② 15
③ 7.5　　　　　　　④ 75

해설 (정압과정에서 한일) $_1W_2 = P \times (V_2 - V_1) = 150 \times (0.1 - 0.05) = 7.5 \text{kJ}$

해답 ③

034

4kg의 공기를 압축하는데 300kJ의 일을 소비함과 동시에 110kJ의 열량이 방출되었다. 공기온도가 초기에는 20℃이었을 때 압축 후의 공기온도는 약 몇 ℃인가? (단, 공기는 정적비열이 0.716kJ/(kg·K)인 이상기체로 간주한다.)

① 78.4
② 71.7
③ 93.5
④ 86.3

해설
$\Delta Q = \Delta U + \Delta W$
$(-110) = \Delta U + (-300)$
$\Delta U = 190 \text{kJ}$
$\Delta U = m \times C_V \times (T_2 - T_1)$, $190 = 4 \times 0.716 \times (T_2 - 20)$
(나중 온도) $T_2 = 86.34℃$

해답 ④

035

체적이 200L인 용기 속에 기체가 3kg 들어있다. 압력이 1MPa, 비내부에너지가 219kJ/kg일 때 비엔탈피는 약 몇 kJ/kg인가?

① 286
② 258
③ 419
④ 442

해설
(비엔탈피) $h = u + Pv = 219 + 1000 \times \dfrac{0.2}{3} = 285.667 ≒ 286 \text{kJ/kg}$

(비체적) $v = \dfrac{V}{m} = 0.2 \text{m}^3/3\text{kg}$

해답 ①

036

위치에너지의 변화를 무시할 수 있는 단열 노즐 내를 흐르는 공기의 출구속도가 600m/s이고 노즐 출구에서의 엔탈피가 입구에 비해 179.2kJ/kg 감소할 때 공기의 입구속도는 약 몇 m/s인가?

① 16
② 40
③ 225
④ 425

해설
$h_1 - h_2 = \dfrac{V_2^2 - V_1^2}{2}$

$179200 \text{J/kg} = \dfrac{600^2 - V_1^2}{2}$, $V_1 = 40 \text{m/s}$

해답 ②

037

그림과 같은 압력(P)-부피(V) 선도에서 $T_1=561K$, $T_2=1010K$, $T_3=690K$, $T_4=383K$인 공기(정압비열 1kJ/(kg·K))를 작동유체로 하는 이상적인 브레이턴 사이클(Brayton cycle)의 열효율은?

① 0.388
② 0.444
③ 0.316
④ 0.412

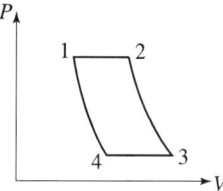

해설 $\eta_B = \dfrac{Q_H - Q_L}{Q_H} = 1 - \dfrac{Q_L}{Q_H} = 1 - \dfrac{(T_3 - T_4)}{(T_2 - T_1)} = 1 - \dfrac{(690-383)}{(1010-561)} = 0.3162 ≒ 31.62\%$

해답 ③

038

효율이 30%인 증기동력 사이클에서 1kW의 출력을 얻기 위하여 공급되어야 할 열량은 약 몇 kW인가?

① 1.25
② 2.51
③ 3.33
④ 4.90

해설 (열효율) $\eta = \dfrac{W_{net}}{Q_H}$, $0.3 = \dfrac{1kW}{Q_H}$, $Q_H = 3.33kW$

해답 ③

039

질량이 4kg인 단열된 강재 용기 속에 온도 25℃의 물 18L가 들어가 있다. 이 속에 200℃의 물체 8kg을 넣었더니 열평형에 도달하여 온도가 30℃가 되었다. 물의 비열은 4.187kJ/(kg·K)이고, 강제의 비열은 0.4648kJ/(kg·K)일 때 이 물체의 비열은 약 몇 kJ/(kg·K)인가? (단, 외부와의 열교환은 없다고 가정한다.)

① 0.244
② 0.267
③ 0.284
④ 0.302

해설
(강재용기의 온도) $T_A = 25℃$ (물의 온도) $T_B = 25℃$
(강재용기의 질량) $m_A = 4kg$ (물의 질량) $m_B = 18kg$
(강재용기의 비열) $C_A = 0.4686kJ/kg·K$ (물의 비열) $C_B = 4.187kJ/kg·K$
(물체의 온도) $T_C = 200℃$ (평균온도) $T_m = 30℃$
(물체의 질량) $m_C = 8kg$
(물체의 비열) C_C

$T_m = \dfrac{m_A C_A T_A + m_B C_B T_B + m_C C_C T_C}{m_A C_A + m_B C_B + m_C C_C}$

$30 = \dfrac{(4 \times 0.4648 \times 25) + (18 \times 4.187 \times 25) + (8 \times C_C \times 200)}{(4 \times 0.4648) + (18 \times 4.187) + (8 \times C_C)}$

$C_C = 0.2839 kJ/kg·K$

해답 ③

040 엔트로피에 관한 설명 중 옳지 않은 것은?

① 열역학 제2법칙과 관련한 개념이다.
② 우주 전체의 엔트로피는 증가하는 방향으로 변화한다.
③ 엔트로피는 자연현상의 비가역성을 측정하는 척도이다.
④ 비가역성은 엔트로피가 감소하는 방향으로 일어난다.

해설 비가역성은 항상 엔트로피가 증가하는 방향으로 일어난다.

해답 ④

제3과목 기계유체역학

041 지름 200mm 원형관에 비중 0.9, 점성계수 0.52poise인 유체가 평균속도 0.48m/s로 흐를 때 유체 흐름의 상태는? (단, 레이놀즈 수(Re)가 2100≤ Re ≤ 4000일 때 천이 구간으로 한다.)

① 층류
② 천이
③ 난류
④ 맥동

해설 (레이놀즈 수) $Re = \dfrac{관성력}{점성력} = \dfrac{s\rho_w VD}{\mu} = \dfrac{0.9 \times 1000 \times 0.48 \times 0.2}{0.52 \times \dfrac{1}{10}} = 1661.538$

층류이다.

(점성계수) $\mu = 0.52\,\mathrm{poise} = 0.52 \times \dfrac{1}{10}\,\dfrac{\mathrm{N \cdot s}}{\mathrm{m^2}}$

042 시속 800km의 속도로 비행하는 제트기가 400m/s의 상대 속도로 배기가스를 노즐에서 분출할 때의 추진력은? (단, 이때 흡기량은 25kg/s이고, 배기되는 연소가스는 흡기량에 비해 2.5% 증가하는 것으로 본다.)

① 3922N
② 4694N
③ 4875N
④ 6346N

해설 (추진력) $F = \dot{m}_{out}V_{out} - \dot{m}_{in}V_{in}$

$= (25 + 25 \times 0.025) \times 400 - 25 \times \dfrac{800 \times 10^3}{3600} = 4694.44\,\mathrm{N}$

해답 ②

043

온도 25°C인 공기에서의 음속은 약 몇 m/s인가? (단, 공기의 비열비는 1.4, 기체상수는 287J/(kg·K)이다.)

① 312
② 346
③ 388
④ 433

해설 $a = \sqrt{kRT} = \sqrt{1.4 \times 287 \times (25+273.15)} = 346.029 \fallingdotseq 346 \text{m/s}$

해답 ②

044

다음 4가지의 유체 중에서 점성계수가 가장 큰 뉴턴 유체는?

① A
② B
③ C
④ D

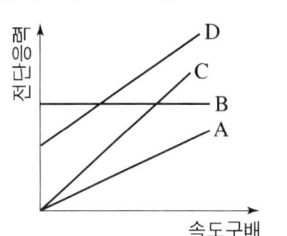

해설 $\tau = \mu \dfrac{du}{dy}$

직선의 기울기가 점성계수(μ)이다. 기울기가 가장 큰 것은 C이다.

해답 ③

045

함수 $f(a, V, t, \nu, L) = 0$을 무차원 변수로 표시하는데 필요한 독립 무차원수 π는 몇 개인가? (단, a는 음속, V는 속도, t는 시간, ν는 동점성계수, L은 특성길이이다.)

① 1
② 2
③ 3
④ 4

해설 (물리량의 갯수) 4개
$f(a[LT^{-2}], V[LT^{-1}], t[T], \nu[L^2T], L[L]) \rightarrow [L, T]$만의 함수 2개
독립무차원의 개수 = 4 - 2 = 2개

해답 ③

046

수두 차를 읽어 관내 유체의 속도를 측정할 때 U자관(U tube) 액주계 대신 역 U자관(inverted U tube) 액주계가 사용되었다면 그 이유로 가장 적절한 것은?

① 계기 유체(gauge fluid)의 비중이 관내 유체보다 작기 때문에
② 계기 유체(gauge fluid)의 비중이 관내 유체보다 크기 때문에
③ 계기 유체(gauge fluid)의 점성계수가 관내 유체보다 작기 때문에
④ 계기 유체(gauge fluid)의 점성계수가 관내 유체보다 크기 때문에

해설 액주계에 들어 있는 계기유체(gauge fluid)의 비중이 관내 유체보다 작을 때 역 U자관을 사용한다.

해답 ①

047

안지름이 50cm인 원관에 물이 2m/s의 속도로 흐르고 있다. 역학적 상사를 위해 관성력과 점성력만을 고려하여 $\frac{1}{5}$로 축소된 모형에서 같은 물로 실험할 경우 모형에서의 유량은 약 몇 L/s인가? (단, 물의 동점성계수는 $1\times10^{-6}\text{m}^2/\text{s}$이다.)

① 34
② 79
③ 118
④ 256

해설 $D_m = 50\text{cm} \times \dfrac{1}{5} = 10\text{cm}$

$\dfrac{V_p D_p}{\nu_p} = \dfrac{V_m D_m}{\nu_m}$, $\dfrac{2 \times 50}{1 \times 10^{-6}} = \dfrac{V_m \times 10}{1 \times 10^{-6}}$

(모형의 속도) $V_m = 10\text{m/s}$

$Q_m = \dfrac{\pi}{4} D_m^2 \times V_m = \dfrac{\pi}{4} \times 0.1^2 \times 10 = 0.0785\text{m}^3/\text{s} = 78.5\text{L/s} \fallingdotseq 79\text{L/s}$

해답 ②

048

다음 그림에서 벽 구멍을 통해 분사되는 물의 속도(V)는? (단, 그림에서 S는 비중을 나타낸다.)

① $\sqrt{2gH}$
② $\sqrt{2g(H+h)}$
③ $\sqrt{2g(0.8H+h)}$
④ $\sqrt{2g(H+0.8h)}$

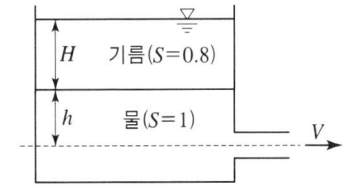

해설 (용기 내의 물의 수두) $= 0.8H + h$
$V = \sqrt{2g(0.8H+h)}$

해답 ③

049

정지 유체 속에 잠겨 있는 평면이 받는 힘에 관한 내용 중 틀린 것은?

① 깊게 잠길수록 받는 힘이 커진다.
② 크기는 도심에서의 압력에 전체 면적을 곱한 것과 같다.
③ 수평으로 잠긴 경우, 압력중심은 도심과 일치한다.
④ 수직으로 잠긴 경우, 압력중심은 도심보다 약간 위쪽에 있다.

해설 수직으로 감긴 경우, 압력중심은 도심보다 $\left(\dfrac{I_G}{\overline{h}A}\right)$ 만큼 아래쪽에 있다.

해답 ④

050

다음 물리량을 질량, 길이, 시간의 차원을 이용하여 나타내고자 한다. 이 중 질량의 차원을 포함하는 물리량은?

| ㉠ 속도 ㉡ 가속도 ㉢ 동점성계수 ㉣ 체적탄성계수 |

① ㉠
② ㉡
③ ㉢
④ ㉣

해설 체적탄성계수는 압력의 차원과 같다. 체적탄성계수 $[FL^{-2}] = [ML^{-1}T^{-2}]$

해답 ④

051

극좌표계(r, θ)로 표현되는 2차원 포텐셜유동(potential flow)에서 속도포텐셜(velocity potential, ϕ)이 다음과 같을 때 유동함수(stream function, ψ)로 가장 적절한 것은? (단, A, B, C는 상수이다.)

$$\phi = A\ln r + Br\cos\theta$$

① $\psi = \dfrac{A}{r}\cos\theta + Br\sin\theta + C$

② $\psi = \dfrac{A}{r}\sin\theta - Br\cos\theta + C$

③ $\psi = A\theta + Br\sin\theta + C$

④ $\psi = A\theta - Br\cos\theta + C$

해설 극좌표(r, θ)로 표현되는 포텐셜유동

$$u_r = -\frac{1}{r}\frac{\partial\psi}{\partial\theta} = -\frac{\partial\phi}{\partial r}, \quad u_\theta = \frac{\partial\psi}{\partial r} = -\frac{1}{r}\frac{\partial\phi}{\partial\theta}$$

(속도포텐셜) $\phi = A\ln r + Br\cos\theta$

$$-\frac{1}{r}\frac{\partial\psi}{\partial\theta} = -\frac{\partial(A\ln r + Br\cos\theta)}{\partial r} = -\frac{A}{r} + B\cos\theta$$

$\partial\psi = (A + Br\cos\theta)\partial\theta$

$\int \partial\psi = \int (A + Br\cos\theta)\partial A$

(유동함수) $\psi = A\theta + Br\sin\theta$

해답 ③

052

지름 2mm인 구가 밀도 0.4kg/m³, 동점성계수 1.0×10^{-4}m²/s인 기체 속을 0.03m/s로 운동한다고 하면 항력은 약 몇 N인가?

① 2.26×10^{-8}
② 3.52×10^{-7}
③ 4.54×10^{-8}
④ 5.86×10^{-7}

해설 (낙구식 점도계에서 측정한 항력) $D = 6R\mu V\pi = 6 \times 0.001 \times 0.4 \times 10^{-4} \times 0.03 \times \pi$
$= 2.26 \times 10^{-8}$ N

$R = \dfrac{D}{2} = \dfrac{0.002}{2} = 0.001$ m

$\mu = \nu \times \rho = 1 \times 10^{-4} \times 0.4 = 0.4 \times 10^{-4}$ kg/m·s

해답 ①

053 60N의 무게를 가진 물체를 물속에서 측정하였을 때 무게가 10N이었다. 이 물체의 비중은 약 얼마인가? (단, 물속에서 측정할 시 물체는 완전히 잠겼다고 가정한다.)

① 1.0
② 1.2
③ 1.4
④ 1.6

해설 (완전히 잠긴 경우 액체 속에서의 물체의 무게) $W' = $ (물체의 무게) $W - $ (부력) F_B
$10N = 60N - F_B$ (부력) $F_B = 50N$

$F_B = \gamma_w \times V$ (체적) $V = \dfrac{F_B}{\gamma_w} = \dfrac{50}{9800} = 5.1 \times 10^{-3} m^3$

(물체의 비중량) $\gamma = \dfrac{W}{V} = \dfrac{60}{5.1 \times 10^{-3}} = 11794.7 N/m^3$

(물체의 비중) $S = \dfrac{\gamma}{\gamma_w} = \dfrac{11794.7}{9800} = 1.2$

해답 ②

054 2차원 속도장이 다음 식과 같이 주어졌을 때 유선의 방정식을 어느 것인가? (단, 직각 좌표계에서 u, v는 x, y방향의 속도성분을 나타내며 C는 임의의 상수이다.)

$$u = x, \quad v = -y$$

① $xy = C$
② $\dfrac{x}{y} = C$
③ $x^2 y = C$
④ $xy^2 = C$

해설 $\dfrac{dx}{u} = \dfrac{dy}{v}$, $\dfrac{dx}{x} = \dfrac{dy}{-y}$, $0 = \dfrac{dx}{x} + \dfrac{dy}{y}$

$\int 0 = \int \dfrac{dx}{x} + \int \dfrac{dy}{y}$, $c = \ln x + \ln y = \ln xy$, $\ln c = \ln xy$, $c = xy$

해답 ①

055 물 펌프의 입구 및 출구의 조건이 아래와 같고 펌프의 송출 유량이 $0.2 m^3/s$이면 펌프의 동력은 약 몇 kW인가? (단, 손실은 무시한다.)

입구 : 계기 압력 $-3kPa$, 안지름 $0.2m$, 기준면으로부터 높이 $+2m$
출구 : 계기 압력 $250kPa$, 안지름 $0.15m$, 기준면으로부터 높이 $+5m$

① 45.7
② 53.5
③ 59.3
④ 65.2

해설 (펌프의 동력) $P_P = \gamma_w H_P Q = 9800 \times 33.283 \times 0.2 = 65234.68 W \fallingdotseq 65.2 kW$

$V_1 = \dfrac{Q}{\dfrac{\pi}{4} D_1^2} = \dfrac{0.2}{\dfrac{\pi}{4} \times 0.2^2} = 6.366 m/s$

$$V_2 = \frac{Q}{\frac{\pi}{4}D_2^2} = \frac{0.2}{\frac{\pi}{4} \times 0.15^2} = 11.317 \text{m/s}$$

$$\frac{P_1}{r} + \frac{V_1^2}{2g} + Z_1 + H_P = \frac{P_2}{r} + \frac{V_2^2}{2g} + Z_2$$

$$\frac{-3000}{9800} + \frac{6.366^2}{2 \times 9.8} + 2 + H_P = \frac{250000}{9800} + \frac{11.317^2}{2 \times 9.8} + 5$$

(펌프수두) $H_P = 33.283\text{m}$

해답 ④

056 경계층의 박리(separation)가 일어나는 주원인은?

① 압력이 증기압 이하로 떨어지기 때문에
② 유동방향으로 밀도가 감소하기 때문에
③ 경계층의 두께가 0으로 수렴하기 때문에
④ 유동과정에 역압력 구배가 발생하기 때문에

해설 박리현상은 유동과정에서 역압력 구배가 발생되기 때문에 발생한다.

해답 ④

057 안지름이 각각 2cm, 3cm인 두 파이프를 통하여 속도가 같은 물이 유입되어 하나의 파이프로 합쳐져서 흘러나간다. 유출되는 속도가 유입속도와 같다면 유출 파이프의 안지름은 약 몇 cm인가?

① 3.61
② 4.24
③ 5.00
④ 5.85

해설 $V_1 = V_2 = V$

$Q_1 + Q_2 = Q$, $\frac{\pi}{4}D_1^2 V_1 + \frac{\pi}{4}D_2^2 V_2 = \frac{\pi}{4}D^2 V$

$D_1^2 + D_2^2 = D^2$, $2^2 + 3^2 = D^2$, $D = 3.605 \fallingdotseq 3.61\text{cm}$

해답 ①

058 안지름 0.1m의 물이 흐르는 관로에서 관 벽의 마찰손실수두가 물의 속도수두와 같다면 그 관로의 길이는 약 몇 m인가? (단, 관마찰계수는 0.03이다.)

① 1.58
② 2.54
③ 3.33
④ 4.52

해설 $H_L = f \times \frac{L}{D} \times \frac{V^2}{2g} = \frac{V^2}{2g}$, $f \times \frac{L}{D} = 1$, $0.03 \times \frac{L}{0.1} = 1$

(관의 길이) $L = 3.33\text{m}$

해답 ③

059 원관 내 완전발달 층류 유동에 관한 설명으로 옳지 않은 것은?

① 관 중심에서 속도가 가장 크다.
② 평균속도는 관 중심 속도의 절반이다.
③ 관 중심에서 전단응력이 최대값을 갖는다.
④ 전단응력은 반지름 방향으로 전형적으로 변화한다.

해설

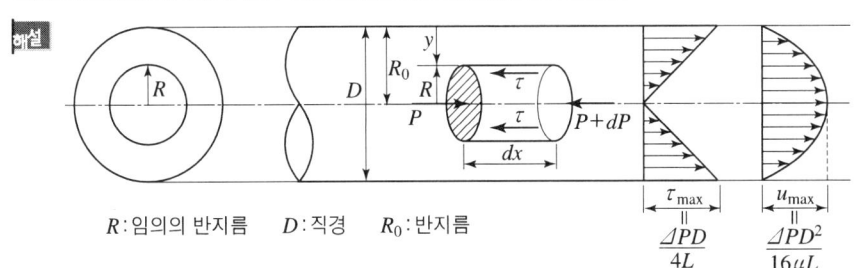

R : 임의의 반지름 D : 직경 R_0 : 반지름

전단응력은 관 중심에서는 "0"이다.

해답 ③

---

060 그림과 같이 용기에 물과 휘발유가 주입되어 있을 때, 용기 바닥면에서의 게이지압력은 약 몇 kPa인가? (단, 휘발유의 비중은 0.7이다.)

① 1.59
② 3.64
③ 6.86
④ 11.77

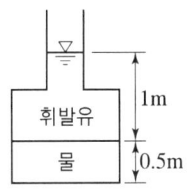

해설 $P_G = (0.7 \times 9800 \times 1) + (9800 \times 0.5) = 11767.7 \text{N/m}^2 \fallingdotseq 11.77 \text{pPa}$

해답 ④

제4과목 기계재료 및 유압기기

061 0℃ 이하의 온도로 냉각하는 작업으로 강의 잔류 오스테나이트를 마텐자이트로 변태시키는 것을 목적으로 하는 열처리는?

① 마퀜칭
② 마템퍼링
③ 오스포밍
④ 심랭처리

해설 **심냉처리**(Sub-Zero Treatment) : 담금질 후 0℃ 이하의 온도까지 냉각시켜 잔류오스테나이트를 마텐자이트화 하는 것이다. 방법으로는 일정 시간동안 액체질소를 투여하여 극저온에서 금속을 처리하는 기술로써 물성을 보다 향상시킬 수 있는 공정이다.

해답 ④

062 다음 금속 중 자기변태점이 가장 높은 것은?

① Fe
② Co
③ Ni
④ Fe₃C

해설 자기변태점
① Fe : 768℃ ② Co : 1160℃
③ Ni : 358℃ ④ Fe₃C : 210℃

해답 ②

063 산화알루미나(Al₂O₃) 등을 주성분으로 하며 철과 친화력이 없고, 열을 흡수하지 않으므로 공구를 과열시키지 않아 고속 정밀 가공에 적합한 공구의 재질은?

① 세라믹
② 인코넬
③ 고속도강
④ 탄소공구강

해설 세라믹 : 산화 알루미나(Al₂O₃) 등을 주성분으로 하며 철과 친화력이 없다. 다음과 같은 특징이 있다.
① 경도 : 세라믹의 큰 특징은 "딱딱하다"이다. 세라믹은 지구상에서 가장 딱딱하다는 다이아몬드다음으로 딱딱한 물질이며, 공장에서 금속을 자르거나 하는 절삭 공구 등에서도 사용되어 진다. 일반적으로 알루미나 세라믹스의 경도가 스텐인리스강의 약 3배에 달한다.
② 강성 : 세라믹은 변형하기 어려운 일, 즉 강성이 높다. 강성은 그 소재로 하중을 걸쳐 소재가 구부러진 양을 측정하는 것으로 알 수 있는데 세라믹의 경우에는 강성이 스텐레스강의 약 2배 가까이 된다.
③ 내열성 : 구워서 만든 벽돌이나 타일이 열에 강한 것과 같이 세라믹은 열에 강한 성질을 가지고 있다. 일반적으로 알루미늄은 약 660도에서 녹기 시작하는데 반해, 파인 세라믹스의 알루미나는 약 2,000도 이상이 되어야만 녹는다.

해답 ①

064 구상흑연주철을 제조하기 위한 접종제가 아닌 것은?

① Mg
② Sn
③ Ce
④ Ca

해설 구상 흑연주철 혹은 노듈러 주철이라고도 하며, 주철에 규소(Si),세슘(Ce), 마그네슘(Mg)의 접종제을 첨가하여 산소를 구상의 흑연조직으로 하여 인장강도를 증대시킨 것이다. 내열 · 내식성이 좋으므로 주철관 · 밸브 · 강도를 필요로 하는 주철 기계부품에 많이 사용하고 있다.

해답 ②

065 다음 조직 중 경도가 가장 낮은 것은?
① 페라이트 ② 마텐자이트
③ 시멘타이트 ④ 트루스타이트

해설

조직 이름	페라이트	오스테나이트	펄라이트	소르바이트	트루스타이트	마텐자이트	시멘타이트
경도 (H_v)	90	155	255	270	445	880	1100

해답 ①

066 금속을 소성가공 할 때에 냉간가공과 열간가공을 구분하는 온도는?
① 변태온도 ② 단조온도
③ 재결정온도 ④ 담금질온도

해설 **재결정온도** : 냉간가공과 열간가공을 구분하는 온도이다.
철의 재결정온도 : 500℃

해답 ③

067 금속에서 자유도(F)를 구하는 식으로 옳은 것은? (단, 압력은 일정하며, C : 성분, P : 상의 수이다.)
① $F = C - P + 1$ ② $F = C + P + 1$
③ $F = C - P + 2$ ④ $F = C + P + 2$

해설 압력과 온도가 변수일 때의 자유도 $F = C - P + 2$
압력은 일정하고 온도만이 변수 일대의 자유도 $F = C - P + 1$

해답 ①

068 켈밋 합금(kelmet alloy)의 주요 성분으로 옳은 것은?
① Pb-Sn ② Cu-Pb
③ Sn-Sb ④ Zn-Al

해설 **베어링합금**
① 화이트 메탈(WM) : ㉠ 주석계 화이트 메탈(베빗메탈) : Sn+Sb+Cu
                    ㉡ 납계 화이트 메탈 : Pb+Sn+Sb+Cu
② 구리계 합금(KM) : 켈밋(Cu+Pb)
③ 알루미늄 합금(AM)
④ 카드뮴계 : Alzen305합금
⑤ 함유베어링(oilless Bearing) : 베어링 자체에 기름이 함유되어 있어 기름공급이 어려운부분에 사용되는 베어링

해답 ②

069
저탄소강 기어(gear)의 표면에 내마모성을 향상시키기 위해 붕소(B)를 기어 표면에 확산 침투시키는 처리는?

① 세러다이징(sherardizing)
② 아노다이징(anodizing)
③ 보로나이징(boronizing)
④ 칼로라이징(calorizing)

해설 **금속 침투법** : 철과 친화력이 강한 금속을 표면에 침투시켜 내열층, 내식층을 만드는 방법으로 세라다이징(Zn침투), 크로마이징(Cr침투), 칼로라이징(Al침투), 실리코나이징(Si침투), 보로나이징(B침투) 등이 있다.

해답 ③

070
60~70% Ni에 Cu를 첨가한 것으로 내열·내식성이 우수하므로 터빈 날개, 펌프 임펠러 등의 재료로 사용되는 합금은?

① Y합금
② 모넬메탈
③ 콘스탄탄
④ 문쯔메탈

해설 **모넬메탈**(Monel metal)
① 65~70% Ni을 함유하며, 내열성, 내식성, 연신율 및 내마멸성이 크다.
② 주조 및 단련이 쉬우므로 터빈날개, 펌프임펠러, 고압, 과열증기 밸브, 펌프 부품, 열기관 부품, 화학기계 등에 널리 사용된다.

해답 ②

071
두 개의 유입 관로의 압력에 관계없이 정해진 출구 유량이 유지되도록 합류하는 밸브는?

① 집류 밸브
② 셔틀 밸브
③ 적층 밸브
④ 프리필 밸브

해설 **집류밸브** : 두개의 유입관로의 압력에 관계없이 정해진 출구 유량이 유지 되도록 합류하는 밸브이다.

해답 ①

072
유압펌프의 종류가 아닌 것은?

① 기어펌프
② 베인펌프
③ 피스톤펌프
④ 마찰펌프

해설 ① **정용량형 펌프**(Fixed diaplacement pump)
  ㉠ 기어펌프(Gear) ㉡ 나사펌프(Screw)
  ㉢ 베인펌프(Vane) ㉣ 피스톤 펌프(Piston)
② **가변용량형 펌프**(Variable diaplacement pump)
  ㉠ 베인 펌프(Vane) ㉡ 피스톤 펌프(Piston)

해답 ④

073

그림과 같은 유압 회로도에서 릴리프 밸브는?

① ⓐ
② ⓑ
③ ⓒ
④ ⓓ

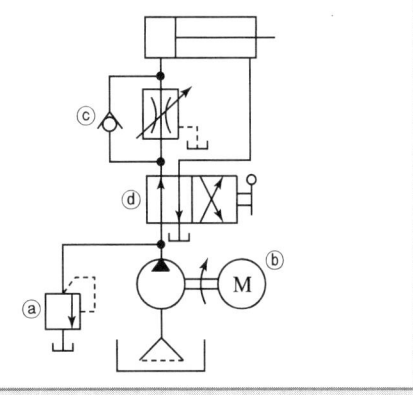

해설
ⓐ 릴리프밸브
ⓑ 전기모터(전동기)
ⓒ 체크밸브(미터인 방식의 유량제어밸브에 사용된 체크밸브)
ⓓ 방향제어밸브(2위치 4포트)

해답 ①

074

다음의 설명에 맞는 원리는?

> 정지하고 있는 유체 중의 압력은 모든 방향에 대하여 같은 압력으로 작용한다.

① 보일의 원리
② 샤를의 원리
③ 파스칼의 원리
④ 아르키메데스의 원리

해설 **파스칼의 원리**(Pascal's principle) : 밀폐된 용기 속에 담겨 있는 액체의 한쪽 부분에 주어진 압력은 그 세기에는 변함없이 같은 크기로 액체의 각 부분에 골고루 전달된다는 법칙, 유압기기의 원리이다.

해답 ③

075

유압펌프에 있어서 체적효율이 90%이고 기계효율이 80%일 때 유압펌프의 전효율은?

① 90%
② 88.8%
③ 72%
④ 23.7%

해설 (펌프의 전효율) $\eta_P = \eta_V \times \eta_m = 0.9 \times 0.8 = 72\%$

(펌프의 용적(체적)효율) $\eta_V = \dfrac{\text{실제토출량}}{\text{이론 토출량}}$

(펌프의 기계효율) $\eta_m = \dfrac{(\text{이론유체동력})L_{th}}{(\text{축동력})L_s}$

해답 ③

076 다음 유압기호는 어떤 밸브의 상세기호인가?
① 직렬형 유량조정 밸브
② 바이패스형 유량조정 밸브
③ 체크밸브 붙이 유량조정 밸브
④ 기계조작 가변 교축밸브

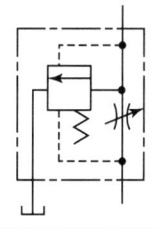

해설 ① 바이패스형 ② 직렬형 ③ 감압밸브 ④ 체크밸브붙이 ⑤ 기계조작형
유량조절밸브　유량조절밸브　　　　　　　유량조절밸브　　감압 밸브

해답 ②

077 그림과 같은 유압기호의 명칭은?
① 모터
② 필터
③ 가열기
④ 분류밸브

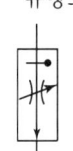

필터	배수기 없는 필터	
	배수기 있는 필터(인력방식)	
	배수기 있는 필터(자동방식)	

해답 ②

078 동일 축상에 2개 이상의 펌프 작용 요소를 가지고, 각각 독립한 펌프 작용을 하는 형식의 펌프는?
① 다단 펌프　　　　　　② 다련 펌프
③ 오버 센터 펌프　　　　④ 가역회전형 펌프

해설 **다단펌프** : 높은 양정 또는 고압력수를 얻기 위해 한대의 펌프의 동일 회전축에 2개 이상의 날개차를 설치해서 다단으로 한 것이다.
다련펌프 : 동일축상에 2개 이상의 펌프작용 요소를 가지고, 각각 독립한 펌프 작용을 하는 형식의 펌프

해답 ②

079 유압펌프에서 실제 토출량과 이론 토출량의 비를 나타내는 용어는?

① 펌프의 토크효율 ② 펌프의 전효율
③ 펌프의 압력효율 ④ 펌프의 용적효율

 (펌프의 용적(체적)효율) $\eta_V = \dfrac{실제토출량}{이론토출량}$

해답 ④

080 다음 중 어큐뮬레이터 회로(accumulator circuit)의 특징에 해당되지 않는 것은?

① 사이클 시간 단축과 펌프 용량 저감
② 배관 파손 방지
③ 서지압의 방지
④ 맥동의 발생

축압기(어큐물레이터 : Accumulator) **용도**
① 에너지의 축적   ② 압력 보상
③ 서어지 압력방지   ④ 충격압력 흡수
⑤ 유체의 맥동감쇠(맥동 흡수) ⑥ 사이클 시간 단축
⑦ 2차 유압회로의 구동   ⑧ 펌프대용 및 안전장치의 역할
⑨ 액체 수송(펌프 작용) ⑩ 에너지 보조

해답 ④

제5과목 기계제작법 및 기계동력학

081 스프링과 질량만으로 이루어진 1자유도 진동시스템에 대한 설명으로 옳은 것은?

① 질량이 커질수록 시스템의 고유진동수는 커지게 된다.
② 스프링 상수가 클수록 움직이기 힘들어져서 진동 주기가 길어진다.
③ 외력을 가하는 주기와 시스템의 고유주기가 일치하면 이론적으로 응답변위는 무한대로 커진다.
④ 외력의 최대 진폭의 크기에 따라 시스템의 응답 주기는 변한다.

 (주기) $T = \dfrac{2\pi}{w_n} = \dfrac{1}{f_n}$

주기가 같다는 것은 고유진동수가 같다는 것이다.
외부 진동수와 고유진동수가 같으면 공진현상에 의해 진폭이 이론적으로는 무한대가 된다.

해답 ③

082

공 A가 v_0의 속도로 그림과 같이 정지된 공 B와 C지점에서 부딪힌다. 두 공 사이의 반발계수가 1이고 충돌각도가 θ일 때 충돌 후에 공 B의 속도의 크기는? (단, 두 공의 질량은 같고, 마찰은 없다고 가정한다.)

① $\dfrac{1}{2}v_0\sin\theta$ ② $\dfrac{1}{2}v_0\cos\theta$
③ $v_0\sin\theta$ ④ $v_0\cos\theta$

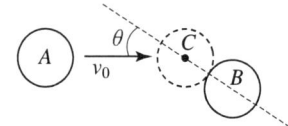

해설

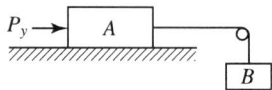

$v_B = v_o\cos\theta$

해답 ④

083

그림에서 질량 100kg의 물체 A와 수평면 사이의 마찰계수는 0.3이며 물체 B의 질량은 30kg이다. 힘 P_y의 크기는 시간(t [s])의 함수이며 P_y[N]= $15t^2$이다. t는 0s에서 물체 A가 오른쪽으로 2m/s로 운동을 시작한다면 t가 5s일 때 이 물체(A)의 속도는 약 몇 m/s인가?

① 6.81
② 7.22
③ 7.81
④ 8.64

해설

$\sum F = P_y + m_B g - \mu m_A g = 15t^2 + 30\times 9.8 - 0.3\times 100\times 9.8 = 15t^2$

$\sum F = (m_A + m_B)a = (m_A + m_B)\times \dfrac{dv}{dt}$

$\sum F \times dt = (m_A + m_B)\times dv$

$15t^2 \times dt = (100 + 30)\times dv$

$\displaystyle\int_0^5 15t^2 \times dt = \int (100 + 30)\times dv$

$15 \times \dfrac{5^3}{3} = 130 \times (v_2 - 2)$

$v_2 = 6.807\,\text{m/s}$

해답 ①

084 다음 그림은 시간(t)에 대한 가속도(a) 변화를 나타낸 그래프이다. 가속도를 시간에 대한 함수식으로 옳게 나타낸 것은?

① $a = 12 - 6t$
② $a = 12 + 6t$
③ $a = 12 - 12t$
④ $a = 12 + 12t$

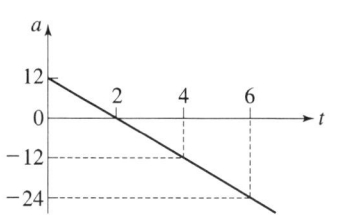

해설 가속도 직선 그래프이다.
직선의 기울기는 -6, y절편은 $+12$인 직선의 기울기 식이다.
$a = -6t + 12$

해답 ①

085 다음과 같은 운동방정식을 갖는 진동시스템에서 감쇠비(damping ratio)를 나타내는 식은?

$$m\ddot{x} + c\dot{x} + kx = 0$$

① $\dfrac{c}{2\sqrt{mk}}$ ② $\dfrac{k}{2\sqrt{mc}}$

③ $\dfrac{m}{2\sqrt{ck}}$ ④ $2\sqrt{mck}$

해설 (감쇠비) $\varphi = \dfrac{C}{C_c} = \dfrac{C}{2\sqrt{mk}}$

해답 ①

086 원판의 각속도가 5초 만에 0부터 1800rpm까지 일정하게 증가하였다. 이때 원판의 각가속도는 몇 rad/s² 인가?

① 360
② 60
③ 37.7
④ 3.77

해설 (각가속도) $\alpha = \dfrac{\Delta w}{\Delta t} = \dfrac{\frac{2\pi \Delta N}{60}}{\Delta t} = \dfrac{\frac{2\pi \times 1800}{60}}{5} = 37.677 \text{rad/s}^2$

해답 ③

087 스프링 상수가 k인 스프링을 4등분하여 자른 후 각각의 스프링을 그림과 같이 연결하였을 때, 이 시스템의 고유 진동수(ω_n)는 약 몇 rad/s인가?

① $\omega_n = \sqrt{\dfrac{2k}{m}}$ ② $\omega_n = \sqrt{\dfrac{3k}{m}}$

③ $\omega_n = 2\sqrt{\dfrac{k}{m}}$ ④ $\omega_n = \sqrt{\dfrac{5k}{m}}$

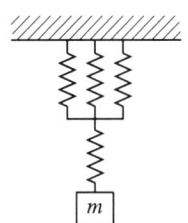

해설

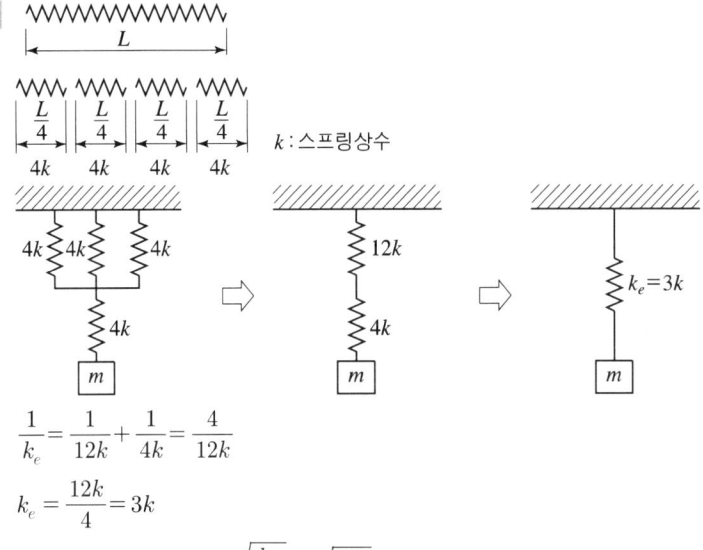

$\dfrac{1}{k_e} = \dfrac{1}{12k} + \dfrac{1}{4k} = \dfrac{4}{12k}$

$k_e = \dfrac{12k}{4} = 3k$

(고유각 진동수) $\omega_n = \sqrt{\dfrac{k_e}{m}} = \sqrt{\dfrac{3k}{m}}$

해답 ②

---

088 물체의 최대 가속도가 680cm/s², 매분 480사이클의 진동수로 조화운동을 한다면 물체의 진동 진폭은 약 몇 mm인가?

① 1.8mm ② 1.2mm
③ 2.4mm ④ 2.7mm

해설 (최대가속도) $a_{max} = 6800 \text{mm}^2/\text{s}$

(각속도) $w = 2\pi f = 2 \times \pi \times \dfrac{480\,\text{cycle}}{60\,\text{s}} = 50.265 \text{rad/s}$

$a_{max} = Aw^2$, $6800 = A \times 50.265^2$

(진동진폭) $A = 2.691\text{mm} \fallingdotseq 2.7\text{mm}$

해답 ④

089 네 개의 가는 막대로 구성된 정사각 프레임이 있다. 막대 각각의 질량과 길이는 m과 b이고, 프레임은 w의 각속도로 회전하고 질량 중심 G는 v의 속도로 병진운동하고 있다. 프레임의 병진운동에너지와 회전운동에너지가 같아질 때 질량중심 G의 속도(v)는 얼마인가?

① $\dfrac{bw}{\sqrt{2}}$
② $\dfrac{bw}{\sqrt{3}}$
③ $\dfrac{bw}{2}$
④ $\dfrac{bw}{\sqrt{5}}$

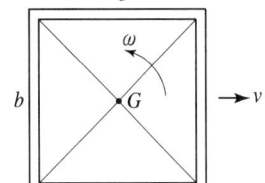

해설 (G지점의 질량관성모멘트) $J_G = \left(\dfrac{mb^2}{12} + \left(\dfrac{b}{2}\right)^2 \times m\right) \times 4 = \dfrac{4mb^2}{3}$

(회전운동에너지) $E_1 = \dfrac{1}{2}J_G w^2 = \dfrac{1}{2} \times \dfrac{4mb^2}{3} \times w$

(병진운동에너지) $E_2 = \dfrac{1}{2}(4m) \times v^2$

$\dfrac{1}{2} \times \dfrac{4mb^2}{3} \times w^2 = \dfrac{1}{2}(4m) \times v^2$

$v = \dfrac{bw}{\sqrt{3}}$

해답 ②

090 20g의 탄환이 수평으로 1200m/s의 속도로 발사되어 정지해 있던 300g의 블록에 박힌다. 이 후 스프링에 발생한 최대 압축 길이는 약 몇 m인가? (단, 스프링상수는 200N/m이고 처음에 변형되지 않은 상태였다. 바닥과 블록 사이의 마찰은 무시한다.)

① 2.5
② 3.0
③ 3.5
④ 4.0

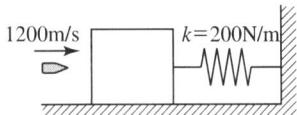

해설 (충돌 전의 운동량) = (충돌 후의 운동량)
$m_1 V_1 + m_2 V_2 = (m_1 + m_2) V'$
$(0.02 \times 1200) + (0.3 \times 0) = (0.02 + 0.3) V'$
(충돌 직후의 속도) $V' = 75$m/s
$\dfrac{1}{2}(m_1 + m_2) V'^2 = \dfrac{1}{2}kx^2$ $\dfrac{1}{2}(0.02 + 0.3) \times 75^2 = \dfrac{1}{2} \times 200 \times x^2$
$x = 3$m

해답 ②

091 강의 열처리에서 탄소(C)가 고용된 면심입방격자 구조의 γ 철로서 매우 안정된 비자성체인 급냉조직은?

① 오스테나이트(Austenite)   ② 마텐자이트(Martensite)
③ 트루스타이트(Troostite)   ④ 소르바이트(Sorbite)

해설 **오스테나이트** = γ고용체 : γ철에 최대 2.11%C까지 고용되어 있는 고용체로 A_1점 이상에서 면심입방격자를 가지고 있는 안정한 조직으로 상자성체이며, 인성이 크다. ($H_B ≒ 155$)

해답 ①

092 단식분할법을 이용하여 밀링가공하여 원을 중심각 $5\frac{2}{3}°$씩 분할하고자 한다. 분할판 27구멍을 사용하면 가장 적합한 가공법은?

① 분할판 27구멍을 사용하여 17구멍식 돌리면서 가공한다.
② 분할판 27구멍을 사용하여 20구멍식 돌리면서 가공한다.
③ 분할판 27구멍을 사용하여 12구멍식 돌리면서 가공한다.
④ 분할판 27구멍을 사용하여 8구멍식 돌리면서 가공한다.

해설 $x° = 5\frac{2}{3}° = \frac{17}{3}°$ $n = \frac{x°}{9} = \frac{\frac{17}{3}°}{9} = \frac{17}{27}$

해답 ①

093 선반에서 연동척에 대한 설명으로 옳은 것은?

① 4개의 돌려 맞출 수 있는 조(jaw)가 있고 조는 각각 개별적으로 조절된다.
② 원형 또는 6각형 단면을 가진 공작물을 신속히 고정할 수 있는 척이며, 조(jaw)는 3개가 있고, 동시에 작동한다.
③ 스핀들 테이퍼 구멍에 슬리브를 꽂고, 여기에 척을 꽂은 것으로 가는 지름 고정에 편리하다.
④ 원판 안에 전자석을 장입하고, 이것에 직류전류를 보내어 척(chuck)을 자화시켜 공작물을 고정한다.

해설 **3조 연동척** : 원형또는 6각형 단면을 가진 공작물을 신속히 공정 할수 있으며, 3개의 조(jaw)가 동시에 움직인다.

해답 ②

094
1차로 가공된 가공물의 안지름보다 다소 큰 강구를 압입하여 통과시켜서 가공물의 표면을 소성 변형시켜 가공하는 방법으로 표면 거칠기가 우수하고 정밀도를 높이는 것은?

① 래핑
② 호닝
③ 버니싱
④ 슈퍼 퍼니싱

해설 **버니싱**(burnishing)
원통 내면에 내경보다 약간 지름이 큰 강구를 압입하여 내면에 소성 변형을 주어 매끈하고 정밀도가 높은 면을 얻고자 하는 방법이다.

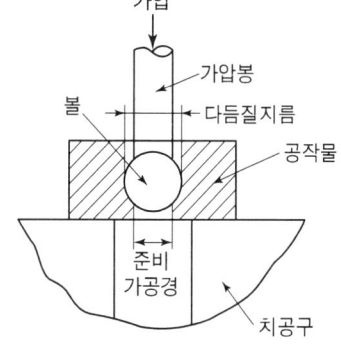

해답 ③

095
특수 윤활제로 분류되는 극압 윤활유에 첨가하는 극압물이 아닌 것은?

① 염소
② 유황
③ 인
④ 동

해설 극압제 : 큰 하중이 걸릴 때 유막이 끊어져 금속접촉이 생기는 경우 금속과 반응하여 표면에 극압막을 만들어 윤활유가 타버리거나 마모되는 것을 방지해주는 것으로 염소, 유황, 인 등을 첨가한다.

해답 ④

096
지름이 50mm인 연삭숫돌로 지름이 10mm인 공작물을 연삭할 때 숫돌바퀴의 회전수는 약 몇 rpm인가? (단, 숫돌의 원주속도는 1500m/min이다.)

① 4759
② 5809
③ 7449
④ 9549

해설 $V = \dfrac{\pi DN}{1000}$, $1500 = \dfrac{\pi \times 50 \times N}{1000}$, $N = 9549.29$rpm
여기서, D : 연삭숫돌의 지름, N : 연삭숫돌의 분당회전수

해답 ④

097

스폿용접과 같은 원리로 접합할 모재의 한쪽판에 돌기를 만들어 고정전극 위에 겹쳐놓고 가동전극으로 통전과 동시에 가압하여 저항열로 가열된 돌기를 접합시키는 용접법은?

① 플래시 버트 용접 ② 프로젝션 용접
③ 업셋 용접 ④ 단접

해설 **프로젝션 용접**(projection welding process) : 점 용접의 변형으로 용융부에 돌기를 만들어 전류를 집중시켜 가압하여 용접하는 방법으로 판재의 두께가 다른 것도 용접이 가능하며, 열전도율이 다른 금속의 용접 또한 가능하다. 전류와 압력이 각 점에 균일하므로 용접의 신뢰도가 높으며, 작업 속도가 빠르다.

해답 ②

098

용융금속에 압력을 가하여 주조하는 방법으로 주형을 회전시켜 주형 내면을 균일하게 압착시키는 주조법은?

① 셀 몰드법 ② 원심주조법
③ 저압주조법 ④ 진공주조법

해설 **원심 주조법**(centrifugal casting)
① 특징 : 회전하는 원통의 주형 안에 용융 금속을 넣고 회전시켜 원심력에 의해 중공 주물을 얻는 방법이다.
② 장점 : 코어가 필요 없다. 질이 치밀하고 강도가 크다. 기포의 개입이 적다. gate, riser, feeder가 필요 없다.
③ 제품 : 파이프, 피스톤링, 실린더 라이너, 브레이크링, 차륜 등

해답 ②

099

압연공정에서 압여하기 전 원재료의 두께를 50mm, 압연 후 재료의 두께를 30mm로 한다면 압하율(draft percent)은 얼마인가?

① 20% ② 30%
③ 40% ④ 50%

해설 (압하율) $\epsilon = \dfrac{H_o - h}{H_o} = \dfrac{50-30}{50} = 0.4 = 40\%$

해답 ③

100

내경 측정용 게이지가 아닌 것은?

① 게이지 블록 ② 실린더 게이지
③ 버니어 켈리퍼스 ④ 내경 마이크로미터

해설 **게이지 블록** : 비교측정기기로써 길이측정, 높이 측정에 사용되는 계측기기이다.

해답 ①

일반기계기사

2019년 3월 3일 시행

제1과목 재료역학

001 그림과 같은 막대가 있다. 길이는 4m이고 힘은 지면에 평행하게 200N만큼 주었을 때 o점에 작용하는 힘과 모멘트는?

① $F_{ox}=0$, $F_{oy}=200\text{N}$, $M_z=200\text{N}\cdot\text{m}$
② $F_{ox}=200\text{N}$, $F_{oy}=0$, $M_z=400\text{N}\cdot\text{m}$
③ $F_{ox}=200\text{N}$, $F_{oy}=200\text{N}$, $M_z=200\text{N}\cdot\text{m}$
④ $F_{ox}=0$, $F_{oy}=0$, $M_z=400\text{N}\cdot\text{m}$

해설

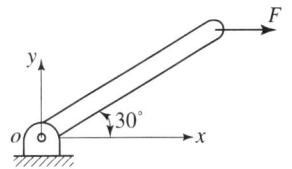

$\sum F_x = 0 \to \oplus$, $\sum F_y = 0 \uparrow \oplus$
$\oplus 200 \ominus F_{ox} = 0$, $F_{ox} = 200\text{N}$, $F_{oy} = 0$
$\sum M_0 = 0 \curvearrowleft$
$M_z = \oplus 200 \times \sin 30 \times 4 = 400\text{N}\cdot\text{m}$

해답 ②

002 두께 8mm의 강판으로 만든 안지름 40cm의 얇은 원통에 1MPa의 내압이 작용할 때 강판에 발생하는 후프 응력(원주 응력)은 몇 MPa인가?

① 25   ② 37.5
③ 12.5 ④ 50

해설 (원주응력) $\sigma_y = \dfrac{PD}{2t} = \dfrac{1 \times 400}{2 \times 8} = 25\text{MPa}$

해답 ①

003

그림과 같은 균일단면을 갖는 부정정보가 단순 지지단에서 모멘트 M_0을 받는다. 단순 지지단에서의 반력 R_a는? (단, 굽힘강성 EI는 일정하고, 자중은 무시한다.)

① $\dfrac{3M_0}{2l}$ ② $\dfrac{3M_0}{4l}$

③ $\dfrac{2M_0}{3l}$ ④ $\dfrac{4M_0}{3l}$

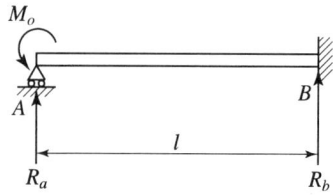

해설

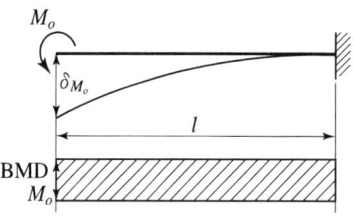

$\delta_{M_o} = \dfrac{A_M}{EI}\bar{x} = \dfrac{M_o l}{EI} \times \dfrac{l}{2} = \dfrac{M_o l^2}{2EI}$, $\delta_{R_a} = \dfrac{R_a l^3}{3EI}$

$A_M = M_o \times l$

$\bar{x} = \dfrac{l}{2}$

$\delta_{M_o} = \delta_{R_a}$, $\dfrac{M_o l^2}{2EI} = \dfrac{R_a l^3}{3EI}$, $R_a = \dfrac{3M_o}{2l}$

해답 ①

004

진변형률(ϵ_T)과 진응력(σ_T)을 공칭 응력(σ_n)과 공칭 변형률(ϵ_n)로 나타낼 때 옳은 것은?

① $\sigma_T = \ln(1+\sigma_n)$, $\epsilon_T = \ln(1+\epsilon_n)$ ② $\sigma_T = \ln(1+\sigma_n)$, $\epsilon_T = \ln\left(\dfrac{\sigma_T}{\sigma_n}\right)$

③ $\sigma_T = \sigma_n(1+\epsilon_n)$, $\epsilon_T = \ln(1+\epsilon_n)$ ④ $\sigma_T = \ln(1+\epsilon_n)$, $\epsilon_T = \epsilon_n(1+\sigma_n)$

해설

(진변형률) $\epsilon_T = \displaystyle\int_L^{L'} \dfrac{dL}{L} = \ln L' - \ln L = \ln\dfrac{L'}{L} = \ln\dfrac{L(1+\epsilon_n)}{L} = \ln(1+\epsilon_n)$

$L' = L + \Delta L = L + \epsilon_n L = L(1+\epsilon_n)$

(진응력) $\sigma_T = \dfrac{F}{A'} = \dfrac{F}{\dfrac{A}{(1+\epsilon_n)}} = \dfrac{F}{A}(1+\epsilon_n) = \sigma_n(1+\epsilon_n)$

$AL = A'L'$, $A' = \dfrac{AL}{L'} = \dfrac{AL}{L(1+\epsilon_n)} = \dfrac{A}{(1+\epsilon_n)}$

해답 ③

005 폭 $b=60$mm, 길이 $L=340$mm의 균일강도 외팔보의 자유단에 집중하중 $P=3$kN이 작용한다. 허용 굽힘응력을 65MPa이라 하면 자유단에서 250mm 되는 지점의 두께 h는 약 몇 mm인가? (단, 보의 단면은 두께는 변하지만 일정한 폭 b를 갖는 직사각형이다.)

① 24   ② 34
③ 44   ④ 54

해설

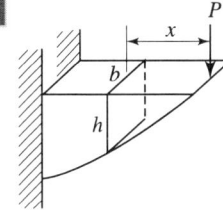

$$\sigma_b = \frac{M}{z} = \frac{Px}{\frac{bh^2}{6}} = \frac{6Px}{bh^2}$$

(두께) $h = \sqrt{\dfrac{6Px}{b\sigma_b}} = \sqrt{\dfrac{6 \times 3000 \times 250}{60 \times 65}} = 33.968\text{mm} \fallingdotseq 34\text{mm}$

해답 ②

006 부재의 양단이 자유롭게 회전할 수 있도록 되어 있고, 길이가 4m인 압축 부재의 좌굴하중을 오일러 공식으로 구하면 약 몇 kN인가? (단, 세로탄성계수는 100GPa이고, 단면 $b \times h = 100\text{mm} \times 50\text{mm}$이다.)

① 52.4   ② 64.4
③ 72.4   ④ 84.4

해설

(좌굴하중) $F_B = \dfrac{n\pi^2 EI}{L^2} = \dfrac{1 \times \pi^2 \times 100000 \times \dfrac{100 \times 50^3}{12}}{4000^2}$
$= 64255.236\text{N} = 64.255\text{kW}$

해답 ②

007 평면 응력상태의 한 요소에 $\sigma_x = 100$MPa, $\sigma_y = -50$MPa, $\tau_{xy} = 0$을 받는 평판에서 평면 내에서 발생하는 최대 전단응력은 몇 MPa인가?

① 75   ② 50
③ 25   ④ 0

해설 (최대전단응력) $\tau_{\max} = \sqrt{\left(\dfrac{\sigma_x - \sigma_y}{2}\right)^2 + \tau_{xy}^2} = \sqrt{\left(\dfrac{100-(-50)}{2}\right)^2 + 0^2} = 75\text{MPa}$

해답 ①

008 탄성 계수(영계수) E, 전단 탄성 계수 G, 체적 탄성 계수 K 사이에 성립되는 관계식은?

① $E = \dfrac{9KG}{2K+G}$ ② $E = \dfrac{3K-2G}{6K+2G}$

③ $K = \dfrac{EG}{3(3G-E)}$ ④ $K = \dfrac{9EG}{3E+G}$

해설

① $1Em = 2G(m+1) = 3K(m-2)$
$1Em = 2G(m+1)$
$Em = 2Gm + 2G$
$m = \dfrac{2G}{E-2G}$ ··(1)식

② $2G(m+1) = 3K(m-2)$
$2Gm + 2G = 2Km - 6K$
$2G + 6K = m(3K-2G)$
$m = \dfrac{2G+6K}{3K-2G}$ ··(2)식

③ (1)식=(2)식, $\dfrac{2G}{E-2G} = \dfrac{2G+6K}{3K-2G}$
$6GK - 4G^2 = 2GE + 6KE - 4G^2 - 12GK$
$12GK = 2GE + 6KE$ ··(3)식

④ $18GK = 2GE + 6KE$
$K(18G - 6E) = 2GE$
(체적탄성계수) $K = \dfrac{2GE}{18G-6E} = \dfrac{GE}{9G-3E} = \dfrac{GE}{3(3G-E)}$

해답 ③

009 바깥지름 50cm, 안지름 30cm의 속이 빈 축은 동일한 단면적을 가지며 같은 재질의 원형축에 비하여 약 몇 배의 비틀림 모멘트에 견딜 수 있는가? (단, 중공축과 중실축의 전단응력은 같다.)

① 1.1배 ② 1.2배
③ 1.4배 ④ 1.7배

해설

$\dfrac{\pi}{4}(50^2 - 30^2) = \dfrac{\pi}{4}D^2$

(중실축 지름) $D = 40$cm

$\dfrac{\text{중공축의 극단면계수 } Z_P}{\text{중실축의 극단면계수 } Z_P} = \dfrac{\dfrac{\pi \times 50^3}{16} \times \left\{1 - \left(\dfrac{30}{50}\right)^4\right\}}{\dfrac{\pi \times 40^3}{16}} = 1.7$

해답 ④

010 그림과 같은 단면에서 대칭축 $n-n$에 대한 단면 2차 모멘트는 약 몇 cm^4인가?

① 535
② 635
③ 735
④ 835

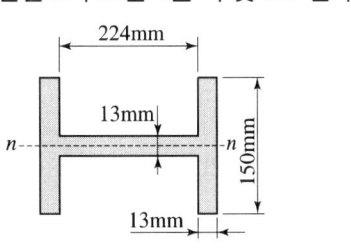

해설

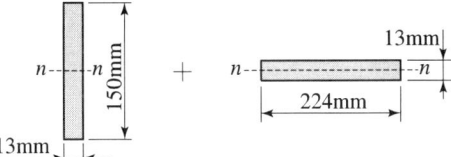

$$I = \left(\frac{13 \times 150^3}{12} \times 2\right) + \frac{224 \times 13^3}{12} = 7353510.667 \, mm^4 \fallingdotseq 735 \, cm^4$$

해답 ③

011 단면적이 $2cm^2$이고 길이가 4m인 환봉에 10kN의 축방향 하중을 가하였다. 이때 환봉에 발생한 응력은 몇 N/m^2인가?

① 5000
② 2500
③ 5×10^5
④ 5×10^7

해설 (응력) $\sigma = \dfrac{F}{A} = \dfrac{10000N}{2 \times 10^{-4} m^2} = 5 \times 10^7 N/m^2$

해답 ④

012 양단이 고정된 직경 30mm, 길이가 10m인 중실축에서 그림과 같이 비틀림 모멘트 1.5kN·m가 작용할 때 모멘트 작용점에서의 비틀림 각은 약 몇 rad인가? (단, 봉재의 전단탄성계수 $G=100$GPa이다.)

① 0.45
② 0.56
③ 0.63
④ 0.77

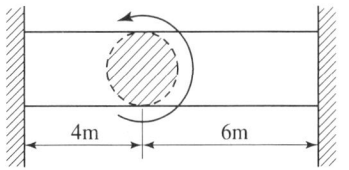

해설

$T_A = \dfrac{T \times b}{L}$

$T_B = \dfrac{T \times a}{L}$

$\theta_A = \theta_B = \theta$

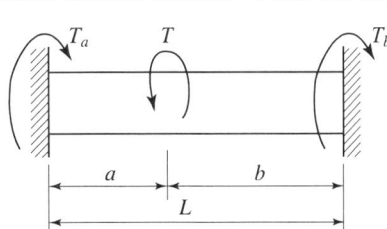

(비틀림각) $\theta = \dfrac{T_A a}{GI_P} = \dfrac{T_A \times a}{G \times \left(\dfrac{\pi d^4}{32}\right)} = \dfrac{900000 \times 4000}{100000 \times \left(\dfrac{\pi \times 30^4}{32}\right)} = 0.4527\text{rad} \risingdotseq 0.45\text{rad}$

해답 ①

013

그림과 같이 길이 l인 단순 지지된 보 위를 하중 W가 이동하고 있다. 최대 굽힘응력은?

① $\dfrac{Wl}{bh^2}$
② $\dfrac{9Wl}{4bh^2}$
③ $\dfrac{Wl}{2bh^2}$
④ $\dfrac{3Wl}{2bh^2}$

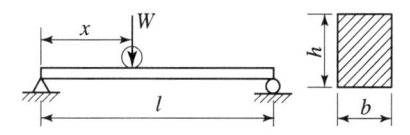

해설

(최대굽힘응력) $\sigma_{\max} = \dfrac{M_{\max}}{Z} = \dfrac{\left(\dfrac{Wl}{4}\right)}{\left(\dfrac{bh^2}{6}\right)} = \dfrac{3Wl}{2bh^2}$

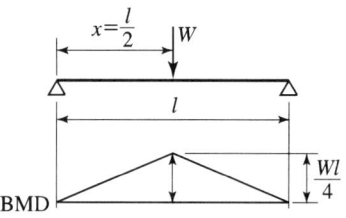

해답 ④

014

그림과 같은 트러스가 점 B에서 그림과 같은 방향으로 5kN의 힘을 받을 때 트러스에 저장되는 탄성에너지는 약 몇 kJ인가? (단, 트러스의 단면적은 1.2cm², 탄성계수는 10^6Pa이다.)

① 52.1
② 106.7
③ 159.0
④ 267.7

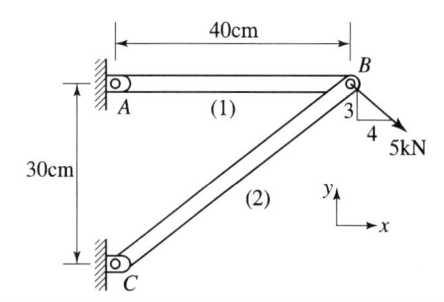

해설

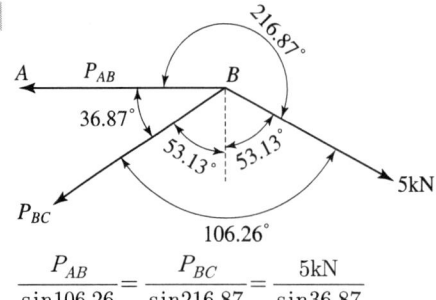

$\dfrac{P_{AB}}{\sin 106.26} = \dfrac{P_{BC}}{\sin 216.87} = \dfrac{5\text{kN}}{\sin 36.87}$

$P_{AB} = 8kN = 8000N(인장)$

$P_{BC} = -5kN = -5000N(압축)$

(탄성에너지) $U = U_{AB} + U_{BC} = \dfrac{P_{AB}^2 L_{AB}}{2AE} + \dfrac{P_{BC}^2 L_{BC}}{2AE}$

$= \dfrac{8000^2 \times 0.4}{2 \times 1.2 \times 10^{-4} \times 10^6} + \dfrac{(-5000)^2 \times 0.5}{2 \times 1.2 \times 10^{-4} \times 10^6} = 158750 N \cdot m \fallingdotseq 159 kJ$

해답 ③

015

길이 1m인 외팔보가 아래 그림처럼 $q = 5kN/m$의 균일 분포하중과 $P = 1kN$의 집중하중을 받고 있을 때 B점에서의 회전각은 얼마인가? (단, 보의 굽힘강성은 EI이다.)

① $\dfrac{120}{EI}$ ② $\dfrac{260}{EI}$

③ $\dfrac{468}{EI}$ ④ $\dfrac{680}{EI}$

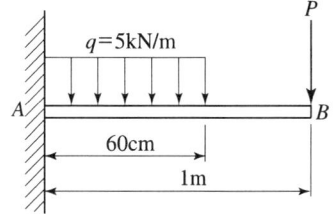

해설

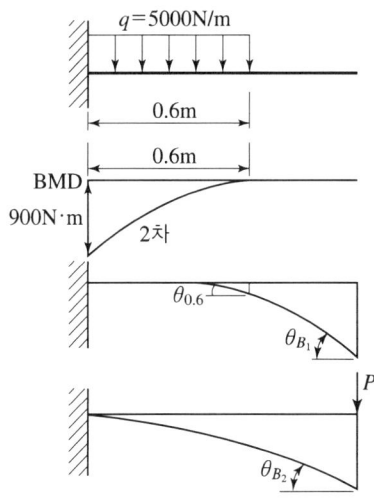

(0.6m 지점의 굽힘각) $\theta_{0.6} = \theta_{B1}$

$$\theta_{0.6} = \dfrac{A_M}{EI} = \dfrac{180}{EI}$$

$$A_M = \dfrac{H \times B}{n+1} = \dfrac{900 \times 0.6}{2+1} = 180$$

(집중하중 P에 의한 굽힘각) θ_{B2}

$$\theta_{B2} = \dfrac{PL^2}{2EI} = \dfrac{1000 \times 1^2}{2EI} = \dfrac{500}{EI}$$

(B지점의 굽힘각) $\theta_B = \theta_{B1} + \theta_{B2} = \dfrac{180}{EI} + \dfrac{500}{EI} = \dfrac{680}{EI}$

해답 ④

016

그림과 같은 단순지지보에서 2kN/m의 분포하중이 작용할 경우 중앙의 처짐이 0이 되도록하기 위한 힘 P의 크기는 몇 kN인가?

① 6.0
② 6.5
③ 7.0
④ 7.5

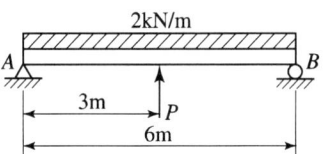

해설

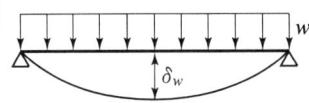

$$\delta_w = \frac{5wL^4}{384EI} \quad \delta_P = \frac{PL^3}{48EI}$$

$$\delta_w = \delta_P, \quad \frac{5wL^4}{384EI} = \frac{PL^3}{48EI}$$

$$P = \frac{5wL}{8} = \frac{5 \times 2 \times 6}{8} = 7.5\text{kN}$$

해답 ④

017

그림과 같이 길이 $l=4\text{m}$의 단순보에 균일분포하중 ω가 작용하고 있으며 보의 최대 굽힘응력 $\sigma_{max}=85\text{N/cm}^2$일 때 최대 전단응력은 약 몇 kPa인가? (단, 보의 단면적은 지름이 11cm인 원형단면이다.)

① 1.7
② 15.6
③ 22.9
④ 25.5

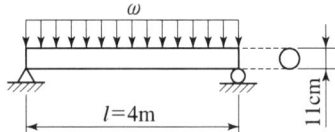

해설

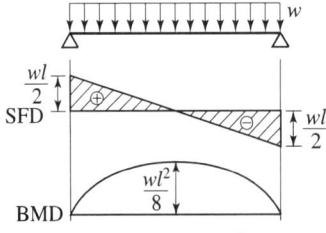

(최대전단력) $F_{max} = \dfrac{wl}{2}$

(최대굽힘모멘트) $M_{max} = \dfrac{wl^2}{8}$

(최대전단응력) $\tau_{max} = \dfrac{4}{3} \times \dfrac{F_{max}}{A} = \dfrac{4}{3} \times \dfrac{\dfrac{w \times 4000}{2}}{\dfrac{\pi}{4} \times 110^2} = \dfrac{4}{3} \times \dfrac{\dfrac{0.0555 \times 4000}{2}}{\dfrac{\pi}{4} \times 110^2}$

$= 0.01557\text{MPa} \fallingdotseq 15.6\text{kPa}$

(최대굽힘응력) $\sigma_{max} = \dfrac{M_{max}}{Z} = \dfrac{\left(\dfrac{wl^2}{8}\right)}{\left(\dfrac{\pi d^3}{32}\right)} = \dfrac{32wl^2}{8\pi d^3}$

(분포하중) $w = \dfrac{\sigma_{max} \times 8\pi d^3}{32l^2} = \dfrac{0.85 \times 8 \times \pi \times 110^3}{32 \times 4000^2} = 0.0555 \text{N/mm}$

해답 ②

018

그림과 같은 치차 전동 장치에서 A 치차로부터 D 치차로 동력을 전달한다. B와 C 치차의 피치원의 직경의 비가 $\dfrac{D_B}{D_C} = \dfrac{1}{9}$일 때, 두 축의 최대 전단응력들이 같아지게 되는 직경의 비 은 얼마인가?

① $\left(\dfrac{1}{9}\right)^{\frac{1}{3}}$ ② $\dfrac{1}{9}$

③ $9^{\frac{1}{3}}$ ④ $9^{\frac{2}{3}}$

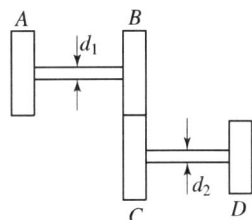

해설 $\dfrac{T_1}{T_2} = \dfrac{D_B}{D_C} = \dfrac{1}{9}$, $T_2 = 9T_1$ $\tau_1 = \tau_2$, $\dfrac{T_1}{\dfrac{\pi d_1^3}{16}} = \dfrac{T_2}{\dfrac{\pi d_2^3}{16}}$

$\left(\dfrac{d_2}{d_1}\right)^3 = \dfrac{T_2}{T_1} = \dfrac{9T_1}{T_1}$ $\dfrac{d_2}{d_1} = 9^{\frac{1}{3}}$

해답 ③

019

그림과 같은 외팔보에 균일분포하중 ω가 전 길이에 걸쳐 작용할 때 자유단의 처짐 δ는 얼마인가? (단, E: 탄성계수, I: 단면2차모멘트이다.)

① $\dfrac{\omega l^4}{3EI}$ ② $\dfrac{\omega l^4}{6EI}$

③ $\dfrac{\omega l^4}{8EI}$ ④ $\dfrac{\omega l^4}{24EI}$

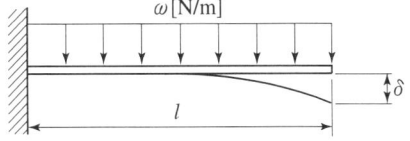

해설 $A_M = \dfrac{MB}{n+1} = \dfrac{\dfrac{wl^2}{2} \times l}{2+1} = \dfrac{wl^3}{6}$

$\overline{x}' = \dfrac{B}{n+2} = \dfrac{l}{2+2} = \dfrac{l}{4}$

$\overline{x} = \dfrac{3l}{4}$

$\delta = \dfrac{A_M}{EI}\overline{x} = \dfrac{\left(\dfrac{wl^3}{6}\right)}{EI} \times \dfrac{3l}{4} = \dfrac{wl^4}{8EI}$

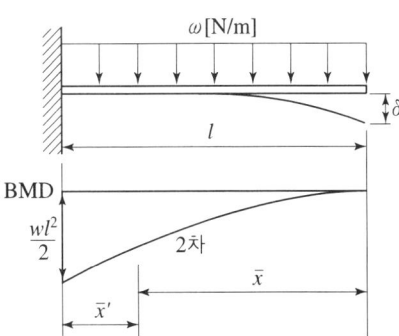

해답 ③

020 그림과 같이 단면적이 2cm²인 AB 및 CD 막대의 B점과 C점이 1cm 만큼 떨어져 있다. 두 막대에 인장력을 가하여 늘인 후 B점과 C점에 핀을 끼워 두 막대를 연결하려고 한다. 연결 후 두 막대에 작용하는 인장력은 약 몇 kN인가? (단, 재료의 세로탄성계수는 200GPa이다.)

① 33.3
② 66.6
③ 99.9
④ 133.3

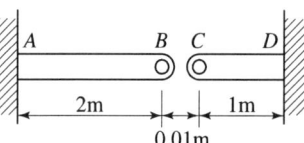

해설 (단면적) $A = 200\text{mm}^3$, $E = 200000\text{N/mm}^2$, $\Delta L = 10\text{mm}$

$$\Delta L = \Delta L_1 + \Delta L_2 = \frac{P \times L_1}{AE} + \frac{P \times L_2}{AE} = P\left(\frac{L_1 + L_2}{AE}\right)$$

$$P = \frac{\Delta L \times AE}{L_1 + L_2} = \frac{10 \times 200 \times 200000}{2000 + 1000} = 133333.33\text{N} = 133.33\text{kN}$$

해답 ④

제2과목 기계열역학

021 압력 2MPa, 300℃의 공기 0.3kg이 폴리트로픽 과정으로 팽창하여, 압력이 0.5MPa로 변화하였다. 이때 공기가 한 일은 약 몇 kJ인가? (단, 공기는 기체상수가 0.287kJ/(kg·K)인 이상기체이고, 폴리트로픽 지수는 1.3이다.)

① 416
② 157
③ 573
④ 45

해설 $_1W_2 = \dfrac{P_1V_1 - P_2V_2}{n-1} = \dfrac{2000 \times 0.02466 - 500 \times 0.07163}{1.3-1} = 45.016\text{kJ} \fallingdotseq 45\text{kJ}$

$P_1 = 2000\text{kPa}$

$V_1 = \dfrac{mRT_1}{P_1} = \dfrac{0.3 \times 0.287 \times (300+273)}{2000} = 0.02466\text{m}^3$

$P_2 = 500\text{kPa}$

$\dfrac{T_2}{T_1} = \left(\dfrac{V_1}{V_2}\right)^{n-1} = \left(\dfrac{P_2}{P_1}\right)^{\frac{n-1}{n}}$

$\dfrac{V_1}{V_2} = \left(\dfrac{P_2}{P_1}\right)^{\frac{1}{n}}$, $\dfrac{0.02466}{V_2} = \left(\dfrac{500}{2000}\right)^{\frac{1}{1.3}}$

$V_2 = 0.07163\text{m}^3$

해답 ④

022 다음 중 기체상수(gas constant, $R[kJ/(kg \cdot K)]$) 값이 가장 큰 기체는?

① 산소(O_2)   ② 수소(H_2)
③ 일산화탄소(CO)   ④ 이산화탄소(CO_2)

 $R = \dfrac{8314}{M}[(N \cdot m)/(kg \cdot K)]$ 여기서, M : 분자량

① O_2 : $M = 32 kg/kmol$
② H_2 : $M = 2 kg/kmol$
③ CO : $M = 28 kg/kmol$
④ CO_2 : $M = 44 kg/kmol$

해답 ②

023 이상기체 1kg이 초기에 압력 2kPa, 부피 $0.1m^3$를 차지하고 있다. 가역등온과정에 따라 부피가 $0.3m^3$로 변화했을 때 기체가 한 일은 약 몇 J인가?

① 9540   ② 2200
③ 954   ④ 220

 $_1W_2 = P_1V_1 \ln\dfrac{V_2}{V_1} = 2000 \times 0.1 \times \ln\dfrac{0.3}{0.1} = 219.722 N \cdot m \fallingdotseq 220 J$

해답 ④

024 이상적인 오토사이클에서 열효율을 55%로 하려면 압축비를 약 얼마로 하면 되겠는가? (단, 기체의 비열비는 1.4이다.)

① 5.9   ② 6.8
③ 7.4   ④ 8.5

 $\eta_o = 1 - \left(\dfrac{1}{\epsilon}\right)^{n-1}$, $0.55 = 1 - \left(\dfrac{1}{\epsilon}\right)^{1.4-1}$

(압축비) $\epsilon = 7.361 \fallingdotseq 7.4$

해답 ③

025 밀폐계가 가역정압 변화를 할 때 계가 받은 열량은?

① 계의 엔탈피 변화량과 같다.   ② 계의 내부에너지 변화량과 같다.
③ 계의 엔트로피 변화량과 같다.   ④ 계가 주위에 대해 한 일과 같다.

 (정압과정의 가열열량) $\Delta Q = \Delta H$
(정적과정의 가열열량) $\Delta Q = \Delta U$
(등온과정의 가열열량) $\Delta Q = \Delta W$
(단열과정의 가열열량) $\Delta Q = 0$

해답 ①

026

유리창을 통해 실내에서 실외로 열전달이 일어난다. 이때 열전달량은 약 몇 W인가? (단, 대류열전달계수는 50W/(m² · W), 유리창 표면온도는 25℃, 외기온도는 10℃, 유리창면적은 2m²이다.)

① 150
② 500
③ 1500
④ 5000

해설 (열전열량) $Q = k'A(T_2 - T_1) = 50 \times 2 \times (25 - 10) = 1500W$

해답 ③

027

어느 내연기관에서 피스톤의 흡기과정으로 실린더 속에 0.2kg의 기체가 들어왔다. 이것을 압축할 때 15kJ의 일이 필요하였고, 10kJ의 열을 방출하였다고 한다면, 이 기체 1kg당 내부에너지의 증가량은?

① 10kJ/kg
② 25kJ/kg
③ 35kJ/kg
④ 50kJ/kg

해설
$\Delta Q = \Delta U + \Delta W$
$\ominus 10 = \Delta U + \ominus 15$
$\Delta U = \ominus 10 + 15 = 5kJ$

(1kg당 내부에너지 증가량) $\Delta u = \dfrac{\Delta U}{m} = \dfrac{5}{0.2} = 25kJ/kg$

해답 ②

028

다음 중 강도성 상태량(Intensive property)이 아닌 것은?

① 온도
② 압력
③ 체적
④ 밀도

해설 **강도성 상태량** : 나누어도 변화되지 않는 상태량
　　　　① 온도 ② 압력 ③ 밀도 ④ 비체적
　종량성 상태량 : 나누면 변화되는 상태량
　　　　① 질량 ② 체적 ③ 엔탈피 ④ 엔트로피

해답 ③

029

600kPa, 300K 상태의 이상기체 1kmol이 엔탈피가 등온과정을 거쳐 압력이 200kPa로 변했다. 이 과정동안의 엔트로피 변화량은 약 몇 kJ/K인가? (단, 일반기체상수($\overline{R}$)은 8.31451kJ/(kmol · K)이다.)

① 0.782
② 6.31
③ 9.13
④ 18.6

해설
$$\Delta S = C_V \ln\frac{T_2}{T_1} + R\ln\frac{V_2}{V_1} = C_P \ln\frac{T_2}{T_1} - R\ln\frac{P_2}{P_1} = C_P \ln\frac{V_2}{V_1} - C_V \ln\frac{P_2}{P_1}$$

등온과정의 $\Delta S = -R\ln\frac{P_2}{P_1}$

$$\Delta S' = -mR\ln\frac{P_2}{P_1} = -n\overline{R}\ln\frac{P_2}{P_1} = -1 \times 8.3145 \times \ln\frac{200}{600} = 9.134 \text{kJ/K}$$

해답 ③

030

그림과 같은 단열된 용기 안에 25℃의 물이 0.8m³ 들어있다. 이 용기 안에 100℃, 50kg의 쇳덩어리를 넣은 후 열적 평형이 이루어졌을 때 최종 온도는 약 몇 ℃인가? (단, 물의 비열은 4.18kJ/(kg·K), 철의 비열은 0.45kJ/(kg·K)이다.)

① 25.5
② 27.4
③ 29.2
④ 31.4

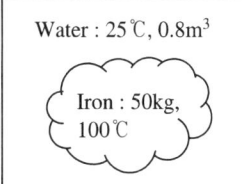

해설
$$T_m = \frac{m_1 C_1 T_1 + m_2 C_2 T_2}{m_1 C_1 + m_2 C_2} = \frac{800 \times 4.18 \times 25 + 50 \times 0.45 \times 100}{800 \times 4.18 + 50 \times 0.45} = 25.5℃$$

(물의 질량) $m_1 = \rho_w \times V = 1000\text{kg/m}^3 \times 0.8\text{m}^3 = 800\text{kg}$

해답 ①

031

실린더에 밀폐된 8kg의 공기가 그림과 같이 $P_1 = 800\text{kPa}$, 체적 $V_1 = 0.27\text{m}^3$에서 $P_2 = 350\text{kPa}$, 체적 $V_2 = 0.80\text{m}^3$으로 직선 변화하였다. 이 과정에서 공기가 한 일은 약 몇 kJ인가?

① 305
② 334
③ 362
④ 390

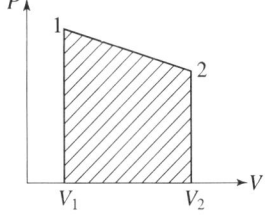

해설 $P-V$선도 = 일량선도
$$W = \frac{1}{2} \times 450 \times 0.53 + (350 \times 0.53)$$
$$= 304.75\text{kJ} ≒ 305\text{kJ}$$

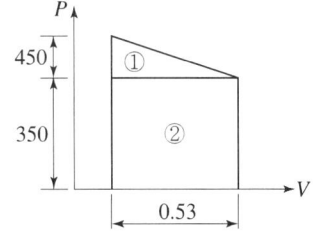

해답 ①

032

어떤 기체 동력장치가 이상적인 브레이턴사이클로 다음과 같이 작동할 때 이 사이클의 열효율은 약 몇 %인가? (단, 온도(T)–엔트로피(s) 선도에서 $T_1=30℃$, $T_2=200℃$, $T_3=1060℃$, $T_4=160℃$이다.)

① 81%
② 85%
③ 89%
④ 92%

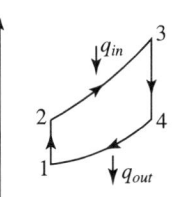

해설 (브레이턴 사이클 효율) $\eta_Q = \dfrac{W_{net}}{q_H} = \dfrac{q_H - q_L}{q_H}$

$= 1 - \dfrac{q_L}{q_H} = 1 - \dfrac{C_P(T_4 - T_1)}{C_P(T_3 - T_2)} = 1 - \dfrac{(T_4 - T_1)}{(T_3 - T_2)}$

$= 1 - \dfrac{160 - 30}{1060 - 200}$

$= 0.8488 ≒ 85\%$

해답 ②

033

이상기체에 대한 다음 관계식 중 잘못된 것은? (단, C_v는 정적비열, C_p는 정압비열, u는 내부에너지, T는 온도, V는 부피, h는 엔탈피, R은 기체상수, k는 비열비이다.)

① $C_v = \left(\dfrac{\partial u}{\partial T}\right)_V$

② $C_p = \left(\dfrac{\partial h}{\partial T}\right)_V$

③ $C_p - C_v = R$

④ $C_p = \dfrac{kR}{k-1}$

해설
① $du = C_V dT$, $C_V = \left(\dfrac{du}{dT}\right)_V$ 여기서, V : 정적과정

② $dh = C_P dT$, $C_P = \left(\dfrac{dh}{dT}\right)_P$ 여기서, P : 정압과정

해답 ②

034

열역학 제2법칙에 관해서는 여러 가지 표현으로 나타낼 수 있는데, 다음 중 열역학 제2법칙과 관계되는 설명으로 볼 수 없는 것은?

① 열을 일로 변환하는 것은 불가능하다.
② 열효율이 100%인 열기관을 만들 수 없다.
③ 열은 저온 물체로부터 고온 물체로 자연적으로 전달되지 않는다.
④ 입력되는 일 없이 작동하는 냉동기를 만들 수 없다.

해설 자연계에 아무런 흔적을 남기지 않고 열을 전부 일로 변환시키는 열기관은 없다. 즉 열효율이 100% 기관은 없다.
열이 일로 변환되는데 전부 변환되지 않는다는 것을 의민하다.

해답 ①

035

계의 엔트로피 변화에 대한 열역학적 관계식 중 옳은 것은? (단, T는 온도, S는 엔트로피, U는 내부에너지, V는 체적, P는 압력, H는 엔탈피를 나타낸다.)

① $TdS = dU - PdV$
② $TdS = dH - PdV$
③ $TdS = dU - VdP$
④ $TdS = dH - VdP$

해설 $ds = \dfrac{\delta Q}{T}$, $\delta Q = Tds$
$\delta Q = dU + PdV$, $Tds = dU + PdV$
$\delta Q = dH - VdP$, $Tds = dH - VdP$

해답 ④

036

공기 1kg이 압력 50kPa, 부피 3m³인 상태에서 압력 900kPa, 부피 0.5m³인 상태로 변화할 때 내부 에너지가 160kJ 증가하였다. 이때 엔탈피는 약 몇 kJ이 증가하였는가?

① 30
② 185
③ 235
④ 460

해설 $\Delta H = (U_2 - U_1) + (P_2V_2 - P_1V_1) = 160\text{kJ} + (900 \times 0.5 - 50 \times 3) = 460\text{kJ}$

해답 ④

037

체적이 일정하고 단열된 용기 내에 80℃, 320kPa의 헬륨 2kg이 들어있다. 용기 내에 있는 회전날개가 20W의 동력으로 30분 동안 회전한다고 할 때 용기 내의 최종 온도는 약 몇 ℃인가? (단, 헬륨의 정적비열은 3.12kJ/(kg·K)이다.)

① 81.9℃
② 83.3℃
③ 84.9℃
④ 85.8℃

해설 (가열열량) $\Delta Q = 20\text{W} \times 30\text{min} = 20\text{J/s} \times (30 \times 60)\text{s} = 36000\text{J}$
(정적과정의 가열열량) $\Delta Q = mC_V(T_2 - T_1)$
$36000 = 2 \times 3120 \times (T_2 - 80)$
$T_2 = 85.769℃ ≒ 85.8℃$

해답 ④

038

그림과 같은 Rankine 사이클로 작동하는 터빈에서 발생하는 일은 약 몇 kJ/kg인가? (단, h는 엔탈피, s는 엔트로피를 나타내며, $h_1 = 191.8$kJ/kg, $h_2 = 193.8$kJ/kg, $h_3 = 2799.5$kJ/kg, $h_4 = 2007.5$kJ/kg이다.)

① 2.0kJ/kg
② 792.0kJ/kg
③ 2605.7kJ/kg
④ 1815.7kJ/kg

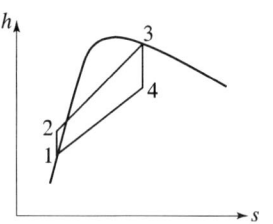

해설 (터빈일) $W_t = h_3 - h_4 = 2799.5 - 2007.5 = 792$kJ/kg

해답 ②

039

시간당 380000kg의 물을 공급하여 수증기를 생산하는 보일러가 있다. 이 보일러에 공급하는 물의 엔탈피는 830kJ/kg이고, 생산되는 수증기의 엔탈피는 3230kJ/kg이라고 할 때, 발열량이 32000kJ/kg인 석탄을 시간당 34000kg씩 보일러에 공급한다면 이 보일러의 효율은 약 몇 %인가?

① 66.9%
② 71.5%
③ 77.3%
④ 83.8%

해설 (보일러 효율) $\eta_B = \dfrac{\text{질량유량} \times (\text{보일러 출구 엔탈피} - \text{보일러 입구 엔탈피})}{\text{연료에서 공급받은 열량}}$

$= \dfrac{\dfrac{38000\text{kg}}{3600\text{s}} \times (2130 - 830)\text{kJ/kg}}{32000\text{kJ/kg} \times \dfrac{34000\text{kg}}{3600\text{s}}} = 0.0838 = 83.8\%$

해답 ④

040

터빈, 압축기, 노즐과 같은 정상 유동장치의 해석에 유용한 몰리에(Mollier) 선도를 옳게 설명한 것은?

① 가로축에 엔트로피, 세로축에 엔탈피를 나타내는 선도이다.
② 가로축에 엔탈피, 세로축에 온도를 나타내는 선도이다.
③ 가로축에 엔트로피, 세로축에 밀도를 나타내는 선도이다.
④ 가로축에 비체적, 세로축에 압력을 나타내는 선도이다.

해설 열기관의 몰리에르 선도($H-S$) : 가로축 S(엔트로피), 세로축 H(엔탈피)
냉동기관의 몰리에르 선도($P-H$) : 가로축 H(엔탈피), 세로축 P(압력)

해답 ①

제3과목 기계유체역학

041 원관에서 난류로 흐르는 어떤 유체가 속도가 2배로 변하였을 때, 마찰계수가 변경 전 마찰계수의 $\dfrac{1}{\sqrt{2}}$ 로 줄었다. 이때 압력손실은 몇 배로 변하는가?

① $\sqrt{2}$ 배　　② $2\sqrt{2}$ 배
③ 2배　　④ 4배

해설 (압력손실) $\Delta P_{L_1} = \gamma H_{L_1} = \gamma \times f \times \dfrac{L}{D} \times \dfrac{V^2}{2g}$

(압력손실) $\Delta P_{L_2} = \gamma H_{L_2} = \gamma \times \dfrac{1}{\sqrt{2}} f \times \dfrac{L}{D} \times \dfrac{(2V)^2}{2g} = \gamma \times f \times \dfrac{L}{D} \times \dfrac{V^2}{2g} \times \dfrac{1}{\sqrt{2}} \times 4$

$= \Delta P_U \times \dfrac{4}{\sqrt{2}} = \Delta P_{L_1} \times \dfrac{4\sqrt{2}}{\sqrt{2}\sqrt{2}} = \Delta P_{L_1} \times 2\sqrt{2}$

해답 ②

042 점성계수가 $0.3 N \cdot s/m^2$이고, 비중이 0.9인 뉴턴유체가 지름 30mm인 파이프를 통해 3m/s의 속도로 흐를 때 Reynolds 수는?

① 24.3　　② 270
③ 2700　　④ 26460

해설 $Re = \dfrac{\rho VD}{\mu} = \dfrac{(0.9 \times 1000) \times 3 \times 0.03}{0.3} = 270$

해답 ②

043 어떤 액체의 밀도는 $890 kg/m^3$, 체적 탄성계수는 2200MPa이다. 이 액체 속에서 전파되는 소리의 속도는 약 몇 m/s인가?

① 1572　　② 1483
③ 981　　④ 345

해설 (음속) $a = \sqrt{\dfrac{k}{\rho}} = \sqrt{\dfrac{2200 \times 10^6}{890}} = 1572.23 m/s$

해답 ①

044
펌프로 물을 양수할 때 흡입측에서의 압력이 진공 압력계로 75mmHg(부압)이다. 이 압력은 절대압력으로 약 몇 kPa인가? (단, 수은의 비중은 13.6이고, 대기압은 760mmHg이다.)

① 91.3　　② 10.4
③ 84.5　　④ 23.6

해설 (절대압력) $P_{abs} = P_o - P_v = 760 - 75 = 685\text{mmHg}$

$$685\text{mmHg} \times \frac{101325\text{Pa}}{760\text{mmHg}} = 91325.822\text{Pa} \fallingdotseq 91.3\text{kPa}$$

해답 ①

045
동점성계수가 $10\text{cm}^2/\text{s}$이고 비중이 1.2인 유체의 점성계수는 몇 Pa·s인가?

① 0.12　　② 0.24
③ 1.2　　④ 2.4

해설 (점성계수) $\mu = \nu \times \rho = (10 \times 10^{-4}) \times (1.2 \times 1000) = 1.2(\text{N/m}^2) \cdot \text{s}$

해답 ③

046
평판 위를 어떤 유체가 층류로 흐를 때, 선단으로부터 10cm 지점에서 경계층두께가 1mm일 때, 20cm 지점에서의 경계층두께는 얼마인가?

① 1mm　　② $\sqrt{2}$ mm
③ $\sqrt{3}$ mm　　④ 2mm

해설 $\delta_{\text{층류}} = \dfrac{5x}{\sqrt{Re_x}} = \dfrac{5 \times x}{\left(\dfrac{\rho V x}{\mu}\right)^{\frac{1}{2}}} \propto x^{\frac{1}{2}}$

(20cm 지점의 경계층 두께) $\delta_{20} = \dfrac{1\text{mm}}{10^{\frac{1}{2}}} \times 20^{\frac{1}{2}} = \sqrt{2}\,\text{mm}$

해답 ②

047
온도 27℃, 절대압력 380kPa인 기체가 6m/s로 지름 5cm인 매끈한 원관 속을 흐르고 있을 때 유동상태는? (단, 기체상수는 187.8N·m/(kg·K), 점성계수는 1.77×10^{-5}kg/(m·s), 상, 하 임계 레이놀즈수는 각각 4000, 2100이라 한다.)

① 층류영역　　② 천이영역
③ 난류영역　　④ 포텐셜영역

해설) $Re = \dfrac{\rho VD}{\mu} = \dfrac{6.744 \times 6 \times 0.05}{1.77 \times 10^{-5}} = 114305.08$ 난류

(밀도) $\rho = \dfrac{P}{RT} = \dfrac{380000}{187.8 \times (27+273)} = 6.744 \text{kg/m}^3$

 ③

048 2m×2m×2m의 정육면체로 된 탱크 안에 비중이 0.8인 기름이 가득 차 있고, 위 뚜껑이 없을 때 탱크의 한 옆면에 작용하는 전체 압력에 의한 힘은 약 몇 kN인가?

① 7.6 ② 15.7
③ 31.4 ④ 62.8

해설) (전압력) $F_P = s\gamma_w \overline{H} A = 0.8 \times 9800 \times 1 \times 4 = 31360\text{N} = 31.36\text{kN}$

해답 ③

049 일정 간격의 두 평판 사이에 흐르는 완전 발달된 비압축성 정상유동에서 x는 유동방향, y는 평판 중심을 0으로 하여 x방향에 직교하는 방향의 좌표를 나타낼 때 압력강하와 마찰손실의 관계로 옳은 것은? (단, P는 압력, τ은 전단응력, μ는 점성계수(상수)이다.)

① $\dfrac{dP}{dy} = \mu \dfrac{d\tau}{dx}$ ② $\dfrac{dP}{dy} = \dfrac{d\tau}{dx}$

③ $\dfrac{dP}{dx} = \dfrac{d\tau}{dy}$ ④ $\dfrac{dP}{dx} = \dfrac{1}{\mu} \dfrac{d\tau}{dy}$

해설)
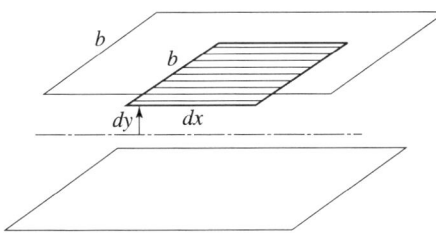

$dF_P = dP \times dA = dP \times (b \times dy)$ 여기서, dP: 압력차
$dF_\tau = d\tau \times b \times dx$
$dF_P = dF_\tau,\ dP \times b \times dy = d\tau \times b \times dx$
$\dfrac{dP}{dx} = \dfrac{d\tau}{dy}$

 ③

050 비중 0.85인 기름의 자유표면으로부터 10m 아래에서의 계기압력은 약 몇 kPa인가?

① 83 ② 830
③ 98 ④ 980

해설) $P_G = \gamma \times H = S \times \gamma_w \times H = 0.85 \times 9800 \times 10 = 83300\text{Pa} = 83.3\text{kPa}$

해답 ①

051
물을 사용하는 원심 펌프의 설계점에서의 전양정이 30m이고 유량은 1.2m³/min 이다. 이 펌프를 설계점에서 운전할 때 필요한 축동력이 7.35kW라면 이 펌프의 효율은 약 얼마인가?

① 75% ② 80%
③ 85% ④ 90%

해설
(펌프효율) $\eta_P = \dfrac{\text{유체동력}}{\text{축동력}} = \dfrac{\gamma HQ}{L_s} = \dfrac{9800 \times 30 \times \dfrac{1.2}{60}}{7.35 \times 10^3} = 0.8 ≒ 80\%$

해답 ②

052
그림과 같은 원형관에 비압축성 유체가 흐를 때 A 단면의 평균속도가 V_1일 때 B 단면에서의 평균속도 V는?

① $V = \left(\dfrac{d_1}{d_2}\right)^2 V_1$ ② $V = \dfrac{d_1}{d_2} V_1$
③ $V = \left(\dfrac{d_2}{d_1}\right)^2 V_1$ ④ $V = \dfrac{d_2}{d_1} V_1$

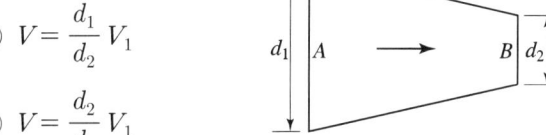

해설
$Q = \dfrac{\pi}{4} d_1^2 V_1 = \dfrac{\pi}{4} d_2^2 V$

$V = \dfrac{d_1^2}{d_2^2} V_1$

해답 ①

053
유속 3m/s로 흐르는 물 속에 흐름방향의 직각으로 피토관을 세웠을 때, 유속에 의해 올라가는 수주의 높이는 약 몇 m인가?

① 0.46 ② 0.92
③ 4.6   ④ 9.2

해설
$\Delta h = \dfrac{V^2}{2g} = \dfrac{3^2}{2 \times 9.8} = 0.459\text{m} = 0.46\text{m}$

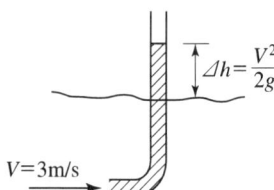

해답 ①

054

2차원 유동장이 $\vec{V}(x,y) = cx\vec{i} - cy\vec{j}$ 로 주어질 때, 가속도장 $\vec{a}(x,y)$는 어떻게 표시되는가? (단, 유동장에서 c는 상수를 나타낸다.)

① $\vec{a}(x,y) = cx^2\vec{i} - cy^2\vec{j}$
② $\vec{a}(x,y) = cx^2\vec{i} + cy^2\vec{j}$
③ $\vec{a}(x,y) = c^2x\vec{i} - c^2y\vec{j}$
④ $\vec{a}(x,y) = c^2x\vec{i} + c^2y\vec{j}$

해설

(x방향의 가속도) $a_x = u\dfrac{\partial u}{\partial x} + \dfrac{\partial u}{\partial t} = cx\dfrac{\partial(cx)}{\partial x} + \dfrac{\partial(cx)}{\partial t} = c^2x + 0$

(y방향의 가속도) $a_y = v\dfrac{\partial v}{\partial y} + \dfrac{\partial v}{\partial t} = -cy\dfrac{\partial(-cy)}{\partial y} + \dfrac{\partial(-cy)}{\partial t} = c^2y + 0$

$\vec{a}(x,y) = c^2x\vec{i} + c^2y\vec{j}$

해답 ④

055

그림과 같이 유속 10m/s인 물 분류에 대하여 평판을 3m/s의 속도로 접근하기 위하여 필요한 힘은 약 몇 N인가? (단, 분류의 단면적은 0.01m²이다.)

① 130
② 490
③ 1350
④ 1690

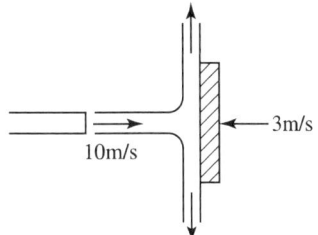

해설 $R_x = \rho A(V - U)^2 = 1000 \times 0.01 \times \{10 - (-3)\}^2 = 1000 \times 0.01 \times 13^2 = 1690\text{N}$

해답 ④

056

물(비중량 9800N/m³) 위를 3m/s의 속도로 항진하는 길이 2m인 모형선에 작용하는 조파저항이 54N이다. 길이 50m인 실선을 이것과 상사한 조파상태인 해상에서 항진시킬 때 조파저항은 약 얼마인가? (단, 해수의 비중량은 10075N/m³이다.)

① 43kN
② 433kN
③ 87kN
④ 867kN

해설 $F_{r_1} = F_{r_2}$, $\dfrac{V_1^2}{L_1 g} = \dfrac{V_2^2}{L_2 g}$, $\dfrac{3^2}{2 \times g} = \dfrac{V_2^2}{50 \times g}$, $V_2 = 15\text{m/s}$

(항력계수) $C_{D_1} = C_{D_2}$

(항력) $D = \gamma \times \dfrac{V^2}{2g} \times A_o \times C_D$

(항력계수) $C_D = \dfrac{D \times 2g}{\gamma \times V^2 \times A_D}$

$$\frac{D_1 \times 2g}{\gamma_1 \times V_1^2 \times L_1^2} = \frac{D_2 \times 2g}{\gamma_2 \times V_2^2 \times L_2^2}$$

$$\frac{54 \times 2 \times g}{9800 \times 3^2 \times 2^2} = \frac{D_2 \times 2 \times g}{10075 \times 15^2 \times 50^2}$$

(해상에서의 조파저항) $D_2 = 867426.65\text{N} \fallingdotseq 867\text{kW}$

해답 ④

057

골프공 표면의 딤플(dimple, 표면 굴곡)이 항력에 미치는 영향에 대한 설명으로 잘못된 것은?

① 딤플은 경계층의 박리를 지연시킨다.
② 딤플이 층류경계층을 난류경계층으로 천이시키는 역할을 한다.
③ 딤플이 골프공의 전체적인 항력을 감소시킨다.
④ 딤플은 압력저항보다 점성저항을 줄이는데 효과적이다.

해설 골프공 표면에 딤플이 있는 이유는 박리점 후방에 발생하는 후류의 생성을 억제하여 유체유동에 발생되는 저항을 줄이기 위해서이다.

해답 ④

058

다음과 같은 베르누이 방정식을 적용하기 위해 필요한 가정과 관계가 먼 것은? (단, 식에서 P는 압력, ρ는 밀도, V는 유속, γ는 비중량, Z는 유체의 높이를 나타낸다.)

$$P_1 + \frac{1}{2}\rho V_1^2 + \gamma Z_1 = P_2 + \frac{1}{2}\rho V_2^2 + \gamma Z_2$$

① 정상 유동
② 압축성 유체
③ 비점성 유체
④ 동일한 유선

해설 베르누이 방정식의 유도 가정 조건
① 유체는 유선을 따라 움직인다.
② 비점성 유체이다.
③ 정상유동이다.
④ 비압축성 유체이다.

해답 ②

059

중력은 무시할 수 있으나 관성력과 점성력 및 표면장력이 중요한 역할을 하는 미세 구조물 중 마이크로 채널 내부의 유동을 해석하는데 중요한 역할을 하는 무차원 수만으로 짝지어진 것은?

① Reynolds 수, Froude 수
② Reynolds 수, Mach 수
③ Reynolds 수, Weber 수
④ Reynolds 수, Cauchy 수

690

해설 $Re = \dfrac{관성력}{점성력}$ $W_e = \dfrac{관성력}{표면장력}$

해답 ③

060
정상, 2차원, 비압축성 유동장의 속도성분이 아래와 같이 주어질 때 가장 간단한 유동함수(Ψ)의 형태는? (단, u는 x방향, v는 y방향의 속도성분이다.)

$$u = 2y, \ v = 4x$$

① $\Psi = -2x^2 + y^2$
② $\Psi = -x^2 + y^2$
③ $\Psi = -x^2 + 2y^2$
④ $\Psi = -4x^2 + 4y^2$

해설 (x방향의 속도 벡터) $u = \dfrac{\partial \phi}{\partial x}$

(y방향의 속도 벡터) $v = \dfrac{\partial \phi}{\partial y}$ 여기서, ϕ : 속도포텐셜

(x방향의 속도 벡터) $u = \dfrac{\partial \Psi}{\partial y}$

(y방향의 속도 벡터) $v = -\dfrac{\partial \Psi}{\partial x}$ 여기서, Ψ : 유동함수

(x방향 유동함수) Ψ_x, $\int \partial \Psi_x = \int u\,dy$, $\Psi_x = \int 2y\,dy = 2\dfrac{y^2}{2} + c_1$

(y방향 유동함수) Ψ_y, $\int \partial \Psi_y = -\int v\,dx$, $\Psi_y = -\int 4x\,dx = -4\dfrac{x^2}{2} + c_2 = -2x^2 + c_2$

(유동함수) $\Psi = \Psi_x + \Psi_y = y^2 + -2x^2$

제4과목 기계재료 및 유압기기

061
S곡선에 영향을 주는 요소들을 설명한 것 중 틀린 것은?
① Ti, Al 등이 강재에 많이 함유될수록 S곡선은 좌측으로 이동된다.
② 강중에 첨가원소로 인하여 편석이 존재하면 S곡선의 위치도 변화한다.
③ 강재가 오스테나이트 상태에서 가열온도가 상당히 높으면 높을수록 오스테나이트 결정립은 미세해지고, S곡선의 코(nose) 부근도 왼쪽으로 이동한다.
④ 강이 오스테나이트 상태에서 외부로부터 응력을 받으면 응력이 커지게 되어 변태 시간이 짧아져 S곡선의 변태 개시선은 좌측으로 이동한다.

해설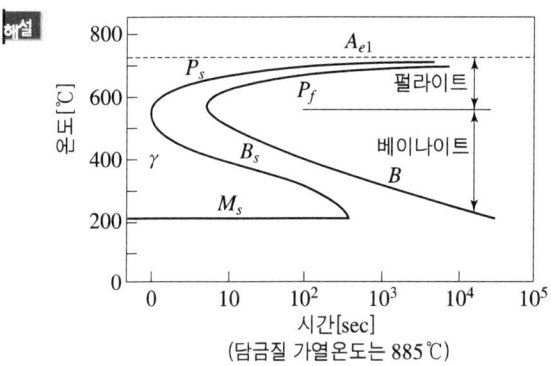

[0.89% C강의 항온변태 곡선 : T.T.T.곡선]

S곡선에서 가열온도가 높을수록 S곡선의 코(nose)부근이 오른쪽으로 이동한다.

해답 ③

062 구상흑연주철에서 나타나는 페딩(Fading) 현상이란?

① Ce, Mg 첨가에 의해 구상흑연화를 촉진하는 것
② 구상화처리 후 용탕상태로 방치하면 흑연구상화 효과가 소멸하는 것
③ 코크스비를 낮추어 고온 용해하므로 용탕에 산소 및 황의 성분이 낮게 되는 것
④ 두께가 두꺼운 주물이 흑연구상화 처리 후에도 냉각속도가 늦어 편상 흑연조직으로 되는 것

해설 구상흑연주철에서 구상화처리 후 용탕상태로 방치하면 측연구상화 효과가 소멸되는데 이것을 페딩(Fading)현상이라 하며 편상 흑연화되는 것이다.

해답 ②

063 순철의 변태에 대한 설명 중 틀린 것은?

① 동소변태점은 A_3점과 A_4점이 있다.
② Fe의 자기변태점은 약 768℃ 정도이며, 큐리(curie)점 이라고도 한다.
③ 동소변태는 결정격자가 변화하는 변태를 말한다.
④ 자기변태는 일정온도에서 급격히 비연속적으로 일어난다.

해설 **순철의 변태점**

종류	변태 형식	변태점	철의 변화	원자 배열
A_4 변태	동소변태	약 1400℃	$\delta-Fe \Leftrightarrow \gamma-Fe$	체심⇔면심
A_3 변태	동소변태	약 900℃	$\gamma-Fe \Leftrightarrow \beta-Fe$	면심⇔체심
A_2 변태	자기변태	약 775℃	$\beta-Fe \Leftrightarrow \alpha-Fe$	원자배열 없음

순철은 온도가 증가함에 따라 자기(磁氣)의 세기가 서서히 변화되어 768℃ 이상에서 자기의 세기가 급격히 작아지는 현상이 일어나고 이온도를 자기 변태점 이라 한다.

해답 ④

064
Fe-C 평형 상태도에서 γ고용체가 시멘타이트를 석출 개시하는 온도선은?

① A_{cm}선
② A_3선
③ 공석선
④ A_2선

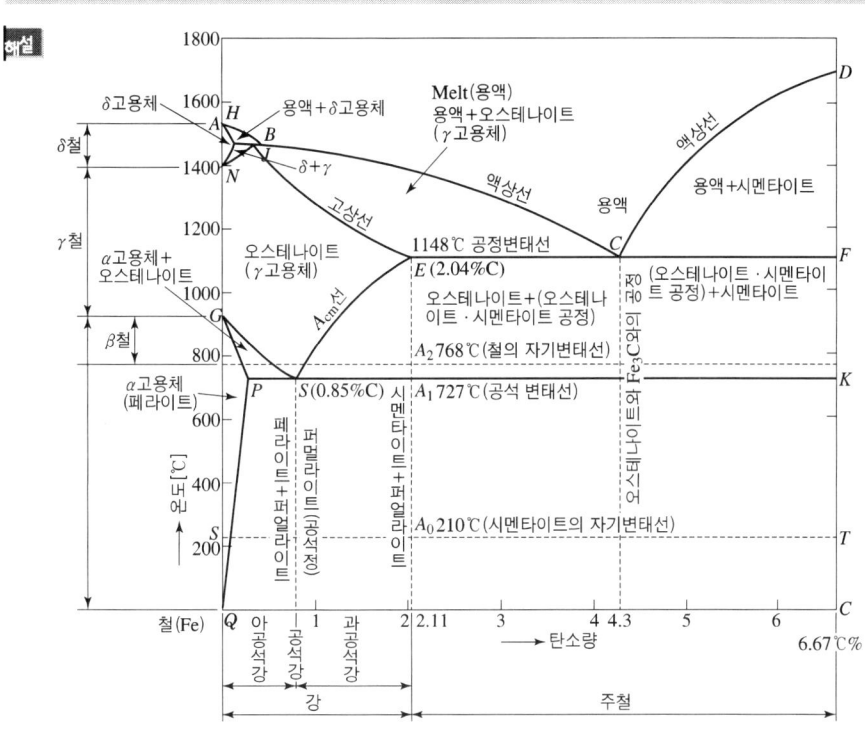

해답 ①

065
Mg-Al계 합금에 소량의 Zn과 Mn을 넣은 합금은?

① 엘렉트론(elektron) 합금
② 스텔라이트(stellite) 합금
③ 알클래드(alclad) 합금
④ 자마크(zamak) 합금

엘렉트론(elektron) : 마그네슘에 알루미늄과 아연을 도합 10% 이하로 배합을 한 합금의 상품명을 엘렉트론이라 한다. 항공기 및 자동차 및 정밀 기계 등의 부품재료로 널리 사용된다. 대표적인 것이 마그네슘 합금이다. 보통의 망간을 0.2~0.5% 함유를 하고, 알루미늄, 아연의 양에 따라 엘렉트론 AZD, 엘렉트론 AZF, 엘렉트론 AZG 등의 종류가 있다.

해답 ①

066
경도시험에서 압입체의 다이아몬드 원추각이 120°이며, 기준하중이 10kgf인 시험법은?

① 쇼어 경도시험
② 브리넬 경도시험
③ 비커스 경도시험
④ 로크웰 경도시험

해설 **로크웰 경도시험**(Rock well hardness)
압입자에 하중을 걸어 홀의 길이를 측정한다. 기준하중은 10kg이고, B스케일은 하중이 100kg, C스케일은 150kg 이다. 압입자는 강구(B스케일)와 다이아몬드(C스케일)가 있다.

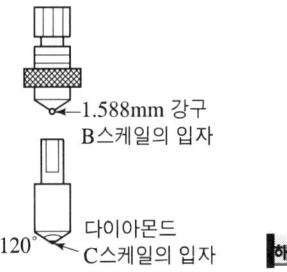

해답 ④

---

067 다음 금속 중 재결정 온도가 가장 높은 것은?

① Zn ② Sn
③ Fe ④ Pb

해설 ① Zn : 재결정온도 18℃   ② Sn : 재결정온도 10℃
③ Fe : 재결정온도 450℃   ④ Pb : 재결정온도 −3℃

해답 ③

---

068 아름답고 매끈한 플라스틱 제품을 생산하기 위한 금형재료의 요구되는 특성이 아닌 것은?

① 결정입도가 클 것 ② 편석 등이 적을 것
③ 핀홀 및 흠이 없을 것 ④ 비금속 개재물이 적을 것

해설 금형재료의 결정입도가 작아야 표면이 깨끗하고 매끈해진다.

해답 ①

---

069 심냉(sub-zero)처리의 목적을 설명한 것 중 옳은 것은?

① 자경강에 인성을 부여하기 위한 방법이다.
② 급열·급냉 시 온도 이력현상을 관찰하기 위한 것이다.
③ 항온 담금질하여 베이나이트 조직을 얻기 위한 방법이다.
④ 담금질 후 변형을 방지하기 위해 잔류 오스테나이트를 마텐자이트 조직으로 얻기 위한 방법이다.

해설 **심냉처리**(sub-zero treatment)
서브(sub)는 하(下), 제로(zero)는 0℃의 뜻이며, 즉 0℃보다 낮은 온도로 처리하는 것을 서브제로 처리라고 한다. 영하 처리 심냉처리(深冷處理), 냉동처리, 칠(chill)처리는 모두 같은 뜻이다.
서브제로 처리는 ① 담금질한 조직의 안정화(stabilization)
② 게이지강 등의 자연시효(seasoning)
③ 공구강의 경도 증가와 성능 향상
④ 수축 끼워맞춤(shrink fit)

등을 위해서 하게 된다. 일반적으로 담금질한 강에는 약간(5~20%)의 오스테나이트가 잔류하는 것이 되므로, 이것이 시일이 경과되면 마텐자이트로 변화하기 때문에 모양과 치수 그리고 경도에 변화가 생긴다. 이것을 경년변화라고 한다. 서브제로 처리를 하면 잔류 오스테나이트가 마텐자이트로 변해 경도가 커지고 치수 변화가 없어진다. 이때의 서브제로 처리는 담금질 직후 즉시 해야 한다.

해답 ④

070
Al합금 중 개량처리를 통해 Si의 조대한 육각관상을 미세화시킨 합금의 명칭은?
① 라우랄
② 실루민
③ 문쯔메탈
④ 두랄루민

해설 **실루민**(silumin) : 알루미늄에 12% 규소(Si)의 합금을 단순히 실루민이라 하고, 실루민에 0.1% 이하의 나트륨을 가하면 조직이 미세해진다. 이러한 처리를 개량처리라 한다. 개량처리를 하면 Si의 조대한 육각관상이 미세화 된다.

해답 ②

071
감압밸브, 체크밸브, 릴리프밸브 등에서 밸브 시트를 두드려 비교적 높은 음을 내는 일종의 자려 진동 현상은?
① 유격 현상
② 채터링 현상
③ 폐입 현상
④ 캐비테이션 현상

해설 **채터링**(chattering)
릴리프밸브 등으로 밸브시트를 두들겨서 비교적 높은 음을 발생시키는 일종의 자력진동 현상

해답 ②

072
유압 파워유닛의 펌프에서 이상 소음 발생의 원인이 아닌 것은?
① 흡입관의 막힘
② 유압유에 공기 혼입
③ 스트레이너가 너무 큼
④ 펌프의 회전이 너무 빠름

해설 펌프의 이상 소음은 스트레이너의 크기가 너무 작아 흡입될 때 마찰손실이 많은 경우 발생될 수 있다.

해답 ③

073
지름이 2cm인 관속을 흐르는 물의 속도가 1m/s이면 유량은 약 몇 cm^3/s인가?
① 3.14
② 31.4
③ 314
④ 3140

해설 $Q = A \times V = \dfrac{\pi}{4}d^2 \times V = \dfrac{\pi}{4} \times 2^2 \times 100 = 314.159 cm^3/s$

해답 ③

074. 한 쪽 방향으로 흐름은 자유로우나 역방향의 흐름을 허용하지 않는 밸브는?

① 체크밸브 ② 셔틀밸브
③ 스로틀밸브 ④ 릴리프밸브

해설
① **체크밸브** : 일방향 밸브로 한쪽방향으로만 흐르게 하는 밸브로 역류방지에 사용되는 밸브이다.
② **셔틀밸브** : 고압우선형 셔틀밸브, 저압우선형 셔틀밸브 두 가지 종류가 있다.
③ **스로틀밸브** : 교축밸브이며, 단면적을 변화시켜 유량을 제어하는 유량제어밸브의 한 종류이다.
④ **릴리프밸브** : 안전밸브라고도 하며 회로내의 최고압력을 제어 하는 밸브이다.

해답 ①

075. 다음 중 유량제어밸브에 의한 속도 제어회로를 나타낸 것이 아닌 것은?

① 미터 인 회로 ② 블리드 오프 회로
③ 미터 아웃 회로 ④ 카운터 회로

해설 유량제어밸브에 의한 속도제어회로는 미터 인 방식, 미터 아웃 방식, 블리드 오프 방식이 있다. 미터 인 방식은 들어가는 유량을 제어하고 미터 아웃 방식은 나오는 유량을 제어하는 방식이다. 블리드 오프 방식은 들어가는 유량을 제어하는 것은 미터 인 방식과 동일하지만 작동부에 들어가는 유량의 일부를 유압탱크로 일부 분기시켜 유량을 제어하는 방식이다.

해답 ④

076. 유체를 에너지원 등으로 사용하기 위하여 가압 상태로 저장하는 용기는?

① 디퓨져 ② 액추에이터
③ 스로틀 ④ 어큐뮬레이터

해설 어큐뮬레이터(Accumulator) : 축압기로 유체를 가압상태로 저장하는 장치로 에너지원으로도 사용 가능하다.

해답 ④

077. 점성계수(coefficient of viscosity)는 기름의 중요 성질이다. 점도가 너무 낮을 경우 유압기기에 나타나는 현상은?

① 유동저항이 지나치게 커진다.
② 마찰에 의한 동력손실이 증대된다.
③ 각 부품 사이에서 누출 손실이 커진다.
④ 밸브나 파이프를 통과할 때 압력손실이 커진다.

점도가 너무 높을 경우의 영향 (농도가 진하다)	점도가 너무 낮을 경우의 영향 (농도가 묽다)
① 동력손실 증가로 기계 효율의 저하 ② 소음이나 공동현상 발생 ③ 유동저항의 증가로 인한 압력손실의 증대 ④ 내부마찰의 증대에 의한 온도의 상승 ⑤ 유압기기 작동의 불활발	① 내부 오일 누설의 증대 ② 압력유지의 곤란 ③ 유압펌프, 모터등의 용적효율 저하 ④ 기기 마모의 증대 ⑤ 압력 발생 저하로 정확한 작동불가

해답 ③

078 저 압력을 어떤 정해진 높은 출력으로 증폭하는 회로의 명칭은?

① 부스터 회로
② 플립플롭 회로
③ 온오프제어 회로
④ 레지스터 회로

부스터(booster) **회로** : 증압기 회로라고도 하며 낮은 압력의 유체동력을 높은 압력의 유체동력으로 변환하는 회로이다. 유압 프레스, 리베팅 머신에 사용되는 회로이다.

해답 ①

079 베인펌프의 일반적인 구성 요소가 아닌 것은?

① 캠링
② 베인
③ 로터
④ 모터

베인모터의 구조

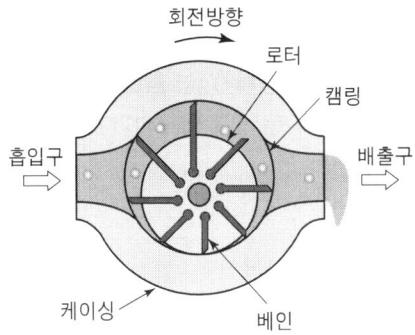

해답 ④

080 유공압 실린더의 미끄러짐 면의 운동이 간헐적으로 되는 현상은?

① 모노 피딩(Mono-feeding)
② 스틱 슬립(Stick-slip)
③ 컷 인 다운(Cut in-down)
④ 듀얼 액팅(Dual acting)

스틱슬립(Stick-slip) : Stick Slip 현상은 두 재질 간에 마찰로 인해 발생하는 현상으로 접촉해있는 두 재료 간에 서로 수직력이 작용하는 조건에서 접선 방향으로 움직일 때 마찰이 발생하게 된다. 이때, 두 재료 간 정지마찰(Stick)과 운동마찰(Slip)이 일어날 수 있는데, 이 두 마찰이 연속적으로 발생하는 현상이 Stick-Slip 현상이다.

해답 ②

제5과목 기계제작법 및 기계동력학

081 무게 20N인 물체가 2개의 용수철에 의하여 그림과 같이 놓여 있다. 한 용수철은 1cm 늘어나는데 1.7N이 필요하며 다른 용수철은 1cm 늘어나는데 1.3N이 필요하다. 변위 진폭이 1.25cm가 되려면 정적평형위치에 있는 물체는 약 얼마의 초기속도(cm/s)를 주어야 하는가?
(단, 이 물체는 수직운동만 한다고 가정한다.)

① 11.5
② 18.1
③ 12.4
④ 15.2

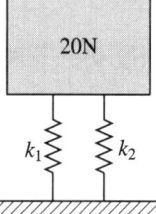

해설 (등가스프링 상수) $k_e = k_1 + k_2 = \dfrac{1.7\text{N}}{1\text{cm}} + \dfrac{1.3\text{N}}{1\text{cm}} = \dfrac{3\text{N}}{1\text{cm}} = 300\text{N/m}$

(에너지보존의 법칙) $\dfrac{1}{2}mV_1^2 = \dfrac{1}{2}k_e x^2$

(초기속도) $V_1 = \sqrt{\dfrac{k_e x^2}{m}} = \sqrt{\dfrac{k_e}{m}}\,x = \sqrt{\dfrac{300}{\frac{20}{9.8}}} \times 0.0125$

$= 0.1515\text{m/s} = 15.15\text{cm/s} \fallingdotseq 15.2\text{cm/s}$

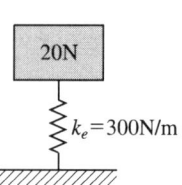

해답 ④

082 전동기를 이용하여 무게 9800N의 물체를 속도 0.3m/s로 끌어올리려 한다. 장치의 기계적 효율을 80%로 하면 최소 몇 kW의 동력이 필요한가?

① 3.2　　② 3.7
③ 4.9　　④ 6.2

해설 (기계효율) $\eta = \dfrac{W \times V}{H_{IN}}$

(동력) $H_W = \dfrac{W \times V}{\eta} = \dfrac{9800 \times 0.3}{0.8}\text{Nm/s} = 3675\text{W} = 3.675\text{kW}$

해답 ②

083 그림과 같이 Coulomb 감쇠를 일으키는 진동계에서 지면과의 마찰계수는 0.1, 질량 $m=100$kg, 스프링 상수 $k=981$N/cm이다. 정지 상태에서 초기 변위를 2cm 주었다가 놓을 때 4cycle 후의 진폭은 약 몇 cm가 되겠는가?

① 0.4　　② 0.1
③ 1.2　　④ 0.8

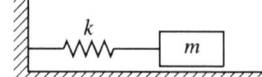

해설 (반사이클 진폭) $x_n = x_o - 2an = 2\text{cm} - 2 \times 0.1 \times 8 = 0.4\text{cm}$
4cycle $n = 8$
$\mu W = ka$, $a = \dfrac{\mu W}{k} = \dfrac{0.1 \times 100 \times 9.81\text{N}}{\dfrac{9.81\text{N}}{0.01\text{m}}} = 0.001\text{m} = 0.1\text{cm}$

여기서, a : 반사이클 진폭

해답 ①

084

단순조화운동(Harmonic motions)일 때 속도와 가속도의 위상차는 얼마인가?

① $\dfrac{\pi}{2}$
② π
③ 2π
④ 0

해설 (변위) $x = A\sin\omega t$
(속도) $x' = A\omega \cos\omega t$
(가속도) $x'' = -A\omega^2 \sin\omega t$

cos과 sin의 위상차는 $90° = \dfrac{\pi}{2}$ 이다.

해답 ①

085

어떤 물체가 정지 상태로부터 다음 그래프와 같은 가속도(a)로 속도가 변화한다. 이때 20초 경과 후의 속도는 약 몇 m/s인가?

① 1
② 2
③ 3
④ 4

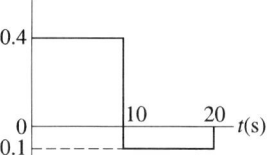

해설
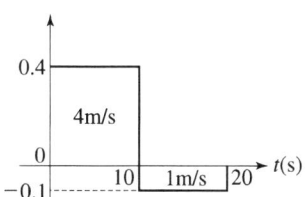

(속도) $V = 4\text{m/s} - 1\text{m/s} = 3\text{m/s}$

해답 ③

086

그림은 스프링과 감쇠기로 지지된 기관(engine, 총 질량 m)이며, m_1은 크랭크 기구의 불평형 회전질량으로 회전 중심으로부터 r만큼 떨어져 있고, 회전주파수는 ω이다. 이 기관의 운동방정식을 $m\ddot{x}+c\dot{x}+kx=F(t)$라고 할 때 $F(t)$로 옳은 것은?

① $F(t)=\dfrac{1}{2}m_1r\omega^2\sin\omega t$

② $F(t)=\dfrac{1}{2}m_1r\omega^2\cos\omega t$

③ $F(t)=m_1r\omega^2\sin\omega t$

④ $F(t)=m_1r\omega^2\cos\omega t$

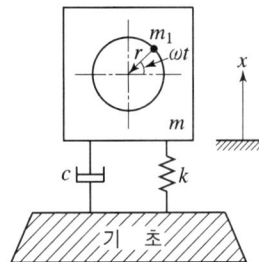

해설 지면이 시작변위이면 초기변위 0

$F(t)=mw^2r\sin\omega t$

(원심력) $F=ma_n=mx^2r$

(법선가속도) $a_n=\dfrac{V^2}{r}=\dfrac{w^2r^2}{t}=w^2r$

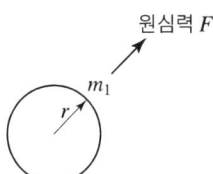

원심력 F

해답 ③

087

반지름이 r인 균일한 원판의 중심에 200N의 힘이 수평방향으로 가해진다. 원판의 미끄러짐을 방지하는데 필요한 최소 마찰력(f)은?

① 200N
② 100N
③ 66.67N
④ 33.33N

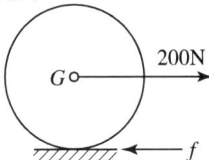

해설 $\sum F=ma_t=m\alpha r$

$\sum F=+200-f$

$\sum T=f\times r=J\alpha$

(각가속도) $\alpha=\dfrac{f\times r}{J}=\dfrac{f\times r}{\dfrac{mr^2}{2}}=\dfrac{2f}{mr}$

$+200-f=m\times\dfrac{2f}{mr}\times r$

$200-f=2f$

$200=3f$

(마찰력) $f=\dfrac{200}{3}=66.67\text{N}$

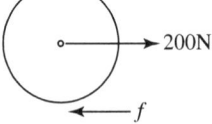

해답 ③

088

축구공을 지면으로부터 1m의 높이에서 자유낙하 시켰더니 0.8m 높이까지 다시 튀어올랐다. 이 공의 반발계수는 얼마인가?

① 0.89
② 0.83
③ 0.80
④ 0.77

해설
$$e = \frac{\text{멀어지는 속도}}{\text{가까워지는 속도}} = \frac{0 - \sqrt{2gH'}}{\sqrt{2gH} - 0} = -\sqrt{\frac{H'}{H}}$$

$$e = \sqrt{\frac{H'}{H}}, \quad e = \sqrt{\frac{0.8}{1}} = 0.89$$

해답 ①

089

길이가 1m이고 질량이 3kg인 가느다란 막대에서 막대 중심축과 수직하면서 질량 중심을 지나는 축에 대한 질량 관성모멘트는 몇 kg·m²인가?

① 0.20
② 0.25
③ 0.30
④ 0.40

해설

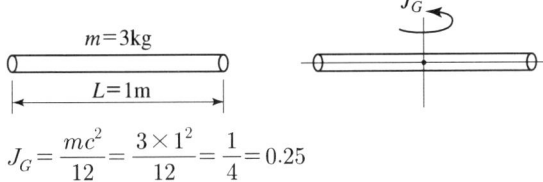

$$J_G = \frac{mc^2}{12} = \frac{3 \times 1^2}{12} = \frac{1}{4} = 0.25$$

해답 ②

090

아이스하키 선수가 친 퍽이 얼음 바닥 위에서 30m를 가서 정지하였는데, 그 시간이 9초가 걸렸다. 퍽과 얼음 사이의 마찰계수는 얼마인가?

① 0.046
② 0.056
③ 0.066
④ 0.076

해설

① $v_2 = v_1 + at$, $0 = v_1 + at$, $a = -\dfrac{v_1}{t} = -\dfrac{v_1}{9}$

② $2as = v_2^2 - v_1^2$, $2 \times \left(-\dfrac{v_1}{9}\right) \times 30 = 0 - v_1^2$, $-\dfrac{v_1 \times 60}{9} = -v_1^2$, $v_1 = \dfrac{60}{9}$

$$\mu mg \times s = \frac{1}{2} m v_1^2$$

$$\mu = \frac{\frac{1}{2}v_1^2}{g \times s} = \frac{\frac{1}{2} \times \left(\frac{60}{9}\right)^2}{9.8 \times 30} = 0.0755$$

해답 ④

091
다음 인발가공에서 인발 조건의 인자로 가장 거리가 먼 것은?
① 절곡력(dolding force)
② 역장력(back tension)
③ 마찰력(friction force)
④ 다이각(die angle)

[해설] 인발가공에서 인발 조건의 인자 : 인발력, 역장력, 단면 감소율, 다이 각도, 다이-소재 간의 마찰력이 있다.

해답 ①

092
다음 중 나사의 유효지름 측정과 가장 거리가 먼 것은?
① 나사 마이크로미터
② 센터게이지
③ 공구현미경
④ 삼침법

[해설] 나사의 유효지름측정 : 삼침법, 나사 마이크로미터, 투영기, 공구 현미경이 있다.

해답 ②

093
구성인선(built up edge)의 방지대책으로 틀린 것은?
① 공구 경사각을 크게 한다.
② 절삭 깊이를 작게 한다.
③ 절삭 속도를 낮게 한다.
④ 윤활성이 좋은 절삭 유체를 사용한다.

[해설] 구성인선 방지대책
① 공구경사각(윗면공구각)을 크게 한다.
② 절삭깊이를 작게 한다.
③ 절삭속도를 고속으로 한다.
④ 윤활성이 좋은 절삭유제을 사용한다.
⑤ 공구인선의 반지름을 작게 한다.

해답 ③

094
다음 중 전주가공의 특징으로 가장 거리가 먼 것은?
① 가공시간이 길다.
② 복잡한 형상, 중공축 등을 가공할 수 있다.
③ 모형과의 오차를 줄일 수 있어 가공 정밀도가 높다.
④ 모형 전체면에 균일한 두께로 전착이 쉽게 이루어진다.

[해설] 전주가공 : 전주가공법은 전기 도금의 원리를 이용한 일종의 복제 방법 중 하나다. 모형은 상당 두께로 도금한 후 역으로 도금층을 분리해서 이 도금층의 모형을 복제하는 금형으로 이용하는 것이다. 아주 작고 섬세하며 두께가 얇은 제품을 만드는데 유용하다. 단점으로는 모형 전체에 균일한 두께로 전착이 어려워 후처리가 필요하다.

해답 ④

095 주조에서 탕구계의 구성요소가 아닌 것은?

① 쇳물 받이 ② 탕도
③ 피이더   ④ 주입구

해설  탕구계

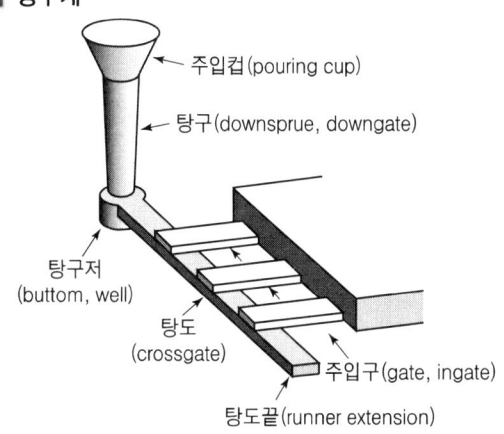

해답 ③

096 다음 중 저온 뜨임의 특성으로 가장 거리가 먼 것은?

① 내마모성 저하   ② 연마균열 방지
③ 치수의 경년 변화 방지   ④ 담금질에 의한 응력 제거

해설 저온 뜨임은 내마모성을 증가시키고, 연마균열 방지, 치수의 경년 변화 방지, 담금질에 의한 응력을 제거하는 특징이 있다.

해답 ①

097 TIG 용접과 MIG 용접에 해당하는 용접은?

① 불활성가스 아크 용접   ② 서브머지드 아크 용접
③ 교류 아크 셀룰로스계 피복 용접 ④ 직류 아크 일미나이트계 피복 용접

해설 불활성가스 아크용접은 TIG(불활성가스 텅스텐), MIG(불활성가스 금속)이 있다.

해답 ①

098 다이(die)에 탄성이 뛰어난 고무를 적층으로 두고 가공 소재를 형상을 지닌 펀치로 가압하여 가공하는 성형가공법은?

① 전자력 성형법 ② 폭발 성형법
③ 엠보싱법   ④ 마폼법

해설 **마품법** : 다이(die)에 탄성이 뛰어난 고무를 적층으로 두고 가공소재를 형상을 지닌 펀치로 가압하여 가공하는 성형가공법이다.

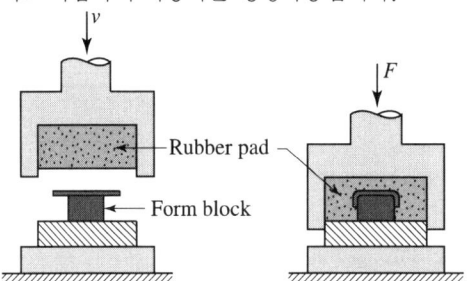

해답 ④

099
연강을 고속도강 바이트로 세이퍼 가공할 때 바이트의 1분간 왕복횟수는? (단, 절삭속도=15m/min이고 공작물의 길이(행정의 길이)는 150mm, 절삭행정의 시간과 바이트 1왕복의 시간과의 비 $k=3/50$이다.)

① 10회   ② 15회
③ 30회   ④ 60회

해설 $V = \dfrac{LN}{1000k}$

(1분간 왕복횟수) $N = \dfrac{V \times 1000k}{L} = \dfrac{15 \times 1000 \times \dfrac{3}{5}}{150} = 60$회

해답 ④

100
드릴링 머신으로 할 수 있는 기본 작업 중 접시머리 볼트의 머리 부분이 묻히도록 원뿔자리 파기 작업을 하는 가공은?

① 태핑   ② 카운터 싱킹
③ 심공 드릴링   ④ 리밍

해설 드릴링 머신의 기본작업

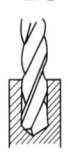 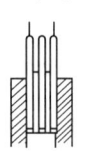 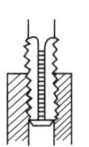 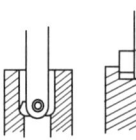 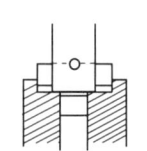 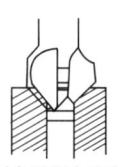 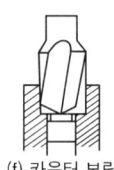

(a) 드릴링 (b) 리밍 (c) 태핑 (g) 보링 (d) 스폿 페이싱 (e) 카운터 싱킹 (f) 카운터 보링

해답 ②

일반기계기사

2019년 4월 27일 시행

제1과목 재료역학

001 원형축(바깥지름 d)을 재질이 같은 속이 빈 원형축(바깥지름 d, 안지름 $d/2$)으로 교체하였을 경우 받을 수 있는 비틀림 모멘트는 몇 % 감소하는가?

① 6.25　　　　　　② 8.25
③ 25.6　　　　　　④ 52.6

해설

$$\frac{T_2}{T_1} = \frac{\tau_a \times Z_{P_2}}{\tau_a \times Z_{P_1}} = \frac{Z_{P_2}}{Z_{P_1}} = \frac{\frac{\pi d^3}{16}\left\{1-\left(\frac{d/2}{d}\right)^4\right\}}{\frac{\pi d^3}{16}} = 1 - \frac{1}{2^4} = 0.9375 = 93.75\%$$

(감소된 비틀림모멘트) $\Delta T = T_1 - T_2 = 100 - 93.75 = 6.25\%$

해답 ①

002 포아송의 비 0.3, 길이 3m인 원형단면의 막대에 축방향의 하중이 가해진다. 이 막대의 표면에 원주방향으로 부착된 스트레인 게이지가 -1.5×10^{-4}의 변형률을 나타낼 때, 이 막대의 길이 변화로 옳은 것은?

① 0.135mm 압축　　　② 0.135mm 인장
③ 1.5mm 압축　　　　④ 1.5mm 인장

$\mu = 0.3$, $L = 3000\text{mm}$, $\dfrac{\Delta D}{D} = -1.5 \times 10^{-4}$

원주방향변형률이 "⊖"이면 인장

$\mu = \dfrac{\dfrac{\Delta D}{D}}{\dfrac{\Delta L}{L}}$ 　　 $0.3 = \dfrac{1.5 \times 10^{-4}}{\dfrac{\Delta L}{3000}}$

(막대의 길이 변화) $\Delta L = 1.5\text{mm}$

해답 ④

003

안지름이 80mm, 바깥지름이 90mm이고 길이가 3m인 좌굴 하중을 받는 파이프 압축 부재의 세장비는 얼마 정도인가?

① 100
② 110
③ 120
④ 130

해설

(세장비) $\lambda = \dfrac{L}{k_{\min}} = \dfrac{300\text{mm}}{30.103\text{mm}} \fallingdotseq 100$

(최소 회전반경) $k_{\min} = \sqrt{\dfrac{I}{A}} = \sqrt{\dfrac{\dfrac{\pi}{64}(90^4 - 80^4)}{\dfrac{\pi}{4}(90^2 - 80^2)}} = 30.103\text{mm}$

해답 ①

004

지름 30mm의 환봉 시험편에서 표점거리를 10mm로 하고 스트레인 게이지를 부착하여 신장을 측정한 결과 인장하중 25kN에서 신장 0.0418mm가 측정되었다. 이때의 지름은 29.97mm이었다. 이 재료의 포아송 비(ν)는?

① 0.239
② 0.287
③ 0.0239
④ 0.0287

해설

(포아송비) $\nu = \dfrac{\dfrac{\Delta D}{D}}{\dfrac{\Delta L}{L}} = \dfrac{\left(\dfrac{30 - 29.97}{30}\right)}{\left(\dfrac{0.0418}{10}\right)} = 0.239$

해답 ①

005

다음과 같은 단면에 대한 2차 모멘트 I_z는 약 몇 mm⁴인가?

① 18.6×10^6
② 21.6×10^6
③ 24.6×10^6
④ 27.6×10^6

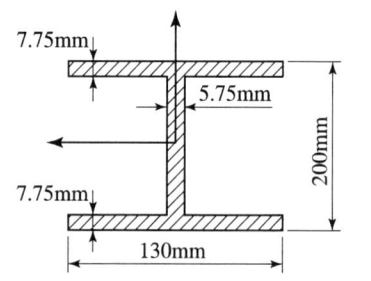

해설

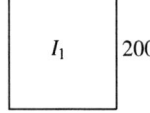

I_2 (200 − 7.75 × 2) = 184.5

$\dfrac{130 - 5.75}{2} = 62.125$

$I_Z = I_1 - 2I_2 = \dfrac{130 \times 200^3}{12} - 2 \times \dfrac{62.125 \times 184.5^3}{12} = 21.6 \times 10^6 \text{mm}^4$

해답 ②

006

지름 4cm, 길이 3m인 선형 탄성 원형 축이 800rpm으로 3.6kW를 전달할 때 비틀림 각은 약 몇 도(°)인가? (단, 전단 탄성계수는 84GPa이다.)

① 0.0085° ② 0.35°
③ 0.48°   ④ 5.08°

해설 (비틀림각도) $\theta = \dfrac{TL}{GI_P} \times \dfrac{180}{\pi} = \dfrac{42953.4 \times 3000}{84 \times 10^3 \times \dfrac{\pi \times 40^4}{32}} \times \dfrac{180}{\pi} = 0.35$

$T = 974000 \times \dfrac{H_{kW}}{N} = 974000 \times \dfrac{3.6}{800} = 4383 \text{kgf} \cdot \text{mm} = 42953.4 \text{N} \cdot \text{mm}$

해답 ②

007

그림과 같이 한쪽 끝을 지지하고 다른 쪽을 고정한 보가 있다. 보의 단면은 직경 10cm의 원형이고 보의 길이는 L이며, 보의 중앙에 2094N의 집중하중 P가 작용하고 있다. 이때 보에 작용하는 최대굽힘응력이 8MPa라고 한다면, 보의 길이 L은 약 몇 m인가?

① 2.0
② 1.5
③ 1.0
④ 0.7

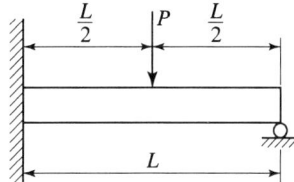

해설

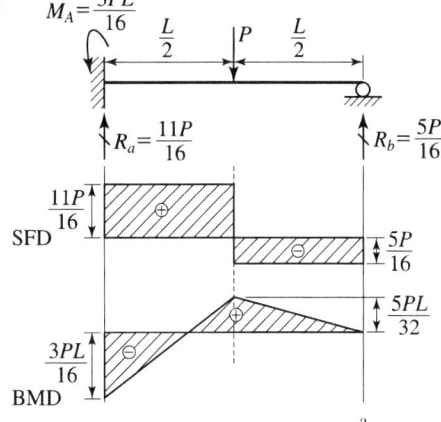

$M_{\max} = \sigma \times Z, \quad \dfrac{3PL}{16} = 8 \times \dfrac{\pi \times 100^3}{32}$

$\dfrac{3 \times 2094 \times L}{16} = 8 \times \dfrac{\pi \times 100^3}{32}$

(보의 길이) $L = 2000.377 \text{mm} \fallingdotseq 2\text{m}$

해답 ①

008

다음과 같이 길이 L인 일단고정, 타단지지보에 등분포하중 ω가 작용할 때, 고정단 A로부터 전단력이 0이 되는 거리(X)는 얼마인가?

① $\dfrac{2}{3}L$

② $\dfrac{3}{4}L$

③ $\dfrac{5}{8}L$

④ $\dfrac{3}{8}L$

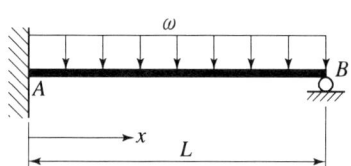

해설

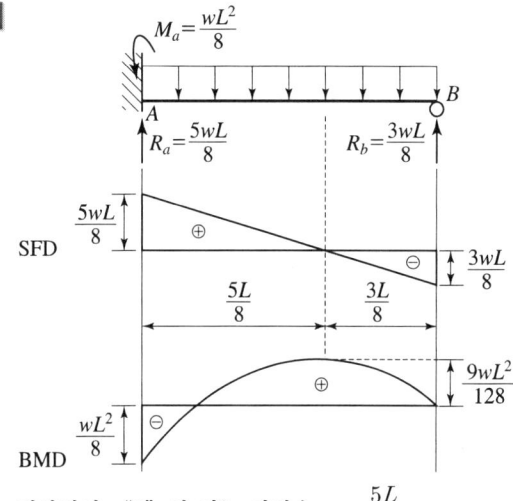

전단력이 "0"이 되는 지점은 $x = \dfrac{5L}{8}$

해답 ③

009

두께 10mm의 강판에 지름 23mm의 구멍을 만드는데 필요한 하중은 약 몇 kN인가? (단, 강판의 전단응력 $\tau = 750\text{MPa}$이다.)

① 243
② 352
③ 473
④ 542

해설 $F = \tau \times \pi D \times t = 750 \times \pi \times 23 \times 10 = 541924.73\text{N} \fallingdotseq 542\text{kN}$

해답 ④

010

그림과 같은 구조물에서 점 A에 하중 $P=50$kN이 작용하고 A점에서 오른편으로 $F=10$kN이 작용할 때 평형위치의 변위 x는 몇 cm인가?
(단, 스프링탄성계수 $(k)=5$kN/cm이다.)

① 1
② 1.5
③ 2
④ 3

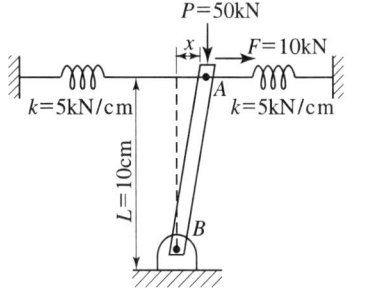

해설

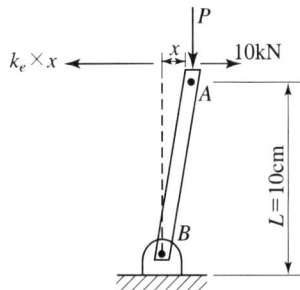

(등가스프링 상수) $k_e = 5$kN/cm $+ 5$kN/cm $= 10$kN/cm

$\sum M_B = 0$ 우

$\oplus P \times x \quad \ominus k_e \times x \times L \quad \oplus 10$kN $\times 10$cm $= 0$

$\oplus 50$kN $\times x$cm $\quad \ominus 10$kN/cm $\times x$cm $\times 10$cm $\quad \oplus 10$kN $\times 10$cm $= 0$

$50x - 100x + 100 = 0$

$x = 2$cm

해답 ③

011

직육면체가 일반적인 3축 응력 $\sigma_x, \sigma_y, \sigma_z$를 받고 있을 때 체적 변형률 ϵ_v는 대략 어떻게 표현되는가?

① $\epsilon_v \simeq \dfrac{1}{3}(\epsilon_x + \epsilon_y + \epsilon_z)$

② $\epsilon_v \simeq \epsilon_x + \epsilon_y + \epsilon_z$

③ $\epsilon_v \simeq \epsilon_x \epsilon_y + \epsilon_y \epsilon_z + \epsilon_z \epsilon_x$

④ $\epsilon_v \simeq \dfrac{1}{3}(\epsilon_x \epsilon_y + \epsilon_y \epsilon_z + \epsilon_z \epsilon_x)$

해설

$v = a \times b \times c$

$v' = (a + a\epsilon_x) \times (b + b\epsilon_y) \times (c + c\epsilon_z) = a(1+\epsilon_x) \times b(1+\epsilon_y) \times c(1+\epsilon_z)$

$= abc \times (1 + \epsilon_x + \epsilon_y + \epsilon_z + \epsilon_x\epsilon_y + \epsilon_y\epsilon_z + \epsilon_z\epsilon_x + \epsilon_x\epsilon_y\epsilon_z)$

$\fallingdotseq abc \times (1 + \epsilon_x + \epsilon_y + \epsilon_z)$

$\Delta v = v' - v = abc - abc(1 + \epsilon_x + \epsilon_y + \epsilon_z) = abc(\epsilon_x + \epsilon_y + \epsilon_z)$

$\epsilon_v = \dfrac{\Delta v}{v} = \dfrac{abc(\epsilon_x + \epsilon_y + \epsilon_z)}{abc} = \epsilon_x + \epsilon_y + \epsilon_z$

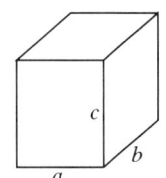

해답 ②

012

다음 그림과 같이 C점에 집중하중 P가 작용하고 있는 외팔보의 자유단에서 경사각 θ를 구하는 식은? (단, 보의 굽힘 강성 EI는 일정하고, 자중은 무시한다.)

① $\theta = \dfrac{Pl^2}{2EI}$ ② $\theta = \dfrac{3Pl^2}{2EI}$

③ $\theta = \dfrac{Pa^2}{2EI}$ ④ $\theta = \dfrac{Pb^2}{2EI}$

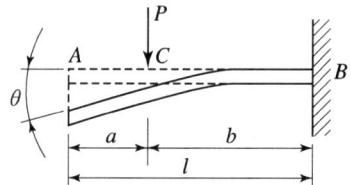

해설

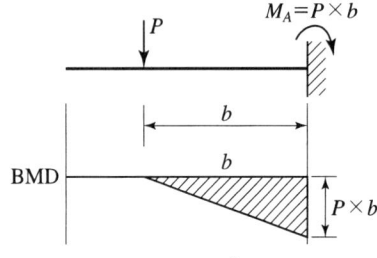

$A_M = \dfrac{1}{2} \times b \times Pb = \dfrac{Pb^2}{2}$

$\theta = \dfrac{A_M}{EI} = \dfrac{\left(\dfrac{Pb^2}{2}\right)}{EI} = \dfrac{Pb^2}{2EI}$

해답 ④

013

단면적이 7cm²이고, 길이가 10m인 환봉의 온도를 10℃ 올렸더니 길이가 1mm 증가했다. 이 환봉의 열팽창계수는?

① $10^{-2}/℃$ ② $10^{-3}/℃$
③ $10^{-4}/℃$ ④ $10^{-5}/℃$

해설 (열팽창계수) $\alpha = \dfrac{L_{th}}{L \times \Delta T} = \dfrac{0.001\text{m}}{10\text{m} \times 10℃} = 10^{-5}\dfrac{1}{℃}$

해답 ④

014

단면 20cm×30cm, 길이 6m의 목재로 된 단순보의 중앙에 20kN의 집중하중이 작용할 때, 최대 처짐은 약 몇 cm인가? (단, 세로탄성계수 $E = 10\text{GPa}$이다.)

① 1.0
② 1.5
③ 2.0
④ 2.5

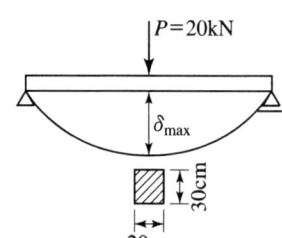

710

해설 (최대처짐량) $\delta = \dfrac{PL^3}{48EI} = \dfrac{20000 \times 6000^3}{48 \times 10000 \times \dfrac{200 \times 300^3}{12}} = 20\text{mm} = 2\text{cm}$

해답 ③

015

끝이 닫혀있는 얇은 벽의 둥근 원통형 압력 용기에 내압 p가 작용한다. 용기의 벽의 안쪽 표면 응력상태에서 일어나는 절대 최대 전단응력을 구하면? (단, 탱크의 반경 $= r$, 벽 두께$= t$이다.)

① $\dfrac{pr}{2t} - \dfrac{p}{2}$ ② $\dfrac{pr}{4t} - \dfrac{p}{2}$

③ $\dfrac{pr}{4t} + \dfrac{p}{2}$ ④ $\dfrac{pr}{2t} + \dfrac{p}{2}$

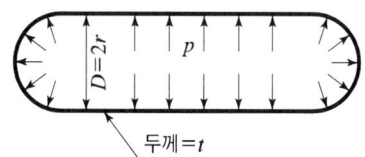

해설

구형태

$\sigma_x = \dfrac{PD}{4t}$

$\sigma_y = \dfrac{PD}{4t}$

$\sigma_z = -P$

$\tau_{\max 구} = \left(P + \dfrac{PD}{4t}\right) \times \dfrac{1}{2} = \dfrac{P}{2} + \dfrac{PD}{8t} = \dfrac{P}{2} + \dfrac{P \times 2r}{8t} = \dfrac{P}{2} + \dfrac{Pr}{4t}$

원통형태

$\sigma_x = \dfrac{PD}{4t}$

$\sigma_y = \dfrac{PD}{2t}$

$\sigma_z = -P$

$\tau_{\max 원통} = \left(P + \dfrac{PD}{2t}\right) \times \dfrac{1}{2} = \dfrac{P}{2} + \dfrac{PD}{4t} = \dfrac{P}{2} + \dfrac{P \times 2r}{4t} = \dfrac{P}{2} + \dfrac{Pr}{2t}$

$\tau_{\max 구} = \dfrac{P}{2} + \dfrac{Pr}{4t}$

$\tau_{\max 원통} = \dfrac{P}{2} + \dfrac{Pr}{2t}$

원통형태에서 최대 전단응력이 발생한다. $\tau_{\max} = \dfrac{P}{2} + \dfrac{Pr}{2t}$

해답 ④

016

길이 3m인 직사각형 단면 $b \times h = 5\text{cm} \times 10\text{cm}$을 가진 외팔보에 w의 균일분포하중이 작용하여 최대굽힘응력 500N/cm²이 발생할 때, 최대전단응력은 약 몇 N/cm²인가?

① 20.2
② 16.5
③ 8.3
④ 5.4

해설
$$\tau_{\max} = \frac{3}{2} \times \frac{F_{\max}}{A} = \frac{3}{2} \times \frac{w \times L}{5 \times 10} = \frac{3}{2} \times \frac{0.9259 \times 300}{5 \times 10} = 8.33\text{N/cm}^2$$

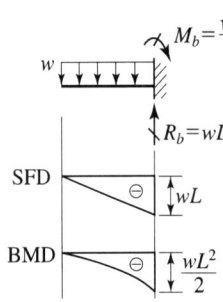

$M_b = \dfrac{wL^2}{2}$

$M_{\max} = M_b = \dfrac{wL^2}{2}$

$\sigma_b = \dfrac{M_{\max}}{Z}$

$500 = \dfrac{\dfrac{w \times 300^2}{2}}{\dfrac{5 \times 10^2}{6}}$

(분포하중) $w = 0.9259\text{N/cm}$

해답 ③

017

그림에서 C점에서 작용하는 굽힘모멘트는 몇 N·m인가?

① 270
② 810
③ 540
④ 1080

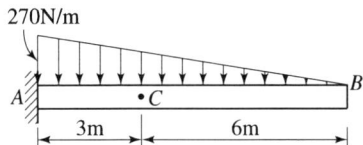

해설

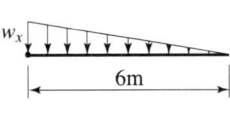 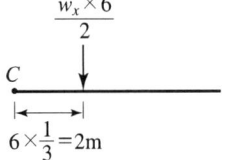

$9\text{m} : 270 = 6\text{m} : w_x$

$w_x = \dfrac{270 \times 6}{9} = 180\text{N/m}$

$M_c = \left(\dfrac{w_x \times 6}{2}\right) \times 2\text{m} = \dfrac{180 \times 6}{2} \times 2 = 1080\text{N} \cdot \text{m}$

해답 ④

018

그림과 같은 형태로 분포하중을 받고 있는 단순지지보가 있다. 지지점 A에서의 반력 R_A는 얼마인가? (단, 분포하중 $\omega(x) = \omega_o \sin\dfrac{\pi x}{L}$ 이다.)

① $\dfrac{2\omega_o L}{\pi}$ ② $\dfrac{\omega_o L}{\pi}$

③ $\dfrac{\omega_o L}{2\pi}$ ④ $\dfrac{\omega_o L}{2}$

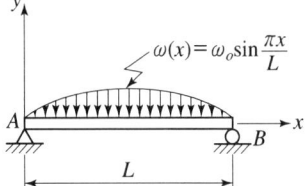

해설 (분포하중의 면적) $A = \displaystyle\int_0^L w_o \sin\dfrac{\pi}{L}x = w_o \times \dfrac{1}{\left(\dfrac{\pi}{L}x\right)'}\left[-\cos\dfrac{\pi}{K}x\right]_0^L$

$= w_o \times \dfrac{L}{\pi}\left[-\cos\dfrac{\pi}{L}(L) - \left(-\cos\dfrac{\pi}{L}(0)\right)\right]$

$= w_o \times \dfrac{L}{\pi}[-(-1) - 0]$

$= 2w_o \times \dfrac{L}{\pi}$

$R_A = \dfrac{A}{2} = \dfrac{2w_o \times \dfrac{L}{\pi}}{2} = w_o \times \dfrac{L}{\pi}$

해답 ②

019

그림과 같은 평면 응력 상태에서 최대 주응력은 약 몇 MPa인가?
(단, $\sigma_x = 500\text{MPa}$, $\sigma_y = -300\text{MPa}$, $\tau_{xy} = -300\text{MPa}$이다.)

① 500
② 600
③ 700
④ 800

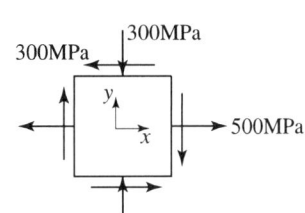

해설
$\sigma_1 = \dfrac{\sigma_x + \sigma_y}{2} + \sqrt{\left(\dfrac{\sigma_x - \sigma_y}{2}\right)^2 + \tau_{xy}^2}$

$= \dfrac{500 + (-300)}{2} + \sqrt{\left(\dfrac{500 - (-300)}{2}\right)^2 + 300^2}$

$= 600\text{MPa}$

해답 ②

020
강재 중공축이 25kN·m의 토크를 전달한다. 중공축의 길이가 3m이고, 이때 축에 발생하는 최대전단응력이 90MPa이며, 축에 발생된 비틀림각이 2.5°라고 할 때 축의 외경과 내경을 구하면 각각 약 몇 mm인가? (단, 축 재료의 전단탄성계수는 85GPa이다.)

① 146, 124
② 136, 114
③ 140, 132
④ 133, 112

해설

$T = 25 \times 10^6 \text{N} \cdot \text{mm}$

$L = 3000 \text{mm}$

$\tau_{\max} = 90 \text{MPa}$

$\theta = 2.5° \times \dfrac{\pi}{180} = 0.0436 \text{rad}$

$G = 85000 \text{MPa}$

$\theta = \dfrac{TL}{GI_P} = \dfrac{(\tau_{\min} \times Z_P) \times L}{G \times I_P} = \dfrac{\tau_{\min} \times \dfrac{I_P}{R_2} \times L}{G \times I_P} = \dfrac{\tau_{\min} \times L}{G \times R_2}$

(바깥원의 반지름) $R_2 = \dfrac{\tau_{\min} \times L}{G \times \theta} = \dfrac{90 \times 3000}{85000 \times 0.0436} = 72.854 \text{mm}$

(외경) $D_2 = 2 \times R_2 = 2 \times 72.854 = 145.7 ≒ 146 \text{mm}$

$T = \tau_{\min} \times Z_P = \tau_{\min} \times \dfrac{\pi D_2^3}{16}(1 - x^4)$

$25 \times 10^6 = 90 \times \dfrac{\pi \times 146^3}{16}(1 - x^4)$

(내외경비) $x = 0.859$

$x = \dfrac{D_1}{D_2}, \ D_1 = xD_2 = 0.859 \times 146 ≒ 125 \text{mm}$

해답 ①

제2과목 기계열역학

021
어떤 사이클이 다음 온도(T)-엔트로피(s) 선도와 같을 때 작동 유체에 주어진 열량은 약 몇 kJ/kg인가?

① 4
② 400
③ 800
④ 1600

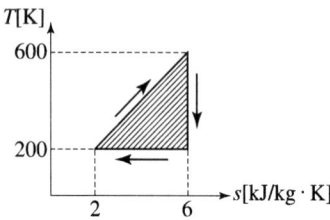

해설 $T-s$ 선도 면적은 열량을 나타낸다.
$Q = \dfrac{1}{2} \times 4 \times 400 = 800 \text{kJ/kg}$

해답 ③

022
압력이 100kPa이며 온도가 25℃인 방의 크기가 240m³이다. 이 방에 들어있는 공기의 질량은 약 몇 kg인가? (단, 공기는 이상기체로 가정하며, 공기의 기체상수는 0.287kJ/(kg · K)이다.)

① 0.00357 ② 0.28
③ 3.57   ④ 280

해설 $PV = mRT$
$m = \dfrac{PV}{RT} = \dfrac{100 \times 240}{0.287 \times (25+273)} = 280 \text{kg}$

해답 ④

023
용기에 부착된 압력계에 읽힌 계기압력이 150kPa이고 국소대기압이 100kPa일 때 용기 안의 절대압력은?

① 250kPa   ② 150kPa
③ 100kPa   ④ 50kPa

해설 $P_{abs} = P_o + P_a = 100 + 150 = 250 \text{kPa}$

해답 ①

024
수증기가 정상과정으로 40m/s의 속도로 노즐에 유입되어 275m/s로 빠져나간다. 유입되는 수증기의 엔탈피는 3300kJ/kg, 노즐로부터 발생되는 열손실은 5.9kJ/kg일 때 노즐 출구에서의 수증기 엔탈피는 약 몇 kJ/kg인가?

① 3257
② 3024
③ 2795
④ 2612

해설 $\dfrac{1}{2}V_1^2 + h_1 = \dfrac{1}{2}V_2^2 + h_2 + q_2$

$\dfrac{1}{2} \times 40^2 = 800 \text{m}^2/\text{s}^2 = 800 \text{kg} \cdot \text{m}^2/\text{kg} \cdot \text{s}^2 = 800 \text{J/kg} = 0.8 \text{kJ/kg}$

$\dfrac{1}{2} \times 275^2 = 37812.5 \text{m}^2/\text{s}^2 = 37812.5 \text{kg} \cdot \text{m}^2/\text{kg} \cdot \text{s}^2 = 37812.5 \text{J/kg} = 37.8125 \text{kJ/kg}$

$0.8 + 3300 = 37.8125 + h_2 + 5.9$
(노즐출구의 엔탈피) $h_2 = 3257.08 \text{kJ/kg}$

해답 ①

025

클라우지우스(Clausius) 부등식을 옳게 표현한 것은? (단, T는 절대온도, Q는 시스템으로 공급된 전체 열량을 표시한다.)

① $\oint \dfrac{\delta Q}{T} \geq 0$ ② $\oint \dfrac{\delta Q}{T} \leq 0$

③ $\oint T\delta Q \geq 0$ ④ $\oint T\delta Q \leq 0$

해설 $\oint \dfrac{\delta Q}{T} \leq 0$

해답 ②

026

500W의 전열기로 4kg의 물을 20℃에서 90℃까지 가열하는데 몇 분이 소요되는가? (단, 전열기에서 열은 전부 온도 상승에 사용되고 물의 비열은 4180J/(kg·K)이다.)

① 16 ② 27
③ 39 ④ 45

해설 동력 = $\dfrac{열량}{시간}$

시간 = $\dfrac{열량}{동력} = \dfrac{4 \times 4180 \times 70}{500} = 2340.8$초 $= 39.013$분

해답 ③

027

R-12를 작동 유체로 사용하는 이상적인 증기압축 냉동사이클이 있다. 여기서 증발기 출구 엔탈피는 229kJ/kg, 팽창밸브 출구 엔탈피는 81kJ/kg, 응축기 입구 엔탈피는 255kJ/kg일 때 이 냉동기의 성적계수는 약 얼마인가?

① 4.1 ② 4.9
③ 5.7 ④ 6.8

해설

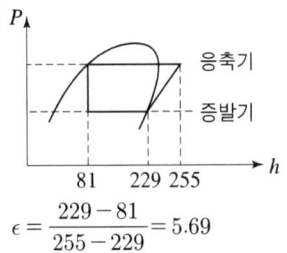

$\epsilon = \dfrac{229 - 81}{255 - 229} = 5.69$

해답 ③

028

보일러에 물(온도 20℃, 엔탈피 84kJ/kg)이 유입되어 600kPa의 포화증기(온도 159℃, 엔탈피 2757kJ/kg) 상태로 유출된다. 물의 질량유량이 300kg/h이라면 보일러에 공급된 열량은 약 몇 kW인가?

① 121
② 140
③ 223
④ 345

 (보일러에 공급된 열량) $Q_B = \dot{m}(h_2 - h_1) = \dfrac{300\text{kg}}{3600\text{s}} \times (2757 - 84)\text{kJ/kg}$

$= 222.75\text{kW}$

해답 ③

029

가역 과정으로 실린더 안의 공기를 50kPa, 10℃ 상태에서 300kPa까지 압력(P)과 체적(V)의 관계가 다음과 같은 과정으로 압축할 때 단위 질량당 방출되는 열량은 약 몇 kJ/kg인가?
(단, 기체상수는 0.287kJ/(kg·K)이고, 정적비열은 0.7kJ/(kg·K)이다.)

$$PV^{1.3} = \text{일정}$$

① 17.2
② 37.2
③ 57.2
④ 77.2

 (폴리트로픽 과정의 열량) $q = C_m(T_2 - T_1) = C_V\left(\dfrac{n-R}{n-1}\right)(T_2 - T_1)$

$= 0.7 \times \left(\dfrac{1.3 - 1.41}{1.3 - 1}\right) \times (154.917 - 10) = -37.195\text{kJ/kg}$

(정압비열) $C_P = R + C_V = 0.287 + 0.7 = 0.987$

(비열비) $R = \dfrac{C_P}{C_V} = \dfrac{0.987}{0.7} = 1.41$

$\dfrac{T_2}{T_1} = \left(\dfrac{P_2}{P_1}\right)^{\frac{n-1}{n}}, \quad \dfrac{T_2 + 273}{10 + 273} = \left(\dfrac{300}{50}\right)^{\frac{1.3-1}{1.3}}, \quad T_2 = 154.917℃$

해답 ②

030

효율이 40%인 열기관에서 유효하게 발생되는 동력이 110kW라면 주위로 방출되는 총열량은 약 몇 kW인가?

① 375
② 165
③ 135
④ 85

 $\eta = \dfrac{W_{net}}{Q_H}$ (공급된 열량) $Q_H = \dfrac{W_{net}}{\eta} = \dfrac{110}{0.4} = 275\text{kW}$

(방출열량) $Q_L = Q_H - W_{net} = 275 - 110 = 165\text{kW}$

해답 ②

031

화씨온도가 86°F일 때 섭씨온도는 몇 ℃인가?

① 30
② 45
③ 60
④ 75

해설 °F = $\frac{9}{5}$℃ + 32, 86 = $\frac{9}{5}$ × ℃ + 32, ℃ = 30℃

해답 ①

032

압력이 0.2MPa이고, 초기 온도가 120℃인 1kg의 공기를 압축비 18로 가역 단열 압축하는 경우 최종온도는 약 몇 ℃인가? (단, 공기는 비열비가 1.4인 이상기체이다.)

① 676℃
② 776℃
③ 876℃
④ 976℃

해설 $\epsilon = \frac{(실린더\ 체적)V_1}{(연소실\ 체적)V_2} = 18$

$\frac{T_2}{T_1} = \left(\frac{V_1}{V_2}\right)^{R-1} = \left(\frac{P_2}{P_1}\right)^{\frac{R-1}{R}}$

$T_2 = T_1\left(\frac{V_1}{V_2}\right)^{R-1} = (120+273) \times 18^{1.4-1}$

$= 1248.82K = (1248.82 - 273) = 975.82℃$

해답 ④

033

그림과 같이 실린더 내의 공기가 상태 1에서 상태 2로 변화할 때 공기가 한 일은? (단, P는 압력, V는 부피를 나타낸다.)

① 30kJ
② 60kJ
③ 3000kJ
④ 6000kJ

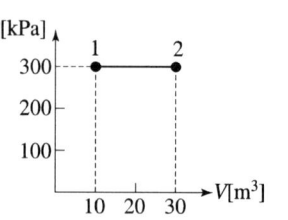

해설 $P-V$ 선도의 면적은 일량이다.
$W = P \times \Delta V = 300 \times 20 = 6000kJ$

해답 ④

034 등엔트로피 효율이 80%인 소형 공기터빈의 출력이 270kJ/kg이다. 입구 온도는 600K이며, 출구 압력은 100kPa이다. 공기의 정압비열은 1.004kJ/(kg·K), 비열비는 1.4일 때, 입구 압력(kPa)은 약 몇 kPa인가? (단, 공기는 이상기체로 간주한다.)

① 1984　　② 1842
③ 1773　　④ 1621

해설 (등엔트로피 효율) $\eta = \dfrac{(실제\ 단열\ 열\ 낙차)\ \Delta h_a}{(이론\ 단열\ 열\ 낙차)\ \Delta h_{th}}$

$0.8 = \dfrac{270}{\Delta h_{th}}$, $\Delta h_{th} = 337.5 \text{kJ/kg}$

$\Delta h_{th} = C_P(T_H - T_L)$
$337.5 = 1.004 \times (600 - T_L)$
$T_L = 263.84\text{K}$

$\dfrac{T_H}{T_L} = \left(\dfrac{P_H}{P_L}\right)^{\frac{R-1}{R}}$

$\dfrac{600}{263.84} = \left(\dfrac{P_H}{100}\right)^{\frac{1.4-1}{1.4}}$

(입구압력) $P_H = 1773.52\text{kPa}$

해답 ③

035 100℃와 50℃ 사이에서 작동하는 냉동기로 가능한 최대성능계수(COP)는 약 얼마인가?

① 7.46　　② 2.54
③ 4.25　　④ 6.46

해설 (역카르노사이클 성능계수) $\epsilon_c = \dfrac{T_L}{T_H - T_L} = \dfrac{50 + 273}{100 - 50} = 6.46$

해답 ④

036 카르노사이클로 작동되는 열기관이 고온체에서 100kJ의 열을 받고 있다. 이 기관의 열효율이 30%라면 방출되는 열량은 약 몇 kJ인가?

① 30　　② 50
③ 60　　④ 70

해설 $\eta_c = \dfrac{Q_H - Q_L}{Q_H}$, $0.3 = \dfrac{100 - Q_L}{100}$, $Q_L = 70\text{kJ}$

해답 ④

037

Var der Waals 상태 방정식은 다음과 같이 나타낸다. 이 식에서 $\frac{a}{v^2}$, b는 각각 무엇을 의미하는 것인가? (단, P는 압력, v는 비체적, R은 기체상수, T는 온도를 나타낸다.)

$$\left(P+\frac{a}{v^2}\right)\times(v-b)=RT$$

① 분자간의 작용 인력, 분자 내부 에너지
② 분자간의 작용 인력, 기체 분자들이 차지하는 체적
③ 분자 자체의 질량, 분자 내부 에너지
④ 분자 자체의 질량, 기체 분자들이 차지하는 체적

해설 $\left(P+\frac{a}{v^2}\right)\times(v-b)=RT$

여기서, $\frac{a}{v^2}$: 분자간의 작용 인력에 의한 압력

b : 기체 분자들이 차지하는 비체적

해답 ②

038

어떤 시스템에서 유체는 외부로부터 19kJ의 일을 받으면서 167kJ의 열을 흡수하였다. 이때 내부에너지의 변화는 어떻게 되는가?

① 148kJ 상승한다.   ② 186kJ 상승한다.
③ 148kJ 감소한다.   ④ 186kJ 감소한다.

해설 $\Delta Q = \Delta U + \Delta W$
$+167 = \Delta U + (-19)$
(내부에너지 변화) $\Delta U = 167 + 19 = 186$kJ 상승한다.

해답 ②

039

체적이 500cm³인 풍선에 압력 0.1MPa, 온도 288K의 공기가 가득 채워져 있다. 압력이 일정한 상태에서 풍선 속 공기 온도가 300K로 상승했을 때 공기에 가해진 열량은 약 얼마인가? (단, 공기는 정압비열이 1.005kJ/(kg·K), 기체상수가 0.287kJ/(kg·K)인 이상기체로 간주한다.)

① 7.3J   ② 7.3kJ
③ 14.6J ④ 14.6kJ

해설 (정압과정에서의 공급열량) $Q = \Delta H$

$\Delta H = m C_P \Delta T = 6.04 \times 10^{-4} \times 1005 \times (300-288) = 7.28$J

(질량) $m = \frac{PV}{RT} = \frac{100000 \times 0.0005}{287 \times 288} = 6.04 \times 10^{-4}$kg

해답 ①

040 어떤 시스템에서 공기가 초기에 290K에서 330K로 변화하였고, 이때 압력은 200kPa에서 600kPa로 변화하였다. 이때 단위질량당 엔트로피 변화는 약 몇 kJ/(kg·K)인가? (단, 공기는 정압비열이 1.006kJ/(kg·K)이고, 기체상수는 0.287kJ/(kg·K)인 이상기체로 간주한다.)

① 0.445
② -0.445
③ 0.185
④ -0.185

해설 (비엔트로피 변화) $\Delta S = C_p \ln\dfrac{T_2}{T_1} - R\ln\dfrac{P_2}{P_1}$

$= 1.006\ln\dfrac{330}{290} - 0.287\ln\dfrac{600}{200} = -0.185 \text{kJ/kg·K}$

해답 ④

제3과목 기계유체역학

041 분수에서 분출되는 물줄기 높이를 2배로 올리려면 노즐 입구에서 게이지 압력을 약 몇 배로 올려야 하는가? (단, 노즐 입구에서의 동압은 무시한다.)

① 1.414
② 2
③ 2.828
④ 4

해설 압력수두 = 속도수두
$\dfrac{P}{\gamma} = \dfrac{V^2}{2g}$, $\dfrac{P}{\gamma} = H_V$, $P = \gamma H_V$, $P' = \gamma(2H_V)$, $P' = 2P$

해답 ②

042 수면의 높이 차이가 10m인 두 개의 호수사이에 손실수두가 2m인 관로를 통해 펌프로 물을 양수할 때 3kW의 동력이 필요하다면 이때 유량은 약 몇 L/s인가?

① 18.4
② 25.5
③ 32.3
④ 45.8

해설 (유체동력) $H_f = P \times Q = \gamma H_T \times Q$

(유량) $Q = \dfrac{H_f}{\gamma H_T} = \dfrac{3000\text{W}}{9800\text{N/m}^3 \times (10+2)\text{m}} = 0.0255\text{m}^3/\text{s} = 25.5\text{L/s}$

해답 ②

043

체적탄성계수가 $2 \times 10^9 \text{N/m}^2$인 유체를 2% 압축하는데 필요한 압력은?

① 1GPa ② 10MPa
③ 4GPa ④ 40MPa

해설 $k = \dfrac{\Delta P}{\dfrac{\Delta V}{V}}$, $2 \times 10^9 = \dfrac{\Delta P}{\dfrac{2}{100}}$

(필요한 압력) $\Delta P = 4 \times 10^7 \text{N/m}^2 = 40\text{MPa}$

해답 ④

044

정지된 액체 속에 잠겨있는 평면이 받는 압력에 의해 발생되는 합력에 대한 설명으로 옳은 것은?

① 크기가 액체의 비중량에 반비례한다.
② 크기는 도심에서의 압력에 전체면적을 곱한 것과 같다.
③ 경사진 평면에서의 작용점은 평면의 도심과 일치한다.
④ 수직평면의 경우 작용점이 도심보다 위쪽에 있다.

해설 **전압력** : 압력에 의해 발생된 전체 힘
(전압력) $F_P = \gamma \overline{H} A$
여기서, $\gamma \overline{H}$: 도심에서의 압력, A : 전체면적

해답 ②

045

경사가 30°인 수로에 물이 흐르고 있다. 유속이 12m/s로 흐름이 균일하다고 가정하며 연직방향으로 측정한 수심이 60cm이다. 수로의 폭을 1m로 한다면 유량은 약 몇 m³/s인가?

① 5.87
② 6.24
③ 6.82
④ 7.26

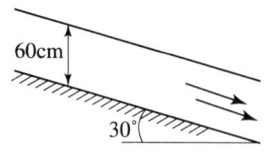

해설

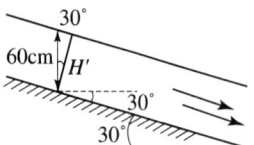

$H' = 60\text{cm} \times \cos 30 = 51.96\text{cm}$
$Q = BH' \times V = 1 \times 0.5196 \times 12 = 6.235 \text{m}^3/\text{s}$

해답 ②

046
일반적으로 뉴턴 유체에서 온도 상승에 따른 액체의 점성계수 변화에 대한 설명으로 옳은 것은?

① 분자의 무질서한 운동이 커지므로 점성계수가 증가한다.
② 분자의 무질서한 운동이 커지므로 점성계수가 감소한다.
③ 분자간의 결합력이 약해지므로 점성계수가 증가한다.
④ 분자간의 결합력이 약해지므로 점성계수가 감소한다.

해설 액체의 점성은 분자의 응집력(결합력)이 결정한다. 액체의 온도가 올라가면 분자의 응집력이 약해져 점성계수가 감소한다.

해답 ④

047
경계층 밖에서 퍼텐셜 흐름의 속도가 10m/s일 때, 경계층의 두께는 속도가 얼마일 때의 값으로 잡아야 하는가? (단, 일반적으로 정의하는 경계층 두께를 기준으로 삼는다.)

① 10m/s
② 7.9m/s
③ 8.9m/s
④ 9.9m/s

해설 경계층은 외부흐름(퍼텐셜 흐름)의 99%가 되는 지점을 이은 선을 경계층이라 하며 경계층 안쪽은 점성의 영향을 고려해야 된다.

해답 ④

048
점성계수(μ)가 0.005Pa·s인 유체가 수평으로 놓인 안지름이 4cm인 곧은 관을 30cm/s의 평균속도로 흘러가고 있다. 흐름 상태가 층류일 때 수평 길이 800cm 사이에서의 압력강하(Pa)는?

① 120
② 240
③ 360
④ 480

해설 $Q = \dfrac{\Delta P \pi D^4}{128 \mu L}$

(압력강하) $\Delta P = \dfrac{Q \times 128 \mu L}{\pi D^4} = \dfrac{3.7699 \times 10^{-4} \times 128 \times 0.005 \times 8}{\pi \times 0.04^4} = 240 \text{Pa}$

(유량) $Q = \dfrac{\pi}{4} D^2 \times V = \dfrac{\pi}{4} \times 0.04^2 \times 0.3 = 3.7699 \times 10^{-4} \text{m}^3/\text{s}$

해답 ②

049 다음 중 유선(stream line)을 가장 올바르게 설명한 것은?
① 에너지가 같은 점을 이은 선이다.
② 유체 입자가 시간에 따라 움직인 궤적이다.
③ 유체 입자의 속도벡터와 접선이 되는 가상곡선이다.
④ 비정상유동 때의 유동을 나타내는 곡선이다.

해설 유선(Stream Line) : 유체의 운동방향을 지시하는 가상곡선으로 유체입자의 속도벡터와 유선의 접선이 되는 가상곡선이다.

해답 ③

050 평행한 평판 사이의 층류 흐름을 해석하기 위해서 필요한 무차원수와 그 의미를 바르게 나타낸 것은?
① 레이놀즈 수=관성력 / 점성력
② 레이놀즈 수=관성력 / 탄성력
③ 프루드 수=중력 / 관성력
④ 프루드 수=관성력 / 점성력

해설 레이놀즈 수 = $\dfrac{관성력}{점성력}$
레이놀즈 수는 층류와 난류를 구별하는 중요한 무차원수이다.

해답 ①

051 물이 지름이 0.4m인 노즐을 통해 20m/s의 속도로 맞은편 수직벽에 수평으로 분사된다. 수직벽에는 지름 0.2m의 구멍이 있으며 뚫린 구멍으로 유량의 25%가 흘러나가고 나머지 75%는 반경 방향으로 균일하게 유출된다. 이때 물에 의해 벽면이 받는 수평 방향의 힘은 약 몇 kN인가?
① 0
② 9.4
③ 18.9
④ 37.7

해설 $F = \rho A V^2 = 1000 \times Q \times V = 1000 \times 1.8849 \times 20 = 37698\text{N} = 37.698\text{kN}$
(벽에 부딪히는 유량) $Q = \left(\dfrac{\pi}{4} \times 0.4^2 \times 20\right) \times 0.75 = 1.8849\text{m}^3/\text{s}$

해답 ④

052 동점성계수가 $1.5 \times 10^{-5}\text{m}^2/\text{s}$인 공기 중에서 30m/s의 속도로 비행하는 비행기의 모형을 만들어, 동점성계수가 $1.0 \times 10^{-6}\text{m}^2/\text{s}$인 물 속에서 6m/s의 속도로 모형시험을 하려한다. 모형(L_m)과 실형(L_p)의 길이비(L_m/L_p)를 얼마로 해야 되는가?
① $\dfrac{1}{75}$
② $\dfrac{1}{15}$
③ $\dfrac{1}{5}$
④ $\dfrac{1}{3}$

해설 $R_{e_m} = R_{e_P}$

$$\frac{V_m L_m}{\nu_m} = \frac{V_P L_P}{\nu_P}$$

$$\frac{L_m}{L_P} = \frac{V_P \times \nu_m}{\nu_P \times V_m} = \frac{30 \times 1 \times 10^{-6}}{1.5 \times 10^{-5} \times 6} = \frac{1}{3}$$

해답 ④

053
관 속에 흐르는 물의 유속을 측정하기 위하여 삽입한 피토 정압관에 비중이 3인 액체를 사용하는 마노미터를 연결하여 측정한 결과 액주의 높이 차이가 10cm로 나타났다면 유속은 약 몇 m/s인가?

① 0.99
② 1.40
③ 1.98
④ 2.43

해설 $V = \sqrt{2g\Delta H\left(\frac{S_{액} - S_{관}}{S_{관}}\right)} = \sqrt{2 \times 9.8 \times 0.1 \times \left(\frac{3-1}{1}\right)} = 1.979 \text{m/s}$

해답 ③

054
바닷물 밀도는 수면에서 1025kg/m³이고, 깊이 100m마다 0.5kg/m³씩 증가한다. 깊이 1000m에서 압력은 계기압력으로 약 몇 kPa인가? (단, $g=9.81$m/s²이다.)

① 9560
② 10080
③ 10240
④ 10800

해설 (단위길이당 밀도 증가량) $\rho_L = \frac{0.5 \text{kg/m}^3}{100 \text{m}} = \frac{1}{200}(\text{kg} \cdot \text{m}^3)/\text{m}$

(게이지 압력) $P_G = \gamma_m H = \rho_m g H = 1027.5 \times 9.81 \times 1000$
$= 10079775 \text{Pa} = 10079.775 \text{kPa} \fallingdotseq 10080 \text{kPa}$

(H지점에서의 밀도) $\rho_H = 1025 + \left(\frac{1}{200} \times 1000\right) = 1030 \text{kg/m}^3$

(평균 밀도) $\rho_m = \frac{1025 + 1030}{2} = 1027.5 \text{kg/m}^3$

해답 ②

055
높이가 0.7m, 폭이 1.8m인 직사각형 덕트에 유체가 가득차서 흐른다. 이때 수력직경은 약 몇 m인가?

① 1.01
② 2.02
③ 3.14
④ 5.04

해설 (수력 직경) $D_h = \frac{4A_c}{p} = \frac{4 \times (0.7 \times 1.8)}{2 \times (0.7 + 1.8)} = 1.008 \text{m}$

여기서, p : 접수길이, A_c : 유동면적

해답 ①

056

동점성계수가 $1.5 \times 10^{-5} \text{m}^2/\text{s}$인 유체가 안지름이 10cm인 관 속을 흐르고 있을 때 층류 임계속도(cm/s)는? (단, 층류 임계레이놀즈수는 2100이다.)

① 24.7
② 31.5
③ 43.6
④ 52.3

해설 임계속도는 임계레이놀즈 수일 때의 유속이다.

$$Re = \frac{V \times D}{\nu}$$

(임계속도) $V = \frac{Re \times \nu}{D} = \frac{2100 \times 1.5 \times 10^{-5}}{0.1} = 0.315 \text{m/s} = 31.5 \text{cm/s}$

해답 ②

057

다음 중 유체의 속도구배와 전단응력이 선형적으로 비례하는 유체를 설명한 가장 알맞은 용어는 무엇인가?

① 점성유체
② 뉴턴유체
③ 비압축성 유체
④ 정상유동 유체

해설 뉴턴유체

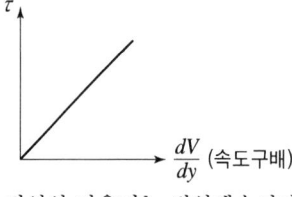

직선의 기울기는 점성계수이다.

해답 ②

058

속도 포텐셜이 $\phi = x^2 - y^2$인 2차원 유동에 해당하는 유동함수로 가장 옳은 것은?

① $x^2 + y^2$
② $2xy$
③ $-3xy$
④ $2x(y-1)$

해설 유동함수 $\varphi = \int u\,dy + f(x,t)$ 여기서, ϕ : 속도포텐셜

$\varphi = -\int v\,dx + f(y,t)$

(x방향 속도) $u = \frac{\partial \phi}{\partial x} = \frac{\partial(x^2 - y^2)}{\partial x} = 2x$

(y방향 속도) $v = \frac{\partial \phi}{\partial y} = \frac{\partial(x^2 - y^2)}{\partial y} = -2y$

$\varphi = \int 2x\,dy = 2xy$, $\varphi = -\int v\,dx = -\int -2y\,dx = 2xy$

해답 ②

059 물을 담은 그릇을 수평방향으로 4.2m/s²으로 운동시킬 때 물은 수평에 대하여 약 몇 도(°) 기울여지겠는가?
① 18.4°
② 23.2°
③ 35.6°
④ 42.9°

해설 $\tan\theta = \dfrac{a_x}{g} = \dfrac{4.2}{9.8} = \dfrac{3}{7}$ $\theta = \tan^{-1}\left(\dfrac{3}{7}\right) = 23.198°$

해답 ②

060 몸무게가 750N인 조종사가 지름 5.5m의 낙하산을 타고 비행기에서 탈출하였다. 항력계수가 1.0이고, 낙하산의 무게를 무시한다면 조종사의 최대 종속도는 약 몇 m/s가 되는가? (단, 공기의 밀도는 1.2kg/m³이다.)
① 7.25
② 8.00
③ 5.26
④ 10.04

해설 (항력) $D = \gamma \times \dfrac{V^2}{2g} \times A_D \times C_D = \dfrac{\rho V^2}{2} \times A_D \times C_D$

$750 = \dfrac{1.2 \times V^2}{2} \times \dfrac{\pi}{4} \times 5.5^2 \times 1$

(항력) $D = W$ (몸무게)
(속도) $V = 7.25\text{m/s}$

해답 ①

제4과목 기계재료 및 유압기기

061 다음 중 비중이 가장 작고, 항공기 부품이나 전자 및 전기용 제품의 케이스 용도로 사용되고 있는 합금 재료는?
① Ni 합금
② Cu 합금
③ Pb 합금
④ Mg 합금

해설 **마그네슘의 특징**
비중 1.74로 실용 금속 중 가장 가볍다. 마그네슘 합금은 가벼워 **항공기 부품이나 전자 및 전기용 제품의 케이스 용도로 사용** 된다.
마그네슘 합금종류
① 도우메탈(Dow-metal) : Mg-Al계 Mg합금 중 비중이 가장 적다. 주조용 합금으로 용해, 주조, 단조가 비교적 용이하다.
② 엘렉트론(Elektron) : Mg-Al-Zn계 주조용 합금으로 항공기 자동차부품에 사용된다.

해답 ④

062 다음의 조직 중 경도가 가장 높은 것은?

① 펄러이트(pearlite) ② 페라이트(ferrite)
③ 마텐자이트(martensite) ④ 오스테나이트(austenite)

조직 이름	페라이트	오스테 나이트	펄라이트	소르바이트	트루스 타이트	마텐자이트	시멘타이트
경도 (H_v)	90	155	255	270	445	880	1100

해답 ③

063 강의 열처리 방법 중 표면경화법에 해당하는 것은?

① 마퀜칭 ② 오스포밍
③ 침탄질화법 ④ 오스템퍼링

표면경화법 종류
① 화학적 방법
  ㉠ 침탄법 : 고체침탄법, 액체침탄법(침탄질화법,시안화법) , 가스침탄법
  ㉡ 질화법 : 암모니아가스를 이용해 표면에 질소를 넣어표면을 경화시킨다.
  ㉢ 금속침투법 : 크로마이징(Cr침투), 칼로라이징(Al침투), 실리코나이징(Si침투), 부로나이징(B침투), 세라다이징(Zn침투)
② 물리적 방법
  ㉠ 화염경화법 ㉡ 고주파경화법
  ㉢ 숏트피닝 ㉣ 액체호닝

해답 ③

064 칼로라이징은 어떤 원소를 금속표면에 확산 침투시키는 방법인가?

① Zn ② Si
③ Al ④ Cr

금속침투법 : 크로마이징(Cr침투), 칼로라이징(Al침투), 실리코나이징(Si침투), 부로나이징(B침투), 세라다이징(Zn침투)

해답 ③

065 Fe-C 평형상태도에서 온도가 가장 낮은 것은?

① 공석점 ② 포정점
③ 공정점 ④ Fe의 자기변태점

① 공석점-727℃, 0.8%탄소 함유량
② 포정점-1495℃, 0.17%탄소 함유량
③ 공정점-1148℃, 04.3%탄소 함유량
④ Fe의 자기변태점-728℃

해답 ①

066 열경화성 수지에 해당되는 것은?
① ABS수지　　　② 에폭시수지
③ 폴리아미드　　④ 염화비닐수지

해설

열가소성 수지	열경화성 수지
폴리에틸렌 수지(PE) 폴리프로필렌 수지(PP) 폴리스티렌 수지(PS) 폴리염화비닐 수지(PVC) 폴리아미드 수지(PA) 폴리카보네이트 수지(PC) 아크릴 수지 아크릴니트릴 브타디엔 스티렌 수지	페놀수지(PF) 멜라민 수지 에폭시 수지(EP) 요소 수지 플루오르

해답 ②

067 다음 중 반발을 이용하여 경도를 측정하는 시험법은?
① 쇼어경도시험　　② 마이어경도시험
③ 비커즈경도시험　④ 로크웰경도시험

해설 **쇼어 경도**(H_S, Shore hardness)
① 추를 일정한 높이에서 낙하시켜 이때 반발한 높이로 측정한다.
② 압입자의 모양은 다이아몬드모양이다.
$$H_S = \frac{10,000}{65} \times \frac{h}{h_o}$$ (여기서, h : 반발한 높이, h_o : 낙하 높이)
③ 운반 취급이 용이하며, 완성 제품의 경도를 측정하는데 사용한다.

해답 ①

068 구리(Cu)합금에 대한 설명 중 옳은 것은?
① 청동은 Cu+Zn 합금이다.
② 베릴륨 청동은 시효경화성이 강력한 Cu 합금이다.
③ 애드미럴티 황동은 6-4황동에 Sb을 첨가한 합금이다.
④ 네이벌 황동은 7-3황동에 Ti을 첨가한 합금이다.

해설 **청동**
① 청동주물
　㉠ 포금 : 8~12%의 Sn에 1~2%의 Zn을 함유, 해수에 잘 침식되지 않는다.
　㉡ 에드머럴티포금 : 88%의 Cu, 10%Sn, 2%Zn의 합금으로 포금의 주조성과 절삭성개량
② 베어링용청동 : 10~14%Sn, 내마멸성이 크므로 자동차나 일반기계의 베어링으로 사용
③ 인청동 : 인으로 탈산시킨 것으로 강인하고 내식성이 좋아 스프링재료

④ 알루미늄청동 : 약15%, Al함유, 선박용, 화학공업용
⑤ 베릴륨청동 : 시효경화성이 강력한 구리 합금으로.탄성이 좋은 점의 이용, 고급스프링, 벨로우즈(bellows)
⑥ 니켈청동 : 점성이 강하고, 내식성도 크며, 표면의 평활한 합금이 된다. 뜨임취성을 일으키는 단점이 있다.

해답 ②

069 면심입방격자(FCC)의 단위격자 내에 원자 수는 몇 개인가?
① 2개　　② 4개
③ 6개　　④ 8개

해설 **면심 입방 격자**(f.c.c)
원자수 14개, 단위포 4개 : 연성과 전성이 좋다.
Fe(γ), Al, Au, Cu, Pt, Pb, Ni, Ag, Ir, Th, Ca, Ce

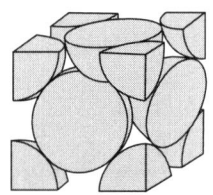 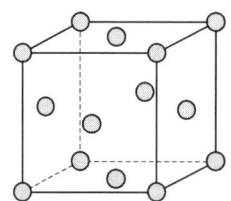 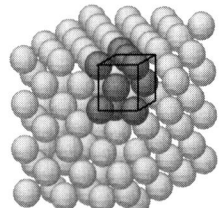

해답 ②

070 합금주철에서 특수합금 원소의 영향을 설명한 것 중 틀린 것은?
① Ni은 흑연화를 방지한다.
② Ti은 강한 탈산제이다.
③ V은 강한 흑연화 방지 원소이다.
④ Cr은 흑연화를 방지하고, 탄화물을 안정화한다.

해설 **주철의 성장**(Growth of cast iron) : 주철을 A_1 변태점 이상의 온도에서 장시간 방치하거나 다시 되풀이하여 가열하면, 점차로 부피가 증가되고 변형이나 균열을 가져와 강도나 수명이 짧아지는 현상
　※ 흑연화 촉진제 : Si, Ni, Al, Ti, Co
　　 흑연화 방지제 : Mo, S, Cr, Mn, V, W

해답 ①

071 그림과 같은 유압 기호가 나타내는 명칭은?
① 전자 변환기
② 압력 스위치
③ 리밋 스위치
④ 아날로그 변환기

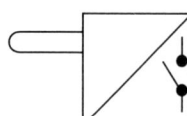

명칭	기호
압력스위치	
리밋스위치	
아날로그 변환기	

해답 ③

072
부하의 하중에 의한 자유낙하를 방지하기 위해 배압(back pressure)을 부여하는 밸브는?

① 체크 밸브 ② 감압 밸브
③ 릴리프 밸브 ④ 카운터 밸런스 밸브

해설 압력제어밸브의 종류

형식	명칭	기능	기호
상시폐형	릴리프밸브 (relief valve) 안전밸브 (safety valve)	회로내의 압력을 설정치로 유지하는 밸브, 특히 회로의 최고압력을 한정하는 밸브를 안전밸브라고 한다.	
	시퀀스밸브 (sequence valve)	둘 이상의 분기회로가 있는 회로내에서 그 작동순서를 회로의 압력 등에 의해 제어하는 밸브. 입구압력 또는 외부파일럿 압력이 소정의 값에 도달하면 입구측으로부터 출구측의 흐름을 허용하는 밸브	
	무부하밸브 (unloadin valve)	회로의 압력이 설정치에 달하면 펌프를 무부하로 하는 밸브	
	카운터밸런스밸브 (counterbalance valve)	부하의 낙하를 방지하기 위해 배압을 부여하는 밸브한 방향의 흐름에는 설정된 배압을 주고 반대방향의 흐름을 자유흐름으로 하는 밸브	
상시개형	감압밸브 (pressure reducing valve)	출구측압력을 입구측압력보다 낮은 설정압력으로 조정하는 밸브	

해답 ④

073
어큐뮬레이터(accumulator)의 역할에 해당하지 않는 것은?

① 갑작스런 충격압력을 막아 주는 역할을 한다.
② 축적된 유압에너지의 방출 사이클 시간을 연장한다.
③ 유압 회로 중 오일 누설 등에 의한 압력강하를 보상하여 준다.
④ 유압 펌프에서 발생하는 맥동을 흡수하여 진동이나 소음을 방지한다.

해설 어큐뮬레이터(accumulator, 축압기) **용도**
① 에너지의 축적　　　　② 압력 보상
③ 서지 압력방지　　　　④ 충격압력 흡수
⑤ 유체의 맥동감쇠(맥동 흡수)　⑥ 사이클 시간 단축
⑦ 2차 유압회로의 구동　⑧ 펌프대용 및 안전장치의 역할
⑨ 액체 수송(펌프 작용)　⑩ 에너지 보조

해답 ②

074
유압실린더에서 피스톤 로드가 부하를 미는 힘이 50kN, 피스톤 속도가 5m/min인 경우 실린더 내경이 8cm이라면 소요동력은 약 몇 kW인가? (단, 편로드형 실린더 이다.)

① 2.5
② 3.17
③ 4.17
④ 5.3

해설 (소요동력) $H = F \times V = 50\text{kN} \times \dfrac{5}{60}\text{m/s} = 4.166\text{kW}$

해답 ③

075
액추에이터의 공급 쪽 관로에 설정된 바이패스 관로의 흐름을 제어함으로써 속도를 제어하는 회로는?

① 배압 회로
② 미터 인 회로
③ 플립 플롭 회로
④ 블리드 오프 회로

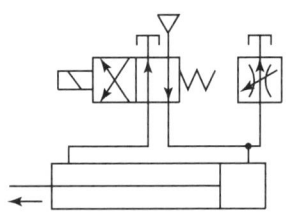

해설 유입되는 유량을 제어 하는 방식으로 **공급 쪽 관로에 설정된 바이패스 관로를 설치하여** 실린더 입구의 유량의 일부를 탱크로 복귀 시키는 유량제어 방식이다.

해답 ④

076
유압 작동유에서 요구되는 특성이 아닌 것은?
① 인화점이 낮고, 증기 분리압이 클 것
② 유동성이 좋고, 관로 저항이 적을 것
③ 화학적으로 안정될 것
④ 비압축성일 것

해설 **작동유의 구비조건**
① 비압축성일 것
② 인화점과 발화점이 높을 것
③ 소포성이 좋을 것(기포방지성)
④ 윤활성이 좋고 점도가 적당할 것
⑤ 물리적 화학적으로 안정할 것(내유화성)
⑥ 산화나 열열화에 대해 안정할 것(산화안정성)
⑦ 체적탄성계수가 클 것
⑧ 물, 먼지 등의 불순물을 용이하게 분리할 것
⑨ 비중이 작을 것
⑩ 점도지수가 높을 것
⑪ 방청, 방식성이 우수할 것
⑫ 온도에 의한 점도변화가 작을 것
⑬ 시일재와의 적합성이 좋을 것(내시일재성)
⑭ 비열이 크고, 열팽창계수가 적을 것
⑮ 열전달율(열전도율)이 높을 것

해답 ①

077
유압 시스템의 배관계통과 시스템 구성에 사용되는 유압기기의 이물질을 제거하는 작업으로 오랫동안 사용하지 않던 설비의 운전을 다시 시작하였을 때나 유압기계를 처음 설치하였을 때 수행하는 작업은?
① 펌핑
② 플러싱
③ 스위핑
④ 클리닝

해설 플러싱(flushing) : 유압 시스템의 배관계통과 시스템 구성에 사용되는 유압기기의 이물질을 제거하는 작업으로 오랫동안 사용하지 않던 설비의 운전을 다시 시작하였을 때나 유압 기계를 처음 설치하였을 때 수행하는 작업

해답 ②

078
유동하고 있는 액체의 압력이 국부적으로 저하되어, 증기나 함유 기체를 포함하는 기포가 발생하는 현상은?
① 캐비테이션 현상
② 채터링 현상
③ 서징 현상
④ 역류 현상

해설 **캐비테이션**(cavitation, 공동현상)
유동하고 있는 액체의 압력이 국부적으로 저하되어, 포화 증기압 또는 용해 공기 등이 분리되어 기포를 일으키는 현상, 이것들이 흐르면서 터지게 되면 국부적으로 초고압이 생겨, 소음 등을 발생시키는 경우가 많다.

해답 ①

079 다음 기어펌프에서 발생하는 폐입 현상을 방지하기 위한 방법으로 가장 적절한 것은?

① 오일을 보충한다. ② 베인을 교환한다.
③ 베어링을 교환한다. ④ 릴리프 홈이 적용된 기어를 사용한다.

해설

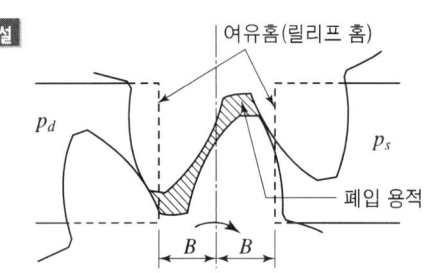

해답 ④

080 다음 중 오일의 점성을 이용하여 진동을 흡수하거나 충격을 완화시킬 수 있는 유압 응용장치는?

① 압력계 ② 토크 컨버터
③ 쇼크 업소버 ④ 진동개폐밸브

해설 **쇼크 업소버**(Shock absorb) : 문자 그대로 충격(Shock), 흡수(absorb), 충격을 흡수하는 장치로, 오일의 점성을 이용하여 진동을 흡수하거나 충격을 완화 시킬 수 있는 유압응용장치

해답 ③

제5과목 기계제작법 및 기계동력학

081 20m/s의 같은 속력으로 달리던 자동차 A, B가 교차로에서 직각으로 충돌하였다. 충돌 직후 자동차 A의 속력은 약 몇 m/s인가? (단, 자동차 A, B의 질량은 동일하며 반발계수는 0.7, 마찰은 무시한다.)

① 17.3
② 18.7
③ 19.2
④ 20.4

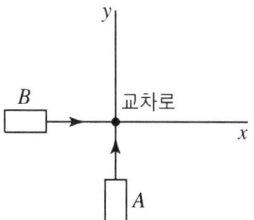

해설 x방향 운동량방정식

$$e = \frac{V_{Bx}' - V_{Ax}'}{V_{Ax} - V_{Bx}} = \frac{V_{Bx}' - V_{Ax}'}{0 - 20} = 0.7, \quad -14 = V_{Bx}' - V_{Ax}' \quad \cdots (1)식$$

$$m_A V_{Ax} + m_B V_{Bx} = m_A V_{Ax}' + m_B V_{Bx}', \quad 20 = V_{Ax}' + V_{Bx}' \quad \cdots (2)식$$

(1)식, (2)식에서 $V_{Ax}' = 17\text{m/s}$, $V_{Bx}' = 3\text{m/s}$

y방향 운동량방정식 $V_{Ay} = 20$, $V_{By} = 0$

$$e = \frac{V_{By}' - V_{Ay}'}{V_{Ay} - V_{By}} = \frac{V_{By}' - V_{Ay}'}{20 - 0} = 0.7, \quad 14 = V_{By}' - V_{Ay}' \quad \cdots (3)식$$

$$m_A V_{Ay} + m_B V_{By} = m_A V_{Ay}' + m_B V_{By}', \quad 20 = V_{Ay}' + V_{By}' \quad \cdots (4)식$$

(3)식, (4)식에서 $V_{Ay}' = 3\text{m/s}$, $V_{By}' = 17\text{m/s}$

충돌직후 자동차 A의 속도 $V_A' = \sqrt{V_{Ax}'^2 + V_{Ay}'^2} = \sqrt{17^2 + 3^2} = 17.26\text{m/s}$

해답 ①

082 80rad/s로 회전하던 세탁기의 전원을 끈 후 20초가 경과하여 정지하였다면 세탁기가 정지할 때까지 약 몇 바퀴를 회전하였는가?

① 127
② 254
③ 542
④ 7620

해설 (각가속도) $\alpha = \dfrac{\omega_2 - \omega_1}{t} = \dfrac{0 - 80}{20} = -4\text{rad/s}^2$

(회전각도) $\theta = \omega_1 t + \dfrac{1}{2}\alpha t^2 = 80 \times 20 + \dfrac{1}{2} \times (-4) \times 20^2 = 800\text{rad}$

(회전수) $z = 800 \times \dfrac{1}{2\pi} = 127.32$ 회전

해답 ①

083

시간 t에 따른 변위 $x(t)$가 다음과 같은 관계식을 가질 때 가속도 $a(t)$에 대한 식으로 옳은 것은?

$$x(t) = X_o \sin wt$$

① $a(t) = w^2 X_o \sin wt$
② $a(t) = w^2 X_o \cos wt$
③ $a(t) = -w^2 X_o \sin wt$
④ $a(t) = -w^2 X_o \cos wt$

해설 변위 $x(t) = X_o \sin \omega t$
속도 $\dot{x}(t) = X_o \omega \cos \omega t$
가속도 $\ddot{x}(t) = -X_o \omega^2 \sin \omega t$

해답 ③

084

체중이 600N인 사람이 타고 있는 무게 5000N의 엘리베이터가 200m의 케이블에 매달려 있다. 이 케이블을 모두 감아올리는데 필요한 일은 몇 kJ인가?

① 1120
② 1220
③ 1320
④ 1420

해설 일 = 힘 × 거리 = $(600 + 5000) \times 200 = 1120000 \text{N} \cdot \text{m} = 1120 \text{kJ}$

해답 ①

085

$2\ddot{x} + 3\dot{x} + 8x = 0$으로 주어지는 진동계에서 대수 감소율(logarithmic decrement)은?

① 1.28
② 1.58
③ 2.18
④ 2.54

해설 (대수감쇠율) $\delta = \dfrac{2\pi\varphi}{\sqrt{1-\varphi^2}} = \dfrac{2\pi \times 0.375}{\sqrt{1-0.375^2}} = 2.541$

(감쇠비) $\varphi = \dfrac{C}{2\sqrt{mk}} = \dfrac{3}{2\sqrt{2 \times 8}} = 0.375$

해답 ④

086

다음 그림은 물체 운동의 $v-t$ 선도(속도-시간 선도)이다. 그래프에서 시간 t_1에서의 접선의 기울기는 무엇을 나타내는가?

① 변위
② 속도
③ 가속도
④ 총 움직인 거리

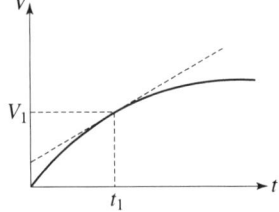

해설 (가속도) $a = \dfrac{dV}{dt}$

시간 속도 그래프에서의 곡선의 기울기는 가속도이다.

해답 ③

087

달 표면에서 중력가속도는 지구 표면에서의 $\dfrac{1}{6}$이다. 지구 표면에서 주기가 T인 단진자를 달로 가져가면, 그 주기는 어떻게 변하는가?

① $\dfrac{1}{6}T$ ② $\dfrac{1}{\sqrt{6}}T$

③ $\sqrt{6}\,T$ ④ $6T$

해설 단진자 진동방정식

$\ddot{\theta} + \dfrac{g}{L}\theta = 0$

(주기) $T = \dfrac{2\pi}{\omega_n} = \dfrac{2\pi}{\sqrt{\dfrac{g}{L}}} = 2\pi \times \sqrt{\dfrac{L}{g}}$

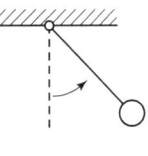

$T' = 2\pi \times \sqrt{\dfrac{L}{\dfrac{g}{6}}} = 2\pi \sqrt{\dfrac{L}{\dfrac{g}{6}}} = 2\pi \sqrt{\dfrac{L}{g}} \times \sqrt{6} = \sqrt{6}\,T$

해답 ③

088

감쇠비 ζ가 일정할 때 전달률을 1보다 작게 하려면 진동수비는 얼마의 크기를 가지고 있어야 하는가?

① 1보다 작아야 한다.   ② 1보다 커야 한다.
③ $\sqrt{2}$ 보가 작아야 한다.   ④ $\sqrt{2}$ 보가 커야 한다.

해설
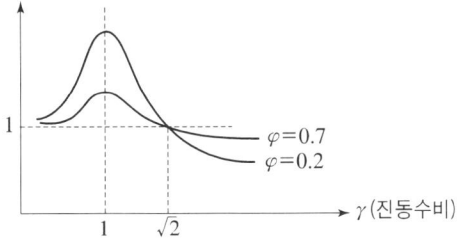

힘전달률(TR)을 1보다 작게 하려면 진동수비가 $\sqrt{2}$보다 커야 한다.

해답 ④

과년도출제문제

089 y축 방향으로 움직이는 질량 m인 질점이 그림과 같은 위치에서 v의 속도를 갖고 있다. o점에 대한 각 운동량은 얼마인가? (단, a, b, c는 원점에서 질점까지의 x, y, z방향의 거리이다.)

① $mv(c\hat{i} - a\hat{k})$
② $mv(-c\hat{i} + a\hat{k})$
③ $mv(c\hat{i} + a\hat{k})$
④ $mv(-c\hat{i} - a\hat{k})$

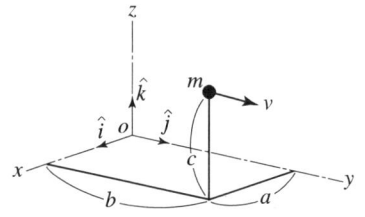

해설 (각 운동량) $P = J \times \omega = m \times r^2 \times \dfrac{v}{r} = mvr$

여기서, J : 질량관성모멘트 ($J = m \times r^2$)

ω : 각속도 ($\omega = \dfrac{v}{r}$)

L : 회전이 일어나는 반경

(x축의 각운동량) $P_x = mv \times -c$
(z축의 각운동량) $P_z = mv \times a$
$P = mv(-ci + ak)$

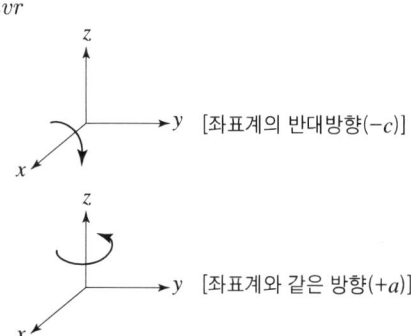

[좌표계의 반대방향($-c$)]

[좌표계와 같은 방향($+a$)]

해답 ②

090 질량 50kg의 상자가 넘어가지 않도록 하면서 질량 10kg의 수레에 가할 수 있는 힘 P의 최댓값은 얼마인가? (단, 상자는 수레 위에서 미끄러지지 않는다고 가정한다.)

① 292N
② 392N
③ 492N
④ 592N

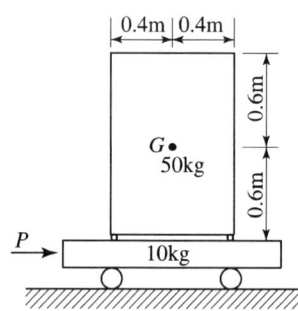

해설 (힘) $P = m_t a = (10 + 50) \times 6.533 = 391.98\text{N}$

※ 질량 50kg의 정적상태

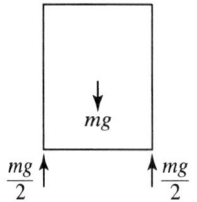

※ 질량 50kg이 넘어가지 직전의 상태

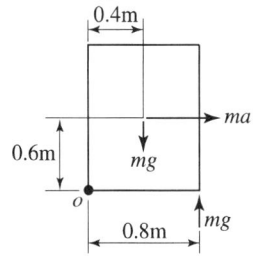

※ o지점의 모멘트 평형조건 $\sum M_o = 0$ 中
　$\oplus mg \times 0.4$　$\oplus ma \times 0.6$　$\ominus mg \times 0.8 = 0$
(가속도) $a = \dfrac{0.8g - 0.4g}{0.6} = \dfrac{0.4g}{0.6} = \dfrac{0.4 \times 9.8}{0.6} = 6.533 \text{m/s}^2$

해답 ②

091 레이저(laser) 가공에 대한 특징으로 틀린 것은?

① 밀도가 높은 단색성과 평행도가 높은 지향성을 이용한다.
② 가공물에 빛을 쏘이면 순간적으로 일부분이 가열되어, 용해되거나 증발되는 원리이다.
③ 초경합금, 스테인리스강의 가공은 불가능한 단점이 있다.
④ 유리, 플라스틱 판의 절단이 가능하다.

해설 레이저 가공의 장단점
1. 장점
   ① 고속가열하여 절단 가공됨으로 재료와 공구의 변형 및 오염이 없음
   ② 높은 절단 품질(가공정밀도 우수)과 부드러운 절단면을 얻을 수 있다. : 수치제어, 비접촉가공
   ③ 야금학적 완벽한 표면(산화) 또는 완벽한 표면(높은 압력의 불활성 가스 절단)
   ④ 낮은 열 투입량(광원의 집중도가 높아 절단폭이 좁고 가공부위 외에는 열 영향이 적음)
   ⑤ 매우 단단하거나 취성이 많은 재료 가공이 가능하다.(초경합금, 스테인리스강 가공 가능)
   ⑥ 복잡하고 미세한 용접도 가능하다.
   ⑦ 진동과 소음이 없다.
2. 단점
   ① 고가의 투자비용과 작동 비용이 든다. 레이져 가공기 고가
   ② 작업 위험성과 숙련된 고급 인력 부족
   ③ 가공한 구멍의 크기와 절단면의 폭이 일정하지 못하고 정밀성을 요구하는 부품에는 마무리 공정이 필요하다.
   ④ 반사율이 큰 재료의 절단과 드릴링이 용이하지 않음
   ⑤ 에너지 효율이 떨어진다.

해답 ③

092

다음 표준 고속도강의 함유량 표기에서 "18"의 의미는?

> 18 - 4 - 1

① 탄소의 함유량 ② 텅스텐의 함유량
③ 크롬의 함유량 ④ 바나듐의 함유량

해설 18%W-4%Cr-1%V

해답 ②

093

피복 아크 용접에서 피복제의 역할로 틀린 것은?

① 아크를 안정시킨다. ② 용착금속을 보호한다.
③ 용착금속의 급랭을 방지한다. ④ 용착금속의 흐름을 억제한다.

해설 **피복제의 역할**
① 공기 중의 산소나 질소의 침입을 방지하여, 피복재의 연소 가스의 이온화에 의하여 전류가 끊어졌을 때에도 계속 아크를 발생시키므로 안정된 아크를 얻을 수 있도록 한다.
② 슬래그(slag)를 형성하여 용접부의 급랭을 방지하며, 용착 금속에 필요한 원소를 보충한다.
③ 불순물과 친화력이 강한 재료를 사용하여 용착 금속을 정련한다.
④ 붕사, 산화티탄 등을 사용하여 용착 금속의 유동성을 좋게 한다.
⑤ 좁은 틈에서 작업할 때 절연 작용을 한다.

해답 ④

094

절삭가공을 할 때 절삭온도를 측정하는 방법으로 사용하지 않는 것은?

① 부식을 이용하는 방법
② 복사고온계를 이용하는 방법
③ 열전대(thermo couple)에 의한 방법
④ 칼로리미터(calorimeter)에 의한 방법

해설 **절삭가공을 할 때 절삭온도를 측정하는 방법**
① 칼로리미터(calorimeter)에 의한 방법
② 열전대(thermo couple)에 의한 방법
③ 복사고온계를 이용하는 방법
④ 시온도료에 의한 방법
⑤ 칩의 색에 의한 방법

해답 ①

095 선반가공에서 직경 60mm 길이 100mm의 탄소강 재료 환봉을 초경바이트를 사용하여 1회 절삭 시 가공시간은 약 몇 초인가? (단, 절삭깊이 1.5mm, 절삭속도 150m/min, 이송은 0.2mm/rev이다.)

① 38초 ② 42초
③ 48초 ④ 52초

해설 (가공시간) $T = \dfrac{L}{S \times N} = \dfrac{L[\text{mm}]}{S\left[\dfrac{\text{mm}}{\text{rev}}\right] \times \dfrac{1000V}{\pi D}\left[\dfrac{\text{rev}}{\text{min}}\right]}$

$= \dfrac{100[\text{mm}]}{0.2\left[\dfrac{\text{mm}}{\text{rev}}\right] \times \dfrac{1000 \times 150}{\pi \times 60}\left[\dfrac{\text{rev}}{\text{min}}\right]}$

$= 0.628[\text{min}] = 37.67[\text{s}]$

해답 ①

096 300mm×500mm인 주철 주물을 만들 때, 필요한 주입 추의 무게는 약 몇 kg인가? (단, 쇳물 아궁이 높이가 120mm, 주물 밀도는 7200kg/m³이다.)

① 129.6 ② 149.6
③ 169.6 ④ 189.6

해설 (추의 무게) $W = 0.3 \times 0.5 \times 0.12 \times 7200 = 129.6\text{kg}$

해답 ①

097 프레스 작업에서 전단가공이 아닌 것은?

① 트리밍(trimming) ② 컬링(curling)
③ 셰이빙(shaving) ④ 블랭킹(blanking)

해설 **전단가공** : 블랭킹, 펀칭, 전단, 분단, 슬로팅, 노칭, 트리밍, 셰이빙
굽힘가공 : 굽힘, 비딩, 컬링, 시밍
압축가공 : 코닝, 엠보싱, 스웨이징

해답 ②

098 다음 중 직접 측정기가 아닌 것은?

① 측장기 ② 마이크로미터
③ 버니어캘리퍼스 ④ 공기 마이크로미터

해설 **비교 측정기의 종류**
다이얼 게이지, 미니미터, 옵티미터, 전기 마이크로미터, 공기 마이크로미터, 블록 게이지, 표준 테이퍼 게이지, 나사 게이지, 한계 게이지

해답 ④

099

스프링 백(spring back)에 대한 설명으로 틀린 것은?

① 경도가 클수록 스프링 백의 변화도 커진다.
② 스프링 백의 양은 가공조건에 의해 영향을 받는다.
③ 같은 두께의 판재에서 굽힌 반지름이 작을수록 스프링 백의 양은 커진다.
④ 같은 두께의 판재에서 굽힌 각도가 작을수록 스프링 백의 양은 커진다.

해설 스프링백(spring back) : 굽힘가공을 할 때 굽힘 힘을 제거하면 판의 탄성 때문에 탄성 변형부분이 원상태로 돌아가 현상이다.

해답 ③

100

내접기어 및 자동차의 3단 기어와 같은 단이 있는 기어를 깎을 수 있는 원통형 기어 절삭기계로 옳은 것은?

① 호빙머신
② 그라인딩 머신
③ 마그 기어 셰이퍼
④ 펠로즈 기어 셰이퍼

해설
① **호빙 머신**(hobbing machine) : 호브라는 기어 절삭 공구를 사용하여 가공하는 절삭기계로 스퍼 기어, 헬리컬 기어, 웜기어를 가공할 수 있다.
② **펠로우 기어 셰이프**(fellow gear shaper) : 피니언 커터를 사용하여 기어를 절삭하는 방법으로 스퍼기어, 헬리컬기어, 내접기어, 자동차의 삼단 기어, 2중 헬리컬 기어 등을 가공할 수 있다.
③ **마그식 기어 셰이프**(maag gear shaper), 선덜랜드식 기어 셰이퍼(sunderland gear shaper) : 래커터를 사용하여 기어를 절삭하는 공작기계로 헬리컬 기어와 스퍼 기어를 가공할 수 있다.

해답 ④

일반기계기사

2019년 9월 21일 시행

제1과목 재료역학

001 단면이 가로 100mm, 세로 150mm인 사각 단면보가 그림과 같이 하중(P)를 받고 있다. 전단응력에 의한 설계에서 P는 각각 100kN씩 작용할 때, 이 재료의 허용전단응력은 약 몇 MPa인가? (단, 안전계수는 2이다.)

① 10
② 15
③ 18
④ 20

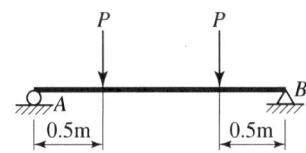

해설 (최대전단력) $F_{max} = P = 100000N$

$$\tau_{max} = \frac{3}{2} \times \frac{F_{max}}{A} = \frac{3}{2} \times \frac{100000}{100 \times 150}$$
$$= 10 \text{MPa}$$

$$S = \frac{\tau_a}{\tau_{max}}$$

(허용전단응력) $\tau_a = S \times \tau_{max} = 2 \times 10$
$= 20 \text{MPa}$

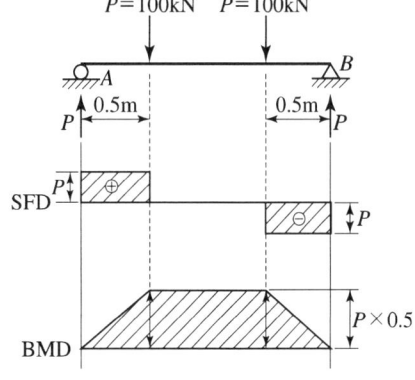

해답 ④

002 그림과 같이 봉이 평행상태를 유지하기 위해 O점에 작용시켜야 하는 모멘트는 약 몇 N·m인가? (단, 봉의 자중은 무시한다.)

① 0
② 25
③ 35
④ 50

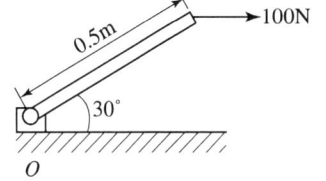

해설

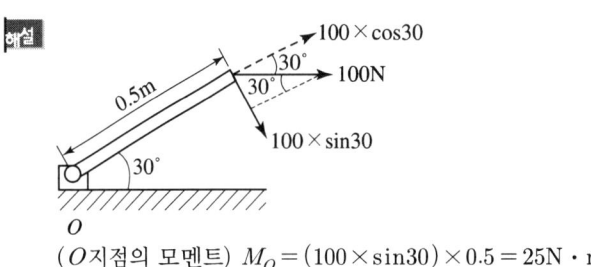

(O지점의 모멘트) $M_O = (100 \times \sin 30) \times 0.5 = 25\text{N} \cdot \text{m}$

해답 ②

003
그림과 같은 외팔보에 있어서 고정단에서 20cm되는 지점의 굽힘모멘트 M은 약 몇 kN·m인가?

① 1.6
② 1.75
③ 2.2
④ 2.75

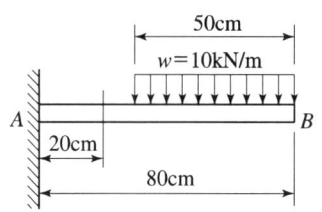

해설

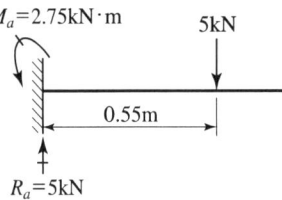

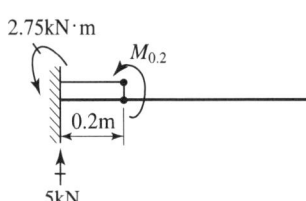

$M_a = 5\text{kN} \times 0.55\text{m} = 2.75\text{kN} \cdot \text{m}$

$M_{0.2} + 2.75 - 5 \times 0.2 = 0$

$M_{0.2} = 5 \times 0.2 - 2.75 = -1.75\text{kN} \cdot \text{m}$

굽힘의 형태가 ⌒이고 크기는 1.75kN·m이다.

해답 ②

004
안지름 80cm의 얇은 원통에 내압 1MPa이 작용할 때 원통의 최소 두께는 몇 mm인가? (단, 재료의 허용응력은 80MPa이다.)

① 1.5
② 5
③ 8
④ 10

해설 (두께) $t = \dfrac{PD}{2\sigma_a} = \dfrac{1 \times 800}{2 \times 80} = 5\text{mm}$

해답 ②

005

길이가 L이과 직경이 d인 축과 동일 재료로 만든 길이 $2L$인 축이 같은 크기의 비틀림 모멘트를 받았을 때, 같은 각도만큼 비틀어지게 하려면 직경은 얼마가 되어야 하는가?

① $\sqrt{3}\,d$
② $\sqrt[4]{3}\,d$
③ $\sqrt{2}\,d$
④ $\sqrt[4]{2}\,d$

해설 $\theta = \dfrac{TL}{GI_P} = \dfrac{TL32}{G\pi d^4}$ $\theta' = \theta$, $\dfrac{T2L \times 32}{G\pi d'^4} = \dfrac{TL32}{G\pi d^4}$

$\dfrac{2}{d'^4} = \dfrac{1}{d^4}$, $d'^4 = 2d^4$, $d' = \sqrt[4]{2}\,d$

해답 ④

006

그림과 같은 비틀림 모멘트가 1kN·m에서 축적되는 비틀림 변형에너지는 약 몇 N·m인가? (단, 세로탄성계수는 100GPa이고, 포아송의 비는 0.25이다.)

① 0.5
② 5
③ 50
④ 500

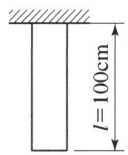

해설 (비틀림 탄성에너지) $U_T = \dfrac{1}{2}T\theta = \dfrac{1}{2} \times 1000 \times 0.09947 = 49.73\,\text{N·m}$

(비틀림각) $\theta = \dfrac{TL}{GI_P} = \dfrac{1000 \times 1}{40 \times 10^9 \times \dfrac{\pi \times 0.04^4}{32}} = 0.09947\,\text{rad}$

$1Em = 2G(m+1)$

(전단 탄성계수) $G = \dfrac{Em}{2(m+1)} = \dfrac{100 \times 4}{2(4+1)} = 40\,\text{GPa}$

(포와송수) $m = \dfrac{1}{\mu} = \dfrac{1}{0.25} = 4$

해답 ③

007

철도 레일을 20℃에서 침목에 고정하였는데, 레일의 온도가 60℃가 되면 레일에 작용하는 힘은 약 몇 kN인가? (단, 선팽창계수 $\alpha = 1.2 \times 10^{-6}$/℃, 레일의 단면적은 5000mm², 세로탄성계수는 210GPa이다.)

① 40.4
② 50.4
③ 60.4
④ 70.4

해설 $a_m = E \times \alpha \times \Delta T = \dfrac{F_{th}}{A}$

(열에 의한 힘) $F_{th} = E \times \alpha \times \Delta T \times A = 210000 \times 1.2 \times 10^{-6} \times 40 \times 5000$
$= 50400\text{N} = 50.4\text{kN}$

해답 ②

008 단면의 폭(b)과 높이(h)가 6cm×10cm인 직사각형이고, 길이가 100cm인 외팔보 자유단에 10kN의 집중하중이 작용할 경우 최대 처짐은 약 몇 cm인가? (단, 세로탄성계수는 210GPa이다.)

① 0.104
② 0.254
③ 0.317
④ 0.542

해설 $\delta = \dfrac{PL^3}{3EI} = \dfrac{10000 \times 1000^3}{3 \times 210000 \times \left(\dfrac{60 \times 100^3}{12}\right)} = 3.17\text{mm} = 0.317\text{cm}$

해답 ③

009 평면 응력상태에 있는 재료 내부에 서로 직각인 두 방향에서 수직 응력 σ_x, σ_y가 작용할 때 생기는 최대 주응력과 최소 주응력을 각각 σ_1, σ_2라 하면 다음 중 어느 관계식이 성립하는가?

① $\sigma_1 + \sigma_2 = \dfrac{\sigma_x + \sigma_y}{2}$
② $\sigma_1 + \sigma_2 = \dfrac{\sigma_x + \sigma_y}{4}$
③ $\sigma_1 + \sigma_2 = \sigma_x + \sigma_y$
④ $\sigma_1 + \sigma_2 = 2(\sigma_x + \sigma_y)$

해설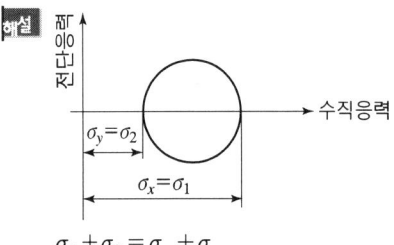

$\sigma_1 + \sigma_2 = \sigma_x + \sigma_y$

해답 ③

010 단면의 도심 o를 지나는 단면 2차 모멘트 I_x는 약 얼마인가?

① 1210mm^4
② 120.9mm^4
③ 1210cm^4
④ 120.9cm^4

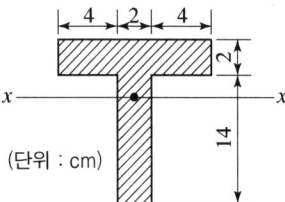
(단위 : cm)

해설

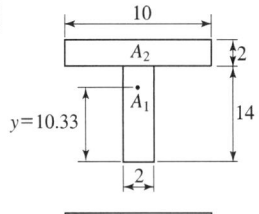

$$\bar{y} = \frac{A_1\bar{y}_1 + A_2\bar{y}_2}{A_1+A_2} = \frac{(28\times 7)+(20\times 15)}{28+20} = 10.33\text{cm}$$

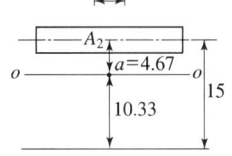

$$I_o = \frac{10\times 2^3}{12} + (4.67^2 \times 20) = 442.844\text{cm}^4$$

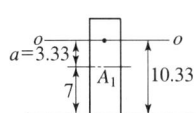

$$I_o = \frac{2\times 14^3}{12} + (3.33^2 \times 28) = 767.822\text{cm}^4$$

o 지점의 단면2차 모멘트 $I = 442.844 + 767.822 = 1210.666\text{cm}^4$

해답 ③

011

그림과 같은 외팔보에서 고정부에서의 굽힘모멘트를 구하면 약 몇 kN·m인가?

① 26.7(반시계 방향)
② 26.7(시계 방향)
③ 46.7(반시계 방향)
④ 46.7(시계 방향)

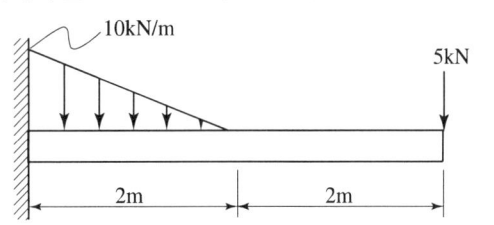

해설

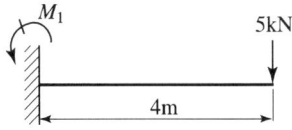

$M_1 = 5 \times 4 = 20\text{kN}\cdot\text{m}$

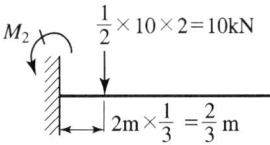

$M_2 = 10 \times \dfrac{2}{3} = \dfrac{20}{3}\text{kN}\cdot\text{m}$

(고정부 굽힘모멘트) $M_a = M_1 + M_2 = 26.67\text{kN}\cdot\text{m}$ ↶ (반시계방향)

해답 ①

012

지름이 d인 원형단면 봉이 비틀림 모멘트 T를 받을 때, 발생되는 최대 전단응력 τ를 나타내는 식은? (단, I_P는 단면의 극단면 2차 모멘트이다.)

① $\dfrac{Td}{2I_P}$
② $\dfrac{I_P d}{2T}$
③ $\dfrac{TI_P}{2d}$
④ $\dfrac{2T}{I_P d}$

해설 (최대 전단응력) $\tau_{\min} = \dfrac{T}{Z_P} = \dfrac{T}{\dfrac{I_P}{r}} = \dfrac{Tr}{I_P} = \dfrac{T}{I_P}\dfrac{d}{2}$

여기서, r : 반지름

해답 ①

013

그림과 같이 원형단면을 갖는 연강봉이 100kN의 인장하중을 받을 때, 이 봉의 신장량은 약 몇 cm인가? (단, 세로탄성계수는 200GPa이다.)

① 0.0478
② 0.0956
③ 0.143
④ 0.191

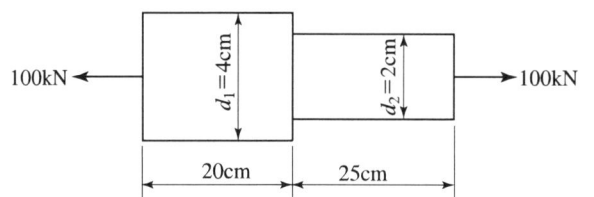

해설 (신장량) $\delta = \dfrac{P_1 L_1}{A_1 E} + \dfrac{P_2 L_2}{A_2 E} = \dfrac{100000 \times 200}{\dfrac{\pi}{4} \times 40^2 \times 200000} + \dfrac{100000 \times 250}{\dfrac{\pi}{4} \times 20^2 \times 200000}$

$= 0.4774\text{mm} = 0.04774\text{cm}$

해답 ①

014

다음 그림에서 최대굽힘응력은?

① $\dfrac{27}{64}\dfrac{Wl^2}{bh^2}$
② $\dfrac{64}{27}\dfrac{Wl^2}{bh^2}$
③ $\dfrac{7}{128}\dfrac{Wl^2}{bh^2}$
④ $\dfrac{64}{128}\dfrac{Wl^2}{bh^2}$

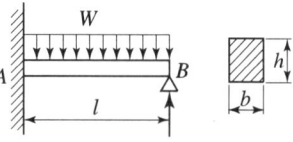

해설 (최대 굽힘모멘트) $M_{\max} = \dfrac{9Wl^2}{128}$

(최대 굽힘응력) $\sigma_{b_{\max}} = \dfrac{M_{\max}}{Z} = \dfrac{\left(\dfrac{9Wl^2}{128}\right)}{\left(\dfrac{bh^2}{6}\right)} = \dfrac{27}{64}\dfrac{Wl^2}{bh^2}$

해답 ①

015

그림과 같은 양단이 지지된 단순보의 전 길이에 4kN/m의 등분포하중이 작용할 때, 중앙에서의 처짐이 0이 되기 위한 P의 값은 몇 kN인가? (단, 보의 굽힘강성 EI는 일정하다.)

① 15
② 18
③ 20
④ 25

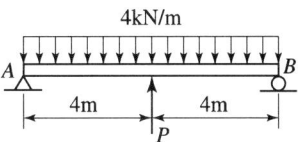

해설

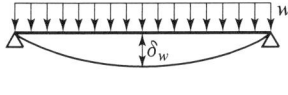

$\delta_w = \dfrac{5wL^4}{384EI}$

$\delta_P = \dfrac{PL^3}{48EI}$

$\delta_w = \delta_P,\ P = \dfrac{5wL}{8} = \dfrac{5 \times 4 \times 8}{8} = 20\text{kN}$

해답 ③

016

세로탄성계수가 200GPa, 포아송의 비가 0.3인 판재에 평면하중이 가해지고 있다. 이 판재의 표면에 스트레인 게이지를 부착하고 측정한 결과 $\epsilon_x = 5 \times 10^{-4}$, $\epsilon_y = 3 \times 10^{-4}$일 때, σ_x는 약 몇 MPa인가? (단, x축과 y축이 이루는 각은 90도이다.)

① 99 ② 100
③ 118 ④ 130

해설

$\epsilon_x = \dfrac{\sigma_x}{E} - \dfrac{\mu\sigma_y}{E},\ 5 \times 10^{-4} = \dfrac{\sigma_x}{200000} - \dfrac{0.3 \times \sigma_y}{200000}$ ·········· (1)식

$\epsilon_y = \dfrac{\sigma_y}{E} - \dfrac{\mu\sigma_x}{E},\ 3 \times 10^{-4} = \dfrac{\sigma_y}{200000} - \dfrac{0.3 \times \sigma_x}{200000}$ ·········· (2)식

(1)식에서 $100 = \sigma_x - 0.3\sigma_y$

(2)식에서 $60 = \sigma_y - 0.3\sigma_x$

(1)과 (2)식을 연립하면 $\sigma_x = 129.67\text{MPa}$

$\sigma_y = 98.9\text{MPa}$

해답 ④

017

그림과 같이 양단이 고정된 단면적 1cm², 길이 2m인 케이블을 B점에서 아래로 10mm만큼 잡아당기는 데 필요한 힘 P는 약 몇 N인가? (단, 케이블 재료의 세로탄성계수는 200GPa이며, 자중은 무시한다.)

① 10
② 20
③ 30
④ 40

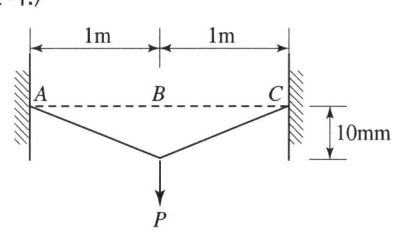

해설

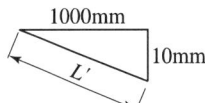

$\tan\theta = \dfrac{10}{1000}$

$\theta = 0.573$

$F_A = 998\text{N}$, 178.854°, $F_B = 998\text{N}$, 90.573°, P

$L' = \sqrt{1000^2 + 10^2} = 1000.0499$

$\Delta L = 1000.0499 - 1000 = 0.0499\text{mm}$

$\Delta L = \dfrac{F_A \times 1000}{A \times E}$, $F_A = \dfrac{\Delta L \times A \times E}{1000} = \dfrac{0.0499 \times 1000 \times 200000}{1000} = 998\text{N}$

$F_A = F_B = 998\text{N}$

$\dfrac{P}{\sin 178.859} = \dfrac{998}{\sin 90.573}$, $P = 19.96\text{N}$

해답 ②

018

다음 그림에서 단순보의 최대 처짐량(δ_1)과 양단고정보의 최대 처짐량(δ_2)의 비(δ_1/δ_2)는 얼마인가? (단, 보의 굽힘강성 EI는 일정하고, 자중은 무시한다.)

① 1
② 2
③ 3
④ 4

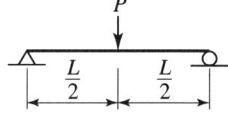

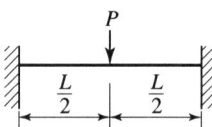

해설

$\delta_1 = \dfrac{PL^3}{48EI}$ $\delta_2 = \dfrac{PL^3}{192EI}$

$\dfrac{\delta_1}{\delta_2} = \dfrac{\left(\dfrac{PL^3}{48EI}\right)}{\left(\dfrac{PL^3}{192EI}\right)} = 4$

해답 ④

019 8cm×12cm인 직사각형 단면의 기둥 길이를 L_1, 지름 20cm인 원형 단면의 기둥 길이를 L_2라고 세장비가 같다면, 두 기둥의 길이의 비(L_2/L_1)는 얼마인가?

① 1.44　　　　　　　② 2.16
③ 2.5　　　　　　　　④ 3.2

해설

$\lambda_1 = \dfrac{L_1}{K_1} = \dfrac{L_1}{\dfrac{8}{2\sqrt{3}}}$　　$\lambda_1 = \lambda_2$　　$\lambda_2 = \dfrac{L_2}{K_2} = \dfrac{L_2}{\dfrac{20}{4}}$

$\dfrac{L_1}{\dfrac{8}{2\sqrt{3}}} = \dfrac{L_2}{\dfrac{20}{4}}$　　$\dfrac{L_2}{L_1} = \dfrac{\left(\dfrac{20}{4}\right)}{\left(\dfrac{8}{2\sqrt{3}}\right)} = 2.16$

(사각형의 회전반경) $K_1 = \dfrac{작은변의\ 길이}{2\sqrt{3}}$

(원형의 회전반경) $K_2 = \dfrac{지름}{4}$

해답 ②

020 지름이 2cm, 길이가 20cm인 연강봉이 인장하중을 받을 때 길이는 0.016cm만큼 늘어나고 지름은 0.0004cm만큼 줄었다. 이 연강봉의 포아송 비는?

① 0.25　　　　　　　② 0.5
③ 0.75　　　　　　　④ 4

해설

(포아송의 비) $\mu = \dfrac{\left(\dfrac{\Delta D}{D}\right)}{\left(\dfrac{\Delta L}{L}\right)} = \dfrac{\left(\dfrac{0.0004}{2}\right)}{\left(\dfrac{0.016}{20}\right)} = 0.25$

해답 ①

제2과목　기계열역학

021 포화액의 비체적은 0.001242m³/kg이고, 포화증기의 비체적은 0.3469m³/kg인 어떤 물질이 있다. 이 물질이 건도 0.65 상태로 2m³인 공간에 있다고 할 때, 이 공간 안에 차지한 물질의 질량(kg)은?

① 8.85　　　　　　　② 9.42
③ 10.08　　　　　　　④ 10.84

해설 $v_2 = v' + x(v'' - v') = 0.001242 + 0.65(0.3469 - 0.001242) = 0.2259 \text{m}^3/\text{kg}$

$v_x = \dfrac{V}{m}$

(질량) $m = \dfrac{V}{v_x} = \dfrac{2\text{m}^3}{0.2259\text{m}^3/\text{kg}} = 8.85\text{kg}$

해답 ①

022 열역학적 관점에서 일과 열에 관한 설명으로 틀린 것은?

① 일과 열은 온도와 같은 열역학적 상태량이 아니다.
② 일의 단위는 J(joule)이다.
③ 일의 크기는 힘과 그 힘이 작용하여 이동한 거리를 곱한 값이다.
④ 일과 열은 점 함수(point function)이다.

해설 일과 열은 경로함수(과정함수)이다.

해답 ④

023 기체가 열량 80kJ 흡수하여 외부에 대하여 20kJ 일을 하였다면 내부에너지 변화(kJ)는?

① 20   ② 60
③ 80   ④ 100

해설 $\Delta Q = \Delta U + \Delta W$
⊕80 = ΔU + ⊕20
(내부에너지 변화) $\Delta U = 80 - 20 = 60\text{kJ}$

해답 ②

024 다음 중 브레이턴 사이클의 과정으로 옳은 것은?

① 단열 압축 → 정적 가열 → 단열 팽창 → 정적 방열
② 단열 압축 → 정압 가열 → 단열 팽창 → 정적 방열
③ 단열 압축 → 정적 가열 → 단열 팽창 → 정압 방열
④ 단열 압축 → 정압 가열 → 단열 팽창 → 정압 방열

해설 브레이턴 사이클

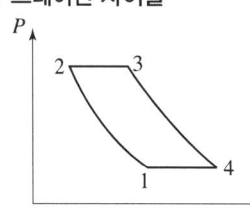

과정 1→2 : 단열압축
과정 2→3 : 정압흡열(가열)
과정 3→4 : 단열팽창
과정 4→1 : 정압방열

해답 ④

025

압력이 200kPa인 공기가 압력이 일정한 상태에서 400kcal의 열을 받으면서 팽창하였다. 이러한 과정에서 공기의 내부에너지가 250kcal만큼 증가하였을 때, 공기의 부피변화(m^3)는 얼마인가? (단, 1kcal은 4.186kJ이다.)

① 0.98　　　② 1.21
③ 2.86　　　④ 3.14

해설 정압과정의 열량의 변화는 엔탈피변화와 같다.
$\Delta Q = \Delta H = 400\text{kcal} = 400 \times 4.186\text{kJ} = 1674.4\text{kJ}$
$\Delta H = \Delta U + P\Delta V$
$1674.4 = 250 \times 4.186 + 200 \times \Delta V$
(부피변화량) $\Delta V = 3.1395 m^3$

해답 ④

026

오토 사이클의 효율이 55%일 때 101.3kPa, 20℃의 공기가 압축되는 압축비는 얼마인가? (단, 공기의 비열비는 1.4이다.)

① 5.28　　　② 6.32
③ 7.36　　　④ 8.18

해설 $\eta_o = 1 - \left(\dfrac{1}{\epsilon}\right)^{R-1}$　　$0.55 = 1 - \left(\dfrac{1}{\epsilon}\right)^{1.4-1}$
(압축비) $\epsilon = 7.361$

해답 ③

027

분자량이 32인 기체의 정적비열이 0.714kJ/kg · K일 때 이 기체의 비열비는? (단, 일반기체상수는 8.314kJ/kmol · K이다.)

① 1.364　　　② 1.382
③ 1.414　　　④ 1.446

해설 (기체상수) $R = \dfrac{\overline{R}}{M} = \dfrac{8.314}{32} = 0.2598\text{kJ/kg} \cdot \text{K}$
　　　　　$R = C_P - C_V$　　$0.2598 = C_P - 0.714$
(정압비열) $C_P = 0.9738\text{kJ/kg} \cdot \text{K}$
(비열비) $R = \dfrac{C_P}{C_V} = \dfrac{0.9738}{0.714} = 1.3638$

해답 ①

028

다음 그림과 같은 오토 사이클의 효율(%)은? (단, $T_1=300K$, $T_2=689K$, $T_3=2364K$, $T_4=1029K$이고, 정적비열은 일정하다.)

① 42.5
② 48.5
③ 56.5
④ 62.5

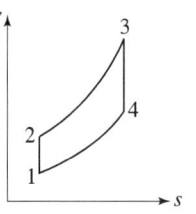

해설
$$\eta_o = 1 - \frac{q_L}{q_H} = 1 - \frac{C_V(T_4-T_1)}{C_V(T_3-T_2)} = 1 - \frac{T_4-T_1}{T_3-T_2} = 1 - \frac{1029-300}{2364-689}$$
$$= 0.5647 = 56.47\%$$

해답 ③

029

1000K의 고열원으로부터 750kJ의 에너지를 받아서 300K의 저열원으로 550kJ의 에너지를 방출하는 열기관이 있다. 이 기관의 효율(η)과 Clausius 부등식의 만족 여부는?

① $\eta=26.7\%$이고, Clausius 부등식을 만족한다.
② $\eta=26.7\%$이고, Clausius 부등식을 만족하지 않는다.
③ $\eta=73.3\%$이고, Clausius 부등식을 만족한다.
④ $\eta=73.3\%$이고, Clausius 부등식을 만족하지 않는다.

해설
$$\eta = \frac{W_{net}}{q_H} = \frac{q_H - q_L}{q_H} = 1 - \frac{q_L}{q_H} = 1 - \frac{550}{750} = 0.2666 = 26.67\%$$
$$\frac{q_H}{T_H} - \frac{q_L}{T_L} = \frac{750}{1000} - \frac{550}{300} = -\frac{13}{12}$$
⊖값이 나오기 때문에 Clausius 부등식을 만족한다.

해답 ①

030

메탄올의 정압비열(C_P)이 다음과 같은 온도 T(K)에 의한 함수로 나타날 때 메탄올 1kg을 200K에서 400K까지 정압과정으로 가열하는데 필요한 열량(kJ)은? (단, C_P의 단위는 kJ/kg·K이다.)

$$C_P = a + bT + cT^2$$
$$(a = 3.51, \; b = -0.00135, \; c = 3.47 \times 10^{-5})$$

① 722.9   ② 1311.2
③ 1268.7   ④ 866.2

해설 (가열열량) $\Delta Q = \int_{200}^{400} 3.51 - 0.00135T + 3.47 \times 10^{-5} T^2 dT = 1268.73$ kJ

(평균열량) $C_m = \dfrac{1268.73}{400-200}$

$\Delta Q = m \times C_m \times \Delta T = 1 \times \dfrac{1268.73}{400-200} \times (400-200) = 1268.73 \text{kJ}$

해답 ③

031
질량 유량이 10kg/s인 터빈에서 수증기의 엔탈피가 800kJ/kg 감소한다면 출력(kW)은 얼마인가? (단, 역학적 손실, 열손실은 모두 무시한다.)

① 80　　② 160
③ 1600　　④ 8000

해설 $W_t = \dot{m} \times \Delta h = 10 \text{kg/s} \times 800 \text{kJ/kg} = 8000 \text{kW}$

해답 ④

032
내부에너지가 40kJ, 절대압력이 200kPa, 체적이 0.1m³, 절대온도가 300K인 계의 엔탈피(kJ)는?

① 42　　② 60
③ 80　　④ 240

해설 $H = U + PV = 40 + 200 \times 0.1 = 60 \text{kJ}$

해답 ②

033
열역학 제2법칙에 대한 설명으로 옳은 것은?

① 과정(process)의 방향성을 제시한다.
② 에너지의 양을 결정한다.
③ 에너지의 종류를 판단할 수 있다.
④ 공학적 장치의 크기를 알 수 있다.

해설 0법칙 : 열평형의 법칙, 온도평형의 법칙
1법칙 : 에너지보존의 법칙
2법칙 : 에너지의 방향을 제시한 법칙

해답 ①

034
공기 1kg을 정압과정으로 20℃에서 100℃까지 가열하고, 다음에 정적과정으로 100℃에서 200℃까지 가열한다면, 전체 가열에 필요한 총에너지(kJ)는? (단, 정압비열은 1.009kJ/kg · K, 정적비열은 0.72kJ/kg · K이다.)

① 152.7　　② 162.8
③ 139.8　　④ 146.7

해설 $\Delta Q = \Delta Q_P + \Delta Q_V = m C_P \Delta T_P + m C_V \Delta T_V$
$= (1 \times 1.009 \times 80) + (1 \times 0.72 \times 100) = 152.72 \text{kJ}$

해답 ①

035

카르노 냉동기에서 흡열부와 방열부의 온도가 각각 −20℃와 30℃인 경우, 이 냉동기에 40kW의 동력을 투입하면 냉동기가 흡수하는 열량(RT)은 얼마인가? (단, 1RT=3.86kW이다.)

① 23.62
② 52.48
③ 78.36
④ 126.48

해설 $\epsilon = \dfrac{q_L}{W_{net}} = \dfrac{T_L}{T_H - T_L}$

(저열원에서 흡수한 열량) $q_L = W_{net} \times \dfrac{T_L}{T_H - T_L}$

$= 40 \times \dfrac{-20 + 273}{(30 + 273) - (-20 + 273)}$

$= 202.4 \text{kW} = 202.4 \text{kW} \times \dfrac{1 \text{RT}}{3.86 \text{kW}} = 52.435 \text{RT}$

해답 ②

036

질량이 m이고, 비체적인 v인 구(sphere)의 반지름이 R이다. 이때 질량이 $4m$, 비체적이 $2v$로 변화한다면 구의 반지름은 얼마인가?

① $2R$
② $\sqrt{2}\,R$
③ $\sqrt[3]{2}\,R$
④ $\sqrt[3]{4}\,R$

해설 $v = \dfrac{\frac{4}{3}\pi R^3}{m}$ $\quad 2 \times v = \dfrac{\frac{4}{3}\pi R'^3}{4m}$ $\quad 2 \times \dfrac{\frac{4}{3}\pi R^3}{m} = \dfrac{\frac{4}{3}\pi R'^3}{4m}$

$2R^3 = \dfrac{R'^3}{4}$ $\quad R'^3 = 8R^3$ $\quad R' = 2R$

해답 ①

037

100℃의 수증기 10kg이 100℃의 물로 응축되었다. 수증기의 엔트로피 변화량(kJ/K)은? (단, 물의 잠열은 100℃에서 2257kJ/kg이다)

① 14.5
② 5390
③ −22570
④ −60.5

해설 $\Delta S = \dfrac{\Delta Q}{T} = \dfrac{-22570 \text{kJ}}{(100+273) \text{K}} = -60.5 \text{kJ/K}$

$\Delta Q = -2257 \text{kJ/kg} \times 10 \text{kg} = -22570 \text{kJ}$

해답 ④

038 입구 엔탈피 3155kJ/kg, 입구 속도 24m/s, 출구 엔탈피 2385kJ/kg, 출구 속도 98m/s인 증기 터빈이 있다. 증기 유량이 1.5kg/s이고, 터빈의 축 출력이 900kW 일 때 터빈과 주위 사이의 열전달량은 어떻게 되는가?

① 약 124kW의 열을 주위로 방열한다.
② 주위로부터 약 124kW의 열을 받는다.
③ 약 248kW의 열을 주위로 방열한다.
④ 주위로부터 약 248kW의 열을 받는다.

해설 에너지보존의 법칙

$$\dot{m} \times \left(\frac{1}{2}V_1^2 + h_1\right) = \dot{m}\left(\frac{1}{2}V_2^2 + h_2\right) + W_T + Q_L$$

$$1.5 \times \left(\frac{1}{2} \times 24^2 + 3155000\right) = 1.5 \times \left(\frac{1}{2} \times 98^2 + 2385000\right) + 900000 + Q_L$$

(터빈과 주위 사이의 열 전열량) $Q_L = 248229W = 248.229kW$

해답 ③

039 증기압축 냉동기에 사용되는 냉매의 특징에 대한 설명으로 틀린 것은?

① 냉매는 냉동기의 성능에 영향을 미친다.
② 냉매는 무독성, 안정성, 저가격 등의 조건을 갖추어야 한다.
③ 무기화합물 냉매인 암모니아는 열역학적 특성이 우수하고, 가격이 비교적 저렴하여 널리 사용되고 있다.
④ 최근에는 오존파괴 문제로 CFC 냉매 대신에 R-12(CCl_2F_2)가 냉매로 사용되고 있다.

해설 ① **CFC냉매** : 염화불화탄소로 분자 중에 염소(F)을 포함하고 있으며 성층권까지 확산하여 오존층을 파괴하며 지구온난화 계수도 대단히 높다.
② **프레온 냉매의 종류**
   R-11, R-12, R-13, R-21, R-22, R-11, R-114
③ 오존층 붕괴가 없는 냉매 : 탄화수소 냉매

해답 ④

040 공기가 등온과정을 통해 압력 200kPa, 비체적이 0.02m³/kg인 상태에서 압력이 100kPa인 상태로 팽창하였다. 공기를 이상기체로 가정할 때 시스템이 이 과정에서 한 단위질량당 일(kJ/kg)은 약 얼마인가?

① 1.4
② 2.0
③ 2.8
④ 5.6

해설 (등온과정에서의 일량) $W = P_1 v_1 \ln\frac{v_2}{v_1} = P_1 v_1 \ln\frac{P_1}{P_2} = 200 \times 0.02 \times \ln\frac{200}{100}$

$= 2.77kJ/kg$

해답 ③

제3과목 기계유체역학

041 표준대기압 상태인 어떤 지방의 호수에서 지름이 d인 공기의 기포가 수면으로 올라오면서 지름이 2배로 팽창하였다. 이때 기포의 최초 위치는 수면으로부터 약 몇 m 아래인가? [단, 기포 내의 공기는 Boyle 법칙에 따르며, 수중의 온도도 일정하다고 가정한다. 또한 수면의 기압(표준대기압)은 101.325kPa이다.]

① 70.8 ② 72.3
③ 74.6 ④ 77.5

해설 $P'V' = P_o V_o$

$$P' = \frac{P_o V_o}{V'} = \frac{101.325 \times \frac{4\pi}{3}\left(\frac{2d}{2}\right)^3}{\frac{4\pi}{3}\left(\frac{d}{2}\right)^3} = 101.325 \times 8 = 810.6 \text{kPa}$$

$P' = P_o + \gamma H$

$$H = \frac{P' - P_o}{\gamma} = \frac{810.6 - 101.325}{9800} = 0.0723 \text{km} = 72.3 \text{m}$$

해답 ②

042 그림과 같이 비중 0.85인 기름이 흐르고 있는 개수로에 피토관을 설치하였다. $\Delta h = 30$mm, $h = 100$mm일 때 기름의 유속은 약 몇 m/s인가?

① 0.767
② 0.976
③ 1.59
④ 6.25

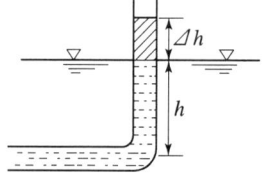

해설 $\Delta h = \dfrac{V^2}{2g}$

$V = \sqrt{2g\Delta H} = \sqrt{2 \times 9.8 \times 0.03} = 0.766 \text{m/s}$

해답 ①

043 마찰계수가 0.02인 파이프(안지름 0.1m, 길이 50m) 중간에 부차적 손실계수가 5인 밸브가 부착되어 있다. 밸브에서 발생하는 손실수두는 총 손실수두의 약 몇 %인가?

① 20 ② 25
③ 33 ④ 50

해설 (총 손실수두) $H_T = f \times \dfrac{L}{D} \times \dfrac{V^2}{2g} + k \dfrac{V^2}{2g} = \dfrac{V^2}{2g} \times \left(f \times \dfrac{L}{D} + k \right)$

(밸브의 손실수두) $H_V = k \dfrac{V^2}{2g}$

$\dfrac{H_V}{H_T} = \dfrac{k \dfrac{V^2}{2g}}{\dfrac{V^2}{2g} \times \left(f \times \dfrac{L}{D} + k \right)} = \dfrac{k}{f \times \dfrac{L}{D} + k} = \dfrac{5}{0.02 \times \dfrac{50}{0.1} + 5} = 33.3\%$

해답 ③

044
2차원 극좌표계(r, θ)에서 속도 포텐셜이 다음과 같을 때 원주방향 속도(v_ϕ)는? (단, 속도 포텐셜 ϕ는 $\vec{V} = \nabla \phi$로 정의한다.)

$$\phi = 2\theta$$

① $4\pi r$
② $2r$
③ $\dfrac{4\pi}{r}$
④ $\dfrac{2}{r}$

해설 (반경 방향 속도) $u_r = -\dfrac{\partial \phi}{\partial r}$

(원주 방향 속도) $u_\theta = -\dfrac{1}{r} \dfrac{\partial \phi}{\partial \theta} = -\dfrac{1}{r} \dfrac{\partial (2\theta)}{\partial \theta} = -\dfrac{2}{r}$

해답 ④

045
지름이 0.01m인 구 주위를 공기가 0.001m/s로 흐르고 있다. 항력계수 $C_D = \dfrac{24}{Re}$로 정의할 때 구에 작용하는 항력은 약 몇 N인가? (단, 공기의 밀도는 1.1774kg/m³, 점성계수는 1.983×10^{-5}kg/m·s이며, Re는 레이놀즈수를 나타낸다.)

① 1.9×10^{-9}
② 3.9×10^{-9}
③ 5.9×10^{-9}
④ 7.9×10^{-9}

해설 Stoke's law

(항력) $D = 6R\mu v \pi = 6 \times \dfrac{0.01}{2} \times 1.983 \times 10^{-5} \times 0.001 \times \pi = 1.868 \times 10^{-9}$N

해답 ①

046
원유를 매분 240L의 비율로 안지름 80mm인 파이프를 통하여 100m 떨어진 곳으로 수송할 때 관내의 평균 유속은 약 몇 m/s인가?

① 0.4
② 0.8
③ 2.5
④ 3.1

해설 $Q = A \times V$

$$V = \frac{Q}{A} = \frac{240\text{L/min}}{\frac{\pi}{4} \times 0.08^2} = \frac{\frac{240 \times 10^{-3}}{60}\text{m}^3/\text{s}}{\frac{\pi}{4} \times 0.08^2 \text{m}^2} = 0.795\text{m/s}$$

해답 ③

047
역학적 상사성이 성립하기 위해 무차원 수인 프루드수를 같게 해야 되는 흐름은?
① 점성계수가 큰 유체의 흐름 ② 표면장력이 문제가 되는 흐름
③ 자유표면을 가지는 유체의 흐름 ④ 압축성을 고려해야 되는 유체의 흐름

해설 (프루드 수) $F_r = \dfrac{\text{관성력}}{\text{중력}}$

중력이 작용되는 자유표면을 가지는 유체의 흐름.
댐, 조파저항, 선박 등은 프루드수가 같을 때 역학적 상사가 된다.

해답 ③

048
평판 위를 공기가 유속 15m/s로 흐르고 있다. 선단으로부터 10cm인 지점의 경계층 두께는 약 몇 mm인가? (단, 공기의 동점성계수는 $1.6 \times 10^{-5}\text{m}^2/\text{s}$이다.)
① 0.75 ② 0.98
③ 1.36 ④ 1.63

해설 (층류의 경계층 두께) $\delta = \dfrac{5x}{\sqrt{R_{e_x}}} = \dfrac{5 \times 0.1}{\sqrt{93750}} = 1.63 \times 10^{-3}\text{m} = 1.63\text{mm}$

$R_{e_x} = \dfrac{Vx}{\nu} = \dfrac{1.5 \times 0.1}{1.6 \times 10^{-5}} = 93750$

해답 ④

049
그림과 같이 고정된 노즐로부터 밀도가 ρ인 액체의 제트가 속도 V로 분출하여 평판에 충돌하고 있다. 이때 제트의 단면적이 A이고 평판이 u인 속도로 제트와 반대 방향으로 운동할 때 평판에 작용하는 힘 F는?

① $F = \rho A (V - u)$
② $F = \rho A (V - u)^2$
③ $F = \rho A (V + u)$
④ $F = \rho A (V + u)^2$

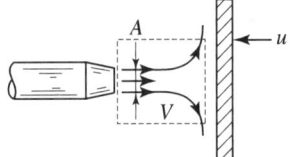

해설 $F = \rho A (V - (-u))^2 = \rho A (V + u)^2$
속도는 상대속도 개념이다.

해답 ④

050 비행기 날개에 작용하는 양력 F에 영향을 주는 요소는 날개의 코드길이 L, 받음각 α, 자유유동 속도 V, 유체의 밀도 ρ, 점성계수 μ, 유체 내에서의 음속 c이다. 이 변수들로 만들 수 있는 독립 무차원 매개변수는 몇 개인가?

① 2
② 3
③ 4
④ 5

해설 (독립무차원의 개수) $\pi =$ 물리량의 개수 $- (M,L,T) = 7-3 = 4$개
물리량 개수 : $F, L, \alpha, v, \rho, \mu, c$
(힘) $F = [MLT^{-2}]$

해답 ③

051 안지름이 4mm이고, 길이가 10m인 수평 원형관 속을 20℃의 물이 층류로 흐르고 있다. 배관 10m의 길이에서 압력 강하가 10kPa이 발생하며, 이때 점성계수는 1.02×10^{-3} Ns/m²일 때 유량은 약 몇 cm³/s인가?

① 6.16
② 8.52
③ 9.52
④ 14.12

해설 $Q = \dfrac{\Delta P \pi D^4}{128 \mu L} = \dfrac{10000 \times \pi \times 0.004^4}{128 \times 1.02 \times 10^{-3} \times 10} = 6.159 \times 10^{-6} \text{m}^3/\text{s} = 6.159 \text{cm}^3/\text{s}$

해답 ①

052 안지름이 0.01m인 관내로 점성계수가 0.005N·s/m², 밀도가 800kg/m³인 유체가 1m/s의 속도로 흐를 때, 이 유동의 특성은? (단, 천이 구간은 레이놀즈수가 2100~4000에 포함될 때를 기준으로 한다.)

① 층류 운동
② 난류 운동
③ 천이 운동
④ 위 조건으로는 알 수 없다.

해설 $Re = \dfrac{\rho VD}{\mu} = \dfrac{800 \times 1 \times 0.01}{0.005} = 1600$
2100 이하이므로 층류유동이다.

해답 ①

053 밀도가 500kg/m³인 원기둥이 $\dfrac{1}{3}$만큼 액체면 위로 나온 상태로 떠 있다. 이 액체의 비중은?

① 0.33
② 0.5
③ 0.75
④ 1.5

해설 물체의 무게 = 부력

물체의 무게 = $\rho g \times V$ 부력 = $\rho_{액체} g \times V \times \dfrac{2}{3}$

$\rho g \times V = \rho_{액체} g \times V \times \dfrac{2}{3}$

$500 \times g \times V = \rho_{액체} \times g \times V \times \dfrac{2}{3}$

$\rho_{액체} = 500 \times \dfrac{3}{2} = 750 \text{kg/m}^3$

$S_{액체} = \dfrac{\rho_{액체}}{\rho_{물}} = \dfrac{750 \text{kg/m}^3}{1000 \text{kg/m}^3} = 0.75$

해답 ③

054 다음 중 유선(stream line)에 대한 설명으로 옳은 것은?
① 유체의 흐름에 있어서 속도 벡터에 대하여 수직한 방향을 갖는 선이다.
② 유체의 흐름에 있어서 유동 단면의 중심을 연결한 선이다.
③ 비정상류 흐름에서만 유동의 특성을 보여주는 선이다.
④ 속도 벡터에 접하는 방향을 가지는 연속적인 선이다.

해설 유선 : 유체의 운동방향을 지시하는 가상곡선으로 속도벡터와 길이 단위벡터의 접선을 이은 연속적인 선이다.

해답 ④

055 다음 중에서 차원이 다른 물리량은?
① 압력   ② 전단응력
③ 동력   ④ 체적탄성계수

해설
① 압력[Pa]
② 전단응력[Pa]
③ 동력[W]
④ 체적탄성계수[Pa]

해답 ③

056 비중이 0.8인 액체를 10m/s 속도로 수직방향으로 분사하였을 때, 도달할 수 있는 최고 높이는 약 몇 m인가? (단, 액체는 비압축성, 비점성 유체이다.)
① 3.1   ② 5.1
③ 7.4   ④ 10.2

해설 (속도수두) $H_V = \dfrac{V^2}{2g} = \dfrac{10^2}{2 \times 9.8} = 5.1 \text{m}$

해답 ②

057

유체 속에 잠겨있는 경사진 관의 윗면에 작용하는 압력 힘의 작용점에 대한 설명 중 옳은 것은?

① 관의 도심보다 위에 있다. ② 관의 도심에 있다.
③ 관의 도심보다 아래에 있다. ④ 관의 도심과는 관계가 없다.

 (잔압력이 작용하는 위치) $y_{F_p} = \bar{y} + \dfrac{I_G}{y_A}$

$\dfrac{I_G}{y_A}$ 만큼 아래쪽에 위치한다.

해답 ③

058

지상에서의 압력은 P_1, 지상 1000m 높이에서의 압력을 P_2라 할 때 압력비 $\left(\dfrac{P_2}{P_1}\right)$는? (단, 온도가 15℃로 높이에 상관없이 일정하다고 가정하고, 공기의 밀도는 기체상수가 287J/kg · K인 이상기체 법칙에 따른다.)

① 0.80 ② 0.89
③ 0.95 ④ 1.1

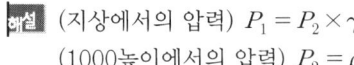

(지상에서의 압력) $P_1 = P_2 \times \gamma H = \rho RT + \gamma H = \rho RT + \rho gH$
(1000높이에서의 압력) $P_2 = \rho RT$

$\dfrac{P_2}{P_1} = \dfrac{\rho RT}{\rho RT + \rho gH} = \dfrac{RT}{RT + gH} = \dfrac{287 \times (15+273)}{287 \times (15+273) + 9.8 \times 1000} = 0.89$

해답 ②

059

점성계수(μ)가 0.098N · s/m²인 유체가 평판 위를 $u(y) = 750y - 2.5 \times 10^{-6} y^2$ (m/s)의 속도 분포로 흐를 때 평판면($y = 0$)에서의 전단응력은 약 몇 N/m²인가? (단, y는 평판면으로부터 m 단위로 잰 수직거리이다.)

① 7.35 ② 73.5
③ 14.7 ④ 147

$\tau_y = \mu \dfrac{du}{dy} = \mu \dfrac{d(750y - 2.5 \times 10^{-6} y^2)}{dy} = \mu(750 - 2 \times 2.5 \times 10^{-6} y)$

$\tau_{y=0} = \mu \times 750 = 0.098 \times 750 = 73.5 \text{N/m}^2$

해답 ②

060

그림과 같이 설치된 펌프에서 물의 유입지점 1의 압력은 98kPa, 방출지점 2의 압력은 105kPa이고, 유입지점으로부터 방출지점까지의 높이는 20m이다. 배관 요소에 따른 전체 수두손실은 4m이고 관 지름이 일정할 때 물을 양수하기 위해서 펌프가 공급해야 할 압력은 약 몇 kPa인가?

① 242
② 324
③ 431
④ 514

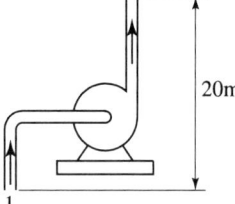

해설 (펌프가 공급해야 될 압력) $P_P = \gamma H_P = 9800 \times 24.714 = 242197.2\text{Pa} \fallingdotseq 242.19\text{kPa}$

$$H_P + \frac{P_1}{\gamma} + \frac{V_1^2}{2g} + Z_1 = \frac{P_2}{\gamma} + \frac{V_1^2}{2g} + Z_2 + H_L$$

$$Q = \frac{\pi}{4} d_1^2 \times V_1 = \frac{\pi}{4} d_2^2 \times V + 2, \ d_1 = d_2 \ \text{그러므로} \ V_1 = V_2$$

(펌프수두) $H_P = \dfrac{P_2 - P_1}{\gamma} + (Z_2 - Z_1) + H_L = \dfrac{105000 - 98000}{98000} + (20 - 0) + 4$

$= 24.714\text{m}$

해답 ①

제4과목 기계재료 및 유압기기

061

보자력이 작고, 미세한 외부 자기장의 변화에도 크게 자화되는 특징을 가진 연질 자성 재료는?

① 센더스트
② 알니코자석
③ 페라이트자석
④ 회로류계자석

해설 연질(軟質) 자성재료는 보자력(保磁力)이 작고 자화되기 쉬운 재료로서, 전자석·변압기·모터·자기헤드 등의 자심(磁心)으로 사용된다.
센더스트: 철-규소-알루미늄계 합금인 자성 재료로서 고투자율이며, Si 5~11%, Al 3~8%, 나머지 Fe로서 대단히 단단하고, 취약한 주물로서 사용하며, 자기 차폐기로 주로 사용되며 자기장의 변화에도 크게 자화되는 특징을 가진 연질 자성재료이다.

해답 ①

062

레데뷰라이트에 대한 설명으로 옳은 것은?

① α와 Fe의 혼합물이다.
② γ와 Fe_3C의 혼합물이다.
③ δ와 Fe의 혼합물이다.
④ α와 Fe_3C의 혼합물이다.

해설 오스테나이트(γ-Fe)와 시멘타이트(Fe_3C)의 혼합물로 탄소 함유량 4.3%에서 나타나는 조직이다.

해답 ②

063 다음 중 공구강 강재의 종류에 해당되지 않는 것은?

① STC 3
② SM25C
③ STC 105
④ SKH 51

해설
① STC 3 : 탄소공구강
② SM25C : 기계구조용 탄소강
③ STC 105 : 탄소공구강
④ SKH 51 : 고속도강(표준고속도강으로 공구재료이다)

해답 ②

064 다음 중 알루미늄 합금계가 아닌 것은?

① 라우탈
② 실루민
③ 하스텔로이
④ 하이드로날륨

해설 주물용 알루미늄합금
① 알루미늄-구리계 합금 : 알코아
② 알루미늄-규소계합금 : 실루민
③ 알루미늄-구리-규소계합금 : 라우탈
④ 알루미늄-마그네슘합금 : 하이트로날륨
⑤ 다이캐스팅용합금 : 라우탈, 실루민, 하이드로날륨
⑥ Y합금-Al+(4%Cu)+(2%Ni)+(1.5%Mg) : 내열용 알루미늄 합금으로 피스톤재료로 사용
⑦ Lo-ex(로우엑스)합금-Al+Si+Cu+Mg+Ni : 금형에 주조되는 피스톤용

가공용 알루미늄합금
① 고강도알루미늄합금 ㉠ 두랄루민(D)
㉡ 초두랄루민(SD)
㉢ 초강두랄루민(ESD)
② 내식용알루미늄합금 ㉠ 알민(almin)
㉡ 알드레이(aldrey)
㉢ 하이드로날륨(hydronalium)

※ **하스텔로이(hastelloy)** : 내식성(耐蝕性) 우수한 니켈합금으로 일반적으로 가공성과 용접성이 좋고 여러 모양으로 가공되어 있어 화학공업 등에도 사용된다.

해답 ③

065 다음의 조직 중 경도가 가장 높은 것은?

① 펄라이트
② 마텐자이트
③ 소르바이트
④ 트루스타이트

해설

조직 이름	페라이트	오스테나이트	펄라이트	소르바이트	트루스타이트	마텐자이트	시멘타이트
경도 (H_v)	90	155	255	270	445	880	1100

해답 ②

066 황동의 화학적 성질과 관계없는 것은?
① 탈아연부식
② 고온탈아연
③ 자연균열
④ 가공경화

해설 황동은 구리와 아연의 합금으로 6:4황동에서는 탈아연 부식이 주로 발생되고 고온에서도 탈아연 현상이 일어난다. 또한 황동에 공기 중의 암모니아, 기타 염류에 의해 입간 부식을 일으켜 상온가공에 의해 내부응력 때문에 생기며 응력부식 균열로 잔류응력이 발생되는데 이러한 현상을 자연 균열이라 한다.

해답 ④

067 베이나이트(bainite) 조직을 얻기 위한 항온열처리 조작으로 옳은 것은?
① 마퀜칭
② 소성가공
③ 노멀라이징
④ 오스템퍼링

해설 베이나이트 조직은 항온 열처리 중 오스템퍼링을 통해 얻어지는 조직이다.

해답 ④

068 재료의 전연성을 알기 위해 구리판, 알루미늄판 및 그 밖의 연성 관계를 가압하여 변형 능력을 시험하는 것은?
① 굽힘시험
② 압축시험
③ 커핑시험
④ 비틀림시험

해설 **커핑시험(에릭션 시험)** : 강구로 시험편을 눌러 판재 뒷면의 한 개소가 갈라질 때까지 구형선단 Punch가 이동한 거리를 측정한 값을 이용해 연성정도를 측정하는 시험

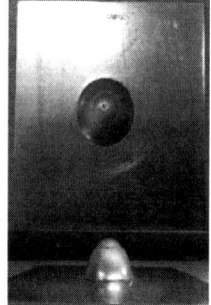

해답 ③

069 회복 과정에서의 축적에너지에 대한 설명으로 옳은 것은?

① 가공도가 적을수록 축적에너지의 양은 증가한다.
② 결정입도가 작을수록 축적에너지의 양은 증가한다.
③ 불순물 원자의 첨가가 많을수록 축적에너지의 양은 감소한다.
④ 낮은 가공온도에서의 변형은 축적에너지의 양은 감소시킨다.

해설 ① 회복 과정에서의 축적에너지는 결정입도가 작을수록 축적에너지의 양은 증가한다.
② 가공도가 클수록 축적에너지의 양은 증가한다.
③ 불순물 원자의 첨가가 많을수록 축적에너지의 양은 증가한다.
④ 낮은 가공온도에서의 변형은 축적에너지의 양은 증가시킨다.

해답 ②

070 주철의 특징을 설명한 것 중 틀린 것은?

① 백주철은 Si 함량이 적고, Mn 함량이 많아 화합탄소로 존재한다.
② 회주철은 C, Si 함량이 많고, Mn 함량이 적은 파면이 회색을 나타내는 것이다.
③ 구상흑연주철은 흑연의 형상에 따라 판상, 구상, 공정상흑연주철로 나눌 수 있다.
④ 냉경주철은 주물 표면을 회주철로 인성을 높게 하고, 내부는 Fe_3C로 단단한 조직으로 만든다.

해설 **냉경주철**(칠드주철)은 주물 표면을 시멘타이트로 경도를 높게 하고, 내부는 회주철로 인성을 높게 한 주철이다.

해답 ④

071 액추에이터의 배출 쪽 관로 내의 흐름을 제어함으로써 속도를 제어하는 회로는?

① 방향 제어회로
② 미터 인 회로
③ 미터 아웃 회로
④ 압력 제어회로

해설 **미터 아웃회로** : 출구측 유량을 제어함으로써 속도를 제어하는 회로
미터 인 회로 : 입구측 유량을 교축하여 속도를 제어 하는 회로
블리드 오프 회로 : 입구측 유량을 분기 하여 속도를 제어 하는 회로

해답 ③

072 유압 작동유의 구비조건에 대한 설명으로 틀린 것은?

① 인화점 및 발화점이 낮을 것
② 산화 안정성이 좋은 것
③ 점도지수가 높을 것
④ 방청성이 좋을 것

해설 유압 작동유는 인화점과 발화점이 높아야 불이 늦게 붙어 화재에 안전하다.

해답 ①

073
실린더 행정 중 임의의 위치에서 실린더를 고정시킬 필요가 있을 때 할지라도, 부하가 클 때 또는 장치 내의 압력저하로 실린더 피스톤이 이동하는 것을 방지하기 위한 회로로 가장 적합한 것은?

① 축압기 회로
② 로킹 회로
③ 무부하 회로
④ 압력설정 회로

해설 로킹 회로 : 실린더 피스톤이 이동하는 것을 방지하기 위한 회로로 피스톤의 위치가 일정 위치에 정지하게 된다.

해답 ②

074
긴 스트로크를 줄 수 있는 다단 튜브형의 로드를 가진 실린더는?

① 벨로스형 실린더
② 탠덤형 실린더
③ 가변 스트로크 실린더
④ 텔레스코프형 실린더

해설 텔레스코프형 실린더 : 긴 스트로크(행정, stroke)를 줄 수 있는 다단 튜브형의 로드를 가진 실린더로 설치장소가 작지만 긴 스트로커가 필요한 경우 사용한다.

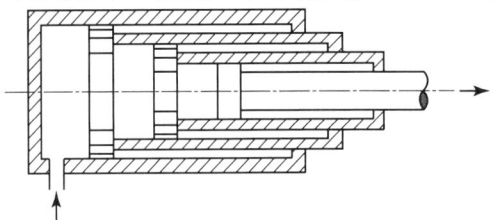

해답 ④

075
압력 6.86MPa, 토출량 50L/min이고, 운전 시 소요동력이 7kW인 유압펌프의 효율은 약 몇 %인가?

① 78
② 82
③ 87
④ 92

해설
$$(펌프효율)\ \eta = \frac{유체동력}{소요동력} = \frac{6860\text{kN/m}^2 \times \frac{0.05}{60}\text{m}^3/\text{s}}{7\text{kW}} = 0.8166 = 81.66\%$$

해답 ②

076
유압펌프에서 유동하고 있는 작동유의 압력이 국부적으로 저하되어, 증기나 함유 기체를 포함하는 기포가 발생하는 현상은?

① 폐입 현상
② 공진 현상
③ 캐비테이션 현상
④ 유압유의 열화 촉진 현상

해설 **캐비테현상**(cavitation, 공동화 현상) : 유동하고 있는 작동유의 속도가 빨라지면 압력이 국부적으로 저하되어, 증기나 함유기체를 포함하는 기포가 발생하는 현상으로 펌프소음이 발생된다.

해답 ③

077 다음 중 압력 제어 밸브에 속하지 않는 것은?

① 카운터 밸런스 밸브　② 릴리프 밸브
③ 시퀀스 밸브　④ 체크 밸브

해설

형식	명칭	기능	기호
상시폐형	릴리프밸브 (relief valve) 안전밸브 (safety valve)	회로내의 압력을 설정치로 유지하는 밸브, 특히 회로의 최고압력을 한정하는 밸브를 안전밸브라고 한다.	
	시퀀스밸브 (sequence valve)	둘 이상의 분기회로가 있는 회로내에서 그 작동순서를 회로의 압력 등에 의해 제어하는 밸브. 입구압력 또는 외부파일럿 압력이 소정의 값에 도달하면 입구측으로부터 출구측의 흐름을 허용하는 밸브.	
	무부하밸브 (unloadin valve)	회로의 압력이 설정치에 달하면 펌프를 무부하로 하는 밸브	
	카운터밸런스밸브 (counterbalance valve)	부하의 낙하를 방지하기 위해 배압을 부여하는 밸브한 방향의 흐름에는 설정된 배압을 주고 반대방향의 흐름을 자유흐름으로 하는 밸브	
상시개형	감압밸브 (pressure reducing valve)	출구측압력을 입구측압력보다 낮은 설정압력으로 조정하는 밸브	

체크밸브는 일방향 제어 밸브이다.

해답 ④

078 유압 속도 제어 회로 중 미터 아웃 회로의 설치목적과 관계 없는 것은?

① 피스톤이 자주할 염려를 제거한다.
② 실린더에 배압을 형성한다.
③ 유압 작동유의 온도를 낮춘다.
④ 실린더에서 유출되는 유량을 제어하여 피스톤 속도를 제어한다.

해설 미터 아웃 회로는 유출되는 되는 유량을 제어하기 때문에 부하의 방향과 반대 방향으로 유량을 제어하기 때문에 미터인 방식에 비해서는 작동유의 온도가 상승할 수 있다.

해답 ③

079 필요에 따라 작동 유체의 일부 또는 전량을 분기시키는 관로는?

① 바이패스 관로 ② 드레인 관로
③ 통기관로 ④ 주관로

해설 바이패스 관로 : 필요에 따라 작동 유체의 일부 또는 전량을 분기시키는 관로
드레인 관로 : 작동유체가 탱크로 다시 돌아오게 하는 관로

해답 ②

080 그림과 같은 유압 기호의 설명이 아닌 것은?

① 유압펌프를 의미한다.
② 1방향 유동을 나타낸다.
③ 가변 용량형 구조이다.
④ 외부 드레인을 가졌다.

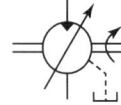

해설 그림은 유압모터이다. 유체에너지를 받아(▼)들이는 방향이므로 유압모터이다.

해답 ①

제5과목 기계제작법 및 기계동력학

081 다음 식과 같은 단순조화운동(simple harmonic motion)에 대한 설명으로 틀린 것은? (단, 변위 x는 시간 t에 대한 함수이고, A, ω, ϕ는 상수이다.)

$$x(t) = A\sin(\omega t + \phi)$$

① 변위와 속도 사이에 위상차가 없다.
② 주기적으로 같은 운동이 반복된다.
③ 가속도의 진폭은 변위의 진폭에 비례한다.
④ 가속도의 주기와 변위의 주기는 동일하다.

해설 (변위) $x(t) = A\sin(\omega t + \phi)$
(속도) $v = \dot{x}(t) = \omega A \cos(\omega t + \phi)$
(가속도) $a = \ddot{x}(t) = -A\omega^2 \sin(\omega t + \phi)$
변위와 속도는 90°의 위상차가 발생한다.

해답 ①

082 지면으로부터 경사각이 30°인 경사면에 정지된 블록이 미끄러지기 시작하여 10m/s의 속력이 될 때까지 걸린 시간은 약 몇 초인가? (단, 경사면과 블록과의 동마찰계수는 0.3이라고 한다.)

① 1.42
② 2.13
③ 2.84
④ 4.24

해설 (처음 에너지) $E_1 = mg \times L \times \sin 30$

(나중 에너지) $E_2 = \frac{1}{2}mV_2^2 + \mu mg \cos\theta \times L$

$E_1 = E_2$

$mg \times L \times \sin 30 = \frac{1}{2}mV_2^2 + \mu mg \cos 30 \times L$

$9.8 \times L \times \sin 30 = \frac{1}{2}10^2 + 0.3 \times 9.8 \times \cos 30 \times L$

(움직인 거리) $L = 21.241 \mathrm{m}$

등가속도 운동 $2aL = V_2^2 - V_1^2$

$a = \frac{V_2^2 - V_1^2}{2L} = \frac{10^2 - 0^2}{2 \times 21.241} = 2.353 \mathrm{m/s^2}$

$V_2 = V_1 + at$

(걸린 시간) $t = \frac{V_2 - V_1}{a} = \frac{10}{2.353} = 4.249 \sec$

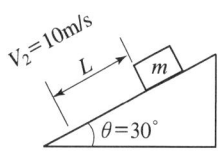

해답 ④

083 물리량에 대한 차원 표시가 틀린 것은? (단, M : 질량, L : 길이, T : 시간)

① 힘 : MLT^{-2}
② 각가속도 : T^{-2}
③ 에너지 : ML^2T^{-1}
④ 선형운동량 : MLT^{-1}

 ① 힘 $F = [MLT^{-2}]$
② 각가속도 $\alpha = [T^{-2}]$
③ 에너지 $E = [MLT^{-2} \times L] = [ML^2T^{-2}]$
④ 선형운동량 $P = [MLT^{-1}]$

해답 ③

084 A에서 던진 공이 L_1만큼 날아간 후 B에서 튀어 올라 다시 날아간다. B에서의 반발계수를 e라 하면 다시 날아간 거리 L_2는? (단, 공과 바닥 사이에서 마찰은 없다고 가정한다.)

① $\frac{L_1}{2}$
② $\frac{L_1}{e^2}$
③ eL_1
④ e^2L_1

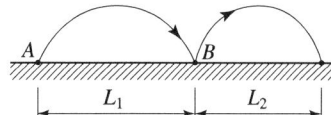

해설 (반발계수) $e = \dfrac{\text{멀어지는 속도}}{\text{가까워지는 속도}} = \dfrac{L_2}{L_1}$

$L_2 = L_1 \times e$

해답 ③

085 그림과 같은 단진자 운동에서 길이 L이 4배로 늘어나면 진동주기는 약 몇 배로 변하는가? (단, 운동은 단일 평면상에서만 한다고 가정하고, 진동 각변위(θ)는 충분히 작다고 가정한다.)

① $\sqrt{2}$
② 2
③ 4
④ 16

해설 진동방정식 $\ddot{\theta} + \dfrac{g}{L}\theta = 0$

(고유각 진동수) $\omega_n = \sqrt{\dfrac{g}{L}}$

(주기) $T = \dfrac{2\pi}{\omega_n} = 2\pi \times \sqrt{\dfrac{L}{g}}$ $T' = 2\pi\sqrt{\dfrac{4L}{g}} = T \times 2$

해답 ②

086 길이가 L인 가늘고 긴 일정한 단면의 봉이 좌측단에서 핀으로 지지되어 있다. 봉을 그림과 같이 수평으로 정지시킨 후, 이를 놓아서 중력에 의해 회전시킨다면, 봉의 위치가 수직이 되는 순간에 봉의 각속도는? (단, g는 중력가속도를 나타내고, 부분의 마찰은 무시한다.)

① $\sqrt{\dfrac{g}{L}}$ ② $\sqrt{\dfrac{2g}{L}}$

③ $\sqrt{\dfrac{3g}{L}}$ ④ $\sqrt{\dfrac{5g}{L}}$

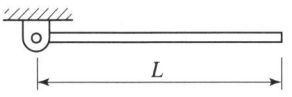

해설 (위치에너지) $E_P = mg \times \dfrac{L}{2}$ 여기서, $\dfrac{L}{2}$는 질량 중심의 높이 차이

(회전계 운동에너지) $E_K = \dfrac{1}{2}J\omega^2 = \dfrac{1}{2}\left(\dfrac{mL^3}{3}\right) \times \omega^2$

$E_P = E_K$ $mg \times \dfrac{L}{2} = \dfrac{1}{2} \times \dfrac{mL^2}{3} \times \omega^2$

(각속도) $\omega = \sqrt{\dfrac{3g}{L}}$

해답 ③

087 장력이 100N 걸려 있는 줄을 모터가 지속적으로 5m/s의 속력으로 끌어당기고 있다면 사용된 모터의 일률(Power)은 몇 W인가?

① 51 ② 250
③ 350 ④ 500

해설 (일률=동력) $P = 100\text{N} \times 5\text{m/s} = 500\text{W}$

해답 ④

088 x방향에 대한 운동 방정식이 다음과 같이 나타날 때 이 진동계에서의 감쇠 고유진동수(damped natural frequency)는 약 몇 rad/s인가?

$$2\ddot{x} + 3\dot{x} + 8x = 0$$

① 1.35 ② 1.85
③ 2.25 ④ 2.75

해설 $\omega_{nd} = \omega_n\sqrt{1-\varphi^2} = \sqrt{\dfrac{k}{m}} \times \sqrt{1-\varphi^2} = \sqrt{\dfrac{8}{2}} \times \sqrt{1-0.375^2} = 1.85\text{rad/s}$

$m=2,\ c=3,\ k=8$

(감쇠비) $\varphi = \dfrac{c}{c_c} = \dfrac{c}{2\sqrt{mk}} = \dfrac{3}{2\sqrt{2\times 8}} = 0.375$

해답 ②

089 그림과 같이 반지름이 45mm인 바퀴가 미끄럼이 없이 왼쪽으로 구르고 있다. 바퀴 중심의 속력은 0.9m/s로 일정하다고 할 때, 바퀴 끝단의 한 점(A)의 속도 (v_A, m/s)와 가속도(a_A, m/s²)의 크기는?

① $v_A = 0,\ a_A = 0$
② $v_A = 0,\ a_A = 18$
③ $v_A = 0.9,\ a_A = 0$
④ $v_A = 0.9,\ a_A = 18$

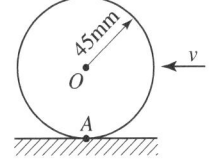

해설 A의 속도 $V_A = 0$
(선 속도) V_G
(끝단의 원주속도) V_P
$V_G = V_P$

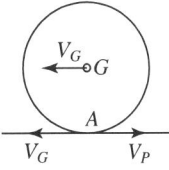

A의 가속도 $a_A = \omega^2 R = \dfrac{V^2}{R^2} \times \rho = \dfrac{V^2}{R} = \dfrac{0.9^2}{0.045} = 18\text{m/s}$

해답 ②

090

회전속도가 2000rpm인 원심 팬이 있다. 방진고무로 된 탄성 지지시켜 진동 전달률을 0.3으로 하고자 할 때, 방진고무의 정적수축량은 약 몇 mm인가? (단, 방진고무의 감쇠계수는 0으로 가정한다.)

① 0.71
② 0.97
③ 1.41
④ 2.20

해설

$TR = \dfrac{1}{\gamma^2 - 1}$ $\quad 0.3 = \dfrac{1}{\gamma^2 - 1}$ (진동수비) $\gamma = 2.081$

$\gamma = \dfrac{\omega}{\omega_n}$ $\quad 2.081 = \dfrac{\dfrac{2\pi \times 2000}{60}}{\sqrt{\dfrac{9800}{\delta_o}}}$ (정적수축량) $\delta_o = 0.967\,\mathrm{mm}$

(각속도) $\omega = \dfrac{2\pi N}{60}$

(고유각 진동수) $\omega_n = \sqrt{\dfrac{g}{\delta_o}}$

해답 ②

091

강재의 표면에 Si를 침투시키는 방법으로 내식성, 내열성 등을 향상시키는 방법은?

① 브로나이징
② 칼로라이징
③ 크로마이징
④ 실리코나이징

해설 표면경화법의 종류

① 화학적 방법
  ㉠ 침탄법 : 고체침탄법, 액체침탄법, 가스침탄법
  ㉡ 질화법 : 암모니아 가스를 이용해 표면에 질소를 넣어 표면을 경화시킨다.
  ㉢ 금속침투법 : 크로마이징(Cr침투), 칼로라이징(Al침투), 실리코나이징(Si침투), 부로나이징(B침투), 세라다이징(Zn침투)
② 물리적 방법
  ㉠ 화염경화법
  ㉡ 고주파경화법
  ㉢ 숏트피닝
  ㉣ 액체호닝

해답 ④

092

일반적으로 보통 선반의 크기를 표시하는 방법이 아닌 것은?

① 스핀들의 회전속도
② 왕복대 위의 스윙
③ 베드 위의 스윙
④ 주축대와 심압대 양 센터 간 최대거리

① 왕복대 위의 스윙
② 베드 위의 스윙
③ 주축대와 심압대 양 센터 간 최대거리

해답 ①

093 유성형(planetary type) 내면 연삭기를 사용한 가공으로 가장 적합한 것은?
① 암나사의 연삭
② 호브(hob)의 치형 연삭
③ 블록게이지의 끝마무리 연삭
④ 내연기관 실린더의 내면 연삭

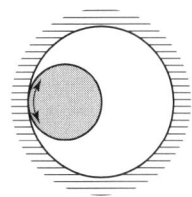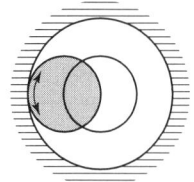

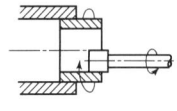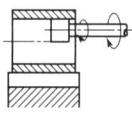

[보통형]   [유선형]

유성형(planetary type) 내면 연삭기는 연삭숫돌이 자전과 공전운동을 하면서 가공하는 것으로 내연기관의 실린더 내면 연삭에 사용된다.

해답 ④

094 버니어캘리퍼스의 눈금 24.5mm를 25등분한 경우 최소 측정값은 몇 mm인가?
(단, 본척의 눈금간격은 0.5mm이다.)
① 0.01
② 0.02
③ 0.05
④ 0.1

 (버니어 캘리퍼스의 최소측정값) $c = \dfrac{A}{n} = \dfrac{0.5}{25} = 0.02\text{mm}$

해답 ②

095 방전가공(Electro Discharge Machining)에서 전극재료의 구비조건으로 적절하지 않은 것은?
① 기계가공이 쉬울 것
② 가공속도가 빠를 것
③ 전극소모량이 많을 것
④ 가공 정밀도가 높을 것

방전가공은 전극이 구리, 또는 구리 합금으로 전극의 소모가 많이 되는 것이 단점이다. 방전가공은 전극은 전극소모량이 작은 재료로 사용해야 된다.

해답 ③

096 랜치, 스패너 등 작은 공구를 단조할 때 다음 중 가장 적합한 것은?

① 로터리 스웨이징 ② 프레스 가공
③ 형 단조 ④ 자유단조

해설 단조는 형틀의 사용 유무에 따라 형단조, 자유 단조로 구분된다. 랜치, 스패너 등 일정한 형태의 작은 공구를 단조할 때에는 형틀을 사용하여 작업한다.

해답 ③

097 용접 시 발생하는 불량(결함)에 해당하지 않는 것은?

① 오버랩 ② 언더컷
③ 콤퍼지션 ④ 용입불량

해설 용접 시 발생하는 불량의 종류

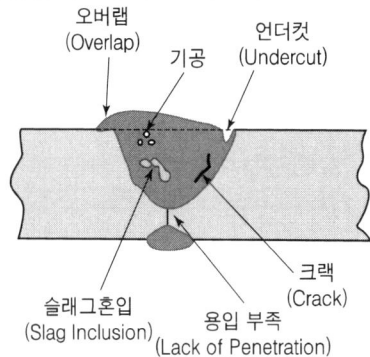

해답 ③

098 주물용으로 가장 많이 사용하는 주물사의 주성분은?

① Al_2O_3 ② SiO_2
③ MgO ④ FeO_3

해설 주물사의 주성분은 산사(자연상태에서 얻은 모래), 규사(SiO_2)이다.

해답 ②

099 지름이 400mm의 롤러를 이용하여, 폭 300mm, 두께 25mm의 판재를 열간 압연하여 두께 20mm가 되었을 때, 압하량과 압하율은?

① 압하량 : 5mm, 압하율 : 20% ② 압하량 : 5mm, 압하율 : 25%
③ 압하량 : 20mm, 압하율 : 25% ④ 압하량 : 100mm, 압하율 : 20%

해설 (압하량) $\Delta H = H - h = 25 - 20 = 5\text{mm}$

(압하율) $\epsilon = \dfrac{\Delta H}{H} = \dfrac{5}{25} = 20\%$

해답 ①

100 절삭유가 갖추어야 할 조건으로 틀린 것은?

① 마찰계수가 적고 인화점이 높을 것
② 냉각성이 우수하고 윤활성이 좋을 것
③ 장시간 사용해도 변질되지 않고 인체에 무해할 것
④ 절삭유의 표면장력이 크고 칩의 생성부에는 침투되지 않을 것

해설 절삭유에 포함된 유화제는 기름 입자 사이의 융합을 저지하는 역할을 한다. 오일이 물에 안정적으로 혼합될 수 있도록 해주는 유화제는 두 입자 사이의 표면 장력을 낮추어 두 액체가 미세하게 분포되어 섞인다. 희석 과정에서 입자가 고르게 분포될수록 절삭유로서 우수한 성질을 지니게 된다.
절삭유는 칩의 생성부에 잘 침투 되어 냉각작용을 하여야 된다.

해답 ④

일반기계기사

2020년 6월 6일 시행

제1과목 재료역학

001 원형단면 축에 147kW의 동력을 회전수 2000rpm으로 전달시키고자 한다. 축 지름은 약 몇 cm로 해야 하는가? (단, 허용전단응력은 $\tau_w = 50$MPa이다.)

① 4.2 ② 4.6
③ 8.5 ④ 9.9

해설
$$T = 974000 \times \frac{H_{kW}}{N} = 974000 \times \frac{147}{2000} = 71589 \text{kgf} \cdot \text{mm} = 701527.2 \text{N} \cdot \text{mm}$$

(축지름) $d_s = \sqrt[3]{\frac{16 \times T}{\pi \times \tau_a}} = \sqrt[3]{\frac{16 \times 701527.2}{\pi \times 50}} = 41.4977 \text{mm} = 4.149 \text{cm} = 4.2 \text{cm}$

해답 ①

002 그림과 같이 외팔보의 중앙에 집중하중 P가 작용하는 경우 집중하중 P가 작용하는 지점에서의 처짐은? (단, 보의 굽힘강성 EI는 일정하고, L은 보의 전체 길이이다.)

① $\dfrac{PL^3}{3EI}$ ② $\dfrac{PL^3}{24EI}$

③ $\dfrac{PL^3}{8EI}$ ④ $\dfrac{5PL^3}{48EI}$

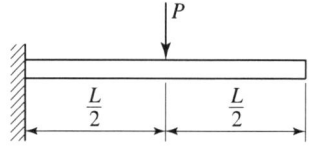

해설

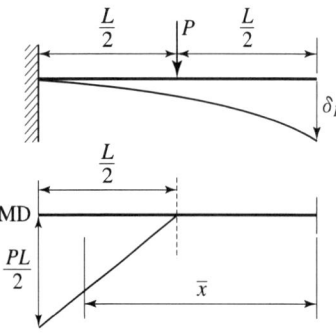

$A_M = \dfrac{1}{2} \times \dfrac{L}{2} \times \dfrac{PL}{2} = \dfrac{PL^2}{8}$

$\bar{x} = \dfrac{L}{2} + \dfrac{L}{2} \times \dfrac{2}{3} = \dfrac{L}{2} + \dfrac{L}{3} = \dfrac{5L}{6}$

(처짐량) $\delta_P = \dfrac{A_M}{EI} \bar{x} = \dfrac{\left(\dfrac{PL^2}{8}\right)}{EI} \times \dfrac{5L}{6}$

$= \dfrac{5PL^3}{48EI}$

해답 ②

003

직사각형 단면의 단주에 150kN 하중이 중심에서 1m만큼 편심되어 작용할 때 이 부재 BD에서 생기는 최대 압축응력은 약 몇 kPa인가?

① 25
② 50
③ 75
④ 100

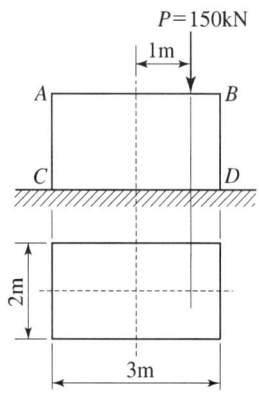

해설 (최대압축응력) $\sigma_{\max} = \sigma_n + \sigma_b = \dfrac{P}{A} + \dfrac{P \times a}{\left(\dfrac{b^2 \times h}{6}\right)} = \dfrac{150}{2 \times 3} + \dfrac{150 \times 1}{\left(\dfrac{3^2 \times 2}{6}\right)} = 75\text{kPa}$

해답 ③

004

그림과 같은 균일 단면의 돌출보에서 반력 R_A는? (단, 보의 자중은 무시한다.)

① ωl
② $\dfrac{\omega l}{4}$
③ $\dfrac{\omega l}{3}$
④ $\dfrac{\omega l}{2}$

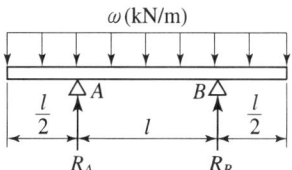

해설 $R_A = \dfrac{\omega \times 2l}{2} = \omega l$

$R_B = \dfrac{\omega \times 2l}{2} = \omega l$

해답 ①

005

양단이 고정된 축을 그림과 같이 $m-n$단면에서 T만큼 비틀면 고정단 AB에서 생기는 저항 비틀림 모멘트의 비 T_A/T_B는?

① $\dfrac{b^2}{a^2}$
② $\dfrac{b}{a}$
③ $\dfrac{a}{b}$
④ $\dfrac{a^2}{b^2}$

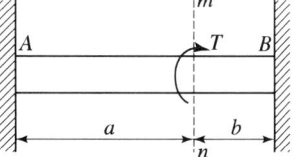

[해설] $T_A = \dfrac{T \times b}{(a+b)}$, $T_B = \dfrac{T \times a}{(a+b)}$

$\dfrac{T_A}{T_B} = \dfrac{b}{a}$

[해답] ②

006

그림의 평면응력상태에서 최대 주응력은 약 몇 MPa인가? (단, $\sigma_x = 175$MPa, $\sigma_y = 35$MPa, $\tau_{xy} = 60$MPa이다.)

① 95
② 105
③ 163
④ 197

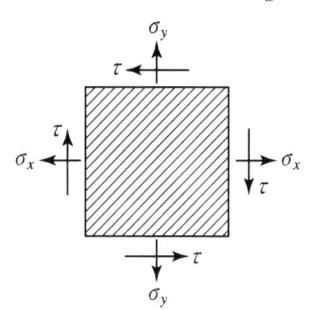

[해설] (최대주응력) $\sigma_1 = \dfrac{\sigma_x + \sigma_y}{2} + \sqrt{\left(\dfrac{\sigma_x - \sigma_y}{2}\right)^2 + \tau_{xy}^2}$

$= \dfrac{175 + 35}{2} + \sqrt{\left(\dfrac{175 - 35}{2}\right)^2 + 60^2}$

$= 197.195$ MPa

[해답] ④

007

동일한 길이와 재질로 만들어진 두 개의 원형단면 축이 있다. 각각의 지름이 d_1, d_2일 때 각 축에 저장되는 변형에너지 u_1, u_2의 비는? (단, 두 축은 모두 비틀림 모멘트 T를 받고 있다.)

① $\dfrac{u_1}{u_2} = \left(\dfrac{d_2}{d_1}\right)^4$
② $\dfrac{u_2}{u_1} = \left(\dfrac{d_2}{d_1}\right)^3$
③ $\dfrac{u_1}{u_2} = \left(\dfrac{d_2}{d_1}\right)^3$
④ $\dfrac{u_2}{u_1} = \left(\dfrac{d_2}{d_1}\right)^4$

[해설] (비틀림탄성에너지) $U = \dfrac{1}{2} T \times \theta = \dfrac{1}{2} T \times \dfrac{TL}{GI_P} = \dfrac{1}{2} \times \dfrac{T^2 \times L \times 32}{G \times \pi \times d^4}$

$\dfrac{U_1}{U_2} = \dfrac{\left(\dfrac{1}{d_1^4}\right)}{\left(\dfrac{1}{d_2^4}\right)} = \dfrac{d_2^4}{d_1^4}$

[해답] ①

008 철도 레일의 온도가 50℃에서 15℃로 떨어졌을 때 레일에 생기는 열응력은 약 몇 MPa인가? (단, 선팽창계수는 0.000012/℃, 세로탄성계수는 210GPa이다.)

① 4.41　　　　　　　　② 8.82
③ 44.1　　　　　　　　④ 88.2

해설 (열응력) $\sigma_{th} = \alpha \times E \times \Delta T = 0.000012 \times 210000 \times 35 = 88.2$ MPa

해답 ④

009 그림과 같이 양단에서 모멘트가 작용할 경우 A 지점의 처짐각 θ_A는? (단, 보의 굽힘 강성 EI은 일정하고, 자중은 무시한다.)

① $\dfrac{ML}{2EI}$　　　② $\dfrac{2ML}{5EI}$

③ $\dfrac{ML}{6EI}$　　　④ $\dfrac{3ML}{4EI}$

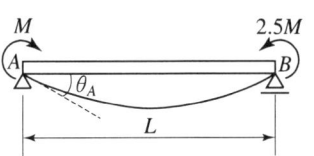

해설

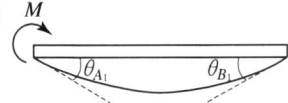

$\theta_{A_1} = \dfrac{ML}{3EI}$, $\theta_{B_1} = \dfrac{ML}{6EI}$

$\theta_{A_2} = \dfrac{2.5ML}{6EI}$, $\theta_{B_2} = \dfrac{2.5ML}{3EI}$

$\theta_A = \theta_{A_1} + \theta_{A_2} = \dfrac{ML}{3EI} + \dfrac{2.5ML}{6EI} = \dfrac{4.5ML}{6EI} = \dfrac{3ML}{4EI}$

해답 ④

010 그림과 같은 트러스 구조물에서 B점에서 10kN의 수직 하중을 받으면 BC에 작용하는 힘은 몇 kN인가?

① 20
② 17.32
③ 10
④ 8.66

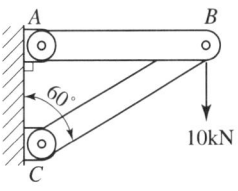

해설 $\dfrac{10\text{kN}}{\sin 30} = \dfrac{F_{AB}}{\sin 60} = \dfrac{F_{BC}}{\sin 270}$

$F_{BC} = \dfrac{10\text{kN}}{\sin 30} \times \sin 270 = -20\text{kN}(압축하중)$

해답 ①

011

그림과 같이 길고 얇은 평판이 평면 변형률 상태로 σ_x를 받고 있을 때, ϵ_x는?

① $\epsilon_x = \dfrac{1-\nu}{E}\sigma_x$

② $\epsilon_x = \dfrac{1+\nu}{E}\sigma_x$

③ $\epsilon_x = \left(\dfrac{1-\nu^2}{E}\right)\sigma_x$

④ $\epsilon_x = \left(\dfrac{1+\nu^2}{E}\right)\sigma_x$

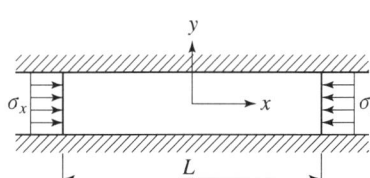

해설

$\epsilon_x = \dfrac{\sigma_x}{E} - \dfrac{\nu\sigma_y}{E}$

$\epsilon_y = \dfrac{\sigma_y}{E} - \dfrac{\nu\sigma_x}{E}$

$\epsilon_y = 0, \ \ 0 = \dfrac{\sigma_y}{E} - \dfrac{\nu(-\sigma_x)}{E}, \ \ \dfrac{\sigma_y}{E} = -\dfrac{\nu(\sigma_x)}{E}, \ \ \sigma_y = -\nu(\sigma_x) = -\nu\sigma_x$

$\epsilon_x = \dfrac{-\sigma_x}{E} - \dfrac{\nu\sigma_y}{E} = \dfrac{-\sigma_x}{E} - \dfrac{\nu(-\nu\sigma_x)}{E} = \dfrac{-\sigma_x(1-\nu^2)}{E}$ (압축)

해답 ③

012

그림과 같은 빗금 친 단면을 갖는 중공축이 있다. 이 단면의 O점에 관한 극단면 2차모멘트는?

① $\pi(r_2^4 - r_1^4)$

② $\dfrac{\pi}{2}(r_2^4 - r_1^4)$

③ $\dfrac{\pi}{4}(r_2^4 - r_1^4)$

④ $\dfrac{\pi}{16}(r_2^4 - r_1^4)$

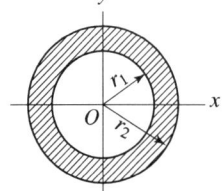

해설

(중실축의 극단면 2차모멘트) $I_P = \dfrac{\pi\gamma^4}{2}$

$I_P = \dfrac{\pi\gamma_2^4}{2} - \dfrac{\pi\gamma_1^4}{2} = \dfrac{\pi}{2}(\gamma_2^4 - \gamma_1^4)$

해답 ②

013

외팔보의 자유단에 연직 방향으로 10kN의 집중 하중이 작용하면 고정단에 생기는 굽힘 응력은 약 몇 MPa인가? (단, 단면(폭×높이)$b \times h = 10\text{cm} \times 15\text{cm}$, 길이 1.5m이다.)

① 0.9 ② 5.3
③ 40 ④ 100

 (굽힘응력) $\sigma_b = \dfrac{M}{Z} = \dfrac{PL}{\left(\dfrac{bh^2}{6}\right)} = \dfrac{10000 \times 1500}{\left(\dfrac{100 \times 150^2}{6}\right)} = 40\text{MPa}$

해답 ③

014

지름 300mm의 단면을 가진 속이 찬 원형보가 굽힘을 받아 최대 굽힘 응력이 100MPa이 되었다. 이 단면에 작용한 굽힘 모멘트는 약 몇 kN·m인가?

① 265 ② 315
③ 360 ④ 425

 $M = \sigma_b \times Z = 100 \times \dfrac{\pi \times 300^3}{32} = 265071880.1\text{N} \cdot \text{mm} = 265\text{kN} \cdot \text{m}$

해답 ①

015

원형 봉에 축방향 인장하중 $P = 88\text{kN}$이 작용할 때 직경의 감소량은 약 몇 mm인가? (단, 봉은 길이 $L = 2\text{m}$, 직경 $d = 40\text{mm}$, 세로탄성계수는 70GPa, 포아송비 $\mu = 0.3$이다.)

① 0.006 ② 0.012
③ 0.018 ④ 0.036

 $\mu = \dfrac{\epsilon'}{\epsilon} = \dfrac{\dfrac{\Delta d}{d}}{\dfrac{\sigma}{E}} = \dfrac{\Delta d E}{d \sigma}$ 에서

(직경감소량) $\Delta d = \dfrac{\mu \times d \times \sigma}{E} = \dfrac{0.3 \times 40 \times \left(\dfrac{88000}{\dfrac{\pi}{4} \times 40^2}\right)}{70000} = 0.012\text{mm}$

해답 ②

016

전체 길이가 L이고, 일단 지지 및 타단 고정보에서 삼각형 분포 하중이 작용할 때, 지지점 A에서의 반력은? (단, 보의 굽힘강성 EI는 일정하다.)

① $\frac{1}{2}\omega_o L$ ② $\frac{1}{3}\omega_o L$
③ $\frac{1}{5}\omega_o L$ ④ $\frac{1}{10}\omega_o L$

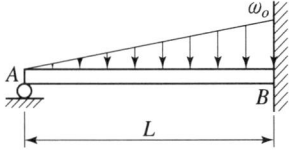

해설

$$\delta_{\omega_o} = \frac{\omega_o L^4}{30EI}, \quad \delta_{R_A} = \frac{R_A L^3}{3EI}$$

$\delta_{\omega_o} = \delta_{R_A}$ 이므로 $\frac{\omega_o L^4}{30EI} = \frac{R_A L^3}{3EI}$ 에서 $R_A = \frac{\omega_o L}{10}$

해답 ④

017

지름 D인 두께가 얇은 링(ring)을 수평면 내에서 회전시킬 때, 링에 생기는 인장응력을 나타내는 식은? (단, 링의 단위 길이에 대한 무게를 w, 링의 원주속도를 v, 링의 단면적을 A, 중력가속도를 g로 한다.)

① $\frac{wv^2}{DAg}$ ② $\frac{wDv^2}{Ag}$
③ $\frac{wv^2}{Ag}$ ④ $\frac{wv^2}{Dg}$

해설

(링에 나타나는 응력) $\sigma_y = \frac{\gamma v^2}{g} = \frac{\frac{w}{A} \times v^2}{g} = \frac{wv^2}{Ag}$

(비중량) $\gamma = \frac{W}{V} = \frac{W}{AL} = \frac{1}{A} \times \frac{W}{L} = \frac{1}{A} \times w = \frac{w}{A}$

해답 ③

018

단면적이 4cm²인 강봉에 그림과 같은 하중이 작용하고 있다. $W=60$kN, $P=25$kN, $l=20$cm일 때 BC부분의 변형률 ϵ은 약 얼마인가? (단, 세로탄성계수는 200GPa이다.)

① 0.00043
② 0.0043
③ 0.043
④ 0.43

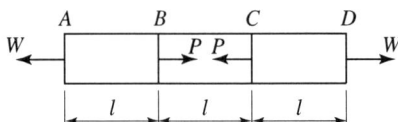

해설

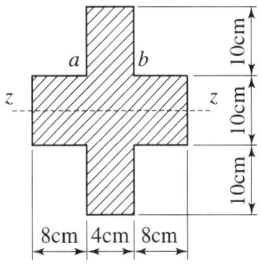

$$\delta_{BC} = \frac{F_{BC} \times l}{A \times E} = \frac{35000 \times 200}{400 \times 200000} = 0.0875 \text{mm}$$

(변형률) $\epsilon_{BC} = \dfrac{\delta_{BC}}{l} = \dfrac{0.0875}{200} = 0.00043$

해답 ①

019

오일러 공식이 세장비 $\dfrac{l}{K} > 100$ 에 대해 성립한다고 할 때, 양단이 힌지인 원형단면 기둥에서 오일러 공식이 성립하기 위한 길이 "l"과 지름 "d"와의 관계가 옳은 것은? (단, 단면의 회전반경을 k라 한다.)

① $l > 4d$
② $l > 25d$
③ $l > 50d$
④ $l > 100d$

 해설

$\dfrac{l}{k} > 100$, $\dfrac{l}{\frac{d}{4}} > 100$, $l > 100 \times \dfrac{d}{4}$, $l > 25d$

(원의 회전반경) $k = \dfrac{d}{4}$

해답 ②

020

그림과 같은 단면을 가진 외팔보가 있다 그 단면의 자유단에 전단력 $V = 40$kN이 발생한다면 단면 $a-b$ 위에 발생하는 전단응력은 약 몇 MPa인가?

① 4.57
② 4.88
③ 3.87
④ 3.14

 해설

$\tau_a = \dfrac{VQ}{BI} = \dfrac{40000 \times 400000}{40 \times 103333333.3} = 3.87$MPa

(단면 1차모멘트) $Q = A \times \bar{y} = (40 \times 100) \times 100 = 400000 \text{mm}^3$

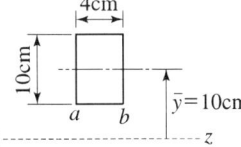

(단면 2차모멘트) $I = \dfrac{80 \times 100^3}{12} \times 2 + \dfrac{40 \times 300^3}{12} = 103333333.3 \text{mm}^4$

해답 ③

제2과목　기계열역학

021 압력 1000kPa, 온도 300℃ 상태의 수증기(엔탈피 3051.15kJ/kg, 엔트로피 7.1228kJ/kg · K)가 증기터빈으로 들어가서 100kPa상태로 나온다. 터빈의 출력일이 370kJ/kg일 때 터빈의 효율(%)은?

[수증기의 포화 상태표]
압력 100kPa / 온도 99.62℃

엔탈피(kJ/kg)		엔트로피(kJ/kg · K)	
포화액체	포화증기	포화액체	포화증기
417.44	2675.46	1.3025	7.3593

① 15.6　　② 33.2
③ 66.8　　④ 79.8

해설

(터빈효율) $\eta = \dfrac{W_T}{h_{in} - h_{out}} = \dfrac{370}{3051.15 - 2585.139} = 0.7942 = 79.42\%$

$h_{out} = h' + x(h'' - h')$
$= 417.44 + x(2675.46 - 417.44)$
$= 417.44 + 0.96(2675.46 - 417.44) = 2585.139 \text{kJ/kg}$

단열과정, $S_{in} = S_{out}$, $S_{out} = s' + x(s'' - s')$에서

(건도) $x = \dfrac{(S_{out} - s')}{(s'' - s')} = \dfrac{(7.1228 - 1.3025)}{(7.3593 - 1.3025)} = 0.96$

해답 ④

022 열역학 제2법칙에 대한 설명으로 틀린 것은?

① 효율이 100%인 열기관은 얻을 수 없다.
② 제 2종의 영구 기관은 작동 물질의 종류에 따라 가능하다.
③ 열은 스스로 저온의 물질에서 고온의 물질로 이동하지 않는다.
④ 열기관에서 작동 물질의 일을 하게 하려면 그보다 더 저온인 물질이 필요하다.

해설 열역학 2법칙은 에너지의 방향성을 제시한 법칙으로 열효율이 100%인 기관은 존재하지 않는다. 즉 열효율이 100%인 기관이 제2종 영구기관이므로 열역학 2법칙은 제2종 영구기관은 존재할 수 없다.

해답 ②

023 300L 체적의 진공인 탱크가 25℃, 6MPa의 공기를 공급하는 관에 연결된다. 밸브를 열어 탱크 안의 공기 압력이 5MPa이 될 때까지 공기를 채우고 밸브를 닫았다. 이 과정이 단열이고 운동에너지와 위치에너지의 변화를 무시한다면 탱크 안의 공기의 온도(℃)는 얼마가 되는가? (단, 공기의 비열비는 1.4이다.)

① 1.5　　　　　　　　　② 25.0
③ 84.4　　　　　　　　　④ 144.2

해설 (탱크의 처음 압력) $P_1 = 0$, (처음 온도) $T_1 = 25℃$
(탱크의 나중 압력) $P_2 = 5\text{MPa}$

(탱크 5MPa일 때의 질량) $m = \dfrac{P_2 V}{RT_2}$

$\delta q = 0$
$\delta q = dh - vdP$
$dh = vdP$
$dH = VdP$
$m C_p (T_2 - T_1) = V(P_2 - P_1)$

$\dfrac{P_2 V}{RT_2} \times \dfrac{kR}{k-1}(T_2 - T_1) = V(P_2 - P_1)$

$\dfrac{P_2 V k}{T_2 k - 1}(T_2 - T_1) = V(P_2 - P_1)$

$\dfrac{P_2 V k}{k-1}\left(1 - \dfrac{T_1}{T_2}\right) = V(P_2 - P_1)$

$\dfrac{5 \times 10^6 \times 0.3 \times 1.4}{1.4 - 1}\left(1 - \dfrac{25 + 273}{T_2 + 273}\right) = 0.3(5 - 0) \times 10^{-6}$

$T_2 = 144.2℃$

해답 ④

024 단열된 가스터빈의 입구 측에서 압력 2MPa, 온도 1200K인 가스가 유입되어 출구 측에서 압력 100kPa, 온도 600K로 유출된다. 5MW의 출력을 얻기 위해 가스의 질량유량(kg/s)은 얼마이어야 하는가? (단, 터빈의 효율은 100%이고, 가스의 정압비열은 1.12kJ/(kg·K)이다.)

① 6.44　　　　　　　　　② 7.44
③ 8.44　　　　　　　　　④ 9.44

해설 $\eta_t = \dfrac{W_{out}}{\dot{m}(h_1 - h_2)}$

(질량유량) $\dot{m} = \dfrac{W_{out}}{\eta_t (h_1 - h_2)} = \dfrac{5 \times 10^6}{1 \times 672000} = 7.44\text{kg/s}$

$h_1 - h_2 = C_P(T_1 - T_2) = 1.12 \times 10^3 \times (1200 - 600) = 672000\text{J/kg}$

해답 ②

025

공기 10kg이 압력 200kPa, 체적 5m³ 상태에서 압력 400kPa, 온도 300℃인 상태로 변한 경우 최종 체적(m³)은 얼마인가? (단, 공기의 기체상수는 0.287kJ/kg·K 이다.)

① 10.7
② 8.3
③ 6.8
④ 4.1

해설
$$R = \left(\frac{PV}{mT}\right)_1 = \left(\frac{PV}{mT}\right)_2$$
$$0.287 = \left(\frac{200 \times 5}{10 \times T_1}\right) = \left(\frac{400 \times V_2}{10 \times (300+273)}\right)$$
$$V_2 = 0.287 \times \frac{10 \times (300+273)}{400} = 4.111 \text{m}^3$$

해답 ④

026

이상적인 냉동사이클에서 응축기 온도가 30℃, 증발기 온도가 −10℃일 때 성적계수는?

① 4.6
② 5.2
③ 6.6
④ 7.5

해설
$$\epsilon = \frac{T_L}{T_H - T_L} = \frac{-10+273}{30-(-10)} = 6.575$$

해답 ③

027

초기 압력 1kPa, 초기 체적 0.1m³인 기체를 버너로 가열하여 기체 체적이 정압과정으로 0.5m³이 되었다면 이 과정동안 시스템이 외부에 한 일(kJ)은?

① 0.1
② 0.2
③ 0.3
④ 0.4

해설
$W_P = P(V_2 - V_1) = 1 \times (0.5 - 0.1) = 0.4 \text{kJ}$

해답 ④

028

랭킨사이클에서 보일러 입구 엔탈피 192.5kJ/kg, 터빈 입구 엔탈피 3002.5kJ/kg, 응축기 입구 엔탈피 2361.8kJ/kg일 때 열효율(%)은? (단, 펌프의 동력은 무시한다.)

① 20.3
② 22.8
③ 25.7
④ 29.5

해설
$$\eta_R = \frac{W_T - W_P}{q_B} = \frac{(3002.5 - 2361.8) - 0}{(3002.5 - 192.5)} = 0.228 = 22.8\%$$

해답 ②

029
준평형 정적과정을 거치는 시스템에 대한 열 전달량은? (단, 운동에너지와 위치에너지의 변화는 무시한다.)

① 0이다.
② 이루어진 일량과 같다.
③ 엔탈피 변화향과 같다.
④ 내부에너지 변화량과 같다.

해설 $\delta q = du + Pdv$, 정적과정 $dv = 0$
$\delta q = du$, 정적과정의 가열 열량변화는 내부에너지변화와 같다.

해답 ④

030
1kW의 전기히터를 이용하여 101kPa, 15℃의 공기로 차있는 100m³의 공간을 난방하려고 한다. 이 공간은 견고하고 밀폐되어 있으며 단열되어 있다. 히터를 10분 동안 작동시킨 경우, 이 공간의 최종온도(℃)는? (단, 공기의 정적비열은 0.718kJ/kg·K이고, 기체상수는 0.287kJ/kg·K이다.)

① 18.1
② 21.8
③ 25.3
④ 29.4

해설
$Q = 1\text{kw} \times 10\min = 1\dfrac{\text{kJ}}{\text{s}} \times (10 \times 60)\text{s} = 600\text{kJ}$

$m = \dfrac{PV}{RT} = \dfrac{101 \times 100}{0.287 \times (273+15)} = 122.19\text{kg}$

정적과정 $\Delta Q = \Delta U = mC_v(T_2 - T_1)$
$600 = 122.19 \times 0.718 \times (T_2 - 15)$
$T_2 = 21.8℃$

해답 ②

031
펌프를 사용하여 150kPa, 26℃의 물을 가역단열과정으로 650kPa까지 변화시킨 경우, 펌프의 일(kJ/kg)은? (단, 26℃의 포화액의 비체적은 0.001m³/kg이다.)

① 0.4
② 0.5
③ 0.6
④ 0.7

해설 $W_P = v(P_2 - P_1) = 0.001 \times (650 - 150) = 0.5\text{kJ/kg}$

해답 ②

032
열역학적 관점에서 다음 장치들에 대한 설명으로 옳은 것은?

① 노즐은 유체를 서서히 낮은 압력으로 팽창하여 속도를 감속시키는 기구이다.
② 디퓨저는 저속의 유체를 가속하는 기구이며 그 결과 유체의 압력이 증가한다.
③ 터빈은 작동유체의 압력을 이용하여 열을 생성하는 회전식 기계이다.
④ 압축기의 목적은 외부에서 유입된 동력을 이용하여 유체의 압력을 높이는 것이다.

해설
- 노즐(축소관) : 노즐은 속도 증가, 압력감소
- 디퓨져(확대관) : 디퓨져는 속도감소, 압력증가
- 터빈 : 터빈은 유체에너지를 이용하여 기계적 회전에너지를 얻는 장치이다.

해답 ④

033 피스톤-실린더 장치에 들어있는 100kPa, 27℃의 공기가 600kPa까지 가역단열 과정으로 압축된다. 비열비가 1.4로 일정하다면 이 과정동안에 공기가 받은 일(kJ/kg)은? (단, 공기의 기체상수는 0.287kJ/(kg·K)이다.)

① 263.6 ② 171.8
③ 143.5 ④ 116.9

해설
$${}_1W_2 = \frac{P_2v_2 - P_1v_1}{k-1} = \frac{R(T_2-T_1)}{k-1} = \frac{0.287(227.533-27)}{1.4-1} = 143.89 \text{kJ/kg}$$

$$\frac{T_2}{T_1} = \left(\frac{P_2}{P_1}\right)^{\frac{k-1}{k}}$$

$$\frac{T_2+273}{27+273} = \left(\frac{600}{100}\right)^{\frac{1.4-1}{1.4}}, \quad T_2 = 227.553℃$$

해답 ③

034 다음 중 가장 큰 에너지는?

① 100kW 출력의 엔진이 이 10시간 동안 한 일
② 발열량 10000kJ/kg의 연료를 100kg 연소시켜 나오는 열량
③ 대기압 하에서 10℃ 물 10m³를 90℃를 가열하는데 필요한 열량(단, 물의 비열은 4.2kJ(kg·K)이다.)
④ 시속 100km로 주행하는 총 질량 2000kg인 자동차의 운동에너지

해설
① $W = 100\text{kJ/s} \times 10 \times 3600\text{s} = 3600000 \text{kJ}$
② $Q = 10000\text{kJ/kg} \times 100\text{kg} = 1000000 \text{kJ}$
③ $Q = m \times C \times \Delta T = 10000 \times 4.2 \times 80 = 3360000 \text{kJ}$
  (질량) $m = \rho \times \overline{V} = 1000 \times 10 = 10000\text{kg}$
④ $E_V = \frac{1}{2}mV^2 = \frac{1}{2} \times 2000 \times 27.77^2 = 771172.9\text{J}$
  (속도) $V = \frac{100000}{3600} = 27.77 \text{m/s}$

해답 ①

035

이상기체 1kg을 300K, 100kPa에서 500K까지 "$PV^n=$일정"의 과정($n=1.2$)을 따라 변화시켰다. 이 기체의 엔트로피 변화량(kJ/K)은? (단, 기체의 비열비는 1.3, 기체상수는 0.287kJ/(kg · K)이다.)

① −0.244
② −0.287
③ −0.344
④ −0.373

해설

$$\Delta s = C_n \ln \frac{T_2}{T_2} = C_v \left(\frac{n-k}{n-1}\right) \ln \frac{T_2}{T_1}$$

$$= 0.956 \left(\frac{1.2-1.3}{1.2-1}\right) \times \ln \frac{500}{300} = -0.244 \text{kJ/kg} \cdot \text{K}$$

(정적비열) $C_v = \dfrac{R}{k-1} = \dfrac{0.287}{1.3-1} = 0.956 \text{kJ/kg} \cdot \text{K}$

$\Delta S = \Delta s \times m = -0.244 \times 1 = -0.244 \text{kJ/kg}$

해답 ①

036

실린더 내의 공기가 100kPa, 20℃ 상태에서 300kPa이 될 때까지 가역단열 과정으로 압축된다. 이 과정에서 실린더 내의 계에서 엔트로피의 변화(kJ · K)는? (단, 공기의 비열비(k)는 1.4이다.)

① −1.35
② 0
③ 1.35
④ 13.5

해설 가역단열과정은 등엔트로피변화이다.
$\Delta s = 0$

해답 ②

037

다음은 시스템(계)과 경계에 대한 설명이다. 옳은 내용을 모두 고른 것은?

가. 검사하기 위하여 선택한 물질의 양이나 공간 내의 영역을 시스템(계)이라 한다.
나. 밀폐계는 일정한 양의 체적으로 구성된다.
다. 고립계의 경계를 통한 에너지 출입은 불가능하다.
라. 경계는 두께가 없으므로 체적을 차지하지 않는다.

① 가, 다
② 나, 라
③ 가, 다, 라
④ 가, 나, 다, 라

해설 밀폐계는 체적의 변화를 통해 일하므로 체적이 변해야 된다. 즉 일정한 체적이 틀린 표현이다.

해답 ③

038

용기 안에 있는 유체의 초기 내부에너지는 700kJ이다. 냉각과정 동안 250kJ의 열을 잃고, 용기 내에 설치된 회전날개로 유체에 100kJ의 일을 한다. 최종상태의 유체의 내부에너지(kJ)는 얼마인가?

① 350   ② 450
③ 550   ④ 650

해설 용기 내에 설치된 회전날개로 유체에 100kJ의 일을 한다.

$_1Q_2 = \Delta U +\, _1W_2$
$-250 = \Delta U + (-100)$
$\Delta U = -150$
$U_2 = 700 + \Delta U = 700 + (-150) = 550\text{kJ}$

해답 ③

039

보일러에 온도 40℃, 엔탈피 167kJ/kg인 물이 공급되어 온도 350℃, 엔탈피 3115kJ/kg인 수증기가 발생한다. 입구와 출구에서의 유속은 각각 5m/s, 50m/s이고, 공급되는 물의 양 2000kg/h일 때, 보일러에 공급해야 할 열량(kW)은? (단, 위치에너지 변화는 무시한다.)

① 631   ② 832
③ 1237 ④ 1638

해설 $q_B = \dot{m}(h_{out} - h_{in}) = \dfrac{2000}{3600} \times (3115 - 167) = 1637.777\text{kW}$

해답 ④

040

그림과 같은 공기표준 브레이튼(Brayton) 사이클에서 작동유체 1kg당 터빈 일 (kJ/kg)은? (단, $T_1 = 300\text{K}$, $T_2 = 475.1\text{K}$, $T_3 = 1100\text{K}$, $T_4 = 694.5\text{K}$이고, 공기의 정압비열과 정적비열은 각각 1.0035kJ/(kg·K), 0.7165kJ/(kg·K)이다.)

① 290
② 407
③ 448
④ 627

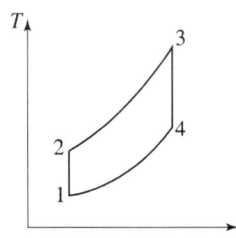

해설 (터빈일) 과정 3→4
(단열팽창) $W_T = h_3 - h_4 = C_P(T_3 - T_4) = 1.0035(1100 - 694.5) = 406.919\text{kJ/kg}$

해답 ②

제3과목 기계유체역학

041 모세관을 이용한 점도계에서 원형관 내의 유동은 비압축성 뉴턴 유체의 층류유동으로 가정할 수 있다. 원형관의 입구 측과 출구 측의 압력차를 2배로 늘렸을 때, 동일한 유체의 유량은 몇 배가 되는가?

① 2배 ② 4배
③ 8배 ④ 16배

해설 세관식 점도계(모세관 현상을 이용한 점도계)

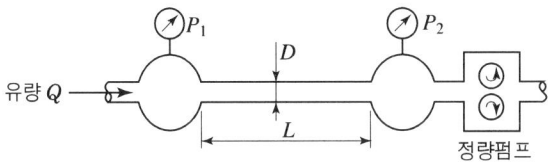

$$Q = \frac{\pi D^4 \Delta P}{128 \mu L}$$

$$Q' = \frac{\pi D^4 (2\Delta P)}{128 \mu L} = 2Q$$

해답 ①

042 지름이 10cm인 원통에 물이 담겨져 있다. 수직인 중심축에 대하여 300rpm의 속도로 원통을 회전시킬 때 수면의 최고점과 최저점의 수직 높이차는 약 몇 cm인가?

① 0.126 ② 4.2
③ 8.4   ④ 12.6

해설
$$\Delta H = \frac{V^2}{2g} = \frac{\left(\frac{\pi DN}{60}\right)^2}{2g} = \frac{\left(\frac{\pi \times 0.1 \times 300}{60}\right)^2}{2 \times 9.8} = 0.1258\text{m} = 12.58\text{cm}$$

해답 ④

043 그림과 같이 비중이 1.3인 유제 위에 깊이 1.1m로 물이 채워져 있을 때, 직경 5cm의 탱크 출구로 나오는 유세의 평균 속도는 약 몇 m/s인가? (단, 탱크의 크기는 충분히 크고 마찰손실은 무시한다.)

① 3.9
② 5.1
③ 7.2
④ 7.7

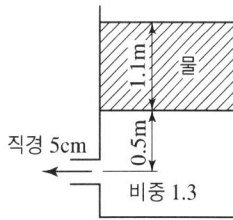

해설 $P = \gamma_w \times 1.1 = 1.3 \times \gamma_w \times H'$

$H' = \dfrac{1.1}{1.3} = 0.846 \text{m}$

$V_{out} = \sqrt{2gH} = \sqrt{2 \times g(0.5 + H')} = \sqrt{2 \times 9.8 \times (0.5 + 0.846)} = 5.136 \text{m/s}$

해답 ②

044
다음 유체역학적 양 중 질량차원을 포함하지 않는 양은 어느 것인가? (단, MLT 기본차원을 기준으로 한다.)

① 압력
② 동점성계수
③ 모멘트
④ 점성계수

해설 압력 $[FL^{-2}] = [ML^{-1}T^{-2}]$
동점성계수 $[L^2 T^{-1}]$
모멘트 $[FL] = [ML^2 T^{-2}]$
점성계수 $[FL^{-2}T] = [ML^{-1}T^{-1}]$

해답 ②

045
그림과 같이 오일이 흐르는 수평관 사이로 두 지점의 압력차 $p_1 - p_2$를 측정하기 위하여 오리피스와 수은을 넣어 U자관을 설치하였다. $p_1 - p_2$로 옳은 것은? (단, 오일의 비중량은 γ_{oil}이며, 수은의 비중량은 γ_{Hg}이다.)

① $(y_1 - y_2)(\gamma_{Hg} - \gamma_{oil})$
② $y_2(\gamma_{Hg} - \gamma_{oil})$
③ $y_1(\gamma_{Hg} - \gamma_{oil})$
④ $(y_1 - y_2)(\gamma_{oil} - \gamma_{Hg})$

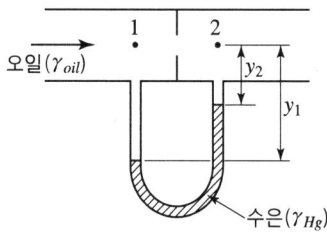

해설 $P_A = P_1 + \gamma_{oil} y_1$
$P_B = P_2 + \gamma_{oil} y_2 + \gamma_{Hg}(y_1 - y_2)$
$P_A = P_B$
$P_1 - P_2 = \{\gamma_{oil} y_2 + \gamma_{Hg}(y_1 - y_2)\} - \{\gamma_{oil} y_1\}$
$= \gamma_{oil} y_2 + \gamma_{Hg} y_1 - \gamma_{Hg} y_2 - \gamma_{oil} y_1$
$= \gamma_{oil}(y_2 - y_1) + \gamma_{Hg}(y_1 - y_2)$
$= -\gamma_{oil}(y_1 - y_2) + \gamma_{Hg}(y_1 - y_2)$
$= (y_1 - y_2)(\gamma_{Hg} - \gamma_{oil})$

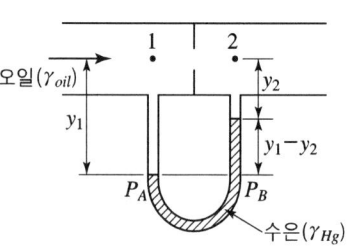

해답 ①

046 속도 포텐셜 $\Phi = K\theta$인 와류 유동이 있다. 중심에서 반지름 r인 원주에 따른 순환(circulation)식으로 옳은 것은? (단, K는 상수이다.)

① 0
② K
③ πK
④ $2\pi K$

해설
(순환) Γ
(속도포텐셜) $\Phi = K\theta$
(반경방향속도) $V_r = \dfrac{\partial \Phi}{\partial r}$
(횡방향속도) $V_\theta = \dfrac{1}{r}\dfrac{\partial \Phi}{\partial \theta} = \dfrac{\Gamma}{2\pi r}$
(와도=순환) $\Gamma = \dfrac{2\pi r}{r} \times \dfrac{\partial \Phi}{\partial \theta} = \dfrac{2\pi r}{r} \times \dfrac{\partial K\theta}{\partial r} = 2\pi K$

해답 ④

047 그림과 같이 평행한 두 원판 사이에 점성계수 $\mu = 0.2 \text{N} \cdot \text{s/m}^2$인 유체가 채워져 있다. 아래 판은 정지되어 있고 위판은 1800rpm으로 회전할 때 작용하는 돌림힘은 몇 N인가?

① 9.4
② 38.3
③ 46.3
④ 59.2

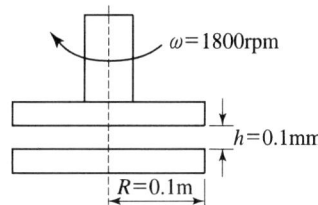

해설
 $\tau_r = \mu \dfrac{dV}{dy} = \mu \dfrac{\Delta V}{\Delta y} = \mu \dfrac{\omega r - \omega \times 0}{h} = \mu \dfrac{\omega r}{h}$
$dA = 2\pi r dr$
$dT = \tau_r dA \times r = \mu \dfrac{\omega r}{h} \times 2\pi r dr \times r = \dfrac{2\pi \mu \omega r^3}{h} dr$
$T = \displaystyle\int_0^R \dfrac{2\pi \mu \omega r^3}{h} dr = \dfrac{\pi}{2} \times \dfrac{\mu \omega}{h} R^4$
$ = \dfrac{\pi}{2} \times \dfrac{\mu R^4}{h} \times \dfrac{2\pi N}{60}$
$ = \dfrac{\pi}{2} \times \dfrac{0.2 \times 0.1^4}{0.0001} \times \dfrac{2\pi \times 1800}{60}$
$ = 59.2176 \text{N} \cdot \text{m}$

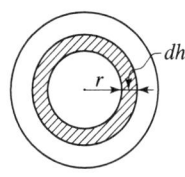

해답 ④

048
피에조미터관에 대한 설명으로 틀린 것은?
① 계기유체가 필요 없다.
② U자관에 비해 구조가 단순하다.
③ 기체의 압력 측정에 사용할 수 있다.
④ 대기압 이상의 압력 측정에 사용할 수 있다.

해설 액주계(mano meter) – 피에조미터(위압 수두계)
 – U자관 액주계
 – U자관 차압 액주계
 – 경사관 차압 액주계

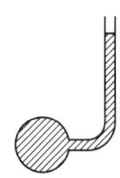

피에조미터 : 파이프나, 탱크 내의 압력을 측정하는 간단한 액주계로 액체의 측정만 가능하다.

해답 ③

049
밀도가 0.84kg/m³이고, 압력이 87.6kPa인 이상기체가 있다. 이 이상기체의 절대온도를 2배 증가시킬 때, 이 기체에서의 음속은 약 몇 m/s인가? (단, 비열비는 1.4이다.)

① 380　　② 340
③ 540　　④ 720

해설
$$a = \sqrt{kRT'} = \sqrt{2kRT} = \sqrt{2k\frac{P}{\rho}} = \sqrt{2 \times 1.4 \times \frac{87.6 \times 10^3}{0.84}} = 540.37 \text{m/s}$$
$PV = mRT$
$RT = \frac{PV}{m} = P \times \frac{1}{\rho} = \frac{P}{\rho}$

해답 ③

050
평판 위에 점성, 비압축성 유체가 흐르고 있다. 경계층 두께 δ에 대하여 유체의 속도 u의 분포는 아래와 같다. 이때 경계층 운동량 두께에 대한 식으로 옳은 것은? (단, U는 상류속도, y는 판판가의 수식거리이다.)

$$0 \le y \le \delta : \frac{u}{U} = \frac{2y}{\delta} - \left(\frac{y}{\delta}\right)^2$$
$$y > \delta : u = U$$

① 0.1δ　　② 0.125δ
③ 0.133δ　　④ 0.166δ

해설 (운동량 두께) δ_m : 경계층 내부의 운동량 감소해 해당되는 부분을 경계층 두께로 표시한 두께를 운동량 두께라 한다.

$$\delta_m = \int_0^\delta \frac{u}{U}\left(1-\frac{u}{U}\right)dy = \int_0^\delta \frac{u}{U}dy - \int_0^\delta \left(\frac{u}{U}\right)^2 dy$$

$$= \int_0^\delta \frac{2y}{\delta} - \left(\frac{y}{\delta}\right)^2 dy - \int_0^\delta \left\{\frac{2y}{\delta} - \left(\frac{y}{\delta}\right)^2\right\}^2 dy$$

$$= \int_0^\delta \frac{2y}{\delta} - \left(\frac{y}{\delta}\right)^2 dy - \int_0^\delta \left(\frac{2y}{\delta}\right)^2 - 2\frac{2y}{\delta}\left(\frac{y}{\delta}\right)^2 + \left(\frac{y}{\delta}\right)^4 dy$$

$$= \left[\delta - \frac{\delta}{3}\right] - \left[\frac{4\delta}{3} - \delta + \frac{\delta}{5}\right]$$

$$= 0.1333\delta$$

해답 ③

051 그림과 같이 폭이 2m인 수문 ABC가 A점에서 힌지로 연결되어 있다. 그림과 같이 수문이 고정될 때 수평인 케이블 CD에 걸리는 장력은 약 몇 kN인가? (단, 수문의 무게는 무시한다.)

① 38.3
② 35.4
③ 25.2
④ 22.9

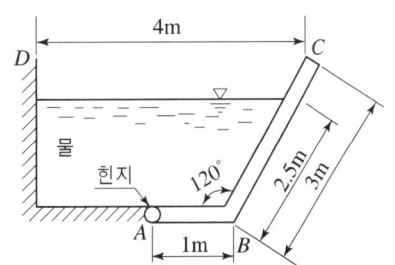

해설

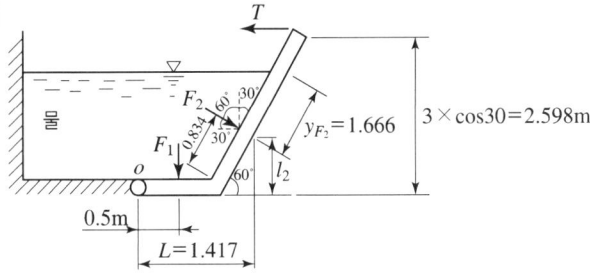

$F_1 = \gamma H \times A_1 = 9800 \times 2.5\cos 30 \times (1 \times 2) = 42435.244\text{N}$

$F_2 = \gamma \overline{H_2} \times A_2 = 9800 \times 1.25 \times \cos 30 \times (2.5 \times 2) = 53044.055\text{N}$

$y_{F_2} = \overline{y} + \dfrac{I_G}{\overline{y}A} = 1.25 + \dfrac{\left(\dfrac{2 \times 2.5^3}{12}\right)}{1.25 \times (2.5 \times 2)} = 1.666\text{m}$

$l_2 = (2.5 - 1.666) \times \cos 30 = 0.722\text{m}$

$L = 1 + 0.834 \times \cos 60 = 1.417\text{m}$

$\sum M_o = 0,\ F_1 \times 0.5 + F_2 \times \cos 30 \times l_2 + F_2 \sin 30 \times L - T \times 2.598 = 0$

$T = 42435.244 \times 0.5 + 53044.055 \times \cos 30 \times 0.722 + 53044.055 \times \sin 60 \times 1.417$

$= 35398.84\text{N}$

$= 35.39\text{kN}$

해답 ②

052

지름 100mm관에 글리세린 9.42L/min의 유량으로 흐른다. 이 유동은? (단, 글리세린의 비중은 1.26, 점성계수는 $\mu = 2.9 \times 10^{-4}$ kg/m·s이다.)

① 난류유동 ② 층류유동
③ 천이유동 ④ 경계층유동

해설
$R_e = \dfrac{\rho VD}{\mu} = \dfrac{1.26 \times 1000 \times 0.0199 \times 0.1}{2.9 \times 10^{-4}} = 8646$ 난류

(속도) $V = \dfrac{Q}{A} = \dfrac{(9.42 \times 10^{-3}/60)}{\dfrac{\pi}{4} \times 0.1^2} = 0.0199 \text{m/s}$

해답 ①

053

그림과 같이 날카로운 사각 모서리 입출구를 갖는 관로에서 전수두 H는? (단, 관의 길이를 l, 지름은 d, 관 마찰계수는 f, 속도수두는 $\dfrac{V^3}{2g}$이고, 입구 손실계수는 0.5, 출구 손실계수는 1.0이다.)

① $H = \left(1.5 + f\dfrac{l}{d}\right)\dfrac{V^2}{2g}$

② $H = \left(1 + f\dfrac{l}{d}\right)\dfrac{V^2}{2g}$

③ $H = \left(0.5 + f\dfrac{l}{d}\right)\dfrac{V^2}{2g}$

④ $H = f\dfrac{l}{d}\dfrac{V^2}{2g}$

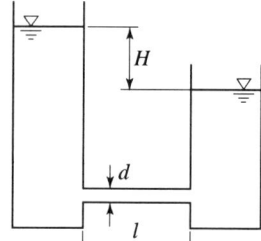

해설
(입구손실수두) $H_1 = 0.5 \times \dfrac{V^2}{2g}$

(출구손실수두) $H_2 = 1 \times \dfrac{V^2}{2g}$

(관의손실수두) $H_3 = f \times \dfrac{l}{d} \times \dfrac{V^2}{2g}$

(전체손실수두) $H = H_1 + H_2 + H_3 = \left(1.5 + f\dfrac{l}{d}\right) \times \dfrac{V^2}{2g}$

해답 ①

054

현의 길이가 7m인 날개의 속력이 500km/h로 비행할 때 이 날개가 받는 양력이 4200kN이라고 하면 날개의 폭은 약 몇 m인가? (단, 양력계수 $C_L = 1$, 항력계수 $C_D = 0.02$, 밀도 $\rho = 1.2$kg/m³이다.)

① 51.84 ② 63.17
③ 70.99 ④ 82.36

해설 (양력) $L = \dfrac{\rho V^2}{2} \times C_D \times l \times B$

(폭) $B = \dfrac{2L}{\rho V^2 \times C_D \times l} = \dfrac{2 \times 4200000}{1.2 \times 138.88^2 \times 1 \times 7} = 51.846\text{m}$

(속도) $V = \dfrac{500km}{hr} = \dfrac{500 \times 10^3}{3600} = 138.88\text{m/s}$

해답 ①

055

그림과 같이 물이 유량 Q로 저수조로 들어가고, 속도 $V = \sqrt{2gh}$ 로 저수조 바닥에 있는 면적 A_2의 구멍을 통하여 나간다. 저수조 수면 높이가 변화하는 속도 $\dfrac{dh}{dt}$는?

① $\dfrac{Q}{A_2}$

② $\dfrac{A_2 \sqrt{2gh}}{A_1}$

③ $\dfrac{Q - A_2 \sqrt{2gh}}{A_2}$

④ $\dfrac{Q - A_2 \sqrt{2gh}}{A_1}$

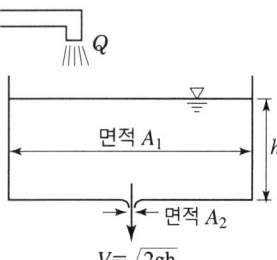

해설 (들어오는 유량) Q
(나가는 유량) Q_{OUT}
$Q_{OUT} = A_2 \times \sqrt{2gh}$

(시간당 체적의 변화) $\dfrac{dV}{dt} = \dfrac{d(A_1 h)}{dt} = A_1 \dfrac{dh}{dt} = Q - Q_{OUT}$

$\dfrac{dh}{dt} = \dfrac{Q - Q_{OUT}}{A_1} = \dfrac{Q - A_2 \sqrt{2gh}}{A_1}$

해답 ④

056

그림과 같이 속도가 V인 유체가 속도 U로 움직이는 곡면에 부딪혀 $90°$의 각도로 유동 방향이 바뀐다. 다음 중 유체가 곡면에 가하는 힘의 수평방향 성분의 크기가 가장 큰 것은? (단, 유체의 유동단면적은 일정하다.)

① $V = 10\text{m/s}$, $U = 5\text{m/s}$
② $V = 20\text{m/s}$, $U = 15\text{m/s}$
③ $V = 10\text{m/s}$, $U = 4\text{m/s}$
④ $V = 25\text{m/s}$, $U = 20\text{m/s}$

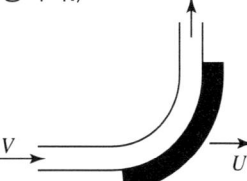

해설 (수평방향 힘) $R_x = \rho A(V-U)^2(1-\cos\theta)$
상대속도 $(V-U)$가 큰 것
① $10-5 = 5\text{m/s}$ ② $20-15 = 5\text{m/s}$
③ $10-4 = 6\text{m/s}$ ④ $25-20 = 5\text{m/s}$

해답 ③

057 담배연기가 비정상 유동으로 흐를 때 순간적으로 눈에 보이는 담배연기는 다음 중 어떤 것에 해당하는가?
① 유맥선
② 유적선
③ 유선
④ 유선, 유적선, 유맥선 모두에 해당됨

해설 순간적으로 눈에 보이는 담배연기 : **유맥선**
일정시간동안 담배연기가 이동한 경로 : **유적선**

해답 ①

058 중력 가속도 g, 체적유량 Q, 길이 L로 얻을 수 있는 무차원수는?
① $\dfrac{Q}{\sqrt{gL}}$
② $\dfrac{Q}{\sqrt{gL^3}}$
③ $\dfrac{Q}{\sqrt{gL^5}}$
④ $Q\sqrt{gL^3}$

해설 $\dfrac{Q}{(gL^x)^{\frac{1}{2}}} \dfrac{[L^3T^{-1}]}{[LT^{-2}L^x]^{\frac{1}{2}}}$

$L^{(1+x)\frac{1}{2}} = L^3,\ (1+x)\dfrac{1}{2} = 3,\ x = 5$

$\dfrac{Q}{\sqrt{gL^5}}$

해답 ③

059 길이 150m인 배를 길이 10m 모형으로 조파 저항에 관한 실험을 하고자 한다. 실형의 배가 70km/h로 움직인다면, 실형과 모형 사이의 역학적 상사를 만족하기 위한 모형의 속도는 몇 km/h인가?
① 271
② 56
③ 18
④ 10

해설 $F_r = \left(\dfrac{V}{\sqrt{Lg}}\right)_{실형} = \left(\dfrac{V}{\sqrt{Lg}}\right)_{모형}$

$\dfrac{70}{\sqrt{150 \times g}} = \dfrac{V_{모형}}{\sqrt{10 \times g}}$

$V_{모형} = 18.07\text{km/h}$

해답 ③

060 관로의 전 손실수두가 10m인 펌프로부터 21m 지하에 있는 물을 지상 25m의 송출액면에 10m³/min의 유량으로 수송할 때 축동력이 124.5kW이다. 이 펌프의 효율은 약 얼마인가?

① 0.70
② 0.73
③ 0.76
④ 0.80

해설

(펌프의 효율) $\eta = \dfrac{\text{유체동력}}{\text{축동력}} = \dfrac{\gamma HQ}{\text{축동력}} = \dfrac{9800 \times 56 \times \dfrac{10}{60}}{124500} = 0.7346 = 73.46\%$

(펌프의 전수두) $H = 10 + 21 + 25 = 56\text{m}$

해답 ②

제4과목 기계재료 및 유압기기

061 베빗메탈(babbit metel)에 관한 설명으로 옳은 것은?

① Sn-Sb-Cu계 합금으로서 베어링 재료로 사용된다.
② Cu-Ni-Si계 합금으로서 도전율이 좋으므로 강력 도전 재료로 이용된다.
③ Zn-Cu-Ti계 합금으로서 강도가 현저히 개선된 경화형 합금이다.
④ Al-Cu-Mg계 합금으로서 상온시효처리하여 기계적 성질을 개선시킨 합금이다.

해설 베어링에 사용되는 화이트 메탈의 종류 중에 베빗 메탈이 있다.
화이트메탈(WM) ① 주석계 화이트 메탈=베빗메탈 : Sn+Sb+Cu
② 납계 화이트 메탈 : Pb+Sn+Sb+Cu

해답 ①

062 고용체합금의 시효경화를 위한 조건으로서 옳은 것은?

① 급냉에 의해 제2상의 석출이 잘 이루어져야 한다.
② 고용체의 용해도 한계가 온도가 낮아짐에 따라 증가해야만 한다.
③ 기지상은 단단하여야 하며, 석출물은 연한 상이어야 한다.
④ 최대 강도 및 경도를 얻기 위해서는 기지 조직과 정합상태를 이루어야만 한다.

해설 **고용체 합금의 시효경화**
모상에 석출상의 핵이 발생하고 성장하는 과정에 의한 재료강화 현상으로 성장 초기 단계에서는 모상과 석출물과의 사이에 격자가 연결되어 있는 경우인 정합상태(coherency state)가 된다.

정합변형(coherency strain)에 의한 큰 격자변형 → 전위 운동 방해 → 재료 강화
석출경화의 기본 원칙
① 기지상은 연성이 크고, 석출물은 단단한 성질을 가져야 한다.
② 기지상은 연속적이어야 하고 석출물은 불연속적으로 존재해야 한다.
③ 석출물 입자의 크기는 미세해야 되고 그 수가 많아야 한다.
④ 석출물 입자의 형상은 구형에 가까울수록 응력집중을 일으키지 않으므로 균열발생이 가능성이 적어진다.
⑤ 석출경화는 급냉에 의해 제2상의 석출이 잘 이루어져야 한다.

해답 ④

063 고 Mn강(hadfeld steel)에 대한 설명으로 옳은 것은?

① 고온에서 서냉하면 M_3C가 석출하여 취약해진다.
② 소성 변형 중 가공경화성이 없으며, 인장강도가 낮다.
③ 1200℃ 부근에서 급랭하여 마텐자이트 단상으로 하는 수인법을 이용한다.
④ 열전도성이 좋고 팽창계수가 작아 열변형을 일으키지 않는다.

해설 고망간강(hadfeld steel ; 하드필드강)
① 12%Mn인 주강으로 인성이 높고, 내마멸성도 매우 크므로, 레일의 포인트, 분쇄기 롤러 등에 이용된다.
② Mn 10~14%, C 0.9~1.3% 오스테나이트 조직으로 경도가 높아서 내마모용에 쓰인다.
③ 1,000~1,100℃에서 수중 담금질하여 인성을 부여하는 수인법(Water toughening) 처리하여 마모성이 아주 크므로 철도 교차점 등에 사용으로 사용된다.
  ※ 수인법 : 고Mn강, 18-8스테인리스강 등과 같이 서랭시켜도 austenite조직으로 되는 합금을 1,000℃ 정도에서 수중에 급랭시키면 완전한 austenite 조직의 연성과 인성을 증가시켜 가공이 쉽도록 하는 열처리법을 수인법이라 한다.
④ 하드필드 강을 수인 처리하면 오스테나이트 조직이 되므로 절삭이 가능하고 응력을 받으면 martensite 조직이 되면서 내마모성을 발휘한다.
⑤ 고망간강은 고온에서 서냉하면 M_3C가 석출하여 취약 해진다.
⑥ 석출 경화형 탄화물의 종류는 W_2C, W_4C_3, M_3C 등이 있다.

해답 ①

064 플라스틱 재료의 일반적인 특징으로 옳은 것은?

① 내구성이 매우 좋다.
② 완충성이 매우 낮다.
③ 자기 윤활성이 거의 없다.
④ 복합화에 의한 재질의 개량이 가능하다.

해설 플라스틱 재료의 일반적인 특징
① 철강에 비해 내구성이 좋지 않다.
② 철강에 비해 충격에 의한 완충성이 높다.
③ 석유계에서 추출된 수지를 사용하므로 자기 윤활성이 많다.
④ 복합화에 의한 재질의 개량이 가능하다. 대표적으로 섬유강화 플라스틱이 있다.

해답 ④

065. 현미경 조직 검사를 실시하기 위한 철강용 부식제로 가장 널리 사용 되는 것은?

① 염산 50mL를 물 50mL에 섞은 용액
② 질산 용액
③ 나이탈 용액
④ 염화제2철 용액

해설 **철강용 부식제**

철강용 부식제에 가장 널리 사용되는 것으로는 염산 50mL를 물 50mL에 섞은 용액이다. 하지만 산화제2철용액, 왕수, 왕수의 글리세린 희석액 등도 사용되기도 한다.

해답 ①

066. 상온의 금속(Fe)을 가열 하였을 때 체심입방격자에서 면심입방격자로 변하는 점은?

① A_0변태점
② A_2변태점
③ A_3변태점
④ A_4변태점

해설

종류	변태 형식	변태점	철의 변화	원자 배열
A_4 변태	동소변태	약 1394℃	$\delta-Fe \Leftrightarrow \gamma-Fe$	체심입방격자 → 면심입방격자
A_3 변태	동소변태	약 911℃	$\gamma-Fe \Leftrightarrow \beta-Fe$	면심입방격자 → 체심입방격자

해답 ③

067. 스테인리스강을 조직에 따라 분류할 때의 기준 조직이 아닌 것은?

① 페라이트계
② 마텐자이트계
③ 시멘타이트계
④ 오스테나이트계

해설 **스테인리스강(stainless steel)**

성분계	조직	KS기호	특징	
			자성	담금질성(열처리성)
Cr계	마텐자이트 (13%Cr)	STS410	있음	있음
	페라이트 (15%Cr)	STS430	있음	없음
Cr-Ni계 내식성 가장 우수	오스테나이트 18%Cr-8%Ni	STS304	없음	없음

해답 ③

068 담금질한 공석강의 냉각 곡선에서 시편을 20℃의 물속에 넣었을 때 ㉮와 같은 곡선을 나타낼 때의 조직은?

① 펄라이트
② 오스테나이트
③ 마텐자이트
④ 베이나이트+펄라이트

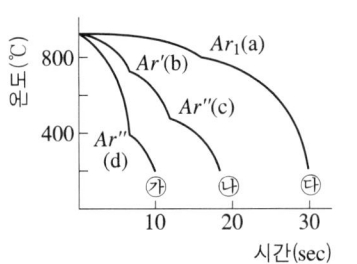

해설 ㉮ 마텐자이트
㉯ 마텐자이트와 펄라이트
㉰ 펄라이트

해답 ③

069 항온 열처리 방법에 해당하는 것은?

① 뜨임(tempering)
② 어닐링(annealing)
③ 마퀜칭(marquenching)
④ 노멀라이징(normalizing)

해설 항온 열처리의 종류
① 항온풀림(isothermal annealing) : 공구강, 특수강, 기타 자경성이 강한 특수강의 풀림에 사용
② 항온담금질(isothermal quenching)
  ㉠ 오스템프링(austempering)
  ㉡ 마템프링(martempering)
  ㉢ 마퀜칭(marquenching)
  ㉣ Ms퀜칭(Ms quenching)
  ㉤ 오스포밍(ausforming)
③ 항온뜨임(isothermal tempering) : 뜨임에 의하여 2차 경화되는 고속도강이나 다이스강의 뜨임에 사용

해답 ③

070 고강도 합금으로써 항공기용 재료에 사용되는 것은?

① 베릴륨 등
② Naval brass
③ 알루미늄 청동
④ Extra Super Duralumin

해설 고강도 알루미늄합금
① 두랄루민 : Al+(4%Cu)+(0.5%Mg)+(0.5%Mn)
② 초두랄루민(Super Duralumin) : Al+(4.5%Cu)+(1.5%Mg)+(0.6%Mn)
③ 초강두랄루민(Extra Super Duralumin) :
  Al+(1.6%Cu)+(2.5%Mg)+(0.2%Mn)+(5.6%Zn)

해답 ④

071 유체 토크 컨버터의 주요 구성 요소가 아닌 것은?

① 펌프 ② 터빈
③ 스테이터 ④ 릴리프 밸브

해설 유체토크컨버터(Fluid torque converter)의 구성
① 입력측에 해당하는 : 펌프(pump=impeller)
② 출력측에 해당되는 : 터빈(tubine=runner)
③ 토크 변동을 할 수 있는 : 스테이터(stator)가 있다.

해답 ④

072 미터 아웃 회로에 대한 설명으로 틀린 것은?

① 피스톤 속도를 제어하는 회로이다.
② 유량 제어 밸브를 실린더의 입구측에 설치한 회로이다.
③ 기본형은 부하변동이 심한 공작기계의 이송에 사용된다.
④ 실린더에 배압이 걸리므로 끌어당기는 하중이 작용해도 자주 할 염려가 없다.

해설 미터 아웃 회로는 출구측 유량을 제어하는 하는 회로이다.

해답 ②

073 압력 제어 밸브의 종류가 아닌 것은?

① 체크 밸브 ② 감압 밸브
③ 릴리프 밸브 ④ 카운터 밸런스 밸브

해설 체크밸브는 일방향 밸브로 방향제어밸브이다.

해답 ①

074 유압유의 구비조건으로 적절하지 않은 것은?

① 압축성이어야 한다.
② 점도 지수가 커야한다.
③ 열을 방출시킬 수 있어야 한다.
④ 기름중의 공기를 분리시킬 수 있어야 한다.

해설 유압유는 비압축성이어야 한다.

해답 ①

075 유압 장치의 특징으로 적절하지 않은 것은?

① 원격 제어가 가능하다.
② 소형 장치로 큰 출력을 얻을 수 있다.
③ 먼지나 이물질에 의한 고장의 우려가 없다.
④ 오일에 기포가 섞여 작동이 불량할 수 있다.

해설 유압장치에 사용되는 유압유에 먼지나 이물질이 들어가면 압력의 전달이나 누의 원인 등이 발생하여 유압장치에 고장의 원인이 된다.

해답 ③

076 유압 실린더 취급 및 설계 시 주의사항으로 적절하지 않은 것은?

① 적당한 위치에 공기구멍을 장치한다.
② 쿠션 장치인 쿠션 밸브는 감속범위의 조정용으로 사용한다.
③ 쿠션장치인 쿠션링은 헤드 엔드축에 흐르는 오일을 촉진한다.
④ 원칙적으로 더스트 와이퍼를 연결해야 한다.

해설 유압실린더는 피스톤이 커버와 충돌했을 경우 발생되는 충격을 흡수하기 위하여 쿠션 장치를 내장하여야 한다. 쿠션기구는 쿠션밸브를 조정함으로써 헤드 엔트축에 흐르는 오일을 촉진할 수 있다.

해답 ③

077 그림의 유압 회로도에서 ①의 밸브 명칭으로 옳은 것은?

① 스톱 밸브
② 릴리프 밸브
③ 무부하 밸브
④ 카운터 밸런스 밸브

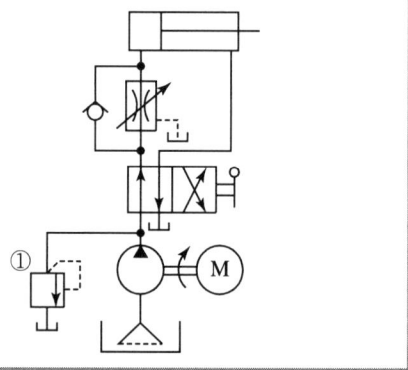

해설 릴리프밸브를 나타내는 유압기호로 릴리프 밸브는 회로 내의 최고 압력을 설정하는 압력 제어 밸브이다.

해답 ②

078 펌프에 대한 설명으로 틀린 것은?

① 피스톤 펌프는 피스톤을 경사판, 캠, 크랭크 등에 의해서 왕복 운동시켜, 액체를 흡입 쪽에서 토출 쪽으로 밀어내는 형식의 펌프이다.
② 레이디얼 피스톤 펌프는 피스톤의 왕복 운동 방향이 구동축에 거의 직각인 피스톤 펌프이다.
③ 기어 펌프는 케이싱 내에 물리는 2개 이상의 기어에 의해 액체를 흡입 쪽에서 토출 쪽으로 밀어내는 형식의 펌프이다.
④ 터보 펌프는 회전차를 케이싱 외에 회전시켜, 액체로부터 운동 에너지를 뺏어 액체를 토출하는 형식의 펌프이다.

해설 **터보 펌프**(turbo pump)
터보펌프는 회전차를 케이싱 내에서 회전시켜 액체에 운동에너지를 공급하여 액체를 토출하는 형식의 펌프이다. 토출량이 크고 낮은 점도 액체용이며, 저양정 시동시 물이 필요한 단점이 있다.

해답 ④

079 채터링 현상에 대한 설명으로 적절하지 않은 것은?

① 소음을 수반한다.
② 일종의 자력 진동현상이다.
③ 감압 밸브, 릴리프 밸브 등에서 발생한다.
④ 압력, 속도 변화에 의한 것이 아닌 스프링의 강성에 의한 것이다.

해설 채터링 현상은 스프링의 자력진동 현상으로 작동유의 압력 및 속도에 따라 밸브를 통과하는 유량이 조절된다. 밸브는 스프링의 강성에 의해 조절되므로 채터링 현상은 작동유의 압력, 속도 변화에 의해 발생될 수 있다.

해답 ④

080 그림과 같은 유압 기호의 명칭은?

① 경음기   ② 소음기
③ 리밋 스위치   ④ 아날로그 변환기

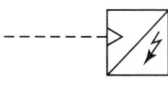

해설

압력스위치	
리밋 스위치	
아날로그 변환기	
소음기	

해답 ④

제5과목 기계제작법 및 기계동력학

081 국제단위체계(SI)에서 1N에 대한 설명으로 맞는 것은?
① 1g의 질량에 $1m/s^2$의 가속도를 주는 힘이다.
② 1g의 질량의 $1m/s$의 속도를 주는 힘이다.
③ 1kg의 질량 $1m/s^2$의 가속도를 주는 힘이다.
④ 1kg의 질량에 $1m/s$의 속도를 주는 힘이다.

해설 $F = ma = 1kg \times 1m/s^2 = 1N$

해답 ③

082 30°로 기울어진 표면에 질량 50kg인 블록이 질량 m인 추와 그림과 같이 연결되어 있다. 경사 표면과 블록 사이의 마찰계수가 0.5일 때 이 블록을 경사면으로 끌어올리기 위한 추의 최소 질량은 약 몇 kg인가?
① 36.5
② 41.8
③ 46.7
④ 54.2

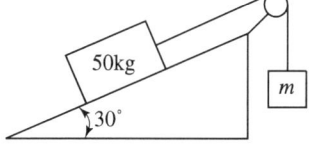

해설
$50g\sin\theta + \mu 50g\cos\theta = mg$
$50 \times \sin 30 + 0.5 \times 50 \times \cos 30 = m$
$m = 46.65 kg$

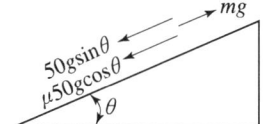

해답 ③

083 그림과 같이 질량이 동일한 두 개의 구슬 A, B가 있다. 초기에 A의 속도는 v이고 B는 정지되어 있다. 충돌 후 A와 B의 속도에 관한 설명으로 맞는 것은? (단, 두 구슬 사이의 반발계수는 1이다.)
① A와 B 모두 정지한다.
② A와 B 모두 v의 속도를 가진다.
③ A와 B 모두 $v/2$의 속도를 가진다.
④ A는 정지하고 B는 v의 속도를 가진다.

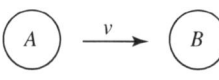

해설 $m_A V_A + m_B V_B = m_A V_A' + m_B V_B'$
$m_A = m_B$, $V_A + V_B = V_A' + V_B'$, $V_B = 0$
$V_A = V_A' + V_B'$ ························①식
$e = \dfrac{V_B' - V_A'}{V_A - V_B}$

$$1 = \frac{V_B' - V_A'}{V_A - 0}, \quad 1 = \frac{V_B' - V_A'}{V_A}$$
$$V_A = V_B' - V_A' \quad \cdots\cdots\cdots\cdots\cdots ②식$$
①식과 ②식에서
$$V_B' - V_A' = V_A' + V_B'$$
$$0 = 2 V_A'$$
$$V_A' = 0, \quad V_B' = V_A$$

해답 ④

084

그림과 같이 최초 정지상태에 있는 바퀴에 줄이 감겨있다. 힘을 가하여 줄의 가속도 (a)가 $a = 4t [\text{m/s}^2]$일 때 바퀴의 각속도(ω)를 시간의 함수로 나타내면 몇 rad/s인가?

① $8t^2$
② $9t^2$
③ $10t^2$
④ $11t^2$

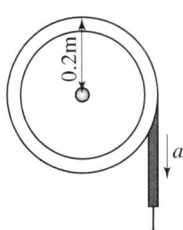

해설 (전선가속도) $a_t = 4t$

$$a_t = \alpha R = \frac{d\omega}{dt} \times R = 4t$$
$$d\omega = \frac{4t}{R} dt$$
$$\int_1^2 d\omega = \int_0^t \frac{4t}{R} dt = \int \frac{4t}{0.2} dt$$
$$\omega = \frac{4t^2}{2 \times 0.2} = 10t^2$$

해답 ③

085

그림과 같이 질량이 10kg인 봉의 끝단이 홈을 따라 움직이는 블록 A, B에 구속되어 있다. 초기에 $\theta = 0°$에서 정지하여 있다가, 블록 B에 수평력 $P = 50\text{N}$이 작용하여 $\theta = 45°$가 되는 순간의 봉의 각속도는 약 몇 rad/s인가? (단, 블록 A와 B의 질량과 마찰은 무시하고, 중력가속도 $g = 9.81\text{m/s}^2$이다.)

① 3.11
② 4.11
③ 5.11
④ 6.11

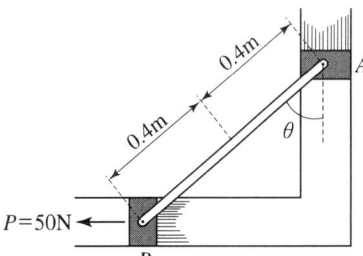

해설

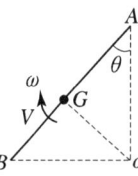

(운동에너지) $T = \frac{1}{2}mV^2 + \frac{1}{2}J\omega^2 = \frac{1}{2}m\left(\frac{l}{2}\times\omega\right)^2 + \frac{1}{2}\left(\frac{ml^2}{12}\right)\times\omega^2 = \frac{ml^2}{6}\omega^2$

(위치에너지) $U = mg\left(\frac{l}{2} - \frac{l}{2}\sin\theta\right) = 10\times 9.81\times\left(\frac{0.8}{2} - \frac{0.8}{2}\sin 45\right) = 11.493\text{N}\cdot\text{m}$

(외부에서 한일) $W = 50\text{N}\times 0.8\times\cos 45 = 28.284\text{N}\cdot\text{mm}$

$T = W + U$

$\frac{ml^2}{6}\omega^2 = 28.284 + 11.493$

$\frac{10\times 0.8^2}{6}\times\omega^2 = 28.284 + 11.493$

$\omega = 6.106 = 6.11\text{rad/s}$

해답 ④

086 스프링상수가 20N/cm와 30N/cm인 두 개의 스프링을 직렬로 연결했을 때 등가스프링 상수 값은 몇 N/cm인가?

① 1
② 1.2
③ 2.5
④ 5

해설

$\frac{1}{K_e} = \frac{1}{K_1} + \frac{1}{K_2} = \frac{1}{20} + \frac{1}{30} = \frac{50}{60}$

$K_e = \frac{60}{50} = 1.2\text{N/cm}$

해답 ②

087 엔진(질량 m)의 진동이 공장 바닥에 직접 전달될 때 바닥에 힘이 $F_0\sin\omega t$로 전달된다. 이때 전달되는 힘을 감소시키기 위해 엔진과 바닥 사이에 스프링(스프링 상수 K)과 댐퍼(감쇠상수 c)를 달았다. 이를 위해 진동계의 고유진동수(ω_n)와 외력의 진동수(ω)는 어떤 관계를 가져야 하는가? (단, $\omega_n = \sqrt{\dfrac{k}{m}}$ 이고, t는 시간을 의미한다.)

① $\omega_n > \omega$
② $\omega_n < 2\omega$
③ $\omega_n < \dfrac{\omega}{\sqrt{2}}$
④ $\omega_n > \dfrac{\omega}{\sqrt{2}}$

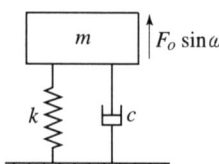

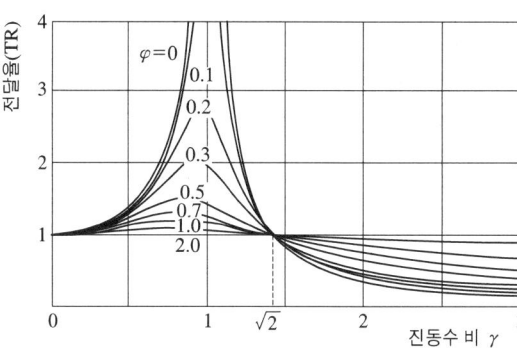

힘을 감소시키기 위해서는 TR(힘 전달률)이 1보다 작아야 한다.
$\gamma > \sqrt{2}$
$\dfrac{\omega}{\omega_n} > \sqrt{2}$, $\dfrac{\omega}{\sqrt{2}} > \omega_n$

해답 ③

088
90km/h의 속력으로 달리던 자동차가 100m 전방의 장애물을 발견한 후 제동을 하여 장애물 바로 앞에 정지하기 위해 필요한 제동력의 크기는 몇 N인가? (단, 자동차의 질량은 1000kg이다.)

① 3125
② 6250
③ 40500
④ 81000

 $F = ma = 1000 \times 3.125 = 3125\text{N}$
$2as = V_2^2 - V_1^2$

$a = \dfrac{V_2^2 - V_1^2}{2s} = \dfrac{0 - \left(\dfrac{90000}{3600}\right)^2}{2 \times 100} = 3.125\text{m/s}^2$

해답 ①

089
다음 중 계의 고유진동수에 영향을 미치지 않는 것은?

① 계의 초기조건
② 진동물체의 질량
③ 계의 스프링 계수
④ 계를 형성하는 재료의 탄성계수

 (고유진동수) $f = \dfrac{\omega_n}{2\pi} = \dfrac{1}{2\pi}\sqrt{\dfrac{k}{m}} = \dfrac{1}{2\pi}\sqrt{\dfrac{g}{\delta}}$

해답 ①

090

그림과 같이 질량이 m인 물체가 탄성스프링으로 지지되어 있다. 초기위치에서 자유낙하를 시작하고, 초기 스프링의 변형량이 0일 때, 스프링의 최대 변형량(x)은? (단, 스프링의 질량은 무시하고, 스프링상수는 k, 중력가속도는 g이다.)

① $\dfrac{mg}{k}$ ② $\dfrac{2mg}{k}$
③ $\sqrt{\dfrac{mg}{k}}$ ④ $\sqrt{\dfrac{2mg}{k}}$

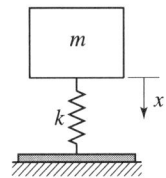

해설 탄성에너지 = 위치에너지
$\dfrac{1}{2}kx^2 = mgx$ (최대변형량) $x = \dfrac{2mg}{k}$

해답 ②

091

숏피닝(shot peening)에 대한 설명으로 틀린 것은?

① 숏피닝은 얇은 공작물일수록 효과가 크다.
② 가공물 표면에 작은 해머와 같은 작용을 하는 형태로 일종의 열간 가공법이다.
③ 가공물 표면에 가공경화된 잔류 압축응력층이 형성된다.
④ 반복하중에 대한 피로파괴에 큰 저항을 갖고 있기 때문에 각종 프프링에 널리 이용된다.

해설 숏피닝은 금속부품의 표면에 쇼트볼(shot ball)이라는 강구를 고속으로 금속의 표면에 투사하여 금속의 표면을 햄머링(hammering)하는 일종의 냉간가공이다. 숏피닝은 표면의 압축 잔류응력이 발생하여 피로강도를 증가시킨다. 또한 얇은 금속일수록 효과가 있어 자동차의 판스프링의 표면 경화에 주로 사용된다.

해답 ②

092

오스테나이트 조직을 굳은 조직인 베이나이트로 변환시키는 항온 변태 열처리법은?

① 서브제로 ② 마템퍼링
③ 오스포밍 ④ 오스템퍼링

해설 오스템프링(austempering) : 오스테나이트를 베이나이트로 변환하는 열처리법
담금질 온도에서 M_s점보다 높은 온도의 염욕 중에 넣어 항온변태를 끝낸 후에 상온까지 냉각하는 담금질 방법으로 아래 그림과 같이 S곡선에서 코(nose)와 M_s점 사이에서 항온변태를 시킨 후 열처리하는 것으로서 점성이 큰 베이나이트 조직이 얻을 수 있어 뜨임이 필요가 없고 강인성이 크며, 담금질 균열 및 변형을 방지할 수 있다.

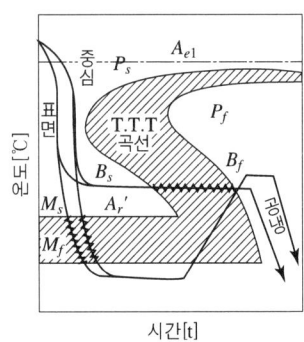

해답 ④

093

전기 도금의 반대현상으로 가공물을 양극, 전기저항이 적은 구리, 아연을 음극에 연결한 후 용액에 침지하고 통전하여 금속표면의 미소 돌기부분을 용해하여 거울 면과 같이 광택이 있는 면을 가공할 수 있는 특수가공은?

① 방전가공
② 전주가공
③ 전해연마
④ 슈퍼피니싱

해설 **전해연마** : 전기 도금의 반대현상으로 가공물을 양극, 전기저항이 적은 구리, 아연을 음극에 연결한 후 용액에 침지하고 통전하여 금속표면의 미소돌기 부분을 용해하여 거울면과 같이 광택이 있는 면을 가공할 수 있는 특수가공으로 스테인리스강의 표면다듬에 주로 사용된다.

해답 ③

094

주철과 같은 강하고 깨지기 쉬운 재료(매진 재료)를 지속으로 절삭할 때 생기는 칩의 형태는?

① 균열형 칩
② 유동형 칩
③ 열단형 칩
④ 전단형 칩

해설
① 균열형 칩 : 주철과 같은 강하고 깨지기 쉬운 재료(매진 재료)를 지속으로 절삭할 때 생기는 칩
② 유동형 칩 : 연성재료를 고속으로 절삭할 때 생기는 칩
③ 열단형 칩 : 점성재료를 경사각이 작은 공구로 절삭할 때 생기는 칩
④ 전단형 칩 : 연성재료를 저속으로 절삭할 때 생기는 힘

해답 ①

095

두께 50mm의 연강판을 압연 롤러를 통과시켜 40mm가 되었을 때 압하율은 몇 %인가?

① 10
② 15
③ 20
④ 25

해설 (압하율) $\epsilon = \dfrac{H_o - h}{H_o} = \dfrac{50 - 40}{50} = 20\%$

해답 ③

096

용접의 일반적인 장점으로 틀린 것은?

① 품질검사가 쉽고 잔류응력이 발생하지 않는다.
② 재료가 절약되고 중량이 가벼워진다.
③ 작업 공정수가 감소한다.
④ 기밀성이 우수하며 이음 효율이 향상된다.

해설 용접은 비파괴 검사를 하기 때문에 품질검사가 어렵고 열에 의한 잔류응력이 발생한다.

해답 ①

097 프레스가공에서 전단가공의 종류가 아닌 것은?
① 블랭킹　　　　　　　② 트리밍
③ 스웨이징　　　　　　④ 셰이빙

해설 전단가공
① 블랭킹(blanking) : 펀치로 판재를 뽑기하는 작업으로 뽑은 제품을 Blank라고 하며 남은 부분을 scrap이라 한다.
② 펀칭(punching) : 펀치로 판재를 뽑기하였을 경우 뽑고 남은 부분(scrap)이 제품이 된다.
③ 전단(shearing) : 소재를 원하는 모양으로 잘라내는 것을 말한다.
④ 분단(parting) : 제품을 분리하는 과정을 말하며 2차 가공에 속한다.
⑤ 노칭(notching) : 소재의 한 쪽 끝에서 다른 쪽 끝까지 직선 또는 곡선상으로 절단하는 것을 말한다.
⑥ 트리밍(trimming) : Punch와 die로써 drawing제품의 flange를 소요의 형상과 치수에 맞게 잘라내는 것을 말하며 2차 가공에 속한다.
⑦ 셰이빙(shaving) : 뽑거나 전단한 제품의 단면이 곱지 못 할 경우 클리어런스가 작은 펀치와 다이로 매끈하게 가공하는 것을 말한다.
⑧ 브로칭(broaching) : 브로치에 의한 절삭 가공을 말한다.
※ 스웨이징은 압축가공 형태이다.

해답 ③

098 주물사에서 가스 및 공기에 해당하는 기체가 통과하여 빠져나가는 성질은?
① 보온성　　　　　　　② 반복성
③ 내구성　　　　　　　④ 통기성

해설 통기성 : 주물사에서 가스 및 공기에 해당하는 기체가 잘 빠져나는 성질을 통기성이라 하면 통기성을 측정하여 나타낸 값을 통기도라 한다.
통기도 $K = \dfrac{Vh}{PAt}$ [cm/min]
여기서, V : 시험편을 통과한 공기량(cc)
h : 시험편의 높이(cm)
t : 통과시간(min)
P : 공기 압력(kg/cm^2)
A : 시험편의 단면적(cm^2)

해답 ④

099 선반가공에서 직경 60mm, 길이 100mm의 탄소강 재료 환봉을 초경바이트로 사용하여 1회 절삭 시 가공시간은 약 몇 초인가? (단 절삭 깊이 1.55mm, 절삭속도 150m/mim, 이송은 0.2mm/rev이다.)
① 38　　　　　　　　　② 42
③ 48　　　　　　　　　④ 52

해설 (가공시간) $T = \dfrac{L}{S \times N} = \dfrac{100[\text{mm}]}{0.2[\text{mm/rev}] \times 795.77[\text{rev/min}]} = 0.628[\text{min}] = 37.68[\text{s}]$

(분당회전수) $N = \dfrac{1000 \times V}{\pi \times D} = \dfrac{1000 \times 150}{\pi \times 60} = 795.77[\text{rpm}] = 795.77[\text{rev/min}]$

해답 ①

100 침탄법에 비해서 경화층은 얇으나, 경도가 크고 담금질이 필요 없으며, 내식성 및 내마모성이 커서 고온에도 변화되지 않지만 처리시간이 길고 생산비가 많이 드는 표면 경화법은?

① 마퀜칭 ② 질화법
③ 화염 경화법 ④ 고주파 경화법

해설 **질화법** : 금속 표면에 암모니아가스를 이용해 질소를 침투하는 방법으로 침탄법에 비해서 경화층은 얇으나, 경도가 크고 담금질이 필요 없으며, 내식성 및 내마모성이 커서 고온에도 변화되지 않지만 처리시간이 길고 생산비가 많이 드는 단점이 있다.

해답 ②

일반기계기사

2020년 8월 22일 시행

제1과목 재료역학

001 다음 외팔보가 균일분포 하중을 받을 때, 굽힘에 의한 탄성변형 에너지는? (단, 굽힘강성 EI는 일정하다.)

① $U = \dfrac{w^2 L^5}{20EI}$ ② $U = \dfrac{w^2 L^5}{30EI}$

③ $U = \dfrac{w^2 L^5}{40EI}$ ④ $U = \dfrac{w^2 L^5}{50EI}$

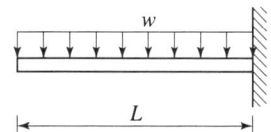

해설

$$dU = \frac{M_x^2 dx}{2EI} = \frac{\left(\dfrac{wx^2}{2}\right)^2 dx}{2EI} = \frac{w^2 x^4 dx}{8EI}$$

$$\int_0^L dU = \int_0^L \frac{w^2 x^4}{8EI} = dx$$

$$U = \frac{w^2}{8EI} \times \left[\frac{x^5}{5}\right]_0^L = \frac{w^2 L^5}{40EI}$$

해답 ③

002 길이 10m, 단면적 2cm²인 철봉을 100℃에서 그림과 같이 양단을 고정했다. 이 봉의 온도가 20℃로 되었을 때 인장력은 약 몇 kN인가? (단, 세로탄성계수는 200GPa, 선팽창계수 $\alpha = 0.000012/℃$이다.)

① 19.2   ② 25.5
③ 38.4   ④ 48.5

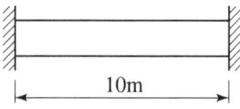

해설

$$\sigma_{th} = E \times \alpha \times \Delta T = \frac{F_{th}}{A}$$

$F_{th} = E \times \alpha \times \Delta T \times A = 200000 \times 0.000012 \times 80 \times 200 = 38400\text{N} = 38.4\text{kN}$

해답 ③

003

그림과 같은 단순 지지보에 모멘트(M)와 균일 분포하중(w)이 작용할 때, A점의 반력은?

① $\dfrac{wl}{2} - \dfrac{M}{l}$ ② $\dfrac{wl}{2} - M$

③ $\dfrac{wl}{2} + M$ ④ $\dfrac{wl}{2} + \dfrac{M}{l}$

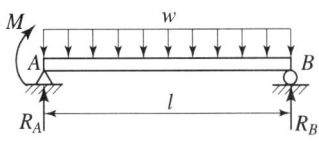

해설

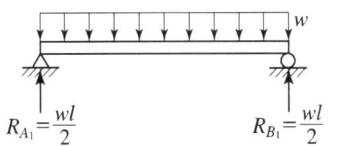

$$R_A = \dfrac{wl}{2} - \dfrac{M}{l}$$

해답 ①

004

그림과 같이 원형단면을 가진 보가 인장하중 $P=90\text{kN}$을 받는다. 이 보는 강(steel)으로 이루어져 있고, 세로탄성계수 210GPa이며 포와송비 $\mu=1/3$이다. 이 보의 체적변화 ΔV는 약 몇 mm³ 인가? (단, 보의 직경 $d=30\text{mm}$, 길이 $L=5\text{m}$이다.)

① 114.28
② 314.28
③ 514.28
④ 714.28

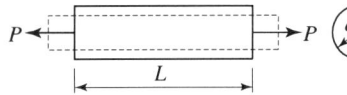

해설

$$\Delta V = \epsilon(1-2\mu) \times V = \dfrac{\sigma}{E}(1-2\mu) \times V = \dfrac{\dfrac{P}{A}}{E}(1-2\mu) \times V$$

$$= \dfrac{\dfrac{90000}{\dfrac{\pi}{4} 30^2}}{210000}\left(1-2\times\dfrac{1}{3}\right)\times\dfrac{\pi}{4}\times 30^2 \times 5000$$

$$= 714.28 \text{mm}^3$$

해답 ④

005

길이 3m, 단면의 지름 3cm인 균일 단면의 알루미늄 봉이 있다. 이 봉에 인장하중 20kN이 걸리면 봉은 약 몇 cm 늘어나는가? (단, 세로탄성계수는 72GPa이다.)

① 0.118
② 0.239
③ 1.18
④ 2.39

해설

$$\Delta L = \dfrac{PL}{AE} = \dfrac{20000 \times 3000}{\dfrac{\pi}{4}\times 30^2 \times 72000} = 1.178\text{mm} = 0.1178\text{cm}$$

해답 ①

006

판 두께 3mm를 사용하여 내압 2GPa을 받을 수 있는 구형(spherical) 내압용기를 만들려고 할 때, 이 용기의 최대 안전내경 d를 구하면 몇 cm인가? (단, 이 재료의 허용 인장응력을 $\sigma_w = 800 \text{kN/cm}^2$을 한다.)

① 24
② 48
③ 72
④ 96

해설
$\sigma_w = \dfrac{Pd}{4t}$, $d = \dfrac{\sigma_w \times 4t}{P} = \dfrac{8000 \times 4 \times 3}{2000} = 48\text{mm}$

$\sigma_w = 800\text{kN/cm}^2 = \dfrac{800000\text{N}}{100\text{mm}^2} = 8000\text{N/mm}^2$

$P = 20\text{N/cm}^2 = 0.2\text{N/mm}^2$

해답 ②

007

그림과 같은 돌출보에서 $w = 1200\text{kN/m}$의 등분포 하중이 작용할 때, 중앙 부분에서의 최대 굽힘응력은 약 몇 MPa 인가? (단, 단면은 표준 I형 보로 높이 $h = 60\text{cm}$이고, 단면 2차 모멘트 $I = 98200\text{cm}^4$이다.)

① 125
② 165
③ 185
④ 195

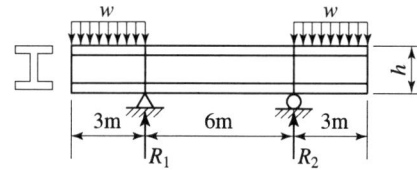

해설
$\sigma_b = \dfrac{M_c}{Z} = \dfrac{5400 \times 10^6}{3273333.333} = 165\text{MPa}$

(중앙에서의 굽힘모멘트) M_c

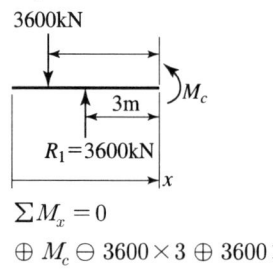

$\sum M_x = 0$
$\oplus M_c \ominus 3600 \times 3 \oplus 3600 \times 4.5 = 0$
$M_c = 3600 \times 3 - 3600 \times 4.5 = -5400\text{kN} \cdot \text{m}$
$= -5400 \times 10^6 \text{N} \cdot \text{mm}$

(단면계수) $Z = \dfrac{I}{\dfrac{h}{2}} = \dfrac{98200 \times 10^4}{\dfrac{600}{2}} = 3273333.333\text{mm}^3$

해답 ②

008

다음과 같이 스팬(span) 중앙에 힌지(hinge)를 가진 보의 최대 굽힘모멘트는 얼마인가?

① $\dfrac{qL^2}{4}$ ② $\dfrac{qL^2}{6}$

③ $\dfrac{qL^2}{8}$ ④ $\dfrac{qL^2}{12}$

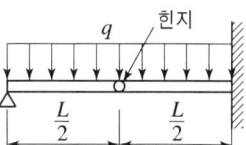

해설

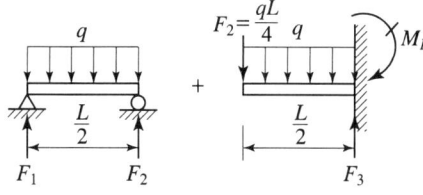

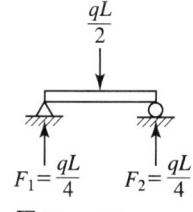 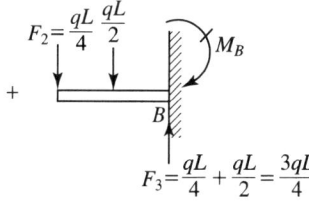

$\sum M_B = 0$ 우

$\ominus \dfrac{qL}{4} \times \dfrac{L}{2} \ominus \dfrac{qL}{2} \times \dfrac{L}{4} \oplus M_B = 0$

$M_B = \dfrac{qL^2}{8} + \dfrac{qL^2}{8} = \dfrac{2qL^2}{8} = \dfrac{ql^2}{4}$

해답 ①

009

다음 그림과 같이 부채꼴의 도심(centroid)의 위치 $\bar{x}$는?

① $\bar{x} = \dfrac{2}{3}R$

② $\bar{x} = \dfrac{3}{4}R$

③ $\bar{x} = \dfrac{3}{4}R\sin\alpha$

④ $\bar{x} = \dfrac{2R}{3\alpha}\sin\alpha$

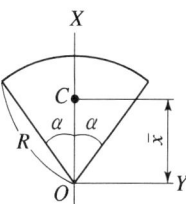

해설

$Q_x = \int x dA = \int r\cos\theta \, rd\theta dr = \int_0^R r^2 dR \times 2\int_0^\alpha \cos\theta d\theta$

$\qquad = \dfrac{R^3}{3} \times 2[\sin\theta]_0^\alpha$

$\qquad = \dfrac{R^3}{3} \times 2\sin\alpha$

$\pi R^2 : 2\pi = A : 2\alpha$

(부채꼴 면적) $A = \dfrac{\pi R^2 2\alpha}{2\pi} = R^2 \alpha$

$\bar{x} = \dfrac{Q_x}{A} = \dfrac{\dfrac{R^3}{3} \times 2\sin\alpha}{R^2 \alpha} = \dfrac{2R\sin\alpha}{3\alpha}$

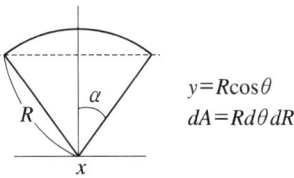

$y = R\cos\theta$
$dA = Rd\theta dR$

해답 ④

010

그림과 같이 800N의 힘이 브래킷의 A에 작용하고 있다. 이 힘의 점 B에 대한 모멘트는 약 몇 N·m 인가?

① 160.6
② 202.6
③ 238.6
④ 253.6

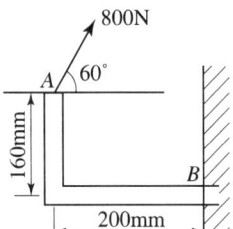

해설

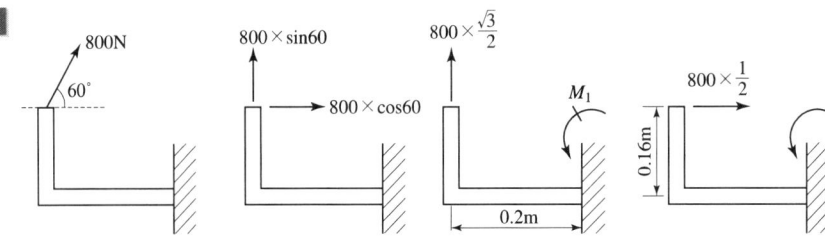

$M_1 = 800 \times \dfrac{\sqrt{3}}{2} \times 0.2 = 138.564\text{N} \cdot \text{m}$

$M_2 = 800 \times \dfrac{1}{2} \times 0.16 = 64\text{N} \cdot \text{m}$

$M_{\max} = M_1 + M_2 = 138.564 + 64 = 202.564\text{N} \cdot \text{m}$

해답 ②

011

다음과 같은 평면응력 상태에서 최대 주응력 σ_1은?

$$\sigma_x = \tau,\ \sigma_y = 0,\ \tau_{xy} = -\tau$$

① 1.414τ
② 1.80τ
③ 1.618τ
④ 2.828τ

해설

$\sigma_1 = \dfrac{\sigma_x + \sigma_y}{2} + \sqrt{\left(\dfrac{\sigma_x - \sigma_y}{2}\right)^2 + \tau_{xy}^2}$

$= \dfrac{\tau}{2} + \sqrt{\left(\dfrac{\tau}{2}\right)^2 + (-\tau)^2} = \tau\left\{\dfrac{1}{2} + \sqrt{\left(\dfrac{1}{2}\right)^2 + 1^2}\right\}$

$= 1.618\tau$

해답 ③

012

0.4m×0.4m인 정사각형 ABCD를 아래 그림에 나타내었다. 하중을 가한 후의 변형 상태는 점선으로 나타내었다. 이때 A 지점에서 전단 변형률 성분의 평균값(γ_{xy})는?

① 0.001
② 0.000625
③ −0.0005
④ −0.000625

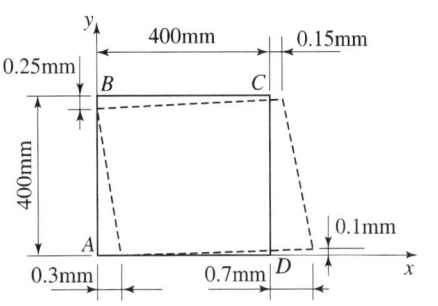

해설

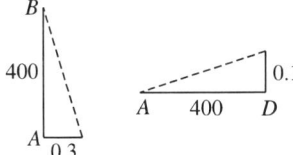

$\gamma_1 = \dfrac{0.3}{400}$ $\gamma_2 = \dfrac{0.1}{400}$ $\gamma_3 = \dfrac{0.15}{400}$ $\gamma_4 = \dfrac{0.25}{400}$

(전단변형률의 평균값) $\gamma_{xy} = \dfrac{\gamma_1 + \gamma_2 + \gamma_3 + \gamma_4}{4} = 0.0005$

해답 ③

013

비틀림모멘트 2kN·m가 지름 50mm인 축에 작용하고 있다. 축의 길이가 2m일 때 축의 비틀림각은 약 몇 rad 인가? (단, 축의 전단탄성계수는 85GPa이다.)

① 0.019
② 0.028
③ 0.054
④ 0.077

해설

$\theta = \dfrac{TL}{GI_P} = \dfrac{2 \times 10^6 \times 2000}{85 \times 10^3 \times \dfrac{\pi \times 50^4}{32}} = 0.0766 \text{rad}$

해답 ④

014

그림과 같이 외팔보의 끝에 집중하중 P가 작용할 때 자유단에서의 처짐각 θ는? (단, 보의 굽힘강성 EI는 일정하다.)

① $\dfrac{PL^2}{2EI}$
② $\dfrac{PL^3}{6EI}$
③ $\dfrac{PL^2}{8EI}$
④ $\dfrac{PL^2}{12EI}$

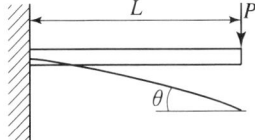

해설 (처짐각) $\theta = \dfrac{A_M}{EI} = \dfrac{PL^2}{2EI}$

$A_M = \dfrac{1}{2}(L \times PL) = \dfrac{PL^2}{2}$

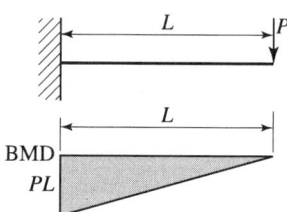

해답 ①

015
지름 70mm인 환봉에 20MPa의 최대전단응력이 생겼을 때 비틀림모멘트는 약 몇 kN·m인가?

① 4.50 ② 3.60
③ 2.70 ④ 1.35

해설 $T = \tau \times \dfrac{\pi d^3}{16} = 20000 \times \dfrac{\pi \times 0.07^3}{16} = 1.346 \text{kN} \cdot \text{m} = 1.35 \text{kN} \cdot \text{m}$

해답 ④

016
다음 구조물에 하중 $P = 1$kN이 작용할 때 연결핀에 걸리는 전단응력은 약 얼마인가? (단, 연결핀의 지름은 5mm이다.)

① 25.46kPa
② 50.92kPa
③ 25.46MPa
④ 50.92MPa

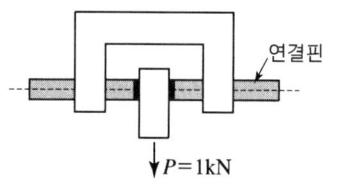

해설 $\tau = \dfrac{P}{\dfrac{\pi}{4}d^2 \times 2} = \dfrac{1000}{\dfrac{\pi}{4} \times 5^2 \times 2} = 25.464 \text{MPa} \fallingdotseq 25.46 \text{MPa}$

해답 ③

017
100rpm으로 30kW를 전달시키는 길이 1m, 지름 7cm인 둥근 축단의 비틀림각은 약 몇 rad 인가? (단, 전단탄성계수는 83GPa 이다.)

① 0.26 ② 0.30
③ 0.015 ④ 0.009

해설 $T = 974000 \times 9.8 \times \dfrac{H_{kW}}{N} = 974000 \times 9.8 \times \dfrac{30}{100} = 286350 \text{N} \cdot \text{mm}$

$\theta = \dfrac{TL}{GI_P} = \dfrac{2863560 \times 1000}{83000 \times \dfrac{\pi \times 70^4}{32}} = 0.0146 \fallingdotseq 0.015 \text{rad}$

해답 ③

018

그림과 같이 균일단면을 가진 단순보에 균일하중 ω kN/m이 작용할 때, 이 보의 탄성 곡선식은? (단, 보의 굽힘 강성 EI는 일정하고, 자중은 무시한다.)

① $y = \dfrac{\omega x}{24EI}(L^3 - 2Lx^2 + x^3)$

② $y = \dfrac{\omega}{24EI}(L^3 - Lx^2 + x^3)$

③ $y = \dfrac{\omega}{24EI}(L^3 x - Lx^2 + x^3)$

④ $y = \dfrac{\omega x}{24EI}(L^3 - 2x^2 + x^3)$

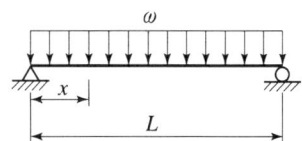

해설 $\sum M_x = 0 \; +\curvearrowleft$

$\oplus M_x \oplus \omega x \times \dfrac{x}{2} \ominus \dfrac{\omega L}{2} \times x = 0$

$M_x = \dfrac{\omega L}{2}x - \dfrac{\omega x^2}{2}$

$EIy'' = -M_x = \dfrac{\omega x^2}{2} - \dfrac{\omega L x}{2}$

$EIy_x' = \dfrac{\omega x^3}{2 \times 3} - \dfrac{\omega L x^2}{2 \times 2} + c_1$

$EIy_x = \dfrac{\omega x^4}{2 \times 3 \times 4} - \dfrac{\omega L x^3}{2 \times 2 \times 3} + c_1 x + c_2$

경계조건 $y_{x=0}$일 때 $y=0$, $c_2 = 0$

$y_{x=L}$일 때 $y=0$, $c_1 = \dfrac{\omega L^3}{24}$

$y = \dfrac{\omega x}{24EI}(L^3 - 2Lx^2 + x^3)$

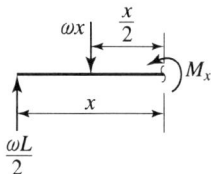

해답 ①

019

길이가 5m이고 직경이 0.1m인 양단고정보 중앙에 200N의 집중하중이 작용할 경우 보의 중앙에서의 처짐은 약 몇 m 인가? (단, 보의 세로탄성계수는 200GPa이다.)

① 2.36×10^{-5}
② 1.33×10^{-4}
③ 4.58×10^{-4}
④ 1.06×10^{-3}

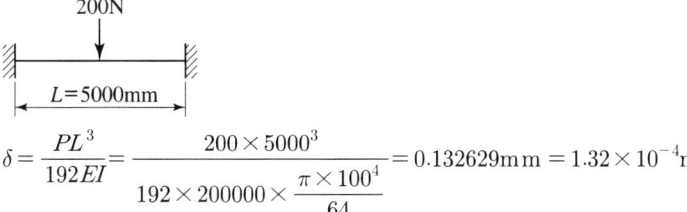

$\delta = \dfrac{PL^3}{192EI} = \dfrac{200 \times 5000^3}{192 \times 200000 \times \dfrac{\pi \times 100^4}{64}} = 0.132629\text{mm} = 1.32 \times 10^{-4}\text{m}$

해답 ②

020

그림과 같은 단주에서 편심거리 e에 압축하중 $P=80$kN이 작용할 때 단면에 인장응력이 생기지 않기 위한 e의 한계는 몇 cm인가? (단, G는 편심 하중이 작용하는 단주 끝단의 평면상 위치를 의미한다.)

① 8
② 10
③ 12
④ 14

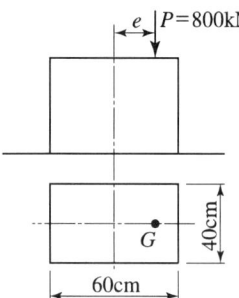

해설 $e = \dfrac{B}{6} = \dfrac{60}{6} = 10$cm

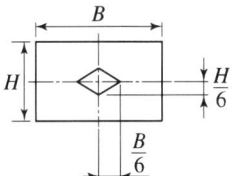

해답 ②

제2과목 기계열역학

021

단열된 노즐에 유체가 10m/s의 속도로 들어와서 200m/s의 속도로 가속되어 나간다. 출구에서의 엔탈피가 2770kJ/kg일 때 입구에서의 엔탈피는 약 몇 kJ/kg인가?

① 4370
② 4210
③ 2850
④ 2790

해설

$V_1 \longrightarrow V_2$

$\dfrac{V_1^2 - V_2^2}{2} = h_2 - h_1$

$\left(\dfrac{10^2 - 200^2}{2}\right) \times \dfrac{m^2}{S^2} \times \dfrac{\text{kJ}}{\text{kg}} \times \dfrac{1}{1000} = -19.95 \text{kJ/kg}$

$-19.95 = h_2 - h_1$

$h_1 = h_2 + 19.95 = 2770 + 19.95 = 2789.95 \fallingdotseq 2790 \text{kJ/kg}$

해답 ④

022 이상적인 교축과정(throttling process)을 해석하는데 있어서 다음 설명 중 옳지 않은 것은?

① 엔트로피는 증가한다.
② 엔탈피의 변화가 없다고 본다.
③ 정압과정으로 간주한다.
④ 냉동기의 팽창밸브의 이론적인 해석에 적용될 수 있다.

[해설] 교축과정 : 냉동기에서 압축된 냉매가 팽창밸브에서 팽창되는 과정으로 압력과 온도는 감소하고 엔트로피는 증가, 엔탈피는 변하지 않는 등엔탈피 과정이다.

해답 ③

023 다음은 오토(Otto) 사이클의 온도-엔트로피($T-S$) 선도이다. 이 사이클의 열효율을 온도를 이용하여 나타낼 때 옳은 것은? (단, 공기의 비열은 일정한 것으로 본다.)

① $1 - \dfrac{T_c - T_d}{T_b - T_a}$　② $1 - \dfrac{T_b - T_a}{T_c - T_d}$

③ $1 - \dfrac{T_a - T_d}{T_b - T_c}$　④ $1 - \dfrac{T_b - T_c}{T_a - T_d}$

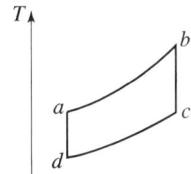

[해설] (정적흡열) $q_H = C_V(T_b - T_a)$
(정적발열) $q_L = C_V(T_c - T_d)$

$$\eta = 1 - \frac{q_L}{q_H} = 1 - \frac{C_V(T_c - T_d)}{C_V(T_b - T_a)} = 1 - \frac{T_c - T_d}{T_b - T_a}$$

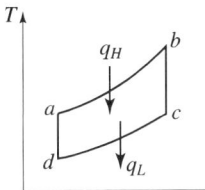

해답 ①

024 전류 25A, 전압 13V를 가하여 축전지를 충전하고 있다. 충전하는 동안 축전지로부터 15W의 열손실이 있다. 축전지의 내부에너지 변화율은 약 몇 W인가?

① 310　② 340
③ 370　④ 420

[해설] (충전전력) $P = VI = 13 \times 25 = 325W$
$\Delta U = P - Q_L = 325 - 15 = 310W$

해답 ①

025

이상적인 랭킨사이클에서 터빈 입구 온도가 350℃이고, 75kPa과 3MPa의 압력 범위에서 작동한다. 펌프 입구와 출구, 터빈 입구와 출구에서 엔탈피는 각각 384.4 kJ/kg, 387.5kJ/kg, 3116kJ/kg, 2403kJ/kg 이다. 펌프일을 고려한 사이클의 열효율과 펌프일을 무시한 사이클의 열효율 차이는 약 몇 % 인가?

① 0.0011　　② 0.092
③ 0.11　　④ 0.18

해설

$$\eta = \frac{W_T}{q_B} = \frac{h_3 - h_4}{h_3 - h_2} = \frac{3116 - 2403}{3116 - 387.5} = 0.2613 = 26.13\%$$

$$\eta' = \frac{W_T - W_P}{q_B} = \frac{(h_3 - h_4) - (h_2 - h_1)}{h_3 - h_2} = \frac{(3116 - 2403) - (387.5 - 389.9)}{3116 - 387.5}$$
$$= 26.017\%$$

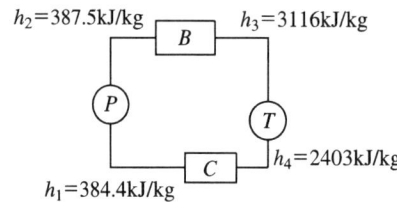

$\Delta \eta = \eta - \eta' = 26.13 - 26.017 = 0.118 \fallingdotseq 0.11$

해답 ③

026

다음 중 강도성 상태량(intensive property)이 아닌 것은?

① 온도　　② 내부에너지
③ 밀도　　④ 압력

해설 **강도성 상태량** : 온도, 압력, 밀도, 비체적
종량성 상태량 : 내부에너지, 엔탈피, 엔트로피, 체적, 질량

해답 ②

027

압력이 0.2MPa, 온도가 20℃의 공기를 압력이 2MPa로 될 때까지 가역단열 압축했을 때 온도는 약 몇 ℃ 인가? (단, 공기는 비열비가 1.4인 이상기체로 간주한다.)

① 225.7　　② 273.7
③ 292.7　　④ 358.7

해설

$$\frac{T_2}{T_1} = \left(\frac{P_2}{P_1}\right)^{\frac{k-1}{k}}$$

$$\frac{T_2 + 273}{20 + 273} = \left(\frac{2}{0.2}\right)^{\frac{1.4-1}{1.4}}$$

$T_2 = 292.69℃ \fallingdotseq 292.7℃$

해답 ③

028 100℃의 구리 10kg을 20℃의 물 2kg이 들어있는 단열 용기에 넣었다. 물과 구리 사이의 열전달을 통한 평형 온도는 약 몇 ℃ 인가? (단, 구리 비열은 0.45kJ(kg · K), 물 비열은 4.2kJ/(kg · K)이다.)

① 48
② 54
③ 60
④ 68

해설
$$T_m = \frac{m_1 C_1 T_1 + m_2 C_2 T_2}{m_1 C_1 + m_2 C_2} = \frac{10 \times 0.45 \times 100 + 2 \times 4.2 \times 20}{10 \times 0.45 + 2 \times 4.2} = 47.906℃ \fallingdotseq 48℃$$

해답 ①

029 고온열원(T_1)과 저온열원(T_2) 사이에서 작동하는 역카르노 사이클에 의한 열펌프(heat pump)의 성능계수는?

① $\dfrac{T_1 - T_2}{T_1}$
② $\dfrac{T_2}{T_1 - T_2}$
③ $\dfrac{T_1}{T_1 - T_2}$
④ $\dfrac{T_1 - T_2}{T_2}$

해설
$$\epsilon_{n \cdot p} = \frac{Q_H}{W_{net}} = \frac{Q_H}{Q_H - Q_L} = \frac{T_1}{T_1 - T_2}$$

해답 ③

030 다음 중 스테판–볼츠만의 법칙과 관련이 있는 열전달은?

① 대류
② 복사
③ 전도
④ 응축

해설 (스테판–볼츠만의 상수) $a = 5.6704 \times 10^{-8} [\text{W}/\text{m}^2 \text{K}^4]$
(스테판–볼츠만의 법칙) $E = aT^4$
스테판–볼츠만의 법칙은 온도 T인 흑체의 단위면적에서 단위시간에 방출되는 복사에너지 E는 절대온도 T^4에 비례한다.

해답 ②

031 이상기체로 작동하는 어떤 기관의 압축비가 17이다. 압축 전의 압력 및 온도는 112kPa, 25℃이고 압축 후의 압력은 4350kPa 이었다. 압축 후의 온도는 약 몇 ℃ 인가?

① 53.7
② 180.2
③ 236.4
④ 407.8

해설
$$\frac{T_2}{T_1} = \left(\frac{V_1}{V_2}\right)^{k-1} = \left(\frac{P_2}{P_1}\right)^{\frac{k-1}{k}}$$

$$\frac{V_1}{V_2} = \left(\frac{P_2}{P_1}\right)^{\frac{1}{k}}, \quad 17 = \left(\frac{4350}{112}\right)^{\frac{1}{k}}, \quad k = 1.291$$

(압축비) $\epsilon = \dfrac{(\text{실린더 체적})}{(\text{연소실 체적})} \dfrac{V_1}{V_2} = 17$

$$\frac{T_2}{T_1} = \left(\frac{V_1}{V_2}\right)^{k-1}, \quad \frac{T_2+273}{25+273} = 17^{1.29-1}, \quad T_2 = 406.63\,℃$$

해답 ④

032 어떤 물질에서 기체상수(R)가 0.189kJ/(kg · K), 임계온도가 305K, 임계압력이 7380kPa이다. 이 기체의 압축성 인자(compressibility factor, Z)가 다음과 같은 관계식을 나타낸다고 할 때 이 물질의 20℃, 1000kPa 상태에서의 비체적(v)은 약 몇 m³/kg인가? (단, P는 압력, T는 절대온도, P_r은 환산압력, T_r은 환산온도를 나타낸다.)

$$Z = \frac{Pv}{RT} = 1 - 0.8\frac{P_r}{T_r}$$

① 0.0111 ② 0.0303
③ 0.0491 ④ 0.0554

해설
$$Z = \frac{Pv}{RT} = 1 - 0.8 \times \frac{P_r}{T_r}$$

$R = 0.189\,\text{kJ/kg}\cdot\text{K}$
$T_{cr} = 305\text{K}, \; P_{cr} = 7380\text{kPa}, \; T = 20\,℃, \; P = 1000\text{kPa}$

(환산 압력) $P_r = \dfrac{P}{P_{cr}} = \dfrac{1000}{7380} = 0.136$

(환산 온도) $T_r = \dfrac{T}{T_{cr}} = \dfrac{20+273}{305} = 0.96$

$$\frac{1000 \times v}{0.189 \times (20+273)} = 1 - 0.8 \times \frac{0.136}{0.96}$$

$v = 0.0491\,\text{m}^3/\text{kg}$

해답 ③

033 어떤 유체의 밀도가 740kg/m³이다. 이 유체의 비체적은 약 몇 m³/kg 인가?

① 0.78×10^{-3} ② 1.35×10^{-3}
③ 2.35×10^{-3} ④ 2.98×10^{-3}

해설 (비체적) $v = \dfrac{1}{\rho} = \dfrac{1}{740} = 1.35 \times 10^{-3}\,\text{m}^3/\text{kg}$

해답 ②

034 클라우시우스(Clausius)의 부등식을 옳게 나타낸 것은? (단, T는 절대온도, Q는 시스템으로 공급된 전체 열량을 나타낸다.)

① $\oint T\delta Q \leq 0$ ② $\oint T\delta Q \geq 0$
③ $\oint \dfrac{\delta Q}{T} \leq 0$ ④ $\oint \dfrac{\delta Q}{T} \geq 0$

해설 (클라우시우스의 부등식) $\oint \dfrac{dQ}{T} \leq 0$ 해답 ③

035 이상기체 2kg이 압력 98kPa, 온도 25℃ 상태에서 체적이 0.5m³였다면 이 이상기체의 기체상수는 약 몇 J/(kg · K)인가?

① 79   ② 82
③ 97   ④ 102

해설 (기체상수) $R = \dfrac{PV}{mT} = \dfrac{98000 \times 0.5}{2 \times (25+273)} = 82.21 \text{J/kg} \cdot \text{K} \fallingdotseq 82 \text{J/kg} \cdot \text{K}$ 해답 ②

036 압력(P)-부피(V) 선도에서 이상기체가 그림과 같은 사이클로 작동한다고 할 때 한 사이클 동안 행한 일은 어떻게 나타내는가?

① $\dfrac{(P_2+P_1)(V_2+V_1)}{2}$

② $\dfrac{(P_2-P_1)(V_2+V_1)}{2}$

③ $\dfrac{(P_2+P_1)(V_2-V_1)}{2}$

④ $\dfrac{(P_2-P_1)(V_2-V_1)}{2}$

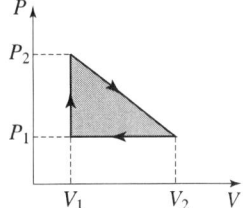

해설 $P-V$ 선도의 면적은 일량이다.
$_1W_2 = \dfrac{1}{2}(P_2-P_1) \times (V_2-V_1)$ 해답 ④

037

기체가 0.3MPa로 일정한 압력 하에 8m³에서 4m³까지 마찰없이 압축되면서 동시에 500kJ의 열을 외부로 방출하였다면, 내부에너지의 변화는 약 몇 kJ 인가?

① 700
② 1700
③ 1200
④ 1400

해설
$\Delta Q = \Delta U + \Delta W = \Delta U + P(V_2 - V_1)$
$\Delta Q = -500 \text{kJ}$
$\Delta U = \Delta Q - P(V_2 - V_1) = -500 - 300 \times (4-8) = 700 \text{kJ}(증가)$

해답 ①

038

카르노사이클로 작동하는 열기관이 1000℃의 열원과 300K의 대기 사이에서 작동한다. 이 열기관이 사이클 당 100kJ의 일을 할 경우 사이클 당 1000℃의 열원으로부터 받은 열량은 약 몇 kJ인가?

① 70.0
② 76.4
③ 130.8
④ 142.9

해설
$T_H = 1000 + 273 = 1273°\text{K}$
$T_L = 300°\text{K}$
$W_{net} = 100 \text{kJ}$
$\eta = \dfrac{W_{net}}{Q_H} = 1 - \dfrac{T_L}{T_H} = 1 - \dfrac{300}{1273} = 0.764$

(고열원에서 받은 열량) $Q_H = \dfrac{W_{net}}{0.764} = \dfrac{100}{0.764} = 130.89 \text{kJ} \fallingdotseq 130.8 \text{kJ}$

해답 ③

039

냉매가 갖추어야 할 요건으로 틀린 것은?

① 증발온도에서 높은 잠열을 가져야 한다.
② 열전도율이 커야 한다.
③ 표면장력이 커야 한다.
④ 불활성이고 안전하며 비가연성이어야 한다.

해설 냉매는 표면장력이 작아야 된다.

해답 ③

040

어떤 습증기의 엔트로피가 6.78 kJ/(kg·K)라고 할 때 이 습증기의 엔탈피는 약 몇 kJ/kg 인가? (단, 이 기체의 포화액 및 포화증기의 엔탈피와 엔트로피는 다음과 같다.)

	포화액	포화증기
엔탈피(kJ/kg)	384	2666
엔트로피(kJ/(kg·K))	1.25	7.62

① 2365 ② 2402
③ 2473 ④ 2511

해설
$h_x = h' + x(h'' - h') = 384 + x(2666 - 384) = 384 + 0.868(2666 - 384)$
$= 2364.776 ≒ 2365 \text{kJ/kg}$

(건도) $x = \dfrac{S_x - S'}{S'' - S'} = \dfrac{6.78 - 1.25}{7.62 - 1.25} = 0.868$

해답 ①

제3과목 기계유체역학

041

유체의 정의를 가장 올바르게 나타낸 것은?
① 아무리 작은 전단응력에도 저항할 수 없어 연속적으로 변형하는 물질
② 탄성계수가 0을 초과하는 물질
③ 수직응력을 가해도 물체가 변하지 않는 물질
④ 전단응력이 가해질 때 일정한 양의 변형이 유지되는 물질

해설 유체의 정의 : 아무리 작은 전단력에도 저항할 수 없어 연속적으로 변형하는 물질

해답 ①

042

비압축성 유체가 그림과 같이 단면적 $A(x) = 1 - 0.04x (\text{m}^2)$로 변화하는 통로 내를 정상상태로 흐를 때 P점($x=0$)에서의 가속도(m/s²)는 얼마인가? (단, P점에서의 속도는 2m/s, 단면적은 1m²이며, 각 단면에서 유속은 균일하다고 가정한다.)

① -0.08
② 0
③ 0.08
④ 0.16

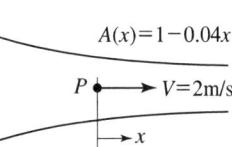

해설 (체적유량) $Q = AV = A_P V_P$
$(1-0.04x) \times V = 1 \times 2$
$V - 0.04xV = 2$ ·· ①식

①식을 미분하면 $\dfrac{dV}{dt} - \dfrac{d(0.04xV)}{dt} = \dfrac{d2}{dt}$

$a - 0.04(x'V + xa) = 0$
$a = 0.04(x'V + xa)$
$a = 0.04(V^2 + xa) = 0.04(2^2 + 0a) = 0.16 \text{m/s}^2$

해답 ④

043
낙차가 100m인 수력발전소에서 유량이 5m³/s이면 수력터빈에서 발생하는 동력(MW)은 얼마인가? (단, 유도관의 마찰손실은 10m이고, 터빈의 효율은 80%이다.)

① 3.53　　　　　② 3.92
③ 4.41　　　　　④ 5.52

해설 $\eta = \dfrac{L_s}{\gamma H_T Q} = \dfrac{L_s}{9800 \times (100-10) \times 5}$

$L_s = \eta \times 9800 \times (100-10) \times 5 = 0.8 \times 9800 \times 90 \times 5 = 3528000 \text{W} \fallingdotseq 3.53 \text{MW}$

해답 ①

044
공기의 속도 24m/s인 풍동 내에서 익현길이 1m, 익의 폭 5m인 날개에 작용하는 양력(N)은 얼마인가? (단, 공기의 밀도는 1.2kg/m³, 양력계수는 0.455이다.)

① 1572　　　　　② 786
③ 393　　　　　④ 91

해설 (양력) $L = \dfrac{\rho}{2} v^2 \times A_L \times C_L = \dfrac{1.2}{2} \times 24^2 \times (1 \times 5) \times 0.455 = 786.24 \text{N} \fallingdotseq 786 \text{N}$

해답 ②

045
그림과 같이 유리관 A, B 부분의 안지름은 각각 30cm, 10cm이다. 이 관에 물을 흐르게 하였더니 A에 세운 관에는 물이 60cm, B에 세운 관에는 물이 30cm 올라갔다. A와 B 각 부분에서 물의 속도(m/s)는?

① $V_A = 2.73$, $V_B = 24.5$
② $V_A = 2.44$, $V_B = 22.0$
③ $V_A = 0.542$, $V_B = 4.88$
④ $V_A = 0.271$, $V_B = 2.44$

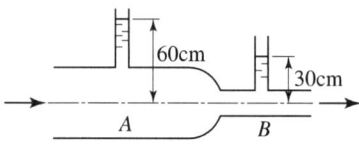

해설 $\dfrac{P_A}{\gamma} + \dfrac{V_A^2}{2g} + Z_A = \dfrac{P_B}{\gamma} + \dfrac{V_B^2}{2g} + Z_B$

$$H_A + \frac{V_A^2}{2g} = H_B + \frac{V_B^2}{2g}$$

$$0.6 + \frac{V_A^2}{2 \times 9.8} = 0.3 + \frac{V_B^2}{2 \times 9.8}, \quad 0.6 + \frac{V_A^2}{2 \times 9.8} = 0.3 + \frac{81 V_A^2}{2 \times 9.8}$$

$$V_A = 0.271 \text{m/s}$$

$$V_B = 9 V_A = 9 \times 0.271 = 2.439 \text{m/s}$$

$$Q = A_A V_A = A_B V_B$$

$$V_B = \frac{A_A V_A}{A_B} = \frac{\frac{\pi}{4} \times 0.3^2 \times V_A}{\frac{\pi}{4} \times 0.1^2} = 9 V_A$$

해답 ④

046
직경 1cm인 원형관 내의 물의 유동에 대한 천이 레이놀즈수는 2300이다. 천이가 일어날 때 물의 평균유속(m/s)은 얼마인가? (단, 물의 동점성계수는 $10^{-6} \text{m}^2/\text{s}$이다.)

① 0.23   ② 0.46
③ 2.3   ④ 4.6

해설 $Re = 2300$, $Re = \frac{VD}{v}$

(평균유속) $V = \frac{Re \times v}{D} = \frac{2300 \times 10^{-6}}{0.01} = 0.23 \text{m/s}$

해답 ①

047
해수의 비중은 1.025이다. 바닷물 속 10m 깊이에서 작업하는 해녀가 받는 계기압력(kPa)은 약 얼마인가?

① 94.4   ② 100.5
③ 105.6   ④ 112.7

해설 $P = \gamma H = S \times \gamma_w \times H = 1.025 \times 9800 \times 10 = 100450 \text{Pa} = 100.45 \text{kPa} \fallingdotseq 100.5 \text{kPa}$

해답 ②

048
체적이 30m³인 어느 기름의 무게가 247kN이었다면 비중은 얼마인가? (단, 물의 밀도는 1000kg/m³이다.)

① 0.80   ② 0.82
③ 0.84   ④ 0.86

해설 (비중) $S = \frac{\gamma}{\gamma_w} = \frac{\frac{247000}{30}}{9800} = 0.84$

해답 ③

049

3.6m³/min을 양수하는 펌프의 송출구의 안지름이 23cm일 때 평균 유속(m/s)은 얼마인가?

① 0.96　　② 1.20
③ 1.32　　④ 1.44

해설 $Q = A \times V$

$$V = \frac{Q}{A} = \frac{\frac{3.6}{60}}{\frac{\pi}{4} \times 0.23^2} = 1.44 \text{m/s}$$

해답 ④

050

어떤 물리적인 계(system)에서 물리량 F가 물리량 A, B, C, D의 함수 관계가 있다고 할 때, 차원해석을 한 결과 두 개의 무차원수, $\frac{F}{AB^2}$와 $\frac{B}{CD^2}$를 구할 수 있었다. 그리고 모형실험을 하여 $A=1$, $B=1$, $C=1$, $D=1$일 때 $F=F_1$을 구할 수 있었다. 여기서 $A=2$, $B=4$, $C=1$, $D=2$인 원형의 F는 어떤 값을 가지는가? (단, 모든 값들을 SI단위를 가진다.)

① F_1　　② $16F_1$
③ $32F_1$　　④ 위의 자료만으로는 예측할 수 없다.

해설 $\frac{F}{AB^2} = \frac{B}{CD^2}$

$$F = \frac{AB^3}{CD^2} = \frac{1 \times 1^3}{1 \times 1^2} = 1$$

$$F_1 = \frac{2 \times 4^3}{1 \times 2^2} = 32$$

$$F = 32 F_1$$

해답 ③

051

(x, y)평면에서의 유동함수(정상, 비압축성 유동)가 다음과 같이 정의된다면 $x=4\text{m}$, $y=6\text{m}$의 위치에서의 속도(m/s)는 얼마인가?

$$\psi = 3x^2 y - y^3$$

① 156　　② 92
③ 52　　④ 38

해설 (유동함수) $\psi = 3x^2 y - y^3$

(x방향속도) $u = \dfrac{\partial \psi}{\partial y} = \dfrac{\partial (3x^2 y - y^3)}{\partial y} = 3x^2 - 3y^2 = 3 \times 4^2 - 3 \times 6^2 = -60 \text{m/s}$

(y방향속도) $v = -\dfrac{\partial \psi}{\partial x} = -\dfrac{\partial (3x^2y - y^3)}{\partial x} = -6xy = -6 \times 4 \times 6 = -144 \text{m/s}$

(속도) $V = \sqrt{u^2 + v^2} = \sqrt{(-60)^2 + (-144)^2} = 156 \text{m/s}$

해답 ①

052

수면의 차이가 H인 두 저수지 사이에 지름 d, 길이 l인 관로가 연결되어 있을 때 관로에서의 평균 유속(V)을 나타내는 식은? (단, f는 관마찰계수이고, g는 중력가속도이며, K_1, K_2는 관입구와 출구에서의 부차적 손실계수이다.)

① $V = \sqrt{\dfrac{2gdH}{K_1 + fl + K_2}}$

② $V = \sqrt{\dfrac{2gH}{K_1 + fdl + K_2}}$

③ $V = \sqrt{\dfrac{2gdH}{K_1 + \dfrac{f}{l} + K_2}}$

④ $V = \sqrt{\dfrac{2gH}{K_1 + f\dfrac{l}{d} + K_2}}$

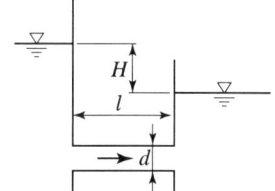

해설

(관입구의 손실수두) $H_{L1} = K_1 \times \dfrac{V^2}{2g}$

(관의 길이에 의한 손실수두) $H_{L2} = f \times \dfrac{l}{d} \times \dfrac{V^2}{2g}$

(관출구의 손실수두) $H_{L3} = K_2 \times \dfrac{V^2}{2g}$

(전체 손실) $H = H_{L1} + H_{L2} + H_{L3} = \dfrac{V^2}{2g}\left(K_1 + K_2 \times \dfrac{l}{d}\right)$

(속도) $V = \sqrt{\dfrac{2gH}{K_1 + f\dfrac{l}{d} + K_2}}$

해답 ④

053

그림과 같은 두 개의 고정된 평판 사이에 얇은 판이 있다. 얇은 판 상부에는 점성계수가 $0.05 \text{N} \cdot \text{s/m}^2$인 유체가 있고 하부에는 점성계수가 $0.1 \text{N} \cdot \text{S/m}^2$인 유체가 있다. 이 판을 일정속도 0.5m/s로 끌 때, 끄는 힘이 최소가 되는 거리 y는? (단, 고정 평판사이의 폭은 h(m), 평판들 사이의 속도분포는 선형이라고 가정한다.)

① $0.293h$
② $0.482h$
③ $0.586h$
④ $0.879h$

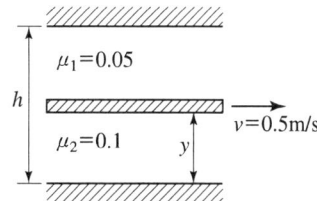

[해설]
$$F_y = \mu_1 \frac{du}{dy_1}A + \mu_2 \frac{du}{dy_2}A = 0.05 \times \frac{0.5}{h-y}A + 0.1 \times \frac{0.5}{y}A$$
$$F_y = 0.5A\left[\frac{0.05}{h-y} + \frac{0.1}{y}\right]$$
(미분공식) $\left(\frac{1}{g(x)}\right)' = \frac{-g(x)'}{g(x)^2}$

미분하면 $F_y' = 0.5A\left[\frac{0.05 \times (-1 \times -1)}{(h-y)^2} + \frac{0.1 \times -1}{y^2}\right] = 0$

$$\frac{0.05}{(h-y)^2} = \frac{0.1}{y^2}$$
$$0.1(h-y)^2 = y^2 0.05$$
y의 2차방정식 $h=1$로 대입하여 y를 구할 수 있다.
$0.1(1-y)^2 = y^2 \times 0.05$, $y = 0.5857$
즉 $h=1$일 때 $y=0.5857$이다.

[해답] ③

054
어떤 물리량 사이의 함수관계가 다음과 같이 주어졌을 때, 독립 무차원수 Pi항은 몇 개인가? (단, a는 가속도, V는 속도, t는 시간, ν는 동점성계수, L은 길이이다.)

$$F(a, V, t, \nu, L) = 0$$

① 1
② 2
③ 3
④ 4

[해설] (무차원 개수) π = 물리량 개수 $- M, L, T$ 개수 $= 5 - 2 = 3$
(가속도) $a[LT^{-2}]$
(속도) $V[LT^{-1}]$
(시간) $t[T]$
(거리) $l[L]$

[해답] ③

055
그림과 같은 노즐을 통하여 유량 Q만큼의 유체가 대기로 분출될 때, 노즐에 미치는 유체의 힘 F는? (단, A_1, A_2는 노즐의 단면 1, 2에서의 단면적이고 ρ는 유체의 밀도이다.)

① $F = \dfrac{\rho A_2 Q^2}{2}\left(\dfrac{A_2 - A_1}{A_1 A_2}\right)^2$

② $F = \dfrac{\rho A_2 Q^2}{2}\left(\dfrac{A_1 + A_2}{A_1 A_2}\right)^2$

③ $F = \dfrac{\rho A_1 Q^2}{2}\left(\dfrac{A_1 + A_2}{A_1 A_2}\right)^2$

④ $F = \dfrac{\rho A_1 Q^2}{2}\left(\dfrac{A_1 - A_2}{A_1 A_2}\right)^2$

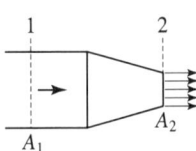

해설

$$\frac{P_1}{\gamma}+\frac{V_1^2}{2g}+Z_1=\frac{P_2}{\gamma}+\frac{V_2^2}{2g}+Z_2$$

$Z_1=Z_2$, $P_2=$ 대기압 $=0$

$$\frac{P_1}{\gamma}=\frac{V_2^2-V_1^2}{2g}$$

$$P_1=\frac{\rho(V_2^2-V_1^2)}{2}=\frac{\rho\left[\left(\frac{Q}{A_2}\right)^2-\left(\frac{Q}{A_1}\right)^2\right]}{2}=\frac{\rho Q^2\left(\frac{1}{A_2^2}-\frac{1}{A_1^2}\right)}{2}=\frac{\rho Q^2\left(\frac{A_1^2-A_2^2}{A_2^2 A_1^2}\right)}{2}$$

(노즐에 미치는 유체의 힘) F

$F=\rho Q(V_1-V_2)+P_1 A_1$

$$=\rho Q\left(\frac{Q}{A_1}-\frac{Q}{A_2}\right)+\frac{\rho Q^2\left(\frac{A_1^2-A_2^2}{A_2^2 A_1^2}\right)}{2}\times A_1$$

$$=\frac{2\rho Q^2}{2}\left(\frac{A_2-A_1}{A_1 A_2}\right)+\frac{\rho Q^2 A_1}{2}\left(\frac{A_1^2-A_2^2}{A_2^2 A_1^2}\right)$$

$$=\frac{\rho Q^2}{2}\left[\frac{2(A_2-A_1)}{A_1 A_2}+\frac{(A_1^2-A_2^2)A_1}{A_1^2 A_2^2}\right]$$

$$=\frac{\rho Q^2}{2}\left[\frac{2A_1 A_2(A_2-A_1)}{A_1^2 A_2^2}+\frac{A_1^3-A_1 A_2^2}{A_1^2 A_2^2}\right]$$

$$=\frac{\rho Q^2}{2}\times\frac{2A_1 A_2^2-2A_1^2 A_2+A_1^3-A_1 A_2^2}{A_1^2 A_2^2}$$

$$=\frac{\rho Q^2}{2}\times\frac{A_1^3-2A_1^2 A_2+A_1 A_2^2}{A_1^2 A_2^2}=\frac{\rho Q^2 A_1}{2}\times\frac{A_1^2-2A_1 A_2+A_2^2}{A_1^2 A_2^2}$$

$$=\frac{\rho Q^2 A_1}{2}\times\frac{(A_1-A_2)^2}{A_1^2 A_2^2}=\frac{\rho Q^2 A_1}{2}\left(\frac{A_1-A_2}{A_1 A_2}\right)^2$$

해답 ④

---

056 국소 대기압이 1atm이라고 할 때, 다음 중 가장 높은 압력은?

① 0.13atm(gage pressure)   ② 115kPa(absolute pressure)
③ 1.1atm(absolute pressure) ④ 11mH₂O(absolute pressure)

해설

① 절대압력 $= 1+0.13 = 1.13$ atm

② 절대압력 $= 115\text{kPa}\times\dfrac{1\text{atm}}{101.325\text{kPa}} = 1.134$ atm

③ 절대압력 $= 1.1$ atm

④ 절대압력 $= 11\text{mH}_2\text{O}\times\dfrac{1\text{atm}}{10.332\text{mH}_2\text{O}} = 1.06$ atm

해답 ②

057 프란틀의 혼합거리(mixing length)에 대한 설명으로 옳은 것은?

① 전단응력과 무관하다.
② 벽에서 0이다.
③ 항상 일정하다.
④ 층류 유동문제를 계산하는데 유용하다.

해설 (난류의 전단응력) $\tau = \rho \left(l \dfrac{du}{dy} \right)^2$

여기서, l : 프란틀의 혼합거리 $l = ky$, 벽에서 $y = 0$이므로 $l = 0$
k : 실험값으로 매끈한 관은 0.4이다.
y : 관벽에서 떨어진 거리

해답 ②

058 수평원관 속에 정상류의 층류흐름이 있을 때 전단응력에 대한 설명으로 옳은 것은?

① 단면 전체에서 일정하다.
② 벽면에서 0이고 관 중심까지 선형적으로 증가한다.
③ 관 중심에서 0이고 반지름 방향으로 선형적으로 증가한다.
④ 관 중심에서 0이고 반지름 방향으로 중심으로부터 거리의 제곱에 비례하여 증가한다.

해설

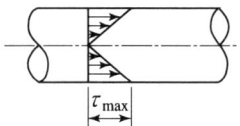

$\tau_{\max} = \dfrac{\Delta PD}{4L}$

해답 ③

059 밀도 1.6kg/m³인 기체가 흐르는 관에 설치한 피토 정압관(Pitot-static tube)의 두 단자 간 압력차가 4cmH₂O이었다면 기체의 속도(m/s)는 얼마인가?

① 7   ② 14
③ 22   ④ 28

해설 $V = \sqrt{2gH \left(\dfrac{\rho_{액} - \rho_{관}}{\rho_{관}} \right)} = \sqrt{2 \times 9.8 \times 0.04 \times \left(\dfrac{1000 - 1.6}{1.6} \right)} = 22.118 \text{m/s} \fallingdotseq 22 \text{m/s}$

해답 ③

060

그림과 같이 원판 수문이 물속에 설치되어 있다. 그림 중 C는 압력의 중심이고, G는 원판의 도심이다. 원판의 지름을 d라 하면 작용점의 위치 η는?

① $\eta = \bar{y} + \dfrac{d^2}{8\bar{y}}$

② $\eta = \bar{y} + \dfrac{d^2}{16\bar{y}}$

③ $\eta = \bar{y} + \dfrac{d^2}{32\bar{y}}$

④ $\eta = \bar{y} + \dfrac{d^2}{64\bar{y}}$

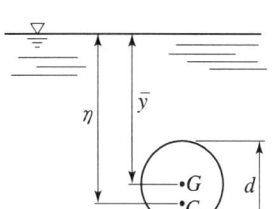

해설

$$\eta = \bar{y} + \dfrac{I_G}{\bar{y}A} = \bar{y} + \dfrac{\dfrac{\pi d^4}{64}}{\bar{y} \times \dfrac{\pi}{4}d^2} = \bar{y} + \dfrac{d^2}{16\bar{y}}$$

해답 ②

제4과목 기계재료 및 유압기기

061

다음 중 강종 중 탄소의 함유량이 가장 많은 것은?

① SM25C
② SKH51
③ STC105
④ STD11

해설
① SM25C : 탄소 함유량 0.25%
② SKH51 : 탄소 함유량 0.80~0.90%
③ STC105 : 탄소 함유량 1~1.1%
④ STD11 : 탄소 함유량 1.4~1.6%

해답 ④

062

강을 생산하는 제강로를 염기성과 산성으로 구분하는데 이것은 무엇으로 구분하는가?

① 로 내의 내화물
② 사용되는 철광석
③ 발생하는 가스의 성질
④ 주입하는 용제의 성질

해설 초기 제강법은 내화물의 종류에 따라 산성과 염기성으로 구분한다.
① 산성 제강법의 내화물 : 선철을 먼저 녹이고 슬래그 중에 산화철이나 광석을 투입하여 제강하는 방법

② 염기성 제강법의 내화물: 소석회에 물유리(Na$_2$SiO$_4$)를 섞어 염기성 내화로 사용하는 제강법

해답 ①

063 주철의 조직을 지배하는 요소로 옳은 것은?

① S, Si의 양과 냉각 속도 ② C, Si의 양과 냉각 속도
③ P, Cr의 양과 냉각 속도 ④ Cr, Mg의 양과 냉각 속도

해설 마우러 선도

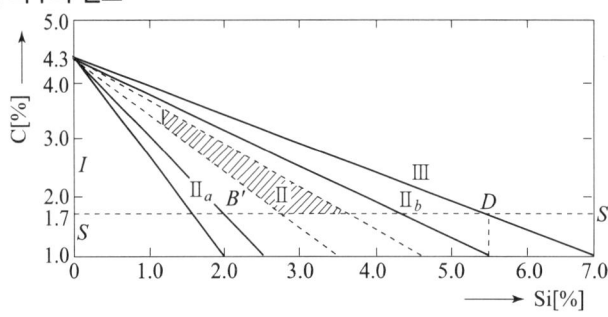

주철의 조직을 결정할 때 사용되는 선도로 탄소(C)와 규소(Si)의 함유량에 따라 조직이 결정된다.

해답 ②

064 염욕의 관리에서 강박 시험에 대한 다음 ( ) 안에 알맞은 내용은?

강박 시험 후 강박을 손으로 구부려서 휘어지면 이 염욕은 ( ) 작용을 한 것으로 판단한다.

① 산화   ② 환원
③ 탈탄   ④ 촉매

해설 강박시험(steel foil test)
① 목적: 염욕의 탈탄적용 판정, 잔류탄소량 추정, 침탄 정도 판정
② 방법
   ㉠ 강박은 1.0%C, 두께 0.05mm, 폭 30mm, 길이 100mm 정도로 만들어진 철사를 꼭 매달아 염욕 중 침지할 때 올려 뜨지 않도록 한 후 염욕 중에 주어진 온도에서 일정시간 유지한 후 빨리 꺼내어 수냉한다.
   ㉡ 부착된 염을 잘 씻어 내고 건조한다.
   ㉢ 강박을 손으로 구부려 미세하게 깨어지면 이 염욕은 탈탄작용을 하지 않으며 구부려 휘어지면 탈탄작용을 한다.

강박판을 구부렸을 때의 상태	추정 잔류 탄소량(%)
구부리면 미세하게 깨어짐	0.7 이상
구부리면 곧 깨어짐	0.5
구부리면 약간 깨어짐	0.3
구부려도 깨어지지 않음	0.1 이하

해답 ③

065 5~20%Zn의 황동을 말하며, 강도는 낮으나 전연성이 좋고, 색깔이 금에 가까우므로 모조금이나 판 및 선 등에 사용되는 것은?

① 톰백
② 두랄루민
③ 문쯔메탈
④ Y-합금

해설 황동
① 톰백(모조금, 아연5~20%) : 전연성이 좋고 색깔이 금색, 모조금으로 사용, 판재 사용
② 7:3황동(70Cu-30Zn의 합금) : 가공용 황동의 대표, 자동차 방열기, 탄피재료
③ 6:4황동(=문쯔메탈) : 60Cu-40Zn황동 중 가장 저렴, 탈아연 부식 발생
④ 황동주물 : 절삭성과 주조성이 좋아 기계부품, 건축용 부품
⑤ 쾌삭황동(1.5~3.0%Pb) : 절삭성이 좋아 정밀절삭가공을 필요로 하는 기계용 기어, 나사
⑥ 주석황동
 ㉠ 에드머럴티황동 : 7:3황동에 1%의 내의 Sn 첨가
 ㉡ 네이벌황동 : 6:4황동에 1%의 내의 Sn 첨가
⑦ 델타메탈 : 6:4황동에 1~2%Fe함유, 철황동 강도와 내식성우수 광산, 선박, 화학 기계에 사용
⑧ 망간니 : 황동에 10~15%망간함유, 전기저항률이 크고, 온도계수가 적어 표준저항기, 정밀기계에 사용
⑨ 양은(양백=Nickel Silver 10~20%Ni) : 장식품, 악기, 광학기계부품에 사용

해답 ①

066 다음 중 결합력이 가장 약한 것은?

① 이온결합(ionic bond)
② 공유결합(covalent bond)
③ 금속결합(metallic bond)
④ 반데발스결합(Van der Waals bond)

해설 ① **이온결합** : 두 반대로 전하된 이온 간의 인력에 의해 형성된 화학결합이다.
② **공유결합** : 비금속원자들이 서로 전자를 제공하여 전자쌍을 이루고 이 전자쌍을 서로 공유함으로써 형성되는 결합이다. 공유결합을 형성한 분자는 비활성기체와 같은 전자배치를 가진다.
③ **금속결합** : 금속원소가 원자가전자를 내놓으면서생성된 금속양이온과 자유전자 사이의 정전기적 인력에 의해 형성된 결합
④ **반데발스 힘**(van der Waals force) : 물리화학에서 공유결합이나 이온의 전기적 상호작용이 아닌 분자간, 혹은 한 분자 내의 부분 간의 인력이나 척력을 말한다.
※ **결합력의 크기 비교**
반데발스 힘<이온결합<공유결합<금속결합

해답 ④

067

Ni-Fe계 합금에 대한 설명으로 틀린 것은?

① 엘린바는 온도에 따른 탄성율의 변화가 거의 없다.
② 슈퍼인바는 20℃에서 팽창계수가 거의 0(zero)에 가깝다.
③ 인바는 열팽창계수가 상온부근에서 매우 작아 길이의 변화가 거의 없다.
④ 플래티나이트는 60%Ni와 15%Sn 및 Fe의 조성을 갖는 소결합금이다.

해설 플래티나이트(Platinite) : Fe에 Ni 44~48%의 합금으로서 열팽창계수가 매우 작아 전구의 도입선으로 널리 사용된다. 불변강의 일종으로 온도변화에 대해 길이의 변화가 거의 발생하지 않는 재질이다.

해답 ④

068

Fe-Fe₃C 평형상태도에서 A_{cm}선 이란?

① 마텐자이트가 석출되는 온도선을 말한다.
② 트루스타이트가 석출되는 온도선을 말한다.
③ 시멘타이트가 석출되는 온도선을 말한다.
④ 소르바이트가 석출되는 온도선을 말한다.

해설 가열의 변태

A_{c1}	pearlite → austenite	강
A_{c3}	austenite → ferrite 석출	강
A_{cm}	austenite → cementite의 석출	강

해답 ③

069

피로 한도에 대한 설명으로 옳은 것은?

① 지름이 크면 피로한도는 커진다.
② 노치가 있는 시험편의 피로한도는 크다.
③ 표면이 거친 것이 고운 것보다 피로한도가 커진다.
④ 노치가 있을 때와 없을 때의 피로한도 비를 노치 계수라 한다.

해설 (노치 계수) $\beta = \dfrac{\text{노치가 없을 때의 피로한도}}{\text{노치가 있을 때의 피로한도}}$

(응력집중계수) $\alpha = \dfrac{\text{노치가 있을 때의 재료의 응력}}{\text{노치가 없을 때의 응력}}$

$\alpha > \beta > 1$

해답 ④

070

유화물 계통의 편석 및 수지상 조직을 제거하여 연신율을 향상시킬 수 있는 열처리 방법으로 가장 적합한 것은?

① 퀜칭 ② 템퍼링
③ 확산 풀림 ④ 재결정 풀림

해설 **확산 풀림**

강 내부의 C, P, S, Mn 등의 미소편석을 제거시키는 작업으로 A_{c3} 또는 A_{cm} 이상 (1050~1300℃)의 고온에서 하는 풀림으로 편석 및 수지상 조직을 제거하여 연신율을 향상시킬 수 있는 열처리이다.

※ **유화물**: 황(S) 보다 양성(陽性)인 원소의 화합물을 통틀어 유화물이라 한다. 대부분의 금속 및 붕소 · 규소 · 탄소 · 안티모니 · 비소 · 인 · 질소 · 수소 · 텔루륨 · 셀레늄 따위와의 화합물이 알려져 있다. 천연으로 널리 산출되며, 산을 가하면 대부분의 화합물을 분해하여 황화수소를 발생시킨다.

해답 ③

071

상시 개방형 밸브로 옳은 것은?

① 감압 밸브 ② 무부하 밸브
③ 릴리프 밸브 ④ 카운터 밸런스 밸브

해설 **압력제어밸브의 종류**

형식	명칭	기능	기호
상시 폐형	릴리프밸브 (relief valve) 안전밸브 (safety valve)	회로내의 압력을 설정치로 유지하는 밸브, 특히 회로의 최고압력을 한정하는 밸브를 안전밸브라고 한다.	
	시퀀스밸브 (sequence valve)	둘 이상의 분기회로가 있는 회로내에서 그 작동순서를 회로의 압력 등에 의해 제어하는 밸브. 입구압력 또는 외부파일럿 압력이 소정의 값에 도달하면 입구측으로부터 출구측의 흐름을 허용하는 밸브	
	무부하밸브 (unloadin valve)	회로의 압력이 설정치에 달하면 펌프를 무부하로 하는 밸브	
	카운터밸런스밸브 (counterbalance valve)	부하의 낙하를 방지하기 위해 배압을 부여하는 밸브한 방향의 흐름에는 설정된 배압을 주고 반대방향의 흐름을 자유흐름으로 하는 밸브	
상시 개형	감압밸브 (pressure reducing valve)	출구측압력을 입구측압력보다 낮은 설정압력으로 조정하는 밸브	

해답 ①

072

그림과 같은 단동실린더에서 피스톤에 $F=500\text{N}$의 힘이 발생하면, 압력 P는 약 몇 kPa이 필요한가? (단, 실린더의 직경은 40mm이다.)

① 39.8
② 398
③ 79.6
④ 796

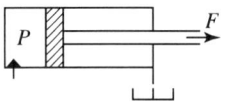

해설 $P = \dfrac{F}{\dfrac{\pi}{4} \times D^2} = \dfrac{500}{\dfrac{\pi}{4} \times 40^2} = 0.39788\text{MP} \fallingdotseq 398\text{kPa}$

해답 ②

073

실린더 입구의 분기 회로에 유량 제어 밸브를 설치하여 실린더 입구측의 불필요한 압유를 배출시켜 작동 효율을 증진시키는 회로는?

① 로킹 회로
② 증강 회로
③ 동조 회로
④ 블리드 오프 회로

해설 **블리드 오프 회로법**
펌프와 실린더 간의 분기 관로에 유량조정 밸브를 설치하여 기름 탱크로 복귀시키는 유량을 제어함으로써 속도를 제어하는 회로이다. 릴리프밸브에 의한 유출량이 없으며 동력손실이 적다. 그러나 부하변동이 큰 경우 펌프 토출량이 바뀌며 정확한 속도제어가 안된다. 따라서 비교적 부하 변동이 적은 호우닝 머신이나 정밀도가 그다지 필요하지 않은 원치의 속도제어 등에 사용된다.

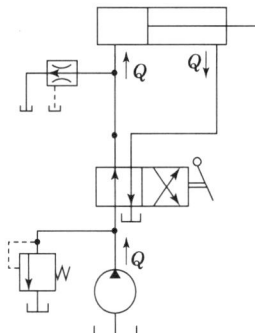

해답 ④

074

감압 밸브, 체크 밸브, 릴리프 밸브 등에서 밸브시트를 두드려 비교적 높은 음을 내는 일종의 자려진동 현상은?

① 컷인
② 점핑
③ 채터링
④ 디컴프레션

해설 채터링(chattering) : 감압밸브, 체크밸브, 릴리프밸브 등으로 밸브시트를 두들겨서 비교적 높은 음을 발생시키는 일종의 자력진동 현상

해답 ③

075

그림과 같은 유압기호가 나타내는 것은? (단, 그림의 기호는 간략 기호이며, 간략 기호에서 유로의 화살표는 압력의 보상을 나타낸다.)

① 가변 교축 밸브
② 무부하 릴리프 밸브
③ 직렬형 유량조정 밸브
④ 바이패스형 유량조정 밸브

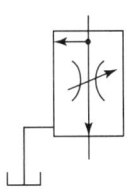

직렬형 유량조정밸브		
직렬형 유량조정밸브 (온도보상붙이)		
바이패스형 유량조정밸브		
체크밸브붙이 유량조정밸브		

해답 ④

076

기어펌프의 폐입 현상에 관한 설명으로 적절하지 않은 것은?

① 진동, 소음의 원인이 된다.
② 한 쌍의 이가 맞물려 회전할 경우 발생한다.
③ 폐입 부분에서 팽창 시 고압이, 압축 시 진공이 형성된다.
④ 방지책으로 릴리프 홈에 의한 방법이 있다.

해설 폐입 부분에서 압축시에는 고압이 발생되고 팽창시에는 진공이 형성된다.

해답 ③

077 어큐뮬레이터의 용도와 취급에 대한 설명으로 틀린 것은?

① 누설유량을 보충해 주는 펌프 대용 역할을 한다.
② 어큐뮬레이터에 부속쇠 등을 용접하거나 가공, 구멍 뚫기 등을 해서는 안된다.
③ 어큐뮬레이터를 운반, 결합, 분리 등을 할 때는 봉입가스를 유지하여야 한다.
④ 유압 펌프에 발생하는 맥동을 흡수하여 이상 압력을 억제하여 진동이나 소음을 방지한다.

해설 어큐뮬레이터를 운반, 결합, 분리할 때에는 안전사고를 방지하기 위해 봉입가스를 배출시키고 작업한다.

해답 ③

078 유압 회로에서 속도 제어 회로의 종류가 아닌 것은?

① 미터 인 회로
② 미터 아웃 회로
③ 블리드 오프 회로
④ 최대 압력 제한 회로

해설

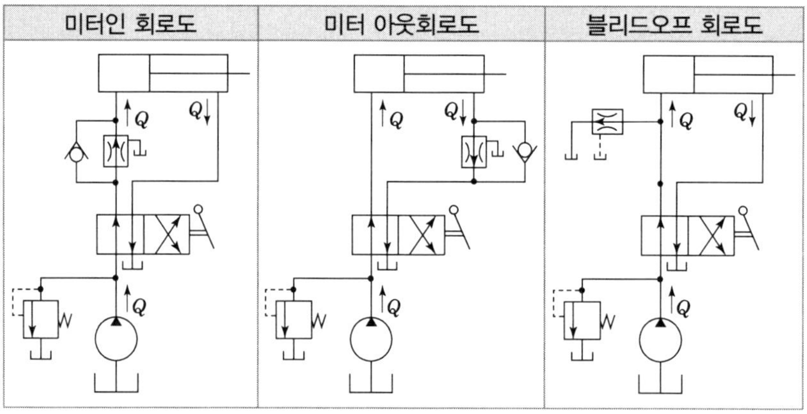

| 미터인 회로도 | 미터 아웃회로도 | 블리드오프 회로도 |

해답 ④

079 유압유의 점도가 낮을 때 유압 장치에 미치는 영향으로 적절하지 않은 것은?

① 배관 저항 증대
② 유압유의 누설 증가
③ 펌프의 용적 효율 저하
④ 정확한 작동과 정밀한 제어의 곤란

해설 유압유의 점도가 낮을 때는 유온이 증가하여 유압유가 묽어져 있는 경으로 누유로 인한 용적효율이 감소하고 정밀한 제어가 곤란해진다.
※ 배관저항이 증대하는 경우가 점도가 높아 유동저항이 증가된다.

해답 ①

080 일반적인 베인 펌프의 특징으로 적절하지 않은 것은?

① 부품수가 많다.
② 비교적 고장이 적고 보수가 용이하다.
③ 펌프의 구동 동력에 비해 형상이 소형이다.
④ 기어 펌프나 피스톤 펌프에 비해 토출 압력의 맥동이 크다.

해설 펌프 중 맥동이 가장 적은 펌프가 베인 펌프이다.

제5과목   기계제작법 및 기계동력학

081 다음 그림과 같은 조건에서 어떤 투사체가 초기속도 360m/s로 수평방향과 30°의 각도로 발사되었다. 이때 2초 후 수직방향에 대한 속도는 약 몇 m/s인가? (단, 공기 저항 무시, 중력가속도는 9.81m/s²이다.)

① 40.1
② 80.2
③ 160
④ 321

해설
$V_{1y} = 360 \times \sin 30 = 180 \text{m/s}$
$V_{1x} = 360 \times \cos 30 = 311.769 \text{m/s}$
$V_{2y} = V_{1y} - gt = 180 - 9.81 \times 2 = 160.38 \text{m/s}$

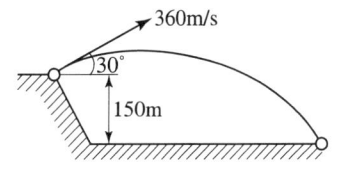

082 1자유도의 질량-스프링계에서 스프링 상수 k가 2kN/m, 질량 m이 20kg일 때, 이 계의 고유주기는 약 몇 초인가? (단, 마찰은 무시한다.)

① 0.63
③ 1.93
② 1.54
④ 2.34

해설 (주기) $T = \dfrac{2\pi}{\omega_n}$

(주기) $T = 2\pi \times \sqrt{\dfrac{m}{k}} = 2\pi \times \sqrt{\dfrac{20}{2000}} = 0.628 \text{sec}$

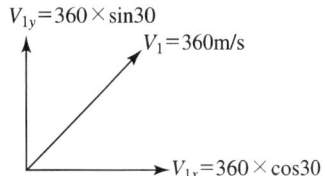

083

두 조화운동 $x_1 = 4\sin 10t$와 $x_2 = 4\sin 10.2t$를 합성하면 맥놀이(beat)현상이 발생하는데 이때 맥놀이 진동수(Hz)는 약 얼마인가? (단, t의 단위는 s이다.)

① 31.4
② 62.8
③ 0.0159
④ 0.0318

해설 (맥놀이 진동수) $f_b = f_2 - f_1 = \dfrac{\omega_2}{2\pi} - \dfrac{\omega_1}{2\pi} = \dfrac{10.2}{2\pi} - \dfrac{10}{2\pi} = 0.0318\text{Hz}$

해답 ④

084

어떤 물체가 $x(t) = A\sin(4t + \Phi)$로 진동할 때 진동주기 $T[\text{s}]$는 약 얼마인가?

① 1.57
② 2.54
③ 4.71
④ 6.28

해설 (주기) $T = \dfrac{2\pi}{\omega} = \dfrac{2\pi}{4} = 1.57\text{sec}$

해답 ①

085

200kg의 파일을 땅속으로 박고자 한다. 파일 위의 1.2m 지점에서 무게가 1t인 해머가 떨어질 때 완전 소성 충돌이라고 한다면 이때 파일이 땅속으로 들어가는 거리는 약 몇 m인가? (단, 파일에 가해지는 땅의 저항력은 150kN이고, 중력가속도는 9.81m/s²이다.)

① 0.07
② 0.09
③ 0.14
④ 0.19

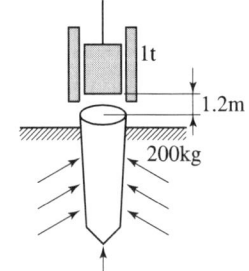

해설 $m_1 v_1 + m_2 v_2 = (m_1 + m_2)v'$
$1000 \times 4.852 + 0 = (200 + 1000)v'$
$v' = 4.043\text{m/s}$
$v_1 = \sqrt{2gh} = \sqrt{2 \times 9.81 \times 1.2} = 4.852\text{m/s}$
$v_2 = 0$
에너지보존의 법칙에서
$\dfrac{1}{2}(m_1 + m_2)v'^2 + (m_1 + m_2)gh = R \times h$
$\dfrac{1}{2}(1000 + 200) \times 4.043^2 + (1000 + 200) \times 9.81 \times h = 150000 \times h$
$h = 0.07\text{m}$

해답 ①

086

1자유도 시스템에서 감쇠비가 0.1인 경우 대수감소율은?

① 0.2315
② 0.4315
③ 0.6315
④ 0.8315

해설 (대수감쇠율) $\delta = \dfrac{2\pi\varphi}{\sqrt{1-\varphi^2}} = \dfrac{2\pi \times 0.1}{\sqrt{1-0.1^2}} = 0.6315$

해답 ③

087

수평면과 α의 각을 이루는 마찰이 있는(마찰계수 μ) 경사면에서 무게가 W인 물체를 힘 P를 가하여 등속력으로 끌어올릴 때, 힘 P가 한 일에 대한 무게 W인 물체를 끌어올리는 일의 비, 즉 효율은?

① $\dfrac{1}{1+\mu\cot(\alpha)}$
② $\dfrac{1}{1-\mu\cot(\alpha)}$
③ $\dfrac{1}{1+\mu\cos(\alpha)}$
④ $\dfrac{1}{1-\mu\sin(\alpha)}$

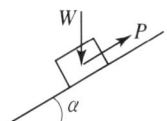

해설 S : 빗면으로 이동한 거리

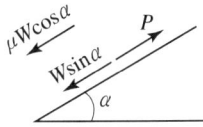

$\dfrac{W \text{ 끌어올리는 힘}}{P\text{가 한 일}} = \dfrac{W\sin\alpha \times S}{(W\sin\alpha + \mu W\cos\alpha) \times S} = \dfrac{\sin\alpha \times \dfrac{1}{\sin\alpha}}{\sin\alpha + \mu\cos\alpha \times \dfrac{1}{\sin\alpha}}$

$= \dfrac{1}{1+\mu\dfrac{\cos\alpha}{\sin\alpha}} = \dfrac{1}{1+\mu\cot\alpha}$

해답 ①

088

반경이 r인 실린더가 위치 1의 정지상태에서 경사를 따라 높이 h만큼 굴러 내려갔을 때, 실린더 중심의 속도는? (단, g는 중력가속도이며, 미끄러짐은 없다고 가정한다.)

① $\sqrt{2gh}$
② $0.707\sqrt{2gh}$
③ $0.816\sqrt{2gh}$
④ $0.845\sqrt{2gh}$

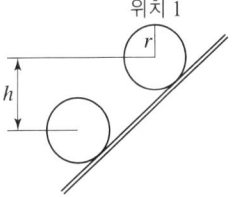

해설 (위치 1의 위치에너지) $E_1 = mgh$

(위치 2의 운동에너지) $E_2 = \frac{1}{2}mv^2 + \frac{1}{2}J_G\omega^2 = \frac{1}{2}mv^2 + \frac{1}{2}\left(\frac{mr^2}{2}\right) \times \left(\frac{v}{r}\right)^2$

$= \frac{1}{2}mv^2 + \frac{1}{2} \times \frac{mr^2}{2} \times \frac{v^2}{r^2} = \frac{1}{2}mv^2 + \frac{mv^2}{4}$

$= \frac{3mv^2}{4}$

$E_1 = E_2$, $mgh = \frac{3}{4}mv^2$

$v = \sqrt{gh \times \frac{4}{3}} = \sqrt{\frac{2}{3}} \times \sqrt{2gh} = 0.816\sqrt{2gh}$

해답 ③

089

평탄한 지면 위를 미끄럼이 없이 구르는 원통 중심의 가속도가 1m/s²일 때 이 원통의 각가속도는 몇 rad/s²인가? (단, 반지름 r은 2m이다.)

① 0.2
② 0.5
③ 5
④ 10

해설 $a_G = \alpha \times r$

(각가속도) $\alpha = \frac{a_G}{r} = \frac{1}{2} = 0.5 \text{rad/s}^2$

해답 ②

090

자동차가 반경 50m의 원형도로를 25m/s의 속도로 달리고 있을 때, 반경방향으로 작용하는 가속도는 몇 m/s²인가?

① 9.8
② 10.0
③ 12.5
④ 25.0

해설 (법선가속도) $a_n = \frac{v^2}{r}$

(접선가속도) $a_t = \alpha \times r = a_G$

(법선가속도 = 반경방향가속도) $a_n = \frac{v^2}{r} = \frac{25^2}{50} = 12.5 \text{m/s}^2$

해답 ③

091 3차원 측정기에서 측정물의 측정위치를 감지하여 X, Y, Z축의 위치 데이터를 컴퓨터에 전송하는 기능을 가진 것은?

① 프로브
② 측정암
③ 컬럼
④ 정반

해설 3차원 측정기에서 측정물과 직접 접촉하거나 아주 가까이 다가가 그 생긴 모양에 대한 정보를 정확히 알려주는 센서 시스템을 **프로브 시스템**(probe system)이라 한다.
측정 제품의 모양을 x, y, z축의 위치데이터를 컴퓨터에 전송하여 제품의 형상을 측정한다.

해답 ①

092 피복아크용접봉의 피복제 역할로 틀린 것은?

① 아크를 안정시킨다.
② 모재 표면의 산화물을 제거한다.
③ 용착금속의 급랭을 방지한다.
④ 용착금속의 흐름을 억제한다.

해설 피복제의 역할
① 공기 중의 산소나 질소의 침입을 방지하여, 피복재의 연소 가스의 이온화에 의하여 전류가 끊어졌을 때에도 계속 아크를 발생시키므로 안정된 아크를 얻을 수 있도록 한다.
② 슬래그(slag)를 형성하여 용접부의 급랭을 방지하며, 용착 금속에 필요한 원소를 보충한다.
③ 불순물과 친화력이 강한 재료를 사용하여 용착 금속을 정련한다.
④ 붕사, 산화티탄 등을 사용하여 용착 금속의 유동성을 좋게 한다.
⑤ 좁은 틈에서 작업할 때 절연 작용을 한다.

해답 ④

093 와이어 컷 방전가공에서 와이어 이송속도 0.2mm/min, 가공물 두께가 10mm일 때 가공속도는 몇 mm^2/min 인가?

① 0.02
② 0.2
③ 2
④ 20

해설 (가공속도) $V[mm^2/min] = s[mm/min] \times t[mm]$
$2[mm^2/min] = 0.2[mm/min] \times 10[mm]$

해답 ③

094 단조용 공구 중 소재를 올려놓고 타격을 가할 때 받침대로 사용하며 크기는 중량으로 표시하는 것은?

① 대뫼(sledge)
② 앤빌
③ 정반
④ 단조용 탭

해설 **앤빌** : 단조용 공구 중 소재를 올려놓고 타격을 가할 때 받침대로 사용하며 크기는 중량으로 표시한다.

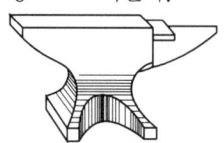

해답 ②

095 두께 5mm의 연강판에 직경 10mm의 펀칭 작업을 하는데 크랭크 프레스 램의 속도가 10m/min이라면 이 때 프레스에 공급되어야 할 동력은 약 몇 kW인가? (단, 연강판의 전단강도는 294.3MPa이고, 프레스의 기계적 효율은 80%이다.)

① 21.32 ② 15.54
③ 13.52 ④ 9.63

해설
$$H_{kW}[\text{kW}] = \frac{F[\text{N}] \times V[\text{m/min}]}{60 \times 1000 \times \eta} = \frac{46228.535 \times 10}{60 \times 1000 \times 0.8} = 9.63[\text{kW}]$$
(펀칭력) $F = \tau \times A = 294.3 \times (\pi \times 10 \times 5) = 46228.535\text{N}$

해답 ④

096 목재의 건조방법에서 자연건조법에 해당하는 것은?
① 야적법 ② 침재법
③ 자재법 ④ 증재법

해설 **목재의 건조법**
① 자연 건조법 : 야적법, 가옥적법
② 인공 건조법 : 침재법, 훈재법, 자재법, 열기 건조법, 진공 건조법

해답 ①

097 전해연마 가공법의 특징이 아닌 것은?
① 가공면에 방향성이 없다.
② 복잡한 형상의 제품도 연마가 가능하다.
③ 가공 변질층이 있고 평활한 가공면을 얻을 수 있다.
④ 연질의 알루미늄, 구리 등도 쉽게 광택면을 얻을 수 있다.

해설 전해연마는 전기도금과 반대로 가공하는 것으로 가공면의 방향성이 없고, 복잡한 형상도 제품이 가능하다. 또한 화학적인 가공으로 가공변질층이 없고 거울면과 같은 평활한 가공면을 얻을 수 있다.

해답 ③

098
절연성의 가공액 내에 도전성 재료의 전극과 공작물을 넣고 약 60~300V의 펄스 전압을 걸어 약 5~50μm까지 접근시켜 발생하는 스파크에 의한 가공방법은?

① 방전가공
② 전해가공
③ 전해연마
④ 초음파가공

해설 **방전 가공의 원리**
석유, 경유, 등유 등과 같은 절연성이 있는 가공액 중에 공구와 공작물을 넣고 5~50μm 정도 간격을 두어 100V의 직류 전압으로 방전하면 공작물의 재료가 미분 상태의 칩으로 되어 가공액 중에 부유물로 뜨게 하여 가공하는 방법이다.

해답 ①

099
다음 공작기계에 사용되는 속도열 중 일반적으로 가장 많이 사용되고 있는 속도열은?

① 대수급수 속도열
② 등비급수 속도열
③ 등차급수 속도열
④ 조화급수 속도열

해설 **등비급수 속도열 선도**
공작 기계의 속도열은 주로 등비급수 속도열을 쓰고 있으며, 아래 그림은 등비급수 속도열 선도이다.

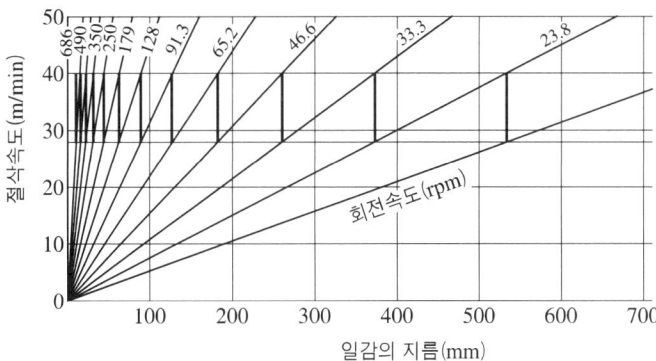

해답 ②

100
저온 뜨임에 대한 설명으로 틀린 것은?

① 담금질에 의한 응력 제거
② 치수의 경년 변화 방지
③ 연마균열 생성
④ 내마모성 향상

해설 **저온뜨임** : 주로 150~200℃ 가열 후 공냉시키며 내부응력을 제거하고 경도를 유지하면서 변형 방지, 내마모성 향상과 고속도강, 합금강 등의 잔류 오스테나이트를 안정화시키기 위해서 한다. 주로 절삭 공구, 게이지, 공구 등이 뜨임에 사용한다.

해답 ③

일반기계기사

2020년 9월 27일 시행

제1과목 재료역학

001 그림과 같은 보에 하중 P가 작용하고 있을 때 이 보에 발생하는 최대 굽힘응력이 $\sigma_{\max}$라면 하중 P는?

① $P = \dfrac{bh^2(a_1+a_2)\sigma_{\max}}{6a_1a_2}$

② $P = \dfrac{bh^3(a_1+a_2)\sigma_{\max}}{6a_1a_2}$

③ $P = \dfrac{b^2h(a_1+a_2)\sigma_{\max}}{6a_1a_2}$

④ $P = \dfrac{b^3h(a_1+a_2)\sigma_{\max}}{6a_1a_2}$

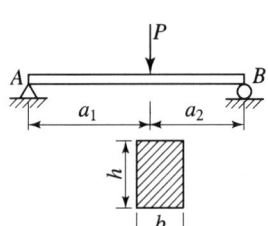

[해설]
$M_{\max} = \dfrac{Pa_1a_2}{L} = \dfrac{Pa_1a_2}{a_1+a_2}$

$\sigma_{\max} = \dfrac{M_{\max}}{Z},\ M_{\max} = \sigma_{\max} \times Z$

$\dfrac{Pa_1a_2}{a_1+a_2} = \sigma_{\max} \times \dfrac{bh^2}{6}$

$P = \dfrac{bh^2(a_1+a_2)\sigma_{\max}}{6a_1a_2}$

[해답] ①

002 양단이 고정된 균일 단면봉의 중간단면 C에 축하중 P를 작용시킬 때 A, B에서 반력은?

① $R = \dfrac{P(a+b^2)}{a+b},\ S = \dfrac{P(a^2+b)}{a+b}$

② $R = \dfrac{Pb^2}{a+b},\ S = \dfrac{Pa^2}{a+b}$

③ $R = \dfrac{Pb}{a+b},\ S = \dfrac{Pa}{a+b}$

④ $R = \dfrac{Pa}{a+b},\ S = \dfrac{Pb}{a+b}$

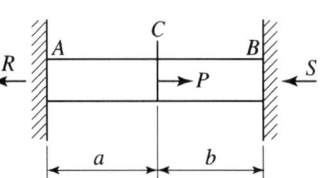

해설 $P = R + S$ ·················· ①식
$\Delta L_R = \Delta L_S$
$\dfrac{Ra}{AE} = \dfrac{Sb}{AE}$
$Ra = Sb$
$R = \dfrac{Sb}{a}$ ·················· ②식
$P = \dfrac{Sb}{a} + S = \dfrac{Sb}{a} + \dfrac{as}{a} = \dfrac{S(b+a)}{a}$
$S = \dfrac{Pa}{b+a},\ R = \dfrac{Pb}{b+a}$

해답 ③

003

그림과 같은 직사각형 단면에서 $y_1 = \dfrac{2}{3}h$의 위쪽 면적(빗금 부분)의 중립축에 대한 단면 1차모멘트 Q는?

① $\dfrac{3}{8}bh^2$ ② $\dfrac{3}{8}bh^3$
③ $\dfrac{5}{18}bh^2$ ④ $\dfrac{5}{18}bh^3$

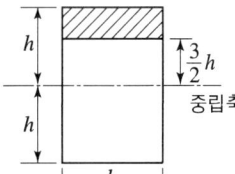

해설 $Q = A \times \overline{y} = \left(b \times \dfrac{h}{3}\right) \times \dfrac{5h}{6} = \dfrac{5bh^2}{18}$
$\overline{y} = \dfrac{2}{3}h + \left(\dfrac{h}{3} \times \dfrac{1}{2}\right) = \dfrac{5h}{6}$

해답 ③

004

양단이 고정단인 주철 재질의 원주가 있다. 이 기둥의 임계응력을 오일러 식에 의해 계산한 결과 $0.0247E$로 얻어졌다면 이 기둥의 길이는 원주 직경의 몇 배인가? (단, E는 재료의 세로탄성계수이다.)

① 12   ② 10
③ 0.05 ④ 0.001

해설 (임계응력) $\sigma_B = \dfrac{n\pi^2 E}{\lambda^2} = \dfrac{4\pi^2 E}{\lambda^2} = \dfrac{4\pi^2 E}{\left(\dfrac{L}{k}\right)^2}$

$\dfrac{4\pi^2 E}{\left(\dfrac{L}{k}\right)^2} = 0.0247E,\ \dfrac{4\pi^2}{\left(\dfrac{L}{k}\right)^2} = 0.0247,\ \sqrt{\dfrac{4\pi^2}{0.0247}} = \dfrac{L}{k}$

$39.978 = \dfrac{L}{k},\ 39.978 = \dfrac{L}{\dfrac{D}{4}},\ \dfrac{L}{D} = 9.99 = 10$

해답 ②

005

그림과 같이 등분포하중이 작용하는 보에서 최대 전단력의 크기는 몇 kN인가?

① 50
② 100
③ 150
④ 200

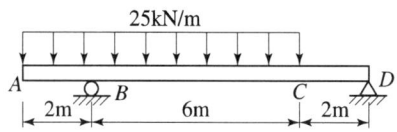

해설

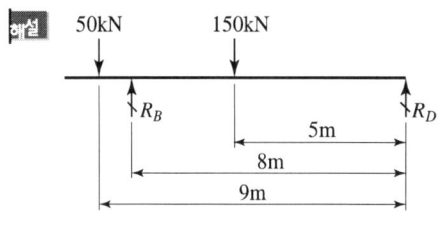

$\sum F = 0 \uparrow \oplus$
$R_B + R_D = 200\text{kW}$ ·················· ①식
$\sum M_D = 0 \curvearrowright$
$\ominus 150 \times 5 \oplus R_B \times 8 \ominus 50 \times 9 = 0$
$R_B = \dfrac{(150 \times 5) + (50 \times 9)}{8} = 150\text{kN}$
$R_D = 50\text{kN}$
$F_{\max} = 100\text{kN}$

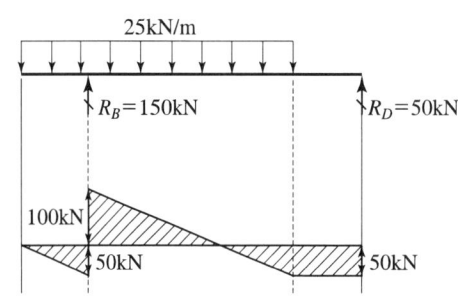

해답 ②

006

그림과 같이 수평 강체봉 AB의 한 쪽을 벽에 힌지로 연결하고 죄임봉 CD로 매단 구조물이 있다. 죄임봉의 단면적은 1cm^2, 허용인장응력은 100MPa일 때 B단의 최대안전하중 P는 몇 kN인가?

① 3
② 3.75
③ 6
④ 8.33

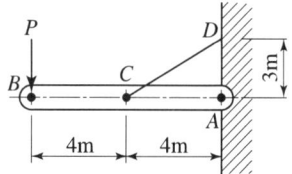

해설

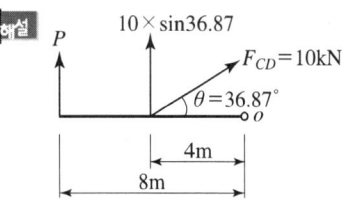

$F_{CD} = \sigma \times A = 100 \times 100 = 10000\text{N} = 10\text{kN}$
$\sum M_o = 0 \curvearrowright$
$P \times 8 = 10 \times \sin 36.87 \times 4$
$P = \dfrac{10 \times \sin 36.87 \times 4}{8} = 3\text{kN}$

해답 ①

007 아래와 같은 보에서 C점(A에서 4cm 떨어진 점)에서의 굽힘모멘트 값은 약 몇 k·Nm인가?

① 5.5
② 11
③ 13
④ 22

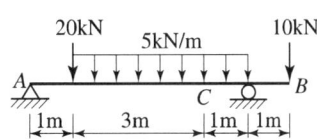

해설

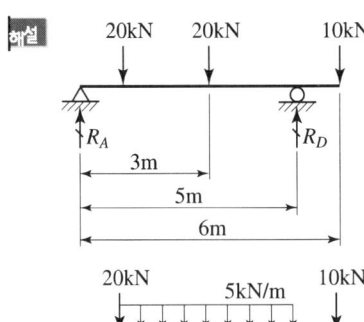

$\sum F = 0 \uparrow \oplus$
$\sum M_A = 0 \curvearrowright$
$\oplus 20 \times 1 \oplus 20 \times 3 \ominus R_D \times 5 \oplus 10 \times 6 = 0$
$R_D = \dfrac{(20 \times 1) + (20 \times 3) + (10 \times 6)}{5} = 28\text{kN}$
$R_A = 22\text{kN}$

$\sum M_x = 0 \curvearrowright$
$\oplus M_C \oplus 5 \times 0.5 \ominus 28 \times 1 \oplus 10 \times 2 = 0$
$M_C = (-5 \times 0.5) + (28 \times 1) - (10 \times 2)$
$\quad\quad = 5.5\text{kN} \cdot \text{m}$

해답 ①

008 그림과 같은 외팔보에 저장된 굽힘 변형에너지는? (단, 세로탄성계수는 E이고, 단면의 관성모멘트는 I이다.)

① $\dfrac{P^2 L^3}{8EI}$
② $\dfrac{P^2 L^3}{12EI}$
③ $\dfrac{P^2 L^3}{24EI}$
④ $\dfrac{P^2 L^3}{48EI}$

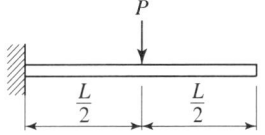

해설

$dU = \dfrac{M_x^2 dx}{3EI} = \dfrac{P^2 x^2 dx}{2EI}$

$U = \int_0^{\frac{L}{2}} \dfrac{P^2 x^2}{2EI} dx = \dfrac{P^2}{2EI} \times \left[\dfrac{x^3}{3}\right]_0^{\frac{L}{2}} = \dfrac{P^2}{2EI} \times \dfrac{1}{3} \times \left(\dfrac{L}{2}\right)^3 = \dfrac{P^2 L^3}{48EI}$

해답 ④

009

자유단에 집중하중 P를 받는 외팔보의 최대처짐 δ_1과 $W=\omega L$이 되게 균일분포하중(ω)이 작용하는 외팔보의 자유단 처짐 δ_2가 동일하다면 두 하중들의 비 W/P는 얼마인가? (단, 보의 굽힘 강성은 EI로 일정하다.)

① $\dfrac{8}{3}$ ② $\dfrac{3}{8}$
③ $\dfrac{5}{8}$ ④ $\dfrac{8}{5}$

해설
$\delta_1 = \dfrac{PL^3}{3EI}$

$\delta_2 = \dfrac{\omega L^4}{8EI} = \dfrac{WL^3}{8EI}$

$\delta_1 = \delta_2,\ \dfrac{PL^3}{3EI} = \dfrac{WL^3}{8EI}$

$\dfrac{W}{P} = \dfrac{8}{3}$

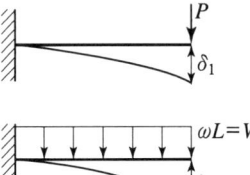

해답 ①

010

지름 7mm, 길이 250mm인 연강 시험편으로 비틀림 시험을 하여 얻은 결과, 토크 4.08N·m에서 비틀림 각이 8°로 기록되었다. 이 재료의 전단탄성계수는 약 몇 GPa인가?

① 64   ② 53
③ 41   ④ 31

해설
$\theta = \dfrac{TL}{GI_P}$

$G = \dfrac{TL}{\theta I_P} = \dfrac{4.08 \times 0.25}{8° \times \dfrac{\pi}{180} \times \left(\dfrac{\pi \times 0.007^4}{32}\right)} = 3.09 \times 10^{10}\text{Pa} = 30.9\text{GPa} \fallingdotseq 31\text{GPa}$

해답 ③

011

지름 35cm의 차축이 0.2°만큼 비틀렸다. 이때 최대 전단응력이 49MPa이라고 하면 이 차축의 길이는 약 몇 m인가? (단, 재료의 전단탄성계수는 80GPa이다.)

① 2.5   ② 2.0
③ 1.5   ④ 1

해설
$\theta = \dfrac{TL}{GI_P}$

$$L = \frac{\theta \times G \times I_P}{T} = \frac{\theta \times G \times I_P}{\tau \times Z_P} = \frac{\theta \times G \times I_P}{\tau \times \frac{I_P}{R}} = \frac{\theta \times G \times R}{\tau}$$

$$L = \frac{\theta \times G \times R}{\tau} = \frac{\left(0.2 \times \frac{\pi}{180}\right) \times (80 \times 10^9) \times \left(\frac{0.35}{2}\right)}{49 \times 10^6} = 0.997\text{m} \fallingdotseq 1\text{m}$$

해답 ④

012

그림과 같은 단면의 축이 전달할 토크가 동일하다면 각 축의 재료 선정에 있어서 허용전단응력의 비 의 값은 얼마인가?

① $\dfrac{15}{16}$ ② $\dfrac{9}{16}$

③ $\dfrac{16}{15}$ ④ $\dfrac{16}{9}$

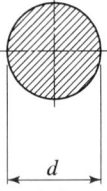 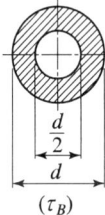

해설

$$\frac{\tau_A}{\tau_B} = \frac{\dfrac{T}{Z_{PA}}}{\dfrac{T}{Z_{PB}}} = \frac{Z_{PB}}{Z_{PA}} = \frac{\dfrac{\pi d^3}{16}\left\{1-\left(\dfrac{1}{2}\right)^4\right\}}{\dfrac{\pi d^3}{16}} = \frac{15}{16}$$

해답 ①

013

높이가 L이고 저면의 지름이 D, 단위 체적당 중량 γ의 그림과 같은 원추형의 재료가 자중에 의해 변형될 때 저장된 변형에너지 값은? (단, 세포탄성계수는 E이다.)

① $\dfrac{\pi\gamma D^2 L^3}{24E}$

② $\dfrac{(\pi\gamma^2\pi^2 D^3)^2}{72E}$

③ $\dfrac{\pi\gamma DL^2}{96E}$

④ $\dfrac{\gamma^2\pi D^2 L^3}{360E}$

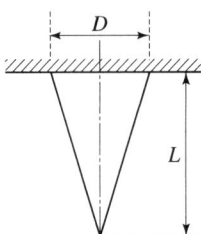

해설

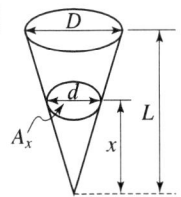

(x지점의 자중) $W_x = \frac{1}{3} \times \frac{\pi}{4} d^2 \times x \times \gamma = \frac{1}{3} \times \frac{\pi}{4} \times \left(\frac{Dx}{L}\right)^2 \times x \times \gamma = \frac{\pi D^2 x^3 \gamma}{12L^2}$

$D : L = d : x, \ d = \frac{Dx}{L}$

(미소늘음량) $d\delta = \frac{W_x dx}{A_x E} = \frac{\gamma \times \frac{1}{3} A_x x dx}{A_x E} = \frac{\gamma x}{3E} dx$

$U = \frac{1}{2} \int W_x d\delta = \frac{1}{2} \int_0^L \frac{\pi D^2 x^2 \gamma}{12L^2} \times \frac{\gamma x}{3E} dx = \frac{1}{2} \times \frac{\pi D^2 \gamma}{36L^2 E} \times \int_0^L x^4 dx$

$= \frac{1}{2} \times \frac{\pi D^2 \gamma}{36L^2 E} \times \frac{L^5}{5} = \frac{\gamma^2 \pi D^2 L^3}{360 E}$

해답 ④

014

공칭응력(nominal stress : σ_n)과 진응력(true stress : σ_t) 사이의 관계식으로 옳은 것은? (단, ϵ_n은 공칭변형율(nominal strain), ϵ_t는 진변형율(true strain)이다.)

① $\sigma_t = \sigma_n(1+\epsilon_t)$ ② $\sigma_t = \sigma_n(1+\epsilon_n)$
③ $\sigma_t = \ln(1+\sigma_n)$ ④ $\sigma_t = \ln(\sigma_n + \epsilon_n)$

해설 $\sigma_n = \frac{P}{A}$, $AL = A'L'$, $A' = \frac{AL}{L'} = \frac{AL}{L(1+\epsilon_n)} = \frac{A}{1+\epsilon_n}$

$\sigma_t = \frac{P}{A'} = \frac{P}{\frac{A}{1+\epsilon}} = \frac{P}{A}(1+\epsilon_n) = \sigma_n(1+\epsilon_n)$

해답 ②

015

안지름이 2m이고 1000kPa의 내압이 작용하는 원통형 용기의 최대 사용응력이 200MPa이다. 용기의 두께는 약 몇 mm인가? (단, 안전계수는 2이다.)

① 5   ② 7.5
③ 10 ④ 12.5

해설 $t = \frac{PD \times S}{2 \times \sigma} = \frac{1 \times 2000 \times 2}{2 \times 200} = 10\text{mm}$

해답 ③

016

원형단면의 단순보가 그림과 같이 등분포하중 $\omega = 10$N/m를 받고 허용응력이 800Pa일 때 단면의 지름은 최소 몇 mm가 되어야 되는가?

① 330
② 430
③ 550
④ 650

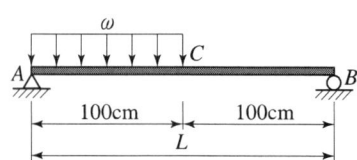

해설
$$M_{\max} = \frac{9wL^2}{128} = \frac{9 \times 10 \times 2^2}{128} = 2.8125 \text{N} \cdot \text{m}$$
$$d = \sqrt[3]{\frac{32 \times M_{\max}}{\pi \times \sigma_a}} = \sqrt[3]{\frac{32 \times 2.8125}{\pi \times 800}} = 0.3296\text{m} = 329.9\text{mm} \fallingdotseq 330\text{mm}$$

해답 ①

017
$\sigma_x = 700\text{MPa}$, $\sigma_y = 300\text{MPa}$이 작용하는 평면응력 상태에서 최대 수직응력($\sigma_{\max}$)과 최대 전단응력($\tau_{\max}$)은 각각 몇 MPa인가?

① $\sigma_{\max} = 700$, $\tau_{\max} = 300$
② $\sigma_{\max} = 700$, $\tau_{\max} = 500$
③ $\sigma_{\max} = 600$, $\tau_{\max} = 400$
④ $\sigma_{\max} = 500$, $\tau_{\max} = 700$

해설
$$\sigma_{\max} = \frac{\sigma_x + \sigma_y}{2} + \sqrt{\left(\frac{\sigma_x - \sigma_y}{2}\right)^2 + \tau_{xy}^2} = \frac{700 + (-300)}{2} + \sqrt{\left(\frac{700 - (-300)}{2}\right)^2 + 0^2}$$
$$= 200 + 500 = 700\text{MPa}$$
$$\tau_{\max} = \sqrt{\left(\frac{\sigma_x - \sigma_y}{2}\right)^2 + \tau_{xy}^2} = \sqrt{\left(\frac{700 - (-300)}{2}\right)^2 + 0^2} = 500\text{MPa}$$

해답 ②

018
단면 지름이 3cm인 환봉이 25kN의 전단하중을 받아서 0.00075rad의 전단변형률을 발생시켰다. 이때 재료의 세로탄성계수는 약 몇 GPa인가? (단, 이 재료의 포아송비는 0.3이다.)

① 75.5
② 94.4
③ 122.6
④ 157.2

해설 $\tau = G \times \gamma$
$$G = \frac{\tau}{\gamma} = \frac{\frac{F_s}{A}}{\gamma} = \frac{\frac{25000}{\frac{\pi}{4} \times 30^2}}{0.00075} = 47157.02\text{MPa} = 47.157\text{GPa}$$
$$Em = 2G(m+1)$$
$$E = \frac{2G(m+1)}{m} = \frac{2 \times 47.157 \times \left(\frac{1}{0.3} + 1\right)}{\frac{1}{0.3}} = 122.6\text{GPa}$$

해답 ③

019
다음 부정정보에서 고정단의 모멘트 M_o는?

① $\dfrac{PL}{3}$
② $\dfrac{PL}{4}$
③ $\dfrac{PL}{6}$
④ $\dfrac{3PL}{16}$

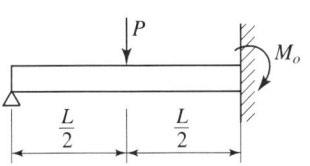

해설

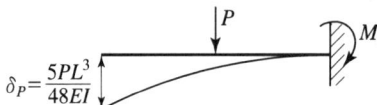

$$\frac{5PL^3}{48EI} = \frac{R_A L^3}{3EI}$$

$$R_A = \frac{5P}{16}$$

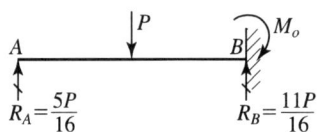

$$\Sigma M_A = 0 \oplus$$
$$\oplus P \times \frac{L}{2} + M_o \ominus \frac{11P}{16} \times L = 0$$
$$M_o = \frac{11PL}{16} - \frac{PL \times 8}{2 \times 8} = \frac{3PL}{16}$$

해답 ④

020

그림과 같이 지름 d인 강철봉이 안지름 d, 바깥지름 D인 동관에 끼워져서 두 강체 평판 사이에서 압축되고 있다. 강철봉 및 동관에 생기는 응력을 각각 σ_s, σ_c라고 하면 응력의 비(σ_s/σ_c)의 값은? (단, 강철(Es) 및 동(Ec)의 탄성계수는 각각 $Es=$ 200GPa, $Ec=$120GPa이다.)

① $\dfrac{3}{5}$ ② $\dfrac{4}{5}$

③ $\dfrac{5}{4}$ ④ $\dfrac{5}{3}$

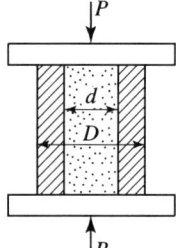

해설 $\epsilon_s = \epsilon_c$

$$\frac{\sigma_s}{E_s} = \frac{\sigma_c}{E_c}$$

$$\frac{\sigma_s}{\sigma_c} = \frac{E_s}{E_c} = \frac{200}{120} = \frac{5}{3}$$

해답 ④

제2과목 기계열역학

021 최고온도 1300K와 최저온도 300K 사이에서 작동하는 공기표준 Brayton 사이클의 열효율(%)은? (단, 압력비는 9, 공기의 비열비는 1.4이다.)
① 30.4
② 36.5
③ 42.1
④ 46.6

해설 $\eta_B = 1 - \left(\dfrac{1}{\gamma}\right)^{\frac{k-1}{k}} = 1 - \left(\dfrac{1}{9}\right)^{\frac{1.4-1}{1.4}} = 0.466 = 46.6\%$

해답 ④

022 다음 중 경로함수(path function)는?
① 엔탈피
② 엔트로피
③ 내부에너지
④ 일

해설 일과 열은 경로함수이다.

해답 ④

023 랭킨사이클에서 25℃, 0.01MPa 압력의 물 1kg을 5MPa 압력의 보일러로 공급한다. 이때 펌프가 가역단열과정으로 작용한다고 가정할 경우 펌프가 한 일(kJ)은? (단, 물의 비체적은 0.001m³/kg이다.)
① 2.58
② 4.99
③ 20.12
④ 40.24

해설 $w_P = v(P_2 - P_1) = 0.001 \times (5000 - 10) = 4.999 \text{kJ/kg}$
$W_P = m \times w_P = 1 \times 4.999 = 4.999 \text{kJ}$
$P_2 = 5\text{MPa} = 5000\text{kPa}, \ P_1 = 0.01\text{MPa} = 10\text{kPa}$

해답 ②

024 냉매로서 갖추어야 할 요구 조건으로 적합하지 않은 것은?
① 불활성이고 안전하며 비가연성이어야 한다.
② 비체적이 커야 한다.
③ 증발 온도에서 높은 잠열을 가져야 한다.
④ 열전도율이 커야 한다.

해설 냉매는 비체적이 작아야 한다.

해답 ②

025

처음 압력이 500kPa이고, 체적이 2m³인 기체가 "$PV^n =$ 일정"인 과정으로 압력이 100kPa까지 팽창할 때 밀폐계가 하는 일(kJ)을 나타내는 계산식으로 옳은 것은?

① $1000 \ln \dfrac{2}{5}$
② $1000 \ln \dfrac{5}{2}$
③ $1000 \ln 5$
④ $1000 \ln \dfrac{1}{5}$

해설 등온과정일 때 일량
$$_1W_2 = P_1 V_1 \ln \frac{V_2}{V_1} = P_1 V_1 \ln \frac{P_1}{P_2} = 500 \times 2 \ln \frac{500}{100} = 1000 \ln 5$$

해답 ③

026

밀폐계에서 기체의 압력이 100kPa으로 일정하게 유지되면서 체적이 1m³에서 2m³으로 증가되었을 때 옳은 설명은?

① 밀폐계의 에너지 변화는 없다.
② 외부로 행한 일은 100kJ이다.
③ 기체가 이상기체라면 온도가 일정하다.
④ 기체가 받은 열은 100kJ이다.

해설 정압에서 한 일
$$_1W_2 = P(V_2 - V_1) = 100(2-1) = 100\text{kJ}$$

해답 ②

027

랭킨사이클의 각 점에서의 엔탈피가 아래와 같을 때 사이클의 이론 열효율(%)은?

- 보일러 입구 : 58.6kJ/kg
- 보일러 출구 : 810.3kJ/kg
- 응축기 입구 : 614.2kJ/kg
- 응축기 출구 : 57.4kJ/kg

① 32
② 30
③ 28
④ 26

해설 $$\eta_R = \frac{W_T - W_P}{q_B} = \frac{(810.3 - 614.2) - (58.6 - 57.4)}{(810.3 - 58.6)} = 0.2592 = 25.92\% \fallingdotseq 26\%$$

해답 ④

028

고온 열원의 온도가 700℃이고, 저온 열원의 온도가 50℃인 카르노 열기관의 열효율(%)은?

① 33.4
② 50.1
③ 66.8
④ 78.9

해설 $\eta_c = 1 - \dfrac{T_L}{T_H} = 1 - \dfrac{50+273}{700+273} = 0.668 = 66.8\%$ **해답** ③

029 이상적인 가역과정에서 열량 ΔQ가 전달될 때, 온도 T가 일정하면 엔트로피 변화 ΔS를 구하는 계산식으로 옳은 것은?

① $\Delta S = 1 - \dfrac{\Delta Q}{T}$
② $\Delta S = 1 - \dfrac{T}{\Delta Q}$
③ $\Delta S = \dfrac{\Delta Q}{T}$
④ $\Delta S = \dfrac{T}{\Delta Q}$

해설 $\Delta S = \dfrac{\Delta Q}{T}$ **해답** ③

030 엔트로피(s) 변화 등과 같은 직접 측정할 수 없는 양들을 압력(P), 비체적(v), 온도(T)와 같은 측정 가능한 상태량으로 나타내는 Maxwell 관계식과 관련하여 다음 중 틀린 것은?

① $\left(\dfrac{\partial T}{\partial P}\right)_s = \left(\dfrac{\partial v}{\partial s}\right)_P$
② $\left(\dfrac{\partial T}{\partial v}\right)_s = -\left(\dfrac{\partial P}{\partial s}\right)_v$
③ $\left(\dfrac{\partial v}{\partial T}\right)_P = -\left(\dfrac{\partial s}{\partial P}\right)_T$
④ $\left(\dfrac{\partial P}{\partial v}\right)_T = \left(\dfrac{\partial s}{\partial T}\right)_v$

해설 맥스웰 관계식(Maxwell relations)은 엔트로피변화와 같이 직접 측정할수 없는 양들을 측정가능한 양들 압력(P), 비체적(v), 온도(T)로 나타낸 관계식이다. 4개의 관계식이 있다.

$\left(\dfrac{\partial T}{\partial P}\right)_s = +\left(\dfrac{\partial v}{\partial s}\right)_P$ $\quad\left(\dfrac{\partial T}{\partial v}\right)_s = -\left(\dfrac{\partial P}{\partial s}\right)_v$

$\left(\dfrac{\partial v}{\partial T}\right)_P = -\left(\dfrac{\partial s}{\partial P}\right)_T$ $\quad\left(\dfrac{\partial s}{\partial v}\right)_T = +\left(\dfrac{\partial P}{\partial T}\right)_v$

해답 ④

031 풍선에 공기 2kg이 들어 있다. 일정 압력 500kPa 하에서 가열팽창하여 체적이 1.2배가 되었다. 공기의 초기온도가 20℃일 때 최종온도(℃)는 얼마인가?

① 32.4
② 53.7
③ 78.6
④ 92.3

해설 $\dfrac{V_1}{T_1} = \dfrac{V_2}{T_2}$ 정압과정

$$\frac{V}{20+273} = \frac{1.2V}{T_2+273}$$
$T_2 = 78.6℃$

해답 ③

032 비가역 단열변화에서 엔트로피 변화량은 어떻게 되는가?
① 증가한다.   ② 감소한다.
③ 변화량은 없다.   ④ 증가할 수도 감소할 수도 있다.

해설 비가역단열과정은 엔트로피 증가

해답 ①

033 자동차 엔진을 수리한 후 실린더 블록과 헤드 사이에 수리 전과 비교하여 더 두꺼운 개스킷을 넣었다면 압축비와 열효율은 어떻게 되겠는가?
① 압축비는 감소하고, 열효율도 감소한다.
② 압축비는 감소하고, 열효율은 증가한다.
③ 압축비는 증가하고, 열효율은 감소한다.
④ 압축비는 증가하고, 열효율도 증가한다.

해설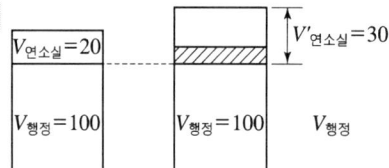

$\epsilon = \dfrac{120}{20} = 6$ $\eta = 1 - \left(\dfrac{1}{\epsilon}\right)^{1.4} = 1 - \left(\dfrac{1}{6}\right)^{1.4-1} = 0.51$

$\epsilon' = \dfrac{130}{30} = 4.33$ $\eta' = 1 - \left(\dfrac{1}{\epsilon'}\right)^{1.4} = 1 - \left(\dfrac{1}{4.33}\right)^{1.4-1} = 0.44$

압축비 감소, 연효율 감소

해답 ①

034 어떤 가스의 비내부에너지 u(kJ/kg), 온도 t(℃), 압력 P(kPa), 비체적 v(m³/kg) 사이에는 아래의 관계식이 성립한다면, 이 가스의 정압비열(kJ/kg·℃)은 얼마인가?

$$u = 0.28t + 532$$
$$P_v = 0.560(t + 380)$$

① 0.84   ② 0.68
③ 0.50   ④ 0.28

해설 $C_P = \dfrac{dh}{dt} = \dfrac{d(u+Pv)}{dt} = \dfrac{d\{(0.28t+532)+0.56(t+380)\}}{dt}$
$= 0.28 + 0.56 = 0.84 \text{kJ/kg℃}$

해답 ①

035

그림과 같이 A, B 두 종류의 기체가 한 용기안에서 박막으로 분리되어 있다. A의 체적은 0.1m^3, 질량은 2kg이고, B의 체적은 0.4m^3, 밀도는 1kg/m^3이다. 박막이 파열되고 난 후에 평형에 도달하였을 때 기체 혼합물의 밀도(kg/m^3)는 얼마인가?

① 4.8
② 6.0
③ 7.2
④ 8.4

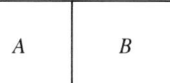

해설 $V_A = 0.1\text{m}^3$, $m_A = 2\text{kg}$, $V_B = 0.4\text{m}^3$, $\rho_B = 1\text{kg/m}^3$

$\rho_B = \dfrac{m_B}{V_B}$, $m_B = \rho_B \times V_B = 1 \times 0.4 = 0.4\text{kg}$

$\rho' = \dfrac{m_A + m_B}{V_A + V_B} = \dfrac{2 + 0.4}{0.1 + 0.4} = 4.8\text{kg/m}^3$

해답 ①

036

어떤 이상기체 1kg이 압력 100kPa, 온도 30℃의 상태에서 체적 0.8m^3을 점유한다면 기체상수(kJ/kg · K)는 얼마인가?

① 0.251
② 0.264
③ 0.275
④ 0.293

해설 $R = \dfrac{PV}{mT} = \dfrac{100 \times 0.8}{1 \times (30+273)} = 0.264\text{kJ/kg · K}$

해답 ②

037

내부 에너지가 30kJ인 물체에 열을 가하여 내부 에너지가 50kJ이 되는 동안에 외부에 대하여 10kJ의 일을 하였다. 이 물체에 가해진 열량(kJ)은?

① 10
② 20
③ 30
④ 60

해설 $\Delta Q = \Delta U + \Delta W = (50-30) + 10 = 30\text{kJ}$

해답 ③

038

원형 실린더를 마찰 없는 피스톤이 덮고 있다. 피스톤에 비선형 스프링이 연결되고 실린더 내의 기체가 팽창하면서 스프링이 압축된다. 스프링의 압축 길이가 X m일 때 피스톤에는 $kX^{1.5}$ N의 힘이 걸린다. 스프링의 압축 길이가 0m에서 0.1m로 변하는 동안에 피스톤이 하는 일이 W_a이고, 0.1m에서 0.2m로 변하는 동안에 하는 일이 W_b라면 W_a/W_b는 얼마인가?

① 0.083　　② 0.158
③ 0.214　　④ 0.333

해설
$F = kx^{1.5}$ N

$$W_a = \int_0^{0.1} kx^{1.5}dx = k\frac{x^{1.5+1}}{1.5+1} = k\frac{0.1^{2.5}}{2.5}$$

$$W_b = \int_{0.1}^{0.2} kx^{1.5}dx = k\frac{1}{2.5}(0.2^{2.5} - 0.1^{2.5})$$

$$\frac{W_a}{W_b} = \frac{k\frac{0.1^{2.5}}{2.5}}{k\frac{1}{2.5}(0.2^{2.5}-0.1^{2.5})} = 0.214$$

해답 ③

039

성능계수가 3.2인 냉동기가 시간당 20MJ의 열을 흡수한다면 이 냉동기의 소비동력(kW)은?

① 2.25　　② 1.74
③ 2.85　　④ 1.45

해설
$$\epsilon = \frac{Q_L}{W_{net}} \quad W_{net} = \frac{Q_L}{\epsilon} = \frac{20\text{MJ/hr}}{3.2} = \frac{20 \times \frac{1000}{3600}\text{kJ/s}}{3.2} = 1.736\text{kW}$$

해답 ②

040

이상적인 디젤 기관의 압축비가 16일 때 압축 전의 공기 온도가 90℃라면 압축 후의 공기 온도(℃)는 얼마인가? (단, 공기의 비열비는 1.4이다.)

① 1101.9　　② 718.7
③ 808.2　　④ 827.4

해설
(압축비) $\epsilon = \dfrac{V_1}{V_2} = 16$

$$\left(\frac{V_1}{V_2}\right)^{k-1} = \frac{T_2}{T_1}$$

$16^{k-1} = \dfrac{T_2+273}{90+273}$, $16^{1.4-1} = \dfrac{T_2+273}{90+273}$

$T_2 = 827.41℃$

해답 ④

제3과목 기계유체역학

041 액체 제트가 깃(vane)에 수평방향으로 분사되어 θ만큼 방향을 바꾸어 진행될 때 깃을 고정시키는 데 필요한 힘의 합력의 크기를 $F(\theta)$라고 한다. $\dfrac{F(\pi)}{F\left(\dfrac{\pi}{2}\right)}$ 는 얼마인가?

① $\dfrac{1}{\sqrt{2}}$ ② 1
③ $\sqrt{2}$ ④ 2

해설
$R_x = \rho A(V-u)^2(1-\cos\theta) = \rho A(V-u)^2(1-\cos\pi) = 2\rho A(V-u)^2$
$R_y = \rho A(V-u)^2 \sin\theta = \rho A(V-u)^2 \sin\pi = 0$
$F(\pi) = \sqrt{R_x^2 + R_y^2} = \sqrt{\{2\rho A(V-u)^2\}^2 + 0^2} = 2\rho A(V-u)^2$
$R_x' = \rho A(V-u)^2(1-\cos\theta) = \rho A(V-u)^2\left(1-\cos\dfrac{\pi}{2}\right) = \rho A(V-u)^2$
$R_y' = \rho A(V-u)^2 \sin\theta = \rho A(V-u)^2 \sin\dfrac{\pi}{2} = \rho A(V-u)^2$
$F\left(\dfrac{\pi}{2}\right) = \sqrt{R_x'^2 + R_y'^2} = \sqrt{\{\rho A(V-u)^2\}^2 + \{\rho A(V-u)^2\}^2} = \sqrt{2}\,\rho A(V-u)^2$
$\dfrac{F(\pi)}{F\left(\dfrac{\pi}{2}\right)} = \dfrac{2\rho A(V-u)^2}{\sqrt{2}\,\rho A(V-u)^2} = \dfrac{2}{\sqrt{2}} = \sqrt{2}$

해답 ③

042 피토정압관을 이용하여 흐르는 물의 속도를 측정하려고 한다. 액주계에는 비중 13.6인 수은이 들어있고 액주계에서 수은의 높이 차이가 20cm일 때 흐르는 물의 속도는 몇 m/s인가? (단, 피토정압관의 보정계수는 $C=0.96$이다.)

① 6.75 ② 6.87
③ 7.54 ④ 7.84

해설
$V = \sqrt{2gH\dfrac{S_\text{액}-S_\text{관}}{S_\text{관}}} = \sqrt{2\times 9.8\times 0.2\times \dfrac{13.6-1}{1}} = 7.027\text{m/s}$
$C = \dfrac{V_a}{V}$
(물의 속도) $V_a = C\times V = 0.96\times 7.027 = 6.745\text{m/s}$

해답 ①

043

표준공기 중에서 속도 V로 낙하하는 구형의 작은 빗방울이 받는 항력은 $F_D = 3\pi\mu VD$로 표시할 수 있다. 여기에서 μ는 공기의 점성계수이며, D는 빗방울의 지름이다. 정지상태에서 빗방울 입자가 떨어지기 시작했다고 가정할 때, 이 빗방울의 최대속도(종속도, terminal velocity)는 지름 D의 몇 제곱에 비례하는가?

① 3 ② 2
③ 1 ④ 0.5

해설

(구의 무게) $W = \rho_{구} g \times \dfrac{\pi D^3}{6}$

(부력) $F_B = \rho_{공기} g \times \dfrac{\pi D^3}{6}$

(항력) $F_D = 3\pi\mu VD$

$F_D + F_B = W$

$3\pi\mu VD + \rho_{공기} \times g \times \dfrac{\pi D^3}{6} = \rho_{구} \times g \times \dfrac{\pi D^3}{6}$

$3\pi\mu VD = \dfrac{\pi D^3 g}{6}(\rho_{구} - \rho_{공기})$

(속도) $V = \dfrac{gD^2}{18\mu}(\rho_{구} - \rho_{공기})$

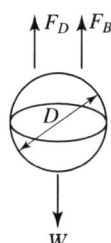

해답 ②

044

지름이 10cm인 원관에서 유체가 층류로 흐를 수 있는 임계 레이놀즈수를 2100으로 할 때 층류로 흐를 수 있는 최대 평균속도는 몇 m/s인가? (단, 흐르는 유체의 동점성계수는 $1.8 \times 10^{-6} \text{m}^2/\text{s}$이다.)

① 1.89×10^{-3} ② 3.78×10^{-2}
③ 1.89 ④ 3.78

해설 $Re = \dfrac{\rho VD}{\mu} = \dfrac{VD}{v}$

(속도) $V = \dfrac{Re \times v}{D} = \dfrac{2100 \times 1.8 \times 10^{-6}}{0.1} = 0.0378 = 3.78 \times 10^{-2} \text{m/s}$

해답 ②

045

그림에서 입구 A에서 공기의 압력은 $3 \times 10^5 \text{Pa}$, 온도 20℃, 속도 5m/s이다. 그리고 출구 B에서 공기의 압력은 $2 \times 10^5 \text{Pa}$, 온도 20℃이면 출구 B에서의 속도는 몇 m/s인가? (단, 압력 값은 모두 절대압력이며, 공기는 이상기체로 가정한다.)

① 10
② 25
③ 30
④ 36

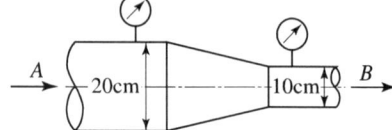

(질량유량) $\dot{m} = \rho AV = \dfrac{P}{RT}AV = $ 일정

$$\dfrac{P_A}{RT_A}A_AV_A = \dfrac{P_B}{RT_B}A_BV_B$$

$$\dfrac{P_A}{T_A}A_AV_A = \dfrac{P_B}{T_B}A_BV_B$$

$$\dfrac{3\times 10^5}{20+273}\times \dfrac{\pi}{4}\times 20^2 \times 5 = \dfrac{2\times 10^5}{20+273}\times \dfrac{\pi}{4}\times 10^2 \times V_B$$

$$V_B = 30\text{m/s}$$

해답 ③

046

관내의 부차적 손실에 관한 설명 중 틀린 것은?

① 부차적 손실에 의한 수두는 손실계수에 속도수두를 곱해서 계산한다.
② 부차적 손실은 배관 요소에서 발생한다.
③ 배관의 크기 변화가 심하면 배관 요소의 부차적 손실이 커진다.
④ 일반적으로 짧은 배관계에서 부차적 손실은 마찰손실에 비해 상대적으로 작다.

 (마찰손실수두) $H_L = f\dfrac{L}{D}\times \dfrac{V^2}{2g}$

길이(L)가 길수록 마찰손실 수두가 크다.
길이(L)가 짧은 배관은 마찰손실 수두는 작다.
짧은 배관계에서 부차적 손실(관부속품이 손실)이 마찰손실에 비해 상대적으로 크다.

해답 ④

047

공기 중을 20m/s로 움직이는 소형 비행선의 항력을 구하려고 $\dfrac{1}{4}$ 축척의 모형을 물 속에서 실험하려고 할 때 모형의 속도는 몇 m/s로 해야 하는가?

	물	공기
밀도(kg/m³)	1000	1
점성계수(N·s/m²)	1.8×10^{-3}	1×10^{-5}

① 4.9
② 9.8
③ 14.4
④ 20

$\left(\dfrac{\rho VL}{\mu}\right)_{공기} = \left(\dfrac{\rho VL}{\mu}\right)_{물}$

$$\dfrac{1\times 20 \times 1}{1\times 10^{-5}} = \dfrac{1000\times V \times \dfrac{1}{4}}{1.8\times 10^{-3}}$$

$$V = 14.4\text{m/s}$$

해답 ③

048

점성·비압축성 유체가 수평방향으로 균일속도로 흘러와서 두께가 얇은 수평 평판 위를 흘러 갈 때 Blasius의 해석에 따라 평판에서의 층류 경계층의 두께에 대한 설명으로 옳은 것을 모두 고르면?

> ㄱ. 상류의 유속이 클수록 경계층의 두께가 커진다.
> ㄴ. 유체의 동점성계수가 클수록 경계층의 두께가 커진다.
> ㄷ. 평판의 상단으로부터 멀어질수록 경계층의 두께가 커진다.

① ㄱ, ㄴ ② ㄱ, ㄷ
③ ㄴ, ㄷ ④ ㄱ, ㄴ, ㄷ

해설
$$\delta_{층류} = \frac{5x}{\sqrt{Re}} = \frac{5x}{\sqrt{\frac{Vx}{v}}}$$

(속도) V가 클수록 경계층 두께는 작아진다.

해답 ③

049

정상 2차원 포텐셜 유동의 속도장이 $u = -6y$, $v = -4x$일 때, 이 유동의 유동함수가 될 수 있는 것은? (단, C는 상수이다.)

① $-2x^2 - 3y^2 + C$
② $2x^2 - 3y^2 + C$
③ $-2x^2 + 3y^2 + C$
④ $2x^2 + 3y^2 + C$

해설

$u = \dfrac{\partial \phi}{\partial y}$

$u \partial y = \partial \phi$

$\int -6y\,dy = \int \partial \phi$

$-6\dfrac{y^2}{2} + C_1 = \phi$

$-3y^2 + C_1 = \phi$

$\therefore 2x^2 - 3y^2 + C = \phi$

$v = -\dfrac{\partial \phi}{\partial x}$

$-v \partial x = \partial \phi,\ -(-4x)\partial x = \partial \phi$

$\int 4x\,\partial x = \int \partial \phi$

$4 \times \dfrac{x^2}{2} + C_2 = \phi$

$2x^2 + C_2 = \phi$

해답 ②

050

다음 U자관 압력계에서 A와 B의 압력차는 몇 kPa인가?
(단, $H_1 = 250$mm, $H_2 = 200$mm
$H_3 = 6500$mm이고
수은의 비중은 13.6이다.)

① 3.50
② 23.2
③ 35.0
④ 232

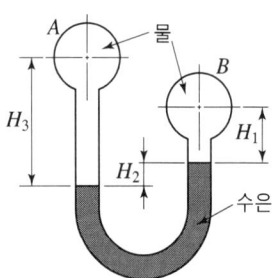

해설

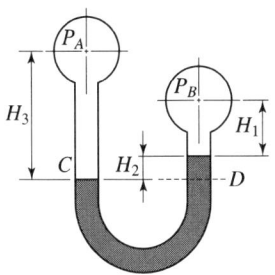

$P_C = P_A + \gamma_w \times H_3$
$P_D = P_B + \gamma_w H_1 + \gamma_{Hg} H_2$
$P_A - P_B = \gamma_w H_1 + \gamma_{Hg} H_2 - \gamma_w H_3 = 9800 \times 0.25 + 13.6 \times 9800 \times 0.2 - 9800 \times 0.6$
$= 23226 \text{Pa} = 23.226 \text{kPa}$

해답 ②

051
지름이 8mm인 물방울의 내부 압력(게이지 압력)은 몇 Pa인가? (단, 물의 표면장력은 0.075N/m이다.)

① 0.037 ② 0.075
③ 37.5   ④ 75

해설

$\sigma = \dfrac{\Delta P D}{4}$

$\Delta P = \dfrac{4\sigma}{D} = \dfrac{4 \times 0.075}{0.008} = 37.5 \text{Pa}$

해답 ③

052
효율 80%인 펌프를 이용하여 저수지에서 유량 0.05m³/s으로 물을 5m 위에 있는 논으로 올리기 위하여 효율 95%의 전기모터를 사용한다. 전기모터의 최소동력은 몇 kW인가?

① 2.45 ② 2.91
③ 3.06 ④ 3.22

해설

(펌프효율) $\eta_P = \dfrac{\gamma H Q}{L_s}$

$L_s = \dfrac{\gamma H Q}{\eta_P} = \dfrac{9800 \times 5 \times 0.05}{0.8} = 3062.5 \text{W} = 3.0625 \text{kW}$

(펌프의 최소동력) $L_s' = \dfrac{L_s}{\eta_M} = \dfrac{3.0625}{0.95} = 3.223 \text{kW}$

해답 ④

053

물($\mu = 1.519 \times 10^{-3}$ kg/m·s)이 직경 0.3cm, 길이 9m인 수평 파이프 내부를 평균속도 0.9m/s로 흐를 때, 어떤 유동이 되는가?

① 난류유동　　　　② 층류유동
③ 등류유동　　　　④ 천이유동

해설
$$Re = \frac{\rho VD}{\mu} = \frac{1000 \times 0.9 \times 0.003}{1.519 \times 10^{-3}} = 1777.48$$
2100 이하이므로 층류이다.

해답 ②

054

점성계수 $\mu = 0.98$N·s/m²인 뉴턴 유체가 수평 벽면 위를 평행하게 흐른다. 벽면($y=0$) 근방에서의 속도 분포가 $u = 0.5 - 150(0.1-y)^2$이라고 할 때 벽면에서의 전단응력은 몇 Pa인가? (단, y[m]는 벽면에 수직한 방향의 좌표를 나타내며, u는 벽면 근방에서의 접선속도[m/s]이다.)

① 0　　　　　　　② 0.306
③ 3.12　　　　　　④ 29.4

해설
$$\tau_y = \mu \frac{du}{dy} = \mu \frac{d\{0.5 - 150(0.1-y)^2\}}{dy} = \mu \times -150 \times 2(0.1-y)^1 \times -1$$
$$= 0.98 \times 150 \times 2(0.1-y)$$
$$\tau_{y=0} = 0.968 \times 150 \times 2(0.1-0) = 29.4 \text{N/m}^2 = 29.4 \text{Pa}$$

해답 ④

055

계기압 10kPa의 공기로 채워진 탱크에서 지름 0.02m인 수평관을 통해 출구 지름 0.01m인 노즐로 대기(101kPa) 중으로 분사된다. 공기 밀도가 1.2kg/m³으로 일정할 때, 0.02m인 관 내부 계기압력은 약 몇 kPa인가? (단, 위치에너지는 무시한다.)

① 9.4　　　　　　② 9.0
③ 8.6　　　　　　④ 8.2

해설

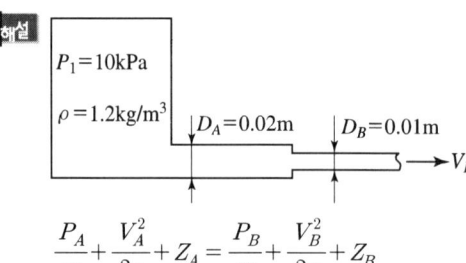

$$\frac{P_A}{\rho g} + \frac{V_A^2}{2g} + Z_A = \frac{P_B}{\rho g} + \frac{V_B^2}{2g} + Z_B$$

$$\frac{\pi}{4} \times 0.02^2 \times V_A = \frac{\pi}{4} \times 0.01^2 \times V_B, \ P_B = 0(\text{대기압})$$

$$V_B = 4V_A$$

$$V_B = \sqrt{2g\frac{P_1}{\rho g}} = \sqrt{2\frac{P_1}{\rho}} = \sqrt{2 \times \frac{10000}{1.2}} = 129.099 \text{m/s}$$

$$V_A = \frac{V_B}{4} = 32.274 \text{m/s}$$

$$\frac{P_A}{1.2 \times 9.8} + \frac{32.274^2}{2 \times 9.8} = \frac{129.009^2}{2 \times 9.8}$$

$$P_A = 9374.96 \text{Pa} = 9.37 \text{kPa} \fallingdotseq 9.4 \text{kPa}$$

해답 ①

056

그림과 같은 수문(ABC)에서 A점은 힌지로 연결되어 있다. 수문을 그림과 같이 닫은 상태로 유지하기 위해 필요한 힘 F는 몇 kN인가?

① 78.4
② 58.8
③ 52.3
④ 39.2

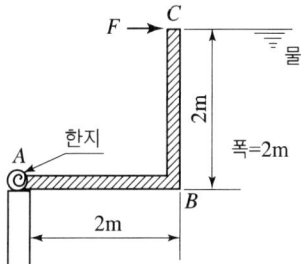

해설

전압력 작용지점 $y_{F_P} = \overline{y} + \frac{I_G}{A\overline{y}} = 1 + \frac{\left(\frac{2 \times 2^3}{12}\right)}{4 \times 1} = 1.33$

전압력 $F_P = \gamma \overline{H} A = 9800 \times 1 \times 4 = 39200 \text{N}$

부력에 의한 힘 $F_B = 9800 \times 2 \times 2 \times 2 = 78400 \text{N}$

수문을 유지하기 위한 힘 F $F \times 2 = (39200 \times 0.667) + (78400 \times 1)$

∴ $F = 52.3 \text{kN}$

해답 ③

057

2차원 직각좌표계(x, y)에서 속도장이 다음과 같은 유동이 있다. 유동장 내의 점 (L, L)에서 유속의 크기는? (단, $\vec{i}$, $\vec{j}$는 각각 x, y 방향의 단위벡터를 나타낸다.)

$$\vec{V}(x, y) = \frac{U}{L}(-x\vec{i} + y\vec{j})$$

① 0
② U
③ $2U$
④ $\sqrt{2}\, U$

해설
$$u = \frac{U}{L} \times -x = \frac{U}{L} \times -L = -U$$
$$v = \frac{U}{L} \times y = \frac{U}{L} \times L = U$$
$$V = \sqrt{(-U)^2 + U^2} = \sqrt{2}\,U$$

해답 ④

058 온도증가에 따른 일반적인 점성계수 변화에 대한 설명으로 옳은 것은?
① 액체와 기체 모두 증가한다.
② 액체와 기체 모두 감소한다.
③ 액체는 증가하고 기체는 감소한다.
④ 액체는 감소하고 기체는 증가한다.

해설 액체는 분자의 응집력이 점성을 결정하기 때문에 온도가 올라가면 분자의 응집력이 약해지기 때문에 점성이 감소한다.
기체는 분자의 운동량이 점성을 결정하기 때문에 온도가 올라가면 분자의 운동량이 증가하여 점성이 증가한다.

해답 ④

059 그림과 같이 지름 D와 깊이 H인 원통 용기 내에 액체가 가득 차 있다. 수평방향으로의 등가속도(가속도= a) 운동을 하여 내부의 물의 35%가 흘러 넘쳤다면 가속도 a와 중력가속도 g의 관계로 옳은 것은? (단, $D = 1.2H$이다.)

① $a = 0.58g$
② $a = 0.85g$
③ $a = 1.35g$
④ $a = 1.42g$

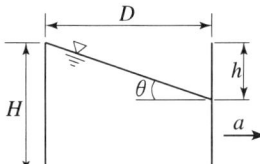

해설
$$\tan\theta = \frac{a_x}{g} = \frac{h}{D} = \frac{0.7H}{1.32H} = 0.583 \qquad a_x = 0.583g$$
$$D \times h = D \times H \times 0.35$$
$$h = \frac{D \times H \times 0.35 \times 2}{D} = 0.7H$$

해답 ①

060 세 변의 길이가 a, $2a$, $3a$인 작은 직육면체가 점도 μ인 유체 속에서 매우 느린 속도 V로 움직일 때, 항력 F는 $F = F(a, \mu, V)$로 가정할 수 있다. 차원해석을 통하여 얻을 수 있는 F에 대한 표현식으로 옳은 것은?

① $\dfrac{F}{\mu V a} = 상수$
② $\dfrac{F}{\mu V^2 a} = 상수$
③ $\dfrac{F}{\mu^2 V} = f\left(\dfrac{V}{a}\right)$
④ $\dfrac{F}{\mu V a} = f\left(\dfrac{a}{\mu V}\right)$

해설 ① $\dfrac{N}{\dfrac{N}{m^2} \cdot s \times \dfrac{m}{s} \times m} =$ 상수

해답 ①

제4과목 기계재료 및 유압기기

061 베어링에 사용되는 구리합금인 캘밋의 주성분은?
① Cu-Sn
② Cu-Pb
③ Cu-Al
④ Cu-Ni

해설 **화이트 메탈**(WM)
① 주석계 화이트 메탈(=배빗메탈) : Sn+Sb+Cu
② 납계 화이트 메탈 : Pb+Sn+Sb+Cu
구리계 합금(KM) : 켈밋(Cu+Pb)

해답 ②

062 다음 중 용융점이 가장 낮은 것은?
① Al
② Sn
③ Ni
④ Mo

해설 ① Al의 용융점 : 660℃
② Sn의 용융점 : 231.9℃
③ Ni의 용융점 : 1455℃
④ Mo의 용융점 : 2623℃

해답 ②

063 열경화성 수지에 해당하는 것은?
① ABS 수지
② 폴리스티렌
③ 폴리에틸렌
④ 에폭시 수지

해설 **열경화성 수지**
요소 수지, 페놀수지, 멜라민 수지, 에폭시 수지, 폴리에스테르, 실리콘, 폴리우레탄
열가소성 수지
폴리에틸렌 수지, 폴리프로필렌 수지, 폴리스티렌 수지, 폴리염화비닐 수지, 아크릴 수지

해답 ④

064 체심입방격자(BCC)의 인접 원자수(배위수)는 몇 개인가?

① 6개 ② 8개
③ 10개 ④ 12개

해설 배위수(coordination number, 配位數)란 고체는 단위 격자가 빽빽하게 붙어서 있는데 이때 한 원자를 둘러싸는 가장 가까운 원자의 수를 배위수라고 한다. 이때 가장 가까운 원자가 같은 단위격자 안에 있지 않아도 된다.

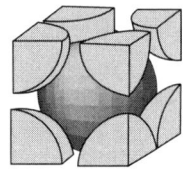 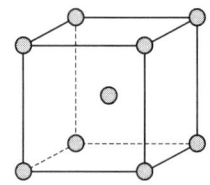 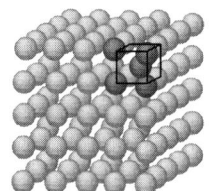

- 체심입방격자의 배위수 : 8개
- 포함된 원자수 : 9개
- 단위포 : 2개

해답 ②

065 표면은 단단하고 내부는 인성을 가지는 주철로 압연용 롤, 분쇄기 롤, 철도차량 등 내마멸성이 필요한 기계부품에 사용되는 것은?

① 회주철 ② 칠드주철
③ 구상흑연주철 ④ 펄라이트주철

해설 칠드 주철 : 주조할 때 필요한 부분에만 모래 주형 대신 금형으로 하고, 금형에 접한 부분을 급랭, 칠(chill)화시켜 경도를 높인 것으로 내부가 연하고 표면이 단단하여 롤러, 차바퀴 등에 사용한다. 칠드된 표면은 시멘타이트 조직이다.

해답 ②

066 금속 재료의 파괴 형태를 설명한 것 중 다른 하나는?

① 외부 힘에 의해 국부수축 없이 갑자기 발생되는 단계로 취성 파단이 나타난다.
② 균열의 전파 전 또는 전파 중에 상당한 소성변형을 유발한다.
③ 인장시험 시 컵-콘(원뿔) 형태로 파괴된다.
④ 미세한 공공 형태의 딤플 형상이 나타난다.

해설 취성파괴 : 외부 힘에 의해 국부수축 없이 갑자기 발생 파괴를 취성파괴라 한다.
연성파괴 : 균열의 전파 전 또는 전파 중에 상당한 소성변형을 유발 하는 파괴를 연성파괴라 한다.
※ 연성파괴는 인장시험시 컵-콘(원뿔) 형태로 파괴된다. 또한 파괴된 부분에 미세한 공공 형태의 딤플 형상이 나타난다.

해답 ①

067
Fe–Fe₃C 평형상태도에 대한 설명으로 옳은 것은?

① A_0는 철의 자기변태점이다.
② A_1 변태선을 공석선이라 한다.
③ A_2는 시멘타이트의 자기변태점이다.
④ A_3는 약 1400℃이며, 탄소의 함유량이 약 4.3%C이다.

해설

변태	온도(℃)	내용
A_0	210	시멘타이트의 자기변태
A_1	727	공석변태 austenite ↔ pearlite
A_2	768	철의 자기변태(α철 ↔ β철)
A_3	911	철의 동소변태(α철 ↔ γ철)
A_4	1394	철의 동소변태(γ철 ↔ δ철)

해답 ②

068
탄소강이 950℃ 전후의 고온에서 적열메짐(red brittleness)을 일으키는 원인이 되는 것은?

① Si
② P
③ Cu
④ S

해설 적열메짐성 : 황이 많은 강은 고온에서 여린 성질을 나타내는데 이것을 적열 메짐성이라고 한다.

해답 ④

069
오스테나이트형 스테인리스강에 대한 설명으로 틀린 것은?

① 내식성이 우수하다.
② 공식을 방지하기 위해 할로겐 이온의 고농도를 피한다.
③ 자성을 띠고 있으며, 18%Co와 8%Cr을 함유한 합금이다.
④ 입계부식 방지를 위하여 고용화처리를 하거나, Nb 또는 Ti을 첨가한다.

해설 스테인리스강(stainless steel)

성분계	조직	KS기호	특징 자성	담금질성(열처리성)
Cr계	마텐자이트 (13%Cr)	STS410	있음	있음
Cr계	페라이트 (15%Cr)	STS430	있음	없음
Cr–Ni계 내식성 가장 우수	오스테나이트 18%Cr–8%Ni	STS304	없음	없음

해답 ③

070
알루미늄 및 그 합금의 질별 기호 중 H가 의미하는 것은?
① 어닐링한 것
② 용체화처리한 것
③ 가공 경화한 것
④ 제조한 그대로의 것

해설 알루미늄 의 합금의 질별 기호
F : 제조한 그대로의 것
O : 어닐링한 것
H : 가공경화 한 것

해답 ③

071
그림과 같은 전환 밸브의 포트수와 위치에 대한 명칭으로 옳은 것은?
① 2/2 – way 밸브
② 2/4 – way 밸브
③ 4/2 – way 밸브
④ 4/4 – way 밸브

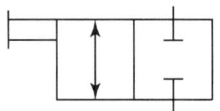

해설
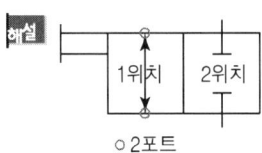

해답 ①

072
유압장치와 각 구성요소에 대한 기능의 설명으로 적절하지 않은 것은?
① 오일탱크는 유압작동유의 저장기능, 유압부품의 설치공간을 제공한다.
② 유압제어밸브에는 압력제어밸브, 유량제어밸브, 방향제어밸브 등이 있다.
③ 유압작동체(유압구동기)는 유압장치 내에서 요구된 일을 하며 유체동력을 기계적 동력으로 바꾸는 역할을 한다.
④ 유압작동체(유압구동기)에는 고무호스, 이음쇠, 필터, 열교환기 등이 있다.

해설 유압작동체(유압구동기)는 유압실린더, 유압모터, 요동모터가 있다.

해답 ④

073
유압펌프에서 실제 표출량과 이론 표출량의 비를 나타내는 용어는?
① 펌프의 포크효율
② 펌프의 점효율
③ 펌프의 입력효율
④ 펌프의 용적효율

해설 (펌프의 용적효율) $\eta_V = \dfrac{실제\ 토출량}{이론\ 토출량}$

해답 ④

074 속도제어회로의 종류가 아닌 것은?

① 미터 인 회로
② 미터 아웃 회로
③ 로킹 회로
④ 블리드 오프 회로

해설 속도제어 회로의 종류
① 미터인 회로 : 입구측 유량을 제어하는 회로
② 미터아웃 회로 : 출구측 유량을 제어하는 회로
③ 블리드 오프 회로 : 입구측 유량을 병렬회로 방식으로 제어하는 회로

해답 ③

075 작동유 속의 불순물을 제거하기 위하여 사용하는 부품은?

① 패킹
② 스트레이너
③ 어큐뮬레이터
④ 유체 커플링

해설 스트레이너 : 작동유 속의 불순물을 제거하기 위하여 사용되는 부품

해답 ②

076 KS 규격에 따른 유면계의 기호로 옳은 것은?

①
②
③
④

해설

압력계		온도계	
차압계		유량계측계 검류기	
유면계		유량계	

해답 ②

077 유압회로 중 미터 인 회로에 대한 설명으로 옳은 것은?

① 유량제어밸브는 실린더에서 유압작동유의 출구 측에 설치한다.
② 유량제어밸브는 탱크로 바이패스 되는 관로 쪽에 설치한다.
③ 릴리프밸브를 통하여 분기되는 유량으로 인한 동력손실이 있다.
④ 압력설정회로로 체크밸브에 의하여 양 방향만의 속도가 제어된다.

해설 **미터인 회로**
미터인 회로는 입구측 유량을 제어하는 회로로 릴리프밸브를 통하여 분기되는 유량으로 인한 동력손실이 없다.

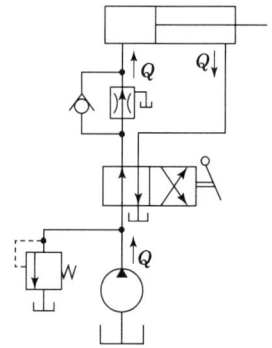

해답 ③

078 난연성 작동유의 종류가 아닌 것은?
① R&O형 작동유
② 수중 유형 유화유
③ 물-글리세린 작동유
④ 인산 에스테르형 작동유

해설 **작동유의 종류**
① 석유계 작동유 : 일반산업용 작동유, 항공기용 작동유, 첨가터빈유 내마모성 유압유, 고점도지수 유압유 등
② 난연성 작동류
  ㉠ 합성계 작동류 : 인산에스테르계, 폴리에스테르계
  ㉡ 함수계(수성계)작동유 : 물-글리콜계, 수중 유형 유화유
③ R&O 타입의 유압작동유
고도로 정제된 고점도지수 윤활기유에 내마모방지제, 부식방지제, 산화방지제 등의 고급첨가제를 사용하여 제조

해답 ①

079 유압장치의 운동부분에 사용되는 쉴(seal)의 일반적인 명칭은?
① 심래스(seamless)
② 개스킷(gasket)
③ 패킹(packing)
④ 필터(filter)

해설 개스킷 : 고정되는 부분의 기밀 유지에 사용 되는 유압부품
패킹 : 운동되는 부분에 사용되는 유체의 누설 방지 부품

해답 ③

080 어큐플레미터 종류인 피스톤 형의 특징에 대한 설명으로 적절하지 않은 것은?
① 대형도 제작이 용이하다.
② 축 유량을 크게 잡을 수 있다.
③ 형상이 간단하고 구성품이 적다.
④ 유실에 가스 침입의 염려가 없다.

해설 **공기압축형**
① 블레더형(기체봉입형):유실에 가스침입 없다. 대형제작 용이하다. 가장 많이 사용

된다.
② 다이어프램형(판형):유실에 가스침입 없다. 소형, 고압용으로 적당하다.
③ 피스톤형(실린더형):형상이 간단하고 축 유량을 크게 잡을 수 있다. 대형제작이 가능하다. 유실에 가스침입이 될 수 있는 단점이 있다.

해답 ④

제5과목 기계제작법 및 기계동력학

081 질량 30kg의 물체를 담은 두레박 B가 레일을 따라 이동하는 크레인 A에 6m 길이의 줄에 의해 수직으로 매달려 이동하고 있다. 일정한 속도로 이동하던 크레인이 갑자기 정지하자, 두레박 B가 수평으로 3m까지 흔들렸다. 크레인 A의 이동 속력은 약 몇 m/s인가?

① 1
② 2
③ 3
④ 4

해설

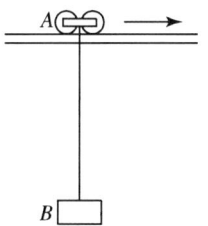

$\cos\theta = \dfrac{3}{6}$

$\theta = \cos^{-1}\left(\dfrac{3}{6}\right) = 60°$

운동에너지 = 위치에너지

$\dfrac{1}{2}m_B V_B^2 = m_B g H$

$\dfrac{1}{2} \times V_B^2 = g \times (6 - 6\sin 60)$

$\dfrac{1}{2} \times V_B^2 = 9.8 \times (6 - 6\sin 60)$

$V_B = 3.969 \text{m/s} \fallingdotseq 4 \text{m/s}$

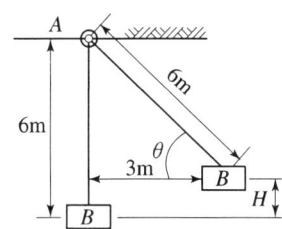

해답 ④

082 등가속도 운동에 관한 설명으로 옳은 것은?

① 속도는 시간에 대해서 선형적으로 증가하거나 감소한다.
② 변위는 시간에 대하여 선형적으로 증가하거나 감소한다.
③ 속도는 시간의 제곱에 비례하여 증가하거나 감소한다.
④ 변위는 속도의 세제곱에 비례하여 증가하거나 감소한다.

[해설]

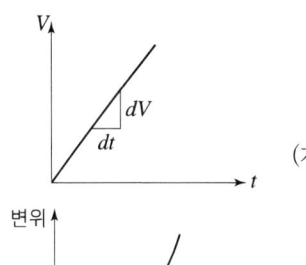

(가속도) $a = \dfrac{dV}{dt} = $ 일정

(변위) $S = V_1 t + \dfrac{1}{2}at^2$

[해답] ①

083 두 질점이 정면 중심으로 완전탄성충돌할 경우에 관한 설명으로 틀린 것은?

① 반발계수 값은 1이다.
② 전체 에너지는 보존되지 않는다.
③ 두 질점의 전체 운동량이 보존된다.
④ 충돌 후 두 질점의 상대속도는 충돌 전 두 질점의 상대속도와 같은 크기이다.

[해설] **완전탄성충돌**
① 반발계수 값은 1이다.
② 전체 에너지는 보존된다.
③ 두 질점의 전체 운동량이 보존된다.
④ 가까워지는 속도와 멀어지는 속도가 같다.

[해답] ②

084 다음 단순조화운동 식에서 진폭을 나타내는 것은?

$$x = A\sin(\omega t + \phi)$$

① A　　　　② ωt
③ $\omega t + \phi$　　　　④ $A\sin(\omega t + \phi)$

[해설] $x = A\sin(\omega t + \phi)$
여기서, A : 진폭, t : 시간, ω : 각속도, ϕ : 위상각

[해답] ①

085 그림 관이 원판에서 원주에 있는 점 A의 속도가 12m/s일 때 원판의 각속도는 약 몇 rad/s인가? (단, 원판의 반지름 r은 0.3m이다.)

① 10
② 20
③ 30
④ 40

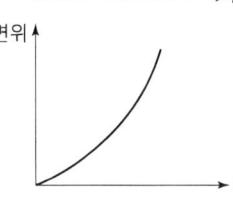

해설 $V = \omega \times r$
$\omega = \dfrac{V}{r} = \dfrac{12}{0.3} = 40\,\text{rad/s}$

해답 ④

086

다음 그림과 같이 진동계에 가진력 $F(t)$가 작용할 때 바닥으로 전달되는 힘의 최대 크기가 F_1보다 작기 위한 조건은? (단, $\omega_n = \sqrt{\dfrac{k}{m}}$ 이다.)

① $\dfrac{\omega}{\omega_n} < 1$ ② $\dfrac{\omega}{\omega_n} > 1$

③ $\dfrac{\omega}{\omega_n} > \sqrt{2}$ ④ $\dfrac{\omega}{\omega_n} < \sqrt{2}$

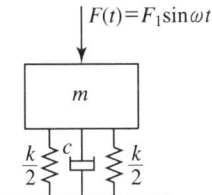

해설

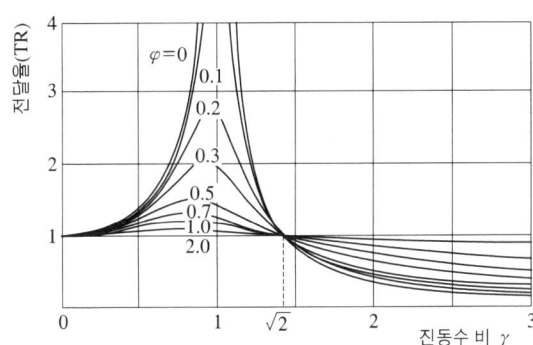

$TR > 1$ 위해서는 $\gamma > \sqrt{2}$, $\dfrac{\omega}{\omega_n} > \sqrt{2}$

해답 ③

087

균질한 원통(cylinder)이 그림과 같이 물에 떠 있다. 평형상태에 있을 때 손으로 눌렀다가 놓아주면 상하 진동을 하게 되는데 이때 진동주기(τ)에 대한 식으로 옳은 것은? (단, 원통질량은 m, 원통단면적은 A, 물의 밀도는 ρ이고, g는 중력가속도이다.)

① $\tau = 2\pi\sqrt{\dfrac{\rho g}{mA}}$

② $\tau = 2\pi\sqrt{\dfrac{mA}{\rho g}}$

③ $\tau = 2\pi\sqrt{\dfrac{m}{\rho g A}}$

④ $\tau = 2\pi\sqrt{\dfrac{\rho g A}{m}}$

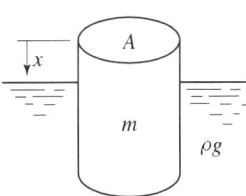

해설
$m\ddot{x} + F_B = 0$

(부력) $F_B = \rho g \times Ax$

$m\ddot{x} + \rho g Ax = 0$

(주기) $\tau = \dfrac{2\pi}{\omega_n} = 2\pi\sqrt{\dfrac{m}{\rho g A}}$

(고유각 진동수) $\omega_n = \sqrt{\dfrac{\rho g A}{m}}$

해답 ③

088 질량이 18kg, 스프링 상수가 50N/cm, 감쇠계수 0.6N·s/cm인 1자유도 점성 멍 감쇠계에서 진동계의 감쇠비는?

① 0.10　　② 0.20
③ 0.30　　④ 0.50

해설
$\varphi = \dfrac{C}{C_C} = \dfrac{C}{2\sqrt{mk}} = \dfrac{60}{2\sqrt{18 \times 5000}} = 0.1$

$C = 60 \text{N} \cdot \text{s/m}$

$k = 5000 \text{N/m}$

해답 ①

089 길이 1.0m, 질량 10kg의 막대가 A점에 핀으로 연결되어 정지하고 있다. 1kg의 공이 수평속도 10m/s로 막대의 중심을 때릴 때, 충돌 직후 막대의 각속도는 약 몇 rad/s인가? (단, 공과 막대 사이의 반발계수는 0.4이다.)

① 1.95
② 0.86
③ 0.68
④ 1.23

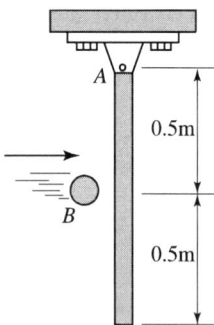

해설
(회전 반지름) $R = 0.5$m
(충돌 전의 공의 속도) $V_1 = 10$m/s
(충돌 후의 공의 속도) V_1'
(충돌 전의 막대의 속도) $V_2 = 0$
(충돌 후의 막대의 속도) $V_2' = \omega_2' \times R$
(공의 질량) $m_1 = 1$kg
(막대의 질량) $m_2 = 10$kg

(막대의 전체 길이) $L = 1\text{m}$

$e = \dfrac{V_2' - V_1'}{V_1 - V_2}$, $0.4 = \dfrac{V_2' - V_1'}{10 - 0}$

$4 = V_2' - V_1' = (\omega_2' \times R) - V_1'$

$4 = (\omega_2' \times R) - V_1'$

$V_1' = (\omega_2' \times R) - 4 = (\omega_2' \times 0.5) - 4 = 0.5\omega_2' - 4$

$V_1' = 0.5\omega_2' - 4$ ··· ①식

(A점에서의 질량 관성 모멘트) $J_A = \dfrac{m_2 L^2}{3} = \dfrac{10 \times 1^2}{3} = 3.33\text{kg} \cdot \text{m}^2$

각 운동량 보존의 법칙에서
충돌 전의 각 운동량 = 충돌 후의 각 운동량
$m_1 V_1 R = m_1 V_1' R + J_A \omega_2'$
$1 \times 10 \times 0.5 = (1 \times V_1' \times 0.5) + (3.33 \times \omega_2')$
$5 = (0.5 \times V_1') + (3.33 \times \omega_2')$
$5 = (0.5 \times (0.5\omega_2' - 4)) + (3.33 \times \omega_2')$
$w_2' = 1.955 \text{rad/s}$

해답 ①

090

같은 길이의 두 줄에 질량 20kg의 물체가 매달려 있다. 이 중 하나의 줄을 자르는 순간의 남는 줄의 장력은 약 몇 N인가? (단, 줄의 질량 및 강성은 무시한다.)

① 98
② 170
③ 196
④ 250

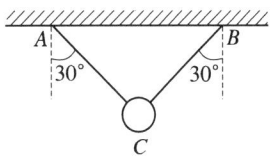

 해설

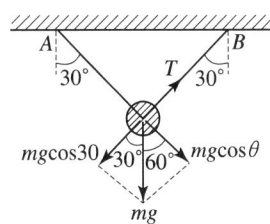

(실의 장력) $T = mg\cos\theta = 20 \times 9.81 \times \cos 30 = 169.74\text{N} \fallingdotseq 170\text{N}$

해답 ②

091

경화된 작은 강철 볼(ball)을 공작물 표면에 분사하여 표면을 매끈하게 하는 동시에 피로 강도와 그 밖의 기계적 성질을 향상시키는데 사용하는 가공방법은?

① 숏 피닝
② 액체 호닝
③ 슈퍼피니싱
④ 래핑

해설 **쇼트 피닝**(shot peening)
금속(주철, 주강제)으로 만든 구(球)모양의 쇼트(shot, 지름 0.7~0.9mm의 공)를 40~50m/sec의 속도로 공작물 표면에 압축공기나, 원심력을 사용하여 분사하면 매끈하고 0.2mm 경화층을 얻게 된다. 이때 shot들이 해머와 같이 작용을 하여 공작물의 피로강도나 기계적 성질을 향상시켜 준다. 크랭크축, 판스프링, 컨넥팅 로드, 기어, 로커암에 사용한다.

해답 ①

092 와이어 컷(wire cut) 방전가공의 특징으로 틀린 것은?

① 표면거칠기가 양호하다.
② 담금질강과 초경합금의 가공이 가능하다.
③ 복잡한 형상의 가공물을 높은 정밀도로 가공할 수 있다.
④ 가공물의 형상이 복잡함에 따라 가공속도가 변한다.

해설 **방전가공 특징**
높은 경도로 절삭 가공이 곤란한 금속(초경합금, 열처리강, 내열강, 퀜칭된 고속도강, 스테인리스 강철, 다이아몬드, 수정 등)을 쉽게 가공할 수 있다. 또한 열의 영향이 적으므로 가공 변질층이 얇고 내마멸성, 내부식성이 높은 표면을 얻을 수 있으며, 작은 구멍, 좁고 깊은 홈 등 작고 복잡한 가공도 할 수 있다. 가공물의 형상이 복잡함에 따라 가공속도가 변하지 않는다.

해답 ④

093 어미나사의 피치가 6mm인 선반에서 1인치당 4산의 나사를 가공할 때, A와 D의 기어의 잇수는 각각 얼마인가? (단, A는 주축 기어의 잇수이고, D는 어미나사 기어의 잇수이다.)

① $A=60$, $D=40$
② $A=40$, $D=90$
③ $A=127$, $D=120$
④ $A=120$, $D=127$

해설
$$\frac{Z_A}{Z_D} = \frac{p_{나사}}{p_{어미}} = \frac{\frac{25.4\text{mm}}{4}}{6\text{mm}} = \frac{\frac{127}{5}}{6\times 4} = \frac{127}{6\times 4\times 5} = \frac{127}{120}$$

해답 ③

094 Al을 강의 표면에 침투시켜 내스케일성을 증가시키는 금속 침투 방법은?

① 파커라이징(parkerizing)
② 칼로라이징(calorizing)
③ 크로마이징(chromizing)
④ 금속용사법(metal spraying)

해설 **금속 침투법**(시멘테이션) : 철과 친화력이 강한 금속을 표면에 침투시켜 내열층, 내식층을 만드는 방법으로 크로마이징(Cr침투), 칼로라이징(Al침투), 실리코나이징(Si침투), 부로나이징(B침투) 등이 있다.

해답 ②

095
다음 중 소성가공에 속하지 않는 것은?

① 코이닝(coining)　　② 스웨이징(swaging)
③ 호닝(honing)　　④ 딥 드로잉(deep drawing)

해설 **소성가공**
① 단조 － ㉠ 열간단조 : 해머단조, 프레스단조, 업셋단조
　　　　　 ㉡ 냉간단조 : 콜드헤딩, 코이닝, 스웨이징
② 압연 － ㉠ 분괴압연 : 중간재를 만드는 압연
　　　　　 ㉡ 성형압연 : 제품을 만드는 압연
③ 인발 : 봉재인발, 관재인발, 신선
④ 압출 : 직접압출, 간접압출, 충격압출
⑤ 전조 : 나사전조, 기어전조
⑥ 판금가공 － ㉠ 전단가공 : 블랭킹, 펀칭, 전단, 분단, 슬로팅, 노칭, 트리밍, 셰이빙
　　　　　　 ㉡ 굽힘가공 : 굽힘, 비딩, 컬링, 시밍
　　　　　　 ㉢ 프레스가공 : 드로잉, 벌징, 스피닝
　　　　　　 ㉣ 압축가공 : 코닝, 엠보싱, 스웨이징

해답 ③

096
용접 피복제의 역할로 틀린 것은?

① 아크를 안전시킨다.　　② 용접에 필요한 원소를 보충한다.
③ 전기 절연작용을 한다.　　④ 모재 표면의 산화물을 생성해 준다.

해설 **피복제의 역할**
① 공기 중의 산소나 질소의 침입을 방지하여, 피복재의 연소 가스의 이온화에 의하여 전류가 끊어졌을 때에도 계속 아크를 발생시키므로 안정된 아크를 얻을 수 있도록 한다.
② 슬래그(slag)를 형성하여 용접부의 급냉을 방지하며, 용착 금속에 필요한 원소를 보충한다.
③ 불순물과 친화력이 강한 재료를 사용하여 용착 금속을 정련한다.
④ 붕사, 산화티탄 등을 사용하여 용착 금속의 유동성을 좋게 한다.
⑤ 좁은 틈에서 작업할 때 절연 작용을 한다.

해답 ④

097
노즈 반지름이 있는 바이트로 선삭할 때 가공면의 이론적 표면거칠기를 나타내는 식은? (단, f는 이송, R은 공구의 날 끝 반지름이다.)

① $\dfrac{f^2}{8R}$　　　　② $\dfrac{f^2}{8R^2}$

③ $\dfrac{f}{8R}$　　　　④ $\dfrac{f}{4R}$

해설

(표면거칠기) $H = \dfrac{f^2}{8R}$

해답 ①

098 주물의 결함 중 기공(blow hole)의 방지대책으로 가장 거리가 먼 것은?
① 주형 내의 수분을 적게 할 것
② 주형의 통기성을 향상시킬 것
③ 용탕에 가스함유량을 높게 할 것
④ 쇳물의 주입온도를 필요 이상으로 높게 하지 말 것

해설 주물의 결함 중 기공은 가스가 주물에 들어가 있는 결함으로 용탕에 가스 함유량이 많을 때 기공이 많이 발생된다.

해답 ③

099 방전가공에서 전극 재료의 구비조건으로 가장 거리가 먼 것은?
① 기계가공이 쉬워야 한다.
② 가공 전극의 소모가 커야 한다.
③ 가공 정밀도가 높아야 한다.
④ 방전이 안전하고 가공속도가 빨라야 한다.

해설 방전가공은 전극으로 사용되는 재질은 전기가 잘 통하는 구리가 많이 사용된다. 구리는 전기적인 스파크에 의해 소모가 된다는 단점이 있다.

해답 ②

100 다음 중 자유단조에 속하지 않는 것은?
① 업세팅(up-setting)
② 블랭킹(blanking)
③ 늘리기(drawing)
④ 굽히기(bending)

해설 자유단조의 종류
① 늘이기(drawing)
② 굽히기(bending)
③ 눌러붙이기(up-setting)
④ 단짓기(setting down)
⑤ 구멍뚫기(punching)
⑥ Rotary swaging
⑦ 탭작업(tapping)
⑧ 절단(cutting off)

해답 ②

일반기계기사

2021년 3월 7일 시행

제1과목 재료역학

001 길이 500mm, 지름 16mm의 균일한 강봉의 양 끝에 12kN의 축 방향 하중이 작용하여 길이는 300μm가 증가하고 지름은 2.4μm가 감소하였다. 이 선형 탄성 거동하는 봉 재료의 프와송 비는?

① 0.22
② 0.25
③ 0.29
④ 0.32

해설

(프와송 비) $\nu = \dfrac{\epsilon_d}{\epsilon_L} = \dfrac{\left(\dfrac{\Delta d}{d}\right)}{\left(\dfrac{\Delta L}{L}\right)} = \dfrac{\left(\dfrac{0.0024}{16}\right)}{\left(\dfrac{0.3}{500}\right)} = 0.25$

해답 ②

002 지름 20mm인 구리합금 봉에 30kN의 축 방향 인장하중이 작용할 때 체적 변형률은 약 얼마인가? (단, 세로탄성계수는 100GPa, 프와송 비는 0.3 이다.)

① 0.38
② 0.038
③ 0.0038
④ 0.00038

해설 (체적변형률) $\epsilon_v = \epsilon(1-2\nu) = 9.55 \times 10^{-4} \times (1-2 \times 0.3)$
$= 3.81 \times 10^{-4} \fallingdotseq 0.000381$

$\epsilon = \dfrac{\sigma}{E} = \dfrac{\dfrac{P}{A}}{E} = \dfrac{P}{AE} = \dfrac{30000}{\dfrac{\pi}{4} \times 20^2 \times 100000} = 9.55 \times 10^{-4}$

해답 ④

003 지름 6mm인 곧은 강선을 지름 1.2m의 원통에 감았을 때 강선에 생기는 최대 굽힘 응력은 약 몇 MPa 인가? (단, 세로탄성계수는 200GPa 이다.)

① 500
② 800
③ 900
④ 1000

해설 $\dfrac{1}{\rho} = \dfrac{\sigma_b}{E \times e}$

$\sigma_b = \dfrac{E \times e}{\rho} = \dfrac{200000 \times \dfrac{6}{2}}{\left(\dfrac{1200}{2} + \dfrac{6}{2}\right)} = 995.024\text{MPa} \risingdotseq 1000\text{MPa}$

해답 ④

004

그림과 같이 균일단면 봉이 100kN의 압축하중을 받고 있다. 재료의 경사 단면 $Z-Z$에 생기는 수직응력 σ_n, 전단응력 τ_n의 값은 각각 몇 MPa 인가? (단, 균일 단면 봉의 단면적은 1000mm²이다.)

① $\sigma_n = -38.2$, $\tau_n = 26.7$
② $\sigma_n = -68.4$, $\tau_n = 58.8$
③ $\sigma_n = -75.0$, $\tau_n = 43.3$
④ $\sigma_n = -86.2$, $\tau_n = 56.8$

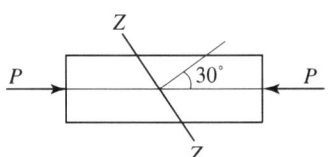

해설

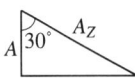 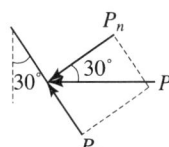

(Z단면의 면적) $A_Z = \dfrac{A}{\cos 30} = \dfrac{1000}{\cos 30} = 1154.7\text{mm}^2$

(Z단면의 전단력) $P_s = P\sin 30$

(Z단면의 압축하중) $P_n = P\cos 30$

(Z단면의 압축응력) $\sigma_n = \dfrac{P_n}{A_n} = \dfrac{P\cos 30}{A_z} = \dfrac{100000 \times \cos 30}{1154.7} = 75\text{MPa}(압축)$

(Z단면의 전단응력) $\tau_n = \dfrac{P_s}{A_z} = \dfrac{P\sin 30}{A_z} = \dfrac{100000 \times \sin 30}{1154.7} = 43.3\text{MPa}$

해답 ③

005

직사각형($b \times h$)의 단면적 A를 갖는 보에 전단력 V가 작용할 때 최대 전단응력은?

① $\tau_{\max} = 0.5\dfrac{V}{A}$ ② $\tau_{\max} = \dfrac{V}{A}$

③ $\tau_{\max} = 1.5\dfrac{V}{A}$ ④ $\tau_{\max} = 2\dfrac{V}{A}$

해설 $\tau_{\max} = \dfrac{3}{2} \times \dfrac{V}{A} = 1.5\dfrac{V}{A}$

해답 ③

006

단면계수가 0.01m³인 사각형 단면의 양단 고정보가 2m의 길이를 가지고 있다. 중앙에 최대 몇 kN의 집중하중을 가할 수 있는가? (단, 재료의 허용굽힘응력은 80MPa 이다.)

① 800
② 1600
③ 2400
④ 3200

해설

$$\sigma_b = \frac{M}{Z} = \frac{\frac{Pl}{8}}{Z} = \frac{Pl}{8Z}$$

$$P = \frac{\sigma_b 8Z}{l} = \frac{80 \times 8 \times 0.01 \times 10^9}{2000}$$

$$= 3200000\text{N} = 3200\text{kN}$$

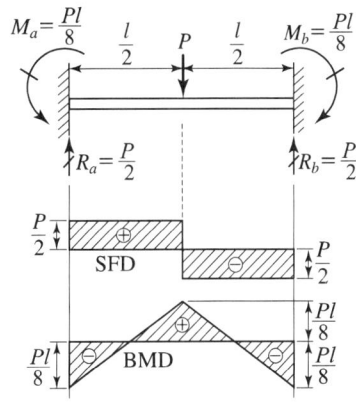

해답 ④

007

그림에서 고정단에 대한 자유단의 전 비틀림각은? (단, 전단탄성계수는 100GPa 이다.)

① 0.00025rad
② 0.0025rad
③ 0.025rad
④ 0.25rad

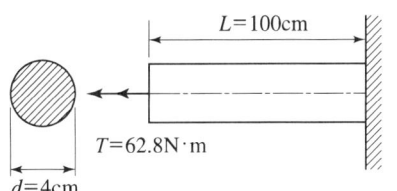

해설

$$\theta = \frac{TL}{GI_P} = \frac{62800 \times 1000}{100000 \times \frac{\pi \times 40^4}{32}} = 2.498 \times 10^{-3} \fallingdotseq 0.0025\text{rad}$$

해답 ②

008

그림과 같이 균일분포 하중을 받는 보의 지점 B에서의 굽힘모멘트는 몇 kN·m인가?

① 16
② 10
③ 8
④ 1.6

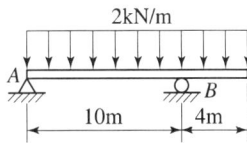

해설
$\sum M_{\overline{x}} = 0 \curvearrowleft \oplus$
$+ M_x + wx \times \dfrac{x}{2} = 0, \quad M_x = -\dfrac{wx^2}{2}$
$M_B = M_{x=4} = -\dfrac{2 \times 4^2}{2} = 16 \text{kN} \cdot \text{m}$

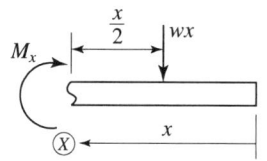

해답 ①

009
두께 10mm인 강판으로 직경 2.5m의 원통형 압력용기를 제작하였다. 최대 내부 압력이 1200kPa 일 때 축방향 응력은 몇 MPa 인가?
① 75
② 100
③ 125
④ 150

해설
$\sigma_x = \dfrac{PD}{4t} = \dfrac{1.2 \times 2500}{4 \times 10} = 75 \text{MPa}$

해답 ①

010
단면적이 각각 A_1, A_2, A_3이고, 탄성계수가 각각 E_1, E_2, E_3인 길이 l인 재료가 강성판 사이에서 인장하중 P를 받아 탄성변형 했을 때 재료 1, 3 내부에 생기는 수직응력은? (단, 2개의 강성판은 항상 수평을 유지한다.)

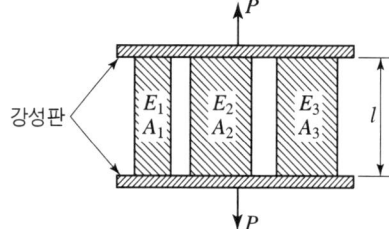

① $\sigma_1 = \dfrac{PE_1}{A_1E_1 + A_2E_2 + A_3E_3}, \quad \sigma_3 = \dfrac{PE_3}{A_1E_1 + A_2E_2 + A_3E_3}$

② $\sigma_1 = \dfrac{PE_2E_3}{E_1(A_1E_1 + A_2E_2 + A_3E_3)}, \quad \sigma_3 = \dfrac{PE_1E_2}{E_3(A_1E_1 + A_2E_2 + A_3E_3)}$

③ $\sigma_1 = \dfrac{PE_1}{A_3A_2E_1 + A_3A_1E_2 + A_1A_2E_3},$
  $\sigma_3 = \dfrac{PE_3}{A_3A_2E_1 + A_3A_1E_2 + A_1A_2E_3}$

④ $\sigma_1 = \dfrac{PE_2E_3}{A_3A_2E_1 + A_3A_1E_2 + A_1A_2E_3},$
  $\sigma_3 = \dfrac{PE_1E_2}{A_3A_2E_1 + A_3A_1E_2 + A_1A_2E_3}$

해설
$$\epsilon_1 = \epsilon_2 = \epsilon_3, \quad \frac{\sigma_1}{E_1} = \frac{\sigma_2}{E_2} = \frac{\sigma_3}{E_3}$$
$$P = P_1 + P_2 + P_3 = \sigma_1 A_1 + \sigma_2 A_2 + \sigma_3 A_3 = \frac{\sigma_1(A_1 E_1 + A_2 E_2 + A_3 E_3)}{E_1}$$
$$\sigma_1 = \frac{P E_1}{A_1 E_1 + A_2 E_2 + A_3 E_3}, \quad \sigma_3 = \frac{P E_3}{A_1 E_1 + A_2 E_2 + A_3 E_3}$$

해답 ①

011
지름 20mm, 길이 50mm의 구리 막대의 양단을 고정하고 막대를 가열하여 40°C 상승했을 때 고정단을 누르는 힘은 약 몇 kN인가? (단, 구리의 선팽창계수 $a = 0.16 \times 10^{-4}$/°C, 세로탄성계수는 110GPa 이다.)

① 52　　② 30
③ 25　　④ 22

해설
$$F_{th} = \alpha \times E \times \Delta T \times A$$
$$= 0.16 \times 10^{-4} \times 110000 \times 40 \times \frac{\pi}{4} \times 20^2$$
$$= 22116.81\text{N} \fallingdotseq 22.116\text{kN}$$

해답 ④

012
지름 10mm, 길이 2m 인 둥근 막대의 한끝을 고정하고 타단을 자유로이 10°만큼 비틀었다면 막대에 생기는 최대 전단응력은 약 몇 MPa 인가? (단, 재료의 전단탄성계수는 84GPa 이다.)

① 18.3　　② 36.6
③ 54.7　　④ 73.2

$$\tau = \frac{T}{Z_p} = \frac{7196.586}{\frac{\pi \times 10^3}{16}} = 36.65\text{MPa}$$
$$T = \frac{\theta G I_p}{L} = \frac{\left(10 \times \frac{\pi}{180}\right) \times 84000 \times \frac{\pi \times 10^4}{32}}{2000} = 7196.586\text{N} \cdot \text{mm}$$

해답 ②

013
지름이 2cm이고 길이가 1m인 원통형 중실기둥의 좌굴에 관한 임계하중을 오일러 공식으로 구하면 약 몇 kN인가? (단, 기둥의 양단은 회전단이고, 세로탄성계수는 200GPa 이다.)

① 11.5　　② 13.5
③ 15.5　　④ 17.5

해설 $F_B = \dfrac{n\pi^2 EI}{L^2} = \dfrac{1 \times \pi^2 \times 200000 \times \dfrac{\pi \times 20^4}{64}}{1000^2} = 15503.138\text{N} \fallingdotseq 15.503\text{kN}$

해답 ③

014

그림과 같이 등분포하중 w가 가해지고 B점에서 지지되어 있는 고정 지지보가 있다. A점에 존재하는 반력 중 모멘트는?

① $\dfrac{1}{8}wL^2$ (시계방향)

② $\dfrac{1}{8}wL^2$ (반시계방향)

③ $\dfrac{7}{8}wL^2$ (시계방향)

④ $\dfrac{7}{8}wL^2$ (반시계방향)

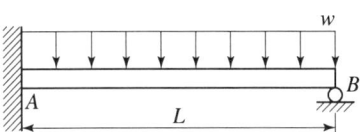

해설
$\delta_w = \dfrac{WL^4}{8EI}$, $\delta_{R_B} = \dfrac{R_B L^3}{3EI}$, $\delta_w = \delta_{R_B}$

$R_B = \dfrac{3WL}{8}$

$WL = R_A + R_B$

$R_A = WL - R_B = WL - \dfrac{3WL}{8} = \dfrac{5WL}{8}$

$\sum M_A = 0 \curvearrowright \oplus$

$-M_a + WL \times \dfrac{L}{2} - \dfrac{3WL}{8} \times L = 0$

$M_a = \dfrac{WL^2}{2} - \dfrac{3WL^2}{8} = \dfrac{WL^2}{8}$ (반시계방향)

해답 ②

015

반원 부재에 그림과 같이 $0.5R$ 지점에 하중 P가 작용할 때 지지점 B에서의 반력은?

① $\dfrac{P}{4}$

② $\dfrac{P}{2}$

③ $\dfrac{3P}{4}$

④ P

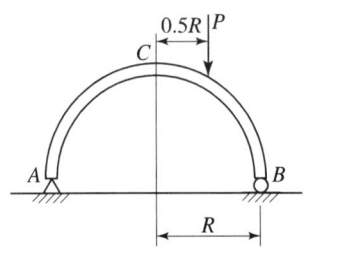

해설 $R_B = \dfrac{P \times 1.5R}{2R} = \dfrac{P \times 1.5}{2} = \dfrac{3P}{4}$

해답 ③

016 그림과 같은 일단고정 타단지지보의 중앙에 $P=4800N$의 하중이 작용하면 지지점의 반력(R_B)은 약 몇 kN인가?

① 3.2
② 2.6
③ 1.5
④ 1.2

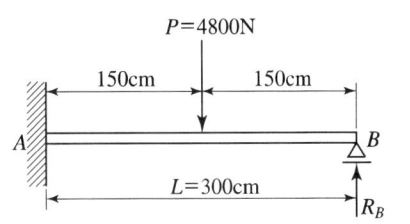

해설
$\delta_p = \dfrac{5PL^3}{48EI}$, $\delta_{R_B} = \dfrac{R_B L^3}{3EI}$, $\delta_p = \delta_{R_B}$

$\dfrac{5PL^3}{48EI} = \dfrac{R_B L^3}{3EI}$

$R_B = \dfrac{5P}{16} = \dfrac{5 \times 4800}{16}$
$= 1500N = 1.5kN$

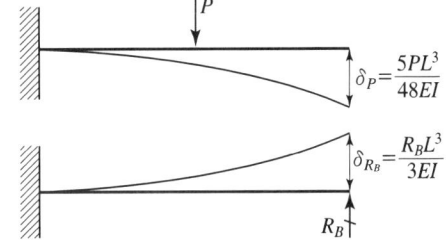

해답 ③

017 두 변의 길이가 각각 b, h인 직사각형의 A점에 관한 극관성 모멘트는?

① $\dfrac{bh}{12}(b^2+h^2)$ ② $\dfrac{bh}{12}(b^2+4h^2)$
③ $\dfrac{bh}{12}(4b^2+h^2)$ ④ $\dfrac{bh}{3}(b^2+h^2)$

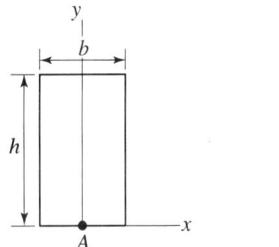

해설
$I_{P_A} = I_{P_G} + \left(\dfrac{h}{2}\right)^2 \times bh = \dfrac{bh}{12}(b^2+h^2) + \dfrac{h^2}{4} \times bh = \dfrac{bh}{12}\{(b^2+h^2) \times 3h^2\}$
$= \dfrac{bh}{12}(b^2+4h^2)$

018 상단이 고정된 원추 형체의 단위체적에 대한 중량을 γ라 하고 원추 밑면의 지름이 d, 높이가 l일 때 이 재료의 최대 인장응력을 나타낸 식은?
(단, 자중만을 고려한다.)

① $\sigma_{\max} = \gamma l$ ② $\sigma_{\max} = \dfrac{1}{2}\gamma l$
③ $\sigma_{\max} = \dfrac{1}{3}\gamma l$ ④ $\sigma_{\max} = \dfrac{1}{4}\gamma l$

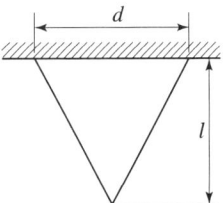

해설

$$\sigma_{\max} = \frac{W}{\frac{\pi}{4} \times d^2} = \frac{\gamma \times \frac{\pi}{4} d^2 \times l \times \frac{1}{3}}{\frac{\pi}{4} d^2} = \gamma \times l \times \frac{1}{3}$$

(원추의 무게) $W = \left(\gamma \times \frac{\pi}{4} d^2 \times l\right) \times \frac{1}{3}$

해답 ③

019 보의 길이 L에 등분포하중 w를 받는 직사각형 단순보의 최대 처짐량에 대한 설명으로 옳은 것은? (단, 보의 자중은 무시한다.)

① 보의 폭에 정비례한다.　　② L의 3승에 정비례한다.
③ 보의 높이의 2승에 반비례한다.　　④ 세로탄성계수에 반비례한다.

해설

$$\delta_w = \frac{5\,WL^4}{384EI} = \frac{5\,WL^4}{384E \times \frac{bh^3}{12}} = \frac{5 \times 12\,WL^4}{384Ebh^3}$$

해답 ④

020 원통형 코일스프링에서 코일 반지름 R, 소선의 지름 d, 전단탄성계수를 G라고 하면 코일스프링 한 권에 대해서 하중 P가 작용할 때 소선의 비틀림 각 ϕ를 나타내는 식은?

① $\dfrac{32PR}{Gd^2}$　　　　② $\dfrac{32PR^2}{Gd^2}$

③ $\dfrac{64PR}{Gd^4}$　　　　④ $\dfrac{64PR^2}{Gd^4}$

해설

$$\theta = \frac{TL}{GI_p} = \frac{P \times R \times 2\pi R \times n}{G \times \frac{\pi d^4}{32}}$$

$$\frac{\theta}{n} = \frac{64PR^2}{Gd^4}$$

해답 ④

제2과목 열 역 학

021 다음 중 가장 낮은 온도는?
① 104℃
② 284°F
③ 410K
④ 684R

해설
① $104+273=377K$
② $(284+460)\times\dfrac{5}{9}=413.33K$
③ 410K
④ $684\times\dfrac{5}{9}=380K$

해답 ①

022 증기터빈에서 질량유량이 1.5kg/s 이고, 열손실률이 8.5kW이다. 터빈으로 출입하는 수증기에 대한 값은 아래 그림과 같다면 터빈의 출력은 약 몇 kW 인가?

① 273kW
② 656kW
③ 1357kW
④ 2616kW

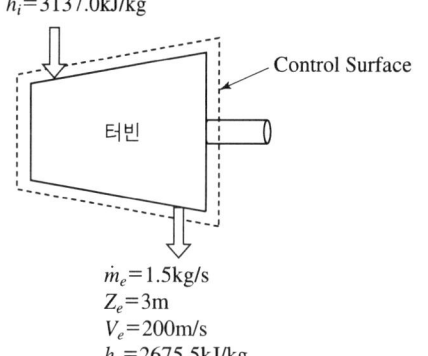

$\dot{m}_i=1.5$kg/s
$Z_i=6$m
$V_i=50$m/s
$h_i=3137.0$kJ/kg

Control Surface
터빈

$\dot{m}_e=1.5$kg/s
$Z_e=3$m
$V_e=200$m/s
$h_e=2675.5$kJ/kg

해설 $\dot{m}=\dot{m}_i=\dot{m}_e=1.5\text{kg/s}$

$$\dfrac{1}{2}\dot{m}V_i^2+\dot{m}gZ_i+\dot{m}h_i=\dfrac{1}{2}\dot{m}V_e^2+\dot{m}gZ_e+\dot{m}h_e+Q_L+W_T$$

(터빈일) W_T

$W_T=\dfrac{1}{2}\dot{m}(V_i^2-V_e^2)+\dot{m}g(Z_i-Z_e)+\dot{m}(h_i-h_e)-Q_L$

$=\dfrac{1}{2}\times1.5(50^2-200^2)+1.5\times9.8(6-3)+1.5\times(3137000-2675500)-8500$

$=655669.1W \fallingdotseq 655.669kW$

해답 ②

023

온도 15℃, 압력 100kPa 상태의 체적이 일정한 용기 안에 어떤 이상 기체 5kg이 들어있다. 이 기체가 50℃가 될 때까지 가열되는 동안의 엔트로피 증가량은 약 몇 kJ/K인가? (단, 이 기체의 정압비열과 정적비열은 각각 1.001kJ/(kg · K), 0.7171kJ/(kg · K) 이다.)

① 0.411
② 0.486
③ 0.575
④ 0.732

 해설
$$\Delta S = m C_v \ln \frac{T_2}{T_1} = 5 \times 0.7171 \times \ln \frac{50+273}{15+273} = 0.411 \text{kJ/K}$$

해답 ①

024

어떤 냉동기에서 0℃의 물로 0℃의 얼음 2ton을 만드는데 180 MJ의 일이 소요된다면 이 냉동기의 성적계수는? (단, 물의 융해열은 334kJ/kg 이다.)

① 2.05
② 2.32
③ 2.65
④ 3.71

 해설
$$\epsilon_R = \frac{Q_L}{W} = \frac{334000 \times 2000}{180 \times 10^6} = 3.71$$

해답 ④

025

계가 비가역 사이클을 이룰 때 클라우지우스(Clausius)의 적분을 옳게 나타낸 것은? (단, T는 온도, Q는 열량이다.)

① $\oint \frac{\delta Q}{T} < 0$
② $\oint \frac{\delta Q}{T} > 0$
③ $\oint \frac{\delta Q}{T} \geq 0$
④ $\oint \frac{\delta Q}{T} \leq 0$

 해설
$\oint \frac{\delta Q}{T} < 0$, 비가역과정

$\oint \frac{\delta Q}{T} = 0$, 가역과정

해답 ①

026

비열비가 1.29, 분자량이 44인 이상 기체의 정압비열은 약 몇 kJ/(kg · K)인가? (단, 일반기체상수는 8.314kJ/(kmol · K) 이다.)

① 0.51
② 0.69
③ 0.84
④ 0.91

해설
$$C_p = \frac{kR}{k-1} = \frac{1.29 \times \frac{8.314}{44}}{1.29 - 1} = 0.84 \frac{kJ}{kg \cdot K}$$

해답 ③

027
과열증기를 냉각시켰더니 포화영역 안으로 들어와서 비체적이 0.2327m³/kg이 되었다. 이 때 포화액과 포화증기의 비체적이 각각 1.079×10^{-3}m³/kg, 0.5243m³/kg 이라면 건도는 얼마인가?

① 0.964　　② 0.772
③ 0.653　　④ 0.443

해설 $\nu_x = \nu' + x(\nu'' - \nu')$

(건도) $x = \dfrac{\nu_x - \nu'}{\nu'' - \nu'} = \dfrac{0.2327 - 1.079 \times 10^{-3}}{0.5243 - 1.079 \times 10^{-3}} = 0.4426 \fallingdotseq 0.443$

해답 ④

028
증기동력 사이클의 종류 중 재열사이클의 목적으로 가장 거리가 먼 것은?
① 터빈 출구의 습도가 증가하여 터빈 날개를 보호한다.
② 이론 열효율이 증가한다.
③ 수명이 연장된다.
④ 터빈 출구의 질(quality)을 향상시킨다.

해설 재열사이클은 터빈출구의 건도를 증가시켜 터빈날개를 보호한다.

해답 ①

029
온도 20℃에서 계기압력 0.183MPa의 타이어가 고속주행으로 온도 80℃로 상승할 때 압력은 주행 전과 비교하여 약 몇 kPa 상승하는가? (단, 타이어의 체적은 변하지 않고, 타이어 내의 공기는 이상기체로 가정하며, 대기압은 101.3kPa 이다.)

① 37kPa　　② 58kPa
③ 286kPa　　④ 445kPa

해설 $\dfrac{P_1}{T_1} = \dfrac{P_2}{T_2}$

$$\frac{(183+101.3)}{20+273} = \frac{(P_2+101.3)}{80+273}$$

(상태변화 후의 계기압력) $P_2 = 241.218$ kPa

(압력상승값) $\Delta P = P_2 - P_1 = 241.218 - 183 = 58.218$ kPa $\fallingdotseq 58$ kPa

해답 ②

030

온도가 127℃, 압력이 0.5MPa, 비체적이 0.4m³/kg인 이상기체가 같은 압력 하에서 비체적이 0.3m³/kg으로 되었다면 온도는 약 몇 ℃가 되는가?

① 16 ② 27
③ 96 ④ 300

해설 $\dfrac{v_1}{T_1} = \dfrac{v_2}{T_2}$, $\dfrac{0.4}{127+273} = \dfrac{0.3}{T_2+273}$

(상태 변화 후의 온도) $T_2 = 27℃$

해답 ②

031

수소(H_2)가 이상기체라면 절대압력 1MPa, 온도 100℃에서의 비체적은 약 몇 m³/kg인가? (단, 일반기체상수는 8.3145kJ/(kmol·K) 이다.)

① 0.781 ② 1.26
③ 1.55   ④ 3.46

해설 $Pv = RT$, 수소의 분자량 $M = 2$kg/kmol

$$v = \dfrac{RT}{P} = \dfrac{\left(\dfrac{8.3145}{M}\right) \times T}{P} = \dfrac{\left(\dfrac{8.3145}{2}\right) \times (100+273)}{1 \times 10^3} = 1.55\text{m}^3/\text{kg}$$

해답 ③

032

증기를 가역 단열과정을 거쳐 팽창시키면 증기의 엔트로피는?

① 증가한다.   ② 감소한다.
③ 변하지 않는다.   ④ 경우에 따라 증가도 하고, 감소도 한다.

해설 가역단열과정 등엔트로피 과정 $\Delta S = 0$

해답 ③

033

밀폐용기에 비내부에너지가 200kJ/kg인 기체가 0.5kg 들어있다. 이 기체를 용량이 500W인 전기가열기로 2분 동안 가열한다면 최종상태에서 기체의 내부에너지는 약 몇 kJ 인가? (단, 열량은 기체로만 전달된다고 한다.)

① 20kJ   ② 100kJ
③ 120kJ ④ 160kJ

해설 $\Delta Q = 500\text{W} \times (2 \times 60)\text{S} = 60000\text{J}$
$\Delta Q = U_2 - U_1$
$U_2 = \Delta Q + U_1 = 60000 + (200000 \times 0.5) = 160000 = 160\text{kJ}$

해답 ④

034 10℃에서 160℃까지 공기의 평균 정적비열은 0.7315kJ/(kg·K)이다. 이 온도 변화에서 공기 1kg의 내부에너지 변화는 약 몇 kJ인가?

① 101.1kJ ② 109.7kJ
③ 120.6kJ ④ 131.7kJ

해설 $\Delta U = m C_v (T_2 - T_1) = 1 \times 0.7315 \times (160-10) = 109.725 \text{kJ}$

해답 ②

035 한 밀폐계가 190kJ의 열을 받으면서 외부에 20kJ의 일을 한다면 이 계의 내부에너지의 변화는 약 얼마인가?

① 210kJ 만큼 증가한다. ② 210kJ 만큼 감소한다.
③ 170kJ 만큼 증가한다. ④ 170kJ 만큼 감소한다.

해설 $\Delta Q = \Delta U + \Delta W$
  $190 = \Delta U + 20$
  $\Delta U = 170$ 증가한다.

해답 ③

036 완전가스의 내부에너지(u)는 어떤 함수인가?

① 압력과 온도의 함수이다. ② 압력만의 함수이다.
③ 체적과 압력의 함수이다. ④ 온도만의 함수이다.

해설 $du = C_v dT$
  내부에너지는 T(온도) 만의 함수이다.

해답 ④

037 열펌프를 난방에 이용하려 한다. 실내 온도는 18℃이고, 실외 온도는 -15℃이며 벽을 통한 열손실은 12kW 이다. 열펌프를 구동하기 위해 필요한 최소 동력은 약 몇 kW 인가?

① 0.65kW ② 0.74kW
③ 1.36kW ④ 1.53kW

해설 $\epsilon_H = \dfrac{Q_H}{W} = \dfrac{T_H}{T_H - T_L} = \dfrac{18+273}{18-(-15)} = 8.818$

  $\dfrac{12}{W} = 8.818$, $W = \dfrac{12}{8.818} = 1.36 \text{kW}$

해답 ③

038 이상적인 카르노 사이클의 열기관이 500℃인 열원으로부터 500kJ을 받고, 25℃에 열을 방출한다. 이 사이클의 일(W)과 효율(η_{th})은 얼마인가?

① $W = 307.2$kJ, $\eta_{th} = 0.6143$
② $W = 307.2$kJ, $\eta_{th} = 0.5748$
③ $W = 250.3$kJ, $\eta_{th} = 0.6143$
④ $W = 250.3$kJ, $\eta_{th} = 0.5748$

해설 $\eta = \dfrac{W}{Q_H} = \dfrac{Q_H - Q_L}{Q_H} = 1 - \dfrac{Q_L}{Q_H} = 1 - \dfrac{T_L}{T_H} = 1 - \dfrac{25 + 273}{500 + 273} = 0.614$

$0.614 = \dfrac{W}{Q_H}$, $W = 0.614 \times Q_H = 0.614 \times 500 ≒ 307$kJ

해답 ①

039 오토사이클의 압축비(ϵ)가 8일 때 이론열효율은 약 몇 % 인가? (단, 비열비(k)는 1.4이다.)

① 36.8% ② 46.7%
③ 56.5% ④ 66.6%

해설 $\eta = 1 - \left(\dfrac{1}{\epsilon}\right)^{k-1} = 1 - \left(\dfrac{1}{8}\right)^{1.4-1} = 0.56 = 56\%$

해답 ③

040 계가 정적 과정으로 상태 1에서 상태 2로 변화할 때 단순압축성 계에 대한 열역학 제1법칙을 바르게 설명한 것은? (단, U, Q, W는 각각 내부에너지, 열량, 일량이다.)

① $U_1 - U_2 = {}_1Q_2$
② $U_2 - U_1 = {}_1W_2$
③ $U_1 - U_2 = {}_1W_2$
④ $U_2 - U_1 = {}_1Q_2$

해설 $\delta Q = dU + PdV$
(정적과정) $dV = 0$
$\delta Q = dU$
${}_1Q_2 = U_2 - U_1$

해답 ④

2021년 3월 7일 시행

제3과목 기계유체역학

041 유체역학에서 연속방정식에 대한 설명으로 옳은 것은?
① 뉴턴의 운동 제2법칙이 유체 중의 모든 점에서 만족하여야 함을 요구한다.
② 에너지와 일 사이의 관계를 나타낸 것이다.
③ 한 유선 위에 두 점에 대한 단위 체적당의 운동량의 관계를 나타낸 것이다.
④ 검사체적에 대한 질량 보존을 나타내는 일반적인 표현식이다.

해설 **연속방정식** : 검사체적 내의 질량보존의 법칙을 유체유동에 적용시킨 방정식

해답 ④

042 그림과 같은 탱크에서 A점에 표준대기압이 작용하고 있을 때, B점의 절대압력은 약 몇 kPa 인가? (단, A점과 B점의 수직거리는 2.5m이고 기름의 비중은 0.92이다.)

① 78.8
② 788
③ 179.8
④ 1798

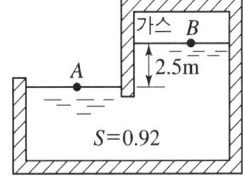

해설
$P_A = P_o(국소대기압) = 101325\text{Pa}$
$P_A = P_B + (S \times \gamma_w \times 2.5)$
$P_B = P_o - S \times \gamma_w \times 2.5$
   $= 101325 - 0.92 \times 9800 \times 2.5$
   $= 78785\text{Pa} = 78.785\text{kPa}(절대압력)$

해답 ①

043 기준면에 있는 어떤 지점에서의 물의 유속이 6m/s, 압력이 40kPa일 때 이 지점에서의 물의 수력기울기선의 높이는 약 몇 m 인가?
① 3.24
② 4.08
③ 5.92
④ 6.81

해설 $H.G.L = Z + \dfrac{P}{\gamma} = 0 + \dfrac{40000}{9800} = 4.08\text{m}$

해답 ②

044 2차원 직각좌표계(x, y) 상에서 x방향의 속도 $u=1$, y방향의 속도 $v=2x$인 어떤 정상상태의 이상유체에 대한 유동장이 있다. 다음 중 같은 유선 상에 있는 점을 모두 고르면?

ㄱ. (1, 1)　　ㄴ. (1, −1)　　ㄷ. (−1, 1)

① ㄱ, ㄴ　　　　　　　　　　② ㄴ, ㄷ
③ ㄱ, ㄷ　　　　　　　　　　④ ㄱ, ㄴ, ㄷ

해설 $u=1$, $v=2x$

$\dfrac{dx}{u} = \dfrac{dy}{v}$, $\dfrac{dx}{1} = \dfrac{dy}{2x}$

$dy = 2x dx$ 적분하면

$y = 2 \times \dfrac{x^2}{2}$, $y = x^2$

ㄱ. $x=1$, $y=1$, $y=x^2$ 만족
ㄴ. $x=1$, $y=-1$, $y=x^2$ 불만족
ㄷ. $x=-1$, $y=1$, $y=x^2$ 만족

해답 ③

045 경계층의 박리(separation)가 일어나는 주원인은?
① 압력이 증기압 이하로 떨어지기 때문에
② 유동방향으로 밀도가 감소하기 때문에
③ 경계층의 두께가 0으로 수렴하기 때문에
④ 유동과정에 역압력 구배가 발생하기 때문에

해설 경계층박리는 유동 과정의 역압력구배가 발생하기 때문이다.

해답 ④

046 표면장력이 0.07N/m인 물방울의 내부압력이 외부압력보다 10Pa 크게 되려면 물방울의 지름은 몇 cm 인가?
① 0.14　　　　　　　　　　② 1.4
③ 0.28　　　　　　　　　　④ 2.8

해설 $\sigma = \dfrac{\Delta P D}{4}$

$D = \dfrac{4\sigma}{\Delta P} = \dfrac{4 \times 0.07}{10} = 0.028\text{m} = 2.8\text{cm}$

해답 ④

047 가스 속에 피토관을 삽입하여 압력을 측정하였더니 정체압이 128Pa, 정압이 120Pa이었다. 이 위치에서의 유속은 몇 m/s 인가? (단, 가스의 밀도는 $1.0kg/m^3$ 이다.)

① 1　　　　　② 2
③ 4　　　　　④ 8

해설 정체압 = 정압 + $\gamma \Delta H$
　　　　　= 정압 + $\gamma \times \dfrac{V^2}{2g}$
　　　　　= 정압 + $\dfrac{PV^2}{2}$

(속도) $V = \sqrt{\dfrac{(정체압 - 정압) \times 2}{\rho}} = \sqrt{\dfrac{(128-120) \times 2}{1}} = 4m/s$

해답 ③

---

048 평면 벽과 나란한 방향으로 점성계수가 $2 \times 10^{-5} Pa \cdot s$인 유체가 흐를 때, 평면과의 수직거리 $y[m]$인 위치에서 속도가 $u = 5(1 - e^{-0.2y})[m/s]$이다. 유체에 걸리는 최대 전단응력은 약 몇 Pa 인가?

① 2×10^{-5}　　　　② 2×10^{-6}
③ 5×10^{-6}　　　　④ 10^{-4}

해설 $\tau_y = \mu \dfrac{du}{dy} = \mu \dfrac{d(5 - 5e^{-0.2y})}{dy} = (2 \times 10^{-5}) \times (0 - 5 \times -0.2e^{-0.2y})$
　　　 $= 2 \times 10^{-5} \times e^{-0.2y}$

(최대전단응력) $\tau_{max} = \tau_{y=0} = 2 \times 10^{-5} \times e^{-0.2 \times 0} = 2 \times 10^{-5} Pa$

해답 ①

---

049 안지름 1cm인 원관 내를 유동하는 0℃의 물의 층류 임계 레이놀즈수가 2100일 때 임계속도는 약 몇 cm/s인가? (단, 0℃ 물의 동점성계수는 $0.01787cm^2/s$ 이다.)

① 37.5　　　　② 375
③ 75.1　　　　④ 751

해설 $Re = \dfrac{\rho VD}{\mu} = \dfrac{VD}{\nu}$

$V = \dfrac{Re \times \nu}{D} = \dfrac{2100 \times 0.01787}{1} = 37.527 cm/s$

해답 ①

050

다음 중 정체압의 설명으로 틀린 것은?

① 정체압은 정압과 같거나 크다.
② 정체압은 액주계로 측정할 수 없다.
③ 정체압은 유체의 밀도에 영향을 받는다.
④ 같은 정압의 유체에서는 속도가 빠를수록 정체압이 커진다.

해설 정체압 = 정압 + 동압
① 정체압은 pitot관, 즉 액주계로 측정가능하다.
② 정체압 $= \gamma H + \gamma \Delta H = \gamma H + \gamma \dfrac{V^2}{2g} = \gamma H + \dfrac{\rho V^2}{2}$
③ 정체압은 밀도의 영향을 받는다.

해답 ②

051

어떤 물체가 대기 중에서 무게는 6N이고 수중에서 무게는 1.1N이었다. 이 물체의 비중은 약 얼마인가?

① 1.1
② 1.2
③ 2.4
④ 5.5

해설 $W' = W - F_B$
(부력) $F_B = W - W' = 6 - 1.1 = 4.9\text{N}$

$F_B = \gamma_w \times V$, (체적) $V = \dfrac{F_B}{\gamma_w} = \dfrac{4.9}{9800} = \dfrac{1}{2000}\text{m}^3$

(물체의 비중량) $\gamma_{물체} = \dfrac{W}{V} = \dfrac{6}{\left(\dfrac{1}{2000}\right)} = 12000\text{N/m}^3$

(물체의 비중) $S = \dfrac{\gamma_{물체}}{\gamma_w} = \dfrac{12000}{9800} = 1.22$

해답 ②

052

지름 4m의 원형수문이 수면과 수직방향이고 그 최상단이 수면에서 3.5m만큼 잠겨있을 때 수문에 작용하는 힘 F와, 수면으로부터 힘의 작용점까지의 거리 x는 각각 얼마인가?

① 638kN, 5.68m
② 677kN, 5.68m
③ 638kN, 5.57m
④ 677kN, 5.57m

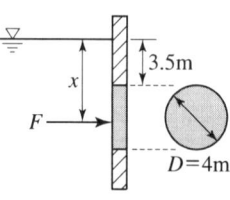

해설 $F = \gamma \overline{H} A = 9800 \times (3.5 + 2) \times \dfrac{\pi}{4} \times 4^2 = 677,271.376 N \fallingdotseq 677\text{kN}$

$$x = \overline{H} + \frac{I_G}{HA} = 5.5 + \frac{\frac{\pi \times 4^4}{64}}{5.5 \times \frac{\pi}{4} \times 4^2} = 5.68\text{m}$$

해답 ②

053

지름 $D_1 = 30$cm의 원형 물제트가 대기압 상태에서 V의 속도로 중앙부분에 구멍이 뚫린 고정 원판에 충돌하여, 원판 뒤로 지름 $D_2 = 10$cm의 원형 물제트가 같은 속도로 흘러나가고 있다. 이 원판의 받는 힘이 100N이라면 물제트의 속도 V는 약 몇 m/s 인가?

① 0.95
② 1.26
③ 1.59
④ 2.35

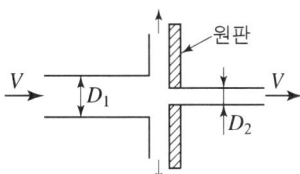

해설 A : 평판에 부딪히는 면적 $A = \frac{\pi}{4}(D_1^2 - D_2^2)$

$$F = \rho A V^2 = \rho \times \frac{\pi}{4}(D_1^2 - D_2^2) \times V^2 = 1000 \times \frac{\pi}{4}(0.3^2 - 0.1^2) \times V^2$$

$$V = \sqrt{\frac{F}{1000 \times \frac{\pi}{4}(0.3^2 - 0.1^2)}} = \sqrt{\frac{100}{1000 \times \frac{\pi}{4}(0.3^2 - 0.1^2)}} = 1.26\text{m/s}$$

해답 ②

054

길이 600m이고 속도 15km/h인 선박에 대해 물속에서의 조파 저항을 연구하기 위해 길이 6m인 모형선의 속도는 몇 km/h으로 해야 하는가?

① 2.7   ② 2.0
③ 1.5   ④ 1.0

해설 $\frac{V_1}{\sqrt{g \times 600}} = \frac{V_2}{\sqrt{g \times 6}}$, $V_2 = 1.5\text{km/h}$

해답 ③

055

동점성계수가 $1 \times 10^{-4} \text{m}^2/\text{s}$인 기름이 안지름 50mm의 관을 3m/s의 속도로 흐를 때 관의 마찰계수는?

① 0.015   ② 0.027
③ 0.043   ④ 0.061

해설 $f = \frac{64}{Re} = \frac{64}{1500} = 0.0426 ≒ 0.043$

$Re = \frac{V \times D}{\nu} = \frac{3 \times 0.05}{1 \times 10^{-4}} = 1500$ 층류이다.

해답 ③

056
일률(power)을 기본 차원인 M(질량), L(길이), T(시간)로 나타내면?

① L^2T^{-2}
② $MT^{-2}L^{-1}$
③ ML^2T^{-2}
④ ML^2T^{-3}

해설 일률 = 동력 = $\dfrac{일}{시간} = \dfrac{힘 \times 거리}{시간}$

$[FLT^{-1}] = [MLT^{-2} \times L \times T^{-1}] = [ML^2T^{-3}]$
$[F] = [MLT^{-2}]$

해답 ④

057
수평으로 놓은 지름 10cm, 길이 200m인 파이프에 완전히 열린 글로브 밸브가 설치되어 있고, 흐르는 물의 평균속도는 2m/s 이다. 파이프의 관 마찰계수는 0.02이고, 전체 수두 손실이 10m 이면, 글로브 밸브의 손실계수는 약 얼마인가?

① 0.4
② 1.8
③ 5.8
④ 9.0

해설 $H_T = H_L + k\dfrac{V^2}{2g}$

$H_T = \left(f \times \dfrac{L}{D} \times \dfrac{V^2}{2g}\right) + k\dfrac{V^2}{2g} = \dfrac{V^2}{2g}\left\{\left(f \times \dfrac{L}{D}\right) + k\right\}$

$10 = \dfrac{2^2}{2 \times 9.8}\left\{\left(0.02 \times \dfrac{200}{0.1}\right) + k\right\}$

$k = 9$

해답 ④

058
유동장에 미치는 힘 가운데 유체의 압축성에 의한 힘만이 중요할 때에 적용할 수 있는 무차원수로 옳은 것은?

① 오일러수
② 레이놀즈수
③ 프루드수
④ 마하수

해설 마하수 $= \dfrac{관성력}{탄성력} = \dfrac{관성력}{체적탄성계수 \times 면적}$

해답 ④

059
(x, y)좌표계의 비회전 2차원 유동장에서 속도포텐셜(potential) ϕ는 $\phi = 2x^2y$로 주어졌다. 이때 점 (3, 2)인 곳에서 속도 벡터는? (단, 속도포텐셜 ϕ는 $\vec{V} \equiv \nabla\phi = \mathrm{grad}\,\phi$로 정의된다.)

① $24\vec{i} + 18\vec{j}$
② $-24\vec{i} + 18\vec{j}$
③ $24\vec{i} + 9\vec{j}$
④ $-12\vec{i} + 9\vec{j}$

해설 (x방향의 속도) $u = \dfrac{\partial \phi}{\partial x} = \dfrac{\partial (2x^2 y)}{\partial x} = 4xy$

(y방향의 속도) $v = \dfrac{\partial \phi}{\partial y} = \dfrac{\partial (2x^2 y)}{\partial y} = 2x^2$

경계조건 $x = 3$, $y = 2$일 때
$u = 4xy = 4 \times 3 \times 2 = 24$
$v = 2 \times 3^2 = 18$
$\vec{V} = ui + vj = 24i + 18j$

해답 ①

060 Stokes의 법칙에 의해 비압축성 점성유체에 구(sphere)가 낙하될 때 항력(D)을 나타낸 식으로 옳은 것은? (단, μ : 유체의 점성계수, a : 구의 반지름, V : 구의 평균속도, C_D : 항력계수, 레이놀즈수가 1보다 작아 박리가 존재하지 않는다고 가정한다.)

① $D = 6\pi a \mu V$ ② $D = 4\pi a \mu V$
③ $D = 2\pi a \mu V$ ④ $D = C_D \pi a \mu V$

해설 Stoke's law
(항력) $D = 6R\mu V\pi = 6a\mu V\pi$

해답 ①

제4과목 기계재료 및 유압기기

061 과냉 오스테나이트 상태에서 소성가공을 한 다음 냉각하여 마텐자이트화하는 열처리 방법은?

① 오스포밍   ② 크로마이징
③ 심랭처리   ④ 인덕션하드닝

해설 **오스포밍**(ausforming) : 과냉 오스테나이트 상태에서 소성가공을 한 다음 냉각하여 마텐자이트화하는 열처리 방법이다. 준안정오스테나이트영역에서 성형가공 방법 중의 단조(forming)방법으로 고강인성의 강을 얻는 항온 열처리이다.

해답 ①

062 다음 중 열경화성 수지가 아닌 것은?

① 페놀 수지   ② ABS 수지
③ 멜라민 수지   ④ 에폭시 수지

해설

분류		수지	용도
플라스틱	열경화성 수지	페놀 수지(PH)	적층품(판), 성형품
		에폭시 수지(EP)	도료, 접착제, 절연재
		멜라민 수지	화장판, 도료
		우레아 수지	접착제, 섬유, 종이 가공품
		불포화폴리에스테르	FRP(성형품, 판)
		알키드 수지	도료
		규소 수지	성형품(내열, 절연), 오일, 고무
		폴리우레탄 수지	발포제, 합성피혁, 접착제
	열가소성수지 비닐중합계 (범용 수지)	폴리에틸렌(PE)	필름, 시트, 성형품, 섬유
		폴리프로필렌(PP)	성형품, 필림, 파이프, 섬유
		폴리스틸렌(PS)	성형품, 발포재료, ABS수지
		염화비닐(PVC)	파이프, 호스, 시트, 판
		염화비닐리덴(PVDC)	필름, 섬유
		플로오르 수지	내약품 기계부품, 방식라이닝
		아크릴 수지	판, 성형품(건축재, 디스플레이)
		폴리아세트산 비닐 수지	도료, 접착제, 츄잉검
	중축합개환중합계 (엔지니어링 플라스틱)	폴리아미드 수지(PA)	기계부품
		폴리카보네이트(PC)	기계부품, 디스플레이
		아세탈 수지	기계부품
		폴리페닐렌옥사이드	전기, 전자부품
		폴리에스테르	FRP(성형품, 판)화장판, 필름
		폴리술폰	내열성형품, 전기·전자 부품, 식품
		폴리이미드(PI)	내열성 필름, 접착제

해답 ②

063
Fe-Fe₃C계 평형 상태도에서 나타날 수 있는 반응이 아닌 것은?
① 포정반응
② 공정반응
③ 공석반응
④ 편정반응

해설 포정점 : 1495℃, 0.17%C
공정점 : 1148℃, 4.3%C
공석점 : 723℃, 0.8%C

해답 ④

064
가열 과정에서 순철의 A_3변태에 대한 설명으로 틀린 것은?
① BCC가 FCC로 변한다.
② 약 910℃ 부근에서 일어난다.
③ α-Fe 가 γ-Fe로 변화한다.
④ 격자구조에 변화가 없고 자성만 변한다.

해설

종류	변태 형식	변태점	철의 변화	원자 배열
A_4 변태	동소 변태	약 1400℃	$\delta-Fe \Leftrightarrow \gamma-Fe$	체심⇔면심
A_3 변태	동소 변태	약 900℃	$\gamma-Fe \Leftrightarrow \beta-Fe$	면심⇔체심
A_2 변태	자기 변태	약 775℃	$\beta-Fe \Leftrightarrow \alpha-Fe$	원자배열 없음

해답 ④

065
표점거리가 100mm, 시험편의 평행부 지름이 14mm인 인장 시험편을 최대하중 6400kgf로 인장한 후 표점거리가 120mm로 변화 되었을 때 인장강도는 약 몇 kgf/mm^2 인가?

① $10.4 kgf/mm^2$　　② $32.7 kgf/mm^2$
③ $41.6 kgf/mm^2$　　④ $166.3 kgf/mm^2$

해설 $\sigma = \dfrac{F_{\max}}{A} = \dfrac{6400}{\dfrac{\pi}{4}14^2} = 41.575 \dfrac{kgf}{mm^2}$

해답 ③

066
주철의 성질에 대한 설명으로 옳은 것은?

① C, Si 등이 많을수록 용융점은 높아진다.
② C, Si 등이 많을수록 비중은 작아진다.
③ 흑연편이 클수록 자기 감응도는 좋아진다.
④ 주철의 성장 원인으로 마텐자이트의 흑연화에 의한 수축이 있다.

해설 탄소강에서 탄소(C) 함유량이 많아질수록
　① 증가하는 것 : 강도, 경도, 취성, 전기저항, 비열, 항복강도
　② 감소하는 것 : 연성, 전성, 인성, 충격값, 비중, 열전도율, 열팽창계수

해답 ②

067
마텐자이트(martensite) 변태의 특징에 대한 설명으로 틀린 것은?

① 마텐자이트는 고용체의 단일상이다.
② 마텐자이트 변태는 확산 변태이다.
③ 마텐자이트 변태는 협동적 원자운동에 의한 변태이다.
④ 마텐자이트의 결정 내에는 격자결함이 존재한다.

해설 **마르텐사이트 변태**는 원자들의 집단이 일시에 협동적으로 이동함으로서 형상변화를 동반하면서 단상에서 단상으로 그 결정구조가 바뀐다. 확산을 동반치 않기 때문에 변태전의 이웃원자들을 그대로 유지하고 있다. 따라서 변태 전후에 조성의 변화가 없으며, 일명 무확산 변태라고도 한다.

해답 ②

068
Al-Cu-Ni-Mg 합금으로 시효경화하며, 내열합금 및 피스톤용으로 사용되는 것은?
① Y 합금
② 실루민
③ 라우탈
④ 하이드로날륨

해설 **주물용 알루미늄 합금**
① 알루미늄-구리계 합금
- 알코아 : 자동차 하우징, 버스 및 항공기 바퀴, 크랭크케이스에 사용된다. 고온메짐, 수축균열이 있다.
② 알루미늄-규소계합금
- 실루민 : 주조성은 좋으나 절삭성 불량, 재질(개량) 처리 효과가 크다.
③ 알루미늄-구리-규소계합금
- 라우탈 : 주조성이 좋고 시효경화성이 있다, 주조 균열이 적어 두께가 얇은 주물의 주조와 금형 주조에 적합하다.
④ 알루미늄-마그네슘합금
- 하이트로날륨[Al+Mg(10%)] : 열처리 하지 않고 승용차의 커버, 휠디스크의 재료
⑤ 다이캐스팅용합금 : 라우탈, 실루민, 하이드로날륨
⑥ Y합금[Al+(4%Cu)+(2%Ni)+(1.5%Mg)] : 내열용 알루미늄 합금으로 피스톤재료로 사용
⑦ Lo-ex(로우엑스)합금[Al+Si+Cu+Mg+Ni] : 열팽창계수가 적고 내열, 내마멸성이 우수하다, 금형에 주조되는 피스톤용

해답 ①

069
냉간압연 스테인리스강판 및 강대(KSD 3698)에서 석출경화계 종류의 기호로 옳은 것은?
① STS305
② STS410
③ STS430
④ STS630

해설 **스테인리스**는 Cr계, Cr-NI계로 분류되나, 금속 조직으로 분류하면 Ferrite계, Austenite계, Martensite계로 분류되며, 특수 스테인리스로 석출 경화형 스테인리스강(Precipitation Hardening Stainless Steel)으로 PH스테인리스강이라 한다. 대표적인 것은 STS630과 STS631이 있다.
① STS630은 17-4 PH 강으로 Cr(17%)+Ni(4%)이 포함된 스테인리스강이다.
② STS631은 17-7 PH 강이라 Cr(17%)+Ni(7%)이 포함된 스테인리스강이다.

해답 ④

070
구리 및 구리합금에 대한 설명으로 옳은 것은?
① Cu+Sn 합금을 황동이라 한다.
② Cu+Zn 합금을 청동이라 한다.
③ 문쯔메탈(muntz metal)은 60%Cu + 40%Zn 합금이다.
④ Cu의 전기 전도율은 금속 중에서 Ag보다 높고, 자성체이다.

해설 **구리합금**(비중 : 8.96, 용융점점 : 1083℃)
① 황동(구리+아연)
  ㉠ 톰백(모조금, 아연5~20%) 전연성이 좋고 색깔이 금색 모조금으로 사용, 판재 사용
  ㉡ 7:3황동(=카트리지메탈, 70Cu-30Zn의 합금) : 가공용 황동의 대표, 자동차 방열기, 탄피재료
  ㉢ 6:4황동(=문쯔메탈, 60Cu-40Zn) : 황동 중 가장 저렴, 탈아연 부식 발생
  ㉣ 황동주물 : 절삭성과 주조성이 좋아 기계부품, 건축용 부품에 사용
  ㉤ 쾌삭황동(1.5~3.0%Pb) : 절삭성이 좋아 정밀절삭가공을 필요로 하는 기계용 기어, 나사에 사용
  ㉥ 주석황동
    • 에드머럴티황동 : 7:3 황동에 1%의 내의 Sn 첨가
    • 네이벌황동 : 6:4 황동에 1%의 내의 Sn 첨가
  ㉦ 델타메탈(=철황동, 6:4 황동에 1~2%Fe 함유) : 강도와 내식성우수 광산, 선박, 화학기계에 사용
  ㉧ 망간니(황동에 10~15%망간 함유) : 전기저항률이 크고, 온도계수가 적어 표준저항기, 정밀기계에 사용
  ㉨ 양은(=양백, Nickel Silver 10~20%Ni) : 장식품, 악기, 광학기계부품에 사용
② 청동(구리+주석)
  ㉠ 청동주물
    • 포금 : 8~12%의 Sn에 1~2%의 Zn을 함유, 해수에 잘 침식되지 않는다.
    • 에드머럴티포금 : 88%의 Cu, 10%Sn, 2%Zn의 합금으로 포금의 주조성과 절삭성개량
  ㉡ 베어링용청동(10~14%Sn) : 내마멸성이 크므로 자동차나 일반기계의 베어링으로 사용
  ㉢ 인청동 : 인으로 탈산시킨 것으로 강인하고 내식성이 좋아 스프링재료
  ㉣ 알루미늄청동(약15% Al함유) : 선박용, 화학공업용
  ㉤ 베릴륨청동 : 탄성이 좋은 점의 이용, 고급스프링, 벨로우즈(bellows)
  ㉥ 니켈청동 : 점성이 강하고, 내식성도 크며, 표면의 평활한 합금이 된다. 뜨임취성을 일으키는 단점이 있다.

※ **구리의 특징**
① 전기가 잘 통한다.
② 비자성체이다.
③ 열전전도가 우수하다.
④ 면심입방격자
⑤ 전연성풍부하다.
⑥ 변태점 없다.
⑦ 용접성이 우수하다.
⑧ 공기 중에서 표면이 산화되어 암적색이 되고 재료내부는 부식되지 않는다.
⑨ 해수에 침식된다.
⑩ 황산, 염산, 질산에 쉽게 용해된다.

해답 ③

071 개스킷(gasket)에 대한 설명으로 옳은 것은?

① 고정부분에 사용되는 실(seal)
② 운동부분에 사용되는 실(seal)
③ 대기로 개방되어 있는 구멍
④ 흐름의 단면적을 감소시켜 관로 내 저항을 갖게 하는 기구

해설 개스킷(gasket) : 고정부분에 사용되는 실(seal)
　　　패킹(Packing) : 운동부분에 사용되는 실(seal)

해답 ①

072 자중에 의한 낙하, 운동물체의 관성에 의한 액추에이터의 자중 등을 방지하기 위해 배압을 생기게 하고 다른 방향의 흐름이 자유로 흐르도록 한 밸브는?

① 풋 밸브
② 스풀 밸브
③ 카운터 밸런스 밸브
④ 변환 밸브

해설 압력제어밸브의 종류

형식	명칭	기능	기호
상시 폐형	릴리프밸브 (relief valve) 안전밸브 (safety valve)	회로내의 압력을 설정치로 유지하는 밸브, 특히 회로의 최고압력을 한정하는 밸브를 안전밸브라고 한다.	
	시퀀스밸브 (sequence valve)	둘 이상의 분기회로가 있는 회로내에서 그 작동순서를 회로의 압력 등에 의해 제어하는 밸브. 입구압력 또는 외부파일럿 압력이 소정의 값에 도달하면 입구측으로부터 출구측의 흐름을 허용하는 밸브	
	무부하밸브 (unloadin valve)	회로의 압력이 설정치에 달하면 펌프를 무부하로 하는 밸브	
	카운터밸런스밸브 (counterbalance valve)	부하의 낙하를 방지하기 위해 배압을 부여하는 밸브한 방향의 흐름에는 설정된 배압을 주고 반대방향의 흐름을 자유흐름으로 하는 밸브	
상시 개형	감압밸브 (pressure reducing valve)	출구측압력을 입구측압력보다 낮은 설정압력으로 조정하는 밸브	

해답 ③

073
유압에서 체적탄성계수에 대한 설명으로 틀린 것은?

① 압력의 단위와 같다.
② 압력의 변화량과 체적의 변화량은 관계있다.
③ 체적탄성계수의 역수는 압축률로 표현한다.
④ 유압에 사용되는 유체가 압축되기 쉬운 정도를 나타낸 것으로 체적탄성계수가 클수록 압축이 잘 된다.

해설 체적 탄성계수가 클수록 비압축성 유체이다.

해답 ④

074
오일의 팽창, 수축을 이용한 유압 응용장치로 적절하지 않은 것은?

① 진동 개폐 밸브   ② 압력계
③ 온도계   ④ 쇼크 업소버

해설 쇼크 업소버 : 유체의 점성을 이용하여 오일의 팽창, 수축을 이용한 자동차의 충격흡수를 할수 있는 유압장치이다.

해답 ④

075
그림과 같은 유압회로의 명칭으로 적합한 것은?

① 어큐뮬레이터 회로
② 시퀀스 회로
③ 블리드 오프 회로
④ 로킹(로크) 회로

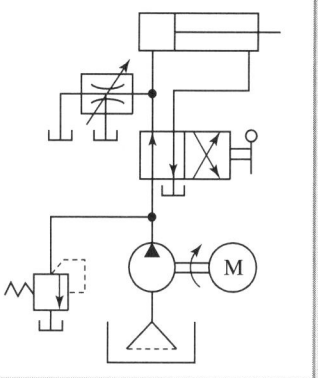

해설 블리드 오프 회로는 유입되는 유량을 조절 하는 회로로 유입되는 유량을 분기시켜 유량을 조절한다.

해답 ③

076
토출량이 일정한 용적형 펌프의 종류가 아닌 것은?

① 기어 펌프   ② 베인 펌프
③ 터빈 펌프   ④ 피스톤 펌프

해설 (1) **용적형 펌프**(용량형 펌프)
[특징] ① 펌프의 축이 한번 회전할 때 일정한 량을 토출
② 중압 또는 고압력에서 주로 압력발생을 주된 목적으로 사용

③ 토출량이 부하압력에 관계없이 대충 일정하다.
④ 부하압력에 따라 토출량이 정해지므로 부하가 과대해지면 압력이 상승해서 펌프가 파괴될 염려가 있다.(Relief V/V를 설치하여 위험 방지)

[종류] ① 정토출형 펌프(Fixed diaplacement pump)
  ㉠ 기어펌프(Gear)   ㉡ 나사펌프(Screw)
  ㉢ 베인펌프(Vane)   ㉣ 피스톤 펌프(Piston)
② 기변토출형 펌프(Variable diaplacement pump)
  ㉠ 베인 펌프(Vane)   ㉡ 피스톤 펌프(Piston)

(2) **비용적형 펌프**

[특징] ① 토출량이 일정치 않음
② 저압에서 대량의 유체를 수송하는데 사용
③ 토출량과 압력사이에 일정관계가 있다.
   토출량이 증가하면 토출압력은 감소, 토출유량은 펌프축의 회전속도와 비례한다.

[종류] ① 원심력 펌프(Centrifugal) : 벌류트펌프와 터빈펌프가 있다.
② 액시얼 프로펠라 펌프(Axial propeller축류펌프)
③ 혼류형 펌프(Mixed flow)
④ 로토젯 펌프(Roto-jet)

해답 ③

077 유압 모터의 효율에 대한 설명으로 틀린 것은?

① 전효율은 체적효율에 비례한다.
② 전효율은 기계효율에 반비례한다.
③ 전효율은 축 출력과 유체 입력의 비로 표현한다.
④ 체적효율은 실제 송출유량과 이론 송출유량의 비로 표현한다.

해설 (모터의 전효율) $\eta = \eta_m \times \eta_v$
여기서, η_m : 기계효율, η_v : 체적효율

해답 ②

078 그림과 같은 기호의 밸브 명칭은?

① 스톱 밸브
② 릴리프 밸브
③ 체크 밸브
④ 가변 교축 밸브

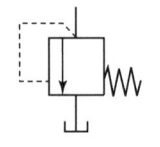

해설

스톱 밸브	체크 밸브	가변 교축 밸브
⋈	◯	⌀

해답 ②

079 펌프의 효율을 구하는 식으로 틀린 것은? (단, 펌프에 손실이 없을 때 토출 압력은 P_0, 실제 펌프 토출 압력은 P, 이론 펌프 토출량은 Q_0, 실제 펌프 토출량은 Q, 유체동력은 L_h, 축동력은 L_s이다.)

① 용적효율 $= \dfrac{Q}{Q_0}$

② 압력효율 $= \dfrac{P_0}{P}$

③ 기계 효율 $= \dfrac{L_h}{L_s}$

④ 전 효율 = 용적 효율 × 압력 효율 × 기계 효율

해설 압력효율 $= \dfrac{P}{P_o}$

해답 ②

080 압력 제어 밸브에서 어느 최소 유량에서 어느 최대 유량까지의 사이에 증대하는 압력은?

① 오버라이드 압력　　② 전량 압력
③ 정격 압력　　　　　④ 서지 압력

해설 오버라이드 압력 : 압력 제어 밸브에서 어느 최소 유량에서 어느 최대 유량까지의 사이에 증대하는 압력

해답 ①

제5과목   기계제작법 및 기계동력학

081 강체의 평면운동에 대한 설명으로 틀린 것은?

① 평면운동은 병진과 회전으로 구분할 수 있다.
② 평면운동은 순간중심점에 대한 회전으로 생각할 수 있다.
③ 순간중심점은 위치가 고정된 점이다.
④ 곡선경로를 움직이더라도 병진운동이 가능하다.

해설 순간중심은 고정된 점이 아니다. 회전하는 원점이 구르면서 앞으로 굴러갈 때는 각 점 (A,P,Q,C,R,D)이 순간 중심이 될 수 있다.

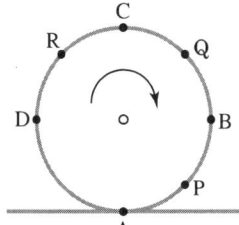

해답 ③

082 자동차 B, C가 브레이크가 풀린 채 정지하고 있다. 이때 자동차 A가 1.5m/s의 속력으로 B와 충돌하면, 이후 B와 C가 다시 충돌하게 되어 결국 3대의 자동차가 연쇄 충돌하게 된다. 이때 B와 C가 충돌한 직후 자동차 C의 속도는 약 몇 m/s인 가? (단, 모든 자동차 간 반발계수는 $e=0.75$이고, 모든 자동차는 같은 종류로 질량이 같다.)

① 0.16
② 0.39
③ 1.15
④ 1.31

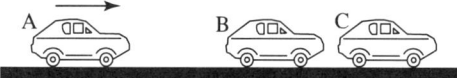

해설 A와 B 자동차의 충돌 $V_B=0$, $m_A=m_B=m_C$
$m_A V_A + m_B V_B = m_A V_A{'} + m_B V_B{'}$, $1.5 = V_A{'} + V_B{'}$ ············· (1)
$e = 0.75 = \dfrac{V_B{'} - V_A{'}}{V_A - V_B}$, $0.75 \times 1.5 = V_B{'} - V_A{'}$, $1.125 = V_B{'} - V_A{'}$ ············ (2)
(1)과 (2)식에서 $V_B{'} = 1.3125\,\mathrm{m/s}$, $V_A{'} = 0.1875\,\mathrm{m/s}$
B와 C의 자동차 $V_B{'} = 1.3125\,\mathrm{m/s}$, $V_C = 0$
$m_B V_B{'} + m_C V_C = m_B V_B{''} + m_C V_C{'}$, $1.3125 = V_B{''} + V_C{'}$ ············· (3)
$e = \dfrac{V_C{'} + V_B{''}}{V_B{'} - V_C}$, $0.75 \times 1.3125 = V_C{'} - V_B{''}$, $0.9843 = V_C{'} - V_B{''}$ ············· (4)
(3)과 (4)식에서 $V_C{'} = 1.1484\,\mathrm{m/s}$, $V_B{''} = 0.1641\,\mathrm{m/s}$

해답 ③

083 질량 $m=100$kg인 기계가 강성계수 $k=1000$kN/m, 감쇠비 $\xi=0.2$인 스프링에 의해 바닥에 지지되어 있다. 이 기계에 $F=485\sin(200t)$N의 가진력이 작용하고 있다면 바닥에 전달되는 힘은 약 몇 N 인가?

① 100
② 200
③ 300
④ 400

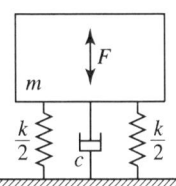

해설
$$TR = \frac{(최대전달력)F_{max}}{(최대가진력)f_o} = \frac{\sqrt{1+(2\xi r)^2}}{\sqrt{(1-r^2)^2+(2\xi r)^2}}$$

$$= \frac{\sqrt{1+(2\times 0.2\times 2)^2}}{\sqrt{(1-2^2)^2+(2\times 0.2\times 2)^2}} = 0.412$$

(진동수비) $\gamma = \dfrac{w}{w_n} = \dfrac{w}{\sqrt{\dfrac{k}{m}}} = \dfrac{200}{\sqrt{\dfrac{1000000}{100}}} = 2$

$TR = 0.412$, $TR = \dfrac{F_{max}}{f_o} = \dfrac{F_{max}}{485}$

(최대전달력) $F_{max} = TR \times 485 = 0.412 \times 485 = 199.82$N $\fallingdotseq 200$N

해답 ②

084 20g의 탄환이 수평으로 1200m/s의 속도로 발사되어 정지해 있던 300g의 블록에 박힌다. 이후 스프링에 발생한 최대 압축 길이는 약 몇 m인가? (단, 스프링상수는 200N/m이고 처음에 변형되지 않은 상태였다. 바닥과 블록 사이의 마찰은 무시한다.)

① 2.5
② 3.0
③ 3.5
④ 4.0

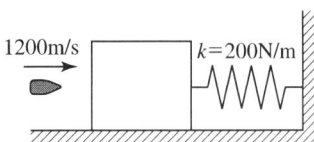

해설 운동량 보존의 법칙
$m_1 V_1 + m_2 V_2 = (m_1+m_2)V'$
$(20\times 1200)+(300\times 0)=(20+300)\times V'$
(충돌 후의 속도) $V'=75$m/s

에너지 보존의 법칙
$\dfrac{1}{2}(m_1+m_2)V'^2 = \dfrac{1}{2}kx^2$

$\dfrac{1}{2}(0.32)\times 75^2 = \dfrac{1}{2}\times 200\times x^2$

(스프링 변위) $x=3$m

해답 ②

085 그림과 같은 진동시스템의 운동방정식은?

① $m\ddot{x} + \dfrac{c}{2}\dot{x} + kx = 0$

② $m\ddot{x} + c\dot{x} + \dfrac{kc}{k+c}x = 0$

③ $m\ddot{x} + \dfrac{kc}{k+c}\dot{x} + kx = 0$

④ $m\ddot{x} + 2c\dot{x} + kx = 0$

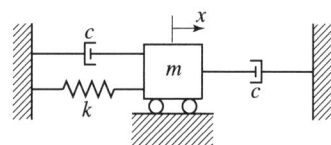

해설 $c_e = c_1 + c_2 = c + c = 2c$
$m\ddot{x} + 2c\dot{x} + kx = 0$

해답 ④

086 북극과 남극이 일직선으로 관통된 구멍을 통하여, 북극에서 지구 내부를 향하여 초기속도 $v_o = 10$m/s로 한 질점을 던졌다. 그 질점이 A점($S = \dfrac{R}{2}$)을 통과할 때의 속력은 약 몇 km/s 인가? (단, 지구내부는 균일한 물질로 채워져 있으며, 중력가속도는 O점에서 0이고, O점으로 부터의 위치 S에 비례한다고 가정한다. 그리고 지표면에서 중력가속도는 9.8m/s^2, 지구 반지름은 $R = 6371$km 이다.)

① 6.84
② 7.90
③ 8.44
④ 9.81

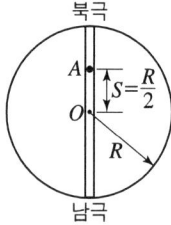

해설 초기위치 $x_o = R$, 나중위치 $\dfrac{R}{2}$

초기속도 $V_o = 10$m/s

(임의의 x지점의 가속도) a

$g : R = a : x$

$a = \dfrac{gx}{R}$, x방향은 ↑방향, y방향은 ↓방향이므로 $a = -\dfrac{gx}{R}$

$V = \dfrac{dx}{dt}$, $a = \dfrac{dV}{dt}$

$dt = \dfrac{dx}{V}$, $dt = \dfrac{dV}{a}$

$\dfrac{dx}{V} = \dfrac{dV}{a}$, $adx = VdV$

$-\dfrac{gx}{R}dx = VdV$

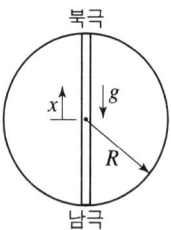

$$-\frac{gx}{R}dx = VdV \text{ 적분하면}$$

$$-\frac{g}{2R}[x^2]_R^{\frac{R}{2}} = \frac{1}{2}[V^2]_{V_o}^{V_A}$$

$$-\frac{g}{2R}\left\{\left(\frac{R}{2}\right)^2 - R^2\right\} = \frac{1}{2}\left(V_A^2 - V_o^2\right)$$

$$-\frac{g}{2R}\left(\frac{R^2}{4} - \frac{4R^2}{4}\right) = \frac{1}{2}\left(V_A^2 - V_o^2\right)$$

$$\frac{3gR}{8} = \frac{1}{2}\left(V_A^2 - V_o^2\right) = \frac{3 \times 9.8 \times 6371000}{8} = \frac{1}{2}\left(V_A^2 - 10^2\right)$$

$$V_A = 6843.02 \text{m/s} \fallingdotseq 6.84 \text{km/s}$$

해답 ①

087

진동수(f), 주기(T), 각진동수(ω)의 관계를 표시한 식으로 옳은 것은?

① $f = \dfrac{1}{T} = \dfrac{\omega}{2\pi}$ ② $f = T = \dfrac{\omega}{2\pi}$

③ $f = \dfrac{1}{T} = \dfrac{2\pi}{\omega}$ ④ $f = \dfrac{2\pi}{T} = \omega$

해설 (주기) $T = \dfrac{2\pi}{w} = \dfrac{1}{f}$

(진동수) $f = \dfrac{w}{2\pi} = \dfrac{1}{T}$

해답 ①

088

물체의 위치가 x가 $x = 6t^2 - t^3$ [m]로 주어졌을 때 최대 속도의 크기는 몇 m/s인가? (단, 시간의 단위는 초이다.)

① 10   ② 12
③ 14   ④ 16

해설 $V = \dfrac{dx}{dt} = \dfrac{d(6t^2 - t^3)}{dt} = 12t - 3t^2$

$a = \dfrac{dV}{dt} = 12 - 6t$, $a = 0$ 최대속도

$a = 12 - 6t$, $0 = 12 - 6t$, $t = 2$초일 때

$V = 12t - 3t^2$

$V_{\max} = 12 \times 2 - 3 \times 2^2 = 24 - 12 = 12 \text{m/s}$

해답 ②

089

경사면에 질량 M의 균일한 원기둥이 있다. 이 원기둥에 감겨 있는 실을 경사면과 동일한 방향인 위쪽으로 잡아당길 때, 미끄럼이 일어나지 않기 위한 실의 장력 T의 조건은? (단, 경사면의 각도는 α, 경사면과 원기둥사이의 마찰계수를 μ_s, 중력가속도를 g라 한다.)

① $T \leq Mg(3\mu_s \sin\alpha + \cos\alpha)$
② $T \leq Mg(3\mu_s \sin\alpha - \cos\alpha)$
③ $T \leq Mg(3\mu_s \cos\alpha + \sin\alpha)$
④ $T \leq Mg(3\mu_s \cos\alpha - \sin\alpha)$

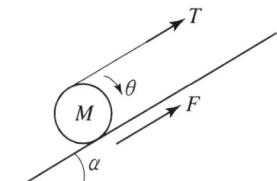

해설
Σ 경사면의 힘 $= ma$
$T + F - mg\sin\theta = ma = m\alpha R$
Σ 모멘트 $= J\alpha$
$T \times R - F \times R = \dfrac{mR^2}{2}\alpha$
$(T-F) \times R = \dfrac{mR^2}{2}\alpha$
$T - F = \dfrac{mR}{2}\alpha$, $\alpha = \dfrac{2(T-F)}{mR}$
$T + F - mg\sin\theta = m\dfrac{2(T-F)}{mR} \times R$
$T + F - mg\sin\theta = 2(T-F)$
$T + F mg\sin\theta = 2T - 2F$
$3F - mg\sin\theta = T$
(마찰력) $F = \mu_s mg\cos\theta$
$(3\mu_s mg\cos\theta - mg\sin\theta) = T$
$T = mg(3\mu_s \cos\theta - \sin\theta)$

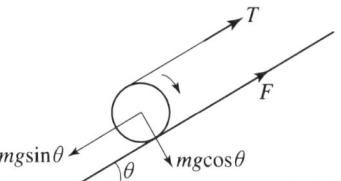

해답 ④

090

직선 진동계에서 질량 98kg의 물체가 16초간에 10회 진동하였다. 이 진동계의 스프링 상수는 몇 N/cm 인가?

① 37.8
② 15.1
③ 22.7
④ 30.2

해설
$f = \dfrac{10}{16} = 0.625[\text{cycle/s}] = 0.625\text{Hz}$
$T = \dfrac{2\pi}{w} = \dfrac{1}{f}$
$w = 2\pi f = 2\pi \times 0.625 = 3.926\text{rad/s}$
$w = \sqrt{\dfrac{k}{m}}$, $3.926 = \sqrt{\dfrac{k}{98}}$
$k = 1510\text{N/m} = 15.1\text{N/cm}$

해답 ②

091
용접부의 시험검사 방법 중 파괴시험에 해당하는 것은?

① 외관시험
② 초음파 탐상시험
③ 피로시험
④ 음향시험

해설 비파괴 시험방법

방사선 투과 시험	일반 2중벽 촬영	RT RT-W	X선 또는 Co(코발트 60) 등에서 발생한 γ선이 물질을 통과할 때, 그 물질의 밀도 및 두께에 따라 투과 후의 강도에 차이가 생기는 것을 사진 필름에 감광시켜 결함을 찾아내는 방법
초음파 탐상 시험	일반 수직탐상 경사각 탐상	UT UT-N UT-A	사람의 귀에 들리지 않는 초음파(1~5Hz)를 사용하여 검사하는 방법으로, 흠집, 결함 등의 위치 및 크기를 알아 낼 수 있다.
자기 분말 탐상 시험	일반 형광탐상	MT MT-F	자화된 재료에 강자성체의 분말을 뿌리거나, 또는 이것을 강자성체 분말의 액체 속에 담그면 결함이 있는 곳에 자성체 분말이 몰려 결함의 소재 위치를 쉽게 알 수 있는 방법
침투탐상 시험	일반 형광탐상 비형광탐상	PT PT-F PT-D	재료의 표면에 흠집이나 결함이 있을 때에 표면을 깨끗이 하여 침투제에 침투시킨 다음 남는 것을 닦아내고 현상제(MgO, BaCO₃ 등의 용제)를 칠하여 결함을 검출하는 방법
전체선 시험		○	각 시험의 기호 뒤에 붙인다.
부분 시험(샘플링 시험)		△	

해답 ③

092
담금질된 강의 마텐자이트 조직은 경도는 높지만 취성이 매우 크고 내부적으로 잔류응력이 많이 남아 있어서 A1 이하의 변태점에서 가열하는 열처리 과정을 통하여 인성을 부여하고 잔류응력을 제거하는 열처리는?

① 풀림
② 불림
③ 침탄법
④ 뜨임

해설 뜨임(Tempering) : 저온뜨임과 고온뜨임이 있으며, 일정한 온도로 가열 후 공기 중에서 냉각(공냉), 또는 노안에서 냉각(노냉)시킨다.
① 저온 뜨임 : 담금질에 의해 발생한 내부응력이 제거되고, 강재의 표면에 발생한 응력이나 마텐자이트의 메짐성이 없어진다. 이와 같이 경도만이 요구되는 경우 약 100~200℃ 부근에서 뜨임하는 것을 말한다.(오스테나이트 → 트루스타이트) 또는 마텐자이트를 400℃로 뜨임하면 트루우스타이트가 얻어진다.(M → T)
② 고온 뜨임 : 강인한 재질로 만들기 위하여 500~600℃의 고온에서 뜨임하는 것을 말 한다.(트루스타이트 → 소르바이트)

해답 ④

093 방전가공의 특징으로 틀린 것은?
① 무인가공이 불가능하다.
② 가공 부분에 변질층이 남는다.
③ 전극의 형상대로 정밀하게 가공할 수 있다.
④ 가공물의 경도와 관계없이 가공이 가능하다.

해설 **방전가공** : 높은 경도로 절삭 가공이 곤란한 금속(초경합금, 열처리강, 내열강, 퀜칭된 고속도강, 스테인리스 강철, 다이아몬드, 수정 등)을 쉽게 가공할 수 있다. 또한 열의 영향이 적으므로 가공 변질층이 얇고 내마멸성, 내부식성이 높은 표면을 얻을 수 있으며, 작은 구멍, 좁고 깊은 홈 등 작고 복잡한 가공도 할 수 있다. 전기적인 방법으로 자동화 가능하다.

해답 ①

094 단체모형, 분할모형, 조립모형의 종류를 포괄하는 실제 제품과 같은 모양의 모형은?
① 고르게 모형　　　　② 회전 모형
③ 코어 모형　　　　　④ 현형

해설 **현형**(solid pattern) : 원형으로 가장 기본적이고 일반적인 것으로 제작할 제품과 거의 같은 모양의 원형에 주조 재료의 수축 여유, 가공 여유, 코어 프린터 등을 고려하여 만든 원형을 현형이라 한다.
① 단체형(one piece pattern) : 간단한 주물 (1개로 된 목형)
② 분할형(split pattern) : 한쪽에 단이 있는 부품(상형, 하형의 2개의 목형)
③ 조립형(built-up pattern) : 아주 복잡한 주물(3개 이상의 목형), 상수도관용 밸브
※ 분할형에서 상형, 하형을 연결하기 위해 맞춤못(dowel)을 사용한다.

해답 ④

095 압연에서 롤러의 구동은 하지 않고 감는 기계의 인장 구동으로 압연을 하는 것으로 연질재의 박판 압연에 사용되는 압연기는?
① 3단 압연기　　　　② 4단 압연기
③ 유성 압연기　　　　④ 스테켈 압연기

해설 **스테켈 압연기**
압연에서 롤러의 구동은 하지 않고 감는 기계의 인장 구동으로 압연을 하는 것으로 연질재의 박판 압연에 사용되는 압연기

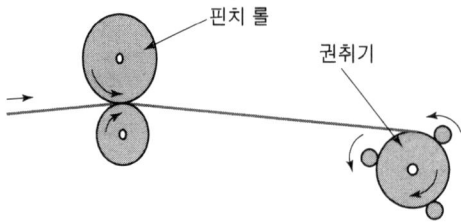

해답 ④

096

압연가공에서 가공 전의 두께가 20mm이던 것이 가공 후의 두께가 15mm로 되었다면 압하율은 몇 % 인가?

① 20
② 25
③ 30
④ 40

해설 $\epsilon = \dfrac{H-h}{H} = \dfrac{20-15}{20} = 25\%$

해답 ②

097

스프링 등과 같은 기계요소의 피로강도를 향상시키기 위해 작은 강구를 공작물의 표면에 충돌시켜서 가공하는 방법은?

① 숏 피닝
② 전해가공
③ 전해연삭
④ 화학연마

해설 쇼트 피닝

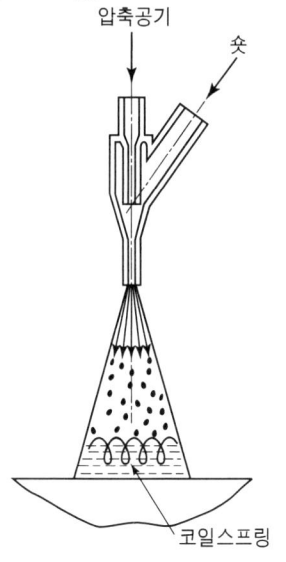
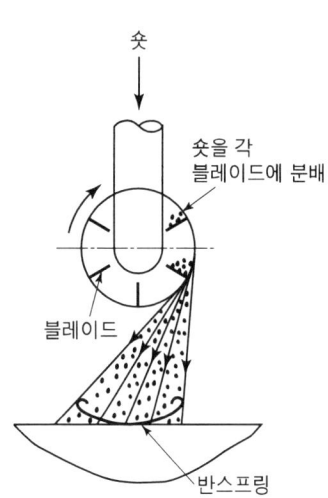

해답 ①

098

브라운샤프형 분할대로 $5\dfrac{1}{2}^\circ$ 의 각도를 분할할 때, 분할 크랭크의 회전을 어떻게 하면 되는가?

① 27구멍 분할판으로 14구멍씩
② 18구멍 분할판으로 11구멍씩
③ 21구멍 분할판으로 7구멍씩
④ 24구멍 분할판으로 15구멍씩

해설 $n = \dfrac{x^\circ}{9} = \dfrac{5\frac{1}{2}}{9} = \dfrac{\frac{11}{2}}{9} = \dfrac{11}{18}$

해답 ②

099 전기 아크용접에서 언더컷의 발생 원인으로 틀린 것은?

① 용접속도가 너무 빠를 때 ② 용접전류가 너무 높을 때
③ 아크길이가 너무 짧을 때 ④ 부적당한 용접봉을 사용했을 때

해설 언더컷의 발생원인
① 전류가 너무 높을 때
② 아크길이가 너무 길 때
③ 용접속도가 빠를 때
④ 부적당한 용접봉 사용할 때

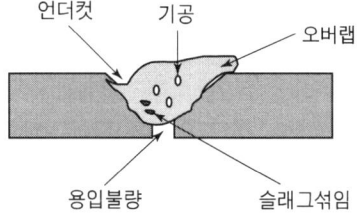

해답 ③

100 절삭가공 시 발생하는 절삭온도 측정방법이 아닌 것은?

① 부식을 이용하는 방법 ② 복사고온계를 이용하는 방법
③ 열전대에 의한 방법 ④ 칼로리미터에 의한 방법

해설 절삭가공 시 발생하는 절삭온도 측정방법
① 칩의 색깔에 의한 방법
② 가공물과 공구간 열전대 접촉에 의한 방법(thermo couple)
③ 복사 고온계를 사용하는 방법
④ 칼로리미터 를 사용하는 방법(calorimeter)
⑤ 공구에 열전대 를 삽입하는 방법(thermo couple)
⑥ 시온 도료에 의한 방법
⑦ Pbs 광전지를 이용한 측정 방법

해답 ①

일반기계기사

2021년 5월 15일 시행

제1과목 재료역학

001 5cm×4cm 블록이 x축을 따라 0.05cm 만큼 인장되었다. y방향으로 수축되는 변형률(ϵ_y)은? (단, 포아송 비(ν)는 0.3이다.)

① 0.000015
② 0.0015
③ 0.003
④ 0.03

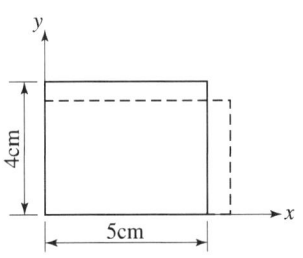

해설
$$\nu = \frac{\epsilon_y}{\epsilon_x} = \frac{\epsilon_y}{\frac{0.05}{5}}$$

(y방향 변형률) $\epsilon_y = \nu \times \frac{0.05}{5} = 0.3 \times \frac{0.05}{5} = 0.003$

해답 ③

002 길이 15m, 봉의 지름 10mm인 강봉에 $P=8$kN을 작용시킬 때 이 봉의 길이방향 변형량은 약 몇 mm인가? (단, 이 재료의 세로탄성계수는 210GPa 이다.)

① 5.2
② 6.4
③ 7.3
④ 8.5

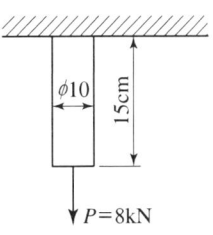

해설
$$\Delta L = \frac{PL}{AE} = \frac{8000 \times 15000}{\frac{\pi}{4} \times 10^2 \times 210000} = 7.27\text{mm} \fallingdotseq 7.3\text{mm}$$

해답 ③

003 반경 r, 내압 P, 두께 t인 얇은 원통형 압력용기의 면내에서 발생되는 최대 전단응력(2차원 응력 상태에서의 최대 전단응력)의 크기는?

① $\dfrac{Pr}{2t}$ ② $\dfrac{Pr}{t}$
③ $\dfrac{Pr}{4t}$ ④ $\dfrac{2Pr}{t}$

해설 $\tau_{\max} = \dfrac{\sigma_y - \sigma_x}{2} = \dfrac{\dfrac{PD}{2t} - \dfrac{PD}{4t}}{2} = \dfrac{\dfrac{PD}{4t}}{2} = \dfrac{PD}{8t} = \dfrac{P(2r)}{8t} = \dfrac{Pr}{4t}$

해답 ③

004 다음과 같이 3개의 링크를 핀을 이용하여 연결하였다. 2000N의 하중 P가 작용할 경우 핀에 작용되는 전단응력은 약 몇 MPa 인가? (단, 핀의 지름은 1cm 이다.)

① 12.73
② 13.24
③ 15.63
④ 16.56

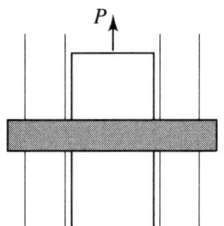

해설 $\tau = \dfrac{P}{\dfrac{\pi}{4} \times 10^2 \times 2} = 12.73 \text{MPa}$

해답 ①

005 그림과 같이 평면응력 조건하에 최대 주응력은 몇 kPa 인가? (단, $\sigma_x = 400\text{kPa}$, $\sigma_y = -400\text{kPa}$, $\tau_{xy} = 300\text{kPa}$ 이다.)

① 400
② 500
③ 600
④ 700

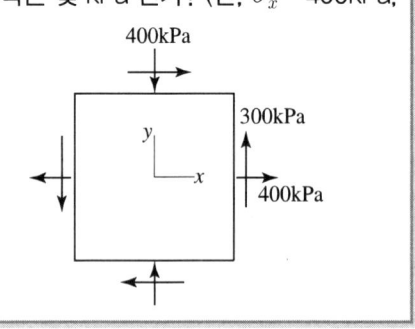

해설 $\sigma_1 = \dfrac{\sigma_x + \sigma_y}{2} + \sqrt{\left(\dfrac{\sigma_x - \sigma_y}{2}\right)^2 + \tau_{xy}^2}$
$= \dfrac{400 + (-400)}{2} + \sqrt{\left(\dfrac{400 - (-400)}{2}\right)^2 + 300^2} = 500\text{kPa}$

해답 ②

006

전체 길이에 걸쳐서 균일 분포하중 200N/m가 작용하는 단순 지지보의 최대 굽힘응력은 몇 MPa 인가? (단, 폭×높이=3cm×4cm인 직사각형 단면이고, 보의 길이는 2m 이다. 또한 보의 지점은 양 끝단에 있다.)

① 12.5   ② 25.0
③ 14.9   ④ 29.8

해설
$$\sigma_b = \frac{M}{Z} = \frac{\left(\frac{\omega L^2}{8}\right)}{\left(\frac{bh^2}{6}\right)} = \frac{\left(\frac{0.2 \times 2000^2}{8}\right)}{\left(\frac{30 \times 40^2}{6}\right)}$$
$$= 12.5\text{MPa}$$

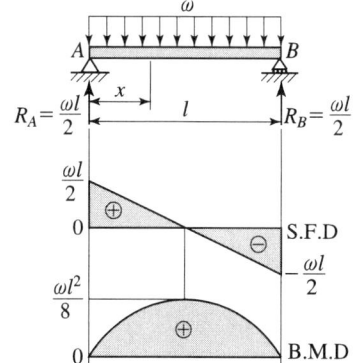

해답 ①

007

다음 보에 발생하는 최대 굽힘 모멘트는?

① $\frac{L}{4}(w_o L - 2P)$

② $\frac{L}{4}(w_o L + 2P)$

③ $\frac{L}{8}(w_o L - 2P)$

④ $\frac{L}{8}(w_o L + 2P)$

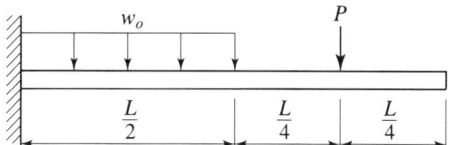

해설
$$M_{\max} = \left(P \times \frac{3L}{4}\right) + \left(w_o \times \frac{L}{2}\right) \times \frac{L}{4} - \frac{P}{2} \times L$$
$$= \frac{3PL}{4} + \frac{w_o L^2}{8} - \frac{PL}{2} = \frac{PL}{4} + \frac{w_o L^2}{8} = \frac{L}{8}(2P + w_o L)$$

해답 ④

008

바깥지름이 46mm인 속이 빈 축이 120kW의 동력을 전달하는데 이 때의 각속도는 40rev/s 이다. 이 축의 허용비틀림응력이 80 MPa 일 때, 안지름은 약 몇 mm 이하이어야 하는가?

① 29.8   ② 41.8
③ 36.8   ④ 48.8

해설

$$w = \frac{40[\text{rev}]}{[\text{s}]} = \frac{40 \times 2\pi[\text{rad}]}{[\text{s}]} = 80\pi\left[\frac{\text{rad}}{\text{s}}\right]$$

$$T = \frac{H}{w} = \frac{120 \times 1000}{80\pi} = 477.464[\text{N} \cdot \text{m}]$$

$$T = \tau_a \times \frac{\pi d^3}{16}(1-x^4)$$

$$477464 = 80 \times \frac{\pi \times 46^3}{16}(1-x^4)$$

$$x = 0.91,\ x = \frac{d_1}{d_2},\ d_1 = x \times d_2 = 0.91 \times 46 = 41.86\text{mm}$$

해답 ②

009 그림과 같은 단면에서 가로방향 도심축에 대한 단면 2차모멘트는 약 몇 mm^4 인가?

① 10.67×10^6
② 13.67×10^6
③ 20.67×10^6
④ 23.67×10^6

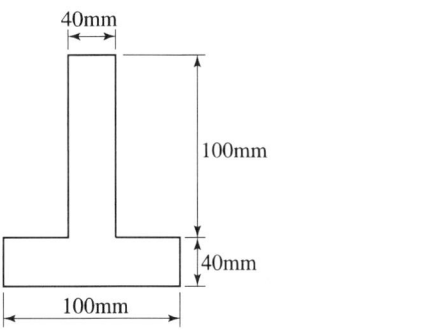

해설

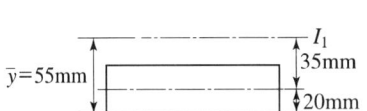
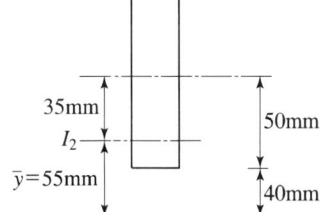

$$\bar{y} = \frac{A_1\bar{y_1} + A_2\bar{y_2}}{A_1 + A_2} = \frac{(100 \times 40) \times 20 + (100 \times 40) \times 90}{(100 \times 40) + (100 \times 40)} = 55\text{mm}$$

$$I_1 = \frac{100 \times 40^3}{12} + 35^2 \times (40 \times 100) = 5433333.333\text{mm}^4$$

$$I_2 = \frac{40 \times 100^3}{12} + 35^2 \times (100 \times 40) = 8233333.33\text{mm}^4$$

$$I_G = I_1 + I_2 = 13666666.67\text{mm}^4 = 13.67 \times 10^6 \text{mm}^4$$

해답 ②

010

직사각형 단면의 단주에 150kN 하중이 중심에서 1m만큼 편심되어 작용할 때 이 부재 AC에서 생기는 최대 인장응력은 몇 kPa 인가?

① 25
② 50
③ 87.5
④ 100

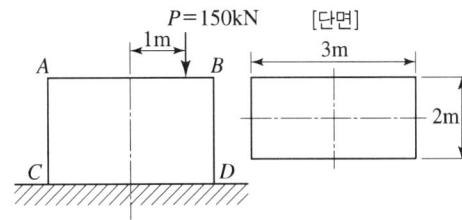

해설
$$\sigma_{max} = \sigma_n + \sigma_b = -\frac{P}{A} + \frac{M}{Z} = -\frac{150000}{3000 \times 2000} + \frac{150000 \times 1000}{\left(\frac{3000^2 \times 2000}{6}\right)}$$

$$= 0.025 \text{MPa} = 25 \text{kPa}$$

해답 ①

011

그림과 같이 전체 길이가 $3L$인 외팔보에 하중 P가 B점과 C점에 작용할 때 자유단 B에서의 처짐량은? (단, 보의 굽힘강성 EI는 일정하고, 자중은 무시한다.)

① $\dfrac{44}{3}\dfrac{PL^3}{EI}$
② $\dfrac{35}{3}\dfrac{PL^3}{EI}$
③ $\dfrac{37}{3}\dfrac{PL^3}{EI}$
④ $\dfrac{41}{3}\dfrac{PL^3}{EI}$

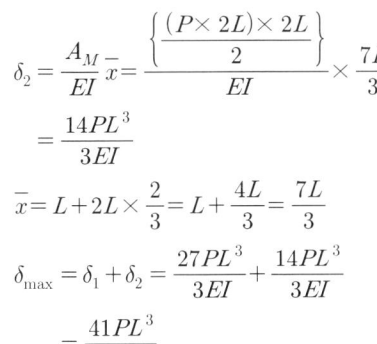

해설

$$\delta_1 = \frac{P(3L)^3}{3EI} = \frac{27PL^3}{3EI}$$

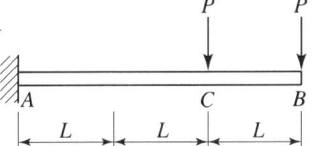

$$\delta_2 = \frac{A_M}{EI}\bar{x} = \frac{\left\{\frac{(P \times 2L) \times 2L}{2}\right\}}{EI} \times \frac{7L}{3}$$

$$= \frac{14PL^3}{3EI}$$

$$\bar{x} = L + 2L \times \frac{2}{3} = L + \frac{4L}{3} = \frac{7L}{3}$$

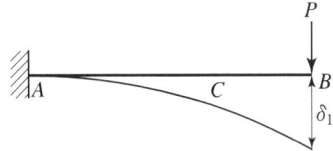

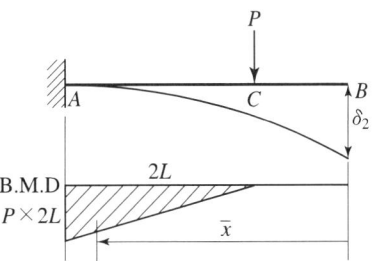

$$\delta_{max} = \delta_1 + \delta_2 = \frac{27PL^3}{3EI} + \frac{14PL^3}{3EI}$$

$$= \frac{41PL^3}{3EI}$$

해답 ④

012

지름 50mm인 중실축 ABC가 A에서 모터에 의해 구동된다. 모터는 600rpm으로 50kW의 동력을 전달한다. 기계를 구동하기 위해서 기어 B는 35kW, 기어 C는 15kW를 필요로 한다. 축 ABC에 발생하는 최대 전단응력은 몇 MPa 인가?

① 9.73
② 22.7
③ 32.4
④ 64.8

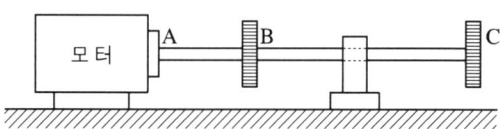

해설
$$T = \frac{60}{2\pi} \times \frac{H}{N} = \frac{60}{2\pi} \times \frac{50000}{600} = 795.774 \text{N} \cdot \text{m} = 795774 \text{N} \cdot \text{mm}$$
$$\tau = \frac{T}{Z_p} = \frac{795774}{\frac{\pi \times 50^3}{16}} = 32.422 \text{MPa}$$

해답 ③

013

그림과 같이 직사각형 단면의 목재 외팔보에 집중하중 P가 C점에 작용하고 있다. 목재의 허용압축응력을 8MPa, 끝단 B점에서의 허용 처짐량을 23.9mm라고 할 때 허용압축응력과 허용 처짐량을 모두 고려하여 이 목재에 가할 수 있는 집중하중 P의 최대값은 약 몇 kN인가? (단, 목재의 세로탄성계수는 12GPa, 단면2차모멘트는 $1022 \times 10^{-6} \text{m}^4$, 단면계수는 $4.601 \times 10^{-3} \text{m}^3$ 이다.)

① 7.8
② 8.5
③ 9.2
④ 10.0

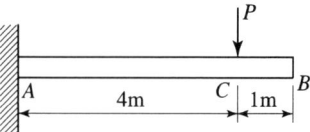

해설
$M = \sigma_b \times Z$
$P \times 4000 = 8 \times 4.601 \times 10^{-3} \times 10^9$
$P = 9202 \text{N} = 9.2 \text{kN}$
(굽힘응력을 고려한 하중) $P = 9.2 \text{kN}$
$E = 12 \text{GPa} = 12000 \text{MPa}$
$I = 1022 \times 10^{-6} \text{m}^4 = 1022 \times 10^6 \text{mm}^4$
$\bar{x} = \frac{11}{3} \text{m} = \frac{11000}{3} \text{mm}$

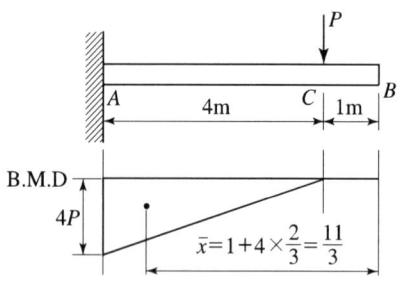

$$\delta = \frac{A_M}{EI}\bar{x}, \quad 23.9 = \frac{\frac{1}{2} \times 4000 \times 4000 \times P}{12000 \times 1022 \times 10^6} \times \frac{11000}{3}$$

(처짐을 고려한 집중하중) $P = 9992.37 \text{N} = 9.992 \text{kN}$
하중이 작아야 안전하므로 P의 최대값은 9.2kN이다.

해답 ③

014

지름 200mm인 축이 120rpm으로 회전하고 있다. 2m 떨어진 두 단면에서 측정한 비틀림 각이 1/15 rad 이었다면 이 축에 작용하고 있는 비틀림 모멘트는 약 몇 kN·m인가? (단, 가로탄성계수는 80GPa 이다.)

① 418.9　　　　② 356.6
③ 305.7　　　　④ 286.8

해설

$$T = \frac{\theta G I_p}{L} = \frac{\frac{1}{15} \times 80000 \times \frac{\pi \times 200^4}{32}}{2000} = 418879020.5 \text{N} \cdot \text{mm} \fallingdotseq 418.9 [\text{kN} \cdot \text{m}]$$

해답 ①

015

그림과 같은 단순보의 중앙점(C)에서 굽힘모멘트는?

① $\dfrac{Pl}{2} + \dfrac{wl^2}{8}$

② $\dfrac{Pl}{2} + \dfrac{wl^2}{48}$

③ $\dfrac{Pl}{4} + \dfrac{5wl^2}{48}$

④ $\dfrac{Pl}{4} + \dfrac{wl^2}{16}$

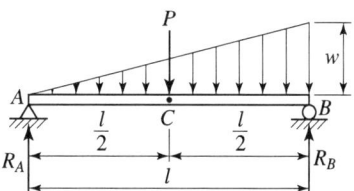

해설

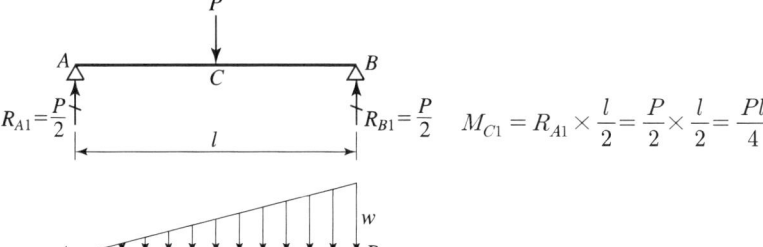

$M_{C1} = R_{A1} \times \dfrac{l}{2} = \dfrac{P}{2} \times \dfrac{l}{2} = \dfrac{Pl}{4}$

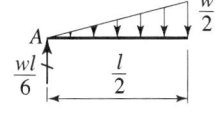

$+ M_{C2} + \dfrac{wl}{8} \times \dfrac{l}{6} - \dfrac{wl}{6} \times \dfrac{l}{2} = 0$

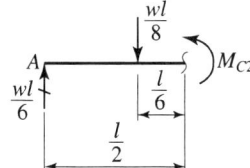

$M_{C2} = \dfrac{wl^2}{12} - \dfrac{wl^2}{48} = \dfrac{3wl^2}{48} = \dfrac{wl^2}{16}$

$M_C = M_{C1} + M_{C2} = \dfrac{Pl}{4} + \dfrac{wl^2}{16}$

해답 ④

016

허용인장강도가 400MPa 인 연강봉에 30kN의 축방향 인장하중이 가해질 경우 이 강봉의 지름은 약 몇 cm 인가? (단, 안전율은 5 이다.)

① 2.69 ② 2.93
③ 2.19 ④ 3.33

해설
$$\sigma_a = \frac{P}{\frac{\pi d^2}{4}}$$

$$d\sqrt{\frac{4P}{\pi \times \sigma_a}} = \sqrt{\frac{4P \times S}{\pi \times \sigma}} = \sqrt{\frac{4 \times 30000 \times 5}{\pi \times 400}} = 21.85\text{mm} \fallingdotseq 2.18\text{cm}$$

해답 ③

017

그림과 같이 길이가 $2L$인 양단고정보의 중앙에 집중하중이 아래로 가해지고 있다. 이때 중앙에서 모멘트 M이 발생하였다면 이 집중하중(P)의 크기는 어떻게 표현되는가?

① $\dfrac{M}{L}$ ② $\dfrac{8M}{L}$
③ $\dfrac{2M}{L}$ ④ $\dfrac{4M}{L}$

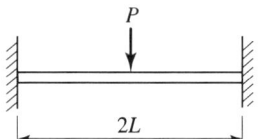

해설
$$M_{\max} = \frac{P(2L)}{8} = \frac{PL}{4}$$
$$P = \frac{4M_{\max}}{L}$$

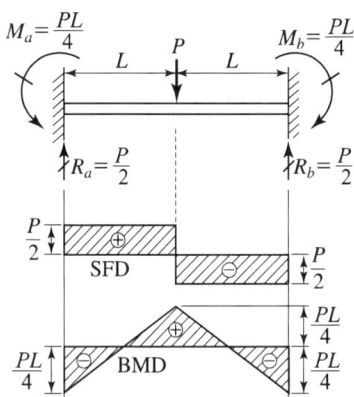

해답 ④

018

단면적이 5cm², 길이가 60cm인 연강봉을 천장에 매달고 30℃에서 0℃로 냉각시킬 때 길이의 변화를 없게 하려면 봉의 끝에 몇 kN의 추를 달아야 하는가? (단, 세로탄성계수 200GPa, 열팽창계수 $a = 12 \times 10^{-6}/℃$ 이고, 봉의 자중은 무시한다.)

① 60 ② 36
③ 30 ④ 24

해설 $W = E \times \alpha \times \Delta T \times A = 200000 \times 12 \times 10^{-6} \times 30 \times 500 = 36000\text{N} = 36\text{kN}$

해답 ②

019 그림과 같이 균일분포 하중을 받는 외팔보에 대해 굽힘에 의한 탄성변형에너지는? (단, 굽힘강성 EI는 일정하다.)

① $\dfrac{w^2L^5}{80EI}$ ② $\dfrac{w^2L^5}{160EI}$

③ $\dfrac{w^2L^5}{20EI}$ ④ $\dfrac{w^2L^5}{40EI}$

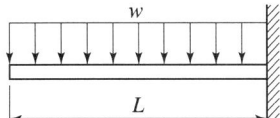

해설 $dU = \dfrac{M_x^2\,dx}{2EI} = \dfrac{\left(wx \times \dfrac{x}{2}\right)^2 dx}{2EI} = \dfrac{\left(\dfrac{w}{2}x^2\right)^2 dx}{2EI} = \dfrac{w^2 x^4}{8EI}dx$

적분하면 $U = \displaystyle\int_0^L \dfrac{w^2 x^4}{8EI}dx = \dfrac{w^2}{8EI} \times \left[\dfrac{x^5}{5}\right]_0^L = \dfrac{w^2}{8EI} \times \dfrac{L^5}{5} = \dfrac{w^2 L^5}{40EI}$

해답 ④

020 알루미늄봉이 그림과 같이 축하중 받고 있다. BC간에 작용하고 있는 하중의 크기는?

① $2P$ ② $3P$
③ $4P$ ④ $8P$

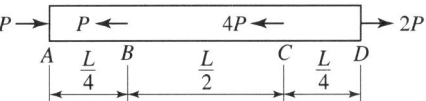

해설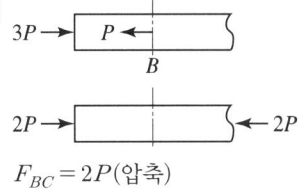

$F_{BC} = 2P$ (압축)

해답 ①

제2과목 열역학

021 압력 100kPa, 온도 20℃인 일정량의 이상기체가 있다. 압력을 일정하게 유지하면서 부피가 처음 부피의 2배가 되었을 때 기체의 온도는 몇 ℃가 되는가?

① 148 ② 256
③ 313 ④ 586

해설 정압과정 $\dfrac{V_1}{T_1} = \dfrac{V_2}{T_2}$

$T_2 = \dfrac{V_2}{V_1}T_1 = \dfrac{2V_1}{V_1} \times T_1 = 2 \times (20+273) = 586\text{K} = (586\text{K} - 273) = 313℃$

해답 ③

022

열역학 제2법칙과 관계된 설명으로 가장 옳은 것은?

① 과정(상태변화)의 방향성을 제시한다.
② 열역학적 에너지의 양을 결정한다.
③ 열역학적 에너지의 종류를 판단한다.
④ 과정에서 발생한 총 일의 양을 결정한다.

해설 열역학 2법칙 에너지의 방향성을 제시한 법칙

해답 ①

023

어느 왕복동 내연기관에서 실린더 안지름이 6.8cm, 행정이 8cm 일 때 평균유효압력은 1200kPa 이다. 이 기관의 1행정당 유효 일은 약 몇 kJ 인가?

① 0.09 ② 0.15
③ 0.35 ④ 0.48

해설 $W = P_m \times \Delta V = 1200 \times \left(\dfrac{\pi}{4} \times 0.068^2 \times 0.08\right) = 0.348 \text{kJ}$

해답 ③

024

오토 사이클로 작동되는 기관에서 실린더의 극간 체적(clearance volume)이 행정체적(stroke volume)의 15%라고 하면 이론 열효율은 약 얼마인가? (단, 비열비 $k=1.4$ 이다.)

① 39.3% ② 45.2%
③ 50.6% ④ 55.7%

해설 $\eta = 1 - \left(\dfrac{1}{\epsilon}\right)^{k-1} = 1 - \left(\dfrac{1}{7.66}\right)^{1.4-1} = 0.557 = 55.7\%$

$\epsilon = \dfrac{\text{실린더체적}}{\text{연소실체적}} = \dfrac{\text{연소실체적} + \text{행정체적}}{\text{연소실체적}} = \dfrac{15+100}{15} = \dfrac{115}{15} = 7.66$

해답 ④

025

질량이 5kg인 강제 용기 속에 물이 20L 들어있다. 용기와 물이 24℃인 상태에서 이 속에 질량이 5kg이고 온도가 180℃인 어떤 물체를 넣었더니 일정 시간 후 온도가 35℃가 되면서 열평형에 도달하였다. 이 때 이 물체의 비열은 약 몇 kJ/(kg · K)인가? (단, 물의 비열은 4.2kJ/(kg · K), 강의 비열은 0.46kJ/(kg · K) 이다.)

① 0.88 ② 1.12
③ 1.31 ④ 1.86

$m_1 = 20\text{L} \times \dfrac{1\text{kg}}{1\text{L}} = 20\text{kg}$

$m_1 C_1 (T_m - T_1) + m_2 C_2 (T_m - T_1) = m_3 C_3 (T_3 - T_m)$

$20 \times 4.2 \times (35-24) + 5 \times 0.46 \times (35-24) = 5 \times C_3 \times (180-35)$

$C_2 = 1.309 \dfrac{\text{kJ}}{\text{kg} \cdot \text{K}}$

해답 ③

026

보일러, 터빈, 응축기, 펌프로 구성되어 있는 증기원동소가 있다. 보일러에서 2500kW의 열이 발생하고 터빈에서 550kW의 일을 발생시킨다. 또한, 펌프를 구동하는데 20kW의 동력이 추가로 소모된다면 응축기에서의 방열량은 약 몇 kW인가?

① 980
② 1930
③ 1970
④ 3070

해설 $Q_B - Q_c = W_T - W_p$
$Q_c = Q_B - (W_T - W_p) = 2500 - (550 - 20) = 1970\text{kW}$

해답 ③

027

실린더에 밀폐된 8kg의 공기가 그림과 같이 압력 $P_1 = 800\text{kPa}$, 체적 $V_1 = 0.27\text{m}^3$에서 $P_2 = 350\text{kPa}$, $V_2 = 0.80\text{m}^3$으로 직선 변화하였다. 이 과정에서 공기가 한 일은 약 몇 kJ 인가?

① 305
② 334
③ 362
④ 390

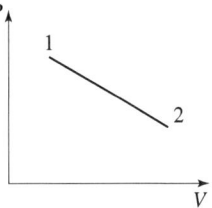

해설 $_1W_2 = \dfrac{1}{2}(P_1 - P_2) \times (V_2 - V_1) + P_2 \times (V_2 - V_1)$

$= \dfrac{1}{2}(800 - 350) \times (0.8 - 0.27) + 350(0.8 - 0.27)$

$= 304.75\text{kJ}$

해답 ①

028

이상적인 오토사이클의 열효율이 56.5% 이라면 압축비가 약 얼마인가? (단, 작동 유체의 비열비는 1.4로 일정하다.)

① 7.5
② 8.0
③ 9.0
④ 9.5

해설 $\eta = 1 - \left(\dfrac{1}{\epsilon}\right)^{k-1}$ $0.565 = 1 - \left(\dfrac{1}{\epsilon}\right)^{1.4-1}$
$\epsilon = 8.012$

해답 ②

029
어떤 열기관이 550K의 고열원으로부터 20kJ의 열량을 공급받아 250K의 저열원에 14KJ의 열량을 방출할 때, 이 사이클의 Clausius 적분값과 가역, 비가역 여부의 설명으로 옳은 것은?

① Clausius 적분값은 -0.0196kJ/K 이고 가역사이클이다.
② Clausius 적분값은 -0.0196kJ/K 이고 비가역사이클이다.
③ Clausius 적분값은 0.0196kJ/K 이고 가역사이클이다.
④ Clausius 적분값은 0.0196kJ/K 이고 비가역사이클이다.

해설 $\Delta S = \dfrac{Q_H}{T_H} - \dfrac{Q_L}{T_L} = \dfrac{20}{550} - \dfrac{14}{250} = -0.0196 \dfrac{kJ}{K}$
$\Delta S < 0$, 비가역 과정

해답 ②

030
상태 1에서 경로 A를 따라 상태 2로 변화하고 경로 B를 따라 다시 상태 1로 돌아오는 가역사이클이 있다. 아래의 사이클에 대한 설명으로 틀린 것은?

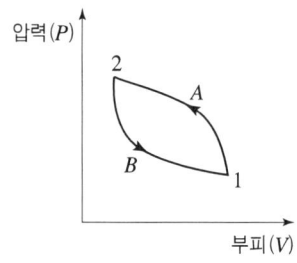

① 사이클 과정 동안 시스템의 내부에너지 변화량은 0이다.
② 사이클 과정 동안 시스템은 외부로부터 순(net) 일을 받았다.
③ 사이클 과정 동안 시스템의 내부에서 외부로 순(net) 열이 전달되었다.
④ 이 그림으로 사이클 과정 동안 총 엔트로피 변화량을 알 수 없다.

해설 가역과정 = 손실이 무시되는 과정
총엔트로피 변하는 "0"이다.

해답 ④

031

4kg의 공기를 온도 15°C에서 일정 체적으로 가열하여 엔트로피가 3.35kJ/K 증가하였다. 이때 온도는 약 몇 K인가? (단, 공기의 정적비열은 0.717kJ/(kg · K) 이다.)

① 927
② 337
③ 533
④ 483

해설

$$\Delta S = m C_v \ln \frac{T_2}{T_1}$$

$$3.35 = 4 \times 0.717 \times \ln \frac{T_2}{15 + 273}$$

$$T_2 = 926.136 K$$

해답 ①

032

다음 4가지 경우에서 ( ) 안의 물질이 보유한 엔트로피가 증가한 경우는?

ⓐ 컵에 있는 (물)이 증발하였다.
ⓑ 목욕탕의 (수증기)가 차가운 타일벽에서 물로 응결되었다.
ⓒ 실린더 안의 (공기)가 가역 단열적으로 팽창되었다.
ⓓ 뜨거운 (커피)가 식어서 주위온도와 같게 되었다.

① ⓐ
② ⓑ
③ ⓒ
④ ⓓ

해설 열량은 공급받는 과정은 엔트로피가 증가하는 과정이다.
ⓐ (물)이 열량을 공급받아야 된다.
ⓑ (수증기)는 열량을 잃어야 된다.
ⓒ (공기)는 등 엔트로피 과정이다.
ⓓ (커피)는 열량을 잃어야 된다.

해답 ①

033

기체상수가 0.462kJ/(kg · K)인 수증기를 이상기체로 간주할 때 정압비열(kJ/(kg · K))은 약 얼마인가? (단, 이 수증기의 비열비는 1.33 이다.)

① 1.86
② 1.54
③ 0.64
④ 0.44

해설

$$C_p = \frac{kR}{k-1} = \frac{1.33 \times 0.462}{1.33 - 1} = 1.862 \frac{kJ}{kg \cdot K}$$

해답 ①

034
완전히 단열된 실린더 안의 공기가 피스톤을 밀어 외부로 일을 하였다. 이 때 외부로 행한 일의 양과 동일한 값(절대값 기준)을 가지는 것은?

① 공기의 엔탈피 변화량
② 공기의 온도 변화량
③ 공기의 엔트로피 변화량
④ 공기의 내부에너지 변화량

해설 $\delta Q = dU + \delta W$
단열과정 $\delta Q = 0$, $\delta W = -dU$
단열과정에서 외부로 행한 일은 내부에너지의 감소량과 같다.

해답 ④

035
시스템 내의 임의의 이상기체 1kg이 채워져 있다. 이 기체의 정압비열은 1.0kJ/(kg·K) 이고, 초기 온도가 50℃인 상태에서 323kJ의 열량을 가하여 팽창시킬 때 변경 후 체적은 변경 전 체적의 약 몇 배가 되는가? (단, 정압과정으로 팽창한다.)

① 1.5배
② 2배
③ 2.5배
④ 3배

해설 $\Delta Q = m C_p (T_2 - T_1)$
$323 = 1 \times 1 \times (T_2 - 50)$
$T_2 = 373℃$
$\dfrac{V_1}{T_1} = \dfrac{V_2}{T_2}, \quad \dfrac{V_2}{V_1} = \dfrac{T_2}{T_1} = \dfrac{373 + 273}{50 + 273} = 2$

해답 ②

036
그림과 같은 Rankine 사이클의 열효율은 약 얼마인가? (단, h는 엔탈피, s는 엔트로피를 나타내며, $h_1 = 191.8$ kJ/kg, $h_2 = 193.8$ kJ/kg, $h_3 = 2799.5$ kJ/kg, $h_4 = 2007.5$ kJ/kg 이다.)

① 30.3%
② 36.7%
③ 42.9%
④ 48.1%

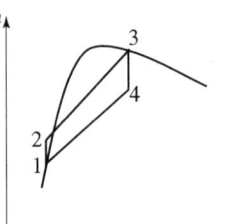

해설 $\eta_R = \dfrac{w_T - w_p}{q_B} = \dfrac{(h_3 - h_4) - (h_2 - h_1)}{h_3 - h_2}$
$= \dfrac{(2799.5 - 2007.5) - (193.8 - 191.8)}{(2799.5 - 193.8)} = 0.303 = 30.3\%$

해답 ①

037

냉동기 냉매의 일반적인 구비조건으로서 적합하지 않은 것은?

① 임계 온도가 높고, 응고 온도가 낮을 것
② 증발열이 작고, 증기의 비체적이 클 것
③ 증기 및 액체의 점성(점성계수)이 작을 것
④ 부식성이 없고, 안정성이 있을 것

해설 냉매는 증발열이 크고, 증기의 비체적은 작을 것

해답 ②

038

복사열을 방사하는 방사율과 면적이 같은 2개의 방열판이 있다. 각각의 온도가 A 방열판은 120℃, B 방열판은 80℃ 일 때 두 방열판의 복사 열전달량(Q_A/Q_B) 비는?

① 1.08
② 1.22
③ 1.54
④ 2.42

해설 $\dfrac{Q_A}{Q_B} = \left(\dfrac{120+273}{80+273}\right)^4 = 1.536$

해답 ③

039

카르노사이클로 작동되는 열기관이 200kJ의 열을 200℃에서 공급받아 20℃에서 방출한다면 이 기관의 일은 약 얼마인가?

① 38kJ
② 54kJ
③ 63kJ
④ 76kJ

해설 $\eta = 1 - \dfrac{T_L}{T_H} = 1 - \dfrac{20+273}{200+273} = 0.38$

$\eta = \dfrac{W}{Q_H},\ W = \eta \times Q_H = 0.38 \times 200 = 76\text{kJ}$

해답 ④

040

유리창을 통해 실내에서 실외로 열전달이 일어난다. 이때 열전달량은 약 몇 W 인가? (단, 대류열전달계수는 50W/(m²·K), 유리창 표면온도는 25℃, 외기온도는 10℃, 유리창면적은 2m² 이다.)

① 150
② 500
③ 1500
④ 5000

해설 $Q = KA\Delta T = 50 \times 2 \times (25-10) = 1500\text{W}$

해답 ③

제3과목 기계유체역학

041 지름 D인 구가 점성계수 μ인 유체 속에서, 관성을 무시할 수 있을 정도로 느린 속도 V로 움직일 때 받는 힘 F를 D, μ, V의 함수로 가정하여 차원해석 하였을 때 얻을 수 있는 식은?

① $\dfrac{F}{(D\mu V)^{1/2}}$ = 상수 ② $\dfrac{F}{D\mu V}$ = 상수

③ $\dfrac{F}{D\mu V^2}$ = 상수 ④ $\dfrac{F}{(D\mu V)^2}$ = 상수

해설 Stoke의 법칙
$$F = 6R\mu V\pi = 6\left(\dfrac{D}{2}\right)\mu V\pi = 3D\mu V\pi$$
$$3\pi = \dfrac{F}{D\mu V}, \ 3\pi = \text{상수}$$
$$\dfrac{F}{D\mu V} = \text{상수}$$

해답 ②

042 매끄러운 원관에서 물의 속도가 V일 때 압력강하가 ΔP_1이었고, 이때 완전한 난류유동이 발생되었다. 속도를 $2V$로 하여 실험을 하였다면 압력강하는 얼마가 되는가?

① ΔP_1 ② $2\Delta P_1$
③ $4\Delta P_1$ ④ $8\Delta P_1$

해설
$$\Delta P_1 = \gamma H_L = \gamma \times f \times \dfrac{L}{D} \times \dfrac{V^2}{2g}$$
$$\Delta P_2 = \gamma \times f \times \dfrac{L}{D} \times \dfrac{(2V)^2}{2g} = 4 \times \gamma \times f \times \dfrac{L}{D} \times \dfrac{V^2}{2g} = 4\Delta P_1$$

해답 ③

043 5℃의 물[점성계수 1.5×10^{-3} kg/(m·s)]이 안지름 0.25cm, 길이 10m인 수평관 내부를 1m/s 로 흐른다. 이 때 레이놀즈수는 얼마인가?

① 166.7 ② 600
③ 1666.7 ④ 6000

해설 $Re = \dfrac{\rho VD}{\mu} = \dfrac{1000 \times 1 \times 0.0025}{1.5 \times 10^{-3}} = 1666.7$

해답 ③

044

비압축성 유동에 대한 Navier-Stokes 방정식에서 나타나지 않는 힘은?

① 체적력(중력)　　② 압력
③ 점성력　　　　　④ 표면장력

해설 Navier-Stokes 방정식은 뉴턴유체의 운동량에 대한 미분방정식으로 중력, 압력, 점성력, 관성력을 고려한 방정식

해답 ④

045

어떤 물체의 속도가 초기 속도의 2배가 되었을 때 항력계수가 초기 항력계수의 1/2로 줄었다. 초기에 물체가 받는 저항력이 D 라고 할 때 변화된 저항력은 얼마가 되는가?

① $2D$　　　　② $4D$
③ $\frac{1}{2}D$　　　④ $\sqrt{2}D$

해설
$$D = \gamma \times \frac{V^2}{2g} \times A_D \times C_D$$
$$D' = \gamma \times \frac{(2V)^2}{2g} \times A_D \times \frac{1}{2}C_D = 2 \times \left(\gamma \times \frac{V^2}{2g} \times A_D \times C_D\right) = 2D$$

해답 ①

046

한 변이 2m인 위가 열려있는 정육면체 통에 물을 가득 담아 수평방향으로 9.8m/s² 의 가속도로 잡아당겼을 때 통에 남아 있는 물의 양은 약 몇 m³인가?

① 8
② 4
③ 2
④ 1

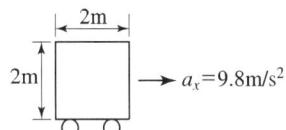

해설
$$\tan\theta = \frac{a_x}{g} = \frac{9.8}{9.8} = 1$$
$$\theta = 45°$$
(남은 체적) $V = \frac{2 \times 2 \times 2}{2} = 4\text{m}^3$

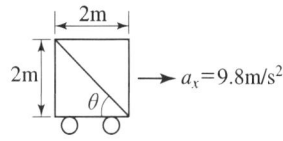

해답 ②

047

다음 중 Hagen-Poiseuille 법칙을 이용한 세관식 점도계는?

① 맥미셸(MacMichael) 점도계　　② 세이볼트(Saybolt) 점도계
③ 낙구식 점도계　　　　　　　　④ 스토머(Stormer) 점도계

해설 Hagen-Poiseuille 법칙을 이용한 점도계는 세이볼트(Say bolt)점도계와 오스터 왈드(Ost-wald)점도계가 있다.

해답 ②

048

평판 위를 지나는 경계층 유동에서 경계층 두께가 δ인 경계층 내 속도 u가 $\dfrac{u}{U}=\sin\left(\dfrac{\pi y}{2\delta}\right)$로 주어진다. 여기서 y는 평판까지 거리, U는 주류속도이다. 이때 경계층 배제두께(boundary layer displacement thickness) δ^*와 δ의 비 δ^*/δ는 약 얼마인가?

① 0.333
② 0.363
③ 0.500
④ 0.667

해설 (배제두께) $\delta^* = \int_0^\delta \left(1-\dfrac{u}{U}\right)dy = \int_0^\delta \left(1-\sin\dfrac{\pi y}{2\delta}\right)dy$

$= \left[y-\left(\dfrac{1}{\left(\dfrac{\pi y}{2\delta}\right)'}\times -\cos\dfrac{\pi y}{2\delta}\right)\right]_0^\delta = \left[y+\dfrac{2\delta}{\pi}\cos\dfrac{\pi y}{2\delta}\right]_0^\delta$

$= \left(\delta+\dfrac{2\delta}{\pi}\cos\dfrac{\pi\delta}{2\delta}\right)-\left(0+\dfrac{2\delta}{\pi}\cos\dfrac{\pi 0}{2\delta}\right)$

$= \delta-\dfrac{2\delta}{\pi} = \delta\left(1-\dfrac{2}{\pi}\right)$

$\dfrac{\delta^*}{\delta} = 1-\dfrac{2}{\pi} = 0.363$

해답 ②

049

2차원 직각좌표계(x, y)에서 유동함수(stream function, $\varPhi$)가 $\varPhi = y-x^2$인 정상유동이 있다. 다음 보기 중 속도의 크기가 $\sqrt{5}$인 점(x, y)을 모두 고르면?

ㄱ. (1, 1)　　ㄴ. (1, 2)　　ㄷ. (2, 1)

① ㄱ
② ㄷ
③ ㄱ, ㄴ
④ ㄴ, ㄷ

해설 유동함수 $\varPhi = y-x^2$

$u = \dfrac{\partial \varPhi}{\partial y}$, $\nu = -\dfrac{\partial \varPhi}{\partial x}$

$u = \dfrac{\partial(y-x^2)}{\partial y} = 1$, $\nu = -\dfrac{\partial(y-x^2)}{\partial x} = -(-2x) = 2x$

(속도벡터) $\vec{V} = ui+\nu j$

$\vec{V} = \sqrt{u^2+\nu^2} = \sqrt{1^2+(2x)^2}$

㉠ $|\vec{V}| = \sqrt{1^2+(2\times 1)^2} = \sqrt{5}$
㉡ $|\vec{V}| = \sqrt{1^2+(2\times 1)^2} = \sqrt{5}$
㉢ $|\vec{V}| = \sqrt{1^2+(2\times 2)} = \sqrt{16}$

해답 ③

050 그림과 같은 수문에서 멈춤장치 A가 받는 힘은 약 몇 kN 인가? (단, 수문의 폭은 3m이고, 수은의 비중은 13.6 이다.)

① 37
② 510
③ 586
④ 879

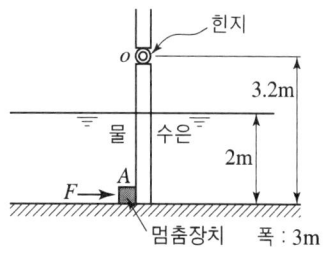

해설 (수은 전압력) $F_{Hg} = F_w \times 13.6 = 58800 \times 13.6 = 799680N$
(물의 전압력) $F_w = \gamma \overline{H} A = 9800 \times 1 \times 2 \times 3 = 58800N$
(전압력 위치) $y = 2m \times \dfrac{2}{3} = \dfrac{4}{3}m$

$F_w\left(1.2 + \dfrac{4}{3}\right) + F \times 3.2 = F_{Hg} \times \left(1.2 + \dfrac{4}{3}\right)$

$58800 \times \left(1.2 + \dfrac{4}{3} + F \times 3.2\right) = 799680 \times \left(1.2 + \dfrac{4}{3}\right)$

$F = 586530N = 586.530kN$

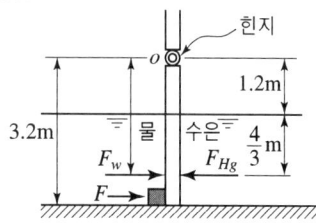

해답 ③

051 그림과 같이 바닥부 단면적이 1m²인 탱크에 설치된 노즐에서 수면과 노즐 중심부 사이 높이가 1m인 경우 유량을 Q라고 한다. 이 유량을 2배로 하기 위해서는 수면 상에 약 몇 kg 정도의 피스톤을 놓아야 하는가?

① 1000
② 2000
③ 3000
④ 4000

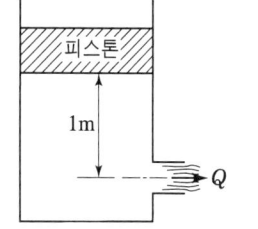

해설 $Q = A_{out} \times V_o$, (초기속도) $V_o = \sqrt{2g \times H} = \sqrt{2 \times g \times 1} = \sqrt{2g}$

피스톤의 질량이 m일 때 $P_1 = \dfrac{W}{A} = \dfrac{mg}{1} = \dfrac{mg}{1} = mg \left[\dfrac{N}{m^2}\right]$

$\dfrac{P_1}{\gamma} + \dfrac{V_1^2}{2g} + Z_1 = \dfrac{P_2}{\gamma} + \dfrac{V_2^2}{2g} + Z_2$

$V_1 = 0, \ Z_1 = 1m, \ P_2 = 0, \ Z_2 = 0$

$\dfrac{P_1}{\gamma} + Z_1 = \dfrac{V_2^2}{2g}$

유량 Q가 2배가 되기 위해 $Q_2 = 2Q = 2 \times (A_{out} \times V_o) = A_{out} \times 2V_o = A_{out} \times V_2$

$V_2 = 2V_o = 2 \times \sqrt{2g}$

$\dfrac{m \times 9.8}{9800} + 1 = \dfrac{(2 \times \sqrt{2g})^2}{2g} = 4$

해답 ③

052

밀도가 ρ인 액체와 접촉하고 있는 기체 사이의 표면장력이 σ라고 할 때 그림과 같은 지름 d의 원통 모세관에서 액주의 높이 h를 구하는 식은?
(단, g는 중력가속도이다.)

① $h = \dfrac{2\sigma\sin\theta}{\rho g d}$ ② $h = \dfrac{2\sigma\cos\theta}{\rho g d}$

③ $h = \dfrac{4\sigma\sin\theta}{\rho g d}$ ④ $h = \dfrac{4\sigma\cos\theta}{\rho g d}$

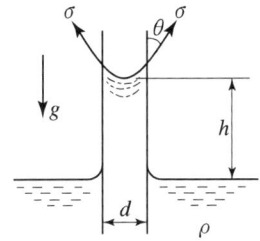

해설
(올라온 물의 높이) $W = \gamma \times \dfrac{\pi}{4}d^2 \times h$

(표면장력에 의한 수직 상방향 힘) $F = \sigma\cos\theta \times \pi d$

$W = F$, $\gamma \times \dfrac{\pi}{4}d^2 \times h = \sigma\cos\theta \times \pi d$

$h = \dfrac{4\sigma\cos\theta}{\gamma d} = \dfrac{4\sigma\cos\theta}{\rho g d}$

해답 ④

053

수력구배선(hydrauilc grade line)에 대한 설명으로 옳은 것은?

① 에너지선보다 위에 있어야 한다.
② 항상 수평선이다.
③ 위치수두와 속도수두의 합을 나타내며 주로 에너지선 아래에 있다.
④ 위치수두와 압력수두의 합을 나타내며 주로 에너지선 아래에 있다.

해설
$E.L = H.G.L + \dfrac{V^2}{2g}$

(수력구배선) $H.G.L = \dfrac{P}{\gamma} + Z$

해답 ④

054

그림과 같이 비중이 0.83인 기름이 12m/s의 속도로 수직 고정평판에 직각으로 부딪치고 있다. 판에 작용되는 힘 F는 약 몇 N인가?

① 23.5
② 28.9
③ 288.6
④ 234.7

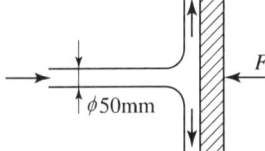

해설
$F = \rho A V^2 = S \times \rho_w \times A \times V^2 = 0.83 \times 1000 \times \dfrac{\pi}{4} \times 0.05^2 \times 12^2$
$= 234.676\text{N}$

해답 ④

055 비중이 0.85이고 동점성계수가 $3 \times 10^{-4} \text{m}^2/\text{s}$인 기름이 안지름 10cm 원관 내를 20L/s로 흐른다. 이 원관 100m 길이에서의 수두손실은 약 몇 m 인가?

① 16.6　　　　② 24.9
③ 49.8　　　　④ 82.1

$Q = AV$, $V = \dfrac{Q}{A} = \dfrac{20 \times 10^{-3}}{\dfrac{\pi}{4} \times 0.1^2} = 2.546 \text{m/s}$

$Re = \dfrac{VD}{\nu} = \dfrac{2.546 \times 0.1}{3 \times 10^4} = 848.66$ 층류

$f = \dfrac{64}{Re} = \dfrac{64}{848.66} = 0.0754$

$H_L = F \times \dfrac{L}{D} \times \dfrac{V^2}{2g} = 0.0754 \times \dfrac{100}{0.1} \times \dfrac{2.546^2}{2 \times 9.8} = 24.936 \text{m}$

해답 ②

056 길이 100m의 배를 길이 5m인 모형으로 실험할 때, 실형이 40km/h로 움직이는 경우와 역학적 상사를 만족시키기 위한 모양의 속도는 약 몇 km/h 인가? (단, 점성마찰은 무시한다.)

① 4.66　　　　② 8.94
③ 12.96　　　④ 18.42

$\dfrac{V_1}{\sqrt{L_1 g}} = \dfrac{V_2}{\sqrt{L_2 g}}$, $\dfrac{40}{\sqrt{100}} = \dfrac{V_2}{\sqrt{5}}$

$V_2 = 8.944 \text{m/s}$

해답 ②

057 압력과 밀도를 각각 P, ρ라 할 때 $\sqrt{\dfrac{\Delta P}{\rho}}$의 차원은? (단, M, L, T는 각각 질량, 길이, 시간의 차원을 나타낸다.)

① $\dfrac{L}{T}$　　　　② $\dfrac{L}{T^2}$
③ $\dfrac{M}{LT}$　　　④ $\dfrac{M}{L^2 T}$

$\left(\dfrac{\dfrac{F}{L^2}}{\dfrac{M}{L^3}} \right)^{\frac{1}{2}} = \left(\dfrac{FL}{M} \right)^{\frac{1}{2}} = \left(\dfrac{MLT^{-2}L}{M} \right)^{\frac{1}{2}} = (L^2 T^{-2})^{\frac{1}{2}} = (LT^{-1}) = \dfrac{L}{T}$

해답 ①

058

단면적이 각각 10cm² 와 20cm² 인 관이 서로 연결되어 있다. 비압축성 유동이라 가정하면 20cm² 관속의 평균유속이 2.4m/s 일 때 10cm2 관내의 평균속도는 약 몇 m/s 인가?

① 4.8
② 1.2
③ 9.6
④ 2.4

해설 $Q = A_1 V_1 = A_2 V_2$, $10 \times V_1 = 20 \times 2.4$
$V_1 = 4.8 \text{m/s}$

해답 ①

059

마노미터를 설치하여 액체탱크의 수압을 측정하려고 한다. 수은(비중=13.6) 액주의 높이차 $H = 50$cm이면 A 점에서의 계기압력은 약 얼마인가? (단, 액체의 밀도는 900kg/m³ 이다.)

① 63.9kPa
② 4.2kPa
③ 63.9Pa
④ 4.2Pa

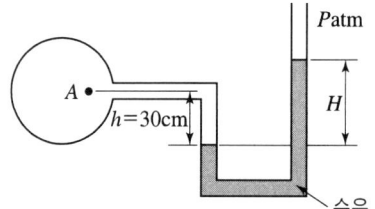

해설 $P_A + (\gamma_A \times h) = \gamma_{Hg} \times H$
$P_A = \gamma_{Hg} \times H - \gamma_A \times h = S_{Hg} \times \gamma_w \times H - \rho_A \times g \times h$
$= (13.6 \times 9800 \times 0.5) - (900 \times 9.8 \times 0.3)$
$= 6.994 \text{Pa} = 63.994 \text{kPa}$

해답 ①

060

동점성계수가 10cm²/s 이고 비중이 1.2인 유체의 점성계수는 몇 Pa·s인가?

① 1.2
② 0.12
③ 2.4
④ 0.24

해설 $\nu = \dfrac{\mu}{\rho}$
$\mu = \nu \times \rho = \nu \times S \times \rho_w = 10 \times 10^{-4} \times 1.2 \times 1000 = 1.2 \text{Pa} \cdot \text{s}$

해답 ①

제4과목 기계재료 및 유압기기

061 Fe-C 평형상태도에 대한 설명으로 틀린 것은?

① 강의 A_2 변태선은 약 768℃이다.
② A_1 변태선을 공석선이라 하며, 약 723℃이다.
③ A_0 변태점을 시멘타이트의 자기변태점이라 하며, 약 210℃이다.
④ 공정점에서의 공정물을 펄라이트라 하며, 약 1490℃이다.

해설 **공정점** : 공정물은 레데부라이트며 4.3%C, 1148℃이다.

해답 ④

062 그림과 같은 항온 열처리하여 마텐자이트와 베이나이트의 혼합조직을 얻는 열처리는?

① 담금질
② 패턴팅
③ 마템퍼링
④ 오스템퍼링

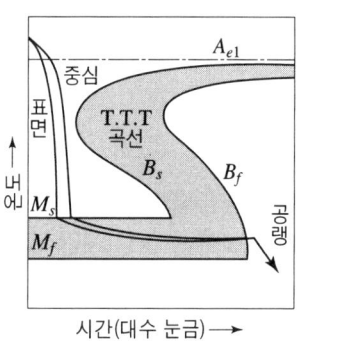

해설 **마템프링**(martempering)
담금질 온도로 가열한 강재를 옆의 그림과 같이 M_s점과 M_f 점사이의 항온 염욕에서 항온 변태를 시킨 후에 상온까지 공냉하는 담금질방법으로 경도가 크고 인성이 있는 마테자이트와 베이나이트 혼합조직이 얻으므로 담금질 변형및 균열방지, 취성제거에 이용되고 있으나, 항온시간이 너무 길어서 공업적으로 이용되기에는 어려움이 있다.

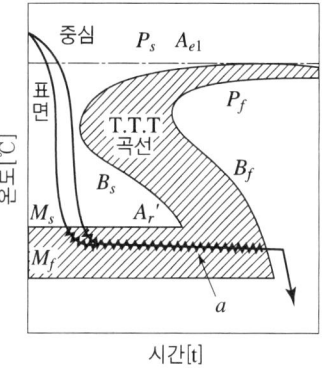

해답 ③

063 탄소강에 함유된 인(P)의 영향을 옳게 설명한 것은?

① 경도를 감소시킨다.
② 결정립을 미세화시킨다.
③ 연신율을 증가시킨다.
④ 상온 취성의 원인이 된다.

해설 탄소강에 함유된 인(P)의 영향
① 결정립을 조대화시키면서 경도와 인장 강도를 증가시킨다.
② 연신율 및 충격값을 감소시킨다.
③ 적당한 양은 용선의 유동성을 좋게 한다.
④ 가공시 균열을 일으키며 상온 취성의 원인이 된다.

해답 ④

064
금속을 냉간 가공하였을 때의 기계적·물리적 성질의 변화에 대한 설명으로 틀린 것은?
① 냉간 가공도가 증가할수록 강도는 증가한다.
② 냉간 가공도가 증가할수록 연신율은 증가한다.
③ 냉간 가공이 진행됨에 따라 전기 전도율은 낮아진다.
④ 냉간 가공이 진행됨에 따라 전기적 성질인 투자율은 감소한다.

해설 냉간 가공도가 증가할수록 가공경화가 발생됨으로 강도, 경도는 증가하고 연신율은 감소한다.

해답 ②

065
강을 담금질하면 경도가 크고 메지므로, 인성을 부여하기 위하여 A1 변태점 이하의 온도에서 일정 시간 유지하였다가 냉각하는 열처리 방법은?
① 퀜칭(Quenching)   ② 탬퍼링(Tempering)
③ 어닐링(Annealing)   ④ 노멀라이징(Normalizing)

해설 뜨임(Tempering) : 저온뜨임과 고온뜨임이 있으며, 일정한 온도로 가열 후 공기 중에서 냉각(공냉), 또는 노안에서 냉각(노냉)시킨다.
① 저온 뜨임 : 담금질에 의해 발생한 내부응력이 제거되고, 강재의 표면에 발생한 응력이나 마텐자이트의 메짐성이 없어진다. 이와 같이 경도만이 요구되는 경우 약 100~200℃ 부근에서 뜨임하는 것을 말한다.(오스테나이트 → 트루스타이트) 또는 마텐자이트를 400℃로 뜨임하면 트루우스타이트가 얻어진다.(M → T)
② 고온 뜨임 : 강인한 재질로 만들기 위하여 500~600℃의 고온에서 뜨임하는 것을 말 한다.(트루스타이트 → 소르바이트)

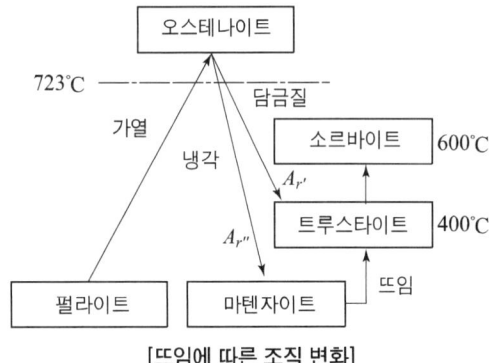

[뜨임에 따른 조직 변화]

해답 ②

066 스테인리스강의 조직계에 해당되지 않는 것은?

① 펄라이트계
② 페라이트계
③ 마텐자이트계
④ 오스테나이트계

해설 스테인리스강(stainless steel)

성분계	조직	KS기호	특징	
			자성	담금질경화성(열처리성)
Cr계	마텐자이트 (13%Cr)	STS410	있음	있음
	페라이트 (15%Cr)	STS430	있음	없음
Cr-Ni계 내식성 가장 우수	오스테나이트 18%Cr-8%Ni	STS304	없음	없음

해답 ①

067 라우탈(Lautal) 합금의 주성분으로 옳은 것은?

① Al-Si
② Al-Mg
③ Al-Cu-Si
④ Al-Cu-Ni-Mg

해설 주물용 알루미늄 합금
① 알루미늄-구리계 합금
  - 알코아 : 자동차 하우징, 버스 및 항공기 바퀴, 크랭크케이스에 사용된다.
           고온메짐, 수축균열이 있다.
② 알루미늄-규소계합금
  - 실루민 : 주조성은 좋으나 절삭성 불량, 재질(개량) 처리 효과가 크다.
③ 알루미늄-구리-규소계합금
  - 라우탈 : 주조성이 좋고 시효경화성이 있다, 주조 균열이 적어 두께가 얇은 주물의 주조와 금형 주조에 적합하다.
④ 알루미늄-마그네슘합금
  - 하이트로날륨[Al+Mg(10%)] : 열처리 하지 않고 승용차의 커버, 휠디스크의 재료
⑤ 다이캐스팅용합금 : 라우탈, 실루민, 하이드로날륨
⑥ Y합금[Al+(4%Cu)+(2%Ni)+(1.5%Mg)] : 내열용 알루미늄 합금으로 피스톤재료로 사용
⑦ Lo-ex(로우엑스)합금[Al+Si+Cu+Mg+Ni] : 열팽창계수가 적고 내열, 내마멸성이 우수하다, 금형에 주조되는 피스톤용

해답 ③

068 열경화성 수지나 충전 강화수지(FRTP)사용되는 것으로 내열성, 내마모성, 내식성이 필요한 열간 금형용 재료는?

① STC3
② STS5
③ SKD61
④ SM45C

해설 합금공구강의 종류

절삭공구용	S2종	STS 2	탭, 드릴, 커터의 재료
	S21종	STS 21	
	S5종	STS 5	원형톱, 띠톱의 재료
	S51종	STS 51	
냉간금형용	D1종	STD 1	성형틀다이스, 분말성형틀 재료
	D11종	STD 11	나사전조다이, 프레스형틀 재료
	D12종	STD 12	
열간금형용	D61종	SDT61	열경화성 수지나 충전 강화수지(FRTP)사용
	F3종	STF 3	다이블록(die block), 압출공구재료
	F4종	STF 4	프레스 형틀, 압출공구재료

해답 ③

069
켈밋 합금(Kelmet alloy)의 주요 성분으로 옳은 것은?
① Pb-Sn　　　② Cu-Pb
③ Sn-Sb　　　④ Zn-Al

해설 베어링강
① 화이트메탈(WM)
　㉠ 주석계 화이트메탈(배빗메탈) : Sn+Sb+Cu
　㉡ 납계 화이트메탈 : Pb+Sn+Sb+Cu
② 구리계 합금(KM)(=켈밋) : Cu+Pb
③ 알루미늄 합금(AM)
④ 함유베어링(oilless Bearing) : 베어링 자체에 기름이 함유되어 있어 기름공급이 어려운 부분에 사용되는 베어링

해답 ②

070
구리판, 알루미늄판 등 기타 연성의 판재를 가압 성형하여 변형 능력을 시험하는 시험법은?
① 커핑 시험　　　② 마멸 시험
③ 압축 시험　　　④ 크리프 시험

해설 에릭슨 시험(Erichsen Cupping Test)＝커핑 시험
에릭슨시험은 금속박판 재료의 연성을 평가 또는 비교하기 위해 널리 사용되는 시험으로 두께 0.1~2.0mm의 금속박재료를 상, 하 다이 사이에 삽입시키고, 시험편에 펀치를 넣어 시험편 뒷면에 1개 이상의 균열이 생길 때 까지 가압한 후 펀치 앞 끝이 하형 다이의 시험편에 접하는 면에서 이동한 거리를 측정하여 소성가공성을 평가하는 시험이다.

해답 ①

071 다음 간략기호의 명칭은? (단, 스프링이 없는 경우이다.)

① 체크 밸브
② 스톱 밸브
③ 일정 비율 감압 밸브
④ 저압 우선형 셔틀 밸브

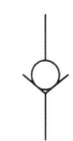

해설

체크 밸브	스톱 밸브	일정 비율 감압 밸브	저압 우선형 셔틀 밸브

해답 ①

072 토출량이 일정하지 않으며 주로 저압에서 사용하는 비용적형 펌프의 종류가 아닌 것은?

① 베인 펌프
② 원심 펌프
③ 축류 펌프
④ 혼류 펌프

해설 (1) **용적형 펌프**(용량형 펌프)
　　[특징] ① 펌프의 축이 한번 회전할 때 일정한 량을 토출
　　　　　② 중압 또는 고압력에서 주로 압력발생을 주된 목적으로 사용
　　　　　③ 토출량이 부하압력에 관계없이 대충 일정하다.
　　　　　④ 부하압력에 따라 토출량이 정해지므로 부하가 과대해지면 압력이 상승해서 펌프가 파괴될 염려가 있다.(Relief V/V를 설치하여 위험 방지)
　　[종류] ① 정토출형 펌프(Fixed diaplacement pump)
　　　　　　　㉠ 기어펌프(Gear)　　㉡ 나사펌프(Screw)
　　　　　　　㉢ 베인펌프(Vane)　　㉣ 피스톤 펌프(Piston)
　　　　　② 가변토출형 펌프(Variable diaplacement pump)
　　　　　　　㉠ 베인 펌프(Vane)　　㉡ 피스톤 펌프(Piston)
　(2) **비용적형 펌프**
　　[특징] ① 토출량이 일정치 않음
　　　　　② 저압에서 대량의 유체를 수송하는데 사용
　　　　　③ 토출량과 압력사이에 일정관계가 있다.
　　　　　　토출량이 증가하면 토출압력은 감소, 토출유량은 펌프축의 회전속도와 비례한다.
　　[종류] ① 원심력 펌프(Centrifugal) : 벌류트펌프와 터빈펌프가 있다.
　　　　　② 액시얼 프로펠라 펌프(Axial propeller축류펌프)
　　　　　③ 혼류형 펌프(Mixed flow)
　　　　　④ 로토젯 펌프(Roto-jet)

해답 ①

073

유압 실린더에서 오일에 의해 피스톤에 15MPa의 압력이 가해지고 피스톤 속도가 3.5cm/s 일 때 이 실린더에서 발생하는 동력은 약 몇 kW 인가? (단, 실린더 안지름은 100mm 이다.)

① 2.74
② 4.12
③ 6.18
④ 8.24

해설

$$H_{kW} = \frac{F[\text{N}] \times V[\text{m/s}]}{1000} = \frac{117809.7245 \times 0.035}{1000} = 4.12 \text{kW}$$

$$F = P \times A = 15 \times 10^6 \times \frac{\pi}{4} \times 0.1^2 = 117809.7245 \text{N}$$

$$V = 0.035 \text{m/s}$$

해답 ②

074

다음 기호의 명칭은?

① 풋 밸브
② 감압 밸브
③ 릴리프 밸브
④ 디셀러레이션 밸브

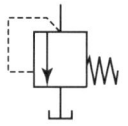

해설

감압 밸브	릴리프 밸브	디셀러레이션 밸브

해답 ③

075

유압 및 유압 장치에 대한 설명으로 적절하지 않은 것은?

① 자동제어, 원격제어가 가능하다.
② 오일에 기포가 섞이거나 먼지, 이물질에 의해 고장이나 작동이 불량할 수 있다.
③ 굴삭기와 같은 큰 힘을 필요로 하는 건설기계는 유압보다는 공압을 사용한다.
④ 유압 장치는 공압 장치에 비해 복귀관과 같은 배관을 필요로 하므로 배관이 상대적으로 복잡해질 수 있다.

해설 건설기계는 큰 힘의 전달과 힘의 전달이 즉시 될 수 있는 유압을 사용한다.

해답 ③

076 유량 제어 밸브를 실린더 출구 측에 설치한 회로로서 실린더에서 유출되는 유량을 제어하며 피스톤 속도를 제어하는 회로는?

① 미터 인 회로
② 미터 아웃 회로
③ 블리드 오프 회로
④ 카운터 밸런스 회로

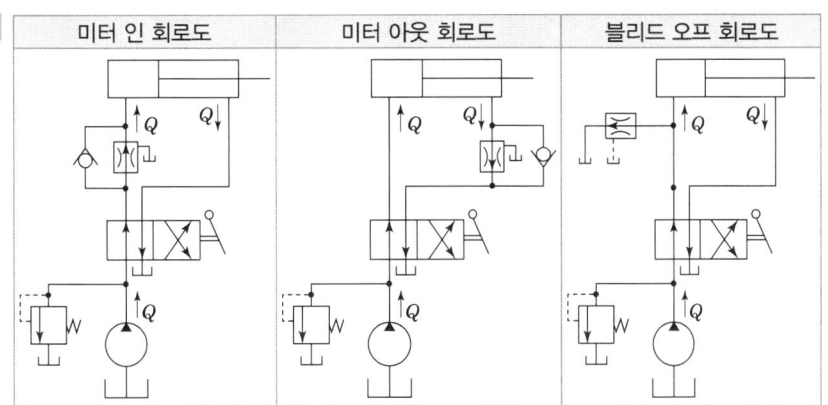

해답 ②

077 패킹 재료로서 요구되는 성질로 적절하지 않은 것은?

① 내마모성이 있을 것
② 작동유에 대하여 적당한 저항성이 있을 것
③ 온도, 압력의 변화에 충분히 견딜 수 있을 것
④ 패킹이 유체와 접하므로 그 유체에 의해 연화되는 재질일 것

해설 패킹이 유체와 접하므로 그 유체에 대해 화학적으로 안정적인 재질이어야 된다.

해답 ④

078 유압펌프의 소음 및 진동이 크게 발생하는 이유로 적절하지 않은 것은?

① 흡입관 또는 필터가 막힌 경우
② 펌프의 설치 위치가 매우 높은 경우
③ 토출 압력이 매우 높게 설정된 경우
④ 흡입관의 직경이 매우 크거나 길이가 짧을 경우

해설 **펌프가 소음을 내는 경우**
① 여과기가 너무 작은 경우 흡입에 대한 손실이 클 때
② 유압유의 점도가 너무 큰 경우 유동저항 및 손실수두가 클 때
③ 펌프의 회전이 너무 빠른 경우 공동화 현상에 의해
④ 유중에 기포가 있는 경우 기포가 터지면서 충격에 의한 소음발생
⑤ 흡입관이 막혀있는 경우
⑥ 흡입관의 접합부에서 공기를 빨아들이는 경우
⑦ 펌프축과 원동기축의 중심이 맞지 않아 편심이 되었을 경우

해답 ④

079 유량 제어 밸브에 속하는 것은?

① 스톱 밸브
② 릴리프 밸브
③ 브레이크 밸브
④ 카운터 밸런스 밸브

[해설] 유량 제어 밸브
① 스로틀밸브(교축밸브)
② 유량조정밸브
③ 분류 밸브
④ 집류 밸브
⑤ 스톱 밸브(정지 밸브)

[해답] ①

080 오일 탱크의 구비 조건에 대한 설명으로 적절하지 않은 것은?

① 오일 탱크의 바닥면은 바닥에서 일정 간격 이상을 유지하는 것이 바람직하다.
② 오일 탱크는 스트레이너의 삽입이나 분리를 용이하게 할 수 있는 출입구를 만든다.
③ 오일 탱크 내에 격판(방해판)은 오일의 순환거리를 짧게 하고 기포의 방출이나 오일의 냉각을 보존한다.
④ 오일 탱크의 용량은 장치의 운전장치 중 장치내의 작동유가 복귀하여도 지장이 없을 만큼의 크기를 가져야 한다.

[해설] 오일 탱크 내에 방해판(격판)의 기능
① 오일의 순환거리를 길게 한다.
② 오일 중에 함유된 기포를 방출하여 준다.
③ 오일의 냉각을 보존하는 역할을 한다.
④ 먼지 등의 이물질을 침전토록 한다.

[해답] ③

제5과목 기계제작법 및 기계동력학

081 다음 물리량 중 스칼라(scalar) 양은?

① 속력(speed)
② 변위(displacement)
③ 가속도(acceleration)
④ 운동량(momentum)

[해설]

스칼라(Scalar) : 크기만 존재	벡터(vector) 크기와 방향이 있다.
속력	속도
이동거리	변위

[해답] ①

082 두 개의 블록이 정지 상태에서 움직이기 시작한다. 풀리와 로프 사이의 마찰이 없다고 가정하고, 블록 A와 수평면 간의 마찰계수를 0.25라고 할 때, 줄에 걸리는 장력은 약 몇 N 인가? (단, A블록의 질량은 200kg, B블록의 질량은 300kg 이다.)

① 1270
② 1470
③ 4420
④ 5890

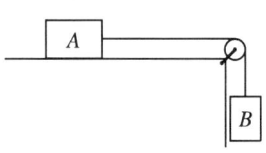

해설

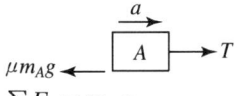

$\sum F_A = m_A a$
$T - \mu m_A g = m_A a$
$T = m_A a + \mu m_A g = 200 \times a + 0.25 \times 200 \times 9.8 = 200 \times a + 490$
$T = 200a + 490$ ··· (1)

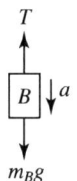

$\sum F_B = m_B a$
$m_B g - T = 300 \times a$
$T = m_B g = 300a = 300 \times 9.8 - 300 \times a = 2940 - 300a$
$T = 2940 - 300a$ ··· (2)

(1) = (2)
$200a + 490 = 2940 - 300a$
$500a = 2940 - 400$
$a = 4.9 \text{m/s}^2$
(장력) $T = 200a = 490 = 200 \times 4.9 + 490 = 1470\text{N}$

해답 ②

083 그림과 같이 길이(L)이 2.4m이고, 반지름(a)이 0.4m인 원통이 있다. 이 원통의 질량이 150kg일 때, 중심에서 y축 방향에 대한 질량관성모멘트(I_y)는 약 몇 kg·m² 인가?

① 12
② 36
③ 78
④ 120

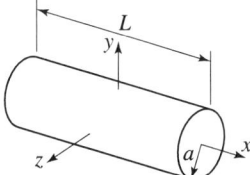

해설

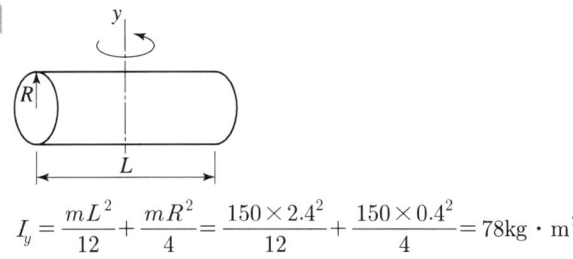

$$I_y = \frac{mL^2}{12} + \frac{mR^2}{4} = \frac{150 \times 2.4^2}{12} + \frac{150 \times 0.4^2}{4} = 78 \text{kg} \cdot \text{m}^2$$

해답 ③

084

그림과 같은 시스템에서 질량 $m=5$kg이고 스프링 상수 $k=20$N/m 이며, 기진력 $\sin(wt)$ [N]이 작용하였다. 초기 조건 $t=0$ 일 때 $x(0)=0$, $\dot{x}(0)=0$이면 시간 t일 때의 변위 x는?

① $x = \dfrac{1}{5(4-w^2)}\left(\sin wt + \dfrac{w}{2}\cos 2t\right)$

② $x = \dfrac{1}{5(4-w^2)}\left(\sin wt + \dfrac{w}{2}\sin 2t\right)$

③ $x = \dfrac{1}{5(4-w^2)}\left(\sin wt - \dfrac{w}{2}\cos 2t\right)$

④ $x = \dfrac{1}{5(4-w^2)}\left(\sin wt - \dfrac{w}{2}\sin 2t\right)$

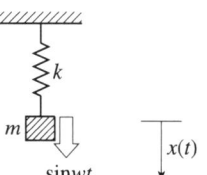

해설 비감쇠 강제진동

$m\ddot{x} + kx = \sin wt$, $x(t) = x_p + x_h$

① 특수해 x_p

  $x_p = A\cos wt + B\sin wt$

  $x_p{'} = -Aw\sin wt + Bw\cos wt$

  $x_p{''} = -Aw^2\cos wt - Bw^2\sin wt = -w^2(A\cos wt + B\sin wt) = -w^2 x_p$

  $m\ddot{x}_p + kx_p = \sin wt$

  $m(-w^2 x_p) + kx_p = \sin wt$

  $x_p(k - mw^2) = \sin wt$

  특수해 $x_p = \dfrac{\sin wt}{k - mw^2} = \dfrac{\sin wt}{20 - 5 \times w^2} = \dfrac{\sin wt}{5(4 - w^2)}$

② 재차해 x_h

  $x_h = C_1 \cos w_n t + C_2 \sin w_n t$

  경계조건 $w_n = \sqrt{\dfrac{k}{m}} = \sqrt{\dfrac{20}{5}} = 2$

  $x_h = C_1 \cos 2t + C_2 \sin 2t$

  $t = 0$일 때, $x_h(0) = C_1 \cos 0 + C$

③ $t = 0$, $x_h(0) = C_1$

$t=0, \ x_h{}'(0) = 2C_2$

$x(0) = x_p(0) + x_h(0)$

$0 = \dfrac{\sin w0}{5(4-w^2)} + C_1, \ C_1 = 0$

$x'(0) = x_p{}'(0) + x_h{}'(0)$

$x'(0) = \dfrac{w\cos wt}{5(4-w^2)} + x_h{}'(0)$

$0 = \dfrac{w\cos w0}{5(4-w^2)} + 2C_2$

$C_2 = -\dfrac{w}{5(4-w^2)} \times \dfrac{1}{2}$

$x(t) = x_p + x_h = \dfrac{\sin wt}{5(4-w^2)} + (C_1 \cos w_n t + C_2 \sin w_n t)$

$= \dfrac{\sin wt}{5(4-w^2)} + \left(0 \times \cos w_n t + \left(-\dfrac{w}{5(4-w^2)} \times \dfrac{1}{2} \sin w_n t\right)\right)$

$= \dfrac{\sin wt}{5(4-w^2)}$

해답 ④

085

반지름이 1m인 바퀴가 60rpm 으로 미끄러지지 않고 굴러갈 때 바퀴의 운동에너지는 약 몇 J인가? (단, 바퀴의 질량은 10kg이고 바퀴는 얇은 두께의 원판형상이다.)

① 296
② 245
③ 198
④ 164

해설
$E = \dfrac{1}{2}mV^2 + \dfrac{1}{2}Jw^2 = \dfrac{1}{2}mV^2 + \dfrac{1}{2}\left(\dfrac{mR^2}{2}\right) \times \left(\dfrac{V}{R}\right)^2 = \dfrac{1}{2}mV^2 + \dfrac{mV^2}{4} = \dfrac{3mV^2}{4}$

$E = \dfrac{3}{4}mV^2 = \dfrac{3}{4} \times 10 \times (w \times R)^2 = \dfrac{3}{4} \times 10 \times \left(\dfrac{2\pi \times 60}{60} \times 1\right)^2 = 296.08 \text{J}$

해답 ①

086

질량 m은 탄성스프링으로 지지되어 있으며 그림과 같이 $x=0$일 때 자유낙하를 시작한다. $x=0$일 때 스프링의 변형량은 0이며, 탄성스프링의 질량은 무시하고 스프링상수는 k이다. 질량 m의 속도가 최대가 될 때 탄성스프링의 변형량(x)은?

① 0
② $\dfrac{mg}{2k}$
③ $\dfrac{mg}{k}$
④ $\dfrac{2mg}{k}$

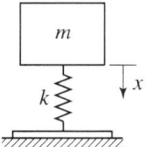

해설 $K = \dfrac{mg}{x}, \ x = \dfrac{mg}{K}$

해답 ③

087 질점이 시간 t에 대하여 다음과 같이 단순조화운동을 나타낼 때 이 운동의 주기는?

$$y(t) = C\cos(wt - \phi)$$

① $\dfrac{\pi}{w}$ ② $\dfrac{2\pi}{w}$

③ $\dfrac{w}{2\pi}$ ④ $2\pi w$

해설 (주기) $T = \dfrac{2\pi}{w}$

해답 ②

088 그림과 같이 회전자의 질량은 30kg이고 회전반경은 200mm이다. 3600rpm으로 회전하고 있던 회전자가 정지하기까지 5.3분이 걸렸을 때 정지하는 동안 마찰에 의한 평균 모멘트의 크기는 약 몇 N·m인가?

① 1.4
② 2.4
③ 3.4
④ 4.4

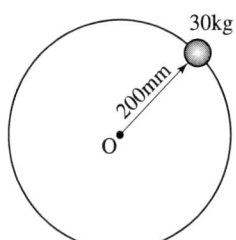

해설 (관성모멘트) $T_M = J \times \alpha = 1.2 \times 1.1855 = 1.4226$ N·m

$J = J_G + mR^2 = 0 + 30 \times 0.2^2 = 1.2$ kg·m^2

$\alpha = \dfrac{w_2 - w_1}{t} = \dfrac{0 - \dfrac{2\pi N_1}{60}}{t} = \dfrac{0 - \dfrac{2\pi \times 3600}{60}}{5.3\text{min} \times \dfrac{60\text{s}}{1\text{min}}} = -1.1855 \left[\dfrac{\text{rad}}{\text{s}^2}\right]$ (감각가속도)

해답 ①

089 질량 3kg인 물체가 10m/s 로 가다가 정지하고 있는 4kg의 물체에 충돌하여 두 물체가 함께 움직인다면 충돌 후의 속도는 몇 m/s 인가?

① 2.3 ② 3.4
③ 3.8 ④ 4.3

해설 $m_1 V_1 + m_2 V_2 = (m_1 + m_2) V'$

$V' = \dfrac{m_1 V_1 + m_2 V_2}{m_1 + m_2} = \dfrac{(3 \times 10) + (4 \times 0)}{3 + 4} = 4.285$ m/s $\risingdotseq 4.3$ m/s

해답 ④

090 중량은 100N이고, 스프링상수는 100N/cm 인 진동계에서 임계감쇠계수는 약 몇 N·s/cm 인가?

① 36.4 ② 26.4
③ 16.4 ④ 6.4

$$C_c = 2\sqrt{mk} = 2\sqrt{\frac{100}{9.8} \times 1000} = 638.87 \frac{\text{N·s}}{\text{m}}$$
$$= 6.3887 \frac{\text{N·s}}{\text{cm}} \fallingdotseq 6.4 \frac{\text{N·s}}{\text{cm}}$$

해답 ④

091 회전하는 상자 속에 공작물과 숫돌입자, 공작액, 콤파운드 등을 넣고 서로 충돌시켜 표면의 요철을 제거하며 매끈한 가공면을 얻는 가공법은?

① 호닝(honing) ② 배럴(barrel) 가공
③ 숏 피닝(shot peening) ④ 슈퍼 피니싱(super finishing)

 배럴가공
회전하는 상자에 공작물과 숫돌입자, 공작액, 컴파운드 등을 함께 넣어 공작물이 입자와 충돌하여 요철을 제거하고 매끈한 가공면을 얻는 가공법이다.
배럴가공의 장점
① 금속재료와 비금속재료에 관계없이 가공할 수 있다.
② 형상이 복잡한 제품이라도 각부를 동시에 가공할 수 있다.
③ 다량의 제품이라도 한 번에 품질이 일정하게 공작할 수 있다.
④ 작업이 간단하고 기계설비가 저렴하다.

해답 ②

092 주물을 제작할 때 생사형 주형의 경우, 주물 500kg, 주물의 두께에 따른 계수를 2.2라 할 때 주입시간은 약 몇 초인가?

① 33.8 ② 49.2
③ 52.8 ④ 56.4

$T = s\sqrt{W} = 2.2 \times \sqrt{500} = 49.193\text{s}$
여기서, T : 주입시간(s)
 W : 주물의 무게(kg)
 s : 주물의 살 두께에 따른 상수

해답 ②

093 공기마이크로미터의 특징을 설명한 것으로 틀린 것은?

① 배율이 높고 정도가 좋다.
② 접촉 측정자를 사용하지 않을 때에는 측정력이 거의 0에 가깝다.
③ 측정물에 부착된 기름이나 먼지를 분출공기로 불어내므로 보다 정확한 측정이 가능하다.
④ 직접측정기로서 큰 치수(1개)와 작은 치수(2개)로 이루어진 마스터가 최소 3개 필요하다.

해설 공기마이크로미터는 간접측정기로서 큰 치수(1개)와 작은 치수(1개)로 이루어진 마스터가 2개 필요하다.

해답 ④

094 바이트의 노즈 반지름 $r=0.2$mm, 이송 $S=0.05$mm/rev로 선삭을 할 때 이론적인 표면거칠기는 약 몇 mm 인가?

① 0.15
② 0.015
③ 0.0015
④ 0.00015

해설 공구와 가공물의 표면거칠기[=조도(粗度)=roughness]

$$H = \frac{s^2}{8r}$$

여기서, H : 가공면의 굴곡을 나타내는 최대 높이
       =표면거칠기[mm]
   r : 바이트 날 끝부분의 반지름
       =노즈 반지름[mm]
   s : 이송[mm/rev]

$$H = \frac{s^2}{8r} = \frac{0.05^2}{8 \times 0.2} = 0.0015[\text{mm}]$$

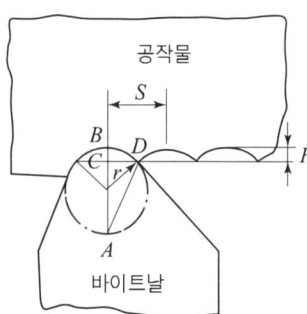

해답 ③

095 전단가공의 종류에 해당하지 않는 것은?

① 비딩(beading)
② 펀칭(punching)
③ 트리밍(trmming)
④ 블랭킹(blacking)

해설 전단 가공의 종류
① 블랭킹(blanking) : 펀치로 판재를 뽑기하는 작업으로 뽑은 제품을 Blank라고 하며 남은 부분을 scrap이라 한다.
② 펀칭(punching) : 펀치로 판재를 뽑기하였을 경우 뽑고 남은 부분(scrap)이 제품이 된다.
③ 전단(shearing) : 소재를 원하는 모양으로 잘라내는 것을 말한다.
④ 분단(parting) : 제품을 분리하는 과정을 말하며 2차 가공에 속한다.
⑤ 노칭(notching) : 소재의 한 쪽 끝에서 다른 쪽 끝까지 직선 또는 곡선상으로 절단하는 것을 말한다.
⑥ 트리밍(trimming) : Punch와 die로써 drawing제품의 flange를 소요의 형상과 치수에 맞게 잘라내는 것을 말하며 2차 가공에 속한다.
⑦ 셰이빙(shaving) : 뽑거나 전단한 제품의 단면이 곱지 못 할 경우 클리어런스가 작은 펀치와 다이로 매끈하게 가공하는 것을 말한다.
⑧ 브로칭(broaching) : 브로치에 의한 절삭 가공을 말한다.

해답 ①

096 센터리스 연삭의 특징으로 틀린 것은?

① 가늘고 긴 가공물의 연삭에 적합하다.
② 연속작업을 할 수 있어 대량 생산이 용이하다.
③ 키 홈과 같은 긴 홈이 있는 가공물은 연삭이 어렵다.
④ 축 방향의 추력이 있으므로 연삭 여유가 커야 한다.

해설 센터리스 연삭기

장점	단점
① 연속작업을 할 수 있어 대량 생산에 적합하다. ② 긴축재료의 연삭이 가능하며, 중공의 원통연삭에 편리하다. ③ 축방향 추력이 없어 연삭 여유가 작아도 된다. ④ 연삭 숫돌바퀴의 넓이가 크므로, 지름의 마멸이 작고 수명이 길다. ⑤ 일단 기계의 조정이 끝나면 가공이 쉽고, 작업자의 숙련이 필요 없다.	① 긴 홈이 있는 일감은 연삭할 수 없다. ② 대형 중량물은 연삭할 수 없다. ③ 연삭 숫돌바퀴의 나비보다 긴 일감은 전후 이송법으로 연삭할 수 없다. ④ 가공면의 단면이 진원이 되기 어렵다.

해답 ④

097 일반열처리 중 풀림의 종류에 포함되지 않는 것은?

① 가압 풀림
② 완전 풀림
③ 항온 풀림
④ 구상화 풀림

해설 **풀림의 종류**
① 저온 풀림 : A_1변태점 이하에서 열처리 하는 풀림으로 응력제거 풀림, 프로세서 풀림, 구상화 풀림, 재결정 풀림
② 고온 풀림 : A_1변태점 이상에서 열처리 하는 풀림으로 완전 풀림, 확산 풀림, 항온 풀림, 구상화 풀림

해답 ①

098 다음 중 방전가공의 전극 재질로 가장 적절한 것은?
① S ② Cu
③ Si ④ Al_2O_3

해설 **방전가공의 전극의 요구 조건**
가공 능률이 좋고, 소모가 적어야 하며, 열전도도가 좋아야 하고, 용융점이 높을수록 좋으며 그 재료는 구리, 흑연, 구리-텅스텐, 은-텅스텐 등이 쓰인다.

해답 ②

099 모재의 용접부에 용제공급관을 통하여 입상의 용제를 쌓아놓고 그 속에 와이어전극을 송급하면 모재 사이에서 아크가 발생하며 그 열에 의하여 와이어 자체가 용융되어 접합되는 용접방법은?
① MIG 용접 ② 원자수소 아크용접
③ 탄산가스 아크용접 ④ 서브머지드 아크용접

해설 **서브머지드 아크 용접**(submerged arc welding)
분말로 된 용제를 용접부에 뿌리고, 용제 속에서 용접봉의 심선이 들어간 상태에서 모재와 용접봉 사이에 아크를 발생시킨다. 또한 아크 열로서 용제, 용접봉 및 모재를 용해하여 용접하는 방법으로 잠호 용접이라고도 한다.

해답 ④

100 강판의 두께가 2mm, 최대 전단 강도가 440MPa 인 재료에 지름이 24mm인 구멍을 뚫을 때 펀치에 작용되어야 하는 힘은 약 몇 N인가?
① 44766 ② 51734
③ 66350 ④ 72197

해설 $F = \tau \times A = 440 \times (\pi \times 24 \times 2) = 66350.43$N

해답 ③

일반기계기사

2021년 9월 12일 시행

제1과목 재료역학

001 그림과 같이 20cm×10cm의 단면을 갖고 양단이 회전단으로 된 부재가 중심축 방향으로 압축력 P가 작용하고 있을 때 장주의 길이가 2m라면 세장비는 약 얼마인가?

① 89
② 69
③ 49
④ 29

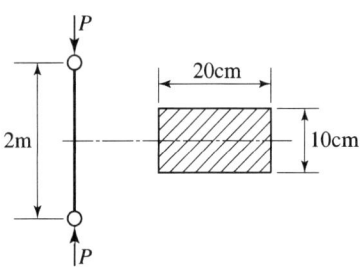

해설
$$\lambda = \frac{L}{k_{\min}} = \frac{2000}{\frac{h}{2\sqrt{3}}} = \frac{2000 \times 2\sqrt{3}}{h} = \frac{2000 \times 2\sqrt{3}}{100} = 69.28$$

$$I = Ak, \quad k = \sqrt{\frac{I}{A}} = \sqrt{\frac{\frac{bh^3}{12}}{bh}} = \frac{h}{2\sqrt{3}}$$

해답 ②

002 지름이 25mm이고 길이가 6m인 강봉의 양쪽단에 100kN의 인장력이 작용하여 6mm가 늘어났다. 이때의 응력과 변형률은? (단, 재료는 선형 탄성 거동을 한다.)

① 203.7MPa, 0.01
② 203.7kPa, 0.01
③ 203.7MPa, 0.001
④ 203.7kPa, 0.001

해설
$$\sigma = \frac{P}{A} = \frac{100000}{\frac{\pi}{4} \times 25^2} = 203.7 \text{MPa}$$

$$\epsilon = \frac{\Delta L}{L} = \frac{6}{6000} = 0.001$$

해답 ③

003
그림과 같이 지름 10cm의 원형 단면보 끝단에 3.6kN의 하중을 가하고 동시에 1.8kN·m의 비틀림 모멘트를 작용시킬 때 고정단에 생기는 최대전단응력은 약 몇 MPa인가?

① 10.1
② 20.5
③ 30.3
④ 40.6

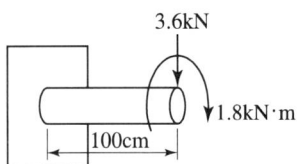

해설

$$\tau_{max} = \sqrt{\left(\frac{\sigma_b}{2}\right)^2 + \tau_T^2} = \sqrt{\left(\frac{36.669}{2}\right)^2 + 9.167^2} = 20.49 \text{MPa}$$

$$\sigma_b = \frac{M}{Z} = \frac{3600 \times 1000}{\frac{\pi \times 100^3}{32}} = 36.669 \text{MPa}$$

$$\tau_T = \frac{T}{Z_p} = \frac{1.8 \times 10^6}{\frac{\pi \times 100^3}{16}} = 9.167 \text{MPa}$$

해답 ②

004
공학적 변형률(engineering strain) e와 진변형률(true strain) ϵ 사이의 관계식으로 옳은 것은?

① $\epsilon = \ln(e+1)$
② $\epsilon = ex \ln(e)$
③ $\epsilon = \ln(e)$
④ $\epsilon = 3e$

해설

(진변형률) $\epsilon = \int_L^{L'} \frac{1}{L} dL = \ln L' - \ln L = \ln \frac{L'}{L}$

$= \ln \frac{L + \Delta L}{L} = \ln \frac{L + eL}{L} = \ln \frac{L(1+e)}{L} = \ln(1+e)$

$e = \frac{\Delta L}{L}$, $\delta L = e \times L$

해답 ①

005
그림과 같이 전 길이에 걸쳐 균일 분포하중 ω를 받는 보에서 최대처짐 δ_{max}를 나타내는 식은? (단, 보의 굽힘 강성계수는 EI이다.)

① $\dfrac{\omega L^4}{64EI}$
② $\dfrac{\omega L^4}{128.5EI}$
③ $\dfrac{\omega L^4}{184.6EI}$
④ $\dfrac{\omega L^4}{192EI}$

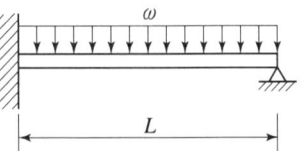

해설 B점에서의 처짐량 일치

$$\frac{\omega L^4}{8EI} = \frac{R_B L^3}{3EI}, \quad R_A + R_B = \omega L$$

$$\therefore R_A = \frac{5\omega L}{8}, \quad R_B = \frac{3\omega L}{8}$$

$$M_{\max, \, x=\frac{5L}{8}} = \frac{9\omega L}{128}$$

$$\theta_{\max} = \frac{\omega L^3}{48EI}, \quad \delta_{\max} = \frac{\omega L^4}{185EI}$$

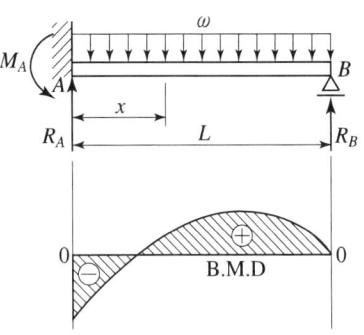

해답 ③

006 그림에서 A 지점에서의 반력을 구하면 약 몇 N인가?

① 118
② 127
③ 132
④ 139

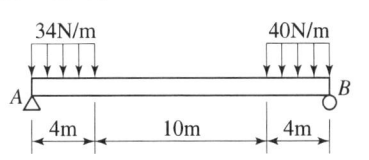

해설 $R_A = R_{A1} + R_{A2} = 120.888 + 17.777$
   $= 138.665 \text{N}$

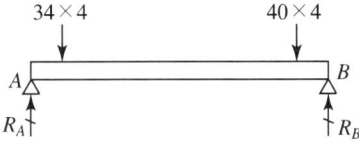

$$R_{A1} = \frac{136 \times 16}{18} = 120.888 \text{N}$$

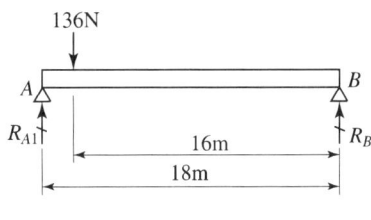

$$R_{A2} = \frac{160 \times 2}{18} = 17.777 \text{N}$$

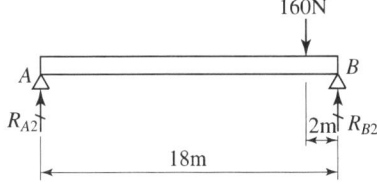

해답 ④

007 보에서 원형과 정사각형의 단면적이 같을 때, 단면계수의 비 Z_1/Z_2는 약 얼마인가? (단, 여기에서 Z_1은 원형 단면의 단면계수, Z_2는 정사각형 단면의 단면계수이다.)

① 0.531
② 0.846
③ 1.182
④ 1.258

해설 $\frac{\pi}{4}d^2 = a^2$, $a = \sqrt{\frac{\pi}{4}}\,d$, $a = 0.886d$

$$\frac{Z_1}{Z_2} = \frac{\frac{\pi d^3}{32}}{\frac{a^3}{6}} = \frac{\frac{\pi d^3}{32}}{\frac{0.886^3 d^3}{6}} = \frac{\frac{\pi}{32}}{\frac{0.886^3}{6}} = 0.846$$

해답 ②

008 그림과 같은 삼각형 분포하중을 받는 단순보에서 최대 굽힘 모멘트는? (단, 보의 길이는 L이다.)

① $\dfrac{\omega L^2}{2\sqrt{2}}$ ② $\dfrac{\omega L^2}{3\sqrt{3}}$

③ $\dfrac{\omega L^2}{4\sqrt{2}}$ ④ $\dfrac{\omega L^2}{9\sqrt{3}}$

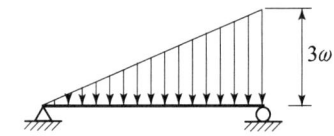

해설 $M_{\max} = \dfrac{3\omega L^2}{9\sqrt{3}} = \dfrac{\omega L^2}{3\sqrt{3}}$

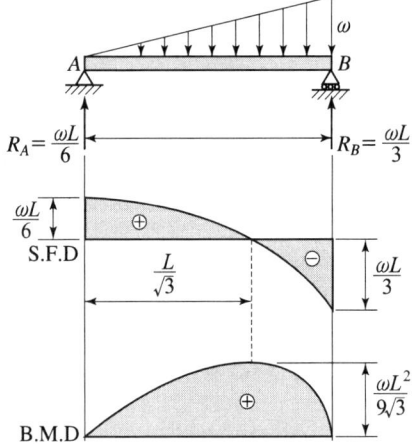

해답 ②

009 외경이 내경의 2배인 중공축과 재질과 길이가 같고 지름이 중공축의 외경과 같은 중실축이 동일 회전수에 동일 동력을 전달한다면, 이때 중실축에 대한 중공축의 비틀림각의 비 (중공축 비틀림각/중실축 비틀림각)는?

① 1.07 ② 1.57
③ 2.07 ④ 2.57

해설 $\dfrac{\theta'}{\theta} = \dfrac{\frac{T'L}{GI_p'}}{\frac{TL}{GI_P}} = \dfrac{\frac{1}{I_p'}}{\frac{1}{I_p}} = \dfrac{I_p}{I_p'} = \dfrac{\frac{\pi d^4}{32}}{\frac{\pi d^4}{32}(1-x^4)} = \dfrac{1}{1-x^4} = \dfrac{1}{1-\left(\frac{1}{2}\right)^4} = 1.066$

$T' = T$, $\dfrac{60}{2\pi} \times \dfrac{H'}{N'} = \dfrac{60}{2\pi} \times \dfrac{H}{N}$

해답 ①

010

그림과 같이 단순지지되어 중앙에서 집중하중 P를 받는 직사각형 단면보에서 보의 길이는 L, 폭이 b, 높이가 h일 때, 최대굽힘응력($\sigma_{\max}$)과 최대전단응력($\tau_{\max}$)의 비 ($\sigma_{\max}/\tau_{\max}$)는?

① $\dfrac{h}{L}$ ② $\dfrac{2h}{L}$

③ $\dfrac{L}{h}$ ④ $\dfrac{2L}{h}$

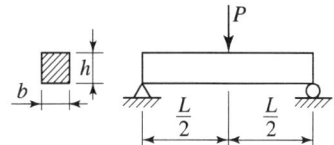

해설

$$\dfrac{\sigma_{\max}}{\tau_{\max}} = \dfrac{\dfrac{3PL}{2bh^2}}{\dfrac{3P}{4bh}} = \dfrac{2L}{h}$$

$$\sigma_{\max} = \dfrac{M}{Z} = \dfrac{\dfrac{PL}{4}}{\dfrac{bh^2}{6}} = \dfrac{6PL}{4bh^2} = \dfrac{3PL}{2bh^2}$$

$$\tau_{\max} = \dfrac{3}{2}\dfrac{V_{\max}}{bh} = \dfrac{3}{2} \times \dfrac{\dfrac{P}{2}}{bh} = \dfrac{3P}{4bh}$$

해답 ④

011

동일한 전단력이 작용할 때 원형 단면 보의 지름을 d에서 $3d$로 하면 최대 전단응력의 크기는? (단, $\tau_{\max}$는 지름이 d일 때의 최대전단응력이다.)

① $9\tau_{\max}$ ② $3\tau_{\max}$

③ $\dfrac{1}{3}\tau_{\max}$ ④ $\dfrac{1}{9}\tau_{\max}$

해설

$$\dfrac{\tau_{\max}'}{\tau_{\max}} = \dfrac{\dfrac{F}{\dfrac{\pi}{4}(3d)^2}}{\dfrac{F}{\dfrac{\pi}{4}d^2}} = \dfrac{d^2}{(3d)^2} = \dfrac{1}{9}$$

$$\tau_{\max}' = \dfrac{1}{9}\tau_{\max}$$

해답 ④

012

그림과 같이 반지름이 5cm인 원형 단면을 갖는 ㄱ자 프레임에서 A점 단면의 수직응력(σ)은 약 몇 MPa인가?

① 79.1   ② 89.1
③ 99.1   ④ 109.1

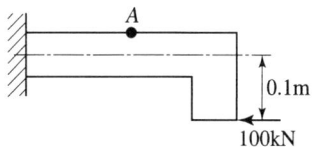

해설 $\sigma = \sigma_n + \sigma_b = (-12.732) + (101.859) = 89.127\text{MPa}(인장)$

$\sigma_n = \dfrac{P}{\dfrac{\pi}{4}d^2} = \dfrac{100000}{\dfrac{\pi}{4} \times 100^2} = 12.732\text{MPa}(압축)$

$\sigma_b = \dfrac{M_o}{Z} = \dfrac{100000 \times 100}{\dfrac{\pi \times 100^3}{32}} = 101.859\text{MPa}(인장)$

해답 ②

013

그림과 같이 재료가 동일한 A, B의 원형 단면봉에서 같은 크기의 압축하중 F를 받고 있다. 응력은 각 단면에서 균일하게 분포된다고 할 때 저장되는 탄성 변형 에너지의 비 U_B / U_A는 얼마가 되겠는가?

① 5/9
② 1/3
③ 9/5
④ 3

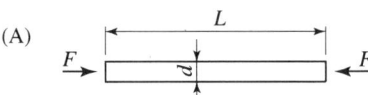

해설 $U_A = \dfrac{1}{2} F \delta_A = \dfrac{1}{2} F \times \dfrac{FL}{\dfrac{\pi}{4}d^2 \times E} = \dfrac{1}{2} \times \dfrac{F^2 L}{\dfrac{\pi}{4}d^2 \times E}$

$U_B = \dfrac{1}{2} F \delta_B = \dfrac{1}{2} F \left(\dfrac{F \times \dfrac{L}{2}}{\dfrac{\pi}{4}(3d^2)E} + \dfrac{F \times \dfrac{L}{2}}{\dfrac{\pi}{4}d^2 E} \right)$

$= \dfrac{1}{2} \dfrac{F^2 L}{\dfrac{\pi}{4}d^2 \times E} \left(\dfrac{\dfrac{1}{2}}{9} + \dfrac{\dfrac{1}{2}}{1} \right) = \dfrac{1}{2} \times \dfrac{F^2 L}{\dfrac{\pi}{4}d^2 E} \times \left(\dfrac{1}{18} + \dfrac{1 \times 9}{2 \times 9} \right)$

$= \dfrac{1}{2} \times \dfrac{F^2 L}{\dfrac{\pi}{4}d^2 E} \times \dfrac{10}{18} = U$

해답 ①

014

정사각형 단면의 짧은 봉에서 축방향(z방향) 압축 응력 40MPa를 받고 있고, x방향과 y방향으로 압축 응력 10MPa씩 받을 때 축방향 길이 감소량은 약 몇 mm인가? (단, 세로탄성계수 100GPa, 포아송 비 0.25, 단면의 한변은 120mm, 축방향 길이는 200mm이다.)

① 0.003
② 0.03
③ 0.007
④ 0.07

해설 $\epsilon_z = \dfrac{\sigma_z}{E} - \dfrac{\nu\sigma_x}{E} - \dfrac{\nu\sigma_y}{E} = \dfrac{1}{E}(-40-(0.25\times10)-(0.25\times-10)) = -3.5\times10^{-4}$

$\epsilon_z = \dfrac{\Delta L_z}{L_z}$, $\Delta L_z = \epsilon_z \times L_z = -3.5\times10^{-4}\times200 = -0.07\mathrm{mm}$ (압축)

해답 ④

015

그림과 같은 단붙이 봉에 인장하중 P가 작용할 때, 축 지름 비 $d_1 : d_2 = 4 : 3$으로 하면 d_1부분에 발생하는 응력 σ_1과 d_2부분에 발생하는 응력 σ_2의 비는?

① $\sigma_1 : \sigma_2 = 9 : 16$
② $\sigma_1 : \sigma_2 = 16 : 9$
③ $\sigma_1 : \sigma_2 = 4 : 9$
④ $\sigma_1 : \sigma_2 = 9 : 4$

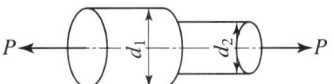

해설 $\dfrac{\sigma_1}{\sigma_2} = \dfrac{\dfrac{P}{\dfrac{\pi}{4}4^2}}{\dfrac{P}{\dfrac{\pi}{4}3^2}} = \dfrac{3^2}{4^2} = \dfrac{9}{16}$

해답 ①

016

높이 30cm, 폭 20cm의 직사각형 단면을 가진 길이 3m의 목제 외팔보가 있다. 자유단에 최대 몇 kN의 하중을 작용시킬 수 있는가? (단, 외팔보의 허용굽힘응력은 15MPa이다.)

① 15
② 25
③ 35
④ 45

해설 $\sigma_a = \dfrac{PL}{\dfrac{bh^2}{6}} = \dfrac{6PL}{bh^2}$

$P = \dfrac{\sigma_a bh^2}{6L} = \dfrac{15\times200\times300^2}{6\times3000} = 15000\mathrm{N} = 15\mathrm{kN}$

해답 ①

017

2축 응력 상태의 재료 내에서 서로 직각 방향으로 400MPa의 인장응력과 300MPa의 압축응력이 작용할 때 재료 내에 생기는 최대 수직응력은 몇 MPa인가?

① 300
② 350
③ 400
④ 500

해설

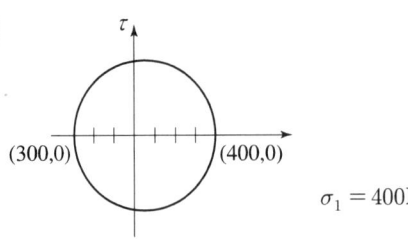

$\sigma_1 = 400\text{MPa}$

해답 ③

018

그림과 같은 외팔보에 집중하중 $P=50\text{kN}$이 작용할 때 자유단의 처짐은 약 몇 cm인가? (단, 보의 세로탄성계수는 200GPa, 단면 2차 모멘트는 10^5cm^4이다.)

① 2.4
② 3.6
③ 4.8
④ 6.4

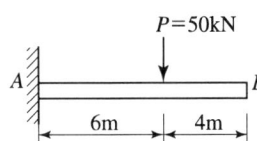

해설
$A_M = \dfrac{1}{2} \times (6 \times 50) \times 6 = 900\text{kN} \cdot \text{m}^2$

$\bar{x} = 4\text{m} + 6\text{m} \times \dfrac{2}{3} = 8\text{m}$

$\delta = \dfrac{A_M}{EI}\bar{x} = \dfrac{900 \times 10^3}{200 \times 10^9 \times 10^{-3}} \times 8$

$= 0.036\text{m} = 3.6\text{cm}$

$I = 10^5 \times 10^{-8}\text{m}^4 = 10^{-3}\text{m}^4$

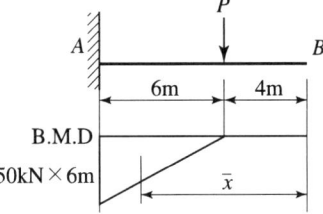

해답 ②

019

그림과 같은 보가 분포하중과 집중하중을 받고 있다. 지점 B에서의 반력의 크기를 구하면 몇 kN인가?

① 28.5
② 40.5
③ 52.5
④ 55.5

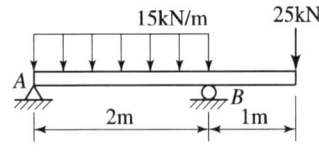

해설
$\sum F = 0$
$R_A + R_B = 30 + 25$
$\sum M_A = 0$
$(30 \times 1) - (R_B \times 2) + (25 \times 3) = 0$
$R_B = \dfrac{(30 \times 1) + (25 \times 3)}{2} = 52.5\text{kN}$

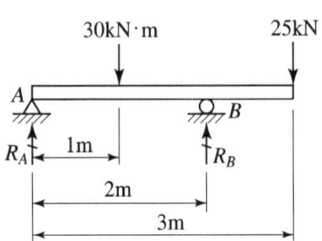

해답 ③

020 회전수 120rpm으로 35kW의 동력을 전달하는 원형 단면축은 길이가 2m이고, 지름이 6cm이다. 이 축에서 발생한 비틀림 각도는 약 몇 rad인가? (단, 이 재료의 가로탄성계수는 83GPa이다.)

① 0.019　　② 0.036
③ 0.053　　④ 0.078

해설

$$\theta = \frac{TL}{GI_p} = \frac{2785.211 \times 2}{833 \times 10^9 \times \frac{\pi \times 0.064}{32}} = 0.0527 \text{rad}$$

$$T = \frac{60}{2\pi} \times \frac{H}{N} = \frac{60}{2\pi} \times \frac{35000}{120} = 2785.211 \text{N} \cdot \text{m}$$

해답 ③

제2과목　열역학

021 섭씨온도 −40℃를 화씨온도(°F)로 환산하면 약 얼마인가?

① −16°F　　② −24°F
③ −32°F　　④ −40°F

해설

$$°F = \frac{9}{5}°C + 32 = \frac{9}{5} \times (-40) + 32 = -40°F$$

해답 ④

022 두께 1cm, 면적 0.5m²의 석고판의 뒤에 가열판이 부착되어 1000W의 열을 전달한다. 가열판의 뒤는 완전히 단열되어 열은 앞면으로만 전달된다. 석고판 앞면의 온도는 100℃이고 석고의 열전도율은 0.79W/(m · K)일 때 가열판에 접하는 석고면의 온도는 약 몇 ℃인가?

① 110　　② 125
③ 140　　④ 155

해설

$$Q = k \frac{A(T_2 - T_1)}{t}$$

$$1000 = 0.79 \times \frac{0.5 \times (T_2 - 1000)}{0.01}$$

$$T_2 = 125.316℃$$

023

역카르노 사이클로 운전하는 이상적인 냉동사이클에서 응축기 온도가 40℃, 증발기 온도가 −10℃이면 성능 계수는 약 얼마인가?

① 4.26
② 5.26
③ 3.56
④ 6.56

해설
$$\epsilon_R = \frac{T_L}{T_H - T_L} = \frac{-10 + 273}{(40 + 273) - (-10 + 273)} = 5.26$$

해답 ②

024

그림과 같은 증기압축 냉동사이클이 있다. 1, 2, 3 상태의 엔탈피가 다음과 같을 때 냉매의 단위 질량당 소요 동력(W_C)과 냉동능력(q_L)은 얼마인가? (단, 각 위치에서의 엔탈피(h)값은 각각 $h_1 = 178.16$kJ/kg, $h_2 = 210.38$kJ/kg, $h_3 = 74.53$kJ/kg이고, 그림에서 T는 온도, S는 엔트로피를 나타낸다.)

① $W_C = 32.22$kJ/kg, $q_L = 103.63$kJ/kg
② $W_C = 32.22$kJ/kg, $q_L = 135.85$kJ/kg
③ $W_C = 103.63$kJ/kg, $q_L = 32.22$kJ/kg
④ $W_C = 135.85$kJ/kg, $q_L = 32.22$kJ/kg

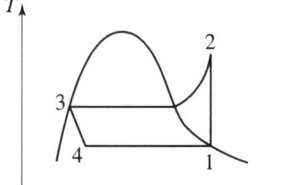

해설
$$W_C = h_2 - h_1 = 210.38 - 178.16 = 32.22 \frac{\text{kJ}}{\text{klg}}$$
$$q_L = h_1 - h_4 = h_1 - h_3 = 178.16 - 74.53 = 103.63 \frac{\text{kJ}}{\text{kg}}$$
$$h_3 = h_4$$

해답 ①

025

어떤 기체의 정압비열이 2436J/(kg · K)이고, 정적비열이 1943J/(kg · K)일 때 이 기체의 비열비는 약 얼마인가?

① 1.15
② 1.21
③ 1.25
④ 1.31

해설
$$R = \frac{C_p}{C_v} = \frac{2436}{1943} = 1.25$$

해답 ③

026

30℃, 100kPa의 물을 800kPa까지 압축하려고 한다. 물의 비체적이 0.001m³/kg로 일정하다고 할 때, 단위 질량당 소요된 일(공업일)은 약 몇 J/kg인가?

① 167
② 602
③ 700
④ 1412

해설 $_1W_{t_2} = \nu(P_2 - P_1) = 0.001 \times (800 - 100) = 0.7\dfrac{\text{kJ}}{\text{kg}} = 700\dfrac{\text{J}}{\text{kg}}$

해답 ③

027

다음의 열기관이 열역학 제1법칙과 제2법칙을 만족하면서 출력일(W)이 최대가 될 때, W의 값으로 옳은 것은? (단, T는 온도, Q는 열량을 나타낸다.)

① 34kJ
② 29kJ
③ 24kJ
④ 19kJ

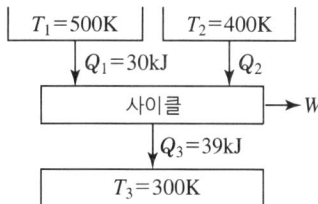

해설
$Q_1 + Q_2 = W + Q_3$
$30 + Q_2 = W + 39$ ·················· (1)

$\dfrac{Q_1}{T_1} + \dfrac{Q_2}{T_2} \leq \dfrac{Q_3}{T_3}$

$\dfrac{30}{500} + \dfrac{Q_2}{400} \leq \dfrac{39}{300}$

$Q_2 = 28\text{kJ}$

(1)식에서 $30 + 28 = W + 39$
$W = 30 + 28 - 39 = 19\text{kJ}$

해답 ④

028

10kg의 증기가 온도 50℃, 압력 38kPa, 체적 7.5m3일 때 총 내부에너지는 6700kJ이다. 이와 같은 상태의 증기가 가지고 있는 엔탈피는 약 몇 kJ인가?

① 8346
② 7782
③ 7304
④ 6985

해설 $H = U + PV = 2700 + (38 \times 7.5) = 6985\text{kJ}$

해답 ④

029

이상기체인 공기 2kg이 300K, 600kPa상태에서 500K, 400kPa 상태로 변화되었다. 이 과정 동안의 엔트로피 변화량은 약 몇 kJ/K인가? (단, 공기의 정적비열과 정압비열은 각각 0.717kJ/(kg·K)과 1.004kJ/(kg·K)로 일정하다.)

① 0.73
② 1.83
③ 1.02
④ 1.26

해설 $m = 2\text{kg}$, $T_1 = 300\text{K}$, $P_1 = 600\text{kPa}$
$T_2 = 500\text{K}$, $P_2 = 400\text{kPa}$

$$\Delta S = mC_p \ln\frac{T_2}{T_1} - mR\ln\frac{P_2}{P_1}$$
$$= mC_p \ln\frac{T_2}{T_1} = m(C_p - C_v)\ln\frac{P_2}{P_1}$$
$$= 2 \times 1.004 \times \ln\frac{500}{300} - 2 \times (1.004 - 0.717) \times \ln\frac{400}{600}$$
$$= 1.258 \frac{\text{kJ}}{\text{K}}$$

해답 ④

030

어느 가역 상태변화를 표시하는 그림과 같은 온도(T)-엔트로피(S) 선도에서 빗금으로 나타낸 부분의 면적은 무엇을 의미하는가?

① 힘
② 열량
③ 압력
④ 비체적

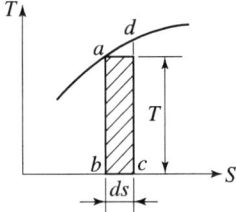

해설 T(온도)-S(엔트로피) 선도의 면적은 열량을 나타내는 선도이다.

해답 ②

031

마찰이 없는 피스톤이 끼워진 실린더가 있다. 이 실린더 내 공기의 초기 압력은 500kPa이며 초기체적은 0.05m³이다. 실린더를 가열하였더니 실린더내 공기가 열손실 없이 체적이 0.1m³으로 증가되었다. 이 과정에서 공기가 행한 일은 몇kJ인가? (단, 압력은 변하지 않았다.)

① 10
② 25
③ 40
④ 100

해설 $_1W_2 = P(V_2 - V_1) = 500(0.1 - 0.05) = 25\text{kJ}$

해답 ②

032 피스톤-실린더로 구성된 용기 안에 300kPa, 100℃상태의 CO_2가 $0.2m^3$들어있다. 이 기체를 "$PV^{1.2}$=일정"인 관계가 만족되도록 피스톤 위에 추를 더해가며 온도가 200℃가 될 때까지 압축하였다. 이 과정 동안 기체가 외부로부터 받은 일을 구하면 약 몇 kJ인가? (단, P는 압력, V는 부피이고, CO_2의 기체상수는 0.189kJ/(kg·K)이며 CO_2는 이상기체처럼 거동한다고 가정한다.)

① 20　　② 60
③ 80　　④ 120

해설 $P_1 = 300\text{kPa}$, $T_1 = 100℃$, $T_2 = 200℃$

$V = 0.2\text{m}^3$, $R = 0.189 \dfrac{\text{kJ}}{\text{kg}\cdot\text{K}}$

$m = \dfrac{P_1 V}{RT_1} = \dfrac{300 \times 0.2}{0.189 \times (100+273)} = 0.8511\text{kg}$

$_1W_2 = m\dfrac{R}{n-1}(T_2 - T_1) = 0.8511 \times \dfrac{0.189}{1.2-1}(200-100) = 80.428\text{kJ}$

해답 ③

033 어느 증기터빈에 0.4kg/s로 증기가 공급되어 260kW의 출력을 낸다. 입구의 증기 엔탈피 및 속도는 각각 3000kJ/kg, 720m/s, 출구의 증기 엔탈피 및 속도는 각각 2500kJ/kg, 120m/s이면, 이 터빈의 열손실은 약 몇 kW가 되는가?

① 15.9　　② 40.8
③ 20.4　　④ 104

해설 $\dot{m}h_1 + \dfrac{1}{2}\dot{m}V_1^2 = \dot{m}h_2 + \dfrac{1}{2}\dot{m}V_2^2 + W_T + Q_L$

$(0.4 \times 3000) \dfrac{\frac{1}{2}\times 0.4 \times 720^2}{1000} = 0.4 \times 2500 + \dfrac{\frac{1}{2}\times 0.4 \times 120^2}{1000} + 260 + Q_L$

$Q_L = 40.8\text{kW}$

해답 ②

034 다음 중 서로 같은 단위를 사용할 수 없는 것은?

① 열량(heat transfer)과 일(work)
② 비내부에너지(specific intrnal energy)와 비엔탈피(specific enthalpy)
③ 비엔탈피(specific enthalpy)와 비엔트로피(specific entropy)
④ 비열(specific heat)과 비엔트로피(specific entropy)

해설 ① 열량[J], 일[J]
② 비내부에너지[J/kg], 비엔탈피[J/kg]
③ 비엔탈피[J/kg], 비엔트로피[J/(kg·K)]
④ 비열[J/(kg·K)], 비엔트로피[J/(kg·K)]

해답 ③

035 온도 100℃의 공기 0.2kg이 압력이 일정한 과정을 거쳐 원래 체적의 2배로 늘어났다. 이대 공기에 전달된 열량은 약 몇 kJ인가? (단, 공기는 이상기체이며 기체상수는 0.287kJ/(kg·K), 정적비열은 0.718kJ/(kg·K)이다.)

① 75.0kJ ② 8.93kJ
③ 21.4kJ ④ 34.7kJ

해설 $\delta q = dh = C_p dT$
$\Delta Q = m C_p (T_2 - T_1) = 0.2 \times 1.005 \times (473 - 100) = 74.973 \text{kJ}$
(정압비열) $C_p = R + C_v = 0.287 + 0.718 = 1.005 \dfrac{\text{kJ}}{\text{kg} \cdot \text{K}}$
$\dfrac{V_1}{T_1} = \dfrac{V_2}{T_2}, \ \dfrac{T_2}{T_1} = \dfrac{V_2}{V_1} = \dfrac{2V_1}{V_1}, \ T_2 = 2T_1 = 2 \times (273 + 100) = 746 \text{K}$
$746K = (476 - 273) = 473℃$

해답 ①

036 4kg의 공기를 압축하는데 300kJ의 일을 소비함과 동시에 100kJ의 열량이 방출되었다. 공기온도가 초기에는 20℃이었을 때 압축 후의 공기온도는 약 몇 ℃인가? (단, 공기는 정적비열이 0.716kJ/(kg·K)으로 일정한 이상기체로 간주한다.)

① 78.4 ② 71.7
③ 93.5 ④ 86.3

해설 $\Delta Q = \Delta U + \Delta W$
$-100 = \Delta U + (-300)$
$\Delta U = 200 \text{kJ}$
$\Delta U = m C_v (T_2 - T_1)$
$200 = 4 \times 0.716 \times (T_2 - 20)$
$T_2 = 89.8℃$

해답 ④

037 온도가 T_1인 고열원으로부터 온도가 T_2인 저열원으로 열전도, 대류, 복사 등에 의해 Q만큼 열전달이 이루어졌을 때 전체 엔트로피 변화량을 나타내는 식은?

① $\dfrac{T_1 - T_2}{Q(T_1 \times T_2)}$ ② $\dfrac{Q(T_1 + T_2)}{T_1 \times T_2}$
③ $\dfrac{Q(T_2 - T_1)}{T_1 \times T_2}$ ④ $\dfrac{T_1 + T_2}{Q(T_1 \times T_2)}$

해설 $\Delta S = \dfrac{Q}{T_1} - \dfrac{Q}{T_2} = \dfrac{QT_2}{T_1 T_2} - \dfrac{QT_1}{T_2 T_1} = \dfrac{Q(T_2 - T_1)}{T_1 T_2}$

해답 ③

038

14.33W의 전등을 매일 7시간 사용하는 집이 있다. 30일 동안 약 몇 kJ의 에너지를 사용하는가?

① 10830　　② 15020　　③ 17420　　④ 22840

해설 $\Delta W = 14.33 \dfrac{J}{s} \times (7 \times 3) \times 3600s = 10833480J = 10833.480kJ$

해답 ①

039

다음 중 이상적인 증기 터빈의 사이클인 랭킨 사이클을 옳게 나타낸 것은?

① 가역단열압축 → 정압가열 → 가역단열팽창 → 정압냉각
② 가역단열압축 → 정적가열 → 가역단열팽창 → 정적냉각
③ 가역등온압축 → 정압가열 → 가역등온팽창 → 정압냉각
④ 가역등온압축 → 정적가열 → 가역등온팽창 → 정적냉각

해설 가역단열압축(펌프) → 정압가열(보일러) → 가역단열팽창(터빈) → 정압냉각(복수기)

해답 ①

040

랭킨 사이클의 열효율 증대 방법에 해당하지 않는 것은?

① 복수기(응축기) 압력 저하
② 보일러 압력 증가
③ 터빈 온도 입구 저하
④ 보일러에서 증기 온도 상승

해설 터빈입구는 고온 고압의 과열증기이므로 터빈입구는 고압이어야 된다.

해답 ③

제3과목　기계유체역학

041

관속에서 유체가 흐를 때 유동이 완전한 난류라면 수두손실은?

① 유체 속도에 비례한다.
② 유체 속도의 제곱에 비례한다.
③ 유체 속도에 반비례한다.
④ 유체 속도의 제곱에 반비례한다.

해설 $H_L = \gamma \times \dfrac{L}{D} \times \dfrac{V^2}{2g}$

해답 ②

042 평판을 지나는 경계층 유동에서 속도 분포가 경계층 바깥에서는 균일 속도, 경계층 내에서는 다음과 같이 주어질 때 경계층 배제두께(displacement thickness) δ^*와 경계층 두께 δ의 관계식으로 옳은 것은? (단, u는 평판으로부터 거리 y에 따른 경계층 내의 속도분포, U는 경계측 밖의 균일 속도이다.)

$$u(g) = U \times \frac{y}{\delta}$$

① $\delta^* = \dfrac{\delta}{4}$ ② $\delta^* = \dfrac{\delta}{3}$

③ $\delta^* = \dfrac{\delta}{2}$ ④ $\delta^* = \dfrac{2\delta}{3}$

해설 $\delta^* = \int_0^\delta \left(1 - \dfrac{u}{U}\right) dy = \int_0^\delta \left(1 - \dfrac{y}{\delta}\right) dy = \left[y - \dfrac{y^2}{2\delta}\right]_0^\delta = \left[\delta - \dfrac{\delta^2}{2\delta}\right] - [0] = \dfrac{\delta}{2}$

해답 ③

043 원관 내부의 흐름이 층류 정상 유동일 때 유체의 전단응력 분포에 대한 설명으로 알맞은 것은?

① 중심축에서 0이고, 반지름 방향 거리에 따라 선형적으로 증가한다.
② 관 벽에서 0이고, 중심축까지 선형적으로 증가한다.
③ 단면에서 중심축을 기준으로 포물선 분포를 가진다.
④ 단면 전체에서 일정하게 나타난다.

해설

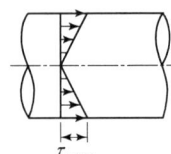

$\tau_{max} = \dfrac{\Delta P D}{4L}$

해답 ①

044 2m/s의 속도로 물이 흐를 때 피토관 수두높이 h는?

① 0.053m
② 0.102m
③ 0.204m
④ 0.412m

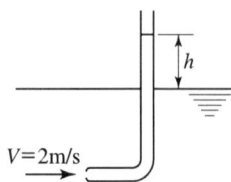

해설 $h = \dfrac{V^2}{2g} = \dfrac{2^2}{2 \times 9.8} = 0.204\mathrm{m}$

해답 ③

045 그림과 같이 매우 큰 두 저수지 사이에 터빈이 설치되어 동력을 발생시키고 있다. 물이 흐르는 유량은 50m³/min이고, 배관의 마찰손실수두는 5m, 터빈의 작동효율이 90%일 때 터빈에서 얻을 수 있는 동력은 약 몇 kW인가?

① 318
② 286
③ 184
④ 204

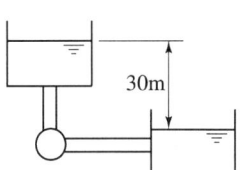

해설
$$\eta_T = \frac{W_T}{\gamma(30-5) \times Q}$$

$W_T = \eta_T \times \gamma(30-5) \times Q = 0.9 \times 9800 \times (30-5) \times \frac{50}{60} = 183750\text{W} = 183.750\text{kW}$

해답 ③

---

046 체적이 1m³인 물체의 무게를 물 속에서 측정하였을 때 4000N이다. 이 물체의 비중은?

① 2.11   ② 1.85
③ 1.62   ④ 1.41

해설
$W' = W - F_B = V_{전체}(\gamma_{물체} - \gamma_{유체})$

$4000 = 1 \times (\gamma_{물체} - 9800)$

$\gamma_{물체} = 13800 \dfrac{\text{N}}{\text{m}^3}$

$S = \dfrac{\gamma_{물체}}{\gamma_w} = \dfrac{13800}{9800} = 1.408$

해답 ④

---

047 어떤 액체 기둥 높이 25cm와 수은 기둥 높이 4cm에 의한 압력이 같다면 이 액체의 비중은 약 얼마인가? (단, 수은의 비중은 13.6이다.)

① 7.35   ② 6.36
③ 4.04   ④ 2.18

해설
$S \times \gamma_w \times 25 = 13.6 \times \gamma_w \times 4$

$S = \dfrac{13.6 \times \gamma_w \times 4}{\gamma \times 25} = 2.176$

해답 ④

048

해수 내에서 잠수함이 2.5m/s로 끌며 움직이고 있는 지름이 280mm인 구형의 음파 탐지기에 작용하는 항력을 풍동실험을 통해 예측하려고 한다. 지름이 140mm인 구형 모형을 사용한 풍동실험에서 Reynolds수를 같게 하여 실험하였을 때, 풍동에서 측정한 항력에 몇 배를 곱해야 해수 내 음파탐지기의 항력을 구할 수 있는가? (단, 바닷물의 평균 밀도는 1025kg/m³, 동점성계수는 1.4×10^{-6} m²/s이며, 공기의 밀도는 1.23kg/m³, 동점성계수는 1.4×10^{-5} m²/s로 한다. 또한, 이 항력연구는 다음 식이 성립한다.)

$$\frac{F}{\rho V^2 D^2} = f(Re)$$

여기서, F: 항력, ρ: 밀도, V: 속도, D: 지름, Re: 레이놀즈 수

① 1.67배 ② 3.33배
③ 6.67배 ④ 8.33배

해설
$V_1 = 2.5 \text{m/s}, \ V_2 = 5 \times 10^{-5} \text{m/s}$
$D_1 = 280 \text{mm}, \ D_2 = 140 \text{mm}$
$\rho_1 = 1025 \text{kg/m}^3, \ \rho_2 = 1.23 \text{kg/m}^3$
$\nu_1 = 1.4 \times 10^{-6} \text{m}^2/\text{s}, \ \nu_2 = 1.4 \times 10^{-5} \text{m}^2/\text{s}$

$$\frac{V_1 D_1}{\nu_1} = \frac{V_2 D_2}{\nu_2}$$

$$\frac{2.5 \times 280}{1.4 \times 10^{-6}} = \frac{V_2 \times 140}{1.4 \times 10^{-5}}, \ V_2 = 50 \text{m/s}$$

$F_1 = R_e \times \rho V^2 D^2$

$$\frac{F_2}{F_1} = \frac{R_e \rho_2 V_2^2 D_2^2}{R_e \rho_1 V_1^2 D_1^2} = \frac{1.23 \times 50^2 \times 140^2}{1025 \times 2.5}$$

해답 ④

049

실온에서 엔진오일은 절대점성계수 0.12kg/(m·s), 밀도 800kg/m³이고, 공기는 절대점성계수 1.8×10^{-5} kg/(m·s), 밀도 1.2kg/m³이다. 엔진오일의 동점성계수는 공기의 동점성계수의 약 몇 배인가?

① 5 ② 10
③ 15 ④ 20

해설
$$\nu_{oil} = \frac{\mu_{oil}}{\rho_{oil}} = \frac{0.12}{800} = 1.5 \times 10^{-4} \frac{\text{m}^2}{\text{s}}$$

$$\nu_{air} = \frac{\mu_{air}}{\rho_{air}} = \frac{1.8 \times 10^{-5}}{1.2} = 1.5 \times 10^{-5} \frac{\text{m}^2}{\text{s}}$$

$$\frac{\nu_{oil}}{\nu_{air}} = \frac{1.5 \times 10^{-4}}{1.5 \times 10^{-5}} = 10$$

해답 ②

050

Buckingham의 파이(pi)정리를 바르게 설명한 것은? (단, k는 변수의 개수, r은 변수를 표현하는데 필요한 최소한의 기준차원의 개수이다.)

① $(k-r)$개의 독립적인 무차원수의 관계식으로 만들 수 있다.
② $(k+r)$개의 독립적인 무차원수의 관계식으로 만들 수 있다.
③ $(k-r+1)$개의 독립적인 무차원수의 관계식으로 만들 수 있다.
④ $(k+r+1)$개의 독립적인 무차원수의 관계식으로 만들 수 있다.

해설 (독립무차원의 개수) $n = k - r$
여기서, k : 변수의 개수
r : 변수를 표현하는데 필요한 최소한의 기준차원의 개수

해답 ①

051

그림과 같이 단면적 A_1은 0.4m², 단면적 A_2는 0.1m²인 동일 평면상의 관로에서 물의 유량이 1000L/s일 때 관을 고정시키는 데 필요한 x방향의 힘 F_x의 크기는 약 몇 N인가? (단, 단면 1과 2의 높이차는 1.5m이고, 단면 2에서 물은 대기로 방출되며, 곡관의 자체 중량, 곡관 내부 물의 중량 및 곡관에서의 마찰손실은 무시한다.)

① 10159
② 15358
③ 20370
④ 24018

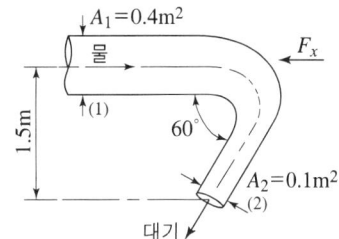

해설 $Q = A_1 V_1 = A_2 V_2$에서 $Q = 1\,\text{m}^3/\text{s}$
$V_1 = 2.5\,\text{m/s}$, $V_2 = 10\,\text{m/s}$, $P_2 = 0$, $Z_2 = 0$

$$\frac{P_1}{\gamma} + \frac{V_1^2}{2g} + Z_1 = \frac{P_2}{\gamma} + \frac{V_2^2}{2g} + Z_2$$

$$\frac{P_1}{\gamma} + \frac{V_1^2}{2g} + 1.5 = \frac{V_2^2}{2g}$$에서

1지점의 압력 $P_1 = \left(\dfrac{V_2^2 - V_1^2}{2g} - Z_1\right) \times \gamma = \left(\dfrac{10^2 - 2.5^2}{2 \times 9.8} - 1.5\right) \times 9800$
$= 32175\,\text{Pa}$

1지점의 압력 $P_1 = 32175\,\text{Pa}$

x**지점의 반력** $F_x = P_1 A_1 + \rho Q V_1 - \rho Q V_2 \cos 120$
$= (32175 \times 0.4) + (1000 \times 1 \times 2.5) - (1000 \times 1 \times 10 \times \cos 120)$
$= 20370\,\text{N}$

해답 ③

052 다음 중 점성계수를 측정하는 데 적합한 것은?

① 피토관(pitot tube) ② 슈리렌법(schlieren method)
③ 벤투리미터(venturi meter) ④ 세이볼트법(saybolt method)

해설
① 피토관 : 유속측정, 동압측정
② 슈리렌법 : 투명한 매질속에 굴절률이 조금 다른이 있는 것을 이용하여 빛의 진행 방향의 변화를 육안이나 사진촬영으로 볼 수 있는 광학적 방법
③ 벤투리미터 : 유량을 측정
④ 세이볼트법 : 수평원관의 층류유동(하겐-포아젤방정식)을 이용한 점성측정

해답 ④

053 다음 중 밀도가 가장 큰 액체는?

① $1g/cm^3$ ② 비중 1.5
③ $1200kg/m^3$ ④ 비중량 $8000N/m^3$

해설
① $S=1$ ② $S=1.5$
③ $S=\dfrac{1200}{1000}=1.2$ ④ $S=\dfrac{8000}{9800}=0.816$

비중이 큰 것이 밀도가 크다.

해답 ②

054 점성을 지닌 액체가 지름 4mm의 수평으로 놓인 원통형 튜브를 $12\times10^{-6}m^3/s$의 유량으로 흐르고 있다. 길이 1m에서의 압력손실은 약 몇 kPa인가? (단, 튜브의 입구로부터 충분히 멀리 떨어져 있어서 유체는 축방향으로만 흐르며 유체의 밀도는 $1180kg/m^3$, 점성계수는 $0.0045N\cdot s/m^2$이다.)

① 7.59 ② 8.59
③ 9.59 ④ 10.59

해설
$$\Delta P = \gamma H_L = \gamma \times f \times \frac{L}{D} \times \frac{V^2}{2g} = \rho \times f \times \frac{L}{D} \times \frac{V^2}{2}$$

$$= 1180 \times 0.06399 \times \frac{1}{0.004} \times \frac{0.954^2}{2} = 8.578 kPa$$

$$Re = \frac{\rho VD}{\mu} = \frac{1180 \times 0.954 \times 0.004}{0.0045} = 1000.64 (층류)$$

$$Q=AV, \quad V = \frac{Q}{A} = \frac{12 \times 10^{-6}}{\dfrac{\pi}{4} \times 0.004^2} = 0.954 \frac{m}{s}$$

$$f = \frac{64}{Re} = \frac{64}{1000.64} = 0.0639$$

해답 ②

055

그림과 같은 원통 주위의 포텐셜 유동이 있다. 원통 표면상에서 상류 유속(V)과 동일한 크기의 유속이 나타나는 위치(θ)는?

① 90°
② 30°
③ 45°
④ 60°

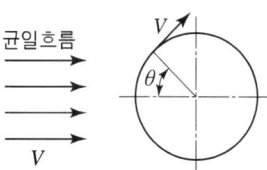

해설 (원통표면의 유속) $V_\theta = 2V\sin\theta$

$\sin\theta = \dfrac{V_\theta}{2V} = \dfrac{1}{2}$

$\theta = 30°$

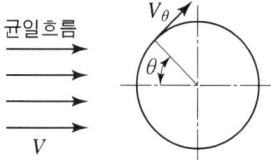

해답 ②

056

지름 0.1mm, 비중 2.3인 작은 모래알이 호수 바닥으로 가라앉을 때, 잔잔한 물 속에서 가라앉는 속도는 약 몇 mm/s인가?
(단, 물의 점성계수는 $1.12 \times 10^{-3} \text{N} \cdot \text{s/m}^2$이다.)

① 6.32
② 4.96
③ 3.17
④ 2.24

해설 $W_\text{구} = D + F_B$

$W_\text{구} - F_B = D$

$V_\text{구}(\gamma_\text{구} - \gamma_\text{유}) = 6R\mu V\pi$

$\dfrac{4\pi}{3}R^3(\gamma_\text{구} - \gamma_\text{유}) = 6R\mu V\pi$

$V = \dfrac{\dfrac{4\pi R^3}{3}(\gamma_\text{구} - \gamma_\text{유})}{6R\mu\pi} = \dfrac{\dfrac{4\pi}{3} \times 0.00005^3 \times (2.3 \times 9800 - 9800)}{6 \times 0.00005 \times 1.12 \times 10^{-3} \times \pi} = 6.319 \dfrac{\text{m}}{\text{s}}$

해답 ①

057

어떤 액체의 밀도는 890kg/m³, 체적 탄성계수는 2200MPa이다. 이 액체 속에서 전파되는 소리의 속도는 약 몇 m/s인가?

① 1572
② 1483
③ 981
④ 345

해설 $a = \sqrt{\dfrac{k}{\rho}} = \sqrt{\dfrac{2200 \times 10^6}{890}} = 1572.23 \dfrac{\text{m}}{\text{s}}$

해답 ①

058 다음 중 옳은 설명을 모두 고른 것은?

㉮ 정상(steady) 유동일 때 유맥선(streak line), 유적선(path line), 유선(stream line)은 동일하다.
㉯ 공간상의 한 공통점을 지나온 모든 유체들로 이루어진 선을 유적선이라 한다.
㉰ 유선을 유체 속도장과 접하는 선을 말한다.

① ㉮, ㉯ ② ㉮, ㉰
③ ㉯, ㉰ ④ ㉮, ㉯, ㉰

해설 **유적선** : 한 유체입자가 일정한 시간동안 움직인 경로

해답 ②

059 그림과 같이 폭 2m, 높이가 3m인 평판이 물 속에 수직으로 잠겨있다. 이 평판의 한쪽 면에 작용하는 전체 압력에 의한 힘은 약 몇 kN인가?

① 88
② 175
③ 233
④ 265

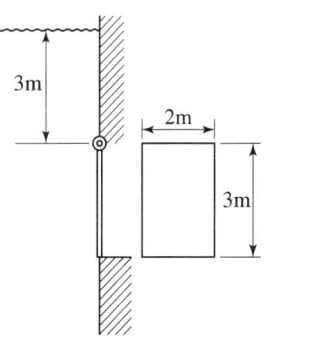

해설 $F_p = \gamma \overline{H} A = 9800 \times (3+1.5) \times (2 \times 3) = 264600\text{N} = 264.6\text{kN}$

해답 ④

060 2차원 (r, θ) 평면에서 연속방정식은 다음과 같이 주어진다. 비압축성 유동이고 반지름 방향의 속도 V_r은 반지름방향의 거리 r만의 함수이며, 접선방향의 속도 $V_\theta = 0$일 때, V_r은 어떤 함수가 되는가?

$$\frac{\partial \rho}{\partial t} + \frac{1}{r}\frac{\partial(r\rho V_r)}{\partial r} + \frac{1}{r}\frac{\partial(\rho V_\theta)}{\partial \theta} = 0$$
(단, t는 시간, ρ는 밀도이다.)

① r에 비례하는 함수 ② r^2에 비례하는 함수
③ r에 반비례하는 함수 ④ r^2에 반비례하는 함수

해설 비압축성, 평면 2차원 유동에 대한 연속방정식(원통좌표계)

$$\frac{1}{r}\frac{\partial(rV_r)}{\partial r} + \frac{1}{r}\frac{\partial(V_\theta)}{\partial \theta} = 0$$

비압축성으로 밀도의 시간에 대한 r방향에 대해, θ방향에 대한 편미분은 0이 되고 2차원 유동으로 한정시킴으로써 z항은 고려하지 않는다. 따라서 위의 식이 나온다.
여기서, 유동함수를 정의할 수 있고 비압축성, 2차원 유동의 연속방정식을 만족한다.
유동함수 : $\varphi(r, \theta)$

$$V_r = \frac{1}{r}\frac{\partial \varphi}{\partial \theta},\ V_\theta = -\frac{\partial \varphi}{\partial r}$$

해답 ③

제4과목 기계재료 및 유압기기

061 일정한 높이에서 낙하시킨 추(해머)의 반발한 높이로 경도를 측정하는 시험법은?

① 브리넬 경도시험
② 로크웰 경도시험
③ 비커스 경도시험
④ 쇼어 경도시험

해설
① 브리넬 경도시험 : 직경 10 mm나 5 mm의 강구를 500kgf~3000kgf 하중을 가해 표면의 압입자국으로 경도측정
② 로크웰 경도시험 : B스케일은 1.588mm인 작은 구를 표면에 압입시킨다. C스케일은 120도 각도를 가진 다이아몬드 압입자사용
③ 비커스 경도시험 : 136도 4각 뿔인 다이아몬드 압입자 사용
④ 쇼어 경도시험 : 일정한 높이에서 낙하시킨 추(해머)의 반발한 높이로 경도

해답 ④

062 알루미늄, 마그네슘 및 그 합금의 질별 기호 중 가공 경화한 것을 나타내는 기호로 옳은 것은?

① O
② H
③ W
④ F

해설

질별 기호	정의
F	제조한 그대로의 것
O	어닐링한 것
H(2)	가공 경화한 것
W	용체화 처리한 것
T	열처리에 따라 F, O, H 이외의 안정된 질별로 한 것
T2	고온 가공에 의해 냉각 후, 냉간 가공하여 더욱 자연 시효시킨 것
T3	용체화 처리(담금질) 후, 냉간 가공하여, 더욱 자연 시효시킨 것
T4	용체화 처리 후, 자연 시효시킨 것
T5	고온 가공에 의해 냉각 후, 인공시효 처리한 것
T6	용체화 처리 후, 인공 시효 처리한 것
T7	용체화 처리 후, 안정화 처리를 한 것
T8	용체화 처리 후, 냉간 가공하여 다시 인공 시효 처리한 것
T9	용체화 처리 후, 인공 시효 처리하여 다시 냉간 가공한 것

해답 ②

063 침탄, 질화와 같이 Fe 중에 탄소 또는 질소의 원자를 침입시켜 한쪽으로만 확산하는 것은?

① 자기확산
② 상호확산
③ 단일확산
④ 격자확산

해설 ① 상호확산(=불순물확산)
금속원자가 소로의 금속으로 확산되는 현상을 상호확산이라고 한다.

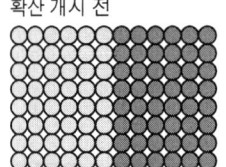 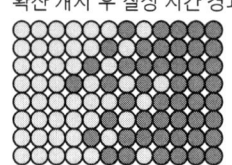
확산 개시 전   확산 개시 후 질정 시간 경과

② 자기확산
단일원소로 이루어진 순수 고체 내에서도 원자들은 이동한다. 다만 이런 경우 모든 원자들이 동일하므로 확인이 어렵다.

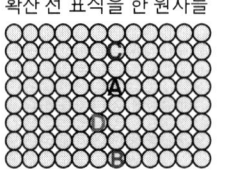 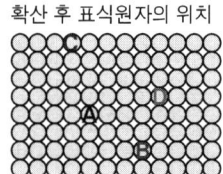
확산 전 표식을 한 원자들   확산 후 표식원자의 위치

※ 확산기구(Mechanisms)
① 공공확산(Vacancy Diffusion)
원자와 공공이 서로 자리를 바꾸면서 확산이 일어난다.

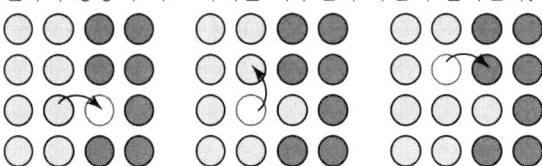

② 침입형확산(Interstitial Diffusion)
원자들 사이사이의 틈새자리로 작은 크기의 원자가 침입하면서 확산이 일어난다.

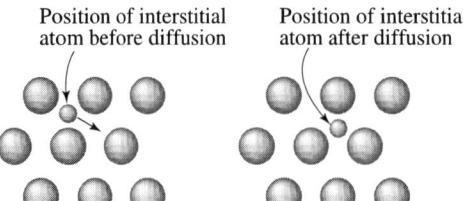

해답 ③

064 다이캐스팅용 Al합금에 Si원소를 첨가하는 이유가 아닌 것은?
① 유동성이 증가한다. ② 열간취성이 감소한다.
③ 용탕보급성이 양호해진다. ④ 금형에 점착성이 증가한다.

해설 Al합금에 Si원소를 첨가하는 이유
① 합금원소로 존재할때 다량의 Si 함량은 주조성을 좋게 하고, 소량일 경우(6xxx계) 에서와 같이 강도(Mg과 화합하여 Mg_2Si를 형성)를 높이는 역할을 한다.
② 보통 Si량이 증가함에 따라 용탕의 유동성이 좋아지고, 강도가 증가하게 되는데 공정점(12.6%)에서 최대로 된다. 이 이상에서는 판상의 초정Si의 석출로 강도가 급격히 떨어지게 된다.

해답 ④

065 주철에 대한 설명으로 틀린 것은?
① 흑연이 많을 경우에는 그 파단면이 회색을 띤다.
② 600℃ 이상의 온도에서 가열 및 냉각을 반복하면 부피가 감소하여 파열을 저지한다.
③ 주철 중에 전 탄소량은 흑연과 화합 탄소를 합한 것이다.
④ C와 Si의 함량에 따른 주철의 조직관계를 나타낸 것을 마우러 조직도라 한다.

해설 주철은 600℃ 이상의 온도에서 가열 및 냉각을 반복하면 부피가 증가하는 것을 주철의 성장이라고 한다.

해답 ②

066 결정성 플라스틱 및 비결정성 플라스틱을 비교 설명한 것 중 틀린 것은?
① 비결정성에 비해 결정성 플라스틱은 많은 열량이 필요하다.
② 비결정성에 비해 결정성 플라스틱은 금형 냉각 시간이 길다.
③ 결정성 플라스틱에 비해 비결정성 플라스틱은 치수 정밀도가 높다.
④ 결정성 플라스틱에 비해 비결정성 플라스틱은 특별한 용융온도나 고화 온도를 갖는다.

해설 비결정성 플라스틱은 규직적인 결정조직이 없기 때문에 특별한 용융온도나 고화 온도를 갖지 않는다.

해답 ④

067 다음 중 자기변태점이 가장 높은 것은?
① Fe ② Co
③ Ni ④ Fe_3C

해설 ① Fe의 자기 변태점 : 768℃ ② Co의 자기 변태점 : 1160℃
③ Ni의 자기 변태점 : 358℃ ④ Fe_3C의 자기 변태점 : 210℃

해답 ②

068 황(S)을 많이 함유한 탄소강에서 950℃ 전후의 고온에서 발생하는 취성은?

① 저온 취성
② 불림 취성
③ 적열 취성
④ 뜨임 취성

해설 적열 취성 : 황(S)을 많이 함유한 탄소강에서 950℃ 전후의 고온에서 발생하는 취성

해답 ③

069 서브제로(sub-zero)처리를 하는 주요 목적으로 옳은 것은?

① 잔류 오스테나이트 조직을 유지하기 위해
② 잔류 오스테나이트를 레데뷰라이트화 하기 위해
③ 잔류 오스테나이트를 베이나이트화 하기 위해
④ 잔류 오스테나이트를 마텐자이트화 하기 위해

해설 서브제로처리(=심랭처리=영하처리) : 오스테나이트를 염욕에서 M_f 점 이하로 하여 잔류 오스테나이트를 제거하는 방법

해답 ④

070 금속의 응고에 대한 설명으로 틀린 것은?

① Fe의 결정성장방향은 [0001]이다.
② 응고 과정에서 고상과 액상간의 경계가 형성된다.
③ 응고 과정에서 운동에너지가 열의 형태로 방출되는 것을 응고 잠열이라 한다.
④ 액체 금속이 응고할 때 용융점보다 낮은 온도에서 응고되는 것을 과냉각이라 한다.

해설 Fe의 결정성장방향은 체심입방격자와 면심입방격자일 때의 결정성장방향이 다르다.

해답 ①

071 유압장치에서 펌프의 무부하 운전 시 특징으로 적절하지 않은 것은?

① 펌프의 수명 연장
② 유온 상승 방지
③ 유압유 노화 촉진
④ 유압장치의 가열 방지

해설 펌프를 무부하 운전하면 유압유의 노화가 늦어진다.

해답 ③

072

1개의 유압 실린더에서 전진 및 후진 단에 각각의 리밋 스위치를 부착하는 이유로 가장 적합한 것은?

① 실린더의 위치를 검출하여 제어에 사용하기 위하여
② 실린더 내의 온도를 제어하기 위하여
③ 실린더의 속도를 제어하기 위하여
④ 실린더 내의 압력을 계측하고 제어하기 위하여

해설 실린더의 전진 위치와 후진 위치를 검출하여 제어에 사용하기 위해서 리밋 스위치를 설치한다.

해답 ①

073

아래 기호의 명칭은?

① 체크 밸브
② 무부하 밸브
③ 스톱 밸브
④ 급속배기 밸브

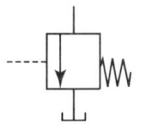

해설

체크 밸브	무부하 밸브	스톱 밸브	급속배기 밸브

해답 ②

074

오일 탱크의 필요조건으로 적절하지 않은 것은?

① 오일 탱크의 바닥면은 바닥에 밀착시켜 간격이 없도록 해야 한다.
② 오일 탱크에는 스트레이너의 삽입이나 분리를 용이하게 할 수 있는 출입구를 만든다.
③ 공기빼기 구멍에는 공기청정을 하여 먼지의 혼입을 방지한다.
④ 먼지, 절삭분 등의 이물질이 혼입되지 않도록 주유구에는 여과망, 캡을 부착한다.

해설 오일 탱크의 바닥면은 바닥에 밀착시키면 부식이 발생될 수 있다.
오일 탱크는 바닥면과 일정 간격을 띄워 설치하여야 된다.

해답 ①

075

속도 제어 회로가 아닌 것은?

① 미터 인 회로
② 미터 아웃 회로
③ 블리드 오프 회로
④ 로크(로킹) 회로

해설

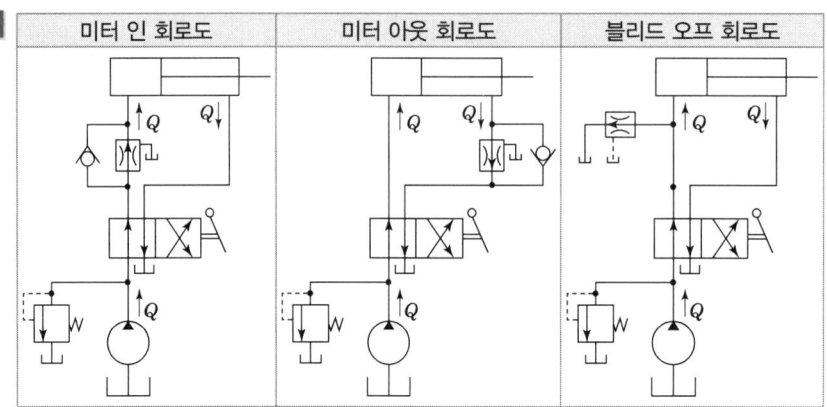

해답 ④

076

아래 회로처럼 A, B 두 실린더가 순차적으로 작동하는 회로는?

① 언로더 회로
② 디컴프레션 회로
③ 시퀀스 회로
④ 카운터 밸런스 회로

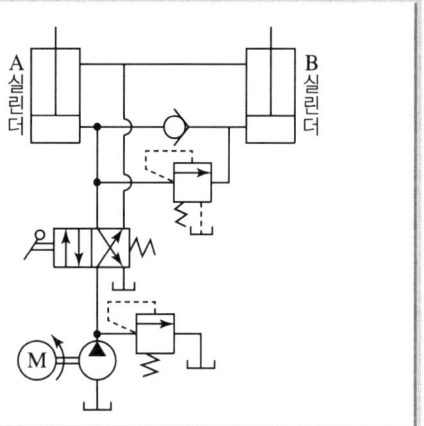

해설 A실린더의 동작이 완료되면 B실린더를 동작시키는 순차제어 방식으로 시퀀스 회로이다.

해답 ③

077

유압 작동유의 구비조건으로 적절하지 않은 것은?

① 비중과 열팽창계수가 적어야 한다.
② 열을 방출시킬 수 있어야 한다.
③ 점도지수가 높아야 한다.
④ 압축성이어야 한다.

해설 작동유는 비압축성이어야 한다. 즉 체적 탄성이 큰 작동유를 사용해야 된다.

해답 ④

078
유압 작동유에 1760N/cm²의 압력을 가했더니 체적이 0.19% 감소되었다. 이때 압축률은 얼마인가?

① $1.08 \times 10^{-5} \text{cm}^2/\text{N}$
② $1.08 \times 10^{-6} \text{cm}^2/\text{N}$
③ $1.08 \times 10^{-7} \text{cm}^2/\text{N}$
④ $1.08 \times 10^{-8} \text{cm}^2/\text{N}$

해설 $k = \dfrac{\Delta P}{\dfrac{\Delta V}{V}} = \dfrac{1}{\beta}$

$\beta = \dfrac{\dfrac{\Delta V}{V}}{\Delta P} = \dfrac{\dfrac{0.19}{100}}{1760} = 1.079 \times 10^{-6} \dfrac{\text{cm}^2}{\text{N}} \fallingdotseq 1.08 \times 10^{-6} \dfrac{\text{cm}^2}{\text{N}}$

해답 ②

079
유량 제어 밸브의 종류가 아닌 것은?

① 분류 밸브
② 디셀러레이션 밸브
③ 언로드 밸브
④ 스로틀 밸브

해설 언로드 밸브는 압력제어 밸브이다.

해답 ③

080
어큐뮬레이터는 고압 용기이므로 장착과 취급에 각별한 주의가 요망되는데 이와 관련된 설명으로 적절하지 않은 것은?

① 점검 및 보수가 편리한 장소에 설치한다.
② 어큐뮬레이터에 용접, 가공, 구멍뚫기 등을 통해 설치에 유연성을 부여한다.
③ 충격 완충용으로 사용할 경우는 가급적 충격이 발생하는 곳으로부터 가까운 곳에 설치한다.
④ 펌프와 어큐뮬레이터와의 사이에는 체크 밸브를 설치하여 유압유가 펌프 쪽으로 역류하는 것을 방지한다.

해설 ② 어큐뮬레이터는 큰 압력을 흡수 해야 됨으로 이음매가 없는 용기로 제작 되어야 된다.

해답 ②

제5과목 기계제작법 및 기계동력학

081 지름 1m의 플라이휠(flywheel)이 등속 회전운동을 하고 있다. 플라이휠 외측의 접선속도가 4m/s일 때, 회전수는 약 몇 rpm인가?

① 76.4 ② 86.4
③ 96.4 ④ 106.4

해설
$V = w \times r$
$V = \dfrac{2\pi N}{60} \times r$
$N = \dfrac{V \times 60}{2\pi \times r} = \dfrac{4 \times 60}{2\pi \times 0.5} = 76.39 \text{rpm} = 76.4 \text{rpm}$

해답 ①

082 자동차가 경사진 30도 비탈길에 주차되어 있다. 미끄러지지 않기 위해서는 노면과 바퀴와의 마찰계수 값이 약 얼마 이상이어야 하는가?

① 0.122 ② 0.366
③ 0.500 ④ 0578

해설
$\tan\rho = \mu$
$\tan 30 = \mu$
$\mu = 0.577$

해답 ④

083 일정한 반경 r인 원을 따라 균일한 각속도 ω로 회전하고 있는 질점의 가속도에 대한 설명으로 옳은 것은?

① 가속도는 0이다.
② 가속도는 법선 방향(radial direction)의 값만 갖는다.(접선 방향은 0이다.)
③ 가속도는 접선 방향(transverse direction)의 값만 갖는다.(법선 방향은 0이다.)
④ 가속도는 법선 방향과 접선 방향 값을 모두 갖는다.

해설
$\sigma = \sigma_n + \sigma_t = \omega^2 r + \alpha r$
$\sigma = \sigma_n = \omega^2 r$ (법선가속도)
(접선각 가속도) $\alpha = \dfrac{d\omega}{dt}$, $\omega =$ 일정, $\alpha = 0$

해답 ②

084

다음 표는 마찰이 없는 빗면을 따라 내려오는 물체의 속력에 따른 운동에너지와 위치에너지를 나타낸 것이다. 속력이 $\frac{3}{2}v$일 때의 위치에너지(A)는? (단, 에너지 보존 법칙을 만족한다.)

구분	위치에너지	운동에너지
v	1500J	
$\frac{3}{2}v$	A	
$2v$		1600J

① 1400J
② 1000J
③ 800J
④ 600J

해설 V일 때 (전체 에너지) $U = 1500 + E_v$ ······(1)

$U = A + \frac{9}{4}E_v$ ······(2)

$U = B + 1600$ ······(3)

$E_v = \frac{1}{2}mV^2 = 400\text{J}$

$1600\text{J} = \frac{1}{2}m(2V)^2$

$1600 = 4 \times \frac{1}{2}mV^2, \quad \frac{1}{2}mV^2 = 400\text{J}$

$1500 + 400 = A + \frac{9}{4} \times 400$

$1500 + 400 = A + 900$

$A = 1500 + 400 - 900 = 1000\text{J}$

해답 ②

085

그림과 같이 두 개의 질량이 스프링에 연결되어 있을 때, 이 시스템의 고유진동수에 해당하는 것은?

① km
② $\sqrt{\dfrac{2k}{m}}$
③ $3km$
④ $2km$

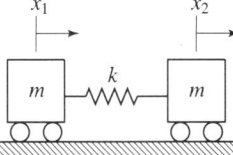

해설 $\omega_n = \sqrt{\dfrac{(m_1+m_2)k}{m_1 \times m_2}} = \sqrt{\dfrac{2mk}{m^2}} = \sqrt{\dfrac{2k}{m}}$

해답 ②

086

다음 그림과 같이 일부가 천공된 불균형 바퀴가 미끄러짐 없이 굴러가고 있을 때, 각 경우 중 운동에너지의 크기에 대한 설명으로 옳은 것은? (단, 3가지 모두 각속도 ω는 동일하다.)

① (a) 경우가 가장 크다.
② (b) 경우가 가장 크다.
③ (c) 경우가 가장 크다.
④ (a), (b), (c) 모두 같다.

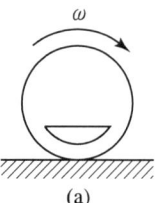
(a)
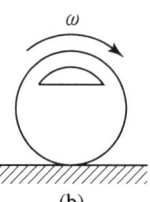
(b)
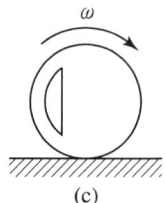
(c)

해설

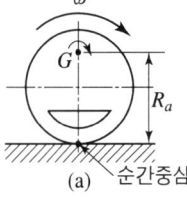
(a) 순간중심

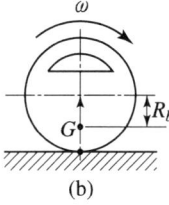
(b)

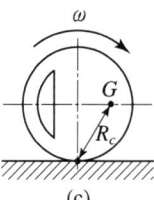
(c)

$V_a = \omega \times R_a$ $V_b = \omega \times R_b$ $V_c = \omega \times R_c$
$R_a > R_b > R_c$
$V_a > V_c > V_b$

해답 ①

087

다음 그림과 같은 1자유도 진동계에서 W가 50N, k가 0.32N/cm이고, 감쇠비가 $\xi = 0.4$ 일 때 이 진동계의 점성감쇠 계수 c는 약 몇 N·s/m인가?

① 5.48
② 54.8
③ 10.22
④ 102.2

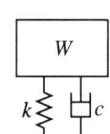

해설
$\xi = 0.4$

$m = \dfrac{W}{g} = \dfrac{50N}{9.8\dfrac{m}{s^2}} = 5.1 \text{kg}$

$k = 0.32 \dfrac{N}{cm} = 32 \dfrac{N}{m}$

$\xi = \dfrac{c}{c_c}$

$c = \xi \times c_c = \xi \times 2\sqrt{mk} = 0.4 \times 2\sqrt{5.1 \times 32} = 10.219 \dfrac{N \cdot s}{m}$

해답 ③

088 다음 그림과 같이 스프링상수는 400N/m, 질량은 100kg인 1자유도계 시스템이 있다. 초기 변위는 0이고 스프링 변형량도 없는 상태에서 x방향으로 3m/s의 속도로 움직이기 시작한다고 가정할 때 이 질량체의 속도 v를 위치 x에 관한 함수로 나타낸 것은?

① $\pm(3-4x^2)$
② $\pm(3-9x^2)$
③ $\pm\sqrt{9-4x^2}$
④ $\pm\sqrt{9-9x^2}$

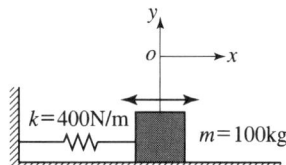

해설
$k = 400$N/m
$m = 100$kg
$V_o = 3$m/s
운동에너지 = 탄성에너지
$\frac{1}{2}m(V_o^2 - V_x^2) = \frac{1}{2}kx^2$
$\frac{1}{2} \times 100 \times (3^2 - V_x^2) = \frac{1}{2} \times 400 \times x^2$
$V_x = 3^2 - 4x^2$
$V_x = \pm\sqrt{9-4x^2}$

해답 ③

089 조화 진동의 변위 x와 시간 t의 관계를 나타낸 식 $x = a\sin(\omega t + \phi)$에서 ϕ가 의미하는 것은?

① 진폭
② 주기
③ 초기위상
④ 각진동수

해설
a : 최대변위 ω : 각속도
t : 시간 ϕ : 초기위상

해답 ③

090 속도가 각각 v_1, v_2($v_1 > v_2$)이고, 질량이 모두 m인 두 물체가 동일한 방향으로 운동하여 충돌 후 하나로 되었을 때의 속도(v)는?

① $v_1 - v_2$
② $v_1 + v_2$
③ $\dfrac{v_1 - v_2}{2}$
④ $\dfrac{v_1 + v_2}{2}$

해설
$m_1v_1 + m_2v_2 = (m_1 + m_2)v$
$v = \dfrac{m_1v_1 + m_2v_2}{m_1 + m_2} = \dfrac{m(v_1+v_2)}{2m} = \dfrac{(v_1+v_2)}{2}$

해답 ④

091 방전가공의 특징으로 틀린 것은?

① 전극이 필요하다.
② 가공 부분에 변질 층이 남는다.
③ 전극 및 가공물에 큰 힘이 가해진다.
④ 통전되는 가공물은 경도와 관계없이 가공이 가능하다.

해설 방전가공은 전극은 전기적인 스파크가 발생됨으로 가공물에 큰 힘이 가해지지는 않는다.

해답 ③

092 드로잉률에 대한 설명으로 옳은 것은?

① 드로잉률이 작을수록 제품의 깊이가 깊은 것이므로 드로이에 필요한 힘도 증가하게 된다.
② 드로잉률이 클수록 제품의 깊이가 깊은 것이므로 드로이에 필요한 힘도 증가하게 된다.
③ 드로잉률이 작을수록 제품의 깊이가 낮은 것이므로 드로이에 필요한 힘도 증가하게 된다.
④ 드로잉률이 클수록 제품의 깊이가 낮은 것이므로 드로이에 필요한 힘도 증가하게 된다.

해설 드로잉률

$$\epsilon = \frac{\text{가공 후의 지름}}{\text{가공 전의 지름}}$$

드로잉률이 작다는 것은 가공 후의 지름이 작은 것으로 소성변형량이 많다는 것을 의미하므로 드로잉하는데 많은 힘이 필요하다는 것을 의미한다.

해답 ①

093 스폿용접과 같은 원리로 접합할 모재의 한쪽 판에 돌기를 만들어 고정전극 위에 겹쳐 놓고 가동전극으로 통전과 동시에 가압하여 저항열로 가열된 돌기를 접합시키는 용접법은?

① 플래시 버트 용접　　② 프로젝션 용접
③ 업셋 용접　　　　　④ 단접

해설 겹치기 저항 용접
① 점 용접(spot welding) : 두 전극간에 2장의 판을 끼우고 가압하면서 통전하면 저항열로 용융 상태에 달하게 될 때 가압하여 접합하는 방법으로 6mm이하의 판재를 접합할 때 적당하며, 0.4~3.2mm의 판재가 가장 능률적이다. 자동차, 항공기에 널리 사용된다.
② 시임 용접(seam welding) : 점 용접의 전극 대신 롤러 형상의 전극을 사용하여 용접 전류를 공급하면서 전극을 회전시켜 용접하는 방법으로 접합부의 내밀성을 필요

로 할 때 이용하며 얇은 판재에 연속적으로 전류를 통하여도 좋은 결과를 얻을 수 있다. 또한 가열 범위가 좁으므로 변형이 적고 박판과 후판의 용접이 가능하며 산화작용이 적은 특징이 있다.

③ 프로젝션 용접(projection welding process) : 점 용접의 변형으로 용융부에 돌기를 만들어 전류를 집중시켜 가압하여 용접하는 방법으로 판재의 두께가 다른 것도 용접이 가능하며, 열전도율이 다른 금속의 용접 또한 가능하다. 전류와 압력이 각 점에 균일하므로 용접의 신뢰도가 높으며, 작업 속도가 빠르다.

해답 ②

094

밀링에서 브라운 샤프형 분할판으로 지름피치 12, 잇수가 76개인 스퍼기어를 절삭할 때 사용하는 분할판의 구멍열은?

① 16구멍   ② 17구멍
③ 18구멍   ④ 19구멍

해설 $n = \dfrac{40}{N} = \dfrac{40}{76} = \dfrac{10}{19}$

해답 ④

095

전해연마의 일반적인 특징에 대한 설명으로 옳은 것은?

① 가공면에는 방향성이 있다.
② 내마멸성, 내부식성이 저하된다.
③ 연마량이 적으므로 깊은 홈이 제거되지 않는다.
④ 복잡한 형상의 공작물, 선 등의 연마가 불가능하다.

해설 전해연마의 일반적인 특징
① 전해연마는 전기도금와 반대인 가공으로 가공면에는 방향이 없다.
② 내마멸성과 내부식성이 증가된다.
③ 복잡한 형상의 공작물, 선 등의 연마가 가능하다.
④ 연마량이 적으므로 깊은 홈이 제거되지 않는 단점이 있다.

해답 ③

096

일반적으로 저탄소강을 초경합금으로 선반가공 할 때, 힘의 크기가 가장 큰 것은?

① 이송분력   ② 배분력
③ 주분력   ④ 부분력

해설 주분력 > 배분력 > 이송분력

해답 ③

097 가공의 영향으로 생긴 스트레인이나 내부 응력을 제거하고 미세한 표준조직으로 기계적 성질을 향상시키는 열처리법은?

① 소프트닝   ② 보로나이징
③ 하드 페이싱   ④ 노멀라이징

해설 불림(normalzing, 노멀라이징) : 가공의 영향으로 생긴 스트레인이나 내부 응력을 제거하고 미세한 표준조직으로 기계적 성질을 향상시키는 열처리법

해답 ④

098 롤러 중심거리 200mm인 사인바로 게이지 블록 42mm를 사용하여 피측정물의 경사면이 정반과 평행을 이루었을 때, 피측정물 구배값은 약 몇 도(°)인가?

① 30   ② 25
③ 21   ④ 12

해설
$$\sin\theta = \frac{H}{L}$$
$$\theta = \sin^{-1}\frac{H}{L} = \sin^{-1}\frac{42}{200} = 12.122°$$

해답 ④

099 Al합금 등과 같은 용융 금속을 고속, 고압으로 금속주형에 주입하여 정밀 제품을 다량 생산하는 특수주조 방법은?

① 다이 캐스팅법   ② 인베스트먼트 주조법
③ 칠드 주조법   ④ 원심 주조법

해설 다이캐스팅(die casting)
① 특징 : 정밀한 금형에 용융 금속을 고압, 고속으로 주입하여 주물을 얻는 방법이다.
② 장점 : 정밀도가 높고 주물 표면이 깨끗하여 다듬질 공정을 줄일 수 있다. 조직이 치밀하여 강도가 크다. 얇은 주물이 가능하며 제품을 경량화할 수 있다. 주조가 빠르기 때문에 대량 생산하여 단가를 줄일 수 있다.
③ 단점 : Die의 제작비가 많이 들므로 소량 생산에 부적당하다. Die의 내열강도 때문에 용융점이 낮은 아연, 알루미늄, 구리 등의 비철 금속에 국한된다.
④ 제품 : 자동차 부품, 전기 기계, 통신 기기 용품, 일용품, 기화기, 광학 기계 등

해답 ①

100 다음 중 소성가공에 속하지 않는 것은?

① 압연가공   ② 선반가공
③ 인발가공   ④ 단조가공

해설 선반은 고정공구에 의한 절삭 가공이다.

해답 ②

일반기계기사

2022년 3월 5일 시행

제1과목 재료역학

001 양단이 회전지지로 된 장주에서 거리 e 만큼 편심된 곳에 축방향 하중 P가 작용할 때 이 기둥에서 발생하는 최대 압축응력($\sigma_{\max}$)은? (단, A는 기둥 단면적, $2c$는 두께, r은 단면의 회전반경, E는 세로탄성계수이다.)

① $\sigma_{\max} = \dfrac{P}{A}\left[1 + \dfrac{ec}{r^2}\sec\left(\dfrac{L}{r}\sqrt{\dfrac{P}{4EA}}\right)\right]$

② $\sigma_{\max} = \dfrac{P}{A}\left[1 + \dfrac{ec}{r^2}\sec\left(\dfrac{L}{r}\sqrt{\dfrac{P}{2EA}}\right)\right]$

③ $\sigma_{\max} = \dfrac{P}{A}\left[1 + \dfrac{ec}{r^2}\mathrm{cosec}\left(\dfrac{L}{r}\sqrt{\dfrac{P}{4EA}}\right)\right]$

④ $\sigma_{\max} = \dfrac{P}{A}\left[1 + \dfrac{ec}{r^2}\mathrm{cosec}\left(\dfrac{L}{r}\sqrt{\dfrac{P}{2EA}}\right)\right]$

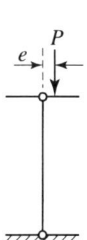

해설 편심하중을 받는 기둥의 최대응력 $\sigma_{\max}$

(시컨트공식) $\sigma_{\max} = \dfrac{P}{A} + \dfrac{M \times c}{I}\sec\left(\dfrac{\pi}{2} \times \sqrt{\dfrac{P}{Pcr}}\right)$

여기서, $M = P \times e$, $I = A \times r^2$, $Pcr = \dfrac{n\pi^2 EI}{L^2}$ 양단회전일 때 $n=1$

$$Pcr = \dfrac{\pi^2 EAr^2}{L^2}$$

$\dfrac{1}{\cos\theta} = \sec\theta$

$\sigma_{\max} = \dfrac{P}{A} + \dfrac{P \times e \times c}{Ar^2}\sec\left(\dfrac{\pi}{2} \times \sqrt{\dfrac{PL^2}{\pi^2 EAr^2}}\right)$

$= \dfrac{P}{A}\left[1 + \dfrac{e \times c}{r^2}\sec\left(\dfrac{L}{r} \times \sqrt{\dfrac{P}{4EA}}\right)\right]$

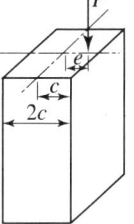

해답 ①

002

그림과 같은 막대가 있다. 길이는 4m이고 힘(F)은 지면에 평행하게 200N만큼 주었을 때 o점에 작용하는 힘(F_{ox}, F_{oy})과 모멘트(M_z)의 크기는?

① $F_{ox} = 200N$, $F_{oy} = 0$, $M_z = 400N \cdot m$
② $F_{ox} = 0$, $F_{oy} = 200N$, $M_z = 200N \cdot m$
③ $F_{ox} = 200N$, $F_{oy} = 200N$, $M_z = 200N \cdot m$
④ $F_{ox} = 0$, $F_{oy} = 0$, $M_z = 400N \cdot m$

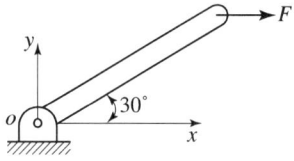

[해설]

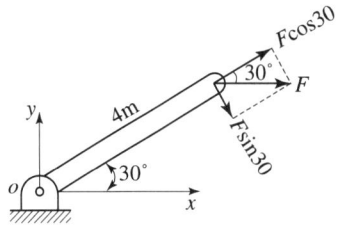

(모멘트) $M_z = F\sin30 \times 4 = 200 \times \sin30 \times 4 = 400N \cdot m$

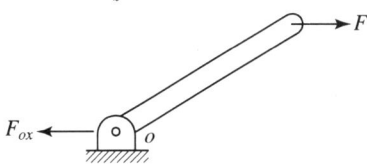

$F_{ox} = F$, $F_{ox} = 200N$, $F_{oy} = 0$

[해답] ①

003

지름 100mm의 원에 내접하는 정사각형 단면을 가진 강봉이 10kN의 인장력을 받고 있다. 단면에 작용하는 인장응력은 약 몇 MPa 인가?

① 2
② 3.1
③ 4
④ 6.3

[해설] $\sigma = \dfrac{P}{A} = \dfrac{10000}{50\sqrt{2} \times 50\sqrt{2}} = 2MPa$

(정사각형 한 변의 길이) $100\cos45° = 50\sqrt{2}$

[해답] ①

004

도심축에 대한 단면 2차 모멘트가 크도록 직사각형 단면[폭(b)×높이(h)]을 만들 때 단면 2차 모멘트를 직사각형 폭(b)에 관한 식으로 옳게 나타낸 것은? (단, 직사각형 단면은 지름 d인 원에 내접한다.)

② $\dfrac{\sqrt{3}}{4}b^4$
② $\dfrac{\sqrt{3}}{3}b^4$
③ $\dfrac{3}{\sqrt{3}}b^4$
④ $\dfrac{4}{\sqrt{3}}b^4$

해설 $h = \sqrt{3}\,b$일 때 최대단면 2차모멘트
$$I = \frac{bh^3}{12} = \frac{b \times (\sqrt{3}\,b)^3}{12} = \frac{b \times 3\sqrt{3}\,b^3}{12} = \frac{\sqrt{3}\,b^4}{4}$$

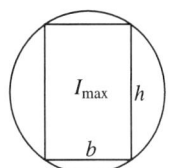

해답 ①

005

기계요소의 임의의 점에 대하여 스트레인을 측정하여 보니 다음과 같이 나타났다. 현 위치로부터 시계방향으로 $30°$ 회전된 좌표계의 y방향의 스트레인 ϵ_y는 얼마인가? (단, ϵ은 각 방향별 수직변형률, γ는 전단변형률을 나타낸다.)

$$\epsilon_x = -30 \times 10^{-6} \quad \epsilon_y = -10 \times 10^{-6} \quad \gamma_{xy} = 10 \times 10^{-6}$$

① -14.95×10^{-6}
② -12.64×10^{-6}
③ -10.67×10^{-6}
④ -9.32×10^{-6}

해설 (모어 circle의 반지름) $R = \sqrt{\left(\dfrac{\epsilon_x - \epsilon_y}{2}\right)^2 + \left(\dfrac{\gamma_{xy}}{2}\right)^2}$

$$= \sqrt{\left(\frac{-30-(-10)}{2}\right)^2 + \left(\frac{10}{2}\right)^2} = 11.18$$

$\tan a = \dfrac{5}{10} = \dfrac{1}{2}$, $a = \tan^{-1}\left(\dfrac{1}{2}\right) = 26.56°$

$|\epsilon_y'| = 20 - R\cos(60 - 25.56) = 20 - 11.18\cos(60 - 25.56) = 10.67$

$|\epsilon_y'| = -10.67 \times 10^{-6}$

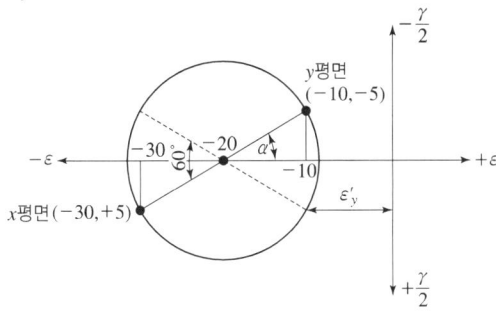

해답 ③

006

길이 15m, 지름 10mm의 강봉에 8kN의 인장하중을 받을 때 탄성 변형이 생겼다. 이때 늘어난 길이는 약 몇 mm 인가? (단, 이 강재의 세로탄성계수는 210GPa 이다.)

① 1.46
② 14.6
③ 0.73
④ 7.3

해설 $\Delta L = \dfrac{PL}{AE} = \dfrac{8000 \times 15000}{\dfrac{\pi \times 10^2}{4} \times 210000} = 7.3\text{mm}$

해답 ④

007

그림과 같이 2개의 비틀림 모멘트를 받고 있는 중공축의 $a-a$ 단면에서 비틀림 모멘트에 의한 최대전단응력은 약 몇 MPa 인가? (단, 중공축의 바깥지름은 10cm, 안지름은 6cm 이다.)

① 25.5
② 36.5
③ 47.5
④ 58.5

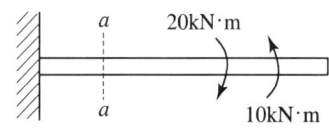

해설

$$\tau_{\max} = \frac{T}{Z_p} = \frac{T}{\frac{\pi D_2^3}{16}(1-x^4)} = \frac{10\times 10^6}{\frac{\pi \times 100^3}{16}\left[1-\left(\frac{60}{100}\right)^4\right]} = 58.512\text{MPa}$$

(안지름) $D_1 = 60\text{mm}$, (바깥지름) $D_2 = 100\text{mm}$

(내외경비) $x = \dfrac{D_1}{D_2}$

해답 ④

008

그림과 같은 보에서 $P_1 = 800\text{N}$, $P_2 = 500\text{N}$이 작용할 때 보의 왼쪽에서 2m 지점에 있는 a 위치에서의 굽힘모멘트의 크기는 약 몇 N·m 인가?

① 133.3
② 166.7
③ 204.6
④ 257.4

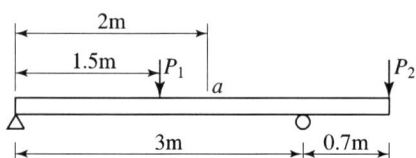

해설

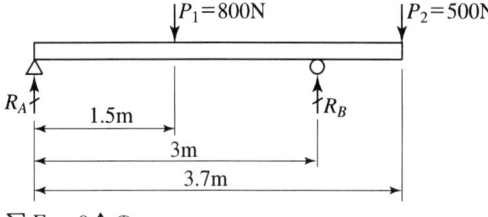

$\sum F_y = 0 \uparrow \oplus$

$R_A + R_B - P_1 - P_2 = 0 \quad R_A + R_B = 800 + 500 = 13000\text{N}$

$\sum M_A = 0 \curvearrowright \oplus$

$\oplus P_1 \times 1.5 \ominus R_B \times 3 \oplus P_2 \times 3.7 = 0$

$R_B = \dfrac{800\times 1.5 + 500 \times 3.7}{3} = 1016.67\text{N}$

$R_A = 1300 - 1016.67 = 283.33\text{N}$

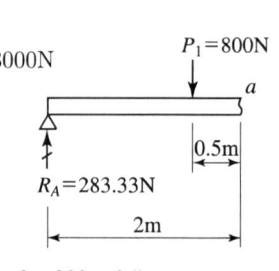

(a점의 굽힘모멘트) $M_a = R_A \times 2 - P_1 \times 0.5 = 283.33 \times 2 - 800 \times 0.5$

$= 166.66\text{N}\cdot\text{m}$

해답 ②

009

5cm×10cm 단면의 3개의 목재를 목재용 접착제로 접착하여 그림과 같은 10cm×15cm 의 사각 단면을 갖는 합성 보를 만들었다. 접착부에 발생하는 전단응력은 약 몇 kPa인가? (단, 이 합성보는 양단이 길이 2m인 단순지지보이며 보의 중앙에 800N의 집중하중을 받는다.)

① 57.6
② 35.5
③ 82.4
④ 160.8

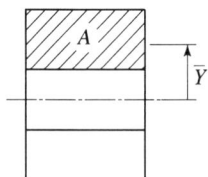

해설

$$\tau_b = \frac{VQ}{Ib} = \frac{\frac{800}{2} \times 100 \times 50 \times 50}{\frac{100 \times 150^3}{12} \times 100} = 0.0355 \text{MPa}$$

$$\therefore \tau_b = 35.5 \text{kPa}$$

$$Q = A \times \overline{Y} = (100 \times 50) \times 50$$

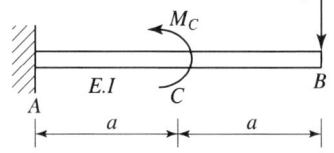

해답 ②

010

외팔보 AB에서 중앙(C)에 모멘트 M_C와 자유단에 하중 P가 동시에 작용할 때, 자유단(B)에서의 처짐량이 영(0)이 되도록 M_C를 결정하면? (단, 굽힘강성 EI는 일정하다.)

① $M_c = \frac{8}{9}Pa$ ② $M_c = \frac{16}{9}Pa$

③ $M_c = \frac{24}{9}Pa$ ④ $M_c = \frac{32}{9}Pa$

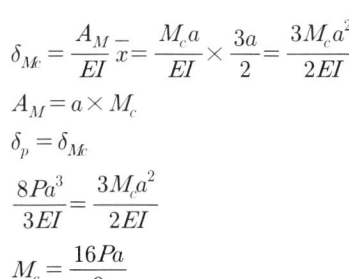

해설

$$\delta_p = \frac{P(2a)^3}{3EI} = \frac{8Pa^3}{3EI} = \frac{8Pa^3}{3EI}$$

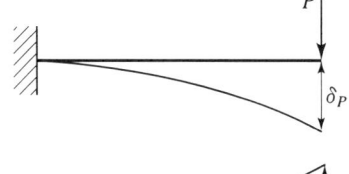

$$\delta_{Mc} = \frac{A_M}{EI}\overline{x} = \frac{M_c a}{EI} \times \frac{3a}{2} = \frac{3M_c a^2}{2EI}$$

$A_M = a \times M_c$

$\delta_p = \delta_{Mc}$

$$\frac{8Pa^3}{3EI} = \frac{3M_c a^2}{2EI}$$

$$M_c = \frac{16Pa}{9}$$

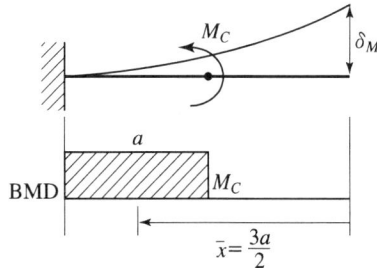

해답 ②

011

그림과 같은 외팔보가 있다. 보의 굽힘에 대한 허용응력을 80MPa로 하고, 자유단 B로부터 보의 중앙점 C사이에 등분포하중 w를 작용시킬 때, w의 최대 허용값은 몇 kN/m인가? (단, 외팔보의 폭×높이는 5cm×9cm 이다.)

① 12.4
② 13.4
③ 14.4
④ 15.4

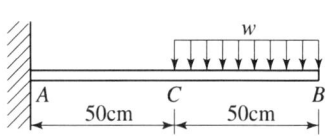
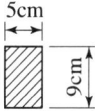

해설 (최대굽힘모멘트) $M_{max} = (w \times 500) \times (500 + 250) = w \times 500 \times 750 \, \text{N} \cdot \text{mm}$

$$\sigma_a = \frac{M_{max}}{Z} = \frac{w \times 500 \times 750}{\left(\frac{50 \times 90^2}{6}\right)}$$

$$w = \frac{\sigma_a \times \left(\frac{50 \times 90^2}{6}\right)}{500 \times 750} = \frac{80 \times \left(\frac{50 \times 90^2}{6}\right)}{500 \times 750} = 14.4 \text{N/mm} = 14.4 \text{kN/m}$$

해답 ③

012

지름 20cm, 길이 40cm인 콘크리트 원통에 압축하중 20kN이 작용하여 지름이 0.0006cm 만큼 늘어나고 길이는 0.0057cm 만큼 줄었을 때, 푸아송 비는 약 얼마인가?

① 0.18   ② 0.24
③ 0.21   ④ 0.27

해설

$$\mu = \frac{\epsilon'}{\epsilon} = \frac{\frac{\Delta d}{d}}{\frac{\Delta L}{L}} = \frac{\frac{0.006}{200}}{\frac{0.057}{400}} = 0.21$$

해답 ③

013

그림과 같이 지름 50mm의 연강봉의 일단을 벽에 고정하고, 자유단에는 50cm 길이의 레버 끝에 600N의 하중을 작용시킬 때 연강봉에 발생하는 최대굽힘응력과 최대전단응력은 각각 몇 MPa인가?

① 최대굽힘응력 : 51.8,
   최대전단응력 : 27.3
② 최대굽힘응력 : 27.3,
   최대전단응력 : 51.8
③ 최대굽힘응력 : 41.8,
   최대전단응력 : 27.3
④ 최대굽힘응력 : 27.3,
   최대전단응력 : 41.8

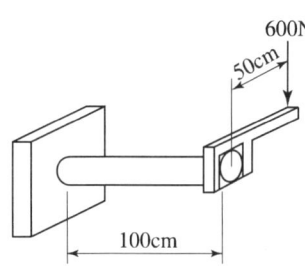

해설
$T = 600\text{N} \times 500\text{mm} = 300000 \text{ N} \cdot \text{mm}$
$M = 600\text{N} \times 1000\text{mm} = 600000 \text{ N} \cdot \text{mm}$

$$\sigma_{b\max} = \frac{M_e}{Z} = \frac{\frac{1}{2}(M+\sqrt{M^2+T^2})}{\frac{\pi \times d^3}{32}} = \frac{\frac{1}{2}(600000+\sqrt{600000^2+300000^2})}{\frac{\pi \times 50^3}{32}}$$
$$= 51.8 \text{MPa}$$

$$\tau_{\max} = \frac{T_e}{Z_p} = \frac{\sqrt{M^2+T^2}}{\frac{\pi d^3}{16}} = \frac{\sqrt{600000^2+300000^2}}{\frac{\pi \times 50^3}{16}} = 27.3 \text{MPa}$$

해답 ①

014

그림과 같은 직육면체 블록은 전단탄성계수 500MPa이고, 상하면에 강체 평판이 부착되어 있다. 아래쪽 평판은 바닥면에 고정되어 있으며, 위쪽 평판은 수평방향 힘 P가 작용한다. 힘 P에 의해서 위쪽 평판이 수평방향으로 0.8mm 이동되었다면 가해진 힘 P는 약 몇 kN 인가?

① 60
② 80
③ 100
④ 120

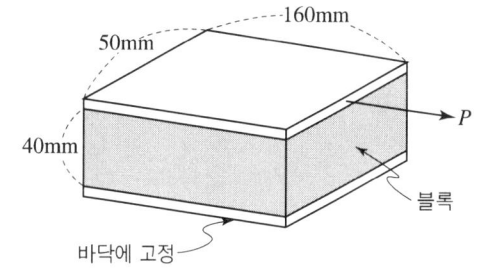

해설
$\tau = G \times \gamma, \quad \dfrac{P}{A} = G \times \dfrac{0.8}{40}$

$P = A \times G \times \dfrac{0.8}{40} = (50 \times 160) \times 500 \times \dfrac{0.8}{40} = 80000\text{N} = 80\text{kN}$

해답 ②

015

바깥지름 80mm, 안지름 60mm인 중공축에 4kN · m의 토크가 작용하고 있다. 최대 전단변형률은 얼마인가? (단, 축 재료의 전단탄성계수는 27GPa 이다.)

① 0.00122
② 0.00216
③ 0.00324
④ 0.00410

해설 (전단변형률) $\gamma = \dfrac{\tau}{G} = \dfrac{58.205}{27000} = 0.002155$

$$\tau = \frac{T}{Z_p} = \frac{4000000 \text{N} \cdot \text{mm}}{\dfrac{\pi \times 80^3}{16}\left[1-\left(\dfrac{60}{80}\right)^4\right]\text{mm}^3} = 58.205 \frac{\text{N}}{\text{mm}^2}$$

해답 ②

016 그림과 같은 전체 길이가 l인 보의 중앙에 집중하중 P[N]와 균일분포 하중 w [N/m]가 동시에 작용하는 단순보에서 최대 처짐은? (단, $w \times l = P$이고, 보의 굽힘강성 EI는 일정하다.)

① $\dfrac{5Pl^3}{48EI}$ ② $\dfrac{13Pl^3}{64EI}$
③ $\dfrac{5Pl^3}{192EI}$ ④ $\dfrac{13Pl^3}{384EI}$

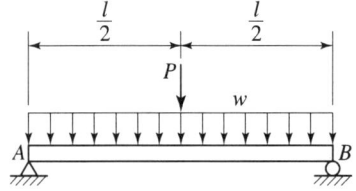

해설 $\delta = \delta_p + \delta_w = \dfrac{PL^3}{48EI} + \dfrac{5WL^4}{384EI} = \dfrac{PL^3}{48EI} + \dfrac{5PL^3}{384EI} = \dfrac{13PL^3}{384EI}$

해답 ④

017 그림과 같이 10kN의 집중하중과 4kN·m의 굽힘모멘트가 작용하는 단순지지보에서 A 위치의 반력 R_A는 약 몇 kN 인가? (단, 4kN·m의 모멘트는 보의 중앙에서 작용한다.)

① 6.8
② 14.2
③ 8.6
④ 10.4

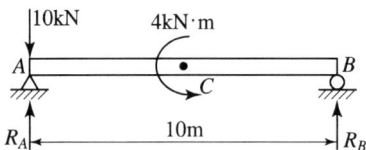

해설 ↑ $R_{A1} = 10\text{kN}$
$R_{B1} = 0\text{kN}$
↑ $R_{A2} = \dfrac{M_o}{L} = \dfrac{4}{10} = 0.4\text{kN}$
↓ $R_{B2} = \dfrac{M_o}{L} = \dfrac{4}{10} = 0.4\text{kN}$
$R_A = R_{A1} + R_{A2} = 10 + 0.4 = 10.4\text{kN}$

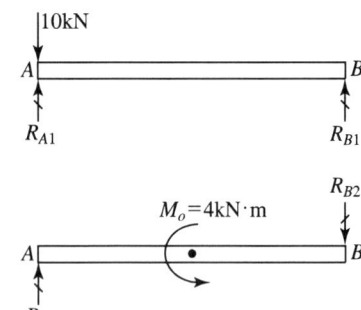

해답 ④

018 그림과 같이 w N/m의 분포하중을 받는 길이 L의 양단 고정보에서 굽힘 모멘트가 0이 되는 곳은 보의 왼쪽으로부터 대략 어디에 위치해 있는가?

① $0.5L$
② $0.33L$, $0.67L$
③ $0.21L$, $0.79L$
④ $0.26L$, $0.74L$

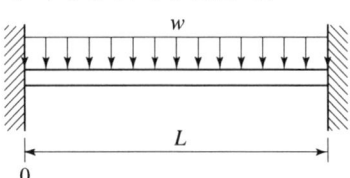

해설

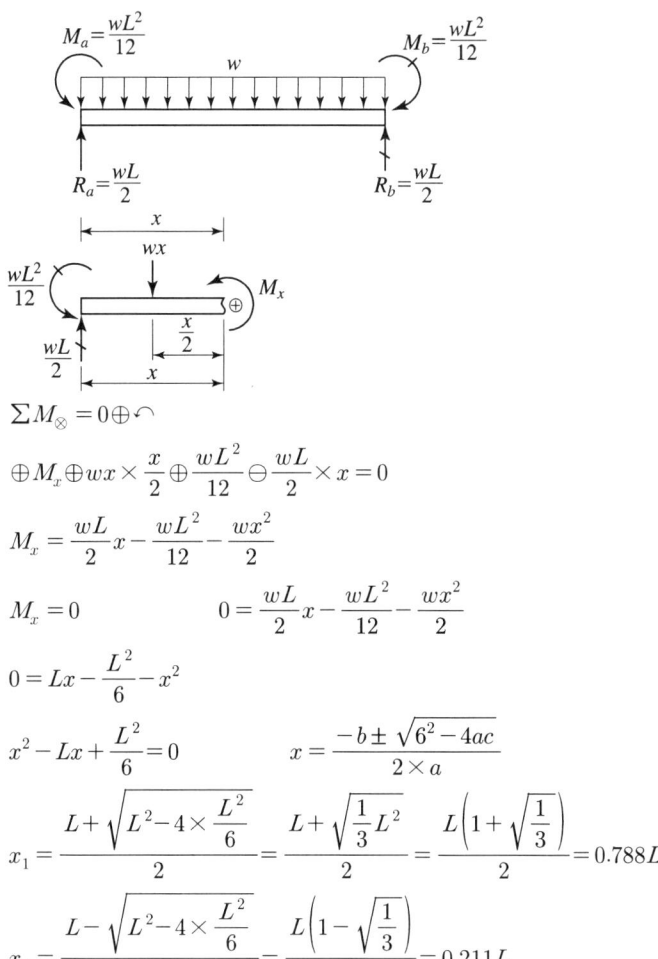

$\sum M_\otimes = 0 \oplus \curvearrowleft$

$\oplus M_x \oplus wx \times \dfrac{x}{2} \oplus \dfrac{wL^2}{12} \ominus \dfrac{wL}{2} \times x = 0$

$M_x = \dfrac{wL}{2}x - \dfrac{wL^2}{12} - \dfrac{wx^2}{2}$

$M_x = 0 \qquad 0 = \dfrac{wL}{2}x - \dfrac{wL^2}{12} - \dfrac{wx^2}{2}$

$0 = Lx - \dfrac{L^2}{6} - x^2$

$x^2 - Lx + \dfrac{L^2}{6} = 0 \qquad x = \dfrac{-b \pm \sqrt{6^2 - 4ac}}{2 \times a}$

$x_1 = \dfrac{L + \sqrt{L^2 - 4 \times \dfrac{L^2}{6}}}{2} = \dfrac{L + \sqrt{\dfrac{1}{3}L^2}}{2} = \dfrac{L\left(1 + \sqrt{\dfrac{1}{3}}\right)}{2} = 0.788L$

$x_2 = \dfrac{L - \sqrt{L^2 - 4 \times \dfrac{L^2}{6}}}{2} = \dfrac{L\left(1 - \sqrt{\dfrac{1}{3}}\right)}{2} = 0.211L$

해답 ③

019

그림의 구조물이 수직하중 $2P$를 받을 때 구조물 속에 저장되는 총 탄성변형에너지는? (단, 구조물의 단면적은 A, 세로탄성계수는 E로 모두 같다.)

① $\dfrac{P^2 h}{4AE}(1 + \sqrt{3})$

② $\dfrac{P^2 h}{2AE}(1 + \sqrt{3})$

③ $\dfrac{P^2 h}{AE}(1 + \sqrt{3})$

④ $\dfrac{2P^2 h}{AE}(1 + \sqrt{3})$

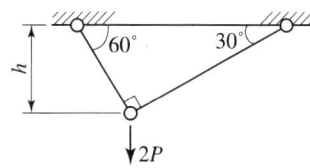

해설 $h = l_1 \times \sin60$ $l_1 = \dfrac{h}{\sin60} = \dfrac{h}{\dfrac{\sqrt{3}}{2}} = \dfrac{2h}{\sqrt{3}}$

$h = l_2 \times \sin30$ $l_2 = \dfrac{h}{\sin30} = \dfrac{h}{\dfrac{1}{2}} = 2h$

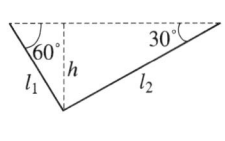

$\dfrac{2P}{\sin90} = \dfrac{P_1}{\sin120} = \dfrac{P_2}{\sin150}$

$2P = \dfrac{P_1}{\sin60} = \dfrac{P_2}{\sin30}$

$P_1 = 2P \times \sin60 = 2P \times \dfrac{\sqrt{3}}{2} = \sqrt{3}\,P$

$P_2 = 2P \times \sin30 = 2P \times \dfrac{1}{2} = P$

$U = U_1 + U_2$

$U_1 = \dfrac{1}{2} \times P_1 \times \dfrac{P_1 l_1}{AE} = \dfrac{1}{2} \times \sqrt{3}\,P \times \dfrac{\sqrt{3}\,P \times \dfrac{2h}{\sqrt{3}}}{AE} = \dfrac{\sqrt{3}\,P^2 h}{AE}$

$U_2 = \dfrac{1}{2} \times P_2 \times \dfrac{P_2 l_2}{AE} = \dfrac{1}{2} \times P \times \dfrac{P \times 2h}{AE} = \dfrac{P^2 h}{AE}$

$U = \dfrac{\sqrt{3}\,P^2 h}{AE} + \dfrac{P^2 h}{AE} = \dfrac{P^2 h}{AE}(\sqrt{3} + 1)$

해답 ③

020 한 변이 50cm이고, 얇은 두께를 가진 정사각형 파이프가 20000N·m의 비틀림 모멘트를 받을 때 파이프 두께는 약 몇 mm 이상으로 해야 하는가? (단, 파이프 재료의 허용비틀림응력은 40MPa 이다.)

① 0.5mm   ② 1.0mm
③ 1.5mm   ④ 2.0mm

해설 $a = 500\text{mm}$

$Z_p = \dfrac{\dfrac{(a+2t)^4}{6} - \dfrac{a^4}{6}}{\dfrac{a+2t}{\sqrt{2}}}$

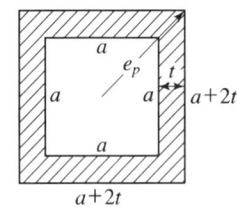

$T = \tau \times Z_p$

$T = 20000000\text{N} \cdot \text{mm}$

$\tau = 40\,\dfrac{\text{N}}{\text{mm}^2}$

$20000000 = 40 \times \dfrac{\dfrac{(500+2t)^4}{6} - \dfrac{500^4}{6}}{\dfrac{500+2t}{\sqrt{2}}}$ 에서 $t = 1.058\text{mm}$

해답 ②

제2과목 기계열역학

021 Van der Waals 상태 방정식은 다음과 같이 나타낸다. 이 식에서 a/v^2, b는 각각 무엇을 의미하는 것인가? (단, P는 압력, v는 비체적, R은 기체상수, T는 온도를 나타낸다.)

$$\left(P+\frac{a}{v^2}\right)\times(v-b)=RT$$

① 분자간의 작용력, 분자 내부 에너지
② 분자 자체의 질량, 분자 내부 에너지
③ 분자간의 작용력, 기체 분자들이 차지하는 체적
④ 분자 자체의 질량, 기체 분자들이 차지하는 체적

해설 **반데르발스 상태 방정식**(van der Waals equation of state)은 0이 아닌 크기와 서로의 상호작용이 있는 입자로 된 유체의 상태 방정식이다. 이는 이상기체 상태 방정식의 변형으로 1873년에 요하너스 디데릭 반데르발스가 발견하였다. 이 방정식은 이상기체에서 따지지 않은 분자간의 인력과 반발력 또 입자의 크기를 고려한 방정식이다.

$\left(P+\dfrac{a}{V^2}\right)\times(V-b)=RT$: 반데르발스 상태방정식

여기서, a : 분자사이의 상호 작용의 세기
b : 유체를 이루는 입자가 차지하는 부피
$PV=RT$: 이상기체 상태방정식
$\dfrac{a}{V^2}$: 분자간의 작용력

해답 ③

022 1MPa, 230℃ 상태에서 압축계수(compressibility factor)가 0.95인 기체가 있다. 이 기체의 실제 비체적은 약 몇 m³/kg인가? (단, 이 기체의 기체상수는 461J/(kg·K) 이다.)

① 0.14
② 0.18
③ 0.22
④ 0.26

해설 $PV=ZRT$ (Z : 압축계수)

(실제비체적) $V=\dfrac{ZRT}{P}=\dfrac{0.95\times461\times(230+273)}{1\times10^6}=0.22\text{m}^3/\text{kg}$

해답 ③

023

효율이 40%인 열기관에서 유효하게 발생되는 동력이 110kW 라면 주위로 방출되는 총 열량은 약 몇 kW 인가?

① 375
② 165
③ 135
④ 85

해설

$Q_{net} = 110\text{kW}$, $\eta = \dfrac{Q_{net}}{Q_H}$

(공급되는 열량) $Q_H = \dfrac{Q_{net}}{\eta} = \dfrac{110}{0.4} = 275\text{kW}$ $Q_{net} = Q_H - Q_L$

(방출되는 열량) $Q_L = Q_H - Q_{net} = 275 - 110 = 165\text{kW}$

해답 ②

024

피스톤-실린더에 기체가 존재하며 피스톤의 단면적은 5cm²이고 피스톤에 외부에서 500N의 힘이 가해진다. 이때 주변 대기압력이 0.099MPa이면 실린더 내부 기체의 절대압력(MPa)은 약 얼마인가?

① 0.901
② 1.099
③ 1.135
④ 1.275

해설

$A = 5\text{cm}^2 = 500\text{mm}^2$
$F = 500\text{N}$
$P_G = \dfrac{F}{A} = \dfrac{500\text{N}}{500\text{mm}^2} = 1\text{MPa}$
$P_{abs} = P_o + P_G = 0.099\text{MPa} + 1\text{MPa} = 1.099\text{MPa}$

해답 ②

025

랭킨 사이클로 작동되는 증기동력 발전소에서 20MPa의 압력으로 물이 보일러에 공급되고, 응축기 출구에서 온도는 20℃, 압력은 2.339kPa이다. 이때 급수펌프에서 수행하는 단위질량당 일은 약 몇 kJ/kg인가? (단, 20℃에서 포화액 비체적은 0.001002m³/kg, 포화증기 비체적은 57.79m³/kg이며, 급수펌프에서는 등엔트로피 과정으로 변화한다고 가정한다.)

① 0.4681
② 20.04
③ 27.14
④ 1020.6

해설

P_1 = 급수펌프입구의 압력 = 응축기 출구의 압력 = 2.339kPa
P_2 = 급수펌프출구의 압력 = 보일러에 공급되는 압력 = 20MPa = 20000kPa
V : 포화액의 비체적
(급수펌프의 단위질량당 일) $W_P = V(P_2 - P_1)$
$= 0.001002 \times (20000 - 2.339)$
$= 20.03\text{kJ/kg}$

해답 ②

026

비열이 0.9kJ/(kg·K), 질량이 0.7kg으로 동일하며, 온도가 각각 200℃와 100℃ 인 두 금속 덩어리를 접촉시켜서 온도가 평형에 도달하였을 때 총 엔트로피 변화량은 약 몇 J/K 인가?

① 8.86
② 10.42
③ 13.25
④ 16.87

해설

$$T_m = \frac{m_1 c_1 t_1 + m_2 c_2 t_2}{m_1 c_1 + m_2 c_2} = \frac{mc(T_1 + T_2)}{2mc} = \frac{T_1 + T_2}{2} = \frac{200 + 100}{2} = 150℃$$

$$\Delta S_1 = m_1 c_1 \ln \frac{T_m}{T_1} = 0.7 \times 0.9 \times \ln \frac{150 + 273}{100 + 273} = 0.07925 \text{kJ/K}$$

$$\Delta S_2 = m_2 c_2 \ln \frac{T_m}{T_2} = 0.7 \times 0.9 \times \ln \frac{150 + 273}{200 + 273} = -0.07038 \text{kJ/K}$$

$$\Delta S = \Delta S_1 + \Delta S_2 = 8.87 \times 10^{-3} \text{kJ/K} = 8.87 \text{J/K}$$

해답 ①

027

그림과 같은 이상적인 열펌프의 압력(P)–엔탈피(h) 선도에서 각 상태의 엔탈피는 다음과 같을 때 열펌프의 성능계수는? (단, $h_1 = 155$kJ/kg, $h_3 = 593$kJ/kg, $h_4 = 827$kJ/kg 이다.)

① 1.8
② 2.9
③ 3.5
④ 4.0

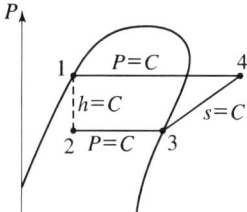

해설

$$\epsilon_{HP} = \frac{\text{고열원으로 보내는 열량}}{\text{압축기에서 받은 열량}} = \frac{h_4 - h_1}{h_4 - h_3} = \frac{827 - 155}{827 - 593} = 2.87$$

해답 ②

028

이상기체의 상태변화에서 내부에너지가 일정한 상태 변화는?

① 등온변화
② 정압변화
③ 단열변화
④ 정적변화

해설 $du = C_P dT$, $dT = 0$ 등온과정 $du = 0$

해답 ①

029

압력이 일정할 때 공기 5kg을 0℃에서 100℃까지 가열하는데 필요한 열량은 약 몇 kJ 인가? (단, 비열(C_P)은 온도 T(℃)에 관계한 함수로 C_P(kJ/(kg · ℃))= 1.01+0.000079× T 이다.)

① 365
② 436
③ 480
④ 507

 (평균비열) $C_m \int_0^{100} 1.01 + 0.000079\, TdT \times \dfrac{1}{T_2 - T_1} = 101.395 \times \dfrac{1}{100-0} = 1.01395$

$Q = mC_m \times (T_2 - T_1) = 5 \times 1.01395 \times (100-0)$
$\quad = 506.975 \text{kJ}$

해답 ④

030

고온 400℃, 저온 50℃의 온도 범위에서 작동하는 Carnot 사이클 열기관의 효율을 구하면 약 몇 % 인가?

① 43
② 46
③ 49
④ 52

 $\eta_c = 1 - \dfrac{T_C}{T_H} = 1 - \dfrac{50+273}{400+273} = 0.52 = 52\%$

해답 ④

031

기관의 실린더 내에서 1kg의 공기가 온도 120℃에서 열량 40kJ를 얻어 등온팽창한다고 하면 엔트로피의 변화는 얼마인가?

① 0.102kJ/(kg · K)
② 0.132kJ/(kg · K)
③ 0.162kJ/(kg · K)
④ 0.192kJ/(kg · K)

 $\Delta S = \dfrac{\Delta Q}{m \times T} = \dfrac{40}{1 \times (120+273)} = 0.1017 \fallingdotseq 0.102 \text{kJ/kg} \cdot \text{K}$

해답 ①

032

물질의 양을 1/2로 줄이면 강도성(강성적) 상태량(intensive properties)은 어떻게 되는가?

① 1/2로 줄어든다.
② 1/4로 줄어든다.
③ 변화가 없다.
④ 2배로 늘어난다.

해설
- 강도성상태량은 나누어도 변함이 없는 상태량
- 종량성상태량은 나누면 변함이 생기는 상태량

해답 ③

033 수평으로 놓여진 노즐에서 증기가 흐르고 있다. 입구에서의 엔탈피는 3106kJ/kg 이고, 입구 속도는 13m/s, 출구 속도는 300m/s일 때 출구에서의 증기 엔탈피는 약 몇 kJ/kg인가? (단, 노즐에서의 열교환 및 외부로의 일량은 무시할 수 있을 정도로 작다고 가정한다.)

① 3146
② 3208
③ 2963
④ 3061

$$h_1 - h_2 = \frac{V_2^2 - V_1^2}{2}$$
$$3106000 - h_2 = \frac{300^2 - 13^2}{2}$$
$$h^2 = 3061084.5 \text{J/kg} = 3061.0845 \text{kJ/kg}$$

해답 ④

034 단열 노즐에서 공기가 팽창한다. 노즐입구에서 공기 속도는 60m/s, 온도는 200℃이며, 출구에서 온도는 50℃일 때 출구에서 공기 속도는 약 얼마인가? (단, 공기 비열은 1.0035kJ/(kg·K)이다.)

① 62.5m/s
② 328m/s
③ 552m/s
④ 1901m/s

$$h_1 - h_2 = \frac{V_2^2 - V_1^2}{2}$$
$$C_P(T_1 - T_2) = \frac{V_2^2 - V_1^2}{2}$$
$$1003.5 \times (200 - 50) = \frac{V_2^2 - 60^2}{2}$$
$$V_2 = 551.95 \text{m/s} \fallingdotseq 552 \text{m/s}$$

해답 ③

035 물 10kg을 1기압 하에서 20℃로부터 60℃까지 가열할 때 엔트로피의 증가량은 약 몇 kJ/K인가? (단, 물의 정압비열은 4.18kJ/(kg·K) 이다.)

① 9.78
② 5.35
③ 8.32
④ 14.8

$$\Delta S = mC_p \ln\frac{T_2}{T_1}$$
$$= 10 \times 4.18 \times \ln\frac{60+273}{20+273} = 5.349 \text{kJ/kg}$$

해답 ②

036

질량이 4kg인 단열된 강재 용기 속에 물 18L가 들어있으며, 25℃로 평형상태에 있다. 이 속에 200℃의 물체 8kg을 넣었더니 열평형에 도달하여 온도가 30℃가 되었다. 물의 비열은 4.187kJ/(kg · K)이고, 강재(용기)의 비열은 0.4648kJ/(kg · K) 일 때, 물체의 비열은 약 몇 kJ/(kg · K) 인가? (단, 외부와의 열교환은 없다고 가정한다.)

① 0.244　　② 0.267
③ 0.284　　④ 0.302

해설
$m_1 = 4\text{kg}, \ T_1 = 25℃ \qquad C_1 = 0.4648\text{kJ/kg} \cdot \text{k}$
$m_2 = \rho_w \times W_2 = \dfrac{1\text{kg}}{\text{L}} \times 18\text{L} = 18\text{kg}, \ T_2 = 25℃ \quad C_2 = 4.187\text{kJ/kg} \cdot \text{k}$
$m_3 = 8\text{kg}, \ T_3 = 200℃ \qquad C_3 = ?$
$T_m = 30℃$

$$T_m = \frac{m_1 c_1 t_1 + m_2 c_2 t_2 + m_3 c_3 t_3}{m_1 c_1 + m_2 c_2 + m_3 c_3}$$

$$30 = \frac{(4 \times 0.4648 \times 25) + (18 \times 4.187 \times 25) + (8 \times C_3 \times 200)}{4 \times 0.4648 + 18 \times 4.187 + 8 \times C_3}$$

$C_3 = 0.2839\text{kJ/kg} \cdot \text{k}$

해답 ③

037

다음의 물리량 중 물질의 최초, 최종상태 뿐 아니라 상태변화의 경로에 따라서도 그 변화량이 달라지는 것은?

① 일　　② 내부에너지
③ 엔탈피　　④ 엔트로피

해설 경로함수는 일과 열이다.

해답 ①

038

공기 표준 사이클로 운전하는 이상적인 디젤사이클이 있다. 압축비는 17.5, 비열비는 1.4, 체절비(또는 분사단절비, cut-off ratio)는 2.1일 때 이 디젤 사이클의 효율은 약 몇 % 인가?

① 60.5　　② 62.3
③ 64.7　　④ 66.8

해설
$$\eta_0 = 1 - \left(\frac{1}{\epsilon}\right)^{k-1} \frac{\sigma^k - 1}{k(\sigma - 1)} = 1 - \left(\frac{1}{17.5}\right)^{1.4-1} \times \frac{2.1^{1.4} - 1}{1.4 \times (2.1 - 1)}$$
$= 0.6228 = 62.27\%$

해답 ②

039

압력이 0.2MPa 이고, 초기 온도가 120℃인 1kg의 공기를 압축비 18로 가역 단열 압축하는 경우 최종온도는 약 몇 ℃ 인가? (단, 공기의 비열비가 1.4인 이상기체이다.)

① 676℃
② 776℃
③ 876℃
④ 976℃

해설

압축비 $= \dfrac{\text{압축전의 체적}}{\text{압축후의 체적}} = \dfrac{V_1}{V_2} = 18$

$\dfrac{T_2}{T_1} = \left(\dfrac{V_1}{V_2}\right)^{k-1} = \left(\dfrac{P_2}{P_1}\right)^{\frac{k-1}{k}}$

$T_2 = T_1 \left(\dfrac{V_1}{V_2}\right)^{k-1} = (120+273) \times 18^{1.4-1}$

$= 1248.82\text{K} = (1248.82 - 273) = 975.824℃$

해답 ④

040

고열원 500℃와 저열원 35℃ 사이에 열기관을 설치하였을 때, 사이클당 10MJ의 공급열량에 대해서 7MJ의 일을 하였다고 주장한다면, 이 주장은?

① 열역학적으로 타당한 주장이다.
② 가역기관이라면 타당한 주장이다.
③ 비가역기관이라면 타당한 주장이다.
④ 열역학적으로 타당하지 않은 주장이다.

해설

$\eta = \dfrac{W_{net}}{\sigma_H} = \dfrac{7}{10} = 0.7 = 70\%$

$\eta_c = 1 - \dfrac{T_L}{T_H} = 1 - \dfrac{35+273}{500+273} = 0.601 = 60.1\%$

열기관의 효율은 η_c보다 클 수 없다. 즉 열역학 2법칙에 위배된다.

해답 ④

제3과목 　기계유체역학

041 반지름 0.5m인 원통형 탱크에 1.5m 높이로 물을 채우고 중심축을 기준으로 각속도 10rad/s로 회전시킬 때 탱크 저면의 중심에서 압력은 계기압력으로 약 몇 kPa 인가? (단, 탱크의 윗면은 열려 대기 중에 노출되어 있으며 물은 넘치지 않는다고 한다.)
① 2.26　　　　　　　　② 4.22
③ 6.42　　　　　　　　④ 8.46

해설
$$\Delta H = \frac{V^2}{2g} = \frac{(w \times R)^2}{2 \times 9.8} = \frac{(10 \times 0.5)^2}{2 \times 9.8} = 1.275\text{m}$$
$$H' = H - \frac{\Delta H}{2} = 1.5 - \frac{1.275}{2} = 0.8625\text{m}$$
$$P' = \gamma_w H' = 9800\text{N/m}^3 \times 0.8625\text{m}$$
$$= 8452.5\text{Pa} = 8.452\text{kPa}$$

해답 ④

042 경계층(boundary layer)에 관한 설명 중 틀린 것은?
① 경계층 바깥의 흐름은 포텐셜 흐름에 가깝다.
② 균일 속도가 크고, 유체의 점성이 클수록 경계층의 두께는 얇아진다.
③ 경계층 내에서는 점성의 영향이 크다.
④ 경계층은 평판 선단으로부터 하류로 갈수록 두꺼워진다.

해설
$$\delta_{층류} = \frac{5x}{\sqrt{Re}} = \frac{5x}{\sqrt{\frac{\rho v x}{\mu}}} = \frac{5x^{\frac{1}{2}} \times \mu^{\frac{1}{2}}}{\rho^{\frac{1}{2}} \times v^{\frac{1}{2}}}$$
(속도) v가 클수록 경계층 두께는 얇아진다.
(점성) μ가 클수록 경계층 두께는 두꺼워진다.

해답 ②

043 실형의 1/25인 기하학적으로 상사한 모형 댐을 이용하여 유동특성을 연구하려고 한다. 모형 댐의 상부에서 유속이 1m/s 일 때 실제 댐에서 해당 부분의 유속은 약 몇 m/s 인가?
① 0.025　　　　　　　　② 0.2
③ 5　　　　　　　　　　④ 25

해설
$$\left(\frac{V}{\sqrt{Lg}}\right)_p = \left(\frac{V}{\sqrt{Lg}}\right)_m \quad \frac{V_p}{\sqrt{25 \times 9.8}} = \frac{1}{\sqrt{1 \times 9.8}}$$
(실제 댐에서의 유속) $V_p = 5\text{m/s}$

해답 ③

044 정지 유체 속에 잠겨 있는 평면에 대하여 유체에 의해 받는 힘에 관한 설명 중 틀린 것은?

① 깊게 잠길수록 받는 힘이 커진다.
② 크기는 도심에서의 압력에 전체 면적을 곱한 것과 같다.
③ 평면이 수평으로 놓인 경우, 압력중심은 도심과 일치한다.
④ 평면이 수직으로 놓인 경우, 압력중심은 도심보다 약간 위쪽에 있다.

해설 (전압력이 작용하는 위치) $Y_{Fp} = \overline{Y} + \dfrac{I_G}{\overline{Y}A}$

즉 도심보다 $\dfrac{I_G}{\overline{Y}A}$ 만큼 아래쪽에 작용된다.

해답 ④

045 (r, θ) 좌표계에서 코너를 흐르는 비점성, 비압축성 유체의 2차원 유동함수(ψ, m²/s)는 아래와 같다. 이 유동함수에 대한 속도 포텐셜(ϕ)의 식으로 옳은 것은? (단, r은 m 단위이고, C는 상수이다.)

$$\psi = 2r^2\sin2\theta$$

① $\phi = 2r^2\cos2\theta + C$
② $\phi = 2r^2\tan2\theta + C$
③ $\phi = 4r\cos\theta^2 + C$
④ $\phi = 4r\tan\theta^2 + C$

해설
• 극좌표에서 속도 포텐셜 ϕ가 주어질 때

   (반경방향 속도) $u_r = \dfrac{\partial \phi}{\partial r}$ (횡방향 속도) $u_\theta = \dfrac{1}{r}\dfrac{\partial \phi}{\partial \theta}$

• 극좌표계에서 유동함수 ψ가 주어질 때

   (반경방향속도) $u_r = \dfrac{1}{r}\dfrac{\partial \psi}{\partial \theta}$ (횡방향속도) $u_\theta = -\dfrac{\partial \psi}{\partial r}$

문제에서 유동함수 $\psi = 2r^2\sin 2\theta$
$u_r = \dfrac{1}{r}\dfrac{\partial(2r^2\sin 2\theta)}{\partial \theta} = \dfrac{1}{r} \times 2r^2 \times \cos 2\theta \times 2 = 4r\cos 2\theta$

$4r\cos 2\theta = \dfrac{\partial \phi}{\partial r}$

(속도포텐셜) $\phi = \displaystyle\int 4r\cos 2\theta\,\partial r = 4 \times \cos 2\theta \times \dfrac{r^2}{2} + C = 2r^2\cos 2\theta + C$

또는 $u_\theta = -\dfrac{\partial(2r^2\sin 2\theta)}{\partial r} = -2\sin 2\theta \times 2r = -4\sin 2\theta\, r = \dfrac{1}{r}\dfrac{\partial \phi}{2\theta}$

(속도포텐셜) $\phi = r \times \displaystyle\int -4\sin 2\theta\, r\,\partial\theta = r \times \left(-4r \times -\cos 2\theta \times \dfrac{1}{2}\right) + C$
$= 2r^2\cos 2\theta + C$

해답 ①

046

두 평판 사이에 점성계수가 2N·s/m² 인 뉴턴 유체가 다음과 같은 속도분포(u, m/s)로 유동한다. 여기서 y는 두 평판 사이의 중심으로부터 수직방향 거리(m)를 나타낸다. 평판 중심으로부터 $y=0.5$cm 위치에서의 전단응력의 크기는 약 몇 N/m² 인가?

$$u(y) = 1 - 10000 \times y^2$$

① 100　　② 200
③ 1000　　④ 2000

해설
$\tau_y = \mu \dfrac{du}{dy} = \mu \dfrac{d(1-10000y^2)}{dy} = \mu \times -2 \times 10000 y$
$\tau_{y=0.005} = 2 \times -2 \times 10000 \times 0.005 = 200 \text{N/m}^2$

해답 ②

047

개방된 탱크 내에 비중이 0.8인 오일이 가득 차 있다. 대기압이 101kPa 라면, 오일 탱크 수면으로부터 3m 깊이에서 절대압력은 약 몇 kPa 인가?

① 208　　② 249
③ 174　　④ 125

해설
$P_{abs} = P_O + P_G = 101 + 23.52 = 124.52 \text{kPa}$
$P_G = S \times \gamma_w \times H = 0.8 \times 9800 \times 3 = 23520 \text{N/m}^2 = 23.52 \text{kPa}$

해답 ④

048

피토-정압관과 액주계를 이용하여 공기의 속도를 측정하였다. 비중이 약 1인 액주계 유체의 높이 차이는 10mm이고, 공기 밀도는 1.22kg/m³일 때, 공기의 속도는 약 몇 m/s 인가?

① 2.1　　② 12.7
③ 68.4　　④ 160.2

해설
$V = \sqrt{2g \Delta H \left(\dfrac{S_\text{액} - S_\text{관}}{S_\text{관}} \right)}$
$= \sqrt{2 \times 9.8 \times 0.01 \times \left(\dfrac{1 - 1.22 \times 10^{-3}}{1.22 \times 10^{-3}} \right)} = 12.667 \text{m/s}$

$S_\text{관} = S_\text{공기}$　　$S_\text{관} = \dfrac{1.22 \text{kg/m}^3}{1000 \text{kg/m}^3}$

해답 ②

049 축동력이 10kW인 펌프를 이용하여 호수에서 30m 위에 위치한 저수지에 25L/s의 유량으로 물을 양수한다. 펌프에서 저수지까지 파이프 시스템의 비가역적 수두손실이 4m라면 펌프의 효율은 약 몇 % 인가?

① 63.7
② 78.5
③ 83.3
④ 88.7

해설 $\eta = \dfrac{\text{유체동력}}{\text{축동력}} = \dfrac{8.33\text{kW}}{10\text{kW}} = 83.3\%$

(유체동력) $\gamma H Q = 9800 \dfrac{\text{N}}{\text{m}^3} \times 34\text{m} \times \dfrac{0.025\text{m}^3}{\text{S}} = 8330\text{W} = 8.33\text{kW}$

(전수두) $H = 30 + 4 = 34\text{m}$

해답 ③

---

050 밀도 890kg/m³, 점성계수 2.3kg/(m·s)인 오일이 지름 40cm, 길이 100m인 수평 원관 내를 평균속도 0.5m/s로 흐른다. 입구의 영향을 무시하고 압력강하를 이길 수 있는 펌프 소요동력은 약 몇 kW 인가?

① 0.58
② 1.45
③ 2.90
④ 3.63

해설 펌프의 소요동력 $= \gamma H_L \times Q = \rho g \times H_L \times Q$
$= 890 \times 9.8 \times 2.637 \times 0.0628$
$= 1444.39\text{W} = 1.45\text{kW}$

$H_L = f \times \dfrac{L}{D} \times \dfrac{V^2}{2g} = \dfrac{64}{R_e} \times \dfrac{L}{D} \times \dfrac{V^2}{2g} = \dfrac{64}{77.39} \times \dfrac{100}{0.9} \times \dfrac{0.5^2}{2 \times 9.8} = 2.637\text{m}$

$R_e = \dfrac{\rho v d}{\mu} = \dfrac{890 \times 0.5 \times 0.4}{2.3} = 77.39$ 층류

$Q = \dfrac{\pi}{4} \times 0.4^2 \times 0.5 = 0.0628 \text{m}^3/\text{s}$

해답 ②

---

051 유체의 회전벡터(각속도)가 ω인 회전유동에서 와도(vorticity, ζ)는?

① $\zeta = \dfrac{\omega}{2}$
② $\zeta = \sqrt{\dfrac{\omega}{2}}$
③ $\zeta = 2\omega$
④ $\zeta = \sqrt{2}\,\omega$

해설 $\zeta = \dfrac{\int_0^{2\pi}(r \times v)d\theta}{A} = \dfrac{\int_0^{2\pi}(r \times \omega \times r)d\theta}{\pi r^2} = \dfrac{\omega r^2 \times 2\pi}{\pi r^2} = 2\omega$

해답 ③

052

그림과 같은 반지름 R인 원관 내의 층류유동 속도분포는 $u(r) = U\left(1 - \dfrac{r^2}{R^2}\right)$으로 나타내어진다. 여기서 원관 내 전체가 아닌 $0 \leq r \leq \dfrac{R}{2}$인 원형 단면을 흐르는 체적유량 Q를 구하면? (단, U는 상수이다.)

① $Q = \dfrac{5\pi UR^2}{16}$

② $Q = \dfrac{7\pi UR^2}{16}$

③ $Q = \dfrac{5\pi UR^2}{32}$

④ $Q = \dfrac{7\pi UR^2}{32}$

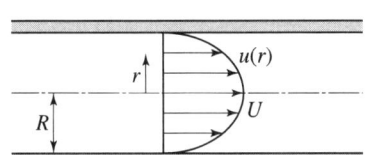

해설
$$Q = \int_0^{\frac{R}{2}} u(r)dA = \int_0^{\frac{R}{2}} U\left(1 - \frac{r^2}{R^2}\right) 2\pi r\, dr$$
$$= 2\pi U \int_0^{\frac{R}{2}} r\left(1 - \frac{r^2}{R^2}\right)dr = 2\pi U \times \int_0^{\frac{R}{2}} r - \frac{r^3}{R^2}\, dr$$
$$= 2\pi U \times \left[\frac{r^2}{2} - \frac{r^4}{4R^2}\right]_0^{\frac{R}{2}} = 2\pi U \times \left[\frac{\left(\frac{R}{2}\right)^2}{2} - \frac{\left(\frac{R}{2}\right)^4}{4R^2}\right]$$
$$= 2\pi U \times \left[\frac{R^2}{8} - \frac{R^2}{16 \times 4}\right] = 2\pi U \times \left[\frac{8R^2}{64} - \frac{R^2}{64}\right]$$
$$= 2\pi U \times \frac{7R^2}{64} = \frac{7\pi UR^2}{34}$$

해답 ④

053

날개 길이(span) 10m, 날개 시위(chord length)는 1.8m인 비행기가 112m/s의 속도로 날고 있다. 이 비행기의 항력계수가 0.0761일 때 비행에 필요한 동력은 약 몇 kW 인가? (단, 공기의 밀도는 1.2173kg/m³, 날개는 사각형으로 단순화하며, 양력은 충분히 발생한다고 가정한다.)

① 1172
② 1343
③ 1570
④ 3733

해설 동력 $= D \times V = 10458.29 \times 112 = 1171328.48\text{W} = 1171.328\text{kW}$

(항력) $D = \dfrac{\rho v^2}{2} \times A_D \times C_D = \dfrac{1.2173 \times 112^2}{2} \times (1.8 \times 10) \times 0.0761$

$\qquad = 10458.29\text{N}$

해답 ①

054 점성계수가 0.7poise 이고 비중이 0.7인 유체의 동점성계수는 몇 stokes 인가?
① 0.1
② 1.0
③ 10
④ 100

해설 $\nu = \dfrac{\mu}{\rho} = \dfrac{0.7\left[\dfrac{g}{5cm}\right]}{0.7 \times 1 \times \left[\dfrac{g}{cm^3}\right]} = 1\dfrac{cm^2}{s} = 1\,stokes$

해답 ②

055 그림과 같이 평판의 왼쪽 면에 단면적이 $0.01m^2$, 속도 10m/s인 물 제트가 직각으로 충돌하고 있다. 평판의 오른쪽 면에 단면적이 $0.04m^2$인 물 제트를 쏘아 평판이 정지 상태를 유지하려면 속도 V_2는 약 몇 m/s 여야 하는가?

① 2.5
② 5.0
③ 20
④ 40

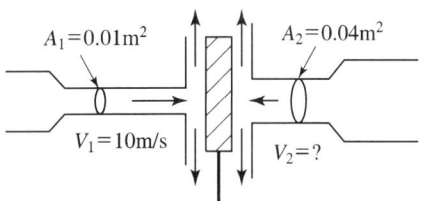

해설 $F_1 = \rho A_1 V_1^2 \qquad F_2 = \rho A_2 V_2^2$
$F_1 = F_2 \qquad A_1 V_1^2 = A_2 V_2^2$
$0.01 \times 10^2 = 0.04 \times V_2^2$
$V_2 = \sqrt{\dfrac{0.01 \times 10^2}{0.04}} = 5m/s$

해답 ②

056 그림과 같이 탱크로부터 15℃의 공기가 수평한 호스와 노즐을 통해 Q의 유량으로 대기 중으로 흘러나가고 있다. 탱크 안의 게이지압력이 10kPa일 때, 유량 Q는 약 몇 m^3/s 인가? (단, 노즐 끝단의 지름은 0.02m, 대기압은 101kPa 이고, 공기의 기체상수는 287J/(kg · K)이다.)

① 0.038
② 0.042
③ 0.046
④ 0.054

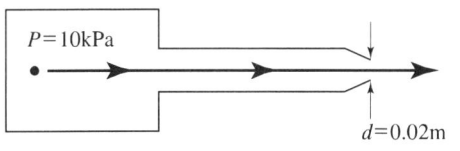

해설 (탱크안의 공기 밀도) $\rho = \dfrac{P_{abs}}{RT} = \dfrac{111000}{287 \times (15+273)} = 1.342 kg/m^3$
$P_{abs} = P_o + P_G = 101 + 10 = 111kPa = 111000 N/m^2$

$$\frac{P_1}{r}+\frac{V_1^2}{2g}+Z_1=\frac{P_2}{\gamma}+\frac{V_2^2}{2g}+Z_2, \ Z_1=Z_2$$

$$\frac{P_1-P_2}{\gamma}=\frac{V_2^2-V_1^2}{2g} \quad P_1=10000\text{N/m}^2, \ P_2=0, \ V_1=0$$

$$\frac{P_1-P_2}{\rho g}=\frac{V_2^2-V_1^2}{2g}$$

$$\frac{P_1}{\rho}=\frac{V_2^2}{2}, \ V_2=\sqrt{\frac{2P_1}{\rho}}=\sqrt{\frac{2\times 10000}{1.342}}=122.07\text{m/s}$$

$$Q_2=A_2V_2=\frac{\pi}{4}0.02^2\times 122.07=0.0383\text{m}^3/\text{s}$$

해답 ①

057

그림과 같은 노즐에서 나오는 유량이 0.078m³/s 일 때 수위(H)는 약 얼마인가? (단, 노즐 출구의 안지름은 0.1m 이다.)

① 5m
② 10m
③ 0.5m
④ 1m

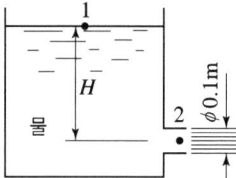

해설 (출구속도) $V_2=\dfrac{Q}{A_2}=\dfrac{0.078}{\dfrac{\pi}{4}\times 0.1^2}=9.931\text{m/s}$

$H=\dfrac{V_2^2}{2g}=\dfrac{9.931^2}{2\times 9.8}=5.03\text{m}$

해답 ①

058

어느 물리법칙이 $F(a, V, \nu, L)=0$과 같은 식으로 주어졌다. 이 식을 무차원수의 함수로 표시하고자 할 때 이에 관계되는 무차원수는 몇 개인가? (단, a, V, ν, L은 각각 가속도, 속도, 동점성계수, 길이이다.)

① 4
② 3
③ 2
④ 1

해설 독립무차원의 개수 = 물리량의 개수 − "MLT" 개수
= 4개 − 2개
= 2개

(가속도) $a=[LT^{-2}]$
(속도) $V=[LT^{-1}]$
(동점성계수) $\nu=[L^2T^{-1}]$
(길이) $L=[L]$

해답 ③

059

원형 관내를 완전한 층류로 물이 흐를 경우 관마찰계수(f)에 대한 설명으로 옳은 것은?

① 상대 조도(ϵ/D)만의 함수이다.　② 마하수(Ma)만의 함수이다.
③ 오일러수(Eu)만의 함수이다.　④ 레이놀즈수(R_e)만의 함수이다.

해설 $f_{층류} = \dfrac{64}{R_e}$ 층류의 관마찰계수는 R_e만의 함수이다.

해답 ④

060

밀도가 800kg/m³인 원통형 물체가 그림과 같이 1/3이 액체면 위에 떠있는 것으로 관측되었다. 이 액체의 비중은 약 얼마인가?

① 0.2
② 0.67
③ 1.2
④ 1.5

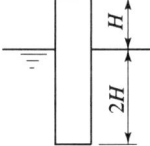

해설
$W_{물체} = F_B$
$W_{물체} = \rho \times g \times A \times 3H$
$F_B = S_{액체} \times \gamma_w \times A \times 2H$
$S_{액체} = \dfrac{\rho \times g \times A \times 3H}{\gamma_w \times A \times 2H} = \dfrac{\rho \times g \times 3}{\gamma_w \times 2} = \dfrac{\rho \times g \times 3}{\rho_w \times g \times 2} = \dfrac{\rho \times 3}{\rho_w \times 2} = \dfrac{800 \times 3}{1000 \times 2} = 1.2$

해답 ③

제4과목　기계재료 및 유압기기

061

주강품에 대한 설명 중 틀린 것은?

① 용접에 의한 보수가 용이하다.
② 주조 후에는 일반적으로 풀림을 실시하여 주조 응력을 제거한다.
③ 주조 방법에 의하여 용강을 주형에 주입하여 만든 강제품을 주강품이라 한다.
④ 중탄소 주강은 탄소의 함유량이 약 0.1~0.15%범위이다.

해설 중탄소 주강의 탄소 함유량은 약 0.2~0.5% 범위이다.

해답 ④

062 다음 중 항온열처리 방법이 아닌 것은?

① 질화법
② 마퀜칭
③ 마템퍼링
④ 오스템퍼링

해설 **질화법** : 암모니아가스를 이용해 표면에 질소를 넣어 표면을 경화시키는 표면 경화법이다.

해답 ①

063 0.8% 탄소를 고용한 탄소강을 800℃로 가열하였다가 서서히 냉각시켰을 때 나타나는 조직은?

① 펄라이트(pearlite)
② 오스테나이트(austenite)
③ 시멘타이트(cementite)
④ 레데뷰라이트(ledeburite)

해설 0.8%탄소강은 공석강으로 723℃ 이상에서는 오스테나이트 조직이며 서서히 냉각시키면 펄라이트 조직이 나타난다.
펄라이트 조직은 페라이트와 시멘타이트의 층상구조이다.

해답 ①

064 5~20%Zn의 황동을 말하며, 강도는 낮으나 전연성이 좋고 금색에 가까우므로 모조금이나 판 및 선 등에 사용되는 것은?

① 톰백
② 문쯔메탈
③ Y-합금
④ 네이벌 황동

해설
① 톰백 : 모조금 아연 5~20% 전연성이 좋고 색깔이 금색 모조금으로 사용, 판재사용
② 7:3황동 : 70%Cu-30%Zn의 합금, 가공용 황동의 대표, 자동차 방열기, 탄피 재료
③ 6:4황동(=문츠메탈) : 60%Cu-40%Zn 황동 중 가장 저렴, 탈아연 부식 발생
④ 황동 주물 : 절삭성과 주조성이 좋아 기계 부품, 건축용 부품
⑤ 쾌삭 황동 : 1.5~3.0%Pb 절삭성이 좋아 정밀 절삭가공을 필요로 하는 기계용 기어 나사에 사용
⑥ 주석 황동(애드미럴티 황동 : 7:3 황동에 1%의 내의 Sn 첨가)
　　　　　　　(네이벌 황동 : 6:4 황동에 1%의 내의 Sn 첨가)
⑦ 델타메탈(=철황동) : 6:4황동에 1~2%Fe함유, 강도와 내식성 우수, 광산, 선박, 화학기계에 사용
⑧ 망간니 : 황동에 10~15%망간 함유. 전기저항률이 크고 온도 계수가 적어 표준저항기, 정밀기계에 사용
⑨ 양은(=양백=Nickel Silver) : 10~20%Ni 장식품, 악기, 광학기계 부품에 사용

해답 ①

065

피삭성을 향상시키기 위해 쾌삭강에 첨가하는 원소가 아닌 것은?

① Te
② Pb
③ Sn
④ Bi

해설
- Pb함유 쾌삭강에 대체하여 개발된 강재로 Pb보다도 융점이 낮은 Bi쾌삭강이 출현하고 있으나 액상 Bi는 Pb에 비하여 표면장력이 낮아 젖음성(wettability)이 좋기 때문에 결정립계에 침투하여 입계취화를 일으키므로 열간압연성이 저하하는 문제가 있다.
- 오스테나이트계 스테인리스강의 경우에는 가공경화가 일어나기 쉽기 때문에 절삭한 표면부근에서 가공경화에 의하여 기계가공성이 저하하므로 기계가공성 향상원소로서 Se나 Te와 같은 칼코겐원소와 S를 복합적으로 첨가한 강(SUS303Se)이 규격화 되어 실용되고 있으며 Ti탄황화물을 이용하는 쾌삭성 스테인리스강도 개발되고 있다.

[참고] Bi : 비스무스   Te : 텔루륨

해답 ③

066

체심입방격자에 해당하는 귀속 원자수는?

① 1개
② 2개
③ 3개
④ 4개

해설 체심입방격자 귀속원소 : 2개
면심입방격자 귀속원소 : 4개

해답 ②

067

Fe-C 평형상태도에서 [δ고용체] + (L(융액)) ⇌ [γ고용체]가 일어나는 온도는 약 몇 ℃ 인가?

① 768℃
② 910℃
③ 1130℃
④ 1490℃

해설 [δ고용체] + (L(융액)) ⇌ [γ고용체]는 포정점으로 온도는 1490℃이고 탄소 함유량은 0.17%C인 지점이다.

해답 ④

068

전자강판(규소강판)에 요구되는 특성을 설명한 것 중 틀린 것은?

① 투자율이 높아야 한다.
② 포화자속밀도가 높아야 한다.
③ 자화에 의한 치수의 변화가 적어야 한다.
④ 박판을 적층하여 사용할 때 층간저항이 낮아야 한다.

해설 **전자강파의 정의** : 전기강판은 철의 자화가 일어나기 쉬운 방향으로 결정배열을 조정하고 규소를 첨가해 철손의 감소를 억제한 철강재료로 다른 철강재료에 비해 전자기적 특성을 우수하다.
① 전기강판은 구조용강이나 공구용, 외판용으로 쓰이는 다른 금속재료와 달리 주로 모터나 변압기 같은 전기기기에 사용돼 효율을 높여 주는 역할을 한다.
② 쉽게 설명하자면 모터의 철심이 되는 제품이다. 철은 우리가 알고 있는 원소 중에서 자석에 가장 잘 붙는 특성을 가지고 있어 자기력을 이용하여 기계장치를 움직이려 할 때 필수적으로 사용된다. 전기와 자기용 철심(Core)으로 사용되는 연자성(Soft magnetic)
③ 강판으로, 일반 탄소강에 비해 높은 규소(Si)를 첨가하여 제조되므로 규소강판(Silicon steel)이라고 불린다.
④ 전자강판은 박판의 규소강판을 적층해서 사용하므로 판의 표면이 절연되어 있지 않으면, 얇은 판을 사용한 효과가 없어진다. 즉 와전류 손실이 커지게 된다. 즉 층간저항이 아주 높아야 표면이 절연된다.

해답 ④

069
로그웰경도시험(HRA~HRH, HRK)에 사용되는 총 시험하중에 해당되지 않는 것은?
① 588.4N(60kgf)   ② 980.7N(100kgf)
③ 1471N(150kgf)   ④ 1961.3N(200kgf)

해설 로그웰 경도시험

시험법	압자	주하중(kgf)	응용분야
HRA	다이아몬드 120°	60	표면 경화강 및 합금, 초경합금
HRBW	1/16인치 볼	100	구리(Cu) 합금, 비경화강(미국에서는 최대 약 686N/mm^{2}의 강철에도 적용)
HRC	다이아몬드 120°	150	표면 경화강 및 합금, 초경합금
HRD	다이아몬드 120°	100	표면 경화강 및 합금, 초경합금
HREW	1/8인치 볼	100	알루미늄(Al) 합금, 구리(Cu) 합금
HRFW	1/16인치 볼	60	연질 박강판
HRGW	1/16인치 볼	150	청동, 구리(Cu), 주철
HRHW	1/8인치 볼	60	알루미늄(Al), 아연(Zn), 납(Pb)
HRKW	1/8인치 볼	150	베어링 메탈 및 플라스틱을 포함한 기타 매우 부드럽거나 얇은 금속(ASTM D785 참조)

해답 ④

070
니켈-크롬 합금강에서 뜨임 메짐을 방지하는 원소는?
① Cu   ② Ti
③ Mo   ④ Zr

해설 구조용 합금강에서 Ni-Cr의 합금에서 발생되는 뜨임메짐을 방지하기 위해 Mo을 첨가 시킨다.

해답 ③

071 유압펌프 중 용적형 펌프의 종류가 아닌 것은?

① 피스톤 펌프　　② 기어 펌프
③ 베인 펌프　　　④ 축류 펌프

해설 (1) **용적형 펌프(용량형 펌프)**
[특징] ① 펌프의 축이 한번 회전할 때 일정한 량을 토출
② 중압 또는 고압력에서 주로 압력발생을 주된 목적으로 사용
③ 토출량이 부하압력에 관계없이 대충 일정하다.
④ 부하압력에 따라 토출량이 정해지므로 부하가 과대해지면 압력이 상승해서 펌프가 파괴될 염려가 있다.(Relief V/V를 설치하여 위험 방지)
[종류] ① 정토출형 펌프(Fixed diaplacement pump
㉠ 기어펌프(Gear)　㉡ 나사펌프(Screw)
㉢ 베인펌프(Vane)　㉣ 피스톤펌프(Piston)
② 기변토출형 펌프(variable diaplacement pump
㉠ 베인펌프(Vane)　㉡ 피스톤펌프(Piston)

(2) **비용적형 펌프**
[특징] ① 토출량이 일정치 않음
② 저압에서 대량의 유체를 수송하는데 사용
③ 토출량과 압력사이에 일정관계가 있다.
　토출량이 증가하면 토출압력은 감소, 토출유량은 펌프축의 회전속도와 비례한다.
[종류] ① 원심력 펌프(Centrifugal) : 벌류트펌프와 터빈펌프가 있다.
② 액시얼 프로펠라 펌프(Axial propeller축류펌프)
③ 혼류형 펌프(Mixed flow)
④ 로토젯 펌프(Roto-jet)

해답 ④

072 유체가 압축되기 어려운 정도를 나타내는 체적 탄성 계수의 단위와 같은 것은?

① 체적　　② 동력
③ 압력　　④ 힘

해설 체적탄성계수의 단위는 (Pa)로 압력의 단위와 같다.

해답 ③

073 주로 펌프의 흡입구에 설치되어 유압작동유의 이물질을 제거하는 용도로 사용하는 기기는?

① 드레인 플러그　　② 블래더
③ 스트레이너　　　④ 배플

해설 **스트레이너** : 펌프의 흡입구에 설치되어 유압작동유의 이물질을 제거하는 용도로 사용하는 기기

해답 ③

074 다음 중 상시 개방형 밸브는?

① 감압 밸브
② 언로드 밸브
③ 릴리프 밸브
④ 시퀀스 밸브

해설
① 리듀싱밸브(Reducing Valve, 감압밸브) : 상시개형
② 언로드 밸브(Unloading valve, 무부하 밸브) : 상시폐형
③ 릴리프 밸브(Relief Valve, 안전밸브) : 상시폐형
④ 시퀀스 밸브(Sequence Valve, 순차작동 밸브) : 상시폐형

해답 ①

075 압력계를 나타내는 기호는?

①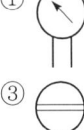
②
③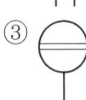
④

해설 ① : 차압계 ② : 압력계 ③ : 유면계 ④ : 온도계

해답 ②

076 유압 기호 요소에서 파선의 용도가 아닌 것은?

① 필터
② 주관로
③ 드레인 관로
④ 밸브의 과도 위치

해설 선의 용도

명칭	기호	용도	비고
실선	———————	① 주관로 ② 파일럿 밸브에의 공급 관로 ③ 전기 신호선	• 귀환 관로를 포함
파선	- - - - - - -	① 파일럿 조작 관로 ② 드레인 관로 ③ 필터 ④ 밸브의 과도위치	• 내부파일럿 • 외부파일럿 • 파일럿 관로는 파일럿 방식으로 작동시키기 위한 작동 유체를 보내는 관로를 뜻함
1점쇄선	—·—·—·—	포위선	• 2개 이상의 기능을 갖는 유닛을 나타내는 포위선
복선	═══════	기계적 결함	• 회전축, 레버, 피스톤 로드 등

해답 ②

077 속도 제어 회로의 종류가 아닌 것은?
① 로크(로킹) 회로
② 미터 인 회로
③ 미터 아웃 회로
④ 블리드 오프 회로

해설 ① 로크(로킹) 회로 : 실린더 행정을 임의 위치에서 고정시킬 필요가 있는데, 이때 이동을 방지하는 회로
② 미터 인 회로 : 실린더로 유입되는 유량을 직접 제어
③ 미터 아웃 회로 : 실린더로부터 유출되는 유량을 직접 제어
④ 블리드 오프 회로 : 유입유량을 바이패스로 제어한다.(탱크로 우회시킴) 정확한 조절이 어려움

해답 ①

078 아래 기호의 명칭은?
① 공기탱크
② 유압모터
③ 드레인 배출기
④ 유면계

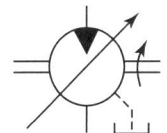

해설
① 공기탱크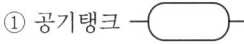
② 유압모터
③ 드레인 배출기
④ 유면계

해답 ②

079 유압장치에서 사용되는 유압유가 갖추어야 할 조건으로 적절하지 않은 것은?
① 열을 방출시킬 수 있어야 한다.
② 동력 전달의 확실성을 위해 비압축성이어야 한다.
③ 장치의 운전온도 범위에서 적절한 점도가 유지되어야 한다.
④ 비중과 열팽창계수가 크고 비열은 작아야 한다.

해설 유압유는 가벼워야 되기 때문에 비중이 작아야 하고, 온도변화에 대해 체적 변화가 작아야 하기 때문에 열팽창 계수가 작아야 한다. 또한 유압유는 열에 의한 온도변화가 작아야 되기 때문에 비열은 커야 된다.

해답 ④

080 유압을 이용한 기계의 유압 기술 특징에 대한 설명으로 적절하지 않은 것은?
① 무단 변속이 가능하다.
② 먼지나 이물질에 의한 고장 우려가 있다.
③ 자동제어가 어렵고 원격 제어는 불가능하다.
④ 온도의 변화에 따른 점도 영향으로 출력이 변할 수 있다.

해설 유압제어 밸브는 솔레노이드(전자석)을 이용하여 원격제어가 유리하다.   해답 ③

제5과목 기계제작법 및 기계동력학

081 무게 10kN의 해머(hammer)를 10m의 높이에서 자유 낙하 시켜서 무게 300N의 말뚝을 박았다. 충돌한 직후에 해머와 말뚝은 일체가 된다고 볼 때 충돌 직후의 속도는 몇 m/s 인가?
① 50.4   ② 20.4
③ 13.6   ④ 6.7

해설 $m_1 v_1 + m_2 v_2 = (m_1 + m_2) V'$

$$V' = \frac{m_1 v_1 + m_2 v_2}{m_1 + m_2} = \frac{\frac{10000}{9.8} \times 14 + 0}{\frac{10000}{9.8} + \frac{300}{9.8}} = 13.59 \text{m/s}$$

$V_1 = \sqrt{2gH} = \sqrt{2 \times 9.8 \times 10} = 14\text{m/s}$
$V_2 = 0$ (말뚝의 속도)   해답 ③

082 중량 2400N, 회전수 1500rpm인 공기 압축기에 대해 방진고무로 균등하게 6개소를 지지시켜 진동수비를 2.4로 방진하고자 한다. 압축기가 작동하지 않을 때 이 방진고무의 정적 수축량은 약 몇 cm 인가? (단, 감쇠비는 무시한다.)
① 0.18   ② 0.23
③ 0.29   ④ 0.37

해설 (방진고무하나에 작용하는 무게) $w' = \dfrac{w}{6} = \dfrac{2400}{6} = 400\text{N}$

(방진고무하나에 작용하는 질량) $m' = \dfrac{400}{9.8} = 40.816\text{kg}$

(진동수 비) $\gamma = \dfrac{\omega}{\omega_n}$

(고유각진동수) $\omega_n = \dfrac{\omega}{\gamma} = \dfrac{\dfrac{2\pi N}{60}}{\gamma} = \dfrac{\dfrac{2\pi \times 1500}{60}}{2.4} = 65.449 \text{rad/s}$

$\omega_n = \sqrt{\dfrac{K}{m'}}$, (스프링 상수) $K = \omega_n^2 m'$

$= 65.449^2 \times 40.816 = 174838.2585 \text{N/m}$

$\delta = \dfrac{\omega'}{K} = \dfrac{400}{174838.2585} = 2.287 \times 10^{-3}\text{m} = 0.2287\text{cm} \fallingdotseq 0.23\text{cm}$

해답 ②

083

무게가 40kN인 트럭을 마찰이 없는 수평면 상에서 정지상태로부터 수평방향으로 2kN의 힘으로 끌 때 10초 후의 속도는 몇 m/s 인가?

① 1.9
② 2.9
③ 3.9
④ 4.9

해설 $F \times \Delta t = m(V_2 - V_1)$ $V_1 = 0$

$F \times \Delta t = m V_2$

$V_2 = \dfrac{F \times \Delta t}{m} = \dfrac{2000 \times 10}{\dfrac{40000}{9.8}} = 4.9 \text{m/s}$

해답 ④

084

반지름이 r인 균일한 원판의 중심에 200N의 힘이 수평방향으로 가해진다. 원판의 미끄러짐을 방지하는데 필요한 최소 마찰력(F)은?

① 200N
② 100N
③ 66.67N
④ 33.33N

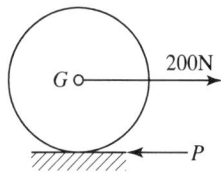

해설 원판이 미끄러지지 않고 운동하기 위한 조건 ①과 ②의 조건을 만족해야 된다.

① $\sum F = ma_t = mar$, $\sum F = 200 - P$

(접속가속도) $a_t = a \times r$

$200 - P = mar$, (각가속도) $a = \dfrac{200 - P}{m - r}$

② $\sum T = J_G \times \alpha$, $\sum T = P \times r$

$P \times r = \dfrac{mr^2}{2} \times \alpha$ $\dfrac{200 - P}{m \times r} = \dfrac{2P}{mr}$

$200 - P = 2P$, $3P = 200$

$P = \dfrac{200}{3} = 66.67\text{N}$

해답 ③

085 원판의 각속도가 5초 만에 0부터 1800rpm 까지 일정하게 증가하였다. 이때 원판의 각가속도는 약 몇 rad/s² 인가?

① 360
② 60
③ 37.7
④ 3.77

해설 (각가속도) $\alpha = \dfrac{w_2-w_1}{t} = \dfrac{\dfrac{2\pi \times 1800}{60}-0}{5} = 37.695 \mathrm{rad/s^2} \fallingdotseq 37.7\mathrm{rad/s^2}$

해답 ③

086 물방울이 중력에 의해 떨어지기 시작하여 3초 후의 속도는 약 몇 m/s 인가? (단, 공기의 저항은 무시하고, 초기속도는 0으로 한다.)

① 29.4
② 19.6
③ 9.8
④ 3

해설 $V_2 = V_1 + gt = 0 + 9.8 \times 3 = 29.4\mathrm{m/s}$

해답 ①

087 그림과 같이 피벗으로 고정된 질량이 m이고, 반경이 r인 원형판의 진동주기는? (단, g는 중력가속도이고, 진동 각도는 상당히 작다고 가정한다.)

① $2\pi\sqrt{\dfrac{2r}{3g}}$
② $2\pi\sqrt{\dfrac{3r}{2g}}$
③ $2\pi\sqrt{\dfrac{3r}{5g}}$
④ $2\pi\sqrt{\dfrac{5r}{3g}}$

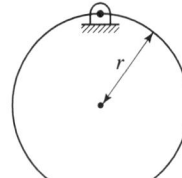

해설

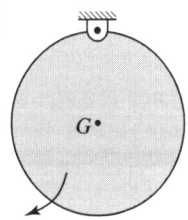

(O지점의 질량관성멘트) $J_O = J_G + mr^2 = \dfrac{mr^2}{2} + mr^2 = \dfrac{3mr^2}{2}$

$\sum T = J_O a = J_O \ddot{\theta}$

$\sum T = -mg \times r\sin\theta = -mgr\theta$

$\theta[\mathrm{rad}]$일 때

$-mgr\theta = J_O \ddot{\theta}$

$$J_o\ddot{\theta} + mgr\theta = 0$$

$$\frac{3mr^2}{2}\ddot{\theta} + mgr\theta = 0$$

$$\ddot{\theta} + \frac{mgr}{\frac{3mr^2}{2}}\theta = 0$$

$$\ddot{\theta} + \frac{2g}{3r}\theta = 0$$

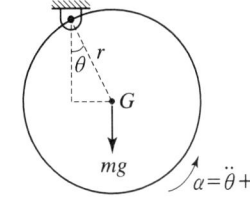

(고유각진동수) $W_n = \sqrt{\dfrac{2g}{3r}}$

$T = \dfrac{2\pi}{w_n}$, (주기) $T = 2\pi \times \sqrt{\dfrac{3r}{2g}}$

해답 ②

088 그림(a)를 그림(b)와 같이 모형화 했을 때 성립되는 관계식은?

① $\dfrac{1}{k_{eq}} = \dfrac{1}{k_1} + \dfrac{1}{k_2}$

② $k_{eq} = k_1 + k_2$

③ $k_{eq} = k_1 + \dfrac{1}{k_2}$

④ $k_{eq} = \dfrac{1}{k_1} + \dfrac{1}{k_2}$

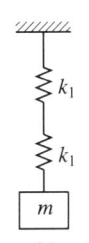
(a)

(b)

해설 $\dfrac{1}{k_{eq}} = \dfrac{1}{k_1} + \dfrac{1}{k_2}$, $k_{eq} = \dfrac{k_1 \times k_2}{k_1 + k_2}$

해답 ①

089 중심력만을 받으며 등속 운동하는 질점에 대한 설명으로 틀린 것은?

① 어느 순간에서나 힘의 중심점에 대한 모멘트의 합은 0 이다.
② 중심력에 의하여 운동하는 질점의 각운동량은 크기와 방향이 모두 일정하다.
③ 중심점에 대한 각운동량의 변화율은 0 이다.
④ 각운동량은 중심점에서 물체까지의 거리의 제곱에 반비례한다.

해설 각운동량 = (질량 × 원주속도) × 반지름
$= m \times w \times r \times r = m \times wr^2$

각운동량은 중심점에서 물체까지의 거리(r)의 제곱에 비례한다.
① 등속원운동은 각가속도 $a = 0$이므로 $\sum T = Ja$, $\sum T = 0$이다.
② 등속원운동 $mv \times r = m \times (wr) \times r = mwr^2$로 일정하다.
③ 각운동량 $= mwr^2$에서 중심점에서 $r = 0$이므로 중심점에서의 각운동량의 변화는 "0" 이다.

해답 ④

090

그림과 같은 진동계에서 무게 W는 22.68N, 댐핑계수 C는 0.0579 N·s/cm, 스프링정수 K가 0.357N/cm 일 때 감쇠비(damping ratio)는 약 얼마인가?

① 0.19
② 0.22
③ 0.27
④ 0.32

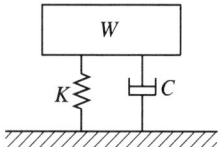

해설
$$\varphi = \frac{C}{2\sqrt{mK}} = \frac{5.79}{2\sqrt{\frac{22.68}{9.8} \times 35.7}} = 0.318 = 0.32$$

$C = 0.0579 \dfrac{\text{N·s}}{\text{cm}} = 5.79 \dfrac{\text{N·s}}{\text{m}}$

$K = 0.357 \text{N/cm} = 35.7 \text{N/m}$

해답 ④

091

절삭칩의 형태 중에서 가장 이상적인 칩의 형태는?

① 전단형(shear type)　② 유동형(flow type)
③ 열단형(tear type)　④ 경작형(pluck off type)

해설 절삭칩의 형태

종류	형상	원인	특징
유동형 칩 (Flow type chip)	전단각 φ 전단면	연강, 구리, 알루미늄 같은 인성이 많은 재료 고속 절삭 시 • 윗면 경사각이 클 때 • 절삭 깊이가 작을 때 • 절삭 속도가 클 때 • 절삭량이 적고 절삭유를 사용할 때	칩의 두께가 일정하고 균일하게 생성되며 가공면이 깨끗함
전단형 칩 (Shear type chip)		연성재료 저속 절삭 시 • 바이트의 경사각이 작을 때 • 절삭 깊이가 클 때	비연속적인 칩이 생성됨
열단형칩=경작형 칩 (Tear type chip)		점성이 큰 가공물을 경사각이 매우 작을 때 • 절삭 깊이가 클 때 • 공구 재질의 강도에 비해	가공면이 거칠고 비연속 칩으로 가공 후 흠집이 생김
균열형 칩 (Crack type chip)		주철과 같은 메진 가공재료를 저속으로 절삭할 때	날 끝에 치핑이 발생 공구수명이 단축 비연속적인 칩으로 가공면이 거침

해답 ②

092

주조의 탕구계 시스템에서 라이저(riser)의 역할로서 틀린 것은?

① 수축으로 인한 쇳물 부족을 보충한다.
② 주형 내의 가스, 기포 등을 밖으로 배출한다.
③ 주형내의 쇳물에 압력을 가해 조직을 치밀화 한다.
④ 주물의 냉각도에 따른 균열이 발생되는 것을 방지한다.

해설 **라이저**(riser) : 주형 내의 가스, 공기, 증기 등을 배출시키고 주입쇳물이 주형 각 부분에 채워져 있는지를 확인 할 수 있도록 한다. 소형 주물에서는 압탕구와 라이저를 구별없이 같이 사용한다.
냉각판 : 주물의 냉각도에 따른 균열이 발생되는 것을 방지한다.

해답 ④

093

축방향의 이송을 행하지 않는 플런지 컷 연삭(plunge cut grinding)이란 어떤 연삭 방법에 속하는가?

① 내면연삭 ② 나사연삭
③ 외경연삭 ④ 평면연삭

해설 **외경연삭**(플런지 연삭, plunge grinding) : 일감은 그 자리에 회전하고 숫돌을 회전 전후 이송시켜 연삭하는 방식을 플런지 연삭이라 한다.

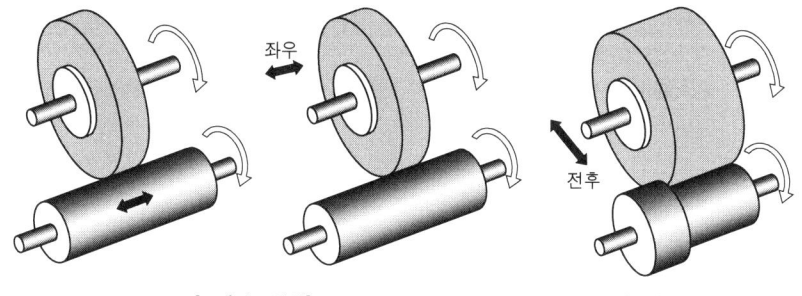

[트레버스 연삭]   [플런지 연삭]

해답 ③

094

항온 열처리 중 담금질 온도로 가열한 강재를 M_s점과 M_f점 사이의 항온 염욕에서 항온 변태를 시킨 후에 상온까지 공랭하는 열처리 방법은?

① 마퀜칭 ② 마템퍼링
③ 오스포밍 ④ 오스템퍼링

해설 ① **마퀜칭** : 담금질 온도로 가열한 강재를 옆의 그림과 같이 M_s보다 다소 높은 온도의 염욕에서 담금질하여 강재의 내·외가 동일한 온도로 될 때까지 항온을 유지시킨 후에 급랭하여 마텐자이트 변태를 시키는 담금질 방법으로 마퀜칭 후에 필요한 경도로 뜨임하여 이용한다. 마퀜칭을 하면 수중에서 담금질한 경우보다 경도가 다소 낮아지나 강의 내·외가 거의 동시에 서서히 마텐자이트로 변화하므로 담금질 균열이나 변형이 생기지 않는다. 이 방법은 복잡한 물건의 담금질 특히 고탄소강 게이지 강 베어링 고속도강 등의 합금강과 같이 수중에서 냉각하면 균열이 생기기 쉽고 유중에서 급랭하면 변형이 많은 강재에 적합하다.

② **마템퍼링** : 담금질 온도로 가열한 강재를 옆의 그림과 같이 M_s점과 M_f점 사이의 항온 염욕에서 항온 변태를 시킨 후에 상온까지 공냉하는 담금질 방법으로 경도가 크고 인성이 있는 마텐자이트와 베이나이트 혼합조직이 얻어지므로 담금질 변형 및 균열 방지, 취성 제거에 이용되고 있으나 항온시간이 너무 길어서 공업적으로 이용되기에는 어려움이 있다.

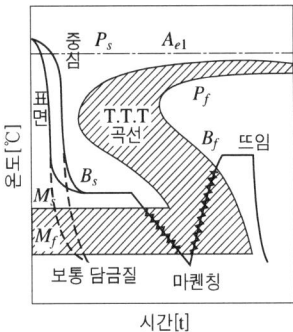

[마퀜칭(marquenching)]   [마템퍼링(martempering)]

③ **오스포밍** : 오스포밍은 옆의 그림과 같이 강을 오스테나이트 상태로 가열한 후 항온 변태곡선 온도까지 급랭시켜 M_s 변태점 이상의 온도에서 항온 유지하고 소성가공을 하면서 담금질(유냉, 수냉)을 행한 후 마텐자이트 변태를 일으키게 한 뒤에 템퍼링하는 방법으로 마텐자이트 조직을 얻으며 자동차 스프링, 저합금 구조용 강, 초강인강 등의 열처리에 적용, 이용된다.

④ **오스템퍼링** : 담금질 온도에서 M_s점보다 높은 온도의 염욕 중에 넣어 항온 변태를 끝낸 후에 상온까지 냉각하는 담금질 방법으로 옆의 그림과 같이 S곡선에서 코(nose)와 M_s점 사이에서 항온 변태를 시킨 후 열처리하는 것으로서 점성이 큰 베이나이트 조직이 얻을 수 있어 뜨임할 필요가 없고 강인성이 크며 담금질 균열 및 변형을 방지할 수 있다.

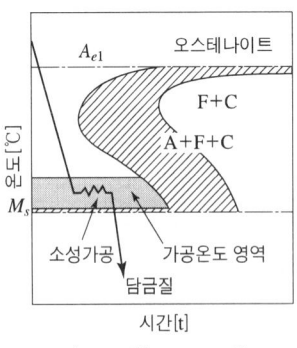

[오스포밍(ausforming)]

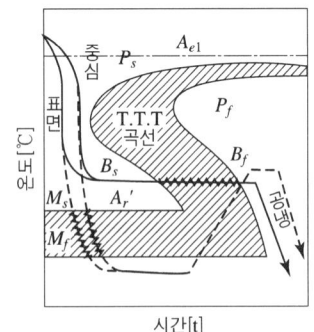

[오스템퍼링(austempering)]

해답 ②

095

전기적 에너지를 기계적인 진동 에너지로 변환하여 금속, 비금속 재료에 상관없이 정밀가공이 가능한 특수 가공법은?

① 래핑 가공
② 전조 가공
③ 전해 가공
④ 초음파 가공

해설
① **래핑 가공** : 공작물과 랩 공구 사이에 미분말 상태의 래핑제와 연마제를 넣고 이들 사이에 상대 운동을 시켜 면을 매끈하게 하는 방법으로 랩과 공작물 사이에 래핑제와 래핑액을 충분히 넣고 가공하는 습식법과 공작물 표면에 래핑제를 넣고 건조 상태에서 래핑하는 건식법이 있는데 습식법은 건식법에 비해 절삭량이 많고 다듬면은 광택이 적고, 건식법은 다듬면이 거울면과 같이 광택이난다. 이런 래핑 제품으로는 블록 게이지, 렌즈 등의 측정기기, 광학기기 등의 다듬질에 이용된다. 래핑 작업은 원통 래핑, 평면 래핑, 구면 래핑, 나사 래핑, 기어래핑, 크랭크 축의 래핑 등이 있다.
② **전조 가공** : 가공방법은 압연과 유사하나 전조 공구(roller)를 사용하여 나사나 기어 등을 성형하는 가공
③ **전해 가공** : 기계연삭과 전해 작용을 조합한 가공으로 전해 작용을 할 때 (+)극에 나타나는 용출물을 숫돌로 갈아 제거함으로써 가공하는 방법이다.
④ **초음파 가공** : 약 16kHz 이상의 음파를 초음파라 하는데 테이블에 고정된 공작물에 숫돌 입자와 물 또는 기름의 혼합액을 순환시키면서 일정한 압력 하에서 수직으로 설치된 진동 공구가 16~30kHz, 폭 30~40μm로 진동할 때 숫돌 입자의 급격한 타격으로 공작물(초경합금, 보석류, 세라믹, 다이아몬드, 수정, 유리)을 절단, 구멍 뚫기, 평면 가공, 표면 다듬질을 하는 것이다.

해답 ④

096

피복 아크 용접봉의 피복제(flux)의 역할로 틀린 것은?

① 아크를 안정시킨다.
② 모재 표면에 산화물을 제거한다.
③ 용착금속의 탈산 정련작용을 한다.
④ 용착금속의 냉각속도를 빠르게 한다.

해설 피복제의 역할
① 공기 중의 산소나 질소의 침입을 방지하여, 피복재의 연소 가스의 이온화에 의하여 전류가 끊어졌을 때에도 계속 아크를 발생 시키므로 안정된 아크를 얻을 수 있도록 한다.
② 슬래그(slag)를 형성하여 용접부의 급냉을 방지하며, 용착 금속에 필요한 원소를 보충한다.
③ 불순물과 친화력이 강한 재료를 사용하여 용착 금속을 정련한다.
④ 붕사, 산화티탄을 사용하여 용착 금속의 유동성을 좋게 한다.
⑤ 좁은 틈에서 작업할 때 절연 작용을 한다.
⑥ 용착금속의 냉각속도를 느리게 하여 급냉을 방지하여야 한다.

해답 ④

097 가공물, 미디어(media), 가공액 등을 통속에 혼합하여 회전시킴으로써 깨끗한 가공면을 얻을 수 있는 특수 가공법은?

① 배럴가공(barrel finishing)
② 롤 다듬질(roll finishing)
③ 버니싱(burnishing)
④ 블라스팅(blasting)

해설 ① **배럴가공**(barrel finishing) : 8각형이나 6각형의 용기(barrel)속에 가공물과 연마제(숫돌입자, 석영, 모래, 강구 등) 및 매제(컴파운드)를 넣고 물을 가해 회전시켜 공작물과 연마제의 충돌로 공작물의 표면을 갈아내는 정밀 연마법을 말한다.
② **롤 다듬질**(roll finishing) : 배럴가공과 같은 의미.
③ **버니싱**(burnishing) : 원통 내면에 내경보다 약간 지름이 큰 강구를 압입하여 내면에 소성변형을 주어 매끈하고 정밀도가 높은 면을 얻고자 하는 방법이다.
④ **블라스팅**(blasting) : 제품이나 재료의 표면에 모래, 강(鋼) 쇼트, 그릿, 모래나 규석 입자 등의 연마재를 첨가한 물 등을 압축 공기 또는 기타의 방법으로 강력하게 분사하여 스케일, 녹, 도막(塗膜)등을 제거하는 것을 말한다.

해답 ①

098 길이가 긴 게이지 블록에서 굽힘이 발생할 경우에도 양 단면이 항상 평행을 유지하기 위한 지지점인 에어리 점(Airy Point)의 위치는? (단, L은 게이지 블록의 길이이다.)

① $0.2113L$
② $0.2203L$
③ $0.2232L$
④ $0.2386L$

해설 에어리점은 $0.2113L$인 위치이다.

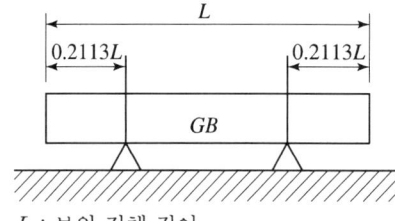

L : 보의 전체 길이

해답 ①

099 두께 1.5mm인 연강판에 지름 3.2mm의 구멍을 펀칭할 때 전단력은 약 몇 kN 인가? (단, 연강판의 전단강도는 250MPa 이다.)

① 2.07
② 3.77
③ 4.86
④ 5.87

해설 $F = \tau \times \pi D t = 250 \times \pi \times 3.2 \times 1.5 = 3769.91\text{N} = 3.76991\text{kN} \fallingdotseq 3.77\text{kN}$

해답 ②

100 지름 350mm 롤러로 폭 300mm, 두께 30mm의 연강판을 1회 열간 압연하여 두께 24mm가 될 때, 압하율은 몇 % 인가?

① 10
② 15
③ 20
④ 25

 $\epsilon = \dfrac{H-h}{H} = \dfrac{30-24}{30} = 20\%$

일반기계기사

2022년 4월 24일 시행

제1과목 재료역학

001 그림과 같은 부정정보가 등분포 하중(w)을 받고 있을 때 B점의 반력 R_b는?

① $\dfrac{1}{8}wl$ ② $\dfrac{1}{3}wl$

③ $\dfrac{3}{8}wl$ ④ $\dfrac{5}{8}wl$

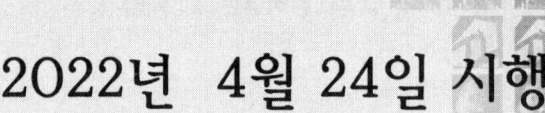

해설

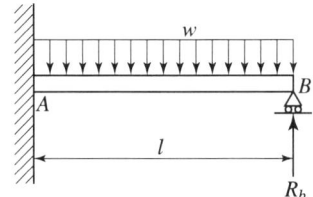

$\delta_w = \delta_{Rb}$

$\dfrac{wL^4}{8EI} = \dfrac{R_b L^3}{3EI}$, $R_b = \dfrac{3wL}{8}$

해답 ③

002 비례한도까지 응력을 가할 때, 재료의 변형에너지 밀도(탄력계수, modulus of resilience)를 옳게 나타낸 식은? (단, E는 세로탄성계수, σ_{pl}은 비례한도를 나타낸다.)

① $\dfrac{E^2}{2\sigma_{pl}}$

② $\dfrac{\sigma_{pl}}{2E^2}$

③ $\dfrac{\sigma_{pl}^2}{2E}$

④ $\dfrac{E}{2\sigma_{pl}^2}$

해설
$$u = \frac{1}{2}\sigma_{pl}\epsilon_{pl} = \frac{E\epsilon_{pl}^2}{2} = \frac{\sigma_{pl}^2}{2E}$$
$$\sigma_{pl} = E\epsilon_{pl}$$

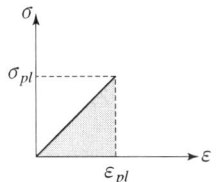

해답 ③

003

안지름 1m, 두께 5mm의 구형 압력 용기에 길이 15mm 스트레인 게이지를 그림과 같이 부착하고, 압력을 가하였더니 게이지의 길이가 0.009mm 만큼 증가했을 때, 내압 p의 값은 약 몇 MPa 인가? (단, 세로탄성계수는 200GPa, 포아송 비는 0.3 이다.)

① 3.43MPa
② 6.43MPa
③ 13.4MPa
④ 16.4MPa

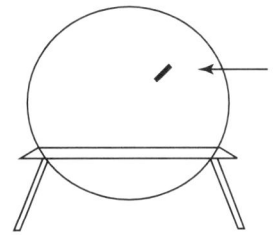

해설
$$\epsilon_x = \frac{\Delta L}{L} = \frac{0.009}{15} = 6 \times 10^{-4}$$

(평면 변형률) $\epsilon_x = \dfrac{\sigma_x}{E} - \dfrac{\nu\sigma_y}{E}$, $\epsilon_y = \dfrac{\sigma_y}{E} - \dfrac{\nu\sigma_x}{E}$

(구형 압력 용기) $\sigma_x = \sigma_y = \dfrac{PD}{4t} = \sigma$

$$\epsilon_x = \frac{\sigma}{E}(1-\nu) = \frac{PD}{4tE}(1-\nu)$$

(내압) $P = \dfrac{\epsilon_x \times 4tE}{D(1-\nu)} = \dfrac{6 \times 10^{-4} \times 4 \times 5 \times 200000}{1000(1-0.3)} = 3.428\text{MPa} \fallingdotseq 3.43\text{MPa}$

해답 ①

004

지름이 d인 중실 환봉에 비틀림 모멘트가 작용하고 있고 환봉의 표면에서 봉의 축에 대하여 45° 방향으로 측정한 최대수직변형률이 ϵ이었다. 환봉의 전단탄성계수를 G라고 한다면 이때 가해진 비틀림 모멘트 T의 식으로 가장 옳은 것은? (단, 발생하는 수직변형률 및 전단변형률은 다른 값에 비해 매우 작은 값으로 가정한다.)

① $\dfrac{\pi G \epsilon d^3}{2}$
② $\dfrac{\pi G \epsilon d^3}{4}$
③ $\dfrac{\pi G \epsilon d^3}{8}$
④ $\dfrac{\pi G \epsilon d^3}{16}$

$\epsilon = \dfrac{\gamma}{2} \qquad \gamma = 2\epsilon$

$$T = \tau \times Z_P = (G \times \gamma) \times Z_P = G \times 2\epsilon \times \dfrac{\pi d^3}{16} = \dfrac{G\epsilon \pi d^3}{8}$$

해답 ③

005
굽힘 모멘트 20.5kN · m의 굽힘을 받는 보의 단면은 폭 120mm, 높이 160mm의 사각단면이다. 이 단면이 받는 최대굽힘응력은 약 몇 MPa 인가?
① 10MPa
② 20MPa
③ 30MPa
④ 40MPa

$$\sigma_{b\max} = \dfrac{M_{\max}}{Z} = \dfrac{20500000}{\dfrac{BH^2}{6}} = \dfrac{20500000}{\dfrac{120 \times 160^2}{6}} = 40.03\,\text{MPa}$$

해답 ④

006
한 쪽을 고정한 L형 보에 그림과 같이 분포하중(w)과 집중하중(50N)이 작용할 때 고정단 A점에서의 모멘트는 얼마인가?
① 2600N · cm
② 2900N · cm
③ 3200N · cm
④ 3500N · cm

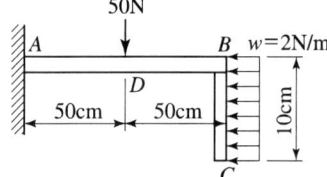

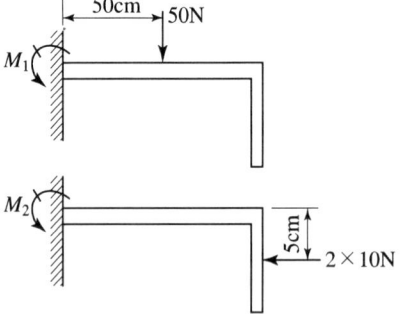

$M_1 = 50\text{N} \times 50\text{cm} = 2500\text{N} \cdot \text{cm}$
$M_2 = (2 \times 10)\text{N} \times 5\text{cm} = 100\text{N} \cdot \text{cm}$
$M_A = M_1 + M_2 = 2500 + 100 = 2600\text{N} \cdot \text{cm}$

해답 ①

007 비틀림 모멘트 T를 받는 평균반지름이 r_m이고 두께가 t인 원형의 박판 튜브에서 발생하는 평균 전단응력의 근사식으로 가장 옳은 것은?

① $\dfrac{2T}{\pi t r_m^2}$ ② $\dfrac{4T}{\pi t r_m^2}$
③ $\dfrac{T}{2\pi t r_m^2}$ ④ $\dfrac{T}{4\pi t r_m^2}$

해설 (평균전단응력) $\tau_{av} = \dfrac{P}{A} = \dfrac{\dfrac{T}{r_m}}{2\pi r_m \times t} = \dfrac{T}{2\pi r_m^2 t}$

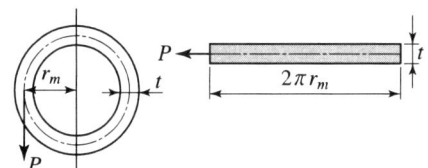

$T = P \times r_m,\ P = \dfrac{T}{r_m}$

해답 ③

008 한 변의 길이가 10mm인 정사각형 단면의 막대가 있다. 온도를 초기 온도로부터 60℃만큼 상승시켜서 길이가 늘어나지 않게 하기 위해 8kN의 힘이 필요할 때 막대의 선팽창계수(α)는 약 몇 ℃$^{-1}$ 인가? (단, 세로탄성계수 $E=200$GPa 이다.)

① $\dfrac{5}{3} \times 10^{-6}$ ② $\dfrac{10}{3} \times 10^{-6}$
③ $\dfrac{15}{3} \times 10^{-6}$ ④ $\dfrac{20}{3} \times 10^{-6}$

해설 $\sigma_{th} = \dfrac{P_{th}}{A} = E \cdot \alpha \cdot \Delta T$ $\dfrac{8000}{10 \times 10} = 200000 \times \alpha \times 60$

$\alpha = \dfrac{20}{3} \times 10^{-6} [1/℃]$

해답 ④

009 다음 단면에서 도심의 y축 좌표는 얼마인가? (단, 길이 단위는 mm 이다.)

① 32mm
② 34mm
③ 36mm
④ 38mm

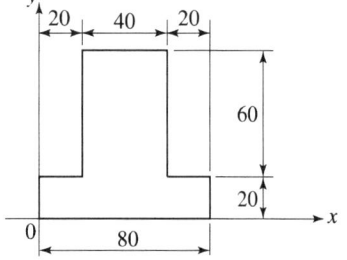

해설

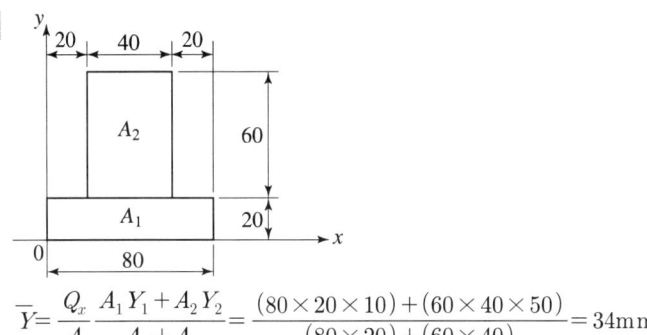

$$\overline{Y} = \frac{Q_x}{A} \frac{A_1 Y_1 + A_2 Y_2}{A_1 + A_2} = \frac{(80 \times 20 \times 10) + (60 \times 40 \times 50)}{(80 \times 20) + (60 \times 40)} = 34\,\mathrm{mm}$$

해답 ②

010
다음과 같은 평면응력상태에서 최대전단응력은 약 몇 MPa 인가?

x방향 인장응력 : 175MPa
y방향 인장응력 : 35MPa
xy방향 인장응력 : 60MPa

① 127
② 104
③ 76
④ 92

해설

(최대전단응력) $\tau = \sqrt{\left(\dfrac{\sigma_x - \sigma_y}{2}\right)^2 + \tau_{xy}^2} = \sqrt{\left(\dfrac{175-35}{2}\right)^2 + (-60)_{xy}^2} = 92.195\,\mathrm{MPa}$

해답 ④

011
그림과 같이 강선이 천정에 매달려 100kN의 무게를 지탱하고 있을 때, AC 강선이 받고 있는 힘은 약 몇 kN 인가?

① 50
② 25
③ 86.6
④ 13.3

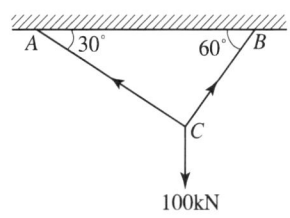

해설

$\dfrac{100000}{\sin 90°} = \dfrac{F_{AC}}{\sin 60° + 90°}$

$\therefore F_{AC} = 50000\mathrm{N} = 50\mathrm{kN}$

해답 ①

012

그림과 같은 사각단면보에서 100kN의 인장력이 작용하고 있다. 이 때 부재에 걸리는 인장응력은 약 얼마인가?

① 100Pa
② 100kPa
③ 100MPa
④ 100GPa

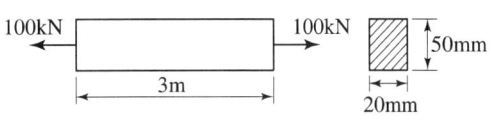

해설 $\sigma = \dfrac{P}{A} = \dfrac{100000}{20 \times 50} = 100\,\text{MPa}$

해답 ③

013

양단이 고정된 막대의 한 점(B점)에 그림과 같이 축방향 하중 P가 작용하고 있다. 막대의 단면적이 A이고 탄성계수가 E일 때, 하중 작용점(B점)의 변위 발생량은?

① $\dfrac{abP}{EA(a+b)}$

② $\dfrac{abP}{2EA(a+b)}$

③ $\dfrac{abP}{EA(b-a)}$

④ $\dfrac{abP}{2EA(b-a)}$

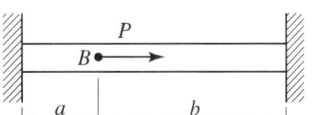

해설 $R_a = \dfrac{Pb}{L}$

$\delta = \dfrac{R_a a}{AE} = \dfrac{\frac{Pb}{L}a}{AE} = \dfrac{Pab}{AEL} = \dfrac{Pab}{AE(a+b)}$

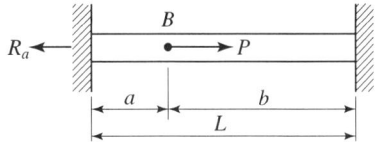

해답 ①

014

그림과 같은 분포 하중을 받는 단순보의 반력 R_A, R_B는 각각 몇 kN 인가?

① $R_A = \dfrac{3}{8}wL$, $R_B = \dfrac{9}{8}wL$

② $R_A = \dfrac{5}{8}wL$, $R_B = \dfrac{7}{8}wL$

③ $R_A = \dfrac{9}{8}wL$, $R_B = \dfrac{3}{8}wL$

④ $R_A = \dfrac{7}{8}wL$, $R_B = \dfrac{5}{8}wL$

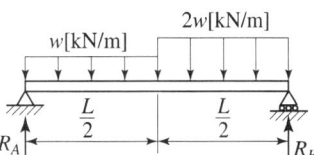

해설

$$R_{A1} = \frac{\frac{wL}{2} \times \frac{3L}{4}}{L} = \frac{3wL}{8}$$

$$R_{B1} = \frac{\frac{wL}{2} \times \frac{L}{4}}{L} = \frac{wL}{8}$$

$$R_{A2} = \frac{wL \times \frac{L}{4}}{L} = \frac{wL}{4}$$

$$R_{B2} = \frac{wL \times \frac{3L}{4}}{L} = \frac{3wL}{4}$$

$$R_A = R_{A1} + R_{A2} = \frac{3wL}{8} + \frac{wL}{4} = \frac{5wL}{8}$$

$$R_B = R_{B1} + R_{B2} = \frac{wL}{8} + \frac{3wL}{4} = \frac{7wL}{8}$$

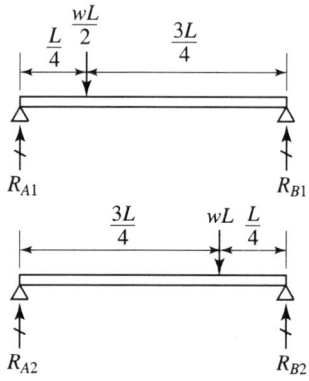

해답 ②

015
가로탄성계수가 5GPa 인 재료로 된 봉의 지름이 4cm이고, 길이가 1m 이다. 이 봉의 비틀림 강성(단위 회전각을 일으키는데 필요한 토크, torsional sthffness)은 약 몇 kN · m 인가?

① 1.26
② 1.08
③ 0.74
④ 0.53

해설 $\theta = \frac{TL}{GI_P}$

$$\frac{T}{\theta} = \frac{GI_P}{L} = \frac{5 \times 10^9 \frac{N}{m^2} \times \frac{\pi \times 0.04^4 m^4}{32}}{1m} = 1256.637 \frac{N \cdot m}{rad} = 1.256 \frac{kN \cdot m}{rad}$$

해답 ①

016
직사각형 단면을 가진 단순지지보의 중앙에 집중하중 W를 받을 때, 보의 길이 l이 단면의 높이 h의 10배라 하면 보에 생기는 최대굽힘응력 $\sigma_{\max}$와 최대전단응력 $\tau_{\max}$의 비($\frac{\sigma_{\max}}{\tau_{\max}}$)는?

① 4
② 8
③ 16
④ 20

해설 $\sigma_{\max} = \frac{M_{\max}}{Z} = \frac{\left(\frac{WL}{4}\right)}{\frac{bh^2}{6}} = \frac{6WL}{4bh^2} = \frac{6W \times 10h}{4bh^2} = \frac{15W}{bh}$

$$\tau_{\max} = \frac{3}{2} \times \frac{V_{\max}}{bh} = \frac{3}{2} \times \frac{\left(\frac{W}{2}\right)}{bh} = \frac{3W}{4bh}$$

$$\frac{\sigma_{\max}}{\tau_{\max}} = \frac{\left(\frac{15W}{bh}\right)}{\left(\frac{3W}{4bh}\right)} = 20$$

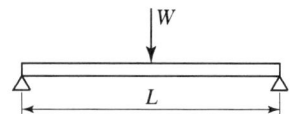

해답 ④

017

그림과 같은 단순보에 w의 등분포하중이 작용하고 있을 때 보의 양단에서의 처짐각(θ)은 얼마인가? (단, E는 세로탄성계수, I는 단면 2차모멘트이다.)

① $\theta = \dfrac{wL^3}{16EI}$ ② $\theta = \dfrac{wL^3}{24EI}$

③ $\theta = \dfrac{wL^3}{48EI}$ ④ $\theta = \dfrac{3wL^3}{128EI}$

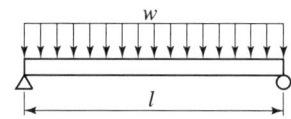

해설 보의 종류

보의 종류						
	P↓	w (P=wl)	P↓	w (P=wl)	P↓	w (P=wl)
$\delta_{MAX} = \dfrac{Pl^3}{KEI}$	3	8	48	384/5	192	384
$\theta_{MAX} = \dfrac{Pl^2}{KEI}$	2	6	16	24	64	125

$$\theta = \frac{wL^3}{24EI} \qquad \delta = \frac{PL^3}{KEI} \qquad \theta = \frac{PL^2}{K'EI}$$

해답 ②

018

단면적이 같은 원형과 정사각형의 도심축을 기준으로 한 단면 계수의 비는? (단, 원형 : 정사각형의 비율이다.)

① 1 : 0.509 ② 1 : 1.18
③ 1 : 2.36 ④ 1 : 4.68

해설 $\dfrac{\pi}{4}d^2 = a^2$, $a = \sqrt{\dfrac{\pi}{4}} \times d = 0.886d$

$$\frac{Z_C}{Z_R} = \frac{\dfrac{\pi d^3}{32}}{\dfrac{a^3}{6}} = \frac{6\pi d^3}{32a^3} = \frac{6\pi d^3}{32 \times 0.886^3 d^3} = 0.846 = \frac{846}{1000}$$

$$\frac{Z_C}{Z_R} = \frac{846}{1000} = \frac{1}{\dfrac{1000}{846}} = \frac{1}{1.18}$$

해답 ②

019 그림과 같이 크기가 같은 집중하중 P를 받고 있는 외팔보에서 자유단의 처짐값을 구한 식으로 옳은 것은? (단, 보의 전체 길이는 l이며, 세로탄성계수는 E, 보의 단면2차모멘트는 I이다.)

① $\dfrac{2Pl^3}{3EI}$ ② $\dfrac{5Pl^3}{8EI}$

③ $\dfrac{7Pl^3}{3EI}$ ④ $\dfrac{5Pl^3}{24EI}$

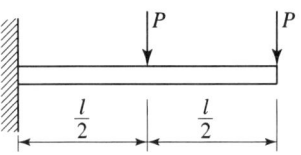

해설

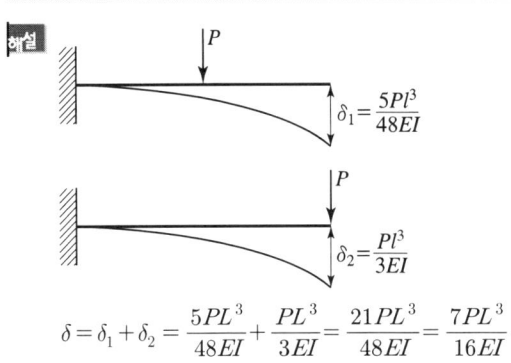

$\delta_1 = \dfrac{5Pl^3}{48EI}$

$\delta_2 = \dfrac{Pl^3}{3EI}$

$\delta = \delta_1 + \delta_2 = \dfrac{5PL^3}{48EI} + \dfrac{PL^3}{3EI} = \dfrac{21PL^3}{48EI} = \dfrac{7PL^3}{16EI}$

해답 ③

020 그림과 같이 일단 고정 타단 자유인 기둥이 축방향으로 압축력을 받고 있다. 단면은 한쪽 길이가 10cm의 정사각형이고 길이(l)는 5m, 세로탄성계수는 10GPa 이다. Euler 공식에 따라 좌굴에 안전하기 위한 하중은 약 몇 kN 인가? (단, 안전계수를 10으로 적용한다.)

① 0.72
② 0.82
③ 0.92
④ 1.02

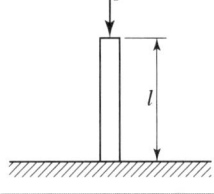

해설

$F_B = \dfrac{n\pi^2 EI}{l^2} = \dfrac{\frac{1}{4} \times \pi^2 \times 10000 \times \frac{100^4}{12}}{5000^2} = 8224\text{N}$

좌굴이 일어나지 않기 위한 하중 $F_B{'} = \dfrac{F_B}{s} = \dfrac{8224}{10} = 822.4\text{N} = 0.8224\text{kN}$

해답 ②

제2과목 기계열역학

021 온도가 20℃, 압력은 100kPa인 공기 1kg을 정압과정으로 가열 팽창시켜 체적을 5배로 할 때 온도는 약 몇 ℃ 가 되는가? (단, 해당 공기는 이상기체이다.)

① 1192℃
② 1242℃
③ 1312℃
④ 1442℃

해설
$$\frac{V_1}{T_1} = \frac{V_2}{T_2} \qquad \frac{V_1}{20+273} = \frac{5V_1}{T_2+273} \qquad \frac{1}{20+273} = \frac{5}{T_2+273}$$
$$T_2 = 1192℃$$

해답 ①

022 압력 1MPa, 온도 50℃인 R-134a의 비체적의 실제 측정값이 0.021796m³/kg 이었다. 이상기체 방정식을 이용한 이론적인 비체적과 측정값과의 오차 $\left(= \dfrac{\text{이론값} - \text{실제측정값}}{\text{실제측정값}}\right)$는 약 몇 % 인가? (단, R-134a 이상기체의 기체상수는 0.0815kPa · m³/(kg · K) 이다.)

① 5.5%
② 12.5%
③ 20.8%
④ 30.8%

해설 $Pv_{th} = RT$

(이론 비체적) $v_{th} = \dfrac{RT}{P} = \dfrac{0.0815 \times (50+273)}{1000} = 0.0263 \text{m}^3/\text{kg}$

$\dfrac{\text{이론비체적} - \text{실제측정비체적}}{\text{실제측정비체적}} = \dfrac{0.0263 - 0.02176}{0.02176} = 0.2086 = 20.86\%$

해답 ③

023 공기 표준 사이클로 작동되는 디젤 사이클의 이론적인 열효율은 약 몇 % 인가? (단, 비열비는 1.4, 압축비는 16이며, 체절비(cut-off ratio)는 1.8 이다.)

① 50.1
② 53.2
③ 58.6
④ 62.4

해설 $\eta_o = 1 - \left(\dfrac{1}{\epsilon}\right)^{k-1} \dfrac{\sigma^k - 1}{R(\sigma - 1)} = 1 - \left(\dfrac{1}{16}\right)^{1.4-1} \dfrac{1.8^{1.4} - 1}{1.4 \times (1.8 - 1)}$
$= 0.6238 = 62.38\%$

해답 ④

024 그림과 같은 열기관 사이클이 있을 때 실제 가능한 공급열량(Q_H)과 일량(W)은 얼마인가? (단, Q_L은 방열열량이다.)

① $Q_H = 100\text{kJ}$, $W = 80\text{kJ}$
② $Q_H = 110\text{kJ}$, $W = 80\text{kJ}$
③ $Q_H = 100\text{kJ}$, $W = 90\text{kJ}$
④ $Q_H = 110\text{kJ}$, $W = 90\text{kJ}$

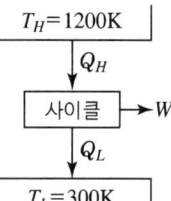

해설
$$\eta = 1 - \frac{T_L}{T_H} = 1 - \frac{300}{1200} = 0.75$$
$$\eta = \frac{W}{Q_H}, \quad W = \eta \times Q_H$$

① $Q_H = 100\text{kJ}$이면 $W = 0.75 \times 100 = 75\text{kJ}$(최대일량)
② $Q_H = 110\text{kJ}$이면 $W = 0.75 \times 110 = 82.5\text{kJ}$(최대일량)
③ $Q_H = 100\text{kJ}$이면 $W = 0.75 \times 100 = 75\text{kJ}$(최대일량)
④ $Q_H = 110\text{kJ}$이면 $W = 0.75 \times 110 = 82.5\text{kJ}$(최대일량)
보기 ②만 실제 가능한 사이클이다.

해답 ②

025 다음 압력값 중에서 표준대기압(1atm)과 차이(절대값)가 가장 큰 압력은?

① 1MPa
② 100kPa
③ 1bar
④ 100hPa

해설 $1\text{atm} = 0.1\text{MPa} = 10^5\text{Pa} = 100\text{kPa} \fallingdotseq 1000\text{hPa} \fallingdotseq 1\text{bar}$
① $1\text{MPa} - 0.1\text{MPa} = 0.9\text{MPa} = 900\text{kPa}$
② $100\text{kPa} - 100\text{kPa} = 0\text{kPa}$
③ $1\text{bar} - 1\text{bar} = 0$
④ $100\text{hPa} - 1000\text{hPa} = -990\text{hPa} = -99\text{kPa}$

해답 ①

026 어떤 기체 동력장치가 이상적인 브레이턴 사이클로 다음과 같이 작동할 때 이 사이클의 열효율은 약 몇 % 인가? (단, 온도(T)-엔트로피(s) 선도에서 $T_1 = 30℃$, $T_2 = 200℃$, $T_3 = 1060℃$, $T_4 = 160℃$ 이다.)

① 81%
② 85%
③ 89%
④ 76%

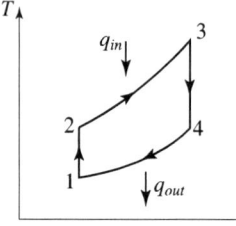

[해설] $\eta_B = 1 - \dfrac{q_{out}}{q_{in}} = 1 - \dfrac{C_p(T_4 - T_1)}{C_p(T_3 - T_2)} = 1 - \dfrac{T_4 - T_1}{T_3 - T_2}$

$= 1 - \dfrac{160 - 30}{1060 - 200} = 0.8488 = 84.88\%$

해답 ②

027

어떤 물질 1000kg이 있고 부피는 1.404m³ 이다. 이 물질의 엔탈피가 1344.8kJ/kg 이고 압력이 9MPa 이라면 물질의 내부에너지는 약 몇 kJ/kg 인가?

① 1332
② 1284
③ 1048
④ 875

[해설] $h = u + pv$

$v = \dfrac{1.404}{1000} = 1.404 \times 10^{-3} \dfrac{m^3}{kg}$

$u = h - pv = 1344.8 - (9000 \times 1.404 \times 10^{-3}) = 1332.164 \text{kJ/kg}$

해답 ①

028

질량이 m으로 동일하고, 온도가 각각 T_1, $T_2(T_1 > T_2)$인 두 개의 금속덩어리가 있다. 이 두 개의 금속덩어리가 서로 접촉되어 온도가 평형상태에 도달하였을 때 엔트로피 변화량(ΔS)은? (단, 두 금속의 비열은 c로 동일하고, 다른 외부로의 열교환은 전혀 없다.)

① $mc \times \ln \dfrac{T_1 - T_2}{2\sqrt{T_1 T_2}}$

② $mc \times \ln \dfrac{T_1 - T_2}{\sqrt{T_1 T_2}}$

③ $2mc \times \ln \dfrac{T_1 + T_2}{2\sqrt{T_1 T_2}}$

④ $2mc \times \ln \dfrac{T_1 + T_2}{\sqrt{T_1 T_2}}$

[해설] $T_m = \dfrac{m_1 c_1 t_1 + m_2 c_2 t_2}{m_1 c_1 + m_2 c_2} = \dfrac{mc(t_1 + t_2)}{mc + mc} = \dfrac{t_1 + t_2}{2}$

$\Delta S_1 = m_1 c_1 \ln \dfrac{t_m}{t_1} = mc \ln \dfrac{t_m}{t_1} = mc(\ln t_m - \ln t_1)$

$\Delta S_2 = m_2 c_2 \ln \dfrac{t_m}{t_2} = mc \ln \dfrac{t_m}{t_2} = mc(\ln t_m - \ln t_2)$

$\Delta S = \Delta S_1 + \Delta S_2 = mc(\ln t_m - \ln t_1 + \ln t_m - \ln t_m t_2)$

$= mc(2\ln t_m - \ln t_1 - 1nt_2) = mc(2\ln t_m - (\ln t_1 + 1nt_2))$

$= mc(2\ln t_m - \ln t_1 t_2) = 2mc\left(\ln t_m - \dfrac{1}{2} ln t_1 t_2\right)$

$= 2mc\left(\ln t_m - \ln (t_1 t_2)^{\frac{1}{2}}\right) = 2mc(\ln t_m - \ln \sqrt{t_1 t_2})$

$= 2mc \ln \dfrac{t_m}{\sqrt{t_1 t_2}} = 2mc \ln \dfrac{\frac{t_1 + t_2}{2}}{\sqrt{t_1 t_2}} = 2mc \ln \dfrac{T_1 + T_2}{2\sqrt{T_1 T_2}}$

해답 ③

029

3kg의 공기가 400K에서 830K까지 가열될 때 엔트로피 변화량은 약 몇 kJ/K 인가? (단, 이 때 압력은 120kPa에서 480kPa까지 변화하였고, 공기의 정압비열은 1.005 kJ/(kg · K), 공기의 기체상수는 0.287kJ/(kg · K) 이다.)

① 0.584 ② 0.719
③ 0.842 ④ 1.007

해설
$$\Delta S = m\left(C_p \ln \frac{t_2}{t_1} - R\ln \frac{P_2}{P_1}\right)$$
$$= 3\left(1.005 \times \ln \frac{830}{400} - 0.287 \times \ln \frac{480}{120}\right)$$
$$= 1.007 \text{kg/K}$$

해답 ④

030

그림과 같이 작동하는 냉동사이클(압력(P)-엔탈피(h) 선도)에서 $h_1 = h_4 = 98\text{kJ/kg}$, $h_2 = 246\text{kJ/kg}$, $h_3 = 298\text{kJ/kg}$일 때 이 냉동사이클의 성능계수(COP)는 약 얼마인가?

① 4.95
② 3.85
③ 2.85
④ 1.95

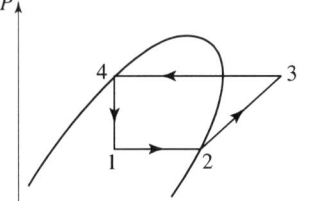

해설
$$\epsilon = \frac{q_L}{W_c} = \frac{h_2 - h_1}{h_3 - h_2} = \frac{246 - 98}{298 - 246} = 2.846$$

해답 ③

031

0℃ 얼음 1kg이 열을 받아서 100℃ 수증기가 되었다면, 엔트로피 증가량은 약 몇 kJ/K 인가? (단, 얼음의 융해열은 336kJ/kg이고, 물의 기화열은 2264kJ/kg이며, 물의 정압비열은 4.186kJ/(kg · K) 이다.)

① 8.6 ② 10.2
③ 12.8 ④ 14.4

해설
① 0℃ 얼음 → 0℃물, 등온과정 $\Delta S_1 = m \times \frac{\gamma_{융해}}{T} = 1 \times \frac{336}{0+273} = 1.23\text{kJ/K}$

② 0℃ 물 → 100℃ 물, $\Delta S_2 = mC_p \ln \frac{T_2}{T_1} = 1 \times 4.186 \times \ln \frac{100+273}{0+273} = 1.306\text{kJ/K}$

③ 100℃물 → 100℃ 증기, $\Delta S_3 = m \times \frac{\gamma_{증발}}{T} = 1 \times \frac{2264}{100+273} = 6.069\text{kJ/K}$

$\Delta S = \Delta S_1 + \Delta S_2 + \Delta S_3$
$= 1.23 + 1.306 + 6.069 = 8.605\text{kJ/K}$

해답 ①

032 그림과 같이 선형 스프링으로 지지되는 피스톤-실린더 장치 내부에 있는 기체를 가열하여 기체의 체적이 V_1에서 V_2로 증가하였고, 압력은 P_1에서 P_2로 변화하였다. 이때 기체가 피스톤에 행한 일을 옳게 나타낸 식은? (단, 실린더와 피스톤 사이에 마찰은 무시하며 실린더 내부의 압력(P)은 실린더 내부 부피(V)와 선형관계($P=aV$, a는 상수)에 있다고 본다.)

① $P_2V_2 - P_1V_1$
② $P_2V_2 + P_1V_1$
③ $\frac{1}{2}(P_2+P_1)(V_2-V_1)$
④ $\frac{1}{2}(P_2+P_1)(V_2+V_1)$

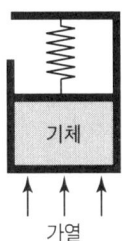

해설
$P_1 = aV_1, \ P_2 = aV_2, \ P_1+P_2 = a(V_1+V_2), \ a = \frac{P_1+P_2}{V_1+V_2}$

$_1W_2 = \int_1^2 PdV = \int_1^2 aVdV = a\left[\frac{V^2}{2}\right]_1^2$

$= \frac{a}{2}[V_2^2 - V_1^2] = \frac{\frac{(P_1+P_2)}{(V_1+V_2)}}{2} \times [V_2^2 - V_1^2]$

$= \frac{P_1+P_2}{2(V_1+V_2)}(V_2+V_1)(V_2-V_1)$

$= \frac{1}{2}(P_1+P_2)(V_2-V_1)$

해답 ③

033 피스톤-실린더 내부에 존재하는 온도 150℃, 압력 0.5MPa의 공기 0.2kg은 압력이 일정한 과정에서 원래 체적의 2배로 늘어난다. 이 과정에서의 일은 약 몇 kJ인가? (단, 공기의 기체상수가 0.287kJ/(kg·K)인 이상기체로 가정한다.)

① 12.3
② 16.5
③ 20.5
④ 24.3

해설
$V_2 = 2V_1$
$V_1 = \frac{mRT}{P} = \frac{0.2 \times 0.287 \times (150+273)}{0.5 \times 10^3} = 0.0485\text{m}^3$
$_1W_2 = P(V_2-V_1) = P(2V_1-V_1) = PV_1 = 0.5 \times 10^3 \times 0.0485 = 24.25\text{kJ}$

해답 ④

034 밀폐 시스템에서 가역정압과정이 발생할 때 다음 중 옳은 것은? (단, U는 내부에너지, Q는 열량, H는 엔탈피, S는 엔트로피, W는 일량을 나타낸다.)

① $dH = dQ$
② $dU = dQ$
③ $dS = dQ$
④ $dW = dQ$

해설
$\delta q = du + pdv$
$\delta q = dh - vdp$ 정압과정 $dp = 0$
$\delta q = dh$

해답 ①

035 시간당 380000kg의 물을 공급하여 수증기를 생산하는 보일러가 있다. 이 보일러에 공급하는 물의 비엔탈피는 830kJ/kg이고, 생산되는 수증기의 비엔탈피는 3230kJ/kg이라고 할 때, 발열량이 32000kJ/kg 인 석탄을 시간당 34000kg씩 보일러에 공급한다면 이 보일러에 효율은 약 몇 % 인가?

① 66.9%
② 71.5%
③ 77.3%
④ 83.8%

해설
$$\eta_B = \frac{\dot{m}(h_2 - h_1)}{H \times f} = \frac{\frac{380000\text{kg}}{3600\text{s}} \times (3230 - 830)\frac{\text{kJ}}{\text{kg}}}{32000\frac{\text{kJ}}{\text{kg}} \times \frac{34000\text{kg}}{3600\text{s}}}$$
$$= 0.8383 = 83.82\%$$

해답 ④

036 밀폐 시스템에서 압력(P)이 아래와 같이 체적(V)에 따라 변한다고 할 때 체적이 0.1m³에서 0.3m³로 변하는 동안 이 시스템이 한 일은 약 몇 J 인가? (단, P의 단위는 kPa, V의 단위는 m³ 이다.)

$$P = 5 - 15 \times V$$

① 200
② 400
③ 800
④ 1600

해설
$$_1W_2 = \int_1^2 pdv = \int_1^2 (5 - 15 \times v)dv$$
$$= \left[5v - 15 \times \frac{v^2}{2}\right]_{0.1}^{0.3}$$
$$= \left[5 \times 0.3 - 15 \times \frac{0.3^2}{2}\right] - \left[5 \times 0.1 - 15 \times \frac{0.1^2}{2}\right]$$
$$= 0.4\text{kJ} = 400\text{J}$$

해답 ②

037

출력 10000kW의 터빈 플랜트의 시간당 연료소비량이 5000kg/h 이다. 이 플랜트의 열효율은 약 몇 % 인가? (단, 연료의 발열량은 33440kJ/kg 이다.)

① 25.4% ② 21.5%
③ 10.9% ④ 40.8%

해설
$$\eta = \frac{W}{H \times f} = \frac{10000[\text{kW}]}{33440[\text{kJ/kg}] \times \frac{5000}{3600}[\text{kg/s}]} = 0.2153 = 21.53\%$$

해답 ②

038

이상적인 증기 압축 냉동 사이클의 과정은?
① 정적방열과정 → 등엔트로피 압축과정 → 정적증발과정 → 등엔탈피 팽창과정
② 정압방열과정 → 등엔트로피 압축과정 → 정압증발과정 → 등엔탈피 팽창과정
③ 정적증발과정 → 등엔트로피 압축과정 → 정적방열과정 → 등엔탈피 팽창과정
④ 정압증발과정 → 등엔트로피 압축과정 → 정압방열과정 → 등엔탈피 팽창과정

해설

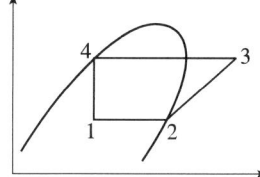

과정 1 → 2 증발기 정압흡열(정압증발과정)
과정 2 → 3 압축기 단열압축(등엔트로핑과정)
과정 3 → 4 응축기 정압방열
과정 4 → 1 교축과정 등Enthalpy과정

해답 ④

039

−15℃와 75℃의 열원 사이에서 작동하는 카르노 사이클 열펌프의 난방 성능계수는 얼마인가?

① 2.87 ② 3.87
③ 6.16 ④ 7.16

해설
$$\epsilon_{HP} = \frac{Q_H}{W_{ent}} = \frac{Q_H}{Q_H - Q_L} = \frac{T_H}{T_M - T_L}$$
$$= \frac{(75+273)}{(75+273)-(-15+273)} = 3.8666 = 3.87$$

해답 ②

040 열교환기를 흐름 배열(flow arrangement)에 따라 분류할 때 그림과 같은 형식은?

① 평행류
② 대향류
③ 병행류
④ 직교류

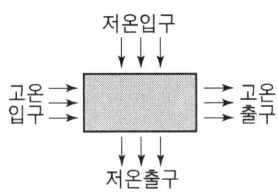

해설 흐름 배열에 따른 열교환기의 분류

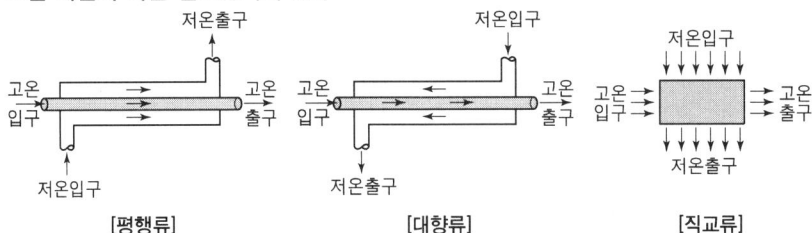

[평행류]　　　　　　[대향류]　　　　　　[직교류]

해답 ④

제3과목　기계유체역학

041 다음 중 무차원수가 되는 것은? (단, ρ : 밀도, μ : 점성계수, F : 힘, Q : 부피유량, V : 속도, P : 동력, D : 지름, L : 길이 이다.)

① $\dfrac{\rho V^2 D^2}{\mu}$

② $\dfrac{P}{\rho V^3 D^5}$

③ $\dfrac{Q}{VD^3}$

④ $\dfrac{F}{\mu VL}$

해설
$\rho[\text{kg/m}^3] = [ML^{-3}]$
$\mu[\text{kg/Sm}] = [ML^{-1}T^{-1}]$
$F[\text{N}] = \left[\text{kg} \times \dfrac{\text{m}}{\text{s}^2}\right] = [MLT^{-2}]$
$Q[\text{m}^3/\text{s}] = [L^3T^{-1}]$
$V[\text{m/s}] = [LT^{-1}]$
$P\left[\dfrac{\text{N} \cdot \text{m}}{\text{s}}\right] = \left[MLT^{-2} \times L \times \dfrac{1}{T}\right] = [ML^2T^{-3}]$
$D[\text{m}] = [L]$
$L[\text{m}] = [L]$

① $\dfrac{\rho V^2 D^2}{\mu} = \dfrac{[ML^{-3}] \times [LT^{-1}]^2 \times [L]^2}{[ML^{-1}T^{-1}]} = \dfrac{MLT^{-2}}{ML^{-1}T^{-1}} = [L^2T^{-1}]$

② $\dfrac{P}{\rho V^3 D^5} = \dfrac{[ML^2T^{-3}]}{[ML^{-3}] \times [LT^{-1}]^3 \times [L]^5} = \dfrac{ML^2T^{-3}}{ML^5T^{-3}} = L^{-3}$

③ $\dfrac{Q}{VD^3} = \dfrac{[LT^{-1}]}{[LT^{-1}] \times [L]^3} = \dfrac{LT^{-1}}{L^4T^{-1}} = L^{-3}$

④ $\dfrac{F}{\mu VL} = \dfrac{[MLT^{-2}]}{[ML^{-1}T^{-1}] \times [LT^{-1}] \times [L]} = \dfrac{MLT^{-2}}{MLT^{-2}} = 1$

해답 ④

042

지름 20cm인 구의 주위에 물이 2m/s의 속도로 흐르고 있다. 이 때 구의 항력계수가 0.2 라고 할 때 구에 작용하는 항력은 약 몇 N 인가?

① 12.6
② 204
③ 0.21
④ 25.1

해설
$D = \gamma \times \dfrac{V^2}{2g} \times A_D \times C_D = \dfrac{\rho V^2}{2} \times A_D \times C_D$
$= \dfrac{1000 \times 2^2}{2} \times \dfrac{\pi}{4} \times 0.2^2 \times 0.2 = 12.566 \text{N}$

해답 ①

043

물의 체적탄성계수가 2×10^9Pa 일 때 물의 체적을 4% 감소시키려면 약 몇 MPa의 압력을 가해야 하는가?

① 40
② 80
③ 60
④ 120

해설
$K = \dfrac{\Delta P}{\dfrac{\Delta V}{V}}$

$\Delta P = K \times \dfrac{\Delta V}{V} = 2 \times 10^9 \times \dfrac{4}{100}$
$= 8 \times 10^7 \text{Pa} = 80 \times 10^6 \text{Pa} = 80 \text{MPa}$

해답 ②

044

손실수두(K_L)가 15인 밸브가 파이프에 설치되어 있다. 이 파이프에 물이 3m/s의 속도로 흐르고 있다면, 밸브에 의한 손실수두는 약 몇 m 인가?

① 67.8
② 22.3
③ 6.89
④ 11.26

해설
$H_L = K \times \dfrac{V^2}{2g} = 15 \times \dfrac{3^2}{2 \times 9.8} = 6.88 \text{m}$

해답 ③

045

공기가 게이지 압력을 2.06bar의 상태로 지름이 0.15m인 관속을 흐르고 있다. 이 때 대기압은 1.03bar 이고 공기 유속이 4m/s 라면 질량유량(mass flow rate)은 약 몇 kg/s 인가? (단, 공기의 온도는 37℃이고, 기체상수는 287.1 J/(kg · K)이다.)

① 0.245
② 2.17
③ 0.026
④ 32.4

해설
$P_G = 2.06\text{bar}$, $D = 0.15\text{m}$, $P_o = 1.03\text{bar}$, $V = 4\text{m/s}$
$T = 37℃ + 273 = 310\text{K}$, $R = 287.1\text{J/kg} \cdot \text{K}$

(밀도) $\rho = \dfrac{P}{RT} = \dfrac{(2.06 + 1.03) \times 10^5}{287.1 \times 310} = 3.471\text{kg/m}^3$

(질량유량) $\dot{m} = \rho A V = 3.471 \times \dfrac{\pi}{4} 0.15^2 \times 4 = 0.245\text{kg/S}$

해답 ①

046

남극 바다에 비중이 0.917인 해빙이 떠 있다. 해빙의 수면 위로 나와 있는 체적이 40m³일 때 해빙의 전체중량은 약 몇 kN 인가? (단, 바닷물의 비중은 1.025 이다.)

① 2487
② 2769
③ 3138
④ 3414

해설
$W_\text{해빙} = F_B$
$F_B = \gamma_\text{바닷물} \times V_\text{잠긴} = S_\text{바닷물} \times \gamma_w \times V_\text{잠긴} = 1.025 \times 9800 \times V_\text{잠긴}$
$W_\text{해빙} = \gamma_\text{해빙} \times V_\text{전체} = S_\text{해빙} \times \gamma_w \times V_\text{전체} = 0.917 \times 9800 \times (40 + V_\text{잠긴})$
$1.025 \times 9800 \times V_\text{잠긴} = 0.917 \times 9800 \times (40 + V_\text{잠긴})$
$V_\text{잠긴} = 339.629\text{m}^3$
$V_\text{전체} = V_\text{잠긴} + V_\text{떠} = 339.629 + 40 = 379.629\text{m}^3$
$W_\text{해빙} = \gamma_\text{해빙} \times V_\text{전체} = S_\text{해빙} \times \gamma_w \times V_{w\text{전체}}$
$\qquad = 0.917 \times 9800 \times 379.629 = 3411573.971\text{N} \fallingdotseq 3411\text{kN}$

해답 ④

047

그림과 같은 시차액주계에서 A, B점의 압력차 $P_A - P_B$는? (단, γ_1, γ_2, γ_3는 각 액체의 비중량이다.)

① $\gamma_3 h_3 - \gamma_1 h_1 + \gamma_2 h_2$
② $\gamma_1 h_1 + \gamma_2 h_2 - \gamma_3 h_3$
③ $\gamma_1 h_1 - \gamma_2 h_2 + \gamma_3 h_3$
④ $\gamma_3 h_3 - \gamma_1 h_1 - \gamma_2 h_2$

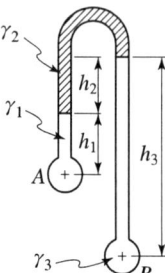

해설 $P_A = \gamma_1 h_1 + \gamma_2 h_2$
$P_B = \gamma_3 h_3$
$P_A - P_B = \gamma_1 h_1 + \gamma_2 h_2 - \gamma_3 h_3$

해답 ②

048

넓은 평판과 나란한 방향으로 흐르는 유체의 속도 u[m/s]는 평판 벽으로부터의 수직거리 y[m] 만의 함수로 아래와 같이 주어진다. 유체의 점성계수가 1.8×10^{-5} kg/(m·s) 이라면 벽면에서의 전단응력은 약 몇 N/m² 인가?

$$u(y) = 4 + 200 \times y$$

① 1.8×10^{-5}
② 3.6×10^{-5}
③ 1.8×10^{-3}
④ 3.6×10^{-3}

해설 $\tau_y = \mu \dfrac{du}{dy} = \mu \dfrac{d(4+200y)}{dy} = \mu \times 200$
$= 1.8 \times 10^{-5} \times 200 = 3.6 \times 10^{-3}$

해답 ④

049

길이가 50m인 배가 8m/s의 속도로 진행하는 경우에 대해 모형 배를 이용하여 조파저항에 관한 실험을 하고자 한다. 모형 배의 길이가 2m 이면 모형 배의 속도는 약 몇 m/s로 하여야 하는가?

① 1.60
② 1.82
③ 2.14
④ 2.30

해설 $\dfrac{V_1}{\sqrt{L_1 g}} = \dfrac{V_2}{\sqrt{L_2 g}}$, $\dfrac{8}{\sqrt{50}} = \dfrac{V_2}{\sqrt{2}}$
$V_2 = 1.6 \text{m/s}$

해답 ①

050

다음 중 점성계수(viscosity)의 차원을 옳게 나타낸 것은? (단, M은 질량, L은 길이, T는 시간이다.)

① MLT
② $ML^{-1}T^{-1}$
③ MLT^{-2}
④ $ML^{-2}T^{-2}$

해설 점성계수(μ), $1\text{pose} = \dfrac{\text{g}}{\text{s cm}}$ $[ML^{-1}T^{-1}]$

해답 ②

051

파이프 내의 유동에서 속도함수 V가 파이프 중심에서 반지름방향으로의 거리 r에 대한 함수로 다음과 같이 나타날 때 이에 대한 운동에너지 계수(또는 운동에너지 수정계수, kinetic energy coefficient) α는 약 얼마인가? (단, V_0는 파이프 중심에서의 속도, V_m은 파이프 내의 평균 속도, A는 유동 단면, R은 파이프 안쪽 반지름이고, 유속 방정식과 운동에너지 계수 관련 식은 아래와 같다.)

$$\text{유속방정식} : \frac{V}{V_0} = \left(1 - \frac{r}{R}\right)^{1/6}$$

$$\text{운동에너지 계수} : \alpha = \frac{1}{A}\int \left(\frac{V}{V_m}\right)^3 dA$$

① 1.01
② 1.03
③ 1.08
④ 1.12

해설

$dQ = VdA = V_o\left(1 - \frac{r}{R}\right)^{\frac{1}{6}} 2\pi r dr$

치환적분 $1 - \frac{r}{R} = t$, $r = 0$일 때 $t = 1$
$\qquad\qquad\qquad r = R$일 때 $t = 0$
$\qquad\qquad 1 - t = \frac{r}{R}$, $r = R - Rdt$, $dr = -Rdt$

$Q = \int_0^R V_o\left(1 - \frac{r}{R}\right)^{\frac{1}{6}} 2\pi r dr = \int_1^0 V_o t^{\frac{1}{6}} 2\pi R(1-t) \times -Rdt$

$= -V_o 2\pi R^2 \int_1^0 t^{\frac{1}{6}}(1-t) dt = -V_o 2\pi R^2 \int_1^0 t^{\frac{1}{6}} - t^{\frac{7}{6}} dt$

$= -V_o 2\pi R^2 \left[\frac{t^{\frac{1}{6}+1}}{\frac{1}{6}+1} - \frac{t^{\frac{7}{6}+1}}{\frac{7}{6}+1}\right]_1^0 = -V_o 2\pi R^2 \left[\frac{t^{\frac{7}{6}}}{\frac{7}{6}} - \frac{t^{\frac{13}{6}}}{\frac{13}{6}}\right]_1^0$

$= -V_o 2\pi R^2 \left[(0-0) - \left(\frac{6}{7} - \frac{6}{13}\right)\right] = -V_o 2\pi R^2 \left[-\frac{6}{7} + \frac{6}{13}\right]$

$= 2.485 V_o R^2$

$Q = \pi R^2 \times V_m = 2.485 V_o R$

$V_m = \frac{2.485 V_o R}{\pi R^2} = \frac{2.485 V_o}{\pi R} = 0.79 V_o$

$a = \frac{1}{A}\int\left(\frac{V}{V_m}\right)^3 dA = \frac{1}{\pi R^2}\int_0^R \left(\frac{V}{0.79 V_o}\right)^3 \cdot (2\pi r dr) = \frac{4.056}{R^2}\int_0^R r\left(1 - \frac{r}{R}\right)^{\frac{1}{2}} dr$

정리하면 $a = -4.056 \times \left(-\frac{2}{3} + \frac{2}{5}\right) = 1.0816$

해답 ③

052

자동차의 브레이크 시스템의 유압장치에 설치된 피스톤과 실린더 사이의 환형 틈새 사이를 통한 누설유동은 두 개의 무한 평판 사이의 비압축성, 뉴턴유체의 층류유동으로 가정할 수 있다. 실린더 내 피스톤의 고압측과 저압측의 압력차를 2배로 늘렸을 때, 작동유체의 누설유량은 몇 배가 될 것인가?

① 2배
② 4배
③ 8배
④ 16배

해설
$F = \Delta P \times \dfrac{\pi}{4}(D_2^2 - D_1^2)$ D_2, D_1 : 일정

$F \propto \Delta P$

$h = \dfrac{D_2 - D_1}{2}$ h : 일정, μ : 일정

$F = \mu \dfrac{V}{h}$, $V = \dfrac{F \times h}{\mu}$

$V \propto \Delta P$, $V' \propto 2\Delta P$, $V' = 2V$

$Q = \dfrac{\pi}{4}(D_2^2 - D_1^2) \times V$

$Q' = \dfrac{\pi}{4}(D_2^2 - D_1^2) \times V' = \dfrac{\pi}{4}(D_2^2 - D_1^2) \times 2V = Q \times 2$

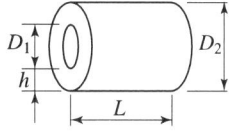

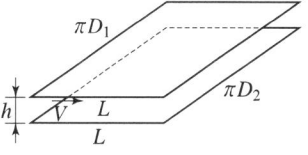

해답 ①

053

그림과 같이 속도 V인 유체가 곡면에 부딪혀 θ의 각도로 유동방향이 바뀌어 같은 속도로 분출된다. 이때 유체가 곡면에 가하는 힘의 크기를 θ에 대한 함수로 옳게 나타낸 것은? (단, 유동단면적은 일정하고, θ의 각도는 $0° \leq \theta \leq 180°$ 이내에 있다고 가정한다. 또한 Q는 체적 유량, ρ는 유체밀도이다.)

① $F = \dfrac{1}{2}\rho QV\sqrt{1-\cos\theta}$

② $F = \dfrac{1}{2}\rho QV\sqrt{2(1-\cos\theta)}$

③ $F = \rho QV\sqrt{1-\cos\theta}$

④ $F = \rho QV\sqrt{2(1-\cos\theta)}$

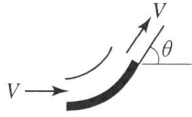

해설
$F_x = \rho A(v-u)^2(1-\cos\theta) = \rho AV^2(1-\cos\theta) = \rho Qv(1-\cos\theta)$

$F_y = \rho A(v-u)^2\sin\theta = \rho AV^2\sin\theta = \rho Qv\sin\theta$

$F = \sqrt{F_x^2 + F_y^2} = \sqrt{(\rho Qv(1-\cos\theta))^2 + (\rho Qv\sin\theta)^2}$

$= \rho Qv\sqrt{(1-2\cos\theta+\cos^2\theta+\sin^2\theta)}$

$= \rho Qv \times \sqrt{1-2\cos\theta+1}$

$= \rho Qv \times \sqrt{2-2\cos\theta}$

$= \rho Qv \times \sqrt{2(1-\cos\theta)}$

해답 ④

054

그림과 같이 폭이 3m인 수문 AB가 받는 수평성분 F_H와 수직성분 F_V는 각각 약 몇 N 인가?

① $F_H = 24400$, $F_V = 46181$
② $F_H = 58800$, $F_V = 46181$
③ $F_H = 58800$, $F_V = 92362$
④ $F_H = 24400$, $F_V = 92362$

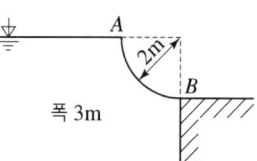

폭 3m

해설
$F_V = \gamma_w \times V = 9800 \times \dfrac{\pi R^2}{4} \times L = 9800 \times \dfrac{\pi \times 2^2}{4} \times 3 = 92362.824 \text{N}$

$F_H = \gamma_w \overline{H} A = 9800 \times 1 \times (2 \times 3) = 58800 \text{N}$

해답 ③

055

정지된 물속의 작은 모래알이 낙하하는 경우 Stokes Flow(스토크스 유동)가 나타날 수 있는데, 이 유동의 특징은 무엇인가?

① 압축성 유동
② 저속 유동
③ 비점성 유동
④ 고속 유동

해설 stokes flow는 레이놀드 수가 아주 작은 저속유동일 때 적용된다.

해답 ②

056

극좌표계(r, θ)로 표현되는 2차원 포텐셜유동에서 속도포텐셜(velocity potential, ϕ)이 다음과 같을 때 유동함수(stream function, ψ)로 가장 적절한 것은? (단, A, B, C는 상수이다.)

$$\phi = A\ln r + Br\cos\theta$$

① $\psi = \dfrac{A}{r}\cos\theta + Br\sin\theta + C$
② $\psi = \dfrac{A}{r}\sin\theta - Br\cos\theta + C$
③ $\psi = A\theta + Br\sin\theta + C$
④ $\psi = A\theta - Br\cos\theta + C$

해설 극좌표계(r, θ) 속도포텐셜 ϕ와 유동함수 ψ의 관계

(반경 방향 속도) $u_r = \dfrac{d\phi}{dr}$ $u_r = \dfrac{1}{r}\dfrac{\partial \psi}{\partial \theta}$

(횡 방향 속도) $u_\theta = \dfrac{1}{r}\dfrac{d\phi}{d\theta}$ $u_\theta = -\dfrac{\partial \psi}{\partial r}$

$u_r = \dfrac{d\phi}{dr} = \dfrac{d(A\ln r + Br\cos\theta)}{dr} = \dfrac{A}{r} + B\cos\theta$

$u_\theta = \dfrac{1}{r} \times \dfrac{d\phi}{d\theta} = \dfrac{1}{r} \times \dfrac{d(A\ln r + Br\cos\theta)}{d\theta} = \dfrac{1}{r}(0 - Br\sin\theta) = -B\sin\theta$

$\dfrac{A}{r} + B\cos\theta = \dfrac{1}{r}\dfrac{\partial \psi}{\partial \theta}$

$$\partial \psi = \left(\frac{A}{r} + B\cos\theta \right) \times r\partial\theta = (A + Br\cos\theta)\partial\theta$$

$$\partial_1 = (A\theta + Br\sin\theta) + C_1 \qquad -B\sin\theta = -\frac{\partial\psi}{\partial r}$$

$$\partial\psi = B\sin\theta \partial r \qquad \psi_2 = B\sin\theta r + C_2$$

$$\psi = \psi_1 \cup \psi_2 = (A\theta + Br\sin\theta + C_1) \cup (B\sin\theta r + C_2) = A\theta + Br\sin\theta + C$$

해답 ③

057

그림과 같은 피토관의 액주계 눈금이 $h = 150$mm 이고 관속의 물이 6.09m/s로 흐르고 있다면 액주계 액체의 비중은 얼마인가?

① 8.6
② 10.8
③ 12.1
④ 13.6

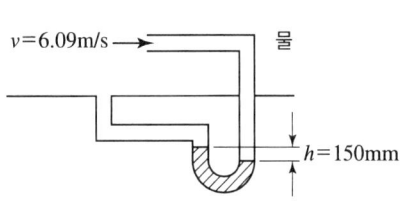

해설
$$V = \sqrt{2gh \times \frac{S_{액} - S_w}{S_w}}$$

$$6.09 = \sqrt{2 \times 9.8 \times 0.15 \times \left(\frac{S_{액} - 1}{1} \right)}$$

$$S_{액} = 13.6$$

해답 ④

058

원관 내의 완전층류유동에 관한 설명으로 옳지 않은 것은?

① 관 마찰계수는 Reynolds수에 반비례한다.
② 마찰계수는 벽면의 상대조도에 무관하다.
③ 유속은 관 중심을 기준으로 포물선 분포를 보인다.
④ 관 중심에서의 유속은 전체 평균 유속의 $\sqrt{2}$ 배이다.

해설 관중심에서의 유속은 전체 평균유속의 2배이다.

해답 ④

059

정상 2차원 속도장 $\vec{V} = 2x\vec{i} - 2y\vec{j}$ 내의 한 점(2, 3)에서 유선의 기울기 $\frac{dy}{dx}$는?

① $-\frac{3}{2}$
② $-\frac{2}{3}$
③ $\frac{2}{3}$
④ $\frac{3}{2}$

해설 $u = 2x \quad v = -2y$
$\dfrac{dx}{u} = \dfrac{dy}{v} \quad \dfrac{dx}{2x} = \dfrac{dy}{-2y} \quad \dfrac{dy}{dx} = \dfrac{-2y}{2x} = \dfrac{-2 \times 3}{2 \times 2} = -\dfrac{3}{2}$

해답 ①

060 그림과 같이 큰 탱크의 수면으로부터 h(m) 아래에 파이프를 연결하여 액체를 배출하고자 한다. 마찰손실을 무시한다고 가정할 때 파이프를 통해서 분출되는 물의 속도(가)를 v라고 할 경우, 같은 조건에서의 오일(비중 0.9) 탱크에서 분출되는 속도(나)는?

① $0.81v$
② $0.9v$
③ v
④ $1.1v$

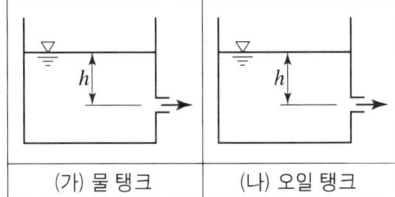

해설 (물의 속도) $V = \sqrt{2gh}$
(오일의 속도) $V = \sqrt{2gh}$
물의 속도 = 오일의 속도 = V

해답 ③

제4과목 기계재료 및 유압기기

061 피로 한도에 대한 설명 중 틀린 것은?
① 지름이 크면 피로 한도는 작아진다.
② 노치가 있는 시험편의 피로 한도는 작다.
③ 표면이 거친 것이 고운 것보다 피로 한도가 높아진다.
④ 노치가 없을 때와 있을 때의 피로 한도비를 노치계수라 한다.

해설 피로한도는 반복하중이 무한이 반복되어도 파괴되지 않는 응력 진폭값으로 표면이 고울수록 피로한도는 증가한다.

해답 ③

062 알루미늄 합금 중 개량처리(modification)한 Al-Si 합금은?
① 라우탈
② 실루민
③ 두랄루민
④ 하이드로날륨

해설 **주물용 알루미늄합금**
① 알루미늄-구리계 합금
　　알코아 : 자동차 하우징, 버스 및 항공기 바퀴, 크랭크케이스에 사용된다.
　　　　　고온메짐, 수축균열이 있다.
② 알루미늄-규소계 합금
　　실루민 : 주조성은 좋으나 절삭성 불량, 재질(개량) 처리 효과가 크다.
③ 알루미늄-구리-규소계 합금
　　라우탈 : 주조성이 좋고 시효경화성이 있다.
　　　　　주조 균열이 적어 두께가 얇은 주물의 주조와 금형 주조에 적합하다.
④ 알루미늄-마그네슘 합금
　　하이트로날륨[Al+Mg(10%)] : 열처리를 하지 않고 승용차의 커버, 휠디스크의 재료
⑤ 다이캐스팅용합금 : 라우탈, 실루민, 하이드로날륨
⑥ Y합금[Al+(4%Cu)+(2%Ni)+(1.5%Mg)] : 내열용 알루미늄 합금으로 피스톤재료로 사용
⑦ Lo-ex(로우엑스)합금[Al+Si+Cu+Mg+Ni] : 열팽창계수가 적고 내열, 내마멸성이 우수하다, 금형에 주조되는 피스톤용

해답 ②

063
서브제로(sub-zero)처리에 관한 설명으로 틀린 것은?
① 내마모성 및 내피로성이 감소한다.
② 잔류오스테나이트를 마텐자이트화 한다.
③ 담금질을 한 강의 조직이 안정화 된다.
④ 시효변화가 적으며 부품의 치수 및 형상이 안정된다.

해설 **서브제로(심랭처리)의 장점**
① 잔류오스테나이트 조직대신 완전하게 마르텐사이트화 할 수 있다.
② 내부응력을 진정시킨다.(응력 균열 감소)
③ 시효변형감소에 의한 치수 안전성이 확보된다.
④ 통상 2~3회 뜨임처리하는 것을 1회 템퍼링으로 완료할 수 있다.
⑤ 심랭처리된 제품은 내구성 및 내마모성이 향상된다.
⑥ 치수의 안전성이 확보된다.

해답 ①

064
플라스틱의 성형 가공성을 좋게 하는 방법이 아닌 것은?
① 가공온도를 높여준다.
② 폴리머의 중합도를 내린다.
③ 성형기의 표면 미끄럼 정도를 좋게 한다.
④ 폴리머의 극성을 높게 하여 분자간 응집력을 크게 한다.

해설 **고분자**(polymer) : 폴리에틸렌 플라스틱 분자를 형성하기 위해서 결합되는 블록분자나 단량체를 생성하는 에틸렌이 여러 개(poly)가 있다는 의미이다.

(1) 분자의 형상에 따른 고분자(polymer)의 분류
  ① 선상고분자(liner polymer)-1차원 : 합성고분자
  ② 판상고분자(sheet polymer)-2차원 : 벤젠, 안트라센, 흑연
  ③ 망상고분자(network polymer)-3차원 : 요소수지, 페놀수지, 석영다이아몬드
(2) 산출형태에 따른 고분자(polymer)의 분류
  ① 천연고분자 - 무기고분자 : 흑연, 다이아몬드
           - 유기고분자 : 셀룰로오스, 녹말
  ② 합성고분자 - 플라스틱, 합성고무, 섬유
(3) 플라스틱의 성형가공성 향상을 위한 즉 흐름을 원활하게 하는 방법
  ① 폴리머(polymer)의 극성을 저하시켜 분자간 응집력을 작게 한다.
  ② 폴리머(polymer)의 중합도를 내린다.
  ③ 활제, 가소제와 같은 활성(活性)을 주는 것을 첨가한다.
  ④ 가공온도를 높인다.
  ⑤ 성형기의 표면 거칠기를 매끈하게 한다.

해답 ④

065

5~20%의 Zn의 황동을 말하며, 강도는 낮으나 전연성이 좋고 색깔이 금색에 가까우므로, 모조금이나 판 및 선 등에 사용되는 구리 합금은?

① 톰백   ② 문쯔메탈
③ 네이벌황동   ④ 애드리럴티 메탈

해설 ① 톰백 : 모조금 아연 5~20% 전연성이 좋고 색깔이 금색 모조금으로 사용, 판재사용
② 7:3황동 : 70%Cu-30%Zn의 합금, 가공용 황동의 대표, 자동차 방열기, 탄피 재료
③ 6:4황동(=문츠메탈) : 60%Cu-40%Zn 황동 중 가장 저렴, 탈아연 부식 발생
④ 황동 주물 : 절삭성과 주조성이 좋아 기계 부품, 건축용 부품
⑤ 쾌삭 황동 : 1.5~3.0%Pb 절삭성이 좋아 정밀 절삭가공을 필요로 하는 기계용 기어 나사에 사용
⑥ 주석 황동(애드미럴티 황동 : 7:3 황동에 1%의 내의 Sn 첨가)
       (네이벌 황동 : 6:4 황동에 1%의 내의 Sn 첨가)
⑦ 델타메탈(=철황동) : 6:4황동에 1~2%Fe함유, 강도와 내식성 우수, 광산, 선박, 화학기계에 사용
⑧ 망간니 : 황동에 10~15%망간 함유. 전기저항률이 크고 온도 계수가 적어 표준저항기, 정밀기계에 사용
⑨ 양은(=양백=Nickel Silver) : 10~20%Ni 장식품, 악기, 광학기계 부품에 사용

해답 ①

066

고망간(Mn)강에 관한 설명으로 틀린 것은?

① 오스테나이트 조직을 갖는다.
② 광석·암석의 파쇄기 부품 등에 사용된다.
③ 열처리에 수인법(water toughening)이 이용된다.
④ 열전도성이 좋고 팽창계수가 작아 열변형을 일으키지 않는다.

해설 **고망간강**(하드필드강) : C 0.3~1.3%, Mn 10~15%를 함유한 강(鋼)을 말하는데 1000~1100℃에서 물담금질하여 오스테나이트 조직으로 사용한다. 인성이 높고, 내마멸성도 매우 크므로 레일의 포인트, 분쇄기 롤러 등에 이용된다(절삭이 곤란하여 주물로 사용). 가공 경화성(硬化性)이 풍부하여 내마모(耐磨耗) 재료로 사용된다.

해답 ④

067

강의 표면강화처리에서 침탄법과 비교하였을 때 질화법의 특징으로 틀린 것은?

① 침탄 한 것보다 경도가 높다.
② 질화 후에 열처리가 필요 없다.
③ 침탄법보다 경화에 의한 변형이 적다.
④ 침탄법보다 단시간 내에 같은 경화 깊이를 얻을 수 있다.

해설 침탄법과 질화법의 비교

침탄법	질화법
• 경도가 질화법보다 낮다.	• 경도가 침탄법보다 높다.
• 침탄후의 열처리가 필요하다.	• 질화 후의 열처리가 필요 없다.
• 경화에 의한 변형이 생긴다.	• 경화에 의한 변형이 적다.
• 침탄층은 질화층보다 여리지 않다.	• 질화층은 여리다.
• 침탄 후 수정 가능	• 질화 후 수정 불가능
• 고온 가열시 뜨임되고 경도는 낮아진다.	• 고온 가열해도 경도는 낮아지지 않는다.
	• 침탄법보다 10배 정도의 시간이 많이 걸린다.

해답 ④

068

아공정주철의 탄소함유량은 약 몇 % 인가?

① 약 0.025~0.80%C
② 약 0.80~2.0%C
③ 약 2.0~4.3%C
④ 약 4.3~6.67%C

해설 아공정주철의 탄소 함유량 (약 2.0~4.3%)
과공정주철의 탄소 함유량 (약 4.3~6.68%)

해답 ③

069

순철(α-Fe)의 자기변태 온도는 약 몇 ℃ 인가?

① 210℃
② 768℃
③ 910℃
④ 1410℃

해설 A_o : 210℃ 시멘타이트의 자기 변태점
A_1 : 723℃ 강의 공석변태점
A_2 : 768℃ 순철의 자기 변태점
A_3 : 910℃ 순철의 동소변태
A_4 : 1394℃ 순철의 동소변태

해답 ②

070

고속도공구강에 대한 설명으로 틀린 것은?

① 2차 경화 현상을 나타낸다.
② 500~600℃까지 가열하여도 뜨임에 의해 연화되지 않는다.
③ SKH 2는 Mo가 함유되어 있는 Mo계 고속도공구강 강재이다.
④ 내마모성 및 인성을 가지므로 바이트, 드릴 등의 절삭공구에 사용된다.

해설 **고속도공구강** : HSS(JIS규격), SKH(KS규격)
주성분이 0.8%C, 18%W, 4%Cr, 1%V로 된 것이 표준형인 표준 고속도강으로 18-4-1 공구강이라고도 한다. 500~600℃의 고온에서도 경도가 저하되지 않고, 내마멸성이 크며, 고속도의 절삭 작업이 가능하게 된다.
① 600℃ 이상에서도 경도 저하 없이 고속절삭이 가능하며 고온경도가 크다.
② 고온 및 마모저항이 크고 보통강에 비하여 고온에서 3~4배의 강도를 갖는다.
③ 18-8-1형인 표준 고속도강은 오스테나이트와 마텐자이트 기지에 망상을 한 오스테나이트와 복합탄화물의 혼합 조직이다.
④ 고속도강은 다른 공구강에 비하여 열처리 공정이 특별하다. 담금질 온도가 매우 높고, 유지시간은 짧다. 그러므로 예열을 하여 담금질 온도에서의 짧은 유지시간에도 탄화물이 오스테나이트 상에 많이 고용되게 해야 한다. 예열은 2단 예열을 실시하며, 1차 예열은 650℃, 2차 예열은 850℃에서 하는 것이 좋다. 2차 예열이 끝나면 즉시 담금질온도(1175~1245℃)로 급속하게 가열한다.

해답 ③

071

다음 기호에 대한 설명으로 틀린 것은?

① 유압 모터이다.
② 4방향 유동이다.
③ 가변 용량형이다.
④ 외부 드레인이 있다.

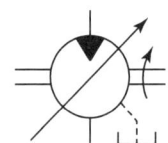

해설 한 방향 회전이다.

해답 ②

072

아래 파일럿 전환 밸브의 포트수, 위치수로 옳은 것은?

① 2포트 4위치
② 2포트 5위치
③ 5포트 2위치
④ 6포트 2위치

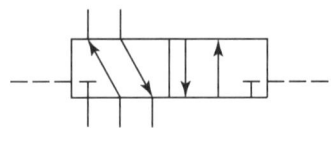

해설 하나의 위치에 포트가 5개 있다.
즉 5포트 2위치 방향제어밸브이다.

해답 ③

073
두 개의 유입 관로의 압력에 관계없이 정해진 출구 유량이 유지되도록 합류되는 밸브는?

① 집류 밸브
② 셔틀 밸브
③ 적층 밸브
④ 프리플 밸브

해설
① 집류 밸브 : 두 개의 관로의 압력에 관계없이 소정의 출구유량이 유지되도록 합류하는 밸브
② 셔틀 밸브 : 고압측과 자동적으로 접속되고, 동시에 저압측 포트를 막아 항상 고압측의 유압유만 통과시키는 전환밸브
③ 적층 밸브 : 모듈러 형식의 밸브를 쌓아 사용하는 밸브
④ 프리플 밸브 : 대형 프레스 등에서, 급속 전진 행정에서는 탱크로부터 유압 실린더로의 흐름을 허용하고, 가압 공정(加壓工程)에서는 유압 실린더로부터 탱크로 역류되는 것을 방지하며, 귀환 행정에서는 자유로운 흐름을 허용하는 밸브를 말한다.

해답 ①

074
속도 제어 회로의 종류가 아닌 것은?

① 미터 인 회로
② 미터 아웃 회로
③ 블리드 오프 회로
④ 로크(로킹) 회로

해설 속도 제어 회로의 세가지 종류
① 미터 인 회로 : 실린더로 유입되는 유량을 직접 제어
② 미터 아웃 회로 : 실린더로부터 유출되는 유량을 직접 제어
③ 블리드 오프 회로 : 유입유량을 바이패스로 제어한다.(탱크로 우회시킴) 정확한 조절이 어려움
※ 로크(로킹) 회로 : 실린더 행정을 임의 위치에서 고정시킬 필요가 있는데, 이때 이동을 방지하는 회로

해답 ④

075
스트레이너에 대한 설명으로 적절하지 않은 것은?

① 스트레이너의 연결부는 오일 탱크의 작동유를 방출하지 않아도 분리가 가능하도록 하여야 한다.
② 스트레이너의 여과 능력은 펌프 흡입량의 1.2배 이하의 용적을 가져야 한다.
③ 스트레이너가 막히면 펌프가 규정 유량을 토출하지 못하거나 소음을 발생시킬 수 있다.
④ 스트레이너의 보수는 오일을 교환할 때마다 완전히 청소하고 주기적으로 여과재를 분리하여 손질하는 것이 좋다.

해설 스트레이너의 일부가 눈이 막히고 흡입저항이 증대하므로 여과능력은 펌프흡입량에 대하여 충분한 여유를 두어야 한다. 보통 펌프 송출량의 두 배 이상인 여과기를 사용한다.

해답 ②

076. 일반적인 유압 장치에 대한 설명과 특징으로 가장 적절하지 않은 것은?

① 유압 장치 자체의 자동 제어에 제약이 있을 수 있으나 전기, 전자 부품과 조합하여 사용하면 그 효과를 증대시킬 수 있다.
② 힘의 증폭 방법이 같은 크기의 기계적 장치(기어, 체인 등)에 비해 간단하여 크게 증폭 시킬 수 있으며 그 예로 소형 유압잭, 거대한 건설 기계 등이 있다.
③ 인화의 위험과 이물질에 의한 고장 우려가 있다.
④ 점도의 변화에 따른 출력 변화가 없다.

해설 (1) 유압유의 점도가 낮을 때
① 농도가 묽어져서 유압접합부(seal)에서 오일 누설(누유(漏油)=oil leak)이 발생된다.
② 누유에 의해 회로내의 압력유지가 곤란해진다.
③ 누유에 의해 유압펌프, 모터 등의 용적효율(=체적효율)이 낮아진다.
④ 누유에 의해 압력 저하로 인한 정확한 작동이 불가하게 된다.
⑤ 작동유가 유성을 잃어 유압 부품의 마모가 발생된다.

(2) 유압유의 점도가 높을 때
① 작동유의 점성 증가로 내부 마찰이 증대된다.
② 점도가 높은 작동유의 유동저항이 증가되어 압력손실이 증대된다.
③ 동력손실 증가로 기계 효율이 저하된다.
④ 작동유의 이송이 잘 되지 않아 유압기기의 운동이 활발히 일어나지 않는다.

해답 ④

077. 유압 · 공기압 도면 기호(KS B 0054)에 따른 기호에서 필터, 드레인 관로를 나타내는 선의 명칭으로 옳은 것은?

① 파선
② 실선
③ 1점 이중 쇄선
④ 복선

해설 선의 용도

명칭	기호	용도	비고
실선	———————	① 주관로 ② 파일럿 밸브에의 공급 관로 ③ 전기 신호선	• 귀환 관로를 포함
파선	-------------	① 파일럿 조작 관로 ② 드레인 관로 ③ 필터 ④ 밸브의 과도위치	• 내부파일럿 • 외부파일럿 • 파일럿 관로는 파일럿 방식으로 작동시키기 위한 작동 유체를 보내는 관로를 뜻함
1점쇄선	— — — — —	포위선	• 2개 이상의 기능을 갖는 유닛을 나타내는 포위선
복선	═══════	기계적 결합	• 회전축, 레버, 피스톤 로드 등

해답 ①

078 유압 작동유의 첨가제로 적절하지 않은 것은?

① 산화방지제　　　② 소포제 및 방청제
③ 점도지수 강하제　④ 유동점 강하제

해설 **작동유의 첨가제종류**
① 점도지수 향상제 : 고분자 중합체
② 방청제 : 유기산에스테르, 지방산염, 유기인화합물
③ 산화방지제 : 이온화합물, 인산화합물, 아민 및 페놀화합물
④ 소포제 : 실리콘유, 실리콘의 유기화합물
⑤ 유성향상제(=마찰방지제) : 에스테르류의 극성화합물
⑥ 유동점 강하제 : 파라핀결정의 성장방지

해답 ③

079 다음 중 유압을 이용한 기기(기계)의 장점이 아닌 것은?

① 자동 제어가 가능하다.
② 유압 에너지원을 축적할 수 있다.
③ 힘과 속도를 무단으로 조절할 수 있다.
④ 온도 변화에 대해 안정적이고 고압에서 누유의 위험이 없다.

해설 작동유는 온도변화에 대해 점성이 많이 변하기 때문에 정확한 제어가 어렵다.
그리고 고압에서 누유가 발생하여 위험이 발생할 수 있다.

해답 ④

080 일반적인 용적형 펌프의 종류가 아닌 것은?

① 기어 펌프　　　② 베인 펌프
③ 터빈 펌프　　　④ 피스톤(플런저) 펌프

해설 (1) **용적형 펌프**(용량형 펌프)
[특징] ① 펌프의 축이 한번 회전할 때 일정한 량을 토출
② 중압 또는 고압력에서 주로 압력발생을 주된 목적으로 사용
③ 토출량이 부하압력에 관계없이 대충 일정하다.
④ 부하압력에 따라 토출량이 정해지므로 부하가 과대해지면 압력이 상승해서 펌프가 파괴될 염려가 있다.(Relief V/V를 설치하여 위험 방지)
[종류] ① 정토출형 펌프(Fixed diaplacement pump
㉠ 기어펌프(Gear)　㉡ 나사펌프(Screw)
㉢ 베인펌프(Vane)　㉣ 피스톤펌프(Piston)
② 기변토출형 펌프(variable diaplacement pump
㉠ 베인펌프(Vane)　㉡ 피스톤펌프(Piston)
(2) **비용적형 펌프**
[특징] ① 토출량이 일정치 않음
② 저압에서 대량의 유체를 수송하는데 사용

③ 토출량과 압력사이에 일정관계가 있다.
　　토출량이 증가하면 토출압력은 감소, 토출유량은 펌프축의 회전속도와
　　비례한다.
[종류] ① 원심력 펌프(Centrifugal) : 벌류트펌프와 터빈펌프가 있다.
　　　　② 액시얼 프로펠라 펌프(Axial propeller축류펌프)
　　　　③ 혼류형 펌프(Mixed flow)
　　　　④ 로토젯 펌프(Roto-jet)

해답 ③

제5과목　기계제작법 및 기계동력학

081 질량 m의 공이 h의 높이에서 자유 낙하하여 콘크리트 바닥과 충돌하였다. 공과 바닥사이의 반발계수를 e라고 할 때, 공이 첫 번째 튀어오른 높이는?

① $\sqrt{2}\,eh$　　② eh
③ $2eh$　　④ $e^2 h$

해설　$e = \sqrt{\dfrac{h'}{h}}$　　$e^2 = \dfrac{h'}{h}$
　　　　$h' = he^2$

해답 ④

082 조화진동 $x_1 = 4\cos\omega t$와 $x_2 = 5\sin\omega t$의 합성 진동 진폭은 약 얼마인가?

① 10.2　　② 8.2
③ 6.4　　④ 4.4

해설　$x = x_1 + x_2 = A\sin(\omega t + Q) = 6.4\sin(\omega t + 38.659°)$
　　　$x = 4\cos\omega t + 5\sin\omega t = A(\sin\omega t\cos\phi + \cos\omega t\sin\phi)$
　　　　$= A\cos\phi\sin\omega t + A\sin\phi\cos\omega t$
　　　$A\cos\phi = 5$, $A\sin\phi = 4$

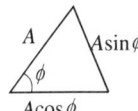
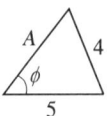

$A = \sqrt{5^2 + 4^2} = 6.4$
$\tan\phi = \dfrac{4}{5}$, $\phi = \tan^{-1}\left(\dfrac{4}{5}\right) = 38.659°$

해답 ③

083

지표면에서 공을 초기속도로 v_0로 수직 상방으로 던졌다. 공이 제자리로 돌아올 때까지 걸린 시간(t)은? (단, g는 중력가속도이고, 공기저항은 무시한다.)

① $t = \dfrac{v_0}{g}$ ② $t = \dfrac{2v_0}{g}$

③ $t = \dfrac{3v_0}{g}$ ④ $t = \dfrac{4v_0}{g}$

해설 (최고점까지 걸린 시간) $t_a = \dfrac{v_o}{g}$, (내려올 때 걸린 시간) $t_b = t_a$

$v_1 = v_o - gt_a$, $v_1 = 0$

$0 = v_0 - gt_a$, $t_a = \dfrac{V_0}{g}$

(공이 제자리로 돌아올 때까지 걸린 시간) $t = t_a + t_b = 2\dfrac{v_o}{g}$

해답 ②

084

10kg의 상자가 경사면 방향으로 초기 속도가 15m/s인 상태로 올라갔다. 상자와 경사면 사이의 운동 마찰계수가 0.15일 때 상자가 올라갈 수 있는 최대거리 x는 약 몇 m 인가?

① 13.7
② 15.7
③ 18.2
④ 21.2

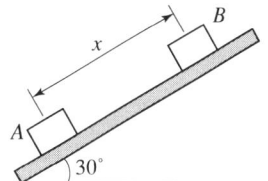

해설 $E_1 = \dfrac{1}{2}mv_1^2$

$E_2 = mg \times x\sin 30 + \mu\cos 30 \times x$

$E_1 = E_2$

$\dfrac{1}{2}mV_1^2 = mg \times x\sin 30 + \mu mg\cos 30 \times x$

$\dfrac{1}{2}V_1^2 = g \times x\sin 30 + \mu g\cos 30 \times x$

$\dfrac{1}{2} \times 15^2 = 9.8x\sin 30 + 0.15 \times 9.8 \times \cos 30 \times x$

$\dfrac{15^2}{2} = 4.9x + 1.273x$

$\dfrac{15^2}{2} = 6.173x$, $x = \dfrac{15^2}{2 \times 6.173} = 18.22\text{m}$

해답 ③

085 그림과 같이 스프링에 질량 m을 달고 상하로 진동시킬 때 주기와 질량(m)과의 관계는? (단, k는 스프링상수이다.)

① 주기는 $\sqrt{m}$ 에 반비례한다.
② 주기는 $\sqrt{m}$ 에 비례한다.
③ 주기는 m^2에 반비례한다.
④ 주기는 m^2에 비례한다.

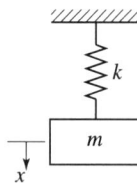

해설 (고유각 진동수) $w_n = \sqrt{\dfrac{k}{m}}$

(주기) $T = \dfrac{2\pi}{w_n} = 2\pi\sqrt{\dfrac{m}{k}}$

주기 T는 $\sqrt{m}$ 에 비례한다.

해답 ②

086 비감쇠자유진동수 ω_n와 감쇠자유진동수 ω_d 사이의 관계를 나타낸 식은? (단, ζ는 감쇠비를 나타낸다.)

① $\omega_d = \omega_n\sqrt{1-\zeta^2}$ ② $\omega_d = \omega_n\sqrt{1-\zeta}$
③ $\omega_d = \omega_n(1-\zeta^2)$ ④ $\omega_d = \omega_n(1-\zeta)$

해설 (감쇠 고유각 진동수) $\omega_d = \omega_n\sqrt{1-\psi^2}$

(고유각 진동수) $\omega_n = \sqrt{\dfrac{k}{m}}$

해답 ①

087 정지상태의 비행기가 100m의 직선 활주로를 달려서 이륙속도 360km/h에 도달하려고 한다. 가속도의 크기가 일정하다고 가정하면 비행기의 가속도는 약 몇 m/s² 인가?

① 10   ② 20
③ 50   ④ 100

해설 $V_1 = 0$ $V_2 = \dfrac{360 \times 10^3 \text{m}}{3600\text{s}} = 100\text{m/s}$

$2as = V_2^2 - V_1^2$

$a = \dfrac{V_2^2 - V_1^2}{s} = \dfrac{100^2}{2 \times 100} = 50\text{m/s}^2$

해답 ③

088

길이가 1m이고 질량이 5kg인 균일한 막대가 그림과 같이 지지되어 있다. A점은 힌지로 되어 있어 B점에 연결된 줄이 갑자기 끊어졌을 때 막대는 자유로이 회전한다. 여기서 막대가 수직 위치에 도달한 순간 각속도는 약 몇 rad/s 인가?

① 2.62
② 3.43
③ 4.61
④ 5.42

 (위치에너지) $E_1 = mg \times \dfrac{L}{2}$

(회전계 운동에너지) $E_2 = \dfrac{1}{2}J_o w^2 = \dfrac{1}{2}\dfrac{mL^2}{3} \times w^2$

$= \dfrac{mL^2}{6}w^2$

$E_1 = E_2$, $mg \times \dfrac{L}{2} = \dfrac{mL^2}{6}w$

$w = \sqrt{\dfrac{3g}{L}} = \sqrt{\dfrac{3 \times 9.8}{1}} = 5.422 \text{rad/s}$

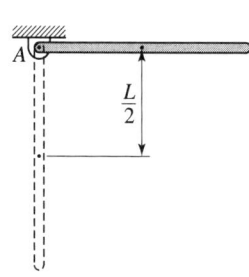

해답 ④

089

기계진동의 전달율(transmissibility ratio)을 1 이하로 조정하기 위해서는 진동수 비(ω/ω_n)를 얼마로 하면 되는가?

① $\sqrt{2}$ 이상으로 한다.
② $\sqrt{2}$ 이하로 한다.
③ 2 이상으로 한다.
④ 2 이하로 한다.

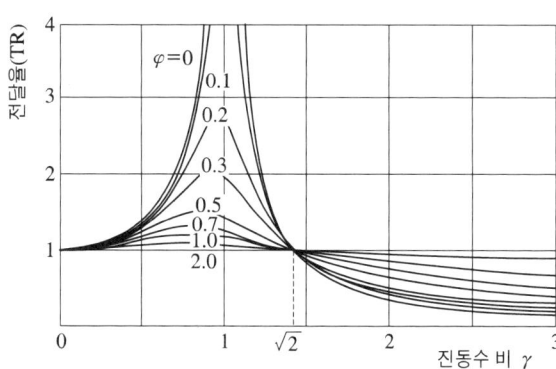

(진동수비) $\gamma = \dfrac{w}{w_n}$

그림에서 전달율(TR)값이 1보다 작기 위해서는 진동수($\dfrac{w}{w_n}$)는 $\sqrt{2}$ 이상으로 한다.

해답 ①

090

그림과 같이 막대 AB가 양쪽 벽면을 따라 움직인다. A가 8m/s의 일정한 속도로 오른쪽으로 이동한다고 할 때 $x=2$m인 위치에서 B의 가속도의 크기는 약 몇 m/s² 인가?

① 10.3m/s^2
② 12.4m/s^2
③ 14.7m/s^2
④ 16.6m/s^2

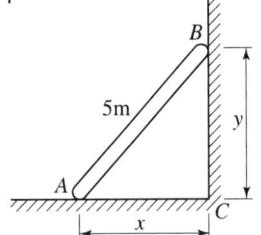

해설
$$x^2 + y^2 = 25 \quad y = \sqrt{25-x^2}$$
$$y' = \frac{dy}{dt} = \frac{d(\sqrt{25-x^2})}{dt} \times \frac{dx}{dx}$$
$$= \frac{d\sqrt{25-x^2}}{dx} \times \frac{dx}{dt} = \frac{d\sqrt{25-x^2}}{dx} \times 8 = \frac{d(25-x^2)^{\frac{1}{2}}}{dx} \times 8$$
$$= \frac{1}{2}(25-x^2)^{-\frac{1}{2}} \times -2x \times 8 = -(25-x^2)^{-\frac{1}{2}} \times 8x$$
$$= -8x(25-x^2)^{-\frac{1}{2}}$$
$$y'' = \frac{d^2y}{dt^2} = \frac{dy'}{dt} = \frac{d\left[-8x(25-x^2)^{-\frac{1}{2}}\right]}{dt} \times \frac{dx}{dx}$$
$$= \frac{d\left[-8x(25-x^2)^{-\frac{1}{2}}\right]}{dx} \times \frac{dx}{dt} = \frac{d\left[-8x(25-x^2)^{-\frac{1}{2}}\right]}{dx} \times 8$$
$$= -64 \times \frac{d\left[x(25-x^2)^{-\frac{1}{2}}\right]}{dx}$$

해답 ④

091

펀치와 다이를 프레스에 설치하여 판금 재료로부터 목적하는 형상의 제품을 뽑아내는 전단 가공은?

① 스웨이징
② 엠보싱
③ 블랭킹
④ 브로칭

해설
① 스웨이징 : 압축가공의 형태이면서 재료의 두께를 감소시키는 작업으로 소재의 면적에 비하여 압입하는 공구의 면적이 작다.
② 엠보싱 : 압축가공의 형태이면서 요철이 있는 다이와 펀치로 판재를 눌러 판에 요철을 내는 가공으로 판의 두께에는 전혀 변화가 없는 것이 특징이다.
③ 블랭킹 : 전단가공의 형태이면서 펀치로 판재를 뽑기 하는 작업으로 뽑은 제품을 Blank라고 하며 남은 부분을 scrap이라 한다.
④ 브로칭 : 전단가공의 형태이면서 칩이 발생되는 절삭가공이다. 봉의 외주에 많은 상사형의 날을 축을 따라 치수 순으로 배열한 정삭공구를 브로치라는 절삭 공구를 이용하여 공작물 안팎을 필요한 모양으로 절삭하는 가공법이다.

해답 ③

092
주철과 같이 메진 재료를 저속으로 절삭할 때 일반적인 칩의 모양은?

① 경작형 ② 균열형
③ 유동형 ④ 전단형

해설 절삭칩의 종류

종류	형상	원인	특징
유동형 칩 (Flow type chip)		연강, 구리, 알루미늄 같은 인성이 많은 재료 고속 절삭 시 • 윗면 경사각이 클 때 • 절삭 깊이가 작을 때 • 절삭 속도가 클 때 • 절삭량이 적고 절삭유를 사용할 때	칩의 두께가 일정하고 균일하게 생성되며 가공면이 깨끗함
전단형 칩 (Shear type chip)		연성재료 저속 절삭 시 • 바이트의 경사각이 작을 때 • 절삭 깊이가 클 때	비연속적인 칩이 생성됨
열단형칩=경작형 칩 (Tear type chip)		점성이 큰 가공물을 경사각이 매우 작을 때 • 절삭 깊이가 클 때 • 공구 재질의 강도에 비해	가공면이 거칠고 비연속 칩으로 가공 후 흠집이 생김
균열형 칩 (Crack type chip)		주철과 같은 메진 가공재료를 저속으로 절삭할 때	날 끝에 치핑이 발생 공구수명이 단축 비연속적인 칩으로 가공면이 거침

해답 ②

093
래핑 다듬질에 대한 특징 중 틀린 것은?

① 게이지류나 광학렌즈의 표면 다듬질에 사용된다.
② 가공면에 랩제가 잔류하여 표면의 부식과 마모 촉진을 막아준다.
③ 평면도, 진원도, 직선도 등의 이상적인 기하학적 형상을 얻을 수 있다.
④ 가공면의 윤활성 및 내마모성이 좋아진다.

해설 공작물과 랩공구 사이에 미분말 상태의 래핑제와 연마제를 넣고 이들 사이에 상대 운동을 시켜 면을 매끈하게 하는 방법으로 랩과 공작물 사이에 래핑제와 래핑액을 충분히 넣고 가공하는 습식법과 공작물 표면에 래핑제를 넣고 건조 상태에서 래핑하는 건식법이 있는데 습식법은 건식법에 비해 절삭량이 많고 다듬면은 광택이 적다. 건식법은 다듬면이 거울면과 같이 광택이 난다. 이런 래핑 제품으로는 블록 게이지, 렌즈 등의 측정기기, 광학기기 등이 다듬질에 이용된다. 래핑 작업은 원통 래핑, 평면 래핑, 구면 래핑, 나사 래핑, 기어 래핑, 크랭크 축의 래핑 등이 있다.
가공면에 랩제(연마가루)가 잔류하여 표면의 부식과 마모를 촉진 하는 것이 단점이다. 이런 단점을 보완하기 위해서 래핑작업 후 반듯이 가공면을 깨끗이 닦아 주어야 한다.

해답 ②

094

밀링가공에서 지름이 50mm인 밀링커터를 사용하여 60m/min의 절삭속도로 절삭하는 경우 밀링커터의 회전수는 약 몇 rpm 인가?

① 284　　　　　　　　② 382
③ 468　　　　　　　　④ 681

해설
$$V = \frac{\pi DN}{1000}$$
$$N = \frac{V \times 1000}{\pi \times D} = \frac{60 \times 1000}{\pi \times 50} = 381.971 \text{rpm}$$

해답 ②

095

전기저항용접과 관계되는 법칙은?

① 줄(Joule)의 법칙　　　② 뉴턴의 법칙
③ 암페어의 법칙　　　　④ 플레밍의 법칙

해설 줄(Joule)의 법칙 : 저항이 있는 도체에 전류를 흘리면 열이 발생한다. 이 열량은 흐르는 전류의 제곱과 도체의 저항 및 전류가 흐른 시간의 곱에 비례한다는 법칙
(저항에 발생되는 열량) $Q = 0.24 I^2 Rt$
여기서, Q : 전기저항에 발생되는 열량[cal]
I : 전류[A]
R : 전기저항[Ω]
t : 통전시간[sec]

해답 ①

096

다이에 아연, 납, 주석 등의 연질금속을 넣고 제품 형상의 펀치로 타격을 가하여 길이가 짧은 치약튜브, 약품튜브 등을 제작하는 압축 방법은?

① 간접 압출　　　　　② 열간 압출
③ 직접 압출　　　　　④ 충격 압출

해설 충격 압출 : 다이에 아연, 납, 주석 등의 연질금속을 넣고 제품 형상의 펀치로 타격을 가하여 길이가 짧은 치약튜브, 약품튜브 등을 제작하는 압축 방법이다.

해답 ④

097

300mm×500mm 인 주철 주물을 만들 때, 필요한 주입 추는 약 몇 kg 인가? (단, 쇳물 아궁이 높이가 120mm, 주물 밀도는 7200kg/m³ 이다.)

① 129.6　　　　　　② 149.6
③ 169.6　　　　　　④ 189.6

해설 (추의 질량) $m = \rho \times v = 7200 \frac{\text{kg}}{\text{m}^3} \times (0.3\text{m} \times 0.5\text{m} \times 0.12\text{m}) = 129.6 \text{kg}$

해답 ①

098
초음파 가공에 대한 설명으로 틀린 것은?

① 가공물 표면에서의 증발 현상을 이용한다.
② 전기 에너지를 기계적 진동 에너지로 변화시켜 가공한다.
③ 혼의 재료는 황동, 연강 등을 사용한다.
④ 입자는 가공물에 연속적인 해머 작용으로 가공한다.

해설 **초음파 가공의 원리**
약 16kHz 이상의 음파를 초음파라 하는데 테이블에 고정된 공작물에 숫돌 입자와 물 또는 기름의 혼합액을 순환시키면서 일정한 압력 하에서 수직으로 설치된 진동 공구가 16~30kHz, 폭 30~40μm로 진동할 때 숫돌 입자의 급격한 타격으로 공작물(초경합금, 보석류, 세라믹, 유리)을 절단, 구멍 뚫기, 평면 가공, 표면 다듬질을 하는 것이다.

[특징] ① 전기적으로 부도체도 보통 금속과 동일하게 가공할 수 있다.
② 연삭 가공에 비해 가공면의 변질과 변형이 적다.
③ 초경질, 메짐성이 큰 재료에 사용한다.
④ 절단, 구멍 뚫기, 평면 가공, 표면 가공 등을 할 수 있다.
⑤ 가공 면적과 깊이가 제한 받는다.
⑥ 가공 속도가 느리고 공구의 소모가 많다.
⑦ 납, 구리, 연강 등 연질재료는 가공이 어렵다.

해답 ①

099
다음 중 나사의 주요 측정 요소가 아닌 것은?

① 피치
② 유효지름
③ 나사의 길이
④ 나사산의 각도

해설 나사의 주요 측정요소에는 3가지가 있다.
① 피치측정 : 나사피치게이지로 측정
② 유효지름 측정 : 나사마이크로미터, 삼침법을 이용해 측정
③ 나사산 각도 측정 : 투영검사기로 측정

해답 ③

100
강재의 표면에 Si를 침투시키는 방법으로 내식성, 내열성 등을 향상시키는 방법은?

① 브로나이징
② 칼로라이징
③ 크로마이징
④ 실리코나이징

해설 ① 브로나이징 : B 침투
② 칼로라이징 : Al 침투
③ 크로마이징 : Cr 침투
④ 실리코나이징 : Si 침투

해답 ④

일반기계기사

2022년 9월 CBT 시행

본 문제는 복원 기출문제입니다. 실제 문제와 다를 수 있으니 양해바랍니다.

제1과목 재료역학

001 그림과 같은 평면응력 상태에서 주변형률은? (단, 탄성계수는 200GPa이고, 포아송비는 0.33이다.)

① $1.24 \times 10^{-3},\ 2.48 \times 10^{-3}$
② $2.37 \times 10^{-3},\ -1.57 \times 10^{-3}$
③ $1.35 \times 10^{-3},\ 3.74 \times 10^{-3}$
④ $1.59 \times 10^{-3},\ -1.32 \times 10^{-3}$

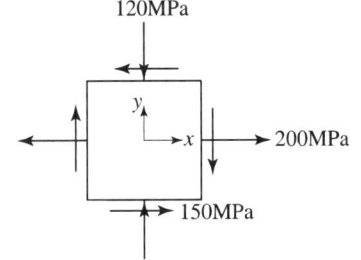

해설

$$\epsilon_x = \frac{\sigma_x}{E} - \frac{\nu \sigma_y}{E} = \frac{200}{200 \times 10^3} - \frac{0.33 \times (-120)}{200 \times 10^3} = 1.198 \times 10^{-3}$$

$$\epsilon_y = \frac{\sigma_y}{E} - \frac{\nu \sigma_x}{E} = \frac{(-120)}{200 \times 10^3} - \frac{0.33 \times 200}{200 \times 10^3} = -0.93 \times 10^{-3}$$

$$\gamma_{xy} = \frac{\tau}{G} = \frac{150}{75.187 \times 10^3} = 1.995 \times 10^{-3}, \quad Em = 2G(m+1)$$

전단탄성계수 $G = \dfrac{Em}{2(m+1)} = \dfrac{200 \times \dfrac{1}{0.33}}{2 \times \left(\dfrac{1}{0.33}+1\right)} = 75.187\text{GPa}$

최대수직변형률 $\epsilon_1 = \left(\dfrac{\epsilon_x + \epsilon_y}{2}\right) + \sqrt{\left(\dfrac{\epsilon_x - \epsilon_y}{2}\right)^2 + \left(\dfrac{\gamma_{xy}}{2}\right)^2}$

$$= \left(\frac{1.198 + (-0.93)}{2}\right) + \sqrt{\left(\frac{1.198 - (-0.93)}{2}\right)^2 + \left(\frac{1.995}{2}\right)^2}$$

$$= 1.592 \times 10^{-3}$$

최소수직변형률 $\epsilon_2 = \left(\dfrac{\epsilon_x + \epsilon_y}{2}\right) - \sqrt{\left(\dfrac{\epsilon_x - \epsilon_y}{2}\right)^2 + \left(\dfrac{\gamma_{xy}}{2}\right)^2}$

$$= \left(\frac{1.198 + (-0.93)}{2}\right) - \sqrt{\left(\frac{1.198 - (-0.93)}{2}\right)^2 + \left(\frac{1.995}{2}\right)^2}$$

$$= -1.32 \times 10^{-3}$$

해답 ④

002

비틀림 모멘트 T, 극관성 모멘트를 I_P, 축의 길이를 L, 전단 탄성계수를 G라 할 때, 단위 길이당 비틀림각은?

① $\dfrac{TG}{I_P}$ ② $\dfrac{T}{GI_P}$

③ $\dfrac{L^2}{I_P}$ ④ $\dfrac{T}{I_P}$

해설 $\theta = \dfrac{Tl}{GI_P}[\text{rad}]$

단위 길이당 비틀림각 $\dfrac{\theta}{l} = \dfrac{T}{GI_p}$

해답 ②

003

정사각형 단면봉에 1000 kN의 압축력이 작용할 때 100MPa의 압축응력이 생기도록 하려면 한 변의 길이를 몇 cm로 해야 하는가?

① 5   ② 10
③ 15   ④ 20

해설 $\sigma = \dfrac{F}{a^2}$

정사각형의 한변의 길이 $a = \sqrt{\dfrac{F}{\sigma}} = \sqrt{\dfrac{1000 \times 10^3}{100}} = 100\text{mm} = 10\text{cm}$

$100\text{MPa} = 100\dfrac{\text{N}}{\text{mm}^2}$

[계산단위] 힘[N], 직경[mm], 응력$\left[\dfrac{\text{N}}{\text{mm}^2}\right]$ = [MPa]

해답 ②

004

지름이 22mm인 막대에 25kN의 전단하중이 작용할 때 0.00075rad의 전단변형율이 생겼다. 이 재료의 전단탄성계수는 약 몇 GPa인가?

① 87.7   ② 114
③ 33   ④ 29.3

해설 $\tau = G\gamma$

전단탄성계수 $G = \dfrac{\tau}{\gamma} = \dfrac{65.766}{0.00075} = 87688.67\text{MPa} = 87.688\text{GPa}$

전단응력 $\tau = \dfrac{F_s}{\dfrac{\pi}{4}d^2} = \dfrac{25 \times 10^3}{\dfrac{\pi}{4}22^2} = 65.766\text{MPa}$

[계산단위] 힘[N], 직경[mm], 응력 $\left[\dfrac{N}{mm^2}\right]$ =[MPa]

해답 ①

005 그림과 같이 삼각형으로 분포하는 하중을 받고 있는 단순보에서 B단의 반력은 얼마인가?

① $\dfrac{w_0 l}{6}$

② $\dfrac{w_0 l}{3}$

③ $\dfrac{w_0 l}{2}$

④ $w_0 l$

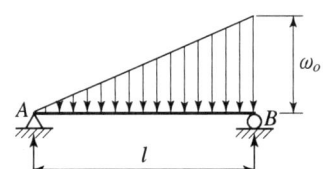

해설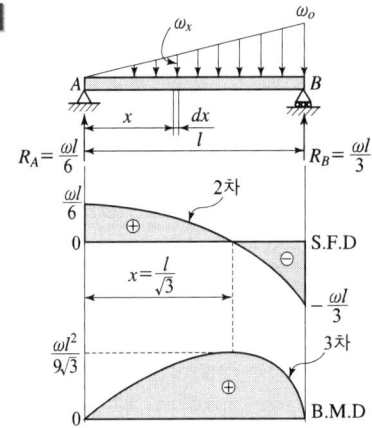

해답 ②

006 단면이 $b \times h$인 직사각형 단면보에서 전단력을 F라 하면 최대 전단응력은 얼마인가?

① $\dfrac{F}{2bh}$

② $\dfrac{3F}{2bh}$

③ $\dfrac{5F}{2bh}$

④ $\dfrac{7F}{2bh}$

해설 사각형일때의 굽힘에 의한 최대전단응력 $\tau_{\max} = \dfrac{3}{2}\tau_{av}$, τ_{av} : 평균전단응력

원일때 굽힘에 의한 최대전단응력 $\tau_{\max} = \dfrac{4}{3}\tau_{av}$, τ_{av} : 평균전단응력

해답 ②

007 그림과 같은 단면을 가진 보 중에서 굽힘강도가 가장 큰 것은? (단, 재질은 모두 같으며, 하중은 연직 하방향으로 중앙에 작용한다.)

①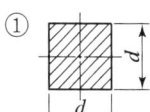
②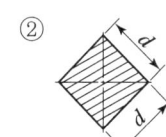
③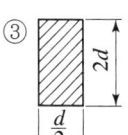
④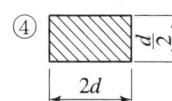

해설 굽힘강도가 크다는 의미는 단면계수가 큰 것을 의미한다.

① $Z = \dfrac{d^3}{6}$

② (단면2차 모멘트) $I = \dfrac{d^4}{12}$, $Z = \dfrac{d^3}{6\sqrt{2}}$

③ $Z = \dfrac{\left(\dfrac{d}{2}\right) \times (2d)^2}{6} = \dfrac{d^3}{3}$

④ $Z = \dfrac{\left(\dfrac{d}{2}\right)^2 \times (2d)}{6} = \dfrac{d^3}{12}$

해답 ③

008 두께 10mm의 강판을 사용하여 직경 2.5m의 원통형 압력 용기를 제작하였다. 용기에 작용하는 최대 내부 압력이 1200KPa일 때 원주 응력(후프 응력)은 몇 MPa인가?

① 50
② 100
③ 150
④ 200

해설 $\sigma_y = \dfrac{P \cdot D}{2\,t} = \dfrac{1200 \times 2500}{2 \times 10} = 150000\text{kPa} = 150\text{MPa}$

해답 ③

009 그림과 같이 길이 l인 단순보에 집중하중이 작용할 때, 최대 굽힘모멘트는 얼마인가?

① $\dfrac{Pl}{2}$
② $\dfrac{Pl}{4}$
③ $\dfrac{Pl}{8}$
④ $\dfrac{Pl}{16}$

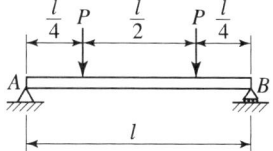

해설
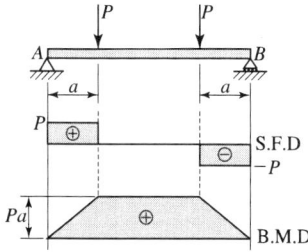

해답 ②

010

그림과 같이 양단이 고정되어 있는 원형 단면 봉의 C점에 $T=5000N \cdot m$의 비틀림모멘트를 가했다. 이때 고정단에서 비틀림 모멘트의 크기는 각각 몇 $N \cdot m$인가?

① $T_A = 1500$, $T_B = 3500$
② $T_A = 3500$, $T_B = 1500$
③ $T_A = 2000$, $T_B = 3000$
④ $T_A = 3000$, $T_B = 2000$

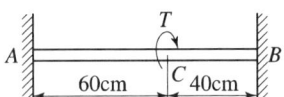

해설
$T_A = \dfrac{T \times b}{L} = \dfrac{5000 \times 0.4}{1} = 2000 Nm$

$T_B = \dfrac{T \times a}{L} = \dfrac{5000 \times 0.6}{1} = 3000 Nm$

해답 ③

011

길이 l인 양단 고정보에 등분포 하중(ω)이 작용할 때, 최대 굽힘 모멘트가 일어나는 위치와 그 크기는?

① 위치 : 보의 중앙, 크기 : $\dfrac{\omega l^2}{24}$

② 위치 : 보의 중앙, 크기 : $\dfrac{\omega l^2}{12}$

③ 위치 : 고정단, 크기 : $\dfrac{\omega l^2}{24}$

④ 위치 : 고정단, 크기 : $\dfrac{\omega l^2}{12}$

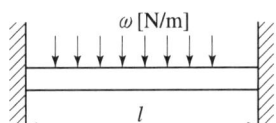

해설
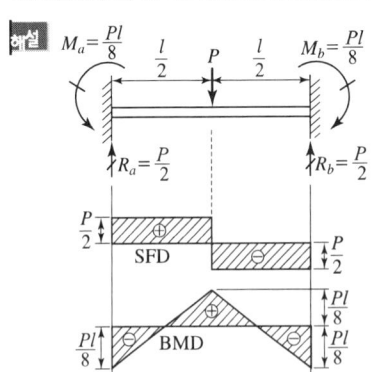

해답 ④

012

12mm×40mm와 20mm×20mm의 사각형 두 개가 그림과 같이 결합된 도형의 도심(圖心) 좌표($\bar{x}, \bar{y}$)는 약 얼마인가?

① (13.3, 15.5)
② (14.1, 14.3)
③ (15.4, 13.1)
④ (16.5, 12.4)

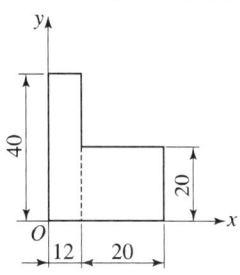

해설
$$\bar{x} = \frac{A_1 x_1 + A_2 x_2}{A_1 + A_2} = \frac{(12 \times 40) \times 6 + (20 \times 20) \times 22}{(12 \times 40) + (20 \times 20)} = 13.3 \text{mm}$$

$$\bar{y} = \frac{A_1 y_1 + A_2 y_2}{A_1 + A_2} = \frac{(12 \times 40) \times 20 + (20 \times 20) \times 10}{(12 \times 40) + (20 \times 20)} = 15.5 \text{mm}$$

해답 ①

013

길이 L이고, 단면적이 A인 탄성 막대에 축하중 P를 작용시켜 탄성 변형량 δ가 생겼을 때, 후크의 법칙은? (단, E는 막대의 탄성계수이다.)

① $P = E \cdot \delta$
② $\dfrac{P}{A} = \dfrac{E}{L} \cdot \delta$
③ $\dfrac{L}{\delta} = \dfrac{P}{A} \cdot E$
④ $\delta = E \cdot P$

해설
수직응력 $\sigma = \dfrac{P}{A}$

HooK prime saw $\sigma = E \cdot \epsilon = E \times \dfrac{\delta}{l}$

해답 ②

014

다음과 같은 부정정 막대에서 양단에 작용하는 반력은?

① $F_1 = \dfrac{Pb}{L}, F_2 = \dfrac{Pa}{L}$
② $F_1 = \dfrac{Pa}{L}, F_2 = \dfrac{Pb}{L}$
③ $F_1 = \dfrac{PL}{a}, F_2 = \dfrac{PL}{b}$
④ $F_1 = \dfrac{PL}{b}, F_2 = \dfrac{PL}{a}$

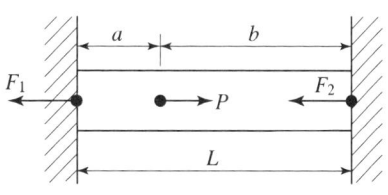

해설
$F_1 = \dfrac{Pb}{L}, \quad F_2 = \dfrac{Pa}{L}$

해답 ①

015

길이가 l인 단순보 AB의 한 단에 그림과 같이 모멘트 M이 작용할 때, A단의 처짐각 θ_A는 ? (단, 탄성계수는 E, 단면 2차 모멘트는 I이다.)

① $\dfrac{Ml}{8EI}$

② $\dfrac{Ml}{6EI}$

③ $\dfrac{Ml}{3EI}$

④ $\dfrac{Ml}{2EI}$

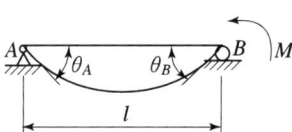

해설 단순보의 끝단에 우력(M)이 작용할 때

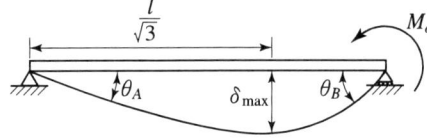

A단의 굽힘각 $\theta_A = y'_{x=0} = \dfrac{Ml}{6EI}$, B단의 굽힘각 $\theta_B = y'_{x=l} = \dfrac{Ml}{3EI}$

∴ $x = \dfrac{l}{\sqrt{3}}$ 위치에서 $\delta_{\max}$가 발생된다.

최대 처짐량 $\delta_{\max} = \dfrac{Ml^2}{9\sqrt{3}\,EI}$

해답 ②

016

강재 돌출보 ABC의 자유단(C)에 집중하중(P)을 받을 때 AB부분의 탄성곡선은 다음 식과 같다.

$$y = \dfrac{PaL^2}{6EI}\left[\dfrac{x}{L} - \left(\dfrac{x}{L}\right)^3\right]$$

AB부분에서 최대 처짐이 발생하는 위치(X_1)는? (단, 보의 굽힘 강성 EI는 일정하고, 자중은 무시한다.)

① $\dfrac{L}{2}$

② $\dfrac{L}{\sqrt{3}}$

③ $\dfrac{L}{\sqrt{2}}$

④ $\dfrac{L}{3}$

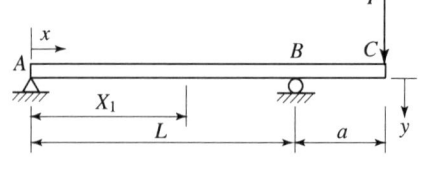

해설 $y = \dfrac{PaL^2}{6EI}\left[\dfrac{x}{L} - \left(\dfrac{x}{L}\right)^3\right]$, $y' = 0 = \dfrac{PaL^2}{6EI}\left[\dfrac{1}{L} - 3\left(\dfrac{x^2}{L^3}\right)\right]$, $x = \dfrac{L}{\sqrt{3}}$

해답 ②

017

탄성 한도내에서 인장하중을 받는 봉에 발생하는 응력이 처음의 2배가 되면 단위 체적속에 저장되는 탄성에너지는 몇 배가 되는가?

① $\frac{1}{2}$배
② 2배
③ $\frac{1}{4}$배
④ 4배

해설 단위 체적당 저장되는 탄성에너지

$$u = \frac{U}{V} = \frac{\sigma^2}{2E} = \frac{(E\epsilon)^2}{2E} = \frac{E^2\epsilon^2}{2E} = \frac{E\epsilon^2}{2}(\mathrm{Nm/m^3})$$

$u = \frac{U}{V} = \frac{\sigma^2}{2E}$ 응력이 2배가 되면 단위체적당 저장되는 탄성에너지는 4배가 된다.

해답 ④

018

100rpm으로 30kW를 전달시키는 길이 1m 지름 7cm인 둥근축단의 비틀림각은 약 몇 rad인가? (단, 전단 탄성계수 G=83GPa이다.)

① 0.26
② 0.30
③ 0.015
④ 0.009

해설 비틀림 각 $\theta = \frac{Tl}{GI_P}[\mathrm{rad}] = \dfrac{2683.56 \times 1}{83 \times 10^9 \times \left(\dfrac{\pi \times 0.07^4}{32}\right)} = 0.0146[\mathrm{rad}]$

$$T = 974\frac{H_{KW}}{N}[\mathrm{kgf \cdot m}] = 9545.2\frac{H_{KW}}{N}[\mathrm{J}]$$

$$T = 9545.2\frac{H_{KW}}{N}[\mathrm{J}] = 9545.2 \times \frac{30}{100} = 2683.56 \mathrm{Nm}$$

[계산단위] 토크[N·m]=[J], 거리[m], 직경[m]

해답 ③

019

길이 1.5m, 단면(폭×높이) $b \times h$=10cm×15cm인 외팔보의 자유단에 연직 방향으로 10kN의 집중 하중이 작용하면 고정단에 생기는 굽힘응력은 몇 MPa인가?

① 0.9
② 5.3
③ 40
④ 100

해설 굽힘응력 $\sigma_b = \dfrac{M}{Z} = \dfrac{PL}{\dfrac{bh^2}{6}} = \dfrac{10 \times 10^3 \times 1.5}{\dfrac{0.1 \times 0.15^2}{6}} = 40 \times 10^6 \mathrm{Pa} = 40 \mathrm{MPa}$

[계산단위] 힘[N], 거리[m], 응력[Pa]

해답 ③

020 그림과 같이 일단 고정 타단 자유로된 기둥이 축방향으로 압축력을 받고 있다. 단면은 10cm×10cm의 정사각형이고 길이는 5m, 탄성계수는 10GPa이다. 안전계수를 10으로 할 때 Euler공식에 의한 최소 임계하중은 약 몇 kN인가?

① 0.72
② 0.82
③ 0.92
④ 1.02

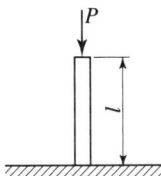

해설 장주에 나타나는 좌굴하중 $P_B = \dfrac{n\pi^2 EI}{l^2}$

여기서, n : 단말 계수, EI : 강성계수, l : 기둥의 길이, λ : 세장비
일단고정타단자유 : $n = 1/4$, 양단회전 : $n = 1$,
일단고정타단회전 : $n = 2$, 양단고정 : $n = 4$

장주에 나타나는 좌굴하중 $P_B = \dfrac{n\pi^2 EI}{l^2} = \dfrac{\frac{1}{4} \times \pi^2 \times 10 \times 10^9 \times \left(\frac{0.1^4}{12}\right)}{5^2}$
$= 8224.67\text{N}$

최소임계하중 $P_s = \dfrac{P_B}{s} = \dfrac{8224.67}{10} = 822.467\text{N} = 0.82267\text{kN}$

해답 ②

제2과목 기계열역학

021 순수물질에 대한 설명 중 틀린 것은?

① 화학 조성이 균일하고, 일정한 물질이다.
② 두 개의 상으로 존재할 수 없다.
③ 물과 수증기의 혼합물은 순수물질이다.
④ 액체 공기와 기체 공기의 혼합물은 순수물질이 아니다.

해설 순수물질(Pure substance) : 원자가 모여 분자를 이루면 분자는 일단 안정된 구조를 가지며 여간해서는 다시 원자로 분해되지 않는다. 어느 온도 및 압력의 범위에서 분자의 상태는 액체 또는 기체로 존재하게 된다. 보통 단일성분으로 되어있는 물질은 혼합물이 아니며 또한 화학적으로 안정되어 있을 때 이를 순수물질로 본다. 습증기는 순수물질이며 액체와 기체가 혼합되어 있지만 H_2O의 단일성분으로 되어 있다.

해답 ②

022
100kg의 증기가 온도 50℃, 압력 38KPa, 체적 7.5m³일 때 총 내부에너지는 6700kJ이다. 이와 같은 상태의 증기가 가지고 있는 엔탈피(enthalpy)는 몇 kJ인가?

① 1606　　② 1794
③ 2305　　④ 6985

해설 엔탈피 $H = U + PV = 6700 + (38 \times 7.5) = 6985\text{kJ}$

해답 ④

023
고체에 에너지를 전달하여 온도를 높이는 여러 가지 방법들 중에서 전달되는 에너지가 일이 아닌 것은?

① 프레스로 소성 변형시킨다.　　② 전원을 연결하여 전류를 통과시킨다.
③ 자기장을 가하여 자화시킨다.　　④ 강력한 빛을 쪼인다.

해설 고체에 에너지를 전달하여 온도를 높이는 방법 중에서 전달되는 과정이 일로 표현되는 것은 힘과 변위로 표현될 수 있거나 또는 [J]로 표현될 수 있는 에너지이다.

해답 ④

024
실린더 지름이 7.5cm이고 피스톤 행정이 10cm인 압축기의 지압선도로부터 구한 평균 유효압력이 200KPa일 때 한 사이클당 압축일(J)은 약 얼마인가?

① 12.4　　② 22.4
③ 88.4　　④ 128.4

해설 압축일 $W_c = P_m \times V_s = 200 \times 10^3 \times (\frac{\pi}{4} 0.075^2 \times 0.1) = 88.4\text{J}$

여기서, V_s : 행정체적

해답 ③

025
랭킨(Rankine) 사이클의 각 점에서 엔탈피가 (보기)와 같을 때 사이클의 이론 열효율은 약 몇 %인가?

- 보일러의 입구 : 58.6kJ/kg
- 보일러의 출구 : 810.3kJ/kg
- 응축기 입구 : 614.2kJ/kg
- 응축기 출구 : 57.4kJ/kg

① 32　　② 30
③ 28　　④ 26

해설 Rankin cycle의 효율

$$\eta_R = \frac{참일량}{보일러에서\ 가한열량} = \frac{w_{net}}{q_B} = \frac{터빈일 - 펌프일}{보일러에서\ 가한열량}$$

Rankin cycle의 효율

$$\eta_R = \frac{w_{net}}{q_B} = \frac{터빈일 - 펌프일}{보일러에서\ 가한열량} = \frac{(810.3 - 614.2) - 0}{810.3 - 58.6} = 26.1\%$$

해답 ④

과년도출제문제

026 기체가 열량 80kJ를 흡수하여 외부에 대하여 20kJ의 일을 하였다면 내부에너지 변화는 몇kJ인가?
① 20   ② 60
③ 80   ④ 100

해설 $\delta Q = dU + \delta W$, $80 = \triangle U + 20$ (내부에너지 변화) $\triangle U$는 60KJ

해답 ②

027 처음의 압력이 500KPa이고, 체적이 2m³인 기체가 "PV=일정"인 과정으로 압력이 100KPa까지 팽창할 때 밀폐계가 하는 일(kJ)을 나타내는 식은?
① $1000\ln\frac{2}{5}$ ② $1000\ln\frac{5}{2}$
③ $1000\ln 5$ ④ $1000\ln\frac{1}{5}$

해설 PV=C 등온과정, 등온과정의 절대일(밀폐계) : $_1W_2$

$$_1W_2 = \int_1^2 pdv = \int_1^2 \frac{p_1v_1}{v}dv = p_1v_1\int_1^2\frac{dv}{v} = p_1v_1\ln\frac{v_2}{v_1} = p_1v_1\ln\frac{p_1}{p_2} = RT\ln\frac{v_2}{v_1}$$

$$= RT\ln\frac{p_1}{p_2}$$

$$_1W_2 = p_1v_1\ln\frac{p_1}{p_2} = 500 \times 2 \times \ln\frac{500}{100} = 1000\ln 5$$

해답 ③

028 열역학적 상태량은 일반적으로 강도성(强度性) 상태량과 종량성(從良性) 상태성으로 분류할 수 있다. 다음 중 강도성 상태량에 속하지 않는 것은?
① 압력   ② 온도
③ 밀도   ④ 질량

해설 ① 강도성 상태량(强度性 狀態量 : intensive property)
물질이 가지는 질량의 크기에 관계없는 상태량으로 온도(T), 압력(P), 밀도(ρ), 비체적(v) 등이 표적이다.
※ 나누어도 변화가 없는 상태량
② 종량성 상태량(從良性 狀態量 : extensive property)
물질의 질량에 따라서 값이 변하는 상태량이다. 질량(m), 체적(V), 내부에너지(U), 엔탈피(H), 엔트로피(S)등이 있다.
※ 나누면 변화가 있는 상태량

해답 ④

029
열역학계로 한 사이클 동안 전달되는 모든 에너지의 합은?
① 0 이다.
② 내부에너지 변화량과 같다.
③ 내부에너지 및 일량의 합과 같다.
④ 내부에너지 및 전달열량의 합과 같다.

해설 에너지는 열과 일로 표현되는 물리량의 총칭이다. 열기관의 경우 공급받은 열량을 이용하여 외부로 일을 한다. 즉 공급받은 만큼 일을 한다고 할때 계 모든 에너지 합은 0이 된다.

해답 ①

030
다음 중 클라우지우스(Clausius)의 부등식을 올바르게 표시한 것은? (단, T는 절대온도, Q는 열량을 표시한다.)
① $\oint \delta Q \leq 0$
② $\oint \delta Q \geq 0$
③ $\oint \dfrac{\delta Q}{T} \leq 0$
④ $\oint \dfrac{\delta Q}{T} \geq 0$

해설 clausius integral $\oint \dfrac{\delta Q}{T} \leq 0$, 엔트로피변화량 $dS = \dfrac{\delta Q}{T}$

해답 ③

031
어떤 냉동기에서 0℃의 물로 0℃의 얼음 2ton을 만드는데 180MJ의 일이 소요된다면 이 냉동기의 성능계수는? (단, 물의 융해열은 334kJ/kg 이다.)
① 2.05
② 2.32
③ 2.65
④ 3.71

해설
냉동사이클 성능계수 $COP = \dfrac{q_L}{W_C} = \dfrac{\text{저열온에서 흡수한 열량}}{\text{압축기에서 공급받은 열량}}$

냉동사이클 성능계수 $COP = \dfrac{q_L}{W_C} = \dfrac{2000 \times 334}{180 \times 10^6} = 3.71$

해답 ④

032
일정한 체적하에서 포화 증기의 압력을 높이면 무엇이 되는가?
① 포화액이 된다.
② 압축액이 된다.
③ 습증기가 된다.
④ 과열 증기가 된다.

해설 포화선상의 상태가 포화증기 임으로 압력을 높이면 과열증기가 된다.

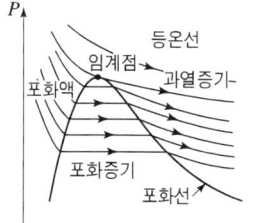

해답 ④

033

피스톤-실린더 장치내의 공기가 0.2m³에서 0.5m³으로 팽창되었다. 이 과정 동안 압력 P와 체적 V가 $P=650V^{2.5}$ 관계를 유지한다면 공기가 한 일은 약 몇 J인가? (단, 압력과 체적의 단위는 각각 Pa과 m³이다.)

① 2.61　　② 6.23
③ 12.5　　④ 15.8

해설
$$_1W_2 = \int_1^2 pdv = \int_1^2 650v^{2.5}dv = 650 \times \frac{1}{3.5}(v_2^{3.5} - v_1^{3.5}) = 650 \times \frac{1}{3.5}(0.5^{3.5} - 0.2^{3.5})$$
$$= 15.8 J$$

해답 ④

034

체적이 150m³인 방 안에 질량이 200kg이고 온도가 20℃인 공기(이상기체상수=0.287kJ/kg·K)가 들어 있을 때 이 공기의 압력은 약 몇 KPa인가?

① 112　　② 124
③ 162　　④ 184

해설
$PV = mRT$
여기서, P : 절대압력, V : 체적, m : 질량
기체상수 $R = \dfrac{8314}{M(=분자량)} \dfrac{Nm}{kgK}°$　　T : 절대온도
$$P = \frac{mRT}{V} = \frac{200 \times 0.287 \times (273+20)}{150} = 112 KPa$$

해답 ①

035

열(heat)과 일(work)에 대한 설명으로 틀린 것은?
① 계의 상태변화 과정에서 나타날 수 있다.
② 계의 경로에서 관찰된다.
③ 경로함수(path function)이다.
④ 전달된 일과 열의 합은 항상 일정하다.

해설
① 일은 열과 에너지이며 열역학적인 상태량이 아니고 과정에 의존하는 도정함수(path function)이다. 열역학 제 1법칙은 열과 일이 본질적으로 같은 에너지라는 점을 나타내는 에너지 보존의 법칙을 말한다.
② 열역학 1법칙에서는 공급된 열이 모두 일로 변하기 때문에 열과 일의 합은 0이다.

해답 ④

036

덕트 내의 유체 흐름을 포함하는 공학적인 적용에서 유체와 고체 벽 표면사이에서의 열의 이동을 결정하는 주요한 요소는 무엇인가?

① 열전도형상계수　　② 대류 열전달계수
③ 열전도계수　　　　④ 마찰계수

해설 ① **전도에 의한 전열** : 고체와 고체사이의 열전달

$$Q = kA\frac{dT}{dx}[\text{kcal/hr}]$$

여기서, Q : 전열량 = 열전달량(kcal/hr), A : 전열면적(m^2)
k : 열전도율 = 열전도계수[kcal/m, h, ℃]
dx : 전달간격(m), dT : 온도변화(℃)

② **대류에 의한 전열** : 유체와 유체, 고체와 유체사이의 열전달

$$Q = A(T_1 - T_w)[\text{kcal/hr}]$$

여기서, α : 대류열전달계수[kcal/m^2hr · c]
A : 전열면적(m^2), T_1 : 유체의 온도, T_w : 고체의 온도

③ **복사에 의한 전열** : 복사체에 의한 열전달

$$Q = \alpha A(T_1^4 - T_2^4)[\text{kcal/hr}]$$

여기서, α : 스테판-볼츠만의 상수[4.8806×10^{-8} kcal/h · m^2 · K^4]
A : 전열면적(m^2)
절대온도가 T_1 흑체(이상복사체)가 절대온도 T_2인 주위 물체의 의해여 완전히 둘러싸여 있을 때의 복사에 의한 전열량

해답 ②

037

대기 압력이 0.099MPa일 때 용기내 기체의 게이지 압력이 1MPa이었다. 용기내 기체의 절대 압력은 몇 MPa인가?

① 0.90　　　　② 1.099
③ 1.135　　　　④ 1.275

해설 용기내의 절대압을 물어본 문제이다. 용기 밖은 대기압이 있지만 용기내부에서 대기압이 작용되지 않고 있다. 즉, 용기 내부의 대기압은 = 0이다. 그러므로 용기내의 절대압 = 0 + 게이지압 = 게이지압이다.

해답 ②

038

압력이 100KPa이며 온도가 25℃인 방의 크기가 240m^3이다. 이 방에 들어있는 공기의 질량은약 몇 kg인가? (단, 공기는 이상기체로 가정하며, 공기의 기체상수는 0.287kJ/kg · K이다.)

① 3.57　　　　② 0.28
③ 0.00357　　　④ 280

해설 $PV = mRT$
여기서, P : 절대압력, V : 체적, m : 질량

기체상수 $R = \dfrac{8314}{M(=\text{분자량})} \dfrac{\text{Nm}}{\text{kgK°}}$　　T : 절대온도

$m = \dfrac{PV}{RT}$

해답 ④

039 표준 증기압축식 냉동사이클에서 압축기 입구와 출구의 엔탈피가 각각 249kJ/kg 및 346kJ/kg이다. 냉매 순환량이 0.04kg/s이고 성능계수가 2.8이라고 하면 증발기에서 흡수하는 열량은 약 몇 kW인가?

① 10.9
② 8.9
③ 7.4
④ 6.4

해설 냉동사이클 성능계수 $COP = \dfrac{Q_L}{W_C} = \dfrac{\text{증발기에서 흡수한 열량}}{\text{압축기에서 공급받은 일량}}$

증발기에서 흡수한 열량 $Q_L = COP \times \dot{m} \times (h_2 - h_1) = 2.8 \times 0.04 \times (346 - 249)$
$= 10.9 \text{kW}$

 해답 ①

040 직경 20cm, 길이 5m인 원통 외부에 두께 5cm의 석면이 씌워져 있다. 석면 내면과 외면의 온도가 각각 100℃, 20℃ 이면 손실되는 열량은 약 몇 kJ/h인가? (단, 석면의 열전도율은 0.418kJ/mh℃로 가정한다.)

① 2591
② 3011
③ 3431
④ 3851

해설 $Q = \dfrac{2\pi KL}{\ln\left(\dfrac{R_2}{R_1}\right)} \Delta T$

$= \dfrac{2 \times \pi \times 0.418 \times 5}{\ln\left(\dfrac{0.15}{0.1}\right)} \times 80$

$= 2590.97 \text{kJ/h}$

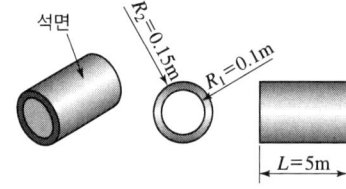

 해답 ①

제3과목 기계유체역학

041 공기 중에서 무게가 900N인 돌이 물에 완전히 잠겨 있다. 물속에서의 무게가 400N 이라면, 이 돌의 체적과 비중은 각각 얼마인가? (단, 물의 밀도는 1000kg/m³이다.)

① 0.051m³, 1.8
② 0.51m³, 1.8
③ 0.051m³, 3.6
④ 0.51m³, 3.6

해설 물속의 무게 = 공기중의 무게 - 물의 부력 = 900 - 400 = 500N

공기중의 무게 $900N = S_x \gamma_x V$에서 $S_x = \dfrac{900}{\gamma_w V}$ ·············· ①식

물속의 무게 $400N = V(\gamma_x - \gamma_w) = V\gamma_w(S_x - 1)$ ················ ②식
①식을 ②식에 대입하면
$400 = 900 - V\gamma_w$, $400 = 900 - V \times 9800$
체적 $V = 0.051\text{m}^3$

돌의 비중 $S_x = \dfrac{\gamma_x}{\gamma_w} = \dfrac{\dfrac{W}{V}}{\gamma_w} = \dfrac{\dfrac{900}{0.051}}{9800} = 1.8$

해답 ①

042 경계층의 박리(separation)가 일어나는 주 원인은?

① 압력이 증기압 이하로 떨어지기 때문
② 압력 구배가 0으로 감소하기 때문
③ 경계층의 두께가 0으로 감소하기 때문에
④ 역압력 구배 때문

해설 후류의 발생원인은 역압력구배에 의한 것이다.

순압력 구배 $\dfrac{dV}{d\chi} > 0$, $\dfrac{dp}{d\chi} < 0$

역압력 구배 $\dfrac{dV}{d\chi} < 0$, $\dfrac{dp}{d\chi} > 0$

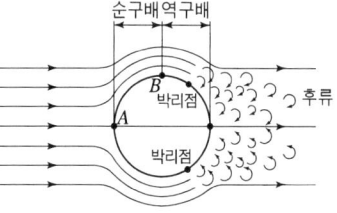

[원주 주위의 점성유체의 흐름]

해답 ④

043 지름 150mm의 수평 관로 내에 물이 평균속도 3m/s로 흐르고 있다. 원관의 길이 60m에 대한 압력차는 몇 KPa인가? (단, 관마찰계수는 0.02이다.)

① 3.6   ② 31.5
③ 36   ④ 100

해설
$H_L = f \times \dfrac{l}{D} \times \dfrac{V^2}{2g} = 0.02 \times \dfrac{60}{0.15} \times \dfrac{3^2}{2 \times 9.8} = 3.673\text{m}$
$\triangle P = \gamma H_L = 9800 \times 3.673 = 36000\text{Pa} = 36\text{KPa}$

해답 ③

044 비중이 1.204인 글리세인이 질량유량 4kg/s로 안지름이 10cm인 관로를 흐르고 있다. 이 때의 평균속도는 약 몇 m/s인가?

① 4.23   ② 0.423
③ 0.915 ④ 5.09

해설 질량유량 $\dot{m} = \rho A v$

속도 $v = \dfrac{\dot{m}}{\rho A} = \dfrac{4}{1.204 \times 1000 \times \dfrac{\pi}{4} 0.1^2} = 0.423 \text{m/s}$

해답 ②

045 직경 150mm의 관속을 20℃의 물이 평균유속 4m/s로 흐르고 있다. 직경 75mm인 모형 관속을 20℃의 암모니아가 흐를 때 이 유동과 역학적 상사를 이루려면 암모니아의 평균 유속은 약 몇 m/s이어야 하는가? (단, 물의 동점성계수는 $1.006 \times 10^{-6} \text{m}^2/\text{s}$이며, 암모니아의 동점성계수는 $0.34 \times 10^{-6} \text{m}^2/\text{s}$이다.)

① 2.0　　② 2.7
③ 4.6　　④ 8.0

해설 관유동이므로 $(Re)_p = (Re)_m$, $\left(\dfrac{Vd}{\nu}\right)_p = \left(\dfrac{Vd}{\nu}\right)_m$

암모니아의 유속 $V_m = \dfrac{\nu_m V_p d_p}{\nu_p d_m} = \dfrac{0.34 \times 10^{-6} \times 4 \times 150}{1.006 \times 10^{-6} \times 75} = 2.7 \text{m/s}$

해답 ②

046 물이 들어 있는 아주 큰 탱크에 수면으로부터 5m 길이에 노즐이 달려있다. 만일 이 노즐의 속도 계수 $C_v = 0.95$라고 하면 노즐로부터 나오는 실제 유속은 약 몇 m/s인가?

① 14　　② 9.4
③ 14.7　　④ 9.9

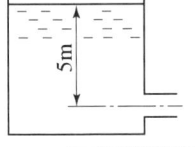

해설 이론유속 $v_{th} = \sqrt{2gh} = \sqrt{2 \times 9.8 \times 5} = 9.899 \text{m/s}$

실제유속 $v_a = C_v \times v_{th} = 0.95 \times 9.899 = 9.4 \text{m/s}$

해답 ②

047 그림과 같은 자유 제트가 고정 평판에 충돌하였을 때의 유량비 $\dfrac{Q_1}{Q_2}$는 얼마인가? (단, 마찰손실과 중력은 무시한다.)

① $\dfrac{1-\cos\theta}{1+\cos\theta}$　　② $\dfrac{1+\cos\theta}{1-\cos\theta}$

③ $\dfrac{1-\sin\theta}{1+\sin\theta}$　　④ $\dfrac{1+\sin\theta}{1-\sin\theta}$

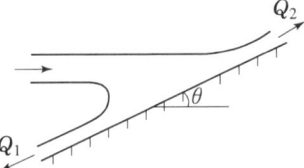

해설

$$Q_2 = \frac{Q_0}{2}(1+\cos\theta)$$

$$Q_1 = \frac{Q_0}{2}(1-\cos\theta)$$

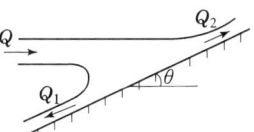

해답 ①

048

피토 정압관(수은 : 비중 13.6)을 사용하여 비중이 0.88인 유체의 속도를 측정하고자 한다. 피토 정압관의 높이 차이가 4cm이면 유속은 약 몇 m/s인가? (단, 보정계수(C)는 1이다.)

① 124.14 ② 10.64
③ 3.36   ④ 6.72

해설 관속 임의의 지점에서의 유속

$$V = \sqrt{2gH\left(\frac{\gamma_\text{액}-\gamma_\text{관}}{\gamma_\text{관}}\right)} = \sqrt{2gH\left(\frac{s_\text{액}-s_\text{관}}{s_\text{관}}\right)} = \sqrt{2\times 9.8 \times 0.04 \times \left(\frac{13.6-0.88}{0.88}\right)}$$
$$= 3.36\text{m/s}$$

해답 ③

049

완전 발달된 수평 원관 층류 유동의 속도분포(u)에 대한 설명중 가장 옳은 것은? (단, γ은 중심축으로부터 반경 방향 거리이며, χ는 길이 방향 거리이다.)

① $u = f(\gamma, \chi)$ ② $u = f(\gamma)$
③ $u = f(\chi)$ ④ $u = f\left(\dfrac{dr}{dx}\right)$

해설 수평원관에서의 층류 유동일 때 임의의 r지점의 속도

$$u_r = u_{\max}\left(1 - \frac{r^2}{r_0^2}\right)$$ 여기서, r_o : 관의 바깥반경

해답 ②

050

지름 5cm 길이 20m, 관마찰 계수 0.02인 수평 원관 속을 난류로 물이 흐른다. 관 출구와 입구의 압력차가 20KPa 이면 유량은 약 몇 L/s인가?

① 4.4   ② 6.3
③ 8.2   ④ 10.8

 손실수두 $H_L = \dfrac{\Delta P}{\gamma} = \dfrac{20\times 10^3}{9800} = 2.04\text{m}$ 원형관의 손실수두 $H_L = f \times \dfrac{l}{D} \times \dfrac{V^2}{2g}$

속도 $V = \sqrt{\dfrac{H_L \times D \times 2g}{f \times l}} = \sqrt{\dfrac{2.04 \times 0.05 \times 2 \times 9.8}{0.02 \times 20}} = 2.236\text{m/s}$

유량 $Q = \dfrac{\pi}{4}0.05^2 \times 2.236 = 0.00439\text{m}^3/\text{s} = 4.39\text{L/s}$

해답 ①

051

직경 2mm의 유리관이 유체가 담긴 그릇 속에 접촉각 10°인 상태로 세워져 있다. 유리와 액체 사이의 표면장력이 0.06N/m, 유체 밀도가 800kg/m³일 때 액면으로부터의 모세관 액체의 상승 높이는 약 몇 mm인가?

① 1.5　　② 15
③ 3　　　④ 30

해설 물의 상승높이 $h = \dfrac{4\sigma\cos\beta}{\rho g D} = \dfrac{4 \times 0.06 \times \cos 10}{800 \times 9.8 \times 0.002} = 0.015\text{m} = 15\text{mm}$

해답 ②

052

그림과 같이 수직 관 속에 비중 0.9인 기름이 흐를 때 액주계를 설치하면 압력계 P_x는 게이지 압력으로 약 몇 Pa인가? (단, 수은의 비중은 13.6이다.)

① 0.0196
② 0.196
③ 1.96
④ 196

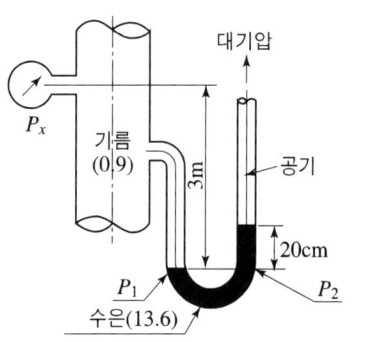

해설 $P_1 = P_2 = P_x + 0.9\gamma_w \times 3 = 13.6\gamma_w \times 0.2$
∴ $P_x = 9800(13.6 \times 0.2 - 0.9 \times 3) = 196\text{N/m}^2$

해답 ④

053

평균 반지름이 R인 얇은 막 형태의 작은 비누방울의 내부 압력을 P_i, 외부 압력을 P_O라고 할 경우, 표면 장력(σ)에 의한 압력차($P_i - P_O$)는?

① $\dfrac{\sigma}{4R}$　　　　　② $\dfrac{\sigma}{R}$

③ $\dfrac{4\sigma}{R}$　　　　　④ $\dfrac{2\sigma}{R}$

해설 구 표면의 표면장력 $\sigma = \dfrac{\Delta P D}{4}$, $\Delta P = \dfrac{4\sigma}{D} = \dfrac{2\sigma}{R}$

비눗방울 표면의 표면장력 $\sigma = \dfrac{\Delta P D}{8}$, $\Delta P = \dfrac{8\sigma}{D} = \dfrac{4\sigma}{R}$

해답 ③

054

속도 15m/s로 항해하는 길이 80m의 화물선의 조파 저항에 관한 성능을 조사하기 위하여 수조에 길이가 원형의 1/25인 모형 배로 실험하려면 몇 m/s의 속도로 하면 되는가?

① 9.0
② 0.11
③ 0.33
④ 3.0

해설 $F_r = \left(\dfrac{V^2}{Lg}\right)_m = \left(\dfrac{V^2}{Lg}\right)_p$, ∴ $V_m = V_p \sqrt{\dfrac{L_m}{L_p}} = 15 \times \sqrt{\dfrac{1}{25}} = 3 \text{m/sec}$

해답 ④

055

그림과 같은 원통 주위의 포텐셜 유동이 있다. 원통 평면 상에서 상류 유속과 동일한 유속이 나타나는 위치(θ)는?

① 0°
② 30°
③ 45°
④ 90°

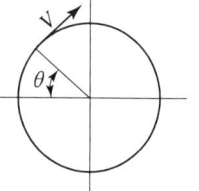

해설 임의의 원주표면의 속도 $V_\theta = 2V_o \sin\theta$

$\sin\theta = \dfrac{V_\theta}{2V_o} = \dfrac{1}{2}$, $\theta = 30°$

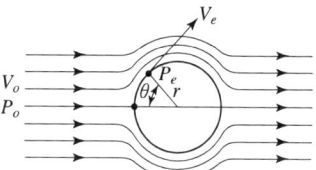

해답 ②

056

수면의 높이가 40m인 저수조에서 수면의 높이가 15m인 저수조로 직경 45cm, 길이 600m의 주철관을 통해 물이 흐르고 있다. 유량은 0.25m³/s이며, 관로 중의 터빈에서 29.4kW의 이론적인 동력을 얻는다면 관로의 손실수두는 몇 m인가?

① 11
② 12
③ 13
④ 14

해설 전수두 $h = 25\text{m}$

터빈동력 $H_{KW} = \gamma h_T Q$

터빈에서 사용한 수두 $h_T = \dfrac{H_{KW}}{\gamma Q} = \dfrac{29400}{9800 \times 0.25} = 12\text{m}$

손실수두 $h_L = h - h_T = 25 - 12 = 13\text{m}$

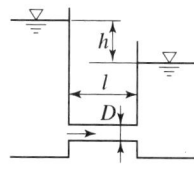

해답 ③

057

물리량과 차원이 바르게 연결된 것은? (단, M : 질량, L : 길이, T : 시간)

① 동력 ML^2T^{-3}
② 점성계수 : $M^{-1}L^{-2}T$
③ 에너지 : ML^2T^{-1}
④ 압력 : $ML^{-2}T^{-1}$

해설

물리량	기호	MLT계 단위	차원
점성계수	μ	$\dfrac{kg}{ms}$	$ML^{-1}T^{-1}$
에너지 = 일	W	J	ML^2T^{-2}
동력	H	W	ML^2T^{-3}
압력	P	$Pa = \dfrac{N}{m^2}$	$ML^{-1}T^{-2}$

해답 ①

058

2m × 2m × 2m의 정육면체로 된 탱크 안에 비중이 0.8인 기름이 가득 차 있고, 위 뚜껑이 없을 때 탱크의 옆 한 면에 작용하는 전체 압력에 의한 힘은 약 몇 kN인가?

① 1.6
② 15.7
③ 31.4
④ 62.8

해설 $P = \gamma \bar{H} A = 0.8 \times 9800 \times 1 \times 4 = 31360 N = 31.36 kN$

해답 ③

059

펌프의 입구 및 출구의 조건이 아래와 같고 펌프의 송출 유량이 $0.2 m^3/s$이면 펌프의 동력은 약 몇 kW인가? (단, 손실은 무시한다.)

- 입구 : 압력 −3KPa, 직경 0.2m
- 기준면으로부터 높이 2m
- 출구 : 압력 250KPa, 직경 0.15m
- 기준면으로부터 높이 5m

① 15.74
② 53.5
③ 59.3
④ 65.2

해설

$$\frac{P_1}{r} + \frac{V_1^2}{2g} + z_1 + H_p = \frac{P_2}{r} + \frac{V_2^2}{2g} + z_2$$

펌프수두 $H_p = \dfrac{P_2 - P_1}{r} + \dfrac{V_2^2 - V_1^2}{2g} + (z_2 - z_1)$

$= \dfrac{253000}{9800} + \dfrac{11.31^2 - 6.36^2}{2g} + 3 = 33.278 m$

$Q = \dfrac{\pi}{4} 0.2^2 \times V_1 = \dfrac{\pi}{4} 0.15^2 \times V_2, \quad V_1 = 6.36 m/s, \quad V_2 = 11.31 m/s$

펌프동력 $H = \gamma H_p Q = 9800 \times 33.278 \times 0.2 = 65224.88 W = 65.2 kW$

해답 ④

060 지름 2mm인 구가 밀도 0.4kg/m³, 동점성계수 1.0×10^{-4} m²/s인 기체 속을 0.03m/s로 운동한다고 하면 항력은 약 몇 N인가?

① 2.26×10^{-8}
② 3.6×10^{-7}
③ 4.5×10^{-8}
④ 2.86×10^{-7}

해설 스토크의 낙구식 점도측정 실험식
항력 $D = 6R\mu V\pi = 6R(\nu\rho)V\pi = 6 \times 0.001 \times 1 \times 10^{-4} \times 0.4 \times 0.03 \times \pi$
$= 2.26 \times 10^{-8}$ N

해답 ①

제4과목 기계재료 및 유압기기

061 지름 15mm의 연강 봉에 5000kgf의 인장하중이 작용할 때 생기는 응력은 약 몇 kg/mm²인가?

① 10
② 18
③ 24
④ 28

해설 $\sigma = \dfrac{F}{A} = \dfrac{5000}{\dfrac{\pi}{4} 15^2} = 28 \text{kg/mm}^2$

해답 ④

062 주로 표면이 시멘타이트(Fe_3C)조직으로서 경도가 높고, 내마멸성과 압축강도가 커서 기차의 바퀴, 분쇄기의 롤 등에 많이 쓰이는 주철은?

① 가단주철
② 구상흑연주철
③ 미하나이트주철
④ 칠드주철

해설 칠드 주조(chilled casting : 냉경 주물)
① 특징 : 주물을 제작할 때 일부에 금속을 대고 급랭시키면 이 부분은 다른 부분보다 조직이 백선화(白銑化)해서 단단한 탄화철이 되고 그 내부는 서서히 냉각되어 연한 주물이 된다. 이 방법을 칠드 주조라 하고, 이렇게 이루어진 주물을 칠드 주물이라 한다.
② 제품 : 압연 롤러, 볼 밀(ball mill), 파쇄기(crusher)

해답 ④

063 다음 중 구리(Cu)에 함유되어 전기전도율을 가장 많이 감소시키는 원소는?

① Ag
② P
③ Cd
④ Zn

해설 구리 합금인 황동, 청동에서 인(P)이 많이 함유 될수록 전기전도율이 감소한다.

해답 ②

064 금속을 소성가공할 때에 냉간가공과 열간가공을 구분하는 온도는?

① 담금질온도 ② 변태온도
③ 재결정온도 ④ 단조온도

해설 냉간 가공(상온 가공 : cold working) : 재결정 온도 이하에서 금속의 기계적 성질을 변화시키는 가공이다.
① 가공면이 깨끗하고 정밀한 모양으로 가공된다.
② 가공 경화로 강도는 증가되지만 연신율(연율)은 작아진다.
③ 가공 방향 섬유 조직이 생기고 판재 등은 방향에 따라 강도가 달라진다.

해답 ③

065 강의 담금질(quenching) 조직 중에서 경도가 가장 높은 것은?

① 펄라이트 ② 오스테나이트
③ 페라이트 ④ 마텐자이트

해설 담금질 조직 : 담금질 조직에는 다음과 같은 4가지 조직이 있다.

조직명칭	조직	냉각방법	경도	성질
마르텐자이트	$(\alpha - Fe + Fe_3C)$ 고용체	물에 급랭	720	경도가 가장 크다. 단단하며 메짐성이 있음, 절삭공구
트루스타이트	$(\alpha - Fe + Fe_3C)$ 혼합물	기름에 급랭	400	부식이 잘된다. 단단하고 인성이 있음, 목공구
소르바이트	$(\alpha - Fe + Fe_3C)$ 혼합물	공기중 서냉	270	탄성이 크다. 스프링 재료
오스테나이트	$(\alpha - Fe + Fe_3C)$ 고용체	염수에 급랭	155	냉각속도가 가장 크다. 연하나, 가공성이 불량하다. 전기 저항율 크고, 연신율 크다.

해답 ④

066 강의 특수원소 중 뜨임 취성(Temper brittleness)을 현저히 감소시키며 열처리 효과를 더욱 크게 하여 질량효과를 감소시키는 특성을 갖는 원소는?

① Ni ② Cr
③ Mo ④ W

해설

합금 원소	강 중에 나타나는 일반적인 특성
Ni	인성 증가, 저온 충격저항 증가
Cr	내식성, 내마모성 증가
Mo,	뜨임 여림성(=취성) 방지, 질량효과 감소
Cu	공기중 내산화성 증가
Si	전자기 특성개선, 탈산, 고용강화
Mo, Mn, W	고온에 있어서의 경도와 인장 강도 증가

해답 ③

067
상온으로 담금질된 강을 다시 0℃ 이하의 온도로 냉각하는 작업이며, 담금질된 강의 잔류 오스테나이트를 마텐자이트로 변태시키는 것을 목적으로 하는 열처리 법은?
① 풀림
② 불림
③ 뜨임
④ 심랭처리

해설 서브제로처리 = 심랭처리 = 영하처리 : 오스테나이트를 염욕에서 M_f 점 이하로 하여 잔류 오스테나이트를 마르텐자이트로 면태시키는 열처리방법

해답 ④

068
탄소강에서 탄소량이 증가하면 일반적으로 감소하는 성질은?
① 전기저항
② 열팽창계수
③ 항자력
④ 비열

해설
① 탄소 함유량의 증가와 더불어 증가하는 것 : 강도, 경도, 비열 전기저항, 항자력은 증가된다.
② 탄소 함유량의 증가와 더불어 감소하는 것 : 비중, 열팽창계수, 탄성률, 열전도율, 연신율

해답 ②

069
내열성 주물로서 내연기관의 피스톤이나 실린더 헤드로 많이 사용되며 표준성분이 Al-Cu-Ni-Mg으로 구성된 합금은?
① 하이드로날륨
② Y합금
③ 실루민
④ 알민

해설 알루미늄과 그 합금
- 주물용 알루미늄합금
  - ① 알루미늄 – 구리계 합금 : 자동차 하우징, 버스 및 항공기 바퀴, 크랭크케이스
  - ② 알미늄 – 규소계합금
    - 실루민
    - Lo-Ex합금 : Al + Si + Cu + Mg + Ni 피스톤용으로 사용
    - 하이트로날륨 : Al + Mg(10%) : 열처리하지 않고 승용차의 커버, 휠디스크의 재료
  - ③ 알루미늄 – 마그네슘합금
  - ④ 다이캐스저용합금 : 라우탈, 실루민, 하이드로날륨
  - ⑤ Y합금 – Al + (4%Cu) + (2%Ni) + (1.5%Mg) : 피스톤재료로 사용
- 가공용 알루미늄합금
  - 고강도알루미늄합금
    - 두랄루민 : Al+(4%Cu)+(0.5%Mg)+(0.5%Mn)
    - 초두랄민 : Al+(4.5%Cu)+(1.5%Mg)+(0.6%Mn)
    - 초강두랄루민 : Al+(1.6%Cu)+(2.5%Mg)+(0.2%Mn)+(5.6%Zn)
  - 내식용 루니늄합금
    - 알민
    - 알드레이
    - 하이드로날륨

해답 ②

070 탄소함유량이 0.8%가 넘는 고탄소강의 담금질 온도로서 가장 적당한 것은?

① A_1 온도보다 30~50℃ 정도 높은 온도
② A_2 온도보다 30~50℃ 정도 높은 온도
③ A_3 온도보다 30~50℃ 정도 높은 온도
④ A_4 온도보다 30~50℃ 정도 높은 온도

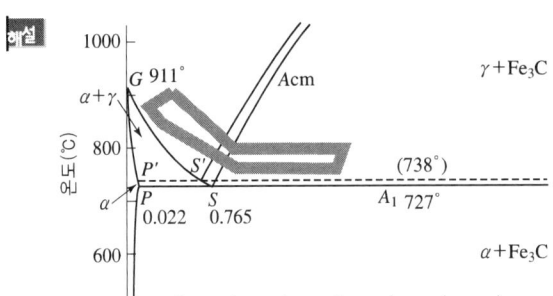

아공석강은 A_{123} 온도보다 30~50도 높은 온도, 과공석강은 A_1 온도보다 30~50도 높은 온도까지 가열후 담금질 열처리 한다.

해답 ①

071 액추에이터 공급 쪽 관로에 설정된 바이패스 관로의 흐름을 제어함으로써 속도를 제어하는 회로는?

① 인터로크 회로 ② 블리드 오프 회로
③ 시퀀스 회로   ④ 미터 아웃 회로

① **미터 인 회로법** : 유량조정 밸브를 실린더 앞에 부착, 실린더에 들어가는 유량을 제어하고 나머지 유량은 릴리프 밸브에서 기름 탱크로 복귀시키고 있는 회로이다. 이 회로의 효율은 좋다고는 할 수 없으나 부하 변동이 크고 피스톤의 움직임에 대해 정 방향의 부하가 가해지는 경우 적합하다.

② **미터 아웃 회로법** : 실린더의 복귀회로에 유량조정 밸브를 부착, 실린더에서 유출하는 유량을 제어하고 나머지 유량은 미터 인 회로와 동일하게 릴리프 밸브로부터 기름 탱크로 복귀시키고 있는 회로이다. 실린더의 출구가 교축되어 실린더의 배압이 걸리 므로 부방향의 부하, 즉 피스톤이 인입되는 경우의 속도제어에 적합하며 드릴링머신, 프레스 등에 많이 사용된다.

③ **블리드 오프 회로법** : 펌프와 실린더 간의 분기 관로에 유량조정 밸브를 설치하여 기름 탱크로 복귀시키는 유량을 제어함으로써 속도를 제어 하는 회로이다. 릴리프 밸브에 의한 유출량이 없으며 동력손실이 적다. 그러나 부하변동이 큰 경우 펌프 토출량이 바뀌며 정확한 속도제어가 안된다. 따라서 비교적 부하 변동이 적은 호우닝 머신이나 정밀도가 그다지 필요하지 않은 윈치의 속도제어 등에 사용된다.

해답 ②

072
안지름이 10mm인 파이프에 $2 \times 10^4 \text{cm}^3/\text{min}$의 유량을 통과시키기 위한 유체의 속도는 약 몇 m/s인가?

① 4.2
② 5.2
③ 6.2
④ 7.2

해설
$$Q = \frac{2 \times 10^4 \times 10^{-6}}{60} = 0.000333 \text{m}^3/\text{s}$$
$$Q = \frac{\pi}{4} 0.01^2 \times v \qquad v = \frac{0.000333 \times 4}{\pi \times 0.01^2} = 4.244 \text{m/s}$$

해답 ①

073
기어 펌프에서 발생하는 폐입 현상을 방지하기 위한 방법으로 가장 적절한 것은?

① 오일을 보충한다.
② 베어링을 교환한다.
③ 릴리프 홈이 적용된 기어를 사용한다.
④ 베인을 교환한다.

해설 기어와 기어가 맞물려 압축이 일어나는 현상을 폐입현상이라 하며, 압축이 일어나는 부분에 유체가 빠져나갈 수 있는 홈을 만들어 주면 과도한 압력상승을 막을 수 있다. 이때 빠져나갈 수 있는 홈을 릴리프 홈이라 한다.

해답 ③

074
다음 그림은 어떤 밸브를 나타내는 기호인가?

① 시퀀스 밸브
② 카운터 밸런스 밸브
③ 무부하 밸브
④ 일정 비율 감압 밸브

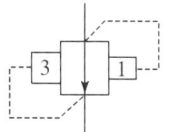

해설

형식	명칭	기능	기호
상시폐형	릴리프 밸브(relief valve) 안전 밸브(safety valve)	회로내의 압력을 설정치로 유지하는 밸브, 특히 회로의 최고압력을 한정하는 밸브를 안전 밸브라고 한다.	
	시퀀스 밸브 (sequence valve)	둘 이상의 분기회로가 있는 회로내에서 그 작동순서를 회로의 압력 등에 의해 제어하는 밸브이고, 입구압력 또는 외부파일럿 압력이 소정의 값에 도달하면 입구측으로부터 출구측의 흐름을 허용하는 밸브	
	무부하 밸브 (unloadin valve)	회로의 압력이 설정치에 달하면 펌프를 무부하로 하는 밸브	

형식	명 칭	기 능	기 호
상시폐형	카운터 밸런스 밸브 (counterbalance valve)	부하의 낙하를 방지하기 위해 배압을 부여하는 밸브한 방향의 흐름에는 설정된 배압을 주고 반대방향의 흐름을 자유흐름으로 하는 밸브	
상시개형	감압 밸브 = 리듀싱 밸브 (pressure reducing valve)	출구측 압력을 입구측압력보다 낮은 설정압력으로 조정하는 밸브	

해답 ④

075
부하가 급격히 변화하였을 때 그 자중이나 관성력 때문에 소정의 제어를 못하게 된 경우 배압을 걸어주어 자유낙하를 방지하는 역할을 하는 유압제어 밸브로 체크 밸브가 내장된 것은?

① 카운터 밸런스 밸브 ② 릴리프 밸브
③ 감압 밸브 ④ 스로틀 밸브

해설 해설 74번 참조

해답 ①

076
다음 유압회로에서 ①은 무엇을 나타내는 기호인가?

① 릴리프 밸브
② 유량 조절 밸브
③ 스톱 밸브
④ 분류 밸브

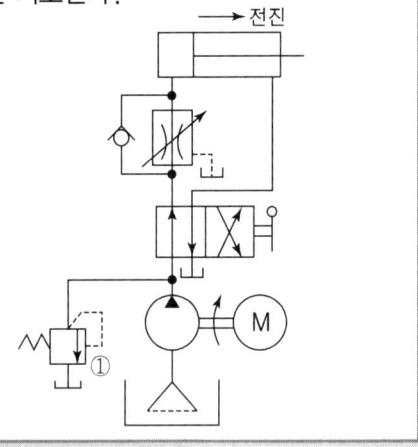

해설 해설 74번의 릴리프 밸브 참조

해답 ①

077
유압기의 작동 원리로 가장 밀접한 것은?

① 보일의 원리 ② 아르키메데스의 원리
③ 샤를의 원리 ④ 파스칼의 원리

해설 유압기기의 원리(파스칼의 원리 적용)
① 공기는 압축되나 오일은 압축되지 않는다.
② 오일은 운동을 전달할 수 있다.
③ 오일은 힘을 전달할 수 있다.
④ 단면적을 변화시키면 힘을 증대시킬 수 있다.
⑤ 밀폐된 용기에 오일을 채우고 이곳에 압력을 가하면 이 용기의 내면에 직각으로 똑같은 압력이 작용한다.

해답 ④

078 용기내에 오일을 고압으로 압입한 유압유 저장 용기로서 유압에너지 축적, 압력 보상, 맥동 제거, 충격 완충 등의 역할을 하는 유압 부속 장치는?
① 어큐뮬레이터　　② 스테이너
③ 오일냉각기　　　④ 필터

해설 축압기(어큐물레이터 : Accumulator)의 용도
① 에너지의 축적　　　　② 압력 보상
③ 서어지 압력방지　　　④ 충격압력 흡수
⑤ 유체의 맥동감쇠(맥동 흡수)　⑥ 사이클 시간 단축
⑦ 2차 유압회로의 구동　⑧ 펌프대용 및 안전장치의 역할
⑨ 액체 수송(펌프 작용)　⑩ 에너지 보조

해답 ①

079 다음 중 유압기기에서 유량제어 밸브에 속하는 것은?
① 릴리프 밸브　　② 체크 밸브
③ 감압 밸브　　　④ 스로틀 밸브

해설 유량제어 밸브 : 스로틀 밸브(교축 밸브), 유량조정 밸브, 분류 밸브, 집류 밸브, 스톱 밸브(정지 밸브)

해답 ④

080 베인모터의 장점 설명으로 틀린 것은?
① 무단 변속이 가능하다.
② 정, 역회전이 가능하다.
③ 공급압력이 일정하면 출력토크가 일정하다.
④ 저압이나 저속 운전시의 효율이 높다.

해설

베인펌프의 장점	베인펌프의 단점
① 송출압력의 맥동이 적다. ② 깃의 마모에 의한 압력 저하가 일어나지 않는다. ③ 펌프의 유동력에 비하여 형상치수가 적다 ④ 고장이 적고 보수가 용이하다. ⑤ 소음이 적다 ⑥ 기동토크가 작다	① 공작정도가 요구된다. ② 유압유의 점도에 제한이 있다. ③ 기름의 보수에 주의가 필요하다. ④ 베인수명이 짧다.

해답 ④

제5과목 기계제작법 및 기계동력학

081 볼 베어링의 외륜이나 내륜(outer and inner race)의 면을 연삭하는데 일반적으로 많이 사용되는 기계는?

① 호닝 머신
② 수퍼피니싱 머신
③ 센터리스 연삭기
④ 래핑 장치

해설 **센터리스 연삭기**(centerless grinding machine)
공작물을 센터로 지지하지 않고 연삭 숫돌과 조정 숫돌 사이에 일감을 삽입하고 지지판으로 지지하면서 연삭하는 기계로 조정 숫돌은 고무 결합제를 사용한 것으로 공작물과 조정 숫돌의 마찰력에 의해 공작물을 회전시키고 조정 숫돌의 일감에 대한 압력으로써 일감의 회전 속도를 조정한다.

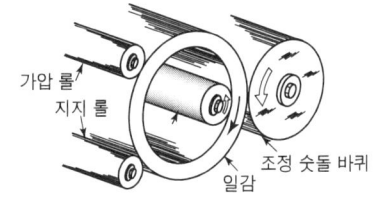

[센터리스형]

해답 ③

082 공작물을 신속히 교환할 수 있도록 되어 있으며, 고정력이 작용력에 비해 매우 큰 클램프는?

① 쐐기형 클램프
② 캠 클램프
③ 토글 클램프
④ 나사 클램프

해설 **클램프의 종류**
① **스트랩 클램프** : 클램프의 기본형식으로 지렛대의 원리를 이용하여 고정하는 것으로 고정력의 나사의 크기에 의행 결정된다.
② **나사클램프** : 클램핑기구로서 가장 널리 사용되는 것으로 설계가 간단하고 제작비가 싼 이점이 있으나 작업속도가 느리다는 단점이 있다.
③ **캠클램프** : 캠의 편심에 의한 고정하는 것으로 형태가 간단하고 급속으로 강력한 클램핑이 이루지는 장점과 클램핑 범위가 좁고 진동에 의해 풀 릴수 있는 단점이 있다.
④ **쐐기형 클램프** : 구배(기울기)에 의한 고정하는 방법으로 경사의 각도에 따라 강력한 클램프를 할 수 있다.
⑤ **토글 클램프** : 주로 용접 지그나 조립지그 등에 많이 사용되며 공 유압을 이용한 자동화지그의 기본이 된다.

해답 ③

083 CNC공작기계의 NC프로그램에서 "G01"이 뜻하는 것은?

① 위치결정
② 직선보간
③ 원호보간
④ 절대치 좌표지령

해설 **NC 공작기계의 3가지 기본동작**
① 위치 정하기 : 공구의 최종위치만 제어하는 것. G00(위치결정 = 급속이송)
② 직선 절삭 : 공구가 이동 중에 직선절삭을 하는 기능, G01(직선가공 = 절삭가공)
③ 원호 절삭 : 공구가 이동 중에 원호절삭을 하는 기능, G02(원호가공 시계방향 CW), G03(원호가공 반시계방향 CCW)

해답 ②

084 아크 용접봉에서 피복제의 역할이 아닌 것은?
① 용융금속의 탈산 작용을 한다.
② 질화 작용을 촉진한다.
③ 용착금속에 필요한 원소를 공급한다.
④ 용융금속의 급냉을 방지한다.

해설 **피복제의 역할**
① 공기 중의 산소나 질소의 침입을 방지하여, 피복재의 연소 가스의 이온화에 의하여 전류가 끊어졌을 때에도 계속 아크를 발생 시키므로 안정된 아크를 얻을 수 있도록 한다.
② 슬래그(slag)를 형성하여 용접부의 급냉을 방지하며, 용착 금속에 필요한 원소를 보충한다.
③ 불순물과 친화력이 강한 재료를 사용하여 용착 금속을 정련한다.
④ 붕사, 산화티탄 등을 사용하여 용착 금속의 유동성을 좋게 한다.
⑤ 좁은 틈에서 작업할 때 절연 작용을 한다.

해답 ②

085 버니어캘리퍼스에서 버니어의 눈금방법이 24.5mm를 25등분한 경우 최소 읽기 값은? (단, 본척의 최소눈금은 0.5mm이다.)
① $\frac{1}{50}$ mm
② $\frac{1}{25}$ mm
③ $\frac{1}{24.5}$ mm
④ $\frac{1}{20}$ mm

해설 **최소측정값** $C = A - B = A - \frac{n-1}{n}A = \frac{A}{n} = \frac{0.5}{25} = \frac{1}{50}$
여기서, A : 본척(어미자)의 1눈금, B : 부척(아들자)의 1눈금, n : 부척의 등분눈금 수

해답 ①

086 높은 정밀도의 보링 가공을 할 수 있는 것으로 온도변화에 따른 영향을 받지 않도록 항온항습실에서 설치하여야 하는 것은?
① 보통 보링 머신
② 지그 보링 머신
③ 수직 보링 머신
④ 코어 보링 머신

해설 **지그 보링 머신** : 드릴링 머신 또는 보통 보링 머신 으로 뚫은 구멍은 중심 위치가 정밀하지 못하다. 그러므로 정밀도가 높은 지그 보링머신을 사용하며 특히 지그 제작 및 정밀기계의 구멍가공에 사용하기 위한 전문기계로서, 제품의 허용 오차가 극히 작은 ±0.002~0.005mm 정도의 정밀도를 가진 보링 머신이다. 온도변화에 영향을 받지 않도록 항온 항습실에 보관한다.

해답 ②

087
주조시 탕구의 높이와 유속과의 관계로 옳은 식은? (단, v : 유속(cm s), h : 탕구의 높이[쇳물이 채워진 높이](cm), g : 중력 가속도(cm/s^2), C : 유량계수이다.)

① $v = \dfrac{2gh}{C}$　　　　② $v = C\sqrt{2gh}$

③ $v = C(2gh)^2$　　　　④ $v = h\sqrt{C2g}$

해설 **쇳물의 유속** $v = c\sqrt{2gh}$
여기서, c : 유량계수, h : 탕구계의 높이

해답 ②

088
판두께 3mm인 연강판에 지름이 30mm인 구멍을 펀칭 가공하려고 한다. 슬라이드 평균속도를 5m/min, 기계효율 72%라 한다면 소요 동력은 약 몇 kW인가? (단, 판의 전단 저항은 245N/mm^{2}이다.)

① 11.62　　　　② 8.02
③ 2.54　　　　　④ 5.27

해설 **소요동력** $H = \dfrac{Fv}{\eta} = \dfrac{69272.1 \times 0.0833}{0.72} = 8014.39\text{W} = 8.014\text{kW}$

힘 $F = \tau \times A = 245 \times (\pi \times 30 \times 3) = 69272.1\text{N}$

속도 $v = \dfrac{5}{60} = 0.08333\text{m/s}$

해답 ②

089
침탄법에 비하여 경화층은 얇으나, 경도가 크다. 담금질이 필요 없고, 내식성 및 내마모성이 크나, 처리시간이 길고 생산비가 많이 드는 표면경화법은?

① 마퀜칭　　　　② 화염 경화법
③ 고주파 경화법　　④ 질화법

해설

침탄법	질화법
• 경도가 질화법보다 낮다.	• 경도가 침탄법보다 높다.
• 침탄후의 열처리가 필요하다.	• 질화 후의 열처리가 필요없다.
• 경화에 의한 변형이 생긴다.	• 경화에 의한 변형이 적다.
• 침탄층은 질화층보다 여리지 않다.	• 질화층은 여리다.
• 침탄 후 수정 가능	• 질화 후 수정 불가능
• 고온 가열시 뜨임되고 경도는 낮아진다.	• 고온 가열해도 경도는 낮아지지 않는다.

해답 ④

090

이음매 없는 관(官)을 제조하는 방법이 아닌 것은?

① 버트(butt) 용접법 ② 압출법
③ 만네스만 천공법 ④ 에어하르트법

해설

제관법
- 이음매 없는 관 ─ 원심주조관청공법 – 맨네스맨 압연 천공법, 압출법, 에어하르트천공법
  └ 커핑가공법(cupping process)
- 이음매 있는 관 ─ 단접관 – 맞대기 단접, 겹치기 단접
  ├ 용접관 – 시임용접과, 가스 용접관, 아크 용접관, 납땜관, 버트 용접
  └ 냉간 다듬질관

해답 ①

091

반경 $R = 0.1$m인 강체 원판이 수평면 위를 미끄러짐 없이 굴러가고 있다. $\theta = 30°$일 때 A점($r = 0.08$m)이 속도는 몇 m/s인가? (단, O점의 속도는 $\vec{v_0} = 10\vec{i}$ m/s, O점의 가속도는 $\vec{a_0} = 3\vec{i}$ m/s²이다.)

① $\vec{V_A} = 14\vec{i} + \sqrt{3}\vec{j}$
② $\vec{V_A} = 14\vec{i} - \sqrt{3}\vec{j}$
③ $\vec{V_A} = 14\vec{i} + 4\sqrt{3}\vec{j}$
④ $\vec{V_A} = 14\vec{i} - 4\sqrt{3}\vec{j}$

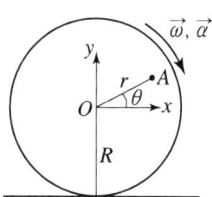

해설

각속도 $w = \dfrac{V_o}{R} = \dfrac{10}{0.1} = 100$ rad/s

각속도는 어느 지점이나 일정하다.

$\vec{v_A} = (V_o + wr\sin\theta)\vec{i} - wr\cos\theta\vec{j}$
$= (10 + 100 \times 0.08\sin 30)\vec{i} - (100 \times 0.08\cos 30)\vec{j}$
$= 14\vec{i} - 4\sqrt{3}\vec{j}$

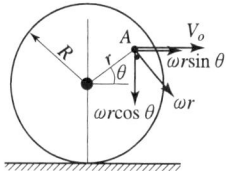

해답 ④

092

두 질점이 완전탄성 정면 중심충돌할 경우에 관한 설명으로 틀린 것은?

① 충돌 후의 두 질점의 상대 속도는 충돌 전의 두 질점의 상대속도와 같은 크기이다.
② 반발계수 값은 1이다.
③ 두 질점의 전체 운동량이 보존된다.
④ 전체 에너지는 보존되지 않는다.

해설 완전탄성 충돌 = 탄성충돌 : (반발계수) $e = 1$일 때

$e = \dfrac{\text{멀어지는 속도}}{\text{가까워지는 속도}} = \dfrac{V_2' - V_1'}{V_1 - V_2} = 1$ (즉 가까워지는 속도 = 멀어지는 속도)

완전탄성 충돌은 운동량과 운동 에너지도 보존된다.

$$m_1 V_1 + m_2 V_2 = m_1 V_1' + m_2 V_2'$$
$$\frac{1}{2}m V_1^2 + \frac{1}{2}m V_2^2 = \frac{1}{2}m_1 V_1'^2 + \frac{1}{2}m_2 V_2'^2$$

해답 ④

093
수평면 위에 정지상태로 놓여 있는 40kg의 물체에 일정한 힘을 수평 방향으로 가했더니 4초 동안 12m를 움직였다. 물체와 수평면 사이의 마찰계수가 0.3이라고 할 때 이 물체에 가한 힘의 크기는 약 몇 N인가?

① 60 ② 178
③ 198 ④ 589

해설
$$V_2 = V_1 + at, \ 2as = V_2^2 - V_1^2, \ s = V_1 t + \frac{1}{2}at^2$$
$$s = V_1 t + \frac{1}{2}at^2, \quad 12 = 0 \times 4 + \frac{1}{2}a 4^2$$
가속도 $a = 1.5 \text{m/s}^2$
$$\Sigma F_x = ma, \ F - \mu mg = ma, \ F - (0.3 \times 40 \times 9.8) = 40 \times 1.5$$
가해준 힘 $F = 177.6 \text{N}$

해답 ②

094
중량 2400N, 회전수 1500rpm인 공기 압축기가 있다. 방지 고무로 균등하게 6개소를 지지시켜 진동수비를 2.4로 할 때, 방진 고무 1개의 스프링 상수를 구하면 약 몇 kN/m 인가? (단, 감쇠비는 무시한다.)

① 175 ② 165
③ 194 ④ 125

해설
진동수비 $\gamma = 2.4, \ \gamma = 2.4 = \dfrac{w}{w_n}$

외부 각속도 $w = \dfrac{2\pi N}{60} = \dfrac{2\pi \times 1500}{60} = 157.079 \text{rad/sec}$

고유 각 진동수 $w_n = \dfrac{w}{\gamma} = \dfrac{157.079}{2.4} = 65.4 \text{rad/sec}$

$w_n = \sqrt{\dfrac{6K}{m}}, \quad 65.4 = \sqrt{\dfrac{6K}{\left(\dfrac{2400}{9.8}\right)}} \rightarrow$ (스프링상수) $K = 174.577 \text{kN}$

해답 ①

095

그림에서 막대의 길이가 1.0m이고 질량이 3.0kg일 때, 피봇점(막대기, 수평면과 연결된 점)에 대한 질량관성모멘트는 몇 $kg \cdot m^2$인가?

① 0.5
② 1.0
③ 1.6
④ 2.4

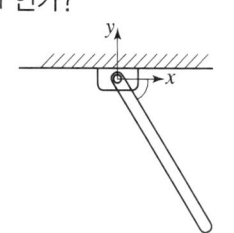

해설 $J_o = \dfrac{m\,L^2}{3} = \dfrac{3 \times 1^2}{3} = 1\,kgm^2$

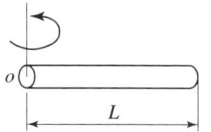

해답 ②

096

그림과 같이 진동계에 가진력 $F(t)$가 작용한다. 바닥으로 전달되는 힘의 최대 크기가 F_1보다 작기 위한 조건은? (단, $w_n = \sqrt{\dfrac{K}{m}}$)

① $\dfrac{\omega}{\omega_n} < 1$ ② $\dfrac{\omega}{\omega_n} > 1$

③ $\dfrac{\omega}{\omega_n} > \sqrt{2}$ ④ $\dfrac{\omega}{\omega_n} < \sqrt{2}$

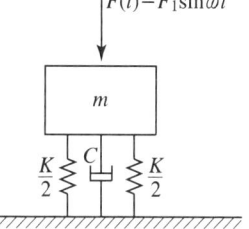

해설

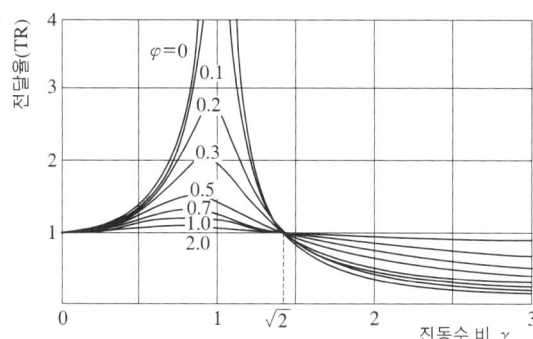

힘전달율 $TR = \dfrac{최대전달력}{기진력의\ 최대값} = \dfrac{F_{TR}}{F_1}$

F_{TR}이 F_1보다 작다는 의미는 TR이 1보다 작다는 것이다.

그림에서 보는 것처럼 힘전달율이 1보다 작기 위해서는 진동수비가 $\sqrt{2}$보다 커야 된다.

즉 $\left(\gamma = \dfrac{w(외부기진력의\ 각속도)}{w_n(물체의\ 고유각\ 진동수)}\right) > \sqrt{2}$

해답 ③

097
질량 m, 반지름 r인 원기둥이 스프링 상수 k인 스프링에 의하여 그림과 같이 연결되어 있다. 미끄럼 없이 구른다면 고유 각진동수는 얼마인가? (단, 원기둥의 관성모멘트 $J_o = \frac{1}{2}mr^2$)

① $\sqrt{\dfrac{3m}{2k}}$ ② $\sqrt{\dfrac{2k}{3m}}$

③ $\dfrac{3m}{2k}$ ④ $\dfrac{2k}{3m}$

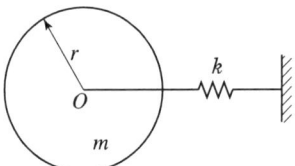

해설

진동방정식 $\theta'' + \left(\dfrac{KR^2}{mR^2 + J_G}\right)\theta = 0$

고유각 진동수 $w_n = \sqrt{\left(\dfrac{KR^2}{mR^2 + J_G}\right)}$, $J_G = \dfrac{mR^2}{2}$

$w_n = \sqrt{\left(\dfrac{KR^2}{mR^2 + \dfrac{mR^2}{2}}\right)} = \sqrt{\dfrac{2K}{3m}}$

해답 ②

098
주기 T, 진동수 f, 그리고 각진동수(circular frequency) ω의 관계 중 옳은 것은?

① $T = \dfrac{1}{\omega}$　　② $\omega = \dfrac{f}{2\pi}$

③ $\omega = \dfrac{T}{2\pi}$　　④ $f = \dfrac{1}{T}$

해설

$x(t) = A\sin(\omega t + \phi)$ 에서

- **주기** $T = \dfrac{2\pi}{\omega}(\sec) = \dfrac{\sec}{cycle}$
- **진동수** $f = \dfrac{1}{T} = \dfrac{\omega}{2\pi}(cps) = \text{Hz} = \dfrac{cycle}{\sec}$

해답 ④

099
스프링과 질량으로 된 자유진동계에서 스프링상수를 k, 스프링의 질량을 m_s, 물체의 질량을 m이라 하면 그것의 고유 진동수는?

① $\dfrac{1}{2\pi}\sqrt{\dfrac{k}{m + \dfrac{1}{3}m_s}}$　　② $\dfrac{1}{2\pi}\sqrt{\dfrac{k}{m + m_s}}$

③ $\dfrac{1}{2\pi}\sqrt{\dfrac{2k}{m + 2m_s}}$　　④ $\dfrac{1}{2\pi}\sqrt{\dfrac{k}{m + \dfrac{1}{4}m_s}}$

해설 스프링의 질량을 무시할 때

고유각 진동수 $\omega_n = \sqrt{\dfrac{k}{m}}$

진동수 $f_n = \dfrac{1}{T} = \dfrac{\omega_n}{2\pi} = \dfrac{1}{2\pi}\sqrt{\dfrac{k}{m}}$

스프링의 질량을 고려할 때

고유각 진동수 $\omega_n = \sqrt{\dfrac{k}{m}}$

진동수 $f_n = \dfrac{1}{T} = \dfrac{\omega_n}{2\pi} = \dfrac{1}{2\pi}\sqrt{\dfrac{k}{m+\dfrac{m_s}{3}}}$ 여기서, m_s : 스프링의 질량

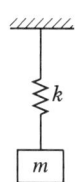

해답 ①

100

오직 중심력(center of force)만을 받으며 등속 운동하는 질정에 대한 설명으로 틀린 것은?

① 어느 순간에서나 힘의 중심점에 대한 모멘트의 합은 0이다.
② 중심점에 대한 각운동량은 크기와 방향이 모두 일정하다.
③ 중심점에 대한 각운동량의 변화율은 0이다.
④ 각운동량은 중심점에서 물체까지의 거리의 제곱에 반비례한다.

해설 중심점에서 힘을 받고 등속도 운동하는 물체의 각운도량의 변화가 없다.
각운동량 = 질량관성모멘트 × 각속도이다.
(질량관성모멘트 = 질량 × 회전반경^2, 회전반경의 제곱에 비례한다.)

해답 ④

단기완성 일반기계기사 필기

초판 발행	2012년 4월 20일
개정2판 발행	2013년 1월 10일
개정3판 발행	2014년 1월 15일
개정4판 발행	2015년 1월 25일
개정5판 발행	2016년 1월 20일
개정6판 발행	2017년 1월 15일
개정7판 발행	2018년 1월 25일
개정8판 발행	2019년 1월 10일
개정9판 발행	2020년 1월 10일
개정10판 발행	2021년 1월 15일
개정11판 발행	2022년 1월 20일
개정12판 발행	2023년 2월 20일

지은이 ▪ 정영식 · 이치우
펴낸이 ▪ 홍세진
펴낸곳 ▪ 세진북스

홈페이지 ▪ http://www.sejinbooks.kr
전화 ▪ 031-924-3092
팩스 ▪ 031-924-3093
주소 ▪ (우)10207 경기도 고양시 일산서구 산율길 56(구산동 145-1)

출판등록 ▪ 제 315-2008-042호(2008.12.9)
ISBN ▪ 979-11-5745-570-6 13550

값 ▪ 50,000원

▪ 이 책의 출판권은 도서출판 세진북스가 가지고 있습니다.
▪ 이 책의 일부 또는 전체에 대한 무단 복제와 전재를 금합니다.

세진북스에는 당신과 나 그리고 우리의 미래가 있습니다.